中国国家标准汇编

358

GB 20978～20996

（2007 年制定）

中国标准出版社　编

中国标准出版社

北京

图书在版编目（CIP）数据

中国国家标准汇编：2007 年制定．358：GB 20978～20996/中国标准出版社编．—北京：中国标准出版社，2008

ISBN 978-7-5066-4944-5

Ⅰ．中… Ⅱ．中… Ⅲ．国家标准-汇编-中国-2007 Ⅳ．T-652.1

中国版本图书馆 CIP 数据核字（2008）第 094983 号

中国标准出版社出版发行
北京复兴门外三里河北街 16 号
邮政编码：100045

网址 www.spc.net.cn
电话：68523946 68517548
中国标准出版社秦皇岛印刷厂印刷
各地新华书店经销

*

开本 880×1230 1/16 印张 45 字数 1 362 千字
2008 年 7 月第一版 2008 年 7 月第一次印刷

*

定价 200.00 元

如有印装差错 由本社发行中心调换

中国国家标准汇编

358

GB 20978～20996

（2007 年制定）

中国标准出版社　编

中国标准出版社

北京

图书在版编目（CIP）数据

中国国家标准汇编：2007 年制定．358：GB 20978～20996/中国标准出版社编．—北京：中国标准出版社，2008

ISBN 978-7-5066-4944-5

Ⅰ．中…　Ⅱ．中…　Ⅲ．国家标准-汇编-中国-2007　Ⅳ．T-652.1

中国版本图书馆 CIP 数据核字（2008）第 094983 号

中国标准出版社出版发行
北京复兴门外三里河北街 16 号
邮政编码：100045
网址 www. spc. net. cn
电话：68523946　68517548
中国标准出版社秦皇岛印刷厂印刷
各地新华书店经销
*
开本 880×1230　1/16　印张 45　字数 1 362 千字
2008 年 7 月第一版　2008 年 7 月第一次印刷
*
定价 200.00 元

出 版 说 明

1.《中国国家标准汇编》是一部大型综合性国家标准全集。自1983年起，按国家标准顺序号以精装本、平装本两种装帧形式陆续分册汇编出版。本《汇编》在一定程度上反映了我国建国以来标准化事业发展的基本情况和主要成就，是各级标准化管理机构，工矿企事业单位，农林牧副渔系统，科研、设计、教学等部门必不可少的工具书。

2. 本《汇编》收入我国正式发布的全部国家标准。各分册中如有顺序号缺号的，除特殊情况注明外，均为作废标准号或空号。

3. 由于本《汇编》的出版时间与新国家标准的发布时间已达到基本同步，我社将在每年出版前一年发布的新制定的国家标准，便于读者及时使用。出版的形式不变，分册号继续顺延。标准的属性以本书目录上标明的为准。

4. 由于标准不断修订，修订信息不能在本《汇编》中得到充分和及时的反映，根据多年来读者的要求，自1995年起，在本《汇编》汇集出版前一年发布的新制定的国家标准的同时，新增出版前一年发布的被修订的标准的汇编版本，视篇幅分设若干分册。这些修订标准汇编的正书名、版本形式与《中国国家标准汇编》相同，但不占总的分册号，仅在封面和书脊上注明"20××年修订-1，-2，-3，……"字样，作为本《汇编》的补充。读者配套购买则可收齐前一年制定和修订的全部国家标准。

5. 由于读者需求的变化，自第201分册起，仅出版精装本。

6. 2007年制修订国家标准1410项，全部收入在《中国国家标准汇编》第352～367分册和2007年修订-1～修订-23分册中。

本分册为第358分册，收入国家标准GB 20978～20996的最新版本。

中国标准出版社

2008年6月

目　　录

ICS 67.260
X 90

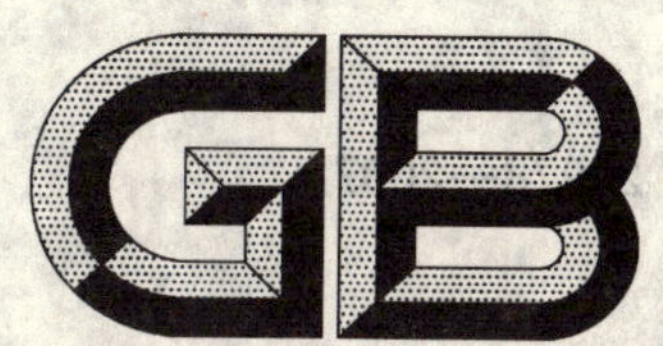

中华人民共和国国家标准

GB/T 20978—2007

软冰淇淋机

Soft ice cream machine

2007-06-04 发布　　2007-12-01 实施

中华人民共和国国家质量监督检验检疫总局
中国国家标准化管理委员会　发布

前 言

本标准的附录 A 为规范性附录、附录 B 为资料性附录。

本标准由中国商业联合会提出。

本标准由中国商业联合会商业标准中心归口。

本标准起草单位：深圳市海川实业股份有限公司、深圳海川食品科技有限公司。

本标准主要起草人：何唯平、姬存慧、艾军、黄步云、陆红遵、葛维栋。

软冰淇淋机

1 范围

本标准规定了软冰淇淋机相关的术语和定义、分类和命名、技术要求、试验方法、检验规则及标志、包装、运输、贮存等内容。

本标准适用于3.2定义和额定产量在100 L/h以下的现场制作、现场销售的商用软冰淇淋机。

本标准不适用于以冰盐或氨制冷的商用软冰淇淋机。

2 规范性引用文件

下列文件中的条款通过本标准的引用而成为本标准的条款。凡是注日期的引用文件，其随后所有的修改单(不包括勘误的内容)或修订版均不适用于本标准，然而，鼓励根据本标准达成协议的各方研究是否可使用这些文件的最新版本。凡是不注日期的引用文件，其最新版本适用于本标准。

GB/T 191 包装储运图示标志

GB/T 1019—1989 家用电器包装通则

GB/T 2423.17 电工电子产品基本环境试验规程 试验Ka：盐雾试验办法

GB/T 2828.1 计数抽样检验程序 第1部分：按接收质量限(AQL)检索的逐批检验抽样计划

GB/T 2829—2002 周期检查计数抽样程序及表(适用于对过程稳定性的检验)

GB 3785—1983 声级计的电、声性能及测试方法

GB/T 4214.1 声学 家用电器及类似用途器具噪声测试方法 第1部分：通用要求

GB 4343.1 电磁兼容 家用电器、电动工具和类似器具的要求 第1部分：发射

GB 4706.1 家用和类似用途电器的安全 第一部分：通用要求

GB 4706.72 家用和类似用途电器的安全 商用售卖机的特殊要求

GB/T 13306 标牌

GB 16798 食品机械安全卫生

GB 17625.1 电磁兼容 限值 谐波电流发射限值(设备每相输入电流≤16 A)

SB/T 10345.1—2001 制冷系统和热泵—安全和环境要求 第1部分：基本要求、定义、分类和选择原则

3 术语和定义

下列术语和定义适用于本标准。

3.1

软冰淇淋 soft ice cream

将冰淇淋浆料或冰淇淋粉用饮用水调和，现场凝冻制成的无需硬化、体积膨胀、有一定堆起性的现场销售的产品。

3.2

软冰淇淋机 soft ice cream machine

具有能将混合浆料经过冷冻、搅拌和膨胀等加工手段，制成现场直接销售和食用的软冰淇淋的设备。

3.3

膨胀率 overrun

一定质量的软冰淇淋的体积与相同质量的软冰淇淋浆料体积增加的百分比。

3.4

储料槽　hopper

软冰淇淋机中与冷冻缸相连，用于暂存浆料，以保持浆料以一定的温度和合理的方式持续进入冷冻缸的容器。

3.5

冷冻缸　freezing cylinder

软冰淇淋机中用于将软冰淇淋混合浆料进行冻结、搅拌和与空气混合的圆筒形缸体。

4　分类和命名

4.1　按冷凝器冷却方式可分为：

a)　水冷式(以汉语拼音字母 S 表示)；

b)　风冷式(可不标注)。

4.2　按软冰淇淋机出料口数量(不同颜色)，可分为：

a)　单出料口(单色)(用阿拉伯数字 1 表示)；

b)　双出料口(双色)(用阿拉伯数字 2 表示)；

c)　三出料口(三色)(用阿拉伯数字 3 表示)；

d)　多出料口(多色)(用实际数字表示出料口数)。

4.3　按有无预冷可分为：

a)　储料槽有预冷(用阿拉伯数字 1 表示)；

b)　储料槽无预冷(用阿拉伯数字 0 表示)。

4.4　型号及含义

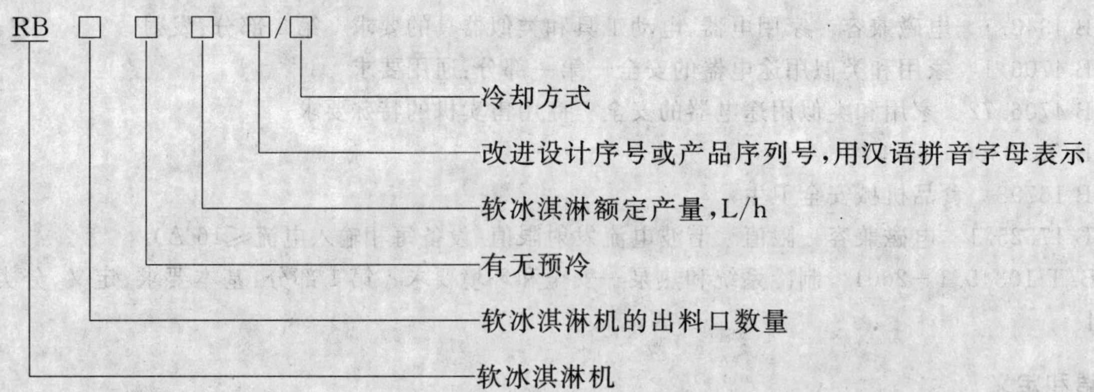

示例：RB3030A　表示第一次改进设计的三出料口(三色)、无预冷、产量为 30 L 的软冰淇淋机。

5　技术要求

5.1　使用环境

在下列条件下，软冰淇淋机应能够正常工作：

a)　环境温度：10℃～38℃；

b)　环境湿度：相对湿度＜90％；

c)　电源：电压：220(1±10％) V (单相)、380 (1±7％) V (三相)；

频率：50 Hz±1 Hz。

5.2　性能要求

5.2.1　各种类型的软冰淇淋机，其性能应符合表 1 要求。

表 1　软冰淇淋机的性能指标

浆料[a] 温度/℃	冰淇淋[b] 温度/℃	形　态	膨胀率/(%)	生产能力	
				正常工况 (23℃±0.5℃)	高温工况 (38℃±0.5℃)
23±0.5	≤−3.5	能成火炬型	不低于 30	不低于额定产量的 90%	不低于额定产量的 60%

a　浆料温度为储料槽几何中心处温度。

b　冰淇淋温度为成品软冰淇淋灌入烧杯中(200 mL)立即用点温计测量。

5.2.2　正常工况下每千克软冰淇淋耗电量应小于 0.15 kW·h。

5.2.3　对有预冷功能的软冰淇淋机，储料槽的浆料温度应在 1℃～10℃范围，其平均温度≤5℃。

5.2.4　软冰淇淋成型美观、完整，出料阀体每个出料口尽可能减少残留量。

5.2.5　噪声：软冰淇淋机的声压级应不超过表 2 规定。

表 2　噪声标准

额定输入功率/kW	风冷式[dB(A)]	水冷式[dB(A)]
>5	71	69
>2.8～5	69	67
>1.6～2.8	66	64
>0.8～1.6	64	62
≤0.8	60	58

5.3　结构和材料性能

5.3.1　隔热性能

软冰淇淋机应有良好的隔热性能，隔热材料不应有明显的收缩变形，也不应有孔穴、漏隙等，所用材料应保证在产品寿命期内正常使用而不发生严重变形及隔热性能大幅下降的现象。

5.3.2　防凝露

在正常工况下运行，隔热层表面不应有珠状或流水状凝露现象。

5.3.3　制冷系统的密封性能

制冷系统应密封，任何部位制冷剂年泄漏量应不大于 3 g。

5.3.4　制冷剂的选用

制冷剂的选用，应符合 SB/T 10345.1—2001 第 5 章的规定。

5.3.5　对软冰淇淋机结构的要求

5.3.5.1　软冰淇淋机的各器件不应有影响安全的锐边、尖角、毛刺等，对可能造成意外事故的冻伤、电击、机械伤害应有可靠的防护措施。储料槽内或其他部位的液体溢出不应影响其电气绝缘。

5.3.5.2　与浆料及软冰淇淋接触的表面，不应有易滞留残料和不易清洗的凹坑、死角。

5.3.5.3　储料槽的结构应能有效防止灰尘和其他异物进入。

5.3.5.4　凡能与软冰淇淋和浆料接触的零件所用材料应符合 GB 16798 的规定。

5.3.5.5　控制系统应有一个操作方便，能切断所有控制器电源并立即停止工作的电源开关，并设有明显的"开"、"关"的标志。

5.3.6　电镀件

软冰淇淋机金属镀层上的金属锈点和锈迹每 100 cm^2 不应超过 2 个，每个锈点、锈迹的面积不得大于 1 mm^2；当试件表面积小于 100 cm^2 时，则不允许出现锈点和锈迹。

5.3.7　表面涂层

软冰淇淋机涂层表面，外观应良好，不允许有明显的针孔，试样表面任意 100 cm^2 正方形面积内，直径 0.5 mm～1 mm 的气泡不得多于 2 个，不允许出现直径大于 1 mm 的气泡。

按栅格法进行检查，不允许有超过三分之一面积的涂层脱落。

5.3.8 外观要求

外观不应有明显的缺陷，装饰性表面应平整光亮。

涂层表面应平整光亮、颜色均匀，不应有明显的流痕、划痕、麻坑、皱纹、起泡、漏涂和集合沙粒等。电镀件的装饰镀层及不锈钢板应色泽均匀，不应有斑点、针孔、气泡和镀层剥落等缺陷。

塑料件表面应平整光滑、色泽均匀，不应有裂痕、气泡、明显缩孔和变形等缺陷。

铭牌和一切标志齐全。

5.4 电气性能

5.4.1 接地装置

软冰淇淋机的接地装置应符合 GB 4706.1 的规定。

5.4.2 泄漏电流

软冰淇淋机正常运转中，泄漏电流不应超过 3.5 mA。

5.4.3 电气强度

历时 1 min，应无击穿及闪络。

5.5 电磁兼容

应符合 GB 4343.1 及 GB 17625.1 的规定。

6 试验方法

6.1 试验条件

6.1.1 试验室

6.1.1.1 试验室内环境温度应在 20℃～40℃内，可任意调节。

6.1.1.2 试验室内环境温度、相对湿度的测量点，沿机器前后中线，按图 1 布置。环境空气流速测点按图 2 布置。

6.1.1.3 用于噪声测量的试验室或试验场，应符合 GB/T 4214 的规定。

单位为毫米

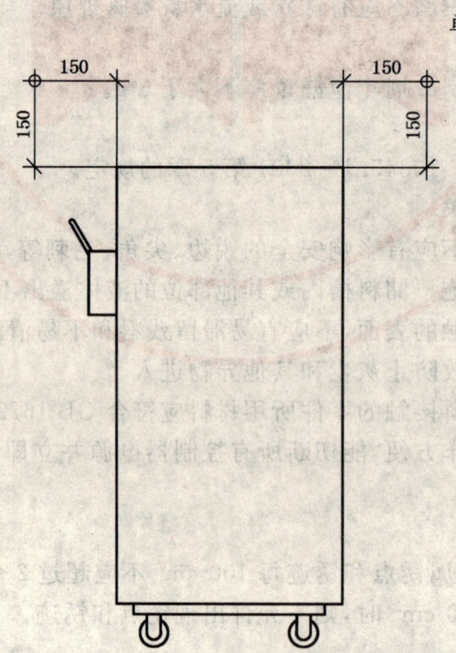

图 1 环境温度、相对湿度测量点

单位为毫米

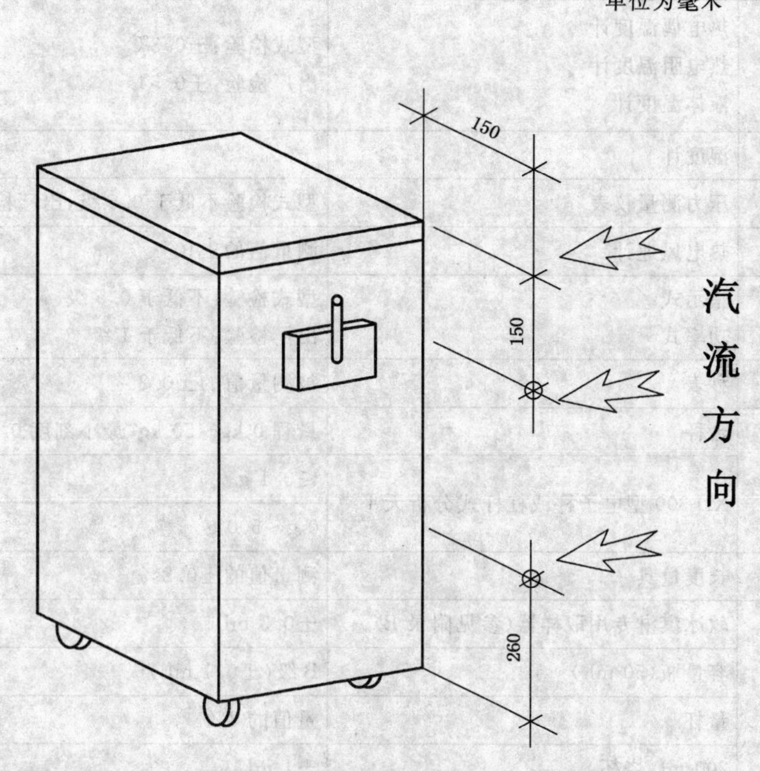

图 2　空气流速测量点

6.1.1.4　电源

电压:波动值不大于额定值的 2%;

频率:波动值不大于额定值的 1%;

6.1.1.5　环境

室内温度:正常工况 23℃±0.5℃,高温工况 38℃±0.5℃;

相对湿度:45%～75%;

室内风速:≤0.25 m/s,并尽可能平行于软冰淇淋机;

室内不应有冷热源辐射;

室内照度:在地面以上 1 m 高处为 600 lx±100 lx;

室内温度梯度,垂直方向≤1℃/m。

6.1.2　试验要求

软冰淇淋机侧面及背面距墙至少 600 mm,并保持水平和避震。检测的辅助设备、工具放置距冰淇淋机至少 1 m,以不影响操作为原则。

6.1.3　试验配方

6.1.3.1　试验用软冰淇淋浆料

将软冰淇淋粉(非全乳低脂型)与水按 1∶3 的比例配成浆料,进行试验。

6.1.4　测量仪器仪表

6.1.4.1　测试用的计量仪器均应在检定的有效期内。

6.1.4.2　主要计量器具及仪器仪表见表 3。

表 3 测量仪器仪表

类　别	名　称	仪表精度
温度测量	热电偶温度计 热电阻温度计 液体温度计	型式检验：±0.3℃ 出厂检验：±0.5℃
湿度测量	湿度计	±5%
压力测量	压力测量仪表	型式检验不低于 0.5 级，出厂检验不低于 1.5 级
风速测量	热电风速计	测量值的±10%
电工仪表	指示式 功率式	型式检验：不低于 0.5 级 出厂检验：不低于 1 级
时间测量	秒表	被测量值的±0.2%
质量测量	台秤	量程 0 kg～50 kg，最小刻度 0.05 kg
	XD-300 型电子秤或杠杆式分析天平	≤0.1 g
		0 g～500 g
长度测量	长度量具	测量值的±0.2%
容积测量	软冰淇淋专用取样器(参见附录 B)	±0.5 mL
	容量瓶(50 mL)	B 级(±0.1 mL)
	量杯	量值的 2%
	200 mL 烧杯	±1 mL
噪声测量	声级计	GB/T 3785—1983 中规定的Ⅰ型或Ⅰ型以上声级计
检漏仪	电子卤素检漏仪 或其他适用的检漏仪	灵敏度不大于泄漏量 0.5 g/y 或灵敏度不大于 3.15×10^{-6} 标准气压·毫升/秒

6.2 性能试验

6.2.1 软冰淇淋产量试验

软冰淇淋产量试验按第 A.2 章进行。

6.2.2 耗电量试验

耗电量试验按第 A.3 章进行。

6.2.3 软冰淇淋膨胀率的测定

软冰淇淋膨胀率测定按第 A.4 章进行。

6.2.4 预冷性能试验

将软冰淇淋机放置在 23℃±0.5℃环境下，把 23℃±0.5℃的浆料倒入储料槽，软冰淇淋机开至“自动制糕”状态，打开预冷开关，待预冷系统达到稳定运行状态下，记录储料槽几何中心处温度。

6.2.5 噪声试验

噪声测试环境及方法应符合 GB/T 4214 标准的规定。

6.3 制冷系统密封性能试验

将软冰淇淋机放置在不含与机内充灌制冷剂相同气体的正压室内，空间应＜10 m³，室内温度为16℃～32℃。软冰淇淋机不通电。使用电子卤素检漏仪或相同灵敏度的其他检漏仪表对制冷系统的任何部位进行检漏。

6.4 电镀件盐雾试验

软冰淇淋机的电镀件应按 GB/T 2423.17 进行盐雾试验，试验周期为 24 h。

试验前，电镀件表面应清洗除油。试验结束后，取出试样，用清水清洗残留在表面上的盐分，检查电镀表面腐蚀情况。

6.5 表面涂层湿热试验

表面涂层应按 GB 4706.1 进行湿热试验，试验周期为 96 h。

取软冰淇淋机壳体外表面有涂覆的任何部位，取样尺寸 150 mm×150 mm。

试验前，将试验表面清洗除油。

试验结束后，检查涂层表面情况。

6.6 表面涂层附着力试验

取样部位和尺寸同 6.5 表面涂层湿热试验。

试验前，将试验表面清洗除油。

附着力的测定用栅格进行检查。用附着力测定器或刀片在平整的涂层上横竖垂直切割 4 条深至底金属的划痕，形成 9 个 1 mm×1 mm 小方格，用 25 mm×25 mm 的漆刷去刷，检查涂层是否从小格脱落。根据 9 个方格中涂层脱落的总面积来进行评定。

6.7 电磁兼容

按 GB 4343.1 及 GB 17625.1 进行测试。

7 检验规则

检验分为出厂检验和型式检验。

7.1 出厂检验

7.1.1 交货的软冰淇淋机均应进行出厂检验，出厂检验的试验项目、技术要求和试验方法见表 4。

7.1.2 每台机器都应进行表 4 中序号 1 项～8 项的检验。抽检项目见表 4 中序号 9 项～13 项，其抽样的具体要求按 GB/T 2828.1 的规定进行。

表 4 出厂检验项目

序号	试验项目	技术要求	试验方法	不合格分类			致命缺陷
				A	B	C	
1	外观要求	按 5.3.8 条	视检			√	
2	泄漏电流	按 5.4.2 条	GB 4706.1				√
3	电气强度	按 5.4.3 条	GB 4706.1				√
4	接地	按 5.4.1 条	GB 4706.1				√
5	软冰淇淋产量	按 5.2.1 条	按 6.2.1 条	√			
6	预冷性能	按 5.2.3 条	按 6.2.4 条		√		
7	制冷系统的密封性能	按 5.3.3 条	按 6.3 条	√			
8	资料文件附件配件	按 8.1.2 条	视检			√	
9	噪声	按 5.2.5 条	按 6.2.5 条		√		
10	表面涂层	按 5.3.7 条	按 6.5、6.6 条			√	
11	电镀件	按 5.3.6 条	按 6.4 条			√	
12	耗电量	按 5.2.2 条	按 6.2.2 条	√			
13	膨胀率	按 5.2.1 条	按 6.2.3 条		√		

注：序号 6 为有预冷功能软冰淇淋机的测试项目。

7.1.3 出厂检验中属致命缺陷的项目，只要出现一台项不合格，即判该批产品不合格。

7.2 型式检验

软冰淇淋机生产在下列情况之一时，应进行型式检验：

a) 试制的新产品；

b) 设计、工艺、结构或材料有重大改变时；

c) 连续生产的产品，每年不少于一次；

d) 时隔一年以上再生产时；

e) 市场抽查时发现有重大质量问题。

7.2.1 型式检验应包括表5所列各项和GB 4706.1及GB 4706.72所列全部检验项目。

表5 型式检验项目

序号	试验项目	技术要求	试验方法	不合格分类			致命缺陷
				A	B	C	
1	外观要求	按5.3.8条	视检			√	
2	泄漏电流	按5.4.2条	GB 4706.1				√
3	电气强度	按5.4.3条	GB 4706.1				√
4	接地	按5.4.1条	GB 4706.1				√
5	软冰淇淋产量	按5.2.1条	按6.2.1条	√			
6	预冷性能	按5.2.3条	按6.2.4条		√		
7	制冷系统的密封性能	按5.3.3条	按6.3条	√			
8	资料文件附件配件	按8.1.2条	视检			√	
9	噪声	按5.2.5条	按6.2.5条		√		
10	表面涂层	按5.3.7条	按6.5、6.6条			√	
11	电镀件	按5.3.6条	按6.4条			√	
12	耗电量	按5.2.2条	按6.2.2条	√			
13	膨胀率	按5.2.1条	按6.2.3条		√		
14	隔热性能	按5.3.1条	视检			√	
15	防凝露	按5.3.2条	视检			√	
16	包装试验	按8.2条	GB 1019		√		
17	电磁兼容	按5.5条	按6.7条		√		
注：序号6为有预冷功能软冰淇淋机的测试项目。							

7.2.2 型式检验的抽样按GB 2829—2002进行。采用判别水平Ⅰ的一次抽样方案；其样本大小、不合格质量水平和判定按表6的规定。

表6 型式检验抽样方案

判别水平	抽样方案 一次抽样	样本大小 n	不合格质量水平					
			A类 RQL=30		B类 RQL=65		C类 RQL=100	
			合格判定数 Ac	不合格判定数 Re	合格判定数 Ac	不合格判定数 Re	合格判定数 Ac	不合格判定数 Re
Ⅰ	一次	3	0	1	1	2	2	3

7.2.3 型式检验中属致命缺陷的项目，只要有一台项不合格，即判定该周期产品不合格。

7.2.4 型式检验的样本从合格的成品中随机抽取，其检验的样品不作为合格品交付订货方。

7.3 验收

订货方有权检查产品质量是否符合本标准要求。交货时订货方按出厂检验项目验收，如订货方对产品质量有疑问时，可由订货方和生产方共同商定，增加型式检验中的部分项目或全部项目，验收试验抽样采用 GB/T 2828.1。

8 标志、包装、运输、贮存

8.1 标志

8.1.1 每台软冰淇淋机均应在明显位置设置永久性铭牌，铭牌的型式、尺寸和技术要求应符合 GB/T 13306的规定，铭牌应包括以下内容：

a) 产品的品牌、名称、型号；

b) 额定电压，V；额定频率，Hz；

c) 额定输入功率，W；

d) 额定产量，L/h；

e) 制冷剂种类；

f) 制冷剂注入量，kg；

g) 净重，kg；

h) 外形尺寸，长(mm)×宽(mm)×高(mm)；

i) 出厂编号；

j) 出厂日期；

k) 制造厂名称。

8.1.2 每台软冰淇淋机应附有下列文件：

a) 使用说明书；

b) 装箱单(包括附件、配件等清单)；

c) 检验合格证；

d) 产品保修单。

随机文件应防潮密封，并放置箱内明显位置处。

8.1.3 包装标志

包装箱外表面应用不褪色的颜料，清晰地标明下列标志：

a) 产品品牌、名称、型号、制造厂全名；

b) 净重(kg)、毛重(kg)；

c) 外形尺寸，长(mm)×宽(mm)×高(mm)；

d) 出厂日期；

e) 储运注意事项：小心轻放、防潮、向上、可叠放层数等字样或符号、图案，并应符合 GB/T 191 的有关规定。

8.2 包装

软冰淇淋机的包装按 GB/T 1019—1989 要求的防潮包装和流通条件 1 的防震包装及横木撞击试验进行包装设计和定型。按流通条件 1 进行振动试验及横木撞击试验，试验结果应符合 GB/T 1019—1989 有关规定。

8.3 运输和贮存

8.3.1 在运输和贮存中，不应摔撞、倾斜及雨雪淋袭。

8.3.2 产品应贮存在温度低于 40℃、干燥、通风良好的仓库中，周围无腐蚀性气体存在。

附 录 A
（规范性附录）
软冰淇淋机产量试验、耗电量试验、膨化率测定的试验方法

A.1 试验前准备

A.1.1 测量试验室内干球温度、湿球温度、相对湿度、空气流速。

A.1.2 进行高温工况及正常工况试验时，均应先打开机器上盖，使机器在该工况下放置至与环境温度平衡后，方可投料测试。

A.2 产量试验

A.2.1 根据本标准 5.2.1 条要求，在软冰淇淋进料、出料温度、软冰淇淋形态正常条件下，至少连续工作 1.5 h，产量按式（A.1）计算：

$$m = m_0 / t \qquad \text{(A.1)}$$

式中：

m ——软冰淇淋机每小时制作的软冰淇淋的质量，单位为千克每时(kg/h)；

m_0 ——软冰淇淋质量，单位为千克(kg)；

t ——软冰淇淋机连续工作时间，单位为时(h)。

从制冷开始，到试验完成为止，应取 $t \geqslant 1.5$ h；期间可以选择连续工作模式，使软冰淇淋机连续制冷。但不符合本标准 5.2.1 条要求的出料，不计为产量。在正常工况及高温工况下，式（A.1）中的 m 按式（A.2）换算为 V_0。

A.2.2 软冰淇淋成品以质量和以体积标称的产量的换算方法按式（A.2）为：

$$V_0 = m \cdot F \qquad \text{(A.2)}$$

式中：

V_0 ——以体积表示的软冰淇淋机的额定产量，单位为升每时(L/h)；

m ——软冰淇淋机每小时制作的软冰淇淋的质量，单位为千克每时(kg/h)；

F ——软冰淇淋质量体积转换系数，单位为升每千克(L/kg)。

按软冰淇淋膨胀率的测试方法，连续接取 10 份 50 mL 符合本标准 5.2.1 的样品，倒入大的烧杯中，称出倒入软冰淇淋的烧杯前后质量 m_1、m_2，软冰淇淋质量体积转换系数按（A.3）计算：

$$F = \frac{0.5}{m_2 - m_1} \qquad \text{(A.3)}$$

A.3 耗电量试验

在进行 A.2 条试验的同时，测定软冰淇淋耗电量并按式（A.4）计算：

$$g = Q / m \qquad \text{(A.4)}$$

式中：

Q ——连续工作 1 h 总耗电量，单位为千瓦时(kW·h)；

m ——软冰淇淋机每小时制作的软冰淇淋的质量，单位为千克每时(kg/h)；

g ——单位产量耗电量，单位为千瓦时每千克(kW·h/kg)。

A.4 膨胀率测定

A.4.1 测定膨胀率时应确保缸体内的进料量达到正常水平，膨胀率应在生产成品 20 杯后开始测定，

按一定时间间隔进行测定5次，取其平均值。对于双缸或多缸机，应对各缸分别进行测定。

A.4.2 按质量比法测定。用附录B的专用取样器，准确接取50 mL的样品，倒入200 mL烧杯中，用电子秤称的总质量减去烧杯的质量为 m_1；再用50 mL容量瓶准确量取50 mL的软冰淇淋浆料，用电子秤得的总质量减去烧杯的质量为 m_2；膨胀率 P 按式(A.5)计算：

$$P = (m_2 - m_1)/m_1 \times 100\% \qquad \text{(A.5)}$$

式中：

P——膨胀率，%。

附 录 B
（资料性附录）
软冰淇淋专用取样器

B.1 结构

其结构应便于操作使用，能够方便的从阀体出料口截取 50 mL 的冰淇淋样品，所取的软冰淇淋样品，应是未受任何压缩的、形体完整、饱满、无空穴、无熔融现象的刚刚制成的软冰淇淋；所取的 50 mL 样品，体积误差应小于或等于±0.5 mL。其结构一般应是透明的无底的量筒，插板、刮板、刮圈用于刮去多余的软冰淇淋。

B.2 原理

软冰淇淋专用取样器原理应符合图 B.1 的要求。

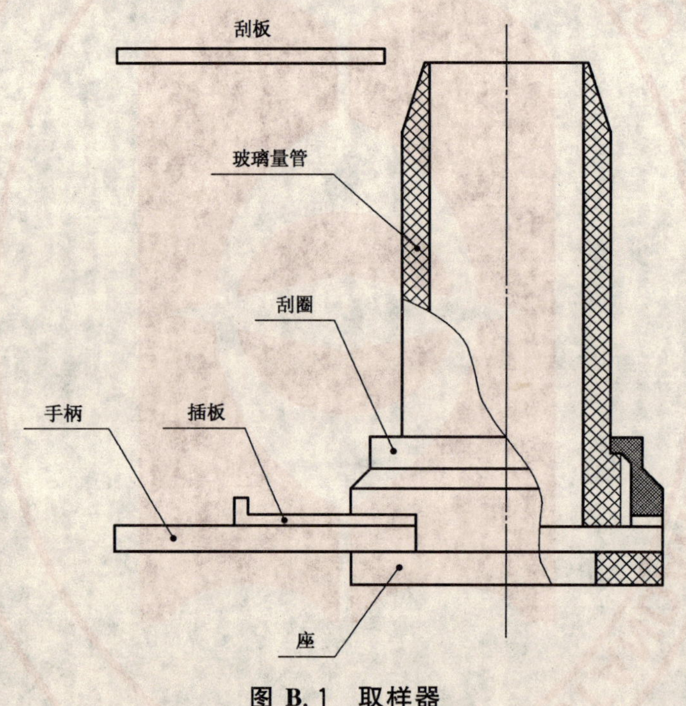

图 B.1 取样器

B.3 分次取样

对于小型软冰淇淋机，样品允许分几次量取而达到 50 mL。

ICS 35.040
L 80

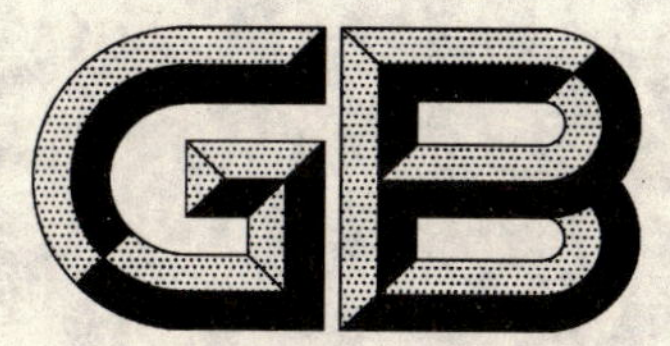

中华人民共和国国家标准

GB/T 20979—2007

信息安全技术 虹膜识别系统技术要求

Information security technology—Technical requirements for iris recognition system

2007-06-18 发布 2007-11-01 实施

中华人民共和国国家质量监督检验检疫总局
中国国家标准化管理委员会 发布

前言

本标准的附录C、附录D是规范性附录，附录A、附录B是资料性附录。

本标准由全国信息安全标准化技术委员会提出并归口。

本标准起草单位：北京凯平艾森信息技术有限公司、最高人民法院机关服务局信息技术服务处。

本标准主要起草人：王介生、吉增瑞、孙际泉、王静、王钦、徐金伟、白杰。

引　言

本标准用以指导设计者如何设计和实现具有所要求级别的虹膜识别系统，说明不同级别的虹膜识别系统的不同技术要求。

虹膜是瞳孔和巩膜之间的环状组织，是人眼的可见部分。作为人体生物特征识别的虹膜识别，与其他生物特征识别和非生物特征识别一样，具有鉴别用户身份真实性的功能。虹膜特征识别技术由于其高效、准确、难以伪造等特性受到关注。为了对虹膜识别技术进行规范，推动我国具有自主知识产权的虹膜识别技术的发展，为信息系统安全保护及社会保安提供有效、实用的人体身份鉴别手段，有必要制定虹膜识别系统的安全标准。

附录A是对虹膜识别原理的简要介绍。虹膜识别系统由软件系统和硬件系统组成。软件系统即虹膜信息处理系统，用以实现虹膜图像处理、用户登记、用户识别、虹膜图像存储管理、虹膜特征存储管理等功能；硬件系统包括虹膜图像采集系统以及支持虹膜信息处理软件系统运行的硬件环境。上述软硬件系统构成一个完整的信息处理系统，实现虹膜识别功能。虹膜识别系统的输入信息是虹膜图像，输出信息是识别结果。能够对虹膜识别系统的运行进行操作和干预的是系统管理员、系统安全员和系统审计员等特权用户。这些特权用户必须经过确认授权以后，才能实施所规定的操作。

虹膜识别系统可以看成是一个由各个软、硬件模块组成的专用的计算机应用系统。本标准将重点描述：作为专用系统所具备的虹膜识别功能和性能要求；作为计算机应用系统的虹膜识别系统的软、硬件系统的自身安全要求；虹膜识别系统运行环境的安全要求。

根据应用环境的不同，虹膜识别系统可以有独立运行和联机运行两种模式。

独立运行模式：将组成虹膜识别系统的虹膜识别机制全部封装在一个专用的机箱中，构成一个独立的系统，其应用领域是社会公共安全防范（如门禁）。这时，虹膜识别系统通过确定的外部接口为安全防范控制提供支持。其输入信息是所采集的虹膜图像，输出信息是控制传感系统的控制信号。

联机运行模式：将组成虹膜识别系统的虹膜识别机制嵌入在信息系统中，在组成信息系统的计算机系统和网络系统的支持下，构成一个实现虹膜识别的子系统，并通过确定的外部接口为信息系统用户的身份鉴别提供支持。这时，虹膜识别系统的输入信息是虹膜图像，输出信息是为信息系统的用户身份鉴别功能提供支持的虹膜特征识别结果。

上述虹膜识别系统的不同运行模式是根据应用需要确定的。从虹膜识别系统的组成与原理的角度看，并没有本质上的区别。因此，本标准的编写没有对不同运行模式的情况加以区分。需要特别说明的是，本标准所描述的技术要求是指虹膜识别系统所涉及的技术要素的要求。为了满足不同情况对虹膜识别系统的不同要求，本标准分三个级别对虹膜识别系统所涉及的功能和性能的技术要求以及相应的自身安全的技术要求分别进行了描述。其中，第1级为最低要求，第3级为最高要求。附录B的表B.1是虹膜识别系统功能和性能要素与分等级要求的对应关系的简明表示。需要指出的是，虹膜识别系统的自身安全保护是与其运行模式和实现的功能密切相关的。比如，独立运行模式不涉及信息的网上传输，因而不涉及网上信息传输的安全保护问题。在理解和使用本标准时，应从实际出发，根据虹膜识别系统的运行模式和实现的功能确定其自身的安全保护要求。

本标准第4章和第5章分别是对虹膜识别系统基本功能和基本性能要求的综合描述，第6章是对不同等级的虹膜识别系统在基本功能与性能、安全功能和安全保证方面的不同技术要求的描述。其中，宋体加粗字表示相应要求在该等级中第一次出现。

信息安全技术
虹膜识别系统技术要求

1 范围

本标准规定了用虹膜识别技术为身份鉴别提供支持的虹膜识别系统的技术要求。

本标准适用于按信息安全等级保护的要求所进行的虹膜识别系统的设计与实现，对虹膜识别系统的测试、管理也可参照使用。

2 规范性引用文件

下列文件中的条款通过本标准的引用而成为本标准的条款。凡是注日期的引用文件，其随后所有的修改单(不包括勘误的内容)或修订版均不适用于本标准，然而，鼓励根据本标准达成协议的各方研究是否使用这些文件的最新版本。凡是不注日期的引用文件，其最新版本适用于本标准。

GB 17859—1999 计算机信息系统安全保护等级划分准则

GB/T 20271—2006 信息安全技术 信息系统通用安全技术要求

GB/T 20273—2006 信息安全技术 数据库管理系统安全技术要求

3 术语和定义

GB 17859—1999 和 GB/T 20271—2006 确立的以及下列术语和定义适用于本标准。

3.1

人体生物特征识别 Biometrics, biometric authentification

以人体的某种生物特征信息作为身份依据进行用户识别的方法。通过测度该种人体生物特征，为每一个人产生出可以用电子方式存储、检索和比对的特征信息，并用这种特征信息进行用户识别。

3.2

虹膜 iris

人体眼球中介于瞳孔与巩膜之间的环状生理组织，是人眼的可见部分。

3.3

虹膜识别 iris recognition

以虹膜特征作为识别人体身份的方法，是人体生物特征识别方法的一种。

3.4

虹膜识别机制 iris recognition mechanism

按照确定的策略和方法，实现虹膜特征识别功能的所有软、硬件装置的总称。

3.5

虹膜识别系统 iris recognition system

实现虹膜识别功能的专用信息处理系统。虹膜识别系统可以是一个由软、硬件构成的独立系统，也可以是在信息系统已有平台上运行的嵌入式系统。

3.6

虹膜图像采集器 iris image grabber

虹膜识别系统的一个部件，用于进行虹膜图像采集。

3.7

自包含　self-contained

虹膜识别系统的一项重要的功能特性。如果一个虹膜识别系统具有虹膜图像采集器和虹膜信息处理软、硬件，能够独立实现虹膜图像采集、虹膜图像处理、虹膜特征序列生成及虹膜特征序列比对等虹膜识别系统的各项功能，则称其为自包含式系统，或称其具有自包含功能。

3.8

用户　user

指虹膜识别系统用以识别的对象，分为一般用户和特权用户。

3.9

一般用户和特权用户　general user and special user

一般用户和特权用户由虹膜识别系统的管控人员根据应用需求确定。例如，当虹膜识别用于信息系统的用户身份鉴别时，具有普通权限的用户可为一般用户，具有特殊权限的用户（如信息系统管理员、安全员和审计员等）可为特权用户。

3.10

用户登记　user enrollment

分析用户虹膜图像、提取虹膜数字特征、产生并存储模板特征序列的过程。

3.11

用户识别　user recognition

分析用户虹膜图像、提取虹膜数字特征、产生样本特征序列，并将该样本特征序列与已存储的模板特征序列进行比对，用以识别用户身份的过程。用户识别分为用户辨识和用户确认。

3.12

用户辨识　user identification

将所产生的样本特征序列与已存储的指定范围内的所有用户的模板特征序列进行比对（1∶N比对），选出相符的用户，以揭示用户的实际身份。

3.13

用户确认　user validation

将所产生的样本特征序列与按用户标识信息给定的已存储的用户的模板特征序列进行比对（1∶1比对），以确定用户所声称的身份。

3.14

特征序列　characteristic sequence

由虹膜图像数字特征组成的数据序列。虹膜图像数字特征是通过对虹膜图像进行分析提取的。特征序列包括模板特征序列和样本特征序列。

3.15

模板特征序列　template characteristic sequence

对采集到的用户登记虹膜图像进行分析提取所生成的特征序列。产生模板特征序列的目的必须是用于用户登记。

3.16

样本特征序列　sample characteristic sequence

对采集到的用户虹膜图像进行分析提取所生成的特征序列。产生样本特征序列的目的必须是用于用户识别。

3.17

虹膜识别数据　iris authentication data

用于进行虹膜识别的数据，包括模板特征序列数据和样本特征序列数据以及虹膜识别过程中用到的其他数据。

3.18

候选者　candidate

通过用户辨识所确定的用户。该用户是在已进行过用户登记的所有用户中选出的符合当前样本特征序列数据要求的用户。

3.19

虹膜特征序列数据库　iris characteristic sequence database

专门用于存放虹膜模板特征序列数据的数据库,简称为虹膜特征序列数据库。

3.20

不透明数据　(opaque data)

不透明数据是虹膜特征序列数据库记录的组成部分,由模板特征序列、有效载荷和防伪数据组成。

3.21

有效载荷　payload

封装在不透明数据中的由用户给出的数据,如:密钥等,在用户识别成功时可以将有效载荷释放出来,用以对该用户进行授权等操作。

3.22

比对次数　march time

在测试数据中,同一虹膜组织的所有模板特征序列与任一虹膜组织的所有样本特征序列之间的所有比对,计为一次比对。在统计比对次数时,同一虹膜组织生成的所有模板特征序列或由其生成的所有样本特征序列都分别被看作是同一特征序列。

3.23

错误接受率　false accept rate

在进行样本特征序列与模板特征序列的比对过程中,对于本该产生拒绝结果的比对,错误地产生了接受结果,产生这类错误结果的比对次数,与总比对次数的比率的测定值。

3.24

错误拒绝率　false reject rate

在进行样本特征序列与模板特征序列的比对过程中,对于本该产生接受结果的比对,错误地产生了拒绝结果,产生这类错误结果的比对次数,与总比对次数的比率的测定值。

4　基本功能要求

4.1　自包含

一个完整的虹膜识别系统应具有自包含功能。

4.2　虹膜图像采集与处理

应提供对虹膜图像进行采集与处理的功能。虹膜图像采集与处理应满足以下要求:

——由虹膜图像采集设备按要求进行虹膜图像的采集;

——按要求对采集到的虹膜图像进行处理,产生用于进行用户登记和用户识别的虹膜特征序列数据信息。

4.3　用户标识

应提供用户标识功能。用户标识应满足以下要求:

——所有用户在用户登记时都进行用户标识;

——用户标识以用户名和用户标识符(ID)实现;

——应确保同一信息系统中用户标识的唯一性。

4.4 用户登记

4.4.1 基本要求

应提供用户登记功能。用户登记应满足以下要求：

——只应将获准进行登记的用户的虹膜特征序列作为模板特征序列存入特征序列数据库；

——同一用户在相关的信息系统中的模板特征序列应具有相同的数据库记录结构(见附录 D)，以保持模板特征序列的一致性，便于信息共享和集中管理；

——用户登记是一次性过程，即对同一特征序列数据库的用户只应登记一次；

——应对用户登记进行审计。

4.4.2 两幅图像要求

以两幅以上(含两幅)图像生成的虹膜特征序列实现用户登记。

4.4.3 四幅图像要求

以四幅以上(含四幅)图像生成的虹膜特征序列实现用户登记。

4.5 用户识别

4.5.1 基本要求

应提供用户识别功能。用户识别包括用户辨识和用户确认两种功能。

a) 用户辨识应满足以下要求：

1) 进行用户辨识时，用户虹膜图像是唯一的用户辨识信息；

2) 将实时采集的用户虹膜图像生成的样本特征序列与存储的模板特征序列逐一进行比对，产生用于用户辨识的比对结果。

b) 用户确认应满足以下要求：

1) 进行用户确认时，需要虹膜图像信息和用户标识信息；

2) 根据用户标识信息，从特征序列数据库中检索出该用户的模板特征序列；

3) 将实时采集的用户虹膜图像生成的样本特征序列与检索出的用户模板特征序列进行比对，产生用于用户确认的比对结果。

4.5.2 两幅图像要求

以两幅图像以上(含两幅)生成的虹膜特征序列实现用户识别。

4.5.3 四幅图像要求

以四幅图像以上(含四幅)生成的虹膜特征序列实现用户识别。

4.6 识别失败的判定及处理

虹膜识别系统在识别过程中，当出现以下情形中的一项或多项时，系统应能准确地判断出识别失败：

a) 设备故障：不能成功采集图像；

b) 像质障碍：采集的图像质量不适于生成模板特征序列或生成样本特征序列；

c) 超时断开：终端操作超时断开；

d) 数据库故障：特征序列数据库故障且在规定尝试次数内未能消除；

e) 尝试超次：对用户确认与用户辨识，应分别设定警告次数阈值，连续警告次数大于该阈值时视作失败。

对识别失败的处理，应提供以下功能：

——制定识别失败返回值表；

——在出现识别失败情况时，按照失败返回值表返回错误代码或错误值；

——针对不同识别失败原因进行相应处理。

4.7 防伪造

虹膜识别系统应具有防伪造功能。根据不同等级的要求,防伪造功能应有选择地满足以下要求:

a) 防照片伪造:应能检测或防止使用照片伪造识别图像;

b) 防隐形镜片伪造:应能检测或防止在隐形镜片上复制伪造识别图像;

c) 防复制伪造:应能检测或防止对当前用户识别数据的复制和非授权保存;

d) 防录像伪造:应能检测或防止使用录像伪造识别图像;

e) 防死亡虹膜伪造:应能检测或防止用已经死亡的虹膜组织取代活体虹膜组织。

4.8 警告与报警

虹膜识别系统的警告与报警应满足以下要求:

——进行用户确认时,如用户不是所给 ID 或其他用户身份信息的持有者,或在进行用户辨识时,已存贮的模板特征序列中无用户的候选者,应给出警告信息;

——检测出伪造识别图像、识别数据,或复制图像、数据,或非授权保存图像、数据,或非授权数据库操作时,应给出报警信息。

5 基本性能要求

5.1 错误接受率和错误拒绝率

虹膜识别系统的错误接受率和错误拒绝率应能进行调节,使其中之一变大时另一个变小,以满足不同的应用需要。不同等级的虹膜识别系统应分别满足以下的错误接受率和错误拒绝率要求:

a) 在总测试次数不小于一万次时,错误接受率不大于万分之一,错误拒绝率不大于百分之一;

b) 在总测试次数不小于十万次时,错误接受率不大于十万分之一,错误拒绝率不大于百分之一;

c) 在总测试次数不小于三十万次时,错误接受率不大于三十万分之一,错误拒绝率不大于千分之一。

5.2 响应时间

虹膜识别系统功能的实现,应在充分考虑承载其运行的处理器速度、存储器容量、数据处理量和其他相关因素的基础上,采取有效的算法,确保其时间与速度能满足使用的需要。

5.3 适用范围

虹膜识别系统的适用范围应满足:

——适用于各种人种的虹膜识别,既能用于深色虹膜人种,也能用于浅色虹膜人种;

——既能用于本地用户的虹膜识别,也能用于远程用户的虹膜识别;

——既能用于一般用户的虹膜识别,也能用于特权用户的虹膜识别。

5.4 使用安全条件

虹膜识别系统所提供的使用安全条件应满足:

采用无伤害照明。

6 分等级技术要求

6.1 第一级技术要求

6.1.1 基本功能要求

6.1.1.1 自包含

应按 4.1 的要求实现自包含功能。

6.1.1.2 虹膜图像采集与处理

应按 4.2 的要求实现图像处理功能。

6.1.1.3 用户标识

应按 4.3 的要求实现用户标识功能。

6.1.1.4 用户登记

应按4.4的要求从以下方面实现用户登记功能：

a) 对一般用户和特权用户，按4.4.1和4.4.2的要求进行用户登记；
b) 以数据库或文件形式将用户模板特征序列进行存储；
c) 有效载荷数据部分可为空；
d) 签名部分可为空。

6.1.1.5 用户识别

应按4.5的要求从以下方面实现用户识别功能：

a) 对一般用户和特权用户，按4.5.1和4.5.2的要求进行用户识别；
b) 用样板特征序列进行用户辨识和用户确认。

6.1.1.6 识别失败判定及处理

应按4.6的要求，从以下方面实现识别失败判定及处理功能：

a) 对设备故障、像质障碍、超时断开所引起的识别失败事件进行判定；
b) 在同一用户连续4次未能通过用户确认或用户辨识时，做出识别失败判定；
c) 在用户未能通过用户确认或用户辨识时显示识别失败信息；
d) 按4.6中的相应要求，实现识别失败处理功能。

6.1.1.7 防伪造

应具有以下防伪造功能：

a) 按4.7中防复制伪造的要求检测并防止伪造用户识别图像；
b) 在检测出伪造或非授权操作事件时应终止违例进程并取消服务。

6.1.2 基本性能要求

6.1.2.1 错误接受率和错误拒绝率要求

应按5.1的要求进行错误接受率与错误拒绝率设计，并同时满足：

a) 错误接受率不大于万分之一；
b) 错误拒绝率不大于百分之一。

6.1.2.2 响应时间要求

应按5.2关于响应时间的要求进行虹膜识别系统的设计。

6.1.2.3 适用范围要求

应按5.3关于适用范围的要求进行虹膜识别系统的设计。

6.1.2.4 使用安全条件要求

应按5.4关于使用安全条件的要求进行虹膜识别系统的设计。

6.1.3 自身安全功能要求

6.1.3.1 物理安全要求

6.1.3.1.1 环境安全

应按GB/T 20271—2006中6.2.1.1的要求，对运行虹膜识别的软、硬件环境进行保护。

6.1.3.1.2 设备安全

每台虹膜识别设备都应有明显的无法除去的标记，以防更换和方便丢失后查找。

6.1.3.1.3 记录介质安全

应按GB/T 20271—2006中6.2.1.3的要求，对存放虹膜特征序列数据的脱机存储介质应进行保护。

6.1.3.2 运行安全要求

6.1.3.2.1 风险分析

应按GB/T 20271—2006中6.2.2.1的要求，从以下方面进行虹膜识别系统的风险分析：

a) 根据用户使用要求和使用环境，对虹膜识别系统进行设计前的风险分析，确定系统的安全需求；

b) 对运行中的虹膜识别系统,定期或根据需要进行动态风险分析,发现安全漏洞,确定安全对策。

6.1.3.2.2 系统安全性检测分析

应按 GB/T 20271—2006 中 6.2.2.2 的要求,从以下方面对虹膜识别系统的安全性进行检测分析:

a) 对支持虹膜识别系统运行的操作系统进行安全性检测分析,发现其安全性问题,提出补救措施;

b) 对虹膜识别系统自身的安全性进行检测分析,发现其安全性问题,提出补救措施。

6.1.3.2.3 安全审计

应按 GB/T 20271—2006 中 6.2.2.3 的要求,从以下方面设计虹膜识别系统的安全审计功能:

a) 按要求对需要审计的事件做出响应;

b) 按要求产生审计数据;

c) 按要求对审计数据进行保护;

d) 按要求提供审计事件的查阅功能。

6.1.3.2.4 备份与故障恢复

应按 GB/T 20271—2006 中 6.2.2.5 的要求,设置虹膜识别系统的信息备份与恢复功能。

6.1.3.3 数据安全要求

6.1.3.3.1 系统管理员身份鉴别

应按 GB/T 20271—2006 中 6.2.3.1 的要求,对虹膜识别系统的系统管理员进行身份鉴别,确认其身份的真实性。

6.1.3.3.2 访问控制

应按 GB/T 20271—2006 中 6.2.3.2 的要求,根据附录 C 表 C.1 所表示的主、客体对应关系及操作规则,实现对虹膜识别数据的访问控制。

6.1.3.3.3 数据完整性保护

应按 GB/T 20271—2006 中 6.2.3.3 的要求和 GB/T 20273—2006 中 5.2.1.4 的要求,从以下方面实现对虹膜识别数据的完整性保护:

a) 对被存储的模板特征序列数据和样本特征序列数据进行完整性保护;

b) 对被传输的模板特征序列数据和样本特征序列数据进行完整性保护;

c) 对被处理的模板特征序列数据和样本特征序列数据进行完整性保护。

6.1.3.3.4 数据保密性保护

应按 GB/T 20271—2006 中 6.2.3.4 的要求和 GB/T 20273—2006 中 5.2.1.5 的要求,从以下方面对虹膜识别数据进行保密性保护:

a) 对被存储的模板特征序列数据和样本特征序列数据进行保密性保护;

b) 对被传输的模板特征序列数据和样本特征序列数据进行保密性保护;

c) 对动态使用资源中的模板特征序列数据和样本特征序列数据进行剩余信息保护。

6.1.4 自身安全保证要求

6.1.4.1 虹膜识别系统自身安全保护

按 GB/T 20271—2006 中 6.2.4 的要求,从以下方面设计和实现虹膜识别系统的自身安全保护:

a) 确保虹膜识别系统程序的完整性;

b) 确保虹膜识别系统的正确、不间断运行;

c) 确保虹膜识别系统有可靠的时间戳支持;

d) 确保虹膜识别设备在受到物理攻击时能及时进行报告。

6.1.4.2 虹膜识别系统设计与实现

按 GB/T 20271—2006 中 6.2.5 的要求,从以下方面设计和实现虹膜识别系统:

a) 按 GB/T 20271—2006 中 6.2.5.1 的要求,实现虹膜识别系统的配置管理;

b) 按 GB/T 20271—2006 中 6.2.5.2 的要求,实现虹膜识别系统的分发和操作;

c) 按 GB/T 20271—2006 中 6.2.5.3 的要求,实现虹膜识别系统的开发;

d) 按 GB/T 20271—2006 中 6.2.5.4 的要求,进行虹膜识别系统的文档编写;

e) 按 GB/T 20271—2006 中 6.2.5.5 的要求,实现虹膜识别系统的生命周期支持设计;

f) 按 GB/T 20271—2006 中 6.2.5.6 的要求,进行虹膜识别系统的测试;

g) 按 GB/T 20271—2006 中 6.2.5.7 的要求,进行虹膜识别系统的脆弱性评定。

6.1.4.3 虹膜识别系统安全管理

按 GB/T 20271—2006 中 6.2.6 的要求,从以下方面实现虹膜识别系统的安全管理,制定相应的操作、运行规程和行为规章制度:

a) 虹膜识别系统的功能管理;

b) 虹膜识别系统的安全属性管理;

c) 虹膜识别系统的数据管理。

6.2 第二级技术要求

6.2.1 基本功能要求

6.2.1.1 自包含

应按 4.1 的要求实现自包含功能。

6.2.1.2 虹膜图像采集与处理

应按 4.2 的要求实现图像处理功能。

6.2.1.3 用户标识

应按 4.3 的要求实现用户标识功能。

6.2.1.4 用户登记

应按 4.4 的要求从以下方面实现用户登记功能:

a) 对一般用户和特权用户,按 4.4.1 和 4.4.2 的要求进行用户登记;

b) 以数据库形式将用户模板特征序列进行存储;

c) 有效载荷数据部分的数据不应为空;

d) 签名数据部分可为空。

6.2.1.5 用户识别

应按 4.5 的要求从以下方面实现用户识别功能:

a) 对一般用户和特权用户,按 4.5.1 和 4.5.2 的要求进行用户识别;

b) 用样板特征序列进行用户辨识和用户确认。

6.2.1.6 识别失败的判定及处理

应按 4.6 的要求,从以下方面实现识别失败的判定及处理功能:

a) 对 4.6 中设备故障、像质障碍、超时断开、数据库故障所引起的识别失败事件进行判定;

b) 在同一用户连续 4 次未能通过用户确认或用户辨识时,做出识别失败判定;

c) 应在虹膜特征序列数据库出现故障时显示故障信息;

d) 应在用户未能通过用户确认或用户辨识时显示识别失败信息;

e) 按 4.6 中的相应要求,实现识别失败处理功能。

6.2.1.7 防伪造

应具有以下防伪造功能:

a) 按 4.7 中防照片伪造、防隐形镜片伪造、防复制伪造的要求检测并防止伪造用户识别图像;

b) 在检测出伪造或非授权操作事件时应终止违例进程并取消服务。

6.2.1.8 警告与报警

应按4.8的要求实现警告与报警功能。

6.2.2 基本性能要求

6.2.2.1 错误接受率和错误拒绝率要求

应按5.1的要求进行错误接受率与错误拒绝率设计，并同时满足：

a) 错误接受率不大于十万分之一；

b) 错误拒绝率不大于百分之一。

6.2.2.2 响应时间要求

应按5.2关于响应时间的要求进行虹膜识别系统的设计。

6.2.2.3 适用范围要求

应按5.3关于适用范围的要求进行虹膜识别系统的设计。

6.2.2.4 使用安全条件要求

应按5.4关于使用安全条件的要求进行虹膜识别系统的设计。

6.2.3 自身安全功能要求

6.2.3.1 物理安全要求

6.2.3.1.1 环境安全

应按GB/T 20271—2006中6.3.1.1的要求，从以下方面对虹膜识别系统的运行环境进行安全保护：

a) 对安装虹膜图像采集器的环境应进行保护；

b) 对运行虹膜识别系统的软、硬件环境应进行保护。

6.2.3.1.2 设备安全

每台虹膜识别设备都应有明显的无法除去的标记，以防更换和方便丢失后查找。

6.2.3.1.3 记录介质安全

应按GB/T 20271—2006中6.3.1.3的要求，对存放虹膜特征序列数据的脱机存储介质进行保护。

6.2.3.2 运行安全要求

6.2.3.2.1 风险分析

应按GB/T 20271—2006中6.3.2.1的要求，从以下方面进行虹膜识别系统的风险分析：

a) 根据用户使用要求和使用环境，对虹膜识别系统进行系统设计前的风险分析，确定系统的安全需求；

b) 对设计完成的虹膜识别系统，进行运行前的静态风险分析，以发现系统的潜在安全隐患，并提出改进措施；

c) 对运行中的虹膜识别系统，定期或根据需要进行动态风险分析，发现安全漏洞，确定安全对策。

6.2.3.2.2 系统安全性检测分析

应按GB/T 20271—2006中6.3.2.2的要求，从以下方面对虹膜识别系统的安全性进行检测分析：

a) 对支持虹膜识别系统运行的操作系统进行安全性检测分析，发现其安全性问题，提出补救措施；

b) 对支持虹膜识别系统运行的数据库管理系统进行安全性检测分析，发现其安全性问题，提出补救措施；

c) 对支持虹膜识别系统运行的网络系统进行安全性检测分析，发现其安全性问题，提出补救措施；

d) 对虹膜识别系统自身的安全性进行检测分析，发现其安全性问题，提出补救措施。

6.2.3.2.3 安全审计

应按GB/T 20271—2006中6.3.2.4的要求，从以下方面设计虹膜识别系统的安全审计功能：

a) 按要求对伪造虹膜图像、伪造特征序列数据或篡改识别结果数据、企图保存虹膜图像、非授权保存特征序列数据、非授权进行数据库操作等事件做出响应；

b) 按要求产生审计数据；

c) 按要求对审计数据进行保护；

d) 按要求对审计事件进行分析；

e) 按要求提供审计事件的查阅功能；

f) 按要求对网络环境的审计进行集中管理。

6.2.3.2.4 备份与故障恢复

应按 GB/T 20271—2006 中 6.3.2.6 的要求，从以下方面设置虹膜识别系统的备份与故障恢复功能：

a) 设置信息备份功能，并在虹膜识别系统运行中出现致使信息丢失的故障时，能进行信息恢复；

b) 设置系统备份功能，并在虹膜识别系统运行中出现致使系统无法运行的故障时，能进行恢复。

6.2.3.3 数据安全要求

6.2.3.3.1 系统管理员身份鉴别

应按 GB/T 20271—2006 中 6.3.3.1 的要求，对虹膜识别系统的系统管理员进行身份鉴别。确认其身份的真实性。

6.2.3.3.2 访问控制

应按 GB/T 20271—2006 中 6.3.3.4 和 6.3.3.5 的要求，根据附录 C 表 C.2 所表示的主、客体对应关系及操作规则，通过对主、客体设置敏感标记，实现对虹膜识别数据和虹膜特征序列数据信息的访问控制。

6.2.3.3.3 数据完整性保护

应按 GB/T 20271—2006 中 6.3.3.7 的要求和 GB/T 20273—2006 中 5.3.1.7 的要求，从以下方面实现对虹膜识别数据的完整性保护：

a) 对被存储的虹膜识别数据进行完整性保护；

b) 对被传输的虹膜识别数据进行完整性保护；

c) 对被处理的虹膜识别数据进行完整性保护。

6.2.3.3.4 数据保密性保护

应按 GB/T 20271—2006 中 6.3.3.8 的要求和 GB/T 20273—2006 中 5.3.1.8 的要求，从以下方面对虹膜识别数据进行保密性保护：

a) 对被存储的虹膜识别数据进行保密性保护；

b) 被传输的虹膜识别数据进行保密性保护；

c) 对动态使用资源中的虹膜识别数据进行剩余信息保护。

6.2.4 自身安全保证要求

6.2.4.1 虹膜识别系统自身安全保护

应按 GB/T 20271—2006 中 6.3.4 的要求，从以下方面设计和实现虹膜识别系统的自身安全保护：

a) 确保虹膜识别系统程序的完整性；

b) 确保虹膜识别系统的正确、不间断运行；

c) 确保虹膜识别机制不会被旁路；

d) 确保虹膜识别系统有可靠的时间戳支持；

e) 确保虹膜识别设备在受到物理攻击时能及时进行报告；

f) 通过故障容错、服务优先级和资源分配，增强虹膜识别系统自身安全性；

g) 通过对与虹膜识别系统的会话限制，保护虹膜识别系统免遭相应攻击。

6.2.4.2 虹膜识别系统设计与实现

应按 GB/T 20271—2006 中 6.3.5 的要求，从以下方面设计和实现虹膜识别系统：

a) 按 GB/T 20271—2006 中 6.3.5.1 的要求，实现虹膜识别系统的配置管理；
b) 按 GB/T 20271—2006 中 6.3.5.2 的要求，实现虹膜识别系统的分发和操作；
c) 按 GB/T 20271—2006 中 6.3.5.3 的要求，实现虹膜识别系统的开发；
d) 按 GB/T 20271—2006 中 6.3.5.4 的要求，进行虹膜识别系统的文档编写；
e) 按 GB/T 20271—2006 中 6.3.5.5 的要求，实现虹膜识别系统的生命周期支持设计；
f) 按 GB/T 20271—2006 中 6.3.5.6 的要求，进行虹膜识别系统的测试；
g) 按 GB/T 20271—2006 中 6.3.5.7 的要求，进行虹膜识别系统的脆弱性评定。

6.2.4.3 虹膜识别系统安全管理

应按 GB/T 20271—2006 中 6.3.6 的要求，从以下方面设计和实现虹膜识别系统的安全管理，制定相应的操作、运行规程和行为规章制度：

a) 虹膜识别系统的功能管理；
b) 虹膜识别系统的安全属性管理；
c) 虹膜识别系统的数据管理；
d) 虹膜识别系统安全角色的定义与管理；
e) 虹膜识别系统安全机制的集中管理。

6.3 第三级技术要求

6.3.1 基本功能要求

6.3.1.1 自包含

应按 4.1 的要求实现自包含功能。

6.3.1.2 虹膜图像采集与处理

应按 4.2 的要求实现虹膜图像的采集与处理功能。

6.3.1.3 用户标识

应按 4.3 的要求实现用户标识功能。

6.3.1.4 用户登记

应按 4.4 的要求从以下方面实现用户登记功能：

a) 对一般用户，按 4.4.1 和 4.4.2 的要求进行用户登记；
b) 对特权用户，按 4.4.1 和 4.4.3 的要求进行用户登记；
c) 有效载荷、模板特征序列应以相应级别的密码进行加密保护；
d) 以数据库形式将用户模板特征序列进行存储；
e) 虹膜特征序列数据库数据结构中的签名数据部分不应为空；
f) 用户虹膜图像可根据需要以数据库形式保存；
g) 用户面部照片可根据需要采集并保存。

6.3.1.5 用户识别

应按 4.5 的要求从以下方面实现用户识别功能：

a) 对一般用户，按 4.5.1 和 4.5.2 的要求，以两幅虹膜图像生成的虹膜特征序列作为样板特征序列进行用户识别；
b) 对特权用户，按 4.5.1 和 4.5.3 的要求，以四幅虹膜图像生成的虹膜特征序列作为样板特征序列进行用户识别；
c) 用样板特征序列进行用户辨识和用户确认。

6.3.1.6 识别失败的判定及处理

应按 4.6 的要求，从以下方面实现识别失败的判定及处理功能：

a) 能对4.6中设备故障、像质障碍、超时断开、数据库故障、尝试超次等所引起的识别失败事件进行判定；
b) 能在同一用户连续3次未能通过用户确认或用户辨识时，做出识别失败判定；
c) 应在虹膜特征序列数据库出现故障时显示故障信息；
d) 应在用户未能通过用户确认或用户辨识时显示识别失败信息；
e) 按4.6中的相应要求，制定明确的识别失败处理策略，实现识别失败处理功能。

6.3.1.7 防伪造

应具有以下不可伪造识别功能：
a) 按4.7中防照片伪造、防隐形镜片伪造、防复制伪造、防录像伪造、防死亡虹膜伪造的要求检测并防止伪造用户识别图像；
b) 在检测出伪造或非授权操作事件时应终止违例进程并取消服务。

6.3.1.8 警告和报警

应按4.8的要求实现警告和报警设计。

6.3.2 基本性能要求

6.3.2.1 错误接受率和错误拒绝率要求

应按5.1的要求进行错误接受率与错误拒绝率设计，并同时满足：
a) 错误接受率不大于三十万分之一；
b) 错误拒绝率不大于千分之一。

6.3.2.2 响应时间要求

应按5.2关于响应时间的要求进行虹膜识别系统的设计。

6.3.2.3 适用范围要求

应按5.3关于适用范围的要求进行虹膜识别系统的设计。

6.3.2.4 使用安全条件要求

应按5.4关于使用安全条件的要求进行虹膜识别系统的设计。

6.3.3 自身安全功能要求

6.3.3.1 物理安全要求

6.3.3.1.1 环境安全

应按GB/T 20271—2006中6.4.1.1的要求，从以下方面对虹膜识别系统的运行环境进行安全保护：
a) 对安装虹膜图像采集器的环境应进行保护；
b) 对运行虹膜识别的软、硬件环境应进行保护；
c) 对传输虹膜识别系统信息的网络环境进行保护。

6.3.3.1.2 设备安全

每台虹膜识别设备都应有明显的无法除去的标记，以防更换和方便丢失后查找。

6.3.3.1.3 记录介质安全

应按GB/T 20271—2006中6.4.1.3的要求，从以下方面对脱机存放虹膜识别系统数据的介质进行安全保护：
a) 对存放虹膜特征序列数据的脱机存储介质应进行保护；
b) 对存放虹膜图像数据、面部照片的脱机存储介质进行保护。

6.3.3.2 运行安全要求

6.3.3.2.1 风险分析

应按GB/T 20271—2006中6.4.2.1的要求，从以下方面进行虹膜识别系统的风险分析：

a) 根据用户使用要求和使用环境，对虹膜识别系统进行系统设计前的风险分析，确定系统的安全需求；

b) 对设计完成的虹膜识别系统，进行运行前的静态风险分析，以发现系统的潜在安全隐患，并提出改进措施；

c) 对运行中的虹膜识别系统，定期或根据需要进行动态风险分析，发现安全漏洞，确定安全对策。

6.3.3.2.2 系统安全性检测分析

应按 GB/T 20271—2006 中 6.4.2.2 的要求，从以下方面对虹膜识别系统的安全性进行检测分析：

a) 对支持虹膜识别系统运行的操作系统进行安全性检测分析，发现其安全性问题，提出补救措施；

b) 对支持虹膜识别系统运行的数据库管理系统进行安全性检测分析，发现其安全性问题，提出补救措施；

c) 对支持虹膜识别系统运行的网络系统进行安全性检测分析，发现其安全性问题，提出补救措施；

d) 对虹膜识别系统自身的安全性进行检测分析，发现其安全性问题，提出补救措施。

6.3.3.2.3 安全审计

应按 GB/T 20271—2006 中 6.4.2.4 的要求，从以下方面设计虹膜识别系统的安全审计功能：

a) 按要求对伪造虹膜图像、伪造特征序列数据或篡改识别结果数据、企图保存虹膜图像、非授权保存特征序列数据、非授权进行数据库操作等事件做出响应；

b) 按要求产生审计数据；

c) 按要求对审计数据进行保护；

d) 按要求对审计事件进行分析；

e) 按要求提供审计事件的查阅功能；

f) 按要求对网络环境的审计进行集中管理。

6.3.3.2.4 备份与故障恢复

应按 GB/T 20271—2006 中 6.4.2.6 的要求，设置虹膜识别系统的备份与故障恢复功能：

a) 设置信息备份功能，并在虹膜识别系统运行中出现致使信息丢失的故障时，能进行信息恢复；

b) 设置系统备份功能，并在虹膜识别系统运行中出现致使系统无法运行的故障时，能进行恢复。

6.3.3.3 数据安全要求

6.3.3.3.1 系统管理员身份鉴别

应按 GB/T 20271—2006 中 6.4.3.1 的要求，对虹膜识别系统的系统管理员进行身份鉴别，确认其身份的真实性。

6.3.3.3.2 访问控制

应按 GB/T 20271—2006 中 6.4.3.4 和 6.4.3.5 的要求，根据附录 C 表 C.2 和表 C.3 所表示的主、客体对应关系及操作规则，通过对主、客体设置附加敏感标记，实现对虹膜识别数据、虹膜特征序列数据、面部照片及有效载荷数据信息的访问控制。对虹膜特征序列数据库的访问控制粒度应为库/表级、记录级、字段级。

6.3.3.3.3 数据完整性保护

应按 GB/T 20271—2006 中 6.4.3.7 的要求和 GB/T 20273—2006 中 5.4.1.7 的要求，从以下方面实现对虹膜识别数据的完整性保护：

a) 对被存储的虹膜识别数据进行完整性保护；

b) 对被传输的虹膜识别数据进行完整性保护；

c) 对被处理的虹膜识别数据进行完整性保护。

6.3.3.3.4　数据保密性保护

应按 GB/T 20271—2006 中 6.4.3.8 的要求和 GB/T 20273—2006 中 5.4.1.8 的要求，从以下方面对虹膜识别数据进行保密性保护：

a）对被存储的虹膜识别数据进行保密性保护；

b）对被传输的虹膜识别数据进行保密性保护；

c）对动态使用资源中的虹膜识别数据进行剩余信息保护。

6.3.4　自身安全保证要求

6.3.4.1　虹膜识别系统自身安全保护

应按 GB/T 20271—2006 中 6.4.4 的要求，从以下方面设计和实现虹膜识别系统的自身安全保护：

a）确保虹膜识别系统程序的完整性；

b）确保虹膜识别系统数据的完整性；

c）确保虹膜识别系统的正确、不间断运行；

d）确保虹膜识别机制不会被旁路；

e）确保虹膜识别机制不会被替换；

f）确保虹膜识别系统有可靠的时间戳支持；

g）确保虹膜识别设备在受到物理攻击时能及时进行报告；

h）通过故障容错、服务优先级和资源分配增强虹膜识别系统自身安全性；

i）通过对与虹膜识别系统的会话限制保护虹膜识别系统的免遭相应攻击。

6.3.4.2　虹膜识别系统设计与实现

应按 GB/T 20271—2006 中 6.4.5 的要求，从以下方面设计和实现虹膜识别系统：

a）按 GB/T 20271—2006 中 6.4.5.1 的要求，实现虹膜识别系统的配置管理；

b）按 GB/T 20271—2006 中 6.4.5.2 的要求，实现虹膜识别系统的分发和操作；

c）按 GB/T 20271—2006 中 6.4.5.3 的要求，实现虹膜识别系统的开发；

d）按 GB/T 20271—2006 中 6.4.5.4 的要求，进行虹膜识别系统的文档编写；

e）按 GB/T 20271—2006 中 6.4.5.5 的要求，实现虹膜识别系统的生命周期支持设计；

f）按 GB/T 20271—2006 中 6.4.5.6 的要求，进行虹膜识别系统的测试；

g）按 GB/T 20271—2006 中 6.4.5.7 的要求，进行虹膜识别系统的脆弱性评定。

6.3.4.3　虹膜识别系统安全管理

应按 GB/T 20271—2006 中 6.4.6 的要求，从以下方面设计和实现虹膜识别系统的安全管理，制定相应的操作、运行规程和行为规章制度：

a）虹膜识别系统的功能管理；

b）虹膜识别系统安全属性的管理；

c）虹膜识别系统数据的管理；

d）虹膜识别系统安全角色的定义与管理；

e）虹膜识别系统安全机制的集中管理。

附 录 A
（资料性附录）
虹膜识别基本原理

A.1 虹膜识别系统的组成与功能

A.1.1 组成与相互关系

图 A.1 给出了虹膜识别系统的基本组成与相互关系。

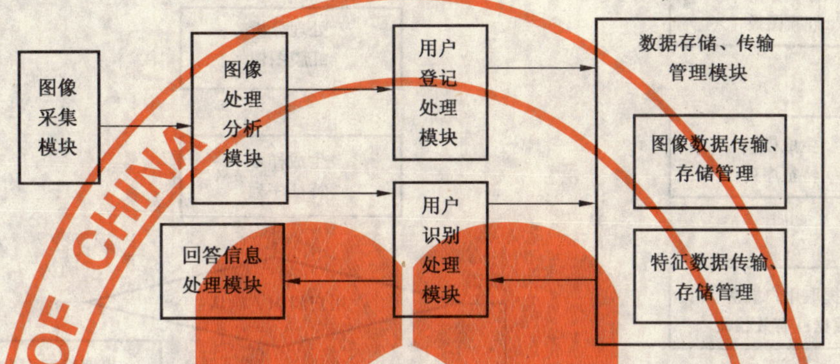

图 A.1 虹膜识别系统的组成与相互关系

A.1.2 虹膜识别系统功能简要说明

虹膜识别系统包含图像采集、图像处理分析、用户登记处理、用户识别处理、数据存储传输管理、回答信息处理等功能模块。这些模块用以实现两种基本功能：用户登记和用户识别。进行用户登记或识别时，由图像采集模块采集用户虹膜图像，经图像处理分析模块处理，用户登记时，由用户登记处理模块生成用户登记信息并存入数据库；用户识别时，由用户识别处理模块生成用户识别信息，并将识别信息与登记信息进行比对，得出识别结果。用户登记是一次性过程，一个用户只登记一次。用户登记信息应具有一致的形式，以加强安全管理并节省资源。

A.1.3 虹膜识别系统各模块主要功能说明

虹膜识别系统各模块主要功能说明如下：

a) 虹膜图像采集模块：按要求采集被识别对像的虹膜图像；
b) 虹膜图像处理分析模块：按要求对采集到的虹膜图像进行分析处理，产生用于进行用户登记和用户识别处理的虹膜特征序列数据信息。图像处理分析模块包括图像处理和图像分析两个子模块。图像处理子模块将虹膜图像变化为经过一定数字处理的虹膜图像；图像分析子模块是将经过数字处理的虹膜图像信息转化为某种非图像信息；
c) 用户登记处理模块：根据虹膜图像处理模块提供的信息，进行用户登记处理，并将虹膜特征数据信息和/或虹膜图像数据信息提交数据存储管理模块进行存储；
d) 用户识别处理模块：根据虹膜图像处理模块提供的信息，以及由数据存储管理模块所提供的信息，进行用户识别处理，并按识别结果形成回答信息；
e) 虹膜数据存储传输管理模块：按确定的数据结构，对虹膜图像数据和虹膜特征数据进行存储管理，为用户登记处理和用户识别处理提供支持；
f) 回答信息处理模块：根据需要将来自用户识别处理模块的回答信息转换成所要求的表示形式，为上层应用提供支持。

A.2 虹膜识别系统的工作流程

图 A.2 展示虹膜识别的工作流程。

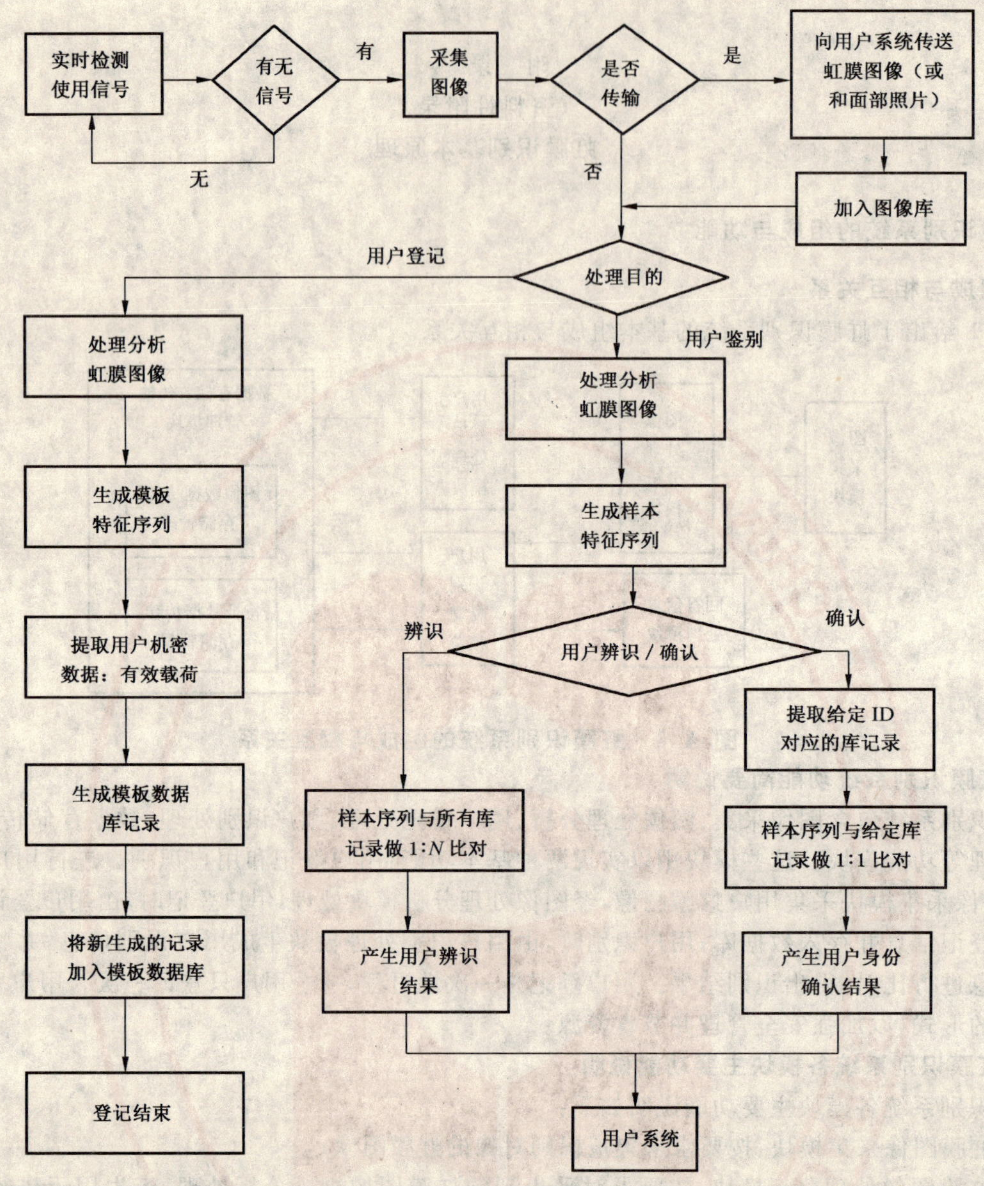

图 A.2 虹膜识别的工作流程

A.3 虹膜识别机制的主体与客体

作为用于用户身份鉴别的专用信息安全机制，虹膜识别系统是一个专用的信息处理系统。其主体与客体分别是在一定范围内的实体成分。

A.3.1 主体

虹膜识别机制中有两类主体：一类是特权用户，包括系统管理员、系统安全员和系统审计员；另一类是处理专门事务的系统进程。

系统管理员的主要职责是，通过专门为管理员提供的操作界面进行系统安装、启动，并对存放虹膜图像的图像库和存放模板特征序列的数据库进行维护，以及进行用户登记；系统安全员的主要职责是，进行主、客体敏感信息的设置，这些敏感信息是实现主、客体之间访问控制的基础；系统审计员的主要职责是设置审计机制，查看和处理审计信息。嵌入在信息系统中的虹膜识别机制，其系统管理员、系统安全员和系统审计员可以由信息系统的相应人员承担。

A.3.2 客体

虹膜识别机制中的客体是指主体所能操作的对象，包括作为数据存储的对象和为用户服务的进程。前者主要包括：虹膜图像、面部照片、模板特征序列、样本特征序列、特征序列数据库、有效载荷、用户确认结果、用户辨识结果；后者主要包括：系统管理员操作进程、数据库操作进程、安全员操作进程、审计员操作进程。

附　录　B
（资料性附录）
虹膜识别系统功能和性能要素与分等级要求的对应关系

表 B.1　虹膜识别系统功能和性能要素与分等级要求的对应关系

功能与性能要素	第一级要求	第二级要求	第三级要求
4　基本功能要素	*	*	*
4.1　自包含	*	*	*
4.2　虹膜图像采集与处理	*	*	*
4.3　用户标识	*	*	*
4.4　用户登记	*	*	*
4.4.1　基本要求	*	*	*
4.4.2　两幅图像要求	*	*	*
4.4.3　四幅图像要求			*
4.5　用户识别	*	*	*
4.5.1　基本要求	*	*	*
4.5.2　两幅图像要求	*	*	*
4.5.3　四幅图像要求			*
4.6　识别失败的判定及处理	*	*	*
a)　设备故障	*	*	*
b)　像质障碍	*	*	*
c)　超时断开	*	*	*
d)　数据库故障		*	*
e)　尝试超次			*
4.7　防伪造	*	*	*
a)　防照片伪造		*	*
b)　防隐形镜片伪造		*	*
c)　防复制伪造	*	*	*
d)　防录像伪造			*
e)　防死亡虹膜伪造			*
4.8　警告与报警		*	*
5　基本性能要素	*	*	*
5.1　错误接受率和错误拒绝率	*	*	*
a)　不大于万分之一和百分之一	*		
b)　不大于十万分之一和百分之一		*	
c)　不大于三十万分之一和千分之一			*
5.2　响应时间	*	*	*
5.3　适用范围	*	*	*
5.4　使用安全条件	*	*	*
注：表中“*”表示该级对相应的功能或性能要素有要求。			

附 录 C
（规范性附录）
主、客体的访问操作关系

C.1 适用于第一级的主、客体之间的访问操作关系

表C.1表示适用于第一级的虹膜识别系统中主体与客体之间的访问操作关系。

表C.1 适用于第一级的访问操作关系（模板特征序列以数据库或文件形式存储）

主 体	对应客体	允许操作	不允许操作
特征序列生成进程	虹膜图像 模板特征序列 样本特征序列	图像变换、图像分析、特征表述	复制、传输、修改、保存
用户登记进程	模板特征序列	将模板特征序列存入数据库或文件系统	复制、传输、修改、保存
用户识别进程	样本特征序列 特征序列文件	样本特征序列与数据库或文件系统中的模板特征序列比对	复制，传输，修改，保存
应用系统通信接口进程	用户确认结果 用户辨识结果（候选者）	传送识别（确认或辨识）结果	修改

C.2 适用于第二级和第三级的主、客体之间的访问操作关系

表C.2表示适用于第二级和第三级的虹膜识别系统中主体与客体之间的访问操作关系。

表C.2 适用于第二级和第三级的访问操作关系（模板特征序列以数据库形式存储）

主 体	对应客体	允许操作	不允许操作
特征序列生成进程	虹膜图像 模板特征序列 样本特征序列	图像变换、图像分析、特征表述	复制、传输、修改、保存
用户登记进程	模板特征序列 有效载荷 特征序列数据库	将模板特征序列及有效载荷组合为不透明数据，将记录头及不透明数据组合为数据库记录，数据库INSERT操作	复制、传输、修改、保存
用户识别进程	样本特征序列 特征序列数据库	数据库SELECT操作，样本特征序列与库记录中的模板特征序列比对	复制、传输、修改、保存
应用系统通信接口进程	用户确认结果 用户辨识结果（候选者）	传送识别（确认或辨识）结果	修改
系统管理员	系统管理员操作进程 数据库操作进程	安装、图像库或数据库维护DELETE、REFERENCES、UPDATE操作，用户登记	非授权操作
系统审计员	系统审计员操作进程	安全审计	非授权操作
系统安全员	系统安全员操作进程	主、客体敏感标记	非授权操作

C.3 适用于第三级的主客体与图像数据库之间的访问操作关系

表 C.3 表示适用于第三级的主体与图像数据库之间的访问操作关系。

表 C.3 适用于第三级的主体与图像数据库之间的访问操作关系

主 体	对应客体	允许操作	不允许操作
图像处理进程	虹膜图像 面部照片	图像分离,图像压缩	复制、传输、修改、保存
存储/读取图像进程	虹膜图像 面部照片	图像库 INSERT、SELECT 操作	复制、传输、修改、保存

附　录　D
（规范性附录）
虹膜特征序列数据库数据结构

虹膜特征序列数据库数据结构如图 D.1 所示。

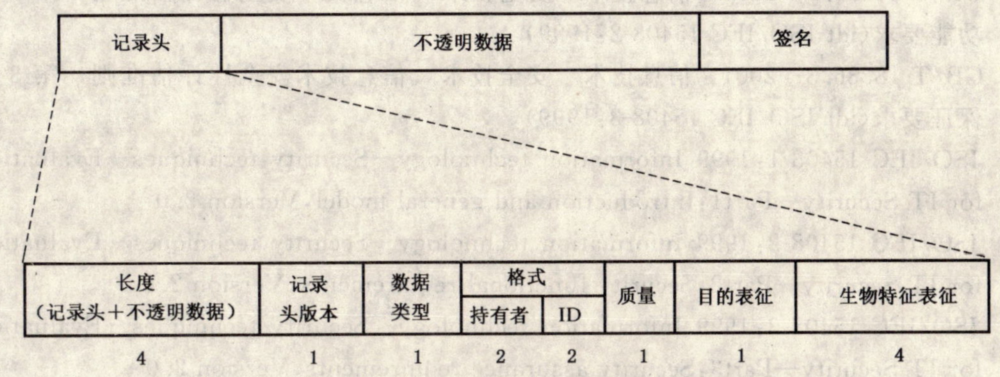

图 D.1　虹膜特征序列数据库数据结构

图 D.1 中，记录头数据长度为 16 字节，应顺序包含以下各域：

长度域：4 字节，用以给出记录长度，记录长度为记录头长度与不透明数据长度之和。

记录头版本域：1 字节，用以标记记录头版本。

数据类型域：1 字节，用以标明该记录是否加过标记或加过密，或既加过标记也加过密。

格式・持有者域：2 字节，用以标明持有或允许使用给定的不透明数据格式的机构，该域值应具有唯一性。

格式・ID 域：2 字节，格式持有者赋予该格式的标识符。

质量域：1 字节，用以标示该记录在用来实现由目的表征码域规定之目的时的可用性程度。

目的表征域：1 字节，用以标明该记录用于实现用户登记、用户确认、用户辨识三种目的中的一种。

生物特征表征域：4 字节，其值为 0x00000010。

图 D.1 中，不透明数据应由以下各域顺序组成：

特征域：256 字节，用以存放虹膜图像经用户登记处理生成的模板特征序列。

特许域：64 字节，用以装入有效载荷。

防伪域：32 字节，用以检验或防止使用伪造数据或使用伪造图像的信息。

图 D.1 中，签名数据长度为 256 字节，可用以存放模板特征序列摘要的数字签名。

参 考 文 献

[1] GB/T 18336.1—2001 信息技术 安全技术 信息技术安全性评估准则 第1部分:简介和一般模型(idt ISO/IEC 15408-1:1999)

[2] GB/T 18336.2—2001 信息技术 安全技术 信息技术安全性评估准则 第2部分:安全功能要求(idt ISO/IEC 15408-2:1999)

[3] GB/T 18336.3—2001 信息技术 安全技术 信息技术安全性评估准则 第3部分:安全保证要求(idt ISO/IEC 15408-3:1999)

[4] ISO/IEC 15408-1:1999 Information technology—Security techniques—Evaluation Criteria for IT Security—Part1:Introduction and general model,Version 2.0

[5] ISO/IEC 15408-2:1999 Information technology—Security techniques—Evaluation Criteria for IT Security—Part2:Security functional requirements,Version 2.0

[6] ISO/IEC 15408-3:1999 Information technology—Security techniques—Evaluation Criteria for IT Security—Part3:Security assurance requirements,Version 2.0

ICS 67.060
X 28

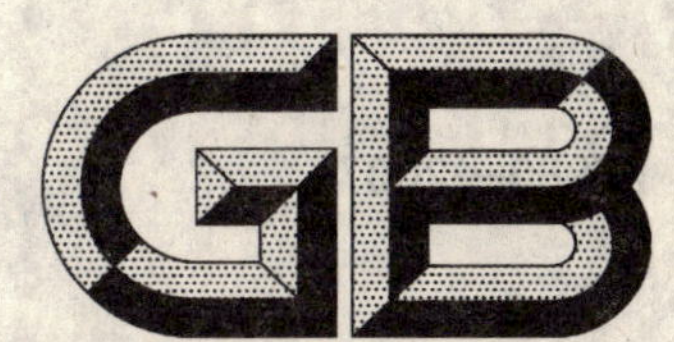

中华人民共和国国家标准

GB/T 20980—2007

饼干

Biscuit

2007-06-12 发布

2008-05-01 实施

中华人民共和国国家质量监督检验检疫总局
中国国家标准化管理委员会
发布

前　言

本标准是在整合QB/T 1433.1—2005《饼干　酥性饼干》、QB/T 1433.2—2005《饼干　韧性饼干》、QB/T 1433.3—2005《饼干　发酵饼干》、QB/T 1433.4—2005《饼干　压缩饼干》、QB/T 1433.5—2005《饼干　曲奇饼干》、QB/T 1433.6—2005《饼干　夹心饼干》、QB/T 1433.7—2005《饼干　威化饼干》、QB/T 1433.8—2005《饼干　蛋圆饼干》、QB/T 1433.9—2005《饼干　蛋卷及煎饼》、QB/T 1433.10—2005《饼干　装饰饼干》、QB/T 1433.11—2005《饼干　水泡饼干》、QB/T 1253—2005《饼干通用技术条件》和QB/T 1254—2005《饼干试验方法》的基础上制定的。

自本标准实施之日起，QB/T 1433.1～1433.11—2005、QB/T 1253—2005和QB/T 1254—2005同时作废。

本标准由中国轻工业联合会提出。

本标准由全国食品发酵标准化中心归口。

本标准由中国焙烤食品糖制品工业协会组织起草。

本标准起草单位：中国食品发酵工业研究院、青岛食品股份有限公司、冠生园（集团）有限公司、开平市嘉士利食品有限公司、珠海市卡都九洲食品有限公司、上海达能饼干食品有限公司、顶新国际集团、广东万士发饼业有限公司、卡夫食品（中国）有限公司、广州市产品质量监督检验所、东莞徐记食品有限公司。

本标准主要起草人：陈岩、朱念琳、李培圩、楚大明、周荣智、周伟文、叶明、严坤熊、程缅、吴玉銮、马浩。

本标准首次制定。

饼　　干

1　范围

本标准规定了饼干的术语和定义、产品分类、技术要求、试验方法、检验规则、标签、包装、运输及贮存。

本标准适用于各类饼干产品。

2　规范性引用文件

下列文件中的条款通过本标准的引用而成为本标准的条款。凡是注日期的引用文件，其随后所有的修改单(不包括勘误的内容)或修订版均不适用于本标准，然而，鼓励根据本标准达成协议的各方研究是否可使用这些文件的最新版本。凡是不注日期的引用文件，其最新版本适用于本标准。

GB/T 601　化学试剂　标准滴定溶液的制备

GB 2760　食品添加剂使用卫生标准

GB/T 5009.3　食品中水分的测定

GB/T 5009.6　食品中脂肪的测定

GB 7100　饼干卫生标准

GB 7718　预包装食品标签通则

GB/T 10786　罐头食品的检验方法

GB/T 12456　食品中总酸的测定方法(GB/T 12456—1990,neq ISO 750:1981)

GB 14880　食品营养强化剂使用卫生标准

JJF 1070　定量包装商品净含量计量检验规则

国家质量监督检验检疫总局[2005]第 75 号令　定量包装商品计量监督管理办法

3　术语和定义

下列术语和定义适用于本标准。

3.1

饼干　biscuit

以小麦粉(可添加糯米粉、淀粉等)为主要原料，加入(或不加入)糖、油脂及其他原料，经调粉(或调浆)、成型、烘烤(或煎烤)等工艺制成的口感酥松或松脆的食品。

3.2

酥性饼干　short biscuit

以小麦粉、糖、油脂为主要原料，加入膨松剂和其他辅料，经冷粉工艺调粉、辊压或不辊压、成型、烘烤制成的表面花纹多为凸花，断面结构呈多孔状组织，口感酥松或松脆的饼干。

3.3

韧性饼干　semi hard biscuit

以小麦粉、糖(或无糖)、油脂为主要原料，加入膨松剂、改良剂及其他辅料，经热粉工艺调粉、辊压、成型、烘烤制成的表面花纹多为凹花，外观光滑，表面平整，一般有针眼，断面有层次，口感松脆的饼干。

3.4

发酵饼干　fermented biscuit

以小麦粉、油脂为主要原料，酵母为膨松剂，加入各种辅料，经调粉、发酵、辊压、叠层、成型、烘烤制成的酥松或松脆，具有发酵制品特有香味的饼干。

3.5

压缩饼干　compressed biscuit

以小麦粉、糖、油脂、乳制品为主要原料，加入其他辅料，经冷粉工艺调粉、辊印、烘烤成饼坯后，再经粉碎、添加油脂、糖、营养强化剂或再加入其他干果、肉松、乳制品等，拌和、压缩制成的饼干。

3.6

曲奇饼干　cookie

以小麦粉、糖、糖浆、油脂、乳制品为主要原料，加入膨松剂及其他辅料，经冷粉工艺调粉、采用挤注或挤条、钢丝切割或辊印方法中的一种形式成型、烘烤制成的具有立体花纹或表面有规则波纹的饼干。

3.7

夹心(或注心)饼干　sandwich (or filled) biscuit

在饼干单片之间(或饼干空心部分)添加糖、油脂、乳制品、巧克力酱、各种复合调味酱或果酱等夹心料而制成的饼干。

3.8

威化饼干　wafer

以小麦粉(或糯米粉)、淀粉为主要原料，加入乳化剂、膨松剂等辅料，经调浆、浇注、烘烤制成多孔状片子，通常在片子之间添加糖、油脂等夹心料的两层或多层的饼干。

3.9

蛋圆饼干　macaroon

以小麦粉、糖、鸡蛋为主要原料，加入膨松剂、香精等辅料，经搅打、调浆、挤注、烘烤制成的饼干。

3.10

蛋卷　egg roll

以小麦粉、糖、鸡蛋为主要原料，添加或不添加油脂，加入膨松剂、改良剂及其他辅料，经调浆、浇注或挂浆、烘烤卷制而成的蛋卷。

3.11

煎饼　crisp film

以小麦粉(可添加糯米粉、淀粉等)、糖、鸡蛋为主要原料，添加或不添加油脂，加入膨松剂、改良剂及其他辅料，经调浆或调粉、浇注或挂浆、煎烤制成的饼干。

3.12

装饰饼干　decoration biscuit

在饼干表面涂布巧克力酱、果酱等辅料或喷撒调味料或裱粘糖花而制成的表面有涂层、线条或图案的饼干。

3.13

水泡饼干　sponge biscuit

以小麦粉、糖、鸡蛋为主要原料，加入膨松剂，经调粉、多次辊压、成型、热水烫漂、冷水浸泡、烘烤制成的具有浓郁蛋香味的疏松、轻质的饼干。

4　产品分类

按加工工艺分为以下13类。

4.1　酥性饼干。

4.2　韧性饼干：分为普通型、冲泡型(易溶水膨胀的韧性饼干)和可可型(添加可可粉原料的韧性饼干)三种类型。

4.3　发酵饼干。

4.4 压缩饼干。

4.5 曲奇饼干：分为普通型、花色型（在面团中加入椰丝、果仁、巧克力碎粒或不同谷物、葡萄干等糖渍果脯的曲奇饼干）、可可型（添加可可粉原料的曲奇饼干）和软型（添加糖浆原料、口感松软的曲奇饼干）四种类型。

4.6 夹心（或注心）饼干：分为油脂型（以油脂类原料为夹心料的夹心饼干）和果酱型（以水分含量较高的果酱或调味酱原料为夹心料的夹心饼干）两种类型。

4.7 威化饼干：分为普通型和可可型（添加可可粉原料的威化饼干）两种类型。

4.8 蛋圆饼干。

4.9 蛋卷。

4.10 煎饼。

4.11 装饰饼干：分为涂层型（饼干表面有涂层、线条、图案或喷撒调味料的饼干）和粘花型（饼干表面裱粘糖花的饼干）两种类型。

4.12 水泡饼干。

4.13 其他饼干。

5 技术要求

5.1 原料要求

所使用的原料及辅料应符合相应的产品标准要求。

5.2 感官要求

5.2.1 酥性饼干

5.2.1.1 形态

外形完整，花纹清晰，厚薄基本均匀，不收缩，不变形，不起泡，无裂痕，不应有较大或较多的凹底。特殊加工品种表面或中间允许有可食颗粒存在（如椰蓉、芝麻、砂糖、巧克力、燕麦等）。

5.2.1.2 色泽

呈棕黄色或金黄色或品种应有的色泽，色泽基本均匀，表面略带光泽，无白粉，不应有过焦、过白的现象。

5.2.1.3 滋味与口感

具有品种应有的香味，无异味，口感酥松或松脆，不粘牙。

5.2.1.4 组织

断面结构呈多孔状，细密，无大孔洞。

5.2.2 韧性饼干

5.2.2.1 形态

外形完整，花纹清晰或无花纹，一般有针孔，厚薄基本均匀，不收缩，不变形，无裂痕，可以有均匀泡点，不应有较大或较多的凹底。特殊加工品种表面或中间允许有可食颗粒存在（如椰蓉、芝麻、砂糖、巧克力、燕麦等）。

5.2.2.2 色泽

呈棕黄色、金黄色或品种应有的色泽，色泽基本均匀，表面有光泽，无白粉，不应有过焦、过白的现象。

5.2.2.3 滋味与口感

具有品种应有的香味，无异味，口感松脆细腻，不粘牙。

5.2.2.4 组织

断面结构有层次或呈多孔状。

5.2.2.5 **冲调性**

10 g 冲泡型韧性饼干在 50 mL 70℃温开水中应充分吸水，用小勺搅拌后应呈糊状。

5.2.3 **发酵饼干**

5.2.3.1 **形态**

外形完整，厚薄大致均匀，表面有较均匀的泡点，无裂缝，不收缩，不变形，不应有凹底。特殊加工品种表面允许有工艺要求添加的原料颗粒(如果仁、芝麻、砂糖、食盐、巧克力、椰丝、蔬菜等颗粒存在)。

5.2.3.2 **色泽**

呈浅黄色、谷黄色或品种应有的色泽，饼边及泡点允许褐黄色，色泽基本均匀，表面略有光泽，无白粉，不应有过焦的现象。

5.2.3.3 **滋味与口感**

咸味或甜味适中，具有发酵制品应有的香味及品种特有的香味，无异味，口感酥松或松脆，不粘牙。

5.2.3.4 **组织**

断面结构层次分明或呈多孔状。

5.2.4 **压缩饼干**

5.2.4.1 **形态**

块形完整，无严重缺角、缺边。

5.2.4.2 **色泽**

呈谷黄色、深谷黄色或品种应有的色泽。

5.2.4.3 **滋味与口感**

具有品种特有的香味，无异味，不粘牙。

5.2.4.4 **组织**

断面结构呈紧密状，无孔洞。

5.2.5 **曲奇饼干**

5.2.5.1 **形态**

外形完整，花纹或波纹清楚，同一造型大小基本均匀，饼体摊散适度，无连边。花色曲奇饼干添加的辅料应颗粒大小基本均匀。

5.2.5.2 **色泽**

表面呈金黄色、棕黄色或品种应有的色泽，色泽基本均匀，花纹与饼体边缘允许有较深的颜色，但不应有过焦、过白的现象。花色曲奇饼干允许有添加辅料的色泽。

5.2.5.3 **滋味与口感**

有明显的奶香味及品种特有的香味，无异味，口感酥松或松软。

5.2.5.4 **组织**

断面结构呈细密的多孔状，无较大孔洞。花色曲奇饼干应具有品种添加辅料的颗粒。

5.2.6 **夹心(或注心)饼干**

5.2.6.1 **形态**

外形完整，边缘整齐，夹心饼干不错位，不脱片，饼干表面应符合饼干单片要求，夹心层厚薄基本均匀，夹心或注心料无外溢。

5.2.6.2 **色泽**

饼干单片呈棕黄色或品种应有的色泽，色泽基本均匀。夹心或注心料呈该料应有的色泽，色泽基本均匀。

5.2.6.3 **滋味与口感**

应符合品种所调制的香味，无异味，口感疏松或松脆，夹心料细腻，无糖粒感。

5.2.6.4 组织

饼干单片断面应具有其相应品种的结构，夹心或注心层次分明。

5.2.7 威化饼干

5.2.7.1 形态

外形完整，块形端正，花纹清晰，厚薄基本均匀，无分离及夹心料溢出现象。

5.2.7.2 色泽

具有品种应有的色泽，色泽基本均匀。

5.2.7.3 滋味与口感

具有品种应有的口味，无异味，口感松脆或酥化，夹心料细腻，无糖粒感。

5.2.7.4 组织

片子断面结构呈多孔状，夹心料均匀，夹心层次分明。

5.2.8 蛋圆饼干

5.2.8.1 形态

呈冠圆形或多冠圆形，外形完整，大小、厚薄基本均匀。

5.2.8.2 色泽

呈金黄色、棕黄色或品种应有的色泽，色泽基本均匀。

5.2.8.3 滋味与口感

味甜，具有蛋香味及品种应有的香味，无异味，口感松脆。

5.2.8.4 组织

断面结构呈细密的多孔状，无较大孔洞。

5.2.9 蛋卷

5.2.9.1 形态

呈多层卷筒形态或品种特有的形态，断面层次分明，外形基本完整，表面光滑或呈花纹状。特殊加工品种表面允许有可食颗粒存在。

5.2.9.2 色泽

表面呈浅黄色、金黄色、浅棕黄色或品种应有的色泽，色泽基本均匀。

5.2.9.3 滋味与口感

味甜，具有蛋香味及品种应有的香味，无异味，口感松脆或酥松。

5.2.10 煎饼

5.2.10.1 形态

外形基本完整，特殊加工品种表面允许有可食颗粒存在。

5.2.10.2 色泽

表面呈浅黄色、金黄色、浅棕黄色或品种应有的色泽，色泽基本均匀。

5.2.10.3 滋味与口感

味甜，具有品种应有的香味，无异味，口感硬脆、松脆或酥松。

5.2.11 装饰饼干

5.2.11.1 形态

外形完整，大小基本均匀，涂层或粘花与饼干基片不应分离。涂层饼干的涂层均匀，涂层覆盖之处无饼干基片露出或线条、图案基本一致。粘花饼干应在饼干基片表面粘有糖花，且较为端正，糖花清晰，大小基本均匀。喷撒调味料的饼干，其表面的调味料应较均匀。

5.2.11.2 色泽

具有饼干基片及涂层或糖花应有的色泽，且色泽基本均匀。

5.2.11.3 **滋味与口感**

具有品种应有的香味，无异味，饼干基片口感松脆或酥松。涂层和糖花无粗粒感，涂层幼滑。

5.2.11.4 **组织**

饼干基片断面应具有其相应品种的结构，涂层和糖花组织均匀，无孔洞。

5.2.12 **水泡饼干**

5.2.12.1 **形态**

外形完整，块形大致均匀，不得起泡，不得有皱纹、粘连痕迹及明显的豁口。

5.2.12.2 **色泽**

呈浅黄色、金黄色或品种应有的颜色，色泽基本均匀，表面有光泽，不应有过焦、过白的现象。

5.2.12.3 **滋味与口感**

味略甜，具有浓郁的蛋香味或品种应有的香味，无异味，口感脆、疏松。

5.2.12.4 **组织**

断面组织微细、均匀，无孔洞。

5.3 **杂质**

正常视力无可见外来异物。

5.4 **净含量偏差**

预包装产品应符合国家质量监督检验检疫总局[2005]第75号令《定量包装商品计量监督管理办法》。采用称量销售的产品除外。

5.5 **理化要求**

5.5.1 **酥性饼干**

水分不大于4.0%，碱度(以碳酸钠计)不大于0.4%。

5.5.2 **韧性饼干**

普通型的水分不大于4.0%，碱度(以碳酸钠计)不大于0.4%；冲泡型的水分不大于6.5%，碱度(以碳酸钠计)不大于0.4%；可可型的水分不大于4.0%，pH不大于8.8。

5.5.3 **发酵饼干**

水分不大于5.0%，酸度(以乳酸计)不大于0.4%。

5.5.4 **压缩饼干**

水分不大于6.0%，碱度(以碳酸钠计)不大于0.4%，松密度不小于0.9 g/cm^3。

5.5.5 **曲奇饼干**

普通型和花色型的水分不大于4.0%，碱度(以碳酸钠计)不大于0.3%，脂肪不小于16.0%；可可型的水分不大于4.0%，pH不大于8.8，脂肪不小于16.0%；软型的水分不大于9.0%，pH不大于8.8，脂肪不小于16.0%。

5.5.6 **夹心(注心)饼干**

油脂型的饼干单片，理化指标应符合相应品种的要求；果酱型的饼干单片，水分不大于6.0%，其他理化指标应符合相应品种的要求。

5.5.7 **威化饼干**

普通型的水分不大于3.0%，碱度(以碳酸钠计)不大于0.3%；可可型的水分不大于3.0%，pH不大于8.8。

5.5.8 **蛋圆饼干**

水分不大于4.0%，碱度(以碳酸钠计)不大于0.3%。

5.5.9 **蛋卷**

水分不大于4.0%，碱度(以碳酸钠计)不大于0.3%。

5.5.10 煎饼

水分不大于5.5%,碱度(以碳酸钠计)不大于0.3%。

5.5.11 装饰饼干

饼干基片的理化指标应符合相应品种的要求。

5.5.12 水泡饼干

水分不大于6.5%,碱度(以碳酸钠计)不大于0.3%。

5.6 酸价、过氧化值

配料中添加油脂的饼干,酸价和过氧化值应按GB 7100的规定执行;配料中不添加油脂的饼干,酸价和过氧化值指标不作要求。

5.7 总砷和铅

应符合GB 7100的规定。

5.8 微生物

压缩饼干、夹心(或注心)饼干、威化饼干和装饰饼干等采用二次加工的饼干应按GB 7100中夹心饼干的要求执行,其他各类饼干应按GB 7100中非夹心饼干的要求执行。

5.9 食品添加剂和食品营养强化剂

食品添加剂的使用应符合GB 2760的规定,食品营养强化剂的使用应符合GB 14880的规定。

6 试验方法

6.1 净含量偏差

按JJF 1070规定的方法测定。

6.2 水分

按GB/T 5009.3规定的方法测定。

6.3 碱度

6.3.1 试剂

6.3.1.1 盐酸标准溶液(0.05 mol/L)

按GB/T 601规定的方法配制与标定。

6.3.1.2 甲基橙指示液(0.1%)

称取甲基橙0.1 g溶于70℃的蒸馏水中,冷却,稀释至100 mL。

6.3.2 仪器

酸式滴定管:25 mL。

6.3.3 试样及试液的制备

按GB/T 12456规定的方法制备试样及试液。

6.3.4 分析步骤

吸取试液50 mL,置于250 mL三角瓶中,加入甲基橙指示液两滴,用盐酸标准溶液(0.05 mol/L)滴定至微红色出现,记录耗用盐酸标准溶液的体积。同时用蒸馏水做空白试验。

6.3.5 分析结果的表述

饼干的碱度X以100 g试样中所含碳酸钠的克数表示,按式(1)计算:

$$X=\frac{c(V_1-V_2)\times 0.053\times K}{m}\times 100 \qquad (1)$$

式中:

X——碱度,单位为克每百克(g/100 g);

c——盐酸标准溶液的实际浓度,单位为摩尔每升(mol/L);

V_1——滴定试样时消耗盐酸标准溶液的体积,单位为毫升(mL);

V_2——空白试验消耗盐酸标准溶液的体积，单位为毫升(mL)；

K——稀释倍数；

m——样品的质量，单位为克(g)。

6.3.6 允许差

同一样品的两次测定值之差，不得超过两次测定平均值的2%。

6.4 酸度

按GB/T 12456规定的方法测定。

6.5 pH

6.5.1 试样的制备

称取有代表性的样品200 g，置于捣碎机中，捣碎混匀，然后称取试样10 g，精确至0.01 g，用蒸馏水稀释到100 mL，搅拌均匀。

6.5.2 分析步骤

按GB/T 10786规定的方法测定。

6.6 脂肪

按GB/T 5009.6规定的方法测定。

6.7 松密度

6.7.1 计算法

本方法适用于能通过数学方法计算体积的饼干。

6.7.1.1 仪器

a) 游标卡尺：精度0.02 mm；

b) 天平：量程1 g～500 g，精度0.1 g。

6.7.1.2 分析步骤

取体积至少25 cm^3的样品，用天平称其质量m(g)，再用游标卡尺分别测量其长度、宽度和高度，以数学方法计算出体积V(cm^3)。

6.7.1.3 分析结果的表述

饼干的松密度P以单位体积的质量来表示，按式(2)计算：

$$P = m/V \qquad \cdots\cdots(2)$$

式中：

P——松密度，单位为克每立方厘米(g/cm^3)；

m——样品的质量，单位为克(g)；

V——样品的体积，单位为立方厘米(cm^3)。

6.7.1.4 允许差

同一样品的两次测定值之差，不得超过两次测定平均值的2%。

6.7.2 体积法

6.7.2.1 仪器

a) 天平：量程1 g～500 g，精度0.1 g；

b) 量筒：100 mL。

6.7.2.2 材料

a) 精炼大豆色拉油；

b) 普通定型胶液。

6.7.2.3 装置

溢流玻璃装置，如图1所示。

溢流管口略向下倾斜。

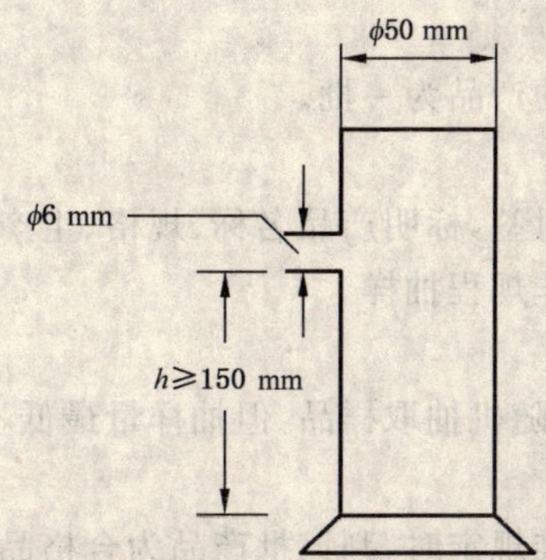

图 1　溢流玻璃装置

6.7.2.4　分析步骤

取体积至少 20 cm^3 的样品，用天平称其质量 m(g)，再以普通定型胶液均匀涂抹于表面，用来固定表面以防止松散或落屑(涂层厚度小于 0.1 mm)。在溢流玻璃装置中加入色拉油，使油面达到溢流口底线。将涂过定型胶液的试样放入溢流玻璃装置中，用 100 mL 量筒在溢流口收集溢出油，读出溢出油的体积 V(cm^3)，此体积即为饼干试样的体积。

6.7.2.5　分析结果的表述

饼干的松密度 P 以单位体积的质量来表示，按式(3)计算：

$$P = m/V \qquad \cdots\cdots(3)$$

式中：

P——松密度，单位为克每立方厘米(g/cm^3)；

m——样品的质量，单位为克(g)；

V——样品的体积，单位为立方厘米(cm^3)。

6.7.2.6　允许差

同一样品的两次测定值之差，不得超过两次测定平均值的 2%。

6.7.2.7　说明

体积法是在室温下测定，不计温度等环境条件影响。

6.8　酸价、过氧化值、总砷、铅和微生物

按 GB 7100 规定的方法检测。

7　检验规则

7.1　检验分类

7.1.1　出厂检验

产品出厂前应逐批检验，检验合格后方可出厂。出厂检验的项目包括：感官、净含量偏差、水分、菌落总数、大肠菌群。

7.1.2　型式检验

常年生产的产品每半年应进行一次型式检验，但有下列情况之一时亦应进行型式检验：

——新产品的试制鉴定时；

——原料、工艺有较大改变，可能影响产品质量时；

——产品停产一年以上，恢复生产时；

——出厂检验结果与上一次型式检验结果有较大差异时；

——国家质量监督机构提出进行型式检验的要求时。

7.2 抽样

7.2.1 批

同一班次生产的同品种、同规格的产品为一批。

7.2.2 抽样方法

在成品仓库内随机抽取样品，贴封签，标明产品名称、规格、生产日期、班次、抽样日期、抽样人姓名。用于微生物检验的样品，应按无菌操作规程抽样。

7.2.3 抽样数量

从每批产品中按万分之五的比例随机抽取样品，但抽样量最低不应少于 2.5 kg，最高 5 kg。

7.3 判定规则

7.3.1 检验结果全部项目符合本标准规定时，判该批产品为合格品。

7.3.2 检验结果中微生物指标有一项不符合本标准规定时，判该批产品为不合格品。

7.3.3 检验结果中除微生物指标外，其他项目不符合本标准规定时，可以在原批次产品中双倍抽样复验一次，复检结果全部符合本标准规定时，判该批产品为合格品；复检结果中如仍有一项指标不合格，判该批产品为不合格品。

8 标签、包装、运输和贮存

8.1 标签

8.1.1 预包装产品的标签应符合 GB 7718 的规定，称量销售产品的标签可以不标示净含量。

8.1.2 标签中应按第 4 章的规定标示分类名称。

8.2 包装

8.2.1 包装材料、包装容器应清洁、无毒、无异味，符合相应的食品卫生标准。

8.2.2 各种包装应完整、紧密、无破损。

8.2.3 包装可采用定量包装和称量销售包装两种形式，销售采用称量或其他方式不限。

8.3 运输

8.3.1 运输工具应清洁、干燥，符合食品卫生要求，且具有防晒、防雨措施。

8.3.2 运输时不应将盛有饼干的容器侧放、倒放、受重压；不应与有毒、有害、有异味的物品混运。

8.3.3 装卸时应小心轻放，严禁抛、摔、踢等不良方式。

8.4 贮存

8.4.1 产品应贮于专用食品仓库内，库内应清洁、通风、干燥，并有防尘、防蝇、防虫、防鼠等设施。

8.4.2 产品不应与有特殊气味、易变质、易腐败、易生虫的物品存放在一起。

8.4.3 产品应放置在垫板上，且离墙 10 cm 以上，每个堆位应保持一定距离，堆放高度以不倒塌、不压坏外包装及产品为限。

ICS 67.060
X 28

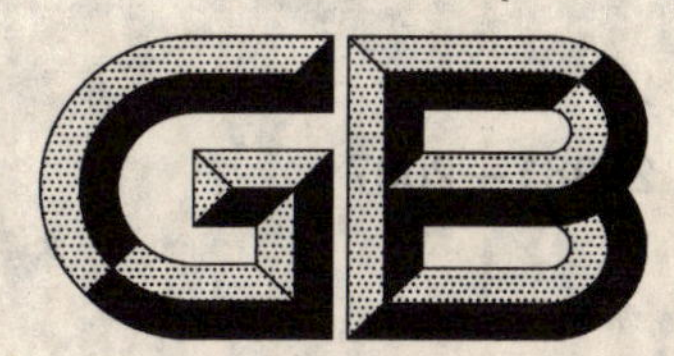

中华人民共和国国家标准

GB/T 20981—2007

面包

Bread

2007-06-12 发布 2008-05-01 实施

中华人民共和国国家质量监督检验检疫总局
中国国家标准化管理委员会 发布

前　言

本标准是在 QB/T 1252—1991《面包》的基础上制定。

自本标准实施之日起，QB/T 1252—1991 同时作废。

本标准由中国轻工业联合会提出。

本标准由全国食品发酵标准化中心归口。

本标准由中国焙烤食品糖制品工业协会组织起草。

本标准负责起草单位：中国食品发酵工业研究院、哈尔滨商业大学、北京义利面包食品有限公司。

本标准参加起草单位：哈尔滨秋林食品厂、广州华美烘焙技术学校、北京好利来企业投资管理有限公司、西安米旗食品有限公司、上海静安面包房有限公司、广州市产品质量监督检验所、沈阳市桃李食品有限公司、安琪酵母股份有限公司、中国百胜餐饮集团。

本标准起草人：陈岩、张守文、朱念琳、李奇、侯勇、周发茂、罗红、郑晓峰、桑君兴、吴玉銮、吴学群、冷建新、田明福。

本标准首次制定。

面　包

1　范围

本标准规定了面包的术语和定义、产品分类、技术要求、试验方法、检验规则、标签、包装、运输及贮存与展卖。

本标准适用于面包产品。

2　规范性引用文件

下列文件中的条款通过本标准的引用而成为本标准的条款。凡是注日期的引用文件，其随后所有的修改单(不包括勘误的内容)或修订版均不适用于本标准，然而，鼓励根据本标准达成协议的各方研究是否可使用这些文件的最新版本。凡是不注日期的引用文件，其最新版本适用于本标准。

GB/T 601　化学试剂　标准滴定溶液的制备

GB 2760　食品添加剂使用卫生标准

GB/T 5009.3　食品中水分的测定

GB 7099　糕点、面包卫生标准

GB 7718　预包装食品标签通则

GB 14880　食品营养强化剂使用卫生标准

JJF 1070　定量包装商品净含量计量检验规则

国家质量监督检验检疫总局[2005]第 75 号令　定量包装商品计量监督管理办法

卫法监发[2003]180 号　散装食品卫生管理规范

3　术语和定义

下列术语和定义适用于本标准。

3.1

面包　bread

以小麦粉、酵母、食盐、水为主要原料，加入适量辅料，经搅拌面团、发酵、整形、醒发、烘烤或油炸等工艺制成的松软多孔的食品，以及烤制成熟前或后在面包坯表面或内部添加奶油、人造黄油、蛋白、可可、果酱等的制品。

3.2

软式面包　soft bread

组织松软、气孔均匀的面包。

3.3

硬式面包　hard bread

表皮硬脆、有裂纹，内部组织柔软的面包。

3.4

起酥面包　puff bread

层次清晰、口感酥松的面包。

3.5

调理面包　prepared bread

烤制成熟前或后在面包坯表面或内部添加奶油、人造黄油、蛋白、可可、果酱等的面包。不包括加入新鲜水果、蔬菜以及肉制品的食品。

4 产品分类

按产品的物理性质和食用口感分为软式面包、硬式面包、起酥面包、调理面包和其他面包五类，其中调理面包又分为热加工和冷加工两类。

5 技术要求

5.1 感官要求

应符合表1的规定。

表1 感官要求

项目	软式面包	硬式面包	起酥面包	调理面包	其他面包
形态	完整，丰满，无黑泡或明显焦斑，形状应与品种造型相符。	表皮有裂口，完整，丰满，无黑泡或明显焦斑，形状应与品种造型相符。	丰满，多层，无黑泡或明显焦斑，光洁，形状应与品种造型相符。	完整，丰满，无黑泡或明显焦斑，形状应与品种造型相符。	符合产品应有的形态。
表面色泽	金黄色、淡棕色或棕灰色，色泽均匀、正常。				
组织	细腻，有弹性，气孔均匀，纹理清晰，呈海绵状，切片后不断裂。	紧密，有弹性。	有弹性，多孔，纹理清晰，层次分明。	细腻、有弹性，气孔均匀，纹理清晰，呈海绵状。	符合产品应有的组织。
滋味与口感	具有发酵和烘烤后的面包香味，松软适口，无异味。	耐咀嚼，无异味。	表皮酥脆，内质松软，口感酥香，无异味。	具有品种应有的滋味与口感，无异味。	符合产品应有的滋味与口感，无异味。
杂质	正常视力无可见的外来异物。				

5.2 净含量偏差

预包装产品应符合国家质量监督检验检疫总局[2005]第75号令《定量包装商品计量监督管理办法》。

5.3 理化要求

应符合表2的规定。

表2 理化要求

项目		软式面包	硬式面包	起酥面包	调理面包	其他面包
水分/(%)	≤	45	45	36	45	45
酸度/(°T)	≤	6				
比容/(mL/g)	≤	7.0				

5.4 卫生要求

应符合GB 7099的规定。

5.5 食品添加剂和食品营养强化剂要求

食品添加剂的使用应符合GB 2760的规定，食品营养强化剂的使用应符合GB 14880的规定。

6 试验方法

6.1 感官检验

将样品置于清洁、干燥的白瓷盘中，用目测检查形态、色泽；然后用餐刀按四分法切开，观察组织、杂质;品尝滋味与口感,做出评价。

6.2 净含量偏差

按 JJF 1070 规定的方法测定。

6.3 水分

按 GB/T 5009.3 规定的方法测定,取样应以面包中心部位为准,调理面包的取样应取面包部分的中心部位。

6.4 酸度

6.4.1 试剂

a) 氢氧化钠标准溶液(0.1 mol/L):按 GB/T 601 规定的方法配制与标定。

b) 酚酞指示液(1 %):称取酚酞 1 g,溶于 60 mL 乙醇(95%)中,用水稀释至 100 mL。

6.4.2 仪器

碱式滴定管:25 mL。

6.4.3 分析步骤

称取面包心 25 g,精确到 0.1 g,加入无二氧化碳蒸馏水 60 mL,用玻璃棒捣碎,移入 250 mL 容量瓶中,定容至刻度,摇匀。静置 10 min 后再摇 2 min,静置 10 min,用纱布或滤纸过滤。取滤液 25 mL 移入 200 mL 三角瓶中,加入酚酞指示液 2 滴~8 滴,用氢氧化钠标准溶液(0.1 mol/L)滴定至微红色 30s 不退色,记录耗用氢氧化钠标准溶液的体积。同时用蒸馏水做空白试验。

6.4.4 分析结果的表述

酸度 T 按式(1)计算:

$$T=\frac{c\times(V_1-V_2)}{m}\times 1\,000 \qquad (1)$$

式中:

T ——酸度,单位为酸度(°T);

c ——氢氧化钠标准溶液的实际浓度,单位为摩尔每升(mol/L);

V_1——滴定试液时消耗氢氧化钠标准溶液的体积,单位为毫升(mL);

V_2——空白试验消耗氢氧化钠标准溶液的体积,单位为毫升(mL);

m ——样品的质量,单位为克(g)。

6.4.5 允许差

在重复性条件下获得的两次独立测定结果的绝对差值,应不超过 0.1°T。

6.5 比容

6.5.1 方法一

6.5.1.1 仪器

天平:感量 0.1 g。

6.5.1.2 装置

面包体积测定仪:测量范围 0 mL~1 000 mL。

6.5.1.3 分析步骤

a) 将待测面包称量,精确至 0.1 g。

b) 当待测面包体积不大于 400 mL 时,先把底箱盖好,打开顶箱盖子和插板,从顶箱放入填充物,至标尺零线,盖好顶盖后,反复颠倒几次,调整填充物加入量至标尺零线;测量时,先把填充物倒置于顶箱,关闭插板开关,打开底箱盖,放入待测面包,盖好底盖,拉开插板使填充物自然落下,在标尺上读出填充物的刻度,即为面包的实测体积。

c) 当待测面包体积大于 400 mL 时,先把底箱打开,放入 400 mL 的标准模块,盖好底箱,打开顶箱盖子和插板,从顶箱放入填充物,至标尺零线,盖好顶盖后,反复颠倒几次,消除死角空隙,调整填充物加入量至标尺零线；测量时，先把填充物倒置于顶箱，关闭插板开关，打开底箱盖，取出标准模块，放入待测面包，盖好底盖，拉开插板使填充物自然落下，在标尺上读出填充物的刻度，即为面包的实测体积。

6.5.1.4 分析结果的表述

面包比容 P 按式(2)计算：

$$P = V / m \qquad (2)$$

式中：

P ——面包比容，单位为毫升每克(mL/g)；

V ——面包体积，单位为毫升(mL)；

m ——面包质量，单位为克(g)。

6.5.1.5 允许差

在重复性条件下获得的两次独立测定结果的绝对差值，应不超过 0.1 mL/g。

6.5.2 方法二

6.5.2.1 仪器

a) 天平：感量 0.1 g；

b) 容器：容积应不小于面包样品的体积。

6.5.2.2 分析步骤

取一个待测面包样品，称量后放入一定容积的容器中，将小颗粒填充剂(小米或油菜籽)加入容器中，完全覆盖面包样品并摇实填满，用直尺将填充剂刮平，取出面包，将填充剂倒入量筒中测量体积，容器体积减去填充剂体积得到面包体积。

6.5.2.3 分析结果的表述

面包比容计算同 6.5.1.4。

6.5.2.4 允许差

在重复性条件下获得的两次独立测定结果的绝对差值，应不超过 0.1 mL/g。

6.6 卫生要求

按 GB 7099 规定的方法检验。

7 检验规则

7.1 出厂或现场检验

a) 预包装产品出厂前应进行出厂检验，出厂检验的项目包括：感官、净含量偏差、水分、酸度、比容。

b) 现场制作产品应进行现场检验，现场检验的项目包括：感官、净含量偏差、水分、酸度和比容。其中，感官和净含量偏差应在售卖前进行检验；水分、酸度、比容应每月检验一次。

7.2 型式检验

型式检验的项目包括本标准中规定的全部项目。正常生产时应每 6 个月进行一次型式检验，但菌落总数和大肠菌群应每两周检验一次；此外有下列情况之一时，也应进行型式检验：

a) 新产品试制鉴定时；

b) 原料、生产工艺有较大改变，可能影响产品质量时；

c) 产品停产半年以上，恢复生产时；

d) 出厂检验结果与上一次型式检验结果有较大差异时；

e) 国家质量监督部门提出要求时。

7.3 抽样方法和数量

7.3.1 同一天同一班次生产的同一品种的产品为一批。

7.3.2 预包装产品应在成品仓库内，现场制作产品(产品应冷却至环境温度)应在售卖区内随机抽取样品，抽样件数见表3。

表3 抽样件数

每批生产包装件数/件	抽样件数/件
200(含200)以下	3
201～800	4
801～1 800	5
1 801～3 200	6
3 200 以上	7

7.4 判定规则

7.4.1 检验结果全部符合本标准规定时，判该批产品为合格品。

7.4.2 检验结果中微生物指标有一项不符合本标准规定时，判该批产品为不合格品。

7.4.3 检验结果中如有两项以下(包括两项)其他指标不符合本标准规定时，可在同批产品中双倍抽样复检，复检结果全部符合本标准规定时，判该批产品为合格品；复检结果中如仍有一项指标不合格，判该批产品为不合格品。

8 标签

8.1 预包装产品的标签应符合 GB 7718 的规定。

8.2 散装销售产品的标签应符合《散装食品卫生管理规范》。

9 包装

9.1 包装材料应符合相应的食品卫生标准。

9.2 包装箱应清洁、干燥、严密、无异味、无破损。

10 运输

10.1 运输工具及车辆应符合卫生要求，不得与有毒、有污染的物品混装、混运。

10.2 运输过程中应防止曝晒、雨淋。

10.3 装卸时应轻搬、轻放，不得重压和挤压。

11 贮存与展卖

11.1 仓库内应保持清洁、通风、干燥、凉爽，有防尘、防蝇、防鼠等设施，不得与有毒、有害物品混放。

11.2 产品不应接触墙面或地面，堆放高度应以提取方便为宜。

11.3 产品应勤进勤出，先进先出，不符合要求的产品不得入库。

11.4 散装销售的产品应符合《散装食品卫生管理规范》。

ICS 59.120.30 01.040.59
W 90

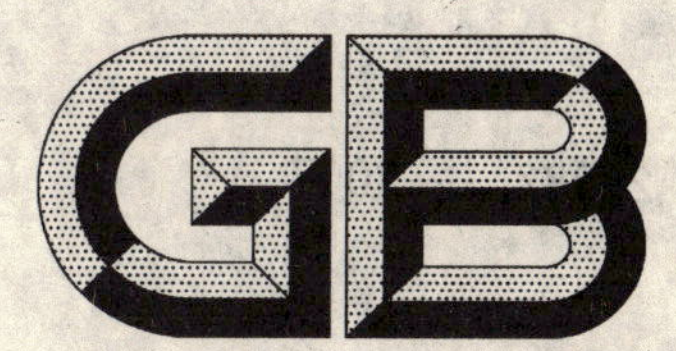

中华人民共和国国家标准

GB/T 20982.1—2007
代替 GB/T 6002.4—1986

纺织机械与附件 织机 第1部分:词汇和分类

Textile machinery and accessories—Weaving machines—Part 1:Vocabulary and classification

(ISO 5247-1:2004,MOD)

2007-06-21 发布 2008-01-01 实施

中华人民共和国国家质量监督检验检疫总局
中国国家标准化管理委员会 发布

前　言

GB/T 20982《纺织机械与附件　织机》共分为以下三个部分：

——第1部分：词汇和分类；

——第2部分：附件　词汇；

——第3部分：织机零部件　词汇。

本部分为GB/T 20982的第1部分。

本部分修改采用ISO 5247-1：2004《纺织机械与附件——织机——词汇和分类》(英/法文版)，主要修改如下：

——ISO 5247-1的“范围”、“术语和定义”无章的编号，本部分增加了“1”、“2”章的编号，相关条目编号也做了相应修改；本部分增加了第3章分类，在正文中引出附录A，这是按照GB/T 1.1的规则进行的编写修改；

——根据国际标准技术勘误单ISO 5247-1：2004/Cor.1：2006，本部分删除了有关“挠性剑杆织机”术语和定义，同时本部分还删除了附录A中“挠性剑杆织机”的分类；

——本部分2.2.1波形梭口织机英文术语改为“wave shed weaving machine”，因ISO 5247-1：2004的术语为“wave shed machine”(2.1)，而附录A中出现的同一术语为“wave shed weaving machine”(2.1)，本部分予以统一；同此原因，本部分2.2.2直线形梭口织机的英文术语改为“linear shed weaving machine”；

——本部分附录A中2.1.3.6双侧双剑杆织机的图示中增加了右侧的筒子，以表示“双侧供纬”，并与2.1.3.5双侧双剑杆织机(单侧供纬)相区别。

为便于使用，本部分做了下列编辑性修改：

a) 删除国际标准的前言；

b) “ISO 5247的本部分”一词改为“本部分”；

c) 删除国际标准的法文和俄文及关于多种语言文本的注释；

d) 附录A增加表的编号“表A.1”和表头；

e) 本部分附录A中2.4.2对英文词汇“cath thread”拼写错误，修改为“catch thread”。

本部分代替GB/T 6002.4—1986《纺织机械术语　织机分类和术语》。

本部分与GB/T 6002.4—1986的主要差异如下：

——增加了“有梭织机”、“片梭织机”、“剑杆织机”、“喷射织机”和“织带机”等术语和定义及分类内容；

——增加第1章编号和标题“1　范围”、附录A分类，并调整相应章条编号。对文本结构进行编辑性修改。

本部分的附录A为规范性附录。

本部分由中国纺织工业协会提出。

本部分由全国纺织机械与附件标准化技术委员会(CSBTS/TC 215)归口。

本部分由中纺机电研究所、东华大学负责起草。

本部分起草人：王静怡、李金海。

本部分于1986年4月首次发布，本次为第一次修订。

纺织机械与附件　织机
第1部分:词汇和分类

1　范围

GB/T 20982的本部分规定了用于纺织工业的织造机器的词汇和分类。

本部分适用于以织造技术,即用经、纬两组(或更多组)平行纱线互相交织和混合法形成织物的机器。

2　术语和定义

2.1

单相织机　singlephase weaving machine

在织机工作循环中,纬纱通过经纱片全宽的单梭口织机。

注:如是手工操作的机器,称为手织机。

2.1.1

有梭织机　shuttle weaving machine

用梭子依次在纬向的两个方向投梭引纬的织机。

注:梭子带有供若干次引纬的纱线。

2.1.2

片梭织机　projectile weaving machine

用片梭梭夹夹持从筒子架上退绕下的纬纱引入梭口的织机。

2.1.3

剑杆织机　rapier weaving machine

用固定或伸缩式剑杆或挠性剑带引纬的织机。剑头的钳纱器将纬纱从固定储纬装置引出后送入梭口。

2.1.4

喷射织机　jet weaving machine

用空气或水通过喷嘴将纬纱从固定储纬装置上引出后射入梭口的织机。

2.2

多相织机　multiphase weaving machine

在织机工作循环中,若干根纬纱同时引入并形成多个相位的织机。

2.2.1

波形梭口织机　wave shed weaving machine

在纬向形成多个梭口的织机。

2.2.2

直线形梭口织机　linear shed weaving machine

在经向形成多个梭口的织机。

2.3

其他织机　other weaving machines

在经纬交织的同时还有其他的织物形成方法的织机。

2.4

织带机 narrow fabric looms

单幅或多幅的窄幅织机。

注 1：多幅织带机中所有引入的纬纱同步地以直线或弧形移动。

注 2：多幅织物的梭口同时形成。

3 分类

附录 A 给出了织机的分类。

附 录 A
（规范性附录）
分 类

表 A.1

条款编号	分类		图示
	中文	英文	
2.1	**单相织机**	singlephase weaving machines	—
2.1.1	**有梭织机**	shuttle weaving machines	—
2.1.1.1	手织机	handlooms	—
2.1.1.1.1	无梭箱	without box	—
2.1.1.1.2	双侧单梭箱	single box on each side	—
2.1.1.1.3	单侧多梭箱	multiple boxes on one side	—
2.1.1.1.4	双侧多梭箱	multiple boxes on both sides	—
2.1.1.2	非自动织机	non-automatic weaving machines	—
2.1.1.2.1	单梭箱	single box	—
2.1.1.2.2	单侧多梭箱	multiple boxes on one side	—
2.1.1.2.3	双侧多梭箱	multiple boxes on both sides	—
2.1.1.2.4	重叠梭口	with superposed sheds	—
2.1.1.3	自动织机	automatic weaving machines	—
2.1.1.3.1	单梭箱	single box	—
2.1.1.3.1.1	换梭	shuttle changing	—
2.1.1.3.1.2	换纡	pirn changing	—
2.1.1.3.1.2.1	圆盘或直立式纡库供纡	feed from rotary battery or stack	—
2.1.1.3.1.2.2	大纡库供纡	feed from box loader	—
2.1.1.3.1.2.3	车头卷纬供纡	feed from the head of a pirn winder on the weaving machine	—
2.1.1.3.2	单侧多梭箱	multiple boxes on one side	—
2.1.1.3.2.1	换梭	shuttle changing	—
2.1.1.3.2.2	换纡	pirn changing	—
2.1.1.3.2.2.1	圆盘或直立式纡库供纡	feed from rotary battery or stack	—
2.1.1.3.2.2.2	大纡库供纡	feed from box loader	—
2.1.1.3.2.2.3	车头卷纬供纡	feed from the head of a pirn winder on the weaving machine	—
2.1.1.3.3	双侧多梭箱	multiple boxes on both sides	—
2.1.1.3.3.1	换梭	shuttle changing	—
2.1.1.3.3.2	换纡	pirn changing	—

表 A.1(续)

条款编号	分类 中文	分类 英文	图示
2.1.1.3.4	重叠梭口	with superposed sheds	—
2.1.2	**片梭织机**	projectiles weaving machines	—
2.1.3	**剑杆织机**	rapier weaving machines	—
2.1.3.1	单剑杆织机(单侧供纬)	weaving machines with one single rapier (unilateral weft supply)	
2.1.3.1.1	纱端引入	with tip insertion	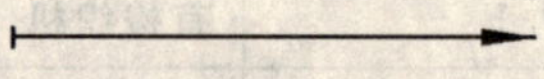
2.1.3.1.2	圈状引入单纬	with loop insertion for single pick	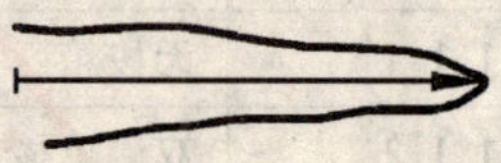
2.1.3.1.3	圈状引入双纬	with loop insertion for double pick	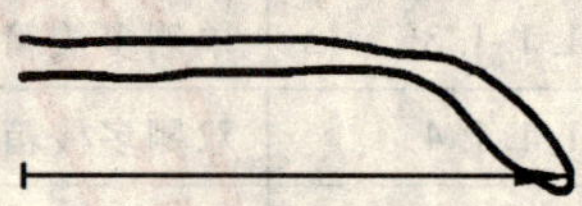
2.1.3.2	中间向两侧供纬的双向引纬的单剑杆织机	weaving machines with single rapier operating bilaterally with centrally located bilateral weft supply	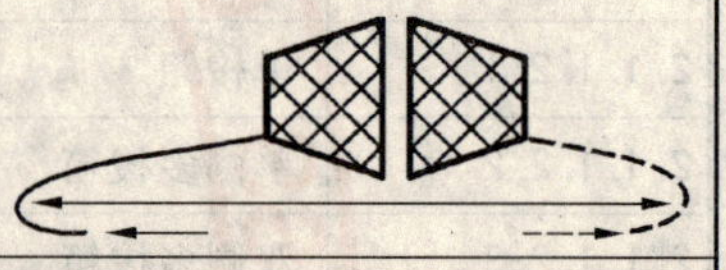
2.1.3.3	双侧剑杆织机(单侧供纬)	weaving machines with bilateral rapier (unilateral weft supply)	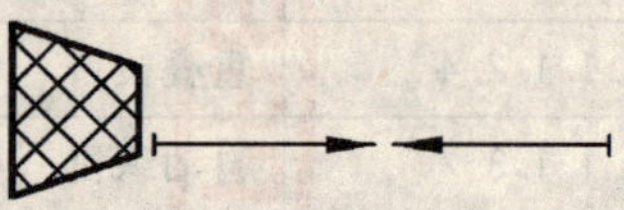
2.1.3.3.1	纱端交接	with tip transfer	
2.1.3.3.2	圈状交接引入单纬	with loop transfer for single pick	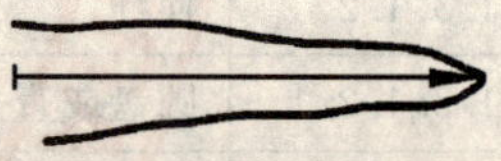
2.1.3.3.3	圈状交接引入双纬	with loop transfer for double pick	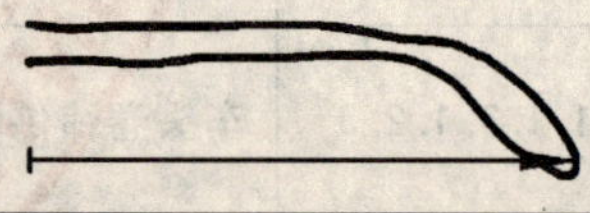
2.1.3.4	单侧双剑杆织机(单侧供纬)	weaving machines with unilateral double rapiers (unilateral weft supply)	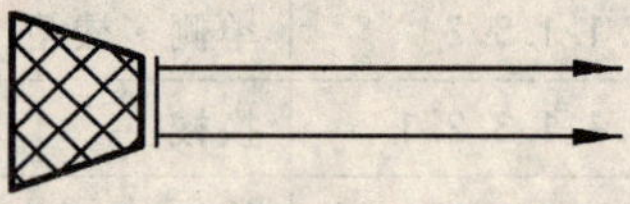
2.1.3.4.1	纱端引入	with tip insertion	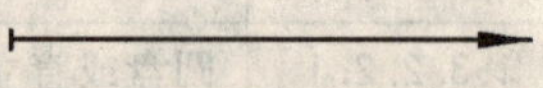
2.1.3.4.2	圈状引入双纬	with loop insertion for double pick	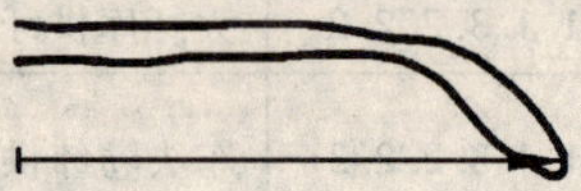
2.1.3.5	双侧双剑杆织机(单侧供纬)	weaving machines with bilateral double rapiers (unilateral weft supply)	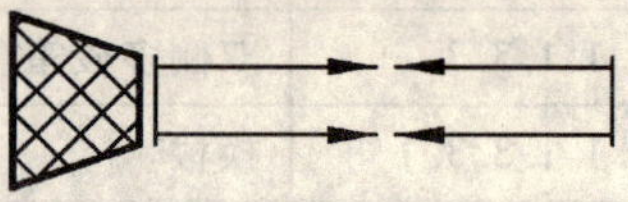

表 A.1(续)

条款编号	分类		图示
	中文	英文	
2.1.3.5.1	纱端交接	with tip transfer	
2.1.3.5.2	圈状交接引入单纬	with loop transfer for single pick	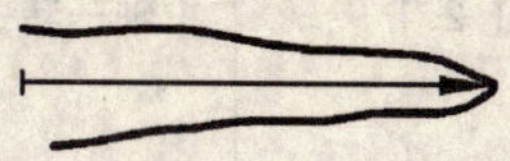
2.1.3.6	双侧剑杆织机(双侧供纬)	weaving machines with bilateral rapiers (bilateral weft supply)	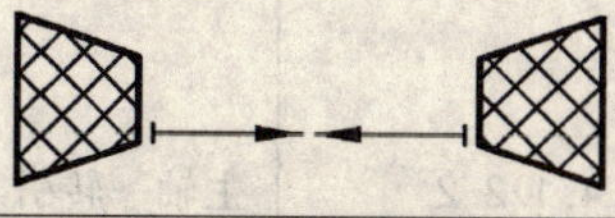
2.1.3.6.1	纱端交接	with tip transfer	
2.1.3.6.2	圈状交接引入单纬	with loop transfer for single pick	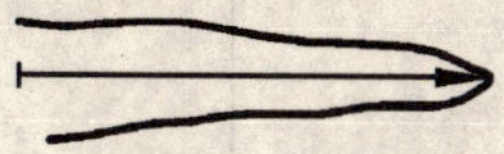
2.1.4	喷射织机	jet weaving machines	—
2.1.4.1	喷气织机(喷气引纬)	air jet weaving machines (weft insertion by air jet)	—
2.1.4.2	喷水织机(喷水引纬)	water jet weaving machines (weft insertion by water jet)	—
2.2	**多相织机**	multiphase weaving machines	—
2.2.1	**波形梭口织机**	wave shed weaving machines	—
2.2.1.1	平面形	flat	—
2.2.1.2	圆形	circular	—
2.2.2	**直线形梭口织机**	linear shed weaving machines	—
2.3	**其他织机**	other kinds of weaving machines	—
2.4	**织带机**	narrow fabric looms	
2.4.1	有梭织带机	narrow fabric shuttle loom	
2.4.1.1	每幅一把梭子	with single shuttle/space	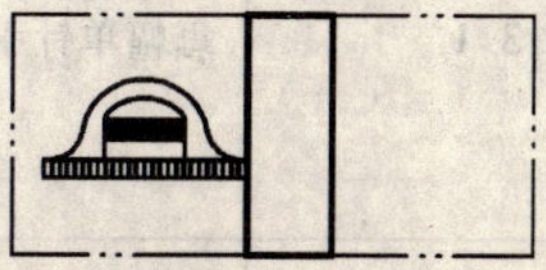
2.4.1.2	每幅多把梭子	with several shuttles/space	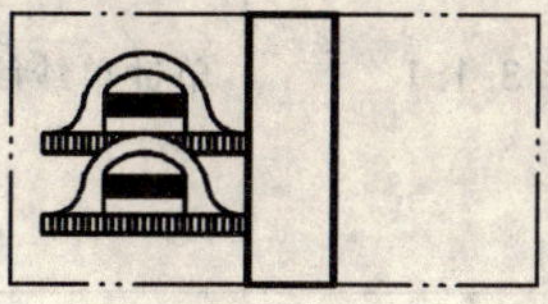

表 A.1(续)

条款编号	分类		图示
	中文	英文	
2.4.1.2.1	主轴一转引入一纬	one shuttle passage per main shaft rotation (space)	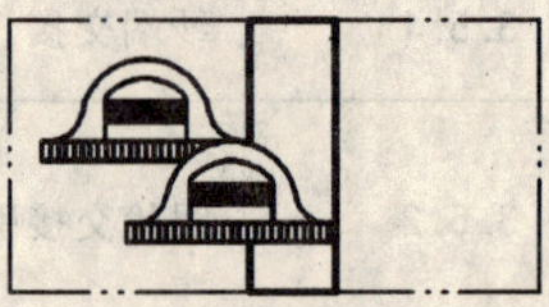
2.4.1.2.2	主轴一转引入多纬	several shuttle passages per main shaft rotation (space)	
2.4.1.2.2.1	梭子同向引纬	shuttles acting in the same direction	
2.4.1.2.2.2	梭子异向引纬	shuttles acting in the opposite direction (cross pick)	
2.4.2	带有圈状引纬和由筒子纱绞边的无梭织带机	shuttleless narrow fabric looms with loop weft insertion and selvedge formed by catch thread bobbin	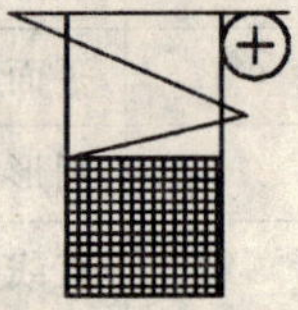
2.4.3	带有圈状引纬和钩针锁边的无梭织带机	shuttleless narrow fabric loom with loop weft insertion and knitted selvedge	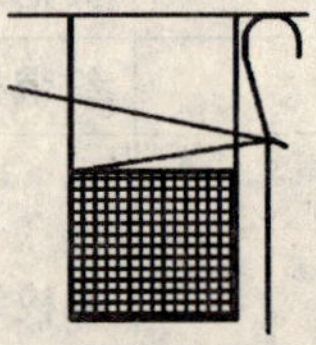
2.4.3.1	每幅单针引纬	weft insertion with one needle/space	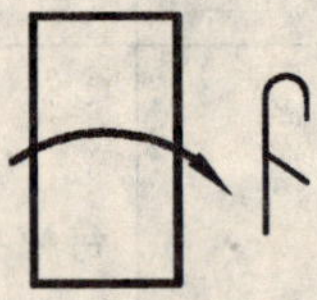
2.4.3.1.1	单针单纱筒引纬	weft needle acts on one weft thread	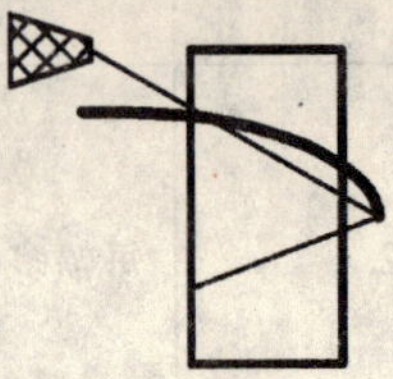

表 A.1(续)

条款编号	分类		图示
	中文	英文	
2.4.3.1.2	单针多纱筒引纬	weft needle acts on several weft threads	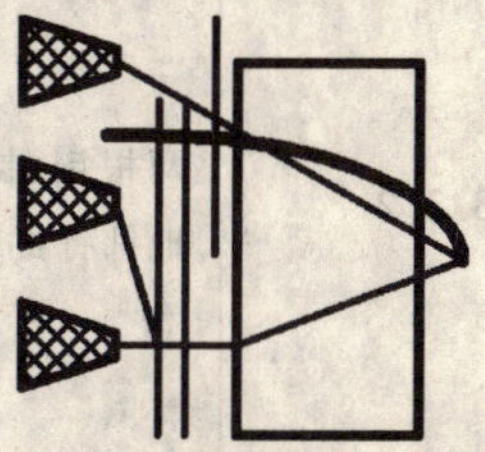
2.4.3.2	双针引纬	weft insertion with twin needle	
2.4.3.2.1	纬纱圈中央交接单侧钩针锁边	weft loop transmitted in centre and knitted on one side	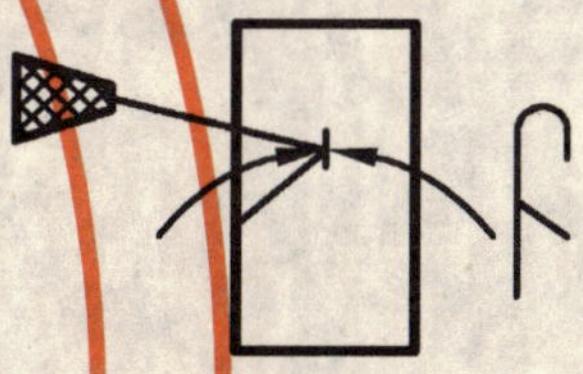
2.4.3.2.2	两针交替引纬两侧钩针锁边	alternation operation with weft loops knitted on both selvedges	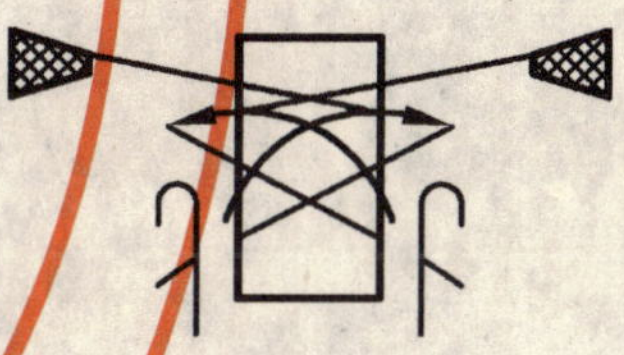
2.4.3.3	三针引纬	with triple weft insertion needle	
2.4.3.3.1	引纬针上下排列	with weft insertion needle one above the other	

表 A.1(续)

条款编号	分类		图示
	中文	英文	
2.4.3.3.2	两根引纬针前后排列在地纬针的上方	two weft insertion needles working one behind the other and on top of the ground weft needle	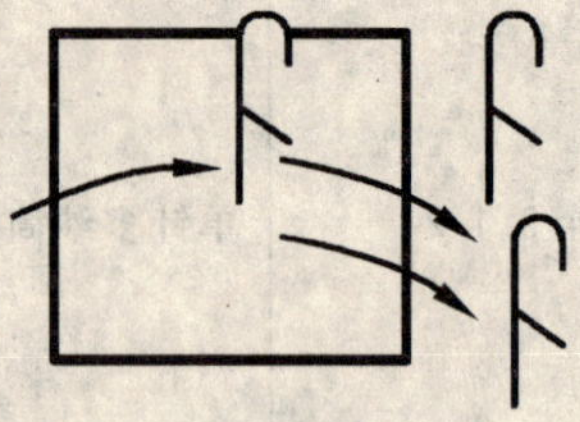
2.4.3.4	三根引纬针前后排列在地纬针的上方	three weft insertion needles working behind the other and on top of the ground weft needle	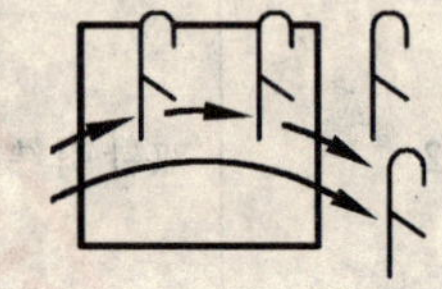

ICS 59.120.30
W 90

中华人民共和国国家标准

GB/T 20982.2—2007

纺织机械与附件 织机 第2部分：附件 词汇

Textile machinery and accessories—Weaving machines—
Part 2：Accessories—Vocabulary

(ISO 5247-2：1989，MOD)

2007-07-11 发布 2008-01-01 实施

中华人民共和国国家质量监督检验检疫总局
中国国家标准化管理委员会 发布

前　言

GB/T 20982《纺织机械与附件　织机》共分为以下三个部分：

——第1部分：词汇和分类；

——第2部分：附件　词汇；

——第3部分：织机零部件　词汇。

本部分为GB/T 20982的第2部分。

本部分修改采用ISO 5247-2:1989《纺织机械与附件——织机——第2部分：附件——词汇》(英文版)。本部分根据ISO 5247-2:1989重新起草。

本部分根据GB/T 1.1—2000的规则将ISO 5247-2:1989中未编号的“范围”一章编为第1章，同时设置第2章“术语和定义”，因此本部分的术语条目的编号是在ISO 5247-2:1989的章条编号前加“2”。

本部分与ISO 5247-2:1989相比，存在如下少量技术性差异：

a) 删除了ISO 5247-2:1989的法文和俄文文本及“范围”中关于多种语言文本的注释；

b) 删除了国际标准ISO 5247-2:1989范围中的“注：定义中用斜体字的术语在ISO 5247本部分的其他地方定义”，按照我国术语标准编写规则，本部分术语定义中使用的本部分中已定义的术语，改为该术语用黑体标出，并在该术语之后的括号中给出了该术语所在的条目编号；

c) 删除了ISO 5247-2:1989中的“规范性引用文件”一章，原因如下：

——本部分撑幅装置中的词汇“边撑”用摘抄形式引用了国际标准ISO 8118:1986《织造机械——刺轴边撑》中的边撑的定义。在国际标准ISO 5247-2:1989中边撑的定义是直接给出了标准号：ISO 8118 。如此不属于规范性引用文件，所以国家标准本部分删除了规范性引用文件中的“ISO 8118　织造机械——刺轴边撑”，将其列入参考文献；

——本部分引纬装置词汇中“梭子”、“片梭”、“剑杆”、“喷嘴”的定义用摘抄形式引用了ISO 5247:1983中的定义。国际标准ISO 5247-2:1989中这四个词汇的定义是给出了引用的国际标准编号ISO 5247，但ISO 5247现已修订为ISO 5247-1:2004，且标准中已取消了“梭子”、“片梭”、“剑杆”、“喷嘴”的条文，故不能再引用ISO 5247最新版本，所以本部分删除了规范性引用文件中的“ISO 5247　纺织机械与附件——织机——分类和词汇”，将其列入参考文献。

为便于使用，本部分做了下列编辑性修改：

a) 删除国际标准的前言；

b) 删除国际标准中的“附录A　等效的德文词汇”；

c) “适用范围”一词改为“范围”，“ISO 5247的本部分”一词改为“本部分”；

d) 增加了汉语拼音索引；

e) 删除国际标准ISO 5247-2:1989的法文、俄文和德文对应词索引；

f) 增加了参考文献。

本部分由中国纺织工业协会提出。

本部分由全国纺织机械与附件标准化技术委员会(CSBTS/TC 215)归口。

本部分负责起草单位：中国纺织机械器材工业协会、东华大学、天津工业大学、中国纺织机械(集团)公司。

本部分主要起草人：王静怡、李金海、周国庆、赵关红。

本部分为首次发布。

纺织机械与附件　织机
第2部分：附件　词汇

1　范围

GB/T 20982 的本部分规定了织机附件的基本术语。主要包括以下五个部分(见图 1)：

——开口机构；

——导经和打纬机构；

——撑幅机构；

——引纬机构；

——经纱断头检测机构。

1——开口机构；

2——导经和打纬机构；

3——撑幅机构；

4——引纬机构；

5——经纱断头检测机构。

图 1

2　术语和定义

2.1　开口机构

2.1.1　综带动的经纱运动

2.1.1.1

综框　heald frame

使综(2.1.1.2)排列成行、携带经纱一起运动形成梭口的框架(见图 2)。

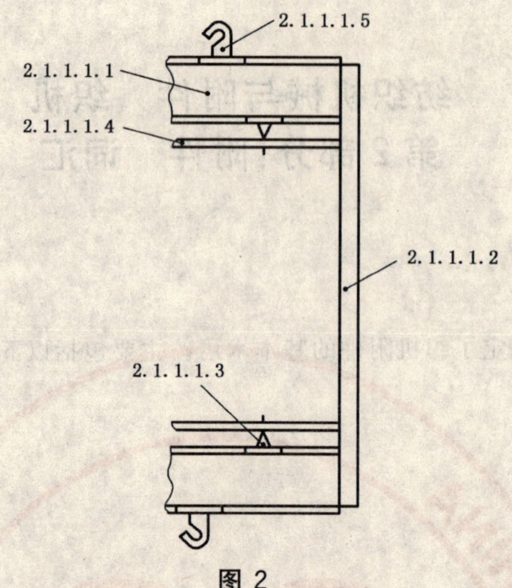

图 2

2.1.1.1.1

综框横梁　frame stave

综框(2.1.1.1)的上、下水平横向件。

2.1.1.1.2

综框侧档　heald frame lateral support

用于**综框横梁**(2.1.1.1.1)侧面连接和**综框**(2.1.1.1)导向的零件。

2.1.1.1.3

穿综杆夹　heald rod support

在**综框横梁**(2.1.1.1.1)上支撑**穿综杆**(2.1.1.1.4)的零件。

2.1.1.1.4

穿综杆　heald carrying rod

悬挂综(2.1.1.2)的横杆。

2.1.1.1.5

综框连接件　heald frame connector

综框(2.1.1.1)与传动系统的连接件。

2.1.1.1.6

综框隔离片　separator for heald frame

综框横梁(2.1.1.1.1)上以防止相邻**综框**(2.1.1.1)相互接触的附件。

2.1.1.2

综　heald

带有封闭或侧向开口**综耳**(2.1.1.2.1)和带有或不带有镶嵌式导经用**综眼**(2.1.1.2.2)的零件。

2.1.1.2.1

综耳　end loop

综(2.1.1.2)两端用以穿入**穿综杆**(2.1.1.1.4)或者连接**通丝**(2.1.2.1.2)和下拉装置的挂钩或镶嵌物。

2.1.1.2.2

综眼　thread eye

综(2.1.1.2)上用以穿经纱的孔。

2.1.1.2.3

钢丝综　twin-wire heald

钢丝绕制成的,有捻成或镶入的综眼的**综**(2.1.1.2)。

2.1.1.2.4

钢片综 flat steel heald

用冲有**综眼**(2.1.1.2.2)和综耳的钢片制成的**综**(2.1.1.2)。

2.1.1.2.5

绞综 leno heald

由两根提综和一根半综构成,织造纱罗组织时用的**综**(2.1.1.2)(见图 3)。

图 3

2.1.1.3

张力综 tensioning heald

用来保持两根**穿综杆**(2.1.1.1.4)之间的正确距离,无**综眼**(2.1.1.2.2)的**综**(2.1.1.2)(见图 4)。

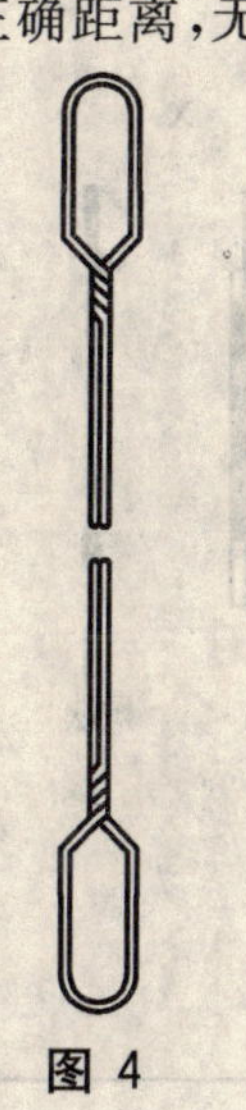

图 4

2.1.1.4

分离综 separating heald

紧靠筘座放置,使经纱相互分离开的无**综眼**(2.1.1.2.2)短**综**(2.1.1.2)。

2.1.1.5

综框调节器 harness regulator

设置在**综框**(2.1.1.1)与驱动系统间用来调整经位置线的可调连接片。

2.1.1.6

多臂纹板 dobby card

利用传感元件指令**综框**(2.1.1.1)运动以获得所需织物组织的器件。

2.1.1.6.1

循环纹板 roll card

由横向纹钉纹板连接的链状器件。安置其上的纹钉用于抬起传感元件。

2.1.1.6.2

纹钉纹板　stick-and-peg card

装有纹钉的器件。其上的纹钉用于抬起传感元件。

2.1.1.6.3

冲孔纹纸　pasteboard　card

冲孔的带状纹纸。冲孔以备传感元件之用。

2.1.1.6.4

连续纹纸　tape-formed pattern card

由纸或塑料薄片冲孔后制成的圈状纹纸。冲孔以备传感元件之用。

2.1.2　综统带动的经纱运动

2.1.2.1

综统　harness

在竖钩以下形成梭口所需的引线和其他必需零件的组合体(见图 5)。**通丝**(2.1.2.1.2)和**提花综线**(2.1.2.1.5)的连接方式见 X 放大图,提花综线和**下拉(回综)机构**(2.1.2.1.6)的连接方式见 Y 放大图。

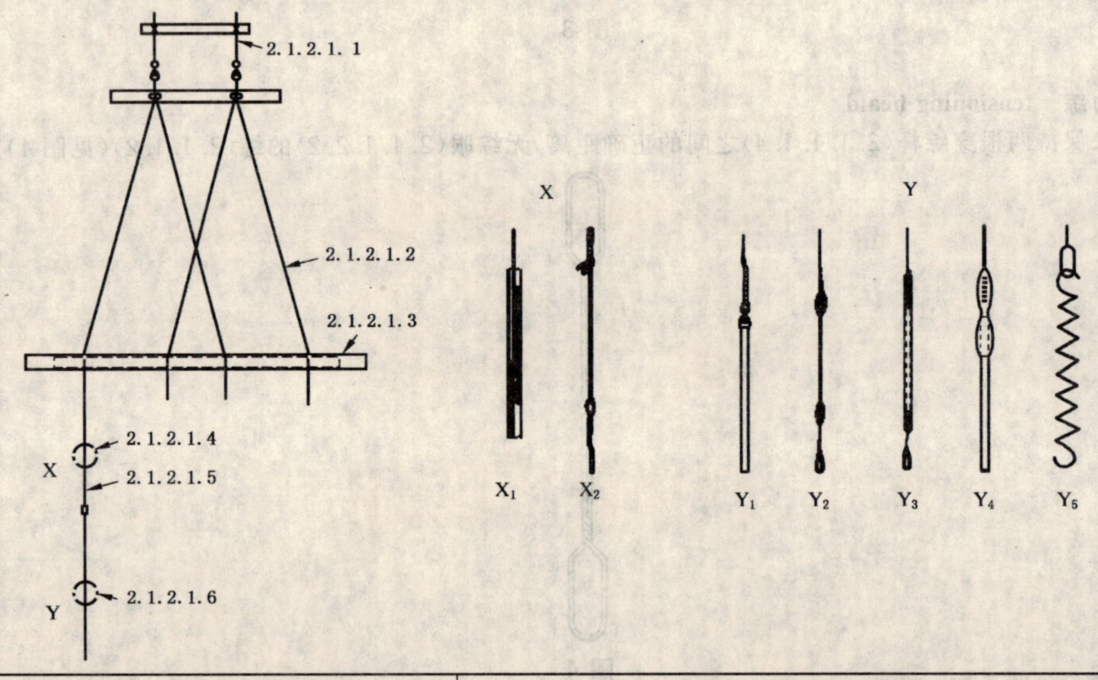

放大图	连接方式
X_1	用一段管子直接与综线一头连接
X_2	用绳圈连接
Y_1	用连接环和提花机铅锤连接
Y_2	用塑胶涂层弹性线连接
Y_3	用橡胶管连接
Y_4	用塑胶涂层的提花机铅锤连接
Y_5	用螺旋弹簧连接

图 5

2.1.2.1.1

弹性钩 **spring collet**

竖钩与**综线**(2.1.2.1)间的连接件。俗称麻线钩。

2.1.2.1.2

通丝 **harness cord**

连接**提花综线**(2.1.2.1.5)与**弹性钩**(2.1.2.1.1)之间的绳状物。把织造相同织纹的数根**通丝**(2.1.2.1.2)打结在一起或系到提花环上。

2.1.2.1.3

目板 **comber board**

在整个织幅范围内引导通丝(2.1.2.1.2)的板。

2.1.2.1.4

通丝与提花综线的连接 **connection of harness cord to Jacquard heald**

见图5,X_1 和 X_2 放大图。

2.1.2.1.5

提花综线 **Jacquard heald**

提花织机用的综(2.1.1.2)。

2.1.2.1.6

下拉(回综)系统 **lowering system**

与**提花综线**(2.1.2.1.5)相连接并下拉经纱的机件(见图5,Y_1 至 Y_5 放大图)。

2.1.2.2

提花纹板 **Jacquard card**

控制提花信号的器件。

2.2 **导经和打纬机构**

2.2.1

筘 **reed**

由固定在筘梁上的**筘齿**(2.2.1.1)组成,并引导经纱、击打纬纱的构件,在某些场合也可引导**载纬器**(2.4.5)。其公制计量单位是每100 mm长度中的筘齿数。

2.2.1.1

筘齿 **reed dent**

垂直固定于**筘**(2.2.1)梁的钢片。

2.2.1.2

筘边 **end rod**

筘(2.2.1)的侧边框。

2.2.1.3

筘梁木条 **interlacing rod**

具有半圆截面,在**沥青梁**(2.2.1.5)中固定**筘齿**(2.2.1.1)的木条。

2.2.1.4

半圆杆 **half-round rod**

具有半圆截面,用于**双弹性梁**(2.2.1.6)、**平板梁**(2.2.1.7)或**塑料梁**(2.2.1.8)中固定**筘齿**(2.2.1.1)的钢杆。

2.2.1.5

沥青梁 **pitch baulk**

用沥青线或沥青填封将**筘梁木条**(2.2.1.3)与**筘齿**(2.2.1.1)连成一体的连结件。

2.2.1.6

双弹性梁　double-spring baulk

用双排并列的弹簧钢丝，将**半圆杆**(2.2.1.4)和**筘齿**(2.2.1.1)连接，并以熔焊或硅胶材料固定的连结件。

2.2.1.7

平板梁　flat-band baulk

用钢丝把**半圆杆**(2.2.1.4)和**筘齿**(2.2.1.1)连接起来，并将筘齿两端用熔焊(或胶接)材料固结于钢带之间的连结件。

2.2.1.8

塑料梁　plastics baulk

把筘齿放在槽内，并用熔化材料将**筘齿**(2.2.1.1)和**半圆杆**(2.2.1.4)固结的连结件。

2.2.2

分绞棒　lease rod

用来分开经纱的棒。

2.3　撑幅机件

2.3.1

边撑　temple

在织造过程中，支撑靠近织口的布边，使之保持**筘**(2.2.1)上经纱宽度的机件。

2.4　引纬机构

2.4.1

梭子　shuttle

被往复推动并把纬纱引过梭口的机件。

2.4.2

片梭　projectile

夹持从固定供纬装置中引出的纬纱，投入并穿越梭口的机件。

2.4.3

剑杆　rapier

由设置在经纱片外侧的机构积极驱动，并从固定供纬装置中携带纬纱通过梭口的刚性或挠性的伸缩杆件。

2.4.4

喷嘴　nozzle

使气流或水束定向喷射的机件。

2.4.5

载纬器　weft yarn carrier

携带纬纱按顺序或不按顺序一个接一个地在纬纱前进方向与梭口完全同步移动的载纬元件。

2.4.6

换纬纹板　change card

控制引纬变换的元件。

2.4.7　其他装置

2.5　经纱断头检测机构

2.5.1

经停机构　warp-stop motion

在检测出经纱断头后停止织机运转的机构。

2.5.1.1

停经片式经停机构　warp-stop motion for drop wires

通过穿在经纱上的**停经片**(2.5.1.1.1),使其在纱线断头后立即落到**电气式接触杆**(2.5.1.1.2)或**机械式齿形杆**(2.5.1.1.3)上,由闭合电路或间断齿形杆的机械运动使织机停止运转的机构。

2.5.1.1.1

停经片　drop wire

挂在经纱上并在纱线断头后落到**电气式接触杆**(2.5.1.1.2)或**机械式齿形杆**(2.5.1.1.3)上的金属片。

2.5.1.1.2

电气式接触杆　contact bar for electrical warp-stop motion

一对互相绝缘、其内接触杆为光杆或齿形杆,在**停经片**(2.5.1.1.1)落下时使线路闭合的接触杆。

2.5.1.1.3

机械式齿形杆　serrated bar for mechanical warp-stop motion

内杆作往复运动,当落下**停经片**(2.5.1.1.1)时即停车的一对齿形杆。

2.5.1.1.4

导杆　guide bar

经停机构(2.5.1)上用于分离各排**停经片**(2.5.1.1.1)的辅助杆。

2.5.1.2

综框经停机构　harness warp-stop motion

见图6。

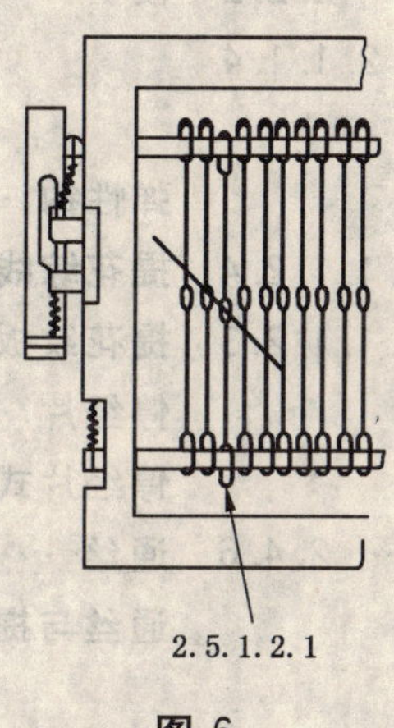

图6

2.5.1.2.1

经停机构的综　heald for warp-stop motion

经纱断头时在下梭口的位置,使电路闭合、织机停止运转的**综**(2.1.1.2)。

2.5.1.2.2

经停机构的综框　heald frame with integrated

具有电气式接触杆作用的**穿综杆**(2.1.1.1.4),在经纱断头时使电路闭合、织机停止运转的**综框**(2.1.1.1)。

2.5.1.3　**其他经停机构**

用光或电子检测经纱断头的其他机构。

汉语拼音索引

STANDARDS PRESS OF CHINA

英语对应词索引

J

L

N

P

R

S

T

W

参 考 文 献

ISO 5247:1983 纺织机械与附件——织机——第2部分:附件——词汇
ISO 8118:1986 织造机械——刺轴边撑

ICS 59.120.30
W 90

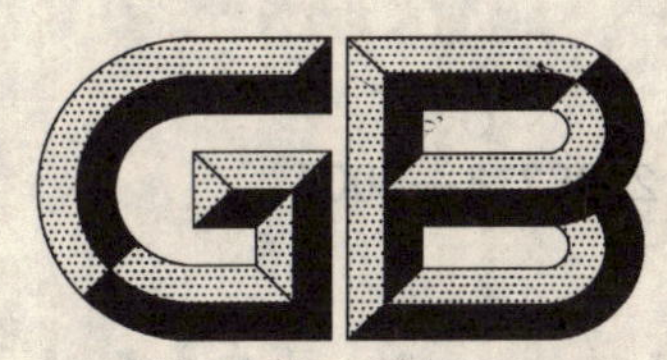

中华人民共和国国家标准

GB/T 20982.3—2007

纺织机械与附件 织机 第3部分:织机零部件 词汇

Textile machinery and accessories—Weaving machines—Part 3: Parts of the machine—Vocabulary

(ISO 5247-3:1993,MOD)

2007-07-11 发布 2008-01-01 实施

中华人民共和国国家质量监督检验检疫总局
中国国家标准化管理委员会 发布

前　言

GB/T 20982《纺织机械与附件　织机》共分为以下三个部分：

——第 1 部分：词汇和分类；

——第 2 部分：附件　词汇；

——第 3 部分：织机零部件　词汇。

本部分为 GB/T 20982 的第 3 部分。

本部分修改采用 ISO 5247-3:1993《纺织机械与附件——织机——第 3 部分：织机的零部件——词汇》(英文版)。本部分根据 ISO 5247-3:1993 重新起草。

在采用 ISO 5247-3:1993 时，本部分做了一些修改及标识。

本部分根据 GB/T 1.1—2000 的规则将 ISO 5247-3:1993 中未编号的“范围”一章编为第 1 章，“规范性引用文件”一章编为第 2 章，同时设置第 3 章“术语和定义”，因此本部分的术语条目的编号是在 ISO 5247-3:1993 的章条编号前加“3”。

本部分与 ISO 5247-3:1993 相比，存在少量技术性差异，技术性差异及原因如下：

——“规范性引用文件”中增加“GB/T 18737.1—2002　纺织机械与附件　经轴　第 1 部分：词汇(ISO 8116-1:1995,IDT)”；

——“3.4.1　织轴”的英文对应词根据 GB/T 18737.1—2002 (ISO 8116-1:1995,IDT)改为：weaver's beam，定义改为“按 GB/T 18737.1—2002 和 ISO 8116-3:1995 的规定”，因国际标准 ISO 5247-3:1993 中引用的 ISO 8116-3:1986 主要规定了织轴的尺寸，织轴术语的定义不完全，而 GB/T 18737.1—2002 已明确给出了织轴的定义和英文对应词；

——增加打纬机构的词汇(本部分 3.8)。因打纬机构是织机的重要的组成部分之一；

——将国际标准 ISO 5247-3:1993 中“8.5.1　计长机构，计纬机构”分为两个条目，见本部分 3.9.5.1和 3.9.5.2。因为它们是两个术语；

——增加汉语拼音索引；

——增加英文对应词索引。

为便于使用，本部分做了下列编辑性修改：

a)　删除国际标准的前言；

b)　删除国际标准 ISO 5247-3:1993 的法文、德文和中文文本以及使用除英文、法文外的其他语种等效术语的注释；

c)　“适用范围”一词改为“范围”，“ISO 5247 的本部分”一词改为“本部分”。

本部分由中国纺织工业协会提出。

本部分由全国纺织机械与附件标准化技术委员会(CSBTS/TC 215)归口。

本部分负责起草单位：中国纺织机械器材工业协会、东华大学、天津工业大学、中国纺织机械(集团)公司。

本部分主要起草人：王静怡、李金海、周国庆、赵关红。

本部分为首次发布。

纺织机械与附件　织机
第3部分:织机零部件　词汇

1　范围

GB/T 20982的本部分定义了织机零部件的基本术语,共分以下九类:

——左右侧定义和外形尺寸规定;

——织机机架;

——传动系统;

——经纱和织物控制装置;

——开口机构;

——引纬机构;

——布边装置;

——打纬机构;

——织造停机装置。

2　规范性引用文件

下列文件中的条款通过GB/T 20982的本部分的引用而成为本部分的条款。凡是注日期的引用文件,其随后所有的修改单(不包括勘误的内容)或修订版均不适用于本部分,然而,鼓励根据本部分达成协议的各方研究是否可使用这些文件的最新版本。凡是不注日期的引用文件,其最新版本适用于本部分。

GB/T 18737.1—2002　纺织机械与附件　经轴　第1部分:词汇(ISO 8116-1:1995,IDT)

GB/T 19548—2004　纺织机械与附件　织机　左右侧定义(ISO 108:1976,IDT)

GB/T 20982.1—2007　纺织机械与附件　织机　第1部分:词汇和分类(ISO 5247-1:2004,MOD)

GB/T 20982.2—2007　纺织机械与附件　织机　第2部分:附件　词汇(ISO 5247-2:1989,MOD)

FZ/T 90034—1992　纺织机械　织机工作宽度(eqv ISO 109:1982)

ISO 8116-3:1995　纺织机械与附件　经轴　第3部分:织轴

3　术语和定义

3.1　左右侧定义和外形尺寸规定

见图1。

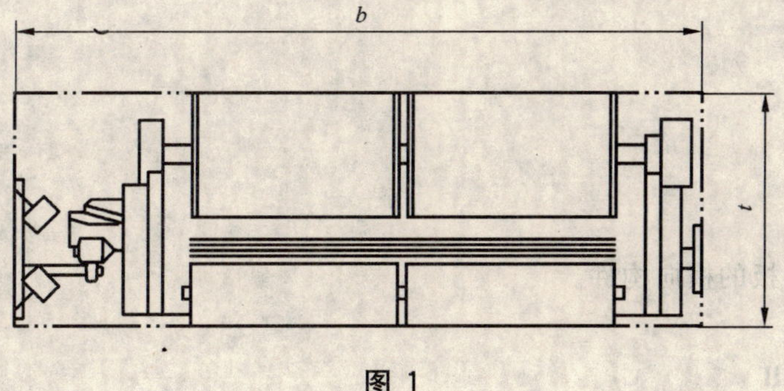

图1

3.1.1

右侧　right side

见 GB/T 19548—2004。

3.1.2

左侧　left side

见 GB/T 19548—2004。

3.1.3

机器宽度 *b*　machine width, *b*

垂直于织物移动方向的织机总尺寸。

3.1.4

机器深度 *t*　machine depth, *t*

织物移动方向的织机总尺寸。

3.1.5

最大工作宽度　maximum working width

见 FZ/T 90034—1992。

3.2　织机机架

见图 2。

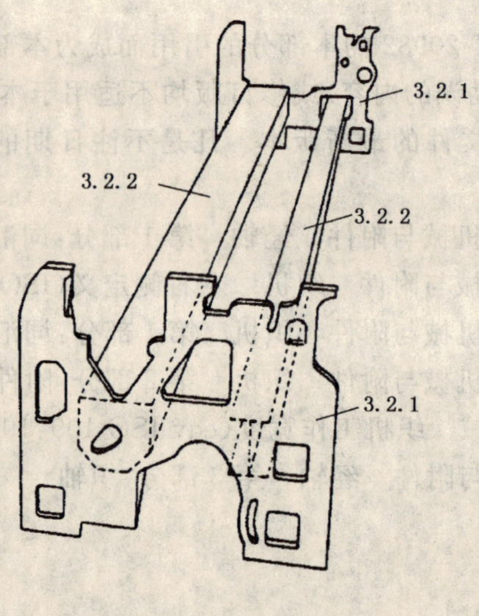

图 2

3.2.1

侧墙板　side wall

机架的侧面构件。

3.2.2

横梁　cross bar

联接并支撑两侧墙板的横向构件。

3.2.3

中墙板　centre wall

位于织机机架中间，当织造多幅织物时用以安装中央传动装置或用于重型织机上承受织物移动方向上载荷的构件。

3.2.4

上横梁　superstructure

带有若干横档并位于墙板上方用以支承开口机构的构件。

3.2.5

提花机架　Jacquard frame

用以支承提花机构的分离机架。

3.3　传动系统

由电动机通过带、链、齿轮或其他方式直接或经由离合器间接传动织机的装置。

3.3.1

主电动机　main drive

驱动织机运转的电动机。

3.3.2

离合器　clutch

配置于电动机和传动轴之间，在电动机运转状态下使织机启动或制动的装置。

3.3.3

传动轴　drive shaft

将动力传递到织机所有运动部件上使之运转的轴。

3.3.4

反转　reverse motion

采用手动或自动方式使织机反向转动。

3.3.5

启动和制动机构　start and stop device

用于启动和制动织机的机构。

3.3.5.1

自动反转停机机构　stop device with automatic reverse motion

停机时使织机自动反转并将筘座停在预定位置的停机机构。

3.3.5.2

一次引纬机构　device for single pick insertion

仅能引入一次纬纱的电器控制机构。

3.3.5.3

点动机构　pulsing motion

以脉冲方式步进驱动主轴回转的机构。

3.3.5.4

慢动机构　inching motion

使织机慢速运转的机构。

3.3.6

寻纬机构　pick-finding device

为寻找断纬使开口机构与织机主轴脱离实现单独操纵综框或综丝的机构。必要时也可与送经、卷取和其他机构脱离。

3.4　经纱和织物控制装置

见图3和图4。

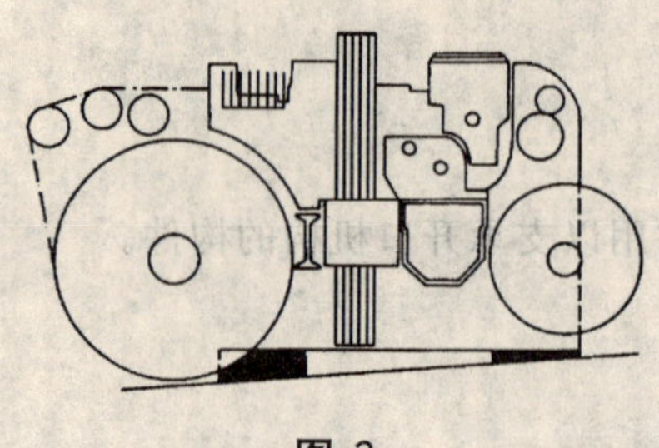
图 3

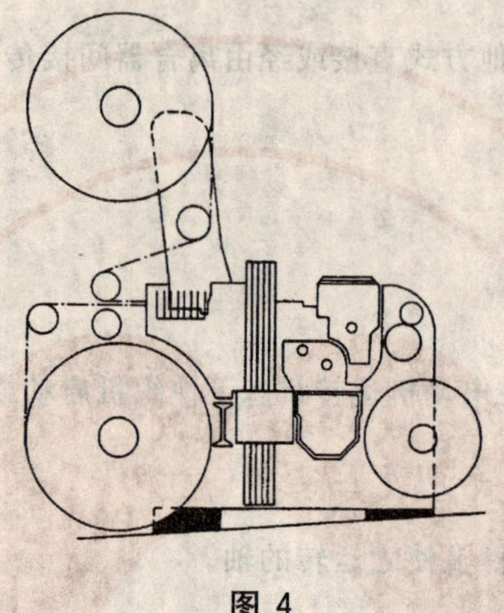
图 4

3.4.1

织轴　weaver's beam

按 GB/T 18737.1—2002 和 ISO 8116-3:1995。见图 5。

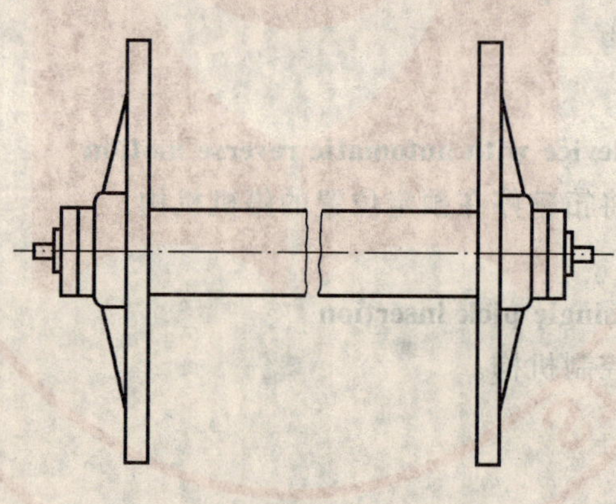
图 5

3.4.2

织轴轴承　warp beam bearing

织机上织轴的支承(有铰链式、托架式、带方榫式等)。

3.4.3

送经装置　let-off motion

以恒定的经纱张力间歇或连续地将经纱从织轴上引出的装置。

3.4.3.1

积极式送经装置　positive let-off motion

每次引纬均送出预定长度经纱的装置。

3.4.3.2

消极式送经装置　negative let-off motion

每次引纬均能按经纱的消耗量送出相应长度经纱的装置。送经量由经纱张力调节。

3.4.3.3

织轴制动装置　warp beam brake

借助重锤、弹簧等加载于制动环或制动盘，用以当经纱张力矩小于制动力矩时阻止织轴回转的装置。

3.4.4

后梁　whip roll

用于改变织轴送出的经纱方向并将经纱导入梭口平面的辊状、管状或异形截面横向构件(见图6)。

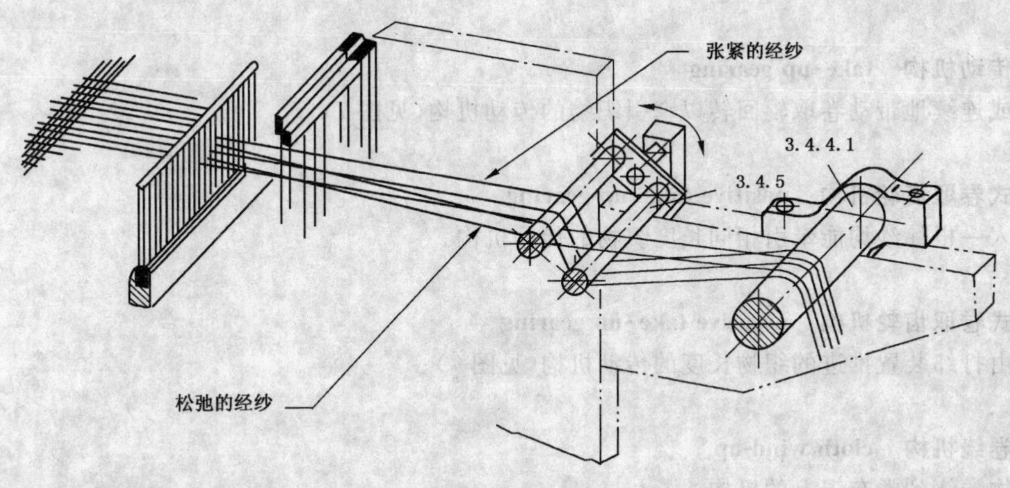

图 6

3.4.4.1

固定式后梁　fixed whip roll

固定在机架上的管状或异形横向构件或支撑在机架上的辊状构件。

3.4.4.2

活动式后梁　movable whip roll

安装在摆动杆上，自身旋转或不转能随开口过程作周期性摆动以补偿经纱张力和检测经纱张力从而控制经纱送出量的构件。

3.4.5

摆动式分绞机构　rocking lease motion

安装在机架上并随织造过程为配合打纬而交替张紧和松弛上下层经纱的机构(见图6)。

3.4.6

卷取辊　take-up roller

具有握持表面(如网状金属皮、橡胶或金刚砂布等)并由卷取传动机构带动回转以牵引织物的辊状构件(见图7)。

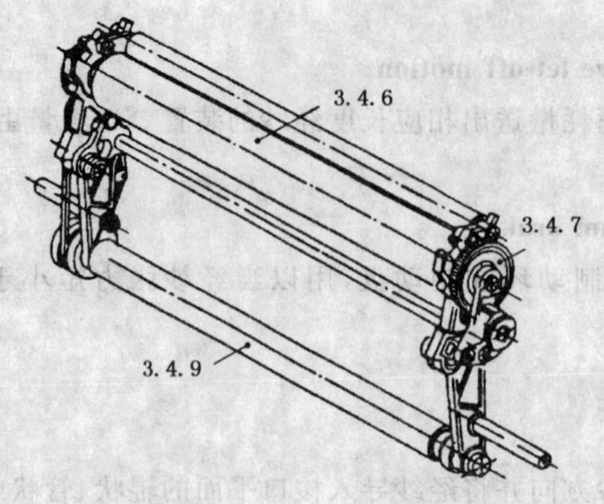

图 7

3.4.7

卷取传动机构　take-up gearing

间歇或连续地带动卷取辊回转以牵引织物的传动机构(见图 7)。

3.4.7.1

积极式卷取齿轮机构　positive take-up gearing

每引入一根纬纱均能牵引相同长度织物的传动机构。

3.4.7.2

消极式卷取齿轮机构　negative take-up gearing

牵引由打纬装置推进的织物长度的传动机构(见图 7)。

3.4.8

织物卷绕机构　cloth wind-up

将织物卷绕到卷布辊上的机构。

3.4.8.1

机上卷绕机构　cloth wind-up on the weaving machine

通过传动机构将织物卷绕到安装于织机卷布辊上的机构(见图 7)。

3.4.8.2

分离式卷绕机构　cloth wind-up off th weaving machine

以表面摩擦传动或芯轴传动卷绕方式把织物卷绕到织机以外卷布辊上的机构(见图 8)。

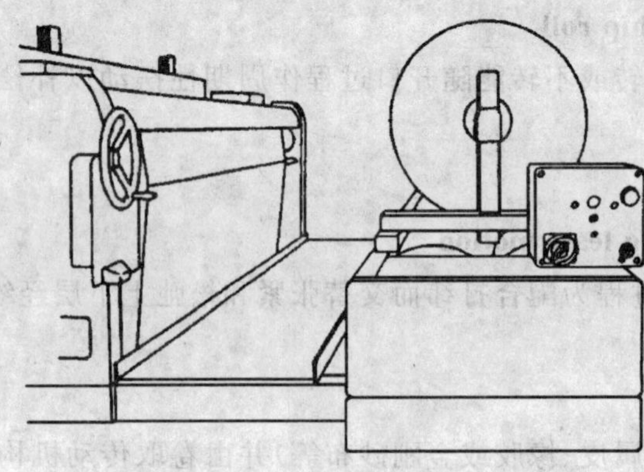

图 8

3.4.9

卷布辊 cloth roll

由织物卷绕机构传动,将卷取辊输送出的织物卷绕成卷的辊状构件(见图 7)。

3.4.10

折布机构 plaiting of fabric

使织物以层状折放的机构。

3.5 开口机构

3.5.1

踏综杆开口机构 treadle motion

由盘状凸轮机构或曲柄连杆等构件的运动通过传动件传递给综框形成梭口的机构。它主要用于织造平纹织物。

3.5.2

踏盘开口机构 tappet motion

凸轮开口机构 cam motion

由凸轮盘和传动构件组成的闭式开口机构。替换凸轮盘就能改变织物的组织(见图 9)。

图 9

3.5.2.1

凸轮轴 cam shaft

装有凸轮盘的轴,该轴与织机主轴的速比根据织物组织循环确定。

3.5.2.2

凸轮 cam

凸轮盘 cam disc

凸轮开口装置中的执行机件,例如共轭凸轮、沟槽凸轮。

3.5.2.3

转子摆臂 roller lever

装有一个或两个凸轮从动转子的摆臂,用以积极传递来自凸轮的提综运动。

3.5.2.4

连杆 connecting rod

连接转子摆臂与综框连杆的杆件。

3.5.2.5

连接接头 link

用以调节连杆在综框连杆上的位置以改变凸轮所传动的综框升降动程(的)且起夹持作用的机件。

3.5.2.6

综框连杆　harness frame lever

将凸轮的提综运动通过该杆与其他连接件传递到综框的杆件。

3.5.3

多臂装置　dobby

通过一个可控制的提升机构带动综框运动形成梭口的装置。

3.5.3.1　多臂装置种类

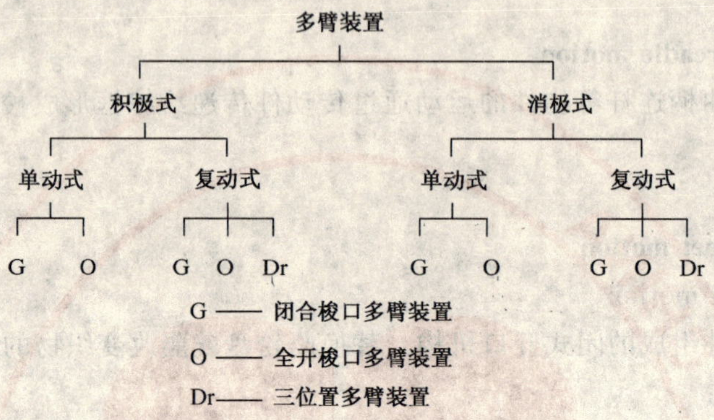

3.5.3.1.1

积极式多臂装置　positive dobby

积极控制综框上升和下降的多臂装置。

3.5.3.1.2

消极式多臂装置　negative dobby

控制综框积极上升(或下降)和消极下降(或上升)的多臂装置。

3.5.3.1.3

单动式多臂装置　single lift dobby

每一工作循环完成一次引纬的多臂装置。

3.5.3.1.4

复动式多臂装置　double lift dobby

每一工作循环完成二次引纬的多臂装置。

3.5.3.1.5

闭合梭口多臂装置　closed shed dobby

打纬时所有综框都处于规定位置(即闭合梭口)的多臂装置。

3.5.3.1.6

全开梭口多臂装置　open shed dobby

仅使需要变换位置的综框运动的多臂装置。

3.5.3.1.7

三位置多臂装置　three-position dobby

为形成两个重叠梭口,使综框分别位于三个位置的多臂装置。

3.5.3.2　普通多臂装置型式

3.5.3.2.1

哈特斯莱多臂装置　Hattersley dobby

摆动式双拉钩积极提综、消极回综的闭合梭口或全开梭口的复动式多臂装置(见图 10)。

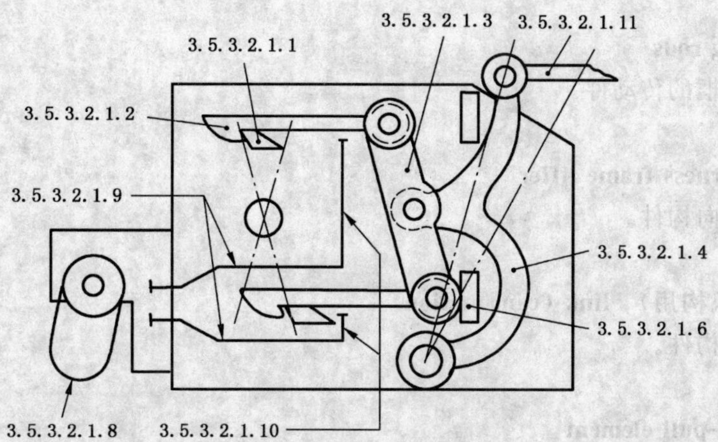

图 10

3.5.3.2.1.1

拉刀 traction knife

与拉钩相啮合并拖动拉钩运动的构件。

3.5.3.2.1.2

拉钩 traction hook(dobby)

带动摆动杆运动的钩形机件。

3.5.3.2.1.3

摆动杆 baulk unit

连接拉钩并摆动或支持提综臂的构件。

3.5.3.2.1.4

提综臂 jack lever

连接于摆动杆中部,通过连接件带动综框运动的构件。

3.5.3.2.1.5

推杆 pushing bar

作往复运动以推动摆动杆回到起始位置(紧靠定位杆)的构件。

3.5.3.2.1.6

定位杆 stop bar

摆动杆的限位构件。

3.5.3.2.1.7

保持杆 retaining bar

使拉钩保持在正常位置不被拉刀误钩的固定杆件。

3.5.3.2.1.8

纹纸 pattern card

与织物组织相应的信息载体。

3.5.3.2.1.9

花纹控制机构 control device

花纹阅读机构 reading-in mechanism

识读纹板或纹纸上的信息并使其转换成机械动作的机构。

3.5.3.2.1.10

信息传递件 transmission

置于花纹控制机构和拉钩之间的机件。

3.5.3.2.1.11

连杆 connecting rods

连接提综臂和综框的传动件。

3.5.3.2.1.12

综框升降杆 harness frame lifter

连杆机构中的转向构件。

3.5.3.2.1.13

连接接头(凸轮机构用) link (cam motion)

调节综框动程的构件。

3.5.3.2.1.14

回综机构 down-pull element

用弹簧使综框复位的机构。

3.5.3.2.2

旋转式多臂装置 rotary dobby

带有一套偏心轮,采用纹板、纹纸或电子元件控制织物花纹,使综框作积极运动的复动式全开梭口多臂装置(见图 11)。

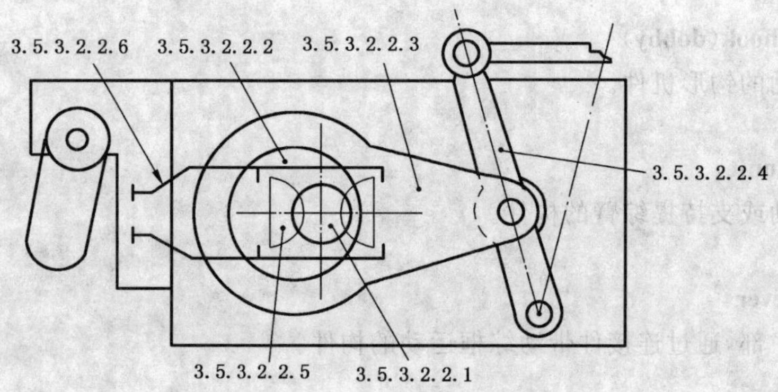

图 11

3.5.3.2.2.1

主轴 main shaft

周期性地回转 180°的轴。

3.5.3.2.2.2

偏心轮 cam

根据织物组织由主轴传动作 180°旋转的构件。

3.5.3.2.2.3

偏心轮连杆 crank rod

活套在偏心轮上传动摆动杆的杆件。

3.5.3.2.2.4

摆动杆 rocking lever

通过连接件将升降运动从多臂机构传递到综框的杆件。

3.5.3.2.2.5

联结件 coupling element

一种既可使偏心轮与主轴联结而转动,也可使偏心轮与偏心轮连杆联结而停顿在一个终端位置上的离合式构件。

3.5.3.2.2.6

联轴器杆　coupling lever

由信息载体(例如纹纸)控制使联结件工作的杆件。

3.5.4

提花机　Jacquard machine

由信息载体控制和操纵提升系统,使单根或成组通丝及综丝运动的梭口形成装置。

3.5.4.1　**提花机的种类**

3.5.4.1.1

单动式提花机　single lift Jacquard machine

每一工作循环引一纬的提花机(闭合梭口式)(见图 12)。

图 12

3.5.4.1.1.1

上开梭口提花机　top shedding Jacquard machine

从底层提升部分综丝以形成梭口的提花机。

3.5.4.1.1.2

下开梭口提花机　bottom shedding Jacquard machine

从顶部下降部分综丝以形成梭口的提花机。

3.5.4.1.1.3

中央梭口提花机　centre shed Jacquard machine

从综平位置起始综丝部分上升和其余部分下降以形成梭口的提花机。

3.5.4.1.1.4

三位置提花机　three-position Jacquard machine

使综丝分别处于三个可能位置以形成两个重叠梭口的提花机。

3.5.4.1.2

复动式提花机 double lift Jacquard machine

一个工作循环引两次纬，由两个提花机构交替作用的提花机。

3.5.4.1.2.1

全开梭口提花机 open shed Jacquard machine

仅移动所需移动的综丝以形成梭口的提花机。

3.5.4.1.2.2

半开梭口提花机 semi-open shed Jacquard machine

每次打纬后使上层经纱位置的综丝和下层经纱中需变位的综丝均运动到梭口中部的提花机。

3.5.4.1.2.3

三位置提花机 three-position Jacquard machine

见3.5.4.1.1.4。

3.5.4.2 **提花机的基本机件**

见图12。

3.5.4.2.1

纹板 pattern card

循环纹纸 endless paper card

见3.5.3.2.1.8。

3.5.4.2.2

纹板导轨 card rails

用于支承和引导提花纹板的构件。

3.5.4.2.3

花筒 card cylinder

用于喂入纹板或纹纸的带定位钉的滚筒。

3.5.4.2.4

针板 needle board

置于花筒上方或侧面供选针用的带孔平板。

3.5.4.2.5

针箱 needle box

用循环纹纸或纹板控制竖钩的构件。

3.5.4.2.6

辅助竖针 vertical needle

探测纹板或纹纸的针。

3.5.4.2.7

辅助横针 presser needle

由辅助竖针控制用于选择横针的针。

3.5.4.2.8

推针格 needle pusher grid

给辅助横针以回复力的条状格栅或多孔板。

3.5.4.2.9

横针 main needle

用于选择竖钩的针。

3.5.4.2.10

竖钩 main hook（Jacquard machine）

由横针控制并与连接综丝的通丝相连接的钩状机件。

3.5.4.2.11

刀箱　knife box

用以使竖钩升降的构件。

3.5.4.2.12

提刀　knife

升降刀　lifting knife

刀箱内驱动竖钩升降的机件。

3.5.4.2.13

底板　bottom board

用于竖钩底部定位的多孔板或格栅。

3.5.4.3　提花机的常用机构

3.5.4.3.1

复动式倾斜梭口全开口提花机构　double-lift open shed Jacquard machine with oblique shed

见图13。

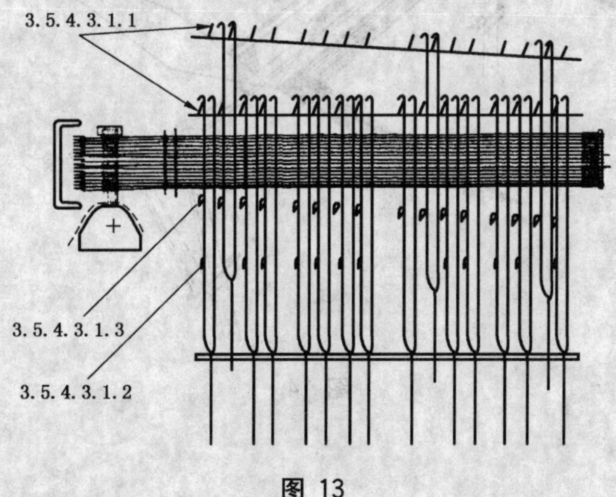

图 13

3.5.4.3.1.1

上下刀箱　knife box pair

两个互为反向运动的刀箱。

3.5.4.3.1.2

停针鼻　neb

位于竖钩下部，当它挂于停针刀上时使竖钩保持在上层经纱位置的凸钩。

3.5.4.3.1.3

停针刀　open shed knife

用以保持竖钩处于上层经纱位置的固定式异形棒或带有单钩的杆件。

3.5.4.3.1.4

倾斜梭口机构　oblique shed means

使刀箱前后升降动程不同以形成清晰梭口的机构。

3.5.4.4　提花机的辅助机构

3.5.4.4.1

三位置机构　three-position device

由两根竖钩控制的辊状牵引构件，根据竖钩位置给定综丝三个不同位置：

二针下降：低位(综丝下降)；

一针上升：中位(综丝居中)；

二针上升:高位(综丝上升)。

3.5.4.4.2

织造毛圈织物的附属机构 accessories for terry weaving

每一组相同毛圈组织只被阅读一次信息的节省纹板机构。

3.5.4.4.3

织边凸轮机构 selvedge cams

单独以一组边经纱形成布边的机构。

3.6 引纬机构

3.6.1 用于有梭织机

见图 14。

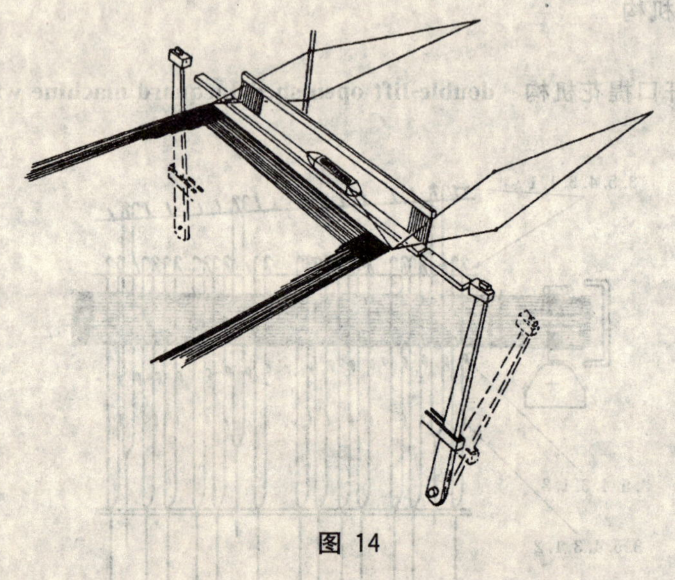

图 14

3.6.1.1

梭子 shuttle

按 GB/T 20982.2—2007。

3.6.1.2 投梭和接梭机构,梭箱运动机构

见图 15。

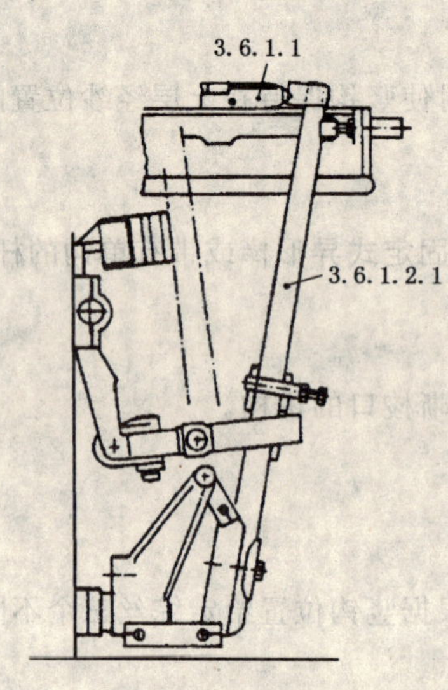

图 15

3.6.1.2.1

投梭机构　picking motion

推进带有纬纱的梭子使其离开梭箱并自由穿越梭道的机构。

3.6.1.2.2

梭箱　shuttle box

位于筘座两端供打纬和梭口形成时存放梭子的单个或多个箱盒。

3.6.1.2.3

梭箱运动机构　box motion

位于筘座一侧或两侧，为引入不同纬纱的梭子控制梭箱运动的机构。

3.6.1.2.4

自动换纡机构　pirn changing motion

能自动将存放在回转式圆盘、直立式纡库或大纡库内的满管替换梭子内空管的换纡机构。

3.6.1.2.5

车头卷纬机构　winding device on shuttle weaving machine

装于织机上的设有附加纡库的纬纱卷绕机构。

3.6.2　用于片梭织机

见图 16。

图 16

3.6.2.1

片梭　projectile

按 GB/T 20982.2—2007(见图 17)。

图 17

3.6.2.2　投梭、选纬和接梭机构

3.6.2.2.1

投梭机构　picking unit

用弹性力等方式推进片梭使其穿越梭道的加速机构。

3.6.2.2.2

接梭机构　receiving unit

将穿过梭道的片梭进行制动再送入输送链或直接送入投梭机构的装置。

3.6.2.2.3

回梭输送链　return conveyor

使片梭回复到投梭位置的机构。

3.6.2.2.4

选纬机构(片梭织机用)　colour selector(projectile weaving machine)

安装于多色片梭织机上,在击梭前选择纬纱的控制机构。

3.6.3　**用于剑杆织机**

见图 18。

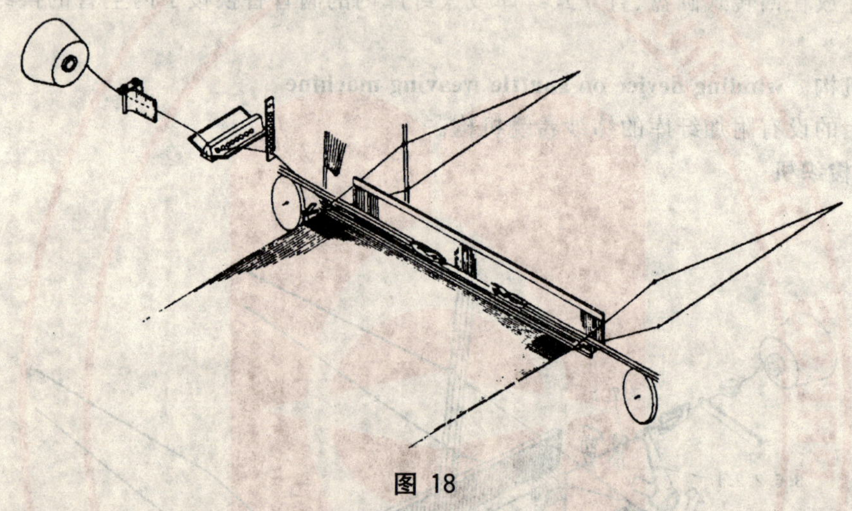

图 18

3.6.3.1

剑杆　rapier

按 GB/T 20982.2—2007(见图 19)。

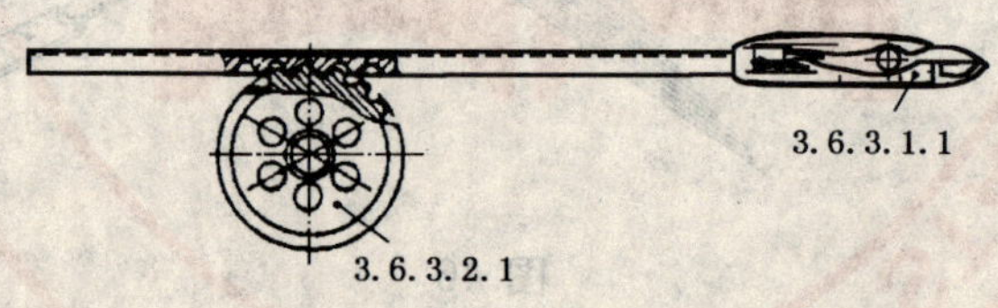

图 19

3.6.3.1.1

剑头　rapier head

积极式或消极式夹持纬纱端或牵引圈状纬纱的构件。

3.6.3.2　**传动和选纬机构**

3.6.3.2.1

剑杆传动机构　rapier drive

使剑杆运动的传动机构。

3.6.3.2.2

选纬机构(剑杆织机用)　colour selector (rapier weaving machine)

用于多色剑杆织机、在送纬前选择纬纱的控制机构。

3.6.4 用于喷射织机

见图20。

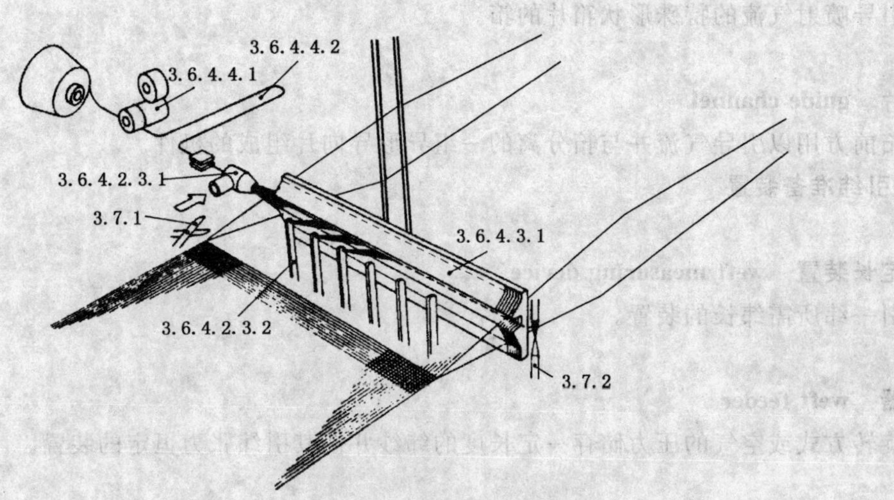

图 20

3.6.4.1 喷射介质

3.6.4.1.1

空气 air

周期性喷射、带动纬纱通过梭道的压缩空气流。

3.6.4.1.2

水 water

周期性喷射、带动纬纱通过梭道的受压水束。

3.6.4.2 输纬装置

3.6.4.2.1

控制阀 valve

周期性引纬所采用的可调节压缩空气的阀。

3.6.4.2.2

泵 pump

周期性产生引纬水流压力的装置。

3.6.4.2.3

喷嘴 nozzle

使气流或水束定向喷射的机件。

3.6.4.2.3.1

主喷嘴 main nozzle

使穿入其中的纬纱进行加速的喷嘴。

3.6.4.2.3.2

辅助喷嘴 relay nozzle

紧靠纬纱通道、用以辅助主喷嘴引入纬纱的成组控制的喷嘴。

3.6.4.2.3.3

吸嘴 suction nozzle

位于纬纱出口端，利用吸力握持通过梭道的纬纱并使其具有一定的张力的机件。

3.6.4.3 气流导向机构

3.6.4.3.1

异形筘 profile reed

用于引导喷射气流的特殊形状筘片的筘。

3.6.4.3.2

管道片 guide channel

位于筘前方用以引导气流并与筘分离的一组异形导向片组成的机件。

3.6.4.4 引纬准备装置

3.6.4.4.1

纬纱定长装置 weft measuring device

计量引一纬所需纬长的装置。

3.6.4.4.2

储纬器 weft feeder

利用旋转方式或空气的压力储存一定长度的纬纱并使其引纬张力恒定的装置。

3.6.4.5

选纬机构(喷射织机用) colour selector (jet weaving machine)

将压缩空气或受压水束对准指定喷嘴以达到选纬目的的控制机构。

3.6.5 用于其他织机

见 GB/T 20982.1—2007。

3.6.5.1

载纬器 weft carriers

见 GB/T 20982.2—2007。

3.7 布边装置

3.7.1

剪刀机构 cutter

用于:

——有梭织机上每次换纡后剪断纬纱;

——无梭织机上每次引纬后剪断纬纱;

——剪开辅助布边或中央布边(见图 16 和图 20)。

型式:机械式、电子式、热熔式或超声波式。

3.7.2

纱罗边机构 leno motion

安装在无梭织机上,由两根或多根边经纱形成半纱罗或全纱罗布边的机构(见图 20)。

3.7.3

折入边机构 tucking motion

无梭织机上将引入纬纱的自由端折入下一次梭口中而形成整齐布边的机构。

3.7.4

假边装置 auxiliary selvedge motion

无梭织机上用于与地经或边经交织前握持纬纱避免其回缩的装置。

3.8

打纬机构 beating-up motion

将已引入梭口的纬纱打入织口以形成织物的机构。

3.8.1

连杆式打纬机构　crank beating-up motion

由曲柄、连杆组成，使筘座摆动并通过钢筘将纬纱打入织口的机构。

3.8.1.1

曲轴　crank shaft

起曲柄作用并通过连杆带动筘座摆动的轴。

3.8.1.2

牵手　connecting arm, crank arm

连接曲轴和筘座脚的连杆。

3.8.1.3

筘座脚　slay sword

支持筘座并与摇轴相连接而作摆动的构件。

3.8.1.4

摇轴　rocking shaft

置于机架上用以支承筘座脚并作往复摆动的轴。

3.8.1.5

筘座　slay, sley

置于筘座脚上、安装筘用作引纬和打纬的构件。

3.8.1.6

筘　reed

按 GB/T 20982.2—2007。

3.8.2

共轭凸轮式打纬机构　complemental cam beating-up motion

由共轭凸轮、转子及摆臂组成的使筘座作间歇摆动并通过筘将纬纱打入织口的机构。

3.8.2.1

共轭凸轮　complemental cam

具有共轭曲面能积极控制筘座摆动的一对凸轮。

3.8.2.2

共轭凸轮轴 complemental cam shaft

带有共轭凸轮的轴。

3.8.2.3

转子　roller

装于转子摆臂上并与共轭凸轮曲面相接触的圆柱形构件。

3.8.2.4

转子摆臂　roller lever

安装转子用于传动摇轴往复回转的构件。

3.8.2.5

筘座脚　slay sword

见 3.8.1.3。

3.8.2.6

摇轴　rocking shaft

见 3.8.1.4。

3.8.2.7

筘　reed

见3.8.1.6。

3.8.3　其他打纬机构

3.8.3.1

纬向多梭口(波形梭口)打纬机构　beating-up motion for multiple sheds formed in the direction of weft(wave shed)

在纬向多梭口(波形梭口)织机上用压纬器将引入梭道的纬纱推向织口的机构。

3.8.3.1.1

压纬器　weft presser

将多个异形钢片按一定间距组装成螺旋式推动载纬器在梭道中前进及将纬纱压入织口的专用机件。

3.9　织造停机装置

3.9.1　经停机构

3.9.1.1

停经片式经停机构　warp-stop motion with drop wires

见GB/T 20982.2—2007。

3.9.1.2

光电式经停机构　optical warp-stop motion

当断经进入用光电管监测经纱的光束控制区内时使织机停止运转的机构。

3.9.1.3

组合式经停机构　warp-stop motion assembly

经停机构的机件。见GB/T 20982.2—2007。

3.9.2　引纬自停机构

3.9.2.1

护梭装置　shuttle guard

当梭子在有梭织机梭箱内的定位不准确时能使织机立即停止运转的探测机构。

3.9.2.2

梭子飞行监视器　shuttle flight monitor

当梭子在预定时刻不能通过有梭织机走梭板上预定位置时使织机停止运转的感应式或电子式装置。

3.9.2.3

片梭监测器　projectile monitor

当片梭引纬滞后时使织机停止运转的电子式监测装置。

3.9.2.4

剑杆监测器　rapier monitor

当剑杆引纬滞后时使织机停止运转的监测装置。

3.9.3　探纬机构

3.9.3.1

探纬针　pirn feeler

有梭织机上用机械电子式或光电式探测纬纱管上纬纱存量的机件。

3.9.4　纬停机构

3.9.4.1

纬停机构　weft stop motion

当检测到缺纬或纬纱不能准时到达时使织机停止运转的机构。

3.9.5 其他停机装置

3.9.5.1

计长机构 fabric length counter

当织物长度达到设定值时可使织机停止运转的机构。

3.9.5.2

计纬机构 pick counter

当织物纬纱数达到设定值时可使织机停止运转的机构。

3.9.5.3

微处理监控系统 monitoring systems,micro-processor-controlled

织机上用传感器和电路监控整个织造过程,当故障发生时使织机停止运转并显示故障原因的控制系统。

3.9.5.4

布卷直径监控器 cloth beam diameter monitor

当布卷达到预定的卷布直径时使织机停止运转的装置。

3.9.5.5

综框监控装置 heald frame monitor

控制综框并当吊综杆发生断裂时使织机停止运转的装置。

汉语拼音索引

英文对应词索引

D

E

F

G

H

I

J

P

R

ICS 35.040
L 80

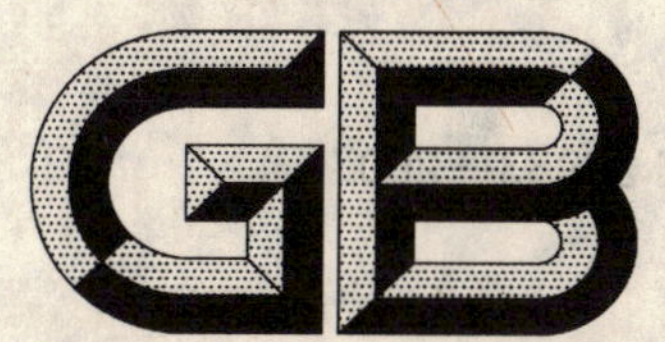

中华人民共和国国家标准

GB/T 20983—2007

信息安全技术
网上银行系统信息安全保障评估准则

Information security technology—Evaluation criteria for online banking system information security assurance

2007-06-14 发布　　　　2007-11-01 实施

中华人民共和国国家质量监督检验检疫总局
中国国家标准化管理委员会　发布

前　言

本标准的附录A为规范性附录。

本标准由全国信息安全标准化技术委员会提出并归口。

本标准起草单位：中国信息安全产品测评认证中心、中国工商银行。

本标准主要起草人：吴世忠、王海生、陈晓桦、王贵驷、李守鹏、江常青、彭勇、张利、张燕、史有恒、黄大为、黄朝锋、班晓芳、李静、王庆、邹琪、钱伟明、江典盛、陆丽、李娟、姚轶崭、孙成昊、门雪松、杜宇鸽、杨再山。

引　言

0.1 网上银行系统信息安全保障的含义

网上银行业务是指商业银行等银行业金融机构利用计算机和互联网为客户提供的银行服务。网上银行是银行传统业务的电子化表现形式，拓展了银行服务的时间和空间。网上银行是现代信息技术在银行管理及其金融服务中的拓展，是促使金融服务组织机构与服务形式创新的重要成果之一。网上银行通过国际互联网这一公共资源及其相关技术实现银行与客户之间安全、方便、友好连接，为客户提供多种金融服务。

信息安全保障是网上银行系统建设和运行中必须解决的基础和根本性问题，它关系到客户与银行的切身利益。网上银行系统是一种特定的信息系统（即用于采集、处理、存储、传输、分发和部署信息的整个基础设施、组织结构、人员和组件的总和），它的信息安全保障工作必须结合银行行业的特点，以风险和策略为出发点和核心，即从网上银行系统所面临的风险和所处的环境出发制定网上银行系统的安全保障策略，在网上银行系统的整个生命周期中从技术、工程、管理和人员等方面提出安全保障要求，确保信息的保密性、完整性和可用性特征，实现和贯彻组织机构策略并将风险降低到可接受的程度，达到保护网上银行的信息和信息系统资产，从而保障网上银行业务安全、可靠开展的最终目的。

网上银行系统信息安全保障涵盖以下几个方面：

a) 网上银行系统信息安全保障应贯穿网上银行系统的整个生命周期，包括规划组织、开发采购、实施交付、运行维护和废弃五个阶段，以获得网上银行系统信息安全保障能力的持续性。

b) 网上银行系统信息安全保障不仅涉及安全技术，还应综合考虑安全管理、安全工程和人员安全等，以全面保障网上银行系统安全。在安全技术上，不仅要考虑具体的产品和技术，更要考虑网上银行系统的安全技术体系架构；在安全管理上，不仅要考虑基本安全管理实践，更要结合组织的特点建立相应的安全保障管理体系，形成长效和持续改进的安全管理机制；在安全工程上，不仅要考虑网上银行系统建设的最终结果，更要结合系统工程的方法，注重工程各个阶段的规范化实施；在人员安全上，要考虑与网上银行系统相关的所有人员包括规划者、设计者、管理者、运营维护者、评估者、使用者等的安全意识以及安全专业技能和能力等。

c) 网上银行系统信息安全保障是贯穿全过程的保障。通过风险识别、风险分析、风险评估、风险控制等风险管理活动，降低网上银行系统的风险，从而实现网上银行系统信息安全保障。

d) 网上银行系统信息安全保障的目的不仅是保护信息和资产的安全，更重要的是通过保障网上银行系统的安全，保障网上银行系统所支持的业务，从而达到实现组织机构使命的目的。

e) 网上银行系统信息安全保障是主观和客观的结合。通过在技术、管理、工程和人员方面客观地评估安全保障措施，向网上银行系统的所有者提供其现有安全保障工作是否满足其安全保障目标的信心。因此，它是一种通过客观证据向网上银行系统所有者提供主观信心的活动，是主观和客观综合评估的结果。

f) 保障网上银行系统安全不仅是系统所有者自身的职责，而且需要社会各方参与，包括电信、电力、国家信息安全基础设施等提供的支撑。保障网上银行系统安全不仅要满足系统所有者自身的安全需求，而且要满足国家相关法律、政策的要求，包括为其他机构或个人提供保密、公共安全和国家安全等社会职责。

0.2 网上银行系统信息安全保障评估准则的编制目的和意义

GB/T 20274《信息安全技术　信息系统安全保障评估框架》是建设、评估信息系统安全保障的基础性和框架性标准，给出了对信息系统安全保障体系的通用要求。本标准是在GB/T 20274的基础之上，结合网上银行系统的具体特点，给出了网上银行系统的信息系统安全保障要求。

制定本标准的意义在于：

a) 为网上银行系统信息安全保障的设计、实施、建设、测评、审核提供规范的、通用的描述语言；

b) 有利于网上银行系统所有者编制其信息系统的安全保障要求；

c) 有利于网上银行系统安全集成商和安全服务提供商提供更为科学规范化的设计和服务，促进信息安全市场的发展；

d) 有利于有关行政管理部门、执法机构、测评认证机构对网上银行系统进行安全检查、检测、审计、评估和认证。

信息安全技术
网上银行系统信息安全保障评估准则

1 范围

本标准规定了网上银行系统的描述、安全环境、安全保障目的、安全保障要求及网上银行系统信息安全保障目的和安全保障要求的符合性声明。

本标准适用于规范网上银行系统在进行网上交易过程中涉及信息安全的评估工作。

2 规范性引用文件

下列文件中的条款通过本标准的引用而成为本标准的条款。凡是注日期的引用文件，其随后所有的修改单(不包括勘误的内容)或修订版均不适用于本标准，然而，鼓励根据本标准达成协议的各方研究是否可使用这些文件的最新版本。凡是不注日期的引用文件，其最新版本适用于本标准。

GB/T 20274(所有部分) 信息安全技术 信息系统安全保障评估框架

3 术语和定义

GB/T 20274 确立的以及下列术语和定义适用于本标准。

网上银行 online banking

商业银行通过互联网等公众网络基础设施，向其客户提供各种金融业务。

4 系统描述

4.1 网上银行系统概述

网上银行系统是商业银行通过互联网等公众网络基础设施，向其客户提供各种金融业务服务的一种重要的信息系统。在进行网上银行系统的信息安全保障工作时，首先必须建立对网上银行系统的充分了解和理解。本标准所使用的网上银行系统的描述框架如图 1。

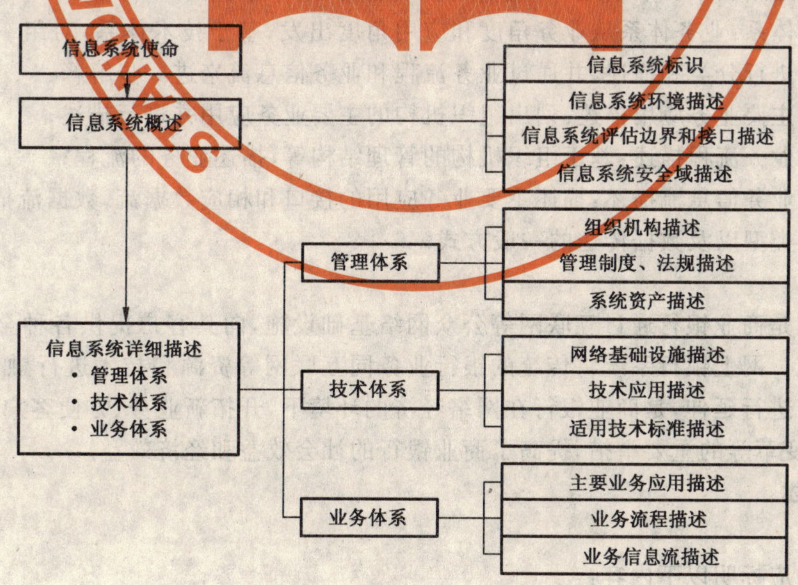

图 1 网上银行系统描述框架

网上银行系统的描述框架包括三个部分：

a) 信息系统使命：即从目的和意义出发对信息系统进行高层描述，它是信息系统根本和本质的要求。通常，信息系统使命描述了信息系统的高层要求。

b) 信息系统概述：对所要评估的信息系统进行概括性说明和描述。
   1) 信息系统标识：应给出系统的正式名称和标识。系统标识包括其名称、所属的组织机构及其地点和包含最终用户的组织机构及其地点等相关信息；
   2) 信息系统环境描述：描述系统的运行环境以及系统开发、集成和维护的环境；
   3) 信息系统评估边界和接口描述：描述所要评估的系统边界和相应的外部接口，此描述必须用图表或文字清晰地描述和界定所要评估的系统部件和边界；
   4) 信息系统安全域描述：根据系统的关键性（描述系统的关键性以及系统可接受的风险级别）、数据的分类和密级（描述系统所处理的数据类型和机密级别）和系统用户（描述系统的使用者）等方面划分系统的安全域。

c) 信息系统详细描述：此部分从管理体系、技术体系和业务体系分别对信息系统进行详细描述。
   1) 管理体系：在管理体系中，需要对信息系统现有的管理组织结构、所使用的相应规章制度和所涉及的重要资产进行描述：
      ◆ 组织机构描述：给出同信息系统相关的管理、使用、开发、集成、支持组织机构的描述，特别是相关安全保障管理的组织机构的描述；
      ◆ 管理制度、法规描述：列出同信息系统管理相关的目前使用的相应规章制度和相关法规；
      ◆ 系统资产描述：描述信息系统的物理资产（指信息系统中的各种硬件、软件和物理设施）和信息资产（指在信息系统计划组织、开发采购、实施交付、运行维护和废弃这一信息系统生命周期过程中产生的同信息系统系统本身相关的有价值的信息以及信息系统所存储、处理和传输的各种相关的办公、管理和业务等信息）。
   2) 技术体系：技术体系是信息系统描述的基础，需要对现有的各种应用、相应的网络基础设施和所使用的技术标准进行描述，这些描述将帮助了解用户的信息系统并为进一步描述业务系统提供基础和支持：
      ◆ 网络基础设施描述：描述系统的网络层次等网络体系结构说明；
      ◆ 技术应用描述：描述用户信息系统的各种应用说明；
      ◆ 适用技术标准描述：列出相关技术应用等所适用的技术标准。
   3) 业务体系：业务体系从业务角度和应用角度出发，基于技术体系，对组织机构的主要业务应用进行分类和描述，并通过业务流程和业务信息流来进一步解释：
      ◆ 主要业务应用描述：列出组织机构的主要业务应用并进行描述；
      ◆ 业务流程描述：基于组织机构的管理结构等，描述业务的流程；
      ◆ 业务信息流描述：描述主要业务应用的接口和相应数据流，数据流描述应包括数据的类型以及数据传送的一般方式。

4.2 使命描述

网上银行系统是商业银行通过互联网等公众网络基础设施，向其客户提供各种金融业务服务的一种重要的信息系统。网上银行系统将传统的银行业务同互联网等资源和技术进行融合，将传统的柜台通过互联网向客户进行延伸，是商业银行在网络经济的环境下，开拓新业务、方便客户操作、改善服务质量、推动生产关系变革等的重要举措，提高了商业银行的社会效益和经济效益。

4.3 系统概要描述

4.3.1 系统标识

在系统标识中应标明以下内容：

——名称：××银行网上银行系统

——所属银行：××银行
——版本：×××
——时间：××××-××-××
——版权信息：××

4.3.2 系统环境描述

描述系统运行环境以及系统开发、集成和维护的环境。在网上银行系统信息安全保障目标中用户（系统的使用方）应给出其所评估的网上银行系统的详细环境描述。

4.3.3 评估边界和接口描述

描述所要评估系统的边界和接口。应根据所需评估的系统的实际情况，综合考虑安全域等原则进行边界划分，在具体描述时必须用图表或文字清晰地描述和界定所要评估的系统边界和接口。

图2给出了网上银行系统的一个通用概念化的图表描述实例，具体特定的网上银行系统可以参考此图对其评估边界和接口进行详细描述。

网上银行信息系统安全域通常由五个部分组成：

——外部区域：网上银行的公众用户和第三方系统可以通过互联网或专用网访问网上银行业务系统；
——网上银行业务系统；
——银行内部其他系统；
——各银行内部核心业务系统；
——公钥基础设施。

其中评估边界不包括客户端、互联网、公钥基础设施和核心业务系统。

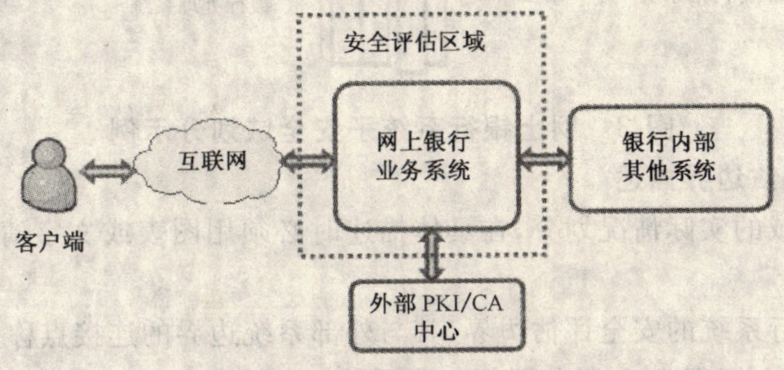

图2 网上银行系统评估边界和接口描述示意图

4.3.4 安全域描述

网上银行系统是一个涉及多种不同的应用系统、用户对象、数据敏感程度、主管部门等的复杂信息系统。在网上银行系统的描述中，应根据应用系统、用户对象、数据敏感程度、主管部门等划分安全域。

安全域是一种逻辑的划分，它是遵守相同的安全策略的用户和系统的集合。通过对安全域的描述和界定，就能更好对网上银行系统的信息系统安全保障进行描述。

以图2网上银行系统评估边界和接口示意图为例，在安全评估区域内的网上银行业务系统的安全域可根据需要进一步划分子安全域。图3为网上银行系统的子安全域划分示例。

具体而言，网上银行系统主要包括：客户端、网上银行访问子网和网上银行业务系统、CA和中间隔离设备。如图3所示：

——外部区域：网上银行的用户，安装网上银行客户端，通过互联网访问网上银行业务系统；
——安全域1：网上银行访问子网，主要提供客户的web访问和证书认证；
——安全域2：网上银行业务系统，主要进行网上银行的业务处理；
——银行内部系统：银行处理系统，主要进行银行内部的数据处理。

图中CA是证书颁发和管理机构，它主要为银行客户、银行工作人员以及网上银行web服务器等设备提供公开密钥证书服务。某些银行安全区域1和安全区域2合为一个安全区域。

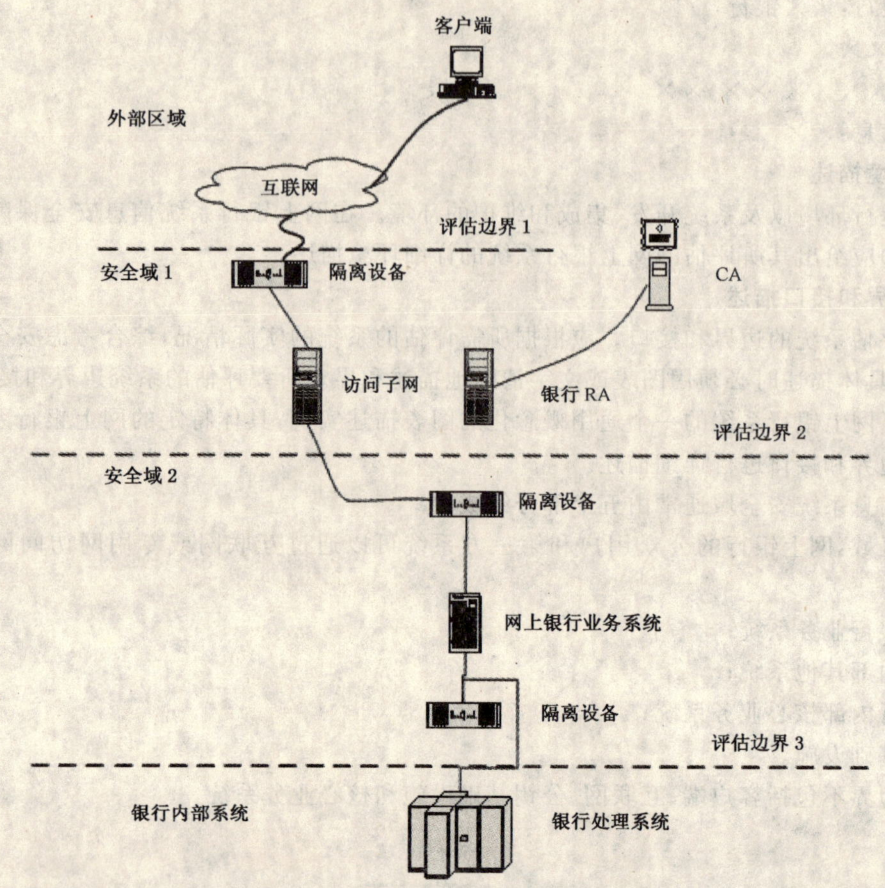

图 3 网上银行系统子安全域划分示例

4.3.5 信息系统安全评估边界描述

根据信息系统安全域的实际情况划分，在具体描述时必须用图表或文字清晰地描述和界定所要评估的系统部件和边界。

图 2 给出了网上银行系统的安全评估边界，其与外部系统边界的连接点称为与互联网的接口，即客户端与互联网的接口、网上银行 web 服务器与互联网的接口。有的网上银行 web 服务器与银行之间以专用网络连接，此时这种接口的安全视为系统内部安全，不认为是系统外部接口。

图 2 中银行内部其他系统不属于本标准规定的范围，其安全性由各商业银行自行负责。

4.4 系统详细描述

4.4.1 网上银行系统管理体系

在管理体系中，描述的内容涉及到法律法规和规章制度，以及系统现有的管理组织结构和重要资产等。

4.4.1.1 组织机构描述

在网上银行系统组织机构概述中，应包括与网上银行系统管理、使用、开发、集成、支持相关的组织机构的描述，特别是与安全保障管理相关的组织机构的描述。

4.4.1.2 管理制度和法规描述

管理制度、法规描述部分要求列出同信息系统管理相关的目前使用的相应规章制度和相关法规，在网上银行系统信息安全保障目标中用户应给出其所评估的网上银行系统管理中所使用的国家、部门、行业和内部的相关管理制度和法规。

4.4.1.3 系统资产

资产是网上银行系统所要保护的对象，所有威胁都针对资产才能产生影响，所有威胁只有通过资产这个载体才能影响网上银行系统使命的实现。

在网上银行系统中，资产分为物理资产和信息资产。

4.4.1.3.1 **物理资产**

物理资产：指网上银行系统中的各种硬件、软件和物理设施。例如：系统的各种网络设备和软件资产。在网上银行系统信息安全保障目标中，应详细列出所评估的特定网上银行系统中的所有重要资产。下面仅列出在网上银行系统中所包含的部分物理资产示例作为参考：

a) 物理设施

物理设施包括场地、机房、电力供给（负荷量及冗余、备份、净化）、灾难应急（防水、火、地震、雷击等）、文档及介质存储。

b) 硬件资产

硬件资产包括：

1) 计算机：包括大/中/小型计算机、个人计算机；
2) 网络设备：包括交换机、集线器、网关设备或路由器、中继器、桥接设备、调制解调器/Modem池、配线架；
3) 传输介质及转换器：包括同轴电缆（粗/细）、双绞线、光缆/光端机、卫星信道（收/发转换装置）、微波信道（收/发转换装置）；
4) 输入/输出设备：包括键盘、电话机、传真机、扫描仪、打印机（激光/针式/喷墨）、显示器、终端（数据/图像）；
5) 存储介质：包括纸介质、磁盘、磁光盘、光盘（只读/一次写入/多次擦写……）、磁带、录音/录像带；
6) 监控设备：包括摄像机、监视器、电视机、报警装置。

c) 软件资产

软件资产包括：

1) 计算机操作系统；
2) 网络操作系统；
3) 网络管理软件；
4) 数据库管理软件；
5) 业务应用软件。

4.4.1.3.2 **信息资产**

信息资产：指在网上银行系统计划组织、开发采购、实施交付、运行维护和废弃这一网上银行系统生命周期过程中产生的同网上银行系统本身相关的有价值的信息以及网上银行系统所存储、处理和传输的各种相关的业务、管理和维护等信息。例如：系统的网络配置信息、各种维护升级记录、各种业务应用信息等。下面仅列出在网上银行系统中所包含的部分信息资产示例作为参考：

——网上银行业务信息：客户档案信息、客户操作记录、安全信息和交易业务数据等；

——网上银行业务管理信息：柜员档案信息、柜员操作记录、安全信息；

——系统维护管理信息：包括系统运行日志、系统审计日志、系统监督日志、入侵检测记录、系统口令、系统权限设置、数据存储分配、内部网络地址、系统配置数据、网络设备的配置信息、路由信息、IP地址分配信息、设备采购信息、设备维护及升级记录、布线图纸、布线系统维护及升级记录、通信线路参数、以及其他信息等。

4.4.2 **网上银行系统技术体系**

技术体系是信息系统描述的基础，需要对现有的各种应用、相应的网络基础设施和所使用的技术标准进行描述，这些描述将帮助了解网上银行系统并为进一步描述业务系统提供基础和支持。技术体系描述包括业务支持层、系统服务层和基础设施层的描述。见图4。

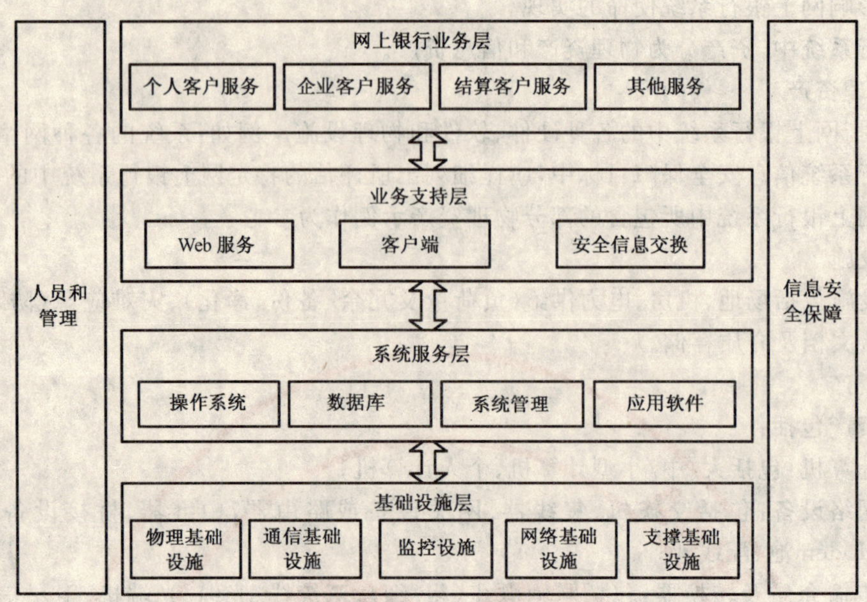

图 4　网上银行系统逻辑层次结构

4.4.2.1　业务支持层

业务支持层为具体的网上银行服务提供支持，如 web 服务、网上银行客户端、安全信息交换等。

4.4.2.2　系统服务层

系统服务层为业务支持层和业务层提供所需的各种通用服务，如操作系统服务、数据库服务、系统管理服务、应用软件服务等。

4.4.2.3　基础设施层

基础设施层向各类网上银行应用提供必要的基础环境、可靠有效的信息传输服务通道，是各类信息的最终承载者。因此，基础设施层位于整个技术体系结构的底层。具体包括有物理基础设施、通信基础设施、监控设施、网络基础设施、支撑性基础设施等。

4.4.3　网上银行业务体系

4.4.3.1　业务应用描述

网上银行业务主要包括几个方面：

——个人客户服务：针对银行的个人客户开展的网上银行业务，包括：账户查询、账单支付、转账/汇款业务、证券业务、债券基金业务、外汇买卖、服务设置、主动通知、代理缴费、B2C 等服务；

——企业客户服务：针对银行的企业客户开展的网上银行业务，包括：账务查询、网上转账、代发工资、签发电子票据、证券业务、债券基金业务、外汇买卖、代理缴费、内部资金调拨、报表统计、主动通知、B2B 等服务；

——其他服务：针对银行开展的网上银行新业务，包括：政府财政部门、税务、审计，以及今后可能推出的新业务等服务。

4.4.3.2　信息流描述

描述主要业务应用的接口和相应数据流。数据流描述应包括数据的类型、长度以及数据传送的一般方式。在网上银行系统中存在 3 种类型的信息流：外部信息流、中间信息流、内部信息流。在网上银行系统信息安全保障目标文档中应根据具体的主要业务应用，并参考本准则中所提出的信息流分类方法进行详细描述。

——外部信息流：客户端与网上银行访问子网之间的信息流、RA 与 CA 之间的信息流；

——中间信息流：访问子网与网上银行业务系统之间的信息流；

——内部信息流：网上银行业务系统与银行内部系统之间的信息流。

5 系统安全环境

5.1 假设

假设建立在网上银行系统环境所预期的应用环境和使用方式上。假设按 A-1、A-2……A-N 编号，假设一般分两类：

a） 网上银行信息系统的开发环境和运行环境的假设；

b） 网上银行信息系统安全服务假设。

5.1.1 系统环境安全假设

环境假设主要包括：

A-1 可用性可能依赖于从通信线路提供商提供的通信质量和能力。自然或人为灾难对通信可用性产生的扰动是在系统之外的。通信线路是作为系统的一部分。系统必须提供足够的保护以降低拒绝服务攻击达到一个可接受的水平。

A-2 网上银行系统的开发应采用不断持续改进的方法。

A-3 网上银行系统使用不可信任的通信网络来建设通信能力。

A-4 网上银行系统用户有责任保护自己的口令，防止口令泄露。

A-5 网上银行系统的系统管理员有能力管理系统，信任系统管理员不会滥用权限，能够遵守由系统安全管理文件所确定的安全策略和程序，不会故意破坏安全。

A-6 系统已实现物理安全，系统内关键设备应位于受控的访问设备中，以阻止外部人员和内部非授权人员对其的物理访问。

A-7 系统可能受到精通系统安全的高水平攻击者的有预谋、有组织攻击。

5.1.2 系统安全服务假设

网上银行系统安全服务假设有：

A-8 网上银行系统存在若干不同安全域：

a） 每个安全域具有不同的管理和策略要求；

b） 外部区域是一个特殊的安全域，它没有管理，没有安全策略，是敌对行为主要来源；

c） 连接及使用公众网受有关法令、规范和制度的管理。

A-9 网上银行系统安全实行深度防御。在适合时，协调机构和系统管理者可以实现补充保护机制。

A-10 其他系统的接入不能降低网上银行信息的整体安全状态，必须针对潜在的风险进行检查。

A-11 在法律执行调查过程中，为协调机构提供网上银行系统单方的意见。

5.2 威胁

在系统描述中的资产部分描述了为保障网上银行信息系统的安全需要保护的资产，本条将描述在网上银行信息系统的安全环境中针对这些资产可能施加的相关威胁。需要指出的是，在本标准中并没有列出所有的威胁，而只列出与网上银行信息系统的安全运行相关的主要威胁。

威胁指能够通过未授权访问、毁坏、暴露、数据修改或拒绝服务对系统造成潜在危害的任何环境或事件。因此，威胁应通过已确定的威胁源、脆弱性、资产、攻击方式和可能影响的程度进行描述。

5.2.1 威胁的分类

威胁是由多个威胁要素组成，因此从不同角度来看，威胁有不同的分类方式。

5.2.1.1 根据威胁源主体的威胁分类

从威胁源主体来分，威胁分为：

——自然威胁：洪水、地震、龙卷风、山崩、雪崩、电力风暴以及其他此类事件；

——人员威胁：由人产生或其激活的威胁，例如无意行动（偶然的数据访问、误操作等）或有意的行动（基于网络的攻击、恶意软件上传和机密数据的非授权访问等）；

——环境威胁:长期电力故障、污染、化学和液体泄漏。

5.2.1.2 根据攻击方式的威胁分类

从攻击方式来分,威胁分为:

——内部人员攻击;

——被动攻击;

——主动攻击;

——邻近攻击;

——分发攻击。

各种攻击方式具体解释如下:

a) 内部人员攻击

内部人员攻击往往由内部合法人员造成,他们具有对网上银行系统的合法访问权限。内部人员安全攻击分为恶意和非恶意两种,即恶意攻击和非恶意攻击。

恶意攻击是内部人员出于各种目的,对所使用的信息系统实施攻击。

非恶意攻击是由于内部人员的无意行为造成了对网上银行系统的攻击,他们并非故意要破坏信息和系统,但由于误操作、经验不足、培训不足而导致一些特殊的行为,对系统造成了无意的破坏。

典型的内部攻击有:

1) 恶意修改数据和安全机制配置参数;

2) 恶意建立未授权的网络连接,如:拨号连接;

3) 恶意的物理损坏和破坏;

4) 无意的数据损坏和破坏,如:误删除。

b) 被动攻击

这类攻击主要包括被动监视开放的通信信道(如:无线电、卫星、微波和公共通信网络)上的信息传送。被动攻击主要是了解所传送的信息,一般不易被发现。典型的被动攻击有:

1) 监视通信数据;

2) 解密、加密不善的通信数据;

3) 口令截获;

4) 通信量分析。

c) 主动攻击

主动攻击为攻击者主动对信息系统实施攻击,包括企图避开安全保护,引入恶意代码,以及破坏数据和系统的完整性。典型的主动攻击有:

1) 修改传输中的数据;

2) 重放所截获的数据;

3) 插入数据;

4) 盗取合法建立的会话;

5) 伪装;

6) 越权访问;

7) 利用缓存区溢出(BOF)漏洞执行代码;

8) 插入和利用恶意代码(如:特洛依木马、后门、病毒等);

9) 利用协议、软件、系统故障和后门;

10) 拒绝服务攻击。

d) 邻近攻击(接近攻击)

此类攻击的攻击者试图在地理上尽可能接近被攻击的网络、系统和设备,目的是修改、收集信息,或者破坏系统。这种接近可以是公开的或秘密进入的,也可以是两种都有,典型的邻近攻击有:

1） 修改数据；

2） 收集信息；

3） 偷窃；

4） 物理破坏。

e） 分发攻击

分发攻击是指在网上银行软件和硬件的开发、生产、运输、安装阶段，攻击者恶意修改设计、配置等行为。典型的分发攻击有：

——利用开发制造商的设备修改软硬件配置；

——在产品分发、安装时修改软硬件配置。

5.2.1.3 根据威胁造成的影响结果的威胁分类

从威胁造成的影响结果来分，威胁分为：

——可忽略的威胁；

——造成一定影响的威胁；

——造成严重影响的威胁；

——造成异常严重影响的威胁。

5.2.2 威胁描述

综合上述威胁分类和分析，网上银行系统安全评估准则的威胁将主要根据威胁源、攻击方式、资产、影响方式和影响结果进行分析，参照表1。

表1 网上银行系统威胁描述

威胁源			攻击方式	资　产	影响方式	影响结果
人	客户和社会公众 （外部用户）	—普通公众 —银行客户 —商业和专业组织 —政府	—内部人员攻击 —被动攻击 —主动攻击 —物理临近攻击 —分发攻击	—信息资产 —物理资产	—保密性 —完整性 —可用性 —其他	—影响结果可忽略 —一定影响结果 —严重影响结果 —异常严重影响结果
	内部员工 （内部用户）	—普通员工 —系统管理员				
自　然						
环　境						

从上表可以看出，网上银行系统的安全威胁是多级别的，因此，网上银行系统整体上必须具有应对这些攻击的能力，但具体到每一个应用系统则需要区别对待，认真分析。

5.2.3 具体的信息系统安全保障威胁

基于前面的威胁分类和威胁模型，结合网上银行系统的特点，列出网上银行系统的基于威胁源进行分类的主要威胁表。为方便参考，尤其是方便补充和描述，威胁按T-1、T-2……T-N方式编号。

a） 人员威胁

T-1 未授权用户可能获得对网上银行系统的逻辑访问。

T-2 授权用户（内部用户）或伪装成授权用户的未授权用户可能访问禁止其访问的网上银行系统资源或执行未获准的访问权限的操作。

T-3 某些人进行拒绝服务攻击，攻击可能导致网上银行系统资源不可用。

T-4 某些人可能物理地攻击网上银行系统从而危及它的信息安全保障。

T-5 安全相关的事件可能没有记录或不可追踪。

T-6 外部用户可能侵害网上银行系统的通信能力。

T-7 网上银行系统的体系结构、设计、实现和维护缺陷可能导致信息安全保障失效。

T-8 某人可能引入未授权软件到网上银行系统中。

T-9 某人可能篡改网上银行系统的相关保护机制。

T-10 可信任角色的人，如网上银行系统的管理人员和维护人员，可能导致信息安全保障失效。

T-11 网上银行系统运行不正确可能导致信息安全保障失效。

T-12 网上银行系统失效中不正确的重起和/或恢复可能导致信息安全保障失效。

T-13 网上银行系统环境的改变可能引入或恶化脆弱性。

T-14 对策和策略的局限和缺陷可能被知识渊博的对手获取。

T-15 授权用户使用非技术手段可能获得无恶意的、未授权的访问控制。

T-16 非授权用户使用非技术手段可能获得处理资源或信息的访问。

T-17 用户输入错误可能导致错误数据，从而导致混乱的输出信息或拒绝服务。

T-18 攻击者欺骗用户与伪造的系统服务进行交互。

b) 自然威胁

T-19 自然灾害或恶意攻击可能导致关键操作的暂停和/或网上银行系统服务的中断。

c) 环境威胁

T-20 电力系统故障可能导致关键操作的暂停和/或网上银行系统服务的中断。

5.3 组织安全策略

网上银行信息系统的安全策略是网上银行信息安全保障活动的基础和出发点，指导如何对资产(包括敏感性信息)进行管理、保护和分配，指导整个网上银行信息系统安全体系的设计与实施，所有网上银行信息系统安全控制措施(包括技术控制措施和管理控制措施)的选择、运营和维护。制定安全策略是每一个开展网上银行业务的机构都必须完成的工作，安全策略一定要与相关组织机构的业务相关，一个设计良好的策略是系统整体安全目标能否实现的关键。

网上银行信息系统安全策略的制定应建立在充分了解其业务需求和信息安全需求的基础上，并符合相关的国家法律法规、标准、政策以及行业主管部门颁布的信息安全保障规定、标准和规范。安全策略的制定必须面面俱到，但是又不能太具体和注重细节。安全策略应采用通俗易懂的语言解决网上银行信息系统的信息安全保障应该做什么的问题，而不涉及怎么做的问题。

通常，安全策略是通过规定一套规则来指导网上银行信息系统的建设、运行、维护和管理。这些规则清晰地定义哪些行为是被允许的。

网上银行信息系统的其他各类文档，如网上银行信息系统的技术方案、管理制度及操作手册、工程实施过程文档和验收报告、应用软件开发过程等等，都必须满足信息安全策略的要求，所有这些文本应该清晰地说明信息安全策略所规定的规则。通过使用管理控制措施和技术控制措施，来实施这些规则。规则能够实现信息系统的五个主要安全保障目的：

——可用性；

——保密性；

——完整性；

——可追查性；

——抗抵赖性。

信息安全策略是网上银行信息系统安全的基础，要充分反映相应组织机构的业务安全保障要求，体现了组织机构的核心价值和任务。因此，网上银行信息系统信息安全策略的制定、签署和实施必须由本组织机构的最高负责人负责。

网上银行的特点决定了网上银行信息系统的安全策略是一个多层次结构，典型的网上银行信息系统信息安全策略具有三个层次：系统高层安全策略；系统及子系统级策略；安全产品级策略。策略按P-1、P-2……P-N 编号。

5.3.1 系统高层安全策略

高层安全策略有：

P-1 建立网上银行系统高层策略：网上银行系统的高层安全策略是对信息安全保障问题的最高层次论述。表述组织机构最高领导层对信息安全保障的支持，定义网上银行系统所要实现的总体安全保障目标。网上银行高层安全策略要求用精炼的语言对网上银行系统的安全保障目标进行概括性论述，规定策略适用范围和应建立的安全保障管理组织及其相关职责。高级管理人员将以身作则来支持信息安全保障的建设及其相关的规定，并且明确将对违反信息安全保障规范的行为做出惩戒。

5.3.2 系统及子系统级策略

系统及子系统级策略服从于高层安全策略所制定的网上银行系统的总体安全保障目标。它指导具体技术控制措施和管理控制措施的选用和实施。在网上银行系统，典型的系统及子系统级策略主要包括以下方面：

P-2 标识与鉴别策略：网上银行系统应能够对每个授权网络用户（包括人、设备和过程）进行唯一的标识；在允许任何用户执行任何操作（事先定义好的操作除外，如浏览公共网站）之前，网上银行系统应能够鉴别每个用户（人或其他的信息系统）身份；如果采用口令进行鉴别，网上银行系统应该能够主动维护“强壮”口令设置，而不允许使用单词、代表日期的数字或其他弱的、易猜测的口令；如果口令还不能提供足够的鉴别强度，在允许任何用户执行任何操作（事先定义好的操作除外，如浏览公共网站）之前，网上银行系统应能够提供更强的鉴别机制对用户身份进行鉴别；口令应该设置使用期限，过期的口令不能重复使用等等。

P-3 访问控制策略：访问控制包含登录安全、口令、用户界面、访问控制、远程办公和远程访问，例如网上银行系统应该对网络用户实施强鉴别机制；网上银行系统应能够在达到管理员预设的失败登录尝试次数后自动锁定用户账号；网上银行系统应该在用户登录时依据上级机构的要求显示标准的“登录警告旗标”。

P-4 公众网安全策略：公众网安全策略包括公众网入口、VPN、Intranet、Extranet 及其他通道、WWW 应用、Modem 的安全策略。

P-5 备份和恢复策略。

P-6 恶意代码策略：应建立恶意代码（包括病毒、蠕虫、特洛伊木马）的安全策略（例如建立病毒防护类型、第三方软件的处理规则、与病毒责任相关的用户）。

P-7 加密策略：基于法律依据，加密管理、加密数据处理、密钥生成机密、密钥管理等建立相应的加密策略。

P-8 软件开发策略：软件开发策略包括对软件开发程序、测试文档、修改控制以及配置管理、第三方开发、知识产权等方面制定软件开发的相关策略。

P-9 安全审计策略。

P-10 风险评估策略。

P-11 外包服务策略。

P-12 人事策略：例如网上银行系统的授权的管理者和用户必须经过适当的培训，以使他们能够：

——有效地遵守组织安全策略；

——正确执行组织安全策略所规定安全控制措施。应该包括定期的教育计划和培训活动。

P-13 事件响应策略。

P-14 业务持续性策略。

P-15 灾难恢复策略。

5.3.3 安全产品级策略

安全产品级策略需要满足系统及子系统级安全策略。安全产品级策略直接指导制订安全产品的配置规则，关系到安全产品功能的实现，包括：

P-16 安全产品级安全策略。

典型的安全产品级策略有：

——防火墙使用策略；

——IDS 使用策略；

——VPN 产品使用策略；

——路由器使用策略；

——防病毒产品使用策略；

——CA 使用策略等。

6 安全保障目的

网上银行系统有五个安全保障目的：完整性、可用性、可追查性、保密性和抗抵赖性，根据网上银行系统信息安全保障评估准则，将安全保障目的进一步细分为安全保障技术目标、安全保障管理目标和安全保障工程目标。

6.1 安全保障技术目标

安全保障技术要求，即从信息技术系统安全角度达到信息系统安全保障目标。同具体的信息技术产品和产品系统不同，信息技术系统作为信息系统的一部分，执行组织机构的功能。用于采集、创建、通信、计算、分发、处理、存储和/或控制数据或信息的计算机硬件、软件和/或固件的任何组合所构成的一个复杂系统。在网上银行系统安全评估准则中，将安全保障技术目标分解为对网络基础设施的目的要求、对边界的要求、对计算环境的要求和对支撑性基础设施的要求，从而完成整个安全保障技术目的的描述。安全保障技术目标按 OT-1、OT-2……OT-N 编号。

6.1.1 端到端安全保障目标

为维护信息服务，应对端到端的信息进行保护，保护端到端的安全。其安全目标如下：

OT-1 为远程系统提供安全会话。

OT-2 为用户从边界外发送和接收信息提供强认证和认证的访问控制。

OT-3 为密码在整个生命周期中提供保护。

OT-4 应能够限定单一用户并发会话数。

OT-5 必须能在指定的时间间隔到期后，自动终止用户对系统的访问权。

OT-6 应能提供接收方接收信息的证据，以避免接收方逃避接收信息的责任。

OT-7 应能提供发送方发送信息的证据，以避免发送方逃避发送信息的责任。

OT-8 应能提供服务和资源，以阻止其他用户访问用户隐私。

OT-9 必须能够识别传送过程中信息的修改，包括插入伪造信息以及删除或替换合法信息。

6.1.2 本地计算安全保障目标

这包括在系统高端环境中的多种现有和新出现的应用中充分利用标识和鉴别、访问控制、保密性、完整性和抗抵赖性安全服务。其安全保障目标如下：

OT-10 确保服务器和应用得到充分保护以避免拒绝服务、数据非授权泄漏和数据的更改。

OT-11 无论服务器或应用位置，都必须确保由其处理的数据的保密性和完整性。

OT-12 对于内部和外部的受信任人员与系统从事的违规和攻击活动具有充分的防范能力，对行为进行审计。

OT-13 防止管理员滥用职权使用信息。

OT-14 防止管理员无法为授权的用户访问对其本应禁止访问的资产。

OT-15 防止审计数据的修改和破坏。

OT-16 跟踪补丁和系统配置变更。

OT-17 当某一安全功能没有成功执行时，信息系统能自动恢复到一个安全状态。

OT-18 当一个或多个系统组件失效时系统能继续运行。

OT-19 确保系统能够被重构。

6.1.3 系统的边界安全保障目标

为了从专用或公共网络上获得信息和服务，许多机构通过其信息基础设施与这些网络连接。因此，这些机构必须对其信息基础设施实施保护，例如：保护其本地计算机环境不受入侵。一次成功的入侵可能会导致对于可用性、完整性或保密性的损坏。其安全目标如下：

OT-20 确保在边界间或通过远程访问进行交换的数据得到保护并免受不适宜的泄漏。

OT-21 确保物理和逻辑边界得到充分的保护。

OT-22 确保受保护边界内的系统和网络维持在可接受的可用性并得到充分保障以避免拒绝服务。

OT-23 为那些在边界内的由于技术或配置问题而不能保护自己的系统提供边界防御。

OT-24 对系统边界发生的安全行为进行检测、审计及响应。

6.1.4 网络和基础设施的安全保障目标

为维护信息服务，并对各种信息进行保护，避免无意中泄露或更改这些信息，网上银行组织机构必须保护其网络和基础设施。其安全保障目标如下：

OT-25 保护局域网和广域网通信网络(例如：免受拒绝服务攻击)。

OT-26 为这些网络上传送的数据提供保密性和完整性的保护(例如：使用加密和流量流安全措施以抵抗被动监控)。

OT-27 确保广域网上所交换的所有数据得到保护，不会泄漏给任何未授权的网络访问者。

OT-28 确保支持使命关键和使命支持数据的广域网提供合适的保护免受拒绝服务的攻击。

OT-29 保护受保护信息免受延时、误传或未传送的破坏。

OT-30 保护下列流量免受流量流分析：用户流量，网络基础设施控制信息。

OT-31 确保保护机制不会干扰同其他授权骨干网络和封闭网络间的无缝操作。

6.1.5 支撑性基础设施安全保障目标

支撑性基础设施为信息技术系统安全提供了支撑性的平台，它为信息技术系统提供了密钥管理、监测和响应功能。所需要的能够进行检测与响应的支撑性基础设施组件包括：入侵监测系统、审计、配置系统，以及调查所需信息的收集，其安全目标如下：

OT-32 提供用以支持密钥、优先权与证书管理的密码基础设施；并能够积极识别使用网络服务的实体。

OT-33 提供一种能够对入侵和其他违规事件快速进行检测与响应并能够支持操作环境的入侵检测、报告、分析、评估和响应基础设施。

6.2 安全保障管理目标

网上银行系统信息安全保障管理的目标就是根据通过覆盖信息系统生命周期的各阶段的管理域来标准化建立完善的信息安全保障管理体系，从而在实现信息能够充分共享的基础上，同时保障信息和其他资产，保证业务的持续性并使业务的损失最小化。信息系统安全保障管理的各管理域的安全目标如下，安全保障管理目标按 OM-1、OM-2……OM-N 编号。

OM-1 安全组织机构：实施信息安全保障管理。

OM-2 信息安全策略制度：为网上银行系统提供信息安全保障活动的管理方向及支持。

OM-3 人员安全：确保网上银行系统的合法用户(特别是关键的系统安全保障管理人员)素质可信、能力可靠。确保网上银行系统的有效运行，减少有意和无意的人为威胁。

OM-4 信息安全保障战略规划：确保网上银行系统的信息技术同银行的使命和业务战略相一致；确保网上银行系统的建设能够有序、持续的进行，并保持运行的高效性。

OM-5 投资和预算管理:确保网上银行系统的建设能够保持合理的成本一效益比。

OM-6 应用系统开发与维护:确保应用系统运行的连续性,预防恶意代码、BUG 对业务造成的威胁。

OM-7 资产管理:保证网上银行系统可核查性的安全保障目标,避免破坏关键信息资产的保密性

OM-8 物理安全:防范自然威胁和临近攻击的风险。

OM-9 通信与运行管理:保障网上银行系统通信安全。

OM-10 访问控制:预防非授权物理访问和逻辑访问的风险。

OM-11 变更控制管理:在业务、使命、技术等发生变更时,将业务中断、非授权的更改和故障等可能性减至最小。

OM-12 业务持续性管理:防止业务停顿,以及保护重要业务进程不受重大失效或灾难的影响。

OM-13 遵循性:保证系统按机构的安全策略及标准进行。确保系统审计处理发挥最大效用,并把干扰降到最低。

6.3 安全保障工程目标

网上银行信息系统的安全保障工程目标是通过对信息系统建设工程过程进行标准化规范(只是一个手段)。在信息系统的安全工程过程生命周期主要包括:挖掘安全需求、定义安全保障要求、设计体系结构、详细安全设计、实现系统安全和有效性评估。信息系统安全保障工程各工程域的安全目标如下,安全保障工程目标按 OP-1、OP-2……OP-N 编号。

OP-1 挖掘安全需求:帮助用户理解网上银行系统的任务需求,确定安全策略。

OP-2 定义安全保障要求:为信息系统的规划者、设计者、实施者或用户提供他们所需的安全信息。

OP-3 设计体系结构:识别并设计出信息系统的体系结构。

OP-4 详细安全设计:详细说明信息系统的设计方案。

OP-5 实现系统安全:构造、购买、集成、验证组成信息保护子系统的配置项集合并使之生效。

OP-6 有效性评估:目的是保证信息系统能够满足用户的安全保障要求。

7 安全保障要求

网上银行系统信息安全保障评估准则是将安全保障目标细化为一系列网上银行系统及其环境的安全保障要求,一旦这些要求得到满足,就可以保证网上银行系统达到它的安全保障目的。网上银行系统安全保障要求包括信息系统安全保障技术要求、安全保障管理要求和安全保障工程要求三部分。

7.1 安全保障技术要求

7.1.1 端到端安全保障技术要求

7.1.1.1 用户数据保护

7.1.1.1.1 访问控制策略(FDP_ACC)

7.1.1.1.1.1 子集访问控制(FDP_ACC.1)

FDP_ACC.1.1 网上银行系统安全功能(以下简称系统安全功能)将对安全功能策略所覆盖的主体、客体和它们之间的操作执行网上银行交易访问控制策略(以下简称网上访问控制策略)。

7.1.1.1.2 访问控制功能(FDP_ACF)

7.1.1.1.2.1 基于安全属性的访问控制(FDP_ACF.1)

FDP_ACF.1.1 系统安全功能将基于安全属性和确定的安全属性组,对已明确的客体执行网上访问控制策略。

FDP_ACF.1.2 系统安全功能将执行网上访问控制策略,决定受控的主体与客体间的操作是否被允许。

FDP_ACF.1.3 系统安全功能将执行网上访问控制策略，拒绝主体对客体的访问。

当用户账号被锁定时，系统所指定的特定实体之外的所有实体(包括用户)都不能使用该账号。只有授权管理员才能解锁该账号。

7.1.1.1.3 **数据鉴别**(FDP_DAU)

7.1.1.1.3.1 **伴有保证者身份的数据鉴别**(FDP_DAU.2)

系统安全功能应具有相应的能力，保证主体的真实身份，并承担信息真实性的责任(如，通过数字签名)，用来保证指定的数据单元的有效性，进而验证静态的信息没有被伪造或篡改。

FDP_DAU.2.1 系统安全功能将提供产生保证客体(详见 FDP_ACF.1)的有效性证据的能力。

FDP_DAU.2.2 系统安全功能将为客户和银行提供验证网上交易有关数据和指令真实有效的证据和产生该证据的真实身份的能力。

7.1.1.1.4 **信息流控制策略**(FDP_IFC)

7.1.1.1.4.1 **完全信息流控制**(FDP_IFC.2)

FDP_IFC.2.1 对已确定的主体、信息流及所有导致信息流入流出安全功能策略覆盖的主体的操作，系统安全功能应执行网上信息流控制策略。

FDP_IFC.2.2 系统安全功能应确保所有导致安全控制范围内的任何信息流入流出安全控制范围内的任何主体的操作被网上信息流控制策略所覆盖(如表2)。

表 2 网上信息流控制策略

	允许	不允许
客户到银行	合法的交易指令 未加密的行情查询指令	未经数字签名的交易指令 不符合格式要求的数据包
银行到客户	经过加密和完整性保护的合法交易结果	未经加密和完整性保护的历史成交记录查询结果

7.1.1.1.5 **信息流控制功能**(FDP_IFF)

7.1.1.1.5.1 **简单安全属性**(FDP_IFF.1)

FDP_IFF.1.1 系统安全功能应在主体和最小数目和类型的信息安全属性的基础上执行网上信息流控制策略。

FDP_IFF.1.2 对每一个操作，如果在主体和信息之间必须有基于安全属性的关系，系统安全功能应允许受控主体和受控信息之间存在经由受控操作的信息流。

FDP_IFF.1.5 系统安全功能应根据基于安全属性的规则，明确授权信息流。

FDP_IFF.1.6 系统安全功能应根据基于安全属性的规则，明确拒绝信息流。

7.1.1.1.5.2 **无非法信息流**(FDP_IFF.5)

FDP_IFF.5.1 系统安全功能应确保没有规避网上信息流控制策略的非法信息流存在。

7.1.1.1.6 **从安全功能控制之外输入**(FDP_ITC)

7.1.1.1.6.1 **有安全属性的用户数据输入**(FDP_ITC.2)

此功能要求安全属性能正确反映用户数据，并与从系统安全控制范围之外输入的数据正确无歧义地联系在一起。

FDP_ITC.2.1 在系统安全功能策略控制下，从系统安全控制范围之外输入用户数据时，应执行网上信息流控制策略。

FDP_ITC.2.2 系统安全功能应使用与输入的数据相关联的安全属性。

FDP_ITC.2.3 系统安全功能应确保使用的协议在安全属性和接收的用户数据之间提供明确的联系。

FDP_ITC.2.4 系统安全功能应确保对输入的用户数据的安全属性的解释与用户数据源的解释是一致的。

7.1.1.1.7 **残余信息保护**(FDP_RIP)

7.1.1.1.7.1 **子集残余信息保护**(FDP_RIP.1)

要求系统安全功能有能力确保,对于安全控制范围内的某个已定义的客体子集进行资源的配给或回收时,任何资源的任何剩余信息是不可用的,确保已经被删除的信息不再是可访问的。

FDP_RIP.1.1 系统安全功能应确保对客体(详见 FDP_ACC.1)分配或回收资源时,使指定资源的任何以前的信息不再是可用的。

7.1.1.1.8 **安全功能间用户数据传送保密性保护**(FDP_UCT)

7.1.1.1.8.1 **基本数据交换保密性**(FDP_UCT.1)

FDP_UCT.1.1 系统安全功能应执行网上访问控制策略和网上信息流控制策略,能以防止未授权泄露的方式传送和接收客体。

7.1.1.1.9 **安全功能间用户数据传送完整性保护**(FDP_UIT)

7.1.1.1.9.1 **数据交换完整性**(FDP_UIT.1)

此功能主要解决对被传输的用户数据的篡改、删除、插入和重用等的检测。

FDP_UIT.1.1 系统安全功能应执行网上信息流控制策略,能以避免出现篡改、删除、插入或重用等的方式传送和接收用户数据。

FDP_UIT.1.2 系统安全功能应能根据收到的用户数据判断,是否出现了篡改、删除、插入和重用。

7.1.1.2 **标识和鉴别**

7.1.1.2.1 **用户标识**(FIA_UID)

7.1.1.2.1.1 **用户标识**(FIA_UID.1)

FIA_UID.1.1 系统应在用户被识别之前,允许代表用户实施关闭用户标识。

FIA_UID.1.2 在系统允许用户或任何用户代表启动安全功能之前,要求每个用户都被成功识别。

7.1.1.2.2 **用户属性定义**(FIA_ATD)

7.1.1.2.2.1 **用户属性定义**(FIA_ATD.1)

FIA_ATD.1.1 系统应为每一个用户保存属于他的安全属性表:用户权限及属性。

7.1.1.2.3 **秘密的规范**(FIA_SOS)

7.1.1.2.3.1 **秘密的验证**(FIA_SOS.1)

FIA_SOS.1.1 系统应提供一种机制以证明秘密(如口令字长度及字符集)满足规定的强度。

7.1.1.2.3.2 **秘密的 TSF 生成**(FIA_SOS.2)

FIA_SOS.2.1 系统应提供一种机制以产生满足规定的强度。

FIA_SOS.2.2 系统应能够为用户身份鉴别使用系统产生的秘密。

7.1.1.2.4 **用户鉴别**(FIA_UAU)

7.1.1.2.4.1 **用户鉴别**(FIA_UAU.1)

FIA_UAU.1.1 系统应在用户被鉴别之前允许代表用户请求系统证书。

FIA_UAU.1.2 在系统允许用户或任何用户代表启动安全功能之前,要求每个用户都被成功鉴别。

7.1.1.2.4.2 **不可伪造的鉴别**(FIA_UAU.3)

FIA_UAU.3.1 系统应检测任何用户伪造的和正在系统中使用的鉴别数据。

FIA_UAU.3.2 系统应检测从任何其他用户复制的和正在系统中使用的鉴别数据。

7.1.1.2.4.3 **多重鉴别机制**(FIA_UAU.5)

FIA_UAU.5.1 系统应提供口令、证书机制以支持用户鉴别。

FIA_UAU.5.2 系统应根据口令、证书鉴别任何用户所声称的身份。

7.1.1.2.4.4 重鉴别(FIA_UAU.6)

FIA_UAU.6.1 系统应在下列条件下重新鉴别用户:交易请求失败后,及其他重鉴别条件。

7.1.1.2.4.5 受保护的鉴别反馈(FIA_UAU.7)

FIA_UAU.7.1 当鉴别在进行时,系统应仅仅将鉴别是否成功反馈给用户。

7.1.1.2.5 鉴别失败(FIA_AFL)

7.1.1.2.5.1 鉴别失败处理(FIA_AFL.1)

FIA_AFL.1.1 系统应检测何时与交易申请鉴别相关的不成功鉴别尝试达到门限值。

FIA_AFL.1.2 当达到或超过定义了的不成功鉴别尝试的次数时,系统将拒绝交易并记录。

7.1.1.2.6 用户—主体绑定(FIA_USB)

7.1.1.2.6.1 用户—主体绑定(FIA_USB.1)

FIA_USB.1.1 系统将把合适的用户安全属性关联到代表用户活动的主体上。

7.1.1.3 抗抵赖

7.1.1.3.1 原发抗抵赖(FCO_NRO)

7.1.1.3.1.1 强制原发证明(FCO_NRO.2)

FCO_NRO.2.1 系统在任何时候都将对交易数据强制产生原发证据。

FCO_NRO.2.2 系统应能将信息原发者的身份与适用于证据的信息数字签名和证书相关联。

FCO_NRO.2.3 系统应能为给定证书、数字签名的接收者、相关检查部门提供验证信息原发证据的能力。

7.1.1.3.2 接收抗抵赖(FCO_NRR)

7.1.1.3.2.1 强制接收证明(FCO_NRR.2)

FCO_NRR.2.1 系统对收到的交易数据强制产生接收证据。

FCO_NRR.2.2 系统应能将信息收信者的身份与适用于证据的信息数字签名和证书相关联。

FCO_NRR.2.3 系统应能为给定数字签名、证书接收者、相关检查部门提供验证接收证据的能力。

7.1.1.4 安全功能保护

7.1.1.4.1 安全功能数据输出的保密性(FPT_ITC)

7.1.1.4.1.1 传输过程中安全功能间的保密性(FPT_ITC.1)

要求系统安全功能确保安全功能数据在系统与远程可信 IT 产品间的传输不被泄露。

FPT_ITC.1.1 网上银行系统应保护所有的安全功能数据从系统到远程可信 IT 产品的传输过程中不被未经授权的泄密。

7.1.1.4.2 安全功能数据输出的完整性(FPT_ITI)

7.1.1.4.2.1 安全功能间的修改检测(FPT_ITI.1)

提供在远程可信 IT 被产品知道所使用的机制的假设下,检测安全功能数据在系统与远程可信 IT 产品传输过程中修改的能力。

FPT_ITI.1.1 网上银行系统应能够检测系统与远程可信 IT 产品间传输的所有安全功能数据的修改。

FPT_ITI.1.2 应验证在系统与远程可信 IT 产品间传输的所有安全功能数据的完整性,如果检测到数据修改时应及时通知数据的拥有者。

7.1.1.4.3 重放检测(FPT_RPL)

7.1.1.4.3.1 重放检测(FPT_RPL.1)

要求网上银行系统能够检测出鉴别数据和交易数据的重放。

FPT_RPL.1.1 网上银行系统应能检测鉴别数据和交易数据的重放。

FPT_RPL.1.2 检测到重放时,系统应及时通知系统管理员。

7.1.1.4.4 **安全功能域分离**(FPT_SEP)

7.1.1.4.4.1 **安全功能域分离**(FPT_SEP.1)

为安全功能提供不同的保护域,并在安全功能控制范围内客体分离之间提供。

FPT_SEP.1.1 安全功能应为自身的执行维护一个安全域,防止不可信主体的干扰和篡改。

FPT_SEP.1.2 安全功能应在其控制范围内主体的安全域之间强行分离。

7.1.1.4.5 **状态同步协议**(FPT_SSP)

7.1.1.4.5.1 **相互的可信回执**(FPT_SSP.2)

本组件要求对交换安全功能数据相互回执。

FPT_SSP.2.1 当网上银行系统的一部分发出需要回执请求时,与其通信的另一部分应在接收到未经修改的安全功能数据时给予回执。

FPT_SSP.2.2 系统安全功能应通过使用回执,来确保系统管理部分知道在各部分间所传输的安全功能数据都处于正确状态。

7.1.1.4.6 **时间戳**(FPT_STM)

7.1.1.4.6.1 **可靠的时间戳**(FPT_STM.1)

本组件要求系统安全功能为自身提供可靠的时间戳。

FPT_STM.1.1 网上银行系统的安全功能应能为自身的应用提供可靠的时间戳。

7.1.1.4.7 **系统安全功能间安全功能数据的一致性**(FPT_TDC)

7.1.1.4.7.1 **系统安全功能间基本安全功能数据的一致性**(FPT_TDC.1)

本组件要求网上银行系统提供确保安全功能间属性的一致性的能力。

FPT_TDC.1.1 当网上银行系统与别的可信 IT 产品共享安全功能数据时,系统应能够判断所有安全功能数据的一致性。

FPT_TDC.1.2 当判断来自别的可信 IT 产品的安全功能数据时,系统应使用预先协定的一组规则。

7.1.1.5 **系统访问**

7.1.1.5.1 **多重并发会话限定**(FTA_MCS)

7.1.1.5.1.1 **多重并发会话的基本限定**(FTA_MCS.1)

提供适用于系统内所有用户的限制。

FTA_MCS.1.1 系统应限定并发会话的最大数目。

FTA_MCS.1.2 系统应利用缺省值执行最高并发会话次数的限定。

系统开发者应提供最大会话次数的具体数值。

7.1.1.5.2 **系统访问历史**(FTA_TAH)

7.1.1.5.2.1 **系统访问历史**(FTA_TAH.1)

提供系统显示与先前建立的会话相关的信息的要求。

FTA_TAH.1.1 在会话成功建立的基础上,系统应显示用户的上一次成功的会话建立的日期、时间、方法。

FTA_TAH.1.2 在会话成功建立的基础上,系统应显示用户的上一次不成功的会话建立的尝试的日期、时间、方法、位置和从上一次成功的会话建立以来的不成功的尝试的次数。

FTA_TAH.1.3 系统在没有给用户回顾访问历史信息的机会的情况下是不能从用户界面上抹去该信息的。

7.1.1.6 **安全审计**

安全审计包括产生、记录、存储和分析那些与安全相关活动有关的信息。审计记录结果可用来检测、判断发生了哪些安全相关活动以及这些活动是由哪个用户负责的。

7.1.1.6.1 **安全审计自动响应**(FAU_ARP)

7.1.1.6.1.1 **安全警告**(FAU_ARP.1)

安全警告功能描述了当检测到可能的安全侵害时,系统将采取的行动,包括报警或系统自动响应。

FAU_ARP.1.1 当检测到潜在的安全侵害时,系统将通知授权管理员,使产生潜在安全侵害的主体失效,或采取其他由授权管理员确定的行动。

例如,系统安全功能能够生成实时报警、终止违例进程、取消服务、断开用户账号以及使用户账号失效等。

应用注释:如果一个审计事件由 FAU_SAA 组件指出,那么这个事件将被定义为是"潜在的安全侵害事件"。

7.1.1.6.2 **安全审计数据产生**(FAU_GEN)

本条要求发生安全相关事件时应记录其出现,列举出网上银行系统可审计的事件类型,以及应在各审计记录内提供的审计相关信息的最小集合。

7.1.1.6.2.1 **审计数据产生**(FAU_GEN.1)

网上银行系统的审计数据产生功能只产生最小级审计事件记录,并规定进行每项记录的数据表。

FAU_GEN.1.1 系统应能为下述可审计事件产生审计记录:

a) 审计功能的启动和关闭;

b) 所有最小级的可审计事件;

c) 其他专门定义的可审计事件由银行自行定义。

FAU_GEN.1.2 系统将在每个审计记录中至少记录如下信息:

a) 事件的日期和时间、事件类型、主体身份、事件的结果(成功或失败);

b) 最小级可审计事件类型见表 3。

表 3 端到端安全保障技术要求的可审计安全事件类型

组件标识	审计级别	可审计事件
FAU_ARP.1	最小级	当即将发生安全侵害时采取的行动。
FAU_SAA.1	最小级 最小级	开启和关闭任何分析机制。 由工具完成的自动响应。
FCO_NRO.2	最小级	调用抗抵赖服务。
FCO_NRR.2	最小级	调用抗抵赖服务。
FDP_ACF.1	最小级	成功的请求在某个被安全功能策略覆盖的客体上执行某操作。
FDP_DAU.2	最小级	成功的产生有效证据。
FDP_ETC.1	最小级	成功的信息输出。
FDP_ETC.2	最小级	成功的信息输出。
FDP_IFF.1	最小级	判定允许请求的信息流。
FDP_IFF.5	最小级	判定允许请求的信息流。
FDP_ITC.2	最小级	成功输入用户数据,包括任何安全属性。
FDP_SDI.2	最小级	成功尝试检测用户数据的完整性,包括指示检测结果。
FDP_UCT.1	最小级	使用数据交换机制的任何用户或主体的身份。
FDP_UIT.1	最小级	使用数据交换机制的任何用户或主体的身份。
FIA_AFL.1	最小级	获取失败鉴别的阈值和采取的动作(如,使终端无效),及随后还原到正常状态(如,重新使终端有效)。

表 3（续）

组件标识	审计级别	可审计事件
FIA_SOS.1	最小级	安全功能拒绝任何测试的秘密。
FIA_SOS.2	最小级	安全功能拒绝任何测试的秘密。
FIA_UAU.1	最小级	使用鉴别机制失败。
FIA_UAU.3	最小级	检测欺骗性的鉴别数据。
FIA_UAU.5	最小级	鉴别的最后判定。
FIA_UAU.6	最小级	重鉴别失败。
FIA_UID.1	最小级	使用用户标识机制失败，包括提供的用户身份。
FIA_USB.1	最小级	绑定用户安全属性到一个主体失败（如，产生一个主体）。
FMT_MOF.1	最小级	系统安全功能的所有改动。
FMT_MSA.2	最小级	对某安全属性，所有提供的和被拒绝的值。
FMT_SMR.1	最小级	对角色一部分的用户组的改动。
FMT_SMR.3	最小级	明确请求担任某角色。
FPT_ITI.1	最小级	检测传输的安全功能数据的修改。
FPT_RCV.1	最小级	出现失败或服务中断。 恢复正常运行。
FPT_SSP.2	最小级	接收期待的回执时，发生失败。
FPT_STM.1	最小级	时间的变动。
FPT_TDC.1	最小级	成功使用安全功能数据一致性机制。
FRU_FLT.1	最小级	安全功能检测出的任何故障。
FRU_RSA.1	最小级	因资源的限制对分配操作的拒绝。
FTA_MCS.1	最小级	基于多重并发会话限定对新会话的拒绝。
FTP_ITC.1	最小级	可信信道功能故障。 失败的可信信道功能的原发者及目标的标识。

7.1.1.6.2.2 **用户身份关联**(FAU_GEN.2)

该功能解决可审计事件追溯到单个用户身份上的要求。

FAU_GEN.2.1 系统能将每个可审计事件与引起该事件的用户身份相关联。

7.1.1.6.3 **安全审计分析**(FAU_SAA)

7.1.1.6.3.1 **潜在侵害分析**(FAU_SAA.1)

本功能提出为寻找可能的或真正的安全侵害，用来分析系统活动和审计数据的自动化措施的要求，这种分析可用于支持入侵检测。潜在侵害分析需要基于一个固定规则集的基本门限检测。

FAU_SAA.1.1 系统应有能力用一系列规则去监测审计事件，并依据这些规则指出对安全策略的潜在侵害。

FAU_SAA.1.2 系统用下列规则来监视审计事件：

a) 根据已知的由可审计安全事件积累或组合对应的安全攻击模式。

注：由于系统使用商用操作系统，建议使用入侵检测安全产品。

7.1.1.6.4 **安全审计查阅**(FAU_SAR)

7.1.1.6.4.1 **审计查阅**(FAU_SAR.1)

审计查阅功能提供从审计记录中读取信息的能力。

FAU_SAR.1.1 系统将提供具有查阅审计数据功能的工具,以读取审计记录。

FAU_SAR.1.2 系统将规定准许指定用户按表4中的规则查阅某些审计记录。

表4 端到端安全保障技术要求的可查阅审计记录

用户	可查阅的审计记录
系统审计员	所有对于业务功能的审计记录
系统安全员	所有对于安全功能的审计记录
系统管理员	所有对于系统功能的审计记录

7.1.1.6.4.2 **有限审计查阅**(FAU_SAR.2)

有限审计查阅功能要求除在FAU_SAR.1中确定的用户外,其他用户不能读取信息。

FAU_SAR.2.1 除具有明确读访问权限的用户外,系统将禁止所有用户对审计记录的读访问。

7.1.1.6.5 **安全审计事件存储**(FAU_STG)

本条提出创建并维护安全的审计踪迹的要求。

7.1.1.6.5.1 **确保审计数据可用性**(FAU_STG.2)

确保审计数据可用性功能要求审计踪迹应避免未授权的删除和/或修改,并确保在意外情况出现时审计数据的可用性。

FAU_STG.2.1 系统将保护已储存的审计记录,以避免未授权的删除。

FAU_STG.2.2 系统应能防止对审计记录的修改。

FAU_STG.2.3 当发生审计存储已满、失败或攻击情况时,系统应确保审计记录在一定记录数之内或确定的维护时间范围内不被破坏,这一度量准则由国家行政管理机构统一确定或由银行根据需要自行决定。

7.1.1.6.5.2 **防止审计数据丢失**(FAU_STG.4)

防止审计数据丢失功能要求规定当审计踪迹溢满时所采取的行动。

FAU_STG.4.1 如果审计踪迹已满,系统将阻止除由系统审计员产生的以外的所有可审计事件。

7.1.1.7 **安全管理**

7.1.1.7.1 **系统中功能的管理**(FMT_MOF)

7.1.1.7.1.1 **安全功能行为的管理**(FMT_MOF.1)

允许授权用户管理系统安全功能。

FMT_MOF.1.1 系统应规定授权用户对是否使用、修改表5所列安全功能进行决定的能力。

表5 端到端安全保障技术要求中安全角色对系统安全功能行为的管理权限

类型	安全功能	系统管理员	系统安全员	系统审计员	系统操作员	客户
审计	审计参数	无	无	配置	备份	无
	审计失败时进行相应操作	维护	无	管理	无	无
	审计项目的更改	无	无	管理	无	无
识别和鉴别	用户账号、角色、属性	无	管理	无	维护	无
	鉴别数据的管理	无	管理	无	无	管理关联数据

表5(续)

类型	安全功能	系统管理员	系统安全员	系统审计员	系统操作员	客户
识别和鉴别	鉴别机制和规则	无	管理	无	无	无
	用户被鉴别前可采取的动作表	无	管理	无	无	无
	对失败的鉴别尝试的阈值及所要采取的动作的管理	无	管理	无	无	无
密码支持	密钥属性的管理	无	管理	无	无	无
	对用于验证及产生秘密的量度的管理	无	管理	无	无	无
安全管理	维护系统中的角色组	维护	管理	无	无	无
	对改变信息类型、域、原发者属性和证据接收者的管理	维护	管理	无	无	无
	定义默认的主体安全属性	无	管理	无	无	无
	为用户组、用户和主体规定某资源的最大使用限度	管理	无	无	无	无
安全功能的保护	管理数据备份参数	管理	无	无	启动	无
	管理需要可信信道的活动	无	管理	无	无	无
	时间戳	无	管理	无	无	无
	管理支持有效期的安全属性表及过期将采取的动作	无	管理	无	无	无
	多重并发会话的基本限定	无	管理	无	无	无
	管理用于做出访问或拒绝访问决策的属性	无	管理	无	无	无
	选择何时执行剩余信息保护即配给或索回	无	管理	无	无	无
	配置检测到完整性错误时所要采取的动作	无	管理	无	无	无
	抽象机测试产生的条件及时间间隔的管理	无	管理	无	无	无
	要防止的修改类型的管理	无	管理	无	无	无
	用于输入的附加控制规则	无	管理	无	无	无
	不同部分间数据传输保护机制的管理	无	管理	无	无	无
	可检测出其重放的确定实体列表及须采取的行动列表的管理	无	管理	无	无	无

7.1.1.7.2 **安全属性的管理**(FMT_MSA)

7.1.1.7.2.1 **安全属性的管理**(FMT_MSA.1)

允许授权用户(角色)管理规定的安全属性。

FMT_MSA.1.1 系统安全功能应执行网上访问控制策略及网上信息流控制策略,以限定系统管理员对安全属性进行修改默认值、查询、修改、删除操作的能力。

应用注释:系统的开发者应在与国家行政管理机构协商的基础上提供针对特定系统的详细的授权人员对系统安全属性的管理权限表。举例如表6。

表 6　端到端安全保障技术要求中授权人员对系统安全属性的管理权限表举例

安全属性	系统管理员	系统安全员	系统审计员	系统操作员	客户
客户信息及账户	无	管理	无	维护	修改相关数据
审计参数	无	无	配置	无	无
连接属性	管理、配置	无	无	无	无
系统安全角色组	维护	管理	无	无	无
服务优先级	管理	无	无	无	无
访问控制列表	维护	管理	无	无	无

7.1.1.7.2.2　安全属性确保系统安全(FMT_MSA.2)

确保赋给安全属性的值使系统处于安全状态。

FMT_MSA.2.1　安全属性的值必须确保系统保密。

7.1.1.7.2.3　静态属性初始化(FMT_MSA.3)

确保安全属性中关于允许或限制规定的默认值是适当的。

FMT_MSA.3.1　系统应执行网上访问控制策略及网上信息流控制策略，以便为系统的安全属性提供限制的默认值。

FMT_MSA.3.2　系统应允许系统管理员为生成的客体或信息规定新的初始值以代替原来的默认值。

7.1.1.7.3　安全属性的到期(FMT_SAE)

7.1.1.7.3.1　时限授权(FMT_SAE.1)

支持授权用户安全属性的有效期。

FMT_SAE.1.1　系统应提供使系统管理员可规定系统安全属性有效期的能力。

FMT_SAE.1.2　对每个这样的安全属性，系统应能够在指定的安全属性过了有效期后采取规定的行动。

7.1.1.8　可信路径/通道

7.1.1.8.1　系统间可信信道(FTP_ITC)

7.1.1.8.1.1　系统间可信信道(FTP_ITC.1)

FTP_ITC.1.1　系统应在它和一远程可信 IT 产品之间提供一条通信信道，它在逻辑上明显不同于其他通信信道，并提供其末点的标识及信道数据保护免遭被修改和泄露。

FTP_ITC.1.2　系统应允许系统内部各组件原发经可信信道的通信。

FTP_ITC.1.3　系统对交易数据原发经可信信道的通信。

FTP_ITC.1.4　整个信道应有同样的可信(如保密)等级，不得中途降低其可信(如保密)等级。

7.1.2　网上银行业务安全域安全保障技术要求

7.1.2.1　标识与鉴别

应实现以下标识与鉴别安全功能要求以符合网上银行业务安全域安全保障要求。

7.1.2.1.1　在任何行动之前标识用户(FIA_UID.2)

FIA_UID.2.1　TSF 应要求在代表用户的任何其他 TSF 相关行动发生前，相应用户应确认自身。

7.1.2.1.2　用户属性定义(FIA_ATD.1)

FIA_ATD.1.1　TSF 应维护属于用户的以下安全属性：

a)　用户身份；

b)　用户别名；

c)　口令或其他凭证；

d) 用户所属的用户组或用户角色；

e) 用户可访问的安全域；

f) 用户不可访问的安全域；

g) 显式的访问控制权利和特权；

h) 隐式的访问控制权利和特权；

i) 代表用户操作的授权主体。

7.1.2.1.3 用户—主体绑定(FIA_USB.1)

FIA_USB.1.1 TSF应将适当的用户安全属性与代表用户行动的主体相关联。

7.1.2.1.4 在任何行动前的鉴别用户(FIA_UAU.2)

FIA_UAU.2.1 TSF应要求在代表用户的任何其他TSF相关行动发生前，相应用户应已被成功鉴别。

7.1.2.1.5 鉴别失败处理(FIA_AFL.1)

FIA_AFL.1.1 TSF应检测同一用户的3次连续不成功的识别或鉴别尝试的事件。

FIA_AFL.1.2 当达到或超过规定的连续不成功鉴别尝试次数时，TSF应：

a) 产生一个告警；

b) 通知系统管理员；

c) 禁止用户的进一步操作。

7.1.2.1.6 一次性鉴别机制(FIA_UAU.4)

FIA_UAU.4.1+1 TSF应防止有关远程访问鉴别机制的鉴别数据的重复使用。

FIA_UAU.4.1+2 TSF应防止有关外部访问鉴别机制的鉴别数据的重复使用。

FIA_UAU.4.1+3 TSF应防止有关临时用户帐户的鉴别数据的重复使用。

7.1.2.1.7 多重鉴别机制(FIA_UAU.5)

FIA_UAU.5.1 TSF应提供多种不同鉴别机制以支持用户鉴别。

FIA_UAU.5.2 TSF应根据每个不同鉴别机制采用的规则来鉴别任何用户声明的身份。

7.1.2.1.8 重鉴别(FIA_UAU.6)

FIA_UAU.6.1 在以下条件TSF应重鉴别用户：

a) 在用户鉴别后规定的时间到达时；

b) 系统发生了一个异常的或部分的故障；

c) 在规定的时间内用户会话不处于活动状态时。

7.1.2.1.9 不可伪造的鉴别(FIA_UAU.3)

FIA_UAU.3.1+1 TSF应检测TSF的任何用户伪造的鉴别数据的使用。

FIA_UAU.3.1+2 TSF应防止TSF的任何用户伪造的鉴别数据的使用。

FIA_UAU.3.2+1 TSF应检测从TSF的任何其他用户处复制来的鉴别数据的使用。

FIA_UAU.3.2+2 TSF应防止从TSF的任何其他用户处复制来的鉴别数据的使用。

7.1.2.1.10 秘密生成(FIA_SOS.2)

FIA_SOS.2.1 TSF应提供一种机制以使生成的秘密满足国家密码相关要求。

FIA_SOS.2.2 TSF应能强制所有应用的TOE安全功能使用TSF生成的秘密。

7.1.2.1.11 秘密的验证(FIA_SOS.1)

FIA_SOS.1.1 TSF应提供一种机制以验证秘密满足国家密码相关要求。

7.1.2.1.12 受保护的鉴别反馈(FIA_UAU.7)

FIA_UAU.7.1 在用户鉴别过程中，TSF应只能向用户提供一个状态信息。

7.1.2.1.13 强制原发证明(FCO_NRO.2)

FCO_NRO.2.1 系统在任何时候都将对交易数据强制产生原发证据。

FCO_NRO. 2. 2　系统应能将信息原发者的身份与适用于证据的信息数字签名和证书相关联。

FCO_NRO. 2. 3　系统应能为给定证书、数字签名的接收者、相关检查部门提供验证信息原发证据的能力。

7. 1. 2. 1. 14　强制接收证明(FCO_NRR. 2)

FCO_NRR. 2. 1　系统对收到的交易数据强制产生接收证据。

FCO_NRR. 2. 2　系统应能将信息收信者的身份与适用于证据的信息数字签名和证书相关联。

FCO_NRR. 2. 3　系统应能为给定数字签名、证书接收者、相关检查部门提供验证接收证据的能力。

7. 1. 2. 2　访问控制

应实现以下访问控制安全功能要求以符合网上银行业务安全域安全保障要求。

7. 1. 2. 2. 1　基于安全属性的访问控制(FDP_ACF. 1)

FDP_ACF. 1. 1　TSF 应基于用户和主体的显式权利和权限来对客体强制执行访问控制策略。

FDP_ACF. 1. 2　TSF 应强制执行以下规则以决定受控主体与受控客体间的操作是否被允许：显式访问权利和权限。

FDP_ACF. 1. 3　TSF 应基于以下附加规则来显式授权主体对客体的访问：隐式访问权利和权限。

FDP_ACF. 1. 4　TSF 应基于访问既未显式或隐式授权的事实来明确拒绝主体对客体的访问。

7. 1. 2. 2. 2　TSF 域分离(FPT_SEP. 1)

FPT_SEP. 1. 1　TSF 应为自身执行时维护一个安全域，防止不可信主体的干扰和篡改。

FPT_SEP. 1. 2　TSF 应分离 TSF 控制范围内各主体的安全域。

注：存在三个安全域，即：网上银行业务安全域、网上银行业务管理安全域、网上银行运行维护安全域。其中网页业务安全域可进一步划分子域。

7. 1. 2. 2. 3　简单安全属性(FDP_IFF. 1)

FDP_IFF. 1. 1　TSF 应基于下列类型的主体和信息安全属性来强制执行信息流控制策略：FIA_ATD. 1. 1 所定义的安全属性。

FDP_IFF. 1. 2　如果采用如下的规则，TSF 应允许受控主体和受控信息之间存在一个经由受控操作的信息流：主体具有显式的权利和权限来执行操作。

FDP_IFF. 1. 3　TSF 应强制分离下面三个主要安全域间的信息流：

a)　网上银行业务安全域；

b)　网上银行业务管理安全域；

c)　网上银行运行维护安全域。

注：网上银行业务安全域可能进一步划分子域。

FDP_IFF. 1. 4　TSF 应提供授权安全管理角色能力以动态地更新或修改信息流控制策略。

FDP_IFF. 1. 5　TSF 应根据下列规则明确认可信息流：信息流被显式或隐式授权。

FDP_IFF. 1. 6　TSF 应根据下列规则明确拒绝信息流：信息流既未显式也未隐式允许。

7. 1. 2. 2. 4　完全的访问控制(FDP_ACC. 2)

FDP_ACC. 2. 1　TSF 应对所有用户及用户进程、安全功能策略所覆盖的主体与客体间的所有操作强制执行访问控制策略。

FDP_ACC. 2. 2　TSF 应确保 TSF 控制范围中的任何主体与 TSF 控制范围中任何客体间的所有操作被访问控制安全功能策略所覆盖。

7. 1. 2. 2. 5　没有安全属性的用户数据导出(FDP_ETC. 1)

FDP_ETC. 1. 1+1　TSF 在安全功能策略控制下导出用户数据到 TSF 控制范围之外时，应强制执行访问控制策略。

FDP_ETC. 1. 1+2　TSF 在安全功能策略控制下导出用户数据到 TSF 控制范围之外时，应强制执行信息流控制策略。

FDP_ETC.1.2 TSF不应导出有关联安全属性的用户数据。

7.1.2.2.6 **无安全属性的用户数据输入**(FDP_ITC.1)

FDP_ITC.1.1+1 当在安全功能策略控制下从TSF控制范围之外导入用户数据时,TSF应强制执行访问控制策略。

FDP_ITC.1.1+2 当在安全功能策略控制下从TSF控制范围之外导入用户数据时,TSF应强制执行信息流控制策略。

FDP_ITC.1.2 从TSF控制范围之外导入用户数据时,TSF应忽略与用户数据相关联的任何安全属性。

FDP_ITC.1.3 当在安全功能策略控制下从TSF控制范围之外导入用户数据时,TSF应强制执行以下的规则:数据应进行病毒、蠕虫和其他恶意代码的检测。

7.1.2.2.7 **子集信息流控制**(FDP_IFC.1)

FDP_IFC.1.1 TSF应对策略所覆盖的所有主体、信息、引起受控的信息在受控的主体中流入和流出的操作强制执行信息流控制策略。

7.1.2.2.8 **无非法信息流**(FDP_IFF.5)

FDP_IFF.5.1 TSF应确保没有规避信息流控制策略的非法信息流存在。

7.1.2.2.9 **非法信息流监视**(FDP_IFF.6)

FDP_IFF.6.1 TSF应强制执行信息流控制策略以监视所有的超出信息流控制策略所规定合法参数的非法信息流。

7.1.2.2.10 **系统间可信信道**(FTP_ITC.1)

FTP_ITC.1.1 系统应在它和一远程可信IT产品之间提供一条通信信道,它在逻辑上明显不同于其他通信信道,并提供其末点的标识及信道数据保护免遭被修改和泄露。

FTP_ITC.1.2 系统应允许系统内部各组件原发经可信信道的通信。

FTP_ITC.1.3 系统对交易数据原发经可信信道的通信。

FTP_ITC.1.4 整个信道应有同样的可信(如保密)等级,不得中途降低其可信(如保密)等级。

7.1.2.3 **完整性**

应实现以下完整性安全功能要求以符合网上银行业务安全域安全保障要求。

7.1.2.3.1 **基本数据鉴别**(FDP_DAU.1)

FDP_DAU.1.1 TSF应提供保证用户数据有效性的证据的能力。

FDP_DAU.1.2 TSF应为授权终端用户提供验证指定信息有效的证据的能力。

7.1.2.3.2 **基本反转**(FDP_ROL.1)

FDP_ROL.1.1+1 TSF应强制执行访问控制策略,以允许在用户数据上的创建、修改、删除、合并或插入操作可以反转。

FDP_ROL.1.1+2 TSF应强制执行信息流控制策略,以允许在用户数据上的创建、修改、删除、合并或插入操作可以反转。

FDP_ROL.1.2 TSF应允许早先的三次事务处理操作可以进行反转。

7.1.2.3.3 **带保存安全状态的失败**(FPT_FLS.1)

FPT_FLS.1.1 TSF应在所有系统失效发生时保存当前安全状态。

7.1.2.3.4 **重放检测**(FPT_RPL.1)

FPT_RPL.1.1 TSF应检测以下实体的重放:

a) 传输的用户数据;

b) 接受的用户数据。

FPT_RPL.1.2+1 当检测到重放时,TSF应产生告警。

FPT_RPL.1.2+2　当检测到重放时，TSF 应通知系统管理员。

7.1.2.3.5　**存储数据的完整性监视与行动**(FDP_SDI.2)

FDP_SDI.2.1　TSF 应基于以下方式：校验和、循环冗余检查或 hash 函数，对 TSF 控制范围内的所有客体，监视其存储的网上银行业务数据的完整性错误。

FDP_SDI.2.2　一旦检测到数据完整性错误时，TSF 应产生告警并通知系统管理员。

7.1.2.3.6　**TSF 数据完整性监视**(FPT_ITT.3)

FPT_ITT.3.1+1　TSF 应能检测在 TOE 的不同部分间传送的 TSF 数据的修改。

FPT_ITT.3.1+2　TSF 应能检测在 TOE 的不同部分间传送的 TSF 数据的置换。

FPT_ITT.3.1+3　TSF 应能检测在 TOE 的不同部分间传送的 TSF 数据的重新排序。

FPT_ITT.3.1+4　TSF 应能检测在 TOE 的不同部分间传送的 TSF 数据的删除。

FPT_ITT.3.1+5　TSF 应能检测在 TOE 的不同部分间传送的 TSF 数据的重放。

FPT_ITT.3.1+6　TSF 应能检测在 TOE 的不同部分间传送的 TSF 数据的插入。

FPT_ITT.3.2+1　一旦检测到数据完整性错误，TSF 应采取下列行动：产生告警。

FPT_ITT.3.2+2　一旦检测到数据完整性错误，TSF 应采取下列行动：通知系统管理员。

FPT_ITT.3.2+3　一旦检测到数据完整性错误，TSF 应采取下列行动：纠正错误。

7.1.2.3.7　**报告物理攻击**(FPT_PHP.2)

FPT_PHP.2.1　TSF 应对可能危及 TSF 安全的物理篡改提供明确的检测。

FPT_PHP.2.2　TSF 应提供确定 TSF 设备或 TSF 元件是否已被物理篡改的能力。

FPT_PHP.2.3　对于网上银行业务系统内的所有系统组件，TSF 应监视这些组件，并在其发生物理篡改时通知系统管理员。

7.1.2.3.8　**抵抗物理攻击**(FPT_PHP.3)

FPT_PHP.3.1　TSF 应通过自动响应来抵抗对所有系统组件的电缆、连接器、接口、配置设置和运行参数等的各种物理篡改，以保证不违反 TOE 安全策略。

7.1.2.3.9　**TSF 间数据的一致性**(FPT_TDC.1)

FPT_TDC.1.1　在 TSF 与其他可信 IT 产品共享 TSF 数据时，TSF 应提供一致性解释共享的 TSF 数据的能力。

FPT_TDC.1.2　TSF 应使用同样的解释规则来解释来自其他信任 IT 产品的 TSF 数据。

7.1.2.3.10　**内部 TSF 的一致性**(FPT_TRC.1)

FPT_TRC.1.1　TSF 应确保在 TOE 各部分间复制的 TSF 数据的一致性。

FPT_TRC.1.2　当包含 TSF 数据复本的 TOE 部分断开连接后，在重建连接时，TSF 应在处理鉴别请求或执行访问控制策略或执行信息流控制策略的请求前，确保复制的 TSF 数据的一致性。

7.1.2.3.11　**TSF 测试**(FPT_TST.1)

FPT_TST.1.1+1　TSF 应在初始化启动期间运行一组自检程序以表明 TSF 可正确运行。

FPT_TST.1.1+2　TSF 应在正常工作期间周期性地运行一组自检程序以表明 TSF 可正确运行。

FPT_TST.1.1+3　TSF 应在授权用户要求时可运行一组自检程序以表明 TSF 可正确运行。

FPT_TST.1.2　TSF 应为授权用户提供验证 TSF 数据完整性的能力。

FPT_TST.1.3　TSF 应为授权用户提供验证存储的 TSF 可执行代码的完整性的能力。

7.1.2.3.12　**抽象机测试**(FPT_AMT.1)

FPT _AMT.1.1+1　TSF 应在初始化启动期间运行一组测试来验证基于 TSF 的抽象机所提供的安全假定可正确运行。

FPT _AMT.1.1+2　TSF 应在正常运行期间周期性地运行一组测试来验证基于 TSF 的抽象机所提供的安全假定可正确运行。

FPT _AMT. 1. 1+3　TSF应在授权用户要求时可运行一组测试来验证基于TSF的抽象机所提供的安全假定可正确运行。

7.1.2.4　**可用性**

应实现以下可用性安全功能要求以符合网上银行业务安全域安全保障要求。

7.1.2.4.1　**受限容错**(FRU_FLT. 2)

FRU_FLT. 2. 1　TSF应在所有系统失效时确保所有TOE能力均能运行。

7.1.2.4.2　**全部服务优先级**(FRU_PRS. 2)

FRU_PRS. 2. 1　TSF应给TSF中的每个主体分配一种优先级。

FRU_PRS. 2. 2　TSF应确保对所有可共享资源的每次访问都应基于主体获得的优先级进行仲裁。

7.1.2.4.3　**最低和最高配额**(FRU_RSA. 2)

FRU_RSA. 2. 1+1　TSF应对所有控制的系统资源强制进行最高配额以便用户可以同时使用。

FRU_RSA. 2. 1+2　TSF应对所有控制的系统资源强制进行最高配额以便用户在一个指定的时间段内可以使用。

FRU_RSA. 2. 2+1　TSF应确保每个共享系统资源的最低配额供给以便用户可以同时使用。

FRU_RSA. 2. 2+2　TSF应确保每个共享系统资源的最低配额供给以便用户在一个指定的时间段内可以使用。

7.1.2.5　**保密性**

应实现以下保密性安全功能要求以符合网上银行业务安全域安全保障要求。

7.1.2.5.1　**密钥生成**(FCS_CKM. 1)

FCS_CKM. 1. 1+1　TSF应规定所使用的密钥生成算法。

FCS_CKM. 1. 1+2　TSF应规定使用的密钥长度。规定的密钥长度应适合于算法及其预期使用。

FCS_CKM. 1. 1+3　TSF应规定指定的标准，该标准描述生成密钥所使用的方法。指定的标准可不包含或包含一个或多个实际发布的标准，例如：国际、国家、工业或组织标准。

7.1.2.5.2　**密钥分配**(FCS_CKM. 2)

FCS_CKM. 2. 1+1　TSF应规定所使用的密钥分配方法。

FCS_CKM. 2. 1+2　TSF应规定指定的标准，该标准描述分配密钥的方法。指定的标准可不包含或包含一个或多个实际发布的标准，例如：国际、国家、工业或组织标准。

7.1.2.5.3　**密钥访问**(FCS_CKM. 3)

FCS_CKM. 3. 1+1　TSF应规定所使用的密钥访问类型，密钥访问的类型包括(但不限于)：密钥备份、密钥归档、密钥托管和密钥恢复。

FCS_CKM. 3. 1+2　TSF应规定所使用的密钥访问方法。

FCS_CKM. 3. 1+3　TSF应规定指定的标准，该标准描述访问密钥的方法。指定的标准可不包含或包含一个或多个实际发布的标准，例如：国际、国家、工业或组织标准。

7.1.2.5.4　**密钥销毁**(FCS_CKM. 4)

FCS_CKM. 4. 1+1　应指定用来销毁密钥的方法。

FCS_CKM. 4. 1+2　应规定指定的标准，该标准描述了密钥销毁的方法。指定的标准可不包含或包含一个或多个实际发布的标准，例如：国际的、国家的、工业的或组织的标准。

7.1.2.5.5　**密码运算**(FCS_COP. 1)

FCS_COP. 1. 1+1　应规定所执行的密码运算。通常密码运算包括：数字签名的生成或验证，用于完整性或校验和检验的密码校验和的产生，安全散列(消息摘要)的计算，数据加密或解密、密钥加密或解密、密钥协定和随机数生成。密码运算可对用户数据或 TSF 数据执行。

FCS_COP.1.1+2 应规定所使用的密码算法。通常的密码算法包括(但不限于)DES、RSA 和 IDEA 等。

FCS_COP.1.1+3 应规定所使用的密钥长度。规定的密钥长度应适合于算法及其预期使用。

FCS_COP.1.1+4 应规定所指定的标准,该标准文本应描述如何执行已确定的密码运算。指定的标准可不包含或包含一个或多个实际的公开发布的标准,例如:国际、国家、工业或组织标准。

7.1.2.5.6 完全残余信息保护(FDP_RIP.2)

FDP_RIP.2.1 TSF 应确保一个资源从所有客体中进行资源释放时,该资源任何以前的信息内容不再可用。

7.1.2.5.7 匿名(FPR_ANO.1)

FPR_ANO.1.1 TSF 应确保所有的内部或外部终端用户或代表它们的主体不能确定绑定到任何系统资源的真实用户名。

7.1.2.5.8 假名(FPR_PSE.1)

FPR_PSE.1.1 TSF 应确保所有的内部或外部终端用户或代表它们的主体不能确定绑定到任何系统资源的真实用户名。

FPR_PSE.1.2 TSF 应能提供真实用户名的一个或多个别名给任何主体。

FPR_PSE.1.3 TSF 应能确定一个用户的别名,并能验证它是否符合 TOE 安全策略。

7.1.2.6 安全审计

应实现以下安全审计功能要求以符合网上银行业务安全域安全保障要求。

7.1.2.6.1 安全警告(FAU_ARP.1)

FAU_ARP.1.1 当检测到潜在的安全侵害时,TSF 应采取以下行动:

a) 产生可听见的告警;

b) 产生可看见的告警;

c) 自动通知系统管理员。

7.1.2.6.2 审计数据生成(FAU_GEN.1)

FAU_GEN.1.1 TSF 应能为下述可审计事件产生审计记录:

a) 审计功能的启动和关闭;

b) 在基本审计级别以内的所有可审计事件。

FAU_GEN.1.2 TSF 应在每个审计记录中至少记录如下信息:

a) 事件的日期和时间,事件类型,主体身份,事件的结果(成功或失败);

b) 对每种审计事件类型,基于在 PP/ST 中所包含功能组件的可审计事件定义:包含或涉及的客体身份和采取的纠正措施。

FAU_GEN.2.1 TSF 应能将每个可审计事件与引起该事件的用户身份相关联。

7.1.2.6.3 基于轮廓的异常检测(FAU_SAA.2)

FAU_SAA.2.1 TSF 应能维护系统使用的轮廓。在这里一个单独的轮廓代表在访问控制策略中定义的不同用户组中成员的历史使用模式。

FAU_SAA.2.2 TSF 应维护与每个用户相对应的置疑等级,这些用户的活动已记录在轮廓中。在这里,"置疑等级"代表用户当前活动与轮廓中已建立的使用模式不一致的程度。

FAU_SAA.2.3 当用户的置疑等级超过以下门限条件:每小时有多于一次违反或警告时,TSF 应能指出即将发生对 TSP 的侵害。

7.1.2.6.4 复杂攻击探测(FAU_SAA.4)

FAU_SAA.4.1 TSF 应能维护预示潜在、即将或实际渗透情景的系统事件和预示对 TSP 的潜在违反的未授权事件的内部表示。

FAU_SAA.4.2 TSF 应能比较系统活动的记录与特征事件和事件序列,这里的系统活动可以通过对系统或安全机制产生的审计信息的检查来辩明。

FAU_SAA.4.3 当一个系统行为被发现与预示对 TSP 有潜在攻击的特征事件或事件序列匹配时,TSF 应能指示出对 TSP 的攻击即将到来。

7.1.2.6.5 审计查阅(FAU_SAR.1)

FAU_SAR.1.1 TSF 应为授权用户提供从审计记录中读取适于其用户组审计信息的能力。

FAU_SAR.1.2 TSF 应以便于用户理解的方式提供审计记录。

7.1.2.6.6 限制审计查阅(FAU_SAR.2)

FAU_SAR.2.1 TSF 应禁止所有用户对审计记录的读访问权,除明确赋予用户读访问权限。

7.1.2.6.7 选择性审计查阅(FAU_SAR.3)

FAU_SAR.3.1+1 TSF 应能根据事件类型、日期、时间、主体身份或客体身份等类型提供对审计数据进行搜索的能力。

FAU_SAR.3.1+2 TSF 应能根据事件类型、日期、时间、主体身份或客体身份等类型提供对审计数据进行排序的能力。

7.1.2.6.8 选择性审计(FAU_SEL.1)

FAU_SEL.1.1 TSF 应能根据以下属性包括或排除审计事件集中的可审计事件:

a) 客体身份;

b) 用户身份;

c) 主体身份;

d) 主机身份;

e) 事件类型。

7.1.2.6.9 审计数据可用性保证(FAU_STG.2)

FAU_STG.2.1 TSF 应保护所存储的审计记录,以避免未授权的删除。

FAU_STG.2.2+1 TSF 应能防止对审计记录的修改。

FAU_STG.2.2+2 TSF 应能检测对审计记录的修改。

FAU_STG.2.3+1 当审计存储耗尽时,TSF 应确保所有审计记录的维护。

FAU_STG.2.3+2 当失败时,TSF 应确保所有审计记录的维护。

FAU_STG.2.3+3 当受攻击时,TSF 应确保所有审计记录的维护。

7.1.2.6.10 防止审计数据丢失(FAU_STG.4)

FAU_STG.4.1 如果审计迹已满,TSF 应使审计事件产生可闻或可见的告警,除非有权利的授权用户不这么做。

7.1.2.6.11 可靠的时间戳(FPT_STM.1)

FPT_STM.1.1 TSF 应能为自身的应用提供可靠的时间戳。

7.1.2.7 安全管理

应实现以下安全管理功能要求以符合网上银行业务安全域安全保障要求。

7.1.2.7.1 个人用户

7.1.2.7.1.1 安全属性的管理(FMT_MSA.1)

FMT_MSA.1.1+1 TSF 应强制执行访问控制策略,以仅限于授权用户有能力更改缺省安全属性。

FMT_MSA.1.1+2 TSF 应强制执行访问控制策略,以仅限于授权用户有能力修改安全属性。

7.1.2.7.1.2 **使安全属性安全**(FMT_MSA.2)

FMT_MSA.2.1 TSF应确保安全属性只接受安全的值。

7.1.2.7.1.3 **静态属性初始化**(FMT_MSA.3)

FMT_MSA.3.1+1 TSF应强制执行访问控制策略,以便为用于执行安全功能策略的安全属性提供受限的默认值。

FMT_MSA.3.1+2 TSF应强制执行信息流控制策略,以便为用于执行安全功能策略的安全属性提供受限的默认值。

7.1.2.7.1.4 **TSF数据限值的管理**(FMT_MTD.2)

FMT_MTD.2.2 如果TSF数据达到或超过了指明的限值,TSF应禁止进一步的行为直到TSF数据回到正常范围之内。

7.1.2.7.1.5 **安全TSF数据**(FMT_MTD.3)

FMT_MTD.3.1 TSF应确保TSF数据只接受安全的值。

7.1.2.7.1.6 **可选属性范围限定**(FTA_LSA.1)

FTA_LSA.1.1 TSF应基于用户安全属性限制会话安全属性的范围。

7.1.2.7.1.7 **多重并发会话的基本限定**(FTA_MCS.1)

FTA_MCS.1.1 TSF应限制同一用户的并发会话的最大数量。

FTA_MCS.1.2 TSF应限定每个用户的会话数目,缺省为3个。

7.1.2.7.1.8 **TSF原发会话锁定**(FTA_SSL.1)

FTA_SSL.1.1 TSF应在用户停止活动10 min后通过以下方法锁定与用户的交互式会话:

a) 清除或覆写显示设备,使当前的内容不可读;

b) 禁止用户数据访问或显示设备的任何活动,而不是锁定会话。

FTA _SSL.1.2 在解除会话锁定前,TSF应先要求进行再次用户身份的识别和鉴别。

7.1.2.7.1.9 **TSF原发终止**(FTA_SSL.3)

FTA_SSL.3.1 TSF应在用户停止活动的15 min之后终止与用户的交互式会话。

7.1.2.7.1.10 **TOE缺省的访问旗标**(FTA_TAB.1)

FTA_TAB.1.1 在建立用户会话前,TSF应显示有关TOE未授权使用的劝告性警示信息。

7.1.2.7.1.11 **TOE会话建立**(FTA_TSE.1)

FTA_TSE.1.1 TSF应能基于用户安全属性拒绝的会话建立。

7.1.2.7.2 **机构用户**

7.1.2.7.2.1 **安全功能行为的管理**(FMT_MOF.1)

FMT_MOF.1.1+1 TSF应仅限于机构授权安全管理员角色有能力确定由安全机制所执行的功能。

FMT_MOF.1.1+2 TSF应仅限于机构授权安全管理员角色有能力禁用由安全机制所执行的功能。

FMT_MOF.1.1+3 TSF应仅限于机构授权安全管理员角色有能力启用由安全机制所执行的功能。

FMT_MOF.1.1+4 TSF应仅限于机构授权安全管理员角色有能力修改由安全机制所执行的功能。

7.1.2.7.2.2 **安全属性的管理**(FMT_MSA.1)

FMT_MSA.1.1+1 TSF应强制执行访问控制策略,以仅限于机构授权安全管理员角色有能力查阅安全属性。

FMT_MSA.1.1+2 TSF应强制执行访问控制策略,以仅限于机构授权安全管理员角色有能力更改缺省安全属性。

FMT_MSA.1.1+3　TSF应强制执行访问控制策略,以仅限于机构授权安全管理员角色有能力查询安全属性。

FMT_MSA.1.1+4　TSF应强制执行访问控制策略,以仅限于机构授权安全管理员角色有能力删除安全属性。

FMT_MSA.1.1+5　TSF应强制执行访问控制策略,以仅限于机构授权安全管理员角色有能力修改安全属性。

FMT_MSA.1.1+6　TSF应强制执行信息流控制策略,以仅限于机构授权安全管理员角色有能力查阅安全属性。

FMT_MSA.1.1+7　TSF应强制执行信息流控制策略,以仅限于机构授权安全管理员角色有能力更改缺省安全属性。

FMT_MSA.1.1+8　TSF应强制执行信息流控制策略,以仅限于机构授权安全管理员角色有能力查询安全属性。

FMT_MSA.1.1+9　TSF应强制执行信息流控制策略,以仅限于机构授权安全管理员角色有能力删除安全属性。

FMT_MSA.1.1+10　TSF应强制执行信息流控制策略,以仅限于机构授权安全管理员角色有能力修改安全属性。

7.1.2.7.2.3　**保密的安全属性**(FMT_MSA.2)

FMT_MSA.2.1　TSF应确保安全属性只接受安全的值。

7.1.2.7.2.4　**静态属性初始化**(FMT_MSA.3)

FMT_MSA.3.1+1　TSF应强制执行访问控制策略,以便为用于执行安全功能策略的安全属性提供受限的默认值。

FMT_MSA.3.1+2　TSF应强制执行信息流控制策略,以便为用于执行安全功能策略的安全属性提供受限的默认值。

FMT_MSA.3.2　TSF应允许机构授权安全管理员角色在客体或信息被创建时为其指定可选的初始值以覆盖缺省值

7.1.2.7.2.5　**TSF数据的管理**(FMT_MTD.1)

FMT_MTD.1.1+1　TSF应仅限于机构授权安全管理员角色有能力查阅安全管理数据值。

FMT_MTD.1.1+2　TSF应仅限于机构授权安全管理员角色有能力更改安全管理数据缺省值。

FMT_MTD.1.1+3　TSF应仅限于机构授权安全管理员角色有能力查询安全管理数据值。

FMT_MTD.1.1+4　TSF应仅限于机构授权安全管理员角色有能力修改安全管理数据值。

FMT_MTD.1.1+5　TSF应仅限于机构授权安全管理员角色有能力删除安全管理数据值。

FMT_MTD.1.1+6　TSF应仅限于机构授权安全管理员角色有能力清除安全管理数据值。

7.1.2.7.2.6　**TSF数据限值的管理**(FMT_MTD.2)

FMT_MTD.2.1　TSF应仅限于机构安全管理员角色有能力对安全管理数据限值进行规定。

FMT_MTD.2.2　如果TSF数据达到或超过了指明的限值,TSF应禁止进一步的行为直到TSF数据回到正常范围之内。

7.1.2.7.2.7　**安全TSF数据**(FMT_MTD.3)

FMT_MTD.3.1　TSF应确保TSF数据只接受安全的值。

7.1.2.7.2.8　**撤消**(FMT_REV.1)

FMT_REV.1.1+1　TSF应仅限于机构授权安全管理员角色有能力撤消与TSF控制范围内用户相关联的安全属性。

FMT_REV.1.1+2　TSF应仅限于机构授权安全管理员角色有能力撤消与TSF控制范围内主体相关联的安全属性。

FMT_REV.1.1+3 TSF 应仅限于机构授权安全管理员角色有能力撤消与 TSF 控制范围内客体相关联的安全属性。

FMT_REV.1.2 TSF 应执行以下规则：

a) 在到期时应能立即撤消安全属性；

b) 当主体或客体不再是系统配置的一部分时应能立即撤消安全属性。

7.1.2.7.2.9 时限授权(FMT_SAE.1)

FMT_SAE.1.1 TSF 应仅限于机构安全管理员角色能为安全属性指定有效期。

FMT_SAE.1.2 对每个这样的安全属性，在指定的安全属性超过有效期后，TSF 应能够撤消安全属性。

7.1.2.7.2.10 安全角色(FMT_SMR.1)

FMT_SMR.1.1 TSF 应维护机构安全管理角色。

FMT_SMR.1.2 TSF 应能够把用户和角色关联起来。

7.1.2.7.2.11 可选属性范围限定(FTA_LSA.1)

FTA_LSA.1.1 TSF 应基于用户安全属性限制会话安全属性的范围。

7.1.2.7.2.12 多重并发会话的基本限定(FTA_MCS.1)

FTA_MCS.1.1 TSF 应限制同一用户的并发会话的最大数量。

FTA_MCS.1.2 TSF 应限定每个用户的会话数目，缺省为 3 个。

7.1.2.7.2.13 TSF 原发会话锁定(FTA_SSL.1)

FTA_SSL.1.1 TSF 应在用户停止活动 10 min 后通过以下方法锁定与用户的交互式会话：

a) 清除或覆写显示设备，使当前的内容不可读；

b) 禁止用户数据访问或显示设备的任何活动，而不是锁定会话。

FTA _SSL.1.2 在解除会话锁定前，TSF 应先要求进行再次用户身份的识别和鉴别。

7.1.2.7.2.14 TSF 原发终止(FTA_SSL.3)

FTA_SSL.3.1 TSF 应在用户停止活动的 15 min 之后终止与用户的交互式会话。

7.1.2.7.2.15 TOE 缺省的访问旗标(FTA_TAB.1)

FTA_TAB.1.1 在建立用户会话前，TSF 应显示有关 TOE 未授权使用的劝告性警示信息。

7.1.2.7.2.16 TOE 会话建立(FTA_TSE.1)

FTA_TSE.1.1 TSF 应能基于用户安全属性拒绝的会话建立。

7.1.2.8 可恢复性

应实现以下恢复安全功能要求以符合网上银行业务安全域安全保障要求。

7.1.2.8.1 目标数据交换恢复(FDP_UIT.3)

FDP_UIT.3.1+1 TSF 应强制执行访问控制策略，使得可以在没有任何源可信 IT 产品的帮助下，从系统错误中恢复回来。

FDP_UIT.3.1+2 TSF 应强制执行信息流控制策略，使得可以在没有任何源可信 IT 产品的帮助下，从系统错误中恢复回来。

7.1.2.8.2 无过度损失的自动恢复(FPT_RCV.3)

FPT_RCV.3.1 当不能从失败或服务中断中自动恢复时，TSF 应能进入维护模式，在此模式下应提供将 TOE 返回到一个安全状态的能力。

FPT_RCV.3.2 当所有系统失效时，TSF 应确保通过自动化过程使 TOE 返回到一个安全状态。

FPT_RCV.3.3 TSF 提供的从失败或服务中断状态中的恢复功能，应确保 TSF 控制范围内的 TSF 数据或客体在无任何过度损失的情况下恢复到安全初始状态。

7.1.2.8.3 功能恢复(FPT_RCV.4)

FPT_RCV.4.1 TSF 应确保所有安全功能具有如下特性，即安全功能要么成功完成，要么在预示可能失败的情况能恢复到一个一致的和安全的状态。

7.1.3 系统的边界安全保障技术要求

7.1.3.1 用户数据保护

7.1.3.1.1 访问控制策略(FDP_ACC)

7.1.3.1.1.1 子集访问控制(FDP_ACC.1)

FDP_ACC.1.1 网上证券交易系统安全功能(以下简称系统安全功能)将对安全功能策略所覆盖的主体、客体和它们之间的操作执行网上证券交易访问控制策略(以下简称网上访问控制策略)。

7.1.3.1.2 访问控制功能(FDP_ACF)

7.1.3.1.2.1 基于安全属性的访问控制(FDP_ACF.1)

FDP_ACF.1.1 系统安全功能将基于安全属性和确定的安全属性组,对已明确的客体执行网上访问控制策略。

FDP_ACF.1.2 系统安全功能将执行网上访问控制策略,决定受控的主体与客体间的操作是否被允许。

FDP_ACF.1.3 系统安全功能将执行网上访问控制策略,拒绝主体对客体的访问。

应用注释:当用户账号被锁定时,系统所指定的特定实体之外的所有实体(包括用户)都不能使用该账号。只有授权管理员才能解锁该账号(如表7)。

表7 系统边界安全保障技术要求中主体对客体采取的操作对照表举例

主体 / 客体	投资者	安全管理员	网上委托系统操作人员	柜台操作人员	……
投资者姓名	R,E				
投资者投资账号	R,E,De				
投资者投资账号密码					
投资者通信密码					
投资者股票持有信息					
投资者股票交易信息					
投资者公开密钥					
投资者私有密钥					
……	……	……	……	……	……

注:R——读、W——写、D——删、E——加密、De——解密。

7.1.3.1.3 输出到安全功能控制之外(FDP_ETC)

7.1.3.1.3.1 没有安全属性的用户数据输出(FDP_ETC.1)

FDP_ETC.1.1 在安全功能策略控制下输出用户数据到系统安全控制范围之外时,系统安全功能将执行网上访问控制策略和网上证券交易信息流控制策略(以下简称网上信息流控制策略,详见 FDP_IFC.2)。

FDP_ETC.1.2 系统应输出不带有相关安全属性的用户数据。

7.1.3.1.3.2 有安全属性的用户数据输出(FDP_ETC.2)

FDP_ETC.2.1 在安全功能策略控制下输出用户数据到系统安全控制范围之外时,系统安全功能将执行网上访问控制策略和网上信息流控制策略。

FDP_ETC.2.2 系统安全功能输出用户数据到系统安全控制范围之外时,应带有与数据相关联的安全属性。

FDP_ETC.2.3 在安全属性输出到系统安全控制范围之外时，系统安全功能应确保其与输出的数据密切关联。

7.1.3.1.4 **信息流控制策略**(FDP_IFC)

7.1.3.1.4.1 **完全信息流控制**(FDP_IFC.2)

FDP_IFC.2.1 对已确定的主体、信息流及所有导致信息流入流出安全功能策略覆盖的主体的操作，系统安全功能应执行网上信息流控制策略。

FDP_IFC.2.2 系统安全功能应确保所有导致安全控制范围内的任何信息流入流出安全控制范围内的任何主体的操作被网上信息流控制策略所覆盖(如表8)。

表8 系统边界安全保障技术要求的网上信息流控制策略举例

	允许	不允许
投资者到券商	合法的交易指令 未加密的行情查询指令	未经数字签名的交易指令 不符合格式要求的数据包
券商到投资者	经过加密和完整性保护的合法交易结果	未经加密和完整性保护的历史成交记录查询结果
……		

7.1.3.1.5 **信息流控制功能**(FDP_IFF)

7.1.3.1.5.1 **简单安全属性**(FDP_IFF.1)

FDP_IFF.1.1 系统安全功能应在主体和最小数目和类型的信息安全属性的基础上执行网上信息流控制策略。

FDP_IFF.1.2 对每一个操作，如果在主体和信息之间必须有基于安全属性的关系，系统安全功能应允许受控主体和受控信息之间存在经由受控操作的信息流。

FDP_IFF.1.5 系统安全功能应根据基于安全属性的规则，明确授权信息流。

FDP_IFF.1.6 系统安全功能应根据基于安全属性的规则，明确拒绝信息流。

7.1.3.1.5.2 **无非法信息流**(FDP_IFF.5)

FDP_IFF.5.1 系统安全功能应确保没有规避网上信息流控制策略的非法信息流存在。

7.1.3.1.6 **从安全功能控制之外输入**(FDP_ITC)

7.1.3.1.6.1 **有安全属性的用户数据输入**(FDP_ITC.2)

此功能要求安全属性能正确反映用户数据，并与从系统安全控制范围之外输入的数据正确无歧义地联系在一起。

FDP_ITC.2.1 在系统安全功能策略控制下，从系统安全控制范围之外输入用户数据时，应执行网上信息流控制策略。

FDP_ITC.2.2 系统安全功能应使用与输入的数据相关联的安全属性。

FDP_ITC.2.3 系统安全功能应确保使用的协议在安全属性和接收的用户数据之间提供了明确的联系。

FDP_ITC.2.4 系统安全功能应确保对输入的用户数据的安全属性的解释与用户数据源的解释是一致的。

7.1.3.1.7 **存储数据的完整性**(FDP_SDI)

7.1.3.1.7.1 **存储数据完整性监视和行动**(FDP_SDI.2)

FDP_SDI.2.1 系统安全功能应基于用户数据属性，监视存储在系统内部的用户数据是否出现完整性错误。

FDP_SDI.2.1 检测到完整性错误时，系统安全功能应要采取相应的行动。

7.1.3.1.8　**安全功能间用户数据传送保密性保护**(FDP_UCT)

7.1.3.1.8.1　**基本数据交换保密性**(FDP_UCT.1)

FDP_UCT.1.1　系统安全功能应执行网上访问控制策略和网上信息流控制策略，能以防止未授权泄露的方式传送和接收客体。

7.1.3.1.9　**安全功能间用户数据传送完整性保护**(FDP_UIT)

7.1.3.1.9.1　**数据交换完整性**(FDP_UIT.1)

此功能主要解决对被传输的用户数据的篡改、删除、插入和重用等的检测。

FDP_UIT.1.1　系统安全功能应执行网上信息流控制策略，能以避免出现篡改、删除、插入或重用等的方式传送和接收用户数据。

FDP_UIT.1.2　系统安全功能应能根据收到的用户数据判断，是否出现了篡改、删除、插入和重用。

7.1.3.2　**安全功能保护**

7.1.3.2.1　**安全功能数据输出的保密性**(FPT_ITC)

7.1.3.2.1.1　**传输过程中安全功能间的保密性**(FPT_ITC.1)

要求系统安全功能确保安全功能数据在系统与远程可信IT产品间的传输不被泄露。

FPT_ITC.1.1　网上证券交易系统应保护所有的安全功能数据从系统到远程可信IT产品的传输过程中不被未经授权的泄密。

7.1.3.2.2　**安全功能数据输出的完整性**(FPT_ITI)

7.1.3.2.2.1　**安全功能间的修改检测**(FPT_ITI.1)

提供在远程可信IT被产品知道所使用的机制的假设下，检测安全功能数据在系统与远程可信IT产品传输过程中修改的能力。

FPT_ITI.1.1　网上证券交易系统应能够检测系统与远程可信IT产品间传输的所有安全功能数据的修改。

FPT_ITI.1.2　应验证在系统与远程可信IT产品间传输的所有安全功能数据的完整性，如果检测到数据修改时应及时通知数据的拥有者。

7.1.3.2.3　**系统内部安全功能数据传输**(FPT_ITT)

7.1.3.2.3.1　**系统内部安全功能数据传输的基本保护**(FPT_ITT.1)

要求对网上证券交易系统的分离部分间传输的安全功能数据进行保护。

FPT_ITT.1.1　在网上证券交易系统的各个部分间传输安全功能数据时，应保护其不被泄漏。

7.1.3.2.4　**重放检测**(FPT_RPL)

7.1.3.2.4.1　**重放检测**(FPT_RPL.1)

要求网上证券交易系统能够检测出鉴别数据和交易委托数据的重放。

FPT_RPL.1.1　网上证券交易系统应能检测鉴别数据和交易委托数据的重放。

FPT_RPL.1.2　检测到重放时，系统应及时通知系统管理员。

7.1.3.2.5　**参照仲裁**(FPT_RVM)

7.1.3.2.5.1　**安全策略的不可旁路性**(FPT_RVM.1)

要求安全功能控制范围内的每一项功能都不可旁路。

FPT_RVM.1.1　应确保继续执行在安全功能控制范围内的每一项功能前，安全策略的强制执行功能都已成功激活。

7.1.3.2.6　**安全功能域分离**(FPT_SEP)

7.1.3.2.6.1　**安全功能域分离**(FPT_SEP.1)

为安全功能提供不同的保护域，并在安全功能控制范围内客体分离之间提供。

FPT_SEP.1.1　安全功能应为自身的执行维护一个安全域，防止不可信主体的干扰和篡改。

FPT_SEP.1.2 安全功能应在其控制范围内主体的安全域之间强行分离。

7.1.3.2.7 系统安全功能间安全功能数据的一致性(FPT_TDC)

7.1.3.2.7.1 系统安全功能间基本安全功能数据的一致性(FPT_TDC.1)

本组件要求网上证券交易系统提供确保安全功能间属性的一致性的能力。

FPT_TDC.1.1 当网上证券交易系统与别的可信 IT 产品共享安全功能数据时,系统应能够判断所有安全功能数据的一致性。

FPT_TDC.1.2 当判断来自别的可信 IT 产品的安全功能数据时,系统应使用预先大家所协定的一组规则。

7.1.3.3 安全审计

安全审计包括产生、记录、存储和分析那些与安全相关活动有关的信息。审计记录结果可用来检测、判断发生了哪些安全相关活动以及这些活动是由哪个用户负责的。

7.1.3.3.1 安全审计自动响应(FAU_ARP)

7.1.3.3.1.1 安全警告(FAU_ARP.1)

安全警告功能描述了当检测到可能的安全侵害时,系统将采取的行动,包括报警或系统自动响应。

FAU_ARP.1.1 当检测到潜在的安全侵害时,系统将通知授权管理员,使产生潜在安全侵害的主体失效,或采取其他由授权管理员确定的行动。

例如,系统安全功能能够生成实时报警、终止违例进程、取消服务、或断开用户账号以及使用户账号失效等。

应用注释:如果一个审计事件由 FAU_SAA 组件指出,那么这个事件将被定义为是"潜在的安全侵害事件"。

7.1.3.3.2 安全审计数据产生(FAU_GEN)

本节要求发生安全相关事件时应记录其出现,列举出网上证券系统可审计的事件类型,以及应在各审计记录内提供的审计相关信息的最小集合。

7.1.3.3.2.1 审计数据产生(FAU_GEN.1)

网上证券系统的审计数据产生功能只产生最小级审计事件记录,并规定进行每项记录的数据表。

FAU_GEN.1.1 系统应能为下述可审计事件产生审计记录:

a) 审计功能的启动和关闭;

b) 所有最小级的可审计事件;

c) 其他专门定义的可审计事件由证券公司自行定义。

FAU_GEN.1.2 系统将在每个审计记录中至少记录如下信息:

a) 事件的日期和时间,事件类型,主体身份,事件的结果(成功或失败);

b) 最小级可审计事件类型见表 9;

c) 专门定义的可审计事件清单由开发者列于表 9 的第四栏。

表 9 系统边界安全保障技术要求的可审计安全事件类型

组件标识	审计级别	可审计事件	专门定义的审计事件
FAU_ARP.1	最小级	当即将发生安全侵害时采取的行动。	
FAU_SAA.1	最小级	开启和关闭任何分析机制。 由工具完成的自动响应。	
FCO_NRO.2	最小级	调用抗抵赖服务。	
FCO_NRR.2	最小级	调用抗抵赖服务。	
FDP_ACF.1	最小级	成功的请求对某个被安全功能策略覆盖的客体上执行某操作。	

表 9（续）

组件标识	审计级别	可审计事件	专门定义的审计事件
FDP_DAU.2	最小级	成功的产生有效证据。	
FDP_ETC.1	最小级	成功的信息输出。	
FDP_ETC.2	最小级	成功的信息输出。	
FDP_IFF.1	最小级	判定允许请求的信息流。	
FDP_IFF.5	最小级	判定允许请求的信息流。	
FDP_ITC.2	最小级	成功输入用户数据，包括任何安全属性。	
FDP_SDI.2	最小级	成功尝试检测用户数据的完整性，包括指示检测结果。	
FDP_UCT.1	最小级	使用数据交换机制的任何用户或主体的身份。	
FDP_UIT.1	最小级	使用数据交换机制的任何用户或主体的身份。	
FIA_AFL.1	最小级	获取失败鉴别的阈值和采取的动作(如，使终端无效)，及随后还原到正常状态(如，重新使终端有效)。	
FIA_SOS.1	最小级	安全功能拒绝任何测试的秘密。	
FIA_SOS.2	最小级	安全功能拒绝任何测试的秘密。	
FIA_UAU.1	最小级	使用鉴别机制失败。	
FIA_UAU.3	最小级	检测欺骗性的鉴别数据。	
FIA_UAU.5	最小级	鉴别的最后判定。	
FIA_UAU.6	最小级	重鉴别失败。	
FIA_UID.1	最小级	使用用户标识机制失败，包括提供的用户身份。	
FIA_USB.1	最小级	绑定用户安全属性到一个主体失败(如，产生一个主体)。	
FMT_MOF.1	最小级	系统安全功能的所有改动。	
FMT_MSA.2	最小级	对某安全属性，所有提供的和被拒绝的值。	
FMT_SMR.1	最小级	对角色一部分的用户组的改动。	
FMT_SMR.3	最小级	明确请求担任某角色。	
FPT_ITI.1	最小级	检测传输的安全功能数据的修改。	
FPT_RCV.1	最小级	出现失败或服务中断。 恢复正常运行。	
FPT_SSP.2	最小级	接收期待的回执时，发生失败。	
FPT_STM.1	最小级	时间的变动。	
FPT_TDC.1	最小级	成功使用安全功能数据一致性机制。	
FRU_FLT.1	最小级	安全功能检测出的任何故障。	
FRU_RSA.1	最小级	因资源的限制对分配操作的拒绝。	
FTA_MCS.1	最小级	基于多重并发会话限定对新会话的拒绝。	
FTP_ITC.1	最小级	可信信道功能故障。 失败的可信信道功能的原发者及目标的标识。	

7.1.3.3.2.2 **用户身份关联**(FAU_GEN.2)

该功能解决可审计事件追溯到单个用户身份上的要求。

FAU_GEN.2.1 系统能将每个可审计事件与引起该事件的用户身份相关联。

7.1.3.3.3 安全审计分析(FAU_SAA)

7.1.3.3.3.1 潜在侵害分析(FAU_SAA.1)

本功能提出为寻找可能的或真正的安全侵害,用来分析系统活动和审计数据的自动化措施的要求,这种分析可用于支持入侵检测。潜在侵害分析需要基于一个固定规则集的基本门限检测。

FAU_SAA.1.1 系统应有能力用一系列规则去监测审计事件,并依据这些规则指出对安全策略的潜在侵害。

FAU_SAA.1.2 系统用下列规则来监视审计事件:

a) 根据已知的由可审计安全事件积累或组合对应的安全攻击模式。

注:由于系统使用商用操作系统,建议使用入侵检测安全产品。

7.1.3.3.4 安全审计查阅(FAU_SAR)

7.1.3.3.4.1 审计查阅(FAU_SAR.1)

审计查阅功能提供从审计记录中读取信息的能力。

FAU_SAR.1.1 系统将提供具有查阅审计数据功能的工具,以读取审计记录。

FAU_SAR.1.2 系统将规定准许指定用户按表10的形式规则查阅某些审计记录。

表10 系统边界安全保障技术要求的可查阅审计记录

用　　户	可查阅的审计记录
系统审计员	所有对于安全功能的审计记录
系统安全员	所有对于安全功能的审计记录
系统管理员	所有对于系统功能的审计记录

7.1.3.3.4.2 有限审计查阅(FAU_SAR.2)

有限审计查阅功能要求除在FAU_SAR.1中确定的用户外,其他用户不能读取信息。

FAU_SAR.2.1 除具有明确读访问权限的用户外,系统将禁止所有用户对审计记录的读访问。

7.1.3.3.5 安全审计事件存储(FAU_STG)

本节提出创建并维护安全的审计踪迹的要求。

7.1.3.3.5.1 确保审计数据可用性(FAU_STG.2)

确保审计数据可用性功能要求审计踪迹应避免未授权的删除和/或修改,并确保在意外情况出现时审计数据的可用性。

FAU_STG.2.1 系统将保护已储存的审计记录,以避免未授权的删除。

FAU_STG.2.2 系统应能防止对审计记录的修改。

FAU_STG.2.3 当发生审计存储已满、失败或攻击情况时,系统应确保审计记录在一定记录数之内或确定的维护时间范围内不被破坏,这一度量准则由证监会统一确定或由证券公司根据需要自行决定。

7.1.3.3.5.2 防止审计数据丢失(FAU_STG.4)

防止审计数据丢失功能要求规定了当审计踪迹溢满时所采取的行动。

FAU_STG.4.1 如果审计踪迹已满,系统将阻止除由系统审计员产生的以外的所有可审计事件。

7.1.3.4 安全管理

7.1.3.4.1 系统中功能的管理(FMT_MOF)

7.1.3.4.1.1 安全功能行为的管理(FMT_MOF.1)

允许授权用户管理系统安全功能。

FMT_MOF.1.1 系统应限定授权用户对是否使用、修改下列安全功能进行决定的能力(如表11)。

表 11　系统边界安全保障技术要求中安全角色对系统安全功能行为的管理权限

类型	安全功能	系统管理员	系统安全员	系统审计员	系统操作员	投资者
审计	审计参数	无	无	配置	备份	无
	审计失败时进行相应操作	维护	无	管理	无	无
	审计项目的更改	无	无	管理	无	无
识别和鉴别	用户账号、角色、属性	无	管理	无	维护	无
	鉴别数据的管理	无	管理	无	无	管理关联数据
	鉴别机制和规则	无	管理	无	无	无
	用户被鉴别前可采取的动作表	无	管理	无	无	无
	对失败的鉴别尝试的阈值及所要采取的动作的管理	无	管理	无	无	无
密码支持	密钥属性的管理	无	管理	无	无	无
	对用于验证及产生秘密的量度的管理	无	管理	无	无	无
安全管理	维护系统中的角色组	维护	管理	无	无	无
	对改变信息类型、域、原发者属性和证据接收者的管理	维护	管理	无	无	无
	定义默认的主体安全属性	无	管理	无	无	无
	为用户组、用户和主体规定某资源的最大使用限度	管理	无	无	无	无
安全功能的保护	管理数据备份参数	管理	无	无	启动	无
	管理需要可信信道的活动	无	管理	无	无	无
	时间戳	无	管理	无	无	无
	管理支持有效期的安全属性表及过期将采取的动作	无	管理	无	无	无
	多重并发会话的基本限定	无	管理	无	无	无
	管理用于作出访问或拒绝访问决策的属性	无	管理	无	无	无
	选择何时执行剩余信息保护即配给或索回	无	管理	无	无	无
	配置检测到完整性错误时所要采取的动作	无	管理	无	无	无
	抽象机测试产生的条件及时间间隔的管理	无	管理	无	无	无
	要防止的修改类型的管理	无	管理	无	无	无
	用于输入的附加控制规则	无	管理	无	无	无
	不同部分间数据传输保护机制的管理	无	管理	无	无	无
	可检测出其重放的确定实体列表及须采取的行动列表的管理	无	管理	无	无	无

7.1.4 网络和基础设施安全保障技术要求

7.1.4.1 用户数据保护

7.1.4.1.1 数据鉴别(FDP_DAU)

7.1.4.1.1.1 伴有保证者身份的数据鉴别(FDP_DAU.2)

系统安全功能应具有相应的能力，保证主体的真实身份，并承担信息真实性的责任(如，通过数字签名)，用来保证指定的数据单元的有效性，进而验证静态的信息没有被伪造或篡改。

FDP_DAU.2.1 系统安全功能将提供产生保证客体(详见 FDP_ACF.1)的有效性证据的能力。

FDP_DAU.2.2 系统安全功能将为客户和银行提供验证网上银行交易有关数据和指令真实有效的证据和产生该证据的真实身份的能力。

7.1.4.1.2 存储数据的完整性(FDP_SDI)

7.1.4.1.2.1 存储数据完整性监视和行动(FDP_SDI.2)

FDP_SDI.2.1+1 系统安全功能应基于用户数据属性，监视存储在系统内部的用户数据是否出现完整性错误。

FDP_SDI.2.1+2 检测到完整性错误时，系统安全功能应要采取相应的行动。

7.1.4.1.3 安全功能间用户数据传送保密性保护(FDP_UCT)

7.1.4.1.3.1 基本数据交换保密性(FDP_UCT.1)

FDP_UCT.1.1 系统安全功能应执行网上访问控制策略和网上信息流控制策略，能以防止未授权泄露的方式传送和接收客体。

7.1.4.1.4 安全功能间用户数据传送完整性保护(FDP_UIT)

7.1.4.1.4.1 数据交换完整性(FDP_UIT.1)

此功能主要解决对被传输的用户数据的篡改、删除、插入和重用等的检测。

FDP_UIT.1.1 系统安全功能应执行网上信息流控制策略，能以避免出现篡改、删除、插入或重用等的方式传送和接收用户数据。

FDP_UIT.1.2 系统安全功能应能根据收到的用户数据判断，是否出现了篡改、删除、插入和重用。

7.1.4.2 安全功能保护

7.1.4.2.1 安全功能数据输出的保密性(FPT_ITC)

7.1.4.2.1.1 传输过程中安全功能间的保密性(FPT_ITC.1)

要求系统安全功能确保安全功能数据在系统与远程可信 IT 产品间的传输不被泄露。

FPT_ITC.1.1 网上银行系统应保护所有的安全功能数据从系统到远程可信 IT 产品的传输过程中不被未经授权的泄密。

7.1.4.2.2 安全功能数据输出的完整性(FPT_ITI)

7.1.4.2.2.1 安全功能间的修改检测(FPT_ITI.1)

提供在远程可信 IT 被产品知道所使用的机制的假设下，检测安全功能数据在系统与远程可信 IT 产品传输过程中修改的能力。

FPT_ITI.1.1 网上银行系统应能够检测系统与远程可信 IT 产品间传输的所有安全功能数据的修改。

FPT_ITI.1.2 应验证在系统与远程可信 IT 产品间传输的所有安全功能数据的完整性，如果检测到数据修改时应及时通知数据的拥有者。

7.1.4.2.3 系统内部安全功能数据传输(FPT_ITT)

7.1.4.2.3.1 系统内部安全功能数据传输的基本保护(FPT_ITT.1)

要求对网上银行系统的分离部分间传输的安全功能数据进行保护。

FPT_ITT.1.1 在网上银行系统的各个部分间传输安全功能数据时，应保护其不被泄漏。

7.1.4.2.4 **时间戳**(FPT_STM)

7.1.4.2.4.1 **可靠的时间戳**(FPT_STM.1)

本组件要求系统安全功能为自身提供可靠的时间戳。

FPT_STM.1.1 网上银行系统的安全功能应能为自身的应用提供可靠的时间戳。

7.1.4.2.5 **系统安全功能间安全功能数据的一致性**(FPT_TDC)

7.1.4.2.5.1 **系统安全功能间基本安全功能数据的一致性**(FPT_TDC.1)

本组件要求网上银行系统提供确保安全功能间属性的一致性的能力。

FPT_TDC.1.1 当网上银行系统与别的可信 IT 产品共享安全功能数据时,系统应能够判断所有安全功能数据的一致性。

FPT_TDC.1.2 当判断来自别的可信 IT 产品的安全功能数据时,系统应使用预先大家所协定的一组规则。

7.1.5 **支撑性基础设施安全保障技术要求**

7.1.5.1 **密码支持**

系统可以利用密码功能来满足一些高级安全目的。这些功能包括:标识与鉴别,抗抵赖,可信信道和数据分离等。该类可用硬件、固件和/或软件来实现,在系统执行密码功能时使用。密码支持要求包括对密钥管理和密码运算方面的要求。

7.1.5.1.1 **密钥管理**(FCS_CKM)

密钥在其整个生存期内都必须进行管理。本节定义了以下几种管理功能:密钥产生、密钥分配、密钥访问和密钥销毁。如使用 PKI 体系,用于加密的密钥对和加密证书与用于签名的密钥对和签名证书应分开,不得使用同一密钥对和证书进行签名和加密。

7.1.5.1.1.1 **密钥产生**(FCS_CKM.1)

密钥产生功能要求以基于某个指定标准的特定的算法和密钥长度来产生密钥。

FCS_CKM.1.1 系统将以符合标准要求的特定密钥产生算法和密钥长度来产生密钥。

对称密钥产生器所产生的密钥应使每个密钥产生的概率独立等概,并通过最长连长、"0""1"概率分布、扑克检验和连长检验等随机性检验。

公开密钥产生器应证明产生的素数确为素数,且每个素数独立等概。

7.1.5.1.1.2 **密钥分配**(FCS_CKM.2)

密钥分配功能要求以基于某个指定标准的特定的分配方法来分配密钥。

FCS_CKM.2.1 系统可采用公钥体制的密钥分配方法来分配密钥。

7.1.5.1.1.3 **密钥访问**(FCS_CKM.3)

密钥访问功能要求根据基于某个指定标准的特定的访问方法来访问密钥。

FCS_CKM.3.1 系统应规定密钥访问规则,并依此来控制对密钥的访问。

7.1.5.1.1.4 **密钥销毁**(FCS_CKM.4)

密钥销毁功能要求以基于某个指定标准的特定的销毁方法来销毁密钥。

FCS_CKM.4.1 系统应根据符合标准的密钥管理规范中特定的密钥销毁方法来销毁密钥。

7.1.5.1.2 **密码运算**(FCS_COP)

7.1.5.1.2.1 **密码运算**(FCS_COP.1)

为了保证密码运算的功能正确,必须按照特定的算法和一定长度的密钥来运算。密码运算包括:数据加密和/或解密、数字签名产生和/或验证、针对完整性的密码校验和产生和/或校验和检验、保密散列(信息摘要)、密钥加密和/或解密,以及密钥协商等。

FCS_COP.1.1 系统统将以符合规定标准要求的特定密钥产生算法和密钥长度来执行特定密码运算。

7.1.5.2 **安全审计**

安全审计包括产生、记录、存储和分析那些与安全相关活动有关的信息。审计记录结果可用来检测、判断发生了哪些安全相关活动以及这些活动是由哪个用户负责的。

7.1.5.2.1 **安全审计自动响应**(FAU_ARP)

7.1.5.2.1.1 **安全警告**(FAU_ARP.1)

安全警告功能描述了当检测到可能的安全侵害时，系统将采取的行动，包括报警或系统自动响应。

FAU_ARP.1.1 当检测到潜在的安全侵害时，系统将通知授权管理员，使产生潜在安全侵害的主体失效，或采取其他由授权管理员确定的行动。

例如，系统安全功能能够生成实时报警、终止违例进程、取消服务、或断开用户账号以及使用户账号失效等。

应用注释：如果一个审计事件由 FAU_SAA 组件指出，那么这个事件将被定义为是“潜在的安全侵害事件”。

7.1.5.2.2 **安全审计数据产生**(FAU_GEN)

本节要求发生安全相关事件时应记录其出现，列举出网上银行系统可审计的事件类型，以及应在各审计记录内提供的审计相关信息的最小集合。

7.1.5.2.2.1 **审计数据产生**(FAU_GEN.1)

网上银行系统的审计数据产生功能只产生最小级审计事件记录，并规定进行每项记录的数据表。

FAU_GEN.1.1 系统应能为下述可审计事件产生审计记录：

a) 审计功能的启动和关闭；

b) 所有最小级的可审计事件；

c) 其他专门定义的可审计事件由银行自行定义。

FAU_GEN.1.2 系统将在每个审计记录中至少记录如下信息：

a) 事件的日期和时间，事件类型，主体身份，事件的结果(成功或失败)；

b) 最小级可审计事件类型见表 12。

表 12 支撑性基础设施安全保障技术要求的可审计安全事件类型

组件标识	审计级别	可审计事件
FAU_ARP.1	最小级	当即将发生安全侵害时采取的行动。
FAU_SAA.1	最小级	开启和关闭任何分析机制。 由工具完成的自动响应。
FCO_NRO.2	最小级	调用抗抵赖服务。
FCO_NRR.2	最小级	调用抗抵赖服务。
FDP_ACF.1	最小级	成功的请求对某个被安全功能策略覆盖的客体上执行某操作。
FDP_DAU.2	最小级	成功的产生有效证据。
FDP_ETC.1	最小级	成功的信息输出。
FDP_ETC.2	最小级	成功的信息输出。
FDP_IFF.1	最小级	判定允许请求的信息流。
FDP_IFF.5	最小级	判定允许请求的信息流。
FDP_ITC.2	最小级	成功输入用户数据，包括任何安全属性。
FDP_SDI.2	最小级	成功尝试检测用户数据的完整性，包括指示检测结果。
FDP_UCT.1	最小级	使用数据交换机制的任何用户或主体的身份。

表 12（续）

组件标识	审计级别	可审计事件
FDP_UIT.1	最小级	使用数据交换机制的任何用户或主体的身份。
FIA_AFL.1	最小级	获取失败鉴别的阈值和采取的动作（如，使终端无效），及随后还原到正常状态（如，重新使终端有效）。
FIA_SOS.1	最小级	安全功能拒绝任何测试的秘密。
FIA_SOS.2	最小级	安全功能拒绝任何测试的秘密。
FIA_UAU.1	最小级	使用鉴别机制失败。
FIA_UAU.3	最小级	检测欺骗性的鉴别数据。
FIA_UAU.5	最小级	鉴别的最后判定。
FIA_UAU.6	最小级	重鉴别失败。
FIA_UID.1	最小级	使用用户标识机制失败，包括提供的用户身份。
FIA_USB.1	最小级	绑定用户安全属性到一个主体失败（如，产生一个主体）。
FMT_MOF.1	最小级	系统安全功能的所有改动。
FMT_MSA.2	最小级	对某安全属性，所有提供的和被拒绝的值。
FMT_SMR.1	最小级	对角色一部分的用户组的改动。
FMT_SMR.3	最小级	明确请求担任某角色。
FPT_ITI.1	最小级	检测传输的安全功能数据的修改。
FPT_RCV.1	最小级	出现失败或服务中断。 恢复正常运行。
FPT_SSP.2	最小级	接收期待的回执时，发生失败。
FPT_STM.1	最小级	时间的变动。
FPT_TDC.1	最小级	成功使用安全功能数据一致性机制。
FRU_FLT.1	最小级	安全功能检测出的任何故障。
FRU_RSA.1	最小级	因资源的限制对分配操作的拒绝。
FTA_MCS.1	最小级	基于多重并发会话限定对新会话的拒绝。
FTP_ITC.1	最小级	可信信道功能故障。 失败的可信信道功能的原发者及目标的标识。

7.1.5.2.2.2 用户身份关联（FAU_GEN.2）

该功能解决可审计事件追溯到单个用户身份上的要求。

FAU_GEN.2.1 系统能将每个可审计事件与引起该事件的用户身份相关联。

7.1.5.2.3 安全审计分析（FAU_SAA）

7.1.5.2.3.1 潜在侵害分析（FAU_SAA.1）

本功能提出为寻找可能的或真正的安全侵害，用来分析系统活动和审计数据的自动化措施的要求，这种分析可用于支持入侵检测。潜在侵害分析需要基于一个固定规则集的基本门限检测。

FAU_SAA.1.1 系统应有能力用一系列规则去监测审计事件，并依据这些规则指出对安全策略的潜在侵害。

FAU_SAA.1.2 系统用下列规则来监视审计事件：

a) 根据已知的由可审计安全事件积累或组合对应的安全攻击模式。

注：由于系统使用商用操作系统，建议使用入侵检测安全产品。

7.1.5.2.4 **安全审计查阅**(FAU_SAR)

7.1.5.2.4.1 **审计查阅**(FAU_SAR.1)

审计查阅功能提供从审计记录中读取信息的能力。

FAU_SAR.1.1 系统将提供具有查阅审计数据功能的工具,以读取审计记录。

FAU_SAR.1.2 系统将规定准许指定用户按表13中的规则查阅某些审计记录。

表13 支撑性基础设施安全保障技术要求的可查阅审计记录

用 户	可查阅的审计记录
系统审计员	所有对于业务功能的审计记录
系统安全员	所有对于安全功能的审计记录
系统管理员	所有对于系统功能的审计记录

7.1.5.2.4.2 **有限审计查阅**(FAU_SAR.2)

有限审计查阅功能要求除在FAU_SAR.1中确定的用户外,其他用户不能读取信息。

FAU_SAR.2.1 除具有明确读访问权限的用户外,系统将禁止所有用户对审计记录的读访问。

7.1.5.2.5 **安全审计事件存储**(FAU_STG)

本节提出创建并维护安全的审计踪迹的要求。

7.1.5.2.5.1 **确保审计数据可用性**(FAU_STG.2)

确保审计数据可用性功能要求审计踪迹应避免未授权的删除和/或修改,并确保在意外情况出现时审计数据的可用性。

FAU_STG.2.1 系统将保护已储存的审计记录,以避免未授权的删除。

FAU_STG.2.2 系统应能防止对审计记录的修改。

FAU_STG.2.3 当发生审计存储已满、失败或攻击情况时,系统应确保审计记录在一定记录数之内或确定的维护时间范围内不被破坏,这一度量准则由国家行政管理机构统一确定或由银行根据需要自行决定。

7.1.5.2.5.2 **防止审计数据丢失**(FAU_STG.4)

防止审计数据丢失功能要求规定了规定当审计踪迹溢满时所采取的行动。

FAU_STG.4.1 如果审计踪迹已满,系统将阻止除由系统审计员产生的以外的所有可审计事件。

7.2 安全保障管理要求

7.2.1 管理保障控制类:风险管理(MRM)

7.2.1.1 管理保障控制类风险管理(MRM)介绍

信息安全管理保障是以风险和策略为核心。本类的目标是建立一套风险管理体系,通过对象确立、风险评估、风险控制三个基本步骤,并将沟通与监控贯穿于这三个步骤中,进行信息安全风险管理与防范,将系统风险降低到可接受的水平。

7.2.1.2 对象确立(MRM_TEM)

7.2.1.2.1 **对象确立子类介绍**

根据网上银行系统的业务目标和特性,确定风险管理对象;识别信息系统资产,并评价资产价值;根据信息系统安全需求,确定风险评价准则。

7.2.1.2.2 **确定风险管理对象**(MRM_TEM.1)

组织机构应综合考虑其使命、业务、组织结构、管理制度和技术平台,以及国家、地区或行业的相关政策、法律、法规和标准,确定信息安全风险管理的范围和对象;并对对象的业务目标、业务特性、管理特性、技术特性、体系架构和安全要求等进行分析调查。

7.2.1.2.3 **识别和评价资产**(MRM_TEM.2)

组织机构应识别与风险管理对象相关的系统资产,并根据资产安全价值进行估值。

7.2.1.2.4 **制定安全基线**(MRM_TEM.3)

组织机构应在风险评估前制定系统安全基线,即满足信息系统的基本安全要求,使系统达到一定安全水平的一组安全控制措施。

7.2.1.3 **风险评估**(MRM_RAM)

7.2.1.3.1 **风险评估子类介绍**

识别、分析和评价网上银行信息系统所面临的风险。

7.2.1.3.2 **识别风险**(MRM_RAM.1)

组织机构应识别网上银行信息系统面临的威胁和存在的脆弱性。

7.2.1.3.3 **分析风险**(MRM_RAM.2)

组织机构应分析威胁源动机、威胁行为的能力、脆弱点被利用的可能性以及脆弱点被利用后对系统造成的影响。

7.2.1.3.4 **评价风险**(MRM_RAM.3)

组织机构应评价威胁源动机的等级、威胁行为能力的等级、脆弱性被利用的等级、资产价值等级和影响程度等级,并综合评价风险等级。

7.2.1.4 **风险控制**(MRM_RCT)

7.2.1.4.1 **风险控制子类介绍**

依据风险评估结果,选择并实施恰当的安全措施,将风险控制在可接受的范围内。

7.2.1.4.2 **确立控制目标**(MRM_RCT.1)

组织机构应确定可接受风险等级,判断现存风险是否可接受,确立风险控制目标。

7.2.1.4.3 **选择控制措施**(MRM_RCT.2)

组织机构应选择风险控制方式和风险控制措施。

7.2.1.4.4 **实施控制措施**(MRM_RCT.3)

制定风险控制实施计划,实施风险控制措施。

7.2.1.4.5 **验证控制措施**(MRM_RCT.4)

验证风险控制的结果是否满足信息系统的安全要求。

7.2.1.5 **沟通与监控**(MRM_CAM)

7.2.1.5.1 **沟通与监控子类介绍**

为对象确立、风险评估、风险控制的实施提供人员沟通机制和过程控制。

7.2.1.5.2 **沟通**(MSP_CAM.1)

涉及风险管理的相关人员应注重风险管理过程中的沟通。

7.2.1.5.3 **监控**(MSP_CAM.2)

组织机构应跟踪风险管理对象自身或所处环境的变化,采取适当的措施进行控制和纠正,以保证风险控制措施的有效性。

7.2.2 **管理保障控制类:信息安全策略(MSP)**

7.2.2.1 **管理保障控制类信息安全策略(MSP)介绍**

信息安全管理保障是以风险和策略为核心。信息系统安全策略体系规范指导了整个组织机构的信息安全保障工作。信息安全策略管理保障控制类提供了信息安全策略在制定和维护方面的管理,为信息安全提供符合业务要求和相关法律法规的管理指导和支持。

7.2.2.2 **信息安全策略**(MSP_SPL)

7.2.2.2.1 **信息安全策略子类介绍**

通过定义一套规则来规范信息安全体系的建设、运行和管理,为信息安全建设指明方向,使信息安全工作符合业务要求和相关的法律法规要求。

管理层应建立清晰的安全策略,安全策略应符合组织机构的业务目标。通过在整个组织机构中发布和维护信息安全策略可以表明管理层对信息安全的支持力度和信息安全承诺。

7.2.2.2.2 **制定安全策略**(MSP_SPL.1)

组织机构应制定安全策略文件,系统的安全策略应覆盖系统的整个生命周期和系统安全管理的所有方面。

7.2.2.2.3 **审核批准安全策略**(MSP_SPL.2)

安全策略文件应由组织机构决策层审核批准,确保安全策略的完整性和有效性。

7.2.2.2.4 **发布与落实安全策略**(MSP_SPL.3)

安全策略文件应向组织机构全体员工发布,各级员工应以安全策略为指导进行日常工作。

7.2.2.2.5 **维护更新安全策略**(MSP_SPL.4)

应定期或当系统发生重大变更时审核安全策略以保持策略的适用性、充分性和有效性。

7.2.3 **管理保障控制类:信息安全组织机构(MSO)**

7.2.3.1 **管理保障控制类信息安全组织机构(MSO)介绍**

信息安全组织机构是信息安全管理的基础,需要得到组织机构最高管理层的承诺和支持,建立完善的信息安全组织结构。建立相应的岗位、职责和职权,建立完善的内部和外部沟通协作组织和机制,同组织机构内部和外部信息安全保障的所有相关方进行充分沟通、学习、交流和合作等。进一步将信息安全融至组织机构的整个环境和文化中,使信息安全真正满足安全策略和风险管理的要求,实现保障组织机构资产和使命的最终目的。

7.2.3.2 **信息安全的管理支持**(MSO_SOM)

7.2.3.2.1 **信息安全的管理支持子类介绍**

管理层应提供保障和支持,提供清晰的指导,明确安全职责,协调和审核组织机构内安全。

7.2.3.2.2 **管理层的支持**(MSO_IOA.1)

管理层应对网上银行系统的安全有足够的认知能力和水平,并在组织机构内通过清晰的指导,明确信息安全职责的分配和确认,提供对系统安全建设和维护的主动支持。

7.2.3.3 **信息安全组织架构**(MSO_ORG)

7.2.3.3.1 **信息安全组织架构子类介绍**

组织机构应建立完善的信息安全组织体系,以启动和控制组织机构内的信息安全。

7.2.3.3.2 **组织架构的建立和维护**(MSO_ORG.1)

形成架构清晰的信息安全保障组织机构,保持整体组织结构的稳定性。

7.2.3.4 **信息安全职责**(MSO_RES)

7.2.3.4.1 **信息安全职责子类介绍**

组织机构应有清晰的和恰当的安全职责划分和职责到人,保证信息安全措施的落实。

7.2.3.4.2 **信息安全职责分配**(MSO_RES.1)

应清晰地定义组织机构的所有的信息安全职责,并保证各项职责明确到人。

7.2.3.4.3 **职责分离要求**(MSO_RES.2)

组织机构应分离某些任务的管理、执行和职责范围,加强监督力度,以降低非法修改或误用职权带来的风险。

7.2.3.4.4 **独立审计要求**(MSO_RES.3)

应在计划的时间间隔或在对安全实施有重要变更时,对组织机构信息系统安全及其控制策略(如,信息安全的控制目标、策略、过程、流程等)进行独立审核。

7.2.3.5 **沟通协作**(MSO_CAC)

7.2.3.5.1 **沟通协作子类介绍**

组织机构应该根据业务持续性和风险评估的需要,建立和维护内部与外部组织机构的有效沟通和协作机制。

7.2.3.5.2 信息安全活动的内部协调(MSO_CAC.1)

在组织机构内,应建立一个内部协调机制以保证信息安全活动的有效沟通和实施。

7.2.3.5.3 维护与外部机构的协作(MSO_CAC.2)

应建立同组织机构系统和业务相关的各有关职能机构、运营商、服务方等的沟通和协作,维护与外部机构协作的及时性和有效性。

7.2.4 管理保障控制类:人员安全(MPS)

7.2.4.1 管理保障控制类人员安全(MPS)介绍

人员安全是信息安全管理的基础。应建立规范的人员安全管理,对组织机构的聘用人员进行严格的审查,明确人员的安全职责和保密要求。加强人员的安全意识培训和教育,并建立考核和奖惩机制,使信息安全融至组织机构的整个环境和文化中,减少有意、无意的内、外部威胁,确保组织机构顺利完成系统使命。

7.2.4.2 人员审查(MPS_PEC)

7.2.4.2.1 人员审查子类介绍

确保聘用的员工、合约方和用户能够符合聘用要求,并能理解其安全责任,以降低偷窃、欺骗或误用对系统造成的风险。

7.2.4.2.2 人员审查(MPS_PEC.1)

应根据相关的法律、法规和道德以及业务的需求、要访问信息的类别以及所认识到的风险,来对所有应聘人员进行背景验证检查。

7.2.4.3 安全意识和培训(MPS_SAT)

7.2.4.3.1 安全意识和培训子类介绍

确保员工、合约方和用户了解信息安全威胁的存在以及他们的安全责任,并获取必要的安全技能。

7.2.4.3.2 安全意识(MPS_SAT.1)

应对用户进行安全意识的教育和培训,确保信息系统的所有合法用户了解信息安全的基本要求、必要性以及他们所担负的安全责任。

7.2.4.3.3 安全培训(MPS_SAT.2)

组织机构应确定每个工作人员在信息系统中的安全角色和职责,在工作人员访问系统之前给他们提供恰当的信息系统安全培训,之后应以组织规定的频率继续培训。

7.2.4.4 考核和奖惩(MPS_CRP)

7.2.4.4.1 考核和奖惩子类介绍

通过适当的考核和奖罚机制,对人员进行激励和约束,减少人对系统造成的风险。

7.2.4.4.2 考核和奖惩(MPS_CRP.1)

应建立人员的考核和奖惩机制,对人员行为和能力进行考核,并对遵守和违反组织机构安全策略及程序的员工进行奖励或处罚。

7.2.5 管理保障控制类:资产管理(MAM)

7.2.5.1 管理保障控制类资产管理(MAM)介绍

资产管理是信息安全管理的基础,同时也是信息安全保证的重要内容,组织机构应通过规范资产的管理和使用来保障资产的安全,来保证系统的安全,最终保障组织机构使命。

7.2.5.2 资产登记管理(MAM_ARM)

7.2.5.2.1 资产登记管理子类介绍

清晰了解组织机构所有的有形和无形资产。

7.2.5.2.2 资产清单(MAM_ARM.1)

应清晰地识别和确认所有资产,应制定并维护一份重要资产清单。

7.2.5.3 资产管理职责(MAM_AMR)

7.2.5.3.1 资产管理职责子类介绍

维持并实施适当的保护措施保护组织机构的资产。所有重要的信息资产应有负责人,并有选定的所有者,并应制定适当控制责任。

7.2.5.3.2 资产管理职责(MAM_AMR.1)

同信息处理设施相关的所有信息和资产都应指定到机构中的部门,对所拥有的资产负责。对同信息处理设施相关的信息和资产的登记、使用都应实施适当控制。

7.2.5.4 资产分类管理(MAM_ACM)

7.2.5.4.1 资产分类管理子类介绍

确保系统的资产依据不同程度的敏感度及重要性得到相应级别的保护。

7.2.5.4.2 资产分类(MAM_ACM.1)

组织机构的资产包括有形的物理资产和无形的信息资产,组织机构不仅需要对有形的物理资产进行分类,还应根据信息对组织机构的价值、法律要求、敏感性和关键性等对信息进行分类。

7.2.5.4.3 信息的标记和处理(MAM_ACM.2)

应该制定并实施一组恰当的标注及处理信息流程,流程应符合组织机构所采用的分类方法。

7.2.6 管理保障控制类:物理和环境安全(MPE)

7.2.6.1 管理保障控制类物理和环境安全(MPE)介绍

物理和环境安全是保障基础设施安全的基础。组织机构应保证物理安全区域安全,建立严格的物理访问控制措施,以防止非法访问、危害及干扰系统运行。基础设施是系统的重要资产,应在防火、防水、温湿度、防雷等方面做到安全防护,保证基础设施安全,保证系统持续运行。

7.2.6.2 物理安全区域管理(MPE_PSA)

7.2.6.2.1 物理安全区域管理子类介绍

应有物理的保护防止对基础设施和信息的非法访问、危害和干扰。对重要或敏感的业务信息处理设备应放在安全的地方,并在规定的安全边界处用恰当的安全障碍和控制措施进行保护。

7.2.6.2.2 环境安全(MPE_PSA.1)

安全区域的选择和设计应考虑火灾、洪水、地震、爆炸、骚乱及其他形式的自然或人为灾害导致的破坏,还应考虑相关的卫生、安全条例标准及周边的各种安全威胁。

7.2.6.2.3 物理安全区域和边界(MPE_PSA.2)

应根据不同的安全保护需求,划分不同的安全区域,实施不同等级的安全管理。

7.2.6.2.4 物理安全保护(MPE_PSA.3)

应设计和应用安全区域和设施的物理安全防护。

7.2.6.2.5 人员出入控制(MPE_PSA.4)

应通过合适的入口控制来保护安全区域以确保只有授权人员才允许访问。

7.2.6.2.6 设备出入控制(MPE_PSA.5)

应对带离安全区域的设备、信息或软件进行控制。

7.2.6.2.7 在安全区域中工作的控制(MPE_PSA.6)

应制定在安全区域工作的物理保护的管理规定,对在安全区域内工作的人员及被授权进入安全区域的其他人员加强管理。

7.2.6.3 支撑基础设施安全(MPE_SIS)

7.2.6.3.1 支撑基础设施安全子类介绍

所有的支撑设施,如电力、水、加热、通风和空调都应满足系统的需要。应定期对支撑设施进行检查,并进行适当的测试来确保其正常的功能,减少发生故障和失败的风险。

7.2.6.3.2 **电力设施管理**(MPE_SIS.1)

应防止由于电力故障导致对设备的损害。

7.2.6.3.3 **线缆安全**(MPE_SIS.2)

电力和通信电缆由于携带数据或是信息设备支撑,应该予以保护防止被侦听和破坏。

7.2.6.3.4 **运行环境安全**(MPE_SIS.3)

应采取相应的防火、防水、防尘、防雷、温湿度控制等控制措施为设备与介质提供适宜的环境,并提供相应的环境监控,以避免由于环境因素造成对设备和介质的损害。

7.2.6.3.5 **紧急处理设施**(MPE_SIS.4)

对于一些具体的位置,集中包含信息系统资源(例如:数据中心,服务器房间,大型机房间),组织机构提供关掉电源的能力,信息技术组件可能产生故障(例如:由于电火)或威胁(例如:由于水渗漏),要求远离设备,从而不会危及到人的生命安全。

组织机构实施和维持自动化紧急照明系统,在电源损耗或破坏时能指示紧急出口和撤退路线。

7.2.6.4 **设备安全** (MPE_EMS)

7.2.6.4.1 **设备安全子类介绍**

应防止由于资产的丢失、损害、被盗或老化等造成对组织活动的中断;防止设备受到物理和环境的威胁;防止受到未授权的破坏。

7.2.6.4.2 **设备放置和保护**(MPE_EMS.1)

为避免环境威胁和未经授权访问的影响,应将设备与介质放置安全并予以保护。

7.2.7 **管理保障控制类:符合性管理(MCM)**

7.2.7.1 **管理保障控制类符合性管理(MCM)介绍**

符合性管理是信息安全保障的基础。组织机构应建立有效的监督体系以监督验证信息系统安全保障工作对相关法律法规、政策标准等要求以及组织机构所制定的信息安全策略体系的符合性以及执行的效果。

7.2.7.2 **法律法规和政策符合性**(MCM_LCP)

7.2.7.2.1 **法律法规和政策符合性子类介绍**

确保网上银行系统与信息安全相关的国家政策、法律法规、行政法规和相关合同等要求的符合性。

7.2.7.2.2 **确定适用的法律法规和政策**(MCM_LCP.1)

组织机构应明确标识信息安全保障相关的所有国家、信息安全主管机构、上级部门的法律、法规、政策等的要求。

7.2.7.2.3 **符合适用的法律、法规、政策**(MCM_LCP.2)

应确保信息系统的设计、操作、使用及管理应符合相关法律、法规或合同的安全要求。

应该在信息系统的建设和运行中明确定义和说明所有相关法定的、条例规定的或合同的要求,并明确满足这些要求的特定控制措施和相关责任。

7.2.7.3 **标准的符合性**(MCM_STP)

7.2.7.3.1 **标准的符合性子类介绍**

确保信息安全管理工作与国际、国内、行业的相关标准的符合性,以便于同测评机构、开发商和用户之间的有效沟通和结果的互认。

7.2.7.3.2 **确定适用的标准**(MCM_STP.1)

组织机构应明确、收集和整理信息安全管理工作遵循的国际、国内、行业的相关标准,并保持相关文件的更新。

7.2.7.3.3 **符合适用的标准**(MCM_STP.2)

组织机构应在系统的建设和运行中遵循适用的国际、国内、行业的相关标准要求。

7.2.7.4 安全策略符合性(MCM_PSP)

7.2.7.4.1 安全策略符合性子类介绍

组织机构应确保系统符合组织机构的安全策略和安全技术要求。

7.2.7.4.2 安全策略符合性核查(MCM_PSP.1)

管理层应确定在自己负责范围之内正确执行所有安全程序,还要定期检查机构内所有部门,以保证机构的安全策略及标准正确实施。信息系统的拥有者应积极配合接受定期检查。

7.2.7.4.3 技术符合性的检查(MCM_PSP.2)

组织机构应定期检查信息系统安全实施与标准的符合性。

7.2.8 管理保障控制类:信息安全规划管理(**MSP**)

7.2.8.1 管理保障控制类信息安全规划管理(**MSP**)介绍

信息安全建设是信息化的有机组成部分,必须与信息化同步规划、同步建设。应在信息系统生命周期的第一个阶段——计划组织阶段,综合考虑信息安全的规划并将其作为信息系统规划的有机组成部分。

7.2.8.2 信息安全规划(MSP_ISP)

7.2.8.2.1 信息安全规划子类介绍

组织机构应建立完善的信息安全规划管理体系,以规划和指导组织机构的信息安全保障工作。

信息安全规划应基于组织机构的业务要求和风险管理的要求,它包括组织机构对信息安全所建立的长期规划和短期规划,这些规划是组织机构整体规划的综合组成部分。

7.2.8.2.2 信息安全长期规划(MSP_ISP.1)

应制定信息安全长期规划。

7.2.8.2.3 信息安全短期规划(MSP_ISP.2)

长期规划制定者应能够将信息安全长期规划合理分解,形成信息安全短期规划。

7.2.9 管理保障控制类:系统开发管理(**MSD**)

7.2.9.1 管理保障控制类系统开发管理(**MSD**)介绍

信息安全应综合至系统开发的整个生命周期中,组织机构在系统的需求分析、设计、实施和交付中应综合信息安全的考虑。

7.2.9.2 安全需求管理(MSD_SRM)

7.2.9.2.1 安全需求管理子类介绍

组织机构应确保安全是信息系统的必要组成部分。组织机构应在系统开发的需求分析阶段识别系统的所有安全要求,并经商讨后将合理的安全要求文档化,以作为信息系统整个业务的综合组成部分。

7.2.9.2.2 需求分析和规范(MSD_SRM.1)

组织机构应根据信息安全相关法律法规、政策标准的要求和业务需求,在系统开发的需求分析阶段,综合考虑、分析安全需求,并将安全需求分析的结果文档化作为系统开发需求的一个综合组成部分。

7.2.9.3 系统设计管理(MSD_SDM)

7.2.9.3.1 系统设计管理子类介绍

组织机构应根据系统安全需求分析的结果,将系统的安全考虑综合至系统的设计中。

组织机构应能标识出在系统设计过程中潜在的安全风险,为设计说明中的安全性设计提供评判依据,确保系统设计阶段的重要环节均能得到较好的安全风险控制。

7.2.9.3.2 满足安全需求(MSD_SDM.1)

信息系统的设计应能满足需求分析阶段所得出的安全需求。

7.2.9.4 工程实施管理(MSD_ENM)

7.2.9.4.1 工程实施管理子类介绍

实现安全防护体系,满足信息系统安全工程的要求。

7.2.9.4.2 **遵循系统设计**(MSD_ENM.1)

组织机构应依据系统设计方案,制定工程实施方案。

7.2.9.4.3 **工程实施管理**(MSD_ENM.2)

应依据工程实施方案,对工程实施过程进行严格控制。

7.2.9.5 **交付管理**(MSD_IRM)

7.2.9.5.1 **交付管理子类介绍**

保证信息系统在正式运行之前的完整交付。

7.2.9.5.2 **交付验收**(MSD_IRM.1)

依据系统验收标准,严格交付验收过程。

7.2.9.5.3 **运行审批**(MSD_IRM.2)

信息系统在正式运行之前应得到组织机构的授权。组织机构的高级管理人员签署并批准。

7.2.10 **管理保障控制类:运行管理(MOP)**

7.2.10.1 **管理保障控制类运行管理(MOP)介绍**

组织机构应建立完善的信息和通信技术运行管理体系,通过访问控制,漏洞管理、审计和监控管理,系统的安全配置以及系统的维护等措施,确保信息处理设施正确、安全地运行。

7.2.10.2 **系统漏洞管理**(MOP_TVM)

7.2.10.2.1 **系统漏洞管理子类介绍**

减少来自于已发布的技术漏洞攻击所产生的风险。

7.2.10.2.2 **漏洞管理**(MOP_TVM.1)

组织结构应以有效的、系统化的和可重复的方式实施技术漏洞管理,并且应采取测量措施以确定其有效性。

7.2.10.2.3 **漏洞监控**(MOP_TVM.2)

组织结构应及时获得自己所使用信息系统技术漏洞的最新信息。

7.2.10.2.4 **漏洞控制**(MOP_TVM.4)

一旦已经识别了潜在的技术漏洞,组织机构应标识相关的风险和所要采取的行动,采取及时适当的措施来响应潜在的技术漏洞。

7.2.10.3 **逻辑访问控制管理**(MOP_LAC)

7.2.10.3.1 **逻辑访问控制管理子类介绍**

组织机构应基于业务和安全要求来控制对信息、信息处理设施和业务过程的访问,防止非法访问造成对系统的破坏。

7.2.10.3.2 **访问控制策略**(MOP_LAC.1)

组织机构应基于业务和安全要求来建立访问控制策略并审核此策略。

7.2.10.3.3 **用户访问控制**(MOP_LAC.2)

组织机构应确保只有授权用户才能访问信息系统,禁止未授权访问。

为防止非法访问信息系统和服务,组织机构应根据已有的访问控制要求管理内部和外部人员的访问权限。

7.2.10.3.4 **网络访问控制**(MOP_LAC.3)

组织机构应制定网络访问控制策略,采用网络隔离、强制路径、用户身份鉴别、网点身份鉴别、网络路由控制、网络服务安全等手段加强网络访问控制。

7.2.10.3.5 **操作系统访问控制**(MOP_LAC.4)

组织机构应选择安全性较高的操作系统,并对操作系统进行合理配置,保证其访问控制能力。

7.2.10.3.6 **应用和信息访问控制**(MOP_LAC.5)

敏感系统应有专用的或隔离的计算机环境,并对应用系统的访问进行控制。

7.2.10.4 **审计和监控管理**(MOP_AMM)

7.2.10.4.1 **审计和监控管理子类介绍**

组织机构应充分发挥系统的审计功能,并把其对系统的影响降到最低。

7.2.10.4.2 **审计工具的使用**(MOP_AMM.1)

在进行审计时,组织机构应采取一些控制措施保护正在使用的系统及审计工具,也应采取一些保护措施来保证审计工具的完整性。应防止滥用审计工具。

7.2.10.4.3 **监控系统的使用**(MOP_AMM.2)

组织机构应实施对信息处理设施和系统的操作和运行监控,并定期审核监控结果(日志信息)。

7.2.10.4.4 **日志信息保护**(MOP_AMM.3)

应对日志设备和日志信息进行保护防止窜改和非授权访问,以确保获取信息的完整性和真实有效性。

7.2.10.5 **安全配置管理**(MOP_NSM)

7.2.10.5.1 **安全配置管理子类介绍**

确保对系统的网络、网络服务、主机以及应用系统实施安全的规则配置和管理,避免由于规则配置不当对系统造成威胁和破坏。

7.2.10.5.2 **网络控制**(MOP_NSM.1)

应充分控制和管理网络,以保护免受威胁以及维护使用网络的系统和应用的安全,包括在传送中的信息。

7.2.10.5.3 **网络服务的安全**(MOP_NSM.2)

识别整个网络服务的安全特征、服务级别和管理要求,包含任何网络服务协议,无论这些服务是内部或外部提供的。

7.2.10.5.4 **主机安全配置**(MOP_NSM.3)

主机的配置应遵循合理的规则和标准。

7.2.10.5.5 **应用系统安全管理**(MOP_NSM.4)

应用系统应设计有适当的访问控制、数据保护、审计跟踪记录或活动日志等安全功能。对投入使用的应用系统,应确保开启了所有安全功能并进行正确配置和使用。

7.2.10.6 **系统变更管理**(MOP_SCM)

7.2.10.6.1 **系统变更管理子类介绍**

组织机构应有效控制信息处理设施变更和系统变更。

7.2.10.6.2 **系统的变更管理**(MOP_SCM.1)

系统的信息处理设施、系统、应用软件以及系统配置参数等的变更都应受到严格的控制和管理。

7.2.10.7 **IT运行管理**(MOP_ITM)

7.2.10.7.1 **IT运行管理子类介绍**

组织机构应执行日常的IT管理,维护信息和信息处理设施的完整性、可用性、保密性。

7.2.10.7.2 **网络日常监控**(MOP_ITM.1)

定期监控系统的运行状况,及时发现隐患,确保系统的有效运行。

7.2.10.7.3 **信息备份管理**(MOP_ITM.2)

组织机构应备份信息和软件,并根据已定义的备份策略定期测试备份数据。

7.2.10.7.4 **恶意代码的控制**(MOP_ITM.3)

组织机构应保护软件和信息的完整性,防止在系统中引入恶意代码和非法移动代码。

软件和信息处理设施易引入恶意代码,如计算机病毒、网络蠕虫、特洛伊木马和逻辑炸弹。用户应能意识到恶意代码。管理者应介绍如何防范和检测恶意代码,并能够控制可移动代码。

组织机构应探测、防护和控制恶意代码,并实施正确的用户意识流程。信息系统应使用能够自动更新的恶意代码保护措施。

7.2.10.7.5 介质的管理(MOP_ITM.5)

应对信息介质进行有效的控制和物理保护,防止文档、计算机介质(例如:磁带、磁盘)、输入/输出数据和系统文件的非授权暴露、修改、去除和破坏以及对业务活动的中断。

7.2.10.7.6 计算机设备使用的管理(MOP_ITM.7)

信息系统计算机设备应在整体设计上通过使用一套优化的方法和过程,能更好地实现服务。系统运行环境中的计算机,应采用规范统一的规则进行管理标识和使用,保持与其他的设备协调一致、正常工作。

7.2.10.7.7 设备维修保养(MOP_ITM.8)

应对设备实施正确的维护确保其可用性和完整性,确保设备内敏感信息的安全。

7.2.10.8 信息传输安全(MOP_IEX)

7.2.10.8.1 信息传输安全子类介绍

在一个组织内和任何外部实体之间进行信息传输时,应维持信息的安全。

7.2.10.8.2 信息传输控制策略(MOP_IEX.1)

组织机构之间的信息传输应当基于一份正式的传输策略,按照传输协议执行,并与任何相关的法律规定一致。

7.2.10.8.3 电子消息(MOP_IEX.2)

组织机构应当保护电子消息中的信息。

7.2.10.8.4 业务信息系统(MOP_IEX.3)

组织机构应采取安全控制措施,保护相关的业务信息系统的内部连通的安全性。

7.2.11 管理保障控制类:业务持续性(MBD)

7.2.11.1 管理保障控制类业务持续性(MBD)介绍

业务持续性管理是指通过预防及恢复措施的结合使用,把业务因灾难或安全故障(例如,由于天灾、意外、设备失效及故意破坏)的停顿降到可接受的程度。组织机构应分析灾难、安全故障及服务停顿的影响,以便制订及实施业务持续性和灾难恢复计划来保证业务进程能够在规定时间内恢复。

7.2.11.2 业务持续性管理(MBD_BCM)

7.2.11.2.1 业务持续性管理子类介绍

防止业务过程中断,保护关键业务流程不会受信息系统重大失效或自然灾害的影响,并确保及时恢复。

通过业务持续性管理过程的实施,综合使用预防及恢复控制,把因灾难或安全故障(例如,来自于天灾、意外、设备故障及故意破坏行动)而造成的业务中断降低到可接受的程度。

应分析灾难、安全故障及业务中断的影响。应开发和实施持续性计划以保证业务过程能够在所需的时间范围内恢复。应经常修改和实践这些计划,使之最终变成所有其他管理过程不可分割的一部分。

7.2.11.2.2 建立业务持续性管理流程(MBD_BCM.1)

组织机构应建立业务持续性管理流程,满足组织机构在信息安全方面的业务持续性需求。

7.2.11.2.3 业务持续管理的组织结构和职责(MBD_BCM.2)

组织机构应建立业务持续性管理组织结构,并明确其职责。

7.2.11.2.4 业务持续性与风险评估(MBD_BCM.3)

组织机构应识别引起业务过程中断的信息安全事件,并分析中断发生的可能性和造成的影响。

7.2.11.2.5 制定和实施业务持续计划(MBD_BCM.4)

应制定和实施业务持续性计划,以确保关键业务过程中断或失效后能够在规定的时间内和要求的等级上恢复系统运行,并确保信息的可用性。

7.2.11.2.6 测试和维护业务持续性计划(MBD_BCM.6)

应该定期测试和更新计划,以确保计划最新且有效。

7.2.12 管理保障控制类:应急响应管理(MER)

7.2.12.1 管理保障控制类应急响应管理(MER)介绍

应急响应管理应有效地解决事故,尽量减少它们对业务的影响,减小类似事故再次发生的风险。

应该按照一种正规的流程来妥善处理各类事件(包括故障、掉电、过载、用户或者计算机工作人员操作失误、违规存取)。

7.2.12.2 汇报安全事件和安全漏洞(MER_REW)

7.2.12.2.1 汇报安全事件和安全漏洞子类介绍

确保能够及时沟通同信息系统有关的安全事件和漏洞。

7.2.12.2.2 信息安全事件报告(MER_REW.1)

应通过恰当的管理途径尽快报告信息安全事件。确保与信息系统相关的安全事件和漏洞信息能够传达到每个人,并能够及时采取正确的行动。

应该有事件汇报和改进流程。所有员工、协约人和第三方用户应该知道不同类型安全事件和漏洞信息的汇报流程。要求信息安全事件和漏洞信息应该尽快汇报给指定的联系方。

7.2.12.2.3 报告信息安全漏洞(MER_REW.2)

应要求所有的员工、承包方和第三方用户注意并报告系统或服务中已发现或疑似的安全漏洞。

7.2.12.3 应急响应管理(MER_IMI)

7.2.12.3.1 应急响应管理子类介绍

确保使用持续有效的方法管理信息安全事故。

7.2.12.3.2 职责和程序(MER_IMI.1)

应建立管理职责和程序,以快速、有效和有序地响应信息安全事故。

7.2.12.3.3 从信息安全事故中学习(MER_IMI.2)

应建立能够量化和监控信息安全事故的类型、数量、成本的机制。

7.3 安全保障工程要求

7.3.1 工程保障控制类:风险过程(PRM)

7.3.1.1 系统定义(PRM_SDF)

7.3.1.1.1 工程保障目标

系统定义工程保障控制子类的目标是识别网上银行信息系统的任务和使命,即系统的任务要求和它所要达到的能力,这些能力包括系统应执行的功能、所需的接口及这些接口相关的能力、所要处理的信息、所支持的运行结构以及运行的威胁等。

7.3.1.1.2 详细系统描述(PRM_SDF.1)

描述网上银行信息系统的目的、任务和使命,网上银行信息系统的信息类划分、边界、信息流,网上银行信息系统的业务体系、技术体系和管理体系等。

7.3.1.2 评估威胁(PRM_ATT)

7.3.1.2.1 工程保障目标

评估威胁工程保障控制子类的目标是对网上银行信息系统安全的威胁进行标识和特征化。

本工程保障控制子类产生的威胁信息将与评估脆弱性得到的脆弱性信息以及评估影响得到的影响信息一起用于评估安全风险中。虽然收集威胁、脆弱性和影响信息的活动被分组为几个单独的过程域,但它们是互相依赖的。其目标是要得到足以用作判定的威胁、脆弱性和影响的组合。因此,确定威胁调查的范围应结合相应的脆弱性和影响。

威胁容易变化,所以必须定期监视威胁,以确保一直维持理解本过程域产生的结果。

7.3.1.2.2 **标识自然威胁**(PRM_ATT.1)

标识由自然原因引起的威胁。

由自然原因引起的威胁,包括地震、海啸和台风。不过,并非有威胁的所有自然灾害都会在所有地方发生。例如,在大部分内陆中心地带就不可能出现台风。因此,重要的是标识出在特定地方到底会发生哪一种具有威胁的自然灾害。

7.3.1.2.3 **标识人为威胁**(PRM_ATT.2)

标识出无意的或有意的人为原因所引起的威胁。

人为原因引起的威胁基本上有两种:一是由意外原因引起的威胁;二是由有意行为引起的威胁。某些人为威胁在目标环境中并不适用,应在进一步分析后予以取消。

7.3.1.2.4 **标识威胁的测量块**(PRM_ATT.3)

标识特定环境中合适的测量块和适用范围。

大多数的自然威胁和许多人为威胁都有其与之相关的测量块。大多数情况下,整个的测量块并不适用于特定情况。因此,在特定情况下,有时需要最大化事件发生概率,有时需要最小化事件发生的概率,这样考虑才恰当。

7.3.1.2.5 **评估威胁源能力**(PRM_ATT.4)

评估人为威胁的威胁源的能力和动机。

本组件集确定成功对系统进行攻击的潜在的敌对势力的才能和能力。才能指的是敌对者的攻击知识(例如,他们是否拥有知识、经过训练)。能力则衡量一个有才能的敌手能够进行攻击的可能性(例如,他们是否拥有资源)。

7.3.1.2.6 **评估威胁的可能性**(PRM_ATT.5)

评估威胁事件发生的可能性是怎样的。对自然事件发生的机会以及故意行为或个别意外事件的评估中,需要考虑多种因素。考虑的诸多因素并不一定要进行计算或衡量,只需要报告中有一致的度量标准。

7.3.1.2.7 **监视威胁及其特征**(PRM_ATT.6)

监视威胁分布情况及威胁特征的不断变化。

任何位置和状态下的威胁分布情况都是动态的。新的威胁可能变得相关,而现有威胁的特征也可能发生变化。因此有规律地监视现有威胁及其特征并检查新的威胁很重要。本工程保障控制组件与标识协调机制(PEN_ISR)中的“监视威胁、脆弱性、影响和环境变化”工程保障控制组件的一般监视活动紧密相连。

7.3.1.3 **评估脆弱性**(PRM_AVL)

7.3.1.3.1 **工程保障目标**

标识和特征化系统的安全脆弱性。

评估安全脆弱性的目标是获得对一给定环境中系统安全脆弱性的理解,标识和特征化系统的安全脆弱性。本工程保障控制组件包括分析系统资产、定义具体的脆弱性,以及系统脆弱性的全面评估。与安全风险和脆弱性评估相关的术语因上下文环境而不同。在本标准中,“脆弱性”除了传统所说的弱点、安全漏洞或可能被威胁攻击的系统中的信息流外,还指系统可能被恶意利用的方面。这些脆弱性独立于任何特定的威胁或攻击。可以在系统的生命周期中的任何时候执行这一系列脆弱性评估活动,来支持在已知环境中的对系统进行开发、维护或运行等决策。

7.3.1.3.2 **选择脆弱性分析方法**(PRM_AVL.1)

选择用于标识和特征化给定环境中安全系统脆弱性的方法、技术和标准。

本组件包括定义系统建立安全脆弱性的方法,这种方法允许标识和特征化安全脆弱性,包括根据威胁及其可能性、运行功能、安全要求或其他相关过程域对脆弱性进行分类和优先级排列。通过标识分析的深度和广度,安全工程师和顾客可以确定评估范围是否包括目标系统以及分析的全面性。应在预先安排和指定时间内,在一个已知的并记录有配置的框架内进行分析。分析的方法论应包括预期结果,应清楚地描述分析的具体目标。

7.3.1.3.3 **标识脆弱性**(PRM_AVL.2)

系统的安全和非安全的相关部分中都可能存在系统脆弱性。支持安全功能或与安全机制配合的非安全机制中经常有可利用的脆弱性。应遵循选择脆弱性分析方法(PRM_AVL.1)中的攻击场景方法,以便能确认脆弱性。应记录发现的所有系统脆弱性。

7.3.1.3.4 **收集脆弱性数据**(PRM_AVL.3)

脆弱性具有其自身的性质,本工程保障控制组件意在收集与这些性质相关的数据。脆弱性的测量块可以与 PRM_ATT.3“标识威胁的测量块”中的威胁的测量块相同。应标识并收集脆弱性被利用的难易程度以及脆弱性出现的可能性的数据。

7.3.1.3.5 **合成系统脆弱性**(PRM_AVL.4)

评估系统脆弱性并将特定脆弱性及各种特定脆弱性的组合结果进行综合收集。

分析脆弱性或脆弱性的组合会让系统产生的问题。应分析脆弱性的附加特征,例如脆弱性被利用的可能性以及成功利用脆弱性的机会。分析结果也可包括处置合成的脆弱性的推荐方法。

7.3.1.3.6 **监视脆弱性及其特征**(PRM_AVL.5)

监视脆弱性的不断变化及其特征的变化。任何位置和状态下的脆弱性分布情况都是动态的。新的脆弱性会变得有相互关系,现有脆弱性的特征可能变化。因此,监视现有脆弱性及其特征并定期检查新的脆弱性很重要。本工程保障控制组件与 PEN_MSP.2 监视威胁、脆弱性、影响、风险和环境变化的一般监视活动紧密相连。

7.3.1.4 **评估影响**(PRM_AIM)

7.3.1.4.1 **工程保障目标**

评估影响的目标在于标识对系统的影响,并评估影响发生的可能性。影响可能是有形的,例如收入的损失或经济惩罚;也可能是无形的,例如声誉和信誉的损失。

7.3.1.4.2 **对影响进行优先级排列**(PRM_AIM.1)

标识、分析并优先级排列系统的运行、业务或任务,也应考虑对业务战略的影响。这将可能改变和缓解组织可能遭受的影响,进而会改变其他控制子类或组件得出的风险优先级排列次序。因此当计算潜在影响时把这些影响包括在内很重要。本组件与 PEN_ISR“确定安全要求”的活动相关。

7.3.1.4.3 **标识系统资产**(PRM_AIM.2)

标识支持系统的安全目标或关键能力(运行,业务或任务功能)所必需的系统资源和数据。通过评估给定环境中每项资产提供支持的重要性,来定义每项资产。

7.3.1.4.4 **选择影响的度量**(PRM_AIM.3)

选择用于评估影响的度量。有许多度量标准可用来衡量事件的影响。最好预先确定哪种度量标准适用于当前的特定系统。

7.3.1.4.5 **标识度量关系**(PRM_AIM.4)

标识所选评估影响的度量标准之间的关系以及所需度量标准转换因子。

评估影响可能需要使用不同的度量标准。必须找出不同度量标准之间的关系,以保证在整个影响评估中对所有暴露所使用方法的一致性。有时,有必要把各种度量标准方法组合起来,以便能够产生出统一的结果。因此需要建立产生统一结果的方法。这通常因系统不同而不同。当使用定性的度量标准时,在综合阶段也需要有定性因子合并的指南。

7.3.1.4.6 **标识和特征化影响**(PRM_AIM.5)

利用多重度量标准或统一度量标准标识和特征化意外事件的意外影响。

从 PRM_AIM.1(对影响进行优先级排列)和 PRM_AIM.2(标识系统资产)中标识出的资产和能力出发标识出产生损害的后果。对于每种资产,后果可能为损坏、泄密、不通或消失。对能力的影响可能包括中断、延迟或削弱。

创建了相对完整的度量关系表之后，可以使用在 PRM_AIM. 3（选择影响的度量）和 PRM_AIM. 4（标识度量关系）中标识出的度量来特征化影响。这一步需要研究精算表、年鉴或其他资源。还应考虑每种影响的度量的不确定性。

7.3.1.4.7 **监视影响**（PRM_AIM. 6）

任何位置和状态下，影响都是动态的。新的影响可能产生相互关系。因此，监视现有影响并定期检查新的影响很重要。本工程保障控制组件与 PEN_MSP. 2 监视威胁、脆弱性、影响、风险和环境变化的一般监视活动紧密相连。

7.3.1.5 **评估安全风险**（PRM_ASR）

7.3.1.5.1 **工程保障目标**

评估安全风险的目标是获得对给定环境中的系统运行相关的安全风险的理解，并按照既定方法论对风险进行优先级排列。

评估安全风险的目的是标识给定环境中系统的安全风险。本安全保障控制子类着重要基于对能力情况以及资产相对威胁的脆弱情况的理解来确定这些风险。本活动特别包括标识和评估暴露发生的可能性。"暴露"是指会造成重大损害的威胁、脆弱性和影响的组合。可以在系统的生命周期中的任何时候执行这一系列风险评估活动，来支持在已知环境中的对系统进行开发、维护或运行等决策。

7.3.1.5.2 **选择风险分析方法**（PRM_ASR. 1）

选择在给定环境中分析、评估、比较和优先级排列系统的安全风险的方法、技术和标准。

本组件定义用于标识给定环境中系统安全风险的方法，可以用这种方法分析、评估和比较安全风险。应该依据威胁、运行功能、系统脆弱性、潜在损失、安全需求等相关问题，得到对风险进行分类和分级的方案。

7.3.1.5.3 **标识暴露**（PRM_ASR. 2）

标识威胁、脆弱性、影响三元组（暴露）。

标识暴露的目标在于找出威胁和脆弱性的组合中的相关项，进而标识出现威胁和脆弱性造成的影响。在选择系统保护措施时必须考虑这些暴露。

7.3.1.5.4 **评估暴露的风险**（PRM_ASR. 3）

评估每项暴露的风险。标识暴露出现的可能性。

7.3.1.5.5 **评估总体不确定性**（PRM_ASR. 4）

每项风险本身都具有不确定性。总体的风险不确定性是 PRM_ATT. 5（评估威胁的可能性）、PRM_AVL. 3（收集脆弱性数据）、PRM_AIM. 5（标识和特征化影响）中所标识的威胁、脆弱性、影响及其特征的不确定性的总和。本组件与"PAS_EAE 建立保证论据"中的作为保障可以改变和降低不确定性的活动紧密相关。

7.3.1.5.6 **风险优先级排列**（PRM_ASR. 5）

应根据组织优先级、发生的可能性、所具有的不确定性和可用资金来对已标识的风险进行排序。可以降低、避免、转移或接受风险，也可以组合使用这些风险处理方式。降低，可以针对威胁、脆弱性、影响或风险本身。应根据 PEN_MSC"确定安全要求"中标识的风险承担者的需求、业务优先级和整体系统架构来选择处理方式。

7.3.1.5.7 **监视风险及其特征**（PRM_ASR. 6）

任何情形下风险的分布情况都是动态的。新的风险可能变得相互关联，同时现存风险的特征可能变化。因此，监视现存风险及其特征、定期检查新的风险很重要。本组件与 PEN_MSP. 2"监视威胁、脆弱性、影响、风险和环境的变化"中的一般监视活动密切相关。

7.3.2 **安全工程保障控制类:工程过程(PEN)**

7.3.2.1 **确定安全要求**(PEN_ISR)

7.3.2.1.1 **工程保障目标**

确定安全要求的目标是要明确地标识系统的安全需求,包括客户在内的各方对安全需求达成共同理解。确定安全要求涉及定义系统的安全基础,以满足所有法律、策略和组织的安全要求。这些需求根据预期的系统运行安全环境上下文、组织当前安全性和系统环境、标识出的一系列安全目标进行裁剪。定义一系列系统安全要求作为批准系统安全的基线。

7.3.2.1.2 **获得对客户安全需求的理解**(PEN_ISR.1)

本工程保障控制组件的目标是要收集全面理解客户的安全需求所需的所有信息。这些需求受到安全风险对客户的重要性的影响。系统将要运行的预期环境也影响客户的安全需求。

7.3.2.1.3 **标识可用的法律、策略和约束**(PEN_ISR.2)

本工程保障控制组件的目标是要收集所有影响到系统安全的所有外部影响。适用性的决定应标识支配系统预期环境的法律、规章、策略和商业标准。应决定全局和本地策略之间优先权。必须标识由系统客户设置于系统的安全要求,并提炼隐含的安全要求。

7.3.2.1.4 **标识系统安全关联性**(PEN_ISR.3)

本工程保障控制组件的目标是要标识系统上下文如何影响安全。这涉及理解系统的用途。为安全考虑描述所处理的任务和运行场景。本阶段需要对系统面临的或可能遭受的威胁的高层理解。为可能对安全的影响而描述性能和功能要求。为隐含的安全要求而检查运行约束条件。

环境可能也包括与其他组织或系统的接口,以便定义系统的安全边界。确定接口的要素包括安全边界的内部和外部。

许多组织外部的因素也不同程度影响组织的安全需求。这些因素包括政治倾向以及政治焦点的变化、技术开发、经济影响、全球事件和信息战。由于这些因素都不是静态的,需要监视和定期评估变化带来的潜在影响。

7.3.2.1.5 **收集系统运行的安全思想**(PEN_ISR.4)

本工程保障控制组件的目标是要开发整个企业的高层安全思想,包括角色、职责、信息流、资产、资源、人员保护和物理保护。此描述应包括讨论如何在系统要求的约束下管理企业。特别在运行安全概念中提供系统的这一思想,应包括系统架构、规程和环境的高层安全思想。系统开发环境的要求也在本阶段获得。

7.3.2.1.6 **收集安全的高层目标**(PEN_ISR.5)

本基本实践的目标是要标识应满足怎样的安全目标,以便为系统在其运行环境中提供足够的安全性。在PAS_EAE“建立保证证据”中确定的系统的保障目标,可能影响安全目标。

7.3.2.1.7 **定义安全相关需求**(PEN_ISR.6)

本工程保障控制组件的目标是要定义系统的安全要求。本实践应确保每项要求都与适用的策略、法律、标准、安全要求和系统的约束相一致。这些要求应完整定义系统的安全需求,包括非技术性的要求。通常需要定义或指定对象的逻辑或物理边界,以确保涵盖了所有方面。要求应与系统的目标影射或关联。应清晰简明地规定安全要求且不应互相矛盾。只要可能,安全应最小化对系统功能和性能的影响。安全要求应为评估系统在其预期环境中的安全性能提供基础。

7.3.2.1.8 **达成安全协议**(PEN_ISR.7)

达成对具体安全要求符合客户需求的协议。

本工程保障控制组件的目标是要在各方之间达成安全要求的共识。标识出一般客户群而非特定客户时,要求应满足一系列目标。指定的安全要求应是管理策略、法律和用户需求的完整、一致的反映。应标识出问题并再处理直到达成共识。

7.3.2.2 **高层安全设计**(PEN_HSD)

7.3.2.2.1 **工程保障目标**

信息系统的高层安全设计包括系统的体系结构、设计和实现的需求，制定相应的设计原则和建议、安全体系结构建议、保护的原则，得到安全模型、安全体系结构，进行可靠性分析；确定所有的安全机制都能对应到高层安全设计，并且所有的高层安全设计都有具体的安全机制来保证。

7.3.2.2.2 **设计安全模型**(PEN_HSD.1)

为当前特定的信息系统设计安全模型，描述系统的安全原理。

7.3.2.2.3 **设计安全体系结构**(PEN_HSD.2)

为当前特定的信息系统设计安全体系结构。

7.3.2.3 **详细安全设计**(PEN_DSD)

7.3.2.3.1 **工程保障目标**

本工程保障控制类信息系统安全工程师分析设计的约束条件，分析折衷办法，进行详细的系统和安全设计并考虑生命周期支持。信息系统安全工程师检查所有系统安全需求落实到了组件。最终的详细安全设计结果为实现系统提供充分的组件和接口描述信息。

7.3.2.3.2 **分配安全机制**(PEN_DSD.1)

将高层设计中的思想落实为具体的安全机制。

7.3.2.3.3 **确定安全产品**(PEN_DSD.2)

根据高层设计和分配的安全机制等要求，从可选的安全产品中选择最适合的产品。

7.3.2.3.4 **系统接口设计和优化**(PEN_DSD.3)

7.3.2.3.4.1 **工程保障控制组件控制**

对系统设计中的接口进行设计和优化。

7.3.2.3.5 **提供安全工程指南**(PEN_DSD.4)

7.3.2.3.5.1 **工程保障控制组件控制**

为参与工程的各方提供安全工程指南。

7.3.2.4 **安全工程实施**(PEN_SEE)

7.3.2.4.1 **工程保障目标**

本工程保障控制类信息系统安全工程师把系统设计转移到运行，参与对所有系统问题的多学科综合分析，并为认证认可活动提供输入。例如验证系统已经实现了对抗威胁评估中识别出的威胁；追踪与系统实现和测试活动相关的信息保护保障机制；为系统生命周期支持计划、运行规程、培训材料维护提供输入。

7.3.2.4.2 **工程的实施**(PEN_SEE.1)

按照项目计划和具体实施方案进行安全工程的实施。

7.3.2.4.3 **系统的试运行**(PEN_SEE.2)

对完成的安全系统进行试运行。

7.3.2.4.4 **系统的测试**(PEN_SEE.3)

制定测试计划，对所完成的系统进行安全测试。

7.3.2.4.5 **工程的交付**(PEN_SEE.4)

系统交付给用户，包括相关的说明和指南等。

7.3.2.4.6 **安全培训**(PEN_SEE.5)

对用户进行系统安全及安全运行维护相关知识的培训。

7.3.2.4.7 **提供用户指南**(PEN_SEE.6)

本工程保障控制组件的目标是要开发安全指南并提供给系统用户和管理员。本运行指南告诉用户和管理员安全地安装、配置、操作和废弃系统必须做什么。为确保这成为可能，应在生命周期早期开始开发运行安全指南。

7.3.2.5 提供安全输入(PEN_PSI)

7.3.2.5.1 工程保障目标

提供安全输入的目标是为系统架构者、设计者、实施者或用户提供他们所需的安全信息。信息包括安全架构、设计或实施可选方案以及安全指南。应根据 PEN_ISR“确定安全要求”中标识的安全需求，开发、分析、提供并与组织成员协调这些输入。

本工程保障的目标是：

a) 检查与安全相关的所有系统问题，并根据安全目标解决这些问题。

b) 项目组的所有成员都理解安全问题，他们才能各司其职。

c) 解决方案反映了提供的安全输入。

7.3.2.5.2 理解安全输入要求(PEN_PSI.1)

与设计者、开发者以及用户合作来确保参与方对安全输入需求有共同的理解。

安全工程与其他学科相协调来决定有助于那些学科的安全输入的类型。安全输入包括各类指南、设计、文档，以及其他学科需要考虑的与安全相关的概念。输入可以采用多种形式，包括文档、备忘录、电子邮件、培训和咨询。

这些输入基于 PEN_ISR“确定安全要求”中的需求。例如，可能需要为软件工程师开发一系列安全规则。其中一些输入与环境相关更甚于系统。

7.3.2.5.3 确定安全约束和考虑(PEN_PSI.2)

确定工程选择方案所需的安全约束和考虑。

本工程保障控制组件的目标是要标识出用于得出成熟的工程可选方案的所有安全约束和考虑。安全工程组进行分析以确定要求、设计、实施、配置和文档化的所有安全约束和考虑。标识约束可以在系统生命周期的所有时间。可以以多种不同的抽象程度来标识。注意这些约束既可能是积极的(总是如此)，也可能是消极的(决不如此)。

7.3.2.5.4 标识安全选项(PEN_PSI.3)

本工程保障控制组件的目标是要标识安全工程问题的可选方案。本过程是反复进行的，并将安全要求转化到实施中。这些解决方案可以有多种形式，例如架构、模型和原型。本工程保障控制组件涉及分解、分析和重组安全要求直至标识出有效的可选解决方案。

7.3.2.5.5 分析工程选项的安全性(PEN_PSI.4)

应用安全约束和考虑来分析和优先级排列工程可选方案。

本工程保障控制组件的目标是要分析和按优先级排列工程可选解决方案。使用确定安全约束和考虑(PEN_PSI.2)中标识出的安全约束和考虑，安全工程师可以评估每个工程可选解决方案并为工程组提出建议。安全工程师也应考虑来自其他工程组的工程指南。

这些工程可选解决方案不局限于以标识出的安全可选解决方案(PEN_PSI.3)，也可以包括来自其他学科的可选解决方案。

7.3.2.5.6 提供安全工程指南(PEN_PSI.5)

本工程保障控制组件的目标是要开发安全指南并提供给工程组。工程组使用安全工程指南来做出选择架构、设计和实施的决定。

7.3.2.5.7 提供运行安全指南(PEN_PSI.6)

本工程保障控制组件的目标是要开发安全指南并提供给系统用户和管理员。本运行指南告诉用户和管理员安全地安装、配置、操作和废弃系统必须做什么。为确保这成为可能，应在生命周期早期开始开发运行安全指南。

7.3.2.6 监视安全态势(PEN_MSP)

7.3.2.6.1 工程保障目标

监视安全态势的目标是要确保标识和报告所有的违规、尝试违规或可能导致违背安全的错误。监视外部和内部环境的所有可能影响系统安全的因素。

监视安全态势的目标是：

a) 检测和跟踪内部、外部安全事件。

b) 按照策略响应事故。

c) 按照安全目标标识和处理运行安全态势的变更。

7.3.2.6.2 分析事件记录(PEN_MSP.1)

分析事件记录来确定事件的起因、如何处理事件，以及将来可能出现的事件。

检查安全相关信息的历史记录和事件记录(由日志记录组成)。应标识感兴趣的事件以及关联事件和各种记录的因素。于是多条事件记录可以被融合为一条记录。

7.3.2.6.3 监视变化(PEN_MSP.2)

监视威胁、脆弱性、影响、风险和环境的变化。

检查任何可能正面或负面影响当前安全态势效果的变更。

任何系统实现的安全应与其内部、外部环境相关的威胁、脆弱性、影响和风险相关联。这些都不是静态的，变更会影响系统安全的有效性和适当性。必须监视所有变更，分析变更以评估它们对安全有效性的重要程度。

7.3.2.6.4 标识安全突发事件(PEN_MSP.3)

确定是否发生了安全事故，标识详细情况，如果有必要的话产生一份报告。检测安全事故可能使用历史事件数据、系统配置数据、完整性工具和其他的系统信息。由于某些事故的发生持续一段很长的时间，所以此分析很可能要随时间推移对比系统的状态。

7.3.2.6.5 监视安全防护措施(PEN_MSP.4)

监视安全保护措施的性能和功能的有效性。

检查保护措施的性能，以标识保护措施性能的变化。

7.3.2.6.6 评审安全态势(PEN_MSP.5)

检查系统的安全态势来标识必要的变更。系统的安全态势会因威胁环境、运行需求和系统配置的变化而变化。本实践复查实施安全的原因，以及其他原则实施安全的要求。

7.3.2.6.7 管理安全突发事件响应(PEN_MSP.6)

通常，系统的持续可用性是很关键的。许多事件不能预防，因此响应破坏的能力是必需的。应急计划要求标识系统失去功能性的最长时间；标识系统功能的关键元件；标识和开发恢复战略和计划；计划的测试；计划的维护。

有时，意外事件计划包括事故响应和对抗敌对源(例如病毒、黑客等)的活动。

7.3.2.6.8 保护安全监视的记录数据(PEN_MSP.7)

确保适当地保护安全监视的记录数据。如果监视活动的结果不可靠那么就没意义了。本活动包括相关日志、审计报告及相关分析的封装和归档。

7.3.2.7 管理安全控制(PEN_MSC)

7.3.2.7.1 工程保障目标

管理安全控制的目标是正确配置和使用安全控制措施，确保系统预想的安全已被集成到系统设计中，最终的运行状态中的系统也确实达到了这种安全要求。

7.3.2.7.2 建立安全职责(PEN_MSC.1)

建立安全控制措施的职责和可确认性，并传达到组织中的每个人。

安全的某些方面可以在常规管理框架下进行管理，然而另外一些方面则需要更专业的管理。

规程应确保用可追溯并被授权执行的职责来管理安全问题。也应确保所采用的任何安全控制措施都清晰并持续起作用。另外，还应确保无论采用什么组织结构都传达到不仅是组织结构内部而是整个组织范围。

7.3.2.7.3 **管理安全配置**(PEN_MSC.2)

所有设备的安全配置都需要管理。本基本实践认为系统安全很大程度上依赖于相关的组件(硬件、软件和规程),常规的配置管理不能了解使系统安全所需的相互依赖关系。

7.3.2.7.4 **管理安全意识、培训和教育大纲**(PEN_MSC.3)

所有员工的安全意识、培训和教育需要以与其他意识、培训和教育相同的方式进行管理。

7.3.2.7.5 **管理安全服务及控制机制**(PEN_MSC.4)

安全服务和机制的一般管理类似于其他服务和机制的管理。包括保护服务和机制不受有意或无意的破坏的措施,成文时要符合法律和策略的要求。

7.3.2.8 **协调安全**(PEN_COS)

7.3.2.8.1 **工程保障目标**

协调安全的目标是确保各方了解并参与到安全工程活动中。安全工程不可能孤立地取得成功,所以本活动很关键。协调包括在所有项目人员和外部组之间保持开放的沟通。可以使用各种机制在各方之间协调和沟通安全工程的决定和建议,这些机制包括备忘录、文档、电子邮件、会议和工作小组。

协调安全的目标:

a) 项目组的所有成员深入了解并参与到安全工程活动中以发挥其作用。

b) 沟通和整理安全决定和建议。

7.3.2.8.2 **定义协调目标**(PEN_COS.1)

定义安全工程协调目标和相互关系。许多组需要了解并参与到安全工程活动中。通过检查项目结构、信息需求和项目要求,决定与这些组共享信息的目标。建立与其他组的关系和义务。成功的关系有很多种形式,但必须所有参与方接受。

7.3.2.8.3 **标识协调机制**(PEN_COS.2)

有很多方法可以在所有工程组中共享安全工程的决定和建议。本活动标识项目安全协调的不同方法。

很多安全人员在同一个项目工作是很常见的。在这种情况下,所有安全工程师应朝一个共同的目标努力工作。需要如此进行接口标识、安全机制选择、培训和发展工作,以确保放入运行系统中时每个安全组件都按预期运行。另外,所有安全工程组必须理解安全工程工作和工程活动,以便清晰地将安全集成到系统中。客户也必须了解安全相关的事件和活动,以确保标识并适当处理要求。

7.3.2.8.4 **促进协调**(PEN_COS.3)

成功的关系有赖于良好促进。不同优先权的不同组之间的沟通可能会产生冲突。本工程保障控制组件确保以恰当的、建设性的方式解决争端。

7.3.2.8.5 **协调安全决定和建议**(PEN_COS.4)

用标识出的机制去协调有关安全的决定和建议。

本基本实践的目标在于在各种安全工程组织、其他工程组织、外部实体及其他合适的部门中沟通安全决定和建议。

7.3.3 **安全工程保障控制类:保障过程(PAS)**

7.3.3.1 **验证和确认安全**(PAS_VVS)

7.3.3.1.1 **工程保障目标**

验证和确认安全的目标是要确保解决方案验证和确认了安全。通过观察、演示、分析和测试,根据安全要求、架构和设计来验证解决方案。根据客户的运行安全需求来确认解决方案。

验证和确认安全的目标:

a) 解决方案满足安全要求。

b) 解决方案满足用户的运行安全需求。

7.3.3.1.2 **标识验证和确认的目标**(PAS_VVS.1)

本工程保障控制组件的目标是要分别标识验证和确认的对象。验证说明正确实施了解决方案,而确认说明解决方案是有效的。这涉及在整个生命周期与所有工程组协调。

7.3.3.1.3 **定义验证和确认方法**(PAS_VVS.2)

定义验证和确认每种解决方案的方法及严密程度。

本工程保障控制组件的目标是要定义验证和确认每种解决方案的方法及严密程度。标识方法涉及选择如何验证和确认每项要求。严密程度应表明验证和确认工作的详细审查应如何严格,同时也受到来自 PAS_EAE“建立保证证据”的保障战略的输出的影响。例如,有些项目可能要求粗略检查与要求的一致性,而另外一些可能要求更严格的检查。

方法学也应包括,从客户运行安全需求、到安全要求、到解决方案、到验证和确认结果的持续可追溯的方法。

7.3.3.1.4 **执行验证**(PAS_VVS.3)

本工程保障控制组件的目标是要验证解决方案是正确的,通过说明它实现了先前抽象的要求,包括 PAS_EAE“建立保证证据”中的保障要求。有很多验证要求的方法,包括测试、分析、观察和演示。所使用的方法在 PAS_VVS.2“定义验证和确认的方法”中标识。不仅要检查单独的要求,还要检查整体系统。

7.3.3.1.5 **执行确认**(PAS_VVS.4)

确认解决方案,表明解决方案满足了先前抽象的需求,最终满足了客户的运行安全需求。

本工程保障控制组件的目标是要确认解决方案满足先前抽象的需求。确认说明解决方案有效地满足了这些需求。有很多方法确认满足了这些需求,包括在运行或典型测试设置环境中测试解决方案。所使用的方法在 PAS_VVS.2“定义验证和确认的方法”中标识。

7.3.3.1.6 **提供验证和确认的结果**(PAS_VVS.5)

本工程保障控制组件的目标是要收集并提供验证和确认的结果。应以易于理解和使用的方式提供验证和确认的结果。应追溯结果,以表明从需求、到要求、到解决方案和到测试结果的可追溯性没有丧失。

7.3.3.2 **建立保证证据**(PAS_EAE)

7.3.3.2.1 **工程保障目标**

建立保证论据的目标是要清楚地传达已经满足了客户的安全需求。保证论据是一系列固定的保证目标,这些保证目标是由来自各种来源和抽象程度的保障证据的组合所支持。

本过程包括标识和定义保证要求;证据的产生和分析活动;以及支持保证要求所需的其他证据活动。另外,要收集、包装和准备呈现这些活动收集到的证据。

本安全保障控制子类的目标是工作产品和过程清楚地提供已经满足了客户安全需求的证据。

7.3.3.2.2 **标识保证目标**(PAS_EAE.1)

由客户确定保证目标,标识系统所需的信心度。系统安全保证目标描述贯彻系统安全策略的信心度。目标的充分性由开发者、集成者和客户确定。

标识新的以及修改已有的安全保证目标要与所有安全组织协调一致,包括工程组织内的组以及工程组织外的组(例如,客户、系统安全认证者、用户)。

安全保证目标要更新以反映变更。修改安全保证目标的变更,例如:客户、系统安全认证者或用户可接受的风险级别的变更,需求或需求的解释的变更。

必须沟通以明确安全保证目标。如有必要应适当进行解释。

7.3.3.2.3 **定义保证策略**(PAS_EAE.2)

定义所有保证目标对应的安全保证策略。

安全保证策略的目标是要规划并确保实施和正确贯彻安全目标。通过安全保证策略的实施产生的证据应对系统安全度量足够管理安全风险有适度信心。需要通过安全策略的开发和制定,来有效地管理保证活动。提早标识和定义保证需求是产生必要的支撑证据的关键。通过持续的外部协调,理解和监视客户保障需求的满意度,确保高质量的保障。

7.3.3.2.4 **控制保证证据**(PAS_EAE.3)

通过与所有安全工程域交互作用来标识不同抽象程度的证据,按照安全保证策略中所定义的那样收集安全保证证据。控制这些证据以确保已有工作产品流行开来以及与安全保证目标的相关性。

7.3.3.2.5 **分析证据**(PAS_EAE.4)

进行保证证据分析,以提供这样的信心:收集的证据满足安全目标进而满足客户的安全需求。保证证据的分析决定若要推断满意地实施了安全特征和机制,系统安全工程和安全验证过程是否足够充分和全面。另外,分析证据以确保工程结果相对基线系统是全面、正确的。如果保证证据不充分,这种分析可能有必要对系统和支撑安全目标的安全工作产品及过程进行修正。

7.3.3.2.6 **提供保证证据**(PAS_EAE.5)

提供说明满足了客户的安全需求的安全保障论据。

开发全面的保证论据来说明与安全保证目标一致并提供给客户。保证论据是一系列固定的由不同抽象程度的保证证据组合支撑的保障目标。应检查保证论据的证据展示的不足和满足安全保证目标的不足。

附 录 A
（规范性附录）
网上银行系统信息安全保障符合性

信息安全保障必须从信息系统(即用于采集、处理、存储、传输、分发和部署信息的整个基础设施、组织结构、人员和组件的总和)出发,结合系统的特点,以风险和策略为出发点和核心,通过在信息系统生命周期中对技术、过程、管理和人员进行保证,确保信息的保密性、完整性和可用性特征,从而实现和贯彻组织机构策略并将风险降低到可接受的程度,达到保护信息和信息系统资产,从而保障实现系统使命的最终目的。

本章信息系统安全保障符合性声明是信息系统安全保障要求进行评估的依据。这些依据将支持:本要求是一个完整、紧密结合的要求集合,满足本要求的 TOE 在安全环境内提供一组有效的的信息系统安全模型。

本符合性声明包含两部分:

——安全保障目的符合性声明:描述了第 6 章　安全保障目的中所描述的安全目的可追溯到第 5 章　安全环境中所指明的假设、威胁和策略中所指明的所有方面,并能覆盖所有这些方面;

——安全保障要求符合性声明:描述了第 7 章　安全保障要求中所提出的技术、管理和过程要求是满足第 6 章　安全保障目的中所描述的安全保障目的。

A.1　安全保障目的符合性声明

信息系统涉及技术、管理和过程,因此需要建立信息系统安全目的同技术、管理和过程目标的对应表,将信息系统安全目的分解为技术、管理和工程目标;表 A.1“安全保障技术目标和威胁、策略的对应表”、表 A.2“安全保障管理、安全保障工程目标和威胁、策略对应表”,说明了技术、管理和工程的安全目标能对付所有可能的威胁和组织安全策略,即每一种威胁设和组织安全策略都至少有一个或一个以上安全目标与其对应,因此是完备的。没有一个安全目标没有相应的威胁和组织安全策略与之对应,这证明每一个安全目标都是必要的;没有多余的安全目标不对应威胁和组织安全策略,因此说明了安全目标是充分的。

A.2　安全保障要求符合性声明

表 A.3“安全保障技术目标和安全保障技术要求映射”、表 A.4“安全保障管理目标和安全保障管理要求映射”和表 A.5“安全保障工程目标和安全保障工程要求映射”说明了安全要求的充分必要性基本原理,即每一个安全目标都至少有一个安全要求组件与其对应,每一个安全要求都至少解决了一个安全目标,因此安全要求对安全目标而言是充分和必要的。

表 A.1 安全保障技术目标和威胁、策略的对应表

威胁、策略	安全保障技术目标																																
	OT-1	OT-2	OT-3	OT-4	OT-5	OT-6	OT-7	OT-8	OT-9	OT-10	OT-11	OT-12	OT-13	OT-14	OT-15	OT-16	OT-17	OT-18	OT-19	OT-20	OT-21	OT-22	OT-23	OT-24	OT-25	OT-26	OT-27	OT-28	OT-29	OT-30	OT-31	OT-32	OT-33
T-1	√	√	√	√	√	√	√	√	√	√	√	√	√	√	√	√	√	√	√	√	√		√	√								√	
T-2				√						√				√			√	√															√
T-3										√	√						√	√	√			√											
T-4														√		√																	
T-5																					√												
T-6												√																					
T-7												√	√	√	√																		
T-8											√										√				√		√						
T-9											√																						√
T-10						√	√				√	√	√	√	√						√												√
T-11	√	√	√									√																				√	
T-12														√																			
T-13										√												√											
T-14		√				√	√					√												√								√	√
T-15				√						√											√	√			√			√					√
T-16																																	
T-17	√																								√	√				√			
T-18	√		√																							√				√			
T-19																															√		
T-20																															√		
T-21																√							√										√
T-22												√		√							√		√										√
T-23												√	√	√	√									√									√
T-24											√								√		√												

表 A.1（续）

威胁、策略	安全保障技术目标																																
	OT-1	OT-2	OT-3	OT-4	OT-5	OT-6	OT-7	OT-8	OT-9	OT-10	OT-11	OT-12	OT-13	OT-14	OT-15	OT-16	OT-17	OT-18	OT-19	OT-20	OT-21	OT-22	OT-23	OT-24	OT-25	OT-26	OT-27	OT-28	OT-29	OT-30	OT-31	OT-32	OT-33
T-25											√																						
T-26																									√								
T-27											√							√	√		√												
T-28										√									√								√		√				
T-29				√	√																												√
P-1	√	√	√	√	√	√	√	√	√	√	√	√	√	√	√	√	√	√	√	√	√	√	√	√	√	√	√	√	√	√	√	√	√
P-2	√	√		√	√	√	√	√	√			√																					
P-3	√	√		√	√					√	√									√	√	√	√		√		√						
P-4	√																			√	√		√				√		√		√		
P-5										√	√						√	√	√														
P-6																√																	
P-7	√		√					√	√											√						√	√			√		√	
P-8	√															√																	√
P-9						√	√		√			√		√	√	√								√									
P-10										√	√																						
P-11	√	√																														√	√
P-12								√				√	√		√																		
P-13												√										√											
P-14										√	√						√	√	√						√			√					
P-15										√	√						√	√	√		√												
P-16	√	√	√													√																	

表 A.2 安全保障管理、安全保障工程目标和威胁、策略的对应表

威胁、策略	安全保障管理和安全保障工程目标																		
	OM-1	OM-2	OM-3	OM-4	OM-5	OM-6	OM-7	OM-8	OM-9	OM-10	OM-11	OM-12	OM-13	OP-1	OP-2	OP-3	OP-4	OP-5	OP-6
T-1		√				√					√			√	√	√	√	√	√
T-2		√				√			√										√
T-3		√				√			√										√
T-4		√				√	√												√
T-5		√				√				√									
T-6		√	√						√										
T-7	√	√	√																
T-8		√	√					√		√									
T-9		√																	√
T-10		√							√	√	√								
T-11		√								√			√						
T-12		√																	
T-13		√				√													√
T-14		√											√						
T-15		√	√						√				√						
T-16		√							√				√						
T-17		√							√										
T-18		√							√										
T-19		√							√				√						
T-20		√											√						
T-21													√						
T-22		√							√	√									
T-23		√				√													
T-24		√							√										

表 A.2（续）

威胁、策略	安全保障管理和安全保障工程目标																		
	OM-1	OM-2	OM-3	OM-4	OM-5	OM-6	OM-7	OM-8	OM-9	OM-10	OM-11	OM-12	OM-13	OP-1	OP-2	OP-3	OP-4	OP-5	OP-6
T-25		√							√										
T-26		√							√										
T-27		√				√			√										
T-28		√							√										
T-29		√				√			√										
P-1	√	√	√	√	√	√	√	√	√	√	√	√	√	√	√	√	√	√	√
P-2		√											√						
P-3		√								√			√						
P-4		√											√						
P-5		√											√						
P-6		√											√						
P-7		√											√						
P-8		√				√							√	√	√	√	√	√	√
P-9		√									√		√						
P-10		√									√		√						
P-11		√											√					√	
P-12	√	√	√										√						
P-13		√											√						
P-14		√	√						√			√	√						
P-15		√											√						
P-16		√		√									√						

表 A.3 安全保障技术目标和安全保障技术要求映射

安全保障技术目标		安全保障技术要求															
		FDP_ACC	FDP_ACF	FDP_DAU	FDP_IFC	FDP_IFF	FDP_ITC	FDP_RIP	FDP_UCT	FDP_UIT	FDP_ETC	FDP_SDI	FIA_UID	FIA_ATD	FIA_SOS	FIA_UAU	FIA_AFL
序号		1.	2.	3.	4.	5.	6.	7.	8.	9.	10.	11.	12.	13.	14.	15.	16.
端到端	OT-1					√							√	√			
	OT-2	√														√	
	OT-3						√										
	OT-4		√	√													
	OT-5		√	√	√												
	OT-6					√			√				√	√	√		
	OT-7					√			√				√	√	√		
	OT-8																
	OT-9	√	√														
本地计算环境	OT-10	√	√			√											
	OT-11	√				√						√					
	OT-12																
	OT-13	√	√	√													
	OT-14		√	√	√												
	OT-15					√			√				√	√	√		
	OT-16					√			√				√	√	√		
	OT-17																
	OT-18							√									
	OT-19							√									
系统边界	OT-20		√			√											
	OT-21		√														
	OT-22		√														
	OT-23		√														
	OT-24					√											
网络基础设施	OT-25																
	OT-26					√											
	OT-27																
	OT-28		√	√													
	OT-29		√	√	√												
	OT-30					√			√				√	√	√		
	OT-31		√			√			√				√	√	√		
支撑性基础设施	OT-32																
	OT-33																

表 A.3(续)

安全保障技术目标		安全保障技术要求															
		FIA_USB	FCO_NRO	FCO_NRR	FPT_ITC	FPT_ITI	FPT_RPL	FPT_SEP	FPT_SSP	FPT_STM	FPT_TDC	FPT_AMT	FPT_FLS	FPT_ITT	FPT_RCV	FPT_RVM	FTA_MCS
序号		17.	18.	19.	20.	21.	22.	23.	24.	25.	26.	27.	28.	29.	30.	31.	32.
端到端	OT-1										√						
	OT-2		√	√	√	√			√		√						
	OT-3									√							
	OT-4												√	√			
	OT-5												√	√	√		
	OT-6									√						√	
	OT-7									√						√	
	OT-8		√							√	√						
	OT-9									√							
本地计算环境	OT-10										√						
	OT-11				√	√					√					√	
	OT-12									√			√			√	
	OT-13												√	√			
	OT-14									√			√	√	√		
	OT-15									√					√	√	
	OT-16															√	
	OT-17		√								√				√		
	OT-18														√		
	OT-19														√		
系统边界	OT-20																
	OT-21																
	OT-22																
	OT-23																
	OT-24									√							
网络基础设施	OT-25									√	√						
	OT-26										√					√	
	OT-27																
	OT-28												√	√			
	OT-29												√	√	√		
	OT-30															√	
	OT-31															√	
支撑性基础设施	OT-32		√								√						
	OT-33									√							

表 A.3（续）

安全保障技术目标		安全保障技术要求															
		FTA_TAH	FAU_ARP	FAU_GEN	FAU_SAA	FAU_SAR	FAU_STG	FMT_MOF	FMT_MSA	FMT_SAE	FTP_ITC	FMT_MOF	FMT_MSA	FMT_MTD	FMT_SAE	FMT_SMR	FTP_ITC
序号		33.	34.	35.	36.	37.	38.	39.	40.	41.	42.	43.	44.	45.	46.	47.	48.
端到端	OT-1																
	OT-2		√														
	OT-3																
	OT-4																
	OT-5	√				√											
	OT-6				√	√	√					√		√	√	√	
	OT-7				√	√	√					√		√	√	√	
	OT-8																√
	OT-9										√						
本地计算环境	OT-10													√			
	OT-11													√			
	OT-12																
	OT-13																
	OT-14																
	OT-15		√				√	√	√					√			
	OT-16		√				√	√	√								
	OT-17						√						√				
	OT-18						√										
	OT-19																
系统边界	OT-20						√							√			
	OT-21													√			
	OT-22																
	OT-23																
	OT-24		√	√	√	√	√										
网络基础设施	OT-25													√			
	OT-26													√			
	OT-27													√			
	OT-28													√			
	OT-29													√			
	OT-30		√				√	√	√					√			
	OT-31		√				√	√	√					√			
支撑性基础设施	OT-32												√				
	OT-33		√	√	√	√	√										

表 A.3（续）

安全保障技术目标		安全保障技术要求															
		FCS_CKM	FCS_COP	FRU_FLT	FRU_RSA	FDP_RO	FPT_PHP	FPT_TRC	FPT_TST	FTA_LSA	FTA_SSL	FTA_TAB	FTA_TSE	FAU_SEL	FRU_PRS	FPR_ANO	FPR_PSE
序　号		49.	50.	51.	52.	53.	54.	55.	56.	57.	58.	59.	60.	61.	62.	63.	64.
端到端	OT-1	√											√				
	OT-2											√					
	OT-3	√	√														
	OT-4										√						
	OT-5										√						
	OT-6													√			
	OT-7													√			
	OT-8			√	√												
	OT-9													√			
本地计算环境	OT-10				√												
	OT-11				√	√		√						√			
	OT-12																
	OT-13								√								
	OT-14											√					
	OT-15											√					
	OT-16																
	OT-17				√										√		
	OT-18								√								
	OT-19								√								
系统边界	OT-20											√					
	OT-21						√										
	OT-22						√										
	OT-23																
	OT-24								√								
网络基础设施	OT-25				√									√			
	OT-26		√		√	√		√									
	OT-27												√				
	OT-28													√			
	OT-29													√			
	OT-30													√			
	OT-31													√			
支撑性基础设施	OT-32	√	√		√									√			
	OT-33						√										

表 A.4 安全保障管理目标和安全保障管理要求映射

安全保障管理目标	安全保障管理要求											
	MSO	MSP	MPS	MRM	MSD	MAM	MPE	MOP	MSP	MBD	MCM	MER
OM-1	√											
OM-2		√										
OM-3			√									
OM-4		√										
OM-5				√								
OM-6					√							
OM-7						√						
OM-8							√					
OM-9								√				
OM-10									√			
OM-11										√		
OM-12											√	
OM-13												√

表 A.5 安全保障工程目标和安全保障工程要求映射

安全保障工程目标	安全保障工程要求														
	PRM_SDF	PRM_ATT	PRM_AVL	PRM_AIM	PRM_ASR	PEN_ISR	PEN_HSD	PEN_DSD	PEN_SEE	PEN_PSI	PEN_MSP	PEN_MSC	PEN_COS	PAS_VVS	PAS_EAE
OP-1	√	√	√	√	√										
OP-2						√	√								
OP-3								√	√						
OP-4										√	√				
OP-5												√	√	√	√
OP-6															

参 考 文 献

[1] GB/T 19000—2000 质量管理体系 基础和术语(idt ISO 9000:2000)

[2] GB/T 19001—2000 质量管理体系 要求(idt ISO 9001:2000)

[3] GB/T 19004—2000 质量管理体系 业绩改进指南(idt ISO 9004:2000)

[4] 电子银行业务管理办法

[5] 电子银行安全评估指引

[6] ISO/IEC TR 15443-1: 2005, A framework for IT Security assurance—Part 1: Overview and framework

[7] ISO/IEC TR 15443-2: 2005, A framework for IT Security assurance—Part 2: Assurance methods

[8] ISO/IEC WD 15443-3, A framework for IT security assurance—Part 3: Analysis of assurance methods

[9] ISO/IEC PDTR 19791: 2004, Information technology—Security techniques—Security assessment of operational systems

[10] Information Assurance Technical Framework, Release 3.1, National Security Agency Information Assurance Solutions Technical, September 2002

[11] ISO/IEC 17799:2005 Information technology—Security techniques—Code of practice for information security management

[12] ISO/IEC 13335-1: 2004 Information technology—Security techniques—Management of information and communications technology security (MICTS)—Part 1: Concepts and models for information and communications technology security management

[13] ISO/IEC 4th WD 13335-2: 2004, Management of information and communications technology security (MICTS)—Part 2: Techniques for information and communications technology security risk management

[14] ISO/IEC 1st CD 18028-1: 2004, Information technology—Security techniques—IT network security—Part 1: Network security management

[15] ISO/IEC FCD 18028-2: 2004, Information technology—Security techniques—IT network security—Part 2: Network security architecture

[16] ISO/IEC FCD 18028-3: 2004, Information technology—Security techniques—IT network security—Part 3: Securing communications between networks using security gateways

[17] ISO/IEC 18028-4:2005, Information technology—Security techniques—IT network security—Part 4: Remote access

[18] ISO/IEC 1st CD 18028-5: 2004, Information technology—Security techniques—IT network security—Part 5: Securing communications across networks using Virtual Private Networks

[19] NIST Special Publication 800-18, Guide for Developing Security Plans for Information Technology Systems, November 2001

[20] NIST Special Publication 800-30 Risk Management Guide for Information Technology Systems, January 2002

[21] NIST Special Publication 800-34 Continuity Planning Guide for Information Technology System, June 2002

[22] NIST Special Publication 800-50, Building an Information Security Awareness and Training Program, October 2003

[23] NIST Special Publication 800-64, Security Considerations in the Information System Development Life Cycle, October 2003

[24] NIST Special Publication 800-53, Recommended Security Controls for Federal Information Systems, Feberuary 2005

[25] OECD Guidelines for Security of Information Systems and Networks: 'Toward a Culture of Security', 2002

[26] NSTISSI No. 4009 National Information Systems Security (INFOSEC) Glossary

[27] Carnegie Mellon University/Software Engineering Institute, CMU/SEI-2002-TR-011, CMMI℠ for Systems Engineering, Software Engineering, Integrated Product and Process Development, and Supplier Sourcing(CMMI-SE/SW/IPPD/SS, V1.1) Continuous Representation, CMMI Product Team, March 2002

[28] Carnegie Mellon University/Software Engineering Institute, CMU/SEI-2002-TR-012, CMMI℠ for Systems Engineering, Software Engineering, Integrated Product and Process Development, and Supplier Sourcing(CMMI-SE/SW/IPPD/SS, V1.1) Staged Representation, CMMI Product Team, March 2002

[29] System Security Engineering Capability Maturity Model (SSE-CMM®) Model Description Document, Version 3.0, June 15, 2003

[30] System Security Engineering Capability Maturity Model (SSE-CMM®) Appraisal Method, Version 2.0, April 16, 1999

[31] CoBIT®, 3rd Edition, Management Guidelines, COBIT Steering Committee and the IT Governance Institute™, July 2000

[32] CoBIT®, 3rd Edition, Audit Guidelines, COBIT Steering Committee and the IT Governance Institute™, July 2000

[33] CoBIT®, 3rd Edition, Control Objectives, COBIT Steering Committee and the IT Governance Institute™, July 2000

[34] Department of Defense Technical Reference Model, Version 2.0, 9 April 2001

[35] Department of Defense Technical Architecture Framework for Information Management, Volume 1: Overview, Version 3.0, 30 April 1996

[36] DoD Architecture Framework, Version 1.0, DoD Architecture Framework Working Group, August 2003

ICS 35.040
L 80

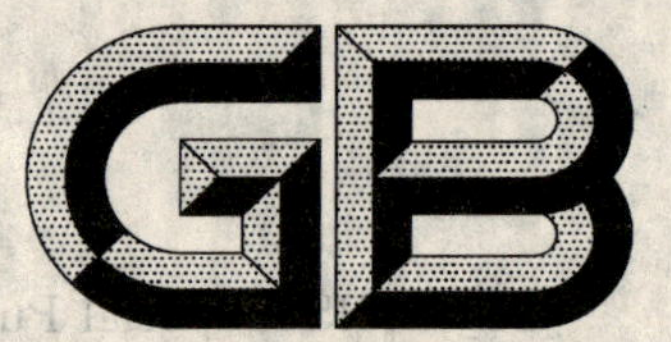

中华人民共和国国家标准

GB/T 20984—2007

信息安全技术
信息安全风险评估规范

**Information security technology—
Risk assessment specification for information security**

2007-06-14 发布　　　　2007-11-01 实施

中华人民共和国国家质量监督检验检疫总局
中国国家标准化管理委员会　发布

前　言

本标准的附录A和附录B是资料性附录。

本标准由国务院信息化工作办公室提出。

本标准由全国信息安全标准化技术委员会归口。

本标准主要起草单位：国家信息中心、公安部第三研究所、国家保密技术研究所、中国信息安全产品测评认证中心、中国科学院信息安全国家重点实验室、解放军信息技术安全研究中心、中国航天二院七〇六所、北京信息安全测评中心、上海市信息安全测评认证中心。

本标准主要起草人：范红、吴亚非、李京春、马朝斌、李嵩、应力、王宁、江常青、张鉴、赵敬宇。

引　言

随着政府部门、企事业单位以及各行各业对信息系统依赖程度的日益增强，信息安全问题受到普遍关注。运用风险评估去识别安全风险，解决信息安全问题得到了广泛的认识和应用。

信息安全风险评估就是从风险管理角度，运用科学的方法和手段，系统地分析信息系统所面临的威胁及其存在的脆弱性，评估安全事件一旦发生可能造成的危害程度，提出有针对性的抵御威胁的防护对策和整改措施，为防范和化解信息安全风险，将风险控制在可接受的水平，最大限度地保障信息安全提供科学依据。

信息安全风险评估作为信息安全保障工作的基础性工作和重要环节，要贯穿于信息系统的规划、设计、实施、运行维护以及废弃各个阶段，是信息安全等级保护制度建设的重要科学方法之一。

本标准条款中所指的“风险评估”，其含义均为“信息安全风险评估”。

信息安全技术
信息安全风险评估规范

1 范围

本标准提出了风险评估的基本概念、要素关系、分析原理、实施流程和评估方法,以及风险评估在信息系统生命周期不同阶段的实施要点和工作形式。

本标准适用于规范组织开展的风险评估工作。

2 规范性引用文件

下列文件中的条款通过本标准的引用而成为本标准的条款。凡是注日期的引用文件,其随后所有的修改单(不包括勘误的内容)或修订版均不适用于本标准,然而,鼓励根据本部分达成协议的各方研究是否可使用这些文件的最新版本。凡是不注日期的引用文件,其最新版本适用于本标准。

GB/T 9361 计算站场地安全要求

GB 17859—1999 计算机信息系统安全保护等级划分准则

GB/T 18336—2001 信息技术 安全技术 信息技术安全性评估准则(idt ISO/IEC 15408:1999)

GB/T 19716—2005 信息技术 信息安全管理实用规则(ISO/IEC 17799:2000,MOD)

3 术语和定义

下列术语和定义适用于本标准。

3.1

资产 asset

对组织具有价值的信息或资源,是安全策略保护的对象。

3.2

资产价值 asset value

资产的重要程度或敏感程度的表征。资产价值是资产的属性,也是进行资产识别的主要内容。

3.3

可用性 availability

数据或资源的特性,被授权实体按要求能访问和使用数据或资源。

3.4

业务战略 business strategy

组织为实现其发展目标而制定的一组规则或要求。

3.5

保密性 confidentiality

数据所具有的特性,即表示数据所达到的未提供或未泄露给非授权的个人、过程或其他实体的程度。

3.6

信息安全风险 information security risk

人为或自然的威胁利用信息系统及其管理体系中存在的脆弱性导致安全事件的发生及其对组织造成的影响。

3.7

(信息安全)风险评估　(information security) risk assessment

依据有关信息安全技术与管理标准,对信息系统及由其处理、传输和存储的信息的保密性、完整性和可用性等安全属性进行评价的过程。它要评估资产面临的威胁以及威胁利用脆弱性导致安全事件的可能性,并结合安全事件所涉及的资产价值来判断安全事件一旦发生对组织造成的影响。

3.8

信息系统　information system

由计算机及其相关的和配套的设备、设施(含网络)构成的,按照一定的应用目标和规则对信息进行采集、加工、存储、传输、检索等处理的人机系统。

典型的信息系统由三部分组成:硬件系统(计算机硬件系统和网络硬件系统);系统软件(计算机系统软件和网络系统软件);应用软件(包括由其处理、存储的信息)。

3.9

检查评估　inspection assessment

由被评估组织的上级主管机关或业务主管机关发起的,依据国家有关法规与标准,对信息系统及其管理进行的具有强制性的检查活动。

3.10

完整性　integrity

保证信息及信息系统不会被非授权更改或破坏的特性。包括数据完整性和系统完整性。

3.11

组织　organization

由作用不同的个体为实施共同的业务目标而建立的结构。一个单位是一个组织,某个业务部门也可以是一个组织。

3.12

残余风险　residual risk

采取了安全措施后,信息系统仍然可能存在的风险。

3.13

自评估　self-assessment

由组织自身发起,依据国家有关法规与标准,对信息系统及其管理进行的风险评估活动。

3.14

安全事件　security incident

系统、服务或网络的一种可识别状态的发生,它可能是对信息安全策略的违反或防护措施的失效,或未预知的不安全状况。

3.15

安全措施　security measure

保护资产、抵御威胁、减少脆弱性、降低安全事件的影响,以及打击信息犯罪而实施的各种实践、规程和机制。

3.16

安全需求　security requirement

为保证组织业务战略的正常运作而在安全措施方面提出的要求。

3.17

威胁　threat

可能导致对系统或组织危害的不希望事故潜在起因。

3.18

脆弱性 vulnerability

可能被威胁所利用的资产或若干资产的薄弱环节。

4 风险评估框架及流程

4.1 风险要素关系

风险评估中各要素的关系如图1所示：

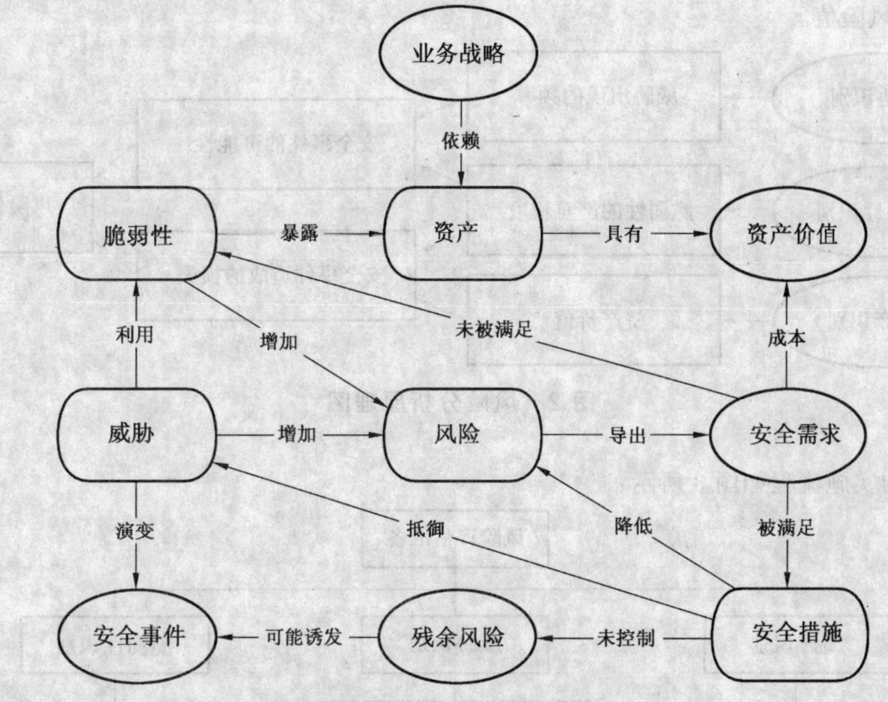

图1 风险评估要素关系图

图1中方框部分的内容为风险评估的基本要素，椭圆部分的内容是与这些要素相关的属性。风险评估围绕着资产、威胁、脆弱性和安全措施这些基本要素展开，在对基本要素的评估过程中，需要充分考虑业务战略、资产价值、安全需求、安全事件、残余风险等与这些基本要素相关的各类属性。

图1中的风险要素及属性之间存在着以下关系：

a) 业务战略的实现对资产具有依赖性，依赖程度越高，要求其风险越小；

b) 资产是有价值的，组织的业务战略对资产的依赖程度越高，资产价值就越大；

c) 风险是由威胁引发的，资产面临的威胁越多则风险越大，并可能演变成为安全事件；

d) 资产的脆弱性可能暴露资产的价值，资产具有的脆弱性越多则风险越大；

e) 脆弱性是未被满足的安全需求，威胁利用脆弱性危害资产；

f) 风险的存在及对风险的认识导出安全需求；

g) 安全需求可通过安全措施得以满足，需要结合资产价值考虑实施成本；

h) 安全措施可抵御威胁，降低风险；

i) 残余风险有些是安全措施不当或无效，需要加强才可控制的风险；而有些则是在综合考虑了安全成本与效益后不去控制的风险；

j) 残余风险应受到密切监视，它可能会在将来诱发新的安全事件。

4.2 风险分析原理

风险分析原理如图2所示：

风险分析中要涉及资产、威胁、脆弱性三个基本要素。每个要素有各自的属性，资产的属性是资产价值；威胁的属性可以是威胁主体、影响对象、出现频率、动机等；脆弱性的属性是资产弱点的严重程度。

风险分析的主要内容为：

a) 对资产进行识别，并对资产的价值进行赋值；
b) 对威胁进行识别，描述威胁的属性，并对威胁出现的频率赋值；
c) 对脆弱性进行识别，并对具体资产的脆弱性的严重程度赋值；
d) 根据威胁及威胁利用脆弱性的难易程度判断安全事件发生的可能性；
e) 根据脆弱性的严重程度及安全事件所作用的资产的价值计算安全事件造成的损失；
f) 根据安全事件发生的可能性以及安全事件出现后的损失，计算安全事件一旦发生对组织的影响，即风险值。

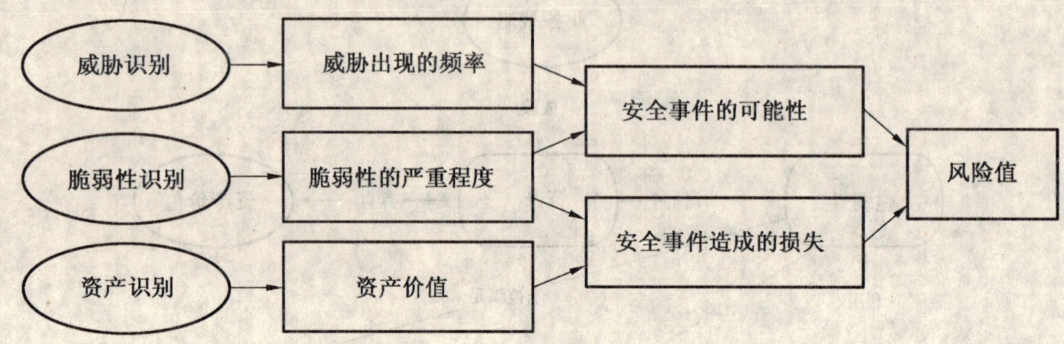

图 2 风险分析原理图

4.3 实施流程

风险评估的实施流程如图 3 所示：

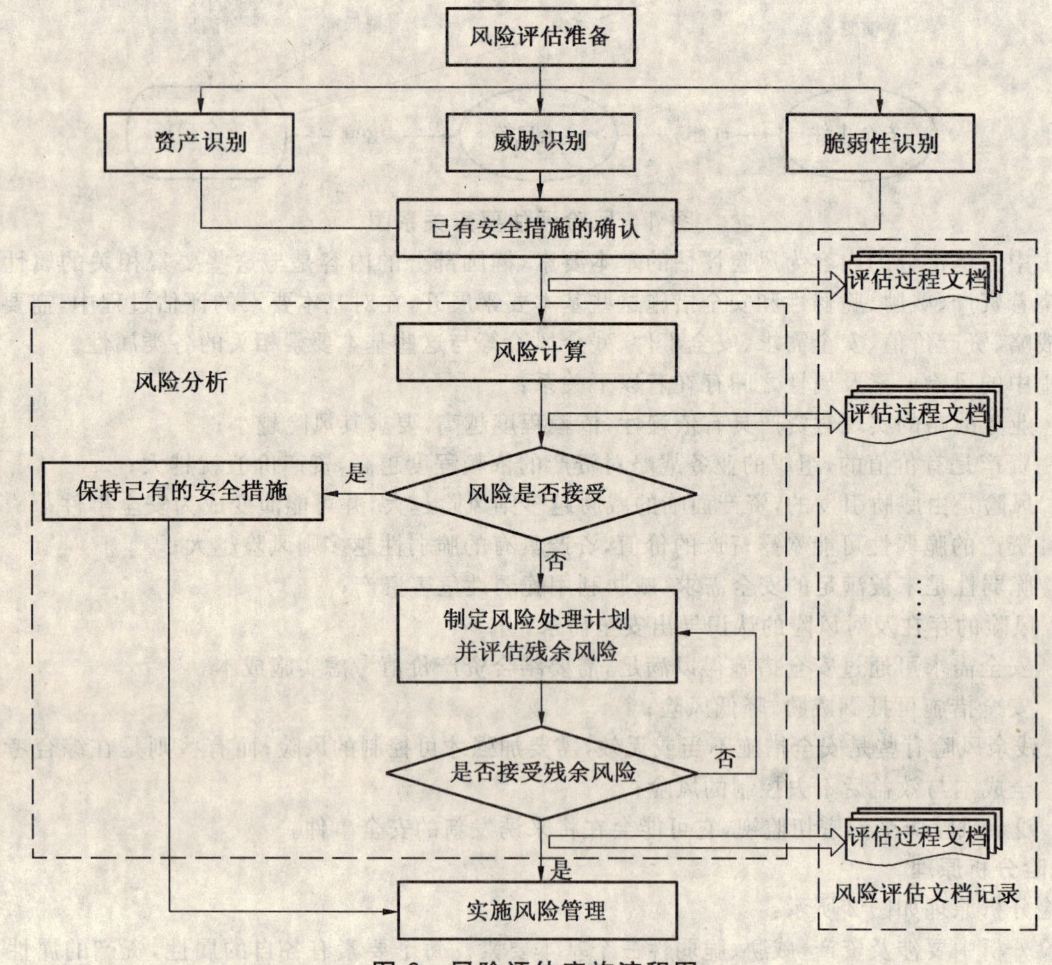

图 3 风险评估实施流程图

风险评估实施流程的详细说明见第5章。

5 风险评估实施

5.1 风险评估准备

5.1.1 概述

风险评估准备是整个风险评估过程有效性的保证。组织实施风险评估是一种战略性的考虑，其结果将受到组织的业务战略、业务流程、安全需求、系统规模和结构等方面的影响。因此，在风险评估实施前，应：

a) 确定风险评估的目标；

b) 确定风险评估的范围；

c) 组建适当的评估管理与实施团队；

d) 进行系统调研；

e) 确定评估依据和方法；

f) 制定风险评估方案；

g) 获得最高管理者对风险评估工作的支持。

5.1.2 确定目标

根据满足组织业务持续发展在安全方面的需要、法律法规的规定等内容，识别现有信息系统及管理上的不足，以及可能造成的风险大小。

5.1.3 确定范围

风险评估范围可能是组织全部的信息及与信息处理相关的各类资产、管理机构，也可能是某个独立的信息系统、关键业务流程、与客户知识产权相关的系统或部门等。

5.1.4 组建团队

风险评估实施团队，由管理层、相关业务骨干、信息技术等人员组成风险评估小组。必要时，可组建由评估方、被评估方领导和相关部门负责人参加的风险评估领导小组，聘请相关专业的技术专家和技术骨干组成专家小组。

评估实施团队应做好评估前的表格、文档、检测工具等各项准备工作，进行风险评估技术培训和保密教育，制定风险评估过程管理相关规定。可根据被评估方要求，双方签署保密合同，必要时签署个人保密协议。

5.1.5 系统调研

系统调研是确定被评估对象的过程，风险评估小组应进行充分的系统调研，为风险评估依据和方法的选择、评估内容的实施奠定基础。调研内容至少应包括：

a) 业务战略及管理制度；

b) 主要的业务功能和要求；

c) 网络结构与网络环境，包括内部连接和外部连接；

d) 系统边界；

e) 主要的硬件、软件；

f) 数据和信息；

g) 系统和数据的敏感性；

h) 支持和使用系统的人员；

i) 其他。

系统调研可以采取问卷调查、现场面谈相结合的方式进行。调查问卷是提供一套关于管理或操作控制的问题表格，供系统技术或管理人员填写；现场面谈则是由评估人员到现场观察并收集系统在物理、环境和操作方面的信息。

5.1.6 确定依据

根据系统调研结果，确定评估依据和评估方法。评估依据包括(但不仅限于)：

a) 现行国际标准、国家标准、行业标准；

b) 行业主管机关的业务系统的要求和制度；

c) 系统安全保护等级要求；

d) 系统互联单位的安全要求；

e) 系统本身的实时性或性能要求等。

根据评估依据，应考虑评估的目的、范围、时间、效果、人员素质等因素来选择具体的风险计算方法，并依据业务实施对系统安全运行的需求，确定相关的判断依据，使之能够与组织环境和安全要求相适应。

5.1.7 制定方案

风险评估方案的目的是为后面的风险评估实施活动提供一个总体计划，用于指导实施方开展后续工作。风险评估方案的内容一般包括(但不仅限于)：

a) 团队组织：包括评估团队成员、组织结构、角色、责任等内容；

b) 工作计划：风险评估各阶段的工作计划，包括工作内容、工作形式、工作成果等内容；

c) 时间进度安排：项目实施的时间进度安排。

5.1.8 获得支持

上述所有内容确定后，应形成较为完整的风险评估实施方案，得到组织最高管理者的支持、批准；对管理层和技术人员进行传达，在组织范围内就风险评估相关内容进行培训，以明确有关人员在风险评估中的任务。

5.2 资产识别

5.2.1 资产分类

保密性、完整性和可用性是评价资产的三个安全属性。风险评估中资产的价值不是以资产的经济价值来衡量，而是由资产在这三个安全属性上的达成程度或者其安全属性未达成时所造成的影响程度来决定的。安全属性达成程度的不同将使资产具有不同的价值，而资产面临的威胁、存在的脆弱性、以及已采用的安全措施都将对资产安全属性的达成程度产生影响。为此，应对组织中的资产进行识别。

在一个组织中，资产有多种表现形式；同样的两个资产也因属于不同的信息系统而重要性不同，而且对于提供多种业务的组织，其支持业务持续运行的系统数量可能更多。这时首先需要将信息系统及相关的资产进行恰当的分类，以此为基础进行下一步的风险评估。在实际工作中，具体的资产分类方法可以根据具体的评估对象和要求，由评估者灵活把握。根据资产的表现形式，可将资产分为数据、软件、硬件、服务、人员等类型。表1列出了一种资产分类方法。

表1 一种基于表现形式的资产分类方法

分类	示　　例
数据	保存在信息媒介上的各种数据资料，包括源代码、数据库数据、系统文档、运行管理规程、计划、报告、用户手册、各类纸质的文档等
软件	系统软件：操作系统、数据库管理系统、语句包、开发系统等 应用软件：办公软件、数据库软件、各类工具软件等 源程序：各种共享源代码、自行或合作开发的各种代码等

表 1(续)

分类	示例
硬件	网络设备:路由器、网关、交换机等 计算机设备:大型机、小型机、服务器、工作站、台式计算机、便携计算机等 存储设备:磁带机、磁盘阵列、磁带、光盘、软盘、移动硬盘等 传输线路:光纤、双绞线等 保障设备:UPS、变电设备、空调、保险柜、文件柜、门禁、消防设施等 安全设备:防火墙、入侵检测系统、身份鉴别等 其他:打印机、复印机、扫描仪、传真机等
服务	信息服务:对外依赖该系统开展的各类服务 网络服务:各种网络设备、设施提供的网络连接服务 办公服务:为提高效率而开发的管理信息系统,包括各种内部配置管理、文件流转管理等服务
人员	掌握重要信息和核心业务的人员,如主机维护主管、网络维护主管及应用项目经理等
其他	企业形象、客户关系等

5.2.2 资产赋值

5.2.2.1 保密性赋值

根据资产在保密性上的不同要求,将其分为五个不同的等级,分别对应资产在保密性上应达成的不同程度或者保密性缺失时对整个组织的影响。表 2 提供了一种保密性赋值的参考。

表 2 资产保密性赋值表

赋值	标识	定义
5	很高	包含组织最重要的秘密,关系未来发展的前途命运,对组织根本利益有着决定性的影响,如果泄露会造成灾难性的损害
4	高	包含组织的重要秘密,其泄露会使组织的安全和利益遭受严重损害
3	中等	组织的一般性秘密,其泄露会使组织的安全和利益受到损害
2	低	仅能在组织内部或在组织某一部门内部公开的信息,向外扩散有可能对组织的利益造成轻微损害
1	很低	可对社会公开的信息,公用的信息处理设备和系统资源等

5.2.2.2 完整性赋值

根据资产在完整性上的不同要求,将其分为五个不同的等级,分别对应资产在完整性上缺失时对整个组织的影响。表 3 提供了一种完整性赋值的参考。

表 3 资产完整性赋值表

赋值	标识	定义
5	很高	完整性价值非常关键,未经授权的修改或破坏会对组织造成重大的或无法接受的影响,对业务冲击重大,并可能造成严重的业务中断,难以弥补
4	高	完整性价值较高,未经授权的修改或破坏会对组织造成重大影响,对业务冲击严重,较难弥补
3	中等	完整性价值中等,未经授权的修改或破坏会对组织造成影响,对业务冲击明显,但可以弥补
2	低	完整性价值较低,未经授权的修改或破坏会对组织造成轻微影响,对业务冲击轻微,容易弥补
1	很低	完整性价值非常低,未经授权的修改或破坏对组织造成的影响可以忽略,对业务冲击可以忽略

5.2.2.3 可用性赋值

根据资产在可用性上的不同要求，将其分为五个不同的等级，分别对应资产在可用性上应达成的不同程度。表4提供了一种可用性赋值的参考。

表4 资产可用性赋值表

赋值	标识	定义
5	很高	可用性价值非常高，合法使用者对信息及信息系统的可用度达到年度99.9%以上，或系统不允许中断
4	高	可用性价值较高，合法使用者对信息及信息系统的可用度达到每天90%以上，或系统允许中断时间小于10 min
3	中等	可用性价值中等，合法使用者对信息及信息系统的可用度在正常工作时间达到70%以上，或系统允许中断时间小于30 min
2	低	可用性价值较低，合法使用者对信息及信息系统的可用度在正常工作时间达到25%以上，或系统允许中断时间小于60 min
1	很低	可用性价值可以忽略，合法使用者对信息及信息系统的可用度在正常工作时间低于25%

5.2.2.4 资产重要性等级

资产价值应依据资产在保密性、完整性和可用性上的赋值等级，经过综合评定得出。综合评定方法可以根据自身的特点，选择对资产保密性、完整性和可用性最为重要的一个属性的赋值等级作为资产的最终赋值结果；也可以根据资产保密性、完整性和可用性的不同等级对其赋值进行加权计算得到资产的最终赋值结果。加权方法可根据组织的业务特点确定。

本标准中，为与上述安全属性的赋值相对应，根据最终赋值将资产划分为五级，级别越高表示资产越重要，也可以根据组织的实际情况确定资产识别中的赋值依据和等级。表5中的资产等级划分表明了不同等级的重要性的综合描述。评估者可根据资产赋值结果，确定重要资产的范围，并主要围绕重要资产进行下一步的风险评估。

表5 资产等级及含义描述

等级	标识	描述
5	很高	非常重要，其安全属性破坏后可能对组织造成非常严重的损失
4	高	重要，其安全属性破坏后可能对组织造成比较严重的损失
3	中等	比较重要，其安全属性破坏后可能对组织造成中等程度的损失
2	低	不太重要，其安全属性破坏后可能对组织造成较低的损失
1	很低	不重要，其安全属性破坏后对组织造成很小的损失，甚至忽略不计

5.3 威胁识别

5.3.1 威胁分类

威胁可以通过威胁主体、资源、动机、途径等多种属性来描述。造成威胁的因素可分为人为因素和环境因素。根据威胁的动机，人为因素又可分为恶意和非恶意两种。环境因素包括自然界不可抗的因素和其他物理因素。威胁作用形式可以是对信息系统直接或间接的攻击，在保密性、完整性和可用性等方面造成损害；也可能是偶发的或蓄意的事件。

在对威胁进行分类前，应考虑威胁的来源。表6提供了一种威胁来源的分类方法。

表 6 威胁来源列表

来源		描述
环境因素		断电、静电、灰尘、潮湿、温度、鼠蚁虫害、电磁干扰、洪灾、火灾、地震、意外事故等环境危害或自然灾害,以及软件、硬件、数据、通讯线路等方面的故障
人为因素	恶意人员	不满的或有预谋的内部人员对信息系统进行恶意破坏;采用自主或内外勾结的方式盗窃机密信息或进行篡改,获取利益。 外部人员利用信息系统的脆弱性,对网络或系统的保密性、完整性和可用性进行破坏,以获取利益或炫耀能力
	非恶意人员	内部人员由于缺乏责任心,或者由于不关心或不专注,或者没有遵循规章制度和操作流程而导致故障或信息损坏;内部人员由于缺乏培训、专业技能不足、不具备岗位技能要求而导致信息系统故障或被攻击

对威胁进行分类的方式有多种,针对上表的威胁来源,可以根据其表现形式将威胁进行分类。表 7 提供了一种基于表现形式的威胁分类方法。

表 7 一种基于表现形式的威胁分类表

种类	描述	威胁子类
软硬件故障	对业务实施或系统运行产生影响的设备硬件故障、通讯链路中断、系统本身或软件缺陷等问题	设备硬件故障、传输设备故障、存储媒体故障、系统软件故障、应用软件故障、数据库软件故障、开发环境故障等
物理环境影响	对信息系统正常运行造成影响的物理环境问题和自然灾害	断电、静电、灰尘、潮湿、温度、鼠蚁虫害、电磁干扰、洪灾、火灾、地震等
无作为或操作失误	应该执行而没有执行相应的操作,或无意执行了错误的操作	维护错误、操作失误等
管理不到位	安全管理无法落实或不到位,从而破坏信息系统正常有序运行	管理制度和策略不完善、管理规程缺失、职责不明确、监督控管机制不健全等
恶意代码	故意在计算机系统上执行恶意任务的程序代码	病毒、特洛伊木马、蠕虫、陷门、间谍软件、窃听软件等
越权或滥用	通过采用一些措施,超越自己的权限访问了本来无权访问的资源,或者滥用自己的权限,做出破坏信息系统的行为	非授权访问网络资源、非授权访问系统资源、滥用权限非正常修改系统配置或数据、滥用权限泄露秘密信息等
网络攻击	利用工具和技术通过网络对信息系统进行攻击和入侵	网络探测和信息采集、漏洞探测、嗅探(帐号、口令、权限等)、用户身份伪造和欺骗、用户或业务数据的窃取和破坏、系统运行的控制和破坏等
物理攻击	通过物理的接触造成对软件、硬件、数据的破坏	物理接触、物理破坏、盗窃等
泄密	信息泄露给不应了解的他人	内部信息泄露、外部信息泄露等
篡改	非法修改信息,破坏信息的完整性使系统的安全性降低或信息不可用	篡改网络配置信息、篡改系统配置信息、篡改安全配置信息、篡改用户身份信息或业务数据信息等
抵赖	不承认收到的信息和所作的操作和交易	原发抵赖、接收抵赖、第三方抵赖等

5.3.2 威胁赋值

判断威胁出现的频率是威胁赋值的重要内容,评估者应根据经验和(或)有关的统计数据来进行判断。在评估中，需要综合考虑以下三个方面，以形成在某种评估环境中各种威胁出现的频率：

a) 以往安全事件报告中出现过的威胁及其频率的统计；

b) 实际环境中通过检测工具以及各种日志发现的威胁及其频率的统计；

c) 近一两年来国际组织发布的对于整个社会或特定行业的威胁及其频率统计，以及发布的威胁预警。

可以对威胁出现的频率进行等级化处理，不同等级分别代表威胁出现的频率的高低。等级数值越大，威胁出现的频率越高。

表8提供了威胁出现频率的一种赋值方法。在实际的评估中，威胁频率的判断依据应在评估准备阶段根据历史统计或行业判断予以确定，并得到被评估方的认可。

表8 威胁赋值表

等级	标识	定义
5	很高	出现的频率很高(或≥1次/周)；或在大多数情况下几乎不可避免；或可以证实经常发生过
4	高	出现的频率较高(或≥1次/月)；或在大多数情况下很有可能会发生；或可以证实多次发生过
3	中等	出现的频率中等(或>1次/半年)；或在某种情况下可能会发生；或被证实曾经发生过
2	低	出现的频率较小；或一般不太可能发生；或没有被证实发生过
1	很低	威胁几乎不可能发生；仅可能在非常罕见和例外的情况下发生

5.4 脆弱性识别

5.4.1 脆弱性识别内容

脆弱性是资产本身存在的，如果没有被相应的威胁利用，单纯的脆弱性本身不会对资产造成损害。而且如果系统足够强健，严重的威胁也不会导致安全事件发生，并造成损失。即，威胁总是要利用资产的脆弱性才可能造成危害。

资产的脆弱性具有隐蔽性，有些脆弱性只有在一定条件和环境下才能显现，这是脆弱性识别中最为困难的部分。不正确的、起不到应有作用的或没有正确实施的安全措施本身就可能是一个脆弱性。

脆弱性识别是风险评估中最重要的一个环节。脆弱性识别可以以资产为核心，针对每一项需要保护的资产，识别可能被威胁利用的弱点，并对脆弱性的严重程度进行评估；也可以从物理、网络、系统、应用等层次进行识别，然后与资产、威胁对应起来。脆弱性识别的依据可以是国际或国家安全标准，也可以是行业规范、应用流程的安全要求。对应用在不同环境中的相同的弱点，其脆弱性严重程度是不同的，评估者应从组织安全策略的角度考虑、判断资产的脆弱性及其严重程度。信息系统所采用的协议、应用流程的完备与否、与其他网络的互联等也应考虑在内。

脆弱性识别时的数据应来自于资产的所有者、使用者，以及相关业务领域和软硬件方面的专业人员等。脆弱性识别所采用的方法主要有：问卷调查、工具检测、人工核查、文档查阅、渗透性测试等。

脆弱性识别主要从技术和管理两个方面进行，技术脆弱性涉及物理层、网络层、系统层、应用层等各个层面的安全问题。管理脆弱性又可分为技术管理脆弱性和组织管理脆弱性两方面，前者与具体技术活动相关，后者与管理环境相关。

对不同的识别对象，其脆弱性识别的具体要求应参照相应的技术或管理标准实施。例如，对物理环境的脆弱性识别应按GB/T 9361中的技术指标实施；对操作系统、数据库应按GB 17859—1999中的技术指标实施；对网络、系统、应用等信息技术安全性的脆弱性识别应按GB/T 18336—2001中的技术指标实施；对管理脆弱性识别方面应按GB/T 19716—2005的要求对安全管理制度及其执行情况进行检查，发现管理脆弱性和不足。表9提供了一种脆弱性识别内容的参考。

表 9 脆弱性识别内容表

类 型	识别对象	识 别 内 容
技术脆弱性	物理环境	从机房场地、机房防火、机房供配电、机房防静电、机房接地与防雷、电磁防护、通信线路的保护、机房区域防护、机房设备管理等方面进行识别
	网络结构	从网络结构设计、边界保护、外部访问控制策略、内部访问控制策略、网络设备安全配置等方面进行识别
	系统软件	从补丁安装、物理保护、用户帐号、口令策略、资源共享、事件审计、访问控制、新系统配置、注册表加固、网络安全、系统管理等方面进行识别
	应用中间件	从协议安全、交易完整性、数据完整性等方面进行识别
	应用系统	从审计机制、审计存储、访问控制策略、数据完整性、通信、鉴别机制、密码保护等方面进行识别
管理脆弱性	技术管理	从物理和环境安全、通信与操作管理、访问控制、系统开发与维护、业务连续性等方面进行识别
	组织管理	从安全策略、组织安全、资产分类与控制、人员安全、符合性等方面进行识别

5.4.2 脆弱性赋值

可以根据脆弱性对资产的暴露程度、技术实现的难易程度、流行程度等，采用等级方式对已识别的脆弱性的严重程度进行赋值。由于很多脆弱性反映的是同一方面的问题，或可能造成相似的后果，赋值时应综合考虑这些脆弱性，以确定这一方面脆弱性的严重程度。

对某个资产，其技术脆弱性的严重程度还受到组织管理脆弱性的影响。因此，资产的脆弱性赋值还应参考技术管理和组织管理脆弱性的严重程度。

脆弱性严重程度可以进行等级化处理，不同的等级分别代表资产脆弱性严重程度的高低。等级数值越大，脆弱性严重程度越高。表 10 提供了脆弱性严重程度的一种赋值方法。

表 10 脆弱性严重程度赋值表

等 级	标 识	定 义
5	很高	如果被威胁利用，将对资产造成完全损害
4	高	如果被威胁利用，将对资产造成重大损害
3	中等	如果被威胁利用，将对资产造成一般损害
2	低	如果被威胁利用，将对资产造成较小损害
1	很低	如果被威胁利用，将对资产造成的损害可以忽略

5.5 已有安全措施确认

在识别脆弱性的同时，评估人员应对已采取的安全措施的有效性进行确认。安全措施的确认应评估其有效性，即是否真正地降低了系统的脆弱性，抵御了威胁。对有效的安全措施继续保持，以避免不必要的工作和费用，防止安全措施的重复实施。对确认为不适当的安全措施应核实是否应被取消或对其进行修正，或用更合适的安全措施替代。

安全措施可以分为预防性安全措施和保护性安全措施两种。预防性安全措施可以降低威胁利用脆弱性导致安全事件发生的可能性，如入侵检测系统；保护性安全措施可以减少因安全事件发生后对组织或系统造成的影响。

已有安全措施确认与脆弱性识别存在一定的联系。一般来说，安全措施的使用将减少系统技术或管理上的脆弱性，但安全措施确认并不需要和脆弱性识别过程那样具体到每个资产、组件的脆弱性，而是一类具体措施的集合，为风险处理计划的制定提供依据和参考。

5.6 风险分析

5.6.1 风险计算原理

在完成了资产识别、威胁识别、脆弱性识别，以及已有安全措施确认后，将采用适当的方法与工具确定威胁利用脆弱性导致安全事件发生的可能性。综合安全事件所作用的资产价值及脆弱性的严重程度，判断安全事件造成的损失对组织的影响，即安全风险。本标准给出了风险计算原理，以下面的范式形式化加以说明：

风险值＝R(A，T，V)＝ R(L(T，V)，F(Ia，Va))。

其中，R 表示安全风险计算函数；A 表示资产；T 表示威胁；V 表示脆弱性；Ia 表示安全事件所作用的资产价值；Va 表示脆弱性严重程度；L 表示威胁利用资产的脆弱性导致安全事件的可能性；F 表示安全事件发生后造成的损失。有以下三个关键计算环节：

a) 计算安全事件发生的可能性

根据威胁出现频率及脆弱性的状况，计算威胁利用脆弱性导致安全事件发生的可能性，即：

安全事件的可能性＝L(威胁出现频率，脆弱性)＝L(T，V)。

在具体评估中，应综合攻击者技术能力(专业技术程度、攻击设备等)、脆弱性被利用的难易程度(可访问时间、设计和操作知识公开程度等)、资产吸引力等因素来判断安全事件发生的可能性。

b) 计算安全事件发生后造成的损失

根据资产价值及脆弱性严重程度，计算安全事件一旦发生后造成的损失，即：

安全事件造成的损失＝F(资产价值，脆弱性严重程度)＝F(Ia，Va)。

部分安全事件的发生造成的损失不仅仅是针对该资产本身，还可能影响业务的连续性；不同安全事件的发生对组织的影响也是不一样的。在计算某个安全事件的损失时，应将对组织的影响也考虑在内。

部分安全事件造成的损失的判断还应参照安全事件发生可能性的结果，对发生可能性极小的安全事件(如处于非地震带的地震威胁、在采取完备供电措施状况下的电力故障威胁等)可以不计算其损失。

c) 计算风险值

根据计算出的安全事件的可能性以及安全事件造成的损失，计算风险值，即：

风险值＝R(安全事件的可能性，安全事件造成的损失)＝R(L(T，V)，F(Ia，Va))。

评估者可根据自身情况选择相应的风险计算方法计算风险值，如矩阵法或相乘法。矩阵法通过构造一个二维矩阵，形成安全事件的可能性与安全事件造成的损失之间的二维关系；相乘法通过构造经验函数，将安全事件的可能性与安全事件造成的损失进行运算得到风险值。

附录 A 中给出了矩阵法和相乘法的风险计算示例。

5.6.2 风险结果判定

为实现对风险的控制与管理，可以对风险评估的结果进行等级化处理。可将风险划分为五级，等级越高，风险越高。

评估者应根据所采用的风险计算方法，计算每种资产面临的风险值，根据风险值的分布状况，为每个等级设定风险值范围，并对所有风险计算结果进行等级处理。每个等级代表了相应风险的严重程度。

表 11 提供了一种风险等级划分方法。

表 11 风险等级划分表

等级	标识	描述
5	很高	一旦发生将产生非常严重的经济或社会影响，如组织信誉严重破坏、严重影响组织的正常经营，经济损失重大、社会影响恶劣
4	高	一旦发生将产生较大的经济或社会影响，在一定范围内给组织的经营和组织信誉造成损害
3	中等	一旦发生会造成一定的经济、社会或生产经营影响，但影响面和影响程度不大
2	低	一旦发生造成的影响程度较低，一般仅限于组织内部，通过一定手段很快能解决
1	很低	一旦发生造成的影响几乎不存在，通过简单的措施就能弥补

风险等级处理的目的是为风险管理过程中对不同风险的直观比较，以确定组织安全策略。组织应当综合考虑风险控制成本与风险造成的影响，提出一个可接受的风险范围。对某些资产的风险，如果风险计算值在可接受的范围内，则该风险是可接受的，应保持已有的安全措施；如果风险评估值在可接受的范围外，即风险计算值高于可接受范围的上限值，则该风险是不可接受的，需要采取安全措施以降低、控制风险。另一种确定不可接受的风险的办法是根据等级化处理的结果，不设定可接受风险值的基准，对达到相应等级的风险都进行处理。

5.6.3 风险处理计划

对不可接受的风险应根据导致该风险的脆弱性制定风险处理计划。风险处理计划中应明确采取的弥补脆弱性的安全措施、预期效果、实施条件、进度安排、责任部门等。安全措施的选择应从管理与技术两个方面考虑。安全措施的选择与实施应参照信息安全的相关标准进行。

5.6.4 残余风险评估

在对于不可接受的风险选择适当安全措施后，为确保安全措施的有效性，可进行再评估，以判断实施安全措施后的残余风险是否已经降低到可接受的水平。残余风险的评估可以依据本标准提出的风险评估流程实施，也可做适当裁减。一般来说，安全措施的实施是以减少脆弱性或降低安全事件发生可能性为目标的，因此，残余风险的评估可以从脆弱性评估开始，在对照安全措施实施前后的脆弱性状况后，再次计算风险值的大小。

某些风险可能在选择了适当的安全措施后，残余风险的结果仍处于不可接受的风险范围内，应考虑是否接受此风险或进一步增加相应的安全措施。

5.7 风险评估文档记录

5.7.1 风险评估文档记录的要求

记录风险评估过程的相关文档，应符合以下要求（但不仅限于此）：

a) 确保文档发布前是得到批准的；

b) 确保文档的更改和现行修订状态是可识别的；

c) 确保文档的分发得到适当的控制，并确保在使用时可获得有关版本的适用文档；

d) 防止作废文档的非预期使用，若因任何目的需保留作废文档时，应对这些文档进行适当的标识。

对于风险评估过程中形成的相关文档，还应规定其标识、储存、保护、检索、保存期限以及处置所需的控制。

相关文档是否需要以及详略程度由组织的管理者来决定。

5.7.2 风险评估文档

风险评估文档是指在整个风险评估过程中产生的评估过程文档和评估结果文档，包括（但不仅限于此）：

a) 风险评估方案：阐述风险评估的目标、范围、人员、评估方法、评估结果的形式和实施进度等；

b) 风险评估程序:明确评估的目的、职责、过程、相关的文档要求,以及实施本次评估所需要的各种资产、威胁、脆弱性识别和判断依据;

c) 资产识别清单:根据组织在风险评估程序文档中所确定的资产分类方法进行资产识别,形成资产识别清单,明确资产的责任人/部门;

d) 重要资产清单:根据资产识别和赋值的结果,形成重要资产列表,包括重要资产名称、描述、类型、重要程度、责任人/部门等;

e) 威胁列表:根据威胁识别和赋值的结果,形成威胁列表,包括威胁名称、种类、来源、动机及出现的频率等;

f) 脆弱性列表:根据脆弱性识别和赋值的结果,形成脆弱性列表,包括具体脆弱性的名称、描述、类型及严重程度等;

g) 已有安全措施确认表:根据对已采取的安全措施确认的结果,形成已有安全措施确认表,包括已有安全措施名称、类型、功能描述及实施效果等;

h) 风险评估报告:对整个风险评估过程和结果进行总结,详细说明被评估对象、风险评估方法、资产、威胁、脆弱性的识别结果、风险分析、风险统计和结论等内容;

i) 风险处理计划:对评估结果中不可接受的风险制定风险处理计划,选择适当的控制目标及安全措施,明确责任、进度、资源,并通过对残余风险的评价以确定所选择安全措施的有效性;

j) 风险评估记录:根据风险评估程序,要求风险评估过程中的各种现场记录可复现评估过程,并作为产生歧义后解决问题的依据。

6 信息系统生命周期各阶段的风险评估

6.1 信息系统生命周期概述

风险评估应贯穿于信息系统生命周期的各阶段中。信息系统生命周期各阶段中涉及的风险评估的原则和方法是一致的,但由于各阶段实施的内容、对象、安全需求不同,使得风险评估的对象、目的、要求等各方面也有所不同。具体而言,在规划设计阶段,通过风险评估以确定系统的安全目标;在建设验收阶段,通过风险评估以确定系统的安全目标达成与否;在运行维护阶段,要不断地实施风险评估以识别系统面临的不断变化的风险和脆弱性,从而确定安全措施的有效性,确保安全目标得以实现。因此,每个阶段风险评估的具体实施应根据该阶段的特点有所侧重地进行。有条件时,应采用风险评估工具开展风险评估活动。

有关风险评估工具的说明参见附录 B。

6.2 规划阶段的风险评估

规划阶段风险评估的目的是识别系统的业务战略,以支撑系统安全需求及安全战略等。规划阶段的评估应能够描述信息系统建成后对现有业务模式的作用,包括技术、管理等方面,并根据其作用确定系统建设应达到的安全目标。

本阶段评估中,资产、脆弱性不需要识别;威胁应根据未来系统的应用对象、应用环境、业务状况、操作要求等方面进行分析。评估着重在以下几方面:

a) 是否依据相关规则,建立了与业务战略相一致的信息系统安全规划,并得到最高管理者的认可;

b) 系统规划中是否明确信息系统开发的组织、业务变更的管理、开发优先级;

c) 系统规划中是否考虑信息系统的威胁、环境,并制定总体的安全方针;

d) 系统规划中是否描述信息系统预期使用的信息,包括预期的应用、信息资产的重要性、潜在的价值、可能的使用限制、对业务的支持程度等;

e） 系统规划中是否描述所有与信息系统安全相关的运行环境，包括物理和人员的安全配置，以及明确相关的法规、组织安全策略、专门技术和知识等。

规划阶段的评估结果应体现在信息系统整体规划或项目建议书中。

6.3 设计阶段的风险评估

设计阶段的风险评估需要根据规划阶段所明确的系统运行环境、资产重要性，提出安全功能需求。设计阶段的风险评估结果应对设计方案中所提供的安全功能符合性进行判断，作为采购过程风险控制的依据。

本阶段评估中，应详细评估设计方案中对系统面临威胁的描述，将使用的具体设备、软件等资产及其安全功能需求列表。对设计方案的评估着重在以下几方面：

a） 设计方案是否符合系统建设规划，并得到最高管理者的认可；

b） 设计方案是否对系统建设后面临的威胁进行了分析，重点分析来自物理环境和自然的威胁，以及由于内、外部入侵等造成的威胁；

c） 设计方案中的安全需求是否符合规划阶段的安全目标，并基于威胁的分析，制定信息系统的总体安全策略；

d） 设计方案是否采取了一定的手段来应对系统可能的故障；

e） 设计方案是否对设计原型中的技术实现以及人员、组织管理等方面的脆弱性进行评估，包括设计过程中的管理脆弱性和技术平台固有的脆弱性；

f） 设计方案是否考虑随着其他系统接入而可能产生的风险；

g） 系统性能是否满足用户需求，并考虑到峰值的影响，是否在技术上考虑了满足系统性能要求的方法；

h） 应用系统（含数据库）是否根据业务需要进行了安全设计；

i） 设计方案是否根据开发的规模、时间及系统的特点选择开发方法，并根据设计开发计划及用户需求，对系统涉及的软件、硬件与网络进行分析和选型；

j） 设计活动中所采用的安全控制措施、安全技术保障手段对风险的影响。在安全需求变更和设计变更后，也需要重复这项评估。

设计阶段的评估可以以安全建设方案评审的方式进行，判定方案所提供的安全功能与信息技术安全技术标准的符合性。评估结果应体现在信息系统需求分析报告或建设实施方案中。

6.4 实施阶段的风险评估

实施阶段风险评估的目的是根据系统安全需求和运行环境对系统开发、实施过程进行风险识别，并对系统建成后的安全功能进行验证。根据设计阶段分析的威胁和制定的安全措施，在实施及验收时进行质量控制。

基于设计阶段的资产列表、安全措施，实施阶段应对规划阶段的安全威胁进行进一步细分，同时评估安全措施的实现程度，从而确定安全措施能否抵御现有威胁、脆弱性的影响。实施阶段风险评估主要对系统的开发与技术/产品获取、系统交付实施两个过程进行评估。

开发与技术/产品获取过程的评估要点包括：

a） 法律、政策、适用标准和指导方针：直接或间接影响信息系统安全需求的特定法律；影响信息系统安全需求、产品选择的政府政策、国际或国家标准；

b） 信息系统的功能需要：安全需求是否有效地支持系统的功能；

c） 成本效益风险：是否根据信息系统的资产、威胁和脆弱性的分析结果，确定在符合相关法律、政策、标准和功能需要的前提下选择最合适的安全措施；

d） 评估保证级别：是否明确系统建设后应进行怎样的测试和检查，从而确定是否满足项目建设、实施规范的要求。

系统交付实施过程的评估要点包括：

a) 根据实际建设的系统，详细分析资产、面临的威胁和脆弱性；

b) 根据系统建设目标和安全需求，对系统的安全功能进行验收测试；评价安全措施能否抵御安全威胁；

c) 评估是否建立了与整体安全策略一致的组织管理制度；

d) 对系统实现的风险控制效果与预期设计的符合性进行判断，如存在较大的不符合，应重新进行信息系统安全策略的设计与调整。

本阶段风险评估可以采取对照实施方案和标准要求的方式，对实际建设结果进行测试、分析。

6.5 运行维护阶段的风险评估

运行维护阶段风险评估的目的是了解和控制运行过程中的安全风险，是一种较为全面的风险评估。评估内容包括对真实运行的信息系统、资产、威胁、脆弱性等各方面。

a) 资产评估：在真实环境下较为细致的评估。包括实施阶段采购的软硬件资产、系统运行过程中生成的信息资产、相关的人员与服务等，本阶段资产识别是前期资产识别的补充与增加；

b) 威胁评估：应全面地分析威胁的可能性和影响程度。对非故意威胁导致安全事件的评估可以参照安全事件的发生频率；对故意威胁导致安全事件的评估主要就威胁的各个影响因素做出专业判断；

c) 脆弱性评估：是全面的脆弱性评估。包括运行环境中物理、网络、系统、应用、安全保障设备、管理等各方面的脆弱性。技术脆弱性评估可以采取核查、扫描、案例验证、渗透性测试的方式实施；安全保障设备的脆弱性评估，应考虑安全功能的实现情况和安全保障设备本身的脆弱性；管理脆弱性评估可以采取文档、记录核查等方式进行验证；

d) 风险计算：根据本标准的相关方法，对重要资产的风险进行定性或定量的风险分析，描述不同资产的风险高低状况。

运行维护阶段的风险评估应定期执行；当组织的业务流程、系统状况发生重大变更时，也应进行风险评估。重大变更包括以下情况(但不限于)：

a) 增加新的应用或应用发生较大变更；

b) 网络结构和连接状况发生较大变更；

c) 技术平台大规模的更新；

d) 系统扩容或改造；

e) 发生重大安全事件后，或基于某些运行记录怀疑将发生重大安全事件；

f) 组织结构发生重大变动对系统产生了影响。

6.6 废弃阶段的风险评估

当信息系统不能满足现有要求时，信息系统进入废弃阶段。根据废弃的程度，又分为部分废弃和全部废弃两种。

废弃阶段风险评估着重在以下几方面：

a) 确保硬件和软件等资产及残留信息得到了适当的处置，并确保系统组件被合理地丢弃或更换；

b) 如果被废弃的系统是某个系统的一部分，或与其他系统存在物理或逻辑上的连接，还应考虑系统废弃后与其他系统的连接是否被关闭；

c) 如果在系统变更中废弃，除对废弃部分外，还应对变更的部分进行评估，以确定是否会增加风险或引入新的风险；

d) 是否建立了流程，确保更新过程在一个安全、系统化的状态下完成。

本阶段应重点对废弃资产对组织的影响进行分析,并根据不同的影响制定不同的处理方式。对由于系统废弃可能带来的新的威胁进行分析,并改进新系统或管理模式。对废弃资产的处理过程应在有效的监督之下实施,同时对废弃的执行人员进行安全教育。

信息系统的维护技术人员和管理人员均应该参与此阶段的评估。

7 风险评估的工作形式

7.1 概述

信息安全风险评估分为自评估和检查评估两种形式。信息安全风险评估应以自评估为主,自评估和检查评估相互结合、互为补充。

7.2 自评估

自评估是指信息系统拥有、运营或使用单位发起的对本单位信息系统进行的风险评估。自评估应在本标准的指导下,结合系统特定的安全要求进行实施。周期性进行的自评估可以在评估流程上适当简化,重点针对自上次评估后系统发生变化后引入的新威胁,以及系统脆弱性的完整识别,以便于两次评估结果的对比。但系统发生6.5中所列的重大变更时,应依据本标准进行完整的评估。

自评估可由发起方实施或委托风险评估服务技术支持方实施。由发起方实施的评估可以降低实施的费用、提高信息系统相关人员的安全意识,但可能由于缺乏风险评估的专业技能,其结果不够深入准确;同时,受到组织内部各种因素的影响,其评估结果的客观性易受影响。委托风险评估服务技术支持方实施的评估,过程比较规范、评估结果的客观性比较好,可信程度较高;但由于受到行业知识技能及业务了解的限制,对被评估系统的了解,尤其是在业务方面的特殊要求存在一定的局限。但由于引入第三方本身就是一个风险因素,因此,对其背景与资质、评估过程与结果的保密要求等方面应进行控制。

此外,为保证风险评估的实施,与系统相连的相关方也应配合,以防止给其他方的使用带来困难或引入新的风险。

7.3 检查评估

检查评估是指信息系统上级管理部门组织的或国家有关职能部门依法开展的风险评估。

检查评估可依据本标准的要求,实施完整的风险评估过程。

检查评估也可在自评估实施的基础上,对关键环节或重点内容实施抽样评估,包括以下内容(但不仅限于):

a) 自评估队伍及技术人员审查;
b) 自评估方法的检查;
c) 自评估过程控制与文档记录检查;
d) 自评估资产列表审查;
e) 自评估威胁列表审查;
f) 自评估脆弱性列表审查;
g) 现有安全措施有效性检查;
h) 自评估结果审查与采取相应措施的跟踪检查;
i) 自评估技术技能限制未完成项目的检查评估;
j) 上级关注或要求的关键环节和重点内容的检查评估;
k) 软硬件维护制度及实施管理的检查;
l) 突发事件应对措施的检查。

检查评估也可委托风险评估服务技术支持方实施,但评估结果仅对检查评估的发起单位负责。由于检查评估代表了主管机关,涉及评估对象也往往较多,因此,要对实施检查评估机构的资质进行严格管理。

附 录 A
（资料性附录）
风险的计算方法

对风险进行计算，需要确定影响风险要素、要素之间的组合方式以及具体的计算方法，将风险要素按照组合方式使用具体的计算方法进行计算，得到风险值。

目前通用的风险评估中风险值计算涉及的风险要素一般为资产、威胁、脆弱性（其关系如图1所示）；这些要素的组合方式如5.6.1的风险计算原理中指出，由威胁和脆弱性确定安全事件发生的可能性，由资产和脆弱性确定安全事件的损失，以及由安全事件发生的可能性和安全事件的损失确定风险值。目前，常用的计算方法是矩阵法和相乘法。

本附录首先说明矩阵法和相乘法的原理，然后基于5.6.1的风险计算原理中指出的风险要素和要素组合方式，以示例的形式说明采用矩阵法和相乘法计算风险值的过程。

在实际应用中，可以将矩阵法和相乘法结合使用。

A.1 使用矩阵法计算风险

A.1.1 矩阵法原理

矩阵法主要适用于由两个要素值确定一个要素值的情形。首先需要确定二维计算矩阵，矩阵内各个要素的值根据具体情况和函数递增情况采用数学方法确定，然后将两个元素的值在矩阵中进行比对，行列交叉处即为所确定的计算结果。

即 $z=f(x,y)$，函数 f 可以采用矩阵法。

矩阵法的原理是：

$x=\{x_1,x_2,\cdots,x_i,\cdots,x_m\}$，$1\leqslant i\leqslant m$，$x_i$ 为正整数

$y=\{y_1,y_2,\cdots,y_j,\cdots,y_n\}$，$1\leqslant j\leqslant n$，$y_j$ 为正整数

以要素 x 和要素 y 的取值构建一个二维矩阵，如表A.1所示。矩阵行值为要素 y 的所有取值，矩阵列值为要素 x 的所有取值。矩阵内 $m\times n$ 个值即为要素 z 的取值，$z=\{z_{11},z_{12},\cdots,z_{ij},\cdots,z_{mn}\}$，$1\leqslant i\leqslant m$，$1\leqslant j\leqslant n$，$z_{ij}$ 为正整数。

表A.1 矩阵构造

	y	y_1	y_2	…	y_j	…	y_n
x	x_1	z_{11}	z_{12}	…	z_{1j}	…	z_{1n}
	x_2	z_{21}	z_{22}	…	z_{2j}	…	z_{2n}
	…	…	…	…	…	…	…
	x_i	z_{i1}	z_{i2}	…	z_{ij}	…	z_{in}
	…	…	…	…	…	…	…
	x_m	z_{m1}	z_{m2}	…	z_{mj}	…	z_{mn}

对于 z_{ij} 的计算，可以采取以下计算公式：

$z_{ij}=x_i+y_j$，

或 $z_{ij}=x_i\times y_j$，

或 $z_{ij}=\alpha\times x_i+\beta\times y_j$，其中 α 和 β 为正常数。

z_{ij} 的计算需要根据实际情况确定，矩阵内 z_{ij} 值的计算不一定遵循统一的计算公式，但必须具有统一的增减趋势，即如果 f 是递增函数，z_{ij} 值应随着 x_i 与 y_j 的值递增，反之亦然。

矩阵法的特点在于通过构造两两要素计算矩阵，可以清晰罗列要素的变化趋势，具备良好灵活性。

在风险值计算中，通常需要对两个要素确定的另一个要素值进行计算，例如由威胁和脆弱性确定安全事件发生可能性值、由资产和脆弱性确定安全事件的损失值等，同时需要整体掌握风险值的确定，因此矩阵法在风险分析中得到广泛采用。

A.1.2 计算示例

以下基于5.6.1的风险计算原理，具体说明使用矩阵法计算风险的过程。

A.1.2.1 条件

共有三个重要资产，资产A1、资产A2和资产A3；

资产A1面临两个主要威胁，威胁T1和威胁T2；

资产A2面临一个主要威胁，威胁T3；

资产A3面临两个主要威胁，威胁T4和T5；

威胁T1可以利用的资产A1存在的两个脆弱性，脆弱性V1和脆弱性V2；

威胁T2可以利用的资产A1存在的三个脆弱性，脆弱性V3、脆弱性V4和脆弱性V5；

威胁T3可以利用的资产A2存在的两个脆弱性，脆弱性V6和脆弱性V7；

威胁T4可以利用的资产A3存在的一个脆弱性，脆弱性V8；

威胁T5可以利用的资产A3存在的一个脆弱性，脆弱性V9。

资产价值分别是：资产A1=2，资产A2=3，资产A3=5；

威胁发生频率分别是：威胁T1=2，威胁T2=1，威胁T3=2，威胁T4=5，威胁T5=4；

脆弱性严重程度分别是：脆弱性V1=2，脆弱性V2=3，脆弱性V3=1，脆弱性V4=4，脆弱性V5=2，脆弱性V6=4，脆弱性V7=2，脆弱性V8=3，脆弱性V9=5。

A.1.2.2 计算重要资产的风险值

三个资产的风险值计算过程类似，下面以资产A1为例使用矩阵法计算风险值。

资产A1面临的主要威胁包括威胁T1和威胁T2，威胁T1可以利用的资产A1存在的脆弱性包括两个，威胁T2可以利用的资产A1存在的脆弱性包括三个，则资产A1存在的风险值包括五个。五个风险值的计算过程类似，下面以资产A1面临的威胁T1可以利用的脆弱性V1为例，计算安全风险值。

a) 计算安全事件发生可能性

威胁发生频率：威胁T1=2；

脆弱性严重程度：脆弱性V1=2。

首先构建安全事件发生可能性矩阵，如表A.2所示。

表A.2 安全事件可能性矩阵

	脆弱性严重程度	1	2	3	4	5
威胁发生频率	1	2	4	7	11	14
	2	3	6	10	13	17
	3	5	9	12	16	20
	4	7	11	14	18	22
	5	8	12	17	20	25

然后根据威胁发生频率值和脆弱性严重程度值在矩阵中进行对照，确定安全事件发生可能性值等于6。

由于安全事件发生可能性将参与风险事件值的计算，为了构建风险矩阵，对上述计算得到的安全风险事件发生可能性进行等级划分，如表A.3所示，安全事件发生可能性等级等于2。

表 A.3 安全事件可能性等级划分

安全事件发生可能性值	1～5	6～11	12～16	17～21	22～25
发生可能性等级	1	2	3	4	5

b) 计算安全事件的损失

资产价值:资产 A1=2;

脆弱性严重程度:脆弱性 V1=2。

首先构建安全事件损失矩阵,如表 A.4 所示。

表 A.4 安全事件损失矩阵

	脆弱性严重程度	1	2	3	4	5
资产价值	1	2	4	6	10	13
	2	3	5	9	12	16
	3	4	7	11	15	20
	4	5	8	14	19	22
	5	6	10	16	21	25

然后根据资产价值和脆弱性严重程度值在矩阵中进行对照,确定安全事件损失值等于 5。

由于安全事件损失将参与风险事件值的计算,为了构建风险矩阵,对上述计算得到的安全事件损失进行等级划分,如表 A.5 所示,安全事件损失等级等于 1。

表 A.5 安全事件损失等级划分

安全事件损失值	1～5	6～10	11～15	16～20	21～25
安全事件损失等级	1	2	3	4	5

c) 计算风险值

安全事件发生可能性=2;安全事件损失等级=1。

首先构建风险矩阵,如表 A.6 所示。

表 A.6 风险矩阵

	可能性	1	2	3	4	5
损失等级	1	3	6	9	12	16
	2	5	8	11	15	18
	3	6	9	13	17	21
	4	7	11	16	20	23
	5	9	14	20	23	25

然后根据安全事件发生可能性和安全事件损失等级在矩阵中进行对照,确定安全事件风险等于 6。

按照上述方法进行计算,得到资产 A1 的其他的风险值,以及资产 A2 和资产 A3 的风险。然后再进行风险结果等级判定。

A.1.2.3 结果判定

确定风险等级划分 如表 A.7 所示。

表 A.7 风险等级划分

风险值	1～6	7～12	13～18	19～23	24～25
风险等级	1	2	3	4	5

根据上述计算方法,以此类推,得到三个重要资产的风险值,并根据风险等级划分表,确定风险等

级，结果如表 A.8 所示。

表 A.8 风险结果

资产	威胁	脆弱性	风险值	风险等级
资产 A1	威胁 T1	脆弱性 V1	6	1
	威胁 T1	脆弱性 V2	8	2
	威胁 T2	脆弱性 V3	3	1
	威胁 T2	脆弱性 V4	9	2
	威胁 T2	脆弱性 V5	3	1
资产 A2	威胁 T3	脆弱性 V6	11	2
	威胁 T3	脆弱性 V7	8	2
资产 A3	威胁 T4	脆弱性 V8	20	4
	威胁 T5	脆弱性 V9	25	5

重要资产的风险等级柱状图如图 A.1 所示。

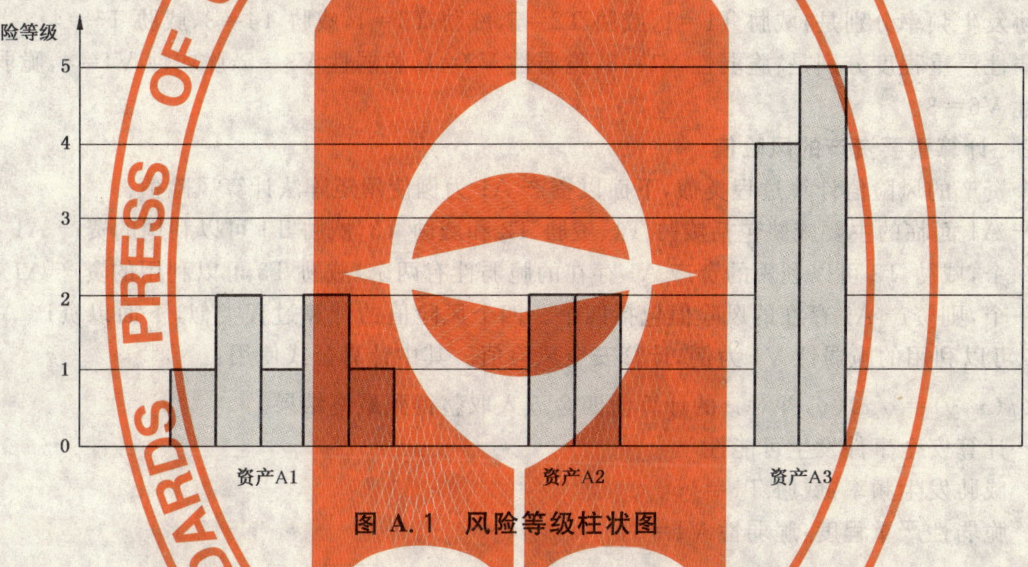

图 A.1 风险等级柱状图

A.2 使用相乘法计算风险

A.2.1 相乘法原理

相乘法主要用于两个或多个要素值确定一个要素值的情形。即 $z=f(x,y)$，函数 f 可以采用相乘法。

相乘法的原理是：

$z=f(x,y)=x\otimes y$。

当 f 为增量函数时，$\otimes$可以为直接相乘，也可以为相乘后取模等，例如：

$z=f(x,y)=x\times y$，

或 $z=f(x,y)=\sqrt{x\times y}$，

或 $z=f(x,y)=\lfloor\sqrt{x\times y}\rfloor$，

或 $z=f(x,y)=\left[\dfrac{\sqrt{x\times y}}{x+y}\right]$等。

相乘法提供一种定量的计算方法，直接使用两个要素值进行相乘得到另一个要素的值。相乘法的特点是简单明确，直接按照统一公式计算，即可得到所需结果。

在风险值计算中，通常需要对两个要素确定的另一个要素值进行计算，例如由威胁和脆弱性确定安全事件发生可能性值、由资产和脆弱性确定安全事件的损失值，因此相乘法在风险分析中得到广泛采用。

A.2.2　计算示例

以下基于5.6.1的风险计算原理，具体说明使用相乘法计算风险的过程。

A.2.2.1　条件

共有两个重要资产，资产A1和资产A2；

资产A1面临三个主要威胁，威胁T1、威胁T2和威胁T3；

资产A2面临两个主要威胁，威胁T4和威胁T5；

威胁T1可以利用的资产A1存在的一个脆弱性，脆弱性V1；

威胁T2可以利用的资产A1存在的两个脆弱性，脆弱性V2、脆弱性V3；

威胁T3可以利用的资产A1存在的一个脆弱性，脆弱性V4；

威胁T4可以利用的资产A2存在的一个脆弱性，脆弱性V5；

威胁T5可以利用的资产A2存在的一个脆弱性，脆弱性V6。

资产价值分别是：资产A1＝4，资产A2＝5；

威胁发生频率分别是：威胁T1＝1，威胁T2＝5，威胁T3＝4，威胁T4＝3，威胁T5＝4；

脆弱性严重程度分别是：脆弱性V1＝3，脆弱性V2＝1，脆弱性V3＝5，脆弱性V4＝4，脆弱性V5＝4，脆弱性V6＝3。

A.2.2.2　计算重要资产的风险值

两个资产的风险值计算过程类似，下面以资产A1为例使用矩阵法计算风险值。

资产A1面临的主要威胁包括威胁T1、威胁T2和威胁T3，威胁T1可以利用的资产A1存在的脆弱性有一个，威胁T2可以利用的资产A1存在的脆弱性有两个，威胁T3可以利用的资产A1存在的脆弱性有一个，则资产A1存在的风险值包括四个。四个风险值的计算过程类似，下面以资产A1面临的威胁T1可以利用的脆弱性V1为例，计算安全风险值。其中计算公式使用：

$z=f(x,y)=\sqrt{x\times y}$，并对$z$的计算值四舍五入取整得到最终结果。

a)　计算安全事件发生可能性

　　威胁发生频率：威胁T1＝1；

　　脆弱性严重程度：脆弱性V1＝3。

　　计算安全事件发生可能性，安全事件发生可能性＝$\sqrt{1\times 3}=\sqrt{3}$。

b)　计算安全事件的损失

　　资产价值：资产A1＝4；

　　脆弱性严重程度：脆弱性V1＝3。

　　计算安全事件的损失，安全事件损失＝$\sqrt{4\times 3}=\sqrt{12}$。

c)　计算风险值

　　安全事件发生可能性＝$\sqrt{3}$；

　　安全事件损失＝$\sqrt{12}$。

　　安全事件风险值＝$\sqrt{3}\times\sqrt{12}=6$。

　　按照上述方法进行计算，得到资产A1的其他的风险值，以及资产A2和资产A3风险值。然后再进行风险结果等级判定。

A.2.2.3　结果判定

确定风险等级划分如表A.9所示。

表 A.9 风险等级划分

风险值	1～5	6～10	11～15	16～20	21～25
风险等级	1	2	3	4	5

根据上述计算方法，以此类推，得到两个重要资产的风险值，并根据风险等级划分表，确定风险等级，结果如表 A.10 所示。

表 A.10 风险结果

资产	威胁	脆弱性	风险值	风险等级
资产 A1	威胁 T1	脆弱性 V1	6	2
	威胁 T2	脆弱性 V2	4	1
	威胁 T2	脆弱性 V3	22	5
	威胁 T3	脆弱性 V4	16	4
资产 A2	威胁 T4	脆弱性 V5	15	3
	威胁 T5	脆弱性 V6	13	3

重要资产的风险等级柱状图如图 A.2 所示。

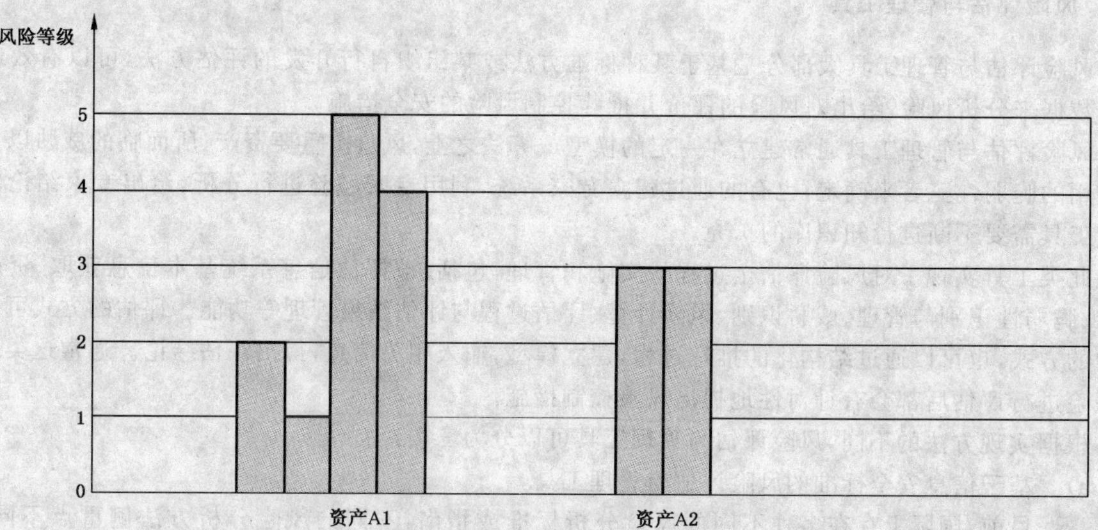

图 A.2 风险等级柱状图

附 录 B
（资料性附录）
风险评估的工具

风险评估工具是风险评估的辅助手段，是保证风险评估结果可信度的一个重要因素。风险评估工具的使用不但在一定程度上解决了手动评估的局限性，最主要的是它能够将专家知识进行集中，使专家的经验知识被广泛的应用。

根据在风险评估过程中的主要任务和作用原理的不同，风险评估的工具可以分成风险评估与管理工具、系统基础平台风险评估工具、风险评估辅助工具三类。风险评估与管理工具是一套集成了风险评估各类知识和判据的管理信息系统，以规范风险评估的过程和操作方法；或者是用于收集评估所需要的数据和资料，基于专家经验，对输入输出进行模型分析。系统基础平台风险评估工具主要用于对信息系统的主要部件（如操作系统、数据库系统、网络设备等）的脆弱性进行分析，或实施基于脆弱性的攻击。风险评估辅助工具则实现对数据的采集、现状分析和趋势分析等单项功能，为风险评估各要素的赋值、定级提供依据。

B.1 风险评估与管理工具

风险评估与管理工具大部分是基于某种标准方法或某组织自行开发的评估方法，可以有效地通过输入数据来分析风险，给出对风险的评价并推荐控制风险的安全措施。

风险评估与管理工具通常建立在一定的模型或算法之上，风险由重要资产、所面临的威胁以及威胁所利用的脆弱性三者来确定；也有的通过建立专家系统，利用专家经验进行分析，给出专家结论。这种评估工具需要不断进行知识库的扩充。

此类工具实现了对风险评估全过程的实施和管理，包括：被评估信息系统基本信息获取、资产信息获取、脆弱性识别与管理、威胁识别、风险计算、评估过程与评估结果管理等功能。评估的方式可以通过问卷的方式，也可以通过结构化的推理过程，建立模型，输入相关信息，得出评估结论。通常这类工具在对风险进行评估后都会有针对性地提出风险控制措施。

根据实现方法的不同，风险评估与管理工具可以分为三类：

a) 基于信息安全标准的风险评估与管理工具

目前，国际上存在多种不同的风险分析标准或指南，不同的风险分析方法侧重点不同，例如NIST SP 800-30 、BS7799、ISO/IEC 13335 等。以这些标准或指南的内容为基础，分别开发相应的评估工具，完成遵循标准或指南的风险评估过程。

b) 基于知识的风险评估与管理工具

基于知识的风险评估与管理工具并不仅仅遵循某个单一的标准或指南，而是将各种风险分析方法进行综合，并结合实践经验，形成风险评估知识库，以此为基础完成综合评估。它还涉及来自类似组织（包括规模、商务目标和市场等）的最佳实践，主要通过多种途径采集相关信息，识别组织的风险和当前的安全措施；与特定的标准或最佳实践进行比较，从中找出不符合的地方；按照标准或最佳实践的推荐选择安全措施以控制风险。

c) 基于模型的风险评估与管理工具

基于标准或基于知识的风险评估与管理工具，都使用了定性分析方法或定量分析方法，或者将定性与定量相结合。定性分析方法是目前广泛采用的方法，需要凭借评估者的知识、经验和直觉，或者业界的标准和实践，为风险的各个要素定级。定性分析法操作相对容易，但也可能因为评估者经验和直觉的偏差而使分析结果失准。定量分析则对构成风险的各个要素和潜在损失水平赋予数值或货币金额，通过对度量风险的所有要素进行赋值，建立综合评价的数学模型，从而完成风险的量化计算。定量分析方法准确，但前期建立系统风险模型较困难。定性与定量结合分析方法就是将风险要素的赋值和计算，根据需要分别采取定性和定量的方法完成。

基于模型的风险评估与管理工具是在对系统各组成部分、安全要素充分研究的基础上，对典型系统的资产、威胁、脆弱性建立量化或半量化的模型，根据采集信息的输入，得到评价的结果。

B.2 系统基础平台风险评估工具

系统基础平台风险评估工具包括脆弱性扫描工具和渗透性测试工具。脆弱性扫描工具又称为安全扫描器、漏洞扫描仪等，主要用于识别网络、操作系统、数据库系统的脆弱性。通常情况下，这些工具能够发现软件和硬件中已知的脆弱性，以决定系统是否易受已知攻击的影响。

脆弱性扫描工具是目前应用最广泛的风险评估工具，主要完成操作系统、数据库系统、网络协议、网络服务等的安全脆弱性检测功能，目前常见的脆弱性扫描工具有以下几种类型：

a) 基于网络的扫描器：在网络中运行，能够检测如防火墙错误配置或连接到网络上的易受攻击的网络服务器的关键漏洞。
b) 基于主机的扫描器：发现主机的操作系统、特殊服务和配置的细节，发现潜在的用户行为风险，如密码强度不够，也可实施对文件系统的检查。
c) 分布式网络扫描器：由远程扫描代理、对这些代理的即插即用更新机制、中心管理点三部分构成，用于企业级网络的脆弱性评估，分布和位于不同的位置、城市甚至不同的国家。
d) 数据库脆弱性扫描器：对数据库的授权、认证和完整性进行详细的分析，也可以识别数据库系统中潜在的脆弱性。

渗透性测试工具是根据脆弱性扫描工具扫描的结果进行模拟攻击测试，判断被非法访问者利用的可能性。这类工具通常包括黑客工具、脚本文件。渗透性测试的目的是检测已发现的脆弱性是否真正会给系统或网络带来影响。通常渗透性工具与脆弱性扫描工具一起使用，并可能会对被评估系统的运行带来一定影响。

B.3 风险评估辅助工具

科学的风险评估需要大量的实践和经验数据的支持，这些数据的积累是风险评估科学性的基础。风险评估过程中，可以利用一些辅助性的工具和方法来采集数据，帮助完成现状分析和趋势判断，如：

a) 检查列表：检查列表是基于特定标准或基线建立的，对特定系统进行审查的项目条款。通过检查列表，操作者可以快速定位系统目前的安全状况与基线要求之间的差距。
b) 入侵检测系统：入侵检测系统通过部署检测引擎，收集、处理整个网络中的通信信息，以获取可能对网络或主机造成危害的入侵攻击事件；帮助检测各种攻击试探和误操作；同时也可以作为一个警报器，提醒管理员发生的安全状况。
c) 安全审计工具：用于记录网络行为，分析系统或网络安全现状；它的审计记录可以作为风险评估中的安全现状数据，并可用于判断被评估对象威胁信息的来源。
d) 拓扑发现工具：通过接入点接入被评估网络，完成被评估网络中的资产发现功能，并提供网络资产的相关信息，包括操作系统版本、型号等。拓扑发现工具主要是自动完成网络硬件设备的识别、发现功能。
e) 资产信息收集系统：通过提供调查表形式，完成被评估信息系统数据、管理、人员等资产信息的收集功能，了解到组织的主要业务、重要资产、威胁、管理上的缺陷、采用的控制措施和安全策略的执行情况。此类系统主要采取电子调查表形式，需要被评估系统管理人员参与填写，并自动完成资产信息获取。
f) 其他：如用于评估过程参考的评估指标库、知识库、漏洞库、算法库、模型库等。

参 考 文 献

［1］ GB/T 19715.1—2005 信息技术 信息技术安全管理指南 第1部分：信息技术安全概念和模型（ISO/IEC TR 13335-1：1996，IDT）

［2］ GB/T 5271.8—2001 信息技术 词汇 第8部分：安全（idt ISO/IEC 2382-8：1998）

［3］ NIST Special Publication 800-26：Security Self-Assessment Guide for Information Technology Systems

［4］ NIST Special Publication 800-30：Risk Management Guide for Information Technology Systems

ICS 35.040
L 80

中华人民共和国国家标准化指导性技术文件

GB/Z 20985—2007

信息技术　安全技术
信息安全事件管理指南

Information technology—Security techniques—Information security incident management guide

(ISO/IEC TR 18044:2004,MOD)

2007-06-14 发布

中华人民共和国国家质量监督检验检疫总局
中国国家标准化管理委员会 发布

前　言

本指导性技术文件修改采用 ISO/IEC TR 18044:2004《信息技术　安全技术　信息安全事件管理指南》。

考虑到我国国家标准的编写要求，以及与其他信息安全事件相关标准技术内容的协调性，本指导性技术文件在采用国际标准时，对部分内容进行了修改。其中，技术性差异用垂直单线标识在它们所涉及的条款的页边空白处。在附录 C 中给出了技术性差异及其原因的一览表以供参考。

本指导性技术文件由全国信息安全标准化技术委员会提出并归口。

本指导性技术文件起草单位：中国电子技术标准化研究所、北京同方信息安全股份有限公司、北京知识安全工程中心、北京邮电大学。

本指导性技术文件主要起草人：上官晓丽、闵京华、赵战生、王连强、徐国爱。

引　言

目前，没有任何一种具有代表性的信息安全策略或防护措施，能够对信息、信息系统、服务或网络提供绝对的保护。即使采取了防护措施，仍可能存在残留的弱点，使得信息安全防护变得无效，从而导致信息安全事件发生，并对组织的业务运行直接或间接产生负面影响。此外，以前未被认识到的威胁也可能会发生。组织如果对这些事件没有作好充分的应对准备，其任何实际响应措施的效率都会大打折扣，甚至还可能加大潜在的业务负面影响的程度。因此，对于任何一个重视信息安全的组织来说，采用一种结构严谨、计划周全的方法来处理以下工作十分必要：

- 发现、报告和评估信息安全事件；
- 对信息安全事件做出响应，包括启动适当的事件防护措施来预防和降低事件影响，以及从事件影响中恢复(例如，在支持和业务连续性规划方面)；
- 从信息安全事件中吸取经验教训，制定预防措施，并且随着时间的变化，不断改进整个的信息安全事件管理方法。

信息技术　安全技术
信息安全事件管理指南

1　范围

本指导性技术文件描述了信息安全事件的管理过程。提供了规划和制定信息安全事件管理策略和方案的指南。给出了管理信息安全事件和开展后续工作的相关过程和规程。

本指导性技术文件可用于指导信息安全管理者，信息系统、服务和网络管理者对信息安全事件的管理。

2　规范性引用文件

下列文件中的条款通过本指导性技术文件的引用而成为本指导性技术文件的条款。凡是注日期的引用文件，其随后所有的修改单(不包括勘误的内容)或修订版均不适用于本指导性技术文件，然而，鼓励根据本指导性技术文件达成协议的各方研究是否可使用这些文件的最新版本。凡是不注日期的引用文件，其最新版本适用于本指导性技术文件。

GB/T 19716—2005　信息技术　信息安全管理实用规则(ISO/IEC 17799:2000,MOD)

GB/Z 20986—2007　信息安全技术　信息安全事件分类分级指南

ISO/IEC 13335-1:2004　信息技术　安全技术　信息和通信技术安全管理　第1部分:信息和通信技术安全管理的概念和模型

3　术语和定义

GB/T 19716—2005、ISO/IEC 13335-1:2004中确立的以及下列术语和定义适用于本指导性技术文件。

3.1

业务连续性规划　business continuity planning

这样的一个过程，即当有任何意外或有害事件发生，且对基本业务功能和支持要素的连续性造成负面影响时，确保运行的恢复得到保障。该过程还应确保恢复工作按指定优先级、在规定的时间期限内完成，且随后将所有业务功能及支持要素恢复到正常状态。

这一过程的关键要素必须确保具有必要的计划和设施，且经过测试，它们包含信息、业务过程、信息系统和服务、语音和数据通信、人员和物理设施等。

3.2

信息安全事态　information security event

被识别的一种系统、服务或网络状态的发生，表明一次可能的信息安全策略违规或某些防护措施失效，或者一种可能与安全相关但以前不为人知的一种情况。

3.3

信息安全事件　information security incident

由单个或一系列意外或有害的信息安全事态所组成，极有可能危害业务运行和威胁信息安全。

3.4

信息安全事件响应组(ISIRT)Information Security Incident Response Team

由组织中具备适当技能且可信的成员组成的一个小组，负责处理与信息安全事件相关的全部工作。

有时,小组可能会有外部专家加入,例如来自一个公认的计算机事件响应组或计算机应急响应组(CERT)的专家。

4 缩略语

CERT 计算机应急响应组(Computer Emergency Response Team)

ISIRT 信息安全事件响应组(Information Security Incident Response Team)

5 背景

5.1 目标

作为任何组织整体信息安全战略的一个关键部分,采用一种结构严谨、计划周全的方法来进行信息安全事件的管理至关重要。

这一方法的目标旨在确保:

- 信息安全事态可以被发现并得到有效处理,尤其是确定是否需要将事态归类为信息安全事件[1)];
- 对已确定的信息安全事件进行评估,并以最恰当和最有效的方式做出响应;
- 作为事件响应的一部分,通过恰当的防护措施——可能的话,结合业务连续性计划的相关要素——将信息安全事件对组织及其业务运行的负面影响降至最小;
- 及时总结信息安全事件及其管理的经验教训。这将增加预防将来信息安全事件发生的机会,改进信息安全防护措施的实施和使用,同时全面改进信息安全事件管理方案。

5.2 过程

为了实现 5.1 所述的目标,信息安全事件管理由 4 个不同的过程组成:

- 规划和准备(Plan and Prepare);
- 使用(Use);
- 评审(Review);
- 改进(Improve)。

(注:这些过程与 ISO/IEC 27001:2005 中的"规划(Plan)—实施(Do)—检查(Check)—处置(Act)"过程类似。)

图 1 显示了上述过程的主要活动。

---

1) 应该指出的是,尽管信息安全事态可能是意外或故意违反信息安全防护措施的企图的结果,但在多数情况下,信息安全事态本身并不意味着破坏安全的企图真正获得了成功,因此也并不一定会对保密性、完整性和/或可用性产生影响,也就是说,并非所有信息安全事态都会被归类为信息安全事件。

图 1　信息安全事件管理过程

5.2.1　规划和准备

有效的信息安全事件管理需要适当的规划和准备。为使信息安全事件的响应有效，下列措施是必要的：

a）　制定信息安全事件管理策略并使其成为文件，获得所有关键利益相关人，尤其是高级管理层对策略的可视化承诺；

b）　制定信息安全事件管理方案并使其全部成为文件，用以支持信息安全事件管理策略。用于发现、报告、评估和响应信息安全事件的表单、规程和支持工具，以及事件严重性衡量尺度的细节[2]，均应包括在方案文件中（应指出，在有些组织中，方案即为信息安全事件响应计划）；

c）　更新所有层面的信息安全和风险管理策略，即，全组织范围的，以及针对每个系统、服务和网络的信息安全和风险管理策略，均应根据信息安全事件管理方案进行更新；

d）　确定一个适当的信息安全事件管理的组织结构，即信息安全事件响应组（ISIRT），给那些可调用的、能够对所有已知的信息安全事件类型作出充分响应的人员指派明确的角色和责任。在大多数组织中，ISIRT 可以是一个虚拟小组，是由一名高级管理人员领导的、得到各类特定主题专业人员支持的小组，例如，在处理恶意代码攻击时，根据相关事件类型召集相关的专业人员；

e）　通过简报和/或其他机制使所有的组织成员了解信息安全事件管理方案、方案能带来哪些益处以及如何报告信息安全事态。应该对管理信息安全事件管理方案的负责人员、判断信息安全事态是否为事件的决策者，以及参与事件调查的人员进行适当培训；

2）　应该建立“定级”事件严重性的衡量尺度。例如，可基于对组织业务运行的实际或预期负面影响的程度，分为“严重”和“轻微”两个级别。

f) 全面测试信息安全事件管理方案。

第7章中对规划和准备阶段作了进一步描述。

5.2.2 使用

下列过程是使用信息安全事件管理方案的必要过程：

a) 发现和报告所发生的信息安全事态(人为或自动方式)；

b) 收集与信息安全事态相关的信息，通过评估这些信息确定哪些事态应归类为信息安全事件；

c) 对信息安全事件作出响应：

1) 立刻、实时或接近实时；

2) 如果信息安全事件在控制之下，按要求在相对缓和的时间内采取行动(例如，全面开展灾难恢复工作)；

3) 如果信息安全事件不在控制之下，发起“危机求助”行动(如召唤消防队/部门或者启动业务连续性计划)；

4) 将信息安全事件及任何相关的细节传达给内部和外部人员和/或组织(其中可能包括按要求上报以便进一步评估和/或决定)；

5) 进行法律取证分析；

6) 正确记录所有行动和决定以备进一步分析之用；

7) 结束对已经解决事件的处理。

第8章中对使用阶段作了进一步描述。

5.2.3 评审

在信息安全事件已经解决或结束后，进行以下评审活动是必要的：

a) 按要求进行进一步法律取证分析；

b) 总结信息安全事件中的经验教训；

c) 作为从一次或多次信息安全事件中吸取经验教训的结果，确定信息安全防护措施实施方面的改进；

d) 作为从信息安全事件管理方案质量保证评审(例如根据对过程、规程、报告单和/或组织结构所作的评审)中吸取经验教训的结果，确定对整个信息安全事件管理方案的改进。

第9章中对评审阶段作了进一步描述。

5.2.4 改进

应该强调的是，信息安全事件管理过程虽然可以反复实施，但随着时间的推移，有许多信息安全要素需要经常改进。这些需要改进的地方应该根据对信息安全事件数据、事件响应以及一段时间以来的发展趋势所作评审的基础上提出。其中包括：

a) 修订组织现有的信息安全风险分析和管理评审结果；

b) 改进信息安全事件管理方案及其相关文档；

c) 启动安全的改进，可能包括新的和/或经过更新的信息安全防护措施的实施。

第10章对改进阶段作了进一步描述。

6 信息安全事件管理方案的益处及需要应对的关键问题

本章提供了以下信息：

- 一个有效的信息安全事件管理方案可带来的益处；
- 使组织高级管理层以及那些提交和接收方案反馈意见的人员信服所必须应对的关键问题。

6.1 信息安全事件管理方案的益处

任何以结构严谨的方法进行信息安全事件管理的组织均能收效匪浅。一个结构严谨、计划周全的信息安全事件管理方案带来的益处，可分为以下几类：

a） 提高安全保障水平；

b） 降低对业务的负面影响，例如由信息安全事件所导致的破坏和经济损失；

c） 强化着重预防信息安全事件；

d） 强化调查的优先顺序和证据；

e） 有利于预算和资源合理利用；

f） 改进风险分析和管理评审结果的更新；

g） 增强信息安全意识和提供培训计划材料；

h） 为信息安全策略及相关文件的评审提供信息。

下面逐一介绍这些主题。

6.1.1 提高安全保障水平

一个结构化的发现、报告、评估和管理信息安全事态和事件的过程，能使组织迅速确定任何信息安全事态或事件并对其做出响应，从而通过帮助快速确定并实施前后一致的解决方案和提供预防将来类似的信息安全事件再次发生的方式，来提高整体的安全保障水平。

6.1.2 降低对业务的负面影响

结构化的信息安全事件管理方法有助于降低对业务潜在的负面影响的级别。这些影响包括当前的经济损失，及长期的声誉和信誉损失。

6.1.3 强调以事件预防为主

采用结构化的信息安全事件管理有助于在组织内创造一个以事件预防为重点的氛围。对与事件相关的数据进行分析，能够确定事件的模式和趋势，从而便于更准确地对事件重点预防，并确定预防事件发生的适当措施。

6.1.4 强化调查的优先顺序和证据

一个结构化的信息安全事件管理方法为信息安全事件调查时优先级的确定提供了可靠的基础。

如果没有清晰的调查规程，调查工作便会有根据临时反应进行的风险，在事件发生时才响应，只按照相关管理层的“最大声音”行事。这样会阻碍调查工作进入真正需要的方面和遵循理想的优先顺序进行。

清晰的事件调查规程有助于确保数据的收集和处理是证据充分的、法律所接受的。如果随后要进行法律起诉或采取内部处罚措施的话，这些便是重点的考虑事项。然而应该认识到的是，从信息安全事件中恢复所必须采取的措施，可能危害这种收集到的证据的完整性。

6.1.5 预算和资源

定义明确且结构化的信息安全事件管理，有助于正确判断和简化所涉及组织部门内的预算和资源分配。此外，信息安全事件管理方案自身的益处还有：

- 可用技术不太熟练的员工来识别和过滤虚假警报；
- 可为技术熟练员工的工作提供更好的指导；
- 可将技术熟练员工仅用于那些需要其技能的过程以及过程的阶段中。

此外，结构化的信息安全事件管理还包括“时间戳”，从而有可能“定量”评估组织对安全事件的处理。例如，它可以提供信息说明解决处于不同优先级和不同平台上的事件需要多长时间。如果信息安全事件管理的过程存在瓶颈，也应该是可识别的。

6.1.6 信息安全风险分析和管理

结构化的信息安全事件管理方法有助于：

- 可为识别和确定各种威胁类型及相关脆弱性的特征，收集质量更好的数据；
- 提供有关已识别的威胁类型发生频率的数据。

从信息安全事件对业务运行的负面影响中获取的数据，对于业务影响分析十分有用。识别各种威胁类型发生频率所获取的数据，对威胁评估的质量有很大帮助。同样，有关脆弱性的数据对保证将来脆弱性评估的质量帮助很大。

这方面的数据将极大地改进信息安全风险分析和管理层评审结果。

6.1.7 信息安全意识

结构化的信息安全事件管理可以为信息安全意识教育计划提供重要信息。这些重要信息将用实例表明信息安全事件确实发生在组织中，而并非“只是发生在别人身上”。它还可能表明，迅速提供有关解决方案的信息会带来哪些益处。此外，这种意识有助于减少员工遭遇信息安全事件时的错误或惊慌/混乱。

6.1.8 为信息安全策略评审提供信息

信息安全事件管理方案所提供的数据可以为信息安全策略（以及其他相关信息安全文件）的有效性评审以及随后的改进提供有价值的信息。这可应用于适合整个组织以及单个系统、服务和网络的策略和其他文件。

6.2 关键问题

在信息安全事件管理方法中得到的反馈，有助于确保相关人员始终将关注点集中在组织的系统、服务和网络面临的实际风险上。这一重要的反馈通过在事件发生时的专门处理是不能有效得到的。只有通过使用一个结构化的、设计明确的信息安全事件处理管理方案，且该方案采用一个适用于组织所有部分的通用框架，才能更有效得到。这样的框架应该能使该方案持续产生更加全面的结果，从而可以在信息安全事件发生之前迅速识别信息安全事件可能出现的情况——有时，这也被称作“警报”。

信息安全事件管理方案的管理和审核应该能为促进组织员工的广泛参与，以及消除各方对保证匿名性、安全和有用结果的可用性等方面的担忧，奠定必要的信任基础。例如，管理和运行人员必须对“警报”能够给出及时、相关、精确、简洁和完整的信息充满信心。

组织应避免在实施信息安全事件管理方案的过程中可能遇到的问题，如缺少有用结果和对隐私相关问题的关注等。必须使利益相关人相信，组织已经采取措施预防这些问题的发生。

因此，为实现一个良好的信息安全事件管理方案，必须将一些关键问题阐述清楚，这些问题包括：

a) 管理层的承诺；

b) 安全意识；

c) 法律法规；

d) 运行效率和质量；

e) 匿名性；

f) 保密性；

g) 可信运行；

h) 系统化分类。

下面将逐一讨论这些问题。

6.2.1 管理层的承诺

要使整个组织接受一个结构化的信息安全事件管理方法，确保得到管理层的持续承诺，这一点至关重要。组织员工必须能够认识到事件的发生，并且知道应该采取什么行动，甚至了解这种事件管理方法可以给组织带来的益处。然而，除非得到管理层的支持，否则这一切都不会出现。必须将这一理念灌输给管理层，以使组织对事件响应能力的资源方面和维护工作做出承诺。

6.2.2 安全意识

对于组织接受一个结构化的信息安全事件管理方法而言，另一个重要的问题是安全意识。即使要求用户参与信息安全事件管理，但是用户如果不了解自己以及自己所在部门会从该结构化的信息安全事件管理中得到哪些益处，他们的参与很可能不会有太好效果。

任何信息安全事件管理方案都应该具有意识计划定义文件，并在文件中规定以下细节：

a) 组织及其员工可以从结构化的信息安全事件管理中得到的益处；

b) 信息安全事态/事件数据库中的事件信息及其输出；

c) 提高员工安全意识计划的战略和机制；根据组织的具体情况，它们可能是独立的，或者是更广泛的信息安全意识教育计划的一部分。

6.2.3 法律法规

以下与信息安全事件管理相关的法律法规问题应在信息安全事件管理策略和相关方案中进行阐述。

a) 提供适当的数据保护和个人信息隐私。一个组织结构化的信息安全事件管理，必须考虑到满足我国在数据保护和个人信息隐私方面的相关政策、法律法规的要求，提供适当的保护，其中可能包括：

  1) 只要现实、可行，保证可以访问个人数据的人员本身不认识被调查者；

  2) 需要访问个人数据的人员在被授权访问之前，应签订不泄露协议；

  3) 信息应被仅用于获取它的特定目的，如信息安全事件调查。

b) 适当保留记录。按国家相关规定，组织需要保留适当的活动记录，用于年度审计，或生成执法所用的档案(如可能涉及严重犯罪或渗透敏感政府系统的任何案件)。

c) 有防护措施以确保合同责任的履行。在要求提供信息安全事件管理服务的合同中，例如，合同中对事件响应时间提出了要求，组织应确保提供适当的信息安全，以便在任何情况下，这些责任都能得到履行。(与之相应，如果组织与某外部方签订了支持合同(参见7.5.4)，如CERT，那么，应该确保包括事件响应时间在内的所有要求均包含在与该外部方签订的合同中。)

d) 处理与策略和规程相关的法律问题。应检查与信息安全事件管理方案相关的策略和规程是否存在法律法规问题，例如，是否有对事件责任人采取纪律处罚和/或法律行动的有关声明。

e) 检查免责声明的法律有效性。对于有关信息事件管理组以及任何外部支持人员的行动的所有免责声明，均应检查其法律有效性。

f) 与外部支持人员的合同涵盖要求的各个方面。对于与任何外部支持人员(如来自某CERT)签订的合同，均应就免责、不泄露、服务可用性、错误建议的后果等要求进行全面检查。

g) 强制性不泄露协议。必要时，应要求信息安全事件管理组的成员签订不泄露协议。

h) 阐明执法要求。根据相关执法机构的要求，对需要提供的信息安全事件管理方案相关的问题，进行明确说明。如，可能需要阐明如何按法律的最低要求记录事件以及事件文件应保存多长时间。

i) 明确责任。必须将潜在的责任问题以及应该到位的相关防护措施阐述清楚。以下是可能与责任问题相关的几个例子：

  1) 事件可能对另一组织造成影响(如泄露了共享信息)，而该组织却没有及时得到通知，从而对其产生负面影响；

  2) 发现产品的新脆弱性后没有通知供应商，随后发生与该脆弱性相关的重大事件，给一个或多个其他组织造成严重影响；

  3) 按照国家相关法律法规，对于像严重犯罪，或者敏感的政府系统或部分关键国家基础设施被渗透之类案件，组织没有按要求向执法机关报告或生成档案文件；

  4) 信息的泄露表明某个人或组织与攻击相关联。这可能会危害所涉及的个人或组织的声誉和业务；

  5) 信息的泄露表明可能是软件的某个环节出了问题，但随后发现这并不属实。

j) 阐明具体规章要求。凡是有具体规章要求的地方，都应将事件报告给指定部门；

k) 保证司法起诉或内部处罚规程取得成功。无论攻击是技术性的还是物理的，都应采取适当的信息安全防护措施(其中包括可证明数据被篡改的审计踪迹)，以便成功起诉攻击者或者根据内部规程惩罚攻击者。为了达到目的，就必须以法院或其他处罚机关所接受的方式收集证据。证据必须显示：

1） 记录是完整的，且没有经过任何篡改；

2） 可证明电子证据的复制件与原件完全相同；

3） 收集证据的任何 IT 系统在记录证据时均运行正常。

l） 阐明与监视技术相关的法律问题。必须依照国家相关的法律阐明使用监视技术的目的。有必要让人们知道存在对其活动的监视，包括通过监控技术进行的监视行动，十分重要。采取行动时需要考虑的因素有：什么人/哪些活动受监视、如何对他们/它们进行监视以及何时进行监视。有关入侵检测系统中监视/监控活动内容的描述可参见 ISO/IEC TR 18043。

m） 制定和传达可接受的使用策略。组织应对可接受的做法/用途做出明确规定、形成正式文件并传达给所有相关用户。例如，应使用户了解可接受的使用策略，且要求用户填写书面确认，表明他们在参加组织或被授予信息系统访问权时，了解并接受该策略。

6.2.4 运行效率和质量

结构化的信息安全事件管理的运行效率和质量取决于诸多因素，包括通知事件的责任、通知的质量、易于使用的程度、速度和培训。其中有些因素与确保用户了解信息安全事件管理的价值和积极报告事件相关。至于速度，报告事件所花费的时间不是唯一因素，还包括它处理数据和分发处理的信息所用的时间（尤其是在警报的情况下）。

应通过信息安全事件管理人员的支持“热线”来补充适当的意识和培训计划，以便将事件延迟报告的时间降至最低。

6.2.5 匿名性

匿名性问题是关系到信息安全事件管理成功的基本问题。应该使用户相信，他们提供的信息安全事件的相关信息受到完全的保护，必要时，还会进行相应处理，从而使这些信息与用户所在组织或部门没有任何关联——除非协议中有相关规定。

信息安全事件管理方案应该阐明这些情况，即必须确保在特定条件下报告潜在信息安全事件的人员或相关方的匿名性。各组织应做出规定，明确说明报告潜在信息安全事件的个人或相关方是否有匿名要求。ISIRT 可能需要获得另外的、并非由事件报告人或报告方最初转达的信息。此外，有关信息安全事件本身的重要信息可从第一个发现到该事件的人员处获得。

6.2.6 保密性

信息安全事件管理方案中可能包含敏感信息，而处理事件的相关人员可能需要运用这些敏感信息。那么在处理过程中，或者信息应该是“匿名的”，或者有权访问信息的人员必须签订保密性协议。如果信息安全事态是由一个一般性问题管理系统记录下来的，则可能不得不忽略敏感细节。

此外，信息安全事件管理方案应该做出规定，控制将事件通报给媒体、业务伙伴、客户、执法机关和普通公众等外部方。

6.2.7 可信运行

任何信息安全事件管理组应该能够有效地满足本组织在功能、财务、法律、策略等方面的需要，并能在管理信息安全事件的过程中，发挥组织的判断力。信息安全事件管理组的功能还应独立地进行审计，以确定所有的业务要求有效地得以满足。此外，实现独立性的另一个好办法是，将事件响应报告链与常规运行管理分离，且任命一位高级管理人员直接负责事件响应的管理工作。财务运作方面也应与其他财务分离，以免受到不当影响。

6.2.8 系统化分类

一种反映信息安全事件管理方法总体结构的通用系统化分类，是提供一致结果的关键因素之一。这种系统化分类连同通用的度量机制和标准的数据库结构一起，将提供比较结果、改进警报信息，和生成信息系统威胁及脆弱性的更加准确的视图的能力。[3)]

3） 定义通用系统化分类不是本标准的目的。读者可参考有关该信息的其他相关资源。

7 规划和准备

信息安全事件管理的规划和准备阶段应着重于：

- 将信息安全事态和事件的报告及处理策略，以及相关方案（包括相关规程）形成正式文件；
- 安排合适的事件管理组织结构和人员；
- 制定安全意识简报和培训计划。

这一阶段的工作完成后，组织应为恰当地管理信息安全事件作好了充分准备。

7.1 概述

要将信息安全事件管理方案投入运行使用并取得良好的效率和效果，在必要的规划之后，需要完成大量准备工作。其中包括：

a) 制定和发布信息安全事件管理策略并获得高级管理层的承诺（参见 7.2）；

b) 制定详细的信息安全事件管理方案（参见 7.3）并形成正式文件。方案中包括以下主题：

1) 用于给事件"定级"的信息安全事件严重性衡量尺度。如 4.2.1 所述，可根据事件对组织业务运行的实际或预计负面影响的大小，将事件划分为"严重"和"轻微"两个级别；

2) 信息安全事态[4]和事件[5]报告单[6]（附录 A 列举了几种报告单）、相关文件化规程和措施，连同使用数据和系统、服务和/或网络备份以及业务连续性计划的标准规程；

3) 带有文件化的职责的 ISIRT 的运行规程，以及执行各种活动的被指定人员[7]的角色的分配，例如，包括：

——在事先得到相关 IT 和/或业务管理层同意的特定情况下，关闭受影响的系统、服务和/或网络；

——保持受影响系统、服务和/或网络的连接和运行；

——监视受影响系统、服务和/或网络的进出及内部数据流；

——根据系统、服务和/或网络安全策略启动常规备份和业务连续性规划规程及措施；

——监控和维护电子证据的安全保存，以备法律起诉或内部惩罚之用；

——将信息安全事件细节传达给内部和外部相关人员或组织。

c) 测试信息安全事件管理方案及其过程和规程的使用（参见 7.3.5）；

d) 更新信息安全和风险分析及管理策略，以及具体系统、服务或网络的信息安全策略，包括对信息安全事件管理的引用，确保在信息安全事件管理方案输出的背景下定期评审这些策略（参见 7.4）；

e) 建立 ISIRT，并为其成员设计、开发和提供合适的培训计划（参见 7.5）；

f) 通过技术和其他手段支持信息安全事件管理方案（以及 ISIRT 的工作）（参见 7.6）；

g) 设计和开发信息安全事件管理安全意识计划（参见 7.7）并将其分发给组织内所有员工（当有人员变更时重新执行一次）。

以下各节逐条描述了上述各项活动，其中包括所要求的每个文件的内容。

7.2 信息安全事件管理策略

7.2.1 目的

信息安全事件管理策略面向对组织信息系统和相关位置具有合法访问权的每一位人员。

---

4) 报告单由报告人填写（即不是由信息安全事件管理组成员填写）。

5) 信息安全事件管理人员使用报告单编写有关信息安全事态的初步报告，并保留事件评估等的运行记录，直至事件被完全解决。在每个阶段，都需更新信息安全事态/事件数据库。所填写的报告单/信息安全事态/事件数据库记录随后会用于事件的善后工作。

6) 如果可能，应将这些报告单制成电子表单（如在安全的 web 网页上），并且可与电子形式的信息安全事态/事件数据库链接。在当今世界上，基于纸质的方案耗时费力，不是效率最佳的运行方式。

7) 在规模较小的组织中，可指派一个人承担多个角色。

7.2.2 读者

信息安全事件管理策略应经组织高级执行官的批准，并得到组织所有高级管理层确认的文件化的承诺。应对所有的组织成员及组织的合同商可用，还应在信息安全意识简报和培训中有所提及(参见7.7)。

7.2.3 内容

信息安全事件管理策略的内容应涉及以下主题：

a) 信息安全事件管理对于组织的重要性，以及高级管理层对信息安全事件管理及其相关方案作出的承诺；

b) 对信息安全事态发现、报告和相关信息收集的概述，以及如何将这些信息用于确定信息安全事件。概述中应包含对信息安全事态的可能类型，以及如何报告、报告什么、向哪个部门以及向谁报告信息安全事态等内容的归纳，还包括如何处理全新类型的信息安全事态；

c) 信息安全事件评估的概述，其中包括具体负责的人员、必须采取的行动以及通知和上报等；

d) 确认一个信息安全事态为信息安全事件后所应采取的行动的概要，其中应该包括：

1) 立即响应；
2) 法律取证分析；
3) 向所涉及人员和相关第三方传达；
4) 考虑信息安全事件是否在可控制状态下；
5) 后续响应；
6) “危机求助”发起；
7) 上报标准；
8) 具体负责的人员；

e) 确保所有活动都得到恰当记录以备日后分析，以及为确保电子证据的安全保存而进行持续监控，以供法律起诉或内部处罚；

f) 信息安全事件得到解决后的活动，包括事后总结经验教训和改进过程；

g) 方案文件(包括规程)保存位置的详细信息；

h) ISIRT 的概述，围绕以下主题：

1) ISIRT 的组织结构和关键人员的身份，其中包括由谁负责以下工作：
——向高级管理层简单说明事件的情况；
——处理询问、发起后续工作等；
——对外联系(必要时)。

2) 规定了 ISIRT 的具体工作以及 ISIRT 由谁授权的信息安全管理章程。章程至少应该包括 ISIRT 的任务声明、工作范围定义以及有关 ISIRT 董事会级发起人及其授权的详细情况；

3) 着重描述 ISIRT 核心活动的任务声明。要想成为一个真正的 ISIRT，该小组应该支持对信息安全事件的评估、响应和管理工作，并最终得出成功的结论。该小组的目标和目的尤为重要，需要有清晰明确的定义；

4) 定义 ISIRT 的工作范围。通常一个组织的 ISIRT 工作范围应包括组织所有的信息系统、服务和网络。有的组织可能会出于某种原因而将 ISIRT 工作范围规定得较小，如果是这种情况，应该在文件中清楚地阐述 ISIRT 工作范围之内和之外的对象；

5) 作为发起者并授权 ISIRT 行动的高级执行官/董事会成员/高级管理人员的身份，以及 ISIRT 被授权的级别。了解这些有助于组织所有人员理解 ISIRT 的背景和设置情况，且对于建立对 ISIRT 的信任至关重要。应该注意的是，在这些详细信息公布之前，应该从法律角度对其进行审查。在有些情况下，泄漏一个小组的授权信息会使该小组的可靠性声明失效。

i) 信息安全事件管理安全意识和培训计划的概述；

j) 必须阐明的法律法规问题的总结(参见 5.2.3)。

7.3 信息安全事件管理方案

7.3.1 目的

信息安全事件管理方案的目的是提供一份文件，对事件处理和事件沟通的过程和规程作详细说明。一旦发现到信息安全事态，信息安全事件管理方案就开始起作用。该方案被用作以下活动的指南：

- 对信息安全事态作出响应；
- 确定信息安全事态是否为信息安全事件；
- 对信息安全事件进行管理，并得出结论；
- 总结经验教训，并确定方案和/或总体的安全需要改进的地方；
- 执行已确定的改进工作。

7.3.2 读者

应将信息安全事件管理方案告示给组织全体员工，因此，包括负责以下工作的员工：

- 发现和报告信息安全事态，可以是组织内任何员工，无论是正式工还是合同工；
- 评估和响应信息安全事态和信息安全事件，以及事件解决后必要的经验教训总结、改进信息安全和修订信息安全事件管理方案的工作。其中包括运行支持组(或类似的工作组)成员、ISIRT、管理层、公关部人员和法律代表。

还应该考虑任何第三方用户，以及报告信息安全事件及相关脆弱性的第三方组织、政府和商业信息安全事件和脆弱性信息提供组织。

7.3.3 内容

信息安全事件管理方案文件的内容应包括：

a) 信息安全事件管理策略的概述；

b) 整个信息安全事件管理方案的概述；

c) 与以下内容相关的详细过程和规程[8]以及相关工具和衡量尺度的信息：

1) 规划和准备

——发现和报告发生的信息安全事态(通过人工或自动方式)；

——收集有关信息安全事态的信息；

——使用组织内认可的事态/事件严重性衡量尺度进行信息安全事态评估，确定是否可将它们重新划分为信息安全事件；

2) 使用(当确认发生了信息安全事件时)

——将发生的信息安全事件或任何相关细节传达给其他内部和外部人员或组织；

——根据分析结果和已确认的严重性级别，启动立即响应，其中可能包括启动恢复规程和/或向相关人员传达；

——按要求和相关的信息安全事件的严重性级别，进行法律取证分析，必要时更改事件级别；

——确定信息安全事件是否处于可控制状态；

——做出任何必要的进一步响应，包括在后续时间可能需要做出的响应(例如，在实施一次灾难的完全恢复工作中)；

——如果信息安全事件不在控制下，发起“危机求助”行动(如呼叫消防队/部门或者启动业务连续性计划)；

——按要求上报，便于进一步评估和/或决策；

---

8) 组织可自己决定是将所有规程放入到方案文件中，还是通过附加文件详细阐明全部或部分规程。

——确保所有活动被恰当记录,以便于日后分析;

——更新信息安全事态/事件数据库;

(信息安全事件管理方案文件应考虑对信息安全事件的立即响应和长期响应。所有的信息安全事件都需要提早评估其潜在负面影响,包括短期和长期影响(例如,在最初的信息安全事件发生一段时间后,可能会出现重大灾难)。此外,对完全不可预见的信息安全事件作出某些响应是必要的,且它们同时需要专门的防护措施。即使在这种情况下,方案文件应该对必要的步骤提供一般性指南。)

3) 评审

——按要求进行进一步法律取证分析;

——总结信息安全事件的经验教训并形成文件;

——根据所得的经验教训,评审和确定信息安全的改进;

——评审相关过程和规程在响应、评估和恢复每个信息安全事件时的效率,根据所总结的经验教训,确定信息安全事件管理方案在总体上需要改进的地方;

——更新信息安全事态/事件数据库。

4) 改进——根据经验教训,进行如下改进:

——信息安全风险分析和管理结果;

——信息安全事件管理方案(例如过程和规程、报告单和/或组织结构);

——整体的安全,实施新的和/或经过改进的防护措施。

d) 事态/事件严重性衡量尺度的细节(如严重或轻微,或重大、紧急、轻微、不要紧)以及相关指南;

e) 在每个相关过程中决定是否需要上报和向谁报告的指南,及其相关规程。任何负责信息安全事态或事件评估工作的人员都应从信息安全事件管理方案文件提供的指南中知晓,在正常情况下,什么时候需要向上报告以及向谁报告。此外,还会有一些不可预见的情况可能也需要向上报告。例如,一个轻微的信息安全事件如果处理不当或在一周之内没有处理完毕,可能会发展成重大事件或“危机”情况。指南应定义信息安全事态和事件的类型、上报类型和由谁负责上报。

f) 确保所有活动被记录在相应表单中,以及日志分析由指定人员完成所遵守的规程;

g) 确保所维护的变更控制制度包括了信息安全事态和事件追踪、信息安全事件报告更新以及方案本身更新的规程和机制;

h) 法律取证分析的规程;

i) 有关使用入侵检测系统(IDS)的规程和指南,确保相关法律法规问题都得到阐述(参见 5.2.3)。这些指南中应包含对攻击者采取监视行动利弊问题的讨论。有关 IDS 的进一步信息,可参见 ISO/IEC TR 15947《IT 入侵检测框架》和 ISO/IEC TR 18043《选择、配置和操作 IDS 指南》;

j) 方案的组织结构;

k) 整个 ISIRT 及个人成员的授权范围和责任;

l) 重要的合同信息。

7.3.4 规程

在信息安全事件管理方案开始运行之前,必须有形成正式文件并经过检查的规程可供使用,这一点十分重要。每个规程文件应指明其使用和管理的负责人员,适当时来自运行支持组和/或 ISIRT。这样的规程应包含确保电子证据的收集和安全保存,以及将电子证据在不间断监控下妥善保管以备法律起诉或内部处罚之需等内容。而且,应有形成文件的规程不仅包括运行支持组和 ISIRT 的活动,同时还涉及法律取证分析和“危机求助”活动——如果其他文件(如业务连续性计划)不包括这些内容的话。显然,形成文件的规程应该完全符合信息安全事件管理策略和其他信息安全事件管理方案文件。

需要重点理解的是，并非所有规程都必须对外公开。例如，并非组织内所有员工都需要了解了ISIRT的内部操作规程之后才能与之进行协作。ISIRT应该确保可“对外公开”的指南，其中包括从信息安全事件分析中得出的信息，以易于使用的方式存在，如将其置于组织的内部网上。此外，将信息安全事件管理方案的某些细节仅限于少数相关人员掌握可以防范“内贼”篡改调查过程。例如，如果一个盗用公款的银行职员对方案的细节很清楚，他或她就能更好地隐藏自身的行为，或妨碍信息安全事件的发现和调查及事件恢复工作的进行。

操作规程的内容取决于许多准则，尤其是那些与已知的潜在信息安全事态和事件的性质以及可能涉及到的信息系统资产类型及其环境相关的准则。因此，一个操作规程可能与某一特定事件类型或实际上与某一类型产品(如防火墙、数据库、操作系统、应用程序)乃至具体产品相关联。每个操作规程都应清楚注明需要采取哪些步骤以及由谁执行。它应该是外部人员(如政府部门和商业CERT或类似组织，以及供应商等)和内部人员的经验的反映。

应有操作规程来处理已知类型的信息安全事态和事件。但还应有针对未知类型信息安全事态或事件的操作规程。用于针对此种情况的操作规程需阐明以下要求：

- 处理这类“例外”的报告过程；
- 及时得到管理层批准以免响应延迟的相关指南；
- 在没有正式批准过程的情况下预授权的决策代表。

7.3.5 方案测试

应安排信息安全事件管理过程和规程的定期检查和测试，以突现可能会在管理信息安全事态和事件过程中出现的潜在缺陷和问题。在前一次响应评审产生的任何变更生效之前，应对其进行彻底检查和测试。

7.4 信息安全和风险管理策略

7.4.1 目的

在总体信息安全和风险管理策略中，以及具体系统、服务和网络的信息安全策略中包括信息安全事件管理方面的内容可达到以下目的：

- 描述信息安全事件管理——尤其是信息安全事件报告和处理方案——的重要性；
- 表明高级管理层针对适当准备和响应信息安全事件的需要，对信息安全事件管理方案作出的承诺；
- 确保各项策略的一致性；
- 确保对信息安全事件作出有计划的、系统的和冷静的响应，从而将事件的负面影响降至最低。

7.4.2 内容

应对总体的信息安全和风险管理策略，以及具体系统、服务或网络信息安全策略进行更新，以便它们清晰阐明总体的信息安全事件管理策略及相关方案。应有相关章节阐述高级管理层的承诺并概述以下内容：

- 策略；
- 方案的过程，和相关基础设施；
- 检查、报告、评估和管理事件的要求。

并明确指定负责授权和/或执行某些关键行动的人员(如切断信息系统与网络的连接或甚至将其关闭)。

此外，策略应要求建立适当的评审机制，以确保从信息安全事件发现、监视和解决过程中得出的任何信息可被用于保证总体信息安全和风险管理以及具体系统、服务或网络的信息安全策略的持续有效。

7.5 ISIRT的建立

7.5.1 目的

建立ISIRT的目的是为评估和响应信息安全事件并从中总结经验教训等工作提供具备合格人员

的组织结构，并提供这方面工作所必要的协调、管理、反馈和沟通。ISIRT 不仅可以降低信息安全事件带来的物理和经济损失，还能降低可能因信息安全事件而造成的组织声誉损害。

7.5.2 **成员和结构**

ISIRT 的规模、结构和组成应该与组织的规模和结构相适应。尽管 ISIRT 可以组成一个独立的小组或部门，但其成员还可以兼任其他职务，因此鼓励从组织内各个部门中挑选成员组成 ISIRT。如第 4.2.1 和 7.1 节所述，许多情况下，ISIRT 是由一名高级管理人员所领导的一个虚拟小组。该高级管理人员可以得到各特定主题的专业人员（如擅长处理恶意代码攻击的专业人员）支持，ISIRT 可根据所发生信息安全事件的类型召唤相关人员前来处理紧急情况。在规模较小的组织中，一名成员还可以承担多种 ISIRT 角色。ISIRT 还可由来自组织不同部门（如业务运行部、IT/电信部门、审计部、人力资源部、市场营销部等）的人员组成。

ISIRT 成员应该便于联系，因此，每个成员及其备用人员的姓名和联系方式都应该在组织内进行登记。例如，一些必要的细节应清晰记入信息安全事件管理方案的文件中，包括规程文件和报告单，但可以不在策略声明文件中有所记载。

ISIRT 管理者应：

- 指派授权代表以对如何处理事件做出立即决策；
- 通常有一条独立于正常业务运行的专线用于向高级管理层报告情况；
- 确保 ISIRT 全体成员具有必需的知识和技能水平，并确保他们的知识和技能水平可以得到长期保持；
- 指派小组中最适合的成员负责每次事件的调查工作。

7.5.3 **与组织其他部门的关系**

ISIRT 管理者及成员必须具有某种等级授权，以便采取必要措施响应信息安全事件。但是，对于那些可能给整个组织造成经济上或声誉上的负面影响的措施，则应得到高级管理层的批准。为此，在信息安全事件管理策略和方案中必须详细说明授予 ISIRT 组长适当权限，使其报告严重的信息安全事件。

应对媒体的规程和责任也应得到高级管理层批准并形成文件。这些规程应规定：

- 由组织中哪个部门负责接待媒体；
- 该部门如何就这一问题与 ISIRT 相互交换信息。

7.5.4 **与外部方的关系**

ISIRT 应与外部方建立适当关系。外部方可能包括：

- 签订合同的外部支持人员，如来自 CERT；
- 外部组织的 ISIRT 或计算机事件响应组，或 CERT；
- 执法机关；
- 其他应急机构（如消防队/部门等）；
- 相关的政府部门；
- 司法人员；
- 公共关系官员和/或媒体记者；
- 业务伙伴；
- 顾客；
- 普通公众。

7.6 **技术和其他支持**

在已经取得、准备并测试了所有必要的技术和其他支持方式后，要对信息安全事件作出快速、有效的响应会变得更加容易。这包括：

- 访问组织资产（最好使用最新的资产登记簿）的详细情况，并了解它们与业务功能之间关联方面的信息；

- 查阅业务连续性战略及相关计划文件；
- 文件记录和发布的沟通过程；
- 使用电子信息安全事态/事件数据库和技术手段快速建立和更新数据库，分析其中的信息，以便于对事件作出响应（不过应该认识到，组织偶尔会有要求或使用手工记录的情况）；
- 为信息安全事态/事件数据库做好充分的业务连续性安排。

用来快速建立和更新数据库、分析其信息以便于对信息安全事件作出响应的技术手段应该支持：

- 快速获得信息安全事态和事件报告；
- 通过适当方式（如电子邮件、传真、电话等）通知已事先选定的人员（以及相关外部人员），因而要求对可靠的联系信息数据库（它应该是易于访问的，同时还应包括纸质文件和其他备份），以及适当时以安全方式将信息发送给相关人员的设施进行维护；
- 对已评估的风险采取适当的预防措施，以确保电子通信（无论是通过互联网的还是不通过互联网的），不会在系统、服务和网络遭受攻击时被窃听；
- 对已评估的风险采取适当的预防措施，以确保电子通信（无论是通过互联网的还是不通过互联网的）在系统、服务和网络遭受攻击时仍然可用；
- 确保收集到有关信息系统、服务和/或网络的所有数据以及经过处理的所有数据；
- 如果根据已得到评估的风险采取措施，利用通过加密的完整性控制措施可帮助确定系统、服务和/或网络以及数据是否发生了变动以及它们的哪些部分发生了变动；
- 便于对已收集信息的归档和安全保存（例如在日志和其他证据离线保存在 CD 或 DVD ROM 等只读介质中之前对其使用数字签名）；
- 准备将数据（如日志）打印输出，其中包括显示事件过程、解决过程和证据保管链的数据；
- 根据相关业务连续性计划，通过以下方式将信息系统、服务和/或网络恢复正常运行：
  ——良好的备份规程；
  ——清晰可靠的备份；
  ——备份测试；
  ——恶意代码控制；
  ——系统和应用软件的原始介质；
  ——可启动介质；
  ——清晰、可靠和最新的系统和应用程序补丁。

一个受到攻击的信息系统、服务或网络可能无法正常运转。因此，只要可能，并考虑到已受评估的风险，响应信息安全事件必需的任何技术手段（软件和硬件）都不应依赖于组织的“主流”系统、服务或网络的运行。如果可能，它们应该完全独立。

所有技术手段都应认真挑选、正确实施和定期测试（包括对所做备份的测试）。

应指出的是，本节所描述的技术手段不包括那些用来直接检测信息安全事件和入侵并能自动通知相关人员的技术手段。有关这些技术内容的描述可参见 ISO/IEC TR 15947《信息技术　安全技术　IT 入侵检测框架》以及 ISO/IEC 13335《信息技术　安全技术　信息和通信技术安全管理》。

7.7　意识和培训

信息安全事件管理是一个过程，它不仅涉及技术而且涉及人，因此应该得到组织内有适当信息安全意识并经过培训的员工支持。

组织内所有人员的意识和参与，对于一个结构化的信息安全事件管理方法的成功来说，至关重要。鉴于此，必须积极宣传信息安全事件管理的作用，以作为总体信息安全意识和培训计划的一部分。安全意识计划及相关材料应该对所有人员可用，包括新员工，以及相关第三方用户和合同商。应为运行支持组和 ISIRT 成员，以及如果必要的话，包括信息安全人员和特定的行政管理人员，制定一项特定的培训计划。应该指出的是，根据信息安全事件类型、频率及其与事件管理方案交互的重要程度的不同，直接参与事件管理的各组成员需要不同级别的培训。

安全意识简报应该包括下列内容：

- 信息安全事件管理方案的基本工作机制，包括它的范围以及安全事态和事件管理"工作流程"；
- 如何报告信息安全事态和事件；
- 如果相关的话，有关来源保密的防护措施；
- 方案服务级别协议；
- 结果的通知——建议在什么情况下采用哪些来源；
- 不泄露协议规定的任何约束；
- 信息安全事件管理组织的授权及报告流程；
- 由谁以及如何接受信息安全事件管理方案的报告。

在有些情况下，将有关信息安全事件管理的安全意识教育细节包括在其他培训计划（如面向员工的培训计划或一般性的总体安全意识计划）之中是可取的做法。这样的安全意识教育方法可以为特定人群提供极具价值的背景信息，从而改进培训计划的效果和效率。

在信息安全事件管理方案开始运行之前，所有相关人员必须熟悉发现和报告信息安全事态的规程，且被选人员必须十分了解随后的过程。还应该有后续的安全意识简报和培训课程。培训应该得到运行支持组和 ISIRT 成员、信息安全员和特定的行政管理员的具体练习和测试工作的支持。

8 使用

8.1 概述

运行中的信息安全事件管理由"使用"和"评审"这两个主要阶段组成，在这之后是"改进"阶段，即根据总结出来的经验教训改善安全状况。这些阶段及其相关过程在 5.2 中有简要介绍。"使用"阶段是本章描述的内容，随后的第 9 章和第 10 章将分别描述"评审"和"改进"阶段。

图 2 示出了这 3 个阶段及其相关过程。

8.2 关键过程的概述

使用阶段的关键过程有：

a) 发现和报告发生的信息安全事态，无论是由组织人员/顾客引起的还是自动发生的（如，防火墙警报）；

b) 收集有关信息安全事态的信息，由组织的运行支持组人员[9]进行第一次评估，确定该事态是属于信息安全事件还是发生了误报；

c) ISIRT 进行第二次评估，首先确认该事态是否属于信息安全事件，如果的确如此，则作出立即响应，同时启动必要的法律取证分析和沟通活动；

d) 由 ISIRT 进行评审以确定该信息安全事件是否处于控制下：

  1) 如果处于控制下，则启动任何所需要的进一步的后续响应，以确保所有相关信息准备完毕，以供事件后评审所用；

  2) 如果不在控制下，则采取"危机求助"活动并召集相关人员，如组织中负责业务连续性的管理者和工作组；

e) 在整个阶段按要求进行上报，以便进一步评估和/或决策；

f) 确保所有相关人员，尤其是 ISIRT 成员，正确记录所有活动以备后面分析所用；

g) 确保对电子证据进行收集和安全保存，同时确保电子证据的安全保存得到持续监视，以备法律起诉或内部处罚所需；

h) 确保包括信息安全事件追踪和事件报告更新的变更控制制度得到维护，从而使得信息安全事

9) 一般来说，不要期望运行支持组人员就是安全专家。

态/事件数据库保持最新。

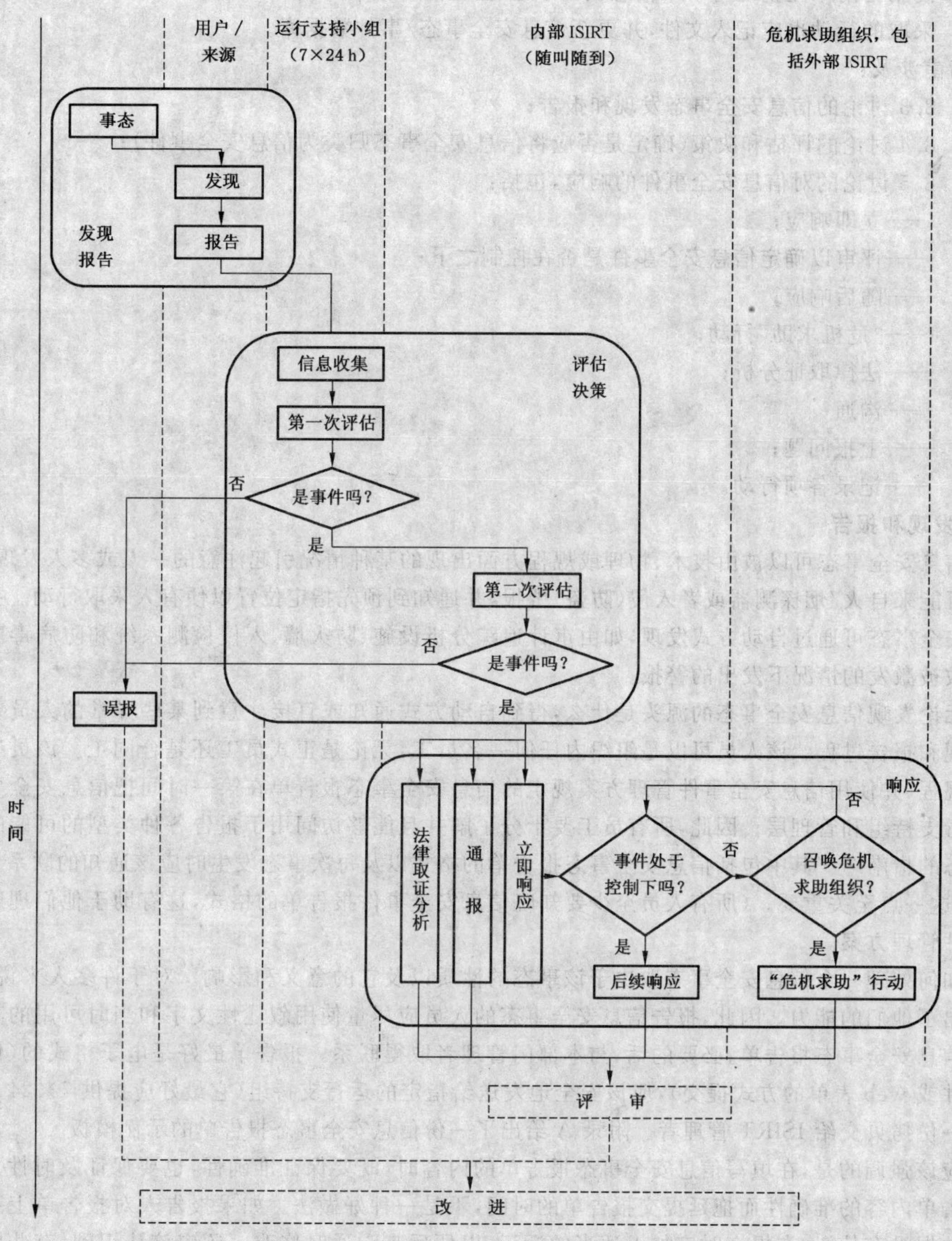

图 2　信息安全事态和事件处理流程图

所有收集到的、与信息安全事态或事件相关的信息应保存在由ISIRT管理的信息安全事态/事件数据库中。每个过程所报告的信息应按当时的情况尽可能保持完整，以确保为评估和决策以及其他相关措施提供可靠基础。

一旦发现和报告了信息安全事态，那么随后的过程应达到以下目的：

- 以适当的人员级别分配事件管理活动的职责，包括专职安全人员和非专职安全人员的评估、决策和行动；
- 制定每个被通知人员均需遵守的正式规程，包括评估和修改报告，评估损害，以及通知相关人员

（至于每个人的具体行动由事件的类型和严重程度来决定）；

- 使用指南来完整地将一个信息安全事态记入文件，如果该事态被归类为信息安全事件，那随后采取的行动也应记入文件，并更新信息安全事态/事件数据库。

指南涉及：

- 8.3讨论的信息安全事态发现和报告；
- 8.4讨论的评估和决策（确定是否应将信息安全事态归类为信息安全事件）；
- 8.5讨论的对信息安全事件的响应，包括：

——立即响应；

——评审以确定信息安全事件是否在控制之下；

——随后响应；

——“危机求助”行动；

——法律取证分析；

——沟通；

——上报问题；

——记录各项行动。

8.3 发现和报告

信息安全事态可以被由技术、物理或规程方面出现的某种情况引起注意的一人或多人发现。例如，发现可能来自火/烟探测器或者入侵（防盗）警报，并通知到预先指定位置以便有人采取行动。技术型的信息安全事态可通过自动方式发现，如由审计追踪分析设施、防火墙、入侵检测系统和防病毒工具在预设参数被激发的情况下发出的警报。

无论发现信息安全事态的源头是什么，得到自动方式通知或直接注意到某些异常的人员要负责启动发现和报告过程。该人员可以是组织内任何一名员工，无论是正式员工还是合同工。该员工应遵照相关规程，并使用信息安全事件管理方案规定的信息安全事态报告单在第一时间把信息安全事态报告给运行支持组和管理层。因此，所有员工要十分了解并且能够访问用于报告各种类型的可能的信息安全事态的指南——其中包括信息安全事态报告单的格式以及每次事态发生时应该通知的联系人的具体信息，这一点至关重要。（所有人员至少要知晓信息安全事件报告单的格式，这有助于他们理解信息安全事件管理方案。）

如何处理一个信息安全事态取决于该事态的性质以及它的意义和影响。对于许多人来说，这种决定超出了他们的能力。因此，报告信息安全事态的人员应尽量使用叙述性文字和当时可用的其他信息完成信息安全事态报告单，必要的话，与本部门管理者取得联系。报告单最好是电子格式的（例如以电子邮件或web表单的方式提交），应该安全地发送给指定的运行支持组（它最好应提供7×24 h服务），并将一份拷贝交给ISIRT管理者。附录A给出了一份信息安全事态报告单的示例模板。

应该强调的是，在填写信息安全事态报告单的内容时，既要保证准确性，也要保证及时性。为了提高报告单内容的准确性而拖延提交报告单的时间，不是一种好做法。如果报告人对报告单上某些字段中的数据没有信心，在提交时应加上适当的标记，以便后来沟通时修改。还应该认识到，有些电子报告机制（如电子邮件）本身就是明显的攻击对象。

当默认的电子报告机制（如电子邮件）存在问题或被认为存在问题（包括认为可能出现系统受攻击且报告单可以被未授权人员读取的情况）时，应该使用备用的沟通方式。备用方式可能包括通过人、电话或文本消息。当调查初期就明显表明，信息安全事态极有可能被确定为信息安全事件，特别是重大事件时，尤其应该使用上述备用方式。

应该指出的是，尽管在多数情况下，信息安全事态必须向上报告以便于运行支持组采取措施，但偶尔也会有在本部门管理者协助下直接在本地处理信息安全事态的情况。一个信息安全事态可能很快就被确定为误报，或者被解决达到满意的结果。在这种情况下，报告单应填写完毕后报告给本部门管理者以及运行支持组和 ISIRT,以便记录归档,如记人信息安全事态/事件数据库中。在这样的情况下,可以由报告信息安全事态结束的人员完成信息安全事件报告单所要求的一些信息——即使这种情况属实,那么信息安全事件报告单也应该填写完整并上报。

8.4 事态/事件评估和决策

8.4.1 第一次评估和初始决策

运行支持组中负责接收报告的人员应签收已填写完毕的信息安全事态报告单,将其输入到信息安全事态/事件数据库中,并进行评审。该人员应该从报告信息安全事态的人处得到详细说明,并从该报告人或其他地方进一步收集可用的任何必要和已知信息。随后,运行支持组的该人员应该进行评估,以确定这个信息安全事态是属于信息安全事件还是仅为一次误报。如果确定该信息安全事态属于误报,应将信息安全事态报告单填写完毕并发送给 ISIRT,供添加信息安全事态/事件数据库和评审所用,同时将拷贝发送给事态报告人及其部门管理者。

这一阶段收集到的信息和其他证据可能会在将来用于内部处罚或司法起诉过程。承担信息收集和评估任务的人员应接受证据收集和保存方面的专门培训。

除了记录行动的日期和时间外,全面记录下列内容也是必要的:

- 看见了什么、做了什么(包括使用的工具)以及为什么要这么做;
- "证据"所处的位置;
- 如何将证据归档(如果可行的话);
- 如何进行证据验证(如果可行的话);
- 证据材料的存储/安全保管以及随后对其进行访问的细节。

如果确定信息安全事态很可能是一个信息安全事件,而且运行支持组成员具有适当资质,则可以进行进一步评估。这可能引发必要的补救措施,例如确定应该增加哪些应急防护措施并指定适当人员执行。显然,当一个信息安全事态被确定为重大信息安全事件(根据组织内预先制定的事件严重性衡量尺度)时,应该直接通知 ISIRT 管理者。显而易见,如果出现"危机"情况,应该及时宣布,例如通知业务连续性管理者可能需要启动业务连续性计划,同时还应通知 ISIRT 管理者和高级管理层。但最可能的情况是,必须将信息安全事件直接指派给 ISIRT 进行进一步评估和采取措施。

无论决定下一步要采取什么行动,运行支持组成员都应尽可能地将信息安全事件报告单填写完整。附录 A 给出了一个信息安全事件报告单的示例模板。信息安全事件报告单应使用叙述性文字,应尽可能确认和描述以下内容:

- 该信息安全事件属于什么情况;
- 事件是被如何引起的——由什么情况或由谁引起;
- 事件带来的危害或可能带来的危害;
- 事件对组织业务造成的影响或潜在影响;
- 确定该信息安全事件是否属于重大事件(根据组织预前制定的事件严重性衡量尺度);
- 到目前为止是如何处理的。

当从以下几个方面考虑信息安全事件对组织业务的潜在或实际负面影响时:

- 未授权泄露信息;
- 未授权修改信息;
- 抵赖信息;
- 信息和/或服务不可用;
- 信息和/或服务遭受破坏。

首先要考虑哪些后果与之相关,例如:

- 对业务运行造成的财务损失/破坏;
- 商业和经济利益;

- 个人信息；
- 法律法规义务；
- 管理和业务运行；
- 声誉损失。

对于那些被认为与信息安全事件相关的后果，应使用相关分类指南确定潜在或实际影响，并输入到信息安全事件报告单中。附录B给出了要点指南，该指南给出组织划分自身信息安全事件后果等级的要点示例。该后果等级可作为组织实施GB/Z 20986—2007《信息安全技术　信息安全事件分类分级指南》的参考依据，有助于确定信息安全事件分级中"系统损失"这一参考要素的级别，结合"信息系统的重要程度"和"社会影响"，可明确信息安全事件的级别大小。

如果信息安全事件已被解决，报告中应该详细记录已经采取的防护措施和从事件中总结出的经验教训（例如，用来防止同样或类似事件再次发生的防护措施）。

一旦报告单填写完毕后，应将其送达ISIRT作为信息安全事态/事件数据库和评审的输入。

如果调查时间可能超过一周，应产生一份中间报告。

应该强调的是，根据信息安全事件管理方案文件提供的指南，负责评估信息安全事件的运行支持组人员应了解：

- 何时必须将问题上报以及应该向谁报告；
- 运行支持组进行的所有活动应遵循正式成文的变更控制规程。

当默认的电子报告机制（如电子邮件）存在问题或被认为存在问题（包括认为可能出现系统受攻击且报告单可以被未授权人员读取的情况）时，应该使用备用方式向ISIRT管理者报告。备用方式可能包括通过人、电话或文本消息传递。当信息安全事件属于重大事件时，尤其应该使用这种备用方式。

8.4.2　第二次评估和事件确认

进行第二次评估以及对是否将信息安全事态归类为信息安全事件的决定进行确认是ISIRT的职责。ISIRT接收报告的人员应该：

- 签收由运行支持组尽可能填写完成的信息安全事态报告单；
- 将报告单输入信息安全事态/事件数据库；
- 向运行支持组寻求任何必要的澄清说明；
- 评审报告单内容；
- 从运行支持组、信息安全事态报告单填写人或其他地方进一步收集可用的任何必要和已知信息。

如果信息安全事件的真实性或报告信息的完整性仍然存在某种程度不确定，ISIRT成员应该进行一次评估，以确定该信息安全事件是否属实还是仅为一次误报。如果信息安全事件被确定为误报，应完成填写信息安全事态报告、将其添加到信息安全事态/事件数据库中并送达ISIRT管理者。同时还应将报告的拷贝送达运行支持组、事态报告人及其部门管理者。

如果信息安全事件被确定是真实的，ISIRT成员（包括必要的合作伙伴）应进行进一步的评估，以尽快确认：

- 该信息安全事件是什么样的情形，是如何被引起的——由什么或由谁引起，带来或可能带来什么危害，对组织业务造成的影响或潜在影响，是否属于重大事件（根据组织预先制定的事件严重性衡量尺度而定）；
- 对任何信息系统、服务和/或网络进行的故意的、人为的技术攻击，例如：
  ——系统、服务和/或网络被渗透的程度，以及攻击者的控制程度；
  ——攻击者访问——可能复制、篡改或毁坏了——哪些数据；
  ——攻击者复制、篡改或毁坏了哪些软件；
- 对任何信息系统、服务和/或网络的硬件和/或物理位置进行的故意的、人为的物理攻击，例如：

——物理损害造成了什么直接和间接影响(是否设置了物理访问安全保护措施?);

- 并非直接由人为活动引起的信息安全事件,其直接和间接影响(例如,是因火灾而导致物理访问开放?是因某些软件或通信线路故障或人为错误而使信息系统变得脆弱?);
- 到目前为止信息安全事件是如何被处理的。

当从以下方面评审信息安全事件对组织业务的潜在或实际负面影响时:

- 未授权泄露信息;
- 未授权修改信息;
- 抵赖信息;
- 信息和/或服务不可用;
- 信息和/或服务遭受破坏;

有必要确认哪些后果与之相关,如以下示例类别:

- 对业务运行造成的财务损失/破坏;
- 商业和经济利益;
- 个人信息;
- 法律法规义务;
- 管理和业务运行;
- 声誉损失。

对于那些被认为与信息安全事件相关的后果,应使用相关类别的指南确定潜在或实际影响,并输入到信息安全事件报告单中。附录B给出了要点指南,该指南给出组织划分自身信息安全事件后果等级的要点示例。该后果等级可作为组织实施GB/Z 20986—2007《信息安全技术　信息安全事件分类分级指南》的参考依据,有助于确定信息安全事件分级中"系统损失"这一参考要素的级别,结合"信息系统的重要程度"和"社会影响",可明确信息安全事件的级别大小。

8.5 响应

8.5.1 立即响应

8.5.1.1 概述

在多数情况下,ISIRT成员的下一步工作是确定立即响应措施,以处理信息安全事件、在信息安全事件单上记录细节并输入信息安全事态/事件数据库,以及向相关人员或工作组通报必要的措施。这可能导致采取应急防护措施(例如在得到相关IT和/或业务管理者同意后切断/关闭受影响的信息系统、服务和/或网络)和/或增加已被确定的永久防护措施并将行动通报相关人员或工作组。如果尚不能这么做,则应根据组织预先确定的信息安全事件严重性衡量尺度确定信息安全事件的严重程度,如果事件足够严重,应直接上报组织相关高级管理人员。例如,如果事件明显是一种"危机"情况,应通知业务连续性管理者以备可能启动业务连续性计划,同时还要通知ISIRT管理者和高级管理层。

8.5.1.2 措施示例

这是一个在信息系统、服务和/或网络遭到故意攻击的情况下,采取相关的立即响应措施的例子。如果攻击者不知道自己已处于监视之下,可保留与互联网或其他网络的连接,以:

- 允许业务关键应用程序正常运转;
- 尽可能多地收集有关攻击者的信息。

但是在执行这一决策时,必须考虑以下因素:

- 攻击者可能会意识到自己受到监视,很可能采取行动进一步毁坏受影响信息系统、服务和/或网络以及相关数据;
- 攻击者可能会破坏对于追踪他/她本人有用的信息。

一旦作出中断/关闭受攻击的信息系统、服务和/或网络的决定,其迅速和可靠的执行必须在技术上可行。但同时应实施适当的鉴别手段,以使未授权人员无法进行这种活动。

需要进一步考虑的是如何预防事件重演，这通常是行动的重中之重；不难得出结论，攻击者暴露了应该矫正的弱点，仅仅追踪攻击者是不够的。特别是当攻击者是非恶意的且造成的危害小乃至没有危害时，这一点容易被忽视。

对于由非蓄意攻击导致的信息安全事件，应该确定其来源。在采取防护措施的同时，可能有必要关闭信息系统、服务和/或网络，或者隔离相关部分并将其关闭（在取得相关 IT 和/或业务管理者的预先同意下）。如果所发现的弱点对于信息系统、服务和/或网络设计来说是根本性的，或者说是一个关键弱点，处理起来可能需要更长时间。

另一个响应措施可能是启用监视技术（如“蜜罐”，参见 ISO/IEC TR 18043）。这样的行动应该依照正式成文的信息安全事件管理方案规定的规程进行。

ISIRT 成员应对照备份记录来检查因信息安全事件而出现讹误的信息，搞清是否存在篡改、删除或插入等情况。检查日志的完整性是必要的，因为故意行为的攻击者很可能为了掩盖自己的行踪而修改这些日志。

8.5.1.3 事件信息更新

无论确定下一步采取什么行动，ISIRT 成员都应尽最大能力更新信息安全事件报告，并将其添加到信息安全事态/事件数据库，同时按需要通知 ISIRT 管理者和其他必要人员。更新可能包括有关以下内容的更多信息：

- 信息安全事件是什么样的情形；
- 它是如何被引起的——由什么或由谁引起；
- 它带来或可能带来什么危害；
- 它对组织业务造成的影响或潜在影响；
- 它是否属于重大事件（根据组织预先制定的事件严重性衡量尺度）；
- 到目前为止它是如何被处理的。

如果信息安全事件已被解决，报告应包含已经采取的防护措施的详细情况和其他任何经验教训（例如用来预防相同或类似事件再次发生的进一步防护措施）。被更新的报告应该添加到信息安全事态/事件数据库中，并通报 ISIRT 管理者和其他必要人员。

应该强调的是，ISIRT 负责妥善保管与信息安全事件相关的所有信息，以备鉴别分析和可能在法庭上作证据之用。例如一个针对 IT 的信息安全事件，在最初发现事件后，应该在受影响的 IT 系统、服务和/或网络关闭之前收集所有只会短暂存在的数据，为完整的法律取证调查作好准备。需要收集的信息包括内存、缓冲区和注册表的内容以及任何过程运行的细节，以及：

- 根据信息安全事件的性质，对受影响的系统、服务和/或网络进行一次完整复制，或对日志和重要文件进行一次低层备份，以备法律取证之用；
- 对相邻系统、服务和网络的日志（例如包括路由器和防火墙的日志）进行收集和评审；
- 将所有收集到的信息安全地保存在只读介质上；
- 进行法律取证复制时应有两人以上在场，以表明和保证所有工作都是遵照相关法律法规执行的；
- 用来进行法律取证复制的工具和命令的规范和说明书均应登记归档，并与原始介质一起保存。

在这一阶段如果可能的话，ISIRT 成员还要负责将受影响设施（IT 设施或其他设施）恢复到不易遭受相同攻击破坏的安全运行状态。

8.5.1.4 进一步的活动

如果 ISIRT 成员确定的确发生了信息安全事件，还应采取如下其他重要措施，如：

- 开始法律取证分析；
- 向负责对内对外沟通的人员通报情况，同时建议应该以什么形式向哪些人员报告什么内容。

一旦尽力完成信息安全事件报告后，应将其输入信息安全事态/事件数据库并送达 ISIRT 管理者。

如果组织内的调查工作超出了预定时间，应产生一份中间报告。

基于信息安全事件管理方案文件提供的指南，负责评估信息安全事件的ISIRT人员应该了解：

- 何时必须将问题上报以及应该向谁报告；
- ISIRT进行的所有活动均应遵循正式成文的变更控制规程。

当常规通信设施(如电子邮件)存在问题或者被认为存在问题(包括系统被认为可能处于攻击之下)，而且：

- 得出信息安全事件属于严重事件的结论；
- 确定出现了"危机"情况时，

应在第一时间将信息安全事件通过人、电话或文本方式报告给相关人员。

ISIRT管理者在同组织的信息安全负责人及相关董事会成员/高级管理人员保持联络的同时，被认为有必要同所有相关方(组织内部的和外部的)也应保持联络(参见7.5.3和7.5.4)。

为了确保这样的联络快速有效，有必要事先建立一条不完全依赖于受信息安全事件影响的系统、服务和/或网络的安全通讯渠道，包括指定联系人不在时的备用人选或代表。

8.5.2 事件是否处于控制下

在ISIRT成员作出立即响应，并进行了法律取证分析和通报相关人员后，必须迅速得出信息安全事件是否处于控制之下的结论。如果需要，ISIRT成员可以就这一问题征求同事、ISIRT管理者和/或其他人员或工作组的意见。

如果确定信息安全事件处于控制之下，ISIRT成员应启动需要的后续响应，并进行法律取证分析和向相关人员通报情况(参见8.5.3、8.5.5和8.5.6)，直至结束信息安全事件的处理工作，使受影响的信息系统恢复正常运行。

如果确定信息安全事件不在控制之下，ISIRT成员应启动"危机求助行动"(参见8.5.4)。

8.5.3 后续响应

在确定信息安全事件处于控制之下、不必采取"危机求助"行动之后，ISIRT成员应确定是否需要对信息安全事件作出进一步响应以及作出什么样的响应。其中可能包括将受影响的信息系统、服务和/或网络恢复到正常运行。然后，该人员应该将有关响应细节记录到信息安全事件报告单和信息安全事态/事件数据库中，并通知负责采取相关行动的人员。一旦这些行动成功完成后，应该将结果细节记录到信息安全事件报告单和信息安全事态/事件数据库中，然后结束信息安全事件处理工作，并通知相关人员。

有些响应旨在预防同样或类似信息安全事件再次发生。例如，如果确定信息安全事件的原因是IT硬件或软件故障，而且没有补丁可用，应该立即联系供应商。如果信息安全事件涉及到一个已知的IT脆弱性，则应装载相关的信息安全升级包。任何被信息安全事件突现出来的IT配置问题均应得到妥善处理。降低相同或类似IT信息安全事件再次发生可能性的其他措施还包括变更系统口令和关闭不用的服务。

响应行动的另一个方面涉及IT系统、服务和/或网络的监控。在对信息安全事件进行评估之后，应在适当的地方增加监视防护措施，以帮助发现具有信息安全事件症状的异常和可疑事态。这样的监视还可以更深刻地揭露信息安全事件，同时确定还有哪些其他IT系统受到危及。

启动相关业务连续性计划中特定的响应可能很必要。这一点既适用于IT信息安全事件，同时也适用于非IT的信息安全事件。这样的响应应涉及业务的所有方面，不仅包括那些与IT直接相关的方面，同时还应包括关键业务功能的维护和以后的恢复——其中包括(如果相关的话)语音通信、人员级别和物理设施。

响应行动的最后一个方面是恢复受影响系统、服务和/或网络。通过应用针对已知脆弱性的补丁或禁用易遭破坏的要素，可将受影响的系统、服务和/或网络恢复到安全运行状态。如果因为信息安全事件破坏了日志而无法全面了解信息安全事件的影响程度，可能要考虑对整个系统、服务和/或网络进行重建。这种情况下，启动相关的业务连续性计划十分必要。

如果信息安全事件是非IT相关的，例如由火灾、洪水或爆炸引起，就应该依照正式成文的相关业务连续性计划开展恢复工作。

8.5.4 **“危机求助”行动**

如8.5.2所述，ISIRT确定一个信息安全事件是否处于控制下时，很可能会得出事件不在控制之下，必须按预先制定计划采取“危机求助”行动的结论。

有关如何处理可能会在一定程度上破坏信息系统可用性/完整性的各类信息安全事件的最佳选择，应该在组织的业务连续性战略中进行标识。这些选择应该与组织的业务优先顺序和相关恢复时间表直接相关，从而也与IT系统、语音通信、人员和食宿供应的最长可承受中断时间直接关联。业务连续性战略应该明确标明所要求的：

- 预防、恢复和业务连续性支持措施；
- 管理业务连续性规划的组织结构和职责；
- 业务连续性计划的体系结构和概述。

业务连续性计划以及支持启动计划的现行防护措施，一旦经检验合格并得到批准后，便可构成开展“危机求助”行动的基础。

其他可能类型的“危机求助”行动包括(但不限于)启用：

- 灭火设施和撤离规程；
- 防洪设施和撤离规程；
- 爆炸“处理”及相关撤离规程；
- 专家级信息系统欺诈调查程序；
- 专家级技术攻击调查程序。

8.5.5 **法律取证分析**

当前面的评估确定需要收集证据时——在发生重大信息安全事件的背景下，ISIRT应进行法律取证分析。这项工作涉及按照正式文件规定的程序，利用基于IT的调查技术和工具，对指定的信息安全事件进行信息安全事件管理过程中迄今为止更周密的分析研究。它应该以结构化的方式进行，应该确定哪些内容可以用作证据，进而确定哪些证据可以用于内部处罚，哪些证据可以用于法律诉讼。

法律取证分析所需设备可分为技术(如审计工具、证据恢复设备)、规程、人员和安全办公场所4类。每项法律取证分析行动都应完全登记备案，其中包括相关照片、审计踪迹分析报告、数据恢复日志。进行法律取证分析人员的熟练程度连同熟练程度测试记录一起应登记备案。能够表明分析的客观性和逻辑性的任何其他信息也都应记录在案。有关信息安全事件本身、法律取证分析行动等的所有记录以及相关的存储介质，都应保存在一个安全的物理环境中并遵照相关规程严加控制，以使其不至被未授权人员接触，也不会被篡改或变得不可用。基于IT的法律取证分析工具应该符合标准，其准确性应能经得起司法推敲，而且要随着技术的发展升级到最新版本。ISIRT工作的物理环境应提供可做验证的条件，以确保证据的处理过程不会受人质疑。显然，ISIRT要有充足的人员配备才能做到在任何时候都能对信息安全事件作出响应，而且在需要时“随叫随到”。

随着时间的推移，难免会有人要求对信息安全事件(包括欺诈、盗窃和蓄意破坏)的证据重新审理。因此，要对ISIRT有所帮助，就必须有大量基于IT的手段和支持性规程供ISIRT在信息系统、服务或网络中揭开“隐藏”信息——其中包括看似像是已被删除、加密或破坏的信息。这些手段应能应付已知类型信息安全事件的所有已知方面(并且当然被记录在ISIRT规程中)。

当今，法律取证分析往往必须涉及错综复杂的联网环境，调查工作必将涵盖整个操作环境，其中包括各种服务器——文件、打印、通信、电子邮件服务器等，以及远程访问设施。有许多工具可供使用，其中包括文本搜索工具，镜像软件和法律取证组件。应该强调的是，法律取证分析规程的主要焦点是确保证据的完好无缺和核查无误，以保证其经得起法律的考验，同时还要保证法律取证分析在原始数据的准确拷贝上进行，以防分析工作损害原始介质的完整性。

法律取证分析的整个过程应包括以下相关活动:

- 确保目标系统、服务和/或网络在法律取证分析过程中受到保护,防止其变得不可用、被改变或受其他危害(包括病毒入侵),同时确保对正常运行的影响没有或最小;
- 对“证据”的“捕获”按优先顺序进行,也就是从最易变化的证据开始到最不易变化的证据结束(这在很大程度上取决于信息安全事件的性质);
- 识别主体系统、服务和/或网络中的所有相关文件,包括正常文件、看似(但并没有)被删除的文件、口令或其他受保护文件和加密文件;
- 尽可能恢复已发现的被删除文件和其他数据;
- 揭示 IP 地址、主机名、网络路由和 Web 站点信息;
- 提取应用软件和操作系统使用的隐藏、临时和交换文件的内容;
- 访问受保护或被加密文件的内容(除非法律禁止);
- 分析在特别(通常是不可访问的)磁盘存储区中发现的所有可能的相关数据;
- 分析文件访问、修改和创建的时间;
- 分析系统/服务/网络和应用程序日志;
- 确定系统/服务/网络中用户和/或应用程序的活动;
- 分析电子邮件的来源信息和内容;
- 进行文件完整性检查,检测系统特洛伊木马和原来系统中不存在的文件;
- 如果可行,分析物理证据,如查看指纹、财产损害程度、监视录像、警报系统日志、通行卡访问日志以及会见目击证人等;
- 确保所提取的潜在证据被妥善处理和保存,使之不会被损害或不可使用,并且敏感材料不会被未授权人员看到。应该强调的是,收集证据的行为要遵守相关法律的规定;
- 总结信息安全事件的发生原因以及在怎样的时间框架内采取的必要行动,连同具有相关文件列表的证据一起附在主报告中;
- 如果需要,为内部惩罚或法律诉讼行动提供专家支持。

所采用的方法应该记录在 ISIRT 规程中。

ISIRT 应该充分结合各种技能来提供广泛的技术知识(包括很可能被蓄意攻击者使用的工具和技术)、分析/调查经验(包括如何保存有用的证据)、相关法律法规知识以及事件的发展趋势。

8.5.6 通报

在许多情况下,当信息安全事件被 ISIRT 确定属实时,需要同时通知某些内部人员(不在 ISIRT/管理层的正常联系范围内)和外部人员(包括新闻界)。这种情况可能会发生在事件处理的各个阶段,例如,当信息安全事件被确认属实时,当事件被确认处于控制之下时,当事件被指定需要“危机求助”时,当事件的处理工作结束时以及当事件评审完成并得出结论时。

为协助必要时通报工作的顺利进行,明智的做法是提前准备一些材料,到时候根据特定信息安全事件的具体情况调整材料的部分内容,然后迅速通报给新闻界和/或其他媒体。任何有关信息安全事件的消息在发布给新闻界时,均应遵照组织的信息发布策略。需要发布的消息应由相关方审查,其中包括组织高级管理层、公共关系协调员和信息安全人员。

8.5.7 上报

有时会出现必须将事情上报给高级管理层、组织内其他部门或组织外人员/组织的情况。这可能是为了对处理信息安全事件的建议行动作出决定,也可能是为了对事件作出进一步评估以确定需要采取什么行动。这时应遵循 8.4 描述的评估过程,或者,如果严重问题早就凸现出来,或许已经处于这些过程之中了。在信息安全事件管理方案文件中应有指南可供那些可能会在某一时刻需要将问题上报的人员(即运行支持组和 ISIRT 成员)使用。

8.5.8 活动日志和变更控制

应该强调的是，所有参与信息安全事件报告和管理的人员应该完整地记录下所有的活动以供日后分析之用。这些内容应该包含在信息安全事件报告单和信息安全事态/事件数据库中，而且要在从第一次报告单到事件后评审完成的整个过程中不断更新。记录下来的信息应该妥善保存并留有完整备份。此外，在追踪信息安全事件以及更新信息安全事件报告单和信息安全事态/事件数据库的过程中所做的任何变更，均应遵照已得到正式批准的变更控制方案进行。

9 评审

9.1 概述

信息安全事件解决完毕并经各方同意结束处理过程后，还须进一步进行法律取证分析和评审，以确定有哪些经验教训需要汲取以及组织的整体安全和信息安全事件管理方案有哪些地方需要改进。

9.2 进一步的法律取证分析

在事件被解决后，可能依然需要进行法律取证分析以确定证据。此项工作应由 ISIRT 使用 8.5.5 建议的工具和规程进行。

9.3 经验教训

一旦信息安全事件的处理工作结束，应该迅速从信息安全事件中总结经验教训并立即付诸实施，这一点十分重要。经验教训可能反映在以下方面：

- 新的或改变的信息安全防护措施需求。可能是技术或非技术（包括物理）的防护措施。根据总结出来的经验教训，可能需要迅速更新和发布安全意识简报（给用户和其他人员），以及迅速修订和发布安全指南和/或标准；
- 信息安全事件管理方案及其过程、报告单和信息安全事态/事件数据库的变更。

此外，这项工作应不仅限于某一次信息安全事件的范畴，还应分析事件的发展趋势和发生模式，这有助于确定防护措施或方法需要有哪些改变。根据一次 IT 信息安全事件的情况进行信息安全测试，尤其是脆弱性评估，也是十分明智的做法。

因此，应该定期分析研究保存在信息安全事态/事件数据库中的数据，以：

- 确定事件的发展趋势和发生模式；
- 确定需要关注的方面；
- 分析在哪些部位采取预防措施可以降低将来事件发生的可能性。

在信息安全事件发生过程中所获得的相关信息应该用来进行事件发展趋势/发生模式的分析。这一点对于根据以往经验和文字资料尽早确定信息安全事件以及警告进一步会引发哪些信息安全事件来说，十分有效。

此外，还应充分利用政府部门、商业 CERT 和供应商提供的信息安全事件和相关脆弱性信息。

发生信息安全事件后，对信息系统、服务和/或网络进行的脆弱性评估和安全测试应不仅限于受信息安全事件影响的信息系统、服务和/或网络。应该把任何相关的信息系统、服务和/或网络全都包括进来。应通过全面的脆弱性评估来了解在此事件中所利用的其他信息系统、服务和/或网络的脆弱性，同时确保没有新的脆弱性被引入。

值得强调的是，脆弱性评估应定期进行，而且信息安全事件发生后对脆弱性的再次评估应是这一持续评估过程的一个组成部分（而并非替代）。

应该对信息安全事件作出分析总结，并呈递到组织管理层的信息安全管理协调小组和/或组织总体信息安全策略中定义的其他管理协调小组的每次会议上。

9.4 确定安全改进

在信息安全事件解决后的评审过程中，根据需要可能确定新的或改变的防护措施。改进建议和相关防护措施需求可能因财务或运作上的原因不能立即付诸实施，在这种情况下应该作为组织的长期目标逐步实行。例如,换用一种更安全更强固的防火墙短期内可能在财务上行不通,但是必须将其看作组织早晚要达到的长期信息安全目标(参见 10.3)。

9.5 确定方案改进

在事件解决之后,ISIRT 管理者或其代表应该评审所发生的一切以进行评估,从而“量化”对信息安全事件整体响应的效果。这样的分析旨在确定信息安全事件管理方案的哪些方面成功地发挥了作用,有哪些方面需要改进。

响应后分析的一个重要方面是将信息和知识反馈到信息安全事件管理方案中。如果事件相当严重,应在事件解决后尽快安排所有相关方召开会议。这样的会议应该考虑以下因素:

- 信息安全事件管理方案规定的规程是否发挥了预期作用?
- 是否有对发现事件有帮助的规程或方法?
- 是否确定过对响应过程有帮助的规程或工具?
- 是否有在确定事件之后对恢复信息系统有帮助的规程?
- 在事件发现、报告和响应的整个过程中向所有相关方的事件通报是否有效?

会议结果应记录归档,各方一致同意的任何行动都应适当地遵照行事(参见第 10.4 节)。

10 改进

10.1 概述

“改进”阶段的工作包括执行“评审”阶段提出的建议,即改进安全风险分析和管理结果、改善安全状况和改进信息安全事件管理方案。下面各条将逐一阐述这些主题。

10.2 安全风险分析和管理改进

根据信息安全事件的严重程度和影响,在评估信息安全风险分析和管理评审的结果时,必须考虑新的威胁和脆弱性。作为完成信息安全风险分析和管理评审更新的后续工作,引入更新的或全新的防护措施可能是必要的。

10.3 改善安全状况

遵照“评审”阶段(参见 9.4)提出的改进建议和对许多信息安全事件的分析,更新的和/或全新的防护措施需要启动。如 9.3 所述,这些措施可能是技术或非技术(包括物理)的防护措施,并可能需要迅速更新和发布安全意识简报(给用户和其他人员),以及迅速修订和公布安全指南和标准。此外,对组织的信息系统、服务和网络应定期进行脆弱性评估,以帮助确定脆弱性和提供一个对系统/服务/网络持续加固的过程。

另外,在一次事件之后立即进行的信息安全规程和文件评审更有可能是以后会被要求的一种响应。在一次信息安全事件之后,相关的信息安全策略和规程应参考事件管理过程中收集的信息和识别的任何问题来进行更新。确保组织全体人员知悉信息安全策略和规程的更新是 ISIRT 以及组织信息安全管理者的一个长期持续目标。

10.4 改进方案

对信息安全事件管理方案中被确定需要改进的地方(参见 9.5),需要认真评审和判断,然后据此修订更新方案文件。信息安全事件管理过程、规程和报告单的任何更改都应经过全面检查和测试后方可投入使用。

10.5 其他改进

“评审”阶段可能还会确定其他需要改进的方面,如信息安全策略、标准和规程的变更,IT 硬件和软件配置的变更等。

附 录 A
（资料性附录）
信息安全事态和事件报告单示例

信息安全事态和事件报告

填写说明

信息安全事态和事件报告单的设计旨在向相关人员提供有关信息安全事态和事件(如果事态被确定为信息安全事件)的信息。

如果你怀疑有信息安全事态正在发生或已经发生——尤其是可能会对组织的财产或声誉带来巨大损失或损害的事态,你应立即按照组织的信息安全事件管理方案规定的规程填写和提交一份信息安全事态报告单。

你提供的信息将被用来启动对事态的适当评估,从而确定是否要将该事态归类为信息安全事件,以及是否需要采取补救措施预防或限制损失或损害。如果时间紧迫,你可以不必在这时填写完本报告单的所有栏目。

如果你是评审已全部或部分填写的事态报告单的一名运行支持组成员,你将被要求审查是否需将该事态归类为信息安全事件。如果该事态被归为事件,你应尽可能将更多的信息填入信息安全事件报告单,且将信息安全事态和事件报告单一并转交给 ISIRT。无论该信息安全事态是否被归类为事件,都应及时更新信息安全事态/事件数据库。

如果你是评审由运行支持组转交的信息安全事态和事件报告单的一名 ISIRT 成员,你应随着调查的进展不断更新事件报告单的内容,同时对信息安全事态/事件数据库进行相应更新。

请遵照以下指南来完成报告单:

- 如果可能,报告单应以电子方式[10]填写和提交。(当默认的电子报告机制(如电子邮件)存在问题或被认为存在问题时(包括认为可能出现系统受攻击且报告单可以被未授权人员读取的情况时),应该使用备用的报告方式。备用方式可能包括通过人、电话或文本消息传递);
- 只提供你本人了解的事实——不要为了完成报告单中的栏目凭推测填写。如果你不能肯定你提供的信息,请清楚地注明该信息没有被确认,以及使你认为它可能真实的依据;
- 你应该提供你的全部详细联系信息。为了就你的报告进一步向你了解情况,就必须与你联系——不管是马上还是以后。

如果你后来发现自己提供的任何信息有不准确、不完整或误导性的地方,你应及时纠正并重新提交报告。

10) 只要可能,就应将这些报告制成电子表格(如在安全的 web 网页上),并且可与电子形式的信息安全事态/事件数据库链接。在当今世界上,运行基于纸质的方案会耗时费力,不是效率最佳的运行方式。

信息安全事态报告

第1页/共1页

事态日期：
事态编号[11)]：
相关事态和/或事件标识号(如果有的话)：

报告人的详细情况

姓名：　　　　　　地址：
单位：　　　　　　部门：
电话：　　　　　　电子信箱：

信息安全事态描述

事态描述：

- 发生了什么
- 如何发生的
- 为什么会发生
- 受影响的部分
- 对业务的负面影响
- 任何已确定的脆弱性

信息安全事态细节

发生事态的日期和时间：
发现事态的日期和时间：
报告事态的日期和时间：
事态是否结束?(选择)　是 □　　否 □
如果是，具体说明事态持续了多长时间(天/小时/分钟)：

---

11) 事态编号应由组织的ISIRT管理者分配。

信息安全事件报告

事件日期：
事件编号[12)]：
相关事态和/或事件标识号(如果有的话)：

运行支持组成员的详细情况

姓名： 地址：
电话： 电子信箱：

ISIRT 成员的详细情况

姓名： 地址：
电话： 电子信箱：

信息安全事件描述

事件的进一步描述：

- 发生了什么
- 如何发生的
- 为什么会发生
- 受影响的部分
- 对业务的负面影响
- 任何已确定的脆弱性

信息安全事件细节

发生事件的日期和时间：
发现事件的日期和时间：
报告事件的日期和时间：
事件是否结束？(选择) 是 □ 否 □
如果是，具体说明事件持续了多长时间(天/小时/分钟)：
如果否，具体说明到目前为止事件已经持续了多长时间：

12) 事件编号应由组织的 ISIRT 管理者分配，并与相关的事态编号相对应。

信息安全事件报告

第 2 页/共 5 页

信息安全事件的类型

（选择一项，然后填写相关栏目。） 实际发生的 □ 未遂的 □ 可疑的 □

（选择一项）

基本分类 有害程序事件(MI)□

子类 计算机病毒事件(CVI)□ 蠕虫事件(WI)□

特洛伊木马事件(THI)□ 僵尸网络事件(BI)□

混合攻击程序事件(BAI)□ 网页内嵌恶意代码事件(WBPI)□

其他有害程序事件(OMI)□

起因 故意□ 过失□ 非人为□ 未知 □

基本分类 网络攻击事件(NAI)□

子类 拒绝服务攻击事件(DOSAI)□ 后门攻击事件(BDAI)□

漏洞攻击事件(VAI)□ 网络扫描窃听事件(NSEI)□

网络钓鱼事件(PI)□ 干扰事件(II)□

其他网络攻击事件(ONAI)□

起因 故意□ 过失□ 非人为□ 未知 □

基本分类 信息破坏事件(IDI)□

子类 信息篡改事件(IAI)□ 信息假冒事件(IMI)□

信息泄漏事件(ILEI)□ 信息窃取事件(III)□

信息丢失事件(ILOI)□

其他信息破坏事件(OIDI)□

起因 故意□ 过失□ 非人为□ 未知 □

基本分类 信息内容安全事件(ICSI)□

子类 违反宪法和法律、行政法规的信息安全事件□

针对社会事项进行讨论、评论形成网上敏感的舆论热点，出现一定规模炒作的信息安全事件□

组织串连、煽动集会游行的信息安全事件□

其他信息内容安全事件□

起因 故意□ 过失□ 非人为□ 未知 □

基本分类 设备设施故障(FF)□

子类 软硬件自身故障(SHF)□ 外围保障设施故障(PSFF)□

人为破坏事故(MDA)□ 其他设备设施故障(IF-OT)□

起因 故意□ 过失□ 非人为□ 未知 □

信息安全事件报告

基本分类　灾害性事件(DI)□

基本分类　其他事件(OI)□　(指不能归为以上 6 个基本分类的信息安全事件。)

受影响的资产

受影响的资产(如果有的话)
(提供受事件影响或与事件有关的资产的描述,包括相关序号、许可证和版本号。)

信息/数据:
硬件:
软件:
通信设施:
文档:

事件对业务的负面影响

对以下的每个选项指出是否相关,使用各类别(包括对业务运行造成的财务损失/破坏(FD)、商业和经济利益(CE)、个人信息(PI)、法律法规义务(LR)、管理和业务运行(MO)、声誉损失(LG))的指南(参见附录 B 的示例),用"1～10"衡量尺度在"数值"项中记录事件对所涉及到的所有各方业务造成负面影响的程度。将所适用的指南的类别代号字母填写到"指南"项中,并且如果了解实际成本,可填写到"成本"项中。

	数值	指南	成本
违背保密性 □ (即未授权泄露)			
违背完整性 □ (即未授权篡改)			
违背可用性 □ (即不可用)			
违背抗抵赖性 □			
遭受破坏 □			

事件的全部恢复成本

(如果可能,给出事件恢复的实际总成本,用"1～10"衡量尺度填写"数值"项,用实际成本填写"成本"项)	数值	指南	成本

信息安全事件报告

事件的解决

事件调查开始日期：
事件调查员姓名：
事件结束日期：
影响结束日期：
事件调查完成日期：
调查报告的引用和位置：

涉及的人员/作恶者

(选择一项) 人员(PE)□ 合法建立的组织/部门(OI)□
有组织的团体(GR)□ 事故(AC)□
无作恶者(NP)□
(例如，自然因素、设备故障、人为错误)

作恶者的描述
实际的或察觉的动机

(选择一项) 犯罪/经济收益(CG)□ 消遣/黑客攻击(PH)□
政治/恐怖主义(PT)□ 报复(RE)□
其他(OM)□
具体说明：

已采取的解决事件行动

(例如，"无行动"、"内部行动"、"内部调查"、"由……进行外部调查")

计划采取的解决事件行动

(参见上例)

未完成的行动

(例如，调查仍在被其他人员要求)

信息安全事件报告

结论

(选择一项,指出事件后果级别,并用简短的叙述性文字来论证这一结论) 特别严重□ 严重 □ 较大□ 较小□

(指出任何其他的结论)

被通知的个人/实体

(这一细节应由负责信息安全并声明所需行动的人员填写。如果需要,可以由机构的信息安全管理者进行调整。)

信息安全管理者 □
站点管理者 □
(说明哪一站点)
报告发起人 □
警察 □

ISIRT 管理者 □
信息系统管理者 □
报告发起人的部门管理者 □
其他 □
(例如,帮助台、人力资源部、管理层、内部审计、执法机关、外部 CERT 等)
具体说明:

涉及的个人

报告发起人	评审人	评审人
签字:	签字:	签字:
姓名:	姓名:	姓名:
角色:	角色:	角色:
日期:	日期:	日期:

评审人	评审人	评审人
签字:	签字:	签字:
姓名:	姓名:	姓名:
角色:	角色:	角色:
日期:	日期:	日期:

附 录 B
（资料性附录）
信息安全事件评估要点指南示例

B.1 概述

本附录给出了信息安全事件负面后果评估和分类的要点指南示例，每项指南分使用1（低级）～10（高级）衡量尺度。（实际上也可能使用其他衡量尺度，比如从1到5，只要各组织采用最适合自身环境的衡量尺度。）

在阅读下列指南之前，应注意以下要点说明：

- 在下面的有些指南示例中，有些条目被标明为“无输入”。这是因为指南统一了格式，从而本附录所示的所有六个类别的负面后果均可用1～10逐级上升的衡量尺度表达。然而某些类别中的某些等级（1～10）上，与相邻较低级别的后果条目相比没有足够的差异来形成一个条目，因此便将它们视为“无输入”。与此类似，在某些类别的高端由于与最高级别后果条目相比没有更严重的后果，因此便将其上的各高端后果条目视为“无输入”。（由此可见，认为取消“无输入”项就可以压缩等级数量在逻辑上是不正确的。）
- 对于下面使用了财务数字的指南，所示的范围看起来有些奇怪。在应用这些指南之前，必须用适于组织的货币单位填写它们的财务数字范围。

因此，要使用下面的指南示例，且当从以下方面考虑信息安全事件对组织业务造成的负面后果时：

- 未授权泄露信息；
- 未授权修改信息；
- 抵赖信息；
- 信息和/或服务不可用；
- 信息和/或服务遭受破坏；

首先要考虑以下哪些后果类别与事件相关。对于被认为相关的后果，应该使用类别指南来确定其对组织业务运行的实际负面影响，并作为“数值”项条目填写到信息安全事件报告单中。

B.2 对业务运行造成的财务损失/破坏

信息未授权泄露和修改、抵赖以及不可用和遭受破坏的后果，可能是财务损失，如因行动迟缓或没有而造成股票下跌、合同欺诈或违反等。同样地，尤其是信息不可用或遭受破坏的后果会中断组织的业务运行。平息和/或从这样的事件中恢复过来需要耗费大量时间和精力。这在有些案例中表现得非常突出，应予以考虑。为了取得一个共同衡量尺度，恢复的时间应以人员的时间单位计算并转换成财务成本。这一成本应该参照组织内适当等级/级别的正常人月成本计算。应该使用以下指南。

a) 导致财务损失/成本为 x_1 或更小；

b) 导致财务损失/成本在 x_1+1 和 x_2 之间；

c) 导致财务损失/成本在 x_2+1 和 x_3 之间；

d) 导致财务损失/成本在 x_3+1 和 x_4 之间；

e) 导致财务损失/成本在 x_4+1 和 x_5 之间；

f) 导致财务损失/成本在 x_5+1 和 x_6 之间；

g) 导致财务损失/成本在 x_6+1 和 x_7 之间；

h) 导致财务损失/成本在 x_7+1 和 x_8 之间；

i) 导致财务损失/成本大于 x_8；

j） 组织停业。

B.3 商业和经济利益

商业和经济信息必须得到保护，并估算它们对于竞争者的价值以及它们的安全受到危及时可能会给组织的商业利益带来的影响。应该使用以下指南。

a） 对竞争者有利益，但没有商业价值；

b） 对竞争者有利益，其价值为 y_1 或更小（营业额）；

c） 对竞争者有价值，其价值在 y_1+1 和 y_2（营业额）之间，或者导致财务损失或收入潜力损失，或者给个人或组织带来不当收入或优势，或者破坏对第三方信息的保密承诺；

d） 对竞争者有价值，其价值在 y_2+1 和 y_3 之间（营业额）；

e） 对竞争者有价值，其价值在 y_3+1 和 y_4 之间（营业额）；

f） 对竞争者有价值，其价值大于 y_4+1（营业额）；

g） 无输入[13)]；

h） 无输入；

i） 可能极大破坏组织的商业利益，或者极大破坏组织的财务生存能力；

j） 无输入。

B.4 个人信息

根据我国个人信息保护相关法律法规的规定，组织应对持有和处理的个人信息施以保护，以防它们被未授权泄露，以免造成尴尬，甚至遭到法律诉讼。组织应按相关法律要求，保持个人信息的正确性，因为未授权修改导致错误信息会造成与未授权泄露信息类似的后果。同样重要的是，不得使个人信息不可用或遭受破坏，因为这会导致作出不正确决定或无法在所要求的时间内采取行动，最终造成与未授权泄露或修改信息类似的后果。应该使用以下指南。

a） 给个人带来轻微痛苦（担忧）——气愤、沮丧、失望，但没有违背法律法规的要求；

b） 给个人带来痛苦（担忧）——气愤、沮丧、失望，但没有违背法律法规的要求；

c） 违背法律法规、道德规范或众所周知的有关保护信息的要求，给个人带来轻微尴尬；

d） 违背法律法规、道德规范或众所周知的有关保护信息的要求，给个人带来严重尴尬或给群体带来轻微尴尬；

e） 违背法律法规、道德规范或众所周知的有关保护信息的要求，给个人带来严重尴尬；

f） 违背法律法规、道德规范或众所周知的有关保护信息的要求，给群体带来严重尴尬；

g） 无输入；

h） 无输入；

i） 无输入；

j） 无输入。

B.5 法律法规义务

组织持有和处理的数据应遵从国家相关法律法规规定的义务。不履行这些义务，无论有意还是无意，都有可能导致对相关组织或个人采取法律诉讼或行政处罚的行动。这些行动有可能导致罚款和/或判刑入狱。应该使用以下指南。

a） 无输入；

b） 无输入；

13） “无输入”是指在这一影响等级没有相应条目可供输入。

c) 执法通知、民事诉讼或刑事犯罪，导致 z_1 或更低的财务损失/罚款；

d) 执法通知、民事诉讼或刑事犯罪，导致 z_1+1 和 z_2 之间的财务损失/罚款；

e) 执法通知、民事诉讼或刑事犯罪，导致 z_2+1 和 z_3 之间的财务损失/罚款或最高 2 年监禁；

f) 执法通知、民事诉讼或刑事犯罪，导致 z_3+1 和 z_4 之间的财务损失/罚款或 2 年以上、10 年以下监禁；

g) 执法通知、民事诉讼或刑事犯罪，导致无法限制的财务损失/罚款或 10 年以上监禁；

h) 无输入；

i) 无输入；

j) 无输入。

B.6 管理和业务运行

有的信息十分重要，它的损害可能会危害组织的有效运行。例如，与策略变动相关的信息如果泄露的话，可能会引起公众反应，造成该策略无法实施。与财务或计算机软件相关信息的修改、抵赖或不可用也有可能对组织的运行带来严重后果。此外，对承诺的否认也可能会对组织的业务带来负面后果。应该使用以下指南。

a) 组织的某个部分运行效率低；

b) 无输入；

c) 削弱组织及其运行的正常管理；

d) 无输入；

e) 阻碍组织策略的有效开发或执行；

f) 使组织在与其他组织进行商业或策略谈判时处于不利地位；

g) 严重阻碍组织重要策略的开发或执行，或者中断或严重干扰组织的重要运行；

h) 无输入；

i) 无输入；

j) 无输入。

B.7 声誉损失

信息的未授权泄露和修改、抵赖或不可用，可能会对组织的声誉造成损失，从而导致组织的声望损害、可信度损失以及其他负面后果。应该使用以下指南。

a) 无输入；

b) 导致组织内的局部尴尬境地；

c) 负面地影响到与股东、客户、供应商、管理机关、政府部门、其他组织或公众之间的关系，导致当地/地区的负面曝光；

d) 无输入；

e) 负面地影响到与股东、客户、供应商、管理机关、政府部门、其他组织或公众之间的关系，导致国家范围内的负面曝光；

f) 无输入；

g) 负面地影响到与股东、客户、供应商、管理机关、政府部门、其他组织或公众之间的关系，导致广泛的负面曝光；

h) 无输入；

i) 无输入；

j) 无输入。

附 录 C
（资料性附录）
本指导性技术文件与 ISO/IEC TR 18044:2004 的技术性差异及其原因

表 C.1 给出了本指导性技术文件与 ISO/IEC TR 18044:2004 的技术性差异及其原因的一览表。

表 C.1 本指导性技术文件与 ISO/IEC TR 18044:2004 技术性差异及其原因

本指导性技术文件的章条编号	技术性差异	原 因
1	删除了 ISO/IEC TR 18044:2004 中第 1 章第 2 段中关于标准章节主要内容的简介。 归纳了 ISO/IEC TR 18044:2004 中第 11 章的内容，对其中的关键内容进行了概况，作为本指导性技术文件的第 1 章第 1 段。	使本指导性技术文件第 1 章“范围”的内容更符合我国国家标准的描述要求。
2	引用了对应于国际标准 ISO/IEC 17799 的我国标准。 增加引用了 GB/Z 20986—2007《信息安全技术 信息安全事件分类分级指南》。	符合 GB/T 1.1。
3	删除了 ISO/IEC TR 18044:2004 中第 3 章“术语和定义”的 3.5“其他”。将其改为参考文献。	根据 GB/T 1.1 的要求，对一个术语集的引用改为参考文献。
4	增加了第 4 章“缩略语”。	符合 GB/T 1.1。
—	删除了 ISO/IEC TR 18044:2004 的第 6 章“信息安全事件及其原因示例”。	该章内容仅是示例性说明，与 GB/Z 20986—2007 相关内容的描述存在差异，考虑到它对理解和使用整个标准的指导性作用不是很明显，故做了删除处理。
8.4.1	对原有内容，即“对于那些被认为与信息安全事件相关的后果，应使用相关分类指南确定潜在或实际影响，并输入到信息安全事件报告单中。附录 B 给出了要点指南。”进行了补充说明。 增加为“对于那些被认为与信息安全事件相关的后果，应使用相关分类指南确定潜在或实际影响，并输入到信息安全事件报告单中。附录 B 给出了要点指南，该指南给出组织划分自身信息安全事件后果等级的要点示例。该后果等级可作为组织实施GB/Z 20986—2007《信息安全事件分类分级指南》的参考依据，有助于确定信息安全事件分级中“系统损失”这一参考要素的级别，结合“信息系统的重要程度”和“社会影响”，可明确信息安全事件的级别大小。”	对本指导性技术文件附录 B 的内容做了进一步的解释。另外，将本指导性技术文件与 GB/Z 20986—2007 的相互参考使用关系进行了详细的说明。
附录 A	参考 GB/Z 20986—2007 中对信息安全事件的分类和事件后果级别的内容进行了相应修改。	考虑到与 GB/Z 20986—2007 的协调性。

参 考 文 献

[1] ISO/IEC TR 13335-3 Information technology—Guidelines for the management of IT Security—Part 3: Techniques for the management of IT Security
ISO/IEC TR 13335-3《信息技术 IT 安全管理指南 第 3 部分:IT 安全管理技巧》

[2] ISO/IEC TR 15947:2002 Information technology—Security techniques—IT intrusion detection framework
ISO/IEC TR 15947:2002《信息技术 安全技术 IT 入侵检测框架》

[3] ISO/IEC 18028 (all parts) IT security techniques—IT network security
ISO/IEC 18028《信息技术 安全技术 IT 网络安全》(所有部分)

[4] ISO/IEC 18043 IT Security techniques—Selection, Deployment and Operations of Intrusion Detection Systems (IDS) (document type subject to NP approval on SC27 N4029 by 2004-09-24)
ISO/IEC 18043《信息技术 安全技术 入侵检测系统(IDS)的选择、配置和操作》

[5] ISO/IEC Guide 73:2002 Risk management—Vocabulary—Guidelines for use in standards
ISO/IEC 指南 73:2002《风险管理 词汇 标准使用指南》

[6] Internet Engineering Task Force (IETF) Site Security Handbook,
http://www.ietf.org/rfc/rfc2196.txt? number=2196
《互联网工程任务组(IETF)网站安全手册》,http://www.ietf.org/rfc2196.txt? number=2196

[7] Expectations for Computer Security Incident Response—Best Practice, June 98,
ftp://ftp.isi.edu/in-notes/rfc2350.txt
《对计算机安全事件响应的期望——最佳实践》,1998 年 6 月,ftp://ftp.isi.edu/in-notes/rfc2350.txt

[8] NIST Special Publication 800-3 Nov'91, Establishing a Computer Incident Response Capability (CSIRC), http://csrc.nist.gov/publications/nistpubs/800-3/800-3.pdf
NIST SP 800-3《建立计算机事件响应能力(CSIRC)》,1991 年 11 月,
http://csrc.nist.gov/publications/nistpubs/800-3/800-3.pdf

[9] ISO/IEC JTC1 SC27 SD6, Glossary
ISO/IEC JTC1/SC27 SD6《术语集》

ICS 35.040
L 80

中华人民共和国国家标准化指导性技术文件

GB/Z 20986—2007

信息安全技术 信息安全事件分类分级指南

Information security technology—Guidelines for the category and classification of information security incidents

2007-06-14 发布

中华人民共和国国家质量监督检验检疫总局
中国国家标准化管理委员会 发布

前　　言

本指导性技术文件由全国信息安全标准化技术委员会提出并归口；

本指导性技术文件起草单位：北京知识安全工程中心、国家网络与信息安全信息通报中心。

本指导性技术文件主要起草人：赵战生、徐国爱、黄小苏、王连强、高志民。

引　言

信息安全事件的防范和处置是国家信息安全保障体系中的重要环节，也是重要的工作内容。信息安全事件的分类分级是快速有效处置信息安全事件的基础之一。本指导性技术文件编制的目的是：

1） 促进安全事件信息的交流和共享；

2） 提高安全事件通报和应急处理的自动化程度；

3） 提高安全事件通报和应急处理的效率和效果；

4） 利于安全事件的统计分析；

5） 利于安全事件严重程度的确定。

信息安全技术
信息安全事件分类分级指南

1 范围

本指导性技术文件为信息安全事件的分类分级提供指导，用于信息安全事件的防范与处置，为事前准备、事中应对、事后处理提供一个基础指南，可供信息系统和基础信息传输网络的运营和使用单位以及信息安全主管部门参考使用。

2 术语和定义

下列术语和定义适用于本指导性技术文件。

2.1

信息系统 information system

由计算机及其相关的和配套的设备、设施(含网络)构成的，按照一定的应用目标和规则对信息进行采集、加工、存储、传输、检索等处理的人机系统。

2.2

信息安全事件 information security incident

由于自然或者人为以及软硬件本身缺陷或故障的原因，对信息系统造成危害，或对社会造成负面影响的事件。

3 缩略语

下列缩略语适用于本指导性技术文件：

MI 有害程序事件(Malware Incidents)
CVI 计算机病毒事件(Computer Virus Incidents)
WI 蠕虫事件(Worms Incidents)
THI 特洛伊木马事件(Trojan Horses Incidents)
BI 僵尸网络事件(Botnets Incidents)
BAI 混合攻击程序事件(Blended Attacks Incidents)
WBPI 网页内嵌恶意代码事件(Web Browser Plug—Ins Incidents)
NAI 网络攻击事件(Network Attacks Incidents)
DOSAI 拒绝服务攻击事件(Denial of Service Attacks Incidents)
BDAI 后门攻击事件(Backdoor Attacks Incidents)
VAI 漏洞攻击事件(Vulnerability Attacks Incidents)
NSEI 网络扫描窃听事件(Network Scan & Eavesdropping Incidents)
PI 网络钓鱼事件(Phishing Incidents)
II 干扰事件(Interference Incidents)
IDI 信息破坏事件(Information Destroy Incidents)
IAI 信息篡改事件(Information Alteration Incidents)
IMI 信息假冒事件(Information Masquerading Incidents)
ILEI 信息泄漏事件(Information Leakage Incidents)

III　信息窃取事件(Information Interception Incidents)

ILOI　信息丢失事件(Information Loss Incidents)

ICSI　信息内容安全事件(Information Content Security Incidents)

FF　设备设施故障(Facilities Faults)

SHF　软硬件自身故障(Software and Hardware Faults)

PSFF　外围保障设施故障(Periphery Safeguarding Facilities Faults)

MDA　人为破坏事故(Man-made Destroy Accidents)

DI　灾害性事件(Disaster Incidents)

OI　其他事件(Other Incidents)

4　信息安全事件分类

4.1　考虑要素与基本分类

信息安全事件可以是故意、过失或非人为原因引起的。本指导性技术文件综合考虑信息安全事件的起因、表现、结果等,对信息安全事件进行分类。

信息安全事件分为有害程序事件、网络攻击事件、信息破坏事件、信息内容安全事件、设备设施故障、灾害性事件和其他信息安全事件等 7 个基本分类,每个基本分类分别包括若干个子类。

4.2　事件分类

4.2.1　有害程序事件(MI)

有害程序事件是指蓄意制造、传播有害程序,或是因受到有害程序的影响而导致的信息安全事件。有害程序是指插入到信息系统中的一段程序,有害程序危害系统中数据、应用程序或操作系统的保密性、完整性或可用性,或影响信息系统的正常运行。

有害程序事件包括计算机病毒事件、蠕虫事件、特洛伊木马事件、僵尸网络事件、混合攻击程序事件、网页内嵌恶意代码事件和其他有害程序事件等 7 个子类,说明如下:

a)　计算机病毒事件(CVI)是指蓄意制造、传播计算机病毒,或是因受到计算机病毒影响而导致的信息安全事件。计算机病毒是指编制或者在计算机程序中插入的一组计算机指令或者程序代码,它可以破坏计算机功能或者毁坏数据,影响计算机使用,并能自我复制。

b)　蠕虫事件(WI)是指蓄意制造、传播蠕虫,或是因受到蠕虫影响而导致的信息安全事件。蠕虫是指除计算机病毒以外,利用信息系统缺陷,通过网络自动复制并传播的有害程序。

c)　特洛伊木马事件(THI)是指蓄意制造、传播特洛伊木马程序,或是因受到特洛伊木马程序影响而导致的信息安全事件。特洛伊木马程序是指伪装在信息系统中的一种有害程序,具有控制该信息系统或进行信息窃取等对该信息系统有害的功能。

d)　僵尸网络事件(BI)是指利用僵尸工具软件,形成僵尸网络而导致的信息安全事件。僵尸网络是指网络上受到黑客集中控制的一群计算机,它可以被用于伺机发起网络攻击,进行信息窃取或传播木马、蠕虫等其他有害程序。

e)　混合攻击程序事件(BAI)是指蓄意制造、传播混合攻击程序,或是因受到混合攻击程序影响而导致的信息安全事件。混合攻击程序是指利用多种方法传播和感染其他系统的有害程序,可能兼有计算机病毒、蠕虫、木马或僵尸网络等多种特征。混合攻击程序事件也可以是一系列有害程序综合作用的结果,例如一个计算机病毒或蠕虫在侵入系统后安装木马程序等。

f)　网页内嵌恶意代码事件(WBPI)是指蓄意制造、传播网页内嵌恶意代码,或是因受到网页内嵌恶意代码影响而导致的信息安全事件。网页内嵌恶意代码是指内嵌在网页中,未经允许由浏览器执行,影响信息系统正常运行的有害程序。

g)　其他有害程序事件(OMI)是指不能包含在以上 6 个子类之中的有害程序事件。

4.2.2 网络攻击事件(NAI)

网络攻击事件是指通过网络或其他技术手段,利用信息系统的配置缺陷、协议缺陷、程序缺陷或使用暴力攻击对信息系统实施攻击,并造成信息系统异常或对信息系统当前运行造成潜在危害的信息安全事件。

网络攻击事件包括拒绝服务攻击事件、后门攻击事件、漏洞攻击事件、网络扫描窃听事件、网络钓鱼事件、干扰事件和其他网络攻击事件等7个子类,说明如下:

a) 拒绝服务攻击事件(DOSAI)是指利用信息系统缺陷,或通过暴力攻击的手段,以大量消耗信息系统的CPU、内存、磁盘空间或网络带宽等资源,从而影响信息系统正常运行为目的的信息安全事件;
b) 后门攻击事件(BDAI)是指利用软件系统、硬件系统设计过程中留下的后门或有害程序所设置的后门而对信息系统实施的攻击的信息安全事件;
c) 漏洞攻击事件(VAI)是指除拒绝服务攻击事件和后门攻击事件之外,利用信息系统配置缺陷、协议缺陷、程序缺陷等漏洞,对信息系统实施攻击的信息安全事件;
d) 网络扫描窃听事件(NSEI)是指利用网络扫描或窃听软件,获取信息系统网络配置、端口、服务、存在的脆弱性等特征而导致的信息安全事件;
e) 网络钓鱼事件(PI)是指利用欺骗性的计算机网络技术,使用户泄漏重要信息而导致的信息安全事件。例如,利用欺骗性电子邮件获取用户银行帐号密码等;
f) 干扰事件(II)是指通过技术手段对网络进行干扰,或对广播电视有线或无线传输网络进行插播,对卫星广播电视信号非法攻击等导致的信息安全事件;
g) 其他网络攻击事件(ONAI)是指不能被包含在以上6个子类之中的网络攻击事件。

4.2.3 信息破坏事件(IDI)

信息破坏事件是指通过网络或其他技术手段,造成信息系统中的信息被篡改、假冒、泄漏、窃取等而导致的信息安全事件。

信息破坏事件包括信息篡改事件、信息假冒事件、信息泄漏事件、信息窃取事件、信息丢失事件和其他信息破坏事件等6个子类,说明如下:

a) 信息篡改事件(IAI)是指未经授权将信息系统中的信息更换为攻击者所提供的信息而导致的信息安全事件,例如网页篡改等导致的信息安全事件;
b) 信息假冒事件(IMI)是指通过假冒他人信息系统收发信息而导致的信息安全事件,例如网页假冒等导致的信息安全事件;
c) 信息泄漏事件(ILEI)是指因误操作、软硬件缺陷或电磁泄漏等因素导致信息系统中的保密、敏感、个人隐私等信息暴露于未经授权者而导致的信息安全事件;
d) 信息窃取事件(III)是指未经授权用户利用可能的技术手段恶意主动获取信息系统中信息而导致的信息安全事件;
e) 信息丢失事件(ILOI)是指因误操作、人为蓄意或软硬件缺陷等因素导致信息系统中的信息丢失而导致的信息安全事件;
f) 其他信息破坏事件(OIDI)是指不能被包含在以上5个子类之中的信息破坏事件。

4.2.4 信息内容安全事件(ICSI)

信息内容安全事件是指利用信息网络发布、传播危害国家安全、社会稳定和公共利益的内容的安全事件。

信息内容安全事件包括以下4个子类,说明如下:

a) 违反宪法和法律、行政法规的信息安全事件;
b) 针对社会事项进行讨论、评论,形成网上敏感的舆论热点,出现一定规模炒作的信息安全事件;

c) 组织串连、煽动集会游行的信息安全事件；

d) 其他信息内容安全事件等4个子类。

4.2.5 设备设施故障(FF)

设备设施故障是指由于信息系统自身故障或外围保障设施故障而导致的信息安全事件，以及人为的使用非技术手段有意或无意的造成信息系统破坏而导致的信息安全事件。

设备设施故障包括软硬件自身故障、外围保障设施故障、人为破坏事故、和其他设备设施故障等4个子类，说明如下：

a) 软硬件自身故障(SHF)是指因信息系统中硬件设备的自然故障、软硬件设计缺陷或者软硬件运行环境发生变化等而导致的信息安全事件；

b) 外围保障设施故障(PSFF)是指由于保障信息系统正常运行所必须的外部设施出现故障而导致的信息安全事件，例如电力故障、外围网络故障等导致的信息安全事件；

c) 人为破坏事故(MDA)是指人为蓄意的对保障信息系统正常运行的硬件、软件等实施窃取、破坏造成的信息安全事件；或由于人为的遗失、误操作以及其他无意行为造成信息系统硬件、软件等遭到破坏，影响信息系统正常运行的信息安全事件；

d) 其他设备设施故障(IF-OT)是指不能被包含在以上3个子类之中的设备设施故障而导致的信息安全事件。

4.2.6 灾害性事件(DI)

灾害性事件是指由于不可抗力对信息系统造成物理破坏而导致的信息安全事件。

灾害性事件包括水灾、台风、地震、雷击、坍塌、火灾、恐怖袭击、战争等导致的信息安全事件。

4.2.7 其他事件(OI)

其他事件类别是指不能归为以上6个基本分类的信息安全事件。

5 信息安全事件分级

5.1 分级考虑要素

5.1.1 概述

对信息安全事件的分级主要考虑三个要素：信息系统的重要程度、系统损失和社会影响。

5.1.2 信息系统的重要程度

信息系统的重要程度主要考虑信息系统所承载的业务对国家安全、经济建设、社会生活的重要性以及业务对信息系统的依赖程度，划分为特别重要信息系统、重要信息系统和一般信息系统。

5.1.3 系统损失

系统损失是指由于信息安全事件对信息系统的软硬件、功能及数据的破坏，导致系统业务中断，从而给事发组织所造成的损失，其大小主要考虑恢复系统正常运行和消除安全事件负面影响所需付出的代价，划分为特别严重的系统损失、严重的系统损失、较大的系统损失和较小的系统损失，说明如下：

a) 特别严重的系统损失：造成系统大面积瘫痪，使其丧失业务处理能力，或系统关键数据的保密性、完整性、可用性遭到严重破坏，恢复系统正常运行和消除安全事件负面影响所需付出的代价十分巨大，对于事发组织是不可承受的；

b) 严重的系统损失：造成系统长时间中断或局部瘫痪，使其业务处理能力受到极大影响，或系统关键数据的保密性、完整性、可用性遭到破坏，恢复系统正常运行和消除安全事件负面影响所需付出的代价巨大，但对于事发组织是可承受的；

c) 较大的系统损失：造成系统中断，明显影响系统效率，使重要信息系统或一般信息系统业务处理能力受到影响，或系统重要数据的保密性、完整性、可用性遭到破坏，恢复系统正常运行和消除安全事件负面影响所需付出的代价较大，但对于事发组织是完全可以承受的；

d) 较小的系统损失：造成系统短暂中断，影响系统效率，使系统业务处理能力受到影响，或系统重要数据的保密性、完整性、可用性遭到影响，恢复系统正常运行和消除安全事件负面影响所需付出的代价较小。

5.1.4 社会影响

社会影响是指信息安全事件对社会所造成影响的范围和程度，其大小主要考虑国家安全、社会秩序、经济建设和公众利益等方面的影响，划分为特别重大的社会影响、重大的社会影响、较大的社会影响和一般的社会影响，说明如下：

a) 特别重大的社会影响：波及到一个或多个省市的大部分地区，极大威胁国家安全，引起社会动荡，对经济建设有极其恶劣的负面影响，或者严重损害公众利益；

b) 重大的社会影响：波及到一个或多个地市的大部分地区，威胁到国家安全，引起社会恐慌，对经济建设有重大的负面影响，或者损害到公众利益；

c) 较大的社会影响：波及到一个或多个地市的部分地区，可能影响到国家安全，扰乱社会秩序，对经济建设有一定的负面影响，或者影响到公众利益；

d) 一般的社会影响：波及到一个地市的部分地区，对国家安全、社会秩序、经济建设和公众利益基本没有影响，但对个别公民、法人或其他组织的利益会造成损害。

5.2 事件分级

5.2.1 概述

根据信息安全事件的分级考虑要素，将信息安全事件划分为四个级别：特别重大事件、重大事件、较大事件和一般事件。

5.2.2 特别重大事件（Ⅰ级）

特别重大事件是指能够导致特别严重影响或破坏的信息安全事件，包括以下情况：

a) 会使特别重要信息系统遭受特别严重的系统损失；

b) 产生特别重大的社会影响。

5.2.3 重大事件（Ⅱ级）

重大事件是指能够导致严重影响或破坏的信息安全事件，包括以下情况：

a) 会使特别重要信息系统遭受严重的系统损失、或使重要信息系统遭受特别严重的系统损失；

b) 产生的重大的社会影响。

5.2.4 较大事件（Ⅲ级）

较大事件是指能够导致较严重影响或破坏的信息安全事件，包括以下情况：

a) 会使特别重要信息系统遭受较大的系统损失、或使重要信息系统遭受严重的系统损失、一般信息系统遭受特别严重的系统损失；

b) 产生较大的社会影响。

5.2.5 一般事件（Ⅳ级）

一般事件是指不满足以上条件的信息安全事件，包括以下情况：

a) 会使特别重要信息系统遭受较小的系统损失、或使重要信息系统遭受较大的系统损失、一般信息系统遭受严重或严重以下级别的系统损失；

b) 产生一般的社会影响。

ICS 35.040
L 80

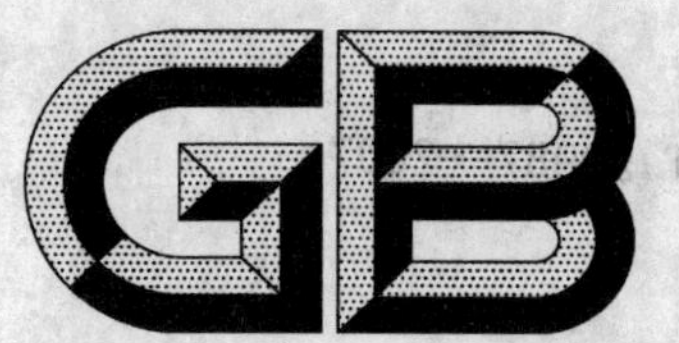

中华人民共和国国家标准

GB/T 20987—2007

信息安全技术 网上证券交易系统 信息安全保障评估准则

Information security technology—Evaluation criteria for online securities trading system information security assurance

2007-06-14 发布 2007-11-01 实施

中华人民共和国国家质量监督检验检疫总局
中国国家标准化管理委员会 发布

前　言

本标准的附录A为规范性附录。

本标准由全国信息安全标准化技术委员会提出并归口。

本标准起草单位：中国信息安全产品测评认证中心。

本标准主要起草人：吴世忠、王海生、陈晓桦、王贵驷、李守鹏、江常青、彭勇、张利、钱伟明、邹琪、李娟、李静、王庆、班晓芳、江典盛、陆丽、姚铁崭、孙成昊、门雪松、杜宇鸽、杨再山。

引　言

0.1　网上证券交易系统信息安全保障的含义

随着互联网技术在证券行业的应用，网上证券交易系统日益成熟。以网络为媒介进行证券交易可满足随时、随地进行快捷交易的需求。信息技术的进步促进了证券市场的发展；证券市场不断发展的需求，也促进了信息技术应用的发展。网络通讯能力的增强、网络安全技术的应用，使得证券公司与其他金融机构之间的业务合作越来越紧密。网上交易的飞速发展一方面突破了证券行业依靠传统营业部“划地为营”的地域性限制，扩大了潜在的用户市场，降低了交易服务成本，提高了服务质量；同时网上交易的出现使得证券公司的经纪业务不再仅仅凭借营业部数量的多少取胜，从规模、地理位置、装修等硬件方面的竞争向价格、服务、品牌等软件方面转化。与传统交易方式相比，网上交易具有安全性高、速度快、财经信息丰富、操作便捷等优势。

信息安全保障问题是网上证券交易系统建设和运行中必须解决的基础和根本性问题，它关系到客户与证券公司的切身利益。网上证券交易系统是一种特定的信息系统（即用于采集、处理、存储、传输、分发和部署信息的整个基础设施、组织结构、人员和组件的总和），它的信息安全保障工作必须结合证券行业的特点，以风险和策略为出发点和核心，即从网上证券交易系统所面临的风险和所处的环境出发制定网上证券交易系统的安全保障策略，在网上证券交易系统的整个生命周期中从技术、工程、管理和人员等方面提出安全保障要求，确保信息的保密性、完整性和可用性特征，实现和贯彻组织机构策略并将风险降低到可接受的程度，达到保护证券公司的信息和信息系统资产，从而保障证券公司业务安全、可靠开展的最终目的。

网上证券交易系统信息安全保障涵盖以下几个方面：

a) 网上证券交易系统信息安全保障应贯穿网上证券交易系统的整个生命周期，包括规划组织、开发采购、实施交付、运行维护和废弃五个阶段，以获得网上证券交易系统信息安全保障能力的持续性。

b) 网上证券交易系统信息安全保障不仅涉及安全技术，还应综合考虑安全管理、安全工程和人员安全等，以全面保障网上证券交易系统安全。在安全技术上，不仅要考虑具体的产品和技术，更要考虑网上证券交易系统的安全技术体系架构；在安全管理上，不仅要考虑基本安全管理实践，更要结合组织的特点建立相应的安全保障管理体系，形成长效和持续改进的安全管理机制；在安全工程上，不仅要考虑网上证券交易系统建设的最终结果，更要结合系统工程的方法，注重工程过程各个阶段的规范化实施；在人员安全上，要考虑与网上证券交易系统相关的所有人员包括规划者、设计者、管理者、运营维护者、评估者、使用者等的安全意识以及安全专业技能和能力等。

c) 网上证券交易系统信息安全保障是基于工程的保障。通过风险识别、风险分析、风险评估、风险控制等风险管理活动，降低网上证券交易系统的风险，从而实现网上证券交易系统信息安全保障。

d) 网上证券交易系统信息安全保障的目的不仅是保护信息和资产的安全，更重要的是通过保障网上证券交易系统的安全，保障网上证券交易系统所支持的业务，从而达到实现组织机构使命的目的。

e) 网上证券交易系统信息安全保障是主观和客观的结合。通过在技术、管理、工程和人员方面客观地评估安全保障措施，向网上证券交易系统的所有者提供其现有安全保障工作是否满足其安全保障目的的信心。因此,它是一种通过客观证据向网上证券交易系统所有者提供主观信心的活动,是主观和客观综合评估的结果。

f) 保障网上证券交易系统安全不仅是系统所有者自身的职责,而且需要社会各方参与,包括电信、电力、国家信息安全基础设施等提供的支撑。保障网上证券交易系统安全不仅要满足系统所有者自身的安全需求,而且要满足国家相关法律、政策的要求,包括为其他机构或个人提供保密、公共安全和国家安全等社会职责。

0.2 网上证券交易系统信息安全保障评估准则的编制目的和意义

GB/T 20274《信息安全技术 信息系统安全保障评估框架》是建设、评估信息系统安全保障的基础性和框架性标准,给出了对信息系统安全保障体系的通用要求。本标准是在GB/T 20274的基础之上,结合网上证券交易系统的具体特点,给出了网上证券交易系统的信息系统安全保障要求。

制定本标准的意义在于:

a) 为网上证券交易系统信息安全保障的设计、实施、建设、测评、审核提供规范的、通用的描述语言;

b) 有利于网上证券交易系统所有者编制其信息系统的安全保障要求;

c) 有利于网上证券交易系统安全集成商和安全服务提供商提供更为科学规范化的设计和服务,促进信息安全市场的发展;

d) 有利于有关行政管理部门、执法机构、测评认证机构对网上证券交易系统进行安全检查、检测、审计、评估和认证。

信息安全技术 网上证券交易系统 信息安全保障评估准则

1 范围

本标准规定了网上证券交易系统的描述、安全环境、安全保障目的、安全保障要求及网上证券系统信息安全保障目的和安全保障要求的符合性声明。

本标准适用于规范网上证券系统在交易过程中涉及信息安全的评估工作。

2 规范性引用文件

下列文件中的条款通过本标准的引用而成为本标准的条款。凡是注日期的引用文件，其随后所有的修改单(不包括勘误的内容)或修订版均不适用于本标准，然而，鼓励根据本标准达成协议的各方研究是否可使用这些文件的最新版本。凡是不注日期的引用文件，其最新版本适用于本标准。

GB/T 20274(所有部分) 信息安全技术 信息系统安全保障评估框架

3 术语和定义

GB/T 20274 确立的以及下列术语和定义适用于本标准。

网上委托 entrust through Internet

证券公司通过互联网，向在本机构开户的投资者提供用于下达证券交易指令、获取成交结果的一种服务方式。

4 系统描述

4.1 网上证券交易系统概述

网上证券交易系统是一种具有特定使命、技术系统和组织结构的信息系统。信息系统是用于采集、处理、存储、传输、分发和部署信息的整个基础设施、组织结构、人员和组件的总和。在本标准中，所使用的信息系统概述框架见图 1。

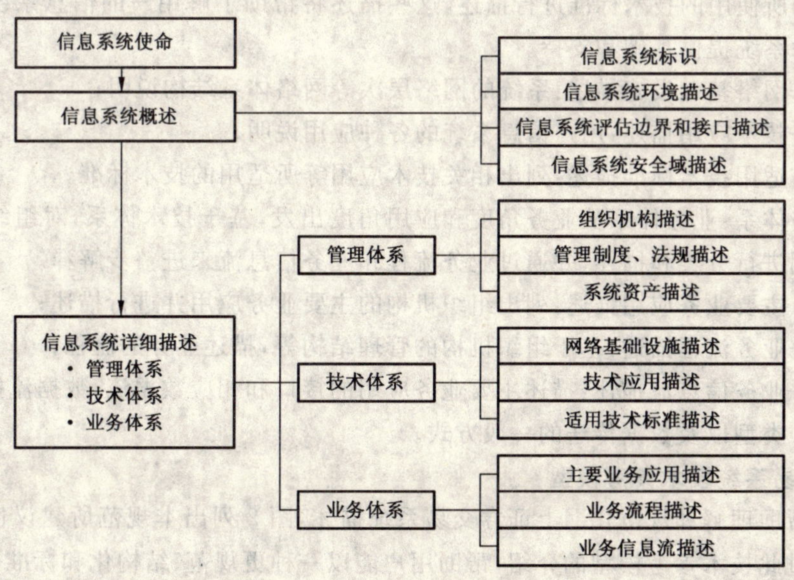

图 1 信息系统框架

整个信息系统描述主要包括三个大类:信息系统使命、信息系统概述和信息系统详细描述,相应的具体描述内容包括:

a) 信息系统使命:即从目的和意义方面对信息系统进行高层描述,它是信息系统根本和本质的要求。

b) 信息系统概述:对所要评估的信息系统进行概括性说明和描述。

   1) 信息系统标识:应给出系统的正式名称和标识。系统标识包括其名称、所属的公司及其地点和包含最终用户及其地点等相关信息;
   2) 信息系统环境描述:描述的运行环境以及系统开发、集成和维护的环境;
   3) 信息系统评估边界和接口描述:描述所要评估系统的边界和相应的外部接口,此描述必须用图表或文字清晰地描述和界定所要评估的系统部件和边界;
   4) 信息系统安全域描述:根据系统的关键性(描述系统的关键性以及系统可接受的风险级别)、数据的分类和密级(描述系统所处理的数据类型和机密级别)和系统用户(描述使用系统的用户描述)等方面划分系统的安全域。

c) 信息系统详细描述:此部分从管理体系、技术体系和业务体系三个方面分别对信息系统进行详细描述。

   1) 管理体系:在管理体系中,需要对信息系统现有的管理组织结构、所使用的相应规章制度和所涉及的重要资产进行描述。

      ——组织机构描述:信息系统相关的管理、使用、开发、集成、支持组织机构的描述,特别是相关安全保障管理的组织机构的描述;

      ——管理制度、法规描述:列出同信息系统管理相关的目前使用的相应规章制度和相关法规;

      ——系统资产描述:信息系统的物理资产(指网上证券交易系统中的各种硬件、软件和物理设施)和信息资产(指在网上证券交易系统计划组织、开发采购、实施交付、运行维护和废弃这一网上证券交易系统生命周期过程中产生的同网上证券交易系统本身相关的有价值的信息以及网上证券交易系统所存储、处理和传输的各种相关的办公、管理和业务等信息)列表。

   2) 技术体系:技术体系是信息系统描述的基础,需要对现有的各种应用、相应的网络基础设施和所使用的技术标准进行描述,这些描述将帮助了解用户的信息系统并为进一步描述业务系统提供基础和支持。

      ——网络基础设施描述:系统的网络层次等网络体系结构说明;

      ——技术应用描述:用户信息系统的各种应用说明;

      ——适用技术标准描述:列出相关技术应用等所适用的技术标准。

   3) 业务体系:业务体系从业务角度和应用角度出发,基于技术体系,对组织机构的主要业务应用进行分类和描述,并通过业务流程和业务信息流来进一步解释。

      ——主要业务应用描述:列出组织机构的主要业务应用并进行描述;

      ——业务流程描述:基于组织机构的管理结构等,描述业务的流程;

      ——业务信息流描述:描述主要业务应用的接口和相应数据流,数据流描述应包括数据的类型以及数据传送的一般方式。

4.2 网上证券交易系统技术参考模型

为了更好地帮助理解和规范化网上证券交易系统描述,图 2 列出本规范所建议使用的信息系统技术参考模型。通过此技术参考模型的介绍,帮助用户能以一种更规范、结构化和标准化的方式描述信息技术系统。

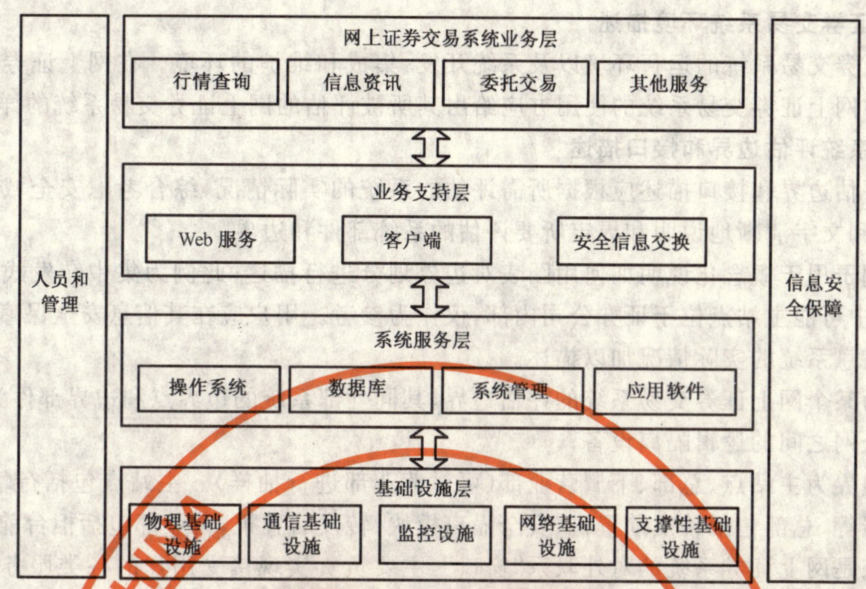

图 2 信息系统技术参考模型

信息系统技术参考模型提供了一个描述和理解信息技术系统的公共词汇表，并定义了信息技术系统通用的服务和接口集合。通过公共词汇表和服务、接口集合的定义，帮助用户以通用、标准化和提高互操作的方式建设、分析和描述信息技术系统。

信息系统技术参考模型主要涉及信息系统描述中的技术体系和业务体系。整个网上证券交易系统技术参考模型分为六个模块：基础设施层、系统服务层、业务支持层、业务应用层、信息安全保障、人员和管理，这六模块分别提供其特定的服务。

a) 基础设施层：向系统服务层提供所需的各种通用网络基础服务，如信息交换服务等；
b) 系统服务层：向业务支持层、业务应用层提供操作系统和数据库等支持；
c) 业务支持层：向业务应用层提供 Web 服务、客户端和安全交换等服务支持；
d) 业务应用层：提供行情查询、信息资讯、委托交易等应用服务技术；
e) 信息安全保障：在各个层面为网上证券交易提供机密性、完整性、可用性、鉴别、抗抵赖等安全服务。主要涉及安全管理、安全协议、加解密、签名与认证、密钥管理、安全测评、公钥基础设施等；
f) 人员和管理：为各个层面提供法律、法规、政策、标准、管理等支持。

4.3 网上证券交易系统描述

4.3.1 网上证券交易系统使命概述

证券公司建设网上证券交易系统，应依据国家相关标准，从具体情况出发，分析实际需求，确定系统所要实现的功能，明确系统与统一网络平台的接口，在保证安全的前提下促进系统的互联互通和系统资源的综合利用；分析系统运行中存在的威胁，从技术、管理、工程三方面实现安全保障。通过建立一个符合标准、功能完善、安全可靠的网上证券交易系统，安全、可靠、快捷的提供网上交易服务。

4.3.2 网上证券交易系统概述

网上证券交易系统概述，即对所要评估的信息系统进行概括性说明和描述。它主要包括：网上证券交易系统标识、网上证券交易系统环境描述、网上证券交易系统评估边界和接口描述以及网上证券交易系统安全域描述。

4.3.2.1 网上证券交易系统标识

网上证券交易系统应给出系统的正式名称和标识，在系统标识中应标明以下内容：

——名称：×××公司网上证券交易系统；

——所属公司；

——地点：×××公司。

4.3.2.2 网上证券交易系统环境描述

描述网上证券交易系统的运行环境以及系统开发、集成和维护的环境。在网上证券交易系统信息安全保障目的中网上证券交易系统的使用方应给出其所被评估的网上证券交易系统的详细环境描述。

4.3.2.3 信息系统评估边界和接口描述

信息系统评估边界和接口描述应根据所需评估的系统的实际情况，综合考虑安全域等原则进行边界划分，用图表和文字清晰地说明和界定所要评估的系统部件和边界。

图3中的例子用于概念化说明如何用图表对边界划分进行描述，此例为集中转发式网上交易系统实例，实际情况中可能主站点位于证券公司内部，仅作为参考。用户应在其信息安全保障目的文件中根据其所要评估信息系统的实际情况加以描述。

此例假设为某个网上证券交易系统的评估边界，其同外部系统的边界点和边界部件为：

——同公众网之间的逻辑隔离设备；

——评估边界为主站点、总部、下属营业部(可对营业部进行抽样)。主站点包括行情服务器、交易服务器等，总部包括转发前置机、安全隔离模块、转发后置机，营业部包括柜台前置机等；

——主站点是网上证券系统的对外联系“窗口”，主要负责实现接受用户的各类服务请求；接受、存储、发布行情信息；对用户的交易指令进行预处理，并转发给证券公司；

——位于总部的服务器通过广域网向营业部分发交易指令；接收交易所发送的卫星行情和资讯信息，并发送给托管机房服务器；监控、统计、分析各营业部的交易数据等；

——位于营业部的柜台前置机负责接收总部发送过来的交易数据；对交易数据进行加、解密；并将交易数据转换为柜台系统能够识别的格式发送给柜台系统处理。

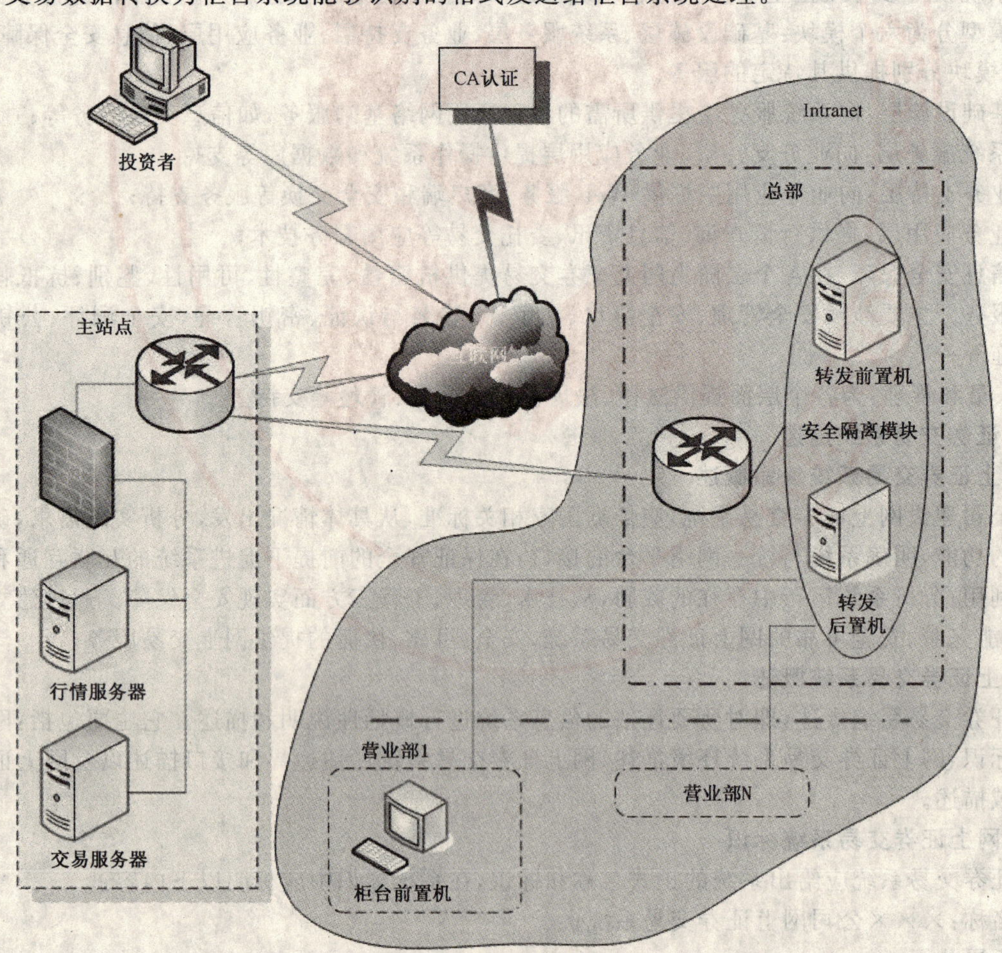

图3 网上证券交易系统评估边界界定示意图

4.3.2.4　网上证券交易系统安全域描述

网上证券交易系统是一个涉及不同用户对象、数据敏感程度等的一个复杂网络。在网上证券交易系统的安全保障目的中，应根据用户对象、数据敏感程度等划分安全域。通过不同安全域的描述和界定，就能更好对网上证券交易系统进行描述。

网上证券交易系统的网络系统结构包括根据用户对象的不同以及所涉及的信息敏感程度的不同而进行的分类。如表1。

表1　网上证券交易系统用户和信息敏感程度描述

	网上证券交易系统		
用户对象	普通公众	投资者	证券公司人员
信息敏感程度	—	商业秘密	内部信息

4.3.3　网上证券交易系统详细描述

从管理体系、技术体系和业务体系三方面分别对网上证券交易系统进行描述。

4.3.3.1　网上证券交易系统管理体系

管理体系：在管理体系中，需要对网上证券交易系统现有的管理组织结构、所使用的相应规章制度和所涉及的重要资产进行描述。

4.3.3.1.1　组织机构

在网上证券交易系统组织机构概述中，应包括同网上证券交易系统相关的管理、使用、开发、集成、支持组织机构的描述，特别是相关安全保障管理的组织机构的描述。

4.3.3.1.2　管理制度和法规

管理制度、法规描述部分要求列出同网上证券交易系统管理相关的目前使用的相应规章制度和相关法规，在网上证券交易系统信息安全保障目标中用户应给出其所评估的网上证券交易系统管理中所使用的国家、部门、行业和内部的相关管理制度和法规。

4.3.3.1.3　系统资产

资产是网上证券交易系统所要保护的对象，所有威胁都必须针对资产才能产生影响，所有威胁只有通过资产这个载体才能影响网上证券交易系统的最终目标——网上证券交易系统的使命。

在网上证券交易系统中，资产分为物理资产和信息资产。

4.3.3.1.3.1　物理资产

物理资产是指网上证券交易系统中的各种硬件、软件和物理设施。例如：系统的各种网络设备和软件资产。在网上证券交易系统信息安全保障目标中，应详细列出所评估的特定网上证券交易系统中的所有重要资产。下面仅列出在网上证券交易系统中所包含的部分物理资产示例，作为参考：

a)　物理设施

物理设施包括场地、机房、电力供给（负荷量及冗余、备份、净化）、灾难应急（防水、火、地震、雷击等）、文档及介质存储。

b)　硬件资产

硬件资产包括：

1)　计算机：包括大、中、小型计算机，个人计算机；
2)　网络设备：包括交换机、集线器、网关设备或路由器、中继器、桥接设备、调制解调器/Modem池、配线架；
3)　中间件设备：作为交易中间件使用的后台转换机、柜台处理机、委托成交转换机、单向卫星接收机、双向卫星接收机、报盘机以及行情处理等专用微机或工作站；

4) 传输介质及转换器：包括同轴电缆(粗/细)、双绞线、光缆/光端机、卫星信道(收/发转换装置)、微波信道(收/发转换装置)；
5) 输入/输出设备：包括键盘、电话机、传真机、扫描仪、打印机(激光/针式/喷墨)、显示器、终端(数据/图像)；
6) 存储介质：包括纸介质、磁盘、磁光盘、光盘(只读/一次写入/多次擦写……)、磁带、录音/录像带；
7) 监控设备：包括摄像机、监视器、电视机、报警装置。

c) 软件资产

软件资产包括：

1) 计算机操作系统：包括 Unix、Windows NT/2000、HP-UX、其他计算机操作系统；
2) 网络操作系统：包括 IOS、Novell Netware、SNA、其他专用网络操作系统；
3) 通用应用软件：包括 Notes/MS Word、E-mail、Web 服务/发布与浏览软件、其他服务软件；
4) 网络管理软件：包括 SNMP、HP Openview、Netview、其他网络管理软件；
5) 数据库管理软件：包括 Oracle、Sybase、SQL Server、其他数据库管理软件；
6) 业务应用软件：包括网上交易客户端软件、交易主机应用服务软件、交易转发软件、行情服务、行情发送及行情接收软件、SSL 安全网关软件、物理隔离软件等。

4.3.3.1.3.2 信息资产

信息资产是指在网上证券交易系统计划组织、开发采购、实施交付、运行维护和废弃这一网上证券交易系统生命周期过程中产生的同网上证券交易系统本身相关的有价值的信息以及网上证券交易系统所存储、处理和传输的各种相关的办公、管理和业务等信息。例如：系统的网络配置信息、各种维护升级记录、各种业务应用信息等。下面仅列出在网上证券交易系统中所包含的部分信息资产示例，作为参考：

a) 客户信息：包括客户资料、资金数据和交易数据等，这些均属于商用加密信息类别；
b) 交易信息：是主要的业务数据，包括委托数据、成交回报数据等；
c) 行情信息：包括行情查询数据、行情分析数据、现行行情和历史行情信息数据等；
d) 信息资讯：主要是证券相关信息，如新闻、综合报道、专家观点、机构股评、资料、快讯新闻和股评等内容通过信息发布系统提供给投资者参考；
e) 密码信息：包括秘密密钥、私钥、公钥、证书等；
f) 系统维护管理信息：包括系统运行日志、系统审计日志、系统监督日志、入侵检测记录、系统口令、系统权限设置、数据存储分配、内部网络地址、系统配置数据、网络设备的配置信息、路由信息、IP 地址分配信息、设备采购信息、设备维护及升级记录、布线图纸、布线系统维护及升级记录、通信线路参数、以及其他信息等。

4.3.3.2 网上证券交易系统技术体系

技术体系是信息系统描述的基础，需要对现有的各种应用、相应的网络基础设施和所使用的技术标准进行描述，这些描述将帮助了解用户的信息系统并为进一步描述业务系统提供基础和支持。技术体系描述包括网络基础设施描述、技术应用描述和适用技术标准描述。

4.3.3.2.1 网络基础设施描述

网络基础设施结构图将描述网上证券交易系统的网络层次等网络体系结构说明，图 4 给出网上证券交易系统的网络基础设施结构概念性说明。用户应基于此图，在信息系统安全保障目标文档中给出网上证券交易系统的详细网络结构图。

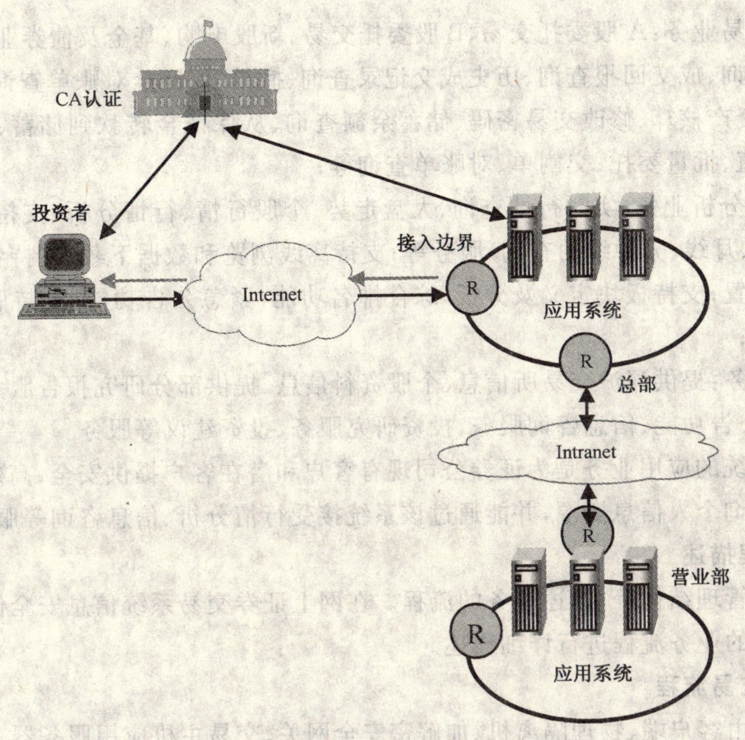

图 4　网上证券交易系统网络体系结构

本系统提供如下安全服务：

a） 确保投资者交易数据的机密性、完整性和准确性；

b） 正确识别网上投资者身份，防止假冒投资者或证券公司身份；

c） 防止交易双方事后否认该事情发生过；

d） 确保网上证券交易系统和其他业务在技术上隔离，禁止通过网上证券交易系统直接访问任何证券公司内部系统；

e） 保证本系统安全性和可用性。

4.3.3.2.2　技术应用描述

描述用户信息系统的各种应用说明。在网上证券交易系统信息安全保障目标中，应详细描述网上证券交易系统的各种应用系统，并进行详细描述。

4.3.3.2.3　适用技术标准描述

列出相关技术应用等所适用的技术标准。在网上证券交易系统信息安全保障目标中，应列出网上证券交易系统的各种应用系统所遵循的标准。

4.3.3.3　网上证券交易系统业务体系

业务体系描述即从业务角度和应用角度出发，基于技术体系，对组织机构的主要业务应用进行分类和描述，并通过业务流程和业务信息流来进一步解释。业务系统描述包括主要业务应用描述、业务流程描述和业务信息流描述。

4.3.3.3.1　主要业务应用描述

列出组织机构的主要业务应用并进行描述。在网上证券交易系统信息安全保障目标中，应对网上证券交易系统进行详细描述，此描述应包含系统的功能结构图、系统的输入数据、数据操作以及输出的产品。

网上交易系统从功能上主要划分为实时委托交易子系统、行情查询与分析子系统和资讯服务子系统，分别包括如下业务：

a) 实时委托交易业务：A 股委托交易、B 股委托交易、新股申购、基金及债券业务、资金余额查询、股份余额查询、成交回报查询、历史成交记录查询、撤单、保证金对账单查询、个人信息查询、盈亏计算、总资产核算、修改交易密码、储蓄余额查询、从保证金转款到储蓄、从储蓄转款到保证金、计算市值、批量委托、交割单、对账单查询等；
b) 行情查询与分析业务：实时行情查询、大盘走势、个股行情、行情分析（支持分时走势，F5 日线图，F8 周线、月线、分钟线的查询）服务等；支持离线浏览和数据下载；支持各种画线功能图，支持自选股设置；支持板块定义及分析，综合排名功能，紧急公告功能；支持股票模糊查询、拼音查询等功能；
c) 资讯服务业务：提供深沪交易所信息、个股资料信息、提供部分研究报告服务及投资建议、特别报道、紧急公告功能、信息咨询服务、投资研究服务、投资建议等服务。

网上证券交易系统的应用业务是为证券公司现有客户和潜在客户提供安全、高效的网上证券交易，使客户方便快捷地查询个人信息资源，并能通过该系统接受行情分析、信息咨询等服务。

4.3.3.3.2 业务流程描述

基于组织机构的管理结构等，描述业务的流程。在网上证券交易系统信息安全保障目标中，根据业务应用结合组织机构的业务流程进行详细描述。

4.3.3.3.2.1 委托交易流程

委托交易子系统由客户端、物理隔离机、加解密安全网关、交易主机应用服务器、交易分发服务器和营业部交易前置机几部分组成。

首先，投资者亲自到开户营业部签署开通网上交易的协议同时获得数字身份证明文件(CA 证书)，以此通过客户端程序或 Internet 进入网上交易系统。

在正式开始交易前，客户端软件和服务器软件之间要先进行“握手”，在握手过程中通过数字身份证明文件(CA 证书)互相鉴别身份。

其次为第二个阶段——数据传输过程，也就是实际的数据传输过程，这个过程发生在握手过程结束后。在正式交易过程中，客户的交易请求信息由客户端软件加密后把加密后的信息发给加解密安全网关服务器，继而发给交易主机应用服务器，然后转发给总部交易分发服务器，分发服务器根据客户不同的需求将交易信息发送到相对应的营业部交易前置机。再由前置机将加密后的交易请求信息经解密再提交给营业部柜台系统的中间件服务器，最后由营业部柜台系统做相应的处理，并将最终的交易结果按原路反馈给客户。

4.3.3.3.2.2 行情查看流程

行情分析子系统由行情客户端、行情服务器、行情接收系统及行情发送程序几部分组成。

投资者需要查看行情时，只需通过行情客户端输入想要查询的证券代码。客户端即将查询请求发送给行情服务器，在收到客户端的请求后，行情服务器从行情数据库中提取相应的证券信息反馈给行情客户端。

此外，在开市期间，行情接收程序会实时地从行情发送程序获取行情信息并将其转存到行情数据库中，以便用户得到最新的信息。

行情发送程序通过隔离机把读取的交易所的实时行情转发给行情采集接收程序，保存在行情数据库中供行情服务器调用。

行情查看流程如图 5 所示。

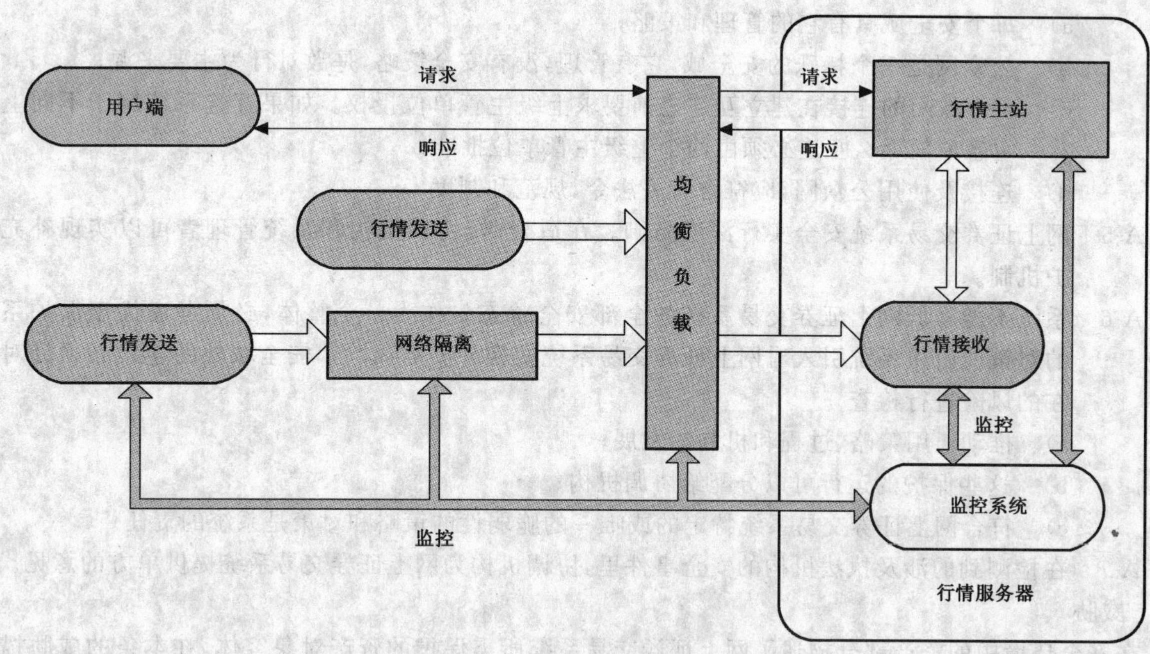

图5 行情查看流程图

4.3.3.3.2.3 信息资讯流程

投资者可以通过浏览器访问证券网站或通过客户端程序直接查阅所需信息。信息资讯查看流程与行情查看流程完全相同。

4.3.3.3.3 业务信息流描述

描述主要业务应用的接口和相应数据流。数据流描述应包括数据的类型以及数据传送的一般方式。在网上证券交易系统中存在两种类型的信息流：投资者到券商的信息流、券商到投资者的信息流。在网上证券交易系统信息安全保障目标文档中应根据具体情况，并参考本准则中所提出的信息流分类方法进行详细描述。

5 安全环境

5.1 假设

假设是建立在对网上证券交易系统环境预期的应用环境和使用方式的基础上。假设按 A-1、A-2……A-N 编号，假设一般分两类：

a) 关于网上证券交易系统开发和运行环境的一般假设（包括与系统交互的人员、内部互连和物理控制的陈述）；

b) 网上证券交易系统中描述系统角色的假设。

5.1.1 网上证券交易系统环境安全假设

环境安全假设有：

A-1 可用性可能依赖于从通信线路提供商提供的通信质量和能力。自然或人为灾难对通信可用性产生的扰动是在系统之外的。通信线路是作为系统一部分的。系统必须提供足够的保护以降低拒绝服务攻击达到一个可接受的水平。

A-2 网上证券交易系统的开发应采用不断持续改进的方法。

A-3 网上证券交易系统能使用不可信任的通信网络来建设通信能力。

5.1.2 网上证券交易系统安全服务假设

网上证券交易系统安全服务假设有：

A-4 网上证券交易系统存在以下不同的安全域：

a) 每个安全域具有它的管理和策略；

b) 公众网是一个特殊的安全域，它有管理，没有安全策略，是敌对行为主要来源；

c) 安全域间的连接在建立互连之前要求上级主管单位授权。如果互连系统属于不同上级主管单位那么互连必须由两个上级主管单位批准；

d) 连接及使用公众网，应符合有关法令、规范和制度。

A-5 网上证券交易系统安全实行深度防御。在适合时，协调机构和系统管理者可以实现补充保护机制。

A-6 系统不能降低网上证券交易系统的全部安全状态。作为一个整体，必须考虑优于保护系统的对策能阻止系统引入对网上证券交易系统的额外安全风险。安全域外的连接必须针对潜在的风险进行检查。

a) 推动通用策略、过程和机制的发展；

b) 这些保护的运行可以分配给协调机构；

c) 符合网上证券交易系统特定的或唯一的脆弱性的策略和对策是系统的责任。

A-7 在检测到的涉及执法机构的安全事件里，协调机构为网上证券交易系统提供单方的意见。

5.2 威胁

在安全环境中的资产部分描述了网上证券交易系统所需保护的资产对象客体，在本条的威胁描述中将描述在网上证券交易系统安全环境中对这些资产的所有相关威胁，这些资产是在网上证券交易系统或其环境内需要特定保护的。值得注意的是，并非所有的在环境中可能遇到的威胁都必须列出，只有那些与网上证券交易系统的安全运行相关的威胁才需要列出。

威胁是一个具备一定攻击能力的特定攻击源利用特定脆弱性对特定资产进行某种方式攻击所产生某种程度影响的可能性。因此，威胁应通过已确定的攻击源、脆弱性、资产、攻击方式和可能影响的程度进行描述。

5.2.1 威胁的分类

威胁是由多个威胁要素组成的，因此从不同角度来看，威胁有不同的分类方式。

5.2.1.1 根据威胁源主体的威胁分类

从威胁源主体来分，威胁分为：

——人员威胁：由人产生或其激活的威胁，例如无意行动（偶然的数据访问、误操作等）或有意的行动（基于网络的攻击、恶意软件上传和机密数据的非授权访问等）；

——自然威胁：洪水、地震、龙卷风、山崩、雪崩、电力风暴以及其他此类事件；

——环境威胁：长期电力故障、污染、化学和液体泄漏。

5.2.1.2 根据攻击方式的威胁分类

从攻击方式来分，威胁分为：

——内部人员攻击；

——被动攻击；

——主动攻击；

——物理临近攻击；

——分发攻击。

各种攻击方式具体解释如下：

a) 内部人员攻击

内部人员攻击往往由内部合法人员造成，他们具有对网上证券交易系统的合法访问权限。内部人员攻击分为恶意和非恶意两种，即恶意攻击和非恶意攻击。

恶意攻击是内部人员出于各种目的，对所使用的信息系统实施的攻击。

非恶意攻击是由于内部合法人员的无意行为造成了对网上证券交易系统的攻击，他们并非故意要破坏信息和系统，但由于误操作、经验不足、培训不足而导致一些特殊的行为，对系统造成了无意的破坏。

典型的内部人员攻击有：

1) 恶意修改数据和安全机制配置参数；

2) 恶意建立未授权的网络连接，如：拨号连接；

3) 恶意的物理损坏和破坏；

4) 无意的数据损坏和破坏，如：误删除。

b) 被动攻击

被动监视开放的通信信道(如：无线电、卫星、微波和公共通信网络)上的信息传送。被动攻击主要是了解所传送的信息，一般不易被发现。典型例子如下：

1) 监视通信数据；

2) 解密、加密不善的通信数据；

3) 口令截获；

4) 通信量分析。

c) 主动攻击

攻击者主动对信息系统实施攻击，包括企图避开安全保护，引入恶意代码，以及破坏数据和系统的完整性。典型的例子有：

1) 修改传输中的数据；

2) 重放所截获的数据；

3) 插入数据；

4) 盗取合法建立的会话；

5) 伪装；

6) 越权访问；

7) 利用缓存区溢出(BOF)漏洞执行代码；

8) 插入和利用恶意代码(如：特洛依木马、后门、病毒等)；

9) 利用协议、软件、系统故障和后门；

10) 拒绝服务攻击。

d) 物理临近攻击(接近攻击)

攻击者试图在地理上尽可能接近被攻击的网络、系统和设备，目的是修改、收集信息，或者破坏系统。这种接近可以是公开的和秘密进入的，也可以是两种都有，典型案例有：

1) 修改数据；

2) 收集信息；

3) 偷窃；

4) 物理破坏。

e) 分发攻击

分发攻击是指在网上证券交易系统软件和硬件的开发、生产、运输、安装阶段，攻击者恶意修改设计、配置等行为。例如：

1) 利用开发制造商的设备修改软硬件配置；

2) 在产品分发、安装时修改软硬件配置。

5.2.1.3 根据威胁造成的影响结果的威胁分类

从威胁造成的影响结果来分，威胁分为：

——可忽略的威胁；

——造成一定影响的威胁；

——造成严重影响的威胁；

——造成异常严重影响的威胁。

5.2.2 威胁模型

综合上述威胁分类和分析，网上证券交易系统的威胁模型将主要根据威胁源、攻击方式、资产、影响方式和影响结果进行分析，参照表2。

表2 网上证券交易系统威胁模型

威胁源			攻击方式	资产	影响方式	影响结果
人	客户和社会公众（外部用户）	普通公众	内部人员攻击 被动攻击 主动攻击 物理临近攻击 分发攻击	信息资产 物理资产	保密性 完整性 可用性 其他	影响结果可忽略 一定影响结果 严重影响结果 异常严重影响结果
		证券客户				
		商业和专业组织				
		政府				
	内部员工（内部用户）	普通员工				
		系统管理员				
自然						
环境						

从表2可以看出，网上证券交易系统的安全威胁是多级别的，因此，网上证券交易系统整体上必须具有应对这些攻击的能力，但具体到某一个应用系统则需要区别对待，认真分析。

5.2.3 具体的信息安全保障威胁

基于前面的威胁分类和威胁模型，结合网上证券交易系统的特点，列出网上证券交易系统的基于威胁源进行分类的主要威胁表，为方便参考，尤其是方便补充和描述，威胁按T-1、T-2……T-N编号。

a) 人员威胁

T-1 网上证券交易系统的体系结构、设计、实现和维护缺陷可能导致信息安全保障失效。

T-2 网上证券交易系统不正确的运行可能导致信息安全保障失效。

T-3 网上证券交易系统失效时不正确的重启和/或恢复可能导致信息安全保障失效。

T-4 网上证券交易系统环境的改变可能引入或恶化脆弱性。

T-5 未授权用户可能获得对网上证券交易系统的逻辑访问。

T-6 可信任角色的人（如网上证券交易系统的管理人员和维护人员）由于技术能力的不足，可能导致信息安全保障失效。

T-7 可信任角色的人（如网上证券交易系统的管理人员和维护人员），由于管理疏忽，可能导致信息安全保障失效。

T-8 某人可能物理的攻击网上证券交易系统从而危及它的信息安全保障。

T-9 某人可能引入未授权软件（包含恶意代码等）到网上证券交易系统中。

T-10 某人可能篡改网上证券交易系统的保护相关的机制。

T-11 授权用户（内部用户）或伪装成授权用户的未授权用户可能访问网上证券交易系统资源或执行未获准的访问权限的操作。

T-12 非授权用户的个人使用非技术手段可能获得处理资源或信息的访问。

T-13 用户输入错误可能导致错误数据，从而导致混乱的输出信息或拒绝服务。

T-14 用户对接收或发送信息行为的否认，以逃避接收或发送信息后所应负的责任和义务。

T-15 若干个人从事拒绝服务攻击，攻击可能导致网上证券交易系统资源不可用。

T-16 外部用户可能侵害网上证券交易系统的通信能力。

T-17 攻击者通过在通信线路上窃听的方式获取用户数据。

T-18 攻击者为了获得信息内容而对加密数据进行密码分析。

T-19 攻击者欺骗用户使其接受假冒系统的服务。

T-20 攻击者利用社会关系获得有关系统登录、使用、设计或操作的信息。

T-21 对策和策略的局限和缺陷可能被知识渊博的对手获取。

T-22 因为弱化或错误的执行访问控制，使攻击者未被检测即获得的对系统的访问，造成对系统完整性、保密性或可用性潜在的危害。

T-23 因为缺乏审计机制，造成安全相关的事件可能没有记录或不可追踪。

b) 自然威胁

T-24 自然灾害可能导致关键操作的暂停和/或网上证券交易系统服务的中断。

c) 环境威胁

T-25 电力系统故障可能导致关键操作的暂停和/或网上证券交易系统服务的中断。

T-26 通信线路出现意外中断，造成网上证券交易系统资源不可用。

T-27 关键系统组件技术故障导致网上证券交易系统关键功能丧失。

T-28 重要数据在传输过程中可能出现错误，导致信息完整性和可用性的破坏。

T-29 网上证券交易业务高峰时，由于网络流量过大造成故障。

5.3 组织安全策略

网上证券交易系统安全策略是一切信息安全保障活动的基础和出发点，指导如何对资产进行管理、保护和分配的规则和指示，指导整个网上证券交易系统安全体系的设计与实施，所有网上证券交易系统安全控制措施(包括技术控制措施和管理控制措施)的选择、运营和维护均依据安全策略进行。制定安全策略是每一个开展网上证券交易工作的公司都必须完成的工作，安全策略一定和相关的组织机构的业务相关，一份有效并设计良好的策略是安全目的能否实现的关键。

网上证券交易系统安全策略的制定必须建立在充分了解其策略需求的基础上，并符合国家的法令法规、国家的信息安全保障标准、上级业务主管部门颁布的信息安全保障规定、标准、规范的要求。安全策略的制定必须面面俱到，但是又不能太具体和注重细节。安全策略采用通俗易懂的语言解决网上证券交易系统信息安全保障应该做什么的问题，而不涉及怎么做的问题。

通常，安全策略通过规定一套规则来规范网上证券交易系统的建设及其运行、维护和管理。这些规则清晰的说明哪些行为是被允许的。

各种网上证券交易系统的其他各类文档，如网上证券交易系统的技术方案、管理制度及操作指导手册、工程实施过程文档和验收报告、应用软件开发过程等，必须满足信息安全保障策略的要求，所有的这些文本的陈述清晰地说明信息安全保障策略所规定的这些规则。通过使用管理控制措施、技术控制措施或者两者，这些规则可以被实现。规则覆盖了四个主要安全保障目的：

——可核查性；

——可用性；

——机密性；

——完整性。

信息安全保障策略要充分反映相应证券公司的运行和业务的安全保障要求，是组织、机构核心价值和任务的体现，因此，网上证券交易系统的安全策略的制定、签署、实施必须由相应公司的最高领导人负责。

证券系统的特点决定了网上证券交易系统的安全策略是一个多层次的结构，典型的网上证券交易系统信息安全保障策略具有三个层次：系统高层安全策略；系统及子系统级安全策略；安全产品级安全策略。策略按 P-1、P-2……P-N 编号。

5.3.1 网上证券交易系统高层安全策略

高层安全策略有：

P-1 建立网上证券交易系统高层策略：网上证券交易系统的高层安全策略是对信息安全保障问题的最高层次论述。表述证券公司最高领导层对信息安全保障的支持，定义网上证券交易系统所要实现的总体安全保障目标。网上证券交易系统高层安全策略要求用精炼的语言对网上证券交易系统的安全保障目标进行概括性论述，规定策略适用范围和应建立的安全保障管理组织及其相关职责。高级管理层将以身作则来支持信息安全保障的建设及其相关的规定，并且表明将对违反信息安全保障规范的行为做出惩戒。

5.3.2 系统及子系统级安全策略

系统及子系统级策略服从于高层安全策略所制定的网上证券交易系统的总体安全保障目标。它指导具体技术控制措施和管理控制措施的选用和实施。在网上证券交易系统，典型的系统及子系统级安全策略主要包括以下方面：

P-2 标识与鉴别策略：网上证券交易系统应能够对每个授权网络用户（包括人、设备和过程）进行唯一的标识；在允许任何用户执行任何操作（事先定义好的操作除外）之前，网上证券交易系统应能够鉴别每个用户（人或其他的信息系统）身份；如果采用口令进行鉴别，网上证券交易系统应该能够主动维护“强壮”口令设置，而不允许使用单词、代表日期的数字或其他弱的、易猜测的口令；如果口令还不能提供足够的鉴别强度，在允许任何用户执行任何操作（事先定义好的操作除外）之前，网上证券交易系统应能够提供更强的鉴别机制对用户身份进行鉴别；口令应该设置使用期限，过期的口令不能重复使用等。投资者发出委托买入、委托卖出、资金转出、资金转入、委托撤单请求时，需要提供口令进一步确认。

P-3 访问控制策略：访问控制（登录安全、口令、用户界面、访问控制、远程办公和远程访问……），例如网上证券交易系统应该对网络用户实施强鉴别机制；网上证券交易系统应能够在达到管理员预设的失败登录尝试次数后自动锁定用户账号；网上证券交易系统应该在用户登录时依据上级机构的要求显示标准的“登录警告旗标”。

P-4 公众网安全策略：Internet 与网上交易的入口处建立访问控制策略，保证 Intranet 等各种通信信道的安全可信性。通信前使用数字证书验证和标识通信双方的身份。

P-5 备份和恢复策略：制定详细的备份策略，保护网上交易和行情系统的用户数据、安全功能数据、系统和应用程序、物理设备。对备份和恢复进行管理，制定备份和恢复权限，受备份的数据、程序和设备实施相应的访问控制策略。制定备份恢复计划，定期演练该计划。

P-6 恶意代码策略：应建立恶意代码（包括病毒、蠕虫、特洛伊木马……）的安全策略（例如：建立病毒防护类型、第三方软件的处理规则、与病毒责任相关的用户）。

P-7 加密策略：基于法律依据对加密管理，加密数据处理，密钥生成机密，密钥管理等建立相应的加密策略。

P-8 软件开发策略：软件开发策略包括对软件开发程序、测试文档、修改控制以及配置管理、第三方开发、知识产权等方面制定软件开发相关的策略。

P-9 安全审计策略。

P-10 风险评估策略。

P-11 外包服务策略。

P-12 人事策略：网上证券交易系统的授权的管理者和用户必须经过适当的培训，应建立定期的教育计划和开展培训活动以使他们能够：

——有效地遵守组织安全策略；

——正确执行组织安全策略所规定的安全控制措施。

P-13 事件响应策略。

P-14 业务持续性策略。

P-15 灾难恢复策略。

5.3.3 安全产品级安全策略

安全产品级安全策略需要满足系统安全策略。安全产品级策略直接指导制订安全产品的配置规则，关系到安全产品功能的实现，包括：

P-16 安全产品级安全策略。

典型的安全产品级安全策略有：

——防火墙使用策略；

——IDS 使用策略；

——VPN 产品使用策略；

——路由器使用策略；

——防病毒产品使用策略；

——CA 使用策略；

——隔离设备使用策略。

6 安全保障目的

6.1 安全保障技术目标

安全保障技术要求，即从信息技术系统安全角度达到信息系统的安全保障目标。同具体的信息技术产品和产品系统不同，信息技术系统是作为信息系统一部分的执行组织机构信息功能的用于采集、创建、通信、计算、分发、处理、存储和/或控制数据或信息的计算机硬件、软件和/或固件的任何组合所构成的一个复杂系统。要描述信息技术系统的具体目的，首先需要对信息技术系统建模并建立信息系统的分析框架，然后基于此建模和分析框架，进行具体技术措施和技术手段的安全保障要求。

在网上证券交易系统安全评估准则中，将基于通用的信息技术系统分析模型建立信息技术系统的分析模型。基于此分析模型，将安全保障技术目标分解为对网络基础设施的目标要求、对边界的要求、对计算环境的要求和对支撑性基础设施的要求，从而完成整个安全保障技术目的的描述。技术目标按 OT-1、OT-2……OT-N 编号。

6.1.1 端到端安全保障技术目标

为维护信息服务，应对端到端的信息进行保护，保护端到端的安全。符合该要求的目标如下：

OT-1 应通过加密功能来为远程系统提供安全会话。

OT-2 为用户从边界外发送和接收信息提供强认证和认证的访问控制。

OT-3 应充分定义密码的组成、功能和界限，为密码在整个生命期中提供保护。

OT-4 应能够限定单一用户并发会话数。

OT-5 必须能在指定的时间间隔到期后，自动终止用户对系统的访问权。

OT-6 应能提供接收方接收信息的证据，以避免接收方逃避接收信息的责任。

OT-7 应能提供发送方发送信息的证据，以避免发送方逃避发送信息的责任。

OT-8 应为用户提供服务和资源以阻止其他用户访问用户隐私。

OT-9 必须能够识别传送过程中信息的修改，包括插入伪造信息以及删除或替换合法信息。

6.1.2 本地计算安全保障目标

这包括在系统高端环境中的多种现有和新出现的应用中充分利用标识和鉴别、访问控制、机密性、完整性和抗抵赖性安全服务。为满足上述要求应实现下列安全保障目标：

OT-10 确保服务器和应用得到充分保护以避免拒绝服务、数据非授权泄漏和数据的更改。

OT-11 无论服务器或应用位置，都必须确保由其处理的数据的机密性和完整性。

OT-12 对于内部和外部的受信任人员与系统从事的违规和攻击活动具有充分的防范能力，对行为进行审计。

OT-13 必须为管理员规定存取权限(访问控制策略)，防止管理员滥用职权使用信息。

OT-14　对系统实体参数的变化进行审计，以便于防止管理员允许未授权的用户访问对其本应禁止访问的资产。

OT-15　必须定义审计管理员职责，以防止审计数据的修改和破坏。

OT-16　为所有服务器进行配置管理维护以跟踪补丁和系统配置变更。

OT-17　当某一安全功能没有成功执行时，信息系统能自动恢复到一个安全状态。

OT-18　必须为关键组件提供运行错误容限，当一个或多个系统组件失效时系统能继续运行。

OT-19　应提供充分的备份存储和有效恢复机制确保系统能够被重构。

6.1.3　系统的边界安全保障目标

为了从专用或公共网络上获得信息和服务，许多机构通过其信息基础设施与这些网络连接。因此，这些机构必须对其信息基础设施实施保护，例如：保护其本地计算机环境不受入侵。一次成功的入侵可能会导致对于可用性、完整性或机密性的损坏。符合该要求的目标如下：

OT-20　确保在边界间或通过远程访问进行交换的数据得到保护并免受泄漏。

OT-21　确保物理和逻辑边界得到充分的保护。

OT-22　确保受保护边界内的系统和网络维持可接受的可用性并得到充分保障以避免拒绝服务。

OT-23　为那些在边界内的由于技术或配置问题而不能保护自己的系统提供边界防御。

OT-24　对系统边界发生的安全行为进行检测、审计及响应。

6.1.4　网络和基础设施的安全保障目标

为维护信息服务，并对各种信息进行保护，避免无意中泄露或更改这些信息，组织机构必须保护其网络和基础设施。符合该要求的安全保障目标如下：

OT-25　保护局域网和广域网通信网络(例如：免受拒绝服务攻击)。

OT-26　为这些网络上传送的数据提供机密性和完整性的保护(例如：使用加密和流量流安全措施以抵抗被动监控)。

OT-27　确保广域网上所交换的所有数据得到保护，不会泄漏给任何未授权的网络访问者。

OT-28　确保支持使命关键和使命支持数据的广域网提供合适的保护，免受拒绝服务的攻击。

OT-29　保护受保护信息免受延时、误传或未传送的破坏。

OT-30　保护下列信息免受流量分析：用户流量，网络基础设施控制信息。

OT-31　确保保护机制不会干扰同其他授权骨干网络和封闭网络间的无缝操作。

6.1.5　支撑性基础设施安全保障目标

支撑性基础设施为信息技术系统安全提供了支撑性的平台，它为信息技术系统提供了密钥管理、监测和响应功能。所需要的能够进行检测与响应的支撑性基础设施组件包括：入侵监测系统、审计、配置系统，以及调查所需信息的收集，符合该要求的安全保障目标如下：

OT-32　提供用以支持密钥、优先权与证书管理的密码基础设施；并能够积极识别使用网络服务的实体。

OT-33　提供一种能够对入侵和其他违规事件快速进行检测与响应并能够支持操作环境的入侵检测、报告、分析、评估和响应基础设施。

6.2　安全保障管理目标

网上证券交易系统信息安全保障管理的目标就是根据通过覆盖信息系统生命周期的各阶段的管理域来标准化建立完善的信息安全保障管理体系，从而在实现信息能够充分共享的基础上，同时保障信息和其他资产，保证业务的持续性并使业务的损失最小化。信息系统安全保障管理的各管理域的目标要求如下，管理目标按 OM-1、OM-2……OM-N 编号。

OM-1　安全组织机构：应当建立健全的信息安全保障管理的组织机构，并在组织机构内部进行恰当的信息安全保障管理的权责分配。

OM-2　信息安全保障策略制度：为网上证券交易系统提供信息安全保障活动的管理方向及支持。

安全策略通过规定一套规则来规范网上证券交易系统的建设及其运行、维护和管理。这些规则清晰的说明哪些行为是被允许的。安全策略应能够指导整个网上证券交易系统安全体系的设计与实施，所有网上证券交易系统安全控制措施（包括技术控制措施和管理控制措施）的选择、运营和维护均依据安全策略进行。

OM-3　人员安全：确保网上证券交易系统的合法用户（特别是关键的系统安全保障管理人员）素质可信、能力可靠。并通过有效的培训教育，确保网上证券交易系统的有效运行，减少有意和无意的人为威胁。

OM-4　信息安全保障战略规划：开发信息技术长期和短期规划，确保网上证券交易系统的信息技术同证券公司的使命和业务战略相一致。并指导进行年度预算，监控费用、投资和收益，确保网上证券交易系统的建设能够有序、持续的进行，并保持运行的高效性。

OM-5　投资和预算管理：通过建年度预算，监控费用、投资和收益，确保网上证券交易系统的建设能够保持合理的成本—效益比。

OM-6　应用系统开发与维护：对应用系统的开发过程进行规范性管理，并对应用系统的运行过程进行维护，预防恶意代码对业务造成的威胁。

OM-7　资产管理：建立网上证券交易系统的资产清单和责任人，对关键资产建立管理规范，对信息资产进行分级和标注。从而保证网上证券交易系统可核查性的安全保障目标，避免破环关键信息资产的机密性。

OM-8　物理安全：根据运行环境的不同进行物理区域隔离，并进行区域访问控制，同时采取防火、防水、温度控制等措施保障网上证券交易系统基础设施的安全，有效防范自然威胁和物理临近攻击的风险。

OM-9　通信与运行管理：通过对计算机设备与主机系统的配置进行管理、制定严格的操作规范、提供不间断电源和关键设备备份、网络管理、采取防病毒措施等手段保障网上证券交易系统运行的安全。采用加密、身份认证和抗抵赖措施保障网上证券交易系统通信的安全。

OM-10　访问控制：采取有效的访问控制机制和管理措施来预防非授权物理访问和逻辑访问的风险。

OM-11　变更控制管理：在业务、使命、技术等发生变更时，将业务中断、非授权的更改和故障等的可能性减至最小。

OM-12　业务持续性管理：防止业务停顿，以及保护重要业务进程不受重大失效或灾难的影响。

OM-13　遵循性：遵循法律，避免触犯任何刑事及民事法律以及其他法定的、条例的、合同的义务和安全需求。通过核对安全策略及技术合格性，保证系统按机构的安全策略及标准进行。确保系统审计处理发挥最大效用，并把干扰降到最低。

6.3　安全保障工程目标

网上证券交易系统的安全保障工程目标是通过对信息系统建设工程过程进行标准化。信息系统的安全工程过程生命周期主要包括：挖掘安全需求、定义安全保障要求、设计体系结构、详细安全设计、实现系统安全和有效性评估。安全保障工程目标按 OP-1、OP-2……OP-N 编号。

OP-1　挖掘安全需求：目的是帮助用户理解网上证券交易系统的任务需求，确定安全策略。

OP-2　定义安全保障要求：目的是为信息系统的规划者、设计者、实施者或用户提供他们所需的安全信息。

OP-3　设计体系结构：目的是识别并设计出信息系统的体系结构。

OP-4　详细安全设计：目的是详细说明信息系统的设计方案。

OP-5　实现系统安全：目的是构造、购买、集成、验证组成信息保护子系统的配置项集合并使之生效。

OP-6　有效性评估：目的是保证信息系统能够满足用户的安全保障要求。

7 安全保障要求

7.1 安全保障技术要求

7.1.1 端到端安全保障技术要求

7.1.1.1 用户数据保护(FDP)

7.1.1.1.1 访问控制策略(FDP_ACC)

7.1.1.1.1.1 子集访问控制(FDP_ACC.1)

FDP_ACC.1.1 网上证券交易系统安全功能(以下简称系统安全功能)将对安全功能策略所覆盖的主体、客体和它们之间的操作执行网上证券交易访问控制策略(以下简称网上访问控制策略)。

7.1.1.1.2 访问控制功能(FDP_ACF)

7.1.1.1.2.1 基于安全属性的访问控制(FDP_ACF.1)

FDP_ACF.1.1 系统安全功能将基于安全属性和确定的安全属性组,对已明确的客体执行网上访问控制策略。

FDP_ACF.1.2 系统安全功能将执行网上访问控制策略,决定受控的主体与客体间的操作是否被允许。

FDP_ACF.1.3 系统安全功能将执行网上访问控制策略,拒绝主体对客体的访问。

应用注释:当用户账号被锁定时,系统所指定的特定实体之外的所有实体(包括用户)都不能使用该账号。只有授权管理员(如安全管理员)才能解锁该账号(如表3)。

表3 端到端安全保障技术要求中主体对客体采取的操作对照表举例

客体	主体				
	投资者	安全管理员	网上委托系统操作人员	柜台操作人员	……
投资者姓名	R,E				
投资者投资账号	R,E,De				
投资者投资账号密码					
投资者通信密码					
投资者股票持有信息					
投资者股票交易信息					
投资者公开密钥					
投资者私有密钥					
……	……	……	……	……	……
注:R——读;W——写;D——删;E——加密;De——解密。					

7.1.1.1.3 数据鉴别(FDP_DAU)

7.1.1.1.3.1 伴有保证者身份的数据鉴别(FDP_DAU.2)

系统安全功能应具有相应的能力,保证主体的真实身份,并承担信息真实性的责任(如,通过数字签名),用来保证指定的数据单元的有效性,进而验证静态的信息没有被伪造或篡改。

FDP_DAU.2.1 系统安全功能将提供产生保证客体(详见FDP_ACF.1)的有效性证据的能力。

FDP_DAU.2.2 系统安全功能将为投资者和券商提供验证网上证券交易有关数据和指令真实有效的证据和产生该证据的真实身份的能力。

7.1.1.1.4 **信息流控制策略**(FDP_IFC)

7.1.1.1.4.1 **完全信息流控制**(FDP_IFC.2)

FDP_IFC.2.1 对已确定的主体、信息流及所有导致信息流入流出安全功能策略覆盖的主体的操作,系统安全功能应执行网上信息流控制策略。

FDP_IFC.2.2 系统安全功能应确保所有导致安全控制范围内的任何信息流入流出安全控制范围内的任何主体的操作被网上信息流控制策略所覆盖(如表4)。

表4 端到端安全保障技术要求中的网上信息流控制策略举例

	允许	不允许
投资者到券商	合法的交易指令 未加密的行情查询指令	未经数字签名的交易指令 不符合格式要求的数据包
券商到投资者	经过加密和完整性保护的合法交易结果	未经加密和完整性保护的历史成交记录查询结果
……		

7.1.1.1.5 **信息流控制功能**(FDP_IFF)

7.1.1.1.5.1 **简单安全属性**(FDP_IFF.1)

FDP_IFF.1.1 系统安全功能应在主体和最小数目和类型的信息安全属性的基础上执行网上信息流控制策略。

FDP_IFF.1.2 对每一个操作,如果在主体和信息之间必须有基于安全属性的关系,系统安全功能应允许受控主体和受控信息之间存在经由受控操作的信息流。

FDP_IFF.1.5 系统安全功能应根据基于安全属性的规则,明确授权信息流。

FDP_IFF.1.6 系统安全功能应根据基于安全属性的规则,明确拒绝信息流。

7.1.1.1.5.2 **无非法信息流**(FDP_IFF.5)

FDP_IFF.5.1 系统安全功能应确保没有规避网上信息流控制策略的非法信息流存在。

7.1.1.1.6 **从安全功能控制之外输入**(FDP_ITC)

7.1.1.1.6.1 **有安全属性的用户数据输入**(FDP_ITC.2)

此功能要求安全属性能正确反映用户数据,并与从系统安全控制范围之外输入的数据正确无歧义地联系在一起。

FDP_ITC.2.1 在系统安全功能策略控制下,从系统安全控制范围之外输入用户数据时,应执行网上信息流控制策略。

FDP_ITC.2.2 系统安全功能应使用与输入的数据相关联的安全属性。

FDP_ITC.2.3 系统安全功能应确保使用的协议在安全属性和接收的用户数据之间提供明确的联系。

FDP_ITC.2.4 系统安全功能应确保对输入的用户数据的安全属性的解释与用户数据源的解释是一致的。

7.1.1.1.7 **残余信息保护**(FDP_RIP)

7.1.1.1.7.1 **子集残余信息保护**(FDP_RIP.1)

要求系统安全功能有能力确保:对于安全控制范围内的某个已定义的客体子集进行资源的配给或回收时,任何资源的任何剩余信息是不可用的,确保已经被删除的信息不再是可访问的。

FDP_RIP.1.1 系统安全功能应确保对客体(详见 FDP_ACC.1)分配或回收资源时,使指定资源的任何以前的信息不再是可用的。

7.1.1.1.8 **安全功能间用户数据传送保密性保护**(FDP_UCT)

7.1.1.1.8.1 **基本数据交换保密性**(FDP_UCT.1)

FDP_UCT.1.1 系统安全功能应执行网上访问控制策略和网上信息流控制策略,能以防止未授

权泄露的方式传送和接收客体。

7.1.1.1.9 **安全功能间用户数据传送完整性保护**(FDP_UIT)

7.1.1.1.9.1 **数据交换完整性**(FDP_UIT.1)

此功能主要解决对被传输的用户数据的篡改、删除、插入和重用等的检测。

FDP_UIT.1.1 系统安全功能应执行网上信息流控制策略,能以避免出现篡改、删除、插入或重用等的方式传送和接收用户数据。

FDP_UIT.1.2 系统安全功能应能根据收到的用户数据判断,是否出现了篡改、删除、插入和重用。

7.1.1.2 **标识和鉴别**(FIA)

7.1.1.2.1 **用户标识**(FIA_UID)

7.1.1.2.1.1 **用户标识**(FIA_UID.1)

FIA_UID.1.1 系统应在用户被识别之前,允许代表用户实施关闭用户标识。

FIA_UID.1.2 系统允许任何代表用户启动安全功能之前,要求每个用户都被成功识别。

7.1.1.2.2 **用户属性定义**(FIA_ATD)

7.1.1.2.2.1 **用户属性定义**(FIA_ATD.1)

FIA_ATD.1.1 系统应为每一个用户保存属于他的安全属性表:用户权限及属性。

7.1.1.2.3 **秘密的规范**(FIA_SOS)

7.1.1.2.3.1 **秘密的验证**(FIA_SOS.1)

FIA_SOS.1.1 系统应提供一种机制以证明秘密(如口令字长度及字符集)满足规定的强度。

7.1.1.2.3.2 **秘密的 TSF 生成**(FIA_SOS.2)

FIA_SOS.2.1 系统应提供一种机制以产生满足规定的强度。

FIA_SOS.2.2 系统应能够为用户身份鉴别使用系统产生的秘密。

7.1.1.2.4 **用户鉴别**(FIA_UAU)

7.1.1.2.4.1 **用户标识**(FIA_UAU.1)

FIA_UAU.1.1 系统应在用户被鉴别之前允许代表用户请求系统证书。

FIA_UAU.1.2 系统在允许任何代表用户启动安全功能之前,要求每个用户都被成功鉴别。

7.1.1.2.4.2 **不可伪造的鉴别**(FIA_UAU.3)

FIA_UAU.3.1 系统应检测任何用户伪造的和正在系统中使用的鉴别数据。

FIA_UAU.3.2 系统应检测从任何其他用户复制的和正在系统中使用的鉴别数据。

7.1.1.2.4.3 **多重鉴别机制**(FIA_UAU.5)

FIA_UAU.5.1 系统应提供口令、证书机制以支持用户鉴别。

FIA_UAU.5.2 系统应根据口令、证书鉴别任何用户所声称的身份。

7.1.1.2.4.4 **重鉴别**(FIA_UAU.6)

FIA_UAU.6.1 系统应在下列条件下重新鉴别用户:交易请求失败后,及其他重鉴别条件。

7.1.1.2.4.5 **受保护的鉴别反馈**(FIA_UAU.7)

FIA_UAU.7.1 当鉴别在进行时,系统应仅仅将鉴别是否成功反馈给用户。

7.1.1.2.5 **鉴别失败**(FIA_AFL)

7.1.1.2.5.1 **鉴别失败处理**(FIA_AFL.1)

FIA_AFL.1.1 系统应检测何时与交易申请鉴别相关的不成功鉴别尝试达到门限值。

FIA_AFL.1.2 当达到或超过定义了的不成功鉴别尝试的次数时,系统将拒绝交易并记录。

7.1.1.2.6 **用户—主体绑定**(FIA_USB)

7.1.1.2.6.1 **用户—主体绑定**(FIA_USB.1)

FIA_USB.1.1 系统将把合适的用户安全属性关联到代表用户活动的主体上。

7.1.1.3 抗抵赖(FCO)

7.1.1.3.1 原发抗抵赖(FCO_NRO)

7.1.1.3.1.1 强制原发证明(FCO_NRO.2)

FCO_NRO.2.1 系统在任何时候都将对交易数据强制产生原发证据。

FCO_NRO.2.2 系统应能将信息原发者的身份与适用于证据的信息数字签名和证书相关联。

FCO_NRO.2.3 系统应能为给定证书、数字签名的接收者、相关检查部门提供验证信息原发证据的能力。

7.1.1.3.2 接收抗抵赖(FCO_NRR)

7.1.1.3.2.1 强制接收证明(FCO_NRR.2)

FCO_NRR.2.1 系统对收到的交易数据强制产生接收证据。

FCO_NRR.2.2 系统应能将信息收信者的身份与适用于证据的信息数字签名和证书相关联。

FCO_NRR.2.3 系统应能为给定数字签名、证书接收者、相关检查部门提供验证接收证据的能力。

7.1.1.4 安全功能保护(FPT)

7.1.1.4.1 安全功能数据输出的保密性(FPT_ITC)

7.1.1.4.1.1 传输过程中安全功能间的保密性(FPT_ITC.1)

要求系统安全功能确保安全功能数据在系统与远程可信 IT 产品间的传输不被泄露。

FPT_ITC.1.1 网上证券交易系统应保护所有的安全功能数据从系统到远程可信 IT 产品的传输过程中不被未经授权的泄密。

7.1.1.4.2 安全功能数据输出的完整性(FPT_ITI)

7.1.1.4.2.1 安全功能间的修改检测(FPT_ITI.1)

提供在远程可信 IT 被产品知道所使用的机制的假设下,检测安全功能数据在系统与远程可信 IT 产品传输过程中修改的能力。

FPT_ITI.1.1 网上证券交易系统应能够检测系统与远程可信 IT 产品间传输的所有安全功能数据的修改。

FPT_ITI.1.2 应验证在系统与远程可信 IT 产品间传输的所有安全功能数据的完整性,如果检测到数据修改时应及时通知数据的拥有者。

7.1.1.4.3 重放检测(FPT_RPL)

7.1.1.4.3.1 重放检测(FPT_RPL.1)

要求网上证券交易系统能够检测出鉴别数据和交易委托数据的重放。

FPT_RPL.1.1 网上证券交易系统应能检测鉴别数据和交易委托数据的重放。

FPT_RPL.1.2 检测到重放时,系统应及时通知系统管理员。

7.1.1.4.4 安全功能域分离(FPT_SEP)

7.1.1.4.4.1 安全功能域分离(FPT_SEP.1)

为安全功能提供不同的保护域,并在安全功能控制范围内客体分离之间提供。

FPT_SEP.1.1 安全功能应为自身的执行维护一个安全域,防止不可信主体的干扰和篡改。

FPT_SEP.1.2 安全功能应在其控制范围内主体的安全域之间强行分离。

7.1.1.4.5 状态同步协议(FPT_SSP)

7.1.1.4.5.1 相互的可信回执(FPT_SSP.2)

本组件要求对交换安全功能数据相互回执。

FPT_SSP.2.1 当网上证券交易系统的一部分发出需要回执请求时,与其通信的另一部分应在接收到未经修改的安全功能数据时给予回执。

FPT_SSP.2.2 系统安全功能应通过使用回执,来确保系统管理部分知道在各部分间所传输的安全功能数据都处于正确状态。

7.1.1.4.6 **时间戳**(FPT_STM)

7.1.1.4.6.1 **可靠的时间戳**(FPT_STM.1)

本组件要求系统安全功能为自身提供可靠的时间戳。

FPT_STM.1.1 网上证券交易系统的安全功能应能为自身的应用提供可靠的时间戳。

7.1.1.4.7 **系统安全功能间安全功能数据的一致性**(FPT_TDC)

7.1.1.4.7.1 **系统安全功能间基本安全功能数据的一致性**(FPT_TDC.1)

本组件要求网上证券交易系统提供确保安全功能间属性的一致性的能力。

FPT_TDC.1.1 当网上证券交易系统与别的可信 IT 产品共享安全功能数据时,系统应能够判断所有安全功能数据的一致性。

FPT_TDC.1.2 当判断来自别的可信 IT 产品的安全功能数据时,系统应使用预先大家所协定的一组规则。

7.1.1.5 **系统访问**(FTA)

7.1.1.5.1 **多重并发会话限定**(FTA_MCS)

7.1.1.5.1.1 **多重并发会话的基本限定**(FTA_MCS.1)

提供适用于系统内所有用户的限制。

FTA_MCS.1.1 系统应限定并发会话的最大数目。

FTA_MCS.1.2 系统应利用缺省值执行最高并发会话次数的限定。

系统开发者应提供最大会话次数的具体数值。

7.1.1.5.2 **系统访问历史**(FTA_TAH)

7.1.1.5.2.1 **系统访问历史**(FTA_TAH.1)

提供系统显示与先前建立的会话相关的信息的要求。

FTA_TAH.1.1 在会话成功建立的基础上,系统应显示用户上一次成功的会话建立的日期、时间、方法。

FTA_TAH.1.2 在会话成功建立的基础上,系统应显示用户的上一次不成功的会话建立的尝试的日期、时间、方法、位置和从上一次成功的会话建立以来的不成功的尝试的次数。

FTA_TAH.1.3 系统在没有给用户回顾访问历史信息的机会的情况下是不能从用户界面上抹去该信息的。

7.1.1.6 **安全审计**(FAU)

安全审计包括产生、记录、存储和分析那些与安全相关活动有关的信息。审计记录结果可用来检测、判断发生了哪些安全相关活动以及这些活动是由哪个用户负责的。

7.1.1.6.1 **安全审计自动响应**(FAU_ARP)

7.1.1.6.1.1 **安全警告**(FAU_ARP.1)

安全警告功能描述了当检测到可能的安全侵害时,系统将采取的行动,包括报警或系统自动响应。

FAU_ARP.1.1 当检测到潜在的安全侵害时,系统将通知授权管理员,使产生潜在安全侵害的主体失效,或采取其他由授权管理员确定的行动。

例如,系统安全功能能够生成实时报警、终止违例进程、取消服务、或断开用户账号以及使用户账号失效等。

7.1.1.6.2 **安全审计数据产生**(FAU_GEN)

本条要求发生安全相关事件时应记录其出现,列举出网上证券系统可审计的事件类型,以及应在各审计记录内提供的审计相关信息的最小集合。

7.1.1.6.2.1 **审计数据产生**(FAU_GEN.1)

网上证券系统的审计数据产生功能只产生最小级审计事件记录,并规定进行每项记录的数据表。

FAU_GEN.1.1 系统应能为下述可审计事件产生审计记录:

a) 审计功能的启动和关闭;

b) 所有最小级的可审计事件;

c) 其他专门定义的可审计事件由证券公司自行定义。

FAU_GEN.1.2 系统将在每个审计记录中至少记录如下信息:

a) 事件的日期和时间,事件类型,主体身份,事件的结果(成功或失败);

b) 最小级可审计事件类型见表5;

c) 专门定义的可审计事件清单由开发者列于表5的第四栏。

表5 端到端安全保障技术要求的可审计安全事件类型

组件标识	审计级别	可审计事件	专门定义的审计事件
FAU_ARP.1	最小级	当即将发生安全侵害时采取的行动。	
FAU_SAA.1	最小级	开启和关闭任何分析机制; 由工具完成的自动响应。	
FCO_NRO.2	最小级	调用抗抵赖服务。	
FCO_NRR.2	最小级	调用抗抵赖服务。	
FDP_ACF.1	最小级	成功的请求对某个被安全功能策略覆盖的客体上执行某操作。	
FDP_DAU.2	最小级	成功的产生有效证据。	
FDP_ETC.1	最小级	成功的信息输出。	
FDP_ETC.2	最小级	成功的信息输出。	
FDP_IFF.1	最小级	判定允许请求的信息流。	
FDP_IFF.5	最小级	判定允许请求的信息流。	
FDP_ITC.2	最小级	成功输入用户数据,包括任何安全属性。	
FDP_SDI.2	最小级	成功尝试检测用户数据的完整性,包括指示检测结果。	
FDP_UCT.1	最小级	使用数据交换机制的任何用户或主体的身份。	
FDP_UIT.1	最小级	使用数据交换机制的任何用户或主体的身份。	
FIA_AFL.1	最小级	获取失败鉴别的阈值和采取的动作(如,使终端无效),及随后还原到正常状态(如,重新使终端有效)。	
FIA_SOS.1	最小级	安全功能拒绝任何测试的秘密。	
FIA_SOS.2	最小级	安全功能拒绝任何测试的秘密。	
FIA_UAU.1	最小级	使用鉴别机制失败。	
FIA_UAU.3	最小级	检测欺骗性的鉴别数据。	
FIA_UAU.5	最小级	鉴别的最后判定。	
FIA_UAU.6	最小级	重鉴别失败。	
FIA_UID.1	最小级	使用用户标识机制失败,包括提供的用户身份。	

表 5(续)

组件标识	审计级别	可审计事件	专门定义的审计事件
FIA_USB.1	最小级	绑定用户安全属性到一个主体失败(如,产生一个主体)。	
FMT_MOF.1	最小级	系统安全功能的所有改动。	
FMT_MSA.2	最小级	对某安全属性,所有提供的和被拒绝的值。	
FMT_SMR.1	最小级	对角色一部分的用户组的改动。	
FMT_SMR.3	最小级	明确请求担任某角色。	
FPT_ITI.1	最小级	检测传输的安全功能数据的修改。	
FPT_RCV.1	最小级	出现失败或服务中断。 恢复正常运行。	
FPT_SSP.2	最小级	接收期待的回执时,发生失败。	
FPT_STM.1	最小级	时间的变动。	
FPT_TDC.1	最小级	成功使用安全功能数据一致性机制。	
FRU_FLT.1	最小级	安全功能检测出的任何故障。	
FRU_RSA.1	最小级	因资源的限制对分配操作的拒绝。	
FTA_MCS.1	最小级	基于多重并发会话限定对新会话的拒绝。	
FTP_ITC.1	最小级	可信信道功能故障。 失败的可信信道功能的原发者及目标的标识。	

7.1.1.6.2.2 **用户身份关联**(FAU_GEN.2)

该功能解决可审计事件追溯到单个用户身份上的要求。

FAU_GEN.2.1 系统能将每个可审计事件与引起该事件的用户身份相关联。

7.1.1.6.3 **安全审计分析**(FAU_SAA)

7.1.1.6.3.1 **潜在侵害分析**(FAU_SAA.1)

本功能为寻找可能的或真正的安全侵害,用来分析系统活动和审计数据的自动化措施的要求。这种分析可用于支持入侵检测。潜在侵害分析需要基于一个固定规则集的基本门限检测。

FAU_SAA.1.1 系统应有能力用一系列规则去监测审计事件,并依据这些规则指出对安全策略的潜在侵害。

FAU_SAA.1.2 系统用下列规则来监视审计事件:

根据已知的由可审计安全事件积累或组合对应的安全攻击模式。

7.1.1.6.4 **安全审计查阅**(FAU_SAR)

7.1.1.6.4.1 **审计查阅**(FAU_SAR.1)

审计查阅功能提供从审计记录中读取信息的能力。

FAU_SAR.1.1 系统将提供具有查阅审计数据功能的工具,以读取审计记录。

FAU_SAR.1.2 系统将规定准许指定用户按表 6 的形式建立规则查阅某些审计记录。

表 6 端到端安全保障技术要求的可查阅审计记录

用户	可查阅的审计记录
系统审计员	所有对于安全功能的审计记录
系统安全员	所有对于安全功能的审计记录
系统管理员	所有对于系统功能的审计记录

7.1.1.6.4.2 **有限审计查阅**(FAU_SAR.2)

有限审计查阅功能要求除在FAU_SAR.1中确定的用户外,其他用户不能读取信息。

FAU_SAR.2.1 除具有明确读访问权限的用户外,系统将禁止所有用户对审计记录的读访问。

7.1.1.6.5 **安全审计事件存储**(FAU_STG)

本条提出创建并维护安全的审计踪迹的要求。

7.1.1.6.5.1 **确保审计数据可用性**(FAU_STG.2)

确保审计数据可用性功能要求审计踪迹应避免未授权的删除和/或修改,并确保在意外情况出现时审计数据的可用性。

FAU_STG.2.1 系统将保护已储存的审计记录,以避免未授权的删除。

FAU_STG.2.2 系统应能防止对审计记录的修改。

FAU_STG.2.3 当发生审计存储已满、失败或攻击情况时,系统应确保审计记录在一定记录数之内或确定的维护时间范围内不被破坏,这一度量准则由国家行政管理机构统一确定或由证券公司根据需要自行决定。

7.1.1.6.5.2 **防止审计数据丢失**(FAU_STG.4)

防止审计数据丢失功能要求规定当审计踪迹溢满时所采取的行动。

FAU_STG.4.1 如果审计踪迹已满,系统将阻止除由系统审计员产生的以外的所有可审计事件。

7.1.1.7 **安全管理**(FMT)

7.1.1.7.1 **系统中功能的管理**(FMT_MOF)

7.1.1.7.1.1 **安全功能行为的管理**(FMT_MOF.1)

允许授权用户管理系统安全功能。

FMT_MOF.1.1 系统应限定授权用户对是否使用、修改下列安全功能进行决定的能力(如表7)。

表7 端到端安全保障技术要求中安全角色对系统安全功能行为的管理权限

类型	安全功能	系统管理员	系统安全员	系统审计员	系统操作员	投资者
审计	审计参数	无	无	配置	备份	无
	审计失败时进行相应操作	维护	无	管理	无	无
	审计项目的更改	无	无	管理	无	无
识别和鉴别	用户账号、角色、属性	无	管理	无	维护	无
	鉴别数据的管理	无	管理	无	无	管理关联数据
	鉴别机制和规则	无	管理	无	无	无
	用户被鉴别前可采取的动作表	无	管理	无	无	无
	对失败的鉴别尝试的阈值及所要采取的动作的管理	无	管理	无	无	无
密码支持	密钥属性的管理	无	管理	无	无	无
	对用于验证及产生秘密的量度的管理	无	管理	无	无	无
安全管理	维护系统中的角色组	维护	管理	无	无	无
	对改变信息类型、域、原发者属性和证据接收者的管理	维护	管理	无	无	无
	定义默认的主体安全属性	无	管理	无	无	无
	为用户组、用户和主体规定某资源的最大使用限度	管理	无	无	无	无

表 7(续)

类型	安全功能	系统管理员	系统安全员	系统审计员	系统操作员	投资者
安全功能的保护	管理数据备份参数	管理	无	无	启动	无
	管理需要可信信道的活动	无	管理	无	无	无
	时间戳	无	管理	无	无	无
	管理支持有效期的安全属性表及过期将采取的动作	无	管理	无	无	无
	多重并发会话的基本限定	无	管理	无	无	无
	管理用于作出访问或拒绝访问决策的属性	无	管理	无	无	无
	选择何时执行剩余信息保护即配给或索回	无	管理	无	无	无
	配置检测到完整性错误时所要采取的动作	无	管理	无	无	无
安全功能的保护	抽象机测试产生的条件及时间间隔的管理	无	管理	无	无	无
	要防止的修改类型的管理	无	管理	无	无	无
	用于输入的附加控制规则	无	管理	无	无	无
	不同部分间数据传输保护机制的管理	无	管理	无	无	无
	可检测出其重放的确定实体列表及须采取的行动列表的管理	无	管理	无	无	无

7.1.1.7.2 **安全属性的管理**(FMT_MSA)

7.1.1.7.2.1 **安全属性的管理**(FMT_MSA.1)

允许授权用户(角色)管理规定的安全属性。

FMT_MSA.1.1 系统安全功能应执行网上访问控制策略及网上信息流控制策略，以限定系统管理员对安全属性进行修改默认值、查询、修改、删除操作的能力。

应用注释：系统的开发者应在与国家行政管理机构协商的基础上提供针对特定系统的详细的授权人员对系统安全属性的管理权限表。举例如表 8。

表 8 端到端安全保障技术要求中授权人员对系统安全属性的管理权限表举例

安全属性	系统管理员	系统安全员	系统审计员	系统操作员	投资者
投资者信息及账户	无	管理	无	维护	修改相关数据
审计参数	无	无	配置	无	无
连接属性	管理、配置	无	无	无	无
系统安全角色组	维护	管理	无	无	无
服务优先级	管理	无	无	无	无
访问控制列表	维护	管理	无	无	无

7.1.1.7.2.2 **安全属性确保系统安全**(FMT_MSA.2)

确保赋给安全属性的值使系统处于安全状态。

FMT_MSA.2.1 安全属性的值必须确保系统保密。

7.1.1.7.2.3 **静态属性初始化**(FMT_MSA.3)

确保安全属性中关于允许或限制规定的默认值是适当的。

FMT_MSA.3.1 系统应执行网上访问控制策略及网上信息流控制策略，以便为系统的安全属性提供限制的默认值。

FMT_MSA.3.2 系统应允许系统管理员为生成的客体或信息规定新的初始值以代替原来的默认值。

7.1.1.7.3 安全属性的到期(FMT_SAE)

7.1.1.7.3.1 时限授权(FMT_SAE.1)

支持授权用户安全属性的有效期。

FMT_SAE.1.1 系统应提供使系统管理员可规定系统安全属性有效期的能力。

FMT_SAE.1.2 对每个这样的安全属性,系统应能够在指定的安全属性过了有效期后采取规定的行动。

7.1.1.8 可信路径/通道(FTP)

7.1.1.8.1 系统间可信信道(FTP_ITC)

7.1.1.8.1.1 系统间可信信道(FTP_ITC.1)

FTP_ITC.1.1 系统应在它和一远程可信 IT 产品之间提供一条通信信道,它在逻辑上明显不同于其他通信信道,并提供其末点的标识及信道数据保护免遭被修改和泄露。

FTP_ITC.1.2 系统应允许系统内部各组件原发经可信信道的通信。

FTP_ITC.1.3 系统对交易数据原发经可信信道的通信。

FTP_ITC.1.4 整个信道应有同样的可信(如保密)等级,不得中途降低其可信(如保密)等级。

7.1.2 本地计算安全保障技术要求

7.1.2.1 用户数据保护(FDP)

为保护投资者的资金账户、股票账户、身份、交易指令等敏感信息,网上证券交易系统应具备以下功能。

7.1.2.1.1 访问控制策略(FDP_ACC)

7.1.2.1.1.1 子集访问控制(FDP_ACC.1)

FDP_ACC.1.1 网上证券交易系统安全功能(以下简称系统安全功能)将对安全功能策略所覆盖的主体、客体和他们之间的操作执行网上证券交易访问控制策略(以下简称网上访问控制策略)。

7.1.2.1.2 访问控制功能(FDP_ACF)

7.1.2.1.2.1 基于安全属性的访问控制(FDP_ACF.1)

FDP_ACF.1.1 系统安全功能将基于安全属性和确定的安全属性组,对已明确的客体执行网上访问控制策略。

FDP_ACF.1.2 系统安全功能将执行网上访问控制策略,决定受控的主体与客体间的操作是否被允许。

FDP_ACF.1.3 系统安全功能将执行网上访问控制策略,拒绝主体对客体的访问。

应用注释:当用户账号被锁定时,系统所指定的特定实体之外的所有实体(包括用户)都不能使用该账号。只有授权管理员才能解锁该账号(如表9)。

表9 本地计算安全保障技术要求中主体对客体采取的操作对照表举例

客体	主体				
	投资者	安全管理员	网上委托系统操作人员	柜台操作人员	……
投资者姓名	R,E				
投资者投资账号	R,E,De				
投资者投资账号密码					

表 9(续)

客体	主体				
	投资者	安全管理员	网上委托系统操作人员	柜台操作人员	……
投资者通信密码					
投资者股票持有信息					
投资者股票交易信息					
投资者公开密钥					
投资者私有密钥					
……	……	……	……	……	……
注：R——读；W——写；D——删；E——加密；De——解密。					

7.1.2.1.3 **数据鉴别**(FDP_DAU)

7.1.2.1.3.1 **伴有保证者身份的数据鉴别**(FDP_DAU.2)

系统安全功能应具有相应的能力，保证主体的真实身份，并承担信息真实性的责任(如，通过数字签名)，用来保证指定的数据单元的有效性，进而验证静态的信息没有被伪造或篡改。

FDP_DAU.2.1 系统安全功能将提供产生保证客体(详见 FDP_ACF.1)的有效性证据的能力。

FDP_DAU.2.2 系统安全功能将为投资者和券商提供验证网上证券交易有关数据和指令真实有效的证据和产生该证据的真实身份的能力。

7.1.2.1.4 **输出到安全功能控制之外**(FDP_ETC)

7.1.2.1.4.1 **没有安全属性的用户数据输出**(FDP_ETC.1)

FDP_ETC.1.1 在安全功能策略控制下输出用户数据到系统安全控制范围之外时，系统安全功能将执行网上访问控制策略和网上证券交易信息流控制策略(以下简称网上信息流控制策略，详见 FDP_IFC.2)

FDP_ETC.1.2 系统应输出不带有相关安全属性的用户数据。

7.1.2.1.4.2 **有安全属性的用户数据输出**(FDP_ETC.2)

FDP_ETC.2.1 在安全功能策略控制下输出用户数据到系统安全控制范围之外时，系统安全功能将执行网上访问控制策略和网上信息流控制策略。

FDP_ETC.2.2 系统安全功能输出用户数据到系统安全控制范围之外时，应带有与数据相关联的安全属性。

FDP_ETC.2.3 在安全属性输出到系统安全控制范围之外时，系统安全功能应确保其与输出的数据密切关联。

7.1.2.1.5 **信息流控制策略**(FDP_IFC)

7.1.2.1.5.1 **完全信息流控制**(FDP_IFC.2)

FDP_IFC.2.1 对已确定的主体、信息流及所有导致信息流入流出安全功能策略覆盖的主体的操作，系统安全功能应执行网上信息流控制策略。

FDP_IFC.2.2 系统安全功能应确保所有导致安全控制范围内的任何信息流入流出安全控制范围内的任何主体的操作被网上信息流控制策略所覆盖(如表 10)。

表 10　本地计算安全保障技术要求中的网上信息流控制策略举例

	允许	不允许
投资者到券商	合法的交易指令 未加密的行情查询指令	未经数字签名的交易指令 不符合格式要求的数据包
券商到投资者	经过加密和完整性保护的合法交易结果	未经加密和完整性保护的历史成交记录查询结果
……		

7.1.2.1.6　**信息流控制功能**(FDP_IFF)

7.1.2.1.6.1　**简单安全属性**(FDP_IFF.1)

FDP_IFF.1.1　系统安全功能应在主体和最小数目和类型的信息安全属性的基础上执行网上信息流控制策略。

FDP_IFF.1.2　对每一个操作,如果在主体和信息之间必须有基于安全属性的关系,系统安全功能应允许受控主体和受控信息之间存在经由受控操作的信息流。

FDP_IFF.1.5　系统安全功能应根据基于安全属性的规则,明确授权信息流。

FDP_IFF.1.6　系统安全功能应根据基于安全属性的规则,明确拒绝信息流。

7.1.2.1.6.2　**无非法信息流**(FDP_IFF.5)

FDP_IFF.5.1　系统安全功能应确保没有规避网上信息流控制策略的非法信息流存在。

7.1.2.1.7　**从安全功能控制之外输入**(FDP_ITC)

7.1.2.1.7.1　**有安全属性的用户数据输入**(FDP_ITC.2)

此功能要求安全属性能正确反映用户数据,并与从系统安全控制范围之外输入的数据正确无歧义地联系在一起。

FDP_ITC.2.1　在系统安全功能策略控制下,从系统安全控制范围之外输入用户数据时,应执行网上信息流控制策略。

FDP_ITC.2.2　系统安全功能应使用与输入的数据相关联的安全属性。

FDP_ITC.2.3　系统安全功能应确保使用的协议在安全属性和接收的用户数据之间提供明确的联系。

FDP_ITC.2.4　系统安全功能应确保对输入的用户数据的安全属性的解释与用户数据源的解释是一致的。

7.1.2.1.8　**残余信息保护**(FDP_RIP)

7.1.2.1.8.1　**子集残余信息保护**(FDP_RIP.1)

要求系统安全功能有能力确保,对于安全控制范围内的某个已定义的客体子集进行资源的配给或回收时,任何资源的任何剩余信息是不可用的,确保已经被删除的信息不再是可访问的。

FDP_RIP.1.1　系统安全功能应确保对客体(详见 FDP_ACC.1)分配或回收资源时,使指定资源的任何以前的信息不再是可用的。

7.1.2.1.9　**存储数据的完整性**(FDP_SDI)

7.1.2.1.9.1　**存储数据完整性监视和行动**(FDP_SDI.2)

FDP_SDI.2.1　系统安全功能应基于用户数据属性,监视存储在系统内部的用户数据是否出现完整性错误。

FDP_SDI.2.2　检测到完整性错误时,系统安全功能要采取相应的行动。

7.1.2.1.10　**安全功能间用户数据传送保密性保护**(FDP_UCT)

7.1.2.1.10.1　**基本数据交换保密性**(FDP_UCT.1)

FDP_UCT.1.1　系统安全功能应执行网上访问控制策略和网上信息流控制策略,能以防止未授

权泄露的方式传送和接收客体。

7.1.2.1.11 安全功能间用户数据传送完整性保护(FDP_UIT)

7.1.2.1.11.1 数据交换完整性(FDP_UIT.1)

此功能主要解决对被传输的用户数据的篡改、删除、插入和重用等的检测。

FDP_UIT.1.1 系统安全功能应执行网上信息流控制策略,能以避免出现篡改、删除、插入或重用等的方式传送和接收用户数据。

FDP_UIT.1.2 系统安全功能应能根据收到的用户数据判断,是否出现了篡改、删除、插入和重用。

7.1.2.2 标识和鉴别(FIA)

7.1.2.2.1 用户标识(FIA_UID)

7.1.2.2.1.1 用户标识(FIA_UID.1)

FIA_UID.1.1 系统应在用户被识别之前,允许代表用户实施关闭用户标识。

FIA_UID.1.2 系统允许任何代表用户启动安全功能之前,要求每个用户都被成功识别。

7.1.2.2.2 用户属性定义(FIA_ATD)

7.1.2.2.2.1 用户属性定义(FIA_ATD.1)

FIA_ATD.1.1 系统应为每一个用户保存属于他的安全属性表:用户权限及属性。

7.1.2.2.3 秘密的规范(FIA_SOS)

7.1.2.2.3.1 秘密的验证(FIA_SOS.1)

FIA_SOS.1.1 系统应提供一种机制以证明秘密(如口令字长度及字符集)满足规定的强度。

7.1.2.2.3.2 秘密的 TSF 生成(FIA_SOS.2)

FIA_SOS.2.1 系统应提供一种机制以产生满足规定的强度。

FIA_SOS.2.2 系统应能够为用户身份鉴别使用系统产生的秘密。

7.1.2.2.4 用户鉴别(FIA_UAU)

7.1.2.2.4.1 用户标识(FIA_UAU.1)

FIA_UAU.1.1 系统应在用户被鉴别之前允许代表用户请求系统证书。

FIA_UAU.1.2 系统在允许任何代表用户启动安全功能之前,要求每个用户都被成功鉴别。

7.1.2.2.4.2 不可伪造的鉴别(FIA_UAU.3)

FIA_UAU.3.1 系统应检测任何用户伪造的和正在系统中使用的鉴别数据。

FIA_UAU.3.2 系统应检测从任何其他用户复制的和正在系统中使用的鉴别数据。

7.1.2.2.4.3 多重鉴别机制(FIA_UAU.5)

FIA_UAU.5.1 系统应提供口令、证书机制以支持用户鉴别。

FIA_UAU.5.2 系统应根据口令、证书鉴别任何用户所声称的身份。

7.1.2.2.4.4 重鉴别(FIA_UAU.6)

FIA_UAU.6.1 系统应在下列条件下重新鉴别用户:交易请求失败后,及其他重鉴别条件。

7.1.2.2.4.5 受保护的鉴别反馈(FIA_UAU.7)

FIA_UAU.7.1 当鉴别在进行时,系统应仅仅将鉴别是否成功反馈给用户。

7.1.2.2.5 鉴别失败(FIA_AFL)

7.1.2.2.5.1 鉴别失败处理(FIA_AFL.1)

FIA_AFL.1.1 系统应检测何时与交易申请鉴别相关的不成功鉴别尝试达到门限值。

FIA_AFL.1.2 当达到或超过定义了的不成功鉴别尝试的次数时,系统将拒绝交易并记录。

7.1.2.2.6 用户—主体绑定(FIA_USB)

7.1.2.2.6.1 用户—主体绑定(FIA_USB.1)

FIA_USB.1.1 系统将把合适的用户安全属性关联到代表用户活动的主体上。

7.1.2.3 **抗抵赖**(FCO)

7.1.2.3.1 **原发抗抵赖**(FCO_NRO)

7.1.2.3.1.1 **强制原发证明**(FCO_NRO.2)

FCO_NRO.2.1 系统在任何时候都将对交易数据强制产生原发证据。

FCO_NRO.2.2 系统应能将信息原发者的身份与适用于证据的信息数字签名和证书相关联。

FCO_NRO.2.3 系统应能为给定证书、数字签名的接收者、相关检查部门提供验证信息原发证据的能力。

7.1.2.3.2 **接收抗抵赖**(FCO_NRR)

7.1.2.3.2.1 **强制接收证明**(FCO_NRR.2)

FCO_NRR.2.1 系统对收到的交易数据强制产生接收证据。

FCO_NRR.2.2 系统应能将信息收信者的身份与适用于证据的信息数字签名和证书相关联。

FCO_NRR.2.3 系统应能为给定数字签名、证书接收者、相关检查部门提供验证接收证据的能力。

7.1.2.4 **密码支持**(FCS)

系统可以利用密码功能来满足一些高级安全目的。这些功能包括:标识与鉴别,抗抵赖,可信信道和数据分离等。可用硬件、固件和/或软件来实现,在系统执行密码功能时使用。密码支持要求包括对密钥管理和密码运算方面的要求。

7.1.2.4.1 **密钥管理**(FCS_CKM)

密钥在其整个生存期内都必须进行管理。本条定义了以下几种管理功能:密钥产生、密钥分配、密钥访问和密钥销毁。如使用 PKI 体系,用于加密的密钥对和加密证书与用于签名的密钥对和签名证书应分开,不得使用同一密钥对和证书进行签名和加密。

7.1.2.4.1.1 **密钥产生**(FCS_CKM.1)

密钥产生功能要求以基于某个指定标准的特定的算法和密钥长度来产生密钥。

FCS_CKM.1.1 系统将以符合标准要求的特定密钥产生算法和密钥长度来产生密钥。

应用注释:对称密钥产生器所产生的密钥应使每个密钥产生的概率独立等概,并通过最长连长、“0”“1”概率分布、扑克检验和连长检验等随机性检验。公开密钥产生器应证明产生的素数确为素数,且每个素数独立等概。

7.1.2.4.1.2 **密钥分配**(FCS_CKM.2)

密钥分配功能要求以基于某个指定标准的特定的分配方法来分配密钥。

FCS_CKM.2.1 系统可采用公钥体制的密钥分配方法来分配密钥。

7.1.2.4.1.3 **密钥访问**(FCS_CKM.3)

密钥访问功能要求根据基于某个指定标准的特定的访问方法来访问密钥。

FCS_CKM.3.1 系统应规定密钥访问规则,并依此来控制对密钥的访问。

7.1.2.4.1.4 **密钥销毁**(FCS_CKM.4)

密钥销毁功能要求以基于某个指定标准的特定的销毁方法来销毁密钥。

FCS_CKM.4.1 系统应根据符合标准的密钥管理规范中特定的密钥销毁方法来销毁密钥。

7.1.2.4.2 **密码运算**(FCS_COP)

7.1.2.4.2.1 **密码运算**(FCS_COP.1)

为了保证密码运算的功能正确,必须按照特定的算法和一定长度的密钥来运算。密码运算包括:数据加密和/或解密、数字签名产生和/或验证、针对完整性的密码校验和产生和/或检验、保密散列(信息摘要)、密钥加密和/或解密,以及密钥协商等。

FCS_COP.1.1 系统将以符合规定标准要求的特定密钥产生算法和密钥长度来执行特定密码运算。

7.1.2.5 **安全功能保护**(FPT)

7.1.2.5.1 **抽象机测试**(FPT_AMT)

7.1.2.5.1.1 **抽象机测试**(FPT_AMT.1)

抽象机测试提供了对根本的抽象机的测试。

FPT _AMT.1.1 网上证券交易系统应在初始化启动期间或定期运行一套测试,来验证由安全功能基于的抽象机所提供的安全假设都正确执行了。

7.1.2.5.2 **失败保护**(FPT_FLS)

7.1.2.5.2.1 **带维持安全状态的失败**(FPT_FLS.1)

当确定的失败出现时,要求网上证券交易系统维持一种安全状态。

FPT_FLS.1.1 网上证券交易系统在发生鉴别和通信失败时应维持一种安全状态。

7.1.2.5.3 **安全功能数据输出的保密性**(FPT_ITC)

7.1.2.5.3.1 **传输过程中安全功能间的保密性**(FPT_ITC.1)

要求系统安全功能确保安全功能数据在系统与远程可信 IT 产品间的传输不被泄露。

FPT_ITC.1.1 网上证券交易系统应保护所有的安全功能数据从系统到远程可信 IT 产品的传输过程中不被未经授权的泄密。

7.1.2.5.4 **安全功能数据输出的完整性**(FPT_ITI)

7.1.2.5.4.1 **安全功能间的修改检测**(FPT_ITI.1)

提供在远程可信 IT 被产品知道所使用的机制的假设下,检测安全功能数据在系统与远程可信 IT 产品传输过程中修改的能力。

FPT_ITI.1.1 网上证券交易系统应能够检测系统与远程可信 IT 产品间传输的所有安全功能数据的修改。

FPT_ITI.1.2 应验证在系统与远程可信 IT 产品间传输的所有安全功能数据的完整性,如果检测到数据修改时应及时通知数据的拥有者。

7.1.2.5.5 **系统内部安全功能数据传输**(FPT_ITT)

7.1.2.5.5.1 **系统内部安全功能数据传输的基本保护**(FPT_ITT.1)

要求对网上证券交易系统的分离部分间传输的安全功能数据进行保护。

FPT_ITT.1.1 在网上证券交易系统的各个部分间传输安全功能数据时,应保护其不被泄漏。

7.1.2.5.6 **可信恢复**(FPT_RCV)

7.1.2.5.6.1 **手工恢复**(FPT_RCV.1)

容许网上证券交易系统只提供人工干预以返回安全状态的机制。

FPT_RCV.1.1 发生故障或服务中断后,系统安全功能应进入维护方式,该方式提供将系统返回到一个安全状态的能力。

7.1.2.5.7 **重放检测**(FPT_RPL)

7.1.2.5.7.1 **重放检测**(FPT_RPL.1)

要求网上证券交易系统能够检测出鉴别数据和交易委托数据的重放。

FPT_RPL.1.1 网上证券交易系统应能检测鉴别数据和交易委托数据的重放。

FPT_RPL.1.2 检测到重放时,系统应及时通知系统管理员。

7.1.2.5.8 **参照仲裁**(FPT_RVM)

7.1.2.5.8.1 **安全策略的不可旁路性**(FPT_RVM.1)

要求安全功能控制范围内的每一项功能都不可旁路。

FPT_RVM.1.1 应确保继续执行在安全功能控制范围内的每一项功能前,安全策略的强制执行功能都已成功激活。

7.1.2.5.9 **安全功能域分离**(FPT_SEP)

7.1.2.5.9.1 **安全功能域分离**(FPT_SEP.1)

为安全功能提供不同的保护域,并在安全功能控制范围内客体分离之间提供。

FPT_SEP.1.1 安全功能应为自身的执行维护一个安全域,防止不可信主体的干扰和篡改。

FPT_SEP.1.2 安全功能应在其控制范围内主体的安全域之间强行分离。

7.1.2.5.10 **状态同步协议**(FPT_SSP)

7.1.2.5.10.1 **相互的可信回执**(FPT_SSP.2)

本组件要求对交换安全功能数据相互回执。

FPT_SSP.2.1 当网上证券交易系统的一部分发出需要回执请求时,与其通信的另一部分应在接收到未经修改的安全功能数据时给予回执。

FPT_SSP.2.2 系统安全功能应通过使用回执,来确保系统管理部分知道在各部分间所传输的安全功能数据都处于正确状态。

7.1.2.5.11 **时间戳**(FPT_STM)

7.1.2.5.11.1 **可靠的时间戳**(FPT_STM.1)

本组件要求系统安全功能为自身提供可靠的时间戳。

FPT_STM.1.1 网上证券交易系统的安全功能应能为自身的应用提供可靠的时间戳。

7.1.2.5.12 **系统安全功能间安全功能数据的一致性**(FPT_TDC)

7.1.2.5.12.1 **系统安全功能间基本安全功能数据的一致性**(FPT_TDC.1)

本组件要求网上证券交易系统提供确保安全功能间属性的一致性的能力。

FPT_TDC.1.1 当网上证券交易系统与别的可信IT产品共享安全功能数据时,系统应能够判断所有安全功能数据的一致性。

FPT_TDC.1.2 当判断来自别的可信IT产品的安全功能数据时,系统应使用预先大家所协定的一组规则。

7.1.2.5.13 **安全功能自检**(FPT_TST)

7.1.2.5.13.1 **安全功能测试**(FPT_TST.1)

本组件提供对系统安全功能正确操作的测试能力。这些测试可在启动时进行,或周期性地进行,或当授权用户要求时或满足别的条件时进行。同时也提供对安全功能数据及可执行码的完整性的验证能力。

FPT_TST.1.1 系统安全功能在每次启动时或定期运行一套自检以验证安全功能的正确操作。

FPT_TST.1.2 系统安全功能为授权用户提供了验证安全功能数据完整性的能力。

FPT_TST.1.3 系统安全功能为授权用户提供了验证所存储的安全功能可执行码完整性的能力。

7.1.2.6 **系统访问**(FTA)

7.1.2.6.1 **多重并发会话限定**(FTA_MCS)

7.1.2.6.1.1 **多重并发会话的基本限定**(FTA_MCS.1)

提供适用于系统内所有用户的限制。

FTA_MCS.1.1 系统应限定并发会话的最大数目。

FTA_MCS.1.2 系统应利用缺省值执行最高并发会话次数的限定。

系统开发者应提供最大会话次数的具体数值。

7.1.2.6.2 **系统访问历史**(FTA_TAH)

7.1.2.6.2.1 **系统访问历史**(FTA_TAH.1)

提供系统显示与先前建立的会话相关的信息的要求。

FTA_TAH.1.1 在会话成功建立的基础上,系统应显示用户上一次成功的会话建立的日期、时间、方法。

FTA_TAH.1.2　在会话成功建立的基础上，系统应显示用户的上一次不成功的会话建立的尝试的日期、时间、方法、位置和从上一次成功的会话建立以来的不成功的尝试的次数。

FTA_TAH.1.3　系统在没有给用户回顾访问历史信息的机会的情况下是不能从用户界面上抹去该信息的。

7.1.2.7　安全审计(FAU)

安全审计包括产生、记录、存储和分析那些与安全相关活动有关的信息。审计记录结果可用来检测、判断发生了哪些安全相关活动以及这些活动是由哪个用户负责的。

7.1.2.7.1　安全审计自动响应(FAU_ARP)

7.1.2.7.1.1　安全警告(FAU_ARP.1)

安全警告功能描述了当检测到可能的安全侵害时，系统将采取的行动，包括报警或系统自动响应。

FAU_ARP.1.1　当检测到潜在的安全侵害时，系统将通知授权管理员，使产生潜在安全侵害的主体失效，或采取其他由授权管理员确定的行动。

例如，系统安全功能能够生成实时报警、终止违例进程、取消服务、或断开用户账号以及使用户账号失效等。

应用注释：如果一个审计事件由 FAU_SAA 组件指出，那么这个事件将被定义为是“潜在的安全侵害事件”。

7.1.2.7.2　安全审计数据产生(FAU_GEN)

本节要求发生安全相关事件时应记录其出现，列举出网上证券系统可审计的事件类型，以及应在各审计记录内提供的审计相关信息的最小集合。

7.1.2.7.2.1　审计数据产生(FAU_GEN.1)

网上证券系统的审计数据产生功能只产生最小级审计事件记录，并规定进行每项记录的数据表。

FAU_GEN.1.1　系统应能为下述可审计事件产生审计记录：

a)　审计功能的启动和关闭；

b)　所有最小级的可审计事件；

c)　其他专门定义的可审计事件由证券公司自行定义。

FAU_GEN.1.2 系统将在每个审计记录中至少记录如下信息：

a)　事件的日期和时间，事件类型，主体身份，事件的结果(成功或失败)；

b)　最小级可审计事件类型见表11；

c)　专门定义的可审计事件清单由开发者列于表11的第四栏。

表11　本地计算安全保障技术要求的可审计安全事件类型

组件标识	审计级别	可审计事件	专门定义的审计事件
FAU_ARP.1	最小级	当即将发生安全侵害时采取的行动。	
FAU_SAA.1	最小级	开启和关闭任何分析机制。 由工具完成的自动响应。	
FCO_NRO.2	最小级	调用抗抵赖服务。	
FCO_NRR.2	最小级	调用抗抵赖服务。	
FDP_ACF.1	最小级	成功的请求对某个被安全功能策略覆盖的客体上执行某操作。	
FDP_DAU.2	最小级	成功的产生有效证据。	
FDP_ETC.1	最小级	成功的信息输出。	

表 11(续)

组件标识	审计级别	可审计事件	专门定义的审计事件
FDP_ETC.2	最小级	成功的信息输出。	
FDP_IFF.1	最小级	判定允许请求的信息流。	
FDP_IFF.5	最小级	判定允许请求的信息流。	
FDP_ITC.2	最小级	成功输入用户数据,包括任何安全属性。	
FDP_SDI.2	最小级	成功尝试检测用户数据的完整性,包括指示检测结果。	
FDP_UCT.1	最小级	使用数据交换机制的任何用户或主体的身份。	
FDP_UIT.1	最小级	使用数据交换机制的任何用户或主体的身份。	
FIA_AFL.1	最小级	获取失败鉴别的阈值和采取的动作(如,使终端无效),及随后,还原到正常状态(如,重新使终端有效)。	
FIA_SOS.1	最小级	安全功能拒绝任何测试的秘密。	
FIA_SOS.2	最小级	安全功能拒绝任何测试的秘密。	
FIA_UAU.1	最小级	使用鉴别机制失败。	
FIA_UAU.3	最小级	检测欺骗性的鉴别数据。	
FIA_UAU.5	最小级	鉴别的最后判定。	
FIA_UAU.6	最小级	重鉴别失败。	
FIA_UID.1	最小级	使用用户标识机制失败,包括提供的用户身份。	
FIA_USB.1	最小级	绑定用户安全属性到一个主体失败(如,产生一个主体)。	
FMT_MOF.1	最小级	系统安全功能的所有改动。	
FMT_MSA.2	最小级	对某安全属性,所有提供的和被拒绝的值。	
FMT_SMR.1	最小级	对角色一部分的用户组的改动。	
FMT_SMR.3	最小级	明确请求担任某角色。	
FPT_ITI.1	最小级	检测传输的安全功能数据的修改。	
FPT_RCV.1	最小级	出现失败或服务中断。 恢复正常运行。	
FPT_SSP.2	最小级	接收期待的回执时,发生失败。	
FPT_STM.1	最小级	时间的变动。	
FPT_TDC.1	最小级	成功使用安全功能数据一致性机制。	
FRU_FLT.1	最小级	安全功能检测出的任何故障。	
FRU_RSA.1	最小级	因资源的限制对分配操作的拒绝。	
FTA_MCS.1	最小级	基于多重并发会话限定对新会话的拒绝。	
FTP_ITC.1	最小级	可信信道功能故障。 失败的可信信道功能的原发者及目标的标识。	

7.1.2.7.2.2 **用户身份关联**(FAU_GEN.2)

该功能解决可审计事件追溯到单个用户身份上的要求。

FAU_GEN.2.1 系统能将每个可审计事件与引起该事件的用户身份相关联。

7.1.2.7.3 **安全审计分析**(FAU_SAA)

7.1.2.7.3.1 **潜在侵害分析**(FAU_SAA.1)

本功能提出为寻找可能的或真正的安全侵害,用来分析系统活动和审计数据的自动化措施的要求,这种分析可用于支持入侵检测。潜在侵害分析需要基于一个固定规则集的基本门限检测。

FAU_SAA.1.1 系统应有能力用一系列规则去监测审计事件,并依据这些规则指出对安全策略的潜在侵害。

FAU_SAA.1.2 系统用下列规则来监视审计事件:

a) 根据已知的由可审计安全事件积累或组合对应的安全攻击模式。

注:由于系统使用商用操作系统,建议使用入侵检测安全产品。

7.1.2.7.4 **安全审计查阅**(FAU_SAR)

7.1.2.7.4.1 **审计查阅**(FAU_SAR.1)

审计查阅功能提供从审计记录中读取信息的能力。

FAU_SAR.1.1 系统将提供具有查阅审计数据功能的工具,以读取审计记录。

FAU_SAR.1.2 系统将规定准许指定用户按表12的形式建立规则查阅某些审计记录。

表12 本地计算安全保障技术要求的可查阅审计记录

用户	可查阅的审计记录
系统审计员	所有对于安全功能的审计记录
系统安全员	所有对于安全功能的审计记录
系统管理员	所有对于系统功能的审计记录

7.1.2.7.4.2 **有限审计查阅**(FAU_SAR.2)

有限审计查阅功能要求除在FAU_SAR.1中确定的用户外,其他用户不能读取信息。

FAU_SAR.2.1 除具有明确读访问权限的用户外,系统将禁止所有用户对审计记录的读访问。

7.1.2.7.5 **安全审计事件存储**(FAU_STG)

本条提出创建并维护安全的审计踪迹的要求。

7.1.2.7.5.1 **确保审计数据可用性**(FAU_STG.2)

确保审计数据可用性功能要求审计踪迹应避免未授权的删除和/或修改,并确保在意外情况出现时审计数据的可用性。

FAU_STG.2.1 系统将保护已储存的审计记录,以避免未授权的删除。

FAU_STG.2.2 系统应能防止对审计记录的修改。

FAU_STG.2.3 当发生审计存储已满、失败或攻击情况时,系统应确保审计记录在一定记录数之内或确定的维护时间范围内不被破坏,这一度量准则由国家行政管理机构统一确定或由证券公司根据需要自行决定。

7.1.2.7.5.2 **防止审计数据丢失**(FAU_STG.4)

防止审计数据丢失功能要求规定当审计踪迹溢满时所采取的行动。

FAU_STG.4.1 如果审计踪迹已满,系统将阻止除由系统审计员产生的以外的所有可审计事件。

7.1.2.8 **安全管理**(FMT)

7.1.2.8.1 **系统中功能的管理**(FMT_MOF)

7.1.2.8.1.1 **安全功能行为的管理**(FMT_MOF.1)

允许授权用户管理系统安全功能。

FMT_MOF.1.1 系统应限定授权用户对是否使用、修改下列安全功能进行决定的能力(如表13)。

表 13 本地计算安全保障技术要求中安全角色对系统安全功能行为的管理权限

类型	安全功能	系统管理员	系统安全员	系统审计员	系统操作员	投资者
审计	审计参数	无	无	配置	备份	无
	审计失败时进行相应操作	维护	无	管理	无	无
	审计项目的更改	无	无	管理	无	无
识别和鉴别	用户账号、角色、属性	无	管理	无	维护	无
	鉴别数据的管理	无	管理	无	无	管理关联数据
	鉴别机制和规则	无	管理	无	无	无
	用户被鉴别前可采取的动作表	无	管理	无	无	无
	对失败的鉴别尝试的阈值及所要采取的动作的管理	无	管理	无	无	无
密码支持	密钥属性的管理	无	管理	无	无	无
	对用于验证及产生秘密的量度的管理	无	管理	无	无	无
安全管理	维护系统中的角色组	维护	管理	无	无	无
	对改变信息类型、域、原发者属性和证据接收者的管理	维护	管理	无	无	无
	定义默认的主体安全属性	无	管理	无	无	无
	为用户组、用户和主体规定某资源的最大使用限度	管理	无	无	无	无
安全功能的保护	管理数据备份参数	管理	无	无	启动	无
	管理需要可信信道的活动	无	管理	无	无	无
	时间戳	无	管理	无	无	无
	管理支持有效期的安全属性表及过期将采取的动作	无	管理	无	无	无
	多重并发会话的基本限定	无	管理	无	无	无
	管理用于作出访问或拒绝访问决策的属性	无	管理	无	无	无
	选择何时执行剩余信息保护即配给或索回	无	管理	无	无	无
	配置检测到完整性错误时所要采取的动作	无	管理	无	无	无
	抽象机测试产生的条件及时间间隔的管理	无	管理	无	无	无
	要防止的修改类型的管理	无	管理	无	无	无
	用于输入的附加控制规则	无	管理	无	无	无
	不同部分间数据传输保护机制的管理	无	管理	无	无	无
	可检测出其重放的确定实体列表及须采取的行动列表的管理	无	管理	无	无	无

7.1.2.8.2 安全属性的管理(FMT_MSA)

7.1.2.8.2.1 安全属性的管理(FMT_MSA.1)

允许授权用户(角色)管理规定的安全属性。

FMT_MSA.1.1 系统安全功能应执行网上访问控制策略及网上信息流控制策略,以限定系统管理员对安全属性进行修改默认值、查询、修改、删除操作的能力。

应用注释:系统的开发者应在与国家行政管理机构协商的基础上提供针对特定系统的详细的授权人员对系统安全属性的管理权限表。举例如表14。

表 14 本地计算安全保障技术要求中授权人员对系统安全属性的管理权限表举例

安全属性	系统管理员	系统安全员	系统审计员	系统操作员	投资者
投资者信息及账户	无	管理	无	维护	修改相关数据
审计参数	无	无	配置	无	无
连接属性	管理、配置	无	无	无	无
系统安全角色组	维护	管理	无	无	无
服务优先级	管理	无	无	无	无
访问控制列表	维护	管理	无	无	无

7.1.2.8.2.2 安全属性确保系统安全(FMT_MSA.2)

确保赋给安全属性的值使系统处于安全状态。

FMT_MSA.2.1 安全属性的值必须确保系统保密。

7.1.2.8.2.3 静态属性初始化(FMT_MSA.3)

确保安全属性中关于允许或限制规定的默认值是适当的。

FMT_MSA.3.1 系统应执行网上访问控制策略及网上信息流控制策略,以便为系统的安全属性提供限制的默认值。

FMT_MSA.3.2 系统应允许系统管理员为生成的客体或信息规定新的初始值以代替原来的默认值。

7.1.2.8.3 系统数据的管理(FMT_MTD)

7.1.2.8.3.1 安全功能数据的管理(FMT_MTD.1)

允许授权用户管理系统安全数据。

FMT_MTD.1.1 安全功能应限定授权用户对下列系统数据进行改变默认值、查询、修改、删除、清空等操作的权力。

应用注释:系统开发者应在与国家行政管理机构协商的基础上给出系统安全角色对系统安全数据的操作权限表。举例如表15。

表 15 本地计算安全保障技术要求中系统安全角色对系统安全数据的操作权限举例

	系统管理员	系统安全员	系统审计员	系统操作员	投资者
系统配置	改变默认值、修改	无	无	备份、恢复	无
审计数据	无	无	配置、查看、删除	备份、恢复	无
系统参数	创建、修改	无	无	备份、恢复	无
控制审计存储能力的参数	参数设置、维护	无	无	无	无
鉴别数据及其参数	无	管理	无	维护	本账户关联数据的修改
用户信息及账号	创建	管理	无	维护	本账户关联数据的修改

7.1.2.8.4 **安全属性的到期**(FMT_SAE)

7.1.2.8.4.1 **时限授权**(FMT_SAE.1)

支持授权用户安全属性的有效期。

FMT_SAE.1.1 系统应提供使系统管理员可规定系统安全属性有效期的能力。

FMT_SAE.1.2 对每个这样的安全属性,系统应能够在指定的安全属性过了有效期后采取规定的行动。

7.1.2.8.5 **安全管理角色**(FMT_SMR)

7.1.2.8.5.1 **安全角色**(FMT_SMR.1)

规定系统认可的安全功能相关的角色。为了保证网上证券交易系统的安全,将系统的安全功能分配给不同的角色执行。下面给出了本标准中安全管理所使用角色的定义。实际系统中,不一定使用所有这些角色,但必须实现对安全角色的区分。为保证网上证券交易系统的安全,不可将系统管理员、系统审计员和系统维护员的职责分配给同一人担任。

系统角色定义如下:

系统管理员:授权对系统进行建立、配置、维护;对用户账号进行创建、维护的人员。

系统安全员:管理系统安全相关功能的人员。

系统审计员:授权进行审计日志查看与维护的人员。

系统操作员:系统日常操作工作的人员,负责授权进行系统日常维护及备份与恢复的人员。

投资者:网上交易的使用者。

FMT_SMR.1.1 系统应维护系统管理员和系统审计员。

FMT_SMR.1.2 系统应能够把用户和角色关联起来。

7.1.2.8.5.2 **担任角色**(FMT_SMR.3)

要求向系统明确请求担任某个角色。

FMT_SMR.3.1 系统应要求担任系统管理员和系统审计员的人员须正式明确请求。

7.1.2.9 **可信路径/通道**(FTP)

7.1.2.9.1 **系统间可信信道**(FTP_ITC)

7.1.2.9.1.1 **系统间可信信道**(FTP_ITC.1)

FTP_ITC.1.1 系统应在它和一远程可信 IT 产品之间提供一条通信信道,它在逻辑上明显不同于其他通信信道,并提供其末点的标识及信道数据保护免遭被修改和泄露。

FTP_ITC.1.2 系统应允许系统内部各组件原发经可信信道的通信。

FTP_ITC.1.3 系统对交易数据原发经可信信道的通信。

FTP_ITC.1.4 整个信道应有同样的可信(如保密)等级,不得中途降低其可信(如保密)等级。

7.1.2.10 **资源利用**(FRU)

7.1.2.10.1 **容错**(FRU_FLT)

7.1.2.10.1.1 **降低容错**(FRU_FLT.1)

FRU_FLT.1.1 系统应确保当互联网故障发生时,不会导致错误交易。

FRU_FLT.1.1 当系统采用多台服务器作热备份时,服务器的身份应采用较高的识别和鉴别机制互相鉴别身份。

7.1.2.10.2 **资源分配**(FRU_RSA)

7.1.2.10.2.1 **最高配额**(FRU_RSA.1)

FRU_RSA.1.1 系统应定义以下资源:交易和行情系统的用户数量的最高配额,这些资源是定义的用户能同时使用的。

7.1.3 **系统的边界安全保障技术要求**

7.1.3.1 **用户数据保护**(FDP)

7.1.3.1.1 访问控制策略(FDP_ACC)

7.1.3.1.1.1 子集访问控制(FDP_ACC.1)

FDP_ACC.1.1 网上证券交易系统安全功能(以下简称系统安全功能)将对安全功能策略所覆盖的主体、客体和它们之间的操作执行网上证券交易访问控制策略(以下简称网上访问控制策略)。

7.1.3.1.2 访问控制功能(FDP_ACF)

7.1.3.1.2.1 基于安全属性的访问控制(FDP_ACF.1)

FDP_ACF.1.1 系统安全功能将基于安全属性和确定的安全属性组,对已明确的客体执行网上访问控制策略。

FDP_ACF.1.2 系统安全功能将执行网上访问控制策略,决定受控的主体与客体间的操作是否被允许。

FDP_ACF.1.3 系统安全功能将执行网上访问控制策略,拒绝主体对客体的访问。

应用注释:当用户账号被锁定时,系统所指定的特定实体之外的所有实体(包括用户)都不能使用该账号。只有授权管理员才能解锁该账号(如表16)。

表16 系统边界安全保障技术要求中主体对客体采取的操作对照表举例

客体	主体				
	投资者	安全管理员	网上委托系统操作人员	柜台操作人员	……
投资者姓名	R,E				
投资者投资账号	R,E,De				
投资者投资账号密码					
投资者通信密码					
投资者股票持有信息					
投资者股票交易信息					
投资者公开密钥					
投资者私有密钥					
……	……	……	……	……	……
注:R——读;W——写;D——删;E——加密;De——解密。					

7.1.3.1.3 输出到安全功能控制之外(FDP_ETC)

7.1.3.1.3.1 没有安全属性的用户数据输出(FDP_ETC.1)

FDP_ETC.1.1 在安全功能策略控制下输出用户数据到系统安全控制范围之外时,系统安全功能将执行网上访问控制策略和网上证券交易信息流控制策略(以下简称网上信息流控制策略,详见FDP_IFC.2)。

FDP_ETC.1.2 系统应输出不带有相关安全属性的用户数据。

7.1.3.1.3.2 有安全属性的用户数据输出(FDP_ETC.2)

FDP_ETC.2.1 在安全功能策略控制下输出用户数据到系统安全控制范围之外时,系统安全功能将执行网上访问控制策略和网上信息流控制策略。

FDP_ETC.2.2 系统安全功能输出用户数据到系统安全控制范围之外时,应带有与数据相关联的安全属性。

FDP_ETC.2.3 在安全属性输出到系统安全控制范围之外时,系统安全功能应确保其与输出的数据密切关联。

7.1.3.1.4 信息流控制策略(FDP_IFC)

7.1.3.1.4.1 完全信息流控制(FDP_IFC.2)

FDP_IFC.2.1 对已确定的主体、信息流及所有导致信息流入流出安全功能策略覆盖的主体的操作,系统安全功能应执行网上信息流控制策略。

FDP_IFC.2.2 系统安全功能应确保所有导致安全控制范围内的任何信息流入流出安全控制范围内的任何主体的操作被网上信息流控制策略所覆盖(如表17)。

表17 系统边界安全保障技术要求的网上信息流控制策略举例

	允许	不允许
投资者到券商	合法的交易指令 未加密的行情查询指令	未经数字签名的交易指令 不符合格式要求的数据包
券商到投资者	经过加密和完整性保护的合法交易结果	未经加密和完整性保护的历史成交记录查询结果
……		

7.1.3.1.5 信息流控制功能(FDP_IFF)

7.1.3.1.5.1 简单安全属性(FDP_IFF.1)

FDP_IFF.1.1 系统安全功能应在主体和最小数目和类型的信息安全属性的基础上执行网上信息流控制策略。

FDP_IFF.1.2 对每一个操作,如果在主体和信息之间必须有基于安全属性的关系,系统安全功能应允许受控主体和受控信息之间存在经由受控操作的信息流。

FDP_IFF.1.5 系统安全功能应根据基于安全属性的规则,明确授权信息流。

FDP_IFF.1.6 系统安全功能应根据基于安全属性的规则,明确拒绝信息流。

7.1.3.1.5.2 无非法信息流(FDP_IFF.5)

FDP_IFF.5.1 系统安全功能应确保没有规避网上信息流控制策略的非法信息流存在。

7.1.3.1.6 从安全功能控制之外输入(FDP_ITC)

7.1.3.1.6.1 有安全属性的用户数据输入(FDP_ITC.2)

此功能要求安全属性能正确反映用户数据,并与从系统安全控制范围之外输入的数据正确无歧义地联系在一起。

FDP_ITC.2.1 在系统安全功能策略控制下,从系统安全控制范围之外输入用户数据时,应执行网上信息流控制策略。

FDP_ITC.2.2 系统安全功能应使用与输入的数据相关联的安全属性。

FDP_ITC.2.3 系统安全功能应确保使用的协议在安全属性和接收的用户数据之间提供明确的联系。

FDP_ITC.2.4 系统安全功能应确保对输入的用户数据的安全属性的解释与用户数据源的解释是一致的。

7.1.3.1.7 存储数据的完整性(FDP_SDI)

7.1.3.1.7.1 存储数据完整性监视和行动(FDP_SDI.2)

FDP_SDI.2.1 系统安全功能应基于用户数据属性,监视存储在系统内部的用户数据是否出现完整性错误。

FDP_SDI.2.1 检测到完整性错误时,系统安全功能应要采取相应的行动。

7.1.3.1.8 安全功能间用户数据传送保密性保护(FDP_UCT)

7.1.3.1.8.1 基本数据交换保密性(FDP_UCT.1)

FDP_UCT.1.1 系统安全功能应执行网上访问控制策略和网上信息流控制策略,能以防止未授

权泄露的方式传送和接收客体。

7.1.3.1.9　安全功能间用户数据传送完整性保护(FDP_UIT)

7.1.3.1.9.1　数据交换完整性(FDP_UIT.1)

此功能主要解决对被传输的用户数据的篡改、删除、插入和重用等的检测。

FDP_UIT.1.1　系统安全功能应执行网上信息流控制策略，能以避免出现篡改、删除、插入或重用等的方式传送和接收用户数据。

FDP_UIT.1.2　系统安全功能应能根据收到的用户数据判断，是否出现了篡改、删除、插入和重用。

7.1.3.2　安全功能保护(FPT)

7.1.3.2.1　安全功能数据输出的保密性(FPT_ITC)

7.1.3.2.1.1　传输过程中安全功能间的保密性(FPT_ITC.1)

要求系统安全功能确保安全功能数据在系统与远程可信IT产品间的传输不被泄露。

FPT_ITC.1.1　网上证券交易系统应保护所有的安全功能数据从系统到远程可信IT产品的传输过程中不被未经授权的泄密。

7.1.3.2.2　安全功能数据输出的完整性(FPT_ITI)

7.1.3.2.2.1　安全功能间的修改检测(FPT_ITI.1)

提供在远程可信IT被产品知道所使用的机制的假设下，检测安全功能数据在系统与远程可信IT产品传输过程中修改的能力。

FPT_ITI.1.1　网上证券交易系统应能够检测系统与远程可信IT产品间传输的所有安全功能数据的修改。

FPT_ITI.1.2　应验证在系统与远程可信IT产品间传输的所有安全功能数据的完整性，如果检测到数据修改时应及时通知数据的拥有者。

7.1.3.2.3　系统内部安全功能数据传输(FPT_ITT)

7.1.3.2.3.1　系统内部安全功能数据传输的基本保护(FPT_ITT.1)

要求对网上证券交易系统的分离部分间传输的安全功能数据进行保护。

FPT_ITT.1.1　在网上证券交易系统的各个部分间传输安全功能数据时，应保护其不被泄漏。

7.1.3.2.4　重放检测(FPT_RPL)

7.1.3.2.4.1　重放检测(FPT_RPL.1)

要求网上证券交易系统能够检测出鉴别数据和交易委托数据的重放。

FPT_RPL.1.1　网上证券交易系统应能检测鉴别数据和交易委托数据的重放。

FPT_RPL.1.2　检测到重放时，系统应及时通知系统管理员。

7.1.3.2.5　参照仲裁(FPT_RVM)

7.1.3.2.5.1　安全策略的不可旁路性(FPT_RVM.1)

要求安全功能控制范围内的每一项功能都不可旁路。

FPT_RVM.1.1　应确保继续执行在安全功能控制范围内的每一项功能前，安全策略的强制执行功能都已成功激活。

7.1.3.2.6　安全功能域分离(FPT_SEP)

7.1.3.2.6.1　安全功能域分离(FPT_SEP.1)

为安全功能提供不同的保护域，并在安全功能控制范围内客体分离之间提供。

FPT_SEP.1.1　安全功能应为自身的执行维护一个安全域，防止不可信主体的干扰和篡改。

FPT_SEP.1.2　安全功能应在其控制范围内主体的安全域之间强行分离。

7.1.3.2.7 **系统安全功能间安全功能数据的一致性**(FPT_TDC)

7.1.3.2.7.1 **系统安全功能间基本安全功能数据的一致性**(FPT_TDC.1)

本组件要求网上证券交易系统提供确保安全功能间属性的一致性的能力。

FPT_TDC.1.1 当网上证券交易系统与别的可信IT产品共享安全功能数据时,系统应能够判断所有安全功能数据的一致性。

FPT_TDC.1.2 当判断来自别的可信IT产品的安全功能数据时,系统应使用预先大家所协定的一组规则。

7.1.3.3 **安全审计**(FAU)

安全审计包括产生、记录、存储和分析那些与安全相关活动有关的信息。审计记录结果可用来检测、判断发生了哪些安全相关活动以及这些活动是由哪个用户负责的。

7.1.3.3.1 **安全审计自动响应**(FAU_ARP)

7.1.3.3.1.1 **安全警告**(FAU_ARP.1)

安全警告功能描述了当检测到可能的安全侵害时,系统将采取的行动,包括报警或系统自动响应。

FAU_ARP.1.1 当检测到潜在的安全侵害时,系统将通知授权管理员,使产生潜在安全侵害的主体失效,或采取其他由授权管理员确定的行动。

例如,系统安全功能能够生成实时报警、终止违例进程、取消服务、或断开用户账号以及使用户账号失效等。

应用注释:如果一个审计事件由FAU_SAA组件指出,那么这个事件将被定义为是“潜在的安全侵害事件”。

7.1.3.3.2 **安全审计数据产生**(FAU_GEN)

本节要求发生安全相关事件时应记录其出现,列举出网上证券系统可审计的事件类型,以及应在各审计记录内提供的审计相关信息的最小集合。

7.1.3.3.2.1 **审计数据产生**(FAU_GEN.1)

网上证券系统的审计数据产生功能只产生最小级审计事件记录,并规定进行每项记录的数据表。

FAU_GEN.1.1 系统应能为下述可审计事件产生审计记录:

a) 审计功能的启动和关闭;

b) 所有最小级的可审计事件;

c) 其他专门定义的可审计事件由证券公司自行定义。

FAU_GEN.1.2 系统将在每个审计记录中至少记录如下信息:

a) 事件的日期和时间,事件类型,主体身份,事件的结果(成功或失败);

b) 最小级可审计事件类型见表18;

c) 专门定义的可审计事件清单由开发者列于表18的第四栏。

表18 系统边界安全保障技术要求的可审计安全事件类型

组件标识	审计级别	可审计事件	专门定义的审计事件
FAU_ARP.1	最小级	当即将发生安全侵害时采取的行动。	
FAU_SAA.1	最小级	开启和关闭任何分析机制。 由工具完成的自动响应。	
FCO_NRO.2	最小级	调用抗抵赖服务。	
FCO_NRR.2	最小级	调用抗抵赖服务。	
FDP_ACF.1	最小级	成功的请求对某个被安全功能策略覆盖的客体上执行某操作。	
FDP_DAU.2	最小级	成功的产生有效证据。	

表 18(续)

组件标识	审计级别	可审计事件	专门定义的审计事件
FDP_ETC.1	最小级	成功的信息输出。	
FDP_ETC.2	最小级	成功的信息输出。	
FDP_IFF.1	最小级	判定允许请求的信息流。	
FDP_IFF.5	最小级	判定允许请求的信息流。	
FDP_ITC.2	最小级	成功输入用户数据,包括任何安全属性。	
FDP_SDI.2	最小级	成功尝试检测用户数据的完整性,包括指示检测结果。	
FDP_UCT.1	最小级	使用数据交换机制的任何用户或主体的身份。	
FDP_UIT.1	最小级	使用数据交换机制的任何用户或主体的身份。	
FIA_AFL.1	最小级	获取失败鉴别的阈值和采取的动作(如,使终端无效),及随后还原到正常状态(如,重新使终端有效)。	
FIA_SOS.1	最小级	安全功能拒绝任何测试的秘密。	
FIA_SOS.2	最小级	安全功能拒绝任何测试的秘密。	
FIA_UAU.1	最小级	使用鉴别机制失败。	
FIA_UAU.3	最小级	检测欺骗性的鉴别数据。	
FIA_UAU.5	最小级	鉴别的最后判定。	
FIA_UAU.6	最小级	重鉴别失败。	
FIA_UID.1	最小级	使用用户标识机制失败,包括提供的用户身份。	
FIA_USB.1	最小级	绑定用户安全属性到一个主体失败(如,产生一个主体)。	
FMT_MOF.1	最小级	系统安全功能的所有改动。	
FMT_MSA.2	最小级	对某安全属性,所有提供的和被拒绝的值。	
FMT_SMR.1	最小级	对角色一部分的用户组的改动。	
FMT_SMR.3	最小级	明确请求担任某角色。	
FPT_ITI.1	最小级	检测传输的安全功能数据的修改。	
FPT_RCV.1	最小级	出现失败或服务中断。 恢复正常运行。	
FPT_SSP.2	最小级	接收期待的回执时,发生失败。	
FPT_STM.1	最小级	时间的变动。	
FPT_TDC.1	最小级	成功使用安全功能数据一致性机制。	
FRU_FLT.1	最小级	安全功能检测出的任何故障。	
FRU_RSA.1	最小级	因资源的限制对分配操作的拒绝。	
FTA_MCS.1	最小级	基于多重并发会话限定对新会话的拒绝。	
FTP_ITC.1	最小级	可信信道功能故障。 失败的可信信道功能的原发者及目标的标识。	

7.1.3.3.2.2 **用户身份关联**(FAU_GEN.2)

该功能解决可审计事件追溯到单个用户身份上的要求。

FAU_GEN.2.1 系统能将每个可审计事件与引起该事件的用户身份相关联。

7.1.3.3.3 **安全审计分析**(FAU_SAA)

7.1.3.3.3.1 **潜在侵害分析**(FAU_SAA.1)

本功能提出为寻找可能的或真正的安全侵害,用来分析系统活动和审计数据的自动化措施的要求,这种分析可用于支持入侵检测。潜在侵害分析需要基于一个固定规则集的基本门限检测。

FAU_SAA.1.1 系统应有能力用一系列规则去监测审计事件,并依据这些规则指出对安全策略的潜在侵害。

FAU_SAA.1.2 系统用下列规则来监视审计事件:
根据已知的由可审计安全事件积累或组合对应的安全攻击模式。

注:由于系统使用外国操作系统,建议使用入侵检测安全产品。

7.1.3.3.4 **安全审计查阅**(FAU_SAR)

7.1.3.3.4.1 **审计查阅**(FAU_SAR.1)

审计查阅功能提供从审计记录中读取信息的能力。

FAU_SAR.1.1 系统将提供具有查阅审计数据功能的工具,以读取审计记录。

FAU_SAR.1.2 系统将规定准许指定用户按表19中的规则查阅某些审计记录。

表19 系统边界安全保障技术要求的可查阅审计记录

用户	可查阅的审计记录
系统审计员	所有对于安全功能的审计记录
系统安全员	所有对于安全功能的审计记录
系统管理员	所有对于系统功能的审计记录

7.1.3.3.4.2 **有限审计查阅**(FAU_SAR.2)

有限审计查阅功能要求除在FAU_SAR.1中确定的用户外,其他用户不能读取信息。

FAU_SAR.2.1 除具有明确读访问权限的用户外,系统将禁止所有用户对审计记录的读访问。

7.1.3.3.5 **安全审计事件存储**(FAU_STG)

本节提出创建并维护安全的审计踪迹的要求。

7.1.3.3.5.1 **确保审计数据可用性**(FAU_STG.2)

确保审计数据可用性功能要求审计踪迹应避免未授权的删除和/或修改,并确保在意外情况出现时审计数据的可用性。

FAU_STG.2.1 系统将保护已储存的审计记录,以避免未授权的删除。

FAU_STG.2.2 系统应能防止对审计记录的修改。

FAU_STG.2.3 当发生审计存储已满、失败或攻击情况时,系统应确保审计记录在一定记录数之内或确定的维护时间范围内不被破坏,这一度量准则由国家行政管理机构统一确定或由证券公司根据需要自行决定。

7.1.3.3.5.2 **防止审计数据丢失**(FAU_STG.4)

防止审计数据丢失功能要求规定了当审计踪迹溢满时所采取的行动。

FAU_STG.4.1 如果审计踪迹已满,系统将阻止除由系统审计员产生的以外的所有可审计事件。

7.1.3.4 **安全管理**(FMT)

7.1.3.4.1 **系统中功能的管理**(FMT_MOF)

7.1.3.4.1.1 **安全功能行为的管理**(FMT_MOF.1)

允许授权用户管理系统安全功能。

FMT_MOF.1.1 系统应限定授权用户对是否使用、修改下列安全功能进行决定的能力(如表20)。

表20 系统边界安全保障技术要求中安全角色对系统安全功能行为的管理权限

类型	安全功能	系统管理员	系统安全员	系统审计员	系统操作员	投资者
审计	审计参数	无	无	配置	备份	无
	审计失败时进行相应操作	维护	无	管理	无	无
	审计项目的更改	无	无	管理	无	无
识别和鉴别	用户账号、角色、属性	无	管理	无	维护	无
	鉴别数据的管理	无	管理	无	无	管理关联数据
	鉴别机制和规则	无	管理	无	无	无
	用户被鉴别前可采取的动作表	无	管理	无	无	无
	对失败的鉴别尝试的阈值及所要采取的动作的管理	无	管理	无	无	无
密码支持	密钥属性的管理	无	管理	无	无	无
	对用于验证及产生秘密的量度的管理	无	管理	无	无	无
安全管理	维护系统中的角色组	维护	管理	无	无	无
	对改变信息类型、域、原发者属性和证据接收者的管理	维护	管理	无	无	无
	定义默认的主体安全属性	无	管理	无	无	无
	为用户组、用户和主体规定某资源的最大使用限度	管理	无	无	无	无
安全功能的保护	管理数据备份参数	管理	无	无	启动	无
	管理需要可信信道的活动	无	管理	无	无	无
	时间戳	无	管理	无	无	无
	管理支持有效期的安全属性表及过期将采取的动作	无	管理	无	无	无
	多重并发会话的基本限定	无	管理	无	无	无
	管理用于作出访问或拒绝访问决策的属性	无	管理	无	无	无
	选择何时执行剩余信息保护即配给或索回	无	管理	无	无	无
	配置检测到完整性错误时所要采取的动作	无	管理	无	无	无
	抽象机测试产生的条件及时间间隔的管理	无	管理	无	无	无
	要防止的修改类型的管理	无	管理	无	无	无
	用于输入的附加控制规则	无	管理	无	无	无
	不同部分间数据传输保护机制的管理	无	管理	无	无	无
	可检测出其重放的确定实体列表及须采取的行动列表的管理	无	管理	无	无	无

7.1.4 网络和基础设施安全保障技术要求

7.1.4.1 用户数据保护(FDP)

7.1.4.1.1 **数据鉴别**(FDP_DAU)

7.1.4.1.1.1 **伴有保证者身份的数据鉴别**(FDP_DAU.2)

系统安全功能应具有相应的能力,保证主体的真实身份,并承担信息真实性的责任(如,通过数字签名),用来保证指定的数据单元的有效性,进而验证静态的信息没有被伪造或篡改。

FDP_DAU.2.1 系统安全功能将提供产生保证客体(详见 FDP_ACF.1)的有效性证据的能力。

FDP_DAU.2.2 系统安全功能将为投资者和券商提供验证网上证券交易有关数据和指令真实有效的证据和产生该证据的真实身份的能力。

7.1.4.1.2 **存储数据的完整性**(FDP_SDI)

7.1.4.1.2.1 **存储数据完整性监视和行动**(FDP_SDI.2)

FDP_SDI.2.1 系统安全功能应基于用户数据属性,监视存储在系统内部的用户数据是否出现完整性错误。

FDP_SDI.2.1 检测到完整性错误时,系统安全功能应要采取相应的行动。

7.1.4.1.3 **安全功能间用户数据传送保密性保护**(FDP_UCT)

7.1.4.1.3.1 **基本数据交换保密性**(FDP_UCT.1)

FDP_UCT.1.1 系统安全功能应执行网上访问控制策略和网上信息流控制策略,能以防止未授权泄露的方式传送和接收客体。

7.1.4.1.4 **安全功能间用户数据传送完整性保护**(FDP_UIT)

7.1.4.1.4.1 **数据交换完整性**(FDP_UIT.1)

此功能主要解决对被传输的用户数据的篡改、删除、插入和重用等的检测。

FDP_UIT.1.1 系统安全功能应执行网上信息流控制策略,能以避免出现篡改、删除、插入或重用等的方式传送和接收用户数据。

FDP_UIT.1.2 系统安全功能应能根据收到的用户数据判断,是否出现了篡改、删除、插入和重用。

7.1.4.2 **安全功能保护**(FPT)

7.1.4.2.1 **安全功能数据输出的保密性**(FPT_ITC)

7.1.4.2.1.1 **传输过程中安全功能间的保密性**(FPT_ITC.1)

要求系统安全功能确保安全功能数据在系统与远程可信 IT 产品间的传输不被泄露。

FPT_ITC.1.1 网上证券交易系统应保护所有的安全功能数据从系统到远程可信 IT 产品的传输过程中不被未经授权的泄密。

7.1.4.2.2 **安全功能数据输出的完整性**(FPT_ITI)

7.1.4.2.2.1 **安全功能间的修改检测**(FPT_ITI.1)

提供在远程可信 IT 被产品知道所使用的机制的假设下,检测安全功能数据在系统与远程可信 IT 产品传输过程中修改的能力。

FPT_ITI.1.1 网上证券交易系统应能够检测系统与远程可信 IT 产品间传输的所有安全功能数据的修改。

FPT_ITI.1.2 应验证在系统与远程可信 IT 产品间传输的所有安全功能数据的完整性,如果检测到数据修改时应及时通知数据的拥有者。

7.1.4.2.3 **系统内部安全功能数据传输**(FPT_ITT)

7.1.4.2.3.1 **系统内部安全功能数据传输的基本保护**(FPT_ITT.1)

要求对网上证券交易系统的分离部分间传输的安全功能数据进行保护。

FPT_ITT.1.1 在网上证券交易系统的各个部分间传输安全功能数据时,应保护其不被泄漏。

7.1.4.2.4 **时间戳**(FPT_STM)

7.1.4.2.4.1 **可靠的时间戳**(FPT_STM.1)

本组件要求系统安全功能为自身提供可靠的时间戳。

FPT_STM.1.1 网上证券交易系统的安全功能应能为自身的应用提供可靠的时间戳。

7.1.4.2.5 **系统安全功能间安全功能数据的一致性**(FPT_TDC)

7.1.4.2.5.1 **系统安全功能间基本安全功能数据的一致性**(FPT_TDC.1)

本组件要求网上证券交易系统提供确保安全功能间属性的一致性的能力。

FPT_TDC.1.1 当网上证券交易系统与别的可信IT产品共享安全功能数据时,系统应能够判断所有安全功能数据的一致性。

FPT_TDC.1.2 当判断来自别的可信IT产品的安全功能数据时,系统应使用预先大家所协定的一组规则。

7.1.5 **支撑性基础设施安全保障技术要求**

7.1.5.1 **密码支持**(FCS)

系统可以利用密码功能来满足一些高级安全目的。这些功能包括:标识与鉴别,抗抵赖,可信信道和数据分离等。可用硬件、固件和/或软件来实现,在系统执行密码功能时使用。密码支持要求包括对密钥管理和密码运算方面的要求。

7.1.5.1.1 **密钥管理**(FCS_CKM)

密钥在其整个生存期内都必须进行管理。本条定义了以下几种管理功能:密钥产生、密钥分配、密钥访问和密钥销毁。如使用PKI体系,用于加密的密钥对和加密证书与用于签名的密钥对和签名证书应分开,不得使用同一密钥对和证书进行签名和加密。

7.1.5.1.1.1 **密钥产生**(FCS_CKM.1)

密钥产生功能要求以基于某个指定标准的特定的算法和密钥长度来产生密钥。

FCS_CKM.1.1 系统将以符合标准要求的特定密钥产生算法和密钥长度来产生密钥。

应用注释:对称密钥产生器所产生的密钥应使每个密钥产生的概率独立等概,并通过最长连长、“0”“1”概率分布、扑克检验和连长检验等随机性检验。公开密钥产生器应证明产生的素数确为素数,且每个素数独立等概。

7.1.5.1.1.2 **密钥分配**(FCS_CKM.2)

密钥分配功能要求以基于某个指定标准的特定的分配方法来分配密钥。

FCS_CKM.2.1 系统可采用公钥体制的密钥分配方法来分配密钥。

7.1.5.1.1.3 **密钥访问**(FCS_CKM.3)

密钥访问功能要求根据基于某个指定标准的特定的访问方法来访问密钥。

FCS_CKM.3.1 系统应规定密钥访问规则,并依此来控制对密钥的访问。

7.1.5.1.1.4 **密钥销毁**(FCS_CKM.4)

密钥销毁功能要求以基于某个指定标准的特定的销毁方法来销毁密钥。

FCS_CKM.4.1 系统应根据符合标准的密钥管理规范中特定的密钥销毁方法来销毁密钥。

7.1.5.1.2 **密码运算**(FCS_COP)

7.1.5.1.2.1 **密码运算**(FCS_COP.1)

为了保证密码运算的功能正确,必须按照特定的算法和一定长度的密钥来运算。密码运算包括:数据加密和/或解密、数字签名产生和/或验证、针对完整性的密码校验和产生和/或检验、保密散列(信息摘要)、密钥加密和/或解密,以及密钥协商等。

FCS_COP.1.1 系统将以符合规定标准要求的特定密钥产生算法和密钥长度来执行特定密码运算。

7.1.5.2 **安全审计**(FAU)

安全审计包括产生、记录、存储和分析那些与安全相关活动有关的信息。审计记录结果可用来检测、判断发生了哪些安全相关活动以及这些活动是由哪个用户负责的。

7.1.5.2.1 **安全审计自动响应**(FAU_ARP)

7.1.5.2.1.1 **安全警告**(FAU_ARP.1)

安全警告功能描述了当检测到可能的安全侵害时,系统将采取的行动,包括报警或系统自动响应。

FAU_ARP.1.1 当检测到潜在的安全侵害时,系统将通知授权管理员,使产生潜在安全侵害的主体失效,或采取其他由授权管理员确定的行动。

例如,系统安全功能能够生成实时报警、终止违例进程、取消服务、或断开用户账号以及使用户账号失效等。

应用注释:如果一个审计事件由 FAU_SAA 组件指出,那么这个事件将被定义为是“潜在的安全侵害事件”。

7.1.5.2.2 **安全审计数据产生**(FAU_GEN)

本节要求发生安全相关事件时应记录其出现,列举出网上证券系统可审计的事件类型,以及应在各审计记录内提供的审计相关信息的最小集合。

7.1.5.2.2.1 **审计数据产生**(FAU_GEN.1)

网上证券系统的审计数据产生功能只产生最小级审计事件记录,并规定进行每项记录的数据表。

FAU_GEN.1.1 系统应能为下述可审计事件产生审计记录:

a) 审计功能的启动和关闭;

b) 所有最小级的可审计事件;

c) 其他专门定义的可审计事件由证券公司自行定义。

FAU_GEN.1.2 系统将在每个审计记录中至少记录如下信息:

a) 事件的日期和时间,事件类型,主体身份,事件的结果(成功或失败);

b) 最小级可审计事件类型见表 21;

c) 专门定义的可审计事件清单由开发者列于表 21 的第四栏。

表 21 支撑性基础设施安全保障技术要求的可审计安全事件类型

组件标识	审计级别	可审计事件	专门定义的审计事件
FAU_ARP.1	最小级	当即将发生安全侵害时采取的行动。	
FAU_SAA.1	最小级	开启和关闭任何分析机制。 由工具完成的自动响应。	
FCO_NRO.2	最小级	调用抗抵赖服务。	
FCO_NRR.2	最小级	调用抗抵赖服务。	
FDP_ACF.1	最小级	成功的请求对某个被安全功能策略覆盖的客体上执行某操作。	
FDP_DAU.2	最小级	成功的产生有效证据。	
FDP_ETC.1	最小级	成功的信息输出。	
FDP_ETC.2	最小级	成功的信息输出。	
FDP_IFF.1	最小级	判定允许请求的信息流。	
FDP_IFF.5	最小级	判定允许请求的信息流。	
FDP_ITC.2	最小级	成功输入用户数据,包括任何安全属性。	

表 21(续)

组件标识	审计级别	可审计事件	专门定义的审计事件
FDP_SDI.2	最小级	成功尝试检测用户数据的完整性,包括指示检测结果。	
FDP_UCT.1	最小级	使用数据交换机制的任何用户或主体的身份。	
FDP_UIT.1	最小级	使用数据交换机制的任何用户或主体的身份。	
FIA_AFL.1	最小级	获取失败鉴别的阈值和采取的动作(如,使终端无效),及随后还原到正常状态(如,重新使终端有效)。	
FIA_SOS.1	最小级	安全功能拒绝任何测试的秘密。	
FIA_SOS.2	最小级	安全功能拒绝任何测试的秘密。	
组件标识	审计级别	可审计事件。	专门定义的审计事件
FIA_UAU.1	最小级	使用鉴别机制失败。	
FIA_UAU.3	最小级	检测欺骗性的鉴别数据。	
FIA_UAU.5	最小级	鉴别的最后判定。	
FIA_UAU.6	最小级	重鉴别失败。	
FIA_UID.1	最小级	使用用户标识机制失败,包括提供的用户身份。	
FIA_USB.1	最小级	绑定用户安全属性到一个主体失败(如,产生一个主体)。	
FMT_MOF.1	最小级	系统安全功能的所有改动。	
FMT_MSA.2	最小级	对某安全属性,所有提供的和被拒绝的值。	
FMT_SMR.1	最小级	对角色一部分的用户组的改动。	
FMT_SMR.3	最小级	明确请求担任某角色。	
FPT_ITI.1	最小级	检测传输的安全功能数据的修改。	
FPT_RCV.1	最小级	出现失败或服务中断。 恢复正常运行。	
FPT_SSP.2	最小级	接收期待的回执时,发生失败。	
FPT_STM.1	最小级	时间的变动。	
FPT_TDC.1	最小级	成功使用安全功能数据一致性机制。	
FRU_FLT.1	最小级	安全功能检测出的任何故障。	
FRU_RSA.1	最小级	因资源的限制对分配操作的拒绝。	
FTA_MCS.1	最小级	基于多重并发会话限定对新会话的拒绝。	
FTP_ITC.1	最小级	可信信道功能故障。 失败的可信信道功能的原发者及目标的标识。	

7.1.5.2.2.2 **用户身份关联**(FAU_GEN.2)

该功能解决可审计事件追溯到单个用户身份上的要求。

FAU_GEN.2.1 系统能将每个可审计事件与引起该事件的用户身份相关联。

7.1.5.2.3 **安全审计分析**(FAU_SAA)

7.1.5.2.3.1 **潜在侵害分析**(FAU_SAA.1)

本功能提出为寻找可能的或真正的安全侵害,用来分析系统活动和审计数据的自动化措施的要求,这种分析可用于支持入侵检测。潜在侵害分析需要基于一个固定规则集的基本门限检测。

FAU_SAA.1.1 系统应有能力用一系列规则去监测审计事件,并依据这些规则指出对安全策略的潜在侵害。

FAU_SAA.1.2 系统用下列规则来监视审计事件:

a) 根据已知的由可审计安全事件积累或组合对应的安全攻击模式。

注:由于系统使用外国操作系统,建议使用入侵检测安全产品。

7.1.5.2.4 **安全审计查阅**(FAU_SAR)

7.1.5.2.4.1 **审计查阅**(FAU_SAR.1)

审计查阅功能提供从审计记录中读取信息的能力。

FAU_SAR.1.1 系统将提供具有查阅审计数据功能的工具,以读取审计记录。

FAU_SAR.1.2 系统将规定准许指定用户按表22形式建立规则查阅某些审计记录。

表22 支撑性基础设施安全保障技术要求的可查阅审计记录

用户	可查阅的审计记录
系统审计员	所有对于安全功能的审计记录
系统安全员	所有对于安全功能的审计记录
系统管理员	所有对于系统功能的审计记录

7.1.5.2.4.2 **有限审计查阅**(FAU_SAR.2)

有限审计查阅功能要求除在FAU_SAR.1中确定的用户外,其他用户不能读取信息。

FAU_SAR.2.1 除具有明确读访问权限的用户外,系统将禁止所有用户对审计记录的读访问。

7.1.5.2.5 **安全审计事件存储**(FAU_STG)

本条提出创建并维护安全的审计踪迹的要求。

7.1.5.2.5.1 **确保审计数据可用性**(FAU_STG.2)

确保审计数据可用性功能要求审计踪迹应避免未授权的删除和/或修改,并确保在意外情况出现时审计数据的可用性。

FAU_STG.2.1 系统将保护已储存的审计记录,以避免未授权的删除。

FAU_STG.2.2 系统应能防止对审计记录的修改。

FAU_STG.2.3 当发生审计存储已满、失败或攻击情况时,系统应确保审计记录在一定记录数之内或确定的维护时间范围内不被破坏,这一度量准则由国家行政管理机构统一确定或由证券公司根据需要自行决定。

7.1.5.2.5.2 **防止审计数据丢失**(FAU_STG.4)

防止审计数据丢失功能要求规定了规定当审计踪迹溢满时所采取的行动。

FAU_STG.4.1 如果审计踪迹已满,系统将阻止除由系统审计员产生的以外的所有可审计事件。

7.2 安全保障管理要求

7.2.1 管理保障控制类:风险管理(MRM)

7.2.1.1 管理保障控制类风险管理(MRM)介绍

信息安全管理保障是以风险和策略为核心。本类的目的是建立一套风险管理体系,通过对象确立、风险评估、风险控制三个基本步骤,并将沟通与监控贯穿于这三个步骤中,进行信息安全风险管理与防范,将系统风险降低到可接受的水平。

7.2.1.2 对象确立(MRM_TEM)

7.2.1.2.1 对象确立子类介绍

根据网上证券系统的业务目标和特性,确定风险管理对象;识别信息系统资产,并评价资产价值;根据信息系统安全需求,确定风险评价准则。

7.2.1.2.2 确定风险管理对象(MRM_TEM.1)

应综合考虑组织机构的使命、业务、组织结构、管理制度和技术平台,以及国家、地区或行业的相关政策、法律、法规和标准,确定信息安全风险管理的范围和对象;并对对象的业务目标、业务特性、管理特性、技术特性、体系架构和安全要求等进行分析调查。

7.2.1.2.3 识别和评价资产(MRM_TEM.2)

组织机构应识别与风险管理对象相关的系统资产,并根据资产安全价值进行估值。

7.2.1.2.4 MRM_TEM.3 制定安全基线(MRM_TEM.3)

组织机构应在风险评估前制定系统安全基线,即满足信息系统的基本安全要求,使系统达到一定安全水平的一组安全控制措施。

7.2.1.3 风险评估(MRM_RAM)

7.2.1.3.1 风险评估子类介绍

识别、分析和评价网上证券交易系统所面临的风险。

7.2.1.3.2 识别风险(MRM_RAM.1)

组织机构应识别网上证券交易系统面临的威胁和存在的脆弱性。

7.2.1.3.3 分析风险(MRM_RAM.2)

组织机构应分析威胁源动机、威胁行为的能力、脆弱点被利用的可能性以及脆弱点被利用后对系统造成的影响。

7.2.1.3.4 评价风险(MRM_RAM.3)

组织机构应评价威胁源动机的等级、威胁行为能力的等级、脆弱性被利用的等级、资产价值等级和影响程度等级,并综合评价风险等级。

7.2.1.4 风险控制(MRM_RCT)

7.2.1.4.1 风险控制子类介绍

依据风险评估结果,选择并实施恰当的安全措施,将风险控制在可接受的范围内。

7.2.1.4.2 确立控制目标(MRM_RCT.1)

组织机构应确定可接受风险等级,判断现存风险是否可接受,确立风险控制目标。

7.2.1.4.3 选择控制措施(MRM_RCT.2)

组织机构应选择风险控制方式和风险控制措施。

7.2.1.4.4 实施控制措施(MRM_RCT.3)

制定风险控制实施计划,实施风险控制措施。

7.2.1.4.5 验证控制措施(MRM_RCT.4)

验证风险控制的结果是否满足信息系统的安全要求。

7.2.2 管理保障控制类:信息安全策略(MSP)

7.2.2.1 管理保障控制类信息安全策略(MSP)介绍

信息安全管理保障是以风险和策略为核心。信息安全策略体系规范和指导了整个组织机构的信息安全保障工作。信息安全策略管理保障控制类提供了信息安全策略在制定和维护方面的管理,为信息安全提供符合业务要求和相关法律法规的管理指导和支持。

7.2.2.2 信息安全策略(MSP_SPL)

7.2.2.2.1 信息安全策略子类介绍

通过定义一套规则来规范信息安全体系的建设、运行和管理,为信息安全建设指明方向,使信息安全工作符合业务要求和相关的法律法规要求。

管理层应建立清晰的安全策略，安全策略应符合组织机构的业务目标。通过在整个组织机构中发布和维护信息安全策略可以表明管理层对信息安全的支持力度和信息安全承诺。

7.2.2.2.2 **制定安全策略**(MSP_SPL.1)

组织机构应制定安全策略文件，系统的安全策略应覆盖系统的整个生命周期和系统安全管理的所有方面。

7.2.2.2.3 **审核批准安全策略**(MSP_SPL.2)

安全策略文件应由组织机构决策层审核批准，确保安全策略的完整性和有效性。

7.2.2.2.4 **发布与落实安全策略**(MSP_SPL.3)

安全策略文件应向组织机构全体员工发布，各级员工应以安全策略为指导进行日常工作。

7.2.2.2.5 **维护更新安全策略**(MSP_SPL.4)

应定期或当系统发生重大变更时审核安全策略以保持策略的适用性、充分性和有效性。

7.2.3 **管理保障控制类：信息安全组织机构**(MSO)

7.2.3.1 **管理保障控制类信息安全组织机构**(MSO)**介绍**

信息安全组织机构是信息安全管理的基础，需要得到组织机构最高管理层的承诺和支持，建立完善的信息安全组织结构。建立相应的岗位、职责和职权，建立完善的内部和外部沟通协作组织和机制，同组织机构内部和外部信息安全保障的所有相关方进行充分沟通、学习、交流和合作等。进一步将信息安全融至组织机构的整个环境和文化中，使信息安全真正满足安全策略和风险管理的要求，实现保障组织机构资产和使命的最终目的。

7.2.3.2 **信息安全的管理支持**(MSO_SOM)

7.2.3.2.1 **信息安全的管理支持子类介绍**

管理层应提供保障和支持，提供清晰的指导，明确安全职责，协调和审核组织机构内安全。

7.2.3.2.2 **管理层的支持**(MSO_SOM.1)

管理层应对网上证券系统的安全有足够的认知能力和水平，并在组织机构内通过清晰的指导，明确信息安全职责的分配和确认，提供对系统安全建设和维护的主动支持。

7.2.3.3 **信息安全组织架构**(MSO_ORG)

7.2.3.3.1 **信息安全组织架构子类介绍**

组织机构应建立完善的信息安全组织体系，以启动和控制组织机构内的信息安全。

7.2.3.3.2 **组织架构的建立和维护**(MSO_ORG.1)

形成架构清晰的信息安全保障组织机构，保持整体组织结构的稳定性。

7.2.3.4 **信息安全职责**(MSO_RES)

7.2.3.4.1 **信息安全职责子类的介绍**

组织机构应有清晰的和恰当的安全职责划分和职责到人，保证信息安全措施的落实。

7.2.3.4.2 **信息安全职责分配**(MSO_RES.1)

应清晰地定义组织机构的所有的信息安全职责，并保证各项职责明确到人。

7.2.3.4.3 **职责分离要求**(MSO_RES.2)

组织机构应分离某些任务的管理、执行和职责范围，加强监督力度，以降低非法修改或误用职权带来的风险。

7.2.3.4.4 **独立审计要求**(MSO_RES.3)

应在计划的时间间隔或在对安全实施有重要变更时，对组织机构信息系统安全及其控制策略(如，信息安全的控制目标、策略、过程、流程等)进行独立审核。

7.2.3.5 沟通协作(MSO_CAC)

7.2.3.5.1 沟通协作子类介绍

组织机构应该根据业务持续性和风险评估的需要,建立和维护内部与外部组织机构的有效沟通和协作机制。

7.2.3.5.2 信息安全活动的内部协调(MSO_CAC.1)

在组织机构内,应建立一个内部协调机制以保证信息安全活动的有效沟通和实施。

7.2.3.5.3 维护与外部机构的协作(MSO_CAC.2)

应建立同组织机构系统和业务相关的各有关职能机构、运营商、服务方等的沟通和协作,维护与外部机构协作的及时性和有效性。

7.2.4 管理保障控制类:人员安全(MPS)

7.2.4.1 管理保障控制类人员安全(MPS)介绍

人员安全是信息安全管理的基础。应建立规范的人员安全管理,对组织机构的聘用人员进行严格的审查,明确人员的安全职责和保密要求。加强人员的安全意识培训和教育,并建立考核和奖惩机制,使信息安全融至组织机构的整个环境和文化中,减少有意、无意的内、外部威胁,确保组织机构顺利完成系统使命。

7.2.4.2 安全意识和培训(MPS_SAT)

7.2.4.2.1 安全意识和培训子类介绍

确保员工、合约方和用户了解信息安全威胁的存在,以及他们的安全责任,并获取必要的安全技能。

7.2.4.2.2 安全意识(MPS_SAT.1)

应对用户进行安全意识的教育和培训,确保信息系统的所有合法用户了解信息安全的基本要求。必要性以及他们所担负的安全责任。

7.2.4.2.3 安全培训(MPS_SAT.2)

组织机构应确定每个工作人员在信息系统中的安全角色和职责,在工作人员访问系统之前给他们提供恰当的信息系统安全培训,之后应以组织规定的时间继续培训。

7.2.5 管理保障控制类:资产管理(MAM)

7.2.5.1 管理保障控制类资产管理(MAM)介绍

资产管理是信息安全管理的基础,同时也是信息安全保证的重要内容,组织机构应通过规范资产的管理和使用来保障资产的安全,来保证系统的安全,最终保障组织机构使命。

7.2.5.2 资产登记管理(MAM_ARM)

7.2.5.2.1 资产登记管理子类介绍

清晰了解组织机构所有的有形和无形资产。

7.2.5.2.2 资产清单(MAM_ARM.1)

应清晰地识别和确认所有资产,应制定并维护一份重要资产清单。

7.2.5.3 资产管理职责(MAM_AMR)

7.2.5.3.1 资产管理职责子类介绍

维持并实施适当的保护措施保护组织机构的资产。所有重要的信息资产应有负责人,并有选定的所有者,制定适当控制责任。

7.2.5.3.2 资产管理职责(MAM_AMR.1)

同信息处理设施相关的所有信息和资产都应指定到机构中的部门,对所拥有的资产负责。对同信息处理设施相关的信息和资产的登记、使用都应实施适当控制。

7.2.5.4 资产分类管理(MAM_ACM)

7.2.5.4.1 资产分类管理子类介绍

确保系统的资产依据不同程度的敏感度及重要性得到相应级别的保护。

7.2.5.4.2 **资产分类**(MAM_ACM.1)

组织机构的资产包括有形的物理资产和无形的信息资产,组织机构不仅需要对有形的物理资产进行分类,还应根据信息对组织机构的价值、法律要求、敏感性和关键性等对信息资产进行分类。

7.2.5.4.3 **信息的标记和处理**(MAM_ACM.2)

应该制定并实施一组恰当的标注及处理信息流程,流程应符合组织机构所采用的分类方法。

7.2.6 **管理保障控制类:物理和环境安全**(MPE)

7.2.6.1 **管理保障控制类物理和环境安全(MPE)介绍**

物理和环境安全是保障基础设施安全的基础。组织机构应保证物理安全区域安全,建立严格的物理访问控制措施,以防止非法访问、危害及干扰系统运行。基础设施是系统的重要资产,应在防火、防水、温湿度、防雷等方面做到安全防护,保证基础设施安全,保证系统持续运行。

7.2.6.2 **物理安全区域管理**(MPE_PSA)

7.2.6.2.1 **物理安全区域子类介绍**

应有物理的保护防止对基础设施和信息的非法访问、危害和干扰。对重要或敏感的业务信息处理设备应放在安全的地方,并在规定的安全边界处用恰当的安全障碍和控制措施进行保护。

7.2.6.2.2 **物理安全区域和边界**(MPE_PSA.2)

应根据不同的安全保护需求,划分不同的安全区域,实施不同等级的安全管理。

7.2.6.2.3 **物理安全保护**(MPE_PSA.3)

应设计和应用安全区域和设施的物理安全防护。

7.2.6.2.4 **人员出入控制**(MPE_PSA.4)

应通过合适的入口控制保护安全区域,确保只有授权人员才允许访问。

7.2.6.2.5 **设备出入控制**(MPE_PSA.5)

应对带离安全区域的设备、信息或软件进行控制。

7.2.6.2.6 **在安全区域中工作的控制**(MPE_PSA.6)

应制定安全区域工作的物理保护的管理规定,对在安全区域内工作的人员及被授权进入安全区域的其他人员加强管理。

7.2.6.3 **支撑基础设施安全**(MPE_SIS)

7.2.6.3.1 **支撑基础设施安全子类介绍**

所有的支撑设施,如电力、水、加热、通风和空调都应满足系统的需要。应定期对支撑设施进行检查,并进行适当的测试来确保其正常的功能,减少发生故障和失败的风险。

7.2.6.3.2 **电力设施管理**(MPE_SIS.1)

应防止由于电力故障导致对设备的损害。

7.2.6.3.3 **线缆安全**(MPE_SIS.2)

电力和通信电缆由于携带数据或是信息设备支撑,应该予以保护防止被侦听和破坏。

7.2.6.3.4 **运行环境安全**(MPE_SIS.3)

应采取相应的防火、防水、防尘、防雷、温湿度控制等控制措施为设备与介质提供适宜的环境,并提供相应的环境监控,以避免由于环境因素造成对设备和介质的损害。

7.2.6.3.5 **紧急处理设施**(MPE_SIS.4)

对于一些具体的位置,集中包含信息系统资源(例如:数据中心、服务器房间、大型机房间),组织机构提供关掉电源的能力,信息技术组件可能产生故障(例如:由于电火)或威胁(例如:由于水渗漏),要求远离设备,从而不会危及到人的生命安全。

组织机构实施和维持自动化紧急照明系统,在电源损耗或破坏时能指示紧急出口和撤退路线。

7.2.6.4 设备安全(MPE_EMS)

7.2.6.4.1 设备安全子类介绍

应防止由于资产的丢失、损害、被盗或老化等造成对组织活动的中断。

应防止设备受到物理和环境的威胁;考虑放置安全,防止受到未授权的破坏。

7.2.6.4.2 设备放置和保护(MPE_EMS.1)

为避免环境威胁和未经授权访问的影响,应将设备与介质安全放置并保护。

设备或介质如因工作需要带离安全区域,更要注意对其进行保护。

一些固定在部门安全区域外的设备,同样要注意物理防护。

7.2.7 管理保障控制类:符合性管理(MCM)

7.2.7.1 管理保障控制类符合性管理(MCM)介绍

符合性管理是信息安全保障的基础。组织机构应建立有效的监督体系以监督验证信息系统安全保障工作对相关法律法规、政策标准等要求以及组织机构所制定的信息安全策略体系的符合性以及执行的效果。

7.2.7.2 法律法规和政策符合性(MCM_LCP)

7.2.7.2.1 法律法规和政策符合性子类介绍

确保网上证券系统与信息安全相关的国家政策、法律法规、行政法规和相关合同等要求的符合性。

7.2.7.2.2 确定适用的法律法规和政策(MCM_LCP.1)

组织机构应明确标识信息安全保障相关的所有国家、信息安全主管机构、上级部门的法律、法规、政策等的要求,并确保信息系统的设计、操作、使用及管理应符合相关法律、法规或合同中同信息安全相关的要求。

7.2.7.2.3 符合适用的法律、法规、政策(MCM_LCP.2)

应确保信息系统的设计、操作、使用及管理应符合相关法律、法规或合同的安全要求。

应该在信息系统的建设和运行中明确定义和说明所有有关法定的、条例规定的或合同的要求,并明确满足这些要求的特定控制措施和相关责任。

7.2.7.3 标准的符合性(MCM_STP)

7.2.7.3.1 标准的符合性子类介绍

确保信息安全管理工作与国际、国内、行业的相关标准的符合性,以便于同测评机构、开发商和用户之间的有效沟通和结果的互认。

7.2.7.3.2 确定适用的标准(MCM_STP.1)

组织机构应明确、收集和整理信息安全管理工作遵循的国际、国内、行业的相关标准,并保持相关文件的更新。

7.2.7.3.3 符合适用的标准(MCM_STP.2)

组织机构应在系统的建设和运行中遵循适用的国际、国内、行业的相关标准要求。

7.2.7.4 安全策略符合性(MCM_PSP)

7.2.7.4.1 安全策略符合性介绍

组织机构应确保系统符合组织机构的安全策略和安全技术要求。

7.2.7.4.2 安全策略符合性核查(MCM_PSP.1)

管理层应确定在自己负责范围之内正确执行所有安全程序,还要定期检查机构内所有部门,以保证机构的安全策略及标准正确实施。信息系统的拥有者应积极配合接受定期检查。

7.2.7.4.3 技术符合性的检查(MCM_PSP.2)

组织机构应定期检查信息系统安全实施与标准的符合性。

7.2.8 管理保障控制类:信息安全规划管理(MSP)

7.2.8.1 管理保障控制类信息安全规划管理(MSP)介绍

信息安全建设是信息化的有机组成部分,必须与信息化同步规划、同步建设。应在信息系统生命周期的第一个阶段——计划组织阶段,综合考虑信息安全的规划并将其作为信息系统规划的有机组成部分。

7.2.8.2 信息安全规划(MSP_ISP)

7.2.8.2.1 安全保障管理目的介绍

组织机构应建立完善的信息安全规划管理体系,以规划和指导组织机构的信息安全保障工作。

信息安全规划应基于组织机构的业务要求和风险管理的要求,它包括组织机构对信息安全所建立的长期规划和短期规划,这些规划是组织机构整体规划的综合组成部分。

7.2.8.2.2 信息安全长期规划(MSP_ISP.1)

应制定信息安全长期规划。

7.2.8.2.3 信息安全短期规划(MSP_ISP.2)

长期规划制定者应能够将信息安全长期规划合理分解,形成信息安全短期规划。

7.2.9 管理保障控制类:系统开发管理(MSD)

7.2.9.1 管理保障控制类系统开发管理(MSD)介绍

信息安全应贯穿至系统开发的整个生命周期中,组织机构在系统的需求分析、设计、实施和交付中应综合信息安全的考虑。

7.2.9.2 安全需求管理(MSD_SRM)

7.2.9.2.1 安全需求管理子类介绍

组织机构应确保安全是信息系统的必要组成部分。组织机构应在系统开发的需求分析阶段识别系统的所有安全要求,并经商讨后予以文档化,以作为信息系统整个业务的综合组成部分。

7.2.9.2.2 需求分析和规范(MSD_SRM.1)

组织机构应根据信息安全相关法律法规、政策标准的要求和业务需求,在系统开发的需求分析阶段,综合考虑、分析安全需求,并将安全需求分析的结果文档化作为系统开发需求的一个综合组成部分。

7.2.9.3 系统设计管理(MSD_SDM)

7.2.9.3.1 系统设计管理子类介绍

组织机构应根据系统安全需求分析的结果,将系统的安全考虑综合至系统的设计中。

组织机构应能标识出在系统设计过程中潜在的安全风险,为设计说明中的安全性设计提供评判依据,确保系统设计阶段的重要环节均能得到较好的安全风险控制。

7.2.9.3.2 满足安全需求(MSD_SDM.1)

信息系统的设计应能满足需求分析阶段所得出的安全需求。

7.2.9.4 工程实施管理(MSD_ENM)

7.2.9.4.1 工程实施管理子类介绍

实现安全防护体系,满足信息系统安全工程的要求。

7.2.9.4.2 遵循系统设计(MSD_ENM.1)

组织机构应依据系统设计方案,制定工程实施方案。

7.2.9.4.3 工程实施管理(MSD_ENM.2)

应依据工程实施方案,对工程实施过程进行严格控制。

7.2.9.5 交付管理(MSD_IRM)

7.2.9.5.1 交付管理子类介绍

保证信息系统在正式运行之前的完整交付。

7.2.9.5.2 **交付验收**(MSD_IRM.1)

依据系统验收标准,严格交付验收过程。

7.2.9.5.3 **运行审批**(MSD_IRM.2)

信息系统在正式运行之前应得到组织机构的授权。组织机构的高级管理人员签署并批准。

7.2.10 **管理保障控制类:运行管理**(MOP)

7.2.10.1 **管理保障控制类运行管理(MOP)介绍**

组织机构应建立完善的信息和通信技术运行管理体系,通过访问控制、漏洞管理、审计和监控管理、系统的安全配置以及系统的维护等措施,确保信息处理设施正确、安全地运行。

7.2.10.2 **系统漏洞管理**(MOP_TVM)

7.2.10.2.1 **系统漏洞管理子类介绍**

减少来自于已发布的技术漏洞攻击所产生的风险。

7.2.10.2.2 **漏洞管理**(MOP_TVM.1)

组织结构应以有效的、系统化的和可重复的方式实施技术漏洞管理,并且应采取测量措施以确定其有效性。

7.2.10.2.3 **漏洞监控**(MOP_TVM.2)

组织结构应及时获得自己所使用信息系统技术漏洞的最新信息。

7.2.10.2.4 **漏洞控制**(MOP_TVM.4)

一旦已经识别了潜在的技术漏洞,组织机构应标识相关的风险和所要采取的行动,采取及时适当的措施来响应潜在的技术漏洞。

7.2.10.3 **逻辑访问控制管理**(MOP_LAC)

7.2.10.3.1 **逻辑访问控制子类介绍**

组织机构应基于业务和安全要求来控制对信息、信息处理设施和业务过程的访问,防止非法访问造成对系统的破坏。

7.2.10.3.2 **用户访问控制**(MOP_LAC.2)

组织机构应确保只有授权用户才能访问信息系统,禁止未授权访问。

为防止非法访问信息系统和服务,组织机构应根据已有的访问控制要求管理内部和外部人员的访问权限。

7.2.10.3.3 **网络访问控制**(MOP_LAC.3)

组织机构应制定网络访问控制策略,采用网络隔离、强制路径、用户身份鉴别、网点身份鉴别、网络路由控制、网络服务安全等手段加强网络访问控制。

7.2.10.3.4 **操作系统访问控制**(MOP_LAC.4)

组织机构应选择安全性较高的操作系统,并对操作系统进行合理配置,保证其访问控制能力。

7.2.10.3.5 **应用和信息访问控制**(MOP_LAC.5)

敏感系统应有专用的或隔离的计算机环境,并对应用系统的访问进行控制。

7.2.10.4 **审计和监控管理**(MOP_AMM)

7.2.10.4.1 **审计和监控子类介绍**

组织机构应充分发挥系统的审计功能,并把其对系统的影响降到最低。

7.2.10.4.2 **审计工具的使用**(MOP_AMM.1)

在进行审计时,组织机构应采取一些控制措施保护正在使用的系统及审计工具,也应采取一些保护措施来保证审计工具的完整性。应防止滥用审计工具。

7.2.10.4.3 **监控系统的使用**(MOP_AMM.2)

组织机构应实施对信息处理设施和系统的操作和运行监控,并定期审核监控结果(日志信息)。

7.2.10.4.4 **日志信息保护**(MOP_AMM.3)

应对日志设备和日志信息进行保护防止窜改和非授权访问,以确保获取信息的完整性和真实有效性。

7.2.10.5 **安全配置管理**(MOP_NSM)

7.2.10.5.1 **安全配置管理子类介绍**

确保对系统的网络、网络服务、主机以及应用系统实施安全的规则进行合理配置和管理,避免由于规则配置不当对系统造成威胁和破坏。

7.2.10.5.2 **网络控制**(MOP_NSM.1)

应充分控制和管理网络,以保护免受威胁以及维护使用网络的系统和应用的安全,包括在传送中的信息。

7.2.10.5.3 **网络服务的安全**(MOP_NSM.2)

识别整个网络服务的安全特征、服务级别和管理要求,包括所有网络服务协议,不论这些服务是内部还是外部提供的。

7.2.10.5.4 **主机安全配置**(MOP_NSM.3)

主机的配置应遵循合理的规则和标准。

7.2.10.5.5 **应用系统安全管理**(MOP_NSM.4)

应用系统应设计有适当的访问控制、数据保护、审计跟踪记录或活动日志等安全功能。对投入使用的应用系统,应确保开启了所有安全功能并进行正确配置和使用。

7.2.10.6 **IT 运行管理**(MOP_ITM)

7.2.10.6.1 **IT 运行管理子类介绍**

组织机构应执行日常的 IT 运行管理,维护信息和信息处理设施的完整性、可用性、保密性。

7.2.10.6.2 **网络日常监控**(MOP_ITM.1)

定期监控系统的运行状况,及时发现隐患,确保系统的有效运行。

7.2.10.6.3 **信息备份管理**(MOP_ITM.2)

组织机构应备份信息和软件,并根据已定义的备份策略定期测试备份数据。

7.2.10.6.4 **恶意代码的控制**(MOP_ITM.3)

软件和信息处理设施易引入恶意代码,组织机构应保护软件和信息的完整性,防止在系统中引入恶意代码。组织机构应探测、防护和控制恶意代码,并实施正确的用户意识流程。信息系统应使用能够自动更新的恶意代码保护措施。

7.2.10.6.5 **介质的管理**(MOP_ITM.5)

应对信息介质进行有效的控制和物理保护,防止文档、计算机介质(例如:磁带、磁盘)、输入/输出数据和系统文件的非授权暴露、修改、去除和破坏以及对业务活动的中断。

7.2.10.6.6 **文件的管理**(MOP_ITM.6)

对系统文档进行保护,防止未授权访问。

7.2.10.6.7 **计算机设备使用的管理**(MOP_ITM.7)

信息系统计算机设备应在整体设计上通过使用一套优化的方法和过程,能更好地实现服务。系统运行环境中的计算机,应采用规范统一的办法进行管理标识和使用,保持与其他的设备协调一致、正常工作。

7.2.11 **管理保障控制类:业务持续性和灾难恢复管理**(MBD)

7.2.11.1 **管理保障控制类业务持续性和灾难恢复管理**(MBD)**介绍**

业务持续性管理是指通过预防及恢复措施的结合使用,把业务因灾难或安全故障(例如,由于天灾、意外、设备失效及故意破坏)的停顿降到可接受的程度。组织机构应分析灾难、安全故障及服务停顿的影响,以便制订及实施业务持续性和灾难恢复计划来保证业务进程能够在规定时间内恢复。

7.2.11.2 业务持续性管理(MBD_BCM)

7.2.11.2.1 业务持续性管理子类介绍

防止业务过程中断,保护关键业务流程不会受信息系统重大失效或自然灾害的影响,并确保及时恢复。

通过业务持续性管理过程的实施,综合使用预防及恢复控制,把因灾难或安全故障(例如,来自于天灾、意外、设备故障及故意破坏行动)而造成的业务中断降低到可接受的程度。

应分析灾难、安全故障及业务中断的影响。应开发和实施持续性计划以保证业务过程能够在所需的时间范围内恢复。应经常修改和实践这些计划,使之最终变成所有其他管理过程的不可分割的一部分。

7.2.11.2.2 建立业务持续性管理流程(MBD_BCM.1)

组织机构应建立业务持续性管理流程,满足组织机构在信息安全方面的业务持续性需求。

7.2.11.2.3 业务持续管理的组织结构和职责(MBD_BCM.2)

组织机构应建立业务持续性管理组织结构,并明确其职责。

7.2.11.2.4 业务持续性与风险评估(MBD_BCM.3)

组织机构应识别引起业务过程中断的信息安全事件,并分析中断发生的可能性和造成的影响。

7.2.11.2.5 制定和实施业务持续计划(MBD_BCM.4)

应制定和实施业务持续性计划,以确保关键业务过程中断或失效后能够在规定的时间内和要求的等级上恢复系统运行,并确保信息的可用性。

7.2.11.2.6 业务持续规划框架(MBD_BCM.5)

应建立一个单独的业务持续性计划框架,以确保所有计划的一致性,以维护信息安全要求的一致性并识别测试和维护的优先级。

7.2.11.2.7 测试和维护业务持续性计划(MBD_BCM.6)

应该定期测试和更新计划,以确保计划最新且有效。

7.2.12 管理保障控制类:应急响应管理(MER)

7.2.12.1 管理保障控制类应急响应管理(MER)介绍

应急响应管理并有效的解决事故,尽量减少它们对业务的影响,减小类似事故再次发生的风险。

应该按照一种正规的流程来妥善处理各类事件(包括故障、掉电、过载、用户或者计算机工作人员操作失误、违规存取)。

7.2.12.2 汇报安全事件和安全漏洞(MER_REW)

7.2.12.2.1 汇报安全事件和安全漏洞子类介绍

确保能够及时通报同信息系统有关的安全事件和漏洞。

7.2.12.2.2 信息安全事件报告(MER_REW.1)

应通过恰当的管理途径尽快报告信息安全事件。确保与信息系统相关的安全事件和漏洞信息能够传达到每个人,并能够及时采取正确的行动。

应该有事件汇报和改进流程。所有员工和第三方用户应该知道不同类型安全事件和漏洞信息的汇报流程。要求信息安全事件和漏洞信息应该尽快汇报给指定的联系方。

7.2.12.2.3 报告信息安全漏洞(MER_REW.2)

应要求所有的员工、承包方和第三方用户注意并报告系统或服务中已发现或疑似的安全漏洞。

7.2.12.3 应急响应管理(MER_IMI)

7.2.12.3.1 应急响应管理子类介绍

确保使用持续有效的方法管理信息安全事故。

7.2.12.3.2 职责和程序(MER_IMI.1)

应建立管理职责和程序,以快速、有效和有序地响应信息安全事故。

7.2.12.3.3 **应急预案的制定与定期演习**(MER_IMI.2)

应制定并实施应急预案计划、应急预案定期演习、灾难恢复定期演练。

7.3 安全保障工程要求

7.3.1 工程保障控制类:风险过程(PRM)

7.3.1.1 系统定义(PRM_SDF)

7.3.1.1.1 **工程保障目标**

系统定义工程保障控制子类的目标是识别网上证券交易系统的任务和使命,即系统的任务要求和它所要达到的能力,这些能力包括系统应执行的功能、所需的接口及这些接口相关的能力、所要处理的信息、所支持的运行结构以及运行的威胁等。

7.3.1.1.2 **详细系统描述**(PRM_SDF.1)

描述网上证券交易系统的目的、任务和使命;网上证券交易系统的信息类划分、边界、信息流;网上证券交易系统的业务体系、技术体系和管理体系等。

7.3.1.2 评估威胁(PRM_ATT)

7.3.1.2.1 **工程保障目标**

评估威胁工程保障控制子类的目标是对网上证券交易系统安全的威胁进行标识和特征化。

本工程保障控制子类产生的威胁信息将与评估脆弱性得到的脆弱性信息以及评估影响得到的影响信息一起用于评估安全风险中。虽然收集威胁、脆弱性和影响信息的活动被分组为几个单独的过程域,但它们是互相依赖的。其目标是要得到足以用作判定的威胁、脆弱性和影响的组合。因此,确定威胁调查的范围应结合相应的脆弱性和影响。

威胁容易变化,所以必须定期监视威胁,以确保一直维持理解本过程域产生的结果。

7.3.1.2.2 **标识自然威胁**(PRM_ATT.1)

标识由自然原因引起的威胁。

由自然原因引起的威胁,包括地震、海啸和台风。不过,并非有威胁的所有自然灾害都会在所有地方发生。例如,在大部分内陆中心地带就不可能出现台风。因此,重要的是标识出在特定地方到底会发生哪一种具有威胁的自然灾害。

7.3.1.2.3 **标识人为威胁**(PRM_ATT.2)

7.3.1.2.3.1 **工程保障控制组件控制**

标识出无意的或有意的人为原因所引起的威胁。

人为原因引起的威胁基本上有两种:一是由意外原因引起的威胁;二是由有意行为引起的威胁。某些人为威胁在目标环境中并不适用,应在进一步分析后予以取消。

7.3.1.2.4 **标识威胁的测量块**(PRM_ATT.3)

7.3.1.2.4.1 **工程保障控制组件控制**

标识特定环境中合适的测量块和适用范围。

大多数的自然威胁和许多人为威胁都有其与之相关的测量块。大多数情况下,整个的测量块并不适用于特定情况。因此,在特定情况下,有时需要最大化事件发生概率,有时需要最小化事件发生的概率,这样考虑才恰当。

7.3.1.2.5 **评估威胁源能力**(PRM_ATT.4)

评估人为威胁的威胁源的能力和动机。

本工程保障控制组件集确定成功对系统进行攻击的潜在的人类敌对势力的才能和能力。才能指的是敌对者的攻击知识(例如,他们是否拥有知识、经过训练)。能力则衡量一个有才能的敌手能够进行攻击的可能性(例如,他们是否拥有资源)。

7.3.1.2.6 **评估威胁的可能性**(PRM_ATT.5)

评估威胁事件发生的可能性是怎样的。对自然事件发生的机会以及故意行为或个别意外事件的评估中，需要考虑多种因素。考虑的诸多因素并不一定要进行计算或衡量，只需要报告中有一致的度量标准。

7.3.1.2.7　**监视威胁及其特征**(PRM_ATT.6)

监视威胁分布情况及威胁特征的不断变化。

任何位置和状态下的威胁分布情况都是动态的。新的威胁可能变得相关，而现有威胁的特征也可能发生变化。因此有规律地监视现有威胁及其特征并检查新的威胁很重要。本工程保障控制组件与标识协调机制(PEN_ISR)中的"监视威胁、脆弱性、影响和环境变化"工程保障控制组件的一般监视活动紧密相连。

7.3.1.3　**评估脆弱性**(PRM_AVL)

7.3.1.3.1　**工程保障目标**

标识和特征化系统的安全脆弱性。

评估安全脆弱性的目标是获得对一给定环境中系统安全脆弱性的理解。

评估安全脆弱性的目的在于标识和特征化系统的安全脆弱性。本工程保障控制组件包括分析系统资产、定义具体的脆弱性，以及系统脆弱性的全面评估。与安全风险和脆弱性评估相关的术语因上下文环境而不同。在本标准中，"脆弱性"除了传统所说的弱点、安全漏洞或可能被威胁攻击的系统中的信息流外，还指系统可能被恶意利用的方面。这些脆弱性独立于任何特定的威胁或攻击。可以在系统的生命周期中的任何时候执行这一系列脆弱性评估活动，来支持在已知环境中的对系统进行开发、维护或运行等决策。

7.3.1.3.2　**选择脆弱性分析方法**(PRM_AVL.1)

选择用于标识和特征化给定环境中安全系统脆弱性的方法、技术和标准。

包括定义系统建立安全脆弱性的方法，这种方法允许标识和特征化安全脆弱性，包括根据威胁及其可能性、运行功能、安全要求或其他相关过程域对脆弱性进行分类和优先级排列。通过标识分析的深度和广度，安全工程师和顾客可以确定评估范围是否包括目标系统以及分析的全面性。应在预先安排和指定时间内，在一个已知的并记录有配置的框架内进行分析。分析的方法论应包括预期结果，应清楚地描述分析的具体目标。

7.3.1.3.3　**标识脆弱性**(PRM_AVL.2)

标识系统安全脆弱性。

系统的安全和非安全的相关部分中都可能存在系统脆弱性。支持安全功能或与安全机制配合的非安全机制中经常有可利用的脆弱性。应遵循选择脆弱性分析方法(PRM_AVL.1)中的攻击场景方法，以便能确认脆弱性。应记录发现的所有系统脆弱性。

7.3.1.3.4　**收集脆弱性数据**(PRM_AVL.3)

脆弱性具有其自身的性质，本工程保障控制组件意在收集与这些性质相关的数据。脆弱性的测量块可以与PRM_ATT.3"标识威胁的测量块"中的威胁的测量块相同。应标识并收集脆弱性被利用的难易程度以及脆弱性出现的可能性的数据。

7.3.1.3.5　**合成系统脆弱性**(PRM_AVL.4)

评估系统脆弱性并将特定脆弱性及各种特定脆弱性的组合结果进行综合收集。

分析脆弱性或脆弱性的组合会让系统产生的问题。应分析脆弱性的附加特征，例如脆弱性被利用的可能性以及成功利用脆弱性的机会。分析结果也可包括处置合成的脆弱性的推荐方法。

7.3.1.3.6　**监视脆弱性及其特征**(PRM_AVL.5)

监视脆弱性的不断变化及其特征的变化。

任何位置和状态下的脆弱性分布情况都是动态的。新的脆弱性会变得有相互关系，现有脆弱性的特征可能变化。因此，监视现有脆弱性及其特征并定期检查新的脆弱性很重要。本工程保障控制组件与PEN_MSP.2监视威胁、脆弱性、影响、风险和环境变化的一般监视活动紧密相连。

7.3.1.4 评估影响(PRM_AIM)

7.3.1.4.1 工程保障目标

评估影响的目标在于标识对系统的影响,并评估影响发生的可能性。影响可能是有形的,例如收入的损失或经济惩罚;也可能是无形的,例如声誉和信誉的损失。

本工程保障控制子类的目标是标识和特征化风险对系统的安全影响。

7.3.1.4.2 对影响进行优先级排列(PRM_AIM.1)

标识、分析并优先级排列系统的运行、业务或任务,也应考虑对业务战略的影响。这将可能改变和缓解组织可能遭受的影响,进而会改变其他控制子类或组件得出的风险优先级排列次序。因此当计算潜在影响时把这些影响包括在内很重要。本组件与PEN_ISR"确定安全要求"的活动相关。

7.3.1.4.3 标识系统资产(PRM_AIM.2)

标识支持系统的安全目标或关键能力(运行,业务或任务功能)所必需的系统资源和数据。通过评估给定环境中每项资产提供支持的重要性,来定义每项资产。

7.3.1.4.4 选择影响的度量(PRM_AIM.3)

选择用于评估影响的度量。

有许多度量标准可用来衡量事件的影响。最好预先确定哪种度量标准适用于当前的特定系统。

7.3.1.4.5 标识度量关系(PRM_AIM.4)

标识所选评估影响的度量标准之间的关系以及所需度量标准转换因子。

评估影响可能需要使用不同的度量标准。必须找出不同度量标准之间的关系,以保证在整个影响评估中对所有暴露所使用方法的一致性。有时,有必要把各种度量标准方法组合起来,以便能够产生出统一的结果。因此需要建立产生统一结果的方法。这通常因系统不同而不同。当使用定性的度量标准时,在综合阶段也需要有定性因子合并的指南。

7.3.1.4.6 标识和特征化影响(PRM_AIM.5)

利用多重度量标准或统一度量标准标识和特征化意外事件的意外影响。

从PRM_AIM.1(对影响进行优先级排列)和PRM_AIM.2(标识系统资产)中标识出的资产和能力出发标识出产生损害的后果。对于每种资产,后果可能为损坏、泄密、不通或消失。对能力的影响可能包括中断、延迟或削弱。

创建了相对完整的度量关系表之后,可以使用在PRM_AIM.3(选择影响的度量)和PRM_AIM.4(标识度量关系)中标识出的度量来特征化影响。这一步需要研究精算表、年鉴或其他资源。还应考虑每种影响的度量的不确定性。

7.3.1.4.7 监视影响(PRM_AIM.6)

监视影响的不断变化。

任何位置和状态下,影响都是动态的。新的影响可能产生相互关系。因此,监视现有影响并定期检查新的影响很重要。本工程保障控制组件与PEN_MSP.2监视威胁、脆弱性、影响、风险和环境变化的一般监视活动紧密相连。

7.3.1.5 评估安全风险(PRM_ASR)

7.3.1.5.1 工程保障目标

评估安全风险的目标是标识给定环境中系统的安全风险,并按照既定方法论对风险进行优先级排列。本安全保障控制子类着重要基于对能力情况以及资产相对威胁的脆弱情况的理解来确定这些风险。本活动特别包括标识和评估暴露发生的可能性。"暴露"是指会造成重大损害的威胁、脆弱性和影响的组合。可以在系统的生命周期中的任何时候执行这一系列风险评估活动,来支持在已知环境中的对系统进行开发、维护或运行等决策。

7.3.1.5.2 选择风险分析方法(PRM_ASR.1)

选择在给定环境中分析、评估、比较和优先级排列系统的安全风险的方法、技术和标准。

本组件定义用于标识给定环境中系统安全风险的方法，可以用这种方法分析、评估和比较安全风险。应该依据威胁、运行功能、系统脆弱性、潜在损失、安全需求等相关问题，得到对风险进行分类和分级的方案。

7.3.1.5.3 **标识暴露**(PRM_ASR.2)

标识威胁、脆弱性、影响三元组(暴露)。

标识暴露的目的在于找出威胁和脆弱性的组合中的相关项，进而标识出现威胁和脆弱性造成的影响。在选择系统保护措施时必须考虑这些暴露。

7.3.1.5.4 **评估暴露的风险**(PRM_ASR.3)

评估每项暴露的风险。

标识暴露出现的可能性。

7.3.1.5.5 **评估总体不确定性**(PRM_ASR.4)

评估暴露的风险的总体不确定性。

每项风险本身都具有不确定性。总体的风险不确定性是 PRM_ATT.5(评估威胁的可能性)、PRM_AVL.3(收集脆弱性数据)、PRM_AIM.5(标识和特征化影响)中所标识的威胁、脆弱性、影响及其特征的不确定性的总和。本组件与“PAS_EAE 建立保证论据”中的作为保障可以改变和降低不确定性的活动紧密相关。

7.3.1.5.6 **风险优先级排列**(PRM_ASR.5)

按优先级排列风险。应根据组织优先级、发生的可能性、所具有的不确定性和可用资金来对已标识的风险进行排序。可以降低、避免、转移或接受风险，也可以组合使用这些风险处理方式。降低，可以针对威胁、脆弱性、影响或风险本身。应根据 PEN_MSC“确定安全要求”中标识的风险承担者的需求、业务优先级和整体系统架构来选择处理方式。

7.3.1.5.7 **监视风险及其特征**(PRM_ASR.6)

监视风险分布情况的不断变化及其特征的变化。

任何情形下风险的分布情况都是动态的。新的风险可能变得相互关联，同时现存风险的特征可能变化。因此，监视现存风险及其特征、定期检查新的风险很重要。本组件与 PEN_MSP.2“监视威胁、脆弱性、影响、风险和环境的变化”中的一般监视活动密切相关。

7.3.2 **安全工程保障控制类：工程过程**(PEN)

7.3.2.1 **确定安全要求**(PEN_ISR)

7.3.2.1.1 **工程保障目标**

确定安全要求的目标是要明确地标识系统的安全需求。确定安全要求涉及定义系统的安全基础，以满足所有法律、策略和组织的安全要求。这些需求根据预期的系统运行安全环境上下文、组织当前安全性和系统环境、标识出的一系列安全目标进行裁剪。定义一系列系统安全要求作为批准系统安全的基线。

确定安全要求的目标是包括客户在内的各方对安全需求达成共同理解。

7.3.2.1.2 **获得对客户安全需求的理解**(PEN_ISR.1)

应获得对客户安全需求的理解。

本工程保障控制组件的目的是要收集全面理解客户的安全需求所需的所有信息。这些需求受到安全风险对客户的重要性的影响。系统将要运行的预期环境也影响客户的安全需求。

7.3.2.1.3 **标识可用的法律、策略和约束**(PEN_ISR.2)

应标识出管理系统的法律、策略、标准、外部影响和约束。

本工程保障控制组件的目的是要收集所有影响到系统安全的所有外部影响。适用性的决定应标识支配系统预期环境的法律、规章、策略和商业标准。应决定全局和本地策略之间优先权。必须标识由系统客户设置于系统的安全要求，并提炼隐含的安全要求。

7.3.2.1.4 **标识系统安全关联性**(PEN_ISR.3)

标识系统的用途以便确定安全上下文环境。

本工程保障控制组件的目的是要标识系统上下文如何影响安全。这涉及理解系统的用途。为安全考虑描述所处理的任务和运行场景。本阶段需要对系统面临的或可能遭受的威胁的高层理解。为可能对安全的影响而描述性能和功能要求。为隐含的安全要求而检查运行约束条件。

环境可能也包括与其他组织或系统的接口,以便定义系统的安全边界。确定接口的要素包括安全边界的内部和外部。

许多组织外部的因素也不同程度影响组织的安全需求。这些因素包括政治倾向以及政治焦点的变化、技术开发、经济影响、全球事件和信息战。由于这些因素都不是静态的,需要监视和定期评估变化带来的潜在影响。

7.3.2.1.5 **收集系统运行的安全思想**(PEN_ISR.4)

收集系统运行的高层安全思想。

本工程保障控制组件的目的是要开发整个企业的高层安全思想,包括角色、职责、信息流、资产、资源、人员保护和物理保护。此描述应包括讨论如何在系统要求的约束下管理企业。特别在运行安全概念中提供系统的这一思想,应包括系统架构、规程和环境的高层安全思想。系统开发环境的要求也在本阶段获得。

7.3.2.1.6 **收集安全的高层目标**(PEN_ISR.5)

收集定义系统安全性的高层目标。

本基本实践的目的是要标识应满足怎样的安全目标,以便为系统在其运行环境中提供足够的安全性。在PAS_EAE"建立保证证据"中确定的系统的保障目标,可能影响安全目标。

7.3.2.1.7 **定义安全相关需求**(PEN_ISR.6)

定义一致的一系列要求,这些要求定义了系统所执行的保护的说明。

本工程保障控制组件的目标是要定义系统的安全要求。本实践应确保每项要求都与适用的策略、法律、标准、安全要求和系统的约束相一致。这些要求应完整定义系统的安全需求,包括非技术性的要求。通常需要定义或指定对象的逻辑或物理边界,以确保涵盖了所有方面。要求应与系统的目标影射或关联。应清晰简明地规定安全要求且不应互相矛盾。只要可能,安全应最小化对系统功能和性能的影响。安全要求应为评估系统在其预期环境中的安全性能提供基础。

7.3.2.1.8 **达成安全协议**(PEN_ISR.7)

达成对具体安全要求符合客户需求的协议。

本工程保障控制组件的目的是要在各方之间达成安全要求的共识。标识出一般客户群而非特定客户时,要求应满足一系列目标。指定的安全要求应是管理策略、法律和用户需求的完整、一致的反映。应标识出问题并再处理直到达成共识。

7.3.2.2 **高层安全设计**(PEN_HSD)

7.3.2.2.1 **工程保障目标**

信息系统的高层安全设计包括系统的体系结构、设计和实现的需求,制定相应的设计原则和建议、安全体系结构建议、保护的原则,得到安全模型、安全体系结构,进行可靠性分析;确定所有的安全机制都能对应到高层安全设计,并且所有的高层安全设计都有具体的安全机制来保证。

7.3.2.2.2 **设计安全模型**(PEN_HSD.1)

为当前特定的信息系统设计安全模型,描述系统的安全原理。

7.3.2.2.3 **设计安全体系结构**(PEN_HSD.2)

为当前特定的信息系统设计安全体系结构。

7.3.2.3 详细安全设计(PEN_DSD)

7.3.2.3.1 工程保障目标

本工程保障控制类信息系统安全工程师分析设计的约束条件,分析折衷办法,进行详细的系统和安全设计并考虑生命周期支持。信息系统安全工程师检查所有系统安全需求落实到了组件。最终的详细安全设计结果为实现系统提供充分的组件和接口描述信息。

7.3.2.3.2 分配安全机制(PEN_DSD.1)

将高层设计中的思想落实为具体的安全机制。

7.3.2.3.3 确定安全产品(PEN_DSD.2)

根据高层设计和分配的安全机制等要求,从可选的安全产品中选择最适合的产品。

7.3.2.3.4 系统接口设计和优化(PEN_DSD.3)

对系统设计中的接口进行设计和优化。

7.3.2.3.5 提供安全工程指南(PEN_DSD.4)

为参与工程的各方提供安全工程指南。

7.3.2.4 安全工程实施(PEN_SEE)

7.3.2.4.1 工程保障目标

本工程保障控制类信息系统安全工程师把系统设计转移到运行,参与对所有系统问题的多学科综合分析,并为认证认可活动提供输入。例如验证系统已经实现了对抗威胁评估中识别出的威胁;追踪与系统实现和测试活动相关的信息保护保障机制;为系统生命周期支持计划、运行规程、培训材料维护提供输入。

7.3.2.4.2 工程的实施(PEN_SEE.1)

按照项目计划和具体实施方案进行安全工程的实施。

7.3.2.4.3 系统的试运行(PEN_SEE.2)

对完成的安全系统进行试运行。

7.3.2.4.4 系统的测试(PEN_SEE.3)

制定测试计划,对所完成的系统进行安全测试。

7.3.2.4.5 工程的交付(PEN_SEE.4)

系统交付给用户,包括相关的说明和指南等。

7.3.2.4.6 安全培训(PEN_SEE.5)

对用户进行系统安全及安全运行维护相关知识的培训。

7.3.2.4.7 提供用户指南(PEN_SEE.6)

向运行系统的用户和管理员提供安全指南。

本工程保障控制组件的目的是要开发安全指南并提供给系统用户和管理员。本运行指南告诉用户和管理员安全地安装、配置、操作和废弃系统必须做什么。为确保这成为可能,应在生命周期早期开始开发运行安全指南。

7.3.2.5 提供安全输入(PEN_PSI)

7.3.2.5.1 工程保障目标

提供安全输入的目标是为系统架构者、设计者、实施者或用户提供他们所需的安全信息。信息包括安全架构、设计或实施可选方案以及安全指南。应根据 PEN_ISR“确定安全要求”中标识的安全需求,开发、分析、提供并与组织成员协调这些输入。

本工程保障的目标是:

a) 检查与安全相关的所有系统问题,并根据安全目标解决这些问题;

b) 项目组的所有成员都理解安全问题,他们才能各司其职;

c) 解决方案反映了提供的安全输入。

7.3.2.5.2 理解安全输入要求(PEN_PSI.1)

与设计者、开发者以及用户合作来确保参与方对安全输入需求有共同的理解。

安全工程与其他学科相协调来决定有助于那些学科的安全输入的类型。安全输入包括各类指南、设计、文档,以及其他学科需要考虑的与安全相关的概念。输入可以采用多种形式,包括文档、备忘录、电子邮件、培训和咨询。

这些输入基于 PEN_ISR"确定安全要求"中的需求。例如,可能需要为软件工程师开发一系列安全规则。其中一些输入与环境相关更甚于系统。

7.3.2.5.3 确定安全约束和考虑(PEN_PSI.2)

确定工程选择方案所需的安全约束和考虑。

本工程保障控制组件的目标是要标识出用于得出成熟的工程可选方案的所有安全约束和考虑。安全工程组进行分析以确定要求、设计、实施、配置和文档化的所有安全约束和考虑。标识约束可以在系统生命周期的所有时间。可以以多种不同的抽象程度来标识。注意这些约束既可能是积极的(总是如此),也可能是消极的(决不如此)。

7.3.2.5.4 标识安全选项(PEN_PSI.3)

标识安全工程问题的可选方案。

本工程保障控制组件的目标是要标识安全工程问题的可选方案。本过程是反复进行的,并将安全要求转化到实施中。这些解决方案可以有多种形式,例如架构、模型和原型。本安全工程保障控制组件涉及分解、分析和重组安全要求直至标识出有效的可选解决方案。

7.3.2.5.5 分析工程选项的安全性(PEN_PSI.4)

应用安全约束和考虑来分析和优先级排列工程可选方案。

本工程保障控制组件的目的是要分析和按优先级排列工程可选解决方案。使用确定安全约束和考虑(PEN_PSI.2)中标识出的安全约束和考虑,安全工程师可以评估每个工程可选解决方案并为工程组提出建议。安全工程师也应考虑来自其他工程组的工程指南。

这些工程可选解决方案不局限于已标识出的安全可选解决方案(PEN_PSI.3),也可以包括来自其他学科的可选解决方案。

7.3.2.5.6 提供安全工程指南(PEN_PSI.5)

向其他工程组提供安全指南。

本工程保障控制组件的目标是要开发安全指南并提供给工程组。工程组使用安全工程指南来做出选择架构、设计和实施的决定。

7.3.2.5.7 提供运行安全指南(PEN_PSI.6)

向运行系统的用户和管理员提供安全指南。

本工程保障控制组件的目的是要开发安全指南并提供给系统用户和管理员。本运行指南告诉用户和管理员安全地安装、配置、操作和废弃系统必须做什么。为确保这成为可能,应在生命周期早期开始开发运行安全指南。

7.3.2.6 监视安全态势(PEN_MSP)

7.3.2.6.1 工程保障目标

监视安全态势的目标是要确保标识和报告所有的违规、尝试违规或可能导致违背安全的错误。监视外部和内部环境的所有可能影响系统安全的因素。

监视安全态势的目标是:

a) 检测和跟踪内部、外部安全事件；

b) 按照策略响应事故；

c) 按照安全目标标识和处理运行安全态势的变更。

7.3.2.6.2 分析事件记录(PEN_MSP.1)

分析事件记录来确定事件的起因、如何处理事件，以及将来可能出现的事件。

检查安全相关信息的历史记录和事件记录(由日志记录组成)。应标识感兴趣的事件以及关联事件和各种记录的因素。于是多条事件记录可以被融合为一条记录。

7.3.2.6.3 监视变化(PEN_MSP.2)

监视威胁、脆弱性、影响、风险和环境的变化。

检查任何可能正面或负面影响当前安全态势效果的变更。

任何系统实现的安全应与其内部、外部环境相关的威胁、脆弱性、影响和风险相关联。这些都不是静态的，变更会影响系统安全的有效性和适当性。必须监视所有变更，分析变更以评估它们对安全有效性的重要程度。

7.3.2.6.4 标识安全突发事件(PEN_MSP.3)

标识安全相关的事故。

确定是否发生了安全事故，标识详细情况，如果有必要的话产生一份报告。检测安全事故可能使用历史事件数据、系统配置数据、完整性工具和其他的系统信息。由于某些事故的发生持续一段很长的时间，所以此分析很可能要随时间推移对比系统的状态。

7.3.2.6.5 监视安全防护措施(PEN_MSP.4)

监视安全保护措施的性能和功能的有效性。

检查保护措施的性能，以标识保护措施性能的变化。

7.3.2.6.6 评审安全态势(PEN_MSP.5)

检查系统的安全态势来标识必要的变更。

系统的安全态势会因威胁环境、运行需求和系统配置的变化而变化。本实践复查实施安全的原因，以及其他原则实施安全的要求。

7.3.2.6.7 管理安全突发事件响应(PEN_MSP.6)

管理对安全突发事件的响应。

通常，系统的持续可用性是很关键的。许多事件不能预防，因此响应破坏的能力是必需的。应急计划要求标识系统失去功能性的最长时间；标识系统功能的关键元件；标识和开发恢复战略和计划；计划的测试；计划的维护。

有时，意外事件计划包括事故响应和对抗敌对源(例如病毒、黑客等)的活动。

7.3.2.6.8 保护安全监视的记录数据(PEN_MSP.7)

确保适当地保护安全监视的记录数据。

如果监视活动的结果不可靠那么就没意义了。本活动包括相关日志、审计报告及相关分析的封装和归档。

7.3.2.7 管理安全控制(PEN_MSC)

7.3.2.7.1 工程保障目标

管理安全控制的目标是确保系统预想的安全已被集成到系统设计中，最终的运行状态中的系统也确实达到了这种安全要求。

管理安全控制的目标是正确配置和使用安全控制措施。

7.3.2.7.2 建立安全职责(PEN_MSC.1)

建立安全控制措施的职责和可确认性，并传达到组织中的每个人。

安全的某些方面可以在常规管理框架下进行管理,然而另外一些方面则需要更专业的管理。

规程应确保用可追溯并被授权执行的职责来管理安全问题。也应确保所采用的任何安全控制措施都清晰并持续起作用。另外,还应确保无论采用什么组织结构都传达到不仅是组织结构内部而是整个组织范围。

7.3.2.7.3 **管理安全配置**(PEN_MSC.2)

管理系统安全控制措施的配置。

所有设备的安全配置都需要管理。最佳基本实践认为系统安全很大程度上依赖于相关的组件(硬件、软件和规程),常规的配置管理不能了解使系统安全所需的相互依赖关系。

7.3.2.7.4 **管理安全意识、培训和教育大纲**(PEN_MSC.3)

管理所有用户和管理员的安全意识、培训和教育程序。

所有员工的安全意识、培训和教育需要以与其他意识、培训和教育相同的方式进行管理。

7.3.2.7.5 **管理安全服务及控制机制**(PEN_MSC.4)

管理对安全服务和控制机制的定期维护和管理。

安全服务和机制的一般管理类似于其他服务和机制的管理。包括保护服务和机制不受有意或无意的破坏的措施,成文时要符合法律和策略的要求。

7.3.2.8 **协调安全**(PEN_COS)

7.3.2.8.1 **工程保障目标**

协调安全的目的是确保各方了解并参与到安全工程活动中。安全工程不可能孤立地取得成功,所以本活动很关键。协调包括在所有项目人员和外部组之间保持开放的沟通。可以使用各种机制在各方之间协调和沟通安全工程的决定和建议,这些机制包括备忘录、文档、电子邮件、会议和工作小组。

协调安全的目标:

a) 项目组的所有成员深入了解并参与到安全工程活动中以发挥其作用;

b) 沟通和整理安全决定和建议。

7.3.2.8.2 **定义协调目标**(PEN_COS.1)

定义安全工程协调目标和相互关系。

许多组需要了解并参与到安全工程活动中。通过检查项目结构、信息需求和项目要求,决定与这些组共享信息的目标。建立与其他组的关系和义务。成功的关系有很多种形式,但必须所有参与方接受。

7.3.2.8.3 **标识协调机制**(PEN_COS.2)

标识安全工程的协调机制。

有很多方法可以在所有工程组中共享安全工程的决定和建议。本活动标识项目安全协调的不同方法。

很多安全人员在同一个项目工作是很常见的。在这种情况下,所有安全工程师应朝一个共同的目标努力工作。需要如此进行接口标识、安全机制选择、培训和发展工作,以确保放入运行系统中时每个安全组件都按预期运行。另外,所有安全工程组必须理解安全工程工作和工程活动,以便清晰地将安全集成到系统中。客户也必须了解安全相关的事件和活动,以确保标识并适当处理要求。

7.3.2.8.4 **促进协调**(PEN_COS.3)

促进安全工程协调。

成功的关系有赖于良好促进。不同优先权的不同组之间的沟通可能会产生冲突。本工程保障控制组件确保以恰当的、建设性的方式解决争端。

7.3.2.8.5 **协调安全决定和建议**(PEN_COS.4)

用标识出的机制去协调有关安全的决定和建议。

本基本实践的目的在于在各种安全工程组织、其他工程组织、外部实体及其他合适的部门中沟通安全决定和建议。

7.3.3 安全工程保障控制类:保障过程(PAS)

7.3.3.1 验证和确认安全(PAS_VVS)

7.3.3.1.1 工程保障目标

验证和确认安全的目的是要确保解决方案验证和确认了安全。通过观察、演示、分析和测试,根据安全要求、架构和设计来验证解决方案。根据客户的运行安全需求来确认解决方案。

验证和确认安全的目标:

a) 解决方案满足安全要求;

b) 解决方案满足用户的运行安全需求。

7.3.3.1.2 标识验证和确认的目标(PAS_VVS.1)

标识用于验证和确认的解决方案。

本工程保障控制组件的目的是要分别标识验证和确认的对象。验证说明正确实施了解决方案,而确认说明解决方案是有效的。这涉及在整个生命周期与所有工程组协调。

7.3.3.1.3 定义验证和确认方法(PAS_VVS.2)

定义验证和确认每种解决方案的方法及严密程度。

本工程保障控制组件的目标是要定义验证和确认每种解决方案的方法及严密程度。标识方法涉及选择如何验证和确认每项要求。严密程度应表明验证和确认工作的详细审查应如何严格,同时也受到来自 PAS_EAE“建立保证证据”的保障战略的输出的影响。例如,有些项目可能要求粗略检查与要求的一致性,而另外一些可能要求更严格的检查。

方法学也应包括:从客户运行安全需求、到安全要求、到解决方案、到验证和确认结果的持续可追溯的方法。

7.3.3.1.4 执行验证(PAS_VVS.3)

验证解决方案贯彻了先前抽象的要求。

本工程保障控制组件的目标是要验证解决方案是正确的,通过说明它实现了先前抽象的要求,包括 PAS_EAE“建立保证证据”中的保障要求。有很多验证要求的方法,包括测试、分析、观察和演示。所使用的方法在 PAS_VVS.2“定义验证和确认的方法”中标识。不仅要检查单独的要求,还要检查整体系统。

7.3.3.1.5 执行确认(PAS_VVS.4)

确认解决方案,表明解决方案满足了先前抽象的需求,最终满足了客户的运行安全需求。

本工程保障控制组件的目的是要确认解决方案满足先前抽象的需求。确认说明解决方案有效地满足了这些需求。有很多方法确认满足了这些需求,包括在运行或典型测试设置环境中测试解决方案。所使用的方法在 PAS_VVS.2“定义验证和确认的方法”中标识。

7.3.3.1.6 提供验证和确认的结果(PAS_VVS.5)

为其他工程组收集验证和确认结果。

本工程保障控制组件的目标是要收集并提供验证和确认的结果。应以易于理解和使用的方式提供验证和确认的结果。应追溯结果,以表明从需求、到要求、到解决方案和到测试结果的可追溯性没有丧失。

7.3.3.2 建立保证证据(PAS_EAE)

7.3.3.2.1 工程保障目标

建立保证论据的目标是要清楚地传达已经满足了客户的安全需求。保证论据是一系列固定的保证目标,这些保证目标由来自各种来源和抽象程度的保障证据的组合所支持。

本过程包括标识和定义保证要求;证据的产生和分析活动;以及支持保证要求所需的其他证据活动。另外,要收集、包装和准备呈现这些活动收集到的证据。

本安全保障控制子类的目标是工作产品和过程清楚地提供已经满足了客户安全需求的证据。

7.3.3.2.2 **标识保证目标**(PAS_EAE.1)

由客户确定保证目标,标识系统所需的信心度。系统安全保证目标描述贯彻系统安全策略的信心度。目标的充分性由开发者、集成者和客户确定。

标识新的以及修改已有的安全保证目标要与所有安全组织协调一致,包括工程组织内的组以及工程组织外的组(例如,客户、系统安全认证者、用户)。

安全保证目标要更新以反映变更。修改安全保证目标的变更,例如:客户、系统安全认证者或用户可接受的风险级别的变更,需求或需求的解释的变更。

必须沟通以明确安全保证目标。如有必要应适当进行解释。

7.3.3.2.3 **定义保证策略**(PAS_EAE.2)

定义所有保证目标对应的安全保证策略。

安全保证策略的目标是要规划并确保实施和正确贯彻安全目标。通过安全保证策略的实施产生的证据应对系统安全度量足够管理安全风险有适度信心。需要通过安全策略的开发和制定,有效地管理保证活动。提早标识和定义保证需求是产生必要的支撑证据的关键。通过持续的外部协调,理解和监视客户保障需求的满意度,确保高质量的保障。

7.3.3.2.4 **控制保证证据**(PAS_EAE.3)

标识和控制安全保证证据。

通过与所有安全工程过程域交互作用来标识不同抽象程度的证据,按照安全保证策略中所定义的那样收集安全保证证据。控制这些证据以确保已有工作产品流行开来以及与安全保证目标的相关性。

7.3.3.2.5 **分析证据**(PAS_EAE.4)

安全保障证据的分析。

进行保证证据分析,以提供这样的信心:收集的证据满足安全目标进而满足客户的安全需求。保证证据的分析决定若要推断满意地实施了安全特征和机制,系统安全工程和安全验证过程是否足够充分和全面。另外,分析证据以确保工程结果相对基线系统是全面、正确的。如果保证证据不充分,这种分析可能有必要对系统和支撑安全目标的安全工作产品及过程进行修正。

7.3.3.2.6 **提供保证证据**(PAS_EAE.5)

提供说明满足了客户的安全需求的安全保障论据。

开发全面的保证论据来说明与安全保证目标一致并提供给客户。保证论据是一系列固定的由不同抽象程度的保证证据组合支撑的保障目标。应检查保证论据的证据展示的不足和满足安全保证目标的不足。

附 录 A
（规范性附录）
网上证券系统信息安全保障符合性

信息安全保障必须从信息系统(即用于采集、处理、存储、传输、分发和部署信息的整个基础设施、组织结构、人员和组件的总和)出发,结合系统的特点,以风险和策略为出发点和核心,通过在信息系统生命周期中对技术、工程、管理和人员进行保证,确保信息的保密性、完整性和可用性特征,从而实现和贯彻组织机构策略并将风险降低到可接受的程度,达到保护信息和信息系统资产,从而保障实现系统使命的最终目的。

信息系统安全保障符合性声明是信息系统安全保障要求进行评估的依据。这些依据将支持:本要求是一个完整、紧密结合的要求集合,满足本要求的 TOE 在安全环境内提供一组有效的信息系统安全模型。

本符合性声明包含两部分:

——安全保障目的符合性声明:描述了第 6 章 安全保障目的中所描述的安全目的可追溯到第 5 章 安全环境中所指明的假设、威胁和策略中所指明的所有方面,并能覆盖所有这些方面。

——安全保障要求符合性声明:描述了第 7 章 安全保障要求中所提出的技术、管理和工程要求是满足第 6 章 安全保障目的中所描述的安全保障目的。

A.1 安全保障目的符合性声明

信息系统涉及技术、管理和工程,因此需要建立信息系统安全目的同技术、管理和工程目标的对应表,将信息系统安全目的分解为技术、管理和工程目标。表 A.1“安全保障技术目标与威胁、策略的对应表”和表 A.2“安全保障管理目标、安全保障工程目标和威胁、策略的对应表”说明了技术、管理和工程的安全目标能对应所有可能的威胁和组织安全策略:即每一种威胁和组织安全策略都至少有一个或一个以上安全目标与其对应,因此是完备的;没有一个安全目标没有相应的威胁和组织安全策略与之对应,这证明每一个安全目标都是必要的;没有多余的安全目标不对应威胁和组织安全策略,因此说明了安全目标是充分的。

A.2 安全保障要求符合性声明

表 A.3“安全保障技术目标和安全保障技术要求映射”、表 A.4“安全保障管理目标和安全保障管理要求映射”和表 A.5“安全保障工程目标和安全保障工程要求映射”说明了安全要求的充分必要性基本原理,即每一个安全目标都至少有一个安全要求(包括功能要求或保证要求)组件与其对应,每一个安全要求都至少解决了一个安全目标,因此安全要求对安全目标而言是充分和必要的。

表 A.1 安全保障技术目标与威胁、策略的对应表

威胁、策略	安全保障技术目标																																
	OT-1	OT-2	OT-3	OT-4	OT-5	OT-6	OT-7	OT-8	OT-9	OT-10	OT-11	OT-12	OT-13	OT-14	OT-15	OT-16	OT-17	OT-18	OT-19	OT-20	OT-21	OT-22	OT-23	OT-24	OT-25	OT-26	OT-27	OT-28	OT-29	OT-30	OT-31	OT-32	OT-33
T-1	√	√	√	√	√	√	√	√	√	√	√	√	√	√	√	√	√	√	√	√	√		√	√								√	
T-2				√						√				√			√	√															√
T-3										√	√						√	√	√			√											
T-4														√		√																	
T-5																					√												
T-6												√																					
T-7												√	√	√	√																		
T-8											√										√				√		√						
T-9											√																						√
T-10						√	√				√	√	√	√	√						√												√
T-11	√	√	√									√																				√	
T-12														√																			
T-13										√												√											
T-14		√				√	√					√												√								√	√
T-15				√						√											√	√			√			√					√
T-16																																	
T-17	√																								√	√				√			
T-18	√		√																							√				√			
T-19																															√		
T-20																															√		
T-21																√							√										√
T-22												√		√							√		√										√

表 A.1(续)

威胁、策略	安全保障技术目标																																
	OT-1	OT-2	OT-3	OT-4	OT-5	OT-6	OT-7	OT-8	OT-9	OT-10	OT-11	OT-12	OT-13	OT-14	OT-15	OT-16	OT-17	OT-18	OT-19	OT-20	OT-21	OT-22	OT-23	OT-24	OT-25	OT-26	OT-27	OT-28	OT-29	OT-30	OT-31	OT-32	OT-33
T-23												√	√	√	√									√									√
T-24											√								√		√												
T-25											√																						
T-26																									√								
T-27											√							√	√		√												
T-28										√									√								√		√				
T-29				√	√																												√
P-1	√	√	√	√	√	√	√	√	√	√	√	√	√	√	√	√	√	√	√	√	√	√	√	√	√	√	√	√	√	√	√	√	√
P-2	√	√		√	√	√	√	√	√			√																					
P-3	√	√		√	√					√	√									√	√	√	√		√		√						
P-4	√																			√	√		√				√		√		√		
P-5										√	√						√	√	√														
P-6																√																	
P-7	√		√					√	√											√						√	√			√		√	
P-8	√															√																	√
P-9						√	√		√			√		√	√	√								√									
P-10										√	√																						
P-11	√	√																														√	√
P-12								√				√	√		√																		
P-13												√										√											
P-14										√	√						√	√	√						√			√					
P-15										√	√						√	√	√		√												
P-16	√	√	√													√																	

表 A.2 安全保障管理目标、安全保障工程目标和威胁、策略的对应表

威胁、策略	安全保障管理目标、安全保障工程目标																		
	OM-1	OM-2	OM-3	OM-4	OM-5	OM-6	OM-7	OM-8	OM-9	OM-10	OM-11	OM-12	OM-13	OP-1	OP-2	OP-3	OP-4	OP-5	OP-6
T-1		√				√					√			√	√	√	√	√	√
T-2		√				√			√										√
T-3		√				√			√										√
T-4		√				√	√												√
T-5		√				√				√									
T-6		√	√						√										
T-7	√	√	√																
T-8		√	√					√		√									
T-9		√																	√
T-10		√							√	√	√								
T-11		√								√			√						
T-12		√																	
T-13		√				√													√
T-14		√											√						
T-15		√	√						√				√						
T-16		√							√				√						
T-17		√							√										
T-18		√							√										
T-19		√							√				√						
T-20		√											√						
T-21													√						
T-22		√							√	√									

表 A.2(续)

威胁、策略	安全保障管理目标、安全保障工程目标																		
	OM-1	OM-2	OM-3	OM-4	OM-5	OM-6	OM-7	OM-8	OM-9	OM-10	OM-11	OM-12	OM-13	OP-1	OP-2	OP-3	OP-4	OP-5	OP-6
T-23		√				√													
T-24		√							√										
T-25		√							√										
T-26		√							√										
T-27		√				√			√										
T-28		√							√										
T-29		√				√			√										
P-1	√	√	√	√	√	√	√	√	√	√	√	√	√	√	√	√	√	√	√
P-2		√											√						
P-3		√								√			√						
P-4		√											√						
P-5		√											√						
P-6		√											√						
P-7		√											√						
P-8		√				√							√	√	√	√	√	√	√
P-9		√									√		√						
P-10		√									√		√						
P-11		√											√					√	
P-12	√	√	√										√						
P-13		√											√						
P-14		√	√						√			√	√						
P-15		√											√						
P-16		√		√									√						

表 A.3 安全保障技术目标和安全保障技术要求映射

安全保障技术目标		安全保障技术要求																									
		FDP_ACC	FDP_ACF	FDP_DAU	FDP_IFC	FDP_IFF	FDP_ITC	FDP_RIP	FDP_UCT	FDP_UIT	FDP_ETC	FDP_SDI	FIA_UID	FIA_ATD	FIA_SOS	FIA_UAU	FIA_AFL	FIA_USB	FCO_NRO	FCO_NRR	FPT_ITC	FPT_ITI	FPT_RPL	FPT_SEP	FPT_SSP	FPT_STM	FPT_TDC
序号		1.	2.	3.	4.	5.	6.	7.	8.	9.	10.	11.	12.	13.	14.	15.	16.	17.	18.	19.	20.	21.	22.	23.	24.	25.	26.
端到端	OT-1					√							√	√													√
	OT-2	√														√			√	√	√	√			√		√
	OT-3						√																			√	
	OT-4		√	√																							
	OT-5		√	√	√																						
	OT-6					√			√				√	√	√											√	
	OT-7					√			√				√	√	√											√	
	OT-8																		√							√	√
	OT-9	√	√																							√	
本地计算环境	OT-10	√	√			√																					√
	OT-11	√				√						√									√	√					√
	OT-12																									√	
	OT-13	√	√	√																							
	OT-14		√	√	√																					√	
	OT-15					√			√				√	√	√											√	
	OT-16					√			√				√	√	√												
	OT-17																		√								√
	OT-18							√																			
	OT-19							√																			
系统边界	OT-20		√			√																					
	OT-21		√																								
	OT-22		√																								
	OT-23		√																								
	OT-24					√																				√	
网络基础设施	OT-25																									√	√
	OT-26					√																					√
	OT-27																										
	OT-28		√	√																							
	OT-29		√	√	√																						
	OT-30					√			√				√	√	√												
	OT-31		√			√			√				√	√	√												
支撑性基础设施	OT-32																		√								√
	OT-33																									√	

表 A.3(续)

安全保障技术目标		安全保障技术要求																									
		FPT_AMT	FPT_FLS	FPT_ITT	FPT_RCV	FPT_RVM	FTA_MCS	FTA_TAH	FAU_ARP	FAU_GEN	FAU_SAA	FAU_SAR	FAU_STG	FMT_MOF	FMT_MSA	FMT_SAE	FTP_ITC	FMT_MOF	FMT_MSA	FMT_MTD	FMT_SAE	FMT_SMR	FTP_ITC	FCS_CKM	FCS_COP	FRU_FLT	FRU_RSA
序号		27.	28.	29.	30.	31.	32.	33.	34.	35.	36.	37.	38.	39.	40.	41.	42.	43.	44.	45.	46.	47.	48.	49.	50.	51.	52.
端到端	OT-1																							√			
	OT-2								√																		
	OT-3																							√	√		
	OT-4		√	√																							
	OT-5		√	√	√			√				√															
	OT-6					√					√	√	√					√		√	√	√					
	OT-7					√					√	√	√					√		√	√	√					
	OT-8																						√			√	√
	OT-9																√										
本地计算环境	OT-10																			√							√
	OT-11					√														√							√
	OT-12		√			√																					
	OT-13		√	√																							
	OT-14		√	√	√																						
	OT-15				√	√			√				√	√	√					√							
	OT-16					√			√				√	√	√												
	OT-17				√								√						√								√
	OT-18				√								√														
	OT-19				√																						
系统边界	OT-20												√							√							
	OT-21																			√							
	OT-22																										
	OT-23																										
	OT-24								√	√	√	√	√														
网络基础设施	OT-25																			√							√
	OT-26					√														√					√		√
	OT-27																			√							
	OT-28		√	√																√							
	OT-29		√	√	√															√							
	OT-30					√			√				√	√	√					√							
	OT-31					√			√				√	√	√					√							
支撑性基础设施	OT-32																		√					√	√		√
	OT-33								√	√	√	√	√														

表 A.4 安全保障管理目标和安全保障管理要求映射

安全保障管理目标	安全保障管理要求											
	MSO	MSP	MPS	MRM	MSD	MAM	MPE	MOP	MSP	MBD	MCM	MER
OM-1	√											
OM-2		√										
OM-3			√									
OM-4		√										
OM-5				√								
OM-6					√							
OM-7						√						
OM-8							√					
OM-9								√				
OM-10									√			
OM-11										√		
OM-12											√	
OM-13												√

表 A.5 安全保障工程目标和安全保障工程要求映射

安全保障工程目标	安全保障工程要求														
	PRM_SDF	PRM_ATT	PRM_AVL	PRM_AIM	PRM_ASR	PEN_ISR	PEN_HSD	PEN_DSD	PEN_SEE	PEN_PSI	PEN_MSP	PEN_MSC	PEN_COS	PAS_VVS	PAS_EAE
OP-1	√	√	√	√	√										
OP-2						√	√								
OP-3								√	√						
OP-4										√	√				
OP-5												√	√	√	√
OP-6															

参 考 文 献

[1] GB/T 19000—2000 质量管理体系 基础和术语(idt ISO 9000:2000)

[2] GB/T 19001—2000 质量管理体系 要求(idt ISO 9001:2000)

[3] GB/T 19004—2000 质量管理体系 业绩改进指南(idt ISO 9004:2000)

[4] ISO/IEC TR 15443-1：2005，A framework for IT Security assurance - Part 1：Overview and framework

[5] ISO/IEC TR 15443-2：2005，A framework for IT Security assurance - Part 2：Assurance methods

[6] ISO/IEC WD 15443-3，A framework for IT security assurance - Part 3：Analysis of assurance methods

[7] ISO/IEC PDTR 19791：2004，Information technology - Security techniques - Security assessment of operational systems

[8] Information Assurance Technical Framework，Release 3.1，National Security Agency Information Assurance Solutions Technical，September 2002

[9] ISO/IEC 17799:2005 Information technology — Security techniques — Code of practice for information security management

[10] ISO/IEC 13335-1：2004 Information technology — Security techniques — Management of information and communications technology security (MICTS) - Part 1：Concepts and models for information and communications technology security management

[11] ISO/IEC 4th WD 13335-2：2004，Management of information and communications technology security (MICTS) - Part 2：Techniques for information and communications technology security risk management

[12] ISO/IEC 1st CD 18028-1：2004，Information technology - Security techniques - IT network security - Part 1：Network security management

[13] ISO/IEC FCD 18028-2：2004，Information technology - Security techniques - IT network security - Part 2：Network security architecture

[14] ISO/IEC FCD 18028-3：2004，Information technology - Security techniques - IT network security - Part 3：Securing communications between networks using security gateways

[15] ISO/IEC 18028-4:2005，Information technology - Security techniques - IT network security - Part 4：Remote access

[16] ISO/IEC 1st CD 18028-5：2004，Information technology - Security techniques - IT network security - Part 5：Securing communications across networks using Virtual Private Networks

[17] NIST Special Publication 800-18，Guide for Developing Security Plans for Information Technology Systems，November 2001

[18] NIST Special Publication 800-30 Risk Management Guide for Information Technology Systems，January 2002

[19] NIST Special Publication 800-34 Continuity Planning Guide for Information Technology System，June 2002

[20] NIST Special Publication 800-50, Building an Information Security Awareness and Training Program, October 2003

[21] NIST Special Publication 800-64, Security Considerations in the Information System Development Life Cycle, October 2003

[22] NIST Special Publication 800-53, Recommended Security Controls for Federal Information Systems, Feberuary 2005

[23] OECD Guidelines for Security of Information Systems and Networks: 'Toward a Culture of Security', 2002

[24] NSTISSI No. 4009 National Information Systems Security (INFOSEC) Glossary

[25] Carnegie Mellon University/Software Engineering Institute, CMU/SEI-2002-TR-011, CMMI℠ for Systems Engineering, Software Engineering, Integrated Product and Process Development, and Supplier Sourcing(CMMI-SE/SW/IPPD/SS, V1.1) Continuous Representation, CMMI Product Team, March 2002

[26] Carnegie Mellon University/Software Engineering Institute, CMU/SEI-2002-TR-012, CMMI℠ for Systems Engineering, Software Engineering, Integrated Product and Process Development, and Supplier Sourcing(CMMI-SE/SW/IPPD/SS, V1.1) Staged Representation, CMMI Product Team, March 2002

[27] System Security Engineering Capability Maturity Model (SSE-CMM®) Model Description Document, Version 3.0, June 15, 2003

[28] System Security Engineering Capability Maturity Model (SSE-CMM®) Appraisal Method, Version 2.0, April 16, 1999

[29] CoBIT®, 3rd Edition, Management Guidelines, COBIT Steering Committee and the IT Governance Institute™, July 2000

[30] CoBIT®, 3rd Edition, Audit Guidelines, COBIT Steering Committee and the IT Governance Institute™, July 2000

[31] CoBIT®, 3rd Edition, Control Objectives, COBIT Steering Committee and the IT Governance Institute™, July 2000

[32] Department of Defense Technical Reference Model, Version 2.0, 9 April 2001

[33] Department of Defense Technical Architecture Framework for Information Management, Volume 1: Overview, Version 3.0, 30 April 1996

[34] DoD Architecture Framework, Version 1.0, DoD Architecture Framework Working Group, August 2003

ICS 35.040
L 80

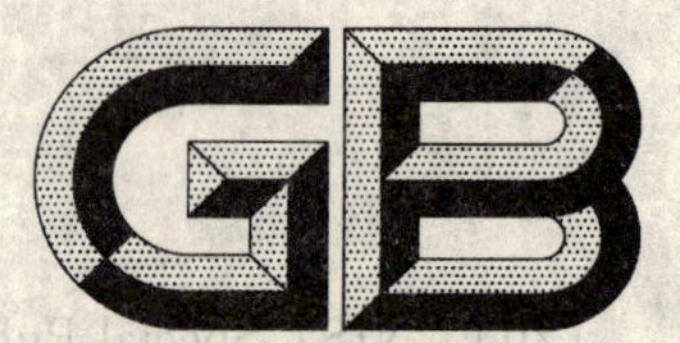

中华人民共和国国家标准

GB/T 20988—2007

信息安全技术 信息系统灾难恢复规范

Information security technology—Disaster recovery specifications for information systems

2007-06-14 发布　　　　2007-11-01 实施

中华人民共和国国家质量监督检验检疫总局
中国国家标准化管理委员会　发布

前　言

本标准的附录A是规范性附录，附录B和附录C是资料性附录。

本标准由全国信息安全标准化技术委员会提出并归口。

本标准起草单位：中国信息安全产品评测认证中心。

本标准主要起草人：汪琪、熊四皓、张利、刘艳、郭全明、许强、李伟华、李建彬、谈松、刘建明、刘祖泷、江志强、徐强、冷飚、刘山泉、黄伟、于健、刘东红、上官晓丽。

引　言

本标准参照和借鉴GB/T 19716《信息技术　信息安全管理实用规则》、GB/T 20984《信息安全技术　信息安全风险评估规范》、DRI International(国际灾难恢复协会)《Professional Practices for Business Continuity Planners》和《Business Continuity Glossary》、ISACA(信息系统审计与控制协会)《COBIT Management Guidelines》、NIST(美国国家标准和技术学会)《SP 800-34 Contingency Planning Guide for Information Technology Systems》和在1992年SHARE78会议议题M028上提出的远程站点分级等的有关内容和思想,结合国家重要信息系统行业技术发展和实践经验制定而成。

信息系统灾难恢复能力等级与恢复时间目标(RTO)和恢复点目标(RPO)具有一定的对应关系,各行业可根据行业特点和信息技术的应用情况制定相应的灾难恢复能力等级要求和指标体系。

信息安全技术
信息系统灾难恢复规范

1 范围

本标准规定了信息系统灾难恢复应遵循的基本要求。

本标准适用于信息系统灾难恢复的规划、审批、实施和管理。

2 规范性引用文件

下列文件中的条款通过本标准的引用而成为本标准的条款。凡是注日期的引用文件，其随后所有的修改单(不包括勘误的内容)或修订版均不适用于本标准，然而，鼓励根据本标准达成协议的各方研究是否可使用这些文件的最新版本。凡是不注日期的引用文件，其最新版本适用于本标准。

GB/T 5271.8 信息技术 词汇 第8部分：安全

GB/T 20984 信息安全技术 信息安全风险评估规范

3 术语和定义

GB/T 5271.8确立的以及下列术语和定义适用于本标准。

3.1

灾难备份中心 backup center for disaster recovery

备用站点 alternate site

用于灾难发生后接替主系统进行数据处理和支持**关键业务功能**(3.6)运作的场所，可提供**灾难备份系统**(3.3)、备用的基础设施和专业技术支持及运行维护管理能力，此场所内或周边可提供备用的生活设施。

3.2

灾难备份 backup for disaster recovery

为了**灾难恢复**(3.9)而对数据、数据处理系统、网络系统、基础设施、专业技术支持能力和运行管理能力进行备份的过程。

3.3

灾难备份系统 backup system for disaster recovery

用于**灾难恢复**(3.9)目的，由数据备份系统、备用数据处理系统和备用的网络系统组成的信息系统。

3.4

业务连续管理 business continuity management

BCM

为保护组织的利益、声誉、品牌和价值创造活动，找出对组织有潜在影响的威胁，提供建设组织有效反应恢复能力的框架的整体管理过程。包括组织在面临灾难时对恢复或连续性的管理，以及为保证业务连续计划或灾难恢复预案的有效性的培训、演练和检查的全部过程。

3.5

业务影响分析 business impact analysis

BIA

分析业务功能及其相关信息系统资源、评估特定灾难对各种业务功能的影响的过程。

3.6

关键业务功能　critical business functions

如果中断一定时间，将显著影响组织的正常运作，导致组织的主要职能或服务无法开展。

3.7

数据备份策略　data backup strategy

为了达到数据恢复和重建目标所确定的备份步骤和行为。通过确定备份时间、技术、介质和场外存放方式，以保证达到**恢复时间目标**(3.18)和**恢复点目标**(3.19)。

3.8

灾难　disaster

由于人为或自然的原因，造成信息系统严重故障或瘫痪，使信息系统支持的业务功能停顿或服务水平不可接受、达到特定的时间的突发性事件。通常导致信息系统需要切换到**灾难备份中心**(3.1)运行。

3.9

灾难恢复　disaster recovery

为了将信息系统从**灾难**(3.8)造成的故障或瘫痪状态恢复到可正常运行状态、并将其支持的业务功能从灾难造成的不正常状态恢复到可接受状态，而设计的活动和流程。

3.10

灾难恢复预案　disaster recovery plan

定义信息系统灾难恢复过程中所需的任务、行动、数据和资源的文件。用于指导相关人员在预定的灾难恢复目标内恢复信息系统支持的关键业务功能。

3.11

灾难恢复规划　disaster recovery planning

DRP

为了减少灾难带来的损失和保证信息系统所支持的**关键业务功能**(3.6)在灾难发生后能及时恢复和继续运作所做的事前计划和安排。

3.12

灾难恢复能力　disaster recovery capability

在灾难发生后利用灾难恢复资源和灾难恢复预案及时恢复和继续运作的能力。

3.13

演练　exercise

为训练人员和提高灾难恢复能力而根据**灾难恢复预案**(3.10)进行活动的过程。包括桌面演练、模拟演练、重点演练和完整演练等。

3.14

场外存放　offsite storage

将存储介质存放到离**主中心**(3.15)有一定安全距离的物理地点的过程。

3.15

主中心　primary center

主站点　primary site

生产中心　production center

主系统所在的数据中心。

3.16

主系统　primary system

生产系统　production system

正常情况下支持组织日常运作的信息系统。包括主数据、主数据处理系统和主网络。

3.17

区域性灾难　regional disaster

造成所在地区或有紧密联系的邻近地区的交通、通信、能源及其他关键基础设施受到严重破坏，或大规模人口疏散的事件。

3.18

恢复时间目标　recovery time objective

RTO

灾难发生后，信息系统或业务功能从停顿到必须恢复的时间要求。

3.19

恢复点目标　recovery point objective

RPO

灾难发生后，系统和数据必须恢复到的时间点要求。

3.20

重续　resumption

灾难备份中心(3.1)替代**主中心**(3.15)，支持**关键业务功能**(3.6)重新运作的过程。

3.21

回退　return

复原　restoration

支持业务运作的信息系统从**灾难备份中心**(3.1)重新回到**主中心**(3.15)运行的过程。

4　灾难恢复概述

4.1　灾难恢复的工作范围

信息系统的灾难恢复工作，包括灾难恢复规划和灾难备份中心的日常运行、关键业务功能在灾难备份中心的恢复和重续运行，以及主系统的灾后重建和回退工作，还涉及突发事件发生后的应急响应。

其中，灾难恢复规划是一个周而复始、持续改进的过程，包含以下几个阶段：

——灾难恢复需求的确定；

——灾难恢复策略的制定；

——灾难恢复策略的实现；

——灾难恢复预案的制定、落实和管理。

4.2　灾难恢复的组织机构

4.2.1　组织机构的设立

信息系统的使用或管理组织(以下简称“组织”)应结合其具体情况建立灾难恢复的组织机构，并明确其职责。其中一些人可负责两种或多种职责，一些职位可由多人担任(灾难恢复预案中应明确他们的替代顺序)。

灾难恢复的组织机构由管理、业务、技术和行政后勤等人员组成，一般可设为灾难恢复领导小组、灾难恢复规划实施组和灾难恢复日常运行组。

组织可聘请具有相应资质的外部专家协助灾难恢复实施工作，也可委托具有相应资质的外部机构承担实施组以及日常运行组的部分或全部工作。

4.2.2　组织机构的职责

4.2.2.1　灾难恢复领导小组

灾难恢复领导小组是信息系统灾难恢复工作的组织领导机构，组长应由组织最高管理层成员担任。领导小组的职责是领导和决策信息系统灾难恢复的重大事宜，主要如下：

——审核并批准经费预算；

——审核并批准灾难恢复策略；

——审核并批准灾难恢复预案；

——批准灾难恢复预案的执行。

4.2.2.2 灾难恢复规划实施组

灾难恢复规划实施组的主要职责是负责：

——灾难恢复的需求分析；

——提出灾难恢复策略和等级；

——灾难恢复策略的实现；

——制定灾难恢复预案；

——组织灾难恢复预案的测试和演练。

4.2.2.3 灾难恢复日常运行组

灾难恢复日常运行组的主要职责是负责：

——协助灾难恢复系统实施；

——灾难备份中心日常管理；

——灾难备份系统的运行和维护；

——灾难恢复的专业技术支持；

——参与和协助灾难恢复预案的教育、培训和演练；

——维护和管理灾难恢复预案；

——突发事件发生时的损失控制和损害评估；

——灾难发生后信息系统和业务功能的恢复；

——灾难发生后的外部协作。

4.3 灾难恢复规划的管理

组织应评估灾难恢复规划过程的风险、筹备所需资源、确定详细任务及时间表、监督和管理规划活动、跟踪和报告任务进展以及进行问题管理和变更管理。

4.4 灾难恢复的外部协作

组织应与相关管理部门、设备及服务提供商、电信、电力和新闻媒体等保持联络和协作，以确保在灾难发生时能及时通报准确情况和获得适当支持。

4.5 灾难恢复的审计和备案

灾难恢复的等级评定、灾难恢复预案的制定，应按有关规定进行审计和备案。

5 灾难恢复需求的确定

5.1 风险分析

风险分析的主要内容包括：标识信息系统的资产价值，识别信息系统面临的自然的和人为的威胁，识别信息系统的脆弱性，分析各种威胁发生的可能性并定量或定性描述可能造成的损失，识别现有的风险防范和控制措施。通过技术和管理手段，防范或控制信息系统的风险。依据防范或控制风险的可行性和残余风险的可接受程度，确定对风险的防范和控制措施。信息系统风险评估方法可参考GB/T 20984。

5.2 业务影响分析

5.2.1 分析业务功能和相关资源配置

对组织的各项业务功能及各项业务功能之间的相关性进行分析，确定支持各种业务功能的相应信息系统资源及其他资源，明确相关信息的保密性、完整性和可用性要求。

5.2.2 评估中断影响

应采用如下的定量和/或定性的方法，对各种业务功能的中断造成的影响进行评估：

——定量分析：以量化方法，评估业务功能的中断可能给组织带来的直接经济损失和间接经济损失；

——定性分析：运用归纳与演绎、分析与综合以及抽象与概括等方法，评估业务功能的中断可能给组织带来的非经济损失，包括组织的声誉、顾客的忠诚度、员工的信心、社会和政治影响等。

5.3 确定灾难恢复目标

根据风险分析和业务影响分析的结果，确定灾难恢复目标，包括：

——关键业务功能及恢复的优先顺序；

——灾难恢复时间范围，即 RTO 和 RPO 的范围。

6 灾难恢复策略的制定

6.1 灾难恢复策略制定的要素

6.1.1 灾难恢复资源要素

支持灾难恢复各个等级所需的资源（以下简称“灾难恢复资源”）可分为如下 7 个要素：

——数据备份系统：一般由数据备份的硬件、软件和数据备份介质（以下简称“介质”）组成，如果是依靠电子传输的数据备份系统，还包括数据备份线路和相应的通信设备；

——备用数据处理系统：指备用的计算机、外围设备和软件；

——备用网络系统：最终用户用来访问备用数据处理系统的网络，包含备用网络通信设备和备用数据通信线路；

——备用基础设施：灾难恢复所需的、支持灾难备份系统运行的建筑、设备和组织，包括介质的场外存放场所、备用的机房及灾难恢复工作辅助设施，以及容许灾难恢复人员连续停留的生活设施；

——专业技术支持能力：对灾难恢复系统的运转提供支撑和综合保障的能力，以实现灾难恢复系统的预期目标。包括硬件、系统软件和应用软件的问题分析和处理能力、网络系统安全运行管理能力、沟通协调能力等；

——运行维护管理能力：包括运行环境管理、系统管理、安全管理和变更管理等；

——灾难恢复预案。

6.1.2 成本效益分析原则

根据灾难恢复目标，按照灾难恢复资源的成本与风险可能造成的损失之间取得平衡的原则（以下简称“成本风险平衡原则”）确定每项关键业务功能的灾难恢复策略，不同的业务功能可采用不同的灾难恢复策略。

6.1.3 灾难恢复策略的组成

灾难恢复策略主要包括：

——灾难恢复资源的获取方式；

——灾难恢复能力等级（见附录 A），或灾难恢复资源各要素的具体要求。

6.2 灾难恢复资源的获取方式

6.2.1 数据备份系统

数据备份系统可由组织自行建设，也可通过租用其他机构的系统而获取。

6.2.2 备用数据处理系统

可选用以下三种方式之一来获取备用数据处理系统：

——事先与厂商签订紧急供货协议；

——事先购买所需的数据处理设备并存放在灾难备份中心或安全的设备仓库；

——利用商业化灾难备份中心或签有互惠协议的机构已有的兼容设备。

6.2.3 备用网络系统

备用网络通信设备可通过6.2.2所述的方式获取；备用数据通信线路可使用自有数据通信线路或租用公用数据通信线路。

6.2.4 备用基础设施

可选用以下三种方式获取备用基础设施：

——由组织所有或运行；

——多方共建或通过互惠协议获取；

——租用商业化灾难备份中心的基础设施。

6.2.5 专业技术支持能力

可选用以下几种方式获取专业技术支持能力：

——灾难备份中心设置专职技术支持人员；

——与厂商签订技术支持或服务合同；

——由主中心技术支持人员兼任；但对于RTO较短的关键业务功能，应考虑到灾难发生时交通和通信的不正常，造成技术支持人员无法提供有效支持的情况。

6.2.6 运行维护管理能力

可选用以下对灾难备份中心的运行维护管理模式：

——自行运行和维护；

——委托其他机构运行和维护。

6.2.7 灾难恢复预案

可选用以下方式，完成灾难恢复预案的制定、落实和管理：

——由组织独立完成；

——聘请具有相应资质的外部专家指导完成；

——委托具有相应资质的外部机构完成。

6.3 灾难恢复资源的要求

6.3.1 数据备份系统

组织应根据灾难恢复目标，按照成本风险平衡原则，确定：

——数据备份的范围；

——数据备份的时间间隔；

——数据备份的技术及介质；

——数据备份线路的速率及相关通信设备的规格和要求。

6.3.2 备用数据处理系统

组织应根据关键业务功能的灾难恢复对备用数据处理系统的要求和未来发展的需要，按照成本风险平衡原则，确定备用数据处理系统的：

——数据处理能力；

——与主系统的兼容性要求；

——平时处于就绪还是运行状态。

6.3.3 备用网络系统

组织应根据关键业务功能的灾难恢复对网络容量及切换时间的要求和未来发展的需要，按照成本风险平衡原则，选择备用数据通信的技术和线路带宽，确定网络通信设备的功能和容量，保证灾难恢复时，最终用户能以一定速率连接到备用数据处理系统。

6.3.4 备用基础设施

组织应根据灾难恢复目标，按照成本风险平衡原则，确定对备用基础设施的要求，包括：

——与主中心的距离要求；

——场地和环境(如面积、温度、湿度、防火、电力和工作时间等)要求;

——运行维护和管理要求。

6.3.5 专业技术支持能力

组织应根据灾难恢复目标,按照成本风险平衡原则,确定灾难备份中心在软件、硬件和网络等方面的技术支持要求,包括技术支持的组织架构、各类技术支持人员的数量和素质等要求。

6.3.6 运行维护管理能力

组织应根据灾难恢复目标,按照成本风险平衡原则,确定灾难备份中心运行维护管理要求,包括运行维护管理组织架构、人员的数量和素质、运行维护管理制度等要求。

6.3.7 灾难恢复预案

组织应根据需求分析的结果,按照成本风险平衡原则,明确灾难恢复预案的:

——整体要求;

——制定过程的要求;

——教育、培训和演练要求;

——管理要求。

7 灾难恢复策略的实现

7.1 灾难备份系统技术方案的实现

7.1.1 技术方案的设计

根据灾难恢复策略制定相应的灾难备份系统技术方案,包含数据备份系统、备用数据处理系统和备用的网络系统。技术方案中所设计的系统,应:

——获得同主系统相当的安全保护;

——具有可扩展性;

——考虑其对主系统可用性和性能的影响。

7.1.2 技术方案的验证、确认和系统开发

为确保技术方案满足灾难恢复策略的要求,应由组织的相关部门对技术方案进行确认和验证,并记录和保存验证及确认的结果。

按照确认的灾难备份系统技术方案进行开发,实现所要求的数据备份系统、备用数据处理系统和备用网络系统。

7.1.3 系统安装和测试

按照经过确认的技术方案,灾难恢复规划实施组应制定各阶段的系统安装及测试计划,以及支持不同关键业务功能的系统安装及测试计划,并组织最终用户共同进行测试。确认以下各项功能可正确实现:

——数据备份及数据恢复功能;

——在限定的时间内,利用备份数据正确恢复系统、应用软件及各类数据,并可正确恢复各项关键业务功能;

——客户端可与备用数据处理系统通信正常。

7.2 灾难备份中心的选择和建设

7.2.1 选址原则

选择或建设灾难备份中心时,应根据风险分析的结果,避免灾难备份中心与主中心同时遭受同类风险。灾难备份中心包括同城和异地两种类型,以规避不同影响范围的灾难风险。

灾难备份中心应具有数据备份和灾难恢复所需的通信、电力等资源,以及方便灾难恢复人员和设备到达的交通条件。

灾难备份中心应根据统筹规划、资源共享、平战结合的原则,合理地布局。

7.2.2 基础设施的要求

新建或选用灾难备份中心的基础设施时：

——计算机机房应符合有关国家标准的要求；

——工作辅助设施和生活设施应符合灾难恢复目标的要求。

7.3 专业技术支持能力的实现

组织应根据灾难恢复策略的要求，获取对灾难备份系统的专业技术支持能力。

灾难备份中心应建立相应的技术支持组织，定期对技术支持人员进行技能培训。

7.4 运行维护管理能力的实现

为了达到灾难恢复目标，灾难备份中心应建立各种操作规程和管理制度，用以保证：

——数据备份的及时性和有效性；

——备用数据处理系统和备用网络系统处于正常状态，并与主系统的参数保持一致；

——有效的应急响应、处理能力。

7.5 灾难恢复预案的实现

7.5.1 灾难恢复预案的制定

灾难恢复预案的制定应遵循以下原则：

——完整性：灾难恢复预案（以下称预案）应包含灾难恢复的整个过程，以及灾难恢复所需的尽可能全面的数据和资料；

——易用性：预案应运用易于理解的语言和图表，并适合在紧急情况下使用；

——明确性：预案应采用清晰的结构，对资源进行清楚的描述，工作内容和步骤应具体，每项工作应有明确的责任人；

——有效性：预案应尽可能满足灾难发生时进行恢复的实际需要，并保持与实际系统和人员组织的同步更新；

——兼容性：灾难恢复预案应与其他应急预案体系有机结合。

在灾难恢复预案制定原则的指导下，其制定过程如下：

——起草：参照附录B灾难恢复预案框架，按照风险分析和业务影响分析所确定的灾难恢复内容，根据灾难恢复能力等级的要求，结合组织其他相关的应急预案，撰写出灾难恢复预案的初稿；

——评审：组织应对灾难恢复预案初稿的完整性、易用性、明确性、有效性和兼容性进行严格的评审。评审应有相应的流程保证；

——测试：应预先制定测试计划，在计划中说明测试的案例。测试应包含基本单元测试、关联测试和整体测试。测试的整个过程应有详细的记录，并形成测试报告；

——完善：根据评审和测试结果，纠正在初稿评审过程和测试中发现的问题和缺陷，形成预案的审批稿；

——审核和批准：由灾难恢复领导小组对审批稿进行审核和批准，确定为预案的执行稿。

7.5.2 灾难恢复预案的教育、培训和演练

为了使相关人员了解信息系统灾难恢复的目标和流程，熟悉灾难恢复的操作规程，组织应按以下要求，组织灾难恢复预案的教育、培训和演练：

——在灾难恢复规划的初期就应开始灾难恢复观念的宣传教育工作；

——预先对培训需求进行评估，包括培训的频次和范围，开发和落实相应的培训/教育课程，保证课程内容与预案的要求相一致，事后保留培训的记录；

——预先制定演练计划，在计划中说明演练的场景；

——演练的整个过程应有详细的记录，并形成报告；

——每年应至少完成一次有最终用户参与的完整演练。

7.5.3 灾难恢复预案的管理

经过审核和批准的灾难恢复预案，应按照以下原则进行保存和分发：

——由专人负责；

——具有多份拷贝在不同的地点保存；

——分发给参与灾难恢复工作的所有人员；

——在每次修订后所有拷贝统一更新，并保留一套，以备查阅；

——旧版本应按有关规定销毁。

为了保证灾难恢复预案的有效性，应从以下方面对灾难恢复预案进行严格的维护和变更管理：

——业务流程的变化、信息系统的变更、人员的变更都应在灾难恢复预案中及时反映；

——预案在测试、演练和灾难发生后实际执行时，其过程均应有详细的记录，并应对测试、演练和执行的效果进行评估，同时对预案进行相应的修订；

——灾难恢复预案应定期评审和修订，至少每年一次。

附 录 A
（规范性附录）
灾难恢复能力等级划分

A.1 第1级 基本支持

第1级灾难恢复能力应具有技术和管理支持，如表A.1所示。

表A.1 第1级——基本支持

要　　素	要　　求
数据备份系统	a) 完全数据备份至少每周一次； b) 备份介质场外存放。
备用数据处理系统	—
备用网络系统	—
备用基础设施	有符合介质存放条件的场地。
专业技术支持能力	—
运行维护管理能力	a) 有介质存取、验证和转储管理制度； b) 按介质特性对备份数据进行定期的有效性验证。
灾难恢复预案	有相应的经过完整测试和演练的灾难恢复预案。
注："—"表示不作要求。	

A.2 第2级 备用场地支持

第2级灾难恢复能力应具有技术和管理支持，如表A.2所示。

表A.2 第2级——备用场地支持

要　　素	要　　求
数据备份系统	a) 完全数据备份至少每周一次； b) 备份介质场外存放。
备用数据处理系统	配备灾难恢复所需的部分数据处理设备，或灾难发生后能在预定时间内调配所需的数据处理设备到备用场地。
备用网络系统	配备部分通信线路和相应的网络设备，或灾难发生后能在预定时间内调配所需的通信线路和网络设备到备用场地。
备用基础设施	a) 有符合介质存放条件的场地； b) 有满足信息系统和关键业务功能恢复运作要求的场地。
专业技术支持能力	—
运行维护管理能力	a) 有介质存取、验证和转储管理制度； b) 按介质特性对备份数据进行定期的有效性验证； c) 有备用站点管理制度； d) 与相关厂商有符合灾难恢复时间要求的紧急供货协议； e) 与相关运营商有符合灾难恢复时间要求的备用通信线路协议。
灾难恢复预案	有相应的经过完整测试和演练的灾难恢复预案。
注："—"表示不作要求。	

A.3 第3级 电子传输和部分设备支持

第3级灾难恢复能力应具有技术和管理支持，如表A.3所示。

表A.3 第3级——电子传输和部分设备支持

要素	要求
数据备份系统	a) 完全数据备份至少每天一次； b) 备份介质场外存放； c) 每天多次利用通信网络将关键数据定时批量传送至备用场地。
备用数据处理系统	配备灾难恢复所需的部分数据处理设备。
备用网络系统	配备部分通信线路和相应的网络设备。
备用基础设施	a) 有符合介质存放条件的场地； b) 有满足信息系统和关键业务功能恢复运作要求的场地。
专业技术支持能力	在灾难备份中心有专职的计算机机房运行管理人员。
运行维护管理能力	a) 按介质特性对备份数据进行定期的有效性验证； b) 有介质存取、验证和转储管理制度； c) 有备用计算机机房管理制度； d) 有备用数据处理设备硬件维护管理制度； e) 有电子传输数据备份系统运行管理制度。
灾难恢复预案	有相应的经过完整测试和演练的灾难恢复预案。

A.4 第4级 电子传输及完整设备支持

第4级灾难恢复能力应具有技术和管理支持，如表A.4所示。

表A.4 第4级——电子传输及完整设备支持

要素	要求
数据备份系统	a) 完全数据备份至少每天一次； b) 备份介质场外存放； c) 每天多次利用通信网络将关键数据定时批量传送至备用场地。
备用数据处理系统	配备灾难恢复所需的全部数据处理设备，并处于就绪状态或运行状态。
备用网络系统	a) 配备灾难恢复所需的通信线路； b) 配备灾难恢复所需的网络设备，并处于就绪状态。
备用基础设施	a) 有符合介质存放条件的场地； b) 有符合备用数据处理系统和备用网络设备运行要求的场地； c) 有满足关键业务功能恢复运作要求的场地； d) 以上场地应保持7×24 h运作。
专业技术支持能力	在灾难备份中心有： a) 7×24 h专职计算机机房管理人员； b) 专职数据备份技术支持人员； c) 专职硬件、网络技术支持人员。

表 A.4（续）

要　　素	要　　求
运行维护管理能力	a) 有介质存取、验证和转储管理制度； b) 按介质特性对备份数据进行定期的有效性验证； c) 有备用计算机机房运行管理制度； d) 有硬件和网络运行管理制度； e) 有电子传输数据备份系统运行管理制度。
灾难恢复预案	有相应的经过完整测试和演练的灾难恢复预案。

A.5　第5级　实时数据传输及完整设备支持

第5级灾难恢复能力应具有技术和管理支持，如表A.5所示。

表 A.5　第5级——实时数据传输及完整设备支持

要　　素	要　　求
数据备份系统	a) 完全数据备份至少每天一次； b) 备份介质场外存放； c) 采用远程数据复制技术，并利用通信网络将关键数据实时复制到备用场地。
备用数据处理系统	配备灾难恢复所需的全部数据处理设备，并处于就绪或运行状态。
备用网络系统	a) 配备灾难恢复所需的通信线路； b) 配备灾难恢复所需的网络设备，并处于就绪状态； c) 具备通信网络自动或集中切换能力。
备用基础设施	a) 有符合介质存放条件的场地； b) 有符合备用数据处理系统和备用网络设备运行要求的场地； c) 有满足关键业务功能恢复运作要求的场地； d) 以上场地应保持7×24 h运作。
专业技术支持能力	在灾难备份中心7×24 h有专职的： a) 计算机机房管理人员； b) 数据备份技术支持人员； c) 硬件、网络技术支持人员。
运行维护管理能力	a) 有介质存取、验证和转储管理制度； b) 按介质特性对备份数据进行定期的有效性验证； c) 有备用计算机机房运行管理制度； d) 有硬件和网络运行管理制度； e) 有实时数据备份系统运行管理制度。
灾难恢复预案	有相应的经过完整测试和演练的灾难恢复预案。

A.6　第6级　数据零丢失和远程集群支持

第6级灾难恢复能力应具有技术和管理支持，如表A.6所示。

表 A.6 第6级——数据零丢失和远程集群支持

要　　素	要　　求
数据备份系统	a) 完全数据备份至少每天一次； b) 备份介质场外存放； c) 远程实时备份，实现数据零丢失。
备用数据处理系统	a) 备用数据处理系统具备与生产数据处理系统一致的处理能力并完全兼容； b) 应用软件是“集群的”，可实时无缝切换； c) 具备远程集群系统的实时监控和自动切换能力。
备用网络系统	a) 配备与主系统相同等级的通信线路和网络设备； b) 备用网络处于运行状态； c) 最终用户可通过网络同时接入主、备中心。
备用基础设施	a) 有符合介质存放条件的场地； b) 有符合备用数据处理系统和备用网络设备运行要求的场地； c) 有满足关键业务功能恢复运作要求的场地； d) 以上场地应保持 7×24 h 运作。
专业技术支持能力	在灾难备份中心 7×24 h 有专职的： a) 计算机机房管理人员； b) 专职数据备份技术支持人员； c) 专职硬件、网络技术支持人员； d) 专职操作系统、数据库和应用软件技术支持人员。
运行维护管理能力	a) 有介质存取、验证和转储管理制度； b) 按介质特性对备份数据进行定期的有效性验证； c) 有备用计算机机房运行管理制度； d) 有硬件和网络运行管理制度； e) 有实时数据备份系统运行管理制度； f) 有操作系统、数据库和应用软件运行管理制度。
灾难恢复预案	有相应的经过完整测试和演练的灾难恢复预案。

A.7 灾难恢复能力等级评定原则

如要达到某个灾难恢复能力等级，应同时满足该等级中7个要素的相应要求。

A.8 灾难备份中心的等级

灾难备份中心的等级等于其可支持的灾难恢复最高等级。

示例：可支持1至5级的灾难备份中心的级别为5级。

附 录 B
（资料性附录）
灾难恢复预案框架

B.1 目标和范围

定义灾难恢复预案中的相关术语和方法论，并说明灾难恢复的目标，如恢复时间目标（RTO）和恢复点目标（RPO）。说明预案的作用范围，解决哪些问题，不解决哪些问题。

B.2 组织和职责

描述灾难恢复组织的组成、各个岗位的职责和人员名单。灾难恢复组织应包括应急响应组、灾难恢复组等。

B.3 联络与通讯

列出灾难恢复相关人员和组织的联络表。包含灾难恢复团队、运营商、厂商、主管部门、媒体、员工家属等。联络方式包括固定电话、移动电话、对讲机、电子邮件和住址等。

B.4 突发事件响应流程

B.4.1 事件通告

任何人员在发现信息系统相关突发事件发生或即将发生时，应按预定的流程报告相关人员，并由相关人员进行初步判断、通知和处置。

B.4.2 人员疏散

提供指定的集合地点和替代的集合地点，还包括通知人员撤离的办法，撤离的组织和步骤等。

B.4.3 损害评估

在突发事件发生后，应由应急响应组的损害评估人员，确定事态的严重程度。由灾难恢复责任人召集相应的专业人员对突发事件进行慎重评估，确认突发事件对信息系统造成的影响程度，确定下一步将要采取的行动。一旦系统的影响被确定，应将最新信息按照预定的通告流程通知给相应的团队。

B.4.4 灾难宣告

应预先制定灾难恢复预案启动的条件。当损害评估的结果达到一项或多项启动条件时，组织将正式发出灾难宣告，宣布启动灾难恢复预案，并根据宣告流程通知各有关部门。

B.5 恢复及重续运行流程

B.5.1 恢复

按照业务影响分析中确定的优先顺序，在灾难备份中心恢复支持关键业务功能的数据、数据处理系统和网络系统。描述时间、地点、人员、设备和每一步的详细操作步骤，同时还包括特定情况发生时各团队之间进行协调的指令，以及异常处理流程。

B.5.2 重续运行

灾难备份中心的系统替代主系统，支持关键业务功能的提供。这一阶段包含主系统运行管理所涉及的主要工作，包含重续运行的所有操作流程和规章制度。

B.6 灾后重建和回退

最后阶段是主中心的重建工作，中止灾难备份系统的运行，回退到组织的主系统。

B.7　预案的保障条件

预案的保障条件如下：

——专业技术保障；

——通信保障；

——后勤保障。

B.8　预案附录

预案的附录如下：

——人员疏散计划；

——产品说明书；

——信息系统标准操作流程；

——服务级别协议和备忘录；

——资源清单；

——业务影响分析报告；

——预案的保存和分发办法。

附 录 C
（资料性附录）
某行业RTO/RPO与灾难恢复能力等级的关系示例

C.1 RTO/RPO与灾难恢复能力等级的关系

表C.1说明信息系统灾难恢复各等级对应的RTO/RPO范围。

表C.1 RTO/RPO与灾难恢复能力等级的关系

灾难恢复能力等级	RTO	RPO
1	2天以上	1天至7天
2	24小时以上	1天至7天
3	12小时以上	数小时至1天
4	数小时至2天	数小时至1天
5	数分钟至2天	0至30分钟
6	数分钟	0

ICS 29.200
K 46

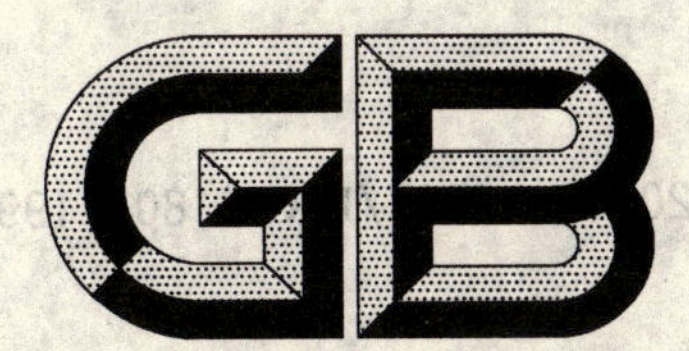

中华人民共和国国家标准

GB/T 20989—2007/IEC 61803:1999

高压直流换流站损耗的确定

Determination of power losses in high-voltage direct current (HVDC) converter stations

(IEC 61803:1999,IDT)

2007-06-21 发布　　2008-02-01 实施

中华人民共和国国家质量监督检验检疫总局
中国国家标准化管理委员会　发布

前　言

本标准等同采用 IEC 61803:1999《高压直流换流站损耗的确定》。

为便于使用,本标准做了下列编辑性修改和勘误:

a) 5.1第3段中的“符号 t 表示……”改为“符号 th 表示……”,以与图3一致;

b) 5.1.4注4中“当星桥[2]及角桥由各自的……”改为“当星桥(特指与换流变压器阀侧星绕组接线的六脉动换流桥)及角桥(特指与换流变压器阀侧角绕组接线的六脉动换流桥)由各自的……”。

本标准的附录A是规范性附录,附录B和附录C是资料性附录。

本标准由中国电力企业联合会和中国电器工业协会(SAC/TC 60)共同提出。

本标准由全国电力电子学标准化技术委员会归口

本标准负责起草单位:中国电力科学研究院、西安电力电子技术研究所

本标准参加起草单位:西安西电电力整流器有限责任公司、国电北京网联直流输电工程咨询有限公司、西安高压电器研究所。

本标准主要起草人:曾南超、陆剑秋、陶瑜、张佔省、张万荣、王明新、蔚红旗、田方、孟庆东。

本标准为首次发布。

高压直流换流站损耗的确定

1 范围

本标准适用于所有电网换相型高压直流换流站。这种换流站用于电力系统中变换功率。本标准假定使用的是 12 脉动晶闸管换流器,但 6 脉动晶闸管换流器也可参照使用本标准。

在某些工程中,可能将同步补偿机或静止无功补偿器连接在高压直流换流站的交流母线上。本标准不包括确定这些设备的损耗的方法。

典型的高压直流设备如图 1 所示。本标准提出了一套确定高压直流换流站总损耗的标准方法。本计算方法涉及除了上面提及的设备外的所有部分,定义了空载损耗和运行损耗,并提出了尽可能使用测量参数确定这些损耗的计算方法。

若换流站的设计与本标准假定的典型设计相比,采用了新的元件或新的回路结构,或采用了可能影响损耗的特殊的辅助电路,则其损耗应视具体情况而定。

2 规范性引用文件

下列文件中的条款通过本标准的引用而成为本标准的条款。凡是注日期的引用文件,其随后所有的修改单(不包括勘误的内容)或修订版均不适用于本标准,然而,鼓励根据本标准达成协议的各方研究是否可使用这些文件的最新版本。凡是不注日期的引用文件,其最新版本适用于本标准。

GB 1094.1—1996 电力变压器 第 1 部分 总则(eqv IEC 60076-1:1993)

GB/T 10229—1988 电抗器(eqv IEC 60289:1987)

GB/T 13498—2007 高压直流输电术语(IEC 60633:1998,IDT)

GB/T 15291—1994 半导体器件 第 6 部分:晶闸管(eqv IEC 60747-6:1983)

GB/T 11024.1—2001 标称电压 1 kV 以上交流电力系统用并联电容器 第 1 部分:总则 性能、试验和定额 安全要求 安装和运行导则(eqv IEC 60871-1:1997)

GB/T 20990.1—2007 高压直流输电用晶闸管阀 第 1 部分:电气试验(IEC 60700-1:1998,IDT)

3 定义和符号

3.1 术语和定义

本标准采用以下术语和定义。

3.1.1

附加损耗 auxiliary losses

向换流站辅助系统供电所需功率。此附加损耗与换流站处于空载状态还是负载状态有关,在负载状态下还取决于负载功率水平。

3.1.2

空载损耗 no-load operation losses

指换流站设备在下述状态下产生的损耗:换流站已带电,但换流器处于闭锁状态,立即带负载所需的辅助设备和站用电设备已投入运行。

3.1.3

负载水平 load level

指换流站某种运行工况,表明在此工况下的直流电流、直流电压、触发角、交流电压、换流变压器抽头位置。

3.1.4

运行损耗　operating losses

指换流站已带电，变流器在给定负载水平下运行时设备产生的损耗。

3.1.5

额定负载　rated load

指换流站运行于额定直流电流、额定直流电压、额定交流电压及额定换流器触发角下的负载。应假定交流系统频率为额定值，三相电压为额定且平衡；换流变压器的抽头位置，投入的交流滤波器组数、并联无功支路数均与额定负载运行相对应，与额定状态相一致。

3.1.6

站总损耗　total station losses

站的总损耗是所有运行损耗(或空载损耗)及其相应的附加损耗之和。

3.2　文字符号

α　触发角(rad)

μ　换相角(rad)

f　交流系统频率(Hz)

I_d　换流桥直流电流(A)

I_n　n 次谐波电流有效值(A)

L_1　换相电源与换流变压器阀侧星绕组和角绕组公共耦合点之间的电感(H)。换流变压器网侧绕组端部与交流谐波滤波器连接点之间的所有外部电感都应包括在 L_1 中

L_2　阀与换流变压器阀侧星绕组和角绕组公共耦合点之间的电感(H)。阀电抗器的饱和电感应包括在 L_2 中

m　电磁耦合系数。$m=L_1/(L_1+L_2)$

n　谐波次数

N_t　一个阀串联的晶闸管数

P　某设备的功率损耗(W)

Q_n　对于 n 次谐波的品质因数

R　电阻值(Ω)

U_d　直流电压(V)

U_n　n 次谐波电压有效值(V)

U_{V0}　换流变压器阀侧空载线电压有效值(V)

X_n　对于 n 次谐波的感抗(Ω)

4　总则

4.1　概述

供货方需要详细了解损耗是在哪里产生的和怎样产生的，因为它影响到元件和设备的额定值。买方对能证实的损耗数值感兴趣，因为这些数值可用于公平竞标；买方也对交货后能用来客观地校验供货方保证的性能要求的方法感兴趣。

作为一般性原则，希望通过直接测量高压直流换流站的能量损耗以确定其效率。然而，用测量到的换流站输入功率减去输出功率以计算站损耗的方法，被公认存在固有缺陷，尤其是在高压下进行测量。高压直流换流站满载下的损耗一般小于其传输功率的1%。因此，以两个很大的量值之间的一个很小的差值作为测量损耗，难以足够准确地表明实际的损耗。

在某些特殊情况下，例如，也许可以安排一种临时的试验接线，将两个变流器的直流侧连接在一起，接在同一个交流电源上运行。在这种接线方式下，变流器从交流电源吸取的功率就等于此电路的损耗。

但是，此时交流电源必须在向两个变流器提供换相电压的同时，还要提供无功支持，这又存在实际的测量困难。

为了避免上述问题，本标准提出一种将计算出的各设备的损耗相加，从而得出高压直流换流站损耗的标准化方法。此标准化的计算方法将帮助买方有效地评标。它也便于绘制必须了解的大范围的运行性能曲线。在型式试验中如没有一种便宜的试验方法可用于客观地确定损耗，那么，次优的方法就是计算。计算时，尽量利用对各个设备及元件在等价于实际运行的条件下进行测量所获得的试验数据。

重要的是要注意到设备的每一项功率损耗与其运行的环境条件有关，也与运行工况或其经受的负载循环有关。因此，应根据整个高压直流换流站的环境条件和运行工况，规定每一设备的环境条件和运行工况。

4.2 环境条件

确定高压直流换流站功率损耗时，应使用一套标准的参考环境条件。

4.2.1 户外标准参考温度

确定换流站总损耗时，应取户外干球环境温度20°作为标准参考温度。等效的湿球温度（必要时）应由买方决定。

4.2.2 冷却液标准参考温度

设备使用强迫冷却时，冷却液的流速和温度会影响设备的温升和相关的损耗。因此，由买方和供货方确定的冷却液的流速和温度，应用作确定损耗的根据。

4.2.3 标准参考空气压力

用来计算换流站总的功率损耗的参考空气压力应取标准大气压（101.3 kPa），校正到该换流站的海拔高度。

4.3 运行参数

高压直流换流站的损耗与其运行参数有关。

高压直流换流站的损耗分为三类，即空载损耗、运行损耗及附加损耗。

运行损耗及附加损耗受换流站负载水平的影响，因为某些类型的设备（如谐波滤波器和冷却设备）投运的数量取决于负载水平，各个设备自身的损耗亦随负载大小而变化。

高压直流换流站的损耗应在如下条件下确定，即额定的（平衡的）交流系统电压和频率、对称的换流变压器阻抗、对称的触发角。换流变压器抽头应置于额定交流系统电压的位置。

运行损耗应在买方规定的负载水平下确定。如果没有这样的规定，则应在额定负载下确定。对于每一负载水平，阀侧交流电压、直流电流、换流器触发角、并联补偿及谐波滤波设备，都应与相应的负载水平相匹配，以及与其他规定的性能要求，例如，与谐波畸变及无功功率要求相符。对应标准参考温度（见4.2.1和4.2.2）的冷却及其他辅助设备应投入运行以支持相应的负载水平。

在空载运行方式下，换流变压器应带电，换流器应闭锁。除了维持零功率运行所需的滤波器和无功补偿设备（例如，为满足规定的无功要求）以外，所有的滤波器和无功补偿设备都应切除。换流站立即带负载所需的站用电负载和相关辅助设备（如冷却水泵）应投入运行。

5 设备损耗的确定

5.1 晶闸管阀损耗

阀闭锁时产生损耗的机理（空载损耗）与正常运行时的不同（运行损耗）。运行损耗见5.1.1～5.1.10，空载损耗见5.1.11，附加损耗见5.8。

一个12脉动高压直流换流器的三相简化电路图示于图2。各阀按其导通次序编号。

一个典型阀的简化等值电路示于图3。符号th表示一个阀中串联的N_t个晶闸管。C_{AC}和R_{AC}代表用于均压及抑制过电压的R-C阻尼回路的对应值。R_{DC}表示直流均压电阻及其他在阀闭锁情况下引起损耗的电阻性成分，同时还包括晶闸管的漏电流效应，见5.1.4和5.1.11。C_S包括杂散电容和浪涌均压电容(如果有的话)。L_S 表示用于限制 di/dt 到安全值以下,以及改善快速电压上升分配的饱和电抗器。R_S 表示阀通流元件的电阻,如母线、接触电阻,饱和电抗器线圈电阻等。阀避雷器的功率损耗(未在图中表示)可以忽略。

作为一个例子,图 4 所示为阀 1(见图 2)作整流运行及逆变运行时的电流和电压波形。在所示例子中,由于两桥二次侧的相移,上桥的阀开通时刻比下桥阀的开通时刻滞后 30°。对于每一个阀,其导通期为 130°($2\pi/3+\mu$)。尽管在换相期间阀电流实际是正弦变化的,但在本标准中,仍假定其是线性变化的。这一简化对损耗计算结果的影响可忽略不计,而其梯形波形却使计算大为简化。阀闭锁时电压波形出现的缺口是阀间换相引起的。

5.1.1 每一晶闸管阀通态损耗

此损耗分量是导通电流 $i(t)$ 与对应的理想通态电压的乘积,如图 5 和图 6 所示。公式 P_{V1a} 用于桥直流电流很平滑的情况。当用附录 A.4 计算的直流侧谐波电流的均方根和值超过直流分量的 5% 时,则应采用公式 P_{V1b}。

$$P_{V1a}=\frac{N_t\times I_d}{3}\left[U_0+R_0\times I_d\times\left(\frac{2\pi-\mu}{2\pi}\right)\right]$$

$$P_{V1b}=\frac{N_t\times I_d\times U_0}{3}+\frac{N_t\times R_0}{3}\left(I_d^2+\sum_{n=12}^{n=48}I_n^2\right)\left(\frac{2\pi-\mu}{2\pi}\right)$$

式中:

U_0——晶闸管平均通态电压降中与电流无关的部分,单位为伏特(V);

R_0——决定晶闸管平均通态特性斜率的电阻,单位为欧姆(Ω);

I_n——按 A.4 计算出的直流桥 n 次谐波电流有效值,单位为安培(A)。

注:U_0 和 R_0(见图 5)是在适当的电流和结温下,在晶闸管充分导通时确定的。U_0 和 R_0 的平均值是从为指定工程生产的晶闸管的生产记录中查得的,测量时的直流电流为 50% 和 100% 额定电流。U_0 和 R_0 与温度的关系是通过对大量用于型式试验或例行试验的晶闸管进行统计而得到的。必要时,此温度关系还用于将 U_0 和 R_0 校正到适当的运行结温。如果是 p 个晶闸管并联连接,则 100% 的电流就是额定直流桥电流除以 p,而计算得到的损耗值则应乘以 p。

5.1.2 单阀晶闸管扩散损耗

这一损耗分量是晶闸管附加的导通损耗,它是在晶闸管硅片全导通的过程中产生的。此附加损耗是此过程中电流和电压的乘积,此电压超过理想晶闸管通态电压降(见图 6 中阴影部分)。

$$P_{V2}=N_t\times f\times\int_{t_0}^{t_1}[u_B(t)-u_A(t)]\times i(t)\,dt$$

式中:

t_1——导通时间,$t_1=\dfrac{\frac{2}{3}\pi+\mu}{2\pi f}$。

$u_B(t)$——晶闸管瞬时通态电压,单位为伏特(V)。其全导通时的通态电压是所用晶闸管的典型值。它是在适当结温下,通以展现正确幅值和换相角的梯形电流脉冲的条件下进行测量的(见图 5 和图 6)。

$u_A(t)$——在与 $u_B(t)$ 同样电流脉冲和同样结温下计算得到的晶闸管瞬时通态电压降平均值,但电流已充分扩散,正如从仅用 U_0 和 R_0 表示的通态特性推出的那样(见图 6)。

$i(t)$——流经晶闸管的电流的瞬时值,单位为安培(A)。

注:瞬态通态电压数据,包括电流扩散效应,通常不能从产品记录中获得,因此,晶闸管的典型通态电压,包括电流扩散效应,应在阀的开通及关断型式试验中测量(见 GB/T 20990.1—2007),或用大量的晶闸管在实验室另做试验,并进行统计取得。

5.1.3 单阀其他通态损耗

P_{V3} 代表阀主回路中除晶闸管外的其他元件的通态损耗。

$$P_{V3}=\frac{R_S\cdot I_d^2}{3}\left(\frac{2\pi-\mu}{2\pi}\right)$$

式中：

R_S——除去晶闸管外阀两端之间的直流电阻，单位为欧姆(Ω)。

电阻 R_S 是从典型阀部件直接测量所得。该阀部件中的晶闸管用适当大小的铜块替代，其接触部分的处理和实际晶闸管一样，且保留阀主回路中其他所有元件。或者，也可通过计算求得此 R_S 值，但需要证明计算方法。

5.1.4 单阀与直流电压相关的损耗

该损耗部分是阀在不导通期间(见图 4)，施加在阀(见图 3)两端的电压在阀的并联电阻 R_{DC} 上产生的损耗。它包括晶闸管断态电阻及反向漏电流、直流均压电阻、与晶闸管并联的其他阻性电路和元件、冷却管道内冷却液的电阻、结构的电阻性效应、光导纤维等产生的损耗。

$$P_{V4}=\frac{U_{V0}^2}{2\pi R_{DC}}\left\{\frac{4}{3}+\frac{\sqrt{3}}{4}[\cos(2\alpha)+\cos(2\alpha+2\mu)]+\frac{6\,m^2-12\,m-7}{8}[\sin(2\alpha)-\sin(2\alpha+2\mu)+2\mu]\right\}$$

式中：

R_{DC}——整个阀的有效断态直流电阻，单位为欧姆(Ω)。它是在阀端一端直流电压型式试验中通过测量注入电流的方法求出的(见 GB/T 20990.1—2007)。如果晶闸管阀未做型式试验，则 R_{DC} 应参考以前的型式试验而定(同时参考下面注 2)。

m——电磁耦合系数，$m=L_1/(L_1+L_2)$。

L_1——换相电源与换流变压器阀侧星和角绕组公共耦合点之间的电感(H)。换流变压器网侧绕组端部与交流谐波滤波器连接点之间的所有外部电感都应包括在 L_1 中(见图 7)。

L_2——阀与换流变压器阀侧星和角绕组公共耦合点之间的电感(H)。阀电抗器的饱和电感应包括在 L_2 中(见图 7)。

两个次级中的 L_2 值 $L_{2d}=L_{2y}$ 应相同（见下面注 3 和注 4）。

注 1：算式 P_{V4} 仅在 $\mu<\pi/6(30°)$ 时有效。

注 2：由于在运行温度下晶闸管的阻性漏电流一般比常温下大得多，因此，在测量 R_{DC} 之前，必须将被测阀的晶闸管加热到恰当的运行温度，或者，事后用另外获得的平均的晶闸管数据，对被测值进行校正(见 5.1.10)。对冷却液也同样处理。

注 3：m 值量化了换流变压器两个次级之间的感性耦合作用。它决定了另一个桥换相引起的缺口的大小(图 4 中从阀 1′到阀 3′换相以及从阀 4′到阀 6′换相引起的缺口)。如果 $m=0$，则两桥之间无耦合，从阀 1′到阀 3′换相以及从阀 4′到阀 6′换相引起的缺口一起消失。图 4 中的缺口对应 $m=0.2$。

注 4：L_1 和 L_2 的值是通过测量换流变压器的短路阻抗得到的，需要时还要加上些外部电感。L_1 的值包括了换相电压源与公共耦合点之间的外部公共电感(如线路载波滤波器)。如果交流谐波滤波器未投入，L_1 还应包括交流系统阻抗。当星桥(特指与换流变压器阀侧星绕组接线的六脉动换流桥)及角桥(同样角桥，是与角绕组接线的六脉动换流桥)由各自的变压器供电且不计网侧其他电感时，$L_1=0$，故 $m=0$。当使用三绕组变压器时，公共绕组的阻抗及两个次级绕组之间的互感作用使 L_1 的值不为零，它可为正值，亦可为负值。对于更复杂的变压器结线，如滤波器接在第三绕组，确定 L_1 和 L_2 的值时必须谨慎。

5.1.5 单阀阻尼损耗(与电阻相关的部分)

此损耗分量与经串联电容器耦合的阻性成分的大小有关，也与阀关断期间加在阀两端的电压有关。

$$P_{V5}=2\pi f^2U_{V0}^2C_{AC}^2R_{AC}\left\{\frac{4\pi}{3}-\frac{\sqrt{3}}{2}+\frac{3\sqrt{3}m^2}{8}+(6\,m^2-12\,m-7)\frac{\mu}{4}+\left(\frac{7}{8}+\frac{9\,m}{4}-\frac{39\,m^2}{32}\right)\sin2\alpha+\left(\frac{7}{8}+\frac{3\,m}{4}+\frac{3\,m^2}{32}\right)\sin(2\alpha+2\mu)-\left(\frac{\sqrt{3}m}{16}+\frac{3\sqrt{3}m^2}{8}\right)\cos2\alpha+\frac{\sqrt{3}m}{16}\cos(2\alpha+2\mu)\right\}$$

式中：

C_{AC}——阀两端有效阻尼电容值，单位为法拉(F)，见图 3。

R_{AC}——与 C_{AC} 串联的有效阻尼电阻值，单位为欧姆(Ω)，见图 3。

C_{AC}——应为一个阀的阻尼电容的设计值除以该阀的晶闸管数。

R_{AC}——应为一个阀的阻尼电阻的设计值乘以该阀的晶闸管数。

如果阀不只一条阻尼支路或串联 R-C 支路组成的均压网络，则应分别计算每一支路的损耗，再总加起来。

如果晶闸管触发回路和/或监视回路从 R-C 均压网络抽能，则要么能证明此附加的损耗可以忽略，要么分别计算出此附加损耗，加入由公式 P_{V5} 算出的损耗中。

注：5.1.4 中的注 1、注 3、注 4 也适用于 P_{V5}。

5.1.6 单阀阻尼损耗(与电容器能量变化相关的部分)

此损耗分量是在阀关断期间加在阀两端的电压波形阶跃变化时，阀电容器储能发生变化所产生的损耗。每一阶跃变化引起的能量损耗等于 $\frac{1}{2}C\times\Delta U^2$。下面的公式是从每周期 12 个电压跃变产生的能量损失之和乘以系统频率推出的(见图 4)。

$$P_{V6}=\frac{U_{V0}^2\times f\times C_{HF}\times(7+6\ m^2)}{4}[\sin^2(\alpha)+\sin^2(\alpha+\mu)]$$

式中：

C_{HF}——阀两端的所有容性均压网络支路(不管是否串有电阻)有效总电容加上连接在阀端的外部设备的全部杂散电容以及阀对地和/或对附近物体的杂散电容。$C_{HF}=C_{AC}+C_S$(见图 3)。

注 1：5.1.4 中的注 1、注 3、注 4 也适用于 P_{V6}。

注 2：当换相重叠时间短于 R-C 阻尼网络时间常数的 3 倍时，用公式 P_{V6} 计算得到的结果过于严格。

注 3：外部杂散电容主要是换流变压器绕组和套管的杂散电容(如有穿墙套管则另加杂散电容)，它们均可在制造厂中测量。阀对地的杂散电容是否要考虑，视阀的设计而定。而避雷器、母线、阀结构本身也有杂散电容，但相对很小，可以忽略。由于各阀的杂散电容不同，在计算换流站损耗时，应采用杂散电容的平均值。

5.1.7 单阀关断损耗

此附加损耗是阀在关断过程中，流过晶闸管的反向电流在晶闸管及阻尼电阻上产生的损耗(见图 8)。

$$P_{V7}=Q_{rr}\times f\times\sqrt{2}\times U_{V0}\times\sin(\alpha+\mu+2\pi\times f\times t_0)$$

式中：

Q_{rr}——晶闸管存储电荷的平均值，单位为库仑(C)。

t_0——由下式决定

$$t_0=\sqrt{\frac{Q_{rr}}{(\mathrm{d}i/\mathrm{d}t)_{i=0}}}$$

式中：

$(\mathrm{d}i/\mathrm{d}t)_{i=0}$——在电流过零时测得的换相 $\mathrm{d}i/\mathrm{d}t$ 值，单位为安培每秒(A/s)。

注：Q_{rr} 是反向电流(见图 8)的全积分值，而不是象 GB/T 15291—1994 所建议的近似三角形的积分值。Q_{rr} 是用足够数量的晶闸管产品测量数据统计出来的。如有必要，计算损耗时应校正到运行工况下的晶闸管结温、$(\mathrm{d}i/\mathrm{d}t)_{i=0}$ 及反向恢复电压。重要的是电流的幅值和持续时间要足够大，以使晶闸管结充分导通。

5.1.8 单阀电抗器损耗

电抗器的损耗由三部分组成：绕组的电阻性损耗加上铁心的涡流损耗和磁滞损耗。如果另有阻尼电路跨接在绕组上，它也会产生损耗。

电抗器绕组损耗及电抗器铁心涡流损耗(及电抗器阻尼电阻损耗)都已在公式 P_{V3} 及 P_{V6} 中考虑过了。

磁滞损耗应按如下计算。铁心材料的直流磁化曲线应按高压直流阀电抗器正常经受的磁滞回线计算。此磁化曲线的求得，应考虑其磁化力的大小，在一个方向上不小于关断时反向电流 I_{rr}(见图 8)峰值的 1.5 倍，而在另一个方向上则应能完全进入饱和区，如此反覆。根据此回线所包围的面积，可求出铁

心特征磁滞损耗(J/kg),用于此电抗器的设计:

$$P_{V8} = n_L \times M \times k \times f$$

式中:

n_L——阀电抗器铁心数量;

M——每个铁心的质量,单位为千克(kg);

k——特征磁滞损耗,单位为焦耳每千克(J/kg)。

注:如果电抗器饱和电流比换流桥额定电流大,则正常换相 di/dt 也高(对应于额定工况下换相角小),并在换相期间会产生附加的电抗器铁心涡流损耗。如果是这种情况,则应证明此附加损耗可以忽略不计还是在损耗计算的容差范围内。此式只考虑磁化曲线上每周期一次主要的循环。

5.1.9　单阀的总损耗

每一个阀的总运行损耗是以上 8 个损耗分量的和。

$$P_{VT} = \sum_{i=1}^{i=8} P_{Vi}$$

换流器总的运行损耗等于各阀的损耗乘以该换流器中的阀数。

5.1.10　温度的影响

所有阀元件的电特性都随温度而变化。但根据经验,只有晶闸管本身对温度敏感,对阀的损耗有实质性影响。

晶闸管的结温 T_j 按下式计算:

$$T_j = T_c + P_j \times R_{\theta JC}$$

式中:

T_c——阀冷却液入口温度和出口温度的平均值;

P_j——每只晶闸管的总损耗,是通态、扩散、闭锁及关断损耗之和;

$R_{\theta JC}$——晶闸管结与冷却液之间的热阻。

5.1.11　单阀空载损耗

单阀空载损耗是在阀闭锁期间加在阀上的电压使阀电阻中流过电流造成的损耗之和。它包括两个部分。第一个部分是在与闭锁中的晶闸管并联的电阻上产生的损耗,第二部分是在容性连接的电阻上产生的损耗。在空载运行方式下,阀阻断了正弦波形的相电压,因此:

$$P_{VSB} = \frac{U_{V0}^2}{3}\left(\frac{1}{R_{DC}} + \frac{R_{AC}}{Z_{AC}^2}\right)$$

式中:

$$Z_{AC} = \sqrt{R_{AC}^2 + \left(\frac{1}{2\pi \times f \times C_{AC}}\right)^2}$$

如果阀不止一条 RC 串联均压支路,则各支路的损耗应分别计算,再总加起来。

如果晶闸管触发电路和/或监视电路从 RC 均压网络取能,则或者能证明此附加的损耗可以忽略,或者分别计算出此附加损耗,加入由公式 P_{VSB} 算出的损耗中。

换流器总的空载损耗等于各阀的空载损耗乘以该换流器中的阀数。

5.2　换流变压器损耗

5.2.1　概述

流经换流变压器绕组的电流含有谐波分量,其大小与换流站运行参数有关。在变压器中,与电流相关的负载损耗与电流波形有关,非正弦电流引起的损耗比相同基波有效值的正弦电流引起的损耗大。

5.2.2　空载损耗

在空载运行方式下,变压器带电而阀闭锁,此时换流变压器的损耗就是空载损耗(铁心损耗)。空载损耗(铁心损耗)应根据 GB 1094.1—1996 确定。

5.2.3 运行损耗

在运行方式下，变压器的损耗是励磁损耗（铁心损耗）加上和电流（负载）有关的损耗。

当有负载时，就有谐波电压加在变压器上。有负载的铁心损耗和空载情况下（和负载情况下同样的抽头位置、施加同样的电压）的铁心损耗是一样的。谐波电压对变压器励磁电流的作用与电压的工频分量相比，可以忽略。

变压器的负载损耗既要考虑工频电流分量，也要考虑谐波电流分量，并按以下步骤计算：

a） 测量工频 f_1（50 Hz 或 60 Hz）下的负载损耗 P_1（根据 GB 1094.1—1996）。

b） 计算 $P_{WE1}+P_{SE1}=P_1-P_R$。

c） 在一个较高频率 f_m（$f_m \geqslant 150$ Hz）下，测量负载损耗 P_m。

注：一般需要具有加压试验的电压源。在根据变压器设计时考虑的杂散磁通在金属部分中的分布，用低达 10% 到 20% 额定值的电流即可达到可以接受的精度。如果使用的电流小于 10% 额定值，则 P_m 应在额定电流下重新计算。

d） 根据在工频下和在较高频率下得到的测量值解下列方程，求 P_{WE1} 和 P_{SE1}：

$$P_1 = P_R + P_{WE1} + P_{SE1}$$

$$P_m = P_R + P_{WE1} \times (f_m/f_1)^2 + P_{SE1} \times (f_m/f_1)^{0.8};$$

e） 计算每一阀绕组总的营运负载损耗 P：

$$P = P_R + P_{WE1} \times \sum_{n=1}^{n=49}(I_n/I_N)^2 \times (f_n/f_1)^2 + P_{SE1} \times \sum_{n=1}^{n=49}(I_n/I_N)^2 \times (f_n/f_1)^{0.8}$$

式中：

P_1——工频总负载损耗；

I_N——额定电流；

I_n——n 次谐波电流有效值；

P_R——额定电流下电阻性损耗；

P_{SE1}——工频下结构部分（绕组除外）的杂散损耗；

P_{WE1}——工频下绕组的涡流损耗；

P_m——在频率 f_m 下的总负载损耗；

n——谐波次数。

f） 运行损耗是空载损耗（见 5.2.2）和总营运负载损耗之和。

注 1：总营运负载损耗计算式对所有谐波次数均有效。但是，与特征谐波相比，非特征谐波引起的损耗很小，在损耗计算中可忽略不计。

注 2：按附录 A.1 规定的谐波电流频谱，以上损耗计算方法对双绕组变压器是有效的，对阀侧绕组之间的耦合可以忽略的三绕组变压器（例如，网侧绕组分为两半，各靠近一个阀侧绕组），此计算方法也是有效的。对于别的变压器结构，也可采用类似的方法，但应注意，其网侧谐波电流频谱可能与附录 A.1 所述的不同。

5.2.4 辅助设备损耗

换流变压器的辅助设备损耗应包括在换流站辅助设备总损耗中（见 5.8）。换流变压器的辅助设备损耗可以在出厂试验中单独测量，也可以在换流站辅助设备损耗测量时一同测量。

5.3 交流滤波器损耗

5.3.1 概述

在高压直流换流站中，交流滤波器为变流器产生的谐波电流提供低阻抗通路。交流滤波器可以是有源滤波器、无源滤波器或二者的组合。

在以下叙述的方法中，假定交流滤波器直接连接在换流变压器网侧交流系统母线上。当不是这种情况，例如，滤波器连接在换流变压器第三绕组上，此方法也有效，但滤波器中的谐波电流应调整到交流滤波器接入点所要求的值。

在求滤波器损耗时，换流器应模拟为谐波电流源，交流系统应假定是开路的，因此，高压直流换流器产生的所有谐波电流都注入交流滤波器。

每一滤波器支路中流过的谐波电流应根据换流器总的谐波电流计算，并以此为基础计算各滤波元件的损耗。当使用有源滤波器时，它们投入时产生的损耗也应计入，其损耗计算方法由供货方提供。

换流器运行时，交流滤波器的损耗应根据换流器按不同的负载水平和相应的运行参数(见 4.3)产生的特征谐波电流进行计算。换流器产生的谐波电流应使用附录 A.2 中的公式计算。

在空载运行时，交流滤波器一般不接入交流系统，因而不产生损耗。在换流器空载运行而交流滤波器带电的情况下，只须考虑其工频损耗。

5.3.2 交流滤波器电容器损耗

滤波电容器中的工频损耗应按 GB/T 11024.1—2001 标准确定。电容器组的三相无功容量应根据电容器的电容值和加在它两端的工频电压来计算。由于谐波电流引起的损耗很小，可以忽略。

5.3.3 交流滤波器电抗器损耗

求滤波电抗器损耗需要顾及滤波电抗器中的工频及谐波电流。电抗器的工频阻抗以及在工频和各次谐波频率下的品质因数应在工厂中测量，并校正到绕组最高运行温度，再按下式计算电抗器损耗：

$$P = \sum_{n=1}^{n=49} \frac{I_n^2 \times X_n}{Q_n}$$

式中：

n——谐波次数；

I_n——流经电抗器的 n 次谐波电流有效值，单位为安培(A)；

X_n——电抗器的 n 次谐波电抗，单位为欧姆(Ω)，$X_n = n \times 2\pi f \times L$；

L——电抗器的电感，单位为亨(H)；

f——交流系统工频；

Q_n——所有电抗器在 n 次谐波下用同样的方法测量所得的品质因数的平均值。

5.3.4 交流滤波器电阻器损耗

滤波电阻器中的损耗应当把工频电流和谐波电流合起来算。滤波电阻值应在工厂中测量并校正到该电阻的运行温度。流过滤波器电阻的各次谐波电流都要计算。各电阻器的损耗按下式计算：

$$P = R \times \sum_{n=1}^{n=49} I_n^2$$

式中：

R——电阻值，单位为欧姆(Ω)；

I_n——流过电阻的 n 次谐波电流有效值，单位为安培(A)。

5.3.5 交流滤波器总损耗

交流滤波器的总损耗等于换流器相应负荷水平下投入的滤波器的各电容器、电抗器及电阻器损耗之和。

5.4 并联电容器组损耗

除谐波滤波器外，有时还要用并联电容器向交流系统提供无功支持。并联电容器组是由许多电容器串并联构成的。并联电容器组的功率损耗应在一定的换流站负荷水平下确定，即在此负荷下，该并联电容器组连接在交流母线上。

并联电容器组的工频损耗应根据 GB/T 11024.1—2007 标准确定。电容器组的三相无功容量应根据其电容值和加在电容器组上的工频电压计算。谐波电流引起的损耗很小，可以忽略。

5.5 并联电抗器损耗

为了补偿交流谐波滤波器产生的容性电流，尤其在轻载情况下，可能将并联电抗器接到高压直流换流站的交流母线上。它们的功能与交流输电系统中的常规应用没有区别。因此，在高压直流换流站中的并联电抗器的损耗应根据 GB/T 10229—1988 标准在工厂试验时测量，并校正到最高绕组温度，不考虑热点，按标准环境温度计算(见 4.3)。对于油绝缘的电抗器，标准的绕组温度应取 75℃。

当换流站的负载水平要求将并联电抗器接入交流母线时，才需要将并联电抗器的损耗计入换流站总损耗中。

如果使用强迫冷却，则冷却设备的功耗应计入换流站的辅助设备总损耗中(见 5.8)。

5.6 平波电抗器损耗

流经直流平波电抗器的电流是叠加了谐波分量的直流电流。

在空载运行期间，平波电抗器电流为零，因此没有损耗。

平波电抗器损耗中的直流分量应根据 GB/T 10229—1988 和 GB 1094.1—1996 在工厂试验中确定。

由谐波电流引起的绕组损耗应通过计算确定。计算应使用适当负荷水平下的谐波电流幅值及对应的谐波电阻。谐波电流应根据附录 A.4 计算。谐波电阻则应测量。

如果使用的是有铁心的油箱结构，其磁化损耗应如下计算：

$$P_m = (0.125 \times k_h + 0.125 \times k_e) \times P_d$$

式中：

P_m——磁化损耗；

P_d——直流电流损耗；

$k_h = \sum_{n=12}^{n=48} k_{hn}$——磁滞损耗分量，$k_{hn} = (I_n/I_d) \times n$；

$k_e = \sum_{n=12}^{n=48} k_{en}$——涡流损耗分量，$k_{en} = (I_n/I_d)^2 \times n^{0.5}$。

总的运行损耗应是直流电流的损耗、谐波电流的损耗及铁心磁化损耗(如果有的话)之和。

平波电抗器的辅助设备损耗(如果有的话)应计入换流站的辅助设备总损耗中(见 5.8)。它们可以在工厂试验中单独测量，也可以在换流站辅助设备损耗测量时一并测量。

5.7 直流滤波器损耗

5.7.1 概述

直流滤波器的主要作用，是和平波电抗器一起，为换流器产生的谐波电流提供低阻抗分流通道，从而降低直流线路上的谐波电流水平，防止在邻近的明线通信线路上产生噪音。根据系统的需要，直流滤波器可能具有一条或几条支路。直流滤波器可以是有源滤波器、无源滤波器或它们的组合。

直流滤波器连接在换流器的高低压端之间。在空载运行状态下，直流滤波器的电流和电压均为零，因而没有损耗。

当换流器运行时，需要根据在适当的负载水平下的正常运行参数，使用工厂试验所得损耗数据和计算出的谐波电流来确定直流滤波器的损耗。计算流过滤波器的谐波电流时应将换流器表达为一个电压源和一个阻抗。对于换流器谐波电压的计算，应使用附录 A.3 中的公式，平波电抗器、直流线路/电缆应用它们的实际阻抗值表示。计算中假定，交流系统运行在额定频率，滤波器元件处于其标称值。当使用有源滤波器时，它们投运时产生的损耗也应计入，其损耗计算方法由供货方提供。

5.7.2 直流滤波电容器损耗

直流滤波电容器损耗包括直流均压电阻损耗和电容器中的谐波损耗。由于功率因数很低，电容器组中的谐波电流损耗很小，可以忽略。

根据从产品试验得到的每台电容器的所有均压电阻的平均值确定的电容器组的总电阻，和电容器组的结构，按下式计算均压电阻损耗：

$$P = \frac{U^2}{R}$$

式中：

U——运行的电容器组上的直流电压，单位为伏特(V)；

R——电容器组的总电阻,单位为欧姆(Ω)。

5.7.3 直流滤波电抗器损耗

根据适当的负载水平和对应的运行参数(见4.3),使用在工厂试验时在谐波频率下测得的电抗器的品质因数和电抗值,并校正到绕组在最高运行温度下的值,计算流经电抗器的谐波电流,再按下式计算此电抗器的损耗:

$$P=\sum_{n=12}^{n=48}\frac{I_n^2\times X_n}{Q_n}$$

式中:

n——谐波次数;

I_n——计算出的流经电抗器的 n 次谐波电流有效值,单位为安培(A);

X_n——电抗器的 n 次谐波电抗,单位为欧姆(Ω);

Q_n——n 次谐波下的品质因数。

5.7.4 直流滤波电阻器损耗

计算电阻损耗时,应计入所有谐波电流的影响,电抗器的电阻值 R 应在工厂试验时测量。

应当在换流站适当的负载水平和对应的运行参数下(见4.3),计算流经电阻的各次谐波电流的有效值,并按下式计算各电阻损耗:

$$P_{\mathrm{R}}=R\times\sum_{n=12}^{n=48}I_n^2$$

式中:

R——电阻值,单位为欧姆(Ω);

I_n——流过电阻的 n 次谐波电流的有效值,单位为安培(A)。

5.7.5 直流滤波器总损耗

直流滤波器总损耗应是所有电容器、电抗器、电阻器及构成直流滤波器的有源器件(如果有的话)的损耗之和。

5.8 辅助损耗及站用电损耗

高压直流换流站的辅助功率损耗取决于站用设备、运行要求及环境条件。而且,它还受随时间而变化的间歇性负荷的影响,如使用的加热、冷却、照明及维修设备。买方在评价损耗时应决定应包括的辅助服务的范围。

应分别在换流站空载运行和适当的负载水平下确定换流站总的辅助损耗。此损耗应在正常稳态运行条件下直接在每一电源的主馈线上测量。

在评价辅助损耗时,不必考虑仅在特殊情况下(如停电检修,短时过负荷或暂态扰动)使用的站用电。

为了考虑随时间而变化的负荷,例如冷却泵、风机等间歇运行的负荷,或加热和照明等只需要在一天中的某一段时间运行的负荷,应在一定的时段内进行多次测量,再取平均值。

如果不能在恒定的环境温度20℃下进行辅助功耗测量,则对环境温度敏感的那些负荷(如冷却设备)应做适当调整。这种计算应记录在案。

如果辅助系统的馈线还向非供货方负责的设备供电,则按合同,这些设备的负荷应单独测量,并从测量到的总损耗中扣除。

如果设计的辅助系统实际上不能直接测量总的辅助功耗,则买方和供货方可以协商一种替代的计算方法。在这种情况下,计算过程应清楚地记录在案。

5.9 无线电干扰/线路载波滤波器损耗

除了交流滤波器及直流滤波器以外,高压直流换流站通常还需要防止无线电干扰(RI),或避免干扰电力线载波(PLC)系统的设备。

这种设备可能由串接在交流侧或直流侧的电抗器（或许带有并联的调谐电容器），并联支路或由串并联支路组合而成。

并联支路的损耗很小，可以忽略不计。

对于串联的滤波器，只需考虑电抗器中的损耗。电抗器的损耗应按下式计算。

对于接在交流侧的滤波器：

$$P = \sum_{n=1}^{n=49} \frac{I_n^2 \times X_n}{Q_n}$$

对于接在直流侧的滤波器：

$$P = I_{\mathrm{d}}^2 \times R_{\mathrm{PLC}} + \sum_{n=12}^{n=48} \frac{I_n^2 \times X_n}{Q_n}$$

式中：

R_{PLC}——电抗器直流电阻，单位为欧姆(Ω)；

n——谐波次数；

I_{d}——直流电流，单位为安培(A)；

I_n——计算出的流过电抗器的 n 次谐波电流，单位为安培(A)；

X_n——电抗器 n 次谐波电抗，单位为欧姆(Ω)；

Q_n——电抗器 n 次谐波下测量的品质因素。

当交流串联滤波器位于交流谐波滤波器的交流系统侧时，则只需考虑工频分量($n=1$)电流。当交流串联滤波器位于并联的交流谐波滤波器和换流变压器之间时，或位于换流变压器和阀之间时，电流的工频分量和特征谐波(高达 $n=49$)分量两者都应考虑。

谐波电流应根据附录 A.1 和附录 A.2 计算或(对直流侧滤波器)根据附录 A.4 计算。

5.10 其他设备损耗

其他设备产生损耗，例如，避雷器、测量互感器、开关设备等应忽略不计。它们与在 5.1～5.9 中讨论的主设备的损耗相比可以忽略。忽略它们对换流站总损耗没有影响。

对于某特定换流站中的特殊设备，如未包括在此标准所涉及的典型换流站设备中，其设备损耗应在受关注的一些运行条件下确定。这种损耗应根据该特殊设备的特性及可靠的工程实践确定。

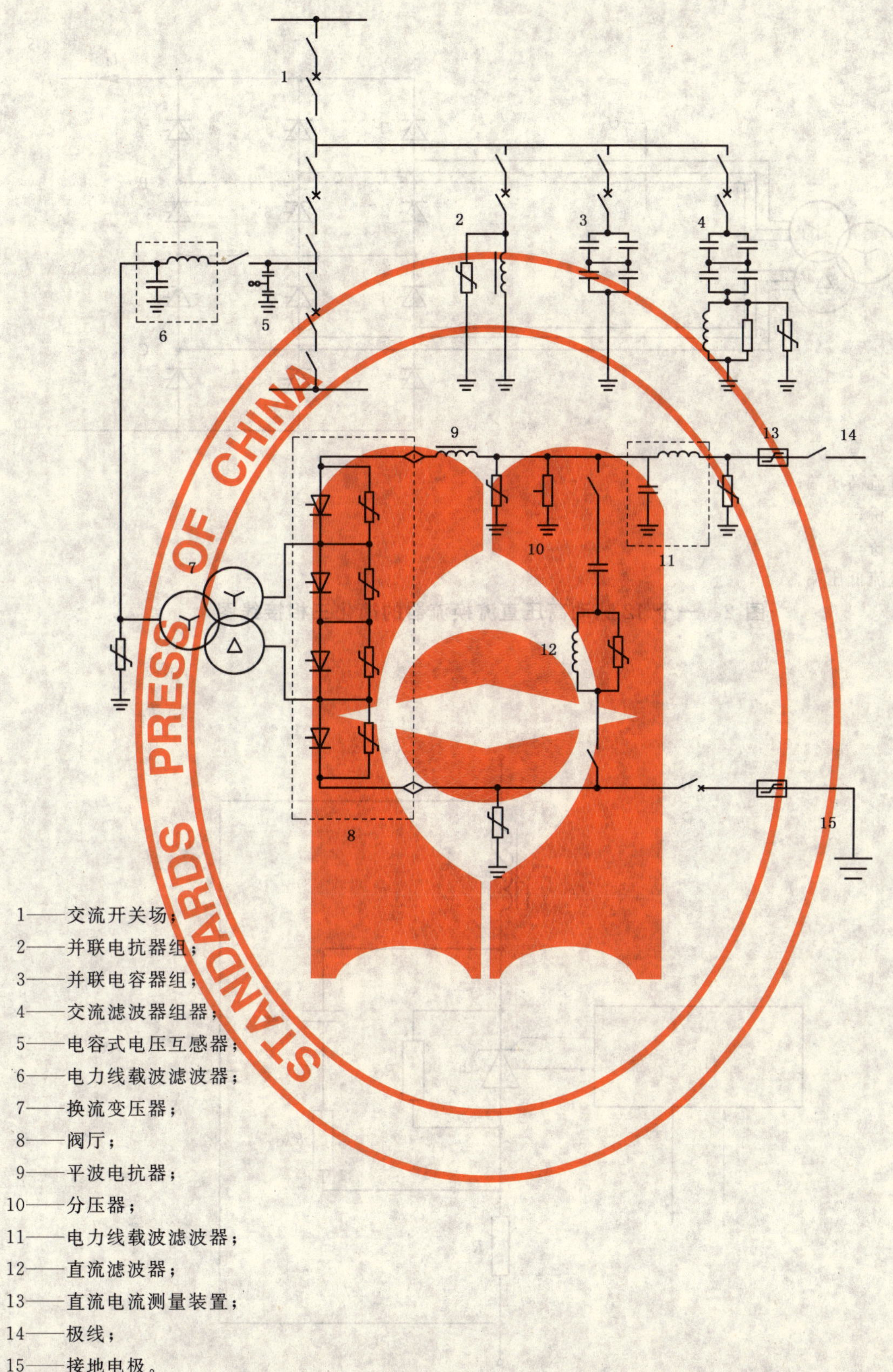

1——交流开关场；
2——并联电抗器组；
3——并联电容器组；
4——交流滤波器组器；
5——电容式电压互感器；
6——电力线载波滤波器；
7——换流变压器；
8——阀厅；
9——平波电抗器；
10——分压器；
11——电力线载波滤波器；
12——直流滤波器；
13——直流电流测量装置；
14——极线；
15——接地电极。

图 1　典型的高压直流(HVDC)一个极的设备(未展示辅助设备)

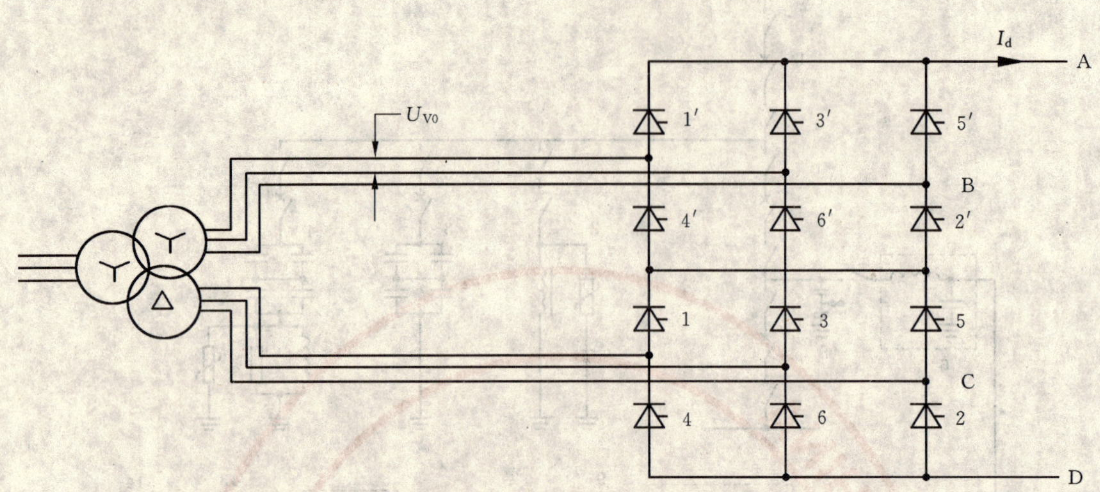

A——直流高压端；

B——上桥；

C——下桥；

D——直流低压端。

图 2　一个 12 脉动高压直流换流器的简化三相接线图

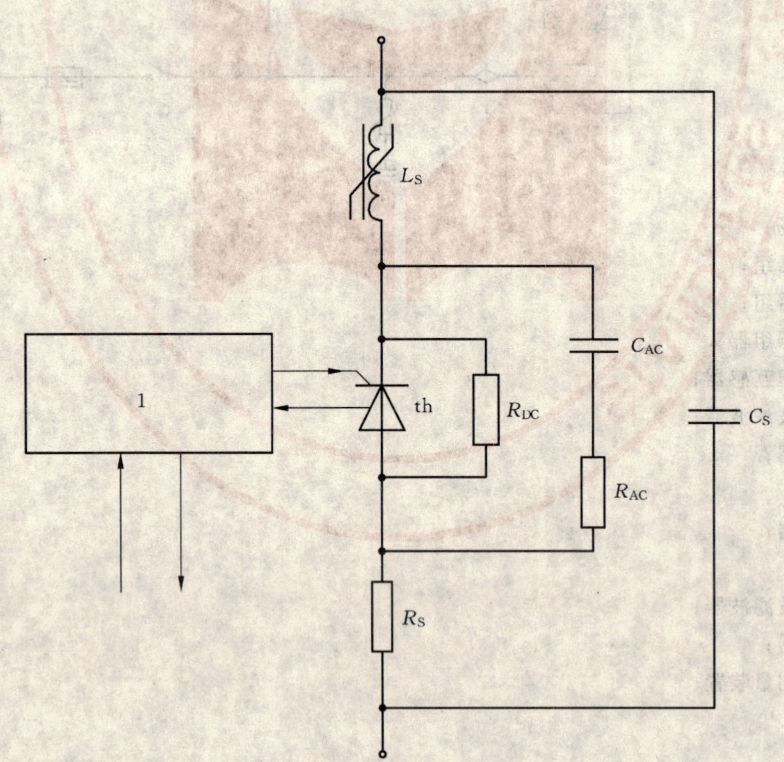

1——控制及监视。

图 3　一个典型晶闸管阀的简化等效电路

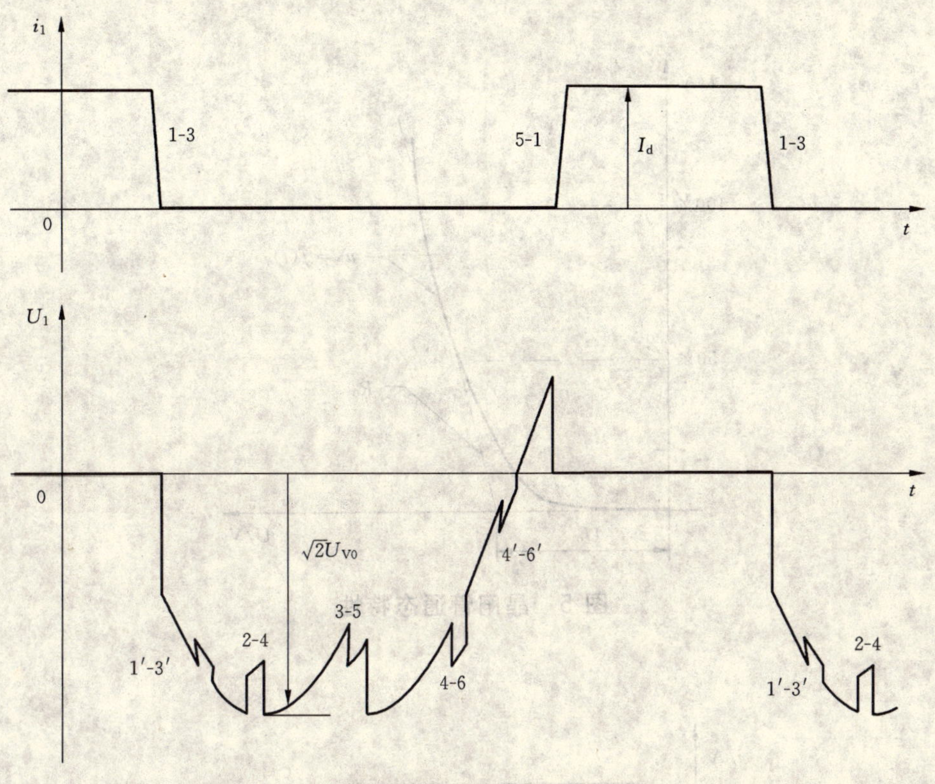

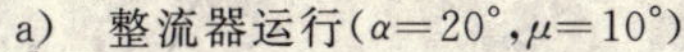

a) 整流器运行($\alpha=20°,\mu=10°$)

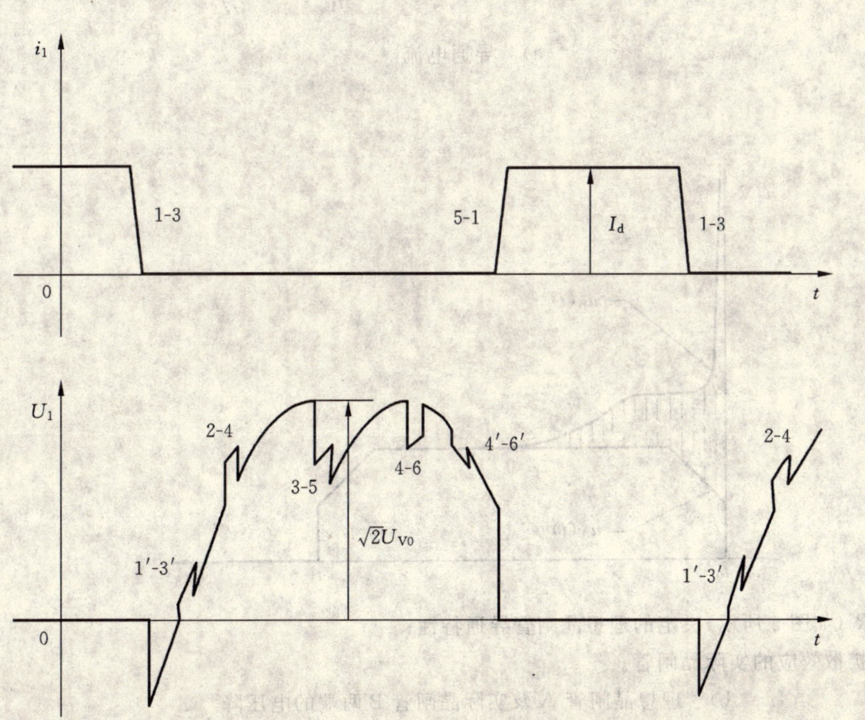

b) 逆变器运行($\alpha=20°,\mu=10°$)

图 4 12 脉动变流器中一个阀的电流和电压波形(未展示换相过冲)

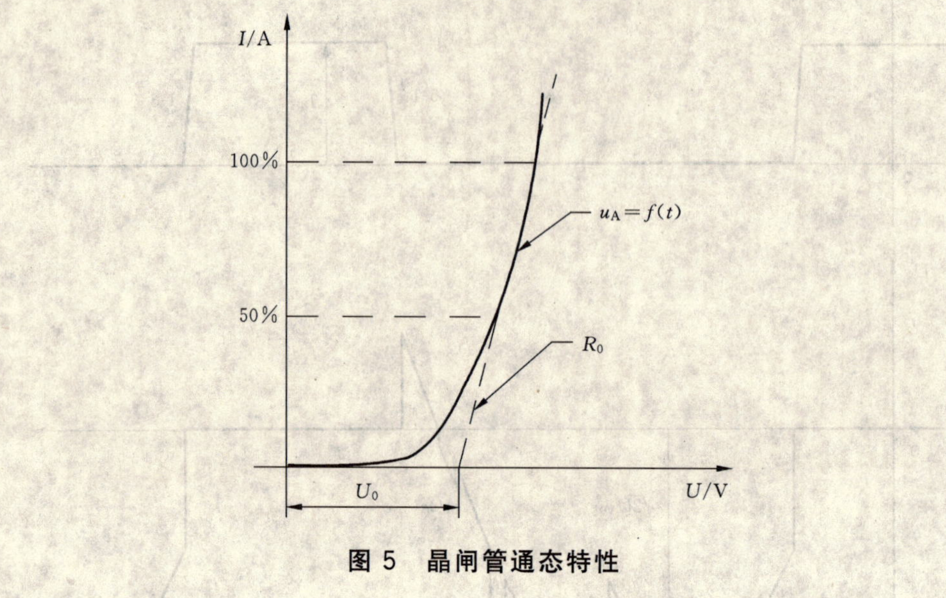

图 5 晶闸管通态特性

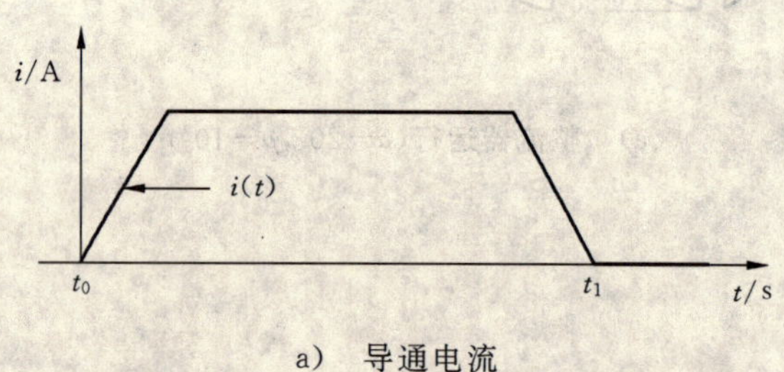

a） 导通电流

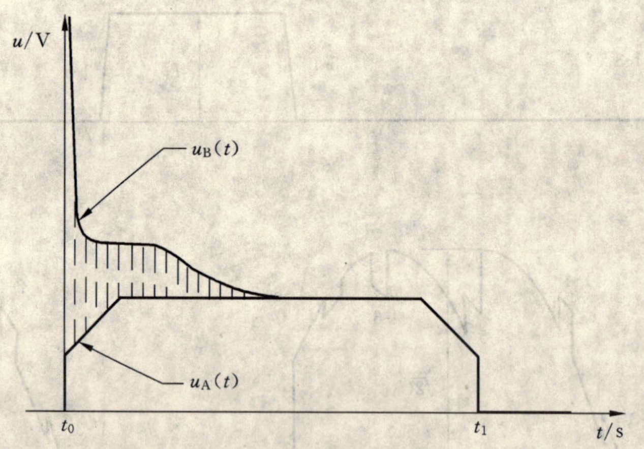

A——由 U_0 和 R_0（如图 5 所示）决定的理想晶闸管导通特性；

B——展现电流扩散效应的实际晶闸管。

b） 理想晶闸管 A 及实际晶闸管 B 两端的电压降

图 6 通态电流及通态电压降

1——来自换相电压源；
2——公共耦合点；
3——接至阀；
4——接至阀。

图 7 L_1 和 L_2 之间换相电感的分布

图 8 反向恢复期间的晶闸管电流

附　录　A
（规范性附录）
谐波电流和电压的计算

A.1　换流变压器中的谐波电流

换流变压器各阀侧的 6 脉动特征谐波电流的有效值为：

$$I_n=\frac{\sqrt{6}\times I_{\mathrm{d}}\times F_1}{\pi\times n}$$

式中：

n ——特征谐波次数，$n=k\times 6\pm 1$，k 是正整数，$1\leqslant k\leqslant 8$。

$$F_1=\frac{(k_1^2+k_2^2-2k_1\times k_2\times\cos(2\alpha+\mu))^{1/2}}{\cos\alpha-\cos(\alpha+\mu)}$$

$$k_1=\frac{\sin\left[(n-1)\times\frac{\mu}{2}\right]}{n-1}$$

$$k_2=\frac{\sin\left[(n+1)\times\frac{\mu}{2}\right]}{n+1}$$

A.2　交流滤波器中的谐波电流

换流变压器网侧 12 脉动特征谐波电流的有效值为：

$$I_n=\frac{\sqrt{6}\times I_{\mathrm{d}}\times F_1}{\pi\times n}\times\frac{U_{\mathrm{V}}}{U_{\mathrm{L}}}\times 2$$

式中：

n ——特征谐波次数，$n=k\times 12\pm 1$，k 是正整数，$1\leqslant k\leqslant 4$。

$U_{\mathrm{V}}/U_{\mathrm{L}}$ ——换流变压器电压变比，阀侧电压除以网侧电压（对应实际抽头位置）。

$$F_1=\frac{(k_1^2+k_2^2-2k_1\times k_2\times\cos(2\alpha+\mu))^{1/2}}{\cos\alpha-\cos(\alpha+\mu)}$$

$$k_1=\frac{\sin\left[(n-1)\times\frac{\mu}{2}\right]}{n-1}$$

$$k_2=\frac{\sin\left[(n+1)\times\frac{\mu}{2}\right]}{n+1}$$

A.3　直流侧的谐波电压

一个 12 脉动桥产生的谐波电压的有效值为：

$$U_n=\frac{6\sqrt{2}}{\pi}\times U_{\mathrm{V0}}\times F_2$$

式中：

n ——特征谐波次数，$n=k\times12$ ，k 是正整数，$1\leqslant k\leqslant4$。

$$F_2=\frac{(k_3^2+k_4^2-2k_3\times k_4\times\cos(2\alpha+\mu))^{1/2}}{2}$$

$$k_3=\frac{\cos\left[(n+1)\times\frac{\mu}{2}\right]}{n+1}$$

$$k_4=\frac{\cos\left[(n-1)\times\frac{\mu}{2}\right]}{n-1}$$

如果直流侧有多个串联的 12 脉动桥，则谐波电压为 U_n 乘以串联的 12 脉动桥数。

A.4 直流侧平波电抗器中的谐波电流

计算直流侧平波电抗器中的谐波电流时，应将换流器表达为具有 A.3 所示谐波的电压源。换流器的阻抗、平波电抗器、直流滤波器及直流导线/电缆应用它们的实际阻抗值表示。

附 录 B
（资料性附录）
典型换流站损耗

作为信息，以下列出了典型的损耗值：

设 备	正常运行条件下的典型损耗/%
晶闸管阀	25～45
换流变压器	40～55
交流滤波器	4～10
并联电容器(如使用)	0.5～3
并联电抗器(如使用)	2～5
平波电抗器	4～13
直流滤波器	0.1～1
辅助设备	3～10
总计	100

在正常运行条件下，总的空载损耗约占运行损耗的 10%～20%。

参 考 文 献

[1] TOBIN, W. H. et al., Power Loss in Large Area Thyristors Designed for 50/60 Hz Phase Control Rectifier Circuits, Paper presented at the 16th annual meeting of the IEEE-IAS, Oct 5-9 1981

[2] CEPEK, M. et al., Loss Measurement in High Voltage Thyristor Valves, IEEE Transactions on Power Delivery, Vlo. 9, 1994

[3] KIMBARK, E. W., Direct Current Trasmission, Vol. 1, John & Sons, Inc., New York, 1971

[4] UHLMANN, E., Power Transmission by Direct Current, Springer-Verlag Berlin, Heidelberg, New York, 1995

[5] IEC 60919-1, Performance of high-voltage d. c. (HVDC) system—Part 1: Steady-state conditions, 1995

[6] IEEE Standard 1158, IEEE Recommended Practice for Determination of Power Losses in High-Voltage Direct-Current (HVDC) Converter Station, 1991

[7] IEEE C57. 12. 90, IEEE Standard Test Code for Liquid-Immersed Distribution, Power and Regulating Transformers; and IEEE Guide for Short-Circuit Testing of Distribution and Power Transformers (ANSI), 1993

[8] Load Losses in HVDC Converter Transformers, CIGRE JWG 12/14. 10 paper, Electra 174, Oct 1997, pp 53-56

ICS 29.200
K 46

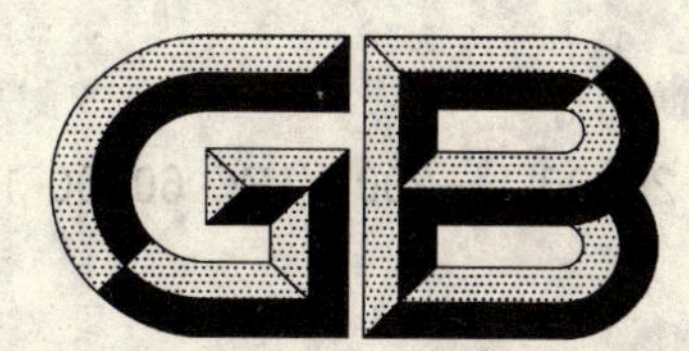

中华人民共和国国家标准

GB/T 20990.1—2007/IEC 60700-1:1998

高压直流输电晶闸管阀 第1部分:电气试验

Thyristor valves for high voltage direct current(HVDC)power transmission—Part 1:Electrical testing

(IEC 60700-1:1998,IDT)

2007-06-21 发布 2008-02-01 实施

中华人民共和国国家质量监督检验检疫总局
中国国家标准化管理委员会 发布

前言

本部分等同采用 IEC 60700-1:1998《高压直流输电晶闸管阀　第 1 部分:电气试验》。

本部分的内容与 IEC 60700-1:1998 完全一致。

本部分是 GB/T 20990 的第 1 部分,IEC 目前没有给出 IEC 60700 其他部分结构,因此本部分的整体结构和其他部分内容,尚无对应的国际标准。

本部分的附录 A、附录 B 是规范性附录,附录 C 是资料性附录。

本部分由中国电力企业联合会提出。

本部分由全国电力电子学标准化技术委员会归口。

本部分起草单位:中国电力科学研究院、西安电力电子技术研究所。

本部分参加起草单位:西安电力整流器有限责任公司、北京网联直流工程咨询公司、西安高压电器研究所。

本部分主要起草人:王明新、陆剑秋、张佔省、马为民、周会高、曾昭华、汤广福、蔚红旗、孟庆东、田方、崔东。

高压直流输电晶闸管阀
第1部分:电气试验

1 范围

本部分适用于高压直流输电或作为背靠背系统一部分的电网换相换流器的晶闸管阀,在阀两端直接连接有金属氧化物避雷器。本部分只限于电气型式试验和出厂试验。

在本部分规定的试验是以空气绝缘阀为基础的。对于其他类型的阀也必须遵守本试验的要求和验收标准。

2 规范性引用文件

下列文件中的条款通过本部分的引用而成为本部分的条款。凡是注日期的引用文件,其随后所有的修改单(不包括勘误的内容)或修订版均不适用于本部分,然而,鼓励根据本部分达成协议的各方研究是否可使用这些文件的最新版本。凡是不注日期的引用文件,其最新版本适用于本部分。

GB/T 2900.12 电工名词术语 避雷器(GB/T 2900.12—1989,neq IEC 60099-2)

GB/T 16927.1—1997 高压试验技术 第一部分:一般试验要求(eqv IEC 60060-1:1989)

GB/T 7354—2003 局部放电测量(IEC 60270:2000,IDT)

ISO/IEC 导则25:1990 对校核能力和试验室的一般要求

IEC 60060-1 高压试验技术

IEC 60071-1:1993 绝缘配合 第1部分:定义、原理和规则

IEC 61803:1998 高压直流换流站损耗的确定

3 定义

以下术语和定义适用于本部分。

3.1 绝缘配合术语

3.1.1

试验耐受电压 test withstand voltage

一个未被损坏、完整新阀的标准波形试验电压;在规定的条件下,当经受此试验电压规定持续时间或规定的施加次数时,不出现任何击穿放电,并符合特定试验所有其他验收标准。

3.1.2

陡波前冲击 steep front impulse

陡波前电压冲击达到峰值的时间比标准雷电冲击短,但比IEC 60071-1中所定义的极快波前电压长。对于这个标准,试验用的陡波前冲击电压由图1定义。

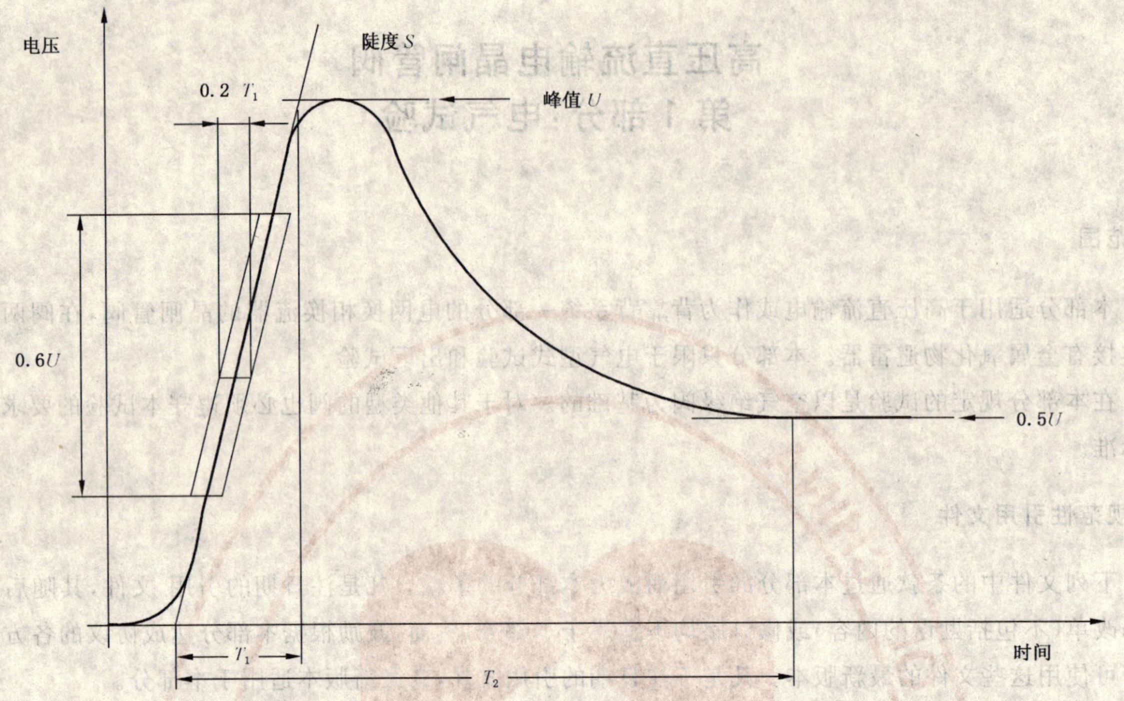

注：U——规定的陡波前冲击试验电压的峰值(kV)；

S——规定的陡波前冲击试验电压的陡度(kV/μs)；

T_1——视在波前时间$=\dfrac{U}{S}$(μs)；

必须满足下列条件：

a) 记录的试验电压的峰值应为(1±3%)U。此偏差与 IEC 60060-1 中标准雷电冲击相同。

b) 在电压偏移不小于 $0.6\ U$ 的范围内，记录的试验电压上升部分应当完全包括在与陡度 S 平行，时间位移 $0.2T_1$ 的两条线之内。

c) 在 T_2 时刻的试验电压值应当不低于 $0.5\ U$。T_2 是从起始点到电压降低到系统研究中获得的波形峰值一半时刻的时间。然而，应当保证能充分地检测出晶闸管非正常的 dv/dt 切换。

图 1 陡波前冲击试验电压

3.1.3

内绝缘与外绝缘 internal and external insulation

处于阀组件和绝缘材料之外，但包含在阀或多重阀单元的轮廓之内的空气，被认为是阀内绝缘系统的一部分。外绝缘是指阀或多重阀单元的外表面与周围环境间的空气。

3.1.4

阀保护性触发 valve protective firing

在预定的电压下触发晶闸管，防止其过电压的保护方法。

3.2 阀结构术语

3.2.1

阀支架 valve support

安装阀组件，起机械支撑和对地电气绝缘作用的阀部件。

注：在所有阀的设计中，尚不能明确界定出阀的哪一部分就是阀支架。

3.2.2

阀结构 valve structure

安装阀晶闸管级的实体结构，对地电位有相应的绝缘。

3.2.3

冗余晶闸管级　redundant thyristor levels

晶闸管阀中可以被短接的,仍能满足阀规定型式试验的晶闸管级串。

3.2.4

阀基电子单元　valve base electronics

处于地电位,是换流器控制系统与晶闸管阀之间接口的电子单元。

3.3　型式试验

为检验阀设计是否符合规范要求的那些试验。在本部分中,型式试验被分成下面两个主要类型:电介质试验和运行试验。

3.3.1

电介质试验　dielectric tests

检验阀高压特性而进行的试验。

3.3.2

运行试验　operational tests

检验阀的导通、关断和有关电流特性而进行的试验。

3.4　出厂试验

检验制造正确性,从而保证阀的特性与规定相符而进行的试验。

3.4.1

例行试验　routine tests

在所有的阀、阀的部件或组件上进行的出厂试验。

3.4.2

抽样试验　sample tests

随机从一批阀、阀部件或组件中抽取少量产品进行的出厂试验。

4　综合要求

4.1　型式试验执行的导则

4.1.1　替代证明

阀的每一种设计都应以本部分规定的型式试验为依据。若阀确实与以前试验过的类似,供货方可提交以前的型式试验报告替代进行型式试验供购买方考虑。同时应提出一个独立的报告详述设计的差异并论述参照型式试验如何能满足建议设计的试验对象。

4.1.2　试验对象

a)　某些型式试验可在整个阀或阀的组件上进行,如表 2 中所示。在阀组件上进行的那些型式试验,试验的阀组件总数不少于一个完整阀中组件的数量。

b)　同一个阀组件应进行所有的型式试验,另有规定的除外。

c)　在型式试验开始之前,阀、阀组件和/或它们的元件,都应证明通过了出厂试验,确保制造是正确的。

4.1.3　试验顺序

规定的型式试验可按任意顺序进行。

注:如果在绝缘型式试验程序之后执行局部放电测量,可增加其可信度。

4.1.4　试验方法

试验应按照 GB/T 16927.1—1997 中相应标准进行。

4.1.5　试验环境温度

试验应在试验设备正常的环境温度下进行,另有规定的除外。

4.1.6 试验频率

交流电介质试验可在 50 Hz 或 60 Hz 下进行。运行试验对频率的特别要求在相关条款中给出。

4.1.7 试验报告

型式试验完成后，供货方应当按照第 16 章提供型式试验报告。

4.2 大气修正

在相关条款规定，按照 IEC 60060-1 试验电压应进行大气修正。进行修正的参考条件如下：

——气压：标准大气压(101.3 kPa)，修正到设备安装地点的海拔高度。

——温度：设计的阀厅空气最高温度(℃)。

——湿度：设计的阀厅最低绝对湿度(g/m^3)。

由供货方规定所用的值。

4.3 冗余的处理

4.3.1 电介质试验

对于在阀端子间的所有电介质试验，除了可能的阀非周期触发试验(见 8.4)外，应短路冗余的晶闸管级。晶闸管级短路的位置，应由购买方和供货方协商确定。

注：根据设计，短路的晶闸管级的分配可能受到限制。例如，在一个阀组件中，短路的晶闸管级的数量有上限。

4.3.2 运行试验

对于运行试验，冗余的晶闸管级不应被短路。使用的试验电压应用比例因子 K_n 调整：

$$k_n = \frac{N_{tut}}{N_t - N_r}$$

式中：

N_{tut}——试品中串联晶闸管级的数量；

N_t——阀中串联晶闸管级的总数；

N_r——阀中冗余的串联晶闸管级的总数。

4.4 型式试验成功的判据

工业经验发现，即使再仔细地设计阀，也不可能避免运行中晶闸管级部件偶然的随机故障。尽管这些故障可能与应力相关，但在引起故障的程度上是随机的，或者说不能预测故障率与应力的关系。或没有经得起检验的精确定量。对阀或阀组件作型式试验时，在短期内，施加的多重应力一般相当于阀在其全部寿命期间可能会承受到的少数几次最坏的应力。考虑到上述情况，因此下面公布型式试验成功的判据是允许型式试验时有少量的晶闸管级故障，只要这种故障极少，且不表示任何典型的设计缺陷。

4.4.1 晶闸管级适用的判据

a) 第 5 章所列出的型式试验，有一个以上的晶闸管级发生短路(一个完整阀中，串联晶闸管级更换大于 1%时)，则认为该阀未通过型式试验。

b) 若下面的型式试验中，有一个晶闸管级(或更多，若仍在 1%限制之内)发生短路，应当修复故障级继续进行型式试验。

c) 若在所有型式试验期间，短路的晶闸管级数量累计大于一个完整阀串联晶闸管级的 3%，则认为该阀未通过型式试验。

d) 当在阀组件上进行型式试验时，由于被试阀组件的数量不少于整个阀的组件数(见 4.1.2 a))，上述标准仍旧适用。

e) 每次型式试验后，都应检查阀或阀组件，以判断是否有晶闸管级发生短路。在进一步试验前，型式试验中或型式试验后发现的故障的晶闸管或辅助元件可以更换。

f) 完成试验程序后，阀或阀组件要经历一系列的检查试验，至少要包括以下几项：

——检查晶闸管级正向和反向耐受电压；

——检查门控电路；

——检查监测电路;

——用施加高于及低于保护定值的暂态电压,检查晶闸管级的保护电路;

——检查均压电路。

g) 检查试验期间,发生的晶闸管级短路应作为上面定义的验收准则的一部分计算。除了短路的级之外,在型式试验程序和后来的检查试验中发生的,未导致晶闸管级短路后果的故障晶闸管级总数,也不得超过一个完整阀串联晶闸管级的 3%。若这样的级总数超过了 3%,在购买方与供货方达成一致的情况下,对故障的性质及其成因进行复查并采取措施。

h) 当用百分比准则来决定允许的短路晶闸管级最大数目和允许的未导致短路的故障晶闸管级最大数目,通常是取整数,如表 1 中所列举的。

表 1 型式试验中允许损坏的晶闸管级数量

阀全部晶闸管级数与冗余的级数之差(N_t-N_r)	在任何单项型式试验中允许出现的短路晶闸管级数	在全部型式试验中允许出现晶闸管级短路的总数	在全部型式试验中其他的未导致短路的故障晶闸管级数
33 及以下	1	1	1
34~67	1	2	2
68~100	1	3	3
其他			

全部型式试验结束时,短路的和其他故障的晶闸管级分布基本上是随机的,不呈现能说明设计缺陷任何规律。

4.4.2 整体阀的适用判据

阀的多个晶闸管级互联的公共电气设备不允许击穿或外部闪络,构成阀结构的绝缘材料部分、冷却水管、光导或脉冲传输及分配系统的其他绝缘部分中不允许有破坏性放电。

5 型式试验表

表 2 列出了第 6 章至第 13 章给出的型式试验。

表 2 型式试验

试验类型	章条款	试验对象
阀支架直流电压试验	6.3.1	阀支架
阀支架交流电压试验	6.3.2	阀支架
阀支架操作冲击试验	6.3.3	阀支架
阀支架雷电冲击试验	6.3.4	阀支架
多重阀单元对地直流电压试验	7.3.1	多重阀单元
多重阀单元交流电压试验	7.3.2	多重阀单元
多重阀单元操作冲击试验	7.3.3	多重阀单元
多重阀单元雷电冲击试验	7.3.4	多重阀单元
阀直流电压试验	8.3.1	阀
阀交流电压试验	8.3.2	阀
阀操作冲击试验	8.3.4	阀
阀雷电冲击试验	8.3.5	阀

表 2（续）

试验类型	章条款	试验对象
阀陡波前冲击试验	8.3.6	阀
阀非周期触发试验	8.4	阀
最大持续运行负荷试验	9.3.1	阀或阀组件
最大暂态运行负荷试验($\alpha=90°$)	9.3.2	阀或阀组件
最小交流电压试验	9.3.3	阀或阀组件
暂态欠电压试验	9.3.4	阀或阀组件
断续直流电流试验	9.3.5	阀或阀组件
恢复期暂态正向电压试验	10	阀或阀组件
重加正向电压单波次故障电流试验	11.3.1	阀或阀组件
不重加正向电压多波次故障电流试验	11.3.2	阀或阀组件
阀抗电磁干扰试验	12	阀或阀组件
特殊性能试验	13	阀或阀组件

6 阀支架电介质试验

6.1 试验目的

这些试验的主要目的是：

a） 检验阀支架、冷却水管、光导的绝缘和其他同阀支架相关的绝缘部件的耐受电压能力。如果除了阀支架外，有其他对地绝缘，还要进行必要的附加试验。

b） 验证局部放电的起始和截止电压高于阀支架上出现的最大运行电压。

注：根据应用情况，经过购买方和供货方协商，可以省略某些阀支架试验。

6.2 试验对象

用于试验的阀支架可以是一个有代表性的单独试品，包括阀邻近的部分的代表，或者可构成用于单阀或多重阀单元试验装置的部分。它应与全部辅助部件组装在一起，并且适当表示附近地电位表面。根据试验目的，冷却剂应代表最严酷运行条件。

6.3 试验要求

下面给出的所有试验水平都要进行 4.2 中描述的大气修正。

6.3.1 阀支架直流电压试验

阀的两个主要端子应连接在一起，然后将直流电压加在已连接的两个端子与地之间。从规定的 1 min试验电压的 50%开始，电压在大约 10 s 的时间内升至规定的 1 min 试验电压，保持 1 min 恒定，再降至规定的 3 h 试验电压，保持 3 h 恒定，然后减到零。在规定的 3 h 电压试验中最后 1 h，超过 300 pC 的局部放电数目，应按照附录 B 中的说明记录。

整个记录期间，平均每分钟 300 pC 以上的脉冲不超过 15 次；而且，500 pC 以上的冲击每分钟不超过 7 次；1 000 pC 以上的冲击每分钟不超过 3 次；2 000 pC 以上的冲击每分钟不超过 1 次。

注：若观察到局部放电的数量或等级有增加的趋势，可以由购买方与供货方共同协商延长试验时间。

用相反极性电压重复上述试验。

阀支架直流试验电压 U_{tds} 按照以下公式计算：

$$U_{tds} = \pm U_{dms} \times k_1 \times k_t$$

式中：

U_{dms}——跨接在阀支架上的稳态运行电压直流分量的最大值；

k_1——试验安全系数：

1 min 试验，$k_1=1.6$；

3 h 试验，$k_1=1.3$；

k_t——大气修正系数：

1 min 试验，k_t 按照 4.2 取值；

3 h 试验，$k_t=1.0$。

6.3.2 阀支架交流电压试验

试验之前，应将阀支架短路接地至少 2 h。

进行这个试验，阀的两个主要端子需要连接在一起，交流试验电压加在阀已连接在一起的两端与地之间。从不超过规定的 1 min 试验电压的 50%开始，在大约 10 s 内升至规定的 1 min 试验电压 U_{tas1}，保持 1 min，降低到规定的 30 min 试验电压 U_{tas2}，保持 30 min 后降到零。在规定的 30 min 试验中，要监测和记录局部放电的水平。若局部放电值低于 200 pC，此设计可以完全接受。若局部放电值超过了 200 pC，就需要评估试验结果(见附录 B.4)。

阀支架交流试验电压 U_{tas} 的均方根值，按照以下公式计算：

$$U_{tas}=\frac{U_{ms}}{\sqrt{2}}\times k_2\times k_t\times k_r$$

式中：

U_{ms}——稳态运行期间，加在阀支架的最大重复运行电压的峰值，包括换相过冲量；

U_{tas1}——1 min 试验电压；

U_{tas2}——30 min 试验电压；

k_2——试验安全系数：

1 min 试验，$k_2=1.3$；

30 min 试验，$k_2=1.15$；

k_t——大气修正系数：

1 min 试验中，k_t 按照 4.2 取值；

30 min 试验，$k_t=1.0$；

k_r——瞬时过电压系数：

1 min 试验值，k_r 由系统分析确定；

30 min 试验，$k_r=1.0$。

6.3.3 阀支架操作冲击试验

此试验由在阀两个主端子对公共地之间施加 3 次正极性和 3 次负极性操作冲击电压组成。

采用 IEC 60060 中的标准操作冲击电压波形。

试验电压应按照 HVDC 换流站的绝缘配合选取。

6.3.4 阀支架雷电冲击试验

此试验由在阀两个主端子对公共地之间施加 3 次正极性和 3 次负极性雷电冲击电压组成。

采用 IEC 60060 中的标准雷电冲击电压波形。

试验电压应按照 HVDC 换流站的绝缘配合选取。

注：如果使用了未经实际运行经验验证的新型绝缘材料，应当考虑增加陡波前冲击试验。

7 多重阀单元(MVU)的电介质试验

7.1 试验目的

这些试验的主要目的是：

a) 检验多重阀单元外部绝缘的耐受电压能力，考虑它的环境，尤其是在极电位上连接的阀；

b） 验证多重阀单元结构中各个单阀之间的耐受电压能力；

c） 验证局部放电水平在规定的限制内。

7.2 试验对象

阀和多重阀单元有多种可能的设计结构。目前试验必须考虑的是，应尽可能精确地选取试验对象，反映阀运行的接线方式。试验对象应当是完整配备的，除非能够证明一些部件可以模拟或忽略，而不会对试验结果造成实质的影响。

基于多重阀单元结构和试验目的，某些单个的阀可能必须被短路。例如，对于最普通的四个同样的、垂直堆放的阀（四重阀）结构，应当将位于导致最严重情况的那个阀短路。

当多重阀单元的低压端未接到直流中性电位时，就要注意在试验中恰当端接多重阀单元低压端来正确地模拟此端子上出现的电压。应使用地电位面，其间距由与其他阀和地电位表面的接近程度决定。

7.3 试验要求

7.3.1 多重阀单元对地直流电压试验

直流试验电压应加在多重阀单元最高电位的直流端子与地之间。

从不超过 1 min 试验电压的 50%开始，在大约 10 s 内升至规定的 1 min 试验电压，保持 1 min，再降至规定的 3 h 试验电压，保持 3 h 后降至零。

在规定 3 h 试验的最后 1 h 期间，超过 300 pC 的局部放电的次数要按照附录 B 的规定记录。

整个记录期间，平均 300 pC 以上的脉冲每分钟不超过 15 次；其中，500 pC 以上的脉冲每分钟不超过 7 次，1 000 pC 以上的脉冲每分钟不超过 3 次，2 000 pC 以上的脉冲每分钟不超过 1 次。

注：若观察到局部放电的数量或等级有增加的趋势，可以由购买方与供货方共同协商延长试验时间。

用相反极性电压重复以上试验。

多重阀单元的直流试验电压 U_{tdm} 按以下公式计算：

$$U_{tdm} = \pm U_{dmm} \times k_3 \times k_t$$

式中：

U_{dmm}——出现在多重阀单元高压端子对地间的稳态运行电压直流分量的最大值；

k_3——试验安全系数：

1 min 试验，$k_3 = 1.6$；

3 h 试验，$k_3 = 1.3$；

k_t——大气修正系数：

1 min 试验，k_t 按照 4.2 取值；

3 h 试验，$k_t = 1.0$。

7.3.2 多重阀单元交流电压试验

如果多重阀单元在任何两个端子之间耐受了交流或交直流复合电压，但其耐受能力未被其他试验充分证明，那么就有必要在多重阀单元的这些端子间进行交流电压试验。

试验前，多重阀单元的端子应短接在一起并接地至少 2 h。进行这个试验，试验电压源应接于待考核的多重阀单元端子对上。根据试验电路布置安排接地点。

从不超过 1 min 试验电压的 50%电压开始，电压升至规定的 1 min 试验电压，保持 1 min，然后降至 30 min 电压，保持 30 min 后降至零。

在规定的 30 min 试验期间，应当监视并记录局部放电的电平。若局部放电值低于 200 pC，则设计可以完全验收。若局部放电值超过 200 pC，则需要评价试验结果（见附录 B.4）。

多重阀单元交流试验电压 U_{tam} 的均方根按以下公式计算：

$$U_{tam} = \frac{U_{mm}}{\sqrt{2}} \times k_4 \times k_r \times k_t$$

式中：

U_{mm}——稳态运行期间，多重阀单元端子之间出现的最大重复运行电压的电压峰值，包括换相过冲量；

k_4——试验安全系数：

1 min 试验，$k_4=1.3$；

30 min 试验，$k_4=1.15$；

k_r——暂态过电压系数：

1 min 试验值，k_r 由系统分析确定的；

30 min 试验，$k_r=1.0$；

k_t——大气修正系数：

在 1 min 试验中，k_t 按照 4.2 取值；

30 min 试验，$k_t=1.0$。

7.3.3 多重阀单元操作冲击试验

采用 IEC 60060 中的标准操作冲击电压波形。

多重阀单元操作冲击试验电压应加于多重阀单元高压端子与地之间。

试验由 3 次施加正极性和 3 次施加负极性的规定幅值的操作冲击电压组成。

多重阀单元操作冲击试验电压 U_{tsm} 按以下公式确定：

$$U_{tsm}=\pm SIPL_m\times k_5\times k_t$$

式中：

$SIPL_m$——由考虑到多重阀单元高压端子与地之间接避雷器时，绝缘配合所决定的操作冲击保护水平；

k_5——试验安全系数，$k_5=1.15$；

k_t——大气修正系数，按照 4.2 取值。

如果上述规定的试验中，在多重阀单元所有端子间未能充分地进行操作冲击耐受电压试验，那么就要考虑进行额外试验检查绝缘。

注：在购买方同供货方协商一致的情况下，可以不进行多重阀单元操作冲击试验而用其他方法表示：

a) 到其他阀及到地的外部气隙能充分满足要求的操作冲击耐受电压水平，和

b) 多重阀单元任意两端子间的操作冲击耐受能力由其他试验所证明。

7.3.4 多重阀单元雷电冲击试验

采用 IEC 60060 中的标准雷电冲击电压波形。

多重阀单元雷电冲击试验电压应加于多重阀单元高压端与地之间。

试验由 3 次施加正极性和 3 次施加负极性的规定幅值的雷电冲击电压组成。

多重阀单元雷电冲击试验电压 U_{tlm} 由以下公式确定：

$$U_{tlm}=\pm LIPL_m\times k_6\times k_t$$

式中：

$LIPL_m$——考虑到多重阀单元高压端子与地间接避雷器时，由绝缘配合所决定的雷电冲击保护水平；

k_6——试验安全系数，$k_6=1.15$；

k_t——大气修正系数，k_t 按照 4.2 取值。

如果不能证明上述规定的试验，充分地试验了在多重阀单元所有端子间的雷电冲击耐受电压，那么就要考虑额外进行试验检查这个绝缘。

注 1：在购买方同供货方达成一致的情况下，可以不进行多重阀单元雷电冲击试验而用其他方法表示：

a) 到其他阀及到地的外部空气间隙能充分满足要求的雷电冲击耐受电压水平，和

b) 多重阀单元任意两端子间的雷电冲击耐受电压由其他试验所充分证明。

注 2：在某些情况下，应考虑进行独立的陡波前冲击电压试验来补充阀的陡波前冲击电压试验(见 8.3.6)。

8 阀端子间的电介质试验

8.1 试验目的

这些试验用来验证阀设计的各种类型过电压(直流、交流,操作冲击,雷电冲击及陡波前冲击过电压)相关的电压特性。这些试验应证明:

a) 阀能够承受规定的过电压;

b) 每一个内部过电压保护回路都是有效的;

c) 在规定的试验条件下,局部放电处于规定的限值之内;

d) 内部的直流均压电路有足够的额定功率;

e) 阀电子单元不受干扰影响且功能正确;

f) 阀能够在规定的过电压条件下触发而避免损坏。

需要注意,本条款所描述的试验,是基于为试验高压交流系统和部件开发的标准波形和标准试验方法。这个途径为工业化提供了很有利条件,因为它可以将很多现有的高压试验技术移植到HVDC阀鉴定上。另一方面,必须承认特殊的高压直流应用,可导致波形不同于标准的波形,在这种情况,有必要改进试验,以实际地反映预期的条件。

8.2 试验对象

试验对象应是与全部辅助部件一起组装的整个阀,阀避雷器除外。阀可以构成多重阀单元的一部分。对于所有的冲击试验,除非另有规定,阀的电子单元都应加电。对于交流和直流电压试验,阀电子单元不需要加电。

冷却剂除了可以减少流量定值外,应处于能反映工作状况的条件下。如果结构外的任何试品对于试验期间正确地表现作用是必要的,那么在试验中就要包括或模拟该试品。应当采用的接地位面,其间距应由与其他临近阀和地电位面的接近程度决定。

用于阀电介质试验的试验对象,其试验电压通常不允许使用大气修正系数,以免在晶闸管或其他内部部件上造成电过应力。由于这个原因,任何阀端子之间的电介质试验都未引入大气修正系数。供货方要充分论证大气条件对阀内部耐受电压的影响是完全允许的。可分别进行逐项试验,以验证具有该能力。

8.3 试验要求

8.3.1 阀直流电压试验

直流试验电压源应当接在阀一个主端子与地之间,而阀的其他主端子接地。

从不超过1 min试验电压的50%电压开始,在大约10 s内电压升至规定的1 min试验电压的水平,保持1 min,降低到规定的3 h试验电压,保持3 h后降至零。在规定的3 h试验的最后1 h期间,要按照附录B所描述的,记录超过300 pC的局部放电的数目。

整个记录期间,平均超过300 pC冲击数量,每分钟不得超过15次。其中,500 pC以上的冲击每分钟不得超过7次,1 000 pC以上的冲击每分钟不得超过3次,2 000 pC以上的冲击每分钟不得超过1次。

注:若观察到局部放电的数量或等级有增加的趋势,可以由购买方与供货方共同协商延长试验时间。

用相反极性电压重复上述试验。

阀直流试验电压U_{tdv}按以下公式计算:

$$U_{tdv} = \pm U_{dn} \times k_7$$

式中:

U_{tdv}——六脉动桥额定电压;

k_7——试验安全系数:

1 min试验,$k_7 = 1.6$;

3 h 试验，$k_7=0.8$。

8.3.2 阀交流电压试验

进行试验之前，阀各端子要短接在一起并接地至少 2 h。

进行这个试验，试验用的电压源要接在阀的两个端子上。接地点与试验电路布置有关。从不超过最高试验电压 50%的电压开始，在大约 10 s 的时间里将电压升至规定的 15 s 试验电压，保持 15 s，降至规定的 30 min 试验电压，保持 30 min，然后降至零。在规定的 30 min 试验期间，应当监测局部放电水平。局部放电值不应超过 200 pC(见附录 B)。

阀的 15 s 试验电压 U_{tav1} 应这样计算：

$$U_{tav1r}=\sqrt{2}U_{vom}\times k_r\times k_c\times k_8$$

和

$$U_{tav1d}=\sqrt{2}U_{vom}\times k_r\times k_8$$

式中：

U_{tav1r}——15 s 反向试验电压峰值；

U_{tav1d}——15 s 正向试验电压峰值；

U_{vom}——变压器阀侧最大稳态空载相间电压；

k_r——暂态过电压系数，由系统研究确定的值；

k_c——反向换相过冲系数，用来计算甩负荷过电压峰值($\alpha=90°$)的恢复，包括由晶闸管反向恢复电荷引起的增加。k_c 应当考虑并联阀避雷器的限制作用；

k_8——试验安全系数，$k_8=1.15$。

注：由于 U_{tav1r} 大于或等于 U_{tav1d}，15 s 试验可以用一个对称的交流试验电压方均根值等于 $U_{tav1r}/\sqrt{2}$ 或采用能满足两项要求的交直流叠加的组合试验电压完成。

30 min 试验电压 U_{tav2} 的均方根(有效值)应这样计算：

$$U_{tav2}=\frac{U_{ppv}}{2\sqrt{2}}\times k_9$$

式中：

U_{ppv}——跨接在阀上的稳态运行电压峰对峰最大值，包括换相过冲；

k_9——试验安全系数，$k_9=1.15$。

8.3.3 阀冲击试验(综合)

a) 本部分允许考虑应用成本最低原则从两个阀冲击试验方案中选择一种。

在第一个方案中，对含有晶闸管的阀进行雷电和操作冲击试验的试验安全系数是 1.1，陡波前冲击试验是 1.15，当晶闸管被绝缘部件代替，分别加到 1.15 和 1.2。

在第二个方案中，对含有晶闸管的阀进行雷电和操作冲击试验的试验安全系数是 1.15，陡波前冲击试验是 1.2。

详细说明在附录 A 中给出。

b) 如果阀采用了保护性触发，施加的正向冲击试验电压仅是预期值。需要证明任何这样的保护触发回路动作是预期的。

c) 除非另有规定，阀的电子单元应加电。

d) 需要证实冲击起始时，阀上的电压满足下列关系：

$$-0.01\times V_{DSM}\times(N_t-N_r)\leqslant \text{阀电压}\leqslant+0.01\times V_{DSM}\times(N_t-N_r)$$

式中：

V_{DSM}——额定的晶闸管正向浪涌电压非重复峰值；

N_t——阀中串联的晶闸管级的总数；

N_r——阀中冗余的串联晶闸管级的总数。

e) 在冲击试验期间，监测阀在电磁干扰下行为是否正确(见第12章)。为了实现这一点，阀基电子单元的那些必需与试验的阀正确交换信息的部分一定要包括在内。

8.3.4 阀操作冲击试验

采用IEC 60060-1中的标准操作冲击电压波形。

试验应当由施加3次正极性和3次负极性规定幅值的操作冲击电压组成，阀电子单元初始加电。

此试验将在阀电子单元初始状态不加电下重复进行。

在正向试验期间运行，若阀带正向过电压保护，必须施加3次附加的预定幅值正向操作冲击，不应导致阀触发。对于这些附加试验，阀电子单元应加电。

阀操作冲击试验耐受电压U_{tsv}按以下公式计算：

$$U_{tsv} = \pm SIPL_v \times k_{10}$$

式中：

$SIPL_v$——阀避雷器的操作冲击保护水平；

k_{10}——试验安全系数(见8.3.3 a))。

8.3.5 阀雷电冲击试验

采用IEC 60060中的标准的雷电冲击电压波形。

试验应当包括施加3次正极性和3次负极性规定幅值的雷电冲击电压。

若阀带正向过电压保护，在正向试验期间运行，必须施加3次预定幅值和前部时间的附加正向冲击，不应导致阀触发。

阀雷电冲击试验耐受的电压U_{tlv}按以下公式计算：

$$U_{tlv} = \pm LIPL_v \times k_{11}$$

式中：

$LIPL_v$——阀避雷器的雷电冲击保护水平；

k_{11}——试验安全系数(见8.3.3 a))。

8.3.6 阀陡波前冲击试验

对于陡波前冲击试验，应采用图1中规定的电压波形。由系统研究决定最严重情况下阀陡波前冲击电压作用的实际陡度S和峰值。实际陡度要由研究结果按最大du/dt估算，其单位为kV/μs，平均高于总电压偏移的60%。

在获得试验电压的时候，由系统研究得到的实际陡度和幅值均应乘以相应的试验安全系数，即应保持波前部时间为常数。

注：如果希望运行中发生的过电压波前短于0.1 μs，购买方需与供货方协商用适当的快速上升电压试验取代上述的陡波前冲击试验。

试验由施加3次正极性和3次负极性规定幅值的陡波前冲击组成。

若阀带正向过电压或正向过du/dt触发保护合，在正向试验期间运行，就要额外进行3次规定幅值和上升时间的正向冲击试验，而不应导致阀触发。

阀陡波前冲击试验耐受电压U_{tsfv}由以下公式计算：

$$U_{tsfv} = \pm FWPL_v \times k_{12}$$

式中：

$FWPL_v$——由系统研究的配合电流所确定的阀避雷器波前保护水平；

k_{12}——试验安全系数(见8.3.3 a))。

8.4 阀非周期触发试验

8.4.1 试验目的

阀非周期触发试验的首要目的是检查晶闸管和关联电路，在规定的高电压情况下投入时，有关的电流和电压强度是适当的。本试验通常可作为阀操作冲击试验的一部分进行(见8.3.4)。

8.4.2 试验对象

试验对象与8.2中的一样。对于避雷器方式8.4.3B,试验可以用阀组件代替完整的阀进行。在这种情况,供货方应说明阀组件试验与完整阀试验间的等价性。

如果用12.3.1中所述的方法之一验证多重阀单元中相邻阀之间耦合的抗电磁干扰性,那么除了试验的阀外,在这个试验中还应当包括的一个辅助阀(或其有效的部分)。这个辅助阀是验证有关抗耦合电磁干扰的试验对象。电磁干扰试验的对象应根据运行的布置安排其几何位置。电磁干扰试验对象在阀非周期触发的触发时刻应具有正向偏置。电磁干扰试验对象的电子设备应加电。试验应当包括与电磁干扰试验对象正确进行信息交换所必须的阀基电子单元的那些部分。

注:电磁干扰试验对象使用规定的几何布置和正向电压的幅值应一致,并以多重阀单元的设计为基础。

8.4.3 试验要求

试验由施加3次正向操作冲击电压及阀在冲击峰值时触发导通组成。

冲击发生器阻抗的选取,不仅反映电路杂散电容放电引起的导通电流的再现,而且反映由系统研究确定的避雷器电流交换的最大值再现。

两种可用的验收方法描述如下。

A 并联电容器法。此方法中,试验阀上要并联一个电容器,他所形成的放电电流,至少应同预计值前10 μs一样严重。如果系统研究表明导通电流是振荡的,并且晶闸管的电流有关断危险,加长时间就变得重要了。

B 避雷器法。此方法中,试验的阀端子间应接一个避雷器,从一个等于换相电感的电感后施加试验电压。阀端子之间应接一个电容,其值等于运行中预计的阀端对端杂散电容最大值。当避雷器通过的电流和其上的电压达到预先规定的水平,阀就应被触发导通。

触发时阀的电压为以下几个中最低的一个:

a) 阀避雷器的操作冲击保护水平;
b) 阀的保护触发水平;
c) 阀的禁止触发水平(见注3)。

若阀被低于阀避雷器操作冲击保护水平的保护触发导通,则试验要以有冗余的晶闸管级重新进行。如果阀仍旧被低于操作冲击保护水平的保护触发导通,就要将冲击水平降至略低于保护触发起始值和用一般触发电路触发该阀,再重复试验。

注1:电压试验安全系数至少等于阀避雷器最大允许误差和最小允许误差之间的差(典型值约5%)已经包括在本试验中。因此没有使用分别的试验安全系数。

注2:由于冲击发生器实际尺寸的限制,方法B仅适用于低额定电压的阀。因此当系统研究表明需要10 μs以上时间精确显示导通电流,就要用方法A进行阀非周期触发试验,并用方法B在阀组件上的分别试验作为补充。

注3:在一些设计中,阀高电压下的触发会被接在阀端的电压测量装置或并联的阀避雷器中的电流测量装置抑制。在这种情况下,非周期触发试验的细节就要由购买方和供货方协商,考虑所用的抑制电路特性。

9 周期性触发和关断试验

9.1 试验目的

周期性触发和关断试验的首要目的是:

a) 检查一个阀中晶闸管级和相关的电路,在最严重的重复作用条件下导通与关断时,对于电流、电压和温度的作用是否合适。
b) 证明阀在最高温度下,用最低重复电压,符合最小延迟角和关断角的正确特性。

9.2 试验对象

试验可在整个阀或阀的组件上进行。选择主要取决于阀的设计和试验所使用的设备。本部分规定的试验对于包括5个及以上串联晶闸管级的阀组件有效。如果准备进行少于5个级的试验,就要确定附加试验安全系数。任何情况下都不允许试验所用的串联级数低于3。

试验用的阀或阀的组件应与全部的辅助部件组装在一起。若有要求，还应包括一个适当比例的阀避雷器。此避雷器应当与试验中串联级数成比例，以提供至少与实际应用的避雷器最大特性相一致的保护水平。

冷却剂应处于代表运行状态的条件下。特别是流量和温度，应设置成试验所考虑的最不利的值。

9.3 试验要求

试验应采用合适的试验电路进行，给出等效于相应运行条件的应力，像两个六脉动桥背靠背连接或适当的合成试验电路。

再现的等价运行条件在9.3.1到9.3.5中规定。子条款9.3.1、9.3.2和9.3.3定义了最大持续运行晶闸管结温。若较高的触发或恢复电压，选择较低的延迟或关断角，可能是不符合最大持续运行晶闸管结温的负载条件，那么这些也应重新进行。出现这种情况的例子包括冬季过负荷运行，和在轻负荷条件下用换(变)流器来限制向交流电网输出的过剩无功功率。为再现这样的条件进行试验时，试验电流和冷却剂温度应调整到反映最坏情况的热条件，以适应本试验代表的实际运行条件。

为了获得代表运行条件的电压和电流作用，最重要的是正确地反映阀相关的总杂散电容和电路中电感对换相电感的作用。在一个解锁的六脉动桥式电路中，每个阀具有一个等于单个阀关断状态1.5倍的并联阻抗。如果使用的试验电路不是六脉动桥，那么正确地反映此电路的这一特征就非常重要。

当对阀的组件进行试验时，试验的比例系数(k_n)应按照4.3.2决定。

试验电压和试验电路电阻及电感应由实际值乘以系数 k_n 确定，而试验电路电容应由实际值除以系数 k_n 确定。

为了正确的再现热效应，周期性触发和关断试验应在工作频率下进行。如不能做到这一点，实际工作频率与试验频率不同，那么就要调整试验条件以近似补偿同频率有关损耗的差值，有必要证实设备的正确作用。各种损耗的频率敏感性产生机理的导则，可在IEC 61803:1998中查到。

试验期间，要监测最危险的发热元件以及它们的相邻安装表面温度的上升，以验证达到的最高温度在设计允许限值(见4.4.2)内。需要确定监测组件的数量和位置，而且每种不得少于3个，例如：晶闸管外壳温度、阻尼电阻器表面温度、阀饱和电抗器表面温度。

9.3.1 最大持续运行负载试验

试验电流应是基于最高环境温度下的最大持续直流电流。冷却剂温度不低于实际运行中最高稳态晶闸管结温。

试验电流结合一个1.05的试验安全系数。

相当于一个六脉动桥换流器空载相间值的试验电压 U_{tpv1}，由以下公式计算：

$$U_{tpv1}=U_{v0m}\times k_n\times k_{13}$$

式中：

U_{v0m}——变压器阀侧最高稳态空载相间电压；

k_n——按照4.3.2条款的试验比例系数；

k_{13}——试验安全系数，$k_{13}=1.05$。

3个最大运行负载试验的条件应满足下面9.3.1.1、9.3.1.2和9.3.1.3说明的细节。这些条件可以分别地或以任何组合得到满足。

注：在购买方和供货方达成一致的情况下，可以考虑分别施加电流和电压作用，只要证明能够满足试验的各种试品。

9.3.1.1 最大持续触发电压试验

阀或阀组件以延迟角 α 运行，以使阀(组件)的触发电压 u_f 不低于下面的较大者：

a) $$u_{fr}=U_{tpv1}\times\sqrt{2}\times\sin\alpha_{max}$$

b) $$u_{fl}=U_{tpv1}\times\sqrt{2}\times\sin(\gamma_{max}+\mu_{max})$$

式中：

α_{max}——整流器最大的稳态运行延迟角，与运行在最大持续运行的晶闸管结温相符；

γ_{max}——逆变器最大关断角；

μ_{max}——在相应的运行条件下，逆变器换相角最大值。

试验持续时间应在冷却剂出口温度稳定后不少于 30 min。

9.3.1.2 最大持续恢复电压试验

阀或阀组件以延迟角 α 运行，以使电流为零时，预期的恢复阶跃电压 u_r 不低于下面的较大者：

a) $$u_{rr}=U_{tpv1}\times\sqrt{2}\times k_c\times\sin(\alpha_{max}+\mu_{max})$$

b) $$u_{ri}=U_{tpv1}\times\sqrt{2}\times k_c\times\sin\gamma_{max}$$

式中：

k_c——换相过冲系数(见 8.3.2)；

α_{max}——已在 9.3.1.1 中定义；

μ_{max}——在相应的运行条件下，整流器最大换相角；

γ_{max}——逆变器关断角的最大稳态值。

试验持续时间应在冷却剂出口温度稳定后不少于 30 min。

9.3.1.3 热运行试验

为模拟持续运行中晶闸管和阻尼电路的最大综合损耗，阀或阀组件以延迟角 α 运行，以使一周期内测量的阀电压波形中的阶跃电压的平方和(不包括换相瞬时冲击)不低于：

$$\sum\Delta V^2=(1.75+1.5m^2)\times 2\times U_{tpv1}^2[\sin^2\alpha_{max}+\sin^2(\alpha_{max}+\mu_{max})]$$

式中：

m——电磁耦合系数(见 IEC 61803:1998 的 5.1.4)；

α_{max} 和 μ_{max} 是对应于整流器或逆变器稳态运行条件，其 $U_{v0m}^2[\sin^2\alpha_{max}+\sin^2(\alpha_{max}+\mu_{max})]$ 是一个最大值，和在最大持续运行的晶闸管结温的运行情况相符合。

若采用了两个六脉动背靠背试验电路，当执行 9.3.1.1 和 9.3.1.2 时，本试验所需条件将自动地满足。然而，应考虑十二脉动运行的不同。

试验持续时间应在冷却剂出口温度稳定后不少于 1 h。

9.3.2 最大暂态运行负载试验($\alpha=90°$)

与六脉动桥式换流器空载相间电压相一致的试验电压 U_{tpv2}，应由下式确定：

$$U_{tpv2}=U_{v0m}\times k_n\times k_r\times k_{14}$$

式中：

U_{v0m}——变压器阀侧的稳态最高空载相间电压；

k_n——按照 4.3.2 条的试验比例系数；

k_r——暂态过电压系数，是由系统研究决定的参数；

k_{14}——试验安全系数，$k_{14}=1.05$。

进行试验前，阀或阀组件都应达到 9.3.1.1 条件下的热平衡。在规定的时间内，延迟角 $\alpha=90°$，运行阀或阀组件，使得触发和预期的恢复电压均不低于 $U_{tpv2}\times\sqrt{2}$。阀电压波形中的阶跃电压的平方和不应低于由 9.3.1.3 中给出的表达式所得出的值，计算时，在 $\alpha=90°$ 运行期间的电流，至少要等于由系统研究确定的 $\alpha=90°$ 运行的最大值乘以试验安全系数 1.05。在为 $\alpha=90°$ 规定的时间之后，返回到 9.3.1.1 的相应条件，再至少保持恒定 15 min。

在 $\alpha=90°$ 运行的持续时间，应至少 2 倍于在此延迟角运行的正常允许时间。

根据主接线的暂态过电压控制策略，不同持续时间的试验，可以要求和采用不同的 k_r 值。

9.3.3 最小交流电压试验

选用 9.3.1 定义的试验电流和冷却剂温度。

与六脉动桥式换流器空载相间电压一致的试验电压U_{tpv3}应按如下计算：

$$U_{tpv3}=U_{v0min}\times\frac{n_t}{n_v}\times k_{15}$$

式中：

U_{v0min}——变压器阀侧的稳态最低空载相间电压；

n_t——试验中串联的晶闸管级数；

n_v——一个完整的阀串联晶闸管级的总数，包括冗余的级；

k_{15}——试验安全系数；

$k_{15}=0.95$。

9.3.3.1 最小延迟角试验

阀或阀组件以整流器延迟角α运行，使得阀(组件)的触发电压u_{fr}不高于：

$$u_{fr}=U_{tpv3}\times\sqrt{2}\times\sin\alpha_{min}$$

式中：

α_{min}——运行的稳态最小整流器延迟角，与运行在最大持续运行的晶闸管结温相符。

试验持续时间应在冷却剂出口温度稳定后不少于15 min。

若换流器的运行策略允许在α低于最小稳态值的条件下短时运行，那么在这个减小的值下运行也需要予以证明。暂态α_{min}运行的持续时间应至少为此延迟角下正常允许的运行时间的2倍。

需要证明阀(组件)的α_{min}在稳态和暂态值下的触发调节。

9.3.3.2 最小关断角试验

阀或阀组件以逆变器关断角γ运行，使得在电流过零时，预期的阶跃恢复电压u_{ri}不高于：

$$u_{ri}=U_{tpv3}\times\sqrt{2}\times k_c\times\sin\gamma_{min}$$

并且，从电流过零到正向电压过零点的时间t_{off}不长于：

$$t_{off}=\frac{\gamma_{min}}{360\times f}$$

式中：

k_c——换相过冲系数(见8.3.2)；

γ_{min}——与运行在最大持续运行的晶闸管结温运行条件相符的最小稳态关断角；

f——工作频率。

试验持续时间应在冷却剂出口温度稳定后不少于15 min。

若换流器的运行策略允许在γ低于最小稳态值的条件下短时运行，那么在这个减小的值下运行也需要予以证明。运行在暂态γ_{min}的持续时间应至少为此关断角下正常的允许运行时间的2倍。

需要证明在γ_{min}的稳态或暂态值都不会发生换相失败。

9.3.4 暂态欠电压试验

本试验的目的是检验阀设计的正确性。这些阀的触发能量取自阀端子间的电压。

进行试验前，阀或阀组件应运行在与9.3.3.1一致的条件下(稳态α_{min})。除了试验电流可能减小使阀或阀组件在规定时间以暂态α_{min}下运行，并与下式计算的试验电压U_{tpv4}一致：

$$U_{tpv4}=U_{v0N}\times\frac{n_t}{n_v}\times k_u\times k_{16}$$

式中：

U_{v0N}——变压器阀侧空载相间电压额定值；

n_t——试验串联的晶闸管级数；

n_v——包括冗余级的一个完整阀串联的晶闸管级总数；

k_u——换(变)流器保持可控的暂态欠电压系数(基波频率)；

k_{16}——试验安全系数，$k_{16}=0.95$。

暂态欠电压运行持续时间应不少于交流系统的后备保护动作清除故障时间，包括交流系统自动重合闸产生的适当死区。

在规定的时间后，返回与 9.3.3.1 一致的条件。

应该证明阀(组件)在整个暂态欠电压期间保持可控。

根据暂态欠电压水平和采用的试验方法，也许不能在此试验期间保持试验电路的额定运行。如果发生这种情况，需要证明这是试验期间反常电压情况的固有结果，而不是阀(组件)正确反映触发控制信号所导致的故障结果。

9.3.5 断续直流电流试验

试验在阀冷却剂最高温度下进行。在两种运行条件反复再现断续直流电流运行造成的应力：

a) 在 $\alpha=90°$，以最大交流电压运行，且 $k_r=1.0$(见 9.3.2)；

b) 整流器在 α_{min}，以最小交流电压运行(见 9.3.3.1)。

试验的持续时间应至少为规定条件下以断续直流电流正常运行允许工作时间 2 倍。

这些试验将证明，晶闸管能按照设计在每周期内以必需数量的触发安全导通。作为有效的证明，应当用一个可调整的断续直流电流来研究阀(组件)的性能。它的零电流持续的时间，可以从零开始增加，直到能与晶闸管的关断时间相比较为止。

注：在直流电流断续运行期间，每周期阀中电流脉动的最大数量，对于在 HVDC 输电中应用的阀通常为 4，而对于背靠背接线中的阀则为 8。

10 恢复期间暂态正向电压试验

10.1 试验目的

恢复期间，暂态正向电压试验的主要目的是，检查在最高温度下，阀能够承受随着周期电流关断立即施加的暂态正向电压。试验应证明阀既能承受正向电压又能安全地导通。

其次的目的是验证，对在恢复期间后施加的暂态正向电压，阀的保护触发水平和 du/dt 耐受能力，包括运行的晶闸管在它们的最大稳态结温下，是与设计一致的。

10.2 试验对象

见 9.2。

10.3 试验要求

除了需要一个连接于逆变阀或阀组件上的脉冲发生器外，试验要求与第 9 章中的周期性触发和关断试验相同。脉冲发生器的触发应当与正常运行波形同步，在电流关断的时刻，紧随着立即施加正向冲击到试验的阀或阀组件。

应当选取试验电流和冷却剂温度，产生晶闸管最大持续运行结温。对于试验的阀(组件)的运行条件应是 9.3.3.2 的那些稳态 γ_{min} 的条件。

脉冲发生器应进行设置，以使预期的正向峰值电压 U_{tvtd} 由以下公式确定：

$$U_{tvtd}=U_{SIPLv}\times k_n$$

式中：

U_{SIPLv}——阀避雷器的操作冲击保护水平，若较低，则用保证非触发电平的一个操作冲击波形为保护触发；

k_n 按 4.3.2 中的比例系数。

试验应当用 3 种不同的冲击波形进行：

类型 1：上升时间 100(1±30%)μs；

类型 2：上升时间 10(1±30%)μs；

类型 3：上升时间 1.2(1±30%)μs；

从冲击的电压顶峰降至一半值的时间不是关键，但是在由于冲击引起阀不能导通的条件下，施加的任何波形都不应少于10 μs。

注：设备对不同波形冲击的灵敏度是设计的依据。根据购买方与供货方达成的协议，倘若可以表明能达到此试验的目的，可以考虑试验限制为单一冲击波形。

在电流从零到反向恢复期结束的时间中各个时段，应逐一施加每种类型的冲击不少于5次。在恢复期结束后，再施加每种类型的3次附加冲击。

注：当晶闸管完全恢复关断电压和 du/dt 耐受能力时，应认为恢复时期已经结束。在某些设计中这一点可以用1个时间窗口的结束来标记，在时间窗口期间保护电路增加了灵敏度。有关的时间应由供货方来规定。

阀或阀组件应能承受冲击或安全地导通。

若阀加入保护触发抑制恢复期间的暂态正向电压，就要验证保护是否按预期动作。

在恢复期结束后，阀不应被任何施加的冲击触发，除非可以表明触发是由于在关断状态期间（见上面的注），保护触发电路的一个合理的反应。若在恢复期结束后，施加规定的波形发生了保护触发，那么应该作3次修正正冲击的幅值与波前时间的附加试验，直至阀不被触发。需要证明不触发修正的幅值和波前时间与阀的保护触发策略一致。

11 阀故障电流试验

11.1 试验目的

故障电流试验的主要目的是验证阀承受短路电流引起的最大电流、电压和温度作用的设计是正确的。

试验验证阀的以下能力：

a) 抑制一个最大幅值的单波次故障电流，从最高温度开始的，跟着闭锁发生的反向和正向电压，包括任何甩负荷造成的过电压；

b) 在与单波次试验相同的条件下，在断路器跳闸后，继续存在多波次故障电流，但不再施加正向电压。

11.2 试验对象

见9.2。

11.3 试验要求

此试验应该用有再现能力的试验电路进行，能够尽可能接近规定的最严重的故障电流条件。

对于单波次故障电流试验，主要的要求是跟随单波次故障电流后，重新施加电压的第一个正半周顶峰时刻，再现最严重的正向电压与晶闸管结温的联合作用。

对于多波次故障电流试验，主要要求是跟随多波次故障电流的倒数第二个波次后，反向恢复时，再现最严重的反向电压与晶闸管结温的联合作用。

单波次故障电流试验的第二个要求是，验证晶闸管有充分的关断时间，能够耐受跟随故障电流的电压正向过零立即重加的正向电压。从电流为零到电压正向过零点之间的时间间隔，依赖于试验电路的阻尼系数和试验的供电频率。可以使这些等于运行值进行或调整产生一个对于关断间隔有代表性的值。若不能够这样进行，供货方就要用其他方法来验证，晶闸管在单波次故障电流过后的关断时间足够短。

在多波次故障电流试验期间，为了再现正确的暂态反向电压，正确地表示阀相关的总杂散电容和回路中换相电抗的电感是非常重要的。正确地表示六脉动桥中其他阀的有效并联阻抗，考虑假想短路的位置和过电流时采用的控制策略也是非常重要的。在故障电流最后一波次后，阀或阀组件不需要经受任何恢复电压。

当进行阀组件试验时，试验电压和试验电路部件的值，应与9.3条中所描述的被试串联的晶闸管级数成比例。

注：在11.3.1和11.3.2中规定的故障电流试验，是基于一个整流阀端短路造成的故障电流最大值的最坏条件。若晶闸管的电压与结温的最坏组合与整流阀端短路造成的最大故障电流不一致，就要相应调整试验条件。

11.3.1 单波次故障电流再加正向电压试验

试验进行前，应使阀或阀组件运行达到最大连续运行晶闸管结温。

使阀或阀组件经受规定的峰值和导通时间的单波次故障电流，接着重加正向电压。重加的正向电压第一个半波的峰值 u_{tfvd} 可以由下式计算：

$$u_{tfvd} = U_{v0m} \times \sqrt{2} \times k_n \times k_r \times k_{17}$$

式中：

U_{v0m}——变压器阀侧最高稳态空载相间电压；

k_n——按照4.3.2中的试验比例系数；

k_r——暂态过电压系数，由系统研究决定的值；

k_{17}——试验安全系数，$k_{17}=1.05$。

故障电流的峰值和持续时间应由系统研究决定，需要考虑：

——交流系统最大短路水平；

——与上一条一致的交流系统最小稳态频率；

——涉及换流变压器阀侧电抗的最低允许误差；

——涉及阀侧的最大稳态运行电压；

——交流系统和涉及换流变压器阀侧的最小阻尼系数；

——在故障开始时的最小延时角；

——整流阀端短路。

这样计算出来的故障电流峰值不需要减去直流电流的一半（$I_d/2$），除非供货方可以证明此减少对提出的控制策略是正确的。

k_r 的值应同计算故障电流所用的交流系统条件一致。直流甩负荷应是换流站额定直流功率因故障而损失的部分。

若试验电路的参数妨碍获得规定的故障电流幅值和导通持续时间，那么可以采用一个严格等效的电流波形。需要证明，等效的波形在峰值电压作用时产生的晶闸管结温，至少要和正确的电流波形产生的值一样大。

11.3.2 多波次故障电流不再加正向电压的试验

试验进行前，应使阀或阀组件运行至最大持续运行晶闸管结温。

阀或阀组件经受一个施加规定峰值和导通时间的规定波次数故障电流。阀或阀组件应经受住在各个故障电流波次之间的反向电压，但应通过持续触发晶闸管防止经受正向闭锁电压。

倒数第二个故障电流波次，在电流过零时的反向恢复电压预测值 u_{tfvr} 应如下计算：

$$u_{tfvr} = U_{v0m} \times \sqrt{2}\sin\psi \times k_n \times k_r \times k_{18}$$

式中：

U_{v0m}——变压器阀侧最大稳态空载相间电压；

ψ——用电角度表示的一个工作周期波形的一部分，它正是倒数第二个故障电流波次的电流零点领先电压正向过零点的那一部分；

k_n——按照4.3.2中的试验比例系数；

k_r——暂态过电压系数，由系统研究确定的值；

k_{18}——试验安全系数，$k_{18}=1.05$。

故障电流波次的数量由用于切断换（变）流器中的短路电流的主要断路器操作时间决定。操作时间应当包括故障检测和信号延迟时间，以及断路器灭弧时间。

故障电流波次的峰值和持续时间的确定应同 11.3.1 中定义的方式一样，除此之外，在第一个波次后的所有故障波次的初始延迟角皆为 0°。

k_r 的值按 11.3.1 说明确定。

12 阀抗电磁干扰试验

12.1 试验目的

主要目的是验证：阀抵抗从阀内部产生的及外部强加的瞬时电压和电流引起的电磁干扰（电磁扰动）的能力。阀中敏感的元件主要是用于晶闸管级触发、保护和监测的电子电路。

通常，阀的抗电磁干扰能力可以通过在其他型式试验时监测阀来检查。当然，阀冲击试验（8.3.3～8.3.6）和阀非周期触发试验（8.4）是最重要的。

这些试验需要验证：

a) 不会发生晶闸管误触发或导通顺序混乱；

b) 阀上所装的电子保护电路按照预定动作；

c) 不会发生晶闸管级故障的错误指示，阀基电子单元也不会因为阀监测电路收到错误信息而将错误的信号送到换流器控制和保护系统。

注：对于本部分，验证阀抗电磁干扰能力试验，仅适用于晶闸管阀和连接阀与地的信号传输系统部分。本部分的范围不包括验证位于地电位设备的抗电磁干扰能力和作为其他设备电磁干扰源的阀特性。

12.2 试验对象

通常，试验对象是其他试验所用过的阀或阀组件。

当验证抗多重阀中邻近阀间耦合引起的电磁干扰时，可按 12.3 定义的两种方法。在这种情况，按照所采用的方法，试验对象应为独立的阀或阀组件。

12.3 试验要求

当验证抗多重阀中邻近阀间耦合引起的电磁干扰时，此试验要求取决于采用两种推荐方法的那一个。

12.3.1 方法 1

方法 1 是作为试验方案的一部分，直接模拟电磁干扰源。这样的试验方案要求有两个及以上的阀以检查它们之间的相互影响。电磁干扰源的几何布置要考虑试验的阀，应尽可能接近实际运行布置（或在电磁干扰上更加严重）。

本部分 8.4.2 中给出了采用方法 1 的更详细要求。

12.3.2 方法 2

方法 2 是从理论考虑或由实际测量来决定在最严重运行条件下的电磁场强度。接下来，这些电磁场由产生正确的（或最严重的）在各自频率下的电磁辐射试验电路来模拟。然后将阀组件置于试验干扰源产生的电磁场内。

方法 2 的基本前提是决定阀关键位置上的动力场的强度与方向。一般这可以在单个阀触发试验期间，用探测线圈测量获得；或者，这个场可以通过 3 维场模拟程序预测；然后，用一个独立的场线圈产生至少与预定值同样严重的场强、频谱和方向，对阀组件进行试验。

被试的阀组件应满足下列条件：

——在阀组件端子间应有运行电压（按比例），并且给场线圈加电时是正向偏压；

——试验时，阀组件的电子电路应加电；

——也应当包括阀基电子单元那些必须与阀组件正确地交换信息的部分。

12.3.3 验收标准

方法 1 和方法 2 的验收标准已在 12.1 中定义。

13 特殊性能试验

13.1 试验目的

这些试验是验证阀的任何特殊的设计和性能。特殊性能可以包括,但不限于以下两类:

a) 便于阀的正确控制、保护和监测配备的电路;

b) 包括阀配备故障容许误差的性能(见附录C)。

通常,第一类的那些特性可以作为其他试验的一部分验证。

第二类特性要求特别的试验。这些试验应由购买方和供货方逐项协商。

13.2 试验对象

试验可以在整个阀、阀组件或相关的其他部分上进行。

13.3 试验要求

试验方法和验收标准的选取应注意到阀的实际设计。应验证有关的部件或电路的行为是否与预期的一样。

14 出厂试验

本条款包括组装部件的试验,这些部件包括阀、阀组件或它们的保护、控制和监测辅助电路部分。本条款不包括阀、阀支架或阀结构中使用的独立部件的试验。

14.1 试验目的

出厂试验的目的是通过检验以下几点来证明制造是正确的:

——阀中所用的所有部件和子设备已按照设计正确的安装;

——阀设备预期的功能和预定的参数都处在规定的验收范围内;

——阀组件和晶闸管级(适当的)有足够的电压耐受能力;

——获得产品的相容性和一致性。

14.2 试验对象

为工程所制造的所有阀组件或部件都要经过例行的出厂试验。

14.3 试验要求

不必对不同供货方规定同样的出厂试验。出厂试验要考虑阀及其部件特殊设计的性能,在组装前进行试验的部件,有关特殊的制造规程和工艺。本条款仅给出出厂试验的目标。

在所有的情况中,供货方都要提交由购买方认可的适合出厂试验对象的试验方法的详细描述。

在14.4中列出了例行出厂试验的最低要求。列出的试验顺序既不代表重要性的排序,也不代表试验进行的顺序。

注:除了例行试验外,有些情况必须进行全部组装产品的抽样试验,例如当生产过程作了调整。这样的附加试验的种类或范围需要逐项协商。

14.4 出厂试验内容

14.4.1 视觉检查

按照产品文件的最新核准的版本,检查所有材料和部件是完好的及安装正确。

14.4.2 接线检查

检查所有主要的载流接线正确连接。

14.4.3 均压电路检查

检查均压电路的参数,施加从直流到冲击波形的电压,从而确认电压在串联的晶闸管上的分配是正确的。

14.4.4 耐受电压检查

检验阀部件能耐受相应于对阀规定的最大值电压。检查应当包括操作冲击和工频试验电压。

14.4.5 局部放电试验

为验证正确的制造,购买方和供货方应协商哪个部件和分组件是设计的关键,需要进行适当的局部放电试验。

14.4.6 辅助设备检查

验证每个晶闸管级上的辅助设备(例如监测和保护回路)和整个阀(或阀组件)的那些公共部分功能的正确性。

14.4.7 触发检查

检验每一个晶闸管级中的晶闸管能正确地响应触发信号而导通。

14.4.8 压力检查

检验是否有冷却剂泄漏(仅对液冷阀)。

15 确定损耗的方法

在 IEC 61803 中规定了确定 HVDC 晶闸管阀损耗的程序。

16 型式试验结果描述

试验报告应按照 ISO/IEC 导则 25 给出的一般导则出版,还应该包括以下信息:

——进行试验的实验室名称和地址;

——购买方的名称和地址;

——试验对象的明确标识,包括型号及额定值、序列编号和其他任何决定识别试验对象的信息;

——试验执行的日期;

——用于执行试验的电路和试验程序的说明;

——参考的标准文件,清楚说明与标准文件规定程序的偏差(如有);

——测量设备的说明和测量不确定性的陈述;

——表格、图示、波形图及适当的照片形式的试验结果;

——设备或部件故障的描述。

附 录 A
（规范性附录）
试验安全系数

A.1 总则

设计晶闸管阀承受的应力，与它们在规定的 HVDC 运行条件下经受的一样。为了验证阀的设计，进行绝缘和运行的型式试验。型式试验水平中包括试验安全系数，以保证试验适当地再现最严重情况下工作应力。

试验和试验水平可能有较大的经济损失，特别是当规定了不必要的试验或不现实的试验水平时，对阀的特性没有有益的补偿。本部分采用的试验安全系数，是由反应现实的和实际要求的试品建立的，以保证一个经济的阀设计，适合预期的应用。

试验安全系数允许在试验期间有测量的不确定度以留有适当的保护裕度。保护裕度为预计的最大工作应力提供一个允许误差和允许由于设备老化引起能力随时间的降低。

当按照 IEC 60060-1 进行型式试验时，测量不确定量的 3% 为测量误差，另外 3% 是试验水平规定的允差。

预计的最大工作应力的不确定量有赖于许多因素和假设，而由于老化使设备能力的降低与材料和使用有关。对这些参数不存在普遍适用的定量系数，而确定了惯例，由可接受的工作经验支持，提供判断的基础。

回顾高压设备标准的实践、试验 HVDC 晶闸管阀现行的惯例和运行经验，考虑到晶闸管阀的特殊特性，得到了可用的适当的试验安全系数值。这些将在下面的条款 A.2 和条款 A.3 中讨论。

A.2 电介质试验的试验安全系数

A.3 冲击试验

A.3.1 基本方法

本部分所用的冲击试验安全系数基于以下假设：

a) 金属氧化物避雷器是主要的冲击过电压保护设备，直接接于每个阀的端子之间，使冲击影响最小；

b) 在试验期间，所有冗余的晶闸管都短路。

阀冗余的判据是一个新的阀，将其所有冗余的晶闸管短路，应仍旧能够满足规定的型式试验性能。规定的性能是建立在所考虑的允许运行方式和要求分析研究之上的。

由于使用了其他常规的电力设备，阀的成本受型式试验和相关的试验水平影响。对于冲击试验，晶闸管阀的成本几乎直接与要求的冲击耐受试验水平成正比。另外，相关的运行中功率损耗也几乎直接与冲击试验水平成正比。认识到优化试验水平在成本和损耗方面的得失，本部分的子条款 8.3.3 对阀端子之间的冲击试验允许作下面的选择：

a) 雷电和操作冲击试验，使用 1.10 的试验安全系数；陡波前冲击，使用 1.15 的试验安全系数。另外，用绝缘块取代晶闸管重复进行的雷电和操作冲击试验，使用 1.15 的试验安全系数；陡波前冲击试验，使用 1.2 的试验安全系数；

b) 对雷电和操作冲击试验使用 1.15 的试验安全系数，对陡波前冲击使用 1.2 的试验安全系数。

选项 b)反映了当今工业的主要惯例，且与本部分早先版本比较有效地提高了晶闸管和相关的晶闸管级装置的试验安全裕度。选项 a)通过限制晶闸管承受的最大电压提供了一种经济得多的设计，而保留了选项 b)的与晶闸管并联的所有绝缘的全部试验安全裕度。

两个冲击试验选项采用的试验安全系数都有目前运行的阀成功性能和计算的支持,计算表明所用的试验安全系数在现有的工业知识和经验基础上给出了足够的安全裕度。

冲击试验选项的选择全在购买方,应基于特殊应用的成本效益考虑。下面的子条款 A.2.1.2 和 A.2.1.3 提供了背景信息。

A.3.2 以前的实践和经验

本部分先前的版本规定,对具有小于 3%的、未短路的冗余晶闸管级的雷电和操作冲击试验,用 1.15的试验安全系数。因此带有 3%冗余的晶闸管阀的有效试验安全系数为 1.117。

回顾阀的运行性能记录和冲击试验所用的试验安全系数表明,全世界建设的大多数工程,都将阀冗余短路,以 1.15 的试验安全系数进行阀的试验。这同上面的 A.2.1.1 的选项 b)一致。这些工程的运行经验都非常好。

此回顾还提供了一个工程应用的重要数字,有的试验在有 3%冗余的情况下,以 1.15 的试验安全系数进行,或者降低试验安全系数的值,典型为 1.10。在一个例子中,保留 3%的冗余采用了 1.10 的试验安全系数(相当于晶闸管有效的试验安全系数为 1.067)。这些工程的运行性能记录也都非常好。

基于当今的运行经验和其他调查,晶闸管绝缘性能并没有出现任何重大的运行老化趋势。另一方面,工业承认一般的常规绝缘材料的运行寿命。由于晶闸管阀包含常规的绝缘材料以及晶闸管,在确定试验安全系数的时候就必须考虑这些材料老化的影响。出于这个原因,对晶闸管可以支持选取 1.10 的试验安全系数,此标准要求在除晶闸管外的所有阀器件上进行冲击试验,其试验水平为对雷电和操作冲击试验使用 1.15 的试验安全系数、对陡波前冲击使用 1.2 的试验安全系数。这是上面 A.2.1.1 中的选项的基础 a)。

A.3.3 冲击试验的试验安全系数选择评估

作为一个独立的检查,评估试验安全系数,看它们是否能适当地包含那些准确估计出的辅助因素到测量的不确定性,和试验安全系数的保护裕度。

评估试验安全系数适当性采用以下方法:

a) 认为所有有关测量不确定性和保护裕度的因素在统计上是独立的。

b) 从概率的观点看,认为所有的系数具有相同方向的偏置和同时达到它们的最大值是不切实际的。

c) 假定起作用的系数可以用平方和的根(RSS)方法。检验要确定满足下面的关系:

$$k_s \geqslant 1+\sqrt{\sum k_n^2} \qquad (\text{赋值 } n=1 \text{ 到 } n)$$

式中:

k_s——试验安全系数;

n——系数的数目;

k_n——每个 n 系数的每单位值(小于 1.0)。

d) 雷电和操作冲击试验考虑的系数及它们的相关值如下:

——试验电压测量误差(0.03,按 IEC 60060-1);

——试验电压允差(0.03,按 IEC 60060-1);

——避雷器特性的测量允差(0.03,按 IEC 60060-1);

——避雷器的容许老化(0.05,按 IEC 60099);

——研究的不确定度—估计的最严重情况(0.03);

——估计容许的非标准波形(0.30);

——容许的绝缘老化(0.10 选项 0)。

e) 采用 c)的 RSS 关系式,那么若假定普通材料的绝缘老化系数为 0.1,则有:

$$1+\sqrt{\sum k_n^2}=1.13$$

用规定的1.15试验安全系数,任何不允许系数或允许系数量的误差的偶然性为:

$$\sqrt{0.15^2-0.13^2}=0.075$$

若绝缘没有明显的老化,像晶闸管,那么:

$$1+\sqrt{\sum k_n^2}=1.084$$

用规定的1.10试验安全系数,任何不允许系数或允许系数量的误差的偶然性为:

$$\sqrt{0.10^2-0.084^2}=0.055$$

在所作假设的基础上,选择A.2.1.1中的选项b)会给晶闸管和其他材料提供7.5%的固有偶然裕度,而且对晶闸管和常规绝缘材料并不进行假设,认为有不同老化机理。

选择A.2.1.1中的选项a)会给除晶闸管外的所有材料提供7.5%的固有偶然裕度,假定晶闸管的老化可以忽略,给晶闸管提供5.5%的偶然允许值。

选项a)的晶闸管阀设计和试验的资金成本及运行损耗大约分别比选项b)低4.5%。

A.4 交流与直流暂态与长期电压试验

在阀型式试验期间,不能验证阀绝缘材料的耐久性。这个更适合作为分别设计或开发试验的一部分进行。无论怎样,交流和直流的电压型式试验,确实验证了阀承受暂态和长期过电压的能力。在很大范围内试验水平和持续时间,反映了为常规绝缘材料建立的交流和直流试验的原理和实践。普遍使用的绝缘质量的表示是局部放电特性(见附录B)。标准因此要求,在进行交流和直流电压试验中通过测量局部放电来检验绝缘质量。

A.5 运行试验的试验安全系数

运行试验安全系数用于发生在稳态运行期间,规定的过负荷和故障条件下,电压和电流联合作用的应力。试验所用的电压和电流来源于最繁重的稳态运行条件。一般说来,在试验安全系数中只需要考虑测量的不确定度:

$$k_s=1+\sqrt{0.03^2+0.03^2}=1.042\text{,向上取到 }1.05$$

对于最小交流电压试验,相应的试验安全系数为:

$$k_s=1-\sqrt{0.03^2+0.03^2}=0.96\text{,向下取到 }0.95$$

对于故障电流试验,不需要特别的电流试验安全系数($k_s=1.0$)。

其证明基于:

a) 试验所用的故障电流幅值,至少要与计算或系统研究确定的最坏情况的电流同样严重,采用像11.3.1表中,未经统计平均的最坏情况一样的系数;

b) 对故障电流过后的闭锁电压采用1.05的试验安全系数。

附 录 B
（规范性附录）
局部放电测量

B.1 局部放电的测量

在阀支架中，在阀高电势与地之间、在阀端子之间的绝缘质量都应在交流和/或直流电压试验中通过测量局部放电来检验。目前 HVDC 阀的应用经验表明，为检验绝缘质量，其他技术如 RIV（无线电干扰电压）测量，其效果都要比局部放电测量差一些。

局部放电测量要按照 IEC 60270 进行。

B.2 交流试验期间的局部放电

交流电压局部放电测量的灵敏度，取决于试验对象的电容和背景噪音的幅值。对于大多数阀，阀端子间的电容与其他设备端子之间的杂散电容相比是很大的（主要是由于存在阻尼电容器）。晶闸管阀的典型值为几百纳法，而其他设备通常为几十皮法。因此，必须采用特殊的测量技术来达到试验目的。

为测量一个大的空气绝缘设备的局部放电，一般所采用的试验电路，将不把进入周围空气的局放（电晕）（是可以接受的）和从任何通过或贯穿非自恢复性绝缘的放电分开。因此，对完整阀设置一个局部放电值的绝对限值，将不会单独给出一个可信的结果。对于一个空气绝缘的阀，200 pC 以下的局部放电，就进入周围空气的放电而论，一般是不重要的，但是高于有机绝缘的放电安全临界值。

出于这个原因，也因为整个阀或阀支架的电介质试验并不施加于全部部件（例如，阻尼电阻、饱和电抗器等），推荐局部放电测量应在所有供货方确定的有危险的部件或局部组装件上进行。电介质试验期间，整个阀或阀支架上局部放电测试的目的是，验证单独的部件间没有不利的相互作用，空气中也没有高电平的局部放电。除了下面条款 B.4 的注意外，交流试验期间整个阀或阀支架局部放电的最大值应为 200 pC，如果阀是空气绝缘，且关键的部件的局部放电是在它们各自部件试验验证的单独的限值内。

B.3 直流试验中的局部放电

在 IEC 60270 的 9.5.2 中，有以下陈述：“没有一般公认的方法来决定直流电压试验中局部放电的幅值”。

稳态直流条件下的绝缘强度是由绝缘材料的电阻率而不是介电常数所决定。由于高电阻率值，系统时间常数相当长，因此直流条件下的局部放电趋向于有在低重复率下（几秒至几分钟）相当高幅值的脉冲（几百至几千 pC）的特性。

对于本部分，直流电压试验期间的绝缘质量，由记录每单位时间超过规定水平的局部放电的数量来检验。这就意味着一般使用交流电压的试验电路和测量仪器，也可用于直流电压，然而还用一个附加的多级脉冲计数设备。直流电压试验水平和持续时间与本部分中给出的局部放电的可接受限值都基于以下的考虑：

——预计在正常运行与故障期间的运行作用；

——以前的运行和试验经验；

——承认晶闸管阀包括许多种不同的绝缘材料，其有覆盖整个合适值区间的时间常数；

——承认采用较高的试验安全系数较短持续时间的试验，不代表使用短时间常数的那些阀部件过作用；

——承认局放的数值和每个时间周期的数量，用正极性试验的时候一般要高于用负极性试验的时候；

——承认跟随初次施加相反极性后,可以预计产生一个比稳态直流电压应力大的局放。在选择相反极性后,与时间相关的局放值应减少。

B.4 交直流复合应力

在 HVDC 换流站中的设备,经常经受由交流和直流部分组合成的运行电压波形。

由于实际困难和缺乏用复合电压测量局部放电的经验,本部分中规定了分别的交流和直流电压试验。这种方法的结果是,在努力重现合适的电压峰值应力时,在运行中主要承受直流分量仅有很少的交流分量作用的那些部件,在进行长时间的交流电压试验中将承受比实际运行中遇到的高得多的峰至峰电压偏移。由于交流电压作用的局部放电受峰至峰电压摆动的强烈影响,对那些主要承受直流应力的情况,规定的试验是不现实的。

发生此问题的两种情况是:

a) 跨接阀支架,当支架连到另一个母线而不是直流侧中性母线或较低电位的六脉动桥交流侧连接线的电压时;

b) 跨接多重阀 MVU 的任意两个端子,在其之间同一相有两个或多个阀串联。

对于以上两种情况,在长期交流电压试验期间,记录到的超过 200 pC 的局部放电值,不必指出设计的不足。出于这个原因,若记录到超过 200 pC 的局部放电值,应由购买方和供货方共同评价试验结果,估计其重要性,获得的值对设备运行寿命是否可能有意义。

附 录 C
（资料性附录）
故障容许能力

故障容许能力可定义为HVDC晶闸管阀有故障的部件、二次系统或过负荷部件执行其预计的功能的能力，直到顺序关闭而不会导致其他部件的任何不可接受的故障或由故障情况引起危害的扩大。设计时可以要求特殊的性能来保证故障容许范围。下面给出可要求故障容许范围的故障例子。

a) 一个晶闸管短路。尽管一个短路的晶闸管会短接晶闸管级上其他元件，在一些设计中可能存一种危险使在门控脉冲变压器过负荷、并联晶闸管使用的接线电流过负荷、或改变钳位负荷。

b) 由于丢失该晶闸管级的正常触发脉冲，而使一个晶闸管级的保护触发连续动作；保护触发持续动作能导致阻尼电阻和受影响级的其他部件过负荷。

c) 脉冲变压器（若供给两个或以上串联晶闸管）、阻尼电容、阻尼电阻或均压电容的绝缘故障；与晶闸管并联的任何部件的绝缘故障都会引入负荷电流，引发危险的情况。

d) 阀冷却剂少量泄漏。若阀是液体冷却，小的泄漏就不易被发现。溢出的冷却剂能污染灵敏的部件，导致故障并会增加绝缘故障的可能性。

购买方应回顾供货方提供的设计来确定某些故障发生的可能性和可能的为了校验阀的故障容许能力的临界状况，在型式试验程序中，应对执行的特殊试验给予适当考虑。这样试验的细节有赖于对具体情况逐一协商（见第13章）。

ICS 13.340.50
C 73

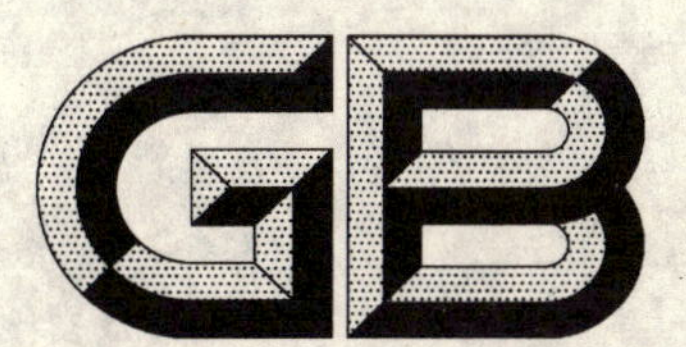

中华人民共和国国家标准

GB/T 20991—2007

个体防护装备　鞋的测试方法

Personal protective equipment—Test methods for footwear

(ISO 20344:2004,MOD)

2007-06-26 发布　　2008-02-01 实施

中华人民共和国国家质量监督检验检疫总局
中国国家标准化管理委员会　发布

前　言

本标准修改采用ISO 20344:2004《个体防护装备　鞋的测试方法》。本标准根据ISO 20344:2004重新起草。

本标准与ISO 20344:2004相比，存在如下差异：

——将国际标准的格式和表述转化为我国标准的格式和表述，根据汉语习惯进行了编辑性修改，有些专业术语按国内专业习惯用语进行了修改；

——ISO 20344:2004中引用的相关国际国外标准，在本标准中尽可能转换成引用国内相关标准；

——对ISO 20344:2004文本中的错误做了如下改正：

在图4中，尺寸30改为10；

在5.9中，将EN 12568:1998的7.2.2.3改为7.2.3；

在表5中，对鞋号栏进行了改正；

在5.14.2的公式中，位移S的单位改为米(m)；

在5.15.2.2.2中，将5.15.2.2.1改为5.15.2.2.2.1；

在图26中，喷洒系统的喷嘴方向改为对着刷；

在图29中，尺寸分别改为80、242、140；

在6.11.6.1公式中，分子加上$\times V_0$，分母的A改为$A_1 \times A_2$；

在6.12.2.3中，将kg/m^2改为kg/m^3。

在8.7.1.2中，将(530±500)g改为(530±50)g

——删除了ISO前言和EN前言。

——在范围中，增加了适用范围。

——凡ISO 20344:2004文中涉及到的国外鞋号，本标准均删除或转为相应国际鞋号，简称为鞋号。

——删除了ISO 20344:2004第4章中的“为了检查是否符合EN ISO 20345、EN ISO 20346、EN ISO 20347以及与任何特定工作相关的鞋类标准(如，EN ISO 17249防链锯切割鞋)中规定的要求”和最后两段内容。

——本标准将ISO 20344:2004的5.2.2中“测力范围为0～600 N”改为“精度为1级”，5.2.4中“几处宽度”改为“至少三处宽度”。

——将ISO 20344:2004的5.4.1.1中“顶端应与夹持装置表面在±17′范围内平行”改为“顶端应与夹持装置表面水平”。

——5.11电绝缘性的测定，由EN 50321:1999条款6.3翻译过来并参考国家标准GB 12011—2000中关于电绝缘性的检测方法进行了修改，以便于操作。

——5.12.3中，删除了对时间的测试和计算，加入了温度t_1和t_2的测量及计算，增加了“持续30 min”测试要求。

——5.13.3中，在“用连接温度传感器的测温装置测量内底温度”后删除了“作为时间函数，用图解法记录温度降低”。

——表6中，“喷嘴数”旁增加了“对”，“刷数量”旁增加了“双”且该栏中各行内容均为1。

——本标准的5.15.2.5合并了ISO 20344:2004的5.15.2.5.1和5.15.2.5.2，取消了机械方法中的内窥镜检查，统一采用“目测检查鞋内部，或接触和(或)用吸水纸检查是否有水透入”。

——5.17.2.4中，将“压电石英力传感器”改为“压力传感器”。

——在6.11测试中用活性炭粉末代替SPE系统来吸附滤液中的其他干扰物质，并对6.11.2和

6.11.3的下一层次的内容进行了相应调整;在6.11.3.3中增加了精确度要求;在6.11.4.2中增加了“如果pH值还达不到则应减少样品量”。删除了6.11.7,将其部分内容并入6.11.6.3中。

——将ISO 20344:2004的6.12.5.3a)“整夜浸泡”改为“浸泡至少12 h”。

——删除了ISO 20344:2004中7.3.2.1的注。

——7.3.6评价方法中取消了与相同材料的参考块比较。

——根据本标准编制情况增加了参考文献的内容。

本标准的附录A为资料性附录。

本标准由国家安全生产监督管理总局提出。

本标准由全国个体防护装备标准化技术委员会(CSBTS/TC 112)归口。

本标准起草单位:中钢集团武汉安全环保研究院、国家劳动保护用品质量监督检验中心(武汉)、广州职安健安全科技有限公司、天祥(广州)技术服务有限公司、钜威仪器股份有限公司、江苏省金湖县国祥工贸有限公司、温州市来利斯(鞋业)安全防护用品有限公司。

本标准主要起草人:程钧、张元虎、佘启元、刘钜源、黄宁、黎钦华、林宇海、朱国侯、胡利星。

个体防护装备　鞋的测试方法

1　范围

本标准规定了个体防护装备中鞋的测试方法。

本标准适用于安全鞋、防护鞋和职业鞋，也适用于其他用于个体防护的鞋类。

2　规范性引用文件

下列文件中的条款通过本标准的引用而成为本标准的条款。凡是注日期的引用文件，其随后所有的修改单(不包括勘误的内容)或修订版均不适用于本标准，然而，鼓励根据本标准达成协议的各方研究是否可使用这些文件的最新版本。凡是不注日期的引用文件，其最新版本适用于本标准。

GB/T 308　滚动轴承　钢球(GB/T 308—2002，neq ISO 3290:1998)

GB/T 528　硫化橡胶或热塑性橡胶　拉伸应力应变性能的测定(GB/T 528—1998，eqv ISO 37:1994)

GB/T 529　硫化橡胶或热塑性橡胶撕裂强度的测定(裤形、直角形和新月形试样)(eqv GB/T 529—1999，ISO 34-1:1994)

GB/T 1690　硫化橡胶耐液体试验方法(GB/T 1690—1992，neq ISO 1817:1985)

GB/T 2411　塑料邵氏硬度试验方法

GB/T 5723　硫化橡胶或热塑性橡胶　试验用试样和制品尺寸的测定(GB/T 5723—1993，eqv ISO 4648:1991)

GB/T 6682　分析实验室用水规格和试验方法(GB/T 6682—1992，neq ISO 3696:1987)

GB/T 9867　硫化橡胶耐磨性能的测定(GB/T 9867—1988，neq ISO 4649:1985)

GB 21146—2007　个体防护装备　职业鞋(ISO 20347:2004，MOD)

GB 21147—2007　个体防护装备　防护鞋(ISO 20346:2004，MOD)

GB 21148—2007　个体防护装备　安全鞋(ISO 20345:2004，MOD)

HG/T 2581　橡胶或塑料涂覆织物耐撕裂性能的测定(HG/T 2581—1994，neq ISO 4674:1977)

QB/T 2710　皮革　物理和机械试验　抗张强度和伸长率的测定(QB/T 2710—2005，ISO 3376:2002，MOD)

QB/T 2711　皮革　物理和机械试验　撕裂力的测定：双边撕裂(QB/T 2711—2005，ISO 3377-2:2002，MOD)

QB/T 2716　皮革　化学试验样品的准备(QB/T 2716—2005，ISO 4044:1977，MOD)

QB/T 2724　皮革　化学试验　pH 的测定(QB/T 2724—2005，ISO 4045:1977，MOD)

3　术语和定义

GB 21146—2007、GB 21147—2007 和 GB 21148—2007 确立的术语和定义适用于本标准。

4　取样和调节

被测样品的最少数量以及从每个样品上取得的试样最少数量应与表 1 一致。

为确保基本安全要求，试样应从成鞋上取下。如果不能从鞋上获得足够大的试样，则可以用生产该部分所用的材料样品代替，并且应在测试报告中注明。

如果样品要求三个鞋号，测试中应包括鞋的最大、最小和中间号。

除非测试方法中另有说明，所有试样测试前应在(23±2)℃和相对湿度(50±5)%的标准环境中调节至少 48 h；从停止环境调节到测试开始之间的时间间隔最长不应超过 10 min。

表 1 样品和试样的最少数量

鞋部件	测试的性能 B：基本要求 A：附加要求		条款号	样品数量	从每个鞋号样品中取得的试样数量	只在成鞋上测试
成鞋	特定的工效学特征	B	5.1	3 个鞋号每号取 3 双	1 双	是
	鞋帮与外底和鞋底中间层结合强度	B	5.2	3 个鞋号每号取 1 只	1 个	是
	保护包头内部长度	B	5.3	3 个鞋号每号取 1 双	1 双	是
	抗冲击性	B	5.4	3 个鞋号每号取 1 双	1 双	是
	耐压力性	B	5.5	3 个鞋号每号取 1 双	1 双	是
	金属保护包头或金属防刺穿垫耐腐蚀性	B	5.6	不同鞋号 2 只	1 个	Ⅰ类不是 Ⅱ类是
	防漏性	B	5.7	不同鞋号 2 只	1 个	是
	防刺穿垫尺寸符合性和抗刺穿性	A	5.8	3 个鞋号每号取 1 双	1 双	是
	防刺穿垫耐折性	A	5.9	3 个鞋号每号取 1 双	1 双	不是
	电阻	A	5.10	3 个鞋号每号取 1 双	1 双	是
	电绝缘性	A	5.11	3 个鞋号每号取 1 双	1 双	是
	隔热性	A	5.12	不同鞋号 2 只	1 个	是
	防寒性	A	5.13	不同鞋号 2 只	1 个	是
	鞋座区域能量吸收	A	5.14	3 个鞋号每号取 1 双	1 双	是
	防水性	A	5.15	3 个鞋号每号取 1 双	1 双	是
	跖骨保护装置抗冲击性	A	5.16	3 个鞋号每号取 1 双	1 双	是
	踝保护	A	5.17	3 个鞋号每号取 1 双	1 双	是
鞋帮、衬里和鞋舌	厚度	B	6.1	3 个鞋号每号取 1 只	3 个	是
	鞋帮高度	B	6.2	3 个鞋号每号取 1 只	3 个	是
	撕裂强度	B	6.3	3 个鞋号每号取 1 只	3 个	是
	拉伸性能	B	6.4	3 个鞋号每号取 1 只	3 个	是
	耐折性	B	6.5	3 个鞋号每号取 1 只	1 个	是
	水蒸气渗透性	B	6.6	3 个鞋号每号取 1 只	1 个	是
	水蒸气吸收性	B	6.7	3 个鞋号每号取 1 只	1 个	是
	水蒸气系数	B	6.8	3 个鞋号每号取 1 只	1 个	是
	pH 值	B	6.9	1 只	2 个	不是
	水解	B	6.10	3 个鞋号每号取 1 只	1 个	是
	六价铬含量	B	6.11	1 只	2 个	不是
	衬里耐磨性	B	6.12	3 只	4 个	不是
	透水性和吸水性	A	6.13	3 只	1 个	不是
	抗切割性	A	6.14	3 只	4 个	不是

表 1(续)

鞋部件	测试的性能 B:基本要求 A:附加要求		条款号	样品数量	从每个鞋号样品中取得的试样数量	只在成鞋上测试
内底和鞋垫	内底厚度	B	7.1	3只[a]	1个	不是
	pH值	B	6.9	1只	2个	不是
	吸水性和水解吸性	B	7.2	3只[a]	1个	不是
	内底耐磨性	B	7.3	3只[a]	1个	不是
	六价铬含量	B	6.11	1只	2个	不是
	鞋垫耐磨性	B	6.12	3只	4个	不是
外底	厚度	B	8.1	3个号每号取1只	1个	是
	撕裂强度	B	8.2	3个号每号取1只	1个	是
	耐磨性	B	8.3	3个号每号取1只	1个	是
	耐折性	B	8.4	3个号每号取1只	1个	是
	水解	B	8.5	3个号每号取1只	1个	是
	耐油性	B	8.6	3个号每号取1只	1个	是
	耐热接触性	B	8.7	3个号每号取1只	1个	是

[a] 如果样品来自鞋,用3个不同鞋号。

5 成鞋的测试方法

5.1 特定的工效学特征

应在3个鞋号合适的穿着者脚上进行试穿,通过检查鞋来评价特定的工效学特征。

在试穿期间,穿着正确合适的鞋的穿着者将模仿通常会做的动作。

这些动作是:

——以大约6 km/h的速度走5 min;

——上和下17级楼梯1 min;

——跪/蹲下,见图1。

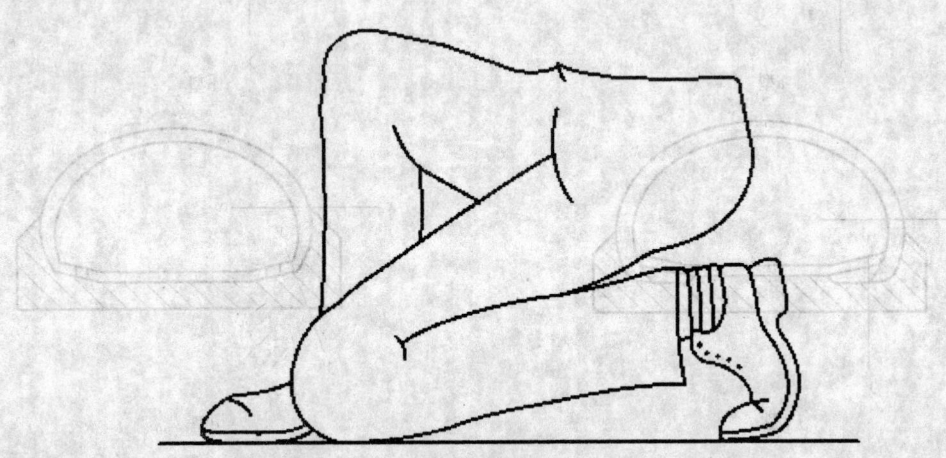

注:弯曲程度不是所有类型鞋都会达到(如有金属防刺穿垫的鞋)。

图1 在跪/蹲下测试中采用的姿势

完成所有动作后,每个穿着者应填写表2给出的问卷。

表 2　评价工效学特征的问卷

1	鞋里面是否没有使你感到疼痛或受到伤害的粗糙、锋利或硬块?	是	否
2	保护包头或保护包头边缘覆盖层是否没有引起挤压?	是	否
3	鞋是否没有你认为的在穿着时引起危险的特征?	是	否
4	系结物是否能适当的调整?(如果需要)	是	否
5	是否能正常地执行以下动作?		
	步行	是	否
	爬楼梯	是	否
	跪/蹲下	是	否

5.2　鞋帮/外底和鞋底中间层结合强度的测定

5.2.1　原理

测量使鞋帮与外底分开,或使外底的各个相邻层分开,或导致鞋帮或鞋底撕裂损坏所需力。

注:任何时候都应测试距结合边缘最近处的结合强度。如果使用皮鞋配件(如用钉子或螺丝)或缝纫连接,则不需进行此项测试。

5.2.2　装置

拉力机,能持续记录作用力,具有(100±20)mm/min 的夹具分离速度,精度为 1 级。配有(27.5±2.5)mm 宽的夹具(依据试样结构而定,见 5.2.4),能牢固夹住试样。

5.2.3　试样的制备

5.2.3.1　鞋底/鞋帮结合强度:a 型结构(见图 2)

从内部或外部结合区域切取试样。

在鞋底、内底或外底边缘的垂直方向沿 x-x 和 y-y 切割,制成宽约 25 mm 的试样。自帮脚线测量鞋帮和鞋底长应约为 15 mm(见图 3)。除去内底。

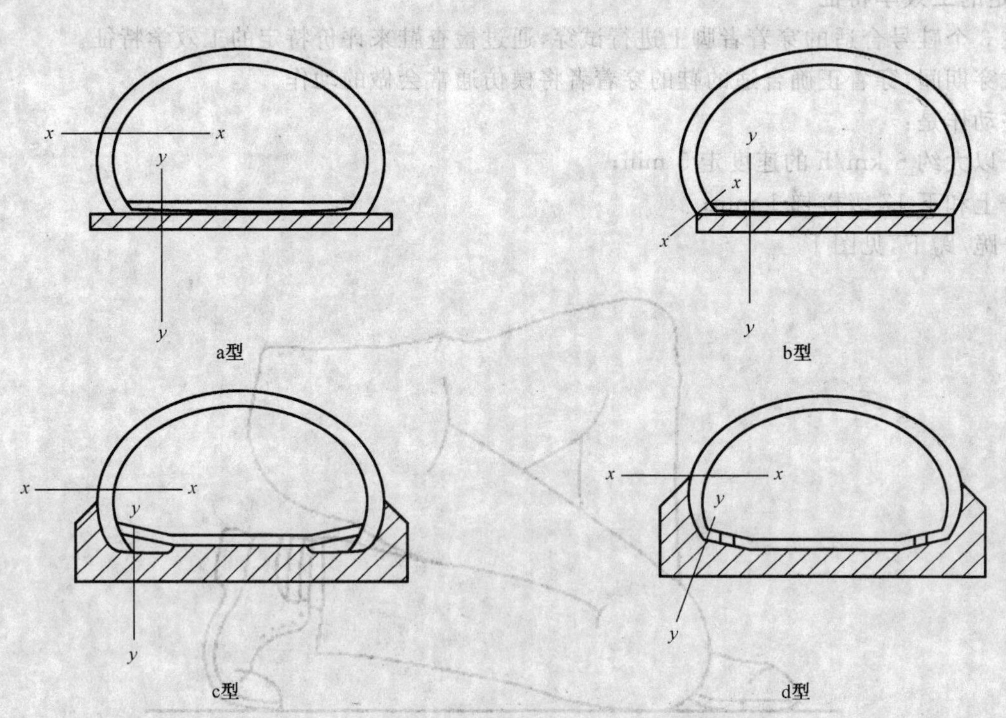

图 2　显示结合强度试样制备位置的结构类型

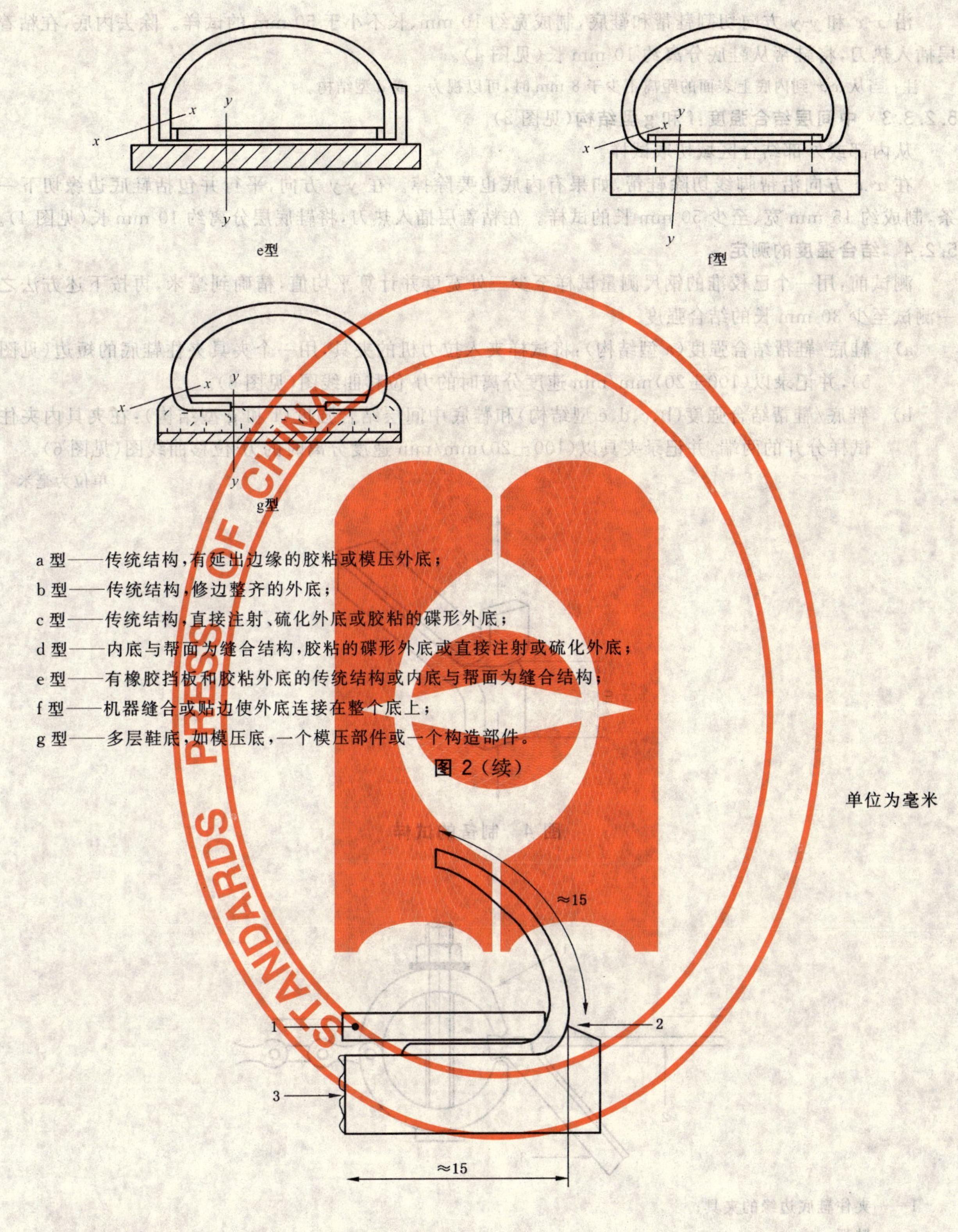

a 型——传统结构，有延出边缘的胶粘或模压外底；

b 型——传统结构，修边整齐的外底；

c 型——传统结构，直接注射、硫化外底或胶粘的碟形外底；

d 型——内底与帮面为缝合结构，胶粘的碟形外底或直接注射或硫化外底；

e 型——有橡胶挡板和胶粘外底的传统结构或内底与帮面为缝合结构；

f 型——机器缝合或贴边使外底连接在整个底上；

g 型——多层鞋底，如模压底，一个模压部件或一个构造部件。

图 2（续）

1——内底（除去）；

2——帮脚线；

3——外底。

图 3 试样的横截面

5.2.3.2 鞋底/鞋帮结合强度：b、c、d、e 型结构（见图 2）

从内部或外部结合区域切取试样。

沿 x-x 和 y-y 方向切割鞋帮和鞋底，制成宽约 10 mm、长不小于 50 mm 的试样。除去内底，在粘着层插入热刀，将鞋帮从鞋底分离约 10 mm 长（见图 4）。

注：当从 x-x 到内底上表面的距离不少于 8 mm 时，可以视为 c 或 d 型结构。

5.2.3.3 **中间层结合强度：f 和 g 型结构**（见图 2）

从内部或外部结合区域切取试样。

在 x-x 方向沿帮脚线切除鞋帮，如果有内底也要除掉。在 y-y 方向，平行并包括鞋底边缘切下一条，制成约 15 mm 宽、至少 50 mm 长的试样。在粘着层插入热刀，将鞋底层分离约 10 mm 长（见图 4）。

5.2.4 **结合强度的测定**

测试前，用一个已校准的钢尺测量试样至少三处宽度并计算平均值，精确到毫米，再按下述方法之一测试至少 30 mm 长的结合强度。

a) 鞋底/鞋帮结合强度（a 型结构）：将试样夹入拉力机的夹具，用一个夹具夹住鞋底的短边（见图 5），并记录以（100±20）mm/min 速度分离时的力-位移曲线图（见图 6）。

b) 鞋底/鞋帮结合强度（b、c、d、e 型结构）和鞋底中间层结合强度（f 和 g 型结构）：在夹具内夹住试样分开的两端，并记录夹具以（100±20）mm/min 速度分离时的力-位移曲线图（见图 6）。

单位为毫米

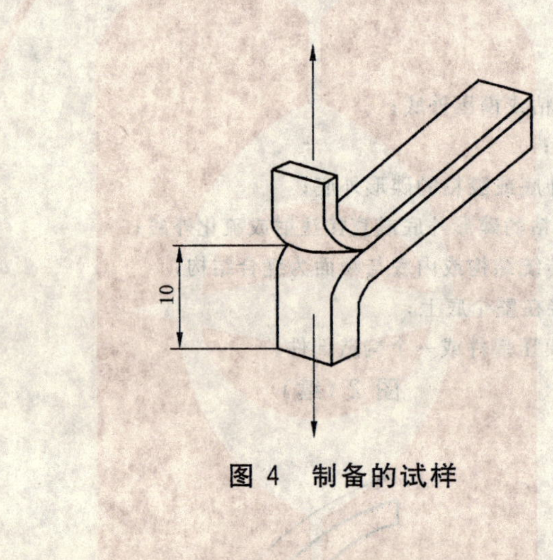

图 4 制备的试样

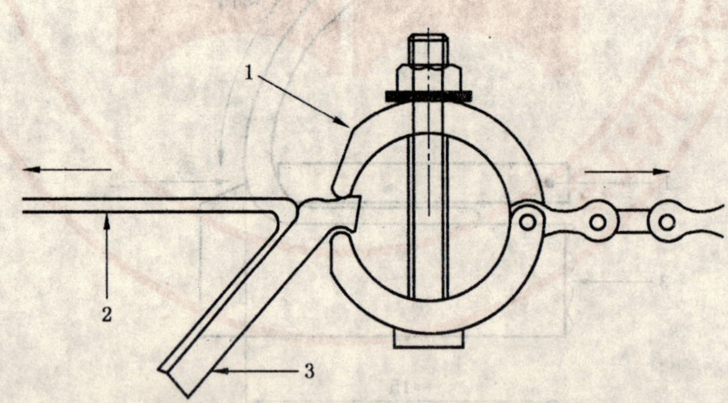

1——夹住鞋底边缘的夹具；

2——鞋帮；

3——鞋底。

图 5 显示试样位置的夹具

5.2.5 **计算和结果表示**

从图 6 确定单位为牛顿的平均剥离力并除以平均宽度（按 5.2.4 计算）得到结合强度，单位为 N/mm。

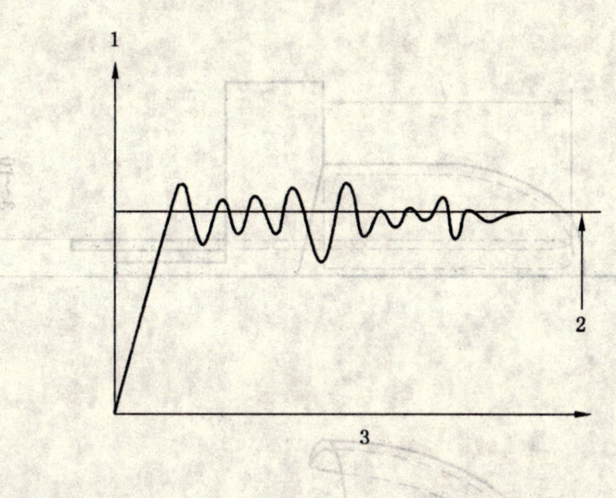

1——剥离力，单位为牛顿(N)；

2——平均值；

3——位移。

图 6 力-位移曲线图示例

5.3 保护包头内部长度的测定

5.3.1 试样的制备

从一双未测试过的鞋内小心地取出保护包头并除去贴在上面的所有其他物质，或取一双新的相同的保护包头。

注：试样不必预调节。

5.3.2 测试轴线的确定

将左保护包头的后边缘对准一个基准线并画出其外形轮廓，同样画出右保护包头的外形轮廓。两包头足尖端和基准线处轮廓重叠(见图 7)。

标出左右保护包头轮廓线与基准线相交的 4 个点 A、B、C 和 D。从 AB 和 CD 的中点画基准线的垂线，即保护包头的测试轴线。

5.3.3 测试步骤

将保护包头开口朝下放在一平面上，在保护包头搁置面上方 3 mm～10 mm 距离内并平行于该面，用一合适量具沿测试轴线测量足尖到后边缘的内部长度 l(见图 8)，l 是能测量的最大长度。

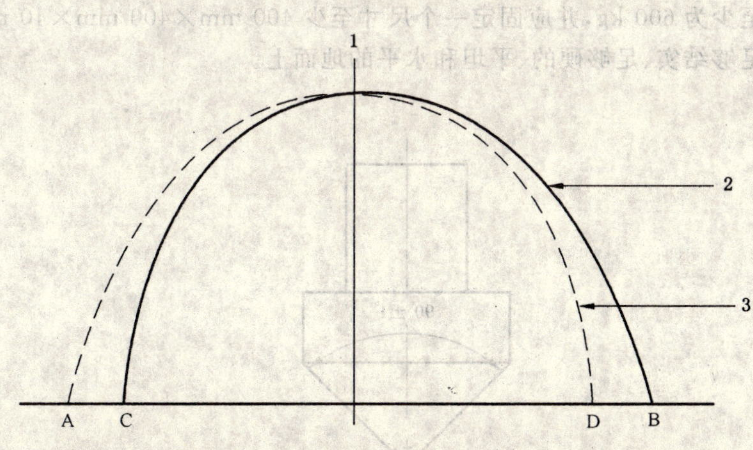

1——测试轴线；

2——右保护包头；

3——左保护包头。

图 7 测试轴线的确定

单位为毫米

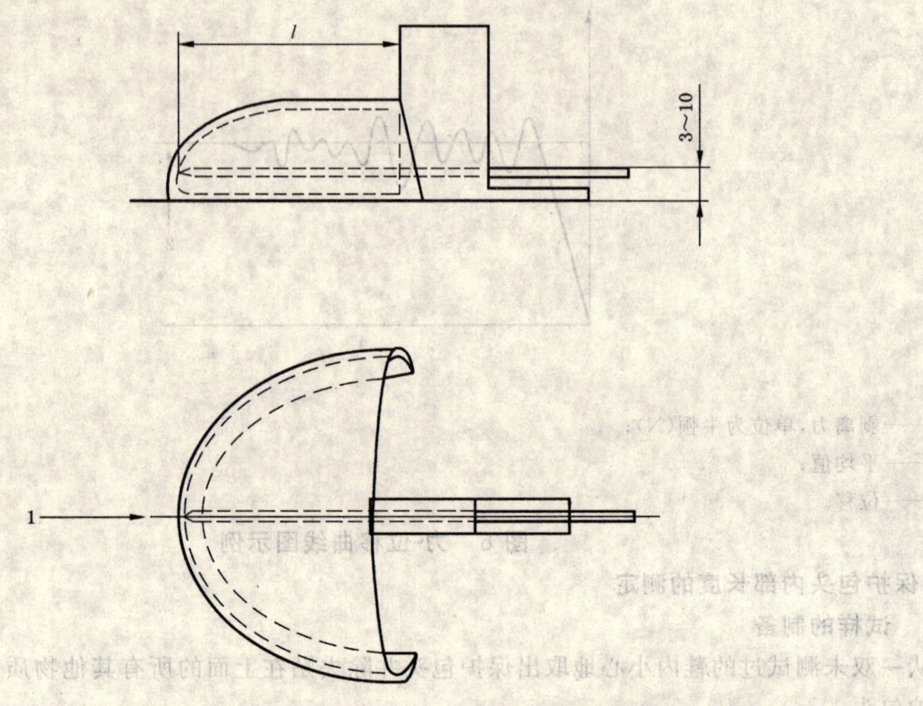

1——测试轴线；

l——内部长度。

图 8 保护包头内部长度的测量

5.4 抗冲击性的测定

5.4.1 装置

5.4.1.1 冲击测试仪

带有一个质量(20±0.2)kg 的冲击锤，适合从事先设定的高度在垂直引导下自由落下以提供冲击能量。应有机械装置在第一次冲击后抓住冲击锤，使试样只遭受一次冲击。

冲击锤(见图 9)应由长至少 60 mm 的楔形体组成，两楔面相交成 90°±1°，楔面相交的顶端应成半径为(3±0.1)mm 的圆角。测试期间，顶端应与夹持装置表面水平。

仪器基座质量应至少为 600 kg，并应固定一个尺寸至少 400 mm×400 mm×40 mm 金属块。

仪器应单独置于足够结实、足够硬的、平坦和水平的地面上。

单位为毫米

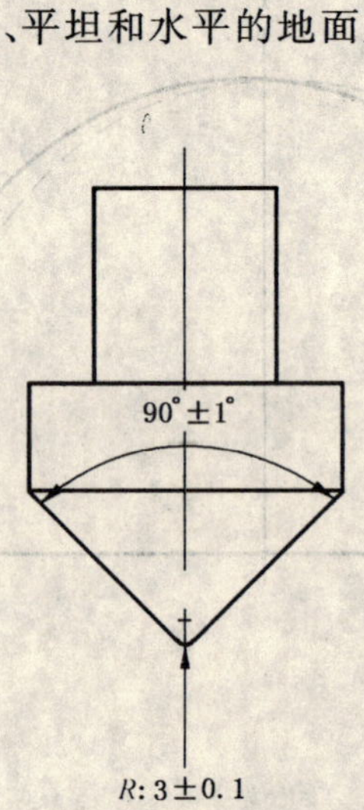

90°±1°

R: 3±0.1

图 9 冲击锤

5.4.1.2 **夹持装置**

由厚度至少 19 mm、面积 150 mm×150 mm、硬度至少 60 HRC 的光滑钢板构成，钢板上带有固定叉，测试时用于夹住鞋包头端内底/鞋垫的前部，以确保在冲击测试过程中不限制鞋头的任何横向扩展（见图 10）。固定叉应深入鞋前端，通过调节螺钉压紧在内底上，并与底板平行。夹持螺钉（M8）应用（3±1）N·m的扭矩固定。

单位为毫米

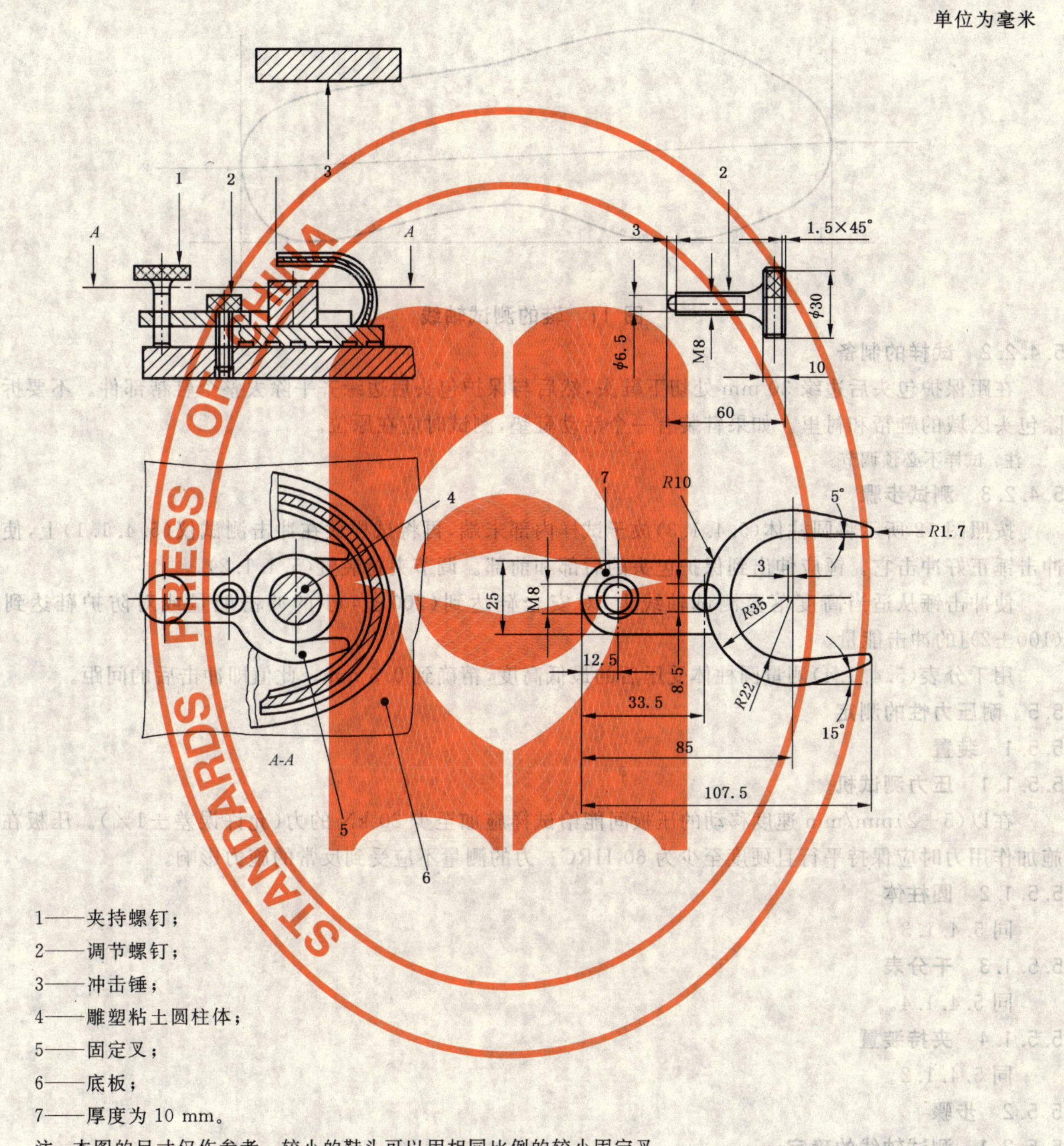

1——夹持螺钉；
2——调节螺钉；
3——冲击锤；
4——雕塑粘土圆柱体；
5——固定叉；
6——底板；
7——厚度为 10 mm。

注：本图的尺寸仅作参考。较小的鞋头可以用相同比例的较小固定叉。

图 10 鞋夹持装置的示例

5.4.1.3 **圆柱体**

直径（25±2）mm 的雕塑黏土，用于不大于 250 号鞋时，高度为（20±2）mm；用于大于 250 号鞋时，高度为（25±2）mm。圆柱体的平端面应用铝箔覆盖，以防止粘附到试样或测试设备上。

5.4.1.4 **千分表**

带有半径（3.0±0.2）mm 的半球形测足和半径（15±2）mm 的半球形砧座，施力不超过 250 mN。

5.4.2 步骤

5.4.2.1 测试轴线的确定(见图 11)

将鞋放在一水平面上并靠着一垂直面,该垂直面在内侧与鞋底边缘接触于 A 和 B 两点。再设置两个垂直面与第一个垂直面成直角,并在 X 和 Y 点接触鞋底,此两点分别是足尖点和后跟点。画线连接 X 和 Y 点即为鞋前部的测试轴线。

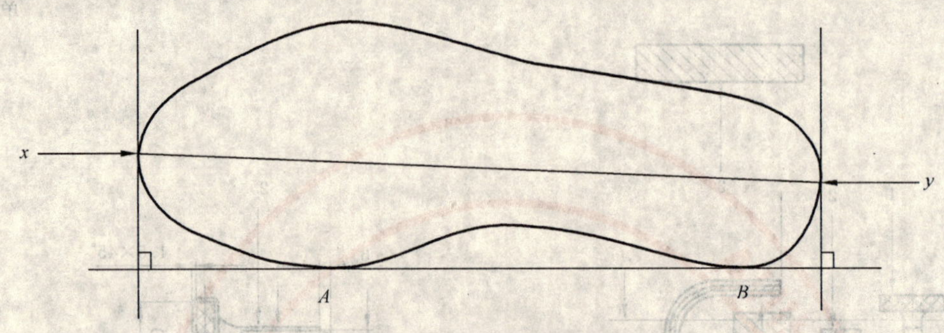

图 11 鞋的测试轴线

5.4.2.2 试样的制备

在距保护包头后边缘 30 mm 处切下鞋头,然后与保护包头后边缘齐平除去整个鞋帮部件。不要拆除包头区域的鞋帮和衬里。如果鞋装有一个活动鞋垫,测试时应在原位。

注:试样不必预调节。

5.4.2.3 测试步骤

按照图 12 所示将圆柱体(5.4.1.3)放于试样内部末端,再将试样放在冲击测试仪(5.4.1.1)上,使冲击锤正好冲击它。锤应伸出到保护包头的后部和前部。调节夹持装置(5.4.1.2)。

使冲击锤从适当高度落至测试轴线上,对安全鞋达到(200±4)J 的冲击能量或对防护鞋达到(100±2)J的冲击能量。

用千分表(5.4.1.4)测量圆柱体受压后的最低高度,精确到 0.5 mm。此值即冲击后的间距。

5.5 耐压力性的测定

5.5.1 装置

5.5.1.1 压力测试机

在以(5±2)mm/min 速度移动的压板间能给试样施加至少 20 kN 的力(允许误差±1%)。压板在施加作用力时应保持平行且硬度至少为 60 HRC。力的测量不应受到反常的施力影响。

5.5.1.2 圆柱体

同 5.4.1.3。

5.5.1.3 千分表

同 5.4.1.4。

5.5.1.4 夹持装置

同 5.4.1.2。

5.5.2 步骤

5.5.2.1 测试轴线的确定

按照 5.4.2.1 方法确定测试轴线。

5.5.2.2 试样的制备

按照 5.4.2.2 方法制备试样。

注:试样不必预调节。

5.5.3 测试步骤

按照图 12 所示将圆柱体(5.5.1.2)放于试样内部末端。试样置于夹持装置(5.5.1.4)上并进行调整，再将夹持装置和试样放在压力测试机(5.5.1.1)的压板之间，对安全鞋施加(15±0.1)kN 的力或对防护鞋施加(10±0.1)kN 的力(见图 13)。

卸去力，取出圆柱体，用千分表(5.5.1.3)测量圆柱体受压后的最低高度，精确到 0.5 mm。此值即耐压力后的间距。

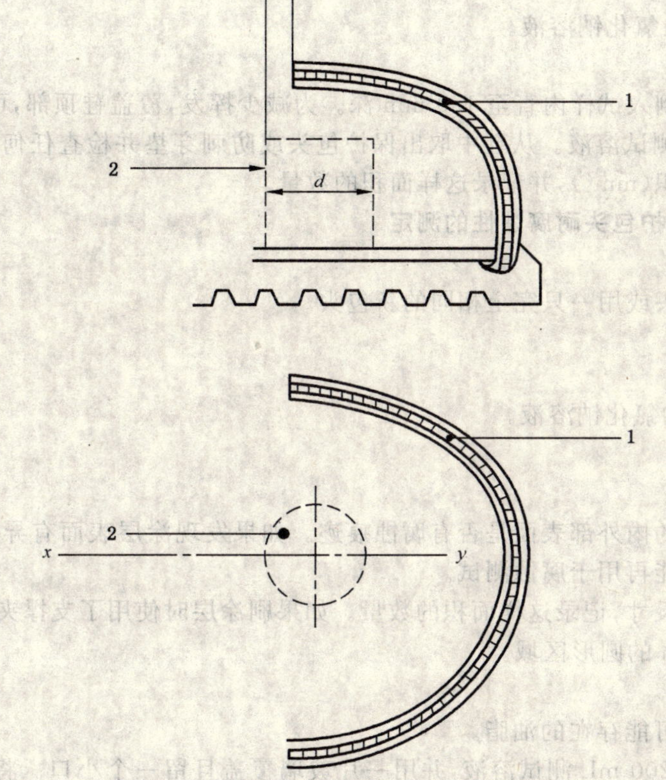

1——保护包头；

2——雕塑黏土圆柱体；

xy——测试轴线。

图 12 抗冲击或耐压力测试时圆柱体的位置

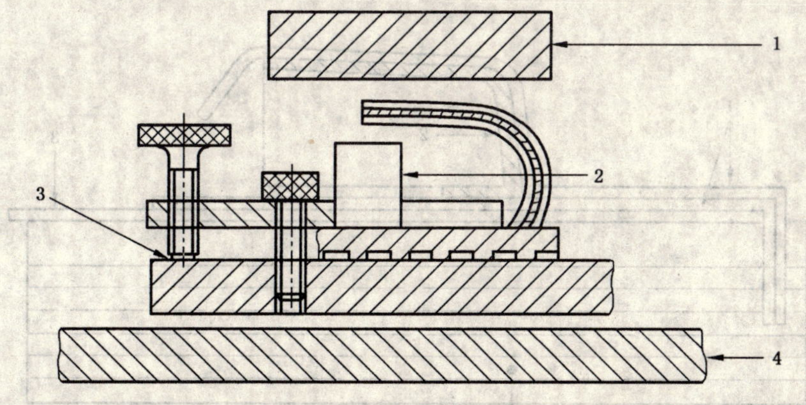

1——上压板；

2——雕塑黏土圆柱体；

3——夹持装置；

4——下压板。

图 13 耐压力测试装置

5.6 耐腐蚀性的测定

5.6.1 Ⅱ类鞋的金属保护包头或金属防刺穿垫耐腐蚀性的测定

5.6.1.1 试样的制备

用整只鞋作为试样。

注：试样不必预调节。

5.6.1.2 测试溶液

用质量分数为1%的氯化钠溶液。

5.6.1.3 步骤

将足量的测试溶液倒入试样内直至150 mm深。为减少挥发，覆盖鞋顶部，可用聚乙烯覆盖。

放置7 d，然后倒掉测试溶液。从鞋中取出保护包头或防刺穿垫并检查任何腐蚀痕迹。如有腐蚀，测量每个腐蚀痕迹的面积（mm^2），并记录这样面积的数量。

5.6.2 Ⅰ类鞋的金属保护包头耐腐蚀性的测定

5.6.2.1 试样的制备

从鞋中取出保护包头或用一只完全相同的新包头。

注：试样不必预调节。

5.6.2.2 测试溶液

用质量分数为1%的氯化钠溶液。

5.6.2.3 步骤

5.6.2.3.1 初始检查

目测检查保护包头的内外部表面是否有腐蚀痕迹。如果发现涂层表面有异常，应清除该处涂层以协助检查。但该包头不能再用于腐蚀测试。

测量每处腐蚀面积尺寸，记录这样面积的数量。如果刷涂层时使用了支撑夹具，检查时可以忽略夹具接触点周围直径8 mm的圆形区域。

5.6.2.3.2 腐蚀测试

清除保护包头表面可能存在的油脂。

在一个盘内装入约200 mL测试溶液，并用一片玻璃覆盖且留一个小口。将两张宽至少100 mm、长150 mm白色滤纸的一端浸入测试溶液，滤纸被溶液渗透，它们另一端放在玻璃上。

保护包头卷边朝下放在一张滤纸的未浸泡端上，让整个卷边和湿滤纸接触。另一张滤纸覆盖在保护包头上表面，让保护包头前端和上表面尽可能大的区域与滤纸接触（见图14）。测试期间应确保滤纸被溶液渗透。48 h后，移开滤纸，检查保护包头是否有腐蚀痕迹。测量每处腐蚀的面积（mm^2），记录这样面积的数量。

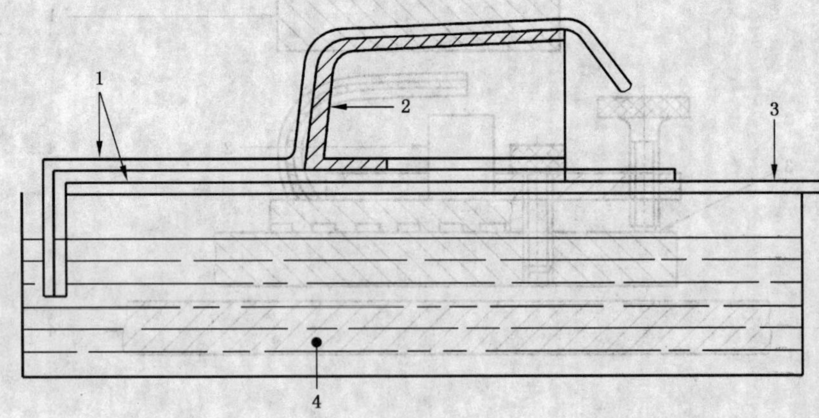

1——滤纸；

2——保护包头；

3——玻璃板；

4——氯化钠溶液。

图14 保护包头耐腐蚀性测试装置

5.6.3 除全橡胶鞋外其他鞋的金属防刺穿垫耐腐蚀性的测定

5.6.3.1 试样的制备

从鞋中取出防刺穿垫或用一只完全相同的新垫。

注：试样不必预调节。

5.6.3.2 测试溶液

用质量分数为1%的氯化钠溶液。

5.6.3.3 步骤

5.6.3.3.1 初始检查

目测检查防刺穿垫表面是否有腐蚀痕迹。测量每处腐蚀面积尺寸，记录这样面积的数量。

5.6.3.3.2 腐蚀测试

按照5.6.2.3.2方法测试，但仅用一张滤纸。将滤纸一端放入测试溶液，另一端放在玻璃上，再将防刺穿垫放在滤纸上。

5.7 防漏性的测定

5.7.1 装置

由水槽和压缩空气供应装置组成。

5.7.2 试样的制备

取整只鞋作为试样。

5.7.3 步骤

在(23±2)℃的温度下进行测试。

将试样顶部密封，如用橡胶圈，通过适当的连接可以输入压缩空气。将试样浸入水槽至边缘并施加(10±1)kPa的连续内部压力30 s。测试期间观察试样并确定是否有连续气泡产生，以指示空气泄漏与否。

5.8 防刺穿垫尺寸符合性和鞋底抗刺穿性的测定

5.8.1 防刺穿垫尺寸符合性

测量鞋底内部长度 L，画出图15中的阴影区域1和2。

切开鞋，测量垫边缘和楦底边缘留下的曲线之间距离 X 和 Y(见图15)，精确到0.5 mm。

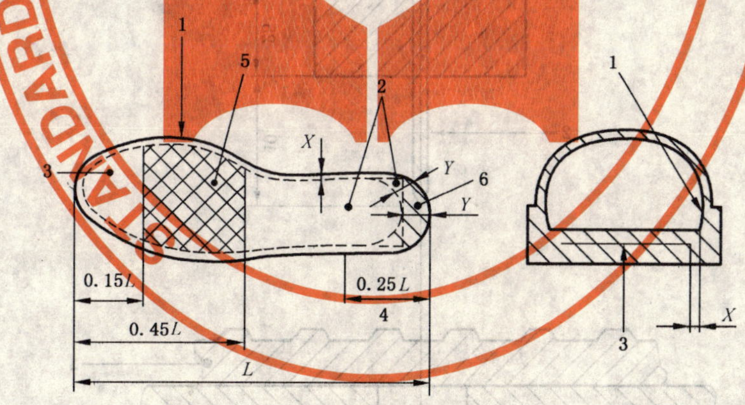

1——楦底边缘留下的曲线；

2——可选择的防刺穿垫形状；

3——防刺穿垫；

4——后跟区域；

5——阴影区域1；

6——阴影区域2。

L——鞋底内部长度。

图15 防刺穿垫尺寸的测定

5.8.2　鞋底抗刺穿性的测定

5.8.2.1　装置

5.8.2.1.1　测试设备

能测量压力至少 2 000 N，装有一块带测试钉(5.8.2.1.2)的压板，及一块带有直径 25 mm 开口的平行底板。开口的轴线应与测试钉重合(见图 16)。

5.8.2.1.2　测试钉

直径(4.50±0.05)mm，有一个截平的尖端，形状和尺寸如图 17 所示。测试钉尖端应有至少 60 HRC的硬度。

应经常检查测试钉的形状，如果与图 17 尺寸有偏差，则应更换测试钉。

5.8.2.2　试样的制备

除去鞋帮，用鞋底部作为试样。

对于能吸水的鞋底材料(如皮革)，将鞋底浸入(23±2)℃去离子水中(16±1)h 后进行测试。

注：非吸水的试样不必预处理。

5.8.2.3　测试步骤

试样置于底板上，使测试钉能穿透底部。以(10±3)mm/min 的速度对着鞋底施压测试钉直到尖端完全穿透，同时测量最大力。

测试分别在鞋底 4 个不同点处进行(至少有一个点在后跟区域)，任何两个穿透点之间至少相距 30 mm，穿透点到内底边缘的距离至少为 10 mm。对于有花纹鞋底，在花纹间进行测试。四个测试点中的两个应距楦底边缘对应的曲线 10 mm～15 mm。记录最小值作为测试结果。

单位为毫米

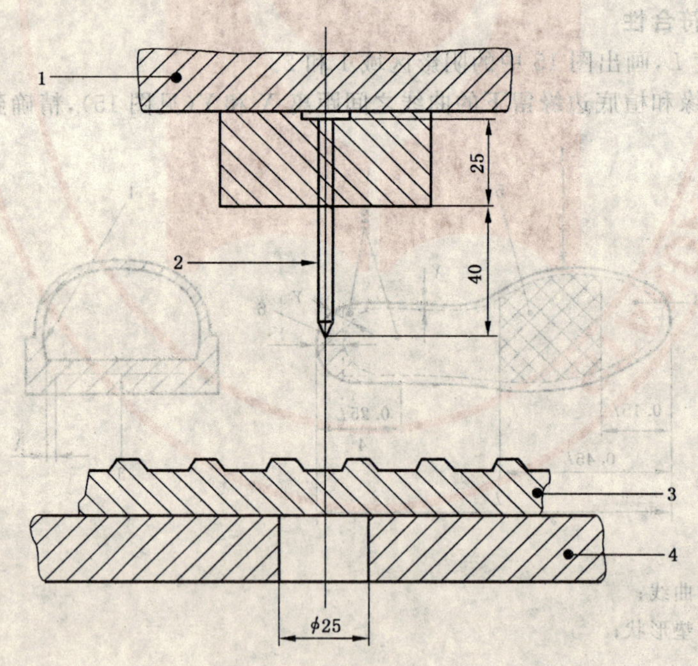

1——压板；

2——测试钉；

3——试样的鞋底部件；

4——底板。

图 16　抗刺穿性测试装置

单位为毫米

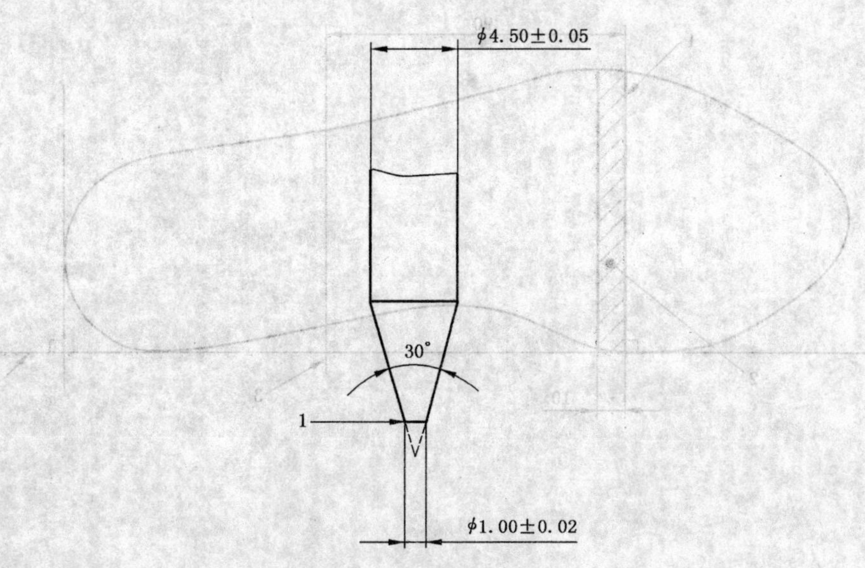

1——截平的尖端。

图 17 抗刺穿性测试钉

5.9 防刺穿垫耐折性的测定

5.9.1 耐折机

有一个通过规定距离、按照规定速度移动防刺穿垫自由端的往复导杆及由两块 4 mm 厚、邵尔 A 硬度为(75±5)的弹性内夹层和两块宽至少 130 mm 的金属外夹板组成的夹持装置。

在零位置，导杆从距离夹板(70±1)mm 处开始运动(见图 18)。为适应所有尺寸的防刺穿垫，屈挠线可以向后跟方向移动达 10 mm(见图 19 阴影区域)。

单位为毫米

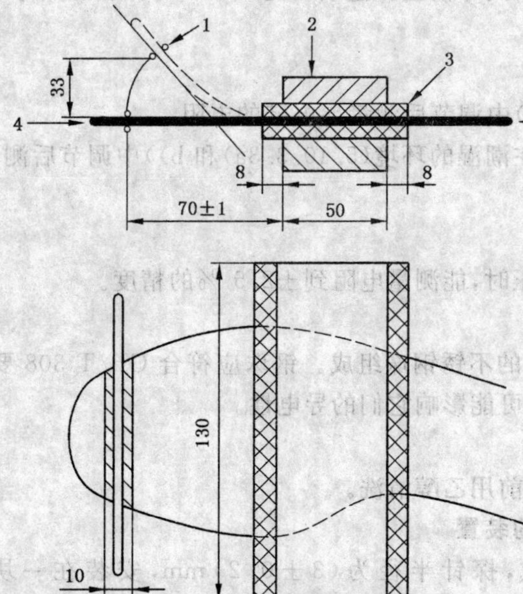

1——屈挠导杆；

2——夹板；

3——弹性夹层；

4——防刺穿垫(零位置)。

图 18 防刺穿垫的耐折机

单位为毫米

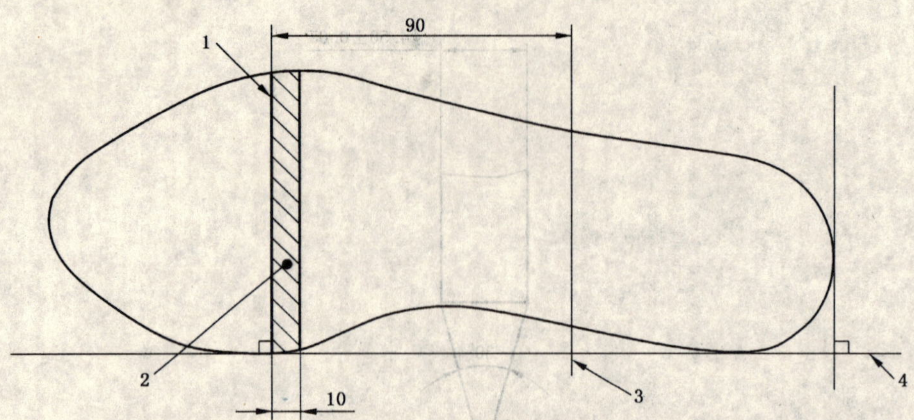

1——屈挠线；

2——屈挠带；

3——切割线；

4——基线。

图 19　防刺穿垫的屈挠线

5.9.2　屈挠线的确定

平放防刺穿垫，使其内边缘靠着一直线，此直线在脚掌及后跟区域与垫相切。在脚掌的切点上画垂线，这条线就是垫被夹住的屈挠线(见图 19)。

5.9.3　试样的制备

在距屈挠线(5.9.2)90 mm 处切下防刺穿垫的后跟部分。

5.9.4　测试步骤

按图 18 所示，将导杆移至距零位置垂直高度为 33 mm 处，以(16±1)次/s 速度屈挠试样。通过导向装置确保每次屈挠后试样返回到零位置。连续屈挠 1×10^{6} 次，取下试样，目测检查。

5.10　电阻的测定

5.10.1　原理

在干燥的环境(5.10.3.3a))中调节后测量导电鞋的电阻。

在干燥的环境中调节后和在潮湿的环境(5.10.3.3a)和 b))中调节后测量防静电鞋的电阻。

5.10.2　装置

5.10.2.1　测试仪器

当施加(100±2)V 直流电压时，能测量电阻到±2.5 %的精度。

5.10.2.2　内电极

由总质量 4 kg、直径 5 mm 的不锈钢珠组成。钢珠应符合 GB/T 308 要求。应采取措施防止或除去钢珠和铜板的氧化，因为氧化可能影响它们的导电性。

5.10.2.3　外电极

由一块铜接触板组成，使用前用乙醇清洗。

5.10.2.4　测量导电涂层电阻的装置

由三个导电金属探针组成，探针半径为(3±0.2)mm，安装在一块底板上。两个探针相距(45±2)mm并由一根金属带连接。第三个探针与另两个探针连线的中点相距(180±5)mm 且与它们绝缘。

5.10.3　试样调节的制备

5.10.3.1　制备

如果鞋装有活动垫，测试时应保留。用乙醇清洗鞋底表面以除去所有脱模剂的痕迹，用蒸馏水冲洗并在(23±2)℃环境中干燥。鞋底表面不应摩擦或磨损，也不应使用对鞋底有伤害或使鞋底膨胀的有机材料清洗。

5.10.3.2 湿调节的特殊制备

对在潮湿条件(5.10.3.3)下调节的试样，在鞋底上涂一层面积为 200 mm×50 mm 的导电涂层(5.10.2.4)，涂层面包括后跟和鞋前掌。干燥后测量涂层的电阻值小于 1×10^3 Ω。

将鞋内装满干净钢珠并放在装置(5.10.2.4)的金属探针上，使外底前掌区域由两个相距 45 mm 的探针支撑，后跟区域由第三个探针支撑，用测试仪器(5.10.2.1)测量前段探针和第三个探针之间的电阻值。

5.10.3.3 调节

根据被测试鞋的功能，按下列条件之一对制备好的试样进行调节。

a) 干燥条件，(20±2)℃、相对湿度(30±5)%。(放置 7 d)

b) 潮湿条件，(20±2)℃、相对湿度(85±5)%。(放置 7 d)

如果测试不能在调节的环境中进行，则应在试样移出该环境后 5 min 内完成测试。

5.10.4 步骤

用总质量 4 kg 的干净钢珠装满试样，如有必要，可用一块绝缘材料增加鞋帮高度。将装满钢珠的样品放在铜板上，在铜板和钢珠之间施加(100±2)V 直流测试电压，时间 1 min 并计算电阻值。

鞋底的能量消耗不应超过 3 W。如果因为考虑 3 W 的限制而降低电压，则应在测试报告上记录实际电压值。

5.11 电绝缘性的测定

5.11.1 装置(见图 20)

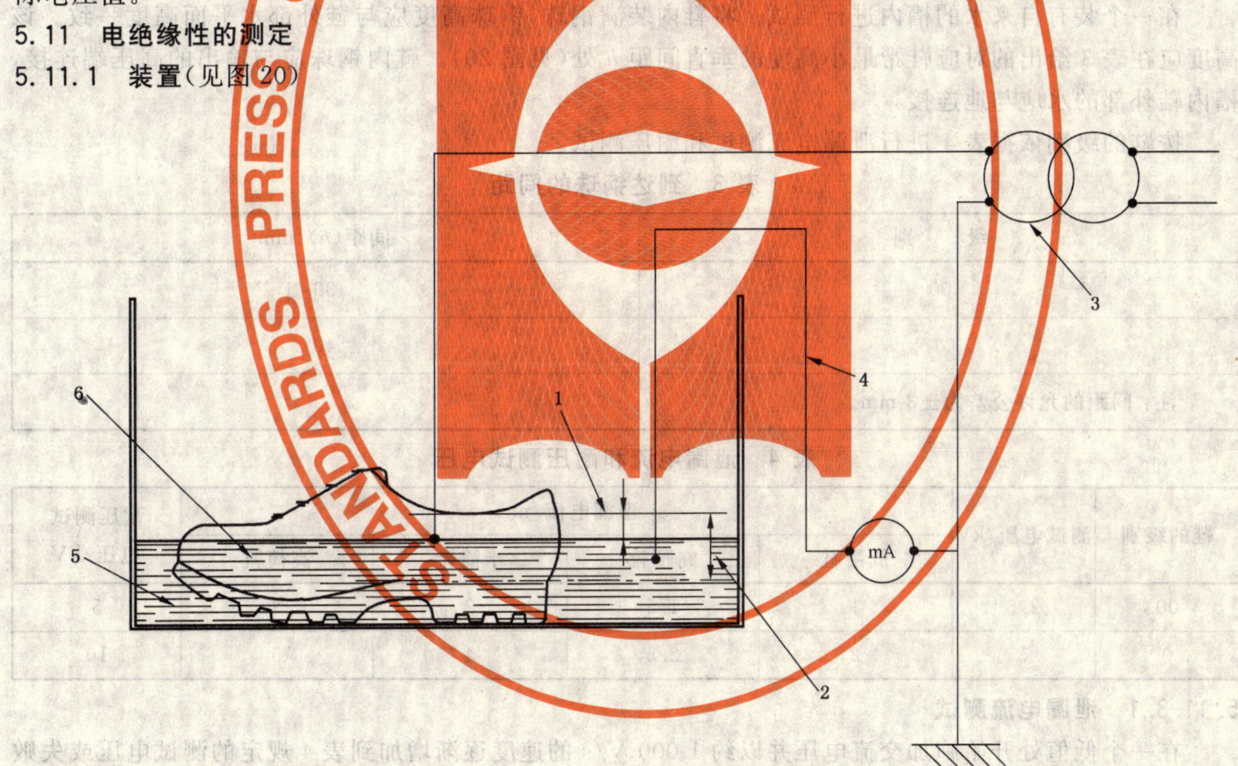

1——垂直间距 h；
2——鞋帮的最小高度；
3——交流电源；
4——接地电极；
5——水；
6——钢珠。

图 20 电绝缘性测试装置

5.11.1.1 外电极

自来水。

5.11.1.2 内电极

直径(3.5±0.6)mm 的不锈钢珠,应符合 GB/T 308 要求。应采取措施防止或除去钢珠的氧化,因为氧化可能影响导电性。

5.11.1.3 变压器

应选用大于 0.5 kV·A(500 V·A)的变压器。

5.11.1.4 电压表

准确度 1.5 级以内。

5.11.1.5 毫安表

准确度 1.0 级以内,其使用值应为仪表量程的 15 %~85 %。

5.11.1.6 测量系统电阻值

不超过 28×10^4 Ω。

5.11.2 试样的制备

取整只鞋作为试样。

5.11.3 测试步骤

测试应在 15 ℃~35 ℃、相对湿度 45 %~75 %的环境中进行。

在一个装有自来水的槽内进行测试。将鞋内装满钢珠,钢珠高度应与鞋外部水平面高度一致。该高度应在表 3 给出的对应鞋帮最小高度的垂直间距 h 处(见图 20)。鞋内钢珠应与输出的高压端连接,槽内鞋外部的水应与地连接。

按鞋的级别依据表 4 进行泄漏电流测试和耐压测试。

表 3 到达钢珠的间距

级　别	间距(h)/mm
00	30
0	40
注:间距的允许公差为±3 mm。	

表 4 泄漏电流和耐压测试电压

鞋的级别	测试电压/kV	泄漏电流/mA				耐压测试电压/kV
		低帮鞋	高腰靴	半筒靴	高筒靴	
00	2.5	1	1.5	2	3	5
0	5	2	2.5	4	5	10

5.11.3.1 泄漏电流测试

在一个低值处开始施加交流电压并以约 1 000 V/s 的速度逐渐增加到表 4 规定的测试电压或失败发生。测试时间不应少于 1 min。记录泄漏电流值。

测试期间任何时候的泄漏电流不应超过表 4 中的相应值。

测试结束应迅速降压至零位,但不得突然切断电源。

5.11.3.2 耐压测试

应逐渐施加交流电压到表 4 规定的耐压测试值然后立即降压,但不得突然切断电源。电压变化速度应约为 1 000 V/s。

如果没有击穿发生,则认为测试通过。

5.12 隔热性的测定

5.12.1 装置(见图21)

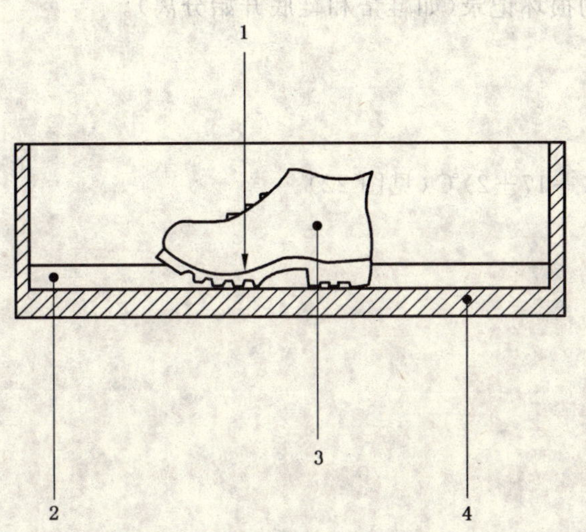

1——温度测量点；
2——砂浴(砂高30 mm)；
3——装满不锈钢珠的鞋；
4——加热盘。

图21 隔热性测试装置

5.12.1.1 砂浴

盛砂的砂浴尺寸应为(40±2)cm×(40±2)cm,高至少5 cm(见图21)。砂体积(5 000±250)cm^3，粒径0.3 mm～1.0 mm。

在鞋接触板(前掌和后跟)的地方应能测量板的温度并依据测试温度可以调节。由鞋的特性决定加热板的温度T_{hp}是150 ℃还是250 ℃(偏差±5℃)。加热系统的功率应至少(2 500±250)W。

5.12.1.2 传热介质

由直径5 mm、总质量4 kg的不锈钢珠组成。不锈钢珠应符合GB/T 308要求。

5.12.1.3 精度为±0.5℃的温度传感器

焊接在一个厚(2±0.1)mm、直径(15±1)mm的铜盘上。

5.12.1.4 测温装置

带有一个温度补偿器,适合与5.12.1.3一起使用。

5.12.2 试样的制备

用整只鞋作为试样。将温度传感器固定在内底上。应直接在鞋底前部接触加热板的区域上方测量鞋内温度。把钢珠放入鞋内。如果鞋内有活动鞋垫,测试时应保留。如果鞋帮高度不够装下所有钢珠,用套圈增高鞋帮。

5.12.3 测试步骤

调节试样内底温度恒定至(23±2)℃并在(23±2)℃环境中进行测试。

预热砂浴至少2 h,依据鞋的特性调节加热板温度至T_{hp},测试期间保持该温度。

读取试样鞋内温度为t_1,精确到0.5℃,然后将试样放在加热板上来回移动,使之与加热盘之间得到最好接触。

在鞋周围加入砂至合适的高度,然后确保砂表面是均匀平坦的。

用连接温度传感器的测温装置测量内底温度作为时间函数,记录温度增加。

持续30 min后读取鞋内温度为t_2,精确到0.5℃。检查并记录能影响鞋功能的严重损坏痕迹。

测试结果：

- $t_2 - t_1$。
- 能严重影响鞋功能的损坏记录(如鞋帮和鞋底开始分离)。

5.13 防寒性的测定

5.13.1 装置

5.13.1.1 低温箱

内部空气温度能调节到(−17±2)℃(见图 22)。

5.13.1.2 传热介质

同 5.12.1.2。

5.13.1.3 温度传感器

同 5.12.1.3。

5.13.1.4 测温装置

同 5.12.1.4。

5.13.1.5 铜板

长(350±5)mm，宽(150±1)mm，厚(5±0.1) mm，位置如图 22 所示。

单位为毫米

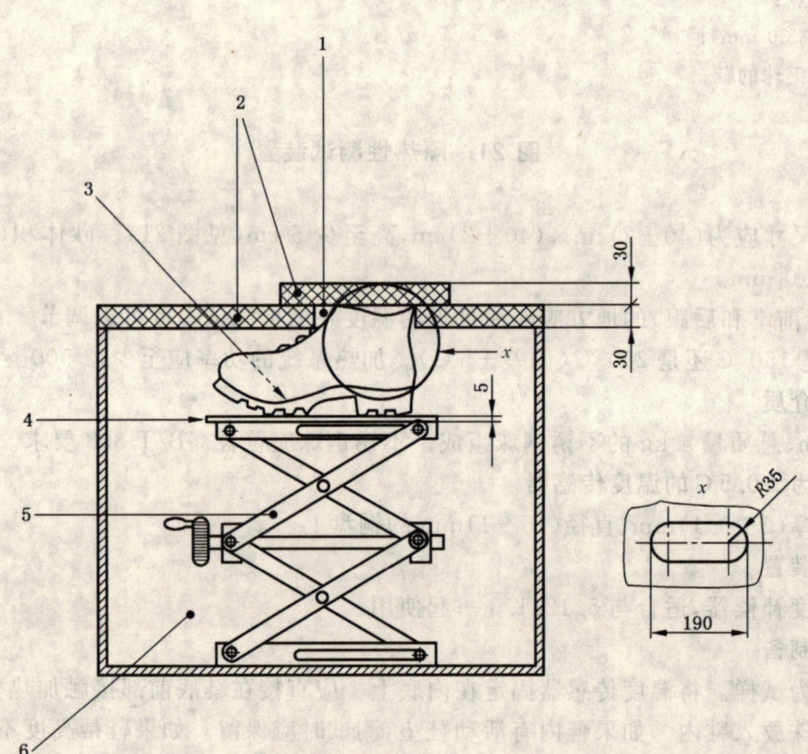

1——延长孔；
2——隔热盖；
3——温度测量点；
4——铜板；
5——测试座；
6——低温箱。

图 22 防寒性测试装置

5.13.2 试样的制备

用整只鞋作为试样。按照 5.12.2 方法制备试样。

5.13.3 测试步骤

调节试样外底温度恒定至(23±2)℃。

调节低温箱温度为(－17±2)℃并在测试期间保持该温度。将试样放在低温箱内的测试座上，调整高度使鞋顶端与开口水平，用隔热盖封住。用连接温度传感器的测温装置测量内底温度。

计算试样放在低温箱内30 min后的温度降低值，精确到0.5℃。

5.14 鞋座区域能量吸收的测定

5.14.1 装置

5.14.1.1 测试设备

能测量压力至6 000 N，可以记录力-位移曲线。

5.14.1.2 测试压头

为聚乙烯制成的标准鞋楦后部。鞋楦在与底边缘垂直并和后部轴线成90°的平面上被切开（见图23）。压头尺寸与鞋的关系见表5。

表5 取决于鞋号的测试压头尺寸

鞋号	尺寸/mm			
	L ±2	l ±2	W ±2	e ±1
≤225	65	32.5	52.25	2
230～240	67.5	33.7	57	2
245～250	70.5	35	58.75	2
255～265	72.5	36.2	60.5	3
270～280	75.5	37.7	62.25	3
≥285	77.5	38.5	64	3

图23 能量吸收测试的测试压头

5.14.2 步骤

将带后跟的鞋放在钢制基座上，在后跟区域中心以（10±3）mm/min 速度对着底部按压测试压头，直至获得 5 000 N 的力。

绘出每次测试的压力-位移曲线并确定能量吸收值 E，单位为 J，精确到 1 J，按式(1)计算。

$$E=\int_{50\ \mathrm{N}}^{5\,000\ \mathrm{N}} F\mathrm{d}S \qquad \cdots\cdots(1)$$

式中：

F——施加的压力，单位为牛(N)；

S——位移，单位为米(m)。

5.15 成鞋防水性的测定

5.15.1 水槽测试

5.15.1.1 原理

穿着一双鞋以正常步速在充满水至规定深度的表面上行走，检查确定水透入的范围。

5.15.1.2 测试者

选择穿鞋舒适的测试者。

5.15.1.3 装置

一个卧式不漏水槽，并应满足下列要求（见图 24）：

a) 一个移动平台靠近每端，高度和面积足以使测试者走上去并在水面上方转身；

b) 足够长，使测试者能在平台之间的水中走 10 个正常步幅；

c) 宽约 0.6 m；

d) 使水能被排走的插栓。

注：可以用一个管道输送水使槽迅速被充满至合适的深度。

单位为米

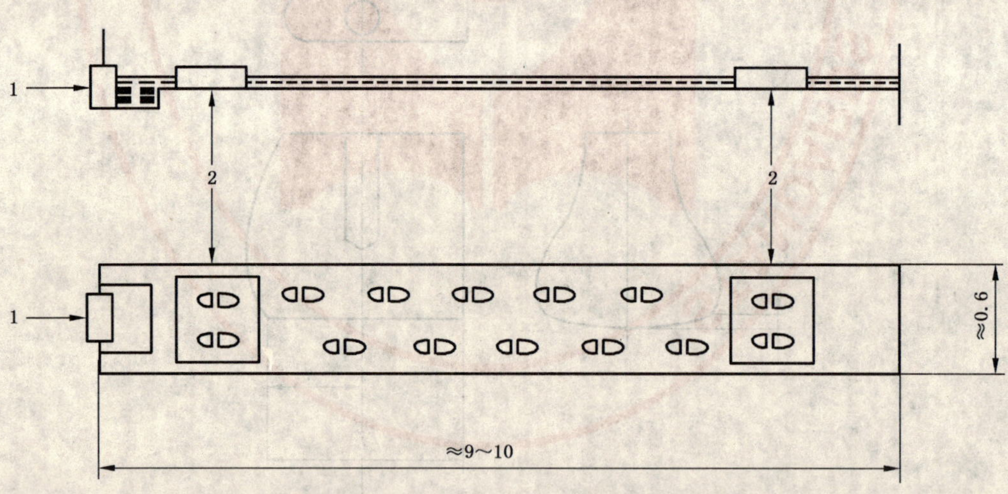

1——插栓；

2——移动平台。

图 24 槽

5.15.1.4 步骤

槽内水排空，放置转身平台，使测试者以正常步幅从一边走到另一边得到 11 步（即每只脚接触槽地面 5 次）。给槽注水至(30±3)mm 的深度。

确保鞋完全干燥。在普通袜子上穿上干燥的鞋，用绑腿或防护装置盖住顶端，然后站在一个平台上。在水中行走100个槽长,转身时用平台。非常小心确保没有水溅至鞋顶端上。如有必要,为避免溅水,以比正常慢的步速行走,但最好不要慢于每秒1步。

走完100个槽长后,离开槽,小心脱下鞋,目测检查内部同时触摸是否有水透入的痕迹。对每个鞋或靴,如果有透入发生,记录透入的位置及图形的扩展(图25显示图形的合适形状)。

用另两双鞋重复此测试。

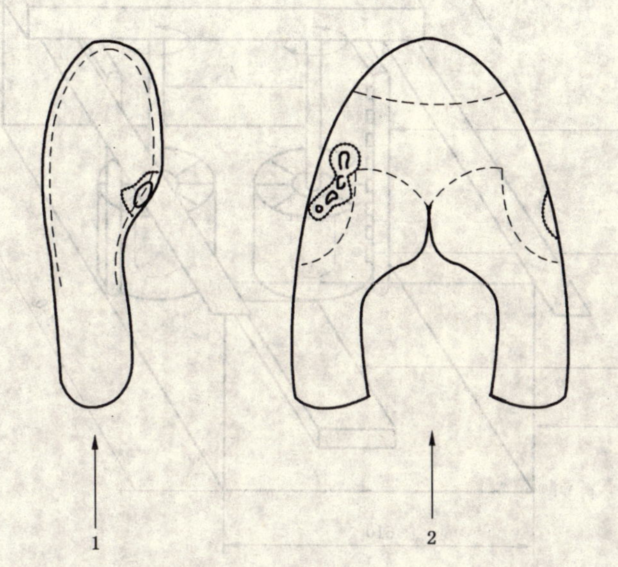

1——内底;

2——鞋帮。

----- 帮与底的接缝

——— 透入的开始面积

——— 透入的扩展面积

图25　鞋图形的合适形状,附有记录透入的例子

5.15.2　机器测试

5.15.2.1　原理

在一定深度水中,成鞋经受旋转湿式刷的机械作用。检查确定水透入的范围。

5.15.2.2　装置

5.15.2.2.1　天平

精确到0.1 g。

5.15.2.2.2　防水测试仪(见图26)

有一个或多个测试位置,每个位置有5.15.2.2.2.1～5.15.2.2.2.6中描述的特征。

5.15.2.2.2.1　试样架

由一端装有固定卡、另一端装有滑动卡的矩形金属板构成,使固定的试样适于测试(见图27)。

5.15.2.2.2.2　两个旋转刷系统

两个刷分别位于试样两边,无论鞋号怎样,通过调整距离L(见图26)分离刷,并在超过试样全长的范围内来回运动。L为鞋宽加上80 mm。

每个刷的水平运动通过旋转运动完成,在每个水平循环结束的时候改变方向。每个刷的旋转方向同相应的来或回运动一样,见图28。

单位为毫米

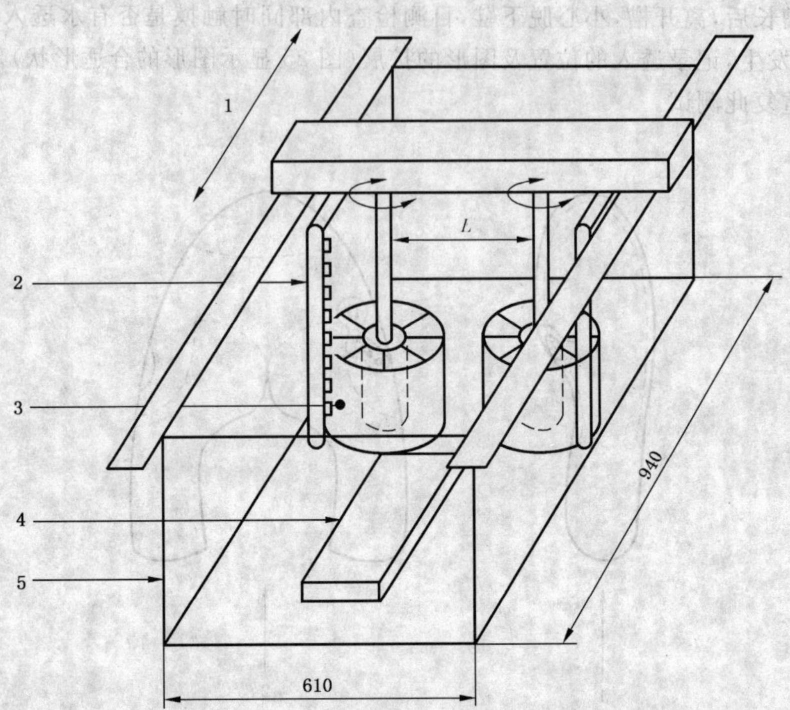

1——来回运动；
2——喷洒系统；
3——刷；
4——试样架；
5——水槽。

图 26 防水测试仪

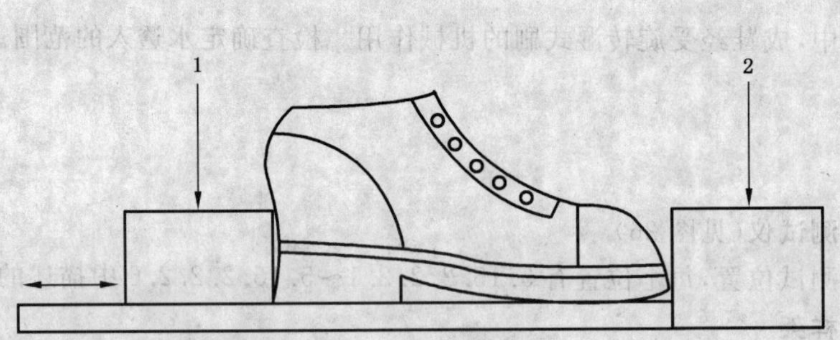

1——滑动卡；
2——固定卡。

图 27 试样架

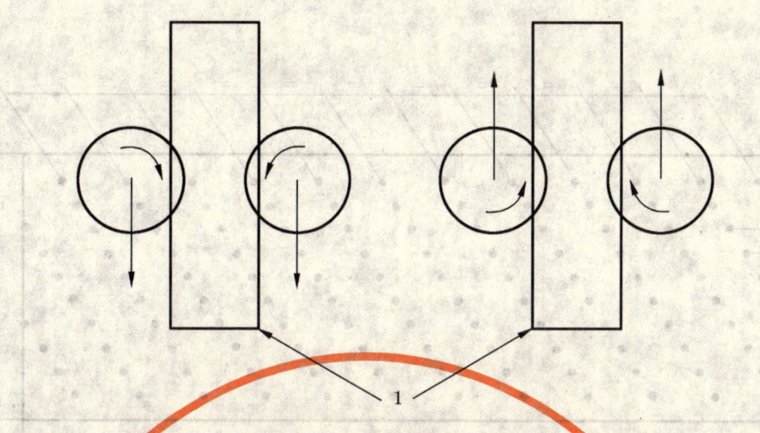

1——固定试样架。

图 28　刷的水平和旋转运动

5.15.2.2.2.3　**喷洒系统**

每个刷有一个喷嘴相距 50 mm 的喷洒系统(见图 26 和图 31)和一个测量水流的流量计,通过喷洒系统刷被弄湿。

5.15.2.2.2.4　**刷特征**

——用标准螺旋面刷。每个刷有一个直径 80 mm、长 140 mm 的中柱和 10 层每层 11 束的刷毛,见图 29。

——每层 11 束刷毛分别错开,形成螺旋构象,见图 30。

5.15.2.2.2.5　**刷毛特征**

——材料:聚酰胺。

——直径:0.4 mm。

——长度:(81±2)mm。

——中柱上的束直径:5 mm。

5.15.2.2.2.6　**不漏水槽**

整个装置放在不漏水槽中,槽上安装了一个恒定水位装置。

单位为毫米

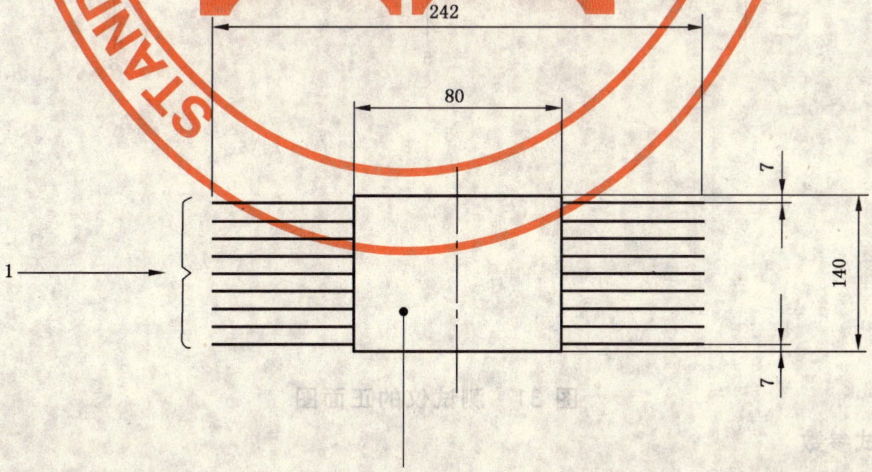

1——10 层束,相距 10 mm,从一束到另一束之间错开形成螺旋构象(见图 30);

2——中柱。

图 29　刷示意图

单位为毫米

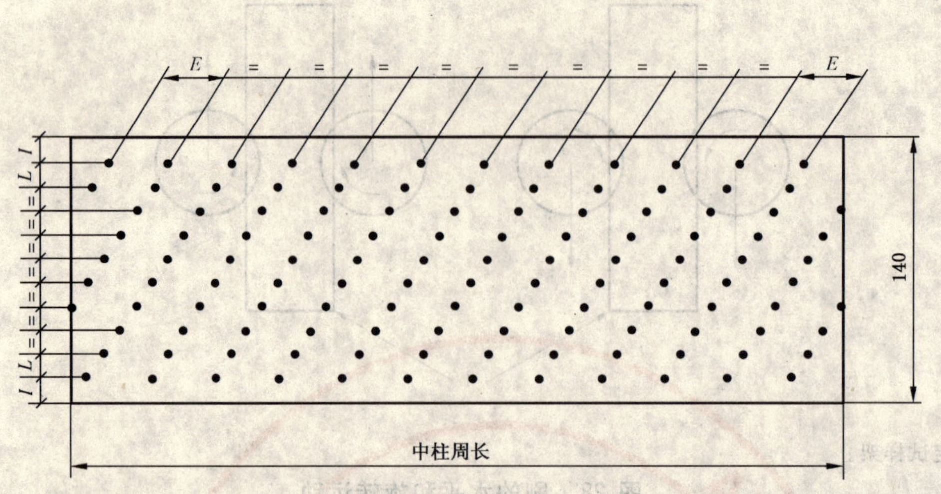

注：中柱周长＝80π＝251 mm；束之间的水平距离(E)为 251 mm/11＝22.8 mm；I＝7 mm；L＝10 mm。

图 30　刷束分布

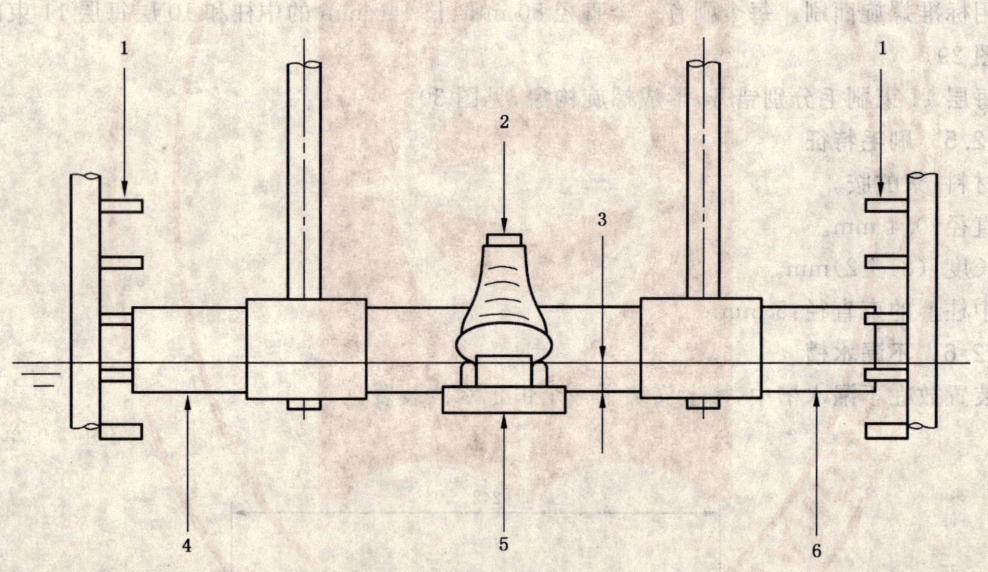

1——喷嘴；
2——试样；
3——水深；
4——刷 1；
5——试样架；
6——刷 2。

图 31　测试仪的正面图

5.15.2.3　测试参数

——刷的转速：(85±5)r/min。

——刷的水平速度：(20±2)次/min(一个完整地来回运动为 1 次)。

——水流速度：(0.50±0.1)L/min。

5.15.2.4 步骤

称取试样,精确至0.1 g,记录为M_1。将试样固定在试样架上,封住鞋顶部(如用一个橡胶圈),避免水溅入。将装有试样的试样架固定在机器内(见图31)。

调整两个刷系统间的水平距离使鞋的整个帮面被刷毛接触。槽内注水至水平面在试样架上表面上方(20±2)mm处。应调节恒定水位装置以维持这个深度。

按表6确定喷洒参数。依据鞋的类型打开喷嘴数,调节供水以维持恒定水位。

测试时间可定为:1 min,5 min,10 min,20 min,30 min或60 min。

启动电机的水平移动。

表6 喷洒参数

鞋的类型	喷嘴数/对	刷数量/双
式样A 低帮鞋	1	1
式样B 高腰靴	1	1
式样C 半筒靴	2	1
式样D 高筒靴	3	1
式样E 长筒靴	3	1

5.15.2.5 水透入的检查

在每个规定的测试时间末端,停止机器,取出带有试样的试样架。取出试样,迅速干燥试样表面。从鞋顶部小心移走隔离物,目测检查鞋内部,或接触和(或)用吸水纸检查是否有水透入。

5.15.2.6 水吸收

在每个规定的测试时间末端,试样干燥和水透入检查后,称重,精确到0.1 g,分别记录结果为M_2,M_3,等等。

5.15.2.7 结果表示

记录是否有水透入。

计算水吸收W_a,单位为g

$W_a=M_2-M_1$;M_3-M_1;等等

5.16 跖骨保护装置抗冲击性的测定

5.16.1 装置

5.16.1.1 冲击仪

带有一个质量(20±0.2)kg的冲击锤,适合从事先设定的高度在垂直引导下自由落下,提供按势能计算的规定的冲击能量。

冲击锤应由至少60 mm长,两楔面相交成90°±1°和最小硬度60 HRC的楔形体组成。楔面相交的顶端是半径为(3±0.1)mm的圆角。测试期间,顶端应与夹持装置表面平行(见图9)。

仪器基座质量应至少为600 kg,并应安装一个尺寸至少400 mm×400 mm×40 mm金属块。

仪器应单独置于足够结实、足够硬的、平坦和水平的地面上。

5.16.1.2 夹持装置

由最小硬度60 HRC、厚至少19 mm的光滑钢板构成,钢板上带有夹紧鞋后跟和连接区域的装置(见图32)。

5.16.1.3 千分表

带有半径(3.0±0.2)mm的半球形测足,能施加不超过250 mN的力。

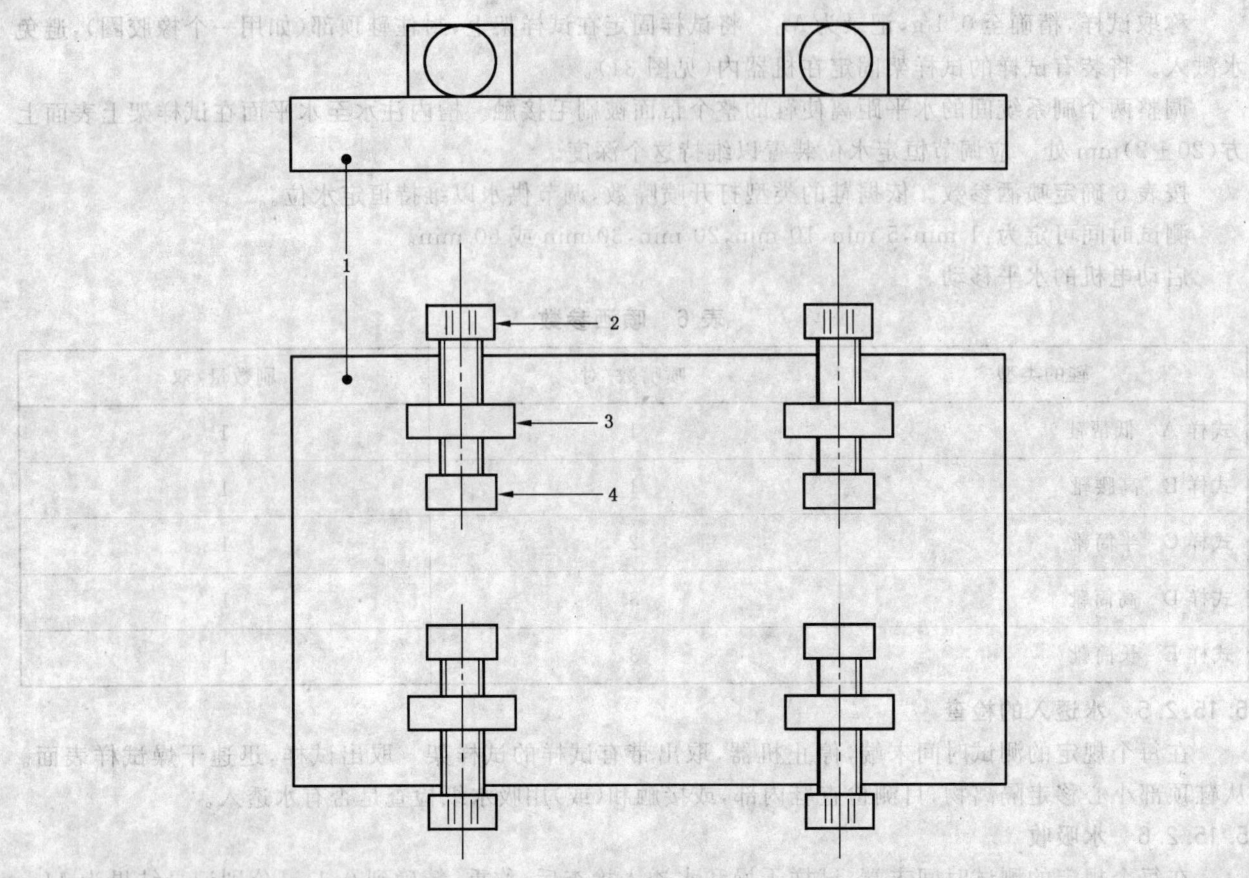

1——基座；

2——螺钉；

3——凸台；

4——夹持板。

图 32 夹持装置

5.16.1.4 测试蜡模

模拟鞋内部和冲击时用于测量跖骨区域的变形。此蜡模应由 5.16.1.4.1 或 5.16.1.4.2 中描述的其中一个方法制成。

5.16.1.4.1 使用鞋楦制作蜡模

包括两个阶段操作，第一步是鞋楦模具的形成，第二步是由该模具制成一个测试蜡模。

阶段 1：用一个鞋号小于试样鞋的楦，填补楦上所有 V 形切口和孔眼，然后用热塑性材料（例如，0.4 mm厚未增塑过的 PVC 板）在帮表面上形成一个外壳。冷却时，在楦底边缘修剪多余材料并移走。同样地，在底表面形成一个外壳并在楦底边缘上方 5 mm～10 mm 范围内修整形成一个边缘。利用合适的胶带连接两外壳，使帮面壳装在底面壳形成的边缘内，用胶带粘接。切割连接壳制成前端和后跟端模具（见图 33）。

阶段 2：将两模具立在容器内，使模具顶面水平并用砂支撑（见图 34）。以 5∶1 的质量比把固体石蜡（熔点为 50℃～53℃）和蜂蜡混合放进合适的容器中，并放入烘箱加热到大约 85℃。取出容器搅拌混合物直至混合冷却到大约 60℃再注入两模具内。在熔化的蜡中插入一圈薄带子使其随后很容易从鞋中取出，要确保带子未透过前端模具的外表面（见图 34）。冷却后，从模具中取出蜡模。

注：小心，模具能用于制造许多蜡模。

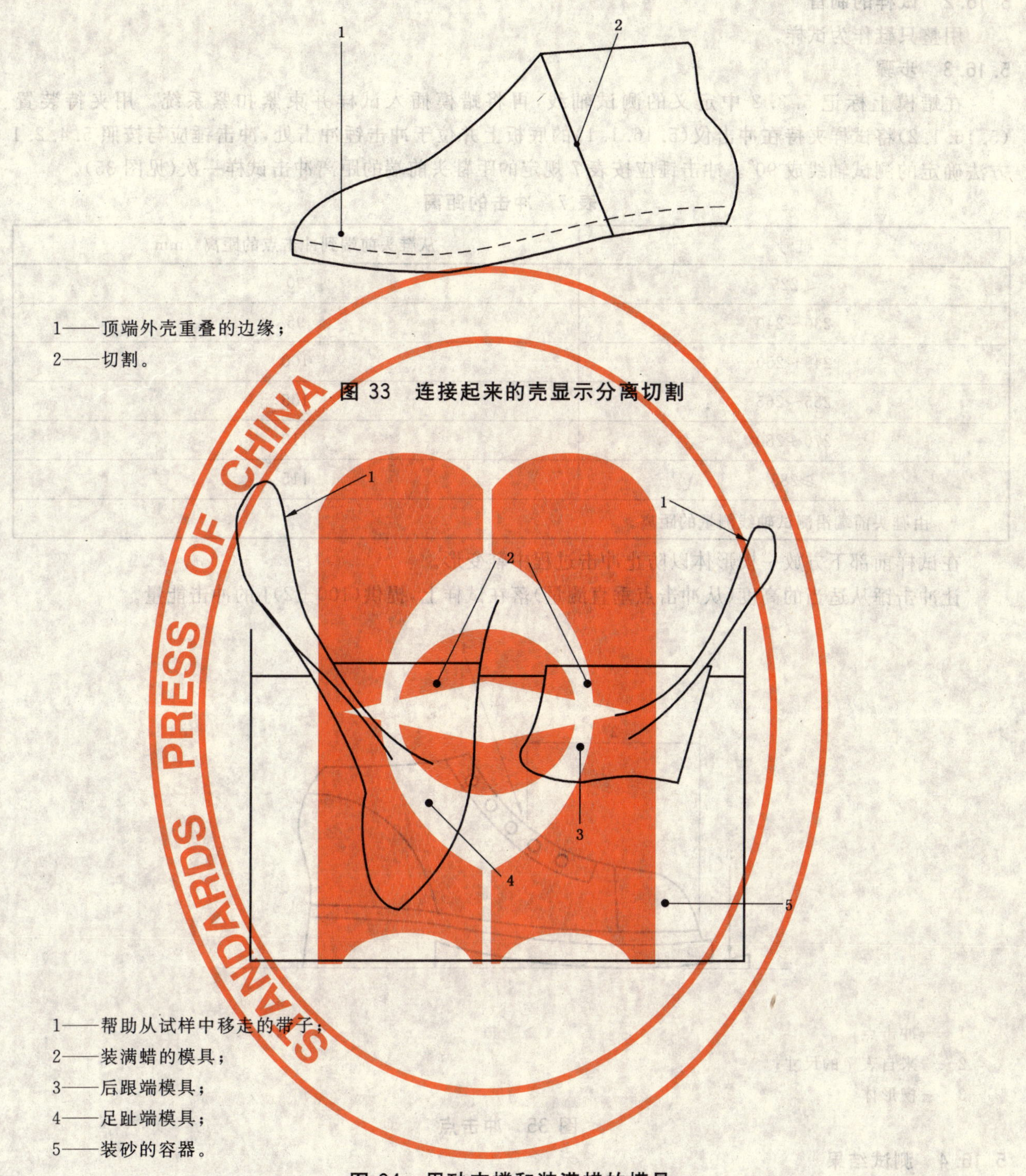

1——顶端外壳重叠的边缘；

2——切割。

图 33 连接起来的壳显示分离切割

1——帮助从试样中移走的带子；

2——装满蜡的模具；

3——后跟端模具；

4——足趾端模具；

5——装砂的容器。

图 34 用砂支撑和装满蜡的模具

5.16.1.4.2 使用鞋制作蜡模

包括三个阶段操作，第一步是鞋内部塑模石膏铸件的制作，接着为 5.16.1.4.1 中描述的模具和铸件的制作。在塑模石膏模具制作过程中需要另一只将要破坏的鞋。

阶段 1：在与试样鞋同号的鞋内部涂上凡士林或防粘剂。绑好扣紧系统同时将塑模石膏和水的混合物从开口顶端注入，放至凝固，然后用切除方法脱开鞋，再将模具放在约 80℃ 的烘箱中干燥。

阶段 2：继续 5.16.1.4.1 中阶段 1，用塑模石膏铸件代替鞋楦。

继续 5.16.1.4.1 中阶段 2。

5.16.2 **试样的制备**

用整只鞋作为试样。

5.16.3 **步骤**

在蜡模上标记 5.3.2 中定义的测试轴线，再将蜡模插入试样并束紧扣紧系统。用夹持装置(5.16.1.2)将试样夹持在冲击仪(5.16.1.1)的底板上并位于冲击锤冲击处，冲击锤应与按照 5.4.2.1 方法确定的测试轴线成 90°。冲击锤应按表 7 规定的距鞋头前端的距离冲击试样一次(见图 35)。

表 7 冲击的距离

鞋号	从鞋头前端到冲击点的距离[a]/mm
≤225	90
230～240	95
245～250	100
255～265	105
270～280	110
≥285	115

[a] 由鞋头前端沿测试轴线测量的距离。

在试样前部下方放一楔形体以防止冲击过程中鞋变形。

让冲击锤从适当的高度(从冲击点垂直测量)落在试样上，提供(100±2)J 的冲击能量。

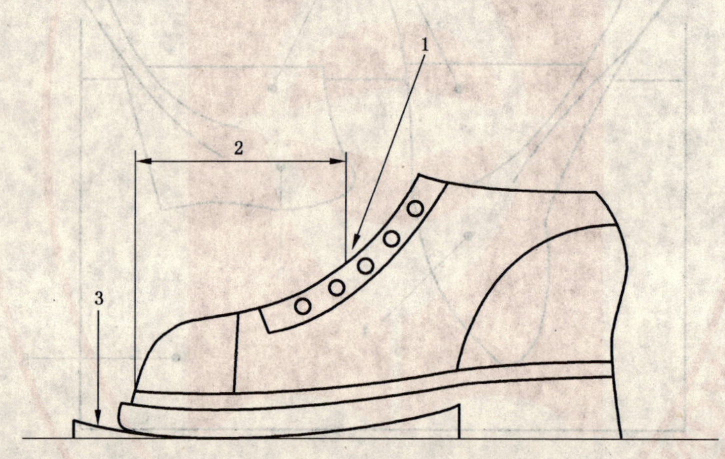

1——冲击点；

2——来自表 7 的尺寸；

3——楔形体。

图 35 冲击点

5.16.4 **测试结果**

冲击后，小心地从鞋中取出蜡模并放在一平坦支架上，使其保持在试样内的同样水平方向。

在按照 5.4.2.1 确定的轴线上，靠近最大变形处的平面上，用千分表(5.16.1.3)测量垂直高度。

5.17 **并入鞋帮的踝保护材料缓冲能量的测定**

5.17.1 **原理**

从鞋帮踝保护区域取下的试样经受一次冲击测试同时测量传递力。

5.17.2 **装置**

5.17.2.1 **冲击仪**

装置应包括一个在垂直下落过程中冲击测试砧座的(5 000±10)g 的冲击锤。在整个操作过程中，下落的冲击锤的重力中心应在砧座中心的正上方。

为了保证 10 J 的动能，下落高度应约为 0.2 m。

5.17.2.2 **冲击锤**

下落的冲击锤面应用 80 mm×40 mm 尺寸、磨光的钢制成，所有边缘成(5±1)mm 半径的圆弧。

5.17.2.3 **砧座**

单位为毫米

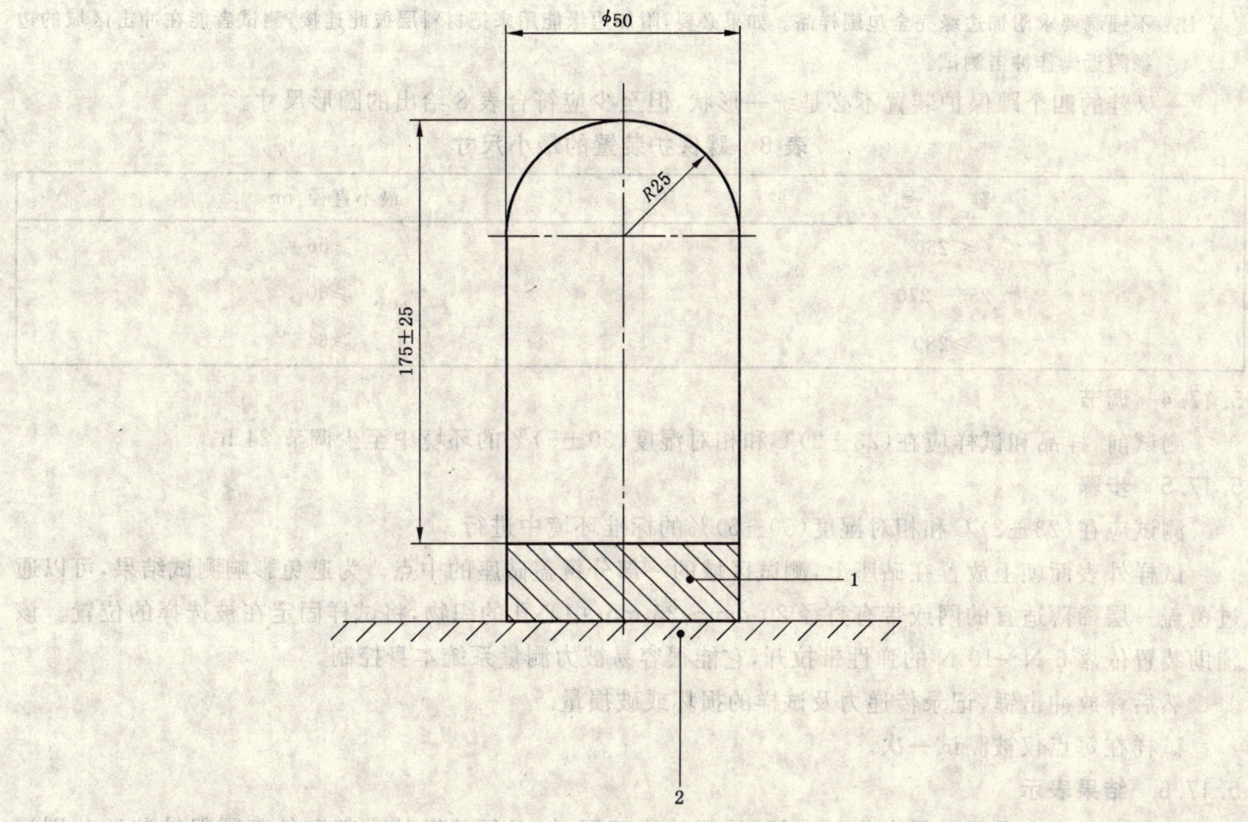

1——力传感器；

2——实心基座。

图 36 砧座和基座

由磨光的钢制成的砧座总长(175±25)mm，并构成一个半径 25 mm 的圆柱体，其上部是一个半径 25 mm 的半球形。砧座应在垂直位置并通过一个压电测压元件附在至少 600 kg 的实体上。元件应能完全预压和校准(见图 36)。

5.17.2.4 **测力仪**

安装砧座使冲击测试期间在砧座和装置的冲击基座之间的整个力通过压力传感器与它的量测轴成一直线。力传感器应有不少于 120 kN 的校准范围和小于 0.1 kN 的较低限值。力传感器的输出应被载荷放大器处理并用合适的仪器记录峰值力。

5.17.2.5 **样板**

样板应用适合的柔软材料制备(例如：织物、羊毛、纸，等等)，使用时能保持其形状和尺寸。

样板应为圆形，尺寸见表 8。用适当地标记或割一个小孔指示中点。

5.17.2.6 **取样**

从三双鞋(大、中和小号)的每双中取下至少二个样品(内部和外部)，使之能完成至少 6 次冲击测试，3 个在内部的踝保护上、3 个在外部的踝保护上。

5.17.3　试样的制备

选取的试样鞋穿在一个尺码合适的测试者脚上。测试者自由地站在一垂直位置中，另一个测试者在其鞋帮上标记脚踝位置，指出踝骨最显著的部分。然后一个尺寸适合(见表8)的样板放在踝保护装置上，样板的中心与鞋帮上标记的中心相对应。

在鞋帮上的样板周围画出规定的测试区域，并通过切割它完成包含所有材料层的样品，确保标记的样板形状周围有一个至少1.0 cm的附加边缘。

注：不强制要求附加边缘完全包围样品。如果必要，附加边缘能用来把材料层彼此连接，测试者能在冲击区域的边缘附近操作冲击测试。

一双鞋的四个踝保护装置不必是统一形状，但至少应符合表8给出的圆形尺寸。

表8　踝保护装置的最小尺寸

鞋　号	最小直径/mm
≤250	≥56
255～270	≥60
≥280	≥64

5.17.4　调节

测试前，样品和试样应在(23±2)℃和相对湿度(50±5)%的环境中至少调节24 h。

5.17.5　步骤

测试应在(23±2)℃和相对湿度(50±5)%的标准环境中进行。

试样外表面朝上放置在砧座上，测试区域的一部分覆盖砧座的中点。为避免影响测试结果，可以通过覆盖一层稀薄适宜的网或带有直径20 mm～25 mm中心孔的织物，将试样固定在被选择的位置。该辅助装置依靠5 N～10 N的弹性带拉开，它能很容易被力测量系统本身控制。

然后释放冲击锤，记录传递力及试样的损坏或破损量。

试样在每点仅被测试一次。

5.17.6　结果表示

记录平均力和获得的最高值。内部、外部结构不同时，必须从鞋的内部和外部踝保护装置分别记录。应记录试样的任何破损。

6　鞋帮、衬里和鞋舌的测试方法

6.1　鞋帮厚度的测定

按照GB/T 5723方法测定厚度，用扁平测足直径10 mm和压力1 N的厚度计。鞋帮厚度应包括任何有关联的织物层。

6.2　鞋帮高度的测量

6.2.1　试样的制备

用整只鞋作为试样。标记鞋的纵向轴线 xy，见图11。

注：如果其他测试必须在鞋上操作，前部可以先分开(例如，鞋头的冲击测试)。

6.2.2　测量

鞋帮高度(mm)是内底/鞋垫(也就是后跟腹部 H_b 和后跟后部 B_h 之间)上最低点和帮上最高点的垂直距离(见图37)。

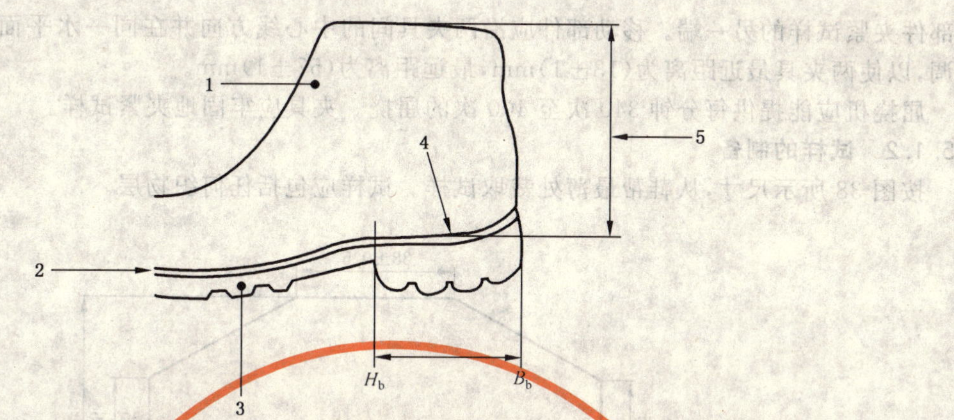

1——鞋帮；
2——内底/鞋垫；
3——外底；
4——内底的最低点；
5——鞋帮的高度。

图 37　鞋帮高度的测量

6.3　鞋帮、衬里和(或)鞋舌撕裂强度的测定

按照下述方法之一测定撕裂强度：

——QB/T 2711 适合于皮革；

——HG/T 2581 单撕法适合于涂覆织物和纺织品。

对于涂覆织物和纺织品，用尽可能大的试样。宽应在 25 mm～50 mm 且长在 50 mm～200 mm 之间，有一条长 20 mm 的切口位于正中处并且平行于长边使之形成一个裤型试样。以 100 mm/min 的横向恒定速度进行测试。对于针织物和无纺布，使用从鞋上获得的最大试样。

6.4　鞋帮材料拉伸性能的测定

6.4.1　剖层皮革抗张强度的测定

按照 QB/T 2710 方法测试，用 l=90 mm，b_1=25 mm 的试样。

6.4.2　橡胶扯断强力的测定

6.4.2.1　拉力机

具有恒定的拉伸速度，能指示或最好能记录试样断裂时所施加的最大力，精度为 1 级。拉力机两夹具的中点应处于拉力轴线上，夹口线应与拉力线垂直且夹持面在同一平面上。夹具应能夹紧试样而不使试样打滑、不能割破或削弱试样，夹持面应比试样宽。

6.4.2.2　试样的制备

从鞋帮上裁取宽 25 mm、有效长度为 75 mm 的试样三个。当鞋帮高度不允许试样被裁成 75 mm 的有效长度时，可采用 25 mm 的有效长度。试样应包括任何辅助织物层。

6.4.2.3　测试步骤

将试样依次夹入拉力机夹具，记录夹具以(100±10)mm/min 速度分离至试样断裂时的力，即扯断强力。

6.4.2.4　结果表示

计算三个试样的算术平均值为橡胶鞋帮的扯断强力，单位为 N，记录所用试样尺寸。

6.4.3　聚合材料拉伸性能的测定

按照 GB/T 528 方法测试，采用 1 型哑铃状试样，测定 100%定伸应力和扯断伸长率，试样方向沿鞋帮向上，测试前除去织物层。

6.5　鞋帮耐折性的测定

6.5.1　橡胶耐折性

6.5.1.1　屈挠机

有一个可调的固定部件，固定部件上装有夹具，使试样一端保持在固定位置上，另有一个相似的移动部件夹紧试样的另一端。移动部件应沿两夹具间的中心线方向并在同一水平面上来回运动，其行程可调，以使两夹具最近距离为(13±1)mm，最远距离为(57±1)mm。

屈挠机应能提供每分钟 340 次至 400 次的屈挠。夹具应牢固地夹紧试样。

6.5.1.2 **试样的制备**

按图 38 所示尺寸，从鞋帮最薄处裁取试样。试样应包括任何织物层。

单位为毫米

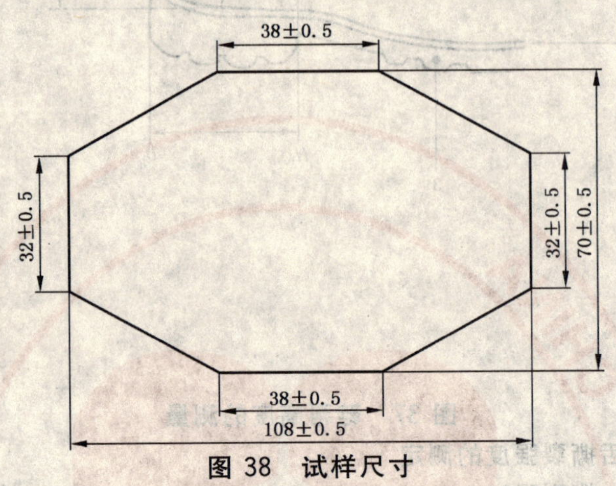

图 38 试样尺寸

6.5.1.3 **测试步骤**

在(23±2)℃环境中进行测试。

沿长轴方向对称折叠试样，使橡胶面朝外。在折叠状态将试样锥形端插入固定夹具，当两夹具分离最远时，试样的中心线位于两夹具中间。两折叠锥形端应与各自夹具边缘排列整齐。为方便起见，可在试样锥形端标记夹持处，使试样在夹具上正确排列，上紧夹具，将试样另一端插入移动夹具中夹紧。试样不应受到张力。屈挠期间装置和试样的排列见图 39。

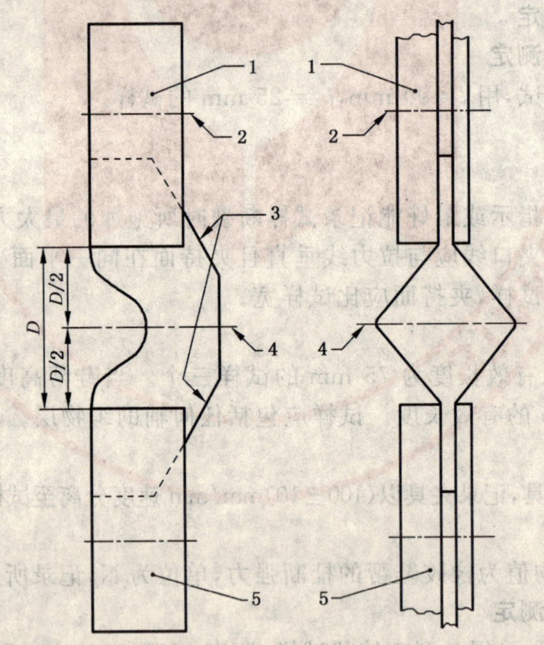

1——固定夹具；
2——定位销的中心(大约直径 0.6 mm)；
3—— 试样的锥形端；
4——试样的中心线；
5——移动夹具；
D——两夹具间距。

图 39 屈挠期间装置和试样的排列

设置所需的屈挠次数，用一个由移动夹具带动的行程计数器记录完成的屈挠次数。移动夹具完成一次来回移动计为一次屈挠。连续屈挠 125 000 次后，取下试样，检查并记录是否有裂纹。

6.5.2 聚合材料耐折性

6.5.2.1 耐折装置(见图 40)

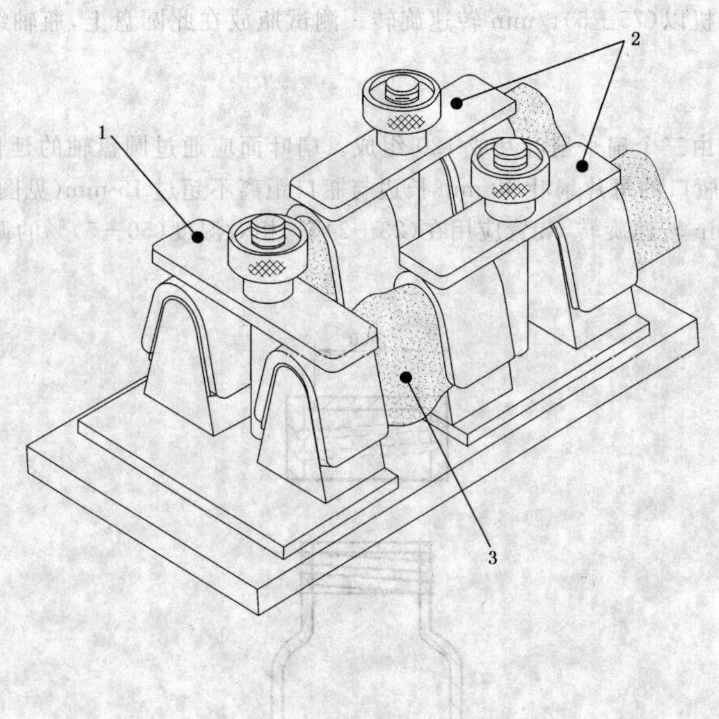

1——静夹具；
2——动夹具；
3——试样。

图 40 耐折装置

由若干对 V 形夹具组成，每对夹具的轴线在同一直线上。每个 V 形夹具的夹角为(40±1)°，其顶端是半径为(6.4±0.5)mm 的圆弧形。每对夹具中的一个能进行往复运动，常温条件下的往复频率为(5±0.5)Hz，−5℃低温时的往复频率为(1.5±0.2)Hz。每对夹具在分开时相距(28.5±2.5)mm，靠近时相距(9.5±1.0)mm。动夹具的行程为(19±1.5)mm。

6.5.2.2 试样的制备

从鞋帮最薄处裁取边长为(64±1)mm 的方形试样。试样应在(23±2)℃环境中调节 24 h。产品完成后至少过 7 d 才能进行测试。

6.5.2.3 测试步骤

低温箱内温度调到(−5±2)℃。

将试样放入低温箱并立即装入处于分开位置的一对夹具上。在每对夹具中，试样胶面朝外并处于对称状态，试样侧边缘平行于夹具的轴线。检查每个夹具的两半部分内边缘是否成一直线。用同样方法安装其他试样。

用手同时转动各夹具，检查每个试样是否都形成一条对称地横跨试样的、向内的皱折，该皱折被四条向外的皱折形成的菱形所包围。必要时用手协助形成这类皱折。

装好试样 10 min 后即开始测试，连续屈挠 150 000 次后，取下试样，检查并记录是否有裂纹。

6.6 水蒸气渗透性的测定

6.6.1 原理

试样固定在一个装有一定量固体干燥剂的测试瓶的开口上。在一个调节的环境中，将测试瓶放入较强气流中。转动测试瓶，使瓶内干燥剂不断运动，从而带动瓶内的空气持续受到扰动。称量测试瓶，测定通过试样被干燥剂吸收的水蒸气的质量。

6.6.2 装置

6.6.2.1 测试瓶

配有一个圆形开口的螺旋盖,开口的直径和瓶颈相同(约 30 mm)(见图 41)。

6.6.2.2 支架

为圆盘形式,靠电机以(75±5)r/min 转速旋转。测试瓶放在此圆盘上,瓶轴线与盘轴线平行且相距 67 mm(见图 42)。

6.6.2.3 风扇

安装在瓶口前面,由三个扁平扇叶互成 120°组成。扇叶面应通过圆盘轴的延长线。扇叶尺寸约为 90 mm×75 mm,靠近瓶口的每片扇叶 90 mm 长边与瓶口距离不超过 15 mm(见图 43)。电机应驱动风扇以(1 400±100)r/min 转速旋转,装置应用在(23±2)℃、相对湿度(50±5)%的调节环境中。

单位为毫米

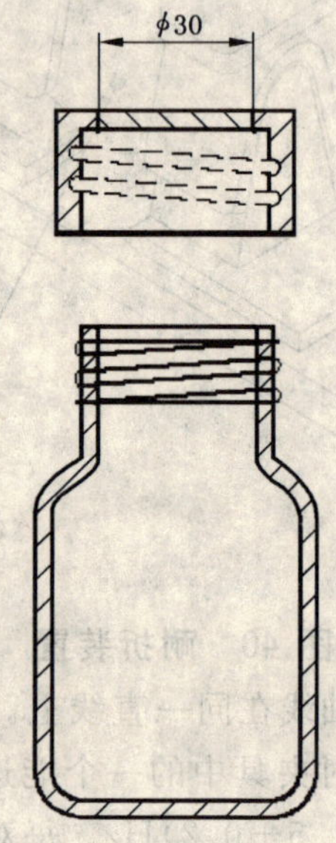

图 41 用于水蒸气渗透性测试的瓶

单位为毫米

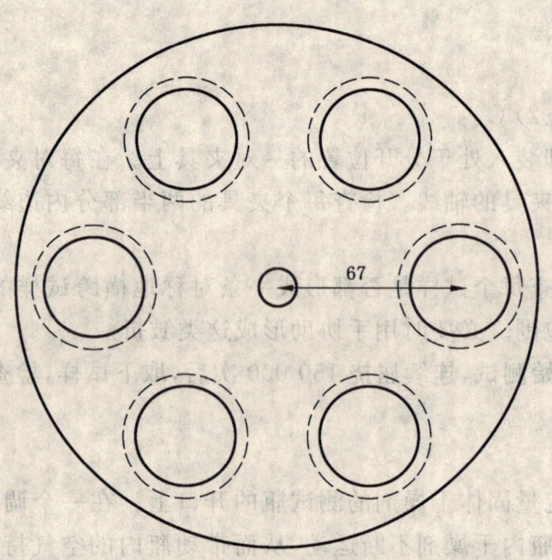

图 42 在水蒸气渗透性测试中用的瓶支架

单位为毫米

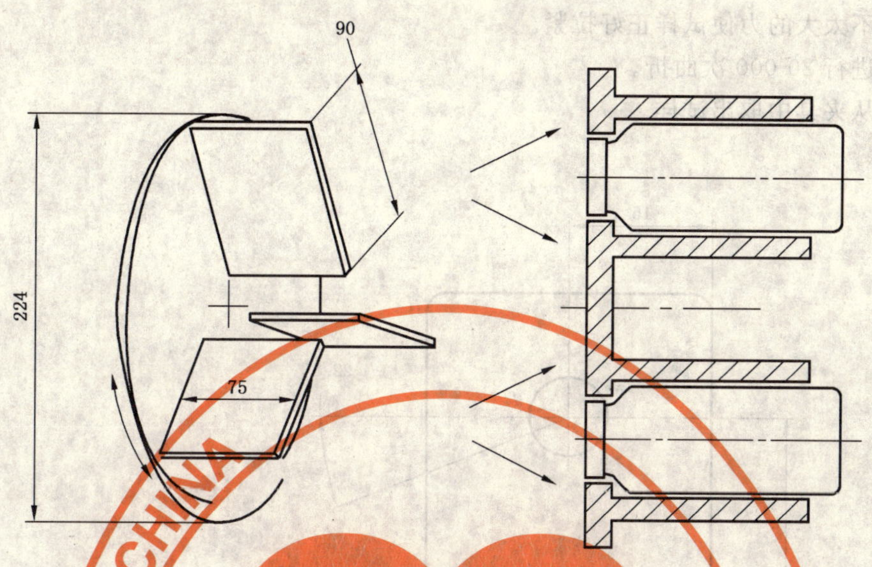

图 43 水蒸气渗透性测试装置示意图

6.6.2.4 硅胶干燥剂

硅胶干燥前要用 2 mm 目径的筛子过筛除去小颗粒和灰尘，并在(125±5)℃通风的烘箱内刚刚干燥至少 16 h，然后在密封容器内冷却至室温。

硅胶干燥时不能超过 130℃的规定温度，以免影响硅胶的吸水性。烘箱内的空气流通不一定要用扇子，但烘箱不宜密封；宜保持烘箱内外空气能持续对流。硅胶使用时不能比试样温度高。

6.6.2.5 天平

能精确到 0.001 g。

6.6.2.6 秒表

记录时间。

6.6.2.7 量具

能测量瓶颈的内直径，精确到 0.1 mm。

6.6.2.8 预折装置

包括下列各项：

上夹具，由一对平板组成。一个平板为梯形 ABCD(见图 44)形状但在 *D* 点有 2 mm 半径的尖圆角，有一突出边 *EF* 放置折叠试样。另一平板应为 EGHCF 形状。两块板应用螺钉固定在一起，如图 45 所示，使得试样一端夹在两板间。固定两平板的螺钉 K 也作挡块用，防止试样一端插入夹具后部太远。在平板间靠近 *AB* 边缘有一个挡块防止两平板在 *AB* 附近会合，因而确保它们在 *F* 附近紧紧夹住试样。电机应带动上夹具围绕水平轴往复运动。

在图 44 所示位置 *EF* 边缘是水平的，并且末端 *F* 是最高点。夹具向下转动 22.5°，以(100±5)次/min速度返回。用计数器记录循环次数。

下夹具，固定并和上夹具在同一垂直面。它应由一对板组成，能用螺钉固定在一起夹住试样的另一端。当上夹具转至 *EF* 处于水平位置时(图 44)，则下夹具平板上边缘应在 EF 边缘下方 25 mm 处。

6.6.3 试样的制备

6.6.3.1 预折

切取 70 mm×45 mm 尺寸的试样。

开动电机至 EF 边水平。试样粒面朝内对折，按图 45a)所示夹入上夹具。试样一端靠着挡块，折叠线顶住突出边缘。如图 45b)所示将试样自由角向外、向下移动，使原本在夹具中朝内的面在它的下方朝外。将试样拉下，让未夹住的两个角合在一起；(如图 45c)所示)将它们夹入下夹具，使两夹具间的对折部分垂直，用不太大的力使试样正好拉紧。

开动机器，进行 20 000 次曲折。

关闭机器，从夹具中取出试样。

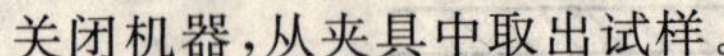

单位为毫米

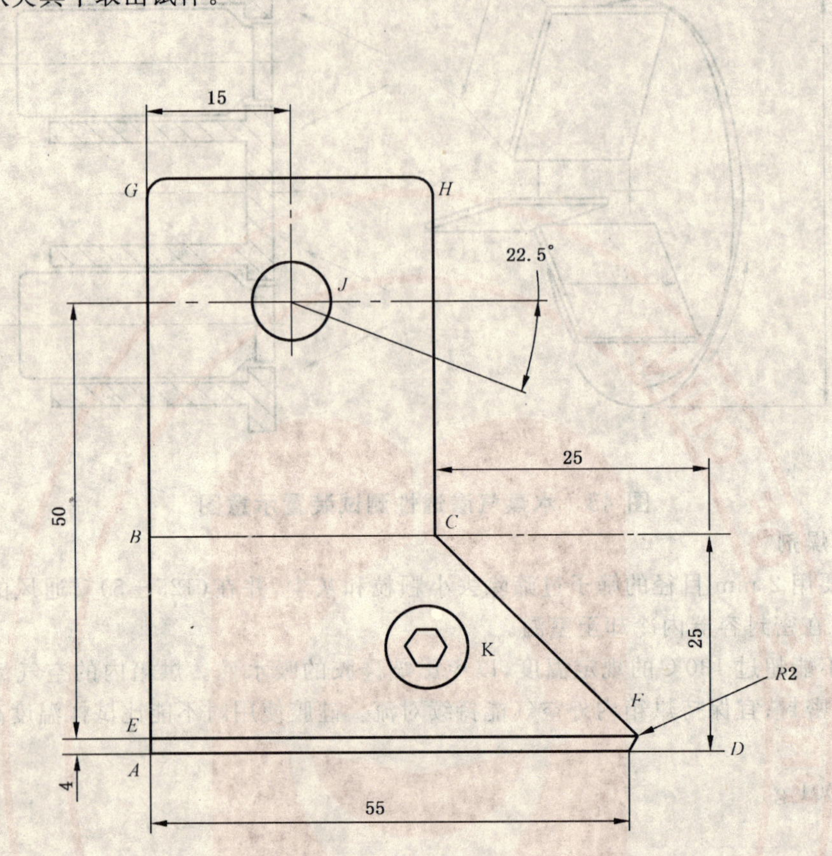

图 44　上夹具

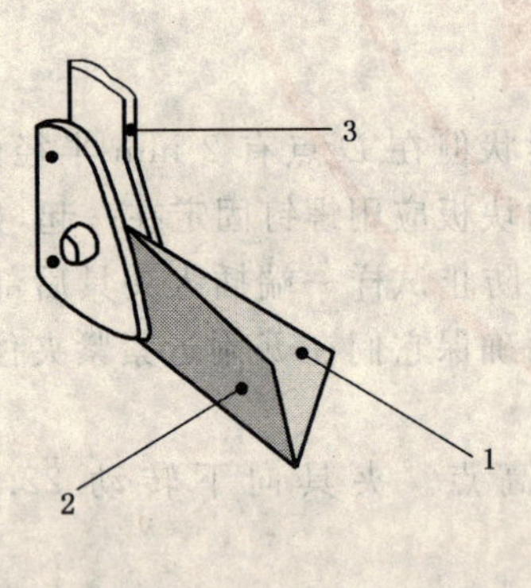

a）上夹具中的试样

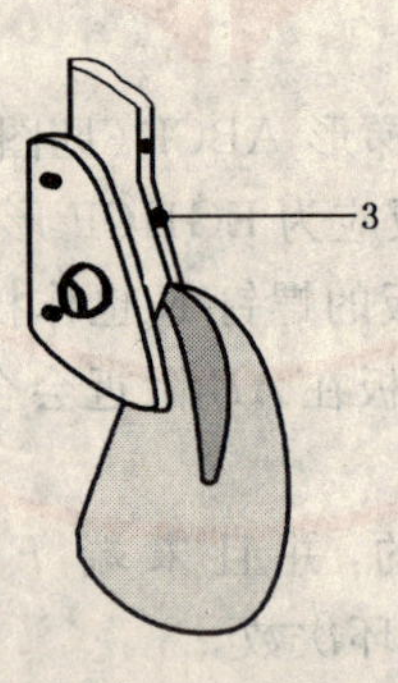

b）折回的试样

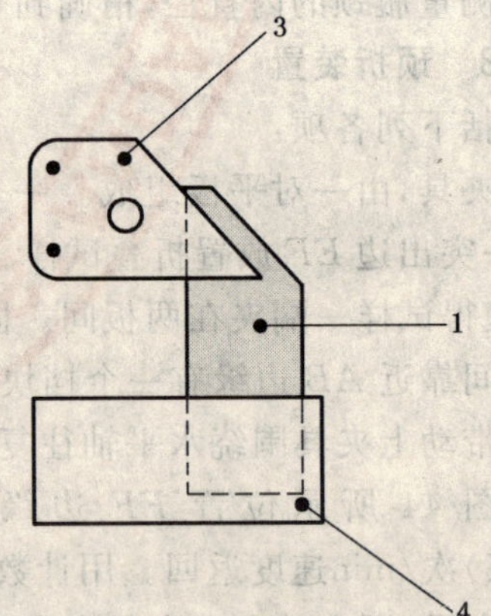

c）夹在上下夹具中的试样

1——外面；

2——里面；

3——上夹具(见图 44)；

4——下夹具。

图 45　夹具中试样的插入

6.6.3.2 **切取试样**

以折痕聚集处为中心，切取 34 mm 直径的圆形试样。

6.6.4 **测试步骤**

在一个测试瓶内装入半瓶刚干燥过的冷硅胶。用螺旋盖将试样安装在瓶上，试样对着脚的一面朝外。将测试瓶放在装置的支架上然后开动机器。

在相互垂直的两个方向测量第二个测试瓶的瓶颈内直径 d（精确到 0.1 mm），计算平均直径，单位为毫米。如果密封试样和瓶颈之间的连接处是必需的，加热第二个测试瓶，给瓶颈的扁平端表面涂一层薄薄的蜡。

16 h～24 h 后停止机器，取下第一个测试瓶。在第二个测试瓶内装入半瓶刚干燥过的的冷硅胶，立即从第一个测试瓶上取下试样，放到第二个测试瓶上（同一面朝外）。如果瓶口涂了蜡，将瓶加温到（50±5）℃，再装入硅胶、安装试样。

尽快称量带有试样和硅胶的第二个测试瓶质量 M_1，同时记下时间。将测试瓶放入装置再开动机器。

7 h～16 h 后停止机器，重新称量测试瓶质量 M_2，精确到 0.1 g，再次记下时间，精确到分钟。

6.6.5 **计算和结果表示**

按式(2)计算水蒸气渗透率 W_3（单位为 mg/(cm² · h)）。

$$W_3 = \frac{M}{At} = \frac{M}{\pi r^2 t} \quad \cdots\cdots(2)$$

式中：

M——$M_2 - M_1$，单位为毫克(mg)；

M_1——装有试样和硅胶的瓶的初始质量，单位为毫克(mg)；

M_2——装有试样和硅胶的瓶的最终质量，单位为毫克(mg)；

A——πr^2，试样表面积，单位为平方厘米(cm²)；

r——试样表面半径，单位为厘米(cm)；

t——第一次和第二次称量之间相距的时间，单位为小时(h)。

6.7 **水蒸气吸收性的测定**

6.7.1 **原理**

测试期间，不透水材料和试样一起固定在金属容器的开口上，容器内装有 50 mL 水。通过测试前后试样的质量变化来确定水蒸气吸收率。

6.7.2 **装置**

6.7.2.1 **容积 100 mL 的圆形金属容器和一个上环**

不透水材料和试样夹在上环和容器之间（见图 46）。容器和环的内直径应为 3.5 cm，对应约 10 cm² 的测试面积。上环应用三个带有蝶形螺母的铰接螺钉或通过其它合适的方法固定在容器上。

6.7.2.2 **天平**

能精确到 0.001 g。

6.7.2.3 **秒表**

记录时间。

6.7.3 **试样的制备**

切取直径 4.3 cm 的试样。

6.7.4 **测试步骤**

在（23±2）℃和相对湿度（50±5）%的调节环境中进行测试。

称量调节过的试样并记录其质量 m_1。在容器内装入 50 mL 水，将试样对着脚的一面朝下放在容器上，不透水垫和上环放在试样上，旋紧螺母。应确保没有水溅到试样下方。8 h 后取下试样，立即称量，记录其质量 m_2。

单位为毫米

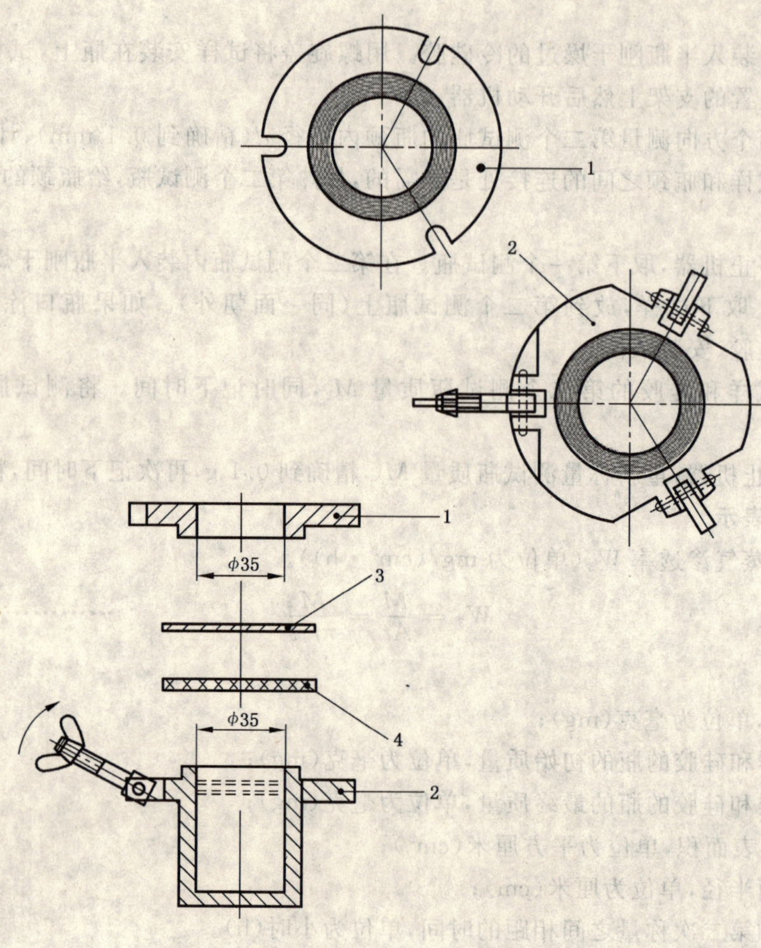

1——顶部；
2——底部；
3——密封；
4——试样。

图 46 水蒸气吸收性的测定装置

6.7.5 计算和结果表示

按式(3)计算水蒸气吸收率。

$$W_1 = \frac{m_2 - m_1}{A} \quad \cdots\cdots(3)$$

式中：

W_1——水蒸气吸收率，单位为毫克每平方厘米(mg/cm^2)；

m_1——试样初始质量，单位为毫克(mg)；

m_2——试样最终质量，单位为毫克(mg)；

A——测试表面积，单位为平方厘米(cm^2)。

结果精确到 0.1 mg/cm^2。

6.8 水蒸气系数的测定

按式(4)计算水蒸气系数。

$$W_2 = 8\,h \cdot W_3 + W_1 \quad \cdots\cdots(4)$$

式中：

W_2——水蒸气系数，单位为毫克每平方厘米（mg/cm^2）；

W_3——水蒸气渗透率（见6.6.5），单位为毫克每平方厘米小时（$mg/(cm^2 \cdot h)$）；

W_1——水蒸气吸收率（见6.7.5），单位为毫克每平方厘米（mg/cm^2）。

结果精确到0.1 mg/cm^2。

6.9 pH值的测定

按照QB/T 2724方法测定皮革（鞋帮、衬里、鞋舌、内底或鞋垫）的pH值。

6.10 鞋帮耐水解的测定

按照6.5.2.2方法在聚氨酯鞋帮上制备试样，将试样置于（70±2）℃的饱和水蒸气环境中7 d，再在（23±2）℃环境中调节24 h，然后按照6.5.2.3方法测试，连续屈挠150 000次，取下试样，检查并记录是否有裂纹。试样应包括任何辅助织物层。

6.11 六价铬含量的测定

6.11.1 原理

本方法提供皮革中六价铬的测定。

溶解的六价铬从pH7.5～8.0的样品和影响检测的物质中滤出，如果必要，通过固相萃取法移走影响检测的物质。溶液中的六价铬将1,5-二苯基碳酰二肼氧化为1,5-二苯卡巴腙以提供红色/紫色含铬的合成物，能在540 nm处被光度计量化。

按照所述方法获得的结果严格取决于萃取条件。用其他萃取过程（萃取溶液、pH、萃取时间，等等）获得的结果和本标准所述过程产生的结果是不可比的。

6.11.2 化学试剂

所有使用的试剂应有至少分析级纯度。

6.11.2.1 萃取溶液

22.8 g磷酸氢二钾（$K_2HPO_4 \cdot 3H_2O$）溶于1 000 mL蒸馏水中，用磷酸（6.11.2.3）调节pH值至7.9～8.1。用氩气或氮气除去溶液中的氧。

6.11.2.2 二苯基碳酰二肼溶液

1.0 g 1,5-二苯基碳酰二肼[$CO(NHNHC_6H_5)_2$]溶于100 mL丙酮中并用一滴冰醋酸使之成酸性。溶液应保存在棕色玻璃瓶中。4℃时保存期为14 d。

6.11.2.3 磷酸溶液

700 mL磷酸，$d=1.71$ g/mL，加蒸馏水到1 000 mL。

6.11.2.4 六价铬贮备溶液

2.829 g重铬酸钾（$K_2Cr_2O_7$）（6.11.2.8）溶于水并在1 000 mL容量瓶中加蒸馏水稀释到标线。1 mL此溶液含1 mg铬。

6.11.2.5 六价铬标准溶液

用移液管吸取1 mL溶液（6.11.2.4）到1 000 mL容量瓶中并用蒸馏水稀释至标线。1 mL此溶液含1 μg铬。

6.11.2.6 氩气或氮气

除去氧气。

6.11.2.7 蒸馏水

符合GB/T 6682要求。

6.11.2.8 重铬酸钾（$K_2Cr_2O_7$）

于（102±2）℃干燥（16±2）h。

6.11.2.9 活性碳粉末

吸附滤液中的干扰物质。

6.11.3 装置

6.11.3.1 合适的机械振荡器

(50～150)r/min。

6.11.3.2 锥形烧瓶

250 mL,带塞子。

6.11.3.3 带玻璃电极的pH计

精确到0.1pH单位。

6.11.3.4 0.45 μm孔径的薄膜滤器

配有通风管和流量计,薄膜由聚四氟乙烯(PTFE)或尼龙制成。

6.11.3.5 容量瓶

容积25 mL,100 mL,1 000 mL。

6.11.3.6 移液管

标称容积0.2 mL,0.5 mL,1.0 mL,2.0 mL,5.0 mL,10 mL,20 mL和25 mL。

6.11.3.7 分光光度计或滤色光度计

包含波长540 nm。

6.11.3.8 光度计的吸收池

石英,2 cm长或任何其他合适的吸收池长度。

6.11.4 步骤

6.11.4.1 样品的制备

按照QB/T 2716—2005方法磨碎皮革。

6.11.4.2 分析溶液的制备

称取(2±0.01)g皮革,精确到0.001 g。移取100 mL脱气溶液(6.11.2.1)到250 mL锥形烧瓶中并加入皮革,塞住烧瓶。通过在机械振荡器中摇晃(180±5)min皮革粉末被萃取。振荡装置的安装应使皮革粉末按稳定的圆周运动搅动而没有粘附到烧瓶壁。应避免太快的运动。

萃取3 h后检查溶液pH值。溶液pH值应在7.5～8.0之间。如果溶液pH值不在此范围内则应重新取样并再次开始整个过程,如果pH值还达不到则应减少样品量。

萃取完成后立即将瓶中物通过薄膜滤器过滤。

6.11.4.3 萃取过程获得的溶液中六价铬的测定

从6.11.4.2获得的滤液中移取10 mL,加入不超过0.2 g的活性碳粉末,摇晃几秒后再用薄膜滤器过滤,滤液搜集在25 mL容量瓶中。用萃取溶液(6.11.2.1)补到容量瓶标线处。此溶液标记为S_1。

移取10 mL溶液S_1到25 mL容量瓶中。用萃取溶液(6.11.2.1)稀释到容量瓶容积的3/4。加入0.5 mL二苯基碳酰二肼溶液(6.11.2.2)然后加入0.5 mL磷酸(6.11.2.3),再用萃取溶液(6.11.2.1)补到容量瓶标线处并混合均匀。放置(15±5)min。在2 cm吸收池中对比空白溶液(6.11.4.4)于540 nm处测量溶液的吸光度。获得的记录为E_1。

再移取10 mL溶液S_1到25 mL容量瓶中并按上述方法处理但没有加入二苯基碳酰二肼溶液(6.11.2.2)。如前所述同样测量该溶液的吸光度并记录为E_2。

6.11.4.4 空白溶液

在25 mL容量瓶中装入3/4容积的萃取溶液(6.11.2.1),加入0.5 mL二苯基碳酰二肼溶液(6.11.2.2)和0.5 mL磷酸(6.11.2.3),再用萃取溶液(6.11.2.1)补到标线处并混合均匀。该溶液应储存在暗处。按分析溶液的处理方法同样地处理空白溶液。

6.11.4.5 校准

用标准溶液(6.11.2.5)制备校准溶液。这些溶液的铬浓度应覆盖预期的测量范围。在25 mL容量瓶中制备校准溶液。

用空白和六价铬标准溶液(6.11.2.5)制备的至少4种浓度绘制适当的校准曲线。用移液管移取标准溶液的指定容积到25 mL容量瓶中,每个瓶加入0.5 mL二苯基碳酰二肼溶液(6.11.2.2)和0.5 mL磷酸(6.11.2.3)。用萃取溶液(6.11.2.1)补到容量瓶标线处,混合均匀并放置(15±5)min。

在与样品相同的光度计吸收池中对比6.11.4.4获得的空白溶液于540 nm处测量溶液的吸光度。

用六价铬质量浓度(μg/mL)对应测量的吸光度作图。六价铬质量浓度为 x 轴,吸光度为 y 轴。

6.11.5 回收率的测定

6.11.5.1 基质的影响

回收率的测量对提供有关可能的基质影响的信息是重要的,这能影响结果。

6.11.4.2中得到的10 mL滤液与适当体积的六价铬标准溶液一起配制使萃取的六价铬的含量大约增加一倍(±25%),配制的溶液不得超过11 mL。此溶液如样品一样地处理(见6.11.4.3)。

溶液的吸光度应在校准曲线的范围内,否则用较少部分重复过程。回收率应大于80 %。

6.11.5.2 活性炭的影响

与皮革六价铬含量相当的一定量溶液6.11.2.5被移入100 mL容量瓶中并用萃取溶液(6.11.2.1)加到标线处。

按照皮革萃取方法同样地处理该溶液。按照皮革萃取那样确定该溶液的含量并与计算的含量比较。如果皮革样品中无六价铬检出,溶液的质量浓度应为6 μg/100 mL。回收率应大于90%。如果回收率等于或低于90%则活性炭材料不适合本步骤且必须被取代。

注1:如果额外的六价铬不能被检出,这可能表示皮革含有还原剂。在一些情形中,如果依照6.11.5.2回收率比90%高,而且在深思熟虑后,这可能导致该皮革没有六价铬结论(在检出限下)。

注2:回收率是一个指示,指出操作过程或基质是否影响结果。通常回收率超过80%。

6.11.6 计算和结果表示

6.11.6.1 六价铬含量按式(5)计算

$$W_{C_r VI}=\frac{(E_1-E_2)\times V_0\times V_1\times V_2\times 10^3}{50\times A_1\times A_2\times m\times F} \qquad (5)$$

式中:

$W_{C_r VI}$——皮革中溶解的六价铬,单位为毫克每千克(mg/kg);

E_1——含有DPC样品溶液的吸光度;

E_2——没有DPC样品溶液的吸光度;

F——校准曲线的斜率(y/x)单位为毫升每微克(mL/μg);

A_1——从皮革萃取液取走的部分,单位为毫升(mL);

m——皮革的初始质量,单位为克(g);

V_0——萃取溶液容积,单位为毫升(mL);

V_1——A_1 部分被加入的容积,单位为毫升(mL);

A_2——从溶液 S_1 取得的部分,单位为毫升(mL);

V_2——来自 S_1 部分被加入的容积,单位为毫升(mL)。

6.11.6.2 回收率(依据6.11.5.1)按式(6)计算。

$$RP=[(E_3-E_1)\times 100]/(m_2\times F) \qquad (6)$$

式中:

RP——回收率,单位为%;

m_2——额外的六价铬,单位为微克每毫升(μg/mL);

F——校准曲线的斜率,单位为毫升每微克(mL/μg);

E_3——加入六价铬后的吸光度;

E_1——加入六价铬前的吸光度。

6.11.6.3 结果表示

如果六价铬的含量低于 10 mg/kg,依据完成的分析,六价铬未发现。

如果六价铬的含量等于或高于 10 mg/kg,分析结果意味着提交的皮革含六价铬。然后给出六价络含量(单位为 mg/kg),精确到 0.1 mg。

记录低于 80%或高于 105%时的回收率,及来自过程的任何偏离的细节。

6.12 衬里和鞋垫耐磨性的测定

6.12.1 原理

在已知压力下,圆形试样以相互垂直的两个简谐运动合成的李萨如(Lissajous)图形方式在标准磨料上进行循环平面运动。以试样在规定的循环次数内不应产生任何破洞来评估耐磨性。

6.12.2 装置

6.12.2.1 磨擦机

符合下列要求:

——每个外轴的转速:(47.5±5)r/min;

——外轴与内轴的传动比:32∶30;

——李萨如(Lissajous)图形尺寸:(60±1)mm;

——李萨如(Lissajous)图形的对称性:曲线应平行并且均匀间隔;

——试样架嵌入件的表面直径:(28.65±0.25)mm;

——试样架、圆轴、砝码的总质量:(795±7)g;

——板和磨擦台的平行度:±0.05 mm;

——圆周平行度:±0.05 mm;

——磨擦座的直径为:(125±5)mm。

试样架和磨擦台应为平面并且整个表面都是平行的。驱动磨擦机的电机应与一个计数器及开关相连,以显示外轴的转数并且当计数器达到预置次数后,机器应停止。

6.12.2.2 标准磨料

交错精纺的平纹织物,符合表 9 要求。

标准磨料应装在磨擦台的毡上,毡应是单位面积质量为(750±50)g/m^2、厚(3±0.5)mm 的纺织毛毡。

注:毛毡两面都损坏、或弄脏、或已完成约 100 h 测试时,需换新的。

表 9 标准磨料

指　标	经　纱	纬　纱
纱线密度	R63 tex/2	R74 tex/2
每厘米纱数	17	12
单捻,每米转数	540±20‘Z’	500±20‘Z’
双捻,每米转数	450±20‘S’	350±20‘S’
纤维直径/μm	27.5±2.0	29.0±2.0
织物的单位面积质量,最小值/(g/m^2)	195	
含油量/%	0.9±0.2	

6.12.2.3 背垫

用于单位面积质量小于 500 g/m^2 的试样,由厚(3±1)mm、密度(30±1)kg/m^3、压痕硬度(5.8±0.8)kPa的海绵(poltetherurethane foam)构成,切成与试样相同大小。每次测试时背垫都应更新。

6.12.2.4 织物冲压机或压切机

用于制备装入支架的试样,直径 38 mm。

6.12.2.5 砝码

质量(2.5±0.5)kg、直径(120±10)mm。

6.12.2.6 天平

能精确称量到0.001 g。

6.12.3 测试环境

测试环境应为(23±2)℃和(50±5)% 的相对湿度。

6.12.4 试样和材料的制备

用织物冲压机(6.12.2.4)从衬里上切下四个圆形试样,两个用于干式测试、两个用于湿式测试。将试样和材料暴露在标准测试环境中至少24 h。

6.12.5 步骤

6.12.5.1 一般要求

检查顶板和磨擦台是否平行。通过圆轴轴承插入一个千分表并用手转动传动轴来移动顶板。千分表指针应在磨擦台的整个表面上方±0.05 mm范围内移动。如果磨擦机的试样架和砝码用圆轴连接,对每个空试样架进行组装并将它们放在磨擦台的适当位置上然后插入圆轴。用测隙规检查试样架嵌入件表面和磨擦台之间是否有空隙。空隙不应大于0.05 mm。左右摇晃圆轴,再用测隙规检查。为避免损坏磨擦台和金属嵌入件,在金属嵌入件和未覆盖的磨擦台接触时,不可开动机器。

6.12.5.2 安装试样

取下一个试样架的外环及金属嵌入件,将试样插入外环中心使被磨擦面通过环孔显现。

对于单位面积质量小于500 g/m² 的试样,插入一个和试样直径相同的海绵圆片(6.12.2.3)。每次测试应用新背垫。小心地将金属嵌入件放入外环,使其凸起表面紧邻试样。在背垫上通过转动螺钉来组装试样架,同时在一个坚硬的平面上紧紧按压试样表面以防起皱。检查确实没有皱纹产生,对余下试样重复此安装过程。

6.12.5.3 湿式测试的磨料和衬垫的制备

按以下方法之一完全弄湿织物磨料和毛毡衬垫

a) 浸泡至少12 h;

b) 在水中充分搅拌;

c) 用高压喷水器喷湿。

排除多余水分,按6.12.5.4方法安装。

磨擦到6 400次时,用30 mL水泼浇磨料和毛毡同时用指尖轻轻刮擦以便再次弄湿。将砝码(6.12.2.5)放在织物上停留几秒钟,压出多余水分。

6.12.5.4 安装磨料

每个磨擦台上安装一块新的标准磨料(6.12.2.2),磨料下面放一块相同尺寸的毛毡。在磨料表面放上砝码(6.12.2.5)压平标准磨料,然后放置固定框并均匀地绷紧。确信标准磨料被牢固定位,没有任何褶皱。

6.12.5.5 安装试样架

在磨擦机上安装试样架。每次拆下支架检查试样后,重新安装前都要再次拉紧试样架。如果测试期间发生起球,不应中断。

6.12.6 评价方法

持续进行测试直到试样上出现破洞或者干式测试完成25 600次(湿式测试12 800次)来回磨擦。如果织物有绒面,只需考查底层织物上的洞。用肉眼进行评价。

6.13 鞋帮透水性和吸水性的测定

6.13.1 原理

材料被部分浸入水中并模拟穿着状态在机器上屈挠。进行以下测量:

a) 测试开始60 min后,由于吸水导致试样质量增加的百分比;

b) 测试 60 min 后穿过试样的水的质量。

6.13.2 装置

6.13.2.1 测试装置组成

6.13.2.1.1 两个圆筒

直径 30 mm，用不导电的刚性材料制成，安装时轴线保持水平且同轴。一个圆筒应固定，另一个可以沿轴线方向移动。

6.13.2.1.2 电机

用速度为 50 周期/min 的曲柄运动驱动活动圆筒沿轴线前后移动。当活动圆筒与固定圆筒的距离达到最大时，两个圆筒相邻面的距离应为 40 mm。

6.13.2.1.3 槽

装有蒸馏水，用以浸泡试样的一部分。

6.13.2.1.4 金属板

用弹簧支撑，停放在吸水布卷上，施加 1 N～2 N 载荷力。

6.13.2.2 环形夹具

围绕圆筒的相邻端夹住试样的长边，使试样形成一个两端被圆筒封闭的槽。

6.13.2.3 吸水布

用于吸收渗透到试样内的水。当材料是新的时，吸水性不是最佳，因此第一次使用前应清洗。

注：合适的吸水布由质量密度约 300 g/m^2、尺寸约 120 mm×40 mm 的矩形棉毛巾布类纺织物组成。

6.13.2.4 天平

精确到 0.001 g。

6.13.2.5 计时器

能测量到 1 min。

6.13.3 试样的制备

从鞋帮上取下 75 mm×60 mm 的矩形试样。在试样外表面放上 180 号砂纸，再在砂纸上放一个硬板并在其上加 10 N 载荷，来回移动砂纸 10 次，每次 100 mm。

吸水布使用前按条款 4 的规定进行调节。

6.13.4 步骤

调节装置使试样压缩 7.5%。

称取试样，精确到 0.001 g，记录质量 m_1。

安装试样在装置中，使试样外表面与水接触，要求如下：

使两圆筒之间距离最大，围绕圆筒相邻两端包裹试样，使之形成一个槽，由试样短边形成的槽的上边缘是水平的且在同一平面上。为消除褶皱，在每个圆筒上用环形夹具夹住试样，使试样在圆筒间保持微小张力，试样在每个圆筒上重叠的长度几乎相同(约 10 mm)。两环形夹具的内边缘应尽可能位于圆筒相邻端的平面上，这样槽的长度与圆筒间试样的自由长度相同。

称量吸水布(6.13.2.3)，记录其质量 P_1，将布卷成一个 40 mm 长的圆筒，立即放到试样槽内。将板(6.13.2.1.4)搁在布上。

增加槽内水位至圆筒顶部下方 10 mm 处。开动电机，60 min 后停止电机。拿走金属板，取出吸水布并擦干槽内任何多余水分。重新称量布，记录质量为 P_2。

从圆筒上取下试样，吸干附着的水分并重新称量，记录质量为 m_2。

6.13.5 计算和结果表示

6.13.5.1 透水性

按式(7)计算透水量 W_P，单位为 g。

$$W_P = P_2 - P_1 \qquad \cdots\cdots(7)$$

式中：

P_1——吸水布初始质量，单位为克(g)；

P_2——吸水布最终质量，单位为克(g)。

按式(8)计算吸水率 W_a。

$$W_a = \frac{m_2 - m_1}{m_1} \times 100 \quad \cdots\cdots\cdots\cdots (8)$$

式中：

m_1——试样初始质量，单位为克(g)；

m_2——试样最终质量，单位为克(g)。

6.14 鞋帮抗切割性的测定

注：本测试不能用于由非常硬的材料如锁子甲制成的部件上。

6.14.1 原理

样品被一计数旋转的圆刀片切割，刀片在规定负荷下往复运动。

6.14.2 装置

装置(见图 47、图 48)组成：

单位为毫米

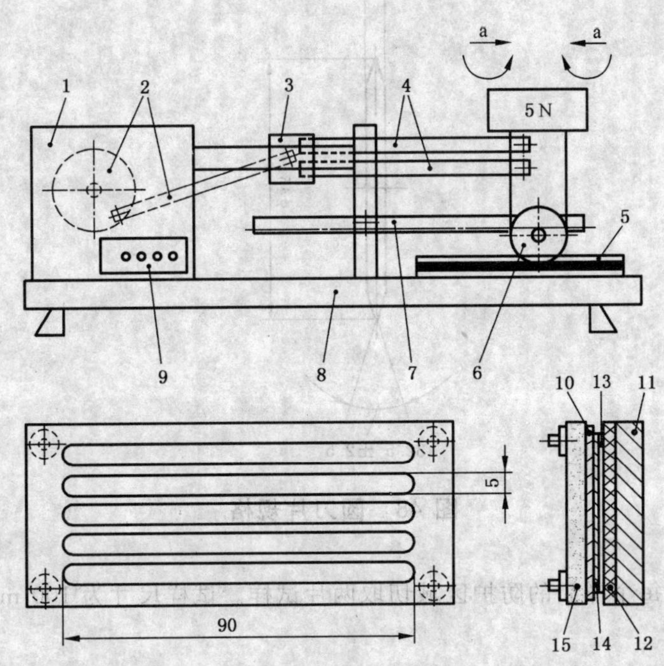

1——电机和电子检测箱；
2——轮和转动杆；
3——滑动系统；
4——杆；
5——试样装置；
6——圆刀片；
7——齿条；
8——支撑板；
9——计数器；
10——试样；
11——绝缘支架；
12——导电橡胶；
13——铝箔；
14——滤纸；
15——上部；
a——刀片的往复运动。

图 47 鞋帮抗切割性的测试装置

a) 一个圆形旋转刀片水平往复运动的测试台。水平运动长 50 mm 并且刀片旋转方向与其滚动方向完全相反。发生的刀片最大正弦切割速度为最大 10 cm/s；

b) 加在刀片的质量块产生(5±0.05)N 的压力；

c) 圆刀片直径(45±0.5)mm，厚(3±0.3)mm，总切割角 30°～35°(见图 48)。刀片应为(740～800)HV 硬度的钨钢。

d) 放置试样的导电橡胶[(80±3)IHRD]的支撑架；

e) 图 47 所示试样夹持框；

f) 检测穿透时刻的自动装置系统；

g) 周数计数器校准到 0.1 周。

单位为毫米

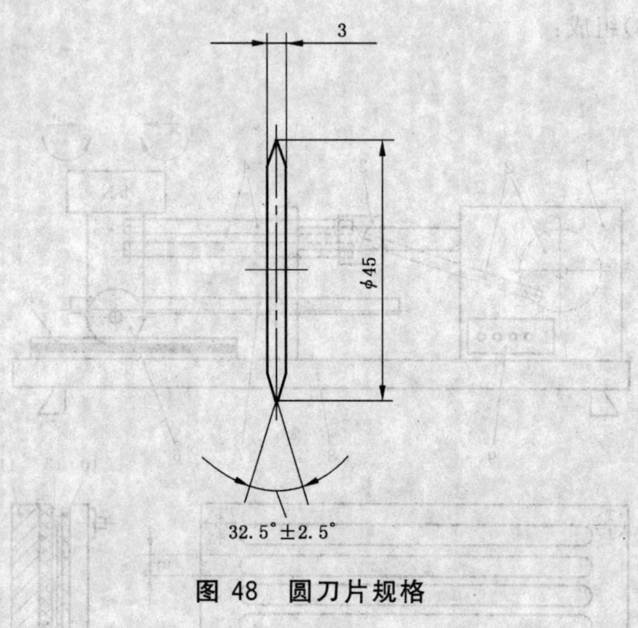

图 48 圆刀片规格

6.14.3 试样的制备

取三只样品，然后从每个样品的防护区域切取两片试样。试样尺寸为 100 mm×80 mm。

6.14.4 比对试样

比对试样的尺寸与测试试样一样。比对试样为棉帆布，其要求如下：

织物经向和纬向：从开口端纤维纺成的棉纱

经纱线密度：161 tex

复纱(双股)：s 捻 280 t/m

单纱(单股)：z 捻 500 t/m

纬纱线密度：与经纱同

经纱：18 threads/cm

纬纱：11 threads/cm

经缩：29%

纬缩：4%

经向拉伸强力：1 400 N

纬向拉伸强力：1 000 N

单位面积质量：540 g/m^2

厚度：1.2 mm

对着经向斜裁比对试样。关于棉帆布的其他规范参见附录 A。

6.14.5 测试步骤

在橡胶垫上放一块约 0.01 mm 厚的铝箔，其上覆盖一块(65±5)g/m² 且小于 0.1 mm 厚的滤纸板。该板的目的是为了在测试中固定试样并避免无法预料的穿透检测应归于某些纤维中钢纱或归于薄针织物的缝隙。在夹持框中比对试样应不受张力放在铝箔上。

夹持框放在台子上。手臂控制刀片下降至比对样品上。

试验前如下所述检查刀片的锋利程度：在比对试样上穿透，记录周数(C)。如果预期的性能级别小于 3，则周数应在 1 和 4 之间，如果预期的性能级别等于或大于 3，则在 1 和 2 之间。如果周数少于 1，应通过在三层比对织物上或任何防割材料上的切割移动来减少刀片的锋利程度。

试样经受相同的测试，记录周数(T)。

按照下列顺序在每个试样上进行一次测试：

1) 在比对试样上测试，记录刀片运转周数 C_1；

2) 在试样上测试；

3) 在比对试样上测试，记录刀片运转周数 C_2。

6.14.6 测试结果的计算

按式(9)计算防割指数 I。

$$I = \frac{C_1 + C_2}{2} \qquad \cdots\cdots (9)$$

结果取最低值。

7 内底和鞋垫的测试方法

7.1 内底厚度的测定

在花纹区域切开鞋底，再用分度值为 0.1 mm 的目镜测量内底厚度。

7.2 内底和鞋垫的吸水性和水解吸性的测定

7.2.1 原理

试样放置在一湿底板上，在给定压力下经受反复弯曲(如同步行时鞋内底的样子)。测定测试结束时的吸水性和随后测试的水解吸性。

7.2.2 装置(见图 49)

7.2.2.1 黄铜滚筒(A)

直径(120+1)mm、宽(50+1)mm，放置于试样(B)上。

7.2.2.2 平台(C)

有粗糙的上表面和足够的孔让表面被流经平台的水流过而保持湿润。平台的上表面(C)铺一条由单位质量为(60.5±2)g/m² 的 50%棉和 50%聚酰胺组成的棉纱布。

7.2.2.3 夹具(D)

在平台(D)上的一个水平位置中夹住试样的一短边。

7.2.2.4 夹具(E)

将试样另一短边贴在滚筒上同时该边与滚筒轴线平行。夹具被一弱弹簧控制使试样保持在微小张力下。

7.2.2.5 供水系统

流经平台(C)且能排走多余水。

7.2.2.6 滚筒轴线移动方法

沿 x-x 轴来回运动和(20±1)次/min 频率下围绕试样中点正上方的一个点的(50±2)mm 的振幅。轴的运动导致滚筒沿试样来回运动，升起一端而且弯曲它使之符合滚筒的形状。

7.2.2.7 挤压平台的装置

试样和滚筒一起加上(80±5)N 的力。

7.2.2.8 冲刀

切取尺寸(110±11)mm×(40±1)mm 的试样。

7.2.2.9 天平

精确到 0.001 g。

7.2.2.10 计时器

精确到 1 s。

7.2.2.11 硅脂,或合适的粘合剂

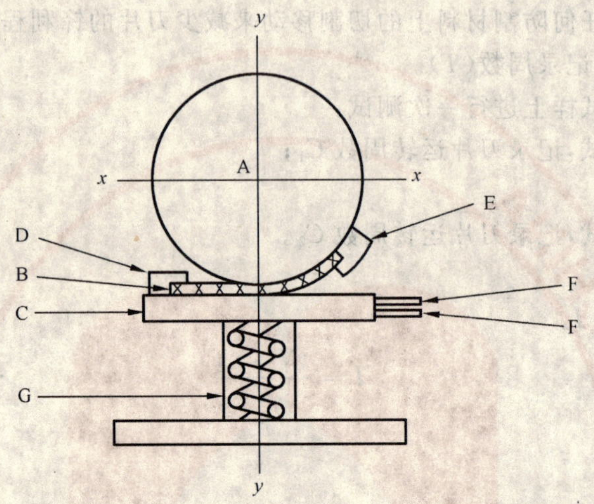

A——黄铜滚筒;

B——试样;

C——平台;

D——平台上的夹具;

E——黄铜滚筒上的夹具;

F——供水系统;

G——挤压平台的装置。

图 49 测试装置示意图

7.2.3 取样和调节

对于成鞋样品,试样宜沿纵向取自内底的前部。对于材料片,试样从两个主要方向取下,一个与另一个成 90°。试样应为(110±11)mm×(40±1)mm。

在试样的边缘涂少许硅脂或合适的粘合剂用以防止水从侧边进入。

7.2.4 步骤

称量试样,精确到 0.001 g,记录为 m_0。

放置棉纱布在平板上(C)。将试样放在装置上,与脚接触的试样表面和覆盖棉纱布的平台接触。把狭窄端附在平台和滚筒上,并施加(80±5)N 的力。

打开阀让水流出同时调节平台上水流为(7.5±2.5)mL/min。

开动机器,记录时间。测试进行 4 h,在停止机器前 1 min 停止水供应。如果能证明材料被浸透则能减少测试时间。

注:每隔 15 min 获得的两个测量值之差不超过 20 mg 时,即表明材料被浸透。

取下试样并称量,精确到 0.001 g,记录为 m_F。

悬挂在一个可控的环境中再调节(见第 4 章)24 h,然后再称量试样,精确到 0.001 g,记录为 m_R。

7.2.5 结果表示

7.2.5.1 吸水性

用式(10)计算吸水性 W_A,单位用毫克每平方厘米(mg/cm^2)表示。

$$W_A = \frac{m_F - m_0}{A} \qquad \cdots\cdots(10)$$

式中：

m_0——是试样的初始质量，单位为毫克(mg)；

m_F——试样的最终质量，单位为毫克(mg)；

A——试样的面积，单位为平方厘米(cm^2)。

结果精确到 1 mg/cm^2。

7.2.5.2 水解吸性

用式(11)计算水解吸性 W_D。

$$W_D = \frac{m_F - m_R}{m_F - m_0} \times 100 \qquad \cdots\cdots(11)$$

式中：

m_0——是试样的质量，单位为克(g)；

m_F——是试样的最终质量，单位为克(g)；

m_R——是再调节试样的质量，单位为克(g)。

结果精确到 1 %。

7.3 内底耐磨性的测定

7.3.1 原理

在给定压力下，覆盖磨擦织物的湿的白色羊毛毡以一定数量的来回运动周期磨擦试样，测试在经过调节的内底材料上进行，目测评估磨损情况。

7.3.2 装置

7.3.2.1 测试设备

由下列特征组成：

a) 测试架：有一个水平的、完全平坦的金属平台，一个固定试样的支架使试样 80 mm 暴露在外并有使试样在磨擦方向保持轻微张力的装置；

b) 抓手：质量为 500 g，可以拆卸且能牢固安装，带有一个 15 mm×15 mm 的底座、一个将毛毡垫(7.3.2.2)附于底座的装置、一个附加的 500 g 重物块以及一个满负载(总质量 1 kg)时引导抓手在试样上保持平直的装置；

c) 驱动测试架以 35 mm 的振幅和(40±2)次/min 的频率往复运动的装置。

7.3.2.2 羊毛垫

15 mm×15 mm 的白色羊毛毡，从一张白色纯羊毛毡上冲压而得，厚(5.5±0.5)mm，有下述规范：

a) 单位面积质量(1 750±100)g/m^2；

b) 平均吸水(1.0±0.1)mL；

c) 将 5 g 研碎毛毡放入 100 mL 蒸馏水中振荡 2 h，由此制备的萃取液 pH 值应为 5.5～7.0。

7.3.2.3 磨擦织物

从表 9 规定的织物上切取，尺寸足以覆盖毛毡并使之加在抓手上。

7.3.3 试样的制备

切取最小尺寸 120 mm×20 mm 的矩形试样。

7.3.4 磨料垫的制备

羊毛垫(7.3.2.2)和磨擦织物(7.3.2.3)在(23±2)℃、相对湿度(50±5)%的环境中调节 48 h，然后称量羊毛垫。

对于每个试样，放入四块羊毛垫和四个矩形磨擦织物于蒸馏水中，加热至沸腾再小火沸腾至它们下沉，然后倒出热水，加入冷蒸馏水，直至羊毛垫和磨料织物温度降至室温。

使用前，从水中取出每个垫和磨擦织物，沿烧杯边缘挤干或擦干，使它不再滴水。使用前，垫浸水时间不允许超过 24 h。

通过称量，确定垫和磨擦织物的吸水量合起来是(1.0±0.1)mL。

7.3.5 步骤

将试样紧固在仪器上，施加轻微的张力使之平整。

在抓手上装入一块湿羊毛垫，用一个矩形湿磨擦织物覆盖并固定在抓手上，如用橡皮圈或圆环，避免任何折痕在羊毛垫表面上的织物中。距试样边缘 5 mm 处安放抓手。将附加的 500 g 重物块安在抓手上。

磨擦 100 次来回，抬起抓手，检查测试区域的磨擦损坏。用新的羊毛垫和磨擦织物替换，再磨擦 100 个来回。

每 100 次来回更换羊毛垫和磨擦织物，当试样产生中度磨擦损坏，或 400 次来回后，无论哪个首先发生，则停止测试。

7.3.6 结果表示

目测检查试样被磨擦表面，评价磨擦损坏。

8 外底的测试方法

8.1 外底厚度的测定

8.1.1 花纹区域符合性的确定

除保护包头卷边下方区域外，经由目测检查和记录，如图 50 所示的阴影应有向侧边开口的花纹。

8.1.2 外底厚度

在对应图 50 的阴影区域的踏地处切开鞋底后，用 0.1 mm 刻度的合适仪器测量厚度 d_1，或花纹高度 d_2，如图 51a)或 b)，图 52 或图 53 所示。如果鞋底有一个洞，测量 d_1 时应忽略。对于全橡胶和全聚合材料鞋，进行一个附加测量 d_3，如图 53 所示。

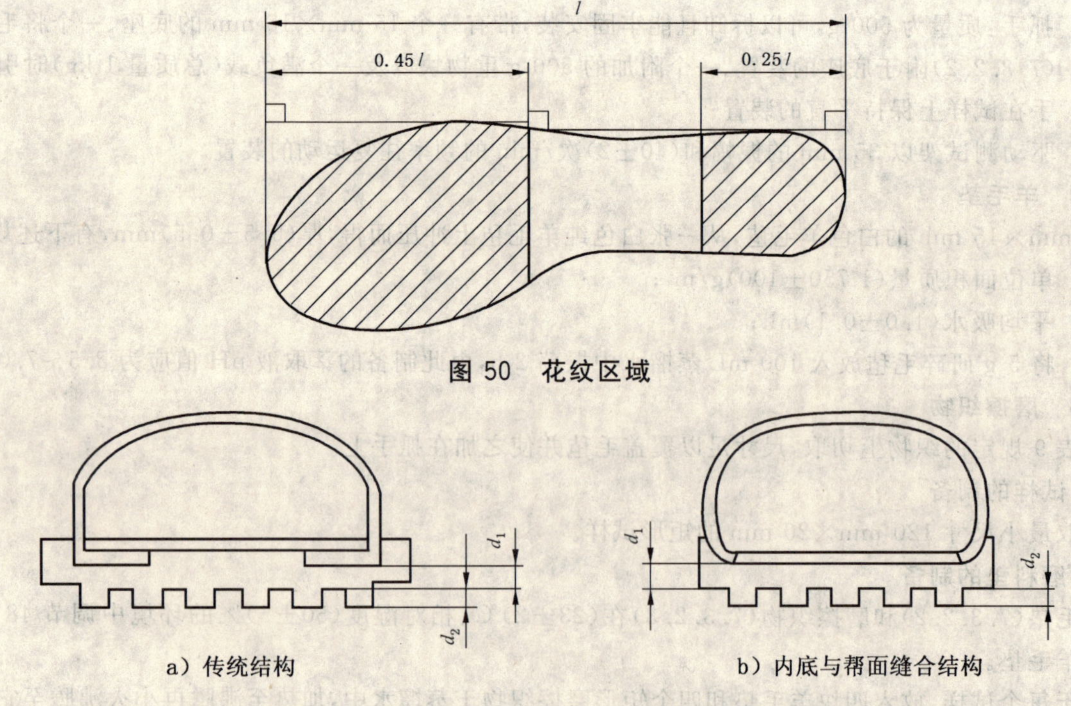

图 50 花纹区域

图 51 直接注压、硫化和胶粘的外底

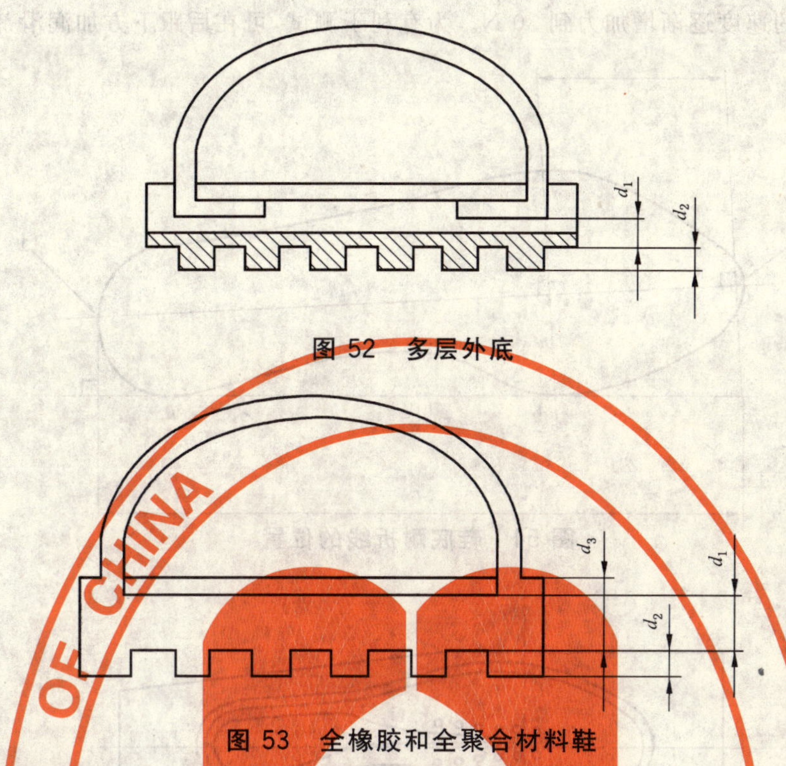

图 52　多层外底

图 53　全橡胶和全聚合材料鞋

8.2　外底撕裂强度的测定

按照 GB/T 529 方法 A 测定非皮革外底的撕裂强度。

如果可能，试样应在鞋腰区域对着纵向轴线横向切取。

8.3　外底耐磨性的测定

按照 GB/T 9867 方法(在 40 m 磨损行程中有一个 10 N 的垂直作用力)测定。试样可取自鞋底的任何地方。

8.4　外底耐折性的测定

8.4.1　刚性测试

8.4.1.1　装置

见 8.5.1。

8.4.1.1.1　光滑的金属铰接板

装在一个硬基座上。

8.4.1.1.2　夹持装置

对着硬基座固定被测试鞋的前部。

8.4.1.1.3　传感器

能测量 0 N～50 N 范围内的力，误差为±1 %，装在铰接板上，距铰链 315 mm。

8.4.1.2　试样的制备

用整只鞋作为试样。宜选择中号范围，通常是 265 号。

按照 5.4.1.2 描述的方法标记鞋的纵向轴线。在 x 处与鞋头距离 xy 三分之一的地方通过纵向轴线画出与纵向轴线成 90°的规定的耐折线。此耐折线为 AC(图 54)。

8.4.1.3　测试步骤

用一固体块(对应楦的前部)将鞋的前部夹在硬基座上，耐折线 AC 与底板(8.4.1.1.1)的铰链轴线在一起，见图 54。块的后边缘应在耐折线前 10 mm 处(见图 55 所示 A-C)。

注：当鞋的前部被固定时后跟将可能不接触板。

在距离铰链中心 315 mm 处对铰接安装的平面施加(30±0.5)N 力，测量耐折角 α(见图 56)。应以

(100±10)mm/min 的速度逐渐增加力到 30 N。为有利于测试，可在后跟下方加润滑剂。

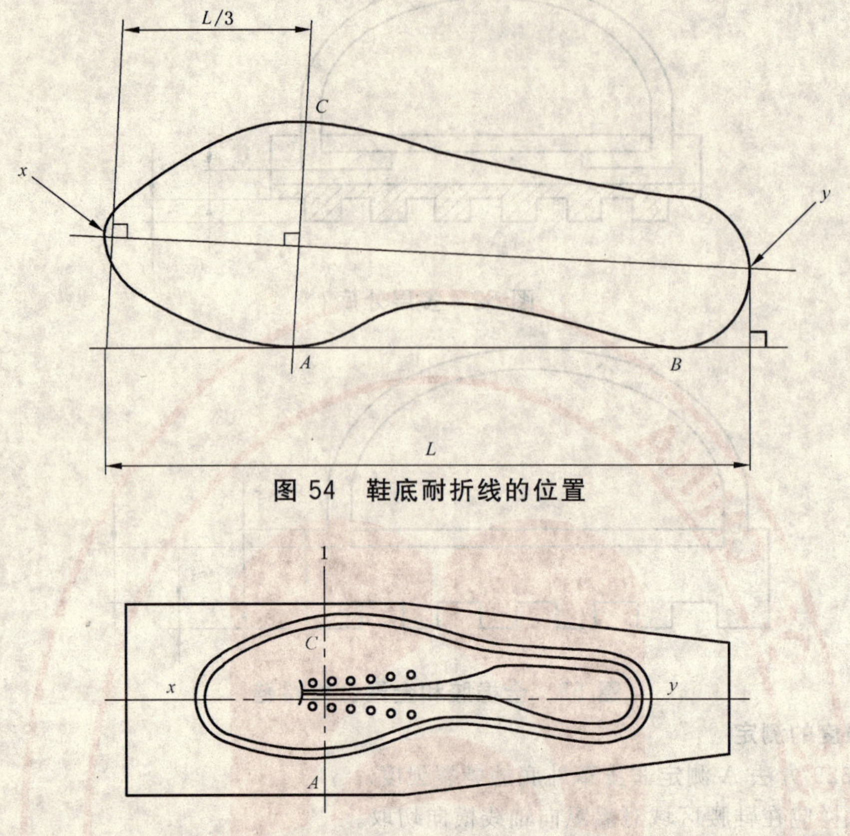

图 54 鞋底耐折线的位置

1——耐折线。

图 55 测试机构上鞋的位置

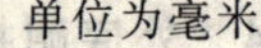
单位为毫米

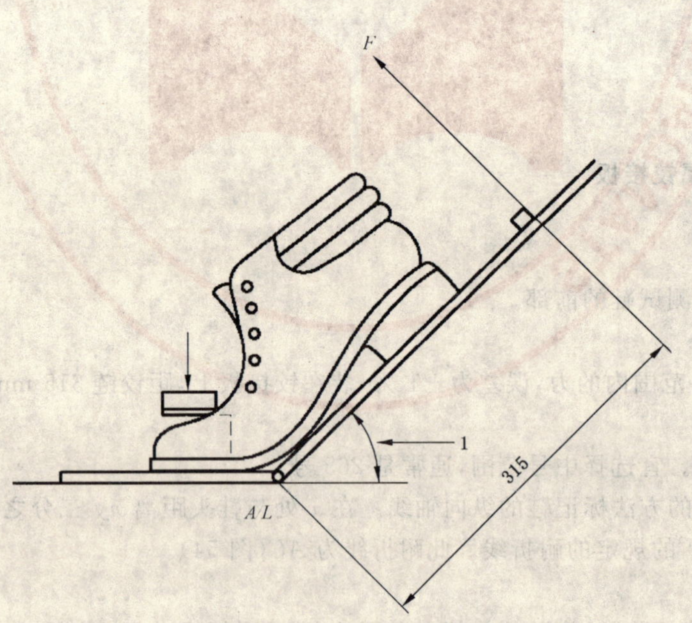

1——耐折角 α。

图 56 耐折角

8.4.1.4 选择标准

在施力期间与水平方向所成的角度低于 45°的鞋不进行 8.4.2 描述的耐折测试。

8.4.2 耐折测试

8.4.2.1 装置

8.4.2.1.1 测试装置

如图57所示。试样应被引导，一侧能围绕一个半径15 mm的圆轴弯折到90°。

8.4.2.1.2 割口刀

如图58所示。

8.4.2.1.3 测量放大镜

测量精度为0.1 mm。

8.4.2.2 试样的制备

取带有内底、除去鞋帮的鞋底部作为试样。按照8.4.1.2确定耐折线。找出线 *AC* 的中点，然后确定尽可能接近线 *AC* 中点的两邻近花纹，在这些花纹间标记鞋底的中间点(见图59)。

8.4.2.3 步骤

确保测试装置在中间弯折位置(见图57)再夹持试样，使耐折线 *AC* 与中轴平行同时被标记的切割位置8.4.2.2在中轴的正上方。操作机器直到试样在最大弯折、延长或伸展状态。平行于耐折线 *AC* 用割口刀的刀刃在8.4.2.2的标记点上做一个单一割口。割口刀应穿过外底的全部厚度并进入到内底或同等层之内。如果有几种材料构成鞋底，应做另外的割口，但是割口必须避开在鞋底边缘15 mm的区域内。

用测量放大镜(8.4.2.1.3)测量试样表面割口的初始长度。

从最大弯折、延长或伸展状态开始进行30 000个周期，在(135～150)次/min的恒定速率下试样经受最大变形。30 000个周期后，用测量放大镜(8.4.2.1.3)测量试样表面割口的最终长度。

割口增长为最终割口长度与初始割口长度之差。

单位为毫米

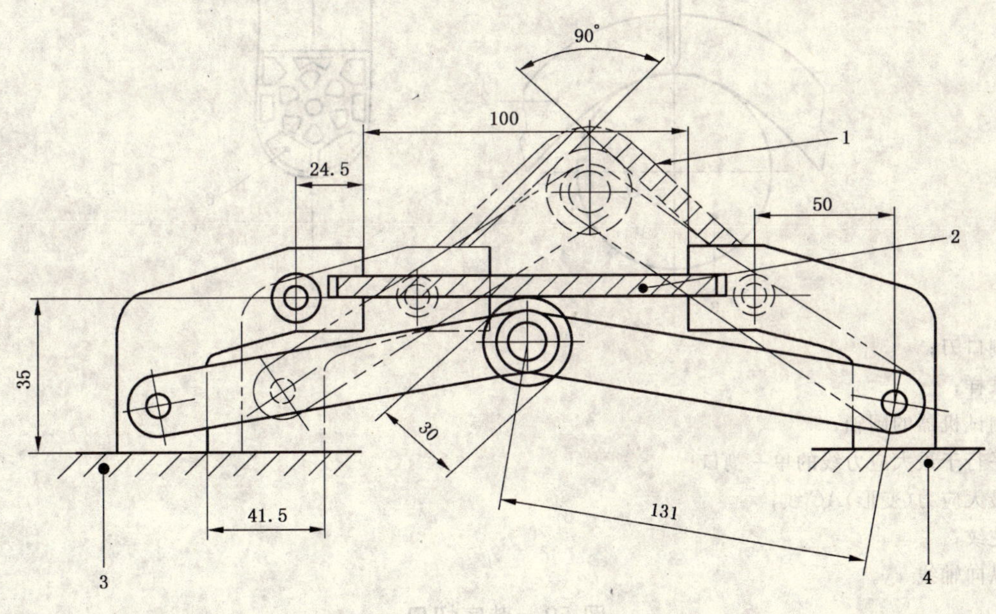

1——最大弯折状态的试样；

2——零弯折状态的试样；

3——固定轴承；

4——活动轴承。

图57 外底耐折测试装置

单位为毫米

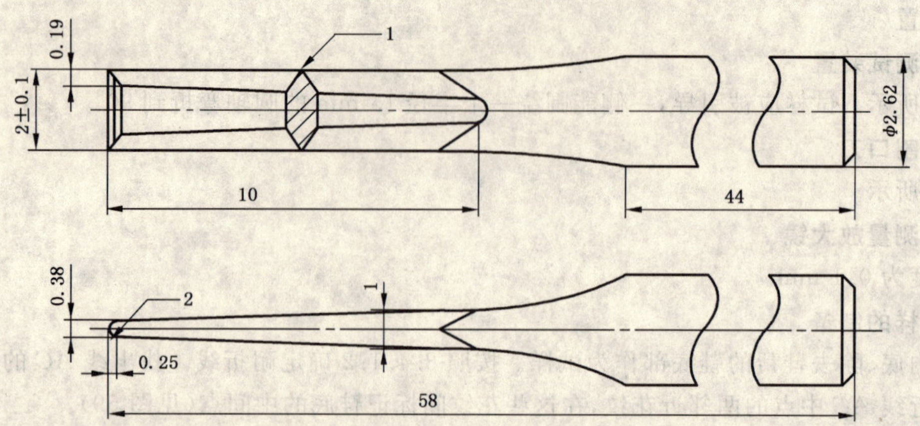

1——从锥形部分至顶点的刀两边的直角刃口；

2——刃口。

图 58 割口刀

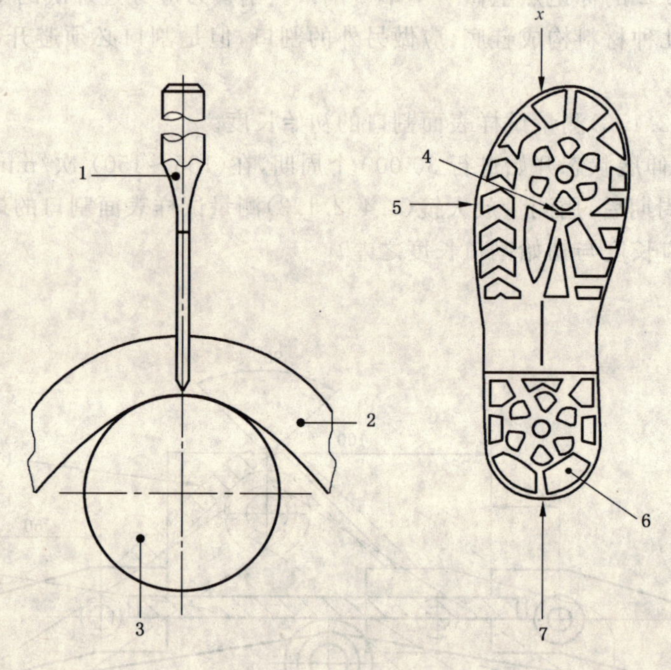

1——割口刀；

2——试样；

3——测试机器的圆轴；

4——平行于最大应力线的单一割口；

5——最大应力(变形)AC线；

6——花纹；

7——纵向轴线 xy。

图 59 鞋底切口

8.5 外底耐水解的测定

8.5.1 装置

8.5.1.1 屈挠机

有一个屈挠机械装置如图 60 所示。

将试样 A 插入屈挠臂 B 的一端直至挡板，用夹具 C 夹紧，夹具 C 中试样长度 JK 为(50±5)mm。

屈挠时,未被夹持的试样另一端在辊轴 D、E 和 F 的内部、外部及中间运动。绕圆轴 H 的屈挠半径为(5.0±0.3)mm。

通过 G 点与圆轴相切的垂直切线与夹具 C 的邻边 J 的平面距离为(11.0±1.5)mm。当试样处于非屈挠状态时,割口刀在试样上预割口的位置应在圆轴 H 边缘的垂直正上方,即图 60 的 G 点。割口与圆轴边缘重合的公差为±0.5 mm。

辊轴 E、F 及圆轴 H 的顶部在同一水平面上,辊轴 D 在辊轴 E 的垂直上方。除此之外,辊轴 D、E 和 F 的尺寸和位置并不严格限制。辊轴 D 和 E 的适宜直径为 25 mm,而辊轴 F 的适宜直径为 10 mm 或 15 mm。辊轴 D 和 E 的中心与圆轴 H 的曲率中心之间在同一平面上的适宜距离为 30 mm,辊轴 D 和 E 的中心与辊轴 F 的中心之间在同一平面内的适宜距离为 25 mm 或 30 mm。辊轴 D 的垂直位置是可调的,使辊轴 D 与 E 的间隙能容纳不同厚度的试样。一个锁定机构确保测试期间辊轴 D 与 E 的间隙不变。

辊轴 F 有两个可调套环 L,其目的是保持试样末夹持端的位置,使试样与屈挠圆轴在同一平面上成直角,并在屈挠期间保持该位置。每个套环的内、外直径之差约 10 mm。

屈挠频率应为(1.0±0.1)Hz。

8.5.1.2 低温箱

能将屈挠机械装置装在箱体内,并保证箱内测试温度维持在(−5±2)℃,屈挠驱动电机应在箱体外。

8.5.1.3 割口刀

在试样上割出初始切口,如图 59 所示。割口刀刃长 2 mm,但通常在材料上割口长度可能稍有差别。将割口刀装在切割夹具上比较容易保证割口在正确的位置。

8.5.2 目镜

测量割口长度,精确到 0.1 mm。

8.5.3 试样的制备

沿鞋底长度方向切下宽 25 mm、长 150 mm 的试样,除去任何花纹,小心打磨试样两边使厚度减至(5.0±0.2)mm。将试样置于温度为(70±2)℃的饱和水蒸气环境中 7 天,再在温度为(23±2)℃的环境中调节 24 h。

在离试样一端约 60 mm 处的外表面上刺透试样,使割口长度对称地跨在试样的中心线上。割口刀应直接穿透试样并在试样另一面伸出 15 mm。割口刀柄上可安装一个可调的套环,以控制割口刀的穿透距离。

产品完成后至少过 7 d 才能进行测试。

8.5.4 测试步骤

低温箱内温度调至(−5±2)℃。检查机器的屈挠速率,确保机器以正确的速率运转。

将试样绕直径 15 mm 的圆轴弯曲 45°,用目镜测量并记录试样割口长度,精确到 0.1 mm。

用手转动屈挠机的驱动轮直至屈挠臂 B 呈水平。松开固定机器顶框的滚花旋钮,将辊轴 D 升至最上位置。松开夹具板 C,从机器的后部(设屈挠臂 B 位于前部)将试样外表面朝上插入,使试样在辊轴 D、E 间穿过,然后穿过夹具 C 和屈挠臂 B 及紧靠 B 的端部挡板。辊轴 F 和屈挠臂 B 均有凹槽,有助于条状试样的定位。夹具 C 应夹持两个试样,紧固螺钉的两个侧面各自固定一个试样到屈挠臂 B 上。检查每个试样的割口是否在圆轴 G 边缘的垂直上方,然后旋紧夹具 C,确保 C 与屈挠臂的边缘平行。当仅有一个试样装在特殊夹具里时,该夹具另一边的凹槽里应放一个同样的材料,使夹具旋紧时其表面与屈挠表面保持平行。将辊轴 D 下移,使之刚好接触试样,但不压紧试样。用蝶形螺母锁住辊轴 D,该螺母在同一个螺杆上靠着机器框架。

试样装好后应立即开始屈挠测试。连续屈挠 150 000 次后,取出试样,将试样绕直径 15 mm 的圆轴弯曲 45°,用目镜测量并记录试样割口长度,精确到 0.1 mm。

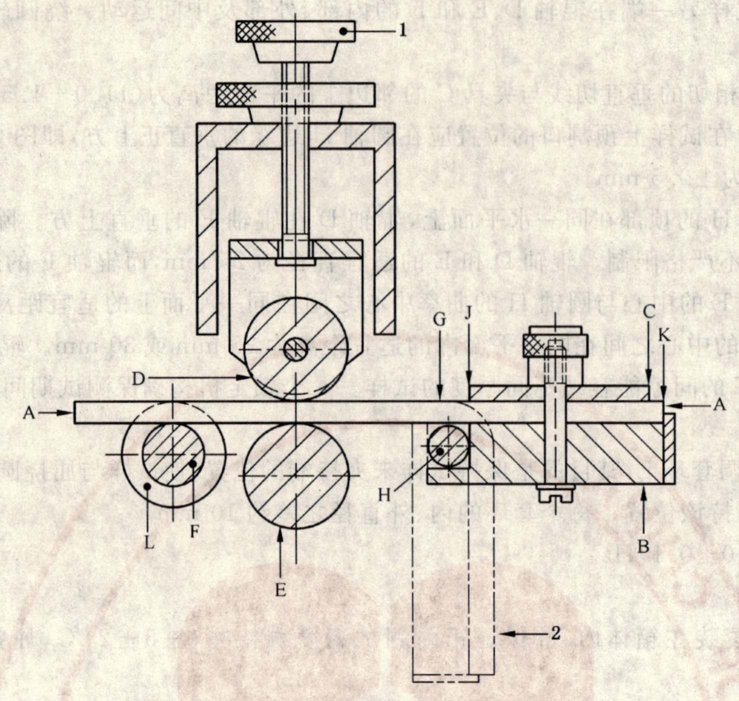

a) 试样、屈挠臂及辊轴的侧面图

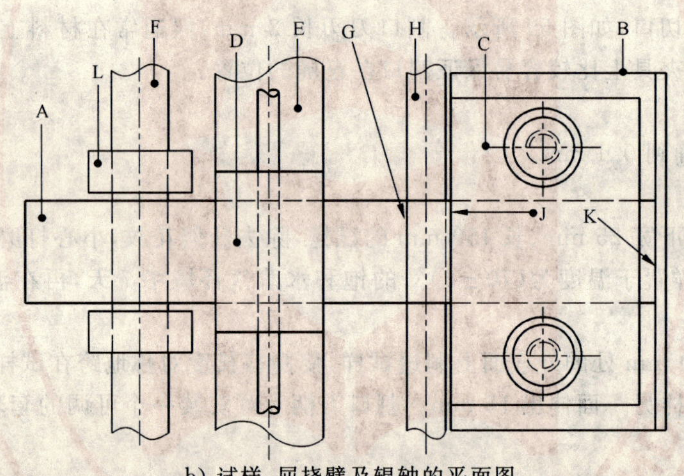

b) 试样、屈挠臂及辊轴的平面图

1——辊轴 D 的调整及锁定机构(加上支承该机构的架)；

2——全屈挠位置时的屈挠臂 B 和试样 A(夹具 C 省略)。

A——试样；

B——屈挠臂；

C——试样夹具；

D——可调上辊轴；

E——较低位置的辊轴；

F——后部辊轴；

G——切口刀插入试样处；

H——试样被弯曲的圆轴；

J——接近切口 G 的夹具 C 与圆轴 H 的边缘；

K——试样末端位置；

L——辊轴 F 上保持试样位置的套环。

图 60 屈挠机

8.5.5 结果表示

以测试前后割口的增长量表示测试结果，精确到 0.1 mm。

8.6 耐油性的测定

8.6.1 一般方法

8.6.1.1 试液

2,2,4-三甲基戊烷(异辛烷)，通用试剂。

8.6.1.2 试样的制备

从外底切取直径(16±1)mm、厚(4±0.5)mm 的两个圆柱形试样，同时测试两试样。

对于多层鞋底，如果不能从紧密层取得 4 mm 厚的试样，可以在切下的试样中附带一部分扩展层。

8.6.1.3 测试步骤

按照 GB 1690 方法检测。

在(23±2)℃的温度下，依次称量每个试样在空气和蒸馏水中的质量，记录为 m_1 和 m_2。在蒸馏水中称量时应注意排除试样表面上的气泡。如果试样密度低于 1 g/cm^3，则必须用坠子确保试样完全浸没在水中，并单独称量坠子在蒸馏水中的质量 m_5。用滤纸或不掉绒的布将试样弄干。

在(23±2)℃的温度下，将试样放入装有试液(8.6.1.1)的容器中。试样应完全浸没于试液中，如果试样密度低于试液密度，应设法使试样完全处于液面之下。容器应密封、避光。(22±0.25)h 后，取出试样，擦干残留在试样上的试液，立即称量试样在空气和水中的质量，记录为 m_3 和 m_4。

8.6.1.4 计算和结果表示

按式(12)计算体积变化 ΔV。

$$\Delta V = \frac{(m_3 - m_4 + m_5) - (m_1 - m_2 + m_5)}{m_1 - m_2 + m_5} \times 100\% \qquad (12)$$

式中：

m_1——试样在空气中的初始质量，单位为克(g)；

m_2——试样在水中的初始质量，单位为克(g)；

m_3——浸泡后试样在空气中的质量，单位为克(g)；

m_4——浸泡后试样在水中的质量，单位为克(g)；

m_5——坠子在蒸馏水中的质量，单位为克(g)。

如果体积收缩超过 0.5%，或者按 GB/T 2411 方法测定的硬度增加超过 10 个邵尔 A 单位，则应按 8.6.2.2 和 8.6.2.3 进一步测试。

8.6.2 外底材料收缩或变硬的方法

8.6.2.1 试液

同 8.6.1.1。

8.6.2.2 试样的制备

从鞋的外底取下名义宽度 25 mm 和名义长度 150 mm 试样一个。通过打磨或抛光使全部厚度减到(3±0.2)mm。

8.6.2.3 测试步骤

在(23±2)℃的温度下，将试样浸没在试液(8.6.1.1)中(22±0.25)h。

用吸水纸除去多余试液，按照 8.5.3 方法割口，再按照 8.5.4 方法连续屈挠 150 000 次，测定割口增长。

8.7 耐热接触性的测定

8.7.1 装置

装置的一般结构见图 61。

须注意测试过程中，某些鞋底可能释放对人体有害的烟雾，因此装置必须放置在通风良好的场所。

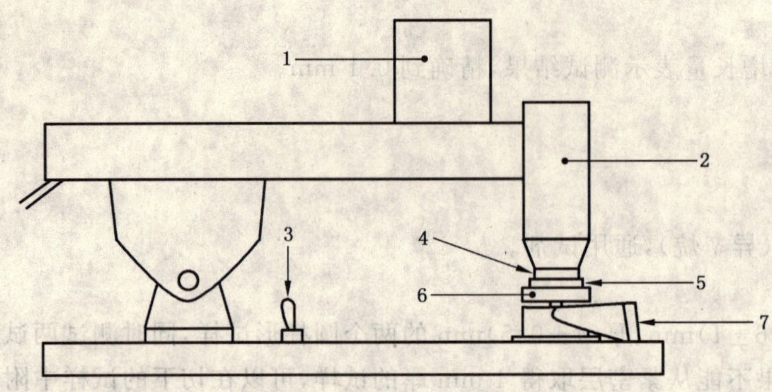

1——砝码；

2——包括测温装置的封闭加热块；

3——开/关转换；

4——铜钻锥方形底端；

5——鞋底试样；

6——自调式试样平台；

7——铰接绝热支座。

图 61 耐热接触性装置

8.7.1.1 钻锥

圆柱形铜体，质量为(200±20)g 且底端削成边长(25.5±0.1)mm 的方形平面。应有 6.5 mm 直径的中间纵向空洞，空洞延长到距钻锥方形底端的外工作面 4 mm，用于容纳温度测量装置，钻锥的其他尺寸见图 62。

8.7.1.2 金属加热块

质量(530±50)g，围绕钻锥的圆柱部分。加热块应包含一个电阻加热元件和一个可以控制预热钻锥至最大 400℃内任何要求温度的装置(一个开/关转换是足够的)。加热块尺寸如图 62 所示。

单位为毫米

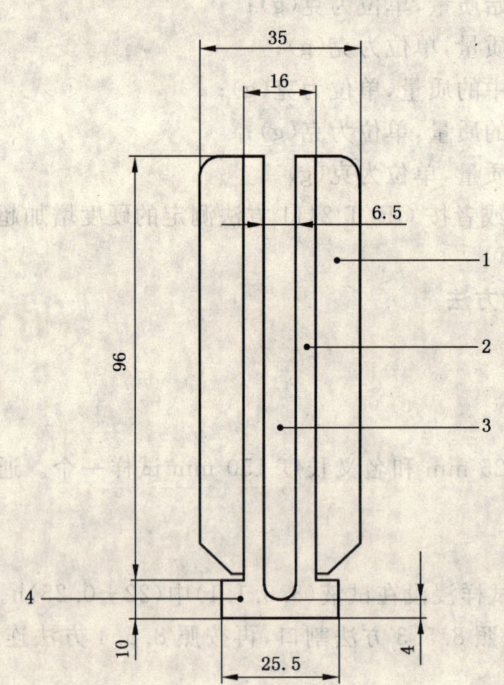

1——金属加热块；

2——铜钻锥；

3——测温装置；

4——钻锥的方形底端。

图 62 钻锥和加热块

8.7.1.3 **测量装置**

用于测量钻锥方形底端附近的内部温度。

8.7.1.4 **抬高和降低钻锥的装置**

与加热块合在一起，在水平面和(20±2)kPa均匀分布的压力下使钻锥表面与试样均匀接触。

8.7.1.5 **自调式平台**

具有合适直径搁置试样，并使压力在试样上均匀分布。

8.7.1.6 **表面绝热的铰接支座**

加热时钻锥表面搁在支座上，能移到旁边使钻锥放下在试样上。

8.7.1.7 **圆轴**

直径(10±1)mm。

8.7.2 **试样的制备**

从鞋底切下宽(30±2)mm和长70 mm(最小)试样，必要的地方，清除花纹。

测试可以在通常没有花纹的鞋腰区域进行。然而，如果清除花纹会导致磨损层的清除，则必须从鞋腰区域取下试样。

8.7.3 **步骤**

接通搁在绝缘支座上带钻锥的加热块同时将试样磨损面朝上放在平台上。用一片铝箔覆盖试样以防止加热钻锥的污染，每次测试用一片新铝箔。当钻锥温度刚超过300℃即关闭加热块，让温度降到(300±5)℃，此时钻锥仍放在绝热支座上。然后将绝热支座移开，立即将钻锥放在试样正中间，使钻锥边与试样边平行，不再接通加热块使之留在适当位置(60±1)s，然后再放回支座上。

移走铝箔，让试样冷却至少10 min并按照8.7.4的描述检查加热面。

8.7.4 **评价方法**

目测评价试样表面在围绕圆轴弯折之前后是否有损坏，如熔融、烧焦、破裂或龟裂。记录损坏类型和范围。对于皮革鞋底，记录烧焦和开裂是否仅限于颗粒层或是否任何损坏深入到真皮。

附 录 A
（资料性附录）
棉帆布的其他规范

A.1 一般要求

表 A.1 列出了棉帆布的其他特性和规范，此处的棉帆布测试样品与 6.14 中所定义的抗切割帆布比对试样相同。

这些数值是由 KESF（川端康成 Kawabata 面料评价系统）的测试方法和仪器得出的。

棉纤维的聚合等级为 2 000±50。

表 A.1 棉织物纤维

KESF		特性值			测试要求		
测试	参数	单位	经纱	纬纱	尺寸	应力	速度
拉伸	LT	—	0.98～1.04	0.98～1.04	200 mm×50 mm	最大张力＝	0.020 00 cm/s
	WT	J/m	15～25	7～8		9.81 N/cm	
	RT	%	49～50	52～53			
弯曲	B	μNm	300～350	430～530	10 mm×50 mm	最大曲率＝	0.5 cm^{-1}/s
	2HB	mN	40～50	45～55		±2.5 cm^{-1}	
剪切	G	N/m degree	20～30	20～30	200 mm×50 mm	拉力＝9.81 N	0.478 degree
	2HG	N/m	45～60	45～60		最大角度＝±8.0°	
	2HG5	N/m	45～55	45～55			
压缩	LC	—	0.43～0.49			最大压力＝	
	WC	J/m^2	0.21～0.25		2 cm^2	5.00 kPa	0.002 00 cm/s
	RC	%	32～35				
表面特性	MIU	—	0.200～0.210	0.200～0.210	5 mm×20 mm	拉力＝5.87 N	
	MMD	—	0.035～0.050	0.035～0.050		P＝4.81 mN/25 mm^2	1 mm/s
	SMD	μm	160～200	80～100	5 mm×20 mm	P＝0.96 mN/5 mm^2	
厚度	To	mm	1.2～1.35		2 cm^2	P＝0.05 kPa	0.002 00 cm/s
表面质量	W	g/m^2	520～540				

A.2 KESF：川端康成 Kawabata 面料评价系统

A.2.1 拉伸

（拉伸循环，最大拉力限度为 9.8 N/cm）

LT：线性测试（测试弹性，1 次拉伸）

WT：拉力能量，单位为 J/m

RT：回复，即回复能量百分比

A.2.2 弯曲度

（垂直测试样品上的交替弯曲循环）

B：弯曲力

2HB：1 cm^{-1} 曲率的弯曲回滞。

A.2.3　剪切

（将矩形试样交替剪切变形为角度 8°的平行四边形。）

G：抗剪力

2HG 和 2HG5：0.5 与 5 度剪切变形的剪切回滞

A.2.4　压缩

（厚度压缩循环，最大限度为 5.0 kPa。）

LC：线性测试（测试弹性，1 次拉伸）

WC：压缩能量，单位为 J/m^2

RC：回复，即回复能量百分比

A.2.5　表面特性

（用传感器测试为 25 mm^2（摩擦系数）宽为 5 mm（粗糙度）的样品）

MIU：摩擦系数的平均值

MMD：摩擦系数的平均偏差

SMD：表面粗糙度的平均值，单位为 μm

参 考 文 献

[1] Martindale machine: J. Text . Inst. 1942 : 33, T151

[2] ISO 868:1985 Plastics and ebonite—Determination of indentation hardness by means of a durometer(Shore hardness)

[3] ISO 2023:1994 Rubber footwear—Lined industrial vulcanized-rubber boots—Specification

[4] ISO 3290:1998 Rolling bearings—Balls—Dimensions and tolerance

[5] ISO 4643:1992 Moulded plastics footwear—Lined or unlined poly(vinyl chloride) boots for general industrial use—Specification

[6] ISO 5423:1992 Moulded plastics footwear—Lined or unlined polyurethane boots for general industrial use—Specification

[7] EN 388:2003 Protective gloves against mechanical risks

[8] EN 12568:1998 Foot and leg protectors—Requirements and test methods for toecaps and metal penetration resistant inserts

[9] EN 50321:2000 Electrically insulating footwear for working on low voltage installations

[10] GB 12011—2000 电绝缘鞋通用技术条件

ICS 31.080.20
K 46

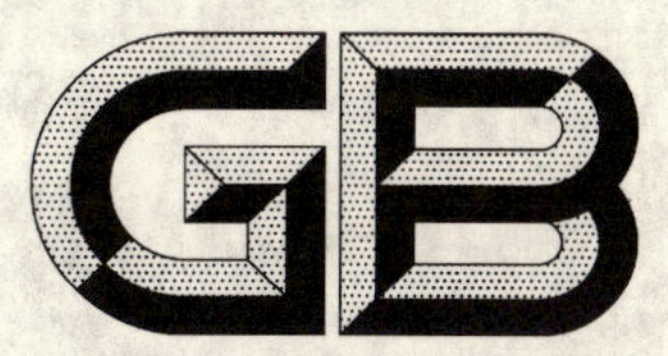

中华人民共和国国家标准

GB/T 20992—2007

高压直流输电用普通晶闸管的一般要求

General requirements for thyristors for HVDC transmission

2007-06-21 发布　　　　2008-02-01 实施

中华人民共和国国家质量监督检验检疫总局
中国国家标准化管理委员会　发布

前　言

本标准参照IEC 60747-6-3:1993《半导体器件　分立器件　第6部分:晶闸管　第3篇　电流大于100 A、环境和管壳额定的反向阻断三极晶闸管空白详细规范》。

本标准的附录A为规范性附录。

本标准由中国电器工业协会提出。

本标准由全国电力电子学标准化技术委员会(SAC/TC 60)中国电器工业协会归口。

本标准主要起草单位:西安电力电子技术研究所、机械工业北京电工技术经济研究所、西安西电电力整流器有限公司、中国电力科学研究院、西安高压电器研究所、北京网联直流输电工程技术有限公司、南方电网技术研究中心。

本标准主要起草人:蔚红旗、郭丽平、杜凯、田方、孟庆东、荀锐锋、马为民、黎小林、汤广福、白光亚、秦贤满。

本标准为首次发布。

引　言

高压直流输电在我国电网建设中，对于长距离送电和大区联网有着非常广阔的发展前景，是目前作为解决高电压、大容量、长距离送电和异步联网的重要手段。根据我国直流输电工程实际需要和高压直流输电技术发展趋势开展的项目在引进技术的消化吸收、国内直流输电工程建设经验和设备自主研制的基础上，研究制定高压直流输电设备国家标准体系。内容包括基础标准、主设备标准和控制保护设备标准。项目已完成或正在进行制定共19项国家标准：

(1)《高压直流系统的性能　第一部分 稳态性能》

(2)《高压直流系统的性能　第二部分 故障与操作》

(3)《高压直流系统的性能　第三部分 动态性能》

(4)《高压直流换流站绝缘配合程序》

(5)《高压直流换流站损耗的确定》

(6)《变流变压器　第二部分　高压直流输电用换流变压器》

(7)《高压直流输电用油浸式换流变压器技术参数和要求》

(8)《高压直流输电用油浸式平波电抗器》

(9)《高压直流输电用油浸式平波电抗器技术参数和要求》

(10)《高压直流换流站无间隙金属氧化物避雷器导则》

(11)《高压直流输电用并联电容器及交流滤波电容器》

(12)《高压直流输电用直流滤波电容器》

(13)《高压直流输电用普通晶闸管的一般要求》

(14)《输配电系统的电力电子技术静止无功补偿装置用晶闸管阀的试验》

(15)《高压直流输电系统控制与保护设备》

(16)《高压直流换流站噪音》

(17)《高压直流套管技术性能和试验方法》

(18)《高压直流输电用光控晶闸管的一般要求》

(19)《直流系统研究和设备成套导则》

高压直流输电用普通晶闸管的一般要求

1 范围

本标准规定了高压直流输电用普通晶闸管的型号、尺寸、额定值、特性、检验规则、标志和订货单等技术要求。

本标准适用于高压直流输电用电触发反向阻断晶闸管系列。

2 规范性引用文件

下列文件中的条款通过本标准的引用而成为本标准的条款。凡是注日期的引用文件，其随后所有的修改单(不包括勘误的内容)或修订版均不适用于本标准，然而，鼓励根据本标准达成协议的各方研究是否可使用这些文件的最新版本。凡是不注日期的引用文件，其最新版本适用于本标准。

GB/T 2423.5—1995 电工电子产品环境试验 第2部分 试验方法 试验Ea和导则：冲击(idt IEC 60068-2-27:1987)

GB/T 2423.6—1995 电工电子产品环境试验 第2部分 试验方法 试验Eb和导则：碰撞(idt IEC 60068-2-29:1987)

GB/T 4937—1995 半导体器件机械和气候试验方法(idt IEC 60749:1984)

GB/T 15291—1994 半导体器件 第6部分 晶闸管(eqv IEC 60747-6:1984)

3 型号和尺寸

3.1 型号

型号的构成和各部分的意义如图1所示。

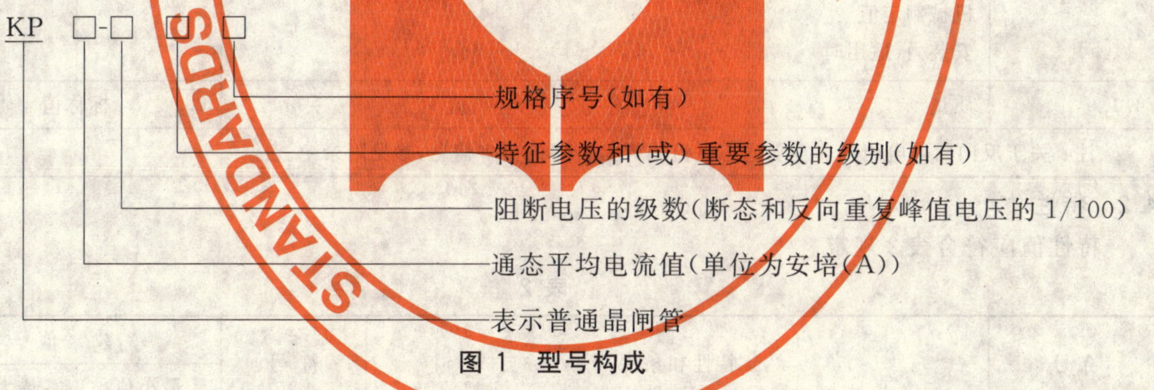

图1 型号构成

3.2 尺寸

图2中的尺寸 A、D_{max} 和 D_1 应符合给定型号的要求和订货合同规定。

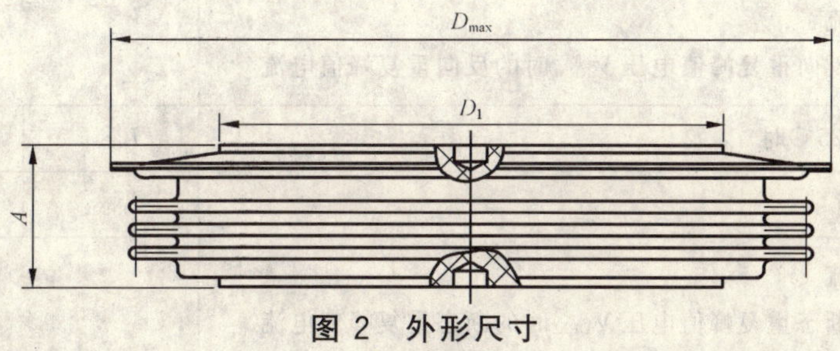

图2 外形尺寸

4 额定值和特性

4.1 额定值

额定值(限值)应符合表1规定。

表1

条号	限 值	符 号	数 值	
			最小值	最大值
4.1.1	贮存温度	T_{stg}	×	×
4.1.2	额定结温	T_{jm}		×
4.1.3	电压(应规定条件,如时间、频率、温度等)			
4.1.3.1	反向重复峰值电压	V_{RRM}		×
4.1.3.2	断态重复峰值电压	V_{DRM}		×
4.1.3.3	反向不重复峰值电压	V_{RSM}		×
4.1.3.4	断态不重复峰值电压	V_{DSM}		×
4.1.3.5	反向长雪崩电压	V_{RAL}		×
4.1.3.6	反向短雪崩电压	V_{RAS}		×
4.1.4	电流(应规定条件,如时间、频率、温度等)			
4.1.4.1	通态平均电流	$I_{T(AV)}$		×
4.1.4.2	通态浪涌电流	I_{TSM}		×
4.1.4.3	通态电流临界上升率	di/dt		×
4.1.4.4	非重复通态电流临界上升率	di_m/dt		×
4.1.5	机械额定值 安装力(适用时)	F	×	×
4.1.6	质量	m	标称值	
注:关于反向雪崩电压和非重复通态电流临界上升率的更多信息,参见附录A。				

4.2 特性

特性值应符合表2规定。

表2

条号	特性和条件	符 号	数 值	
			最小值	最大值
4.2.1	通态峰值电压	V_{TM}		×
4.2.2	反向电流 额定反向重复峰值电压 V_{RRM} 时的反向重复峰值电流			
4.2.2.1	在 $T_j=25℃$ 时	I_{RRM1}		×
4.2.2.2	在 T_{jm} 时	I_{RRM2}		×
4.2.3	断态电流 额定断态重复峰值电压 V_{DRM} 时的断态重复峰值电流			

表 2（续）

条号	特性和条件	符 号	数 值	
			最小值	最大值
4.2.3.1	在 T_j＝25℃时	I_{DRM1}		×
4.2.3.2	在 T_{jm}时	I_{DRM2}		×
4.2.4	维持电流	I_H		×
4.2.5	擎住电流	I_L		×
4.2.6	门极触发电流	I_{GT}		×
4.2.7	门极触发电压	V_{GT}		×
4.2.9	门极不触发电压	V_{GD}	×	
4.2.10	断态电压临界上升率	dv/dt	×	
4.2.11	电路换向关断时间	t_q		×
4.2.12	热阻 结到环境或管壳	R_{thja}或 R_{thjc}		×
4.2.13	门极控制延迟时间	t_d	×	×
4.2.14	恢复电荷 在规定条件下的最小值和最大值，或最大值	Q_r	×	×

5 检验规则

5.1 出厂检验

表 3 给出出厂检验要求。其中，所采用的数值和确切的规定条件应符合给定型号的要求和有关标准中相应试验的要求以及订货合同规定。除另有说明外，引用标准的条号对应于 GB/T 15291—1994。

出厂检验和试验应对全部器件进行。全部试验都是非破坏性的。

表 3

项目	符号	引用标准	规定条件	检验要求限值	
				最小值	最大值
通态峰值电压	V_{TM}	5.1.2.3	T_{jm}；通态电流值		×
反向重复峰值电压	V_{RRM}	5.1.3	室温和 T_{jm}；反向重复峰值电压；频率。		×
断态重复峰值电压	V_{DRM}	5.1.6	室温和 T_{jm}；断态重复峰值电压；频率。		×
反向不重复峰值电压	V_{RSM}	5.3.1	室温和 T_{jm}；反向不重复峰值电压；频率。		×
断态不重复峰值电压	V_{DSM}	5.3.2	室温和 T_{jm}；断态不重复峰值电压；频率		×
门极触发电流	I_{GT}	5.1.7	室温；断态电压值。		×
门极触发电压	V_{GT}	5.1.7	室温；断态电压值		×
断态电压临界上升率	dv/dt	5.1.11	室温和 T_{jm}；断态电压值	×	
通态浪涌电流	I_{TSM}	本标准 A.2	T_{jm}；通态浪涌电流值；再加断态电压值；浪涌次数和每次浪涌的周波数		×
电路换向关断时间	t_q	5.1.10	T_{jm}；通态电流值；$-di/dt$；dv/dt；再加断态电压值		×

表 3(续)

项目	符号	引用标准	规定条件	检验要求限值	
				最小值	最大值
恢复电荷	Q_r	5.1.13	T_{jm};通态电流值;$-di/dt$	×	×
非重复通态电流临界上升率	di_m/dt	本标准 A.5	T_{jm};断态电压值;通态电流值;通态电流上升率;通态电流脉冲的次数		×
门极控制延迟时间	t_d	5.1.9	T_{jm};断态电压值	×	×
反向长雪崩电压 反向短雪崩电压	V_{RAL} V_{RAS}	本标准 A.3	室温和 T_{jm};反向雪崩电压值和波形参数;反向雪崩电压脉冲次数		× ×
门极—阴极特性		本标准 A.1	室温;门极—阴极电流值;交流电压发生器的频率		
交流全波电压		6.2	室温;施加的交流全波电压频率和值及其对应的晶闸管电流值;试验持续时间		
直流稳定性		本标准 A.4	室温;施加的直流偏置电压值及其对应的晶闸管电流值;试验持续时间		

5.2 型式试验

表 4 规定了型式试验项目。其中,所采用的数值和确切的规定条件应符合给定型号的要求和有关标准中相应试验的要求以及订货合同规定。除另有说明外,引用标准的条号对应于 GB/T 15291—1994。

型式试验应在出厂检验的基础上进行。其中,项目栏标有(D)的试验是破坏性试验。

表 4

项目	符号	引用标准	规定条件	检验要求限值	
				最小值	最大值
维持电流	I_H	5.1.5	室温和 T_{jm}		×
擎住电流	I_L	5.1.4	室温和 T_{jm};门极触发电流		×
反向重复峰值电流	I_{RRM}	5.1.3	室温和 T_{jm};反向重复峰值电压;频率。		×
断态重复峰值电流	I_{DRM}	5.1.6.3	室温和 T_{jm};断态重复峰值电压;频率		×
通态电流临界上升率	di/dt	5.3.5	T_{jm};通态电流值;断态电压值;频率		×
门极不触发电压	V_{GD}	5.1.8	T_{jm};断态电压值	×	
热阻	R_{thjc}	5.2.2.2			×
反向短雪崩电压	V_{RAS}	本标准 A.3	T_{jm};反向雪崩电压值和波形参数;脉冲次数		×
温度快速变化		GB/T 4937—1995 的Ⅲ.1.2	T_{stgmin}/T_{stgmax};持续时间;转换时间;循环次数		

表 4（续）

项目	符号	引用标准	规定条件	检验要求限值	
				最小值	最大值
热循环负载 试验前后测量： 反向重复峰值电流 断态重复峰值电流 门极—阴极特性 密封性	 I_{RRM2} I_{DRM2}	5.4 5.1.3 5.1.6.3 本标准 A.1 GB/T 4937—1995 的Ⅲ.7.4	温度变化量；循环次数		
电耐久性 试验前后测量： 反向重复峰值电流 断态重复峰值电流 门极—阴极特性 密封性	 I_{RRM2} I_{DRM2}	6.2 5.1.3 5.1.6.3 本标准 A.1 GB/T 4937—1995 的Ⅲ.7.4	T_{jm}；断态电压值；试验持续时间		
高温贮存(D) 试验前后测量： 反向重复峰值电流 断态重复峰值电流 门极—阴极特性 密封性	 I_{RRM2} I_{DRM2}	GB/T 4937—1995 的Ⅲ.2 5.1.3 5.1.6.3 本标准 A.1 GB/T 4937—1995 的Ⅲ.7.4	T_{stg}；试验持续时间		
冲击(D) 或 碰撞		GB/T 2423.5—1995 GB/T 2423.6—1995	峰值加速度；持续时间；半正弦波形。 峰值加速度；持续时间；半正弦波形		
盐雾		GB/T 4937—1995 的Ⅲ.8	环境温度；NaCl 溶液浓度；试验持续时间		

6 标志和订货单

6.1 标志

6.1.1 产品上的标志应包括：

a) 产品型号；

b) 端(子)识别标志；

c) 制造商名称或商标；

d) 产品批号和编号。

6.1.2 包装盒上的标志应包括：

a) 产品型号；

b) 制造商名称或商标；

c) 产品批号和编号；

d) 本标准编号；

e) 防雨标志。

6.2 订货单

订货单上应写明产品型号、本标准编号和其他必要的内容。

附 录 A
（规范性附录）
补充试验方法

A.1 门极—阴极特性

A.1.1 目的

在规定条件下，观测晶闸管门极正向电流与门极正向电压的关系曲线。

A.1.2 电路图

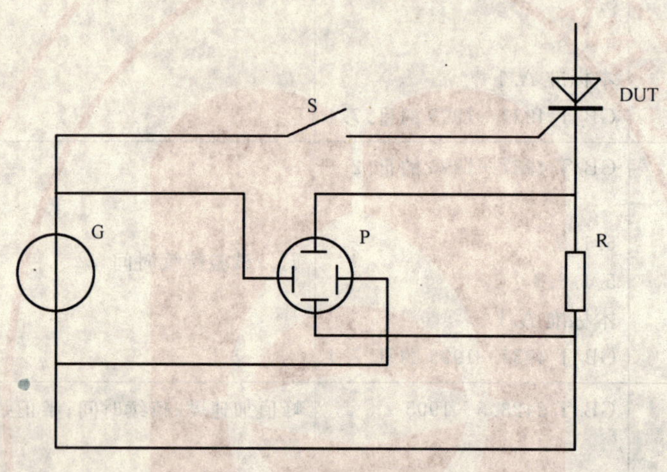

图 A.1 门极—阴极特性观测原理电路

A.1.3 电路说明和要求

电压发生器 G 为低压电源。

通态电流由电阻器 R 的值决定。此电流应足够大，以保证被测晶闸管完全开通。

A.1.4 观测程序

在规定温度条件下，对被测晶闸管 DUT 施加规定的断态电压，在示波器 P 上观测晶闸管门极正向电流与门极正向电压的关系曲线。

A.1.5 规定条件

——管壳温度；

——门极—阴极电流值；

——交流电压发生器的频率。

A.2 通态浪涌电流

A.2.1 目的

在规定条件下，检验晶闸管的通态浪涌电流额定值。

A.2.2 电路图和波形

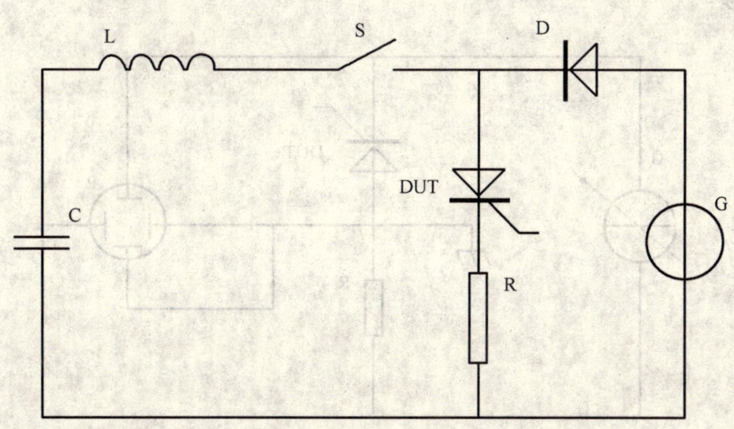

图 A.2 通态浪涌电流试验原理电路

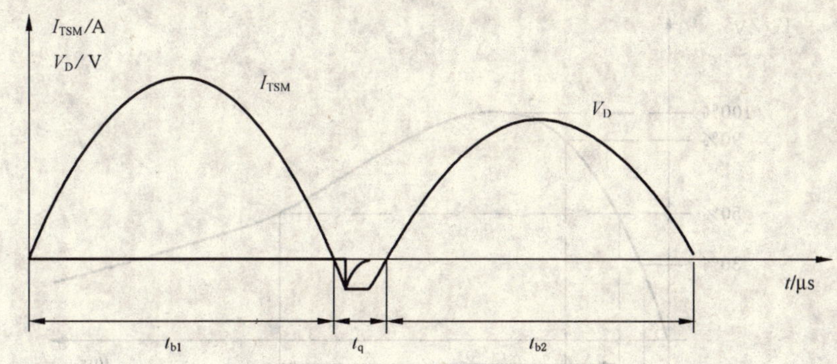

图 A.3 通态浪涌电流试验的电流和电压波形

A.2.3 电路说明和要求

储能电容器 C 与电感器 L 提供通态浪涌电流。S 为在通态电流半周期具有 180°导通角的机电开关或电子式功率开关。

电压发生器 G 提供再加断态电压 V_D。二极管 D 阻断来自储能电容器 C 和电感器 L 的正向电压。

R 为电流取样电阻器。

应注意设定关断间隔 t_q，避免在受试晶闸管 DUT 尚未恢复阻断能力时施加再加断态电压。

A.2.4 试验程序

将受试晶闸管 DUT 加热至规定温度。

调整通态浪涌电流和再加断态电压，使之分别达到其规定值。

对受试晶闸管 DUT 施加规定的通态浪涌电流和再加断态电压。

A.2.5 规定条件

—— 施加通态浪涌电流前的结温；

—— 通态浪涌电流值；

—— 再加断态电压值；

—— 浪涌次数和每次浪涌的周波数。

A.3 反向雪崩电压

A.3.1 目的

在规定条件下，检验晶闸管的反向雪崩电压额定值。

A.3.2 电路图和波形

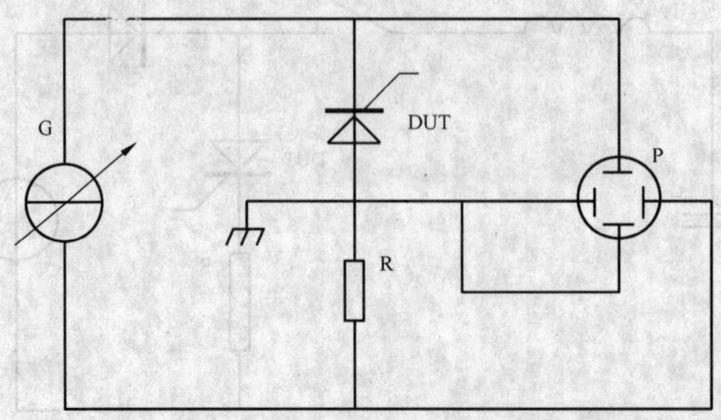

图 A.4 反向雪崩电压试验原理电路

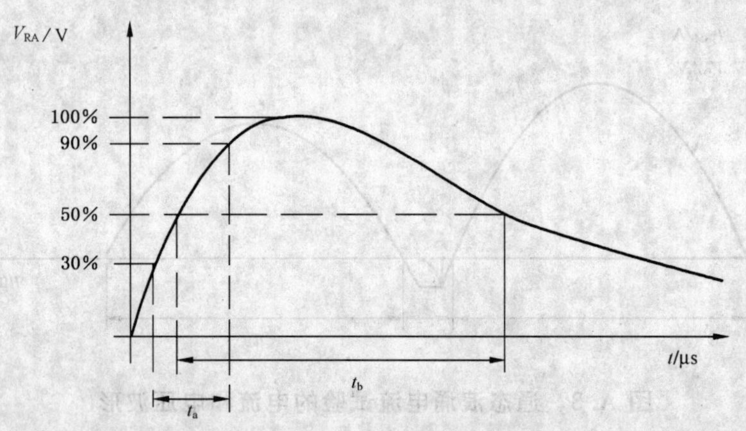

图 A.5 反向雪崩电压波形

A.3.3 电路说明和要求

恒流脉冲发生器 G 提供反向雪崩电压。

R 为电流取样电阻器。

A.3.4 试验程序

将受试晶闸管 DUT 加热至规定温度。

根据反向长雪崩电压和反向短雪崩电压试验要求，分别调整恒流脉冲发生器 G 和其他电路参数，使反向雪崩电压值和波形参数均达到相应规定要求。

对受试晶闸管 DUT 施加规定次数的反向雪崩电压脉冲。

A.3.5 规定条件

——施加反向雪崩电压前的结温；

——反向雪崩电压值；

——反向雪崩电压波形参数；

——施加反向雪崩电压脉冲的次数。

A.4 直流稳定性

A.4.1 目的

在规定条件下，检验晶闸管承受直流偏置电压的能力。

A.4.2 电路图

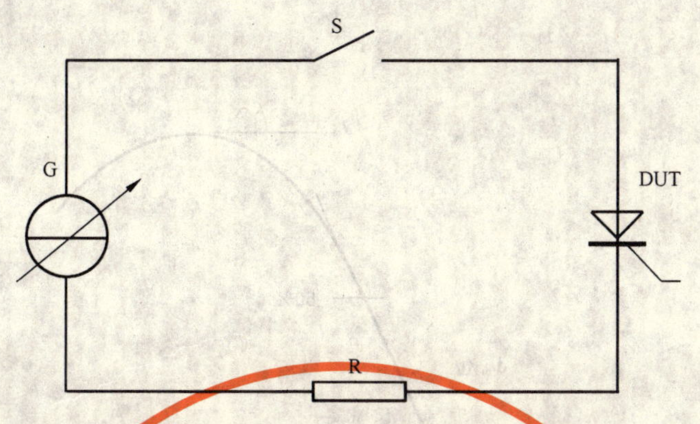

图 A.6　直流稳定性试验原理电路

A.4.3　电路说明和要求

恒流脉冲发生器 G 提供直流偏置电压。

R 为电流取样电阻器。

A.4.4　试验程序

在规定温度条件下，对受试晶闸管 DUT 施加规定的直流偏置电压，监测受试晶闸管 DUT 在此情况下产生的电流。

A.4.5　规定条件

——管壳温度；

——施加的直流偏置电压值；

——晶闸管在直流偏置电压下的电流；

——试验持续时间。

A.5　非重复通态电流临界上升率

A.5.1　目的

在规定条件下，检验晶闸管的非重复通态电流临界上升率额定值。

A.5.2　电路图和波形

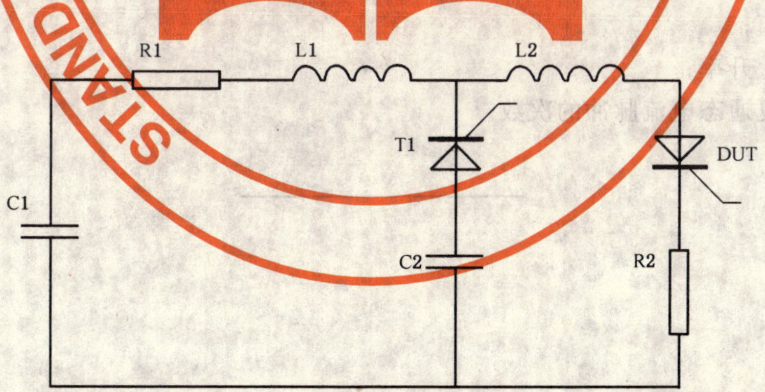

图 A.7　非重复通态电流临界上升率试验原理电路

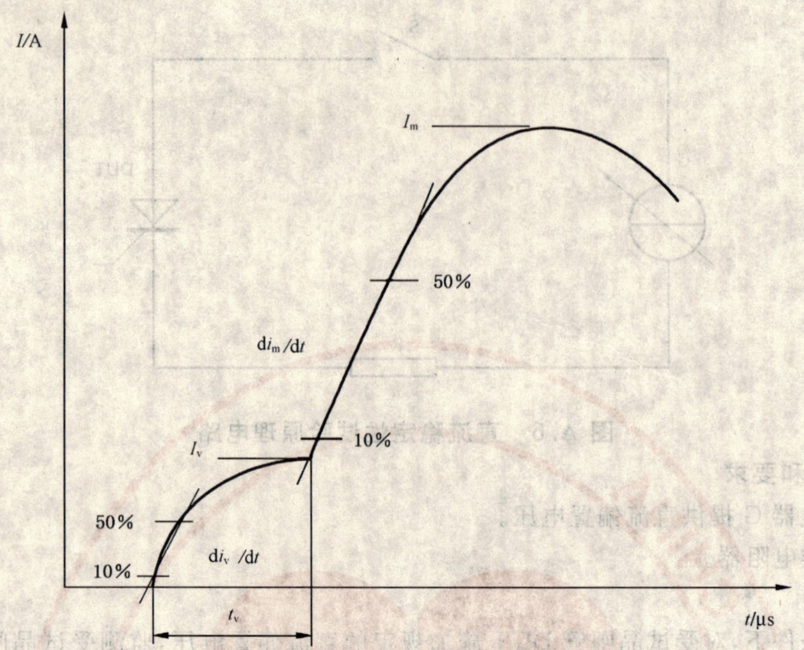

图 A.8 非重复通态电流临界上升率试验的电流波形

A.5.3 电路说明和要求

储能电容器 C1 和 C2 提供电流。通态电流上升率由电阻器 R1 和电感器 L1、L2 调整。

T1 为电子式功率开关。

R2 为电流取样电阻器。

A.5.4 试验程序

将受试晶闸管 DUT 加热至规定温度。

调整断态电压和其他电路参数，使断态电压、通态电流和通态电流上升率分别达到其规定值。

对受试晶闸管 DUT 施加规定次数的非重复通态电流脉冲。

A.5.5 规定条件

——施加非重复通态电流前的结温；

——断态电压值；

——通态电流值；

——通态电流上升率；

——施加非重复通态电流脉冲的次数。

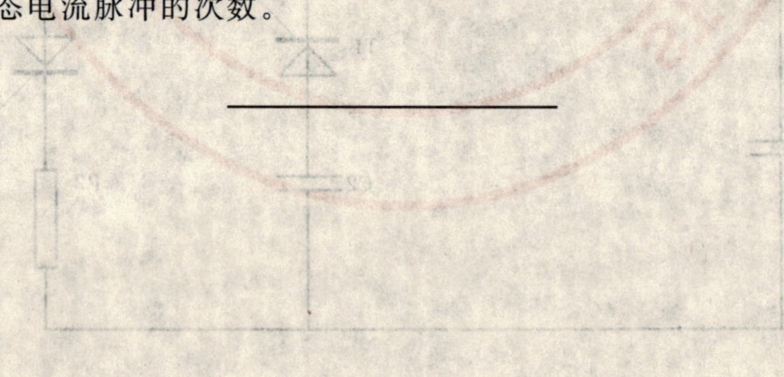

ICS 31.060.70
K 42

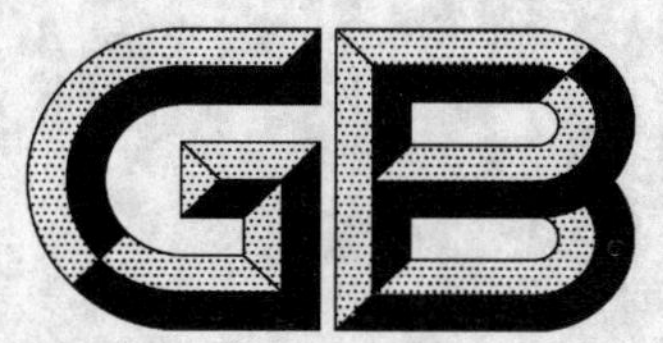

中华人民共和国国家标准

GB/T 20993—2007

高压直流输电系统用直流滤波电容器

DC filter capacitors for HVDC transmission systems

2007-06-21 发布　　　　2008-02-01 实施

中华人民共和国国家质量监督检验检疫总局
中国国家标准化管理委员会　发布

前　言

本标准的附录 A 和附录 B 均为资料性附录。

本标准由中国电器工业协会提出。

本标准由全国电力电容器标准化技术委员会(SAC/TC 45)归口。

本标准负责起草单位:西安电力电容器研究所、机械工业北京电工技术经济研究所。

本标准参加起草单位:西安西电电力电容器有限责任公司、北京网联直流输电工程公司、西安 ABB 电力电容器有限公司、中国电力科学研究院、西安高压电器研究所。

本标准主要起草人:贾华、郭天兴、房金兰、刘菁、王琨、任强、李怀玉、郑劲、于坤山、张万荣、祝霆、周登洪。

本标准为首次发布。

引　言

高压直流输电在我国电网建设中，对于长距离送电和大区联网有着非常广阔的发展前景，是目前作为解决高电压、大容量、长距离送电和异步联网的重要手段。根据我国直流输电工程实际需要和高压直流输电技术发展趋势开展的项目在引进技术的消化吸收、国内直流输电工程建设经验和设备自主研制的基础上，研究制定高压直流输电设备国家标准体系。内容包括基础标准、主设备标准和控制保护设备标准。项目已完成或正在进行制定共19项国家标准：

(1)《高压直流系统的性能　第一部分　稳态性能》
(2)《高压直流系统的性能　第二部分　故障与操作》
(3)《高压直流系统的性能　第三部分　动态性能》
(4)《高压直流换流站绝缘配合程序》
(5)《高压直流换流站损耗的确定》
(6)《变流变压器　第二部分　高压直流输电用换流变压器》
(7)《高压直流输电用油浸式换流变压器技术参数和要求》
(8)《高压直流输电用油浸式平波电抗器》
(9)《高压直流输电用油浸式平波电抗器技术参数和要求》
(10)《高压直流换流站无间隙金属氧化物避雷器导则》
(11)《高压直流输电系统用并联电容器及交流滤波电容器》
(12)《高压直流输电系统用直流滤波电容器》
(13)《高压直流输电用普通晶闸管的一般要求》
(14)《输配电系统的电力电子技术静止无功补偿装置用晶闸管阀的试验》
(15)《高压直流输电系统控制与保护设备》
(16)《高压直流换流站噪音》
(17)《高压直流套管技术性能和试验方法》
(18)《高压直流输电用光控晶闸管的一般要求》
(19)《直流系统研究和设备成套导则》

高压直流输电系统用直流滤波电容器

1 总则

1.1 范围和目的

本标准适用于安装在高压直流输电换流站直流侧，用于直流滤波器的电容器单元和电容器组。

本标准的目的是：

a） 阐述关于性能、试验和定额的统一规则；

b） 阐述特殊的安全规则；

c） 提供安装和运行导则。

1.2 规范性引用文件

下列文件中的条款通过本标准的引用而成为本标准的条款。凡是注日期的引用文件，其随后所有的修改单（不包括勘误的内容）或修订版均不适用于本标准。然而，鼓励根据本标准达成协议的各方研究是否可使用这些文件的最新版本。凡是不注日期的引用文件，其最新版本适用于本标准。

GB 311.1 高压输变电设备的绝缘配合（GB 311.1—1997，neq IEC 60071-1：1993）

GB/T 11024.1 标称电压 1 kV 以上交流电力系统用并联电容器 第 1 部分：总则 性能、试验和定额 安全要求 安装和运行导则（GB/T 11024.1—2001，eqv IEC 60871-1：1997）

GB/T 11024.4 标称电压 1 kV 以上交流电力系统用并联电容器 第 4 部分：内部熔丝（GB/T 11024.4—2001，idt IEC 60871-4：1996）

GB/T 13540 高压开关设备抗地震性能试验

GB/T 16927.1 高电压试验技术 第一部分：一般试验要求（GB/T 16927.1—1997，eqv IEC 60060-1：1989）

GB/T 20994—2007 高压直流输电系统用并联电容器及交流滤波电容器

1.3 术语和定义

本标准采用下列术语和定义。

1.3.1

电容器元件；元件 capacitor element（or element）

由电介质和被它隔开的电极所构成的部件。

1.3.2

电容器单元；或单元 capacitor unit（or unit）

由一个或多个电容器元件组装于单个外壳中并有引出端子的组装体。

1.3.3

串联段 series section

所有并联连接在一起的电容器单元。

1.3.4

电容器台架 capacitor rack

由支撑构架及安装于其上的一个或多个串联段、绝缘子、电容器连接线所构成的组装体。

1.3.5

电容器组 capacitor bank

由支撑绝缘子或悬式绝缘子及安装在上面的一个或多个电容器台架、台架间的绝缘子、连接线等构成的塔式或悬挂式组装体。

1.3.6

电容器　capacitor

本标准中,“电容器”一词是当不需要特别强调“电容器单元”或“电容器组”的不同含义时的用语。

1.3.7

额定谐振频率　rated resonance frequency

设计滤波器时所规定的呈现某一给定阻抗的频率。

1.3.8

直流滤波器　DC filter

为降低流入直流极线和接地极引线中的谐波电流而设计的滤波器。

1.3.9

单调谐滤波器　single-tuned harmonic filter

一种在其谐振频率下呈现低阻抗的滤波器。

1.3.10

双调谐滤波器　double-tuned harmonic filter

一种在两个谐振频率下呈现低阻抗的滤波器。

1.3.11

电容器组的最大持续直流电压　maximum continuous DC voltage of a bank

U_{DC}

设计电容器时规定的电容器组能够持续运行的最高直流电压。

1.3.12

电容器组的额定电压　rated voltage of a bank

U_{bN}

高压电容器组按下式给出:

$$U_{bN} = kU_{DC} + \sqrt{2}\sum_{n=1}^{50} U_n$$

式中:

U_{DC}——电容器组的最大持续直流电压;

U_n——第 n 次谐波电压(方均根值);

k——系数,一般取 1.3。

直流滤波器用低压电容器组额定电压的选择同交流滤波器用低压电容器组(见 GB/T 20994—2007)。

1.3.13

电容器组的额定电流　rated current of a bank

I_{bN}

由下式给出:

$$I_{bN} = \sqrt{\sum_{n=1}^{50} I_n^2}$$

式中:

I_n——第 n 次谐波电流(方均根值)。

1.3.14

电容器组的额定容量　rated output of a bank

Q_{bN}

由下式给出：

$$Q_{bN}=\sum_{1}^{50}Q_n$$

式中：

Q_n——n 次谐波产生的容量。

1.3.15

电容器单元的最大持续直流电压　maximum continuous DC voltage of a unit

U_d

由下式给出：

$$U_d=\frac{U_{DC}}{S}$$

式中：

U_{DC}——电容器组的最大持续直流电压；

S——电容器组中电容器单元的串联段数。

1.3.16

电容器单元的额定电压　rated voltage of a unit

U_N

由下式给出：

$$U_N=\frac{U_{bN}}{S}$$

式中：

U_{bN}——电容器组的额定电压；

S——电容器组中电容器单元的串联段数。

1.3.17

电容器单元的额定电流　rated current of a unit

I_N

由下式给出：

$$I_N=\frac{I_{bN}}{P}$$

式中：

I_{bN}——电容器组的额定电流；

P——电容器组中电容器单元的并联数。

1.3.18

电容器单元的均压电阻　grading resistor of a capacitor unit

一种装于电容器内部的、用于改善电容器单元内部直流电压分布的电阻。同时，它还可以用作放电电阻降低电容器单元的剩余电压。

1.3.19

电容器单元的内部熔丝　internal fuse of a capacitor unit

在电容器单元内部和元件相串联的熔丝。

1.3.20

线路端子　line terminal

用来连接到输电线或母线上的端子。

1.3.21

电容器的额定电容　rated capacitance of a capacitor

C_N

设计电容器时所规定的电容值。

1.3.22

电容器损耗　capacitor losses

电容器内消耗的有功功率。

注：应包括所有部件产生的损耗。例如：

——对于单元，由电介质、内部熔丝、内部均压电阻、连接件等产生的损耗。

——对于电容器组，由单元、连接线等产生的损耗。

1.3.23

电容器的损耗角正切　tangent of the loss angle of a capacitor

$\tan\delta$

在规定的工频电压下，电容器消耗的有功功率与无功功率之比。

1.3.24

环境空气温度　ambient air temperature

准备安装电容器处的空气温度。

1.3.25

冷却空气温度　cooling air temperature

在稳定状态下，在电容器组的最热区域中两台电容器间外壳最热点连线中点的空气温度。

1.3.26

稳定状态　steady-state condition

在恒定输出和恒定环境空气温度下电容器所达到的热平衡状态。

1.3.27

剩余电压　residual voltage

开断一段时间之后电容器端子间尚残存的电压。

1.4　使用条件

1.4.1　正常使用条件

本标准给出的要求适用于在下列条件下使用的电容器。

1.4.1.1　通电时的剩余电压

不超过额定电压的10%。

1.4.1.2　海拔

不超过1 000 m。

1.4.1.3　环境空气温度类别

电容器按温度类别分类，每一类别用一个数字后跟一个字母来表示。数字表示电容器可以运行的最低环境空气温度。字母代表温度变化范围的上限，在表1中规定了最高值。温度类别覆盖的温度范围为：−50 ℃～+55 ℃。

电容器可以投入运行的最低环境空气温度应从+5 ℃，−5 ℃，−25 ℃，−40 ℃，−50 ℃这5个优先值中选取。

注：经制造方同意，电容器可以在低于上述下限的温度下使用，但投运必须在等于或高于该极限的温度下进行。

表1 温度范围上限用字母代号

环境温度/℃			
代号	最高	24 h平均最高	年平均最高
A	40	30	20
B	45	35	25
C	50	40	30
D	55	45	35
注：这些温度值可在安装地区的气象温度表中查得。			

表1是以电容器不影响环境空气温度的使用条件(例如户外装置)为前提确定的。

如果电容器影响空气温度，则应加强通风和(或)另选电容器，以保证表1中的极限值。在这样的装置中冷却空气温度应不超过表1的温度极限值加5℃。

任何最低和最高值的组合均可选作电容器的标准温度类别，例如：−40/A或−5/C。优先的标准温度类别为：−40/A，−25/A，−25/B，−5/A和−5/C。

1.4.1.4 风速

安装运行地区的风速应不超过150 km/h。

1.4.1.5 污秽等级

不高于Ⅲ级。

1.4.1.6 地震

安装运行地区的地震烈度应不超过8度。

1.4.2 非正常使用条件

非正常使用条件由制造方和购买方商定。

2 质量要求和试验

2.1 试验要求

2.1.1 概述

本章给出了对电容器单元的试验要求。

2.1.2 试验条件

除对特殊的试验或测量另有规定外，电容器介质的温度应在+5℃～+35℃范围内。

当必须进行校正时，使用的参考温度为+20℃，但制造方和购买方之间另有协议时除外。

如果电容器在不通电状态下在恒定环境温度中放置了适当长的时间，则可认为电容器的介质温度与环境温度相同。

如果没有其他规定，交流试验和测量均可在50 Hz或60 Hz的频率下进行。

2.1.3 试验总则

耐压试验中任何一个元件损坏，都将视为整台电容器未通过试验；在其他试验中，如果任何一项参数不满足设计要求，都将视为整台电容器未通过该试验。

对于低压电容器，按照交流滤波电容器的试验要求(见GB/T 20994—2007)进行。

2.2 试验分类

试验分为：例行试验、型式试验、验收试验和特殊试验。

2.2.1 例行试验

a) 外观检查(见第2.3)；

b) 电容测量(见第2.4)；

c) 电容器损耗角正切(tanδ)测量(见第 2.5);

d) 端子间电压试验(见第 2.6);

e) 端子与外壳间交流电压试验(见第 2.7);

f) 内部均压电阻测量(见第 2.8);

g) 密封性试验(见第 2.9);

h) 短路放电试验(见第 2.10)。

例行试验应由制造方在交货前对每一台电容器进行。如果购买方有要求,则制造方应提供详列这些试验结果的证明书。

上述试验顺序不是强制性的。

2.2.2 型式试验

a) 热稳定性试验(见第 2.11);

b) 端子与外壳间交流电压试验(见第 2.12);

c) 端子与外壳间雷电冲击电压试验(见第 2.13);

d) 短路放电试验(见第 2.14);

e) 电容随频率和温度的变化曲线测量(见第 2.15);

f) 极性反转试验(见第 2.16);

g) 电容器损耗角正切(tanδ)测量(见 2.17);

h) 局部放电试验(见第 2.18);

i) 内部熔丝的隔离试验(见第 2.19);

j) 套管及导电杆受力试验(见第 2.20)。

进行型式试验是为了确定电容器在设计、尺寸、材料和制造方面是否满足本标准中所规定的性能和运行要求。

除非另有规定,每一拟用来作型式试验的电容器应为经例行试验合格的电容器。

型式试验应对与所供电容器有相同设计的电容器进行,或对在设计和工艺上与所供电容器在可能影响型式试验所要检验的性能方面没有差异的电容器进行。

没有必要在同一电容器单元上进行全部型式试验,可以在具有相同特性的不同单元上进行。

型式试验应由制造方进行,在有要求时,应向购买方提供这些试验结果的证明书。

2.2.3 验收试验

验收试验主要是购买方在安装前所需进行的试验,此项试验的目的是检验电容器在运输中有否受到损伤,以确保要安装的电容器是良好的。在有条件时,推荐进行下列项目的试验:

a) 外观检查(见第 2.21);

b) 绝缘电阻测量(见第 2.22);

c) 电容测量(见第 2.23);

d) 耐压试验(见第 2.24);

e) 电容器损耗角正切(tanδ)测量(见第 2.25);

f) 耐压后复测电容值(见第 2.26)。

2.2.4 特殊试验

a) 最高内部热点温度试验(见第 2.27);

b) 抗震试验(见第 2.28)。

2.3 外观检查(例行试验)

检查电容器是否存在渗漏油、外壳变形,用量具检验相关的尺寸。

检查套管有无损伤,金属件外表面及防腐层是否有损伤和腐蚀。

检查爬电比距和电气净距是否满足设计要求。

2.4 电容测量(例行试验)

2.4.1 测量程序

电容应在(0.9～1.1)U_N/2 的电压下用能排除由谐波引起的误差的方法进行测量。

如果制造方和购买方商定了适当的校正因数，也可以在其他电压下测量。

最终的电容测量应在电压试验(见第 2.6 和第 2.7)之后进行。

为了揭示是否有诸如一个元件击穿或一根内部熔丝动作所导致的电容变化，应在其他电气例行试验之前进行电容初测，初测应在不高于 0.15 U_N 的电压下进行。

测量方法的准确度应能满足 2.4.2 的电容偏差。经过协商，可以要求较高的准确度，在这种情况下，制造方应说明测量方法的准确度。

测量方法的再现性应能检测出一个元件击穿或一根内部熔丝动作。

2.4.2 电容偏差

电容和额定电容的相差应不超过：

对电容器单元，−3%～+3%；

对电容器组，−1%～+1%；

电容器组各串联段的最大电容与最小电容值之比应不超过 1.05。

2.5 电容器损耗角正切(tanδ)测量(例行试验)

2.5.1 测量程序

电容器损耗角正切(tanδ)应在(0.9～1.1)U_N/2 的电压下用能排除由谐波引起的误差的方法进行测量。测量方法的准确度以及与在规定电压和频率下测量值的关系应予以给出。

注：某些类型电介质的 tanδ 值是测量前通电时间的函数。

2.5.2 损耗要求

电容器损耗的要求应由制造方和购买方协商确定。

电容器损耗是在 2.5.1 条件下的测量值。

注：制造方应按照协议提供表明在额定容量的稳态条件下，电容器损耗(或 tanδ)与在温度类别范围内环境温度关系的曲线或表格。

2.6 端子间电压试验(例行试验)

每一电容器均应承受 2.6 倍额定电压的直流试验电压(U_s)，历时 10 s。试验期间，应既不发生击穿也不发生闪络。

注：如果电容器在例行试验后再次进行试验，则第二次试验推荐采用 75%U_s 的电压。

2.7 端子与外壳间交流电压试验(例行试验)

所有端子均与外壳绝缘的电容器单元，试验电压应施加在连接在一起的端子与外壳之间，历时 1 min。

电容器单元的试验电压根据下面的步骤进行计算：

a) 首先计算电容器单元的额定雷电冲击耐受电压：

$$U_t = U_{LIWL} \cdot \frac{n}{S}$$

式中：

U_{LIWL}——电容器组的雷电冲击耐受水平(峰值)，其值由系统设计给定；

S——电容器组中电容器单元的串联段数；

n——同一台架上相对于外壳连接电位的最大串联单元数。

b) 在表 2 中选择与 U_t 值最为接近但不低于 U_t 值的雷电冲击耐受电压。

c) 该雷电冲击耐受电压所对应的额定短时工频耐受电压即为电容器单元端子与外壳间交流电压试验的试验电压值。

试验期间，应既不发生击穿也不发生闪络。

有一个端子固定连接到外壳上的单元，不做此项试验。

表 2 绝缘水平

单位为千伏

系统标称电压（方均根值）	设备最高电压 U_m（方均根值）	额定雷电冲击耐受电压（峰值）	额定操作冲击耐受电压（峰值）	额定短时工频耐受电压（干试与湿试）（方均根值）
3	3.5	40	—	18/25
6	6.9	60	—	23/30
10	11.5	75	—	30/42
15	17.5	105	—	40/55
20	23.0	125	—	50/65
35	40.5	185	—	80/95
注：对同一设备最高电压给出两个绝缘水平者，在选用时应考虑到电网结构及过电压水平、过电压保护装置的配置及其性能、可接受的绝缘故障率等。 斜线下的数据为外绝缘的干耐受电压。				

2.8 内部均压电阻测量（例行试验）

内部均压电阻的检验方法由制造方选择。

本试验应在 2.6 的电压试验之后进行。

均压电阻测量值与设计值的相差应不超过－10%～＋10%，电容器组各串联段均压电阻的最大值与最小值之比应不超过 1.05。

注：均压电阻可同时用来当作放电电阻使用，其要求可参见 6.1。

2.9 密封性试验（例行试验）

单元（在无涂层状态下）应受到能有效地检测出其外壳和套管上任何渗漏的试验，试验程序由制造方规定。

如果制造方没有规定试验程序，则试验应按下述程序进行：

将未通电的电容器单元通体加热，使各个部位均达到不低于 70 ℃的温度，并在此温度下保持至少 2 h，不应发生渗漏。建议使用适当的指示器。

2.10 短路放电试验（例行试验）

单元应以直流充电，然后通过尽可能靠近电容器放置的间隙放电 1 次。

试验电压应为 $1.2U_N$。

在放电试验前和电压试验后均应测量电容。两次测得值之差应小于相当于一个元件击穿或一根内部熔丝动作之量。

2.11 热稳定性试验（型式试验）

2.11.1 概述

本试验是用来：

——确定电容器在过负荷条件下的热稳定性；

——确定电容器获得损耗测量再现性的条件。

2.11.2 测量程序

将被试电容器单元放置于另外两台具有相同额定值并施加与被试电容器相同电压的单元（陪试单元）之间。也可采用两台装有电阻器的模型电容器作为陪试单元，应调节电阻器的损耗使得模型电容器的内侧面靠近顶部的外壳温度等于或高于被试电容器相应处的温度。单元之间的间距应等于或小于正常间距。此试验组应放置于静止空气的加热封闭箱中，其相对位置及放置方式应符合制造方对现场安装的规定。环境空气温度应保持或高于表3所示的相应温度。此温度应以具有热时间常数约1 h的温度计来检验。应对此温度计加以屏蔽，使其受到3个通电试品热辐射的可能性最小。

被试电容器应进行交流试验和直流试验。

如果交流试验和直流试验在同一台被试电容器进行，则先进行交流试验。对被试电容器应施加实际正弦波的工频交流电压，历时24 h。在试验期间内应调整电压大小，使得电容器实际产生的损耗为实际运行条件下最大损耗的1.44倍。在最后6 h内，应测量外壳接近顶部处的温度至少4次。在整个6 h内温升的增加应不大于1 K。如果观察到较大的变化，则试验应继续进行直到在6 h内的连续4次测量满足上述要求为止。

表3 热稳定性试验时的环境空气温度

代　　号	环境空气温度/℃
A	40
B	45
C	50
D	55

在交流试验结束后的15 min内对被试电容器施加1.3倍的最大直流持续电压(U_d)，历时24 h。在最后6 h内，应测量外壳接近顶部处的温度至少4次。在整个6 h内温升的增加应不大于1 K。如果观察到较大的变化，则试验应继续进行直到在6 h内的连续4次测量满足上述要求为止。

如果选择两台被试电容器分别进行交流试验和直流试验，每项试验的试验方法与上述的相同，但持续时间最少为48 h。试验可不分先后顺序。

试验前后应在2.1.2的温度范围内测量电容(见2.4.1)，并将两次测得值校正到同一介质温度。两次测得值之差应小于相当于一个元件击穿或一根内部熔丝动作之量。

在解释测量结果时，应考虑以下两个因素：

——测量的复现性；

——在没有任何电容器元件击穿或内部熔丝熔断的情况下，介质的内部变化可能引起电容的微小变化。

注：当检验温度条件是否符合要求时，应考虑在试验期间内电压、频率和环境空气温度的波动，为此建议绘出这些参数和外壳温升对时间的函数曲线。

2.12 端子与外壳间交流电压试验(型式试验)

所有端子均与外壳绝缘的电容器单元，试验电压应施加在连接在一起的端子与外壳之间，历时1 min。

电容器单元的试验电压可根据2.7中项a)～项c)的步骤进行计算：

本试验应在淋雨条件下(见GB/T 16927.1)进行且套管的位置应与运行时的位置相当。

试验期间，应既不发生击穿也不发生闪络。

有一个端子固定连接到外壳上的单元，不做此项试验。

2.13 端子与外壳间雷电冲击电压试验(型式试验)

所有端子均与外壳绝缘的单元应承受下列试验。

在连接在一起的端子与外壳之间施加15次正极性冲击之后，接着再施加15次负极性冲击。

改变极性后，在施加试验冲击前允许先施加几次较低幅值的冲击。

如果满足下列要求，则认为电容器通过了试验：

——未发生击穿；

——在每一极性下未发生多于两次的外部闪络；

——波形未显示不规则性，或与在降低了的试验电压下记录的波形无显著差异。

另一种方法是单元承受3次正极性冲击，除不允许发生闪络外，以上的验收准则均适用。

雷电冲击电压试验应按GB/T 16927.1进行，但其波形为(1.2～5)/50 μs，试验电压为：

$$U_1 = 1.1 \cdot U_{LIWL} \cdot \frac{n}{S}$$

式中：

U_{LIWL}——电容器组的雷电冲击耐受水平；

S——电容器组中电容器单元的串联段数；

n——同一台架上相对于外壳连接电位的最大串联单元数。

试验时根据仪表的指示、放电声音、观察或复测电容等方法来检验电容器是否损坏。

有一个端子固定连接到外壳上的单元，不作此项试验。

2.14 短路放电试验(型式试验)

单元应以直流充电，然后通过尽可能靠近电容器放置的间隙放电。电容器应在10 min内承受5次这样的放电。

试验电压应为2.5 $U_N/\sqrt{2}$。

在试验后的5 min内，应对单元进行一次端子间电压试验(2.6)。

在放电试验前和电压试验后均应测量电容。两次测得值之差应小于相当于一个元件击穿或一根内部熔丝动作之量。

注：放电试验的目的是为了揭示内部连接中的缺陷。

2.15 电容随频率和温度的变化曲线测量(型式试验)

电容器单元应分别在工频(50 Hz或60 Hz)和额定谐振频率下进行测量。

测量时试品温度应至少包括在环境温度下限施加排除谐波后的电容器最低运行电压时的值，以及在环境温度上限施加最大负荷运行时的值，但不仅限于这两点。

测量应在电容器单元的温升稳定后进行。

应尽可能的选择足够多的点，以便建立电容随温度的变化曲线，并由此获得运行中可能出现的最大、最小电容值。

2.16 极性反转试验(型式试验)

电容器单元应能承受1.1倍的最大直流持续电压(U_d)并保持2 h，然后在2 min内改变电压极性并保持相同的幅值，同样再保持2 h，之后再进行一次电压极性反转并保持2 h。

电容器应能承受3次电压极性反转。

在试验前后均应测量电容。两次测得值之差应小于相当于一个元件击穿或一根内部熔丝动作之量。

2.17 电容器损耗角正切(tanδ)测量(型式试验)

电容器单元应在工频(50 Hz或60 Hz)下进行测量。

测量应至少包括环境温度下限和最高内部热点温度的值，但不仅限于这两点。

应尽可能的选择足够多的点，以便建立损耗角正切随温度的变化曲线。

2.18 局部放电试验(型式试验)

试验电压为直流。

给电容器单元施加$2U_N$的电压1 s，然后降至$1.5U_N$的电压保持60 min。在后30 min内不应观察到局部放电量的增加。

在试验前后均应测量电容。两次测得值之差应小于相当于一个元件击穿或一根内部熔丝动作之量。

2.19　内部熔丝的隔离试验(型式试验)

试验方法参见 GB/T 11024.4。

试验电压为直流,下限电压为 $0.7\dfrac{U_{DC}}{S}$,上限电压为$\dfrac{U_{SIPL}}{S}$。

式中:

U_{DC}——电容器组的最大持续直流电压;

S——电容器组中电容器单元的串联段数;

U_{SIPL}——电容器组的操作冲击保护电压。

在击穿的元件与其熔断了的熔丝间隙之间施加 $1.8U_{Ne}$(U_{Ne} 为元件电压)的直流试验电压,历时 10 s。

2.20　套管及导电杆受力试验(型式试验)

在瓷套顶部加与瓷套垂直的静止拉力 1 min,重复 5 次;在瓷套顶部导电杆加扭矩。

引出端子的套管及导电杆的机械强度:

——电容器套管应能承受 500 N 的水平拉力;

——电容器的导电杆能承受的扭矩应符合表 4 数据。

表 4　电容器的导电杆能承受的扭矩

接线头螺纹	螺母扳手的扭矩/N·m	
	最大值	最小值
M10	10	5
M12	15	7.5
M16	30	15
M20	52	26

2.21　外观检查(验收试验)

同 2.3。

2.22　绝缘电阻测量(验收试验)

用2 500 V绝缘电阻表测量。两出线端子短接后接绝缘电阻表的一端,另一端接电容器外壳。测量值应大于5 000 MΩ。有一个端子固定连接到外壳上的单元,不作此项试验。

2.23　电容测量(验收试验)

用电容表或电桥进行测量,测试电压为工频 $0.1U_N$ 以下。

2.24　耐压试验(验收试验)

端子间电压试验电压为 2.6 试验电压值的 75%,历时 10 s;

端子与外壳间交流电压试验为 2.7 试验电压值的 75%,历时 1 min。

2.25　电容器损耗角正切(tanδ)测量(验收试验)

同 2.5。

2.26　耐压后复测电容值(验收试验)

见 2.24。

2.27　最高内部热点温度试验(特殊试验)

该试验用以确定最高内部热点温度上升至高于环境温度时与外壳温度间的关系。电容器的放置同 2.11.2。施加电压使电容器最高内部热点温度达到制造方规定的数值,并达到稳定状态。试验前后应测量电容,两次测得值之差应小于相当于一个元件击穿或一根内部熔丝动作之量。

2.28　抗震试验(特殊试验)

本项试验按 GB/T 13540 进行。

水平加速度：0.3 g；

垂直加速度：0.15 g。

3 设计和结构要求

3.1 电容器组

在电容器组的设计中，应至少考虑以下因素：

——在安装、运行和维护期间的机械负荷；

——内部或外部故障对电容器组的电动力；

——风力；

——积雪覆冰载荷；

——抗震要求；

——由于温度和负荷变化引起的膨胀和伸缩的影响。

3.2 电容器台架

制造方应提供电容器台架及全部附属设备，包括支撑构架、电容器单元、绝缘子和连接件等。电容器台架应便于安装到电容器组上。

在设计中应考虑减少噪声的措施。

每一电容器台架都应明确标明：

——该台架在装配完毕后的总重量；

——该台架所属的电容器组；

——该组作为备用电容器单元的最大和最小电容值；

——适当的警告牌。

所有结构部件在电气上应相互连接以确保检修时能有效接地。台架上应带有适当的检修用接地端子。台架部件不允许通过负荷电流。

3.3 电容器单元

电容器单元优先采用内部熔丝保护。

设计中应考虑在电容器单元的寿命期内因预期的环境温度变化和负荷条件，包括短期和暂态负荷条件的变化所引起的膨胀和收缩。制造方应提供用来判断电容器单元箱体的正常膨胀和由电容器损坏造成的膨胀的判据。

电容器单元应当用螺丝和螺母紧固在电容器台架上。每一电容器单元的安装应便于从台架上拆卸和更换而不需拆卸其他电容器单元。当电容器单元较重时，应提供专门的搬运工具。

电容器单元套管的接线端子与电容器单元间的连接线应采用相同的材料，并应在额定电流下长期稳定工作。

电容器单元中的液体材料对环境应是安全可靠并可生物降解的。其尽可能无毒和无腐蚀性。不能采用含有多氯联苯(PCB)类的液体材料。在液体电介质浸渍前，电容器元件应在外壳内进行真空干燥处理，浸渍后，电容器单元应在浸渍剂容器移走后立即将电容器单元密封。

3.4 保护

由于直流滤波器的电容器组通常是由串联单元和并联单元组合成的，而单元通常是由串联元件和并联元件组合成的，所以可采用多种保护方法，例如：

——采用内部熔丝保护，熔丝的设计应保证任一电容器元件都能在故障时安全地断开，而不影响相邻熔丝的正常运行；

——电容器组内的不平衡保护；

——通过在线或离线测量，监测滤波器调谐状态，以确定故障位置；

——故障单元或对地电压值的直接或遥测、显示；

——指示电容器故障严重程度的单独故障报警，包括如果继续运行会导致电容器雪崩故障时，自动切除此滤波器支路。

3.5 噪声

制造方应对每一电容器组给出声级水平的计算，该计算基于工程技术规范书中所附的技术参数中给出的电流或电压。

也可以采用类似的电容器组在运行中现场测到的声级水平的计算结果代替上面的计算值。

3.6 机械设计

制造方应提供完整的电容器组，包括所有的台架、连接件、支持绝缘子和与底座固定的连接盘。

制造方应通过计算检验电容器组的机械强度。

电容器装置应安装在一底座上，此底座不需由制造方提供。

3.7 绝缘子

由于直流恒定的电压极性使直流绝缘吸附更多的污秽，导致更坏的闪络特性，要求采用更大的爬距和绝缘间隙；

绝缘子上的最小标称爬电距离应由技术规范书中给出的技术数据计算得出。

3.8 端子

制造方应提供电容器组内各种电压等级与外部连接的端子，这些端子应与电容器单元分开安装。

3.9 爬电距离

高压直流系统中使用爬电比距不小于 50mm/kV。具体可参见高压直流换流站绝缘配合相关标准内容。

注：由于污秽和不均匀湿润，依靠增加户外绝缘的额定爬电距离，并不能完全消除外绝缘的闪络。

3.10 无线电干扰(RIV)设计

电容器组应在户外晴天夜晚无可见电晕。

3.11 焊接

应光滑，避免虚焊、裂缝及其他任何缺陷。

3.12 表面处理

电容器的外壳和构架应采用防腐材料或涂料，以具有良好的防腐特性，所采用的表面处理标准和工艺经由购买方确认。

4 绝缘水平

电容器的绝缘水平由系统设计给定。

5 过负荷

制造方应根据用户要求提供电容器的实际短时过负荷能力。

6 安全要求

6.1 放电器件

每一电容器单元应备有在 10 min 内从 U_N 的初始电压放电到 75 V 或更低电压的放电器件。

内部均压电阻可用来当作放电电阻使用。

放电器件不能代替在接触电容器之前将电容器端子短路并接地。

注：如果要求更短的放电时间和更低的剩余电压，在这种情况下购买方应通知制造方。

6.2 外壳连接

电容器外壳应备有供连接用的螺栓，使电容器金属外壳的电位得以固定，并能承受对壳击穿时的故障电流。

6.3 环境保护

当电容器是用不允许扩散到环境中的材料浸渍时，必须采取预防措施。若国家在这方面有法律上的要求(见 6.2)时，应在电容器单元和电容器组上作出标记。

6.4 其他安全要求

当国家有关安全规则有特殊要求时，购买方应在询价时予以说明。

7 标志

7.1 铭牌

在每一电容器单元的铭牌上应给出下列资料：

a) 制造方名称。

b) 电容器单元的名称。

c) 电容器单元的型号。

d) 识别编号及制造年份。年份可以是识别编号的一部分或采用代码形式。

e) 额定电压 U_N，kV。

f) 额定电流 I_N，A。

g) 额定谐振频率，Hz。

h) 实测电容，μF。

i) 均压电阻值，MΩ。

j) 温度类别(见 1.4.1.3)。

k) 绝缘水平 U_i，kV(仅适用于所有端子均与外壳绝缘的单元)。

绝缘水平应以一斜线隔开的两个数字表示，第一个数字给出工频试验电压的方均根值，kV；第二个数字给出雷电冲击试验电压的峰值，kV(例如 30/75)(见 4.2)。

l) 内部熔丝，如装有时，应以符号—▭—表示。

m) 浸渍剂的化学名称或商业名称。(此标志也可在警告牌上表明，见 7.2)。

n) 标准代号。

7.2 警告牌

如果电容器单元中含有可能污染环境(见 6.3)的或可能在其他方面有害(例如易燃性)的材料，则应按照国家的有关法规在单元上作出标记。

8 电容器组的标志

8.1 说明书或铭牌

制造方应根据购买方的要求，在说明书或铭牌在上至少给出下列资料：

a) 制造方名称。

b) 电容器组的名称。

c) 电容器组的型号。

d) 额定电容，μF。

e) 额定电压 U_{bN}，kV。

f) 绝缘水平 U_i，两端间额定雷电冲击耐受电压/操作冲击耐受电压的峰值。

g) 电容器组切出与再投入之间所需的最短时间(见 1.4.1.1 和附录 B)。

8.2 警告牌

7.2 对电容器组也适用。

9 安装和运行导则

9.1 概述

过电压和过热将使电容器的寿命缩短,因此应严格控制和规定运行条件(即:温度、电压及电流)。应当注意,在系统中引入集中电容可能产生不利的运行条件(例如操作过电压、音频遥控装置不能正常工作等)。

由于电容器的类型不同且涉及的因素很多,不可能用简单的规则概括所有可能情况下的安装及运行。下面资料给出的是需加以考虑的较为重要的几点。

此外,必须采纳制造方和供电部门的建议。

9.2 额定电压的选择

电容器的额定电压由直流输电工程系统设计确定。

9.3 运行温度

9.3.1 概述

对电容器的上限运行温度应予以注意,因为这对其寿命有很大影响。

当电容器介质达到低于温度类别下限温度时,介质中有发生局部放电的危险,这不仅在电容器开始通电时是这样,而且在运行期间当电容器的介质损耗低造成的温升甚小时也是这样。

9.3.2 安装

电容器组的安装采用直立式和悬挂式两种结构。

电容器的安装应便于以对流和辐射来散发由电容器损耗所产生的热量。任何封闭间的通风和电容器单元的布置均应使空气能在每一单元的周围良好地流通。这一点对于成行迭层安装的单元尤其重要。

受到太阳或任何高温面辐射的电容器的温度将增高。根据冷却空气的温度及冷却强度、辐射的强度及持续时间,可能需要采取下列措施:

——防止电容器受到辐射。

——选择为用于较高环境空气温度而设计的电容器(例如以类别－5/B 代替－5/A,或者其他适当设计的电容器)。

——采用额定电压比 9.2 所规定的更高的电容器。

安装在高海拔(超过 1 000 m)地区的电容器,其对流散热能力将有所降低。这一点在确定单元的容量时应予以考虑。但是,在这样的海拔下,环境温度通常较低。

9.3.3 高环境空气温度

代号为 C 的电容器通常适于在大多数热带地区使用。然而在有些地区,那里的环境空气温度可能要求使用代号为 D 的电容器。在电容器经常受到几小时太阳辐射的地方(例如沙漠地区),即使其环境温度不是过高(见 9.3.2),仍可能需要代号为 D 的电容器。

在特殊场合,环境空气温度最高值可能高于 55 ℃,或日平均温度高于 45 ℃,同时又无法改善冷却条件,则应使用特殊设计的或较高额定电压的电容器。

9.4 特殊使用条件

除在 9.3 所涉及的条件外,对下列任一特殊使用条件购买方均应通知制造方:

——高相对湿度:

可能需要使用特殊设计的绝缘子。

——霉菌生长迅速:

金属、陶瓷材料及一些油漆与清漆都不助长霉菌生长。当使用杀菌剂时,其毒性保持时间最多几个月。总之在装置中灰尘等落积处霉菌有可能生长发展。

——腐蚀性大气：

在工业及沿海地区都会遇到腐蚀性大气。应该注意到，在较高温度的气候下，这种大气的作用要比在温和的气候下更为严重。甚至在户内也可能存在高腐蚀性大气。

——污秽：

当电容器安装在高度污秽的地区时，应采取特殊的预防措施。

——海拔超过 1 000 m：

用在海拔高度超过 1 000 m 的电容器将受到特殊条件的作用。其选型应由购买方与制造方协商确定。

——地震地区：

有些地区地震的概率较高，这将影响安装在这些地区的电容器单元和（或）电容器组的机械设计。购买方应说明加速度幅值和阻尼值。

附 录 A
（资料性附录）
高压直流输电线路常用直流滤波器接线图示例

高压直流输电线路常用直流滤波器接线图示例见图 A.1 和图 A.2。

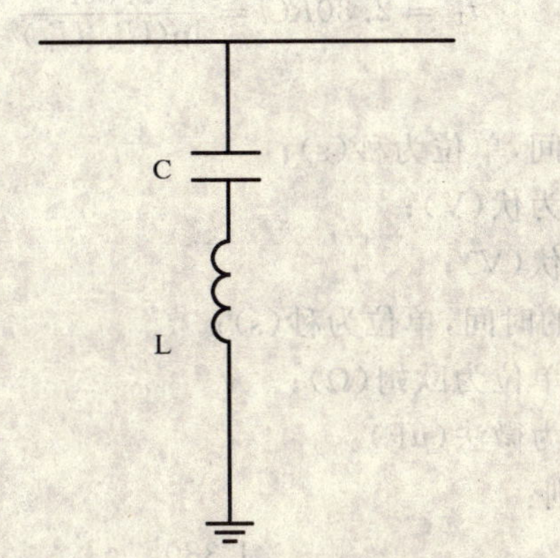

图 A.1 单调谐滤波器接线图示例

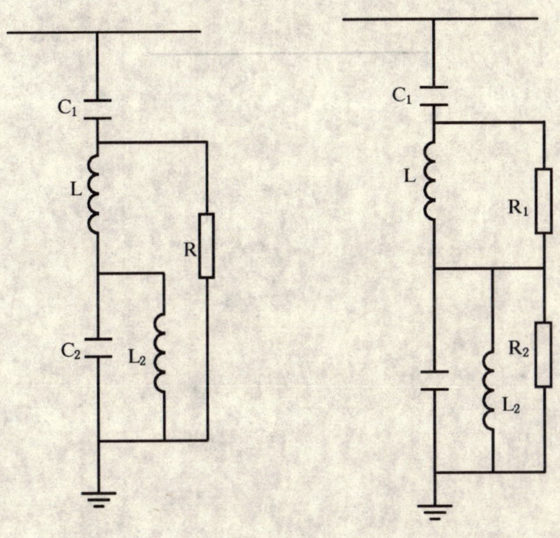

图 A.2 双调谐滤波器接线图示例

附　录　B
（资料性附录）
电容器放电时间的计算公式

放电到额定电压10％的时间为：

$$t_1 = 2.30RC = \frac{2.30t}{\ln(U_N/U_R)}$$

式中：

t——从U_N放电到U_R的时间，单位为秒(s)；

U_N——单元的额定电压，单位为伏(V)；

U_R——允许剩余电压，单位为伏(V)；

t_1——放电到额定电压10％的时间，单位为秒(s)；

R——电容器的均压电阻值，单位为欧姆(Ω)；

C——电容器的电容值，单位为微法(μF)。

如果严格遵守6.1的限值，则：

$$t_1 = \frac{1\,380}{\ln(U_N/75)}$$

ICS 31.060.70
K 42

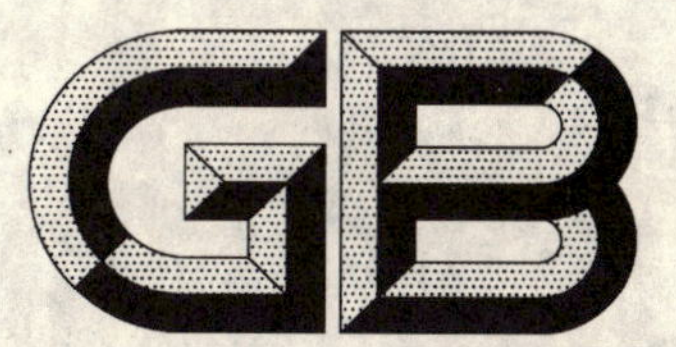

中华人民共和国国家标准

GB/T 20994—2007

高压直流输电系统用并联电容器及交流滤波电容器

Shunt capacitors and AC filter capacitors for HVDC transmission systems

2007-06-21 发布 2008-02-01 实施

中华人民共和国国家质量监督检验检疫总局
中国国家标准化管理委员会 发布

前　言

本标准的附录A和附录B均为资料性附录。

本标准由中国电器工业协会提出。

本标准由全国电力电容器标准化技术委员会(SAC/TC 45)归口。

本标准主要起草单位：西安电力电容器研究所、机械工业北京电工技术经济研究所。

本标准参加起草单位：西安西电电力电容器有限责任公司、西安ABB电力电容器有限公司、中国电力科学研究院、西安高压电器研究所。

本标准主要起草人：刘菁、郭天兴、房金兰、贾华、王琨、任强、李怀玉、于坤山、张万荣、穆淑云、祝霆、周登洪。

本标准为首次发布。

引　言

高压直流输电在我国电网建设中，对于长距离送电和大区联网有着非常广阔的发展前景，是目前作为解决高电压、大容量、长距离送电和异步联网的重要手段。根据我国直流输电工程实际需要和高压直流输电技术发展趋势开展的项目在引进技术的消化吸收、国内直流输电工程建设经验和设备自主研制的基础上，研究制定高压直流输电设备国家标准体系。内容包括基础标准、主设备标准和控制保护设备标准。项目已完成或正在进行制定共19项国家标准：

(1)《高压直流系统的性能　第一部分　稳态性能》

(2)《高压直流系统的性能　第二部分　故障与操作》

(3)《高压直流系统的性能　第三部分　动态性能》

(4)《高压直流换流站绝缘配合程序》

(5)《高压直流换流站损耗的确定》

(6)《变流变压器　第二部分　高压直流输电用换流变压器》

(7)《高压直流输电用油浸式换流变压器技术参数和要求》

(8)《高压直流输电用油浸式平波电抗器》

(9)《高压直流输电用油浸式平波电抗器技术参数和要求》

(10)《高压直流换流站无间隙金属氧化物避雷器导则》

(11)《高压直流输电系统用并联电容器及交流滤波电容器》

(12)《高压直流输电系统用直流滤波电容器》

(13)《高压直流输电用普通晶闸管的一般要求》

(14)《输配电系统的电力电子技术静止无功补偿装置用晶闸管阀的试验》

(15)《高压直流输电系统控制与保护设备》

(16)《高压直流换流站噪音》

(17)《高压直流套管技术性能和试验方法》

(18)《高压直流输电用光控晶闸管的一般要求》

(19)《直流系统研究和设备成套导则》

高压直流输电系统用并联电容器及交流滤波电容器

1 总则

1.1 范围和目的

本标准适用于安装在高压直流输电换流站交流侧、用于提供无功补偿的并联电容器和并联电容器组以及用于滤除交流侧谐波并在基波频率50 Hz或60 Hz下提供无功补偿的交流滤波电容器和交流滤波电容器组。

本标准的目的是：

a) 阐述关于性能、试验和定额的统一规则；

b) 阐述特殊的安全规则；

c) 提供安装和运行导则。

1.2 规范性引用文件

下列文件中的条款通过本标准的引用而成为本标准的条款。凡是注日期的引用文件，其随后所有的修改单(不包括勘误的内容)或修订版均不适用于本标准。然而，鼓励根据本标准达成协议的各方研究是否可使用这些文件的最新版本。凡是不注日期的引用文件，其最新版本适用于本标准。

GB/T 11024.1 标称电压1 kV以上交流电力系统用并联电容器 第1部分：总则 性能、试验和定额 安全要求 安装和运行导则(GB/T 11024.1—2001,IEC 60871-1:1997,MOD)

GB/T 11024.2 标称电压1 kV以上交流电力系统用并联电容器 第2部分：耐久性试验(GB/T 11024.2—2001,idt IEC 60871-2:1999)

GB/T 11024.4 标称电压1 kV以上交流电力系统用并联电容器 第4部分：内部熔丝(GB/T 11024.4—2001,idt IEC 60871-4:1996)

GB/T 13540 高压开关设备抗地震性能试验

GB/T 16927.1 高电压试验技术 第一部分：一般试验要求(GB/T 16927.1—1997,eqv IEC 60060-1:1989)

1.3 术语和定义

本标准采用下列术语和定义。

1.3.1

电容器元件(或元件) capacitor element(or element)

由电介质和被它隔开的电极所构成的部件。

1.3.2

电容器单元(或单元) capacitor unit(or unit)

由一个或多个电容器元件组装于单个外壳中并有引出端子的组装体。

1.3.3

串联段 series section

所有并联连接在一起的电容器单元。

1.3.4

电容器台架 capacitor rack

由支撑构架及安装于其上的一个或多个串联段、绝缘子、电容器连接线所构成的组装体。

1.3.5

电容器塔 capacitor stack

由支撑绝缘子及安装在上面的一个或多个电容器台架、台架间的绝缘子、台架间的连接线等构成的塔式组装体。

1.3.6

电容器组 capacitor bank

由一个或多个电容器塔及所有的电气连接组成的单相电气支路。

1.3.7

电容器 capacitor

本标准中,“电容器”一词是当不需要特别强调“电容器单元”或“电容器组”的不同含义时的用语。

1.3.8

电容器的额定频率 rated frequency of a capacitor

f_N

设计电容器时所规定的基波频率。本标准中为 50 Hz 或 60 Hz。

1.3.9

额定谐振频率 rated resonance frequency

设计滤波器时所规定的呈现某一给定阻抗的频率。

1.3.10

交流滤波器 AC filter

为降低交流母线上的谐波电压和注入相连的交流系统的谐波电流而设计的滤波器。

1.3.11

单调谐滤波器 single-tuned harmonic filter

一种在其谐振频率下呈现低阻抗的滤波器。

1.3.12

双调谐滤波器 double-tuned harmonic filter

一种在两个谐振频率下呈现低阻抗的滤波器。

1.3.13

三调谐滤波器 triple-tuned harmonic filter

一种在三个谐振频率下呈现低阻抗的滤波器。

1.3.14

高通滤波器 high-pass filter;HP

一种对高频谐波呈低阻抗,而对低频谐波呈高阻抗,为高频谐波提供一个高频通路的滤波器。

1.3.15

交流滤波电容器 AC filter capacitor

可用于与其他配件,例如电抗器和电阻器连接在一起,对一种或多种谐波电流提供一低阻抗通道的电容器单元或电容器组。

1.3.16

并联电容器 shunt capacitor

并联连接于电力网中,主要用来补偿感性无功功率以改善功率因数的电容器单元或电容器组。

1.3.17

电容器的放电器件 discharge device of a capacitor

一种可装于电容器内部的、当电容器从电源断开后能在规定时间内将电容器端子间的电压几乎降低到零的器件。

1.3.18

电容器的内部熔丝 internal fuse of a capacitor

在电容器单元内部和元件相串联的熔丝。

1.3.19

线路端子 line terminal

用来连接到输电线或母线上的端子。

1.3.20

电容器组的额定电容 rated capacitance of a capacitor bank

C_{bN}

设计电容器时所采用的电容器组的电容值，由购买方在技术规范书中给出。

1.3.21

电容器单元的额定电容 rated capacitance of a capacitor unit

C_N

设计电容器时所规定的电容值。

由下式给出：

$$C_N = \frac{C_{bN} \times S}{P}$$

式中：

S——电容器组中的电容器单元串联段数；

P——电容器组中的电容器单元并联数。

1.3.22

电容器组的额定电压 rated voltage of a capacitor bank

U_{bN}

对于并联电容器组和交流滤波器的高压电容器组(C_1)，U_{bN}由下式给出：

$$U_{bN} = U_1 + \sum_2^{50} U_n \text{ 或 } U_{bN} = \sqrt{\frac{Q_1 + \sum_2^{50} Q_n}{2\pi f_N C_{bN}}}\text{，取两者中较大者。}$$

式中：

U_1——给定的基波电压，单位为千伏(kV)(方均根值)；

U_n——给定的第 n 次谐波电压，单位为千伏(kV)(方均根值)；

Q_1——给定的基波容量，单位为千乏(kvar)；

Q_n——给定的第 n 次谐波容量，单位为千乏(kvar)；

f_N——额定频率，50 Hz 或 60 Hz。

对于交流滤波器的低压电容器组(C_2 和 C_3)，U_{bN}由下式给出：

$$U_{bN} = U_1 + \sum_2^{50} U_n \text{ 或 } U_{bN} = \frac{U_{SIWL}}{4.3} \text{ 或 } U_{bN} = \sqrt{\frac{Q_1 + \sum_2^{50} Q_n}{2\pi f_N C_{bN}}}\text{，取三者中最大者。}$$

式中：

U_1——给定的基波电压，单位为千伏(kV)(方均根值)；

U_n——给定的第 n 次谐波电压，单位为千伏(kV)(方均根值)；

Q_1——给定的基波容量，单位为千乏(kvar)；

Q_n——给定的第 n 次谐波容量，单位为千乏(kvar)；

f_N——额定频率，50 Hz 或 60 Hz；

U_{SIWL}——端子间操作冲击耐受水平,单位为千伏(kV)(峰值)。

1.3.23

电容器单元的额定电压　rated voltage of a capacitor unit

U_N

由下式给出:

$$U_N = \frac{kU_{bN}}{S}$$

式中:

S——电容器组中的电容器单元串联段数;

k——电压分布不均匀系数,取1.0~1.05,其值由串联段间电容相对偏差允许值决定。

1.3.24

电容器组的额定电流　rated current of a capacitor bank

I_{bN}

由下式给出:

$$I_{bN} = \sqrt{I_1^2 + \sum_2^{50} I_n^2}$$

式中:

I_1——给定的基波电流,单位为安培(A)(方均根值);

I_n——给定的第 n 次谐波电流,单位为安培(A)(方均根值)。

1.3.25

电容器单元的额定电流　rated current of a capacitor unit

I_N

由下式给出:

$$I_N = \frac{I_{bN}}{P}$$

式中:

P——电容器组中的电容器单元并联数。

1.3.26

电容器组的额定容量　rated output of a capacitor bank

Q_{bN}

由下式给出:

$$Q_{bN} = Q_1 + \sum_2^{50} Q_n$$

式中:

Q_1——给定的基波容量,单位为千乏(kvar);

Q_n——给定的第 n 次谐波容量,单位为千乏(kvar)。

1.3.27

电容器组的安装容量　installation output of a capacitor bank

Q

由下式给出:

$$Q = k^2 \omega C_{bN} U_{bN}^2$$

1.3.28

电容器组的无功输出容量　reactive output of a capacitor bank

Q_C

由下式给出:

$$Q_C = \omega C_{bN} U_1^2$$

1.3.29

电容器单元的额定容量　rated output of a capacitor unit

Q_N

由下式给出：

$$Q_N = \omega C_N U_N^2$$

1.3.30

电容器的耐爆能量　energy without rupture of a capacitor

E_N

在电容器内部发生短路故障时，电容器所承受的不导致箱壳开裂或爆炸的最大能量。

1.3.31

电容器损耗　capacitor losses

电容器内消耗的有功功率。

注1：应包括所有部件产生的损耗。例如：

——对于单元，由电介质、内部熔丝、内部放电器件、连接件等产生的损耗。

——对于电容器组，由单元、连接线等产生的损耗。

注2：电容器的损耗可以换算为单元或电容器组的等效串联电阻。

1.3.32

电容器的损耗角正切　tangent of the loss angle of a capacitor

$\tan\delta$

在规定的正弦交流电压和频率下，电容器的等效串联电阻与容抗之比。

1.3.33

电容器的最高允许电压　maximum permissible voltage of a capacitor

在规定条件下，电容器能承受一给定时间的最高交流电压方均根值。

1.3.34

环境空气温度　ambient air temperature

准备安装电容器处的空气温度。

1.3.35

冷却空气温度　cooling air temperature

在稳定状态下，在电容器组的最热区域中两台电容器间外壳最热点连线中点的空气温度。

1.3.36

稳定状态　steady-state condition

在恒定输出和恒定环境空气温度下电容器所达到的热平衡状态。

1.3.37

剩余电压　residual voltage

断开电源一段时间之后电容器端子间尚残存的电压。

1.4 使用条件

1.4.1 正常使用条件

本标准给出的要求适用于在下列条件下使用的电容器。

1.4.1.1 通电时的剩余电压

不超过额定电压的10%。

1.4.1.2 海拔

不超过1 000 m。

1.4.1.3 环境空气温度类别

电容器按温度类别分类，每一类别用一个数字后跟一个字母来表示。数字表示电容器可以运行的最低环境空气温度。字母代表温度变化范围的上限，在表1中规定了最高值。温度类别覆盖的温度范围为：−50℃～+55℃。

电容器可以投入运行的最低环境空气温度应从+5℃，−5℃，−25℃，−40℃，−50℃这5个优先值中选取。

注：经制造方同意，电容器可以在低于上述下限的温度下使用，但投运必须在等于或高于该极限的温度下进行。

表1 温度范围上限用字母代号

环境温度/℃			
代　号	最　高	24 h平均最高	年平均最高
A	40	30	20
B	45	35	25
C	50	40	30
D	55	45	35
注：这些温度值可在安装地区的气象温度表中查得。			

表1是以电容器不影响环境空气温度的使用条件(例如户外装置)为前提确定的。

如果电容器影响空气温度，则应加强通风和(或)另选电容器，以保证表1中的极限值。在这样的装置中冷却空气温度应不超过表1的温度极限值加5℃。

任何最低和最高值的组合均可选作电容器的标准温度类别，例如：−40/A或−5/C。优先的标准温度类别为：−40/A，−25/A，−25/B，−5/A和−5/C。

1.4.1.4 风速

安装运行地区的风速应不超过150 km/h。

1.4.1.5 污秽等级

不高于Ⅲ级。

1.4.1.6 地震

安装运行地区的地震烈度应不超过8度。

1.4.2 非正常使用条件

非正常使用条件由制造方和购买方商定。

2 质量要求和试验

2.1 试验要求

2.1.1 概述

本章给出了对电容器单元的试验要求。

2.1.2 试验条件

除对具体的试验或测量另有规定外，电容器介质的温度应在+5℃～+35℃范围内。

当必须进行校正时，使用的参考温度为+20℃，但制造方和购买方另有协议时除外。

如果电容器在不通电状态下在恒定环境温度中放置了适当长的时间，则可认为电容器的介质温度与环境温度相同。

如果没有其他规定，交流试验和测量均可在50 Hz或60 Hz的频率下进行。

2.1.3 试验总则

耐压试验中任何一个元件损坏，都将视为整台电容器未通过试验；在其他试验中，如果任何一项参数不满足设计要求，都将视为整台电容器未通过该试验。

2.2 试验分类

试验分为:例行试验、型式试验、验收试验和特殊试验。

2.2.1 例行试验

a) 外观检查(见 2.3);

b) 电容测量(见 2.4);

c) 电容器损耗角正切(tanδ)测量(见 2.5);

d) 端子间电压试验(见 2.6);

e) 端子与外壳间交流电压试验(见 2.7);

f) 内部放电器件检验(见 2.8);

g) 密封性试验(见 2.9);

h) 内部熔丝的放电试验(见 2.10);

i) 局部放电试验(见 2.11)。

例行试验应由制造方在交货前对每一台电容器进行。如果购买方有要求,则制造方应提供这些试验结果的证明书。

上述试验顺序不是强制性的。但 f)应在 d)之后进行,i)应在 a)、e)及 h)之后进行。

注:如果购买方和制造方达成协议,则短路放电试验可以作为例行试验进行,试验参数也应协商确定。

2.2.2 型式试验

a) 热稳定性试验(见 2.12);

b) 高温下电容器损耗角正切(tanδ)测量(见 2.13);

c) 端子与外壳间交流电压试验(见 2.14);

d) 端子与外壳间雷电冲击电压试验(见 2.15);

e) 短路放电试验(见 2.16);

f) 内部熔丝的隔离试验(见 2.17);

g) 电容随频率和温度的变化曲线测量(见 2.18);

h) 套管及导电杆受力试验(见 2.19)。

进行型式试验是为了确定电容器在设计、尺寸、材料和制造方面是否满足本标准中所规定的性能和运行要求。

除非另有规定,每一拟用来做型式试验的电容器应为经例行试验合格的电容器。

型式试验应对与所供电容器有相同设计的电容器进行,或对在设计和工艺上与所供电容器在可能影响型式试验所要检验的性能方面没有差异的电容器进行。

没有必要在同一电容器单元上进行全部型式试验,可以在具有相同特性的不同单元上进行。

型式试验应由制造方进行,在有要求时,应向购买方提供这些试验结果的证明书。

2.2.3 验收试验

验收试验主要是购买方在安装前所需进行的试验,此项试验的目的是检验电容器在运输中有否受到损伤,以确保要安装的电容器是良好的。在有条件时,推荐进行下列项目的试验。

a) 外观检查(见 2.3);

b) 绝缘电阻测量(见 2.20);

c) 电容测量(见 2.21);

d) 耐压试验(见 2.22);

e) 电容器损耗角正切(tanδ)测量(见 2.5);

f) 耐压后复测电容值(见 2.21)。

2.2.4 特殊试验

a) 热稳定试验的附加试验(见 2.23);

b） 最高内部热点温度试验（见 2.24）；

c） 低温下的局部放电试验（见 2.25）；

d） 外壳耐爆能量试验（见 2.26）；

e） 抗震试验（见 2.27）；

f） 耐久性试验（见 2.28）。

耐久性试验是验证电容器单元内部元件的介质设计、介质组合以及这些元件的制造工艺的试验。耐久性试验既费时又昂贵，但可以覆盖一定范围的电容器设计。

耐久性试验仅在制造方和购买方之间达成协议之后进行（见 2.28）。

2.3 外观检查

检查电容器是否渗漏油、外壳变形，用量具检验相关的尺寸。

检查套管有无损伤，金属件外表面及防腐层是否有损伤和腐蚀。

检查爬电比距和电气净距是否满足设计要求。

2.4 电容测量

2.4.1 测量程序

电容应在 0.9～1.1 倍额定电压下用能排除由谐波引起的误差的方法进行测量。

如果制造方和购买方商定了适当的校正因数，也可以在其他电压下测量。

最终的电容测量应在电压试验（见 2.6 或 2.7）之后进行。

为了揭示是否有诸如一个元件击穿或一根内部熔丝动作所导致的电容变化，应在其他电气例行试验之前进行电容初测，初测应在不高于 $0.15U_N$ 的电压下进行。

测量方法的准确度应能满足 2.4.2 的电容偏差。经过协商，可以要求较高的准确度，在这种情况下，制造方应说明测量方法的准确度。

测量方法的复现性应能检测出一个元件击穿或一根内部熔丝动作。

2.4.2 电容偏差

电容和额定电容的相差应不超过：

对并联电容器单元，－2%～＋4%；

对交流滤波电容器单元，－3%～＋3%；

对并联电容器组，0～＋2%；

对交流滤波电容器组，－1%～＋1%；

电容器组各串联段的最大与最小电容之比应不超过 1.05。

电容是在 2.4.1 条件下的测量值。

2.5 电容器损耗角正切（tanδ）测量（例行试验）

2.5.1 测量程序

电容器损耗角正切（tanδ）应在 0.9～1.1 倍额定电压下用能排除由谐波引起的误差的方法进行测量。测量方法的准确度以及与在额定电压和额定频率下测量值的关系应予以给出。

2.5.2 损耗要求

电容器损耗角正切的要求应由制造方和购买方协商确定。

电容器损耗角正切是在 2.5.1 条件下的测量值。

注：制造方应按照协议提供表明在额定容量的稳态条件下，电容器损耗角正切（tanδ）与在温度类别范围内环境温度关系的曲线或表格。

2.6 端子间电压试验（例行试验）

每一台电容器均应承受 2.6.1 或 2.6.2 的试验，历时 10 s。在没有协议的情况下，由制造方选择。试验期间，应既不发生击穿也不发生闪络。

2.6.1 交流试验

进行交流试验时应采用如下的实际正弦波电压：

$$U_t = 2.15U_N$$

注：如果电容器在例行试验后再次进行试验，则第二次试验推荐采用75%U_t的电压。

2.6.2 直流试验

试验电压应为：

$$U_t = 4.3U_N$$

注：见2.6.1注。

2.7 端子与外壳间交流电压试验(例行试验)

所有端子均与外壳绝缘的电容器单元，试验电压应施加在连接在一起的端子与外壳之间，历时1 min。试验电压与额定电压成正比，其值按4.3进行计算。

有一个端子固定连接到外壳上的单元，不作此项试验。

试验期间，应既不发生击穿也不发生闪络。

2.8 内部放电器件试验(例行试验)

内部放电器件的电阻(若有的话)应用实际放电法测量或用测量电阻的方法(见6.1和附录B)来检验。

试验方法由制造方选择。

本试验应在2.6的电压试验之后进行。

2.9 密封性试验(例行试验)

电容器单元(在无涂层状态下)应受到能有效地检测出其外壳和套管上任何渗漏的试验，试验程序由制造方规定。

如果制造方没有规定试验程序，则试验应按下述程序进行：

将未通电的电容器单元通体加热，使各个部位均达到不低于表1所列最高值加20 ℃的温度，并在此温度下保持至少2 h，不应发生渗漏。建议使用适当的指示器。

2.10 内部熔丝的放电试验(例行试验)

带有内部熔丝的电容器应能承受一次短路放电试验，试验电压为直流$1.7U_N$，通过尽可能靠近电容器的、电路中不带任何外加阻抗的间隙进行试验(见注)。

放电试验前后应测量电容。两次测得值之差应小于相当于一根内部熔丝熔断所引起的变化量。

放电试验可在端子间电压试验(见2.6)之前或之后进行。但是，如果在端子间电压试验之后进行，随后则必须进行额定电压下的电容测量，以检查熔丝的动作情况。

如果购买方允许熔丝动作，则端子间电压试验(见2.6)应在放电试验之后进行。

注：允许用峰值为$1.7U_N$的交流电压先充电并在电流过零时断开来产生直流充电电压，然后电容器从此峰值电压下立即放电。

此外，如果电容器在稍高于$1.7U_N$的电压下断开，则可通过放电电阻将电压降到$1.7U_N$时再进行短路放电。

2.11 局部放电试验(例行试验)

将电容器加压至$2.15U_N$保持1 s，将电压降到$1.2U_N$并保持1 min，然后再将电压升到$1.5U_N$保持1 min，在后1 min内不应观察到局部放电量的增加。

2.12 热稳定性试验(型式试验)

2.12.1 概述

本试验是用来：

——确定电容器在过负荷条件下的热稳定性；

——确定电容器获得损耗测量复现性的条件。

2.12.2 测量程序

将被试电容器单元放置于另外两台具有相同额定值并施加与被试电容器相同电压的单元(陪试单元)之间。也可采用两台装有电阻器的模型电容器作为陪试单元,应调节电阻器的损耗使得模型电容器的内侧面靠近顶部的外壳温度等于或高于被试电容器相应处的温度。单元之间的间距应等于或小于正常安装使用的间距。此试验组应放置于静止空气的加热封闭箱中,其相对位置及放置方式应符合制造方对现场安装的规定。环境空气温度应保持或高于表2所示的相应温度。此温度应以具有热时间常数约1 h的温度计来检验。应对此温度计加以屏蔽,使其受到3个通电试品热辐射的可能性最小。

表2 热稳定性试验时的环境空气温度

代　号	环境空气温度/℃
A	40
B	45
C	50
D	55

对被试电容器应施加实际正弦波的交流电压,历时至少48 h。在试验的最后24 h期间内应调整电压大小,使得根据实测电容(见2.4.1)计算得到的容量至少为1.44倍额定容量。如果其值低于由$1.1U_N$和C_N在基波频率下的容量,则应以后者作为试验电压。

在最后6 h内,应测量外壳接近顶部处的温度至少4次。在整个6 h内温升的增加应不大于1 K。如果观察到较大的变化,则试验应继续进行直到在6 h内的连续4次测量满足上述要求为止。

试验前后应在2.1.2的温度范围内测量电容(见2.4.1),并将两次测得值校正到同一介质温度。两次测得值之差应小于相当于一个元件击穿或一根内部熔丝动作之量。

在解释测量结果时,应考虑以下两个因素:

——测量的复现性;

——在没有任何电容器元件击穿或内部熔丝熔断的情况下,介质的内部变化可能引起电容的微小变化。

注1:当检验温度条件是否符合要求时,应考虑在试验期间内电压、频率和环境空气温度的波动,为此建议绘出这些参数和外壳温升对时间的函数曲线。

注2:只要施加规定的容量,拟用于60 Hz装置的单元可在50 Hz下进行试验,拟用于50 Hz的单元可在60 Hz下进行试验。

2.13 高温下电容器损耗角正切(tanδ)测量(型式试验)

2.13.1 测量程序

电容器损耗角正切(tanδ)应在热稳定试验(见2.12.1)结束时测量。测量电压应为热稳定试验电压。

2.13.2 要求

按2.13.1测得的tanδ值应不超过制造方给出的值或制造方和购买方协商之值。

2.14 端子与外壳间的交流电压试验(湿试)(型式试验)

所有端子均与外壳绝缘的电容器单元,试验电压应施加在连接在一起的端子与外壳之间,历时1 min。试验电压与额定电压成正比,其值按4.3进行计算。

有一个端子固定连接到外壳上的单元,应在端子之间施加试验电压,以检验对壳绝缘是否足够。试验电压与额定电压成正比,其值按4.3进行计算。当此试验电压超出电介质试验要求时,可改变试验单元的介质结构,例如增加串联元件数来避免介质损坏,但对壳绝缘不能改变。另外,也可使用一台对壳绝缘相同、带有两个分隔开的端子的模拟单元来进行此项试验。

本试验应在淋雨条件下(见 GB/T 16927.1)进行且套管的位置应与运行时的位置相当。

试验期间，应既不发生击穿也不发生闪络。

2.15 端子与外壳间的雷电冲击电压试验(型式试验)

所有端子均与外壳绝缘的单元应承受下列试验。

在连接在一起的端子与外壳之间施加 15 次正极性冲击之后，接着再施加 15 次负极性冲击。

改变极性后，在施加试验冲击前允许先施加几次较低幅值的冲击。

如果满足下列要求，则认为电容器通过了试验：

——未发生击穿；

——在每一极性下未发生多于两次的外部闪络；

——波形未显示不规则性，或与在降低了的试验电压下记录的波形无显著差异。

另一种方法是单元承受 3 次正极性冲击，除不允许发生闪络外，以上的验收准则均适用。

雷电冲击电压试验应按 GB/T 16927.1 进行，但其波形为(1.2～5)/50 μs，试验电压应为：

$$U_t = U_{LIWL} \times n/S$$

式中：

U_{LIWL}——电容器组的雷电冲击耐受水平，单位为千伏(kV)(峰值)；

S——电容器组中的电容器单元串联段数；

n——同一台架上相对于外壳连接电位的最大串联单元数。

试验时根据仪表的指示、放电声音观察或复测电容等方法来检验电容器是否损坏。

有一个端子固定连接到外壳上的单元，不做此项试验。

2.16 短路放电试验(型式试验)

电容器单元应以直流电压充电至 V_P/S，其中 V_P 为电容器组的短路放电试验电压，S 为电容器组中的电容器单元串联段数，然后通过一个尽可能靠近电容器单元放置的间隙放电，电容器应在 10 min 内承受 5 次这样的放电。

在试验后的 5 min 内，应对单元进行一次端子间电压试验(见 2.6)。

在放电试验前和电压试验后均应测量电容。两次测得值之差应小于相当于一个元件击穿或一根内部熔丝动作之量。

注：放电试验的目的是为了揭示内部连接中的缺陷。

2.17 内部熔丝的隔离试验(型式试验)

见 GB/T 11024.4。

2.18 电容随频率和温度的变化曲线测量(型式试验)

电容器单元应分别在工频(50 Hz 或 60 Hz)和额定谐振频率下进行测量。

测量时试品温度应至少包括在环境温度下限施加排除谐波后的电容器最低运行电压时的值，以及在环境温度上限施加最大负荷运行时的值，但不仅限于这两点。

测量应在电容器单元的温升稳定后进行。

应尽可能的选择足够多的点，以便建立电容随温度的变化曲线，并由此获得运行中可能出现的最大、最小电容值。

2.19 套管及导电杆受力试验(型式试验)

在瓷套顶部加与瓷套垂直的静止拉力 1 min，重复 5 次；在瓷套顶部导电杆加扭矩。

引出端子的套管及导电杆的机械强度：

——200 kvar 以下的电容器套管应能承受 400 N 的水平拉力；

——200 kvar 以上的电容器套管应能承受 500 N 的水平拉力；

——电容器的导电杆能承受的扭矩应符合表3数据。

表3 电容器的导电杆能承受的扭矩

接线头螺纹	螺母扳手的扭矩/(N·m)	
	最大值	最小值
M10	10	5
M12	15	7.5
M16	30	15
M20	52	26

2.20 绝缘电阻测量(验收试验)

两出线端短接后接测量仪器的一端,另一端接电容器外壳。测量值应大于5 000 MΩ。

2.21 电容测量(验收试验)

用电容表或电桥进行测量,测试电压为工频0.15U_N以下。

2.22 耐压试验(验收试验)

端子间电压试验电压为2.6试验电压值的75%,历时10 s;

端子与外壳间交流电压试验为2.7试验电压值的75%,历时1 min。

2.23 热稳定试验的附加试验(特殊试验)

试验中将被试电容器中部分元件隔离至将引起不平衡保护延时2 h动作的水平,在这种条件下施加单台电容器可能承受的工频1.1U_N交流电压2 h,达到2 h后在线测量电容器单元的最高内部热点温度、套管接头处温度及箱壳温度。内部最热点温度应不超过80℃。试验前后,电容变化应不超过单个电容器元件损坏所能引起的电容变化。

如果试验不成功,例如元件损坏等,试验将在另外3台电容器上重复进行。如果这3台电容器均通过了上述试验,则认为这种电容器通过了该试验。

2.24 最高内部热点温度试验(特殊试验)

该试验将确定最高内部热点温度上升到高于环境温度时与外壳温度的关系,对电容器施加电压使电容器内部最热点温度达到制造方规定的持续时间超过15 min的最大值,并保持15 min。试验前后电容之差应小于一个元件击穿或一根内部熔丝动作所引起的变化量。

2.25 低温下的局部放电试验(特殊试验)

在下限温度下测量局部放电起始电压和熄灭电压,在此温度下局部放电熄灭电压应不低于1.2U_N。

2.26 外壳耐爆能量试验(特殊试验)

选2台~3台电容器单元进行试验,用测量仪器实测注入故障电容器单元内部引起爆破的能量。

全膜电容器外壳耐爆能量应不小于15 kW·s。

2.27 抗震试验(特殊试验)

本项试验按GB/T 13540进行。

水平加速度:0.3 g;

垂直加速度:0.15 g。

电容器应能承受地震烈度为上述条件的作用而不损坏。

2.28 耐久性试验(特殊试验)

见GB/T 11024.2。

3 设计和结构要求

3.1 结构

如果选用的交流滤波器为双调谐和C型,则包括高压滤波电容器组C_1和低压滤波电容器组C_2;如果选用的交流滤波器为三调谐，则包括高压滤波电容器组 C_1 和低压滤波电容器组 C_2、C_3（参见附录 A）。

交流滤波电容器组以及并联电容器组可按 H 形电路布置，通常采用桥式差流保护方式，两电容器串间在接近中间电位处连接不平衡保护的电流互感器。

3.2 电容器组

在电容器组的设计中，应至少考虑以下因素：

——在运行、安装和维护期间的机械负荷；

——内部或外部故障对电容器组的电动力；

——风力；

——抗震要求；

——由于温度和负荷变化引起的膨胀和伸缩的影响；

——在设计中应考虑降低噪声的措施。

3.3 电容器台架

制造方应提供电容器台架及所有附属设备，包括电容器单元、绝缘子和连接件等，并且便于电容器塔的现场安装。

每一电容器台架都应清楚地标明：

——该台架在装配完毕后的总质量；

——该台架所属的电容器塔；

——该台架所属的相；

——该台架所属的电容器组；

——作为该台架备用电容器单元的最大和最小电容值；

——适当的警告牌。

所有结构部件在检修时在电气上应相互连接以确保能可靠接地。台架上应带有适当的检修用接地端子。台架部件不允许通过负荷电流。

3.4 电容器塔

每一电容器塔都应带有绝缘子，并且便于安装在基础上。电容器塔不允许产生可听见的振动。

3.5 电容器单元

电容器单元应优先采用内部熔丝保护。如果按照所提供的电容器组的参数设计，无法实现内部熔丝保护，制造方应采用足够的设计裕度，以满足电容器组额定电压的要求。

设计中应考虑在电容器单元的寿命期内因预期的环境温度变化和负荷条件，包括短期和暂态负荷条件的变化所引起的膨胀和收缩。制造方应提供用来判断电容器单元箱体的正常膨胀和由电容器损坏造成的膨胀的判据。

电容器单元应当用螺栓和螺母等紧固在电容器台架上。每一电容器单元的安装应便于从台架上拆卸和更换而不需拆卸其他部件或台架的任何部分。

电容器单元套管的接线端子与电容器单元间的连接线应采用相同的材料，连线应采用软连线或可伸缩的连线，并应在额定电流下长期稳定工作。

电容器单元中的液体材料对环境应是安全的并可生物降解的。其尽可能无毒和无腐蚀性。不能采用含有多氯联苯(PCB)类的液体材料。

3.6 内部熔丝

如果采用内部熔丝保护，则熔丝的设计应保证任一电容器元件都能在故障时安全地断开，而不影响相邻熔丝的正常运行。

3.7 不平衡保护

在电容器单元和电容器组的设计中应考虑安装不平衡保护。

电容器不平衡保护的设计中应考虑由于元件故障造成的电容量变化和由于环境温度造成的电容量变化，而负荷等因素导致的电容量变化可以不计。

不平衡保护的报警和跳闸整定分三个保护水平，标准如下：

——报警保护水平：承受最高电压的电容器元件仍可以安全运行，并且故障不继续扩大。

——报警和延迟 2 小时跳闸保护水平：承受最高电压的电容器元件可以安全运行 2 h，在此期间内故障不继续扩大。

——立即跳闸保护水平：避免电容器元件熔丝发生群爆。

经协商，制造方应为电力系统提供适当的保护水平。

由于过负荷而导致外部绝缘的损坏，从而引起的外壳破裂的保护也应由不平衡保护来提供。

3.8 噪声

应对每一电容器组给出声级水平的计算，该计算基于购买方的技术规范书中给出的电流或电压。

也可以采用类似的电容器组在运行中现场测到的声级水平的计算结果代替上面的计算值。

3.9 机械设计

应提供完整的电容器组，包括所有的台架、连接件、支柱绝缘子和与底座固定的连接盘。

应通过计算检验电容器组的机械强度。

电容器装置应安装在一底座上，此底座不需由制造方提供。

3.10 绝缘子

其最低额定电压应为 15 kV，每一电容器塔上的电容器台架内及台架之间的绝缘子，其工频湿试耐受电压额定值不应低于运行中绝缘子实际电压的 2.15 倍。

绝缘子上的最小标称爬电距离应由购买方的技术规范书中给出的技术数据计算得出。

3.11 端子

应提供电容器组内各种电压等级与外部连接的高压端子、中压端子及低压端子，这些端子应与电容器单元分开安装。

3.12 爬电距离

每一相的电容器塔爬电比距应满足不小于 25 mm/kV(按设备最高电压计算)。单元套管的爬电距离应为每相爬距乘以同一台架上相对于外壳连接电位的最大串联单元数，再除以每相电容器组中电容器单元串联段数。

3.13 无线电干扰(RIV)设计

电容器组应在户外晴天夜晚无可见电晕。

3.14 焊接

应光滑，避免虚焊、裂缝及其他任何缺陷。

3.15 表面处理

电容器的外壳和构架应采用防腐材料或涂料，以具有良好的防腐特性，所采用的表面处理标准和工艺经由购买方确认。

4 绝缘水平

4.1 标准绝缘水平

电容器的绝缘水平应从表 4 规定的标准值中选取。

U_m 是指安装后滤波电路端子上的基波电压。

电容器组的高压端、两端间及低压端的耐压值由系统设计给定。

表 4　绝缘水平

单位为千伏

系统标称电压（方均根值）	设备最高电压 U_m（方均根值）	额定雷电冲击耐受电压（峰值）	额定操作冲击耐受电压（峰值）	额定短时工频耐受电压（干试与湿试）（方均根值）
3	3.5	40	—	18/25
6	6.9	60	—	23/30
10	11.5	75	—	30/42
15	17.5	105	—	40/55
20	23.0	125	—	50/65
35	40.5	185	—	80/95
66	72.5	325	—	140
		350	—	160
110	126	450	—	185/200
220	252	850	—	360
		950	—	395
330	363	1 050	850	460
		1 175	950	510
500	550	1 425	1 050	630
		1 550	1 175	680
		1 675	1 175	740

注：对同一设备最高电压给出两个绝缘水平者，在选用时应考虑到电网结构及过电压水平、过电压保护装置的配置及其性能、可接受的绝缘故障率等。

斜线下的数据为外绝缘的干耐受电压。

4.2　一般要求

套管、绝缘子和其他绝缘设备应按以下要求选取试验电压。如果绝缘是由串联连接的绝缘部件组成的，则每一部件均在全绝缘中占一适当比例。

4.2.1　相邻的绝缘部件和设备

所有与三相电容器组的一相或各相并联连接的相间和相对地绝缘部件或电气设备均应耐受表 4 的绝缘要求。

4.2.2　对地绝缘的三相电容器组

对地绝缘的三相电容器组（中性点绝缘的星形连接），在电容器单元的任何带电部分（端子、电极）与地之间的绝缘应耐受表 4 的绝缘要求。

外壳不接地的电容器单元的套管和端子对壳绝缘应耐受 2.5 倍额定电压的交流电压。

电气上相并联且紧临电容器介质的线路端子和中性点之间的内部构架绝缘，应耐受 2.15 倍额定相电压的交流电压。

4.2.3　中性点接地的三相电容器组

套管和端子对壳绝缘应耐受 2.5 倍额定电压的交流电压。

电气上相并联且紧临电容器介质的线路端子和中性点之间的内部构架绝缘，应耐受 2.15 倍额定相电压的交流电压。

4.3 电容器单元端子与外壳间的交流试验电压

按 2.7、2.15、2.16 的要求进行的例行试验和型式试验是用来检验套管和端子对壳绝缘是否符合 4.2.2和 4.2.3 的要求的试验。

当交流电压试验(见 2.7 和 2.15)是以额定电压为依据时,试验电压应按下式计算:

$$U_t = 2.5 \times U_N \times n$$

式中:

U_t——工频试验电压;

U_N——电容器单元的额定电压;

n——同一台架上相对于外壳连接电位的最大串联单元数。

5 过负荷

5.1 最高允许电压

5.1.1 运行电压

电容器单元应适于在表 5 的电压水平下运行。

电容器能耐受而无明显损伤的过电压幅值取决于过电压的持续时间、施加的次数和电容器的温度。表 5 中给出的高于 $1.15U_{1N}$的过电压是以在电容器寿命内发生不超过 200 次为前提确定的。

5.1.2 操作过电压

投入运行之前电容器上的剩余电压应不超过额定电压的 10%(见 1.4.1.1)。用不重击穿断路器来切合电容器组通常会产生第一个峰值不超过 $2\sqrt{2}$倍施加电压(方均根值),持续时间不大于 1/2 周波的过渡过电压。

在这些条件下,电容器每年可切合 1 000 次(相应的过渡过电流峰值可达 $100I_N$)。

在切合电容器更为频繁的场合,过电压的幅值和持续时间以及过渡过电流均应限制到较低的水平。其限值应协商确定并在合同中写明。

表 5 运行中允许的电压水平

型式	电压因数×U_{1N}(方均根值)	最大持续时间	说明
工频	1.00	连续	电容器运行任何期间内的最高平均值。在运行期间内出现的小于 24 h 的例外情况采用如下的规定
工频	1.10	每 24 h 中 8 h	系统电压调整和波动
工频	1.15	每 24 h 中 30 min	系统电压调整和波动
工频	1.20	5 min	轻负荷下电压升高
工频	1.30	1 min	轻负荷下电压升高
工频加谐波	使电流不超过 5.1.3 给出之值。		

6 安全要求

6.1 放电器件

每一电容器单元内部应备有从$\sqrt{2}U_N$ 的初始峰值电压放电到 75 V 或更低电压的放电器件,最长放电时间为 10 min。

放电器件不能代替在接触电容器之前将电容器端子短路并接地。

注 1:如果要求更短的放电时间和更低的剩余电压,在这种情况下购买方应通知制造方。

注 2:放电电路应具有足以承受电容器从 $1.3U_N$过电压峰值下放电的载流能力。

注 3:计算放电电阻的公式见附录 B。

6.2 外壳连接

为使电容器金属外壳的电位得以固定，并能承受对壳击穿时的故障电流，电容器单元应当用螺栓和螺母等紧固在电容器台架上。

6.3 环境保护

应采用不污染环境的浸渍材料。

7 电容器单元的标志

7.1 铭牌

在每一电容器单元的铭牌上应注明下列内容：

a) 制造方名称。

b) 电容器单元的名称。

c) 电容器单元的型号。

d) 识别编号及制造年份。年份可以是识别编号的一部分或采用代码形式。

e) 额定容量 Q_N，kvar。

f) 额定电压 U_N，kV。

g) 额定频率 f_N 和额定谐振频率，Hz(如 50+250 Hz，50+550/650 Hz，50+≥750 Hz)。

h) 实测电容，μF。

i) 环境空气温度类别(见 1.4.1.3)。

j) 放电器件，如果是内部的，应以符号─▭─表示，或者以额定欧姆值表示。

k) 绝缘水平 U_i，kV。

绝缘水平应以一斜线隔开的两个数字表示，第一个数字给出工频试验电压的方均根值，kV；第二个数字给出雷电冲击试验电压的峰值，kV(例如 30/75)(见第 4 章)。

l) 内部熔丝，如装有时，应以文字或符号─▭─表示。

m) 浸渍剂的化学名称或商业名称。(此标志也可在警告牌上表明，见 7.2)。

n) 标准代号。

7.2 警告牌

如果电容器单元中含有可能污染环境(见 6.3)的或可能在其他方面有害(例如易燃性)的材料，则应按照国家的有关法规在单元上做出标记。购买方应将这类法规通知制造方。

8 电容器组的标志

8.1 铭牌

制造方应根据购买方的要求，在说明书或在铭牌上至少给出下列资料：

a) 制造方名称。

b) 电容器组的名称。

c) 电容器组的型号。

d) 安装容量，kvar。

e) 额定电压 U_{bN}，kV。

f) 绝缘水平 U_i，绝缘水平应以一斜线隔开的两个数字表示，第一个数字给出额定工频短时电压的方均根值(对于 U_m<300 kV)或额定操作冲击电压的峰值(对于 U_m≥300 kV)，第二个数字给出额定雷电冲击耐受电压的峰值，kV(例如 185/450)。

g) 连接符号。例如：YN 或 ⅄ =星形，中性点引出等。

8.2 警告牌

7.2 对电容器组也适用。

9 安装和运行导则

9.1 概述

并联电容器、交流滤波电容器与大多数电器不同，一旦投入就连续在满负荷下运行，仅在电压和频率变动时，其负荷才有所变化。

过电压和过热将使电容器的寿命缩短，因此应严格控制和规定运行条件(即：温度、电压及电流)。

应当注意，在系统中引入集中电容可能产生不利的运行条件(例如谐波放大、电机自激、操作过电压、音频遥控装置不能正常工作等)。

由于电容器的类型不同且涉及的因素很多，不可能用简单的规则概括所有可能情况下的安装及运行。下面资料给出的是需加以考虑的较为重要的几点。

此外，必须采纳制造方和供电部门的建议，尤其是关于电网处于轻负荷时切出电容器的建议。

9.2 额定电压的选择

电容器的额定电压由直流输电工程系统设计确定。

与电容器相串联的电感元件会造成电容器端子上的电压升高到超过网络运行电压，从而需要相应提高电容器的额定电压。

当确定电容器端子上的预期电压时，应考虑下列情况：

——并联连接的电容器能使其安装处的网络电压升高，此电压升高会由于谐波的存在而升得更高。因此电容器易于在比接入电容器之前测得的电压高得多的电压下运行。

——轻负荷时电容器端子上的电压可能特别高，此时，为了防止电容器单元过电压及网络电压过分升高，应将部分或全部电容器切出。

只有在紧急情况下才允许电容器在最高允许电压和最高环境温度同时出现的条件下运行，并且只能是短时的。

注 1：在选取额定电压 U_N 时，应避免安全裕度取得过大，因为这将导致容量降低。

注 2：关于最高允许电压见表 5。

注 3：在串联或星形连接的三相电容器组中，单元电容的偏差对运行电压的影响应是允许的。

9.3 运行温度

9.3.1 概述

对电容器的上限运行温度应予以注意，因为这对其寿命有很大影响。

当电容器介质达到低于温度类别下限温度时，介质中有发生局部放电的危险，这不仅在电容器开始通电时是这样，而且在运行期间当电容器的介质损耗低造成的温升甚小时也是这样。

注：如果要估算损耗，则建议取平均环境温度作为参考温度，并适当考虑一年中或运行期间不同时期电容器的容量。也可以规定几种环境温度下的损耗，然后计算其平均值。

在计算电容器组的总损耗时应将所有附件，例如电抗器等产生的损耗均包括进去。

9.3.2 安装

电容器的安装应便于以对流和辐射来散发由电容器损耗所产生的热量。任何封闭间的通风和电容器单元的布置均应使空气能在每一单元的周围良好地流通。这一点对于成行迭层安装的单元尤其重要。

受到太阳或任何高温面辐射的电容器的温度将增高。根据冷却空气的温度及冷却强度、辐射的强度及持续时间，可能需要采取下列措施：

——防止电容器受到辐射。

——选择为用于较高环境空气温度而设计的电容器(例如以类别－5/B 代替－5/A，或者其他适当设计的电容器)。

——采用额定电压比 9.2 所规定的更高的电容器。

——采用强迫空气冷却。

安装在高海拔(超过 1 000 m)地区的电容器,其对流散热能力将有所降低。这一点在确定单元的容量时应予以考虑。但是,在这样的海拔下,环境温度通常较低。

9.3.3 高环境空气温度

代号为 C 的电容器通常适于在大多数热带地区使用。然而在有些地区,那里的环境空气温度可能要求使用代号为 D 的电容器。在电容器经常受到几小时太阳辐射的地方(例如沙漠地区),即使其环境温度不是过高(见 9.3.2),仍可能需要代号为 D 的电容器。

在特殊场合,环境空气温度最高值可能高于 55 ℃,或日平均温度高于 45 ℃,同时又无法改善冷却条件,则应使用特殊设计的或较高额定电压的电容器。

9.4 特殊使用条件

除在 9.3 所涉及的条件外,对下列任一特殊使用条件购买方均应通知制造方:

——高相对湿度:

可能需要使用特殊设计的绝缘子。

——霉菌生长迅速:

金属、陶瓷材料及一些油漆与清漆都不助长霉菌生长。当使用杀菌剂时,其毒性保持时间最多几个月。总之在装置中灰尘等落积处霉菌有可能生长发展。

——腐蚀性大气:

在工业及沿海地区都会遇到腐蚀性大气。应该注意到,在较高温度的气候下,这种大气的作用要比在温和的气候下更为严重。甚至在户内也可能存在高腐蚀性大气。

——污秽:

当电容器安装在高度污秽的地区时,应采取特殊的预防措施。

——海拔超过 1 000 m:

用在海拔高度超过 1 000 m 的电容器将受到特殊条件的作用。其选型应由购买方与制造方协商确定。

——地震地区:

有些地区地震的概率较高,这将影响安装在这些地区的电容器单元和(或)电容器组的机械设计。

购买方应说明加速度幅值和阻尼值。

附　录　A
（资料性附录）
高压直流输电线路常用交流滤波器接线图示例

高压直流输电线路常用交流滤波器接线图示例见图 A.1～图 A.4。

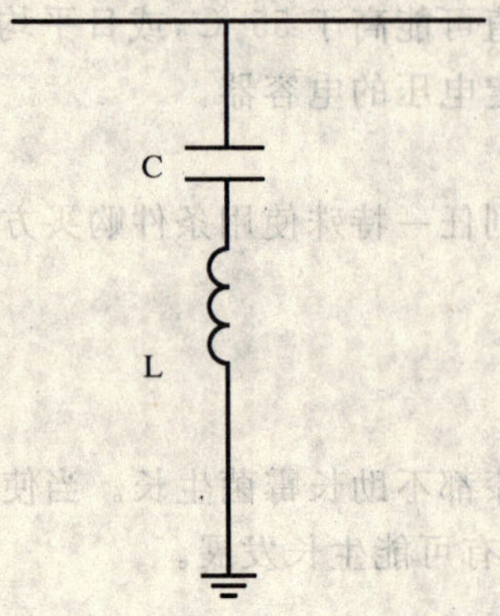

C

L

图 A.1　单调谐滤波器接线图示例

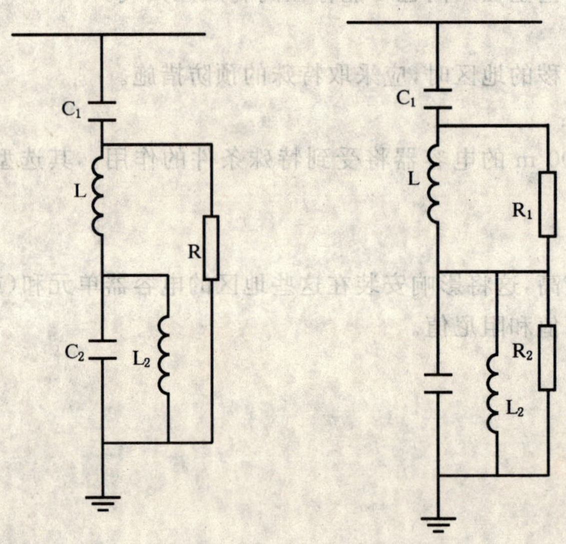

图 A.2　双调谐滤波器接线图示例

图 A.3 三调谐滤波器接线图示例

图 A.4 C型滤波器接线图示例

附 录 B
（资料性附录）
电容器放电电阻及放电时间的计算公式

B.1 单相电容器单元中的放电电阻

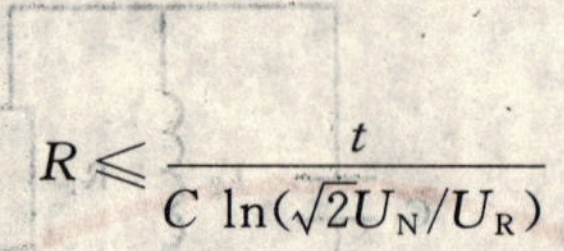

$$R \leqslant \frac{t}{C\ \ln(\sqrt{2}U_{\mathrm{N}}/U_{\mathrm{R}})}$$

式中：

t——从$\sqrt{2}U_{\mathrm{N}}$ 放电到 U_{R} 的时间，单位为秒(s)；

R——放电电阻，单位为光欧(MΩ)；

C——电容，单位为微法(μF)；

U_{N}——电容器单元的额定电压，单位为伏特(V)；

U_{R}——允许剩余电压，单位为伏特(V)；

（t 和 U_{R} 的限值见 6.1。）

B.2 放电到额定电压 10%的时间

$$t_1 = 2.65RC = \frac{2.65t}{\ln(\sqrt{2}U_{\mathrm{N}}/U_{\mathrm{R}})}$$

式中：

t——从$\sqrt{2}U_{\mathrm{N}}$ 放电到 U_{R} 的时间，单位为秒(s)；

U_{N}——电容器单元的额定电压，单位为伏特(V)；

U_{R}——允许剩余电压，单位为伏特(V)；

t_1——放电到额定电压 10%的时间，单位为秒(s)。

如果严格遵守 6.1 的限值，则：

$$t_1 = \frac{1\ 590}{\ln(U_{\mathrm{N}}/53)}$$

ICS 29.200;31.080.20
K 46

中华人民共和国国家标准

GB/T 20995—2007

输配电系统的电力电子技术 静止无功补偿装置用晶闸管阀的试验

Power electronics for electrical transmission and distribution systems—Testing of thyristor valves for static VAR compensators

(IEC 61954:2003, MOD)

2007-06-21 发布 2008-02-01 实施

中华人民共和国国家质量监督检验检疫总局
中国国家标准化管理委员会 发布

ICS 29.200;31.080.20
K 46

中华人民共和国国家标准

GB/T 20995—2007

输配电系统的电力电子技术 静止无功补偿装置用晶闸管阀的试验

Power electronics for electrical transmission and distribution systems—
Testing of thyristor valves for static VAR compensators

(IEC 61954:2003, MOD)

2007-06-21发布 2008-02-01实施

中华人民共和国国家质量监督检验检疫总局
中国国家标准化管理委员会 发布

前　言

本标准修改采用IEC 61954:2003《输配电系统的电力电子技术　静止无功补偿装置用晶闸管阀的试验》(英文版)。

本标准与IEC 61954:2003的主要差异内容为:在几次试验波形为波形1,即接近典型熄灭波形的20 μs/200 μs波形时,均增加注释对试验波形进行说明。

本标准由中国电器工业协会提出。

本标准由全国电力电子学标准化技术委员会(SAC/TC 60)归口。

本标准负责起草单位:中国电力科学研究院、西安电力电子技术研究所。

本标准参加起草单位:北京网联直流工程技术有限责任公司、西安高压电器研究所、西安西电电力整流器有限责任公司。

本标准主要起草人:汤广福、陆剑秋、郑劲、苟锐锋、王修德、潘艳、赵贺、张文涛、张占省、周观允、蔚红旗。

引　言

高压直流输电在我国电网建设中，对于长距离送电和大区联网有着非常广阔的发展前景，是目前作为解决高电压、大容量、长距离送电和异步联网的重要手段。根据我国直流输电工程实际需要和高压直流输电技术发展趋势开展的项目在引进技术的消化吸收、国内直流输电工程建设经验和设备自主研制的基础上，研究制定高压直流输电设备国家标准体系。内容包括基础标准、主设备标准和控制保护设备标准。项目已完成或正在进行制定共19项国家标准：

(1)《高压直流系统的性能　第一部分　稳态性能》

(2)《高压直流系统的性能　第二部分　故障与操作》

(3)《高压直流系统的性能　第三部分　动态性能》

(4)《高压直流换流站绝缘配合程序》

(5)《高压直流换流站损耗的确定》

(6)《变流变压器　第二部分　高压直流输电用换流变压器》

(7)《高压直流输电用油浸式换流变压器技术参数和要求》

(8)《高压直流输电用油浸式平波电抗器》

(9)《高压直流输电用油浸式平波电抗器技术参数和要求》

(10)《高压直流换流站无间隙金属氧化物避雷器导则》

(11)《高压直流输电用并联电容器及交流滤波电容器》

(12)《高压直流输电用直流滤波电容器》

(13)《高压直流输电用普通晶闸管的一般要求》

(14)《输配电系统的电力电子技术静止无功补偿装置用晶闸管阀的试验》

(15)《高压直流输电系统控制与保护设备》

(16)《高压直流换流站噪音》

(17)《高压直流套管技术性能和试验方法》

(18)《高压直流输电用光控晶闸管的一般要求》

(19)《直流系统研究和设备成套导则》

输配电系统的电力电子技术
静止无功补偿装置用晶闸管阀的试验

1 范围

本标准规定了晶闸管阀的型式试验、出厂试验和选项试验。这些晶闸管阀适用于输配电系统用静止无功补偿装置(SVC)的组成部分即晶闸管控制电抗器(TCR)、晶闸管投切电抗器(TSR)和晶闸管投切电容器(TSC)。本标准的要求既适用于单个阀单元(单相),也适用于多重阀单元(多相)。

本标准第4章至第7章详述型式试验,即用以检验阀设计是否满足规定要求的试验。第8章概述出厂试验,即用以判定制造质量的试验。第9章和第10章详述选项试验,即型式试验和出厂试验以外的附加试验。

2 规范性引用文件

下列文件中的条款通过本标准的引用而成为本标准的条款。凡是注日期的引用文件,其随后所有的修改单(不包含勘误的内容)或修订版均不适用于本标准,然而,鼓励根据本标准达成协议的各方研究是否可使用这些文件的最新版本。凡是不注日期的引用文件,其最新版本适用于本标准。

GB 311.1—1997 高压输变电设备的绝缘配合(neq IEC 60071-1:1993)

GB/T 311.2—2002 绝缘配合 第2部分:高压输变电设备的绝缘配合使用导则(eqv IEC 60071-2:1996)

GB/T 7354—2003 局部放电测量(IEC 60270:2000,IDT)

GB/T 16927.1—1997 高压试验技术 第一部分:一般试验要求(eqv IEC 60060-1:1989)

GB/T 16927.2—1997 高压试验技术 第二部分:测量系统(eqv IEC 60060-2:1994)

GB/T 20990.1—2007 高压直流输电晶闸管阀 第1部分:电气试验(IEC 60700-1:1998,IDT)

3 术语和定义

本标准采用下述术语和定义。

3.1

晶闸管级 thyristor level

晶闸管阀的组成部分,由一个晶闸管或者多个同向或反向并联的晶闸管构成,包括其邻近的辅助电路和电抗器(如有)。

3.2

晶闸管(串联)串 thyristor(series)string

构成晶闸管阀单向串联连接的晶闸管。

3.3

阀电抗器 valve reactor

组合在某些阀中用于限制应力的电抗器。试验时,它们被视为阀的一个组成部分。

3.4

阀组件 valve section

由数个晶闸管和其他组件构成的电气组合,能用于试验。它呈现与完整阀相同的电气特性,但只具有其部分电压阻断能力。

3.5

晶闸管阀　thyristor valve

晶闸管级的电气和机械联合组合体，配有所有连结、辅助部件和机械结构，它可与SVC每相的电抗器或电容器相串联。

3.6

阀结构　valve structure

将阀与地电位或阀与阀之间的绝缘保持在适当的水平上的机械结构。

3.7

阀基电子单元　valve base electronics；VBE

处在地电位的电子单元，它是SVC控制系统与晶闸管阀之间的接口。

3.8

多重阀单元　multiple valve unit；MVU

几个阀组装在同一个机械结构之中，不允许分开试验(如三相阀)。

3.9

冗余晶闸管级　redundant thyristor levels

晶闸管阀中可从外部或内部被短接的最大晶闸管级数，且应由型式试验证明其短接后不会影响阀的安全运行。如果故障晶闸管级数超过这个值，则应使阀停止工作，更换故障晶闸管，否则就要承受故障增大的风险。

3.10

电压击穿保护　voltage breakover (VBO) protection

晶闸管的一种过电压保护方法，当过电压达到预定电压值时使之开通。

4　型式试验、出厂试验和选项试验的一般要求

4.1　试验一览

表1列出了所有试验项目。

表1　试验项目

试　　验	条　号		试验对象
	TCR/TSR	TSC	
阀端对地绝缘强度试验			
交流电压试验	5.1.1		阀
交流—直流电压试验		6.1.1	阀
雷电冲击试验	5.1.2	6.1.2	阀
阀间绝缘强度试验(仅对多重阀单元)			
交流电压试验	5.2.1		多重阀单元
交流—直流电压试验		6.2.1	多重阀单元
雷电冲击试验	5.2.2	6.2.2	多重阀单元
阀端间绝缘强度试验			
交流电压试验	5.3.1		阀
交流—直流电压试验		6.3.1	阀
操作冲击试验	5.3.2	6.3.2	阀

表 1（续）

试　　验	条　号		试验对象
	TCR/TSR	TSC	
运行试验			
周期触发及熄灭试验	5.4.1		阀或阀组件
过电流试验		6.4.1	阀或阀组件
最小交流电压试验	5.4.2	6.4.2	阀或阀组件
温升试验	5.4.3	6.4.3	阀或阀组件
电磁干扰			
操作冲击试验	7.2.1	7.2.1	阀
非周期触发试验	7.2.2	7.2.2	阀
出厂试验			
外观检查	8.1	8.1	
连接检查	8.2	8.2	
均压/阻尼回路检查	8.3	8.3	
耐压检查	8.4	8.4	
辅助设备检验	8.5	8.5	
触发检查	8.6	8.6	
冷却系统压力检查	8.7	8.7	
选项试验			
过电流试验	9.1		阀或阀组件
恢复期间瞬时正向电压试验	9.2	10.1	阀或阀组件
非周期触发试验	9.3	10.2	阀

4.2　试验对象

所描述的试验适用于阀(或阀组件)、阀结构以及分布在阀结构之内或者连接在阀结构与地之间的冷却系统、触发和监控电路。为了展示阀的正确功能，其他设备如阀控制保护和阀基电子单元在阀试验中是必须的，但它们自身不是试验对象。

4.2.1　绝缘强度试验

规定了下列绝缘应力试验：

——交流电压；

——交流和直流叠加电压(仅对 TSC)；

——冲击电压。

考虑到与其他设备的标准化，试验包括阀端对地以及多重阀单元相间的雷电冲击试验。对于阀端之间则只规定了操作冲击试验。

4.2.1.1　阀结构试验

规定了阀(其阀端短接)对地以及多重阀单元的阀间电压耐受能力要求的试验。

试验必须验证：

——有足够的距离防止闪络；

——阀结构，包括冷却管路、光导以及脉冲传输及分配系统的其他绝缘部件，没有击穿放电；

——在交流和直流情况下，局部放电的起始和熄灭电压应大于阀结构在稳态运行中出现的最高电压。

4.2.1.2 阀端间试验

此项试验是为了验证设计的阀端子之间耐受过电压的能力。试验必须验证：

——足够的内部绝缘使阀能够耐受规定的电压；

——在交流和直流情况下，局部放电的起始和熄灭电压应大于阀在稳态运行中出现的最高电压；

——过电压保护触发系统（如有）可按预定值动作；

——在运行条件下晶闸管有足够的 du/dt 能力（在大多数情况下，规定的试验足以满足要求，但在某些例外情况下可要求附加试验）。

4.2.2 运行试验

此项试验是为了验证阀的设计在正常和异常重复情况以及在暂态故障情况下，耐受电压电流联合应力的能力。试验必须验证，在规定的条件下：

——阀运行正常；

——开通、关断时电压电流应力都在晶闸管和其他内部电路允许范围内；

——冷却量供应适宜，无元件过热；

——阀有足够的过电流耐受能力。

4.2.3 电磁干扰试验

此项试验是为了验证阀对于来自阀的内部和阀的外部电磁干扰所具有的抗干扰能力。一般来说，对电磁干扰的抗干扰能力可在其他试验过程中通过对阀的监测来验证。

4.2.4 出厂试验

试验的目的在于检验制造正确性，出厂试验必须验证：

——用于阀体的全部材料、部件和分立组件装配正确；

——阀设备的预期功能和预定的参数都在可接受范围之内；

——晶闸管级和阀或阀组件具备必要的电压耐受能力；

——产品达到统一性和一致性。

4.2.5 选项试验

选项试验是按买卖双方协议进行的附加试验，目的与 4.2.2 相同。

4.3 型式试验和选项试验导则

采用以下原则：

——按照规定，型式试验至少在一个阀或在适当数量的阀组件上进行，以验证阀设计满足规定的要求。所有型式试验应在相同阀或阀组件上进行；

——如果可证明阀与以前试验的阀相似，供应商可提交任一份以前经证实的型式试验报告（至少要等同于合同规定要求）以取代型式试验；

——某些型式试验既可在完整阀上也可在阀组件上进行，见表 1；

——对于在阀组件上进行的型式试验，试验的晶闸管级总数不少于一个阀中晶闸管级的数量；

——用于型式试验的阀或阀组件应先通过全部出厂试验。在全部型式试验完成后，阀和阀组件应按出厂试验的标准再次检验；

——试验选样应是随机的；

——绝缘强度试验按照 GB/T 16927.1—1997 和 GB/T 16927.2—1997 中适用的部分进行；

——单项试验可按任意顺序进行。

注：如在绝缘强度型式试验程序末尾进行涉及局放测量的试验，可增加试验的可信度。

4.4 试验条件

4.4.1 通则

绝缘强度试验应在组装完毕的阀上进行，而某些运行试验既可在整个阀上进行也可在阀组件上进行。可在阀组件上进行的试验项目见表 1。

4.4.1.1 绝缘强度试验

如进行绝缘强度试验，阀应组装上除避雷器以外的全部辅助部件。除非另有规定，阀电子单元应加电。应特别说明的是，除了流速和防冻液含量可以减少外，冷却和绝缘液应处于代表运行工况（比如电导率）的条件。若阀结构外的任何对象或设备在试验中正确地反映其应力是必要的话，它也应在试验中呈现或予以模拟。对于阀结构的金属部分（或多重阀单元中的其他阀），如果不是试验的对象，应予短接在一起并接地，使之适合于所做的试验。

试验采用 GB 311.1—1997 中的交流工频和雷电冲击的标准值，并执行 GB/T 16927.1～16927.2—1997 的标准步骤。当按本标准确定非标准试验水平时，应采用现场空气密度校正系数 k_d。按下式确定 k_d 的值：

$$k_d = \frac{b_1}{b_2} \times \frac{273 + T_2}{273 + T_1}$$

式中：

b_1——试验室环境大气压力，单位为牛顿每平方米（N/m^2）；

T_1——试验室环境空气温度，单位为摄氏度（℃）；

b_2——标准大气压 101.3×10^3 Pa，校正到设备安装地点的海拔高度；

T_2——设计的阀厅最高空气温度，单位为摄氏度（℃）。

4.4.1.2 运行试验

在条件允许的情况下，应对整个晶闸管阀进行试验，这主要应根据晶闸管阀的设计和试验设备来确定。当要对由 5 个或更多串联晶闸管级组成的阀组件进行试验时，本标准中对试验的规定是正确的。如果试验晶闸管级数少于 5 级，则要有附加的安全系数。在任何情况下，试验阀组件的串联晶闸管级数都不能少于 3 级。

有时，运行试验可在与运行频率不同的工频下进行，例如用 50 Hz 代替 60 Hz。一些运行应力如开关损耗或短路电流的 I^2t 在试验中就会受到实际工频的影响。在这种情况下，这些试验条件必须校核并做适当的改动以保证阀耐受应力至少等同于采用实际运行频率所做试验时的应力。

冷却剂应能代表实际工况。流量和温度必须设置在最不利的值下加以考验，防冻液的配比容量应尽可能与实际运行时相当。如果试验中不具备这些条件，可由买卖双方协议采用一个修正系数。

4.4.2 试验时阀的温度

4.4.2.1 绝缘强度试验时阀的温度

除非另有规定，试验应在室温下进行。

4.4.2.2 运行试验时阀的温度

除非另有规定，试验应在实际运行中可能产生的最高元件温度条件下进行。

如果部分部件的最高运行温度需要通过一个试验验证，则同样需要在不同条件下进行。

4.4.3 冗余晶闸管级

4.4.3.1 绝缘强度试验

除非另有规定，在整个阀上进行的绝缘强度试验中，冗余晶闸管级应短接。

4.4.3.2 运行试验

在运行试验中，冗余晶闸管级不应被短接。试验电压和回路阻抗应根据比例系数 k_n 进行调整。

$$k_n = \frac{N_{tot}}{N_t - N_r}$$

式中：

N_{tot}——被试品的总的串联晶闸管级数；

N_t——阀的总的串联晶闸管级数；

N_r——阀的总的冗余晶闸管级数。

注：如果阀的晶闸管级数比较少，冗余级数在总级数中占有较大比例，可能会导致阀中的某些组件承受应力过大。这时可在运行试验中仍将冗余晶闸管级短接，但试验电压和回路阻抗不再按照比例系数 k_n 进行调整。

4.5 型式试验中允许故障的元件数量

型式试验中有限个晶闸管和辅助部件的故障是允许的。阀和阀组件每次试验前都应进行检查。在任何预先的校核试验以及每项型式试验后也应进行检查以确定在试验过程中是否有晶闸管或辅助部件发生故障。型式试验中的故障晶闸管或辅助部件应在进行另一项试验之前修复。

在任何型式试验中允许 1 个晶闸管级短路故障。如果某项型式试验项目之后发现有 1 个晶闸管级短路，则应修复失效级，并重复该项试验。整个型式试验总共只允许 2 个晶闸管级短路故障。

除短路级外，在型式试验过程中和事后检验出来的有故障但未导致该级短路的晶闸管级总数不超过 2。

在全部型式试验完成之后，短路故障晶闸管级和其他故障晶闸管级的分布应大体上是随机的，不应显示有任何设计上的缺陷。

4.6 试验结果的文档

4.6.1 试验报告

供方应提供阀或阀组件全部型式试验的鉴定性试验报告。

供方应提供常规试验结果的记录。

4.6.2 型式试验报告内容

晶闸管阀应具备型式试验报告。报告应包括：

a) 一般性数据，如：
——被试设备的标识(如类型、额定参数、图号、制造序号等)；
——被试品主要部件标识(如晶闸管、阀电抗器、印刷电路板等)；
——试验场所的名称和地点；
——必要的相关环境条件(如温度、湿度、绝缘强度试验时的大气压力等)；
——参考的试验规范；
——试验日期；
——负责人姓名和签名；
——买方监造员(如有)的签名和授权证据(如要求)。

b) 用于特别试验具体试验电源(如冲击电压发生器、直流电压源等)的描述，如制造厂名、额定参数、特性等；

c) 测量仪器说明，包括保证精度及最后校验日期等；

d) 每项试验安排的详细信息(如电路图)；

e) 试验步骤的说明；

f) 经同意的偏差或放弃意见；

g) 结果列表，包括照片、示波图及图形等；

h) 元件故障及其他不正常事件的报告；

i) 如有必要，给出结论和建议。

5 TCR 和 TSR 阀的型式试验

5.1 阀端对地间的绝缘强度试验

对这些试验，每个晶闸管级应短接。

对于多重阀单元(MVU)中的阀，同一结构中其他阀的每个晶闸管级应短接并接地。试验应对多重阀单元的每个阀分别进行，除非多重阀单元的机械结构布局使之不必要。

5.1.1 交流试验

5.1.1.1 试验目的

参见4.2.1.1。

5.1.1.2 试验值和波形

U_{ts1}和U_{ts2}为50 Hz或60 Hz的正弦波形，取决于试验设备。根据GB 311.1—1997的表2，U_{ts1}是短持续时间工频耐受电压。U_{ts2}可按下式计算：

$$U_{ts2}=\frac{k_{s2}\times U_{ms2}}{\sqrt{2}}$$

式中：

U_{ms2}——任一阀端对地之间最大稳定运行电压的峰值，包括熄灭过冲；

k_{s2}——试验安全系数，$k_{s2}=1.2$。

5.1.1.3 试验步骤

在两个互连的阀端和地之间，按照规定的时间段施加规定的试验电压U_{ts1}和U_{ts2}。

a) 调节电压从U_{ts1}的50%升到100%；

b) 维持U_{ts1} 1 min；

c) 降低电压至U_{ts2}；

d) 维持电压U_{ts2} 10 min，记录局部放电水平，然后降低电压到零；

e) 假如在阀中对局部放电灵敏的部件已经单独得到试验验证，则在上一步d)的最后1 min记录下来的周期局部放电峰值应不大于200 pC。否则，周期局部放电峰值应不大于50 pC；

f) 起始电压和熄灭电压的测量应按照GB/T 7354—2003进行。

5.1.2 雷电冲击试验

5.1.2.1 试验目的

参见4.2.1.1。

5.1.2.2 试验值和波形

采用标准1.2 μs/50 μs波形。

试验电压的峰值是与GB 311.1—1997表2或表3适合绝缘水平一致的标准雷电冲击耐受电压。

5.1.2.3 试验步骤

试验应分别将3次正极性和3次负极性雷电冲击施加到被短接的阀两端与地之间。

5.2 阀间绝缘强度试验(仅适用于多重阀单元)

在这些试验中，每个阀中的每个晶闸管级都应短接。

试验应对相同结构中任两个阀间的绝缘都进行验证，除非多重阀单元的机械结构布局使之不必要。

5.2.1 交流试验

5.2.1.1 试验目的

参见4.2.1.1。

5.2.1.2 试验值和波形

U_{ts1}和U_{ts2}为50 Hz或60 Hz的正弦波形，取决于试验设备。根据GB 311.1—1997的表2，U_{ts1}是短持续时间工频耐受电压。U_{ts2}可按下式计算：

$$U_{ts2}=\frac{k_{s2}\times U_{ms3}}{\sqrt{2}}$$

式中：

U_{ms3}——阀间最大稳态运行电压的峰值，包括熄灭过冲；

k_{s2}——试验安全系数，$k_{s2}=1.2$。

5.2.1.3 试验步骤

在阀间,按照规定的时间段施加规定的试验电压 U_{ts1} 和 U_{ts2}。

a) 调节电压从 U_{ts1} 的 50%升到 100%;

b) 维持 U_{ts1} 1 min;

c) 降低电压至 U_{ts2};

d) 维持电压 U_{ts2} 10 min,记录局部放电水平,然后降低电压到零;

e) 假如在阀中对局部放电灵敏的部件已经单独得到试验验证,则在上一步 d) 的最后 1 min 记录下来的周期局部放电峰值应不大于 200 pC。否则,周期局部放电峰值应不大于 50 pC;

f) 起始电压和熄灭电压的测量应按照 GB/T 7354—2003 进行。

5.2.2 雷电冲击试验

5.2.2.1 试验目的

参见 4.2.1.1。

5.2.2.2 试验电压和波形

采用标准 1.2 μs /50 μs 波形。

试验电压的峰值是与 GB 311.1—1997 表 2 或表 3 适合绝缘水平一致的标准雷电冲击耐受电压。

5.2.2.3 试验步骤

试验应分别将 3 次正极性及 3 次负极性的冲击电压施加到各阀之间。

5.3 阀端间绝缘强度试验

对于多重阀单元中的阀,这些试验只需在一个阀上进行。相同结构中其他阀的每个晶闸管级应短路并接地。

5.3.1 交流试验

5.3.1.1 试验目的

参见 4.2.1.2。

5.3.1.2 试验值和波形

U_{tv1} 和 U_{tv2} 为 50 Hz 或 60 Hz 的正弦波形,取决于试验设备。

试验电压值 U_{tv1} 取决于阀的保护系统,并且等于 U_{tv11} 和 U_{tv12} 中的较小者。如果 U_{tv11} 和 U_{tv12} 都不能确定,则采用 U_{tv13}。

U_{tv11} 由阀 VBO 保护触发门槛确定。

U_{tv12} 由避雷器保护动作值确定。

U_{tv13} 由能够发生的最大瞬时过电压值确定。

U_{tv11}、U_{tv12} 和 U_{tv13} 按下列各式进行计算:

$$U_{tv11} = \frac{k_{s11} \times U_1}{\sqrt{2}}$$

式中:

U_1——在配备 VBO 保护情况下阀端之间最大瞬时电压值,且恰好不会引起 VBO 保护触发系统的动作;

k_{s11}——试验安全系数,$k_{s11}=0.95$。

$$U_{tv12} = \frac{k_{s12} \times U_2}{\sqrt{2}}$$

式中:

U_2——跨接在阀端间的避雷器(如配备)的保护电压;

k_{s12}——试验安全系数,$k_{s12}=1.1$。

$$U_{tv13} = \frac{k_{s13} \times U_3}{\sqrt{2}}$$

式中：

U_3——在给定的最严重瞬时过压条件下，阀端间最大重复电压的峰值，包括熄灭过冲；

k_{s13}——试验安全系数，$k_{s13}=1.3$。

注：上述试验可能因一些阀部件的过热而不能实现。在这种情况下，按买卖双方的协议，1 min 交流耐压试验可由几个较短时间段的试验代替，其最短试验时间为规定的过电压的最大可能持续时间的 2 倍，但总试验时间不短于 1 min。

试验电压 U_{tv2} 应取 U_{tv1} 和 U_{tv21} 中的较小者。U_{tv21} 由下式确定：

$$U_{tv21} = \frac{k_{s2} \times U_{mv2}}{\sqrt{2}}$$

式中：

U_{mv2}——最严重稳态运行条件下，阀端间最大重复电压的峰值，包括熄灭过冲；

k_{s2}——试验安全系数，$k_{s2}=1.2$。

5.3.1.3 试验步骤

在给定的时间段内，在阀两端施加规定的试验电压。阀的一端可接地。

a) 调节电压从 U_{tv1} 的 50%升到 100%；

b) 维持 U_{tv1} 1 min；

c) 降低电压至 U_{tv2}；

d) 维持电压 U_{tv2} 10 min，记录局部放电水平，然后降低电压到零；

e) 假如在阀中对局部放电灵敏的部件已经单独得到试验验证，则在上述 d) 的最后 1 min 记录的周期局部放电峰值应不大于 200 pC。否则，周期局部放电峰值应不大于 50 pC；

f) 起始电压和熄灭电压的测量应按照 GB/T 7354—2003 进行。

若有 VBO 触发保护，它应在此项试验中不动作。

5.3.2 操作冲击试验

5.3.2.1 试验目的

参见 4.2.1.2。试验的另一个目的是检验阀对电磁干扰的不敏感度(参见第 7 章)。

5.3.2.2 试验值和波形

波形 1：采用接近典型熄灭波形的 20 μs/200 μs 波形，或用系统研究所得的近似波形代替。

注：如果设计者或用户已经研究过该参数及系统产生的操作波的波形，应按研究结果进行，包括仿真研究或模型测试以及运行经验的波形数据。

波形 2：采用标准的 250 μs/2 500 μs 波形。

a) 试验 1

试验验证阀保护触发系统(如果装有阀保护)在电压值达到试验电压时不动作。

波形 1 和波形 2 的试验电压值 U_{tsv1} 可按下式计算：

$$U_{tsv1} = k_s \times U_{pf}$$

式中：

U_{pf}——在运行条件下，阀不发生保护触发系统动作时所必须耐受的冲击电压值；

k_s——试验安全系数，$k_s=1.05$。

b) 试验 2

试验验证阀绝缘水平和阀保护触发系统(如果装有阀保护)的正确动作。

1) 采用避雷器保护的阀

波形 1 和波形 2 的预期试验电压值 U_{tsv2} 可按下式计算：

$$U_{tsv2} = k_s \times U_{cms}$$

式中：

U_{cms}——避雷器保护水平；

k_s——试验安全系数，$k_s=1.1$。

2） 采用 VBO 保护的阀

波形 1 和波形 2 的预期试验电压值 U_{tsv2} 可按下式计算：

$$U_{tsv2} = k_s \times U_{VBO}$$

式中：

U_{VBO}——当冗余晶闸管级一起运行时的最大 VBO 保护电压水平；

k_s——安全试验系数，$k_s=1.1$。

制造商应说明冗余晶闸管级一起运行时保护 VBO 触发范围的上下限，并且检查触发电压确在此上下限门槛之内。

在阀电子单元没有初始储能的情况下重复此项试验。

注：如果阀的触发电路不从主电路取能，则不需要进行上述附加试验。

c） 试验 3

验证既不用避雷器也不用 VBO 保护时的阀绝缘水平。

波形 1 和波形 2 的试验电压值 U_{tsv2} 可按下式计算：

$$U_{tsv2} = k_s \times U_{cms}$$

式中：

U_{cms}——按 GB 311.1—1997 预计的操作冲击电压或由绝缘配合研究确定的电压；

k_s——试验安全系数，$k_s=1.3$。

阀应能承受试验电压而不发生通断或绝缘击穿。

5.3.2.3 试验步骤

对于上述任何试验，阀的一端接地，在阀端间分别施加正负极性操作冲击各 3 次。

如不改变冲击发生器的极性，也可用单极性冲击发生器，而通过改变阀端位置来完成。

上述三个试验根据设计确定。特定的附加条件如下：

a） 试验 1

当试验电压低于保护触发水平情况下，若阀中装有避雷器，阀保护触发系统的运行应考虑阀避雷器的作用。

此项试验中任何保护或控制系统都不应使阀触发。

b） 试验 2

试验电压高于保护触发水平情况下（如适用），阀保护触发系统运行，此时 VBO 触发按检测到的单个晶闸管级电压动作，试验应在冗余晶闸管级运行的情况下进行。

5.4 运行试验

5.4.1 周期触发和熄灭试验

5.4.1.1 试验目的

验证阀在升高电压和电流情况下，周期开通和关断过程中的开关能力。此项试验也验证均压/阻尼电路是否正常运行以保证电压均匀分布。

如果阀设计允许单个保护触发（如 VBO）连续运行，此项试验也用来判断保护触发电路自身的可靠性以及阻尼电路对所作用晶闸管级运行的可靠性。

5.4.1.2 试验值和波形

应验证阀耐受由短时间过电压产生的联合电压电流应力。因此，试验条件应对应于阀实际运行中最严重的时变过电压情况（负荷周期），同时 SVC 必须处于运行中，且考虑到它的控制和保护特性。特别要验证的是在负荷周期作用下产生最高晶闸管结温时，阀能够闭锁最高电压(包括熄灭过冲)的能力。

在触发和熄灭过程中，阀和阀组件所承担的电流和电压波形应尽可能接近它们的实际电流和电压，对于最严重的情况在下面规定。主要关心的是在触发初期 10 μs～20 μs，以及熄灭电流过零前 0.2 ms 到过零后 1 ms 之间。

特别是对以下各种情况的考核应比实际运行更为严格：

——开通和关断时的电压幅值；

——开通时电流过零前至少 0.2 ms 时 di/dt；

——晶闸管结温。

还应考虑以下因素：

——阀端间杂散电容的存在；

——使晶闸管结达到全面积导通所需要的足够幅值和持续时间的电流。

5.4.1.3 **试验步骤**

试验应采用合适的试验电路来完成，以给出相当于运行情况的开通和关断应力，如工频电源通过一个电抗器串联到阀组件上，或一个适当的合成试验电路。

在如下所述特定运行(如强迫触发)期间，所有的影响阀运行行为的辅助系统应投入运行。

理想情况下，试验必须重现规定的时变电源电压。为了实用，采用以下修正方法：

a) 建立最大稳态电压电流条件，维持此情况直至达到热平衡；

b) 按照过负荷特性升高电源电压到最大值或达到相角控制可确保的最大值，试验安全系数为 1.05；

c) 保持触发角接近 90°恒定不变，直到在规定的暂态过电压周期产生的晶闸管结温达到最大值；

d) 回到稳态运行情况。

应测量并核实对应最高阶跃恢复电压的熄灭过冲，保证其低于设计值。如果阀的设计允许单个晶闸管级的 VBO 保护触发连续运行，这种性能应在稳态工况下进行试验，通过长时间闭锁一个晶闸管的正常触发信号足够长的时间而使受应力部件达到热平衡状态。

注：TSR 阀的短时间过载周期将是电流过载而不承受电压应力。为了达到试验目的，紧随过载之后的稳态运行应是闭锁状态，这将说明过热晶闸管能够承受闭锁电压的能力。

5.4.2 **最小交流电压试验**

5.4.2.1 **试验目的**

验证 TCR 阀的触发系统在规定的最小交流电压和运行条件下能否正常运行。

5.4.2.2 **试验步骤、试验值和波形**

这项试验应在一个完整的阀或阀组件上进行。试验过程如下：

a) 加上最小短时欠电压于 TCR，它必须保持可控并持续时间为规定短时欠电压时间的 2 倍；

b) 在 α_{min} 和 α_{max} 间改变控制角 α；

c) 重复 b)，降低(连续或逐级)电压到零(或保护动作水平)，以验证这种情况下不会对阀造成危害。

注：根据阀的设计，在每个欠电压步骤以后，为了补充门极功率，应返回最小稳态交流电压值。

5.4.3 **温升试验**

5.4.3.1 **试验目的**

此项试验主要目的在于说明最主要的发热部件所造成的温升仍在规定范围内，证明元件和材料在不同的稳态运行情况中都不处于过热状态，并且冷却系统也是充裕的。

5.4.3.2 **试验过程**

这项试验应在一个完整的阀或阀组件上进行。

对于最严酷的冷却条件，阀应承受的电压电流应力产生的损耗比规定的实际工况下的损耗大 5%。

试验应在达到热平衡后继续 30 min。

某些部件的热负载可能发生在不同的运行状态，为了确定温升，可能需要多次试验。

为了检验反向并联晶闸管连接环节(母线)的通流能力，应把一个晶闸管级短接(例如用金属导线替换晶闸管)后重复这项试验。

注：若发热部件最严重发热部分的温度不能通过实测来获得，如晶闸管的结温或缓冲电阻的温度，则可采用在合适位置测量，并以此推断该温度的方法。

6 TSC 阀的型式试验

6.1 阀端对地绝缘强度试验

对这些试验，每个晶闸管级应短路。

对于多重阀单元(MVU)中的阀，同一结构中其他阀的每个晶闸管级应短接并接地。试验应对多重阀单元的每个阀分别进行，除非多重阀单元的机械结构布局使之不必要。

6.1.1 交流—直流电压试验

6.1.1.1 试验目的

参见 4.2.1.1。

6.1.1.2 试验值和波形

a) 1 min 试验电压 U_{ts1}

U_{ts1} 为叠加在直流分量上的正弦波形。U_{ts1} 可按下式计算：

$$U_{ts1} = U_{tac1} + U_{tdc1}$$

$$U_{tac1} = k_{s1} \times k_{d} \times U_{ac1} \times \sin(2\pi ft)$$

$$U_{tdc1} = k_{s1} \times k_{d} \times U_{dcm1}$$

式中：

U_{dcm1}——系统扰动阀闭锁后所有快速放电设备如避雷器(衰减时间常数小于 100 ms)已停止动作，电容器组上保留的最大直流电压；

U_{ac1}——可能出现在阀端对地最大预计长期过电压(去除直流)的峰值；

k_{s1}——试验安全系数，$k_{s1}=1.3$；

k_{d}——安装处的空气密度校正系数(参见 4.4.1.1)；

f——试验频率(50 Hz 或 60 Hz，取决于试验设备)。

b) 3 h 试验电压 U_{ts2}

U_{ts2} 为叠加在直流分量上的正弦波形。U_{ts2} 可按下式计算：

$$U_{ts2} = U_{tac2} + U_{tdc2}$$

$$U_{tac2} = k_{s2} \times U_{ac2} \times \sin(2\pi ft)$$

$$U_{tdc2} = k_{s2} \times U_{dcm2}$$

式中：

U_{dcm2}——稳态运行阀闭锁后所有放电设备如避雷器(衰减时间小于 100 ms)已停止动作，电容器组上保留的最大直流电压；

U_{ac2}——可能出现在阀端对地间的最大稳态运行电压(不包括直流分量)的峰值；

k_{s2}——试验安全系数，$k_{s2}=1.2$；

f——试验频率(50 Hz 或 60 Hz，取决于试验设备)。

6.1.1.3 试验步骤

在两个互连的阀端和地之间，按照规定的时间段施加规定的试验电压 U_{ts1} 和 U_{ts2}。

a) 调节电压，从 U_{ts1} 的 50%升到 100%；

b) 维持 U_{ts1} 1 min；

c) 降低电压至 U_{ts2}；

d) 维持电压 U_{ts2} 3 h，记录局部放电水平，然后降低电压到零；

e) 假如在阀中对局部放电灵敏的部件已单独地试验过，则上一步 d)最后 1 min 记录下来的周期局部放电的峰值应小于 200 pC，否则，周期局部放电的峰值应小于 50 pC。在整个记录期间，平均每分钟超过 300 pC 的脉冲数应少于 15 个，其中每分钟超过 500 pC 的脉冲数应少于 7 个，每分钟超过 1 000 pC 的脉冲数应少于 3 个，每分钟超过 2 000 pC 的脉冲数应少于 1 个；

f) 起始和熄灭电压的测量应按照 GB/T 7354—2003 中交流试验标准进行。

试验应对直流部件正负极性重复进行。

注：测量交流一直流电压联合局部放电试验的工业经验不多。如测量局放有困难，可按 6.1.1.4 的规定，在交流和直流情况下分别施加电压 $U_{t2(ac)}$ 和 $U_{t2(dc)}$ 进行局部放电测量。

在进行负极性试验之前，可将阀端短路并接地几个小时，对阀中的绝缘材料放电，消除其直流偏置。在直流电压试验结束后也要重复这个过程。

6.1.1.4 替代试验步骤

交流一直流电压联合试验可由分开的交流电压试验和直流电压试验替代。

a) 交流电压试验

在两个互连的阀端和地之间，按照规定的时间段施加规定的试验电压 $U_{t1(ac)}$ 和 $U_{t2(ac)}$。$U_{t1(ac)}$ 和 $U_{t2(ac)}$ 为 50 Hz 或 60 Hz 的正弦波形，取决于试验设备。

$$U_{t1(ac)} = k_{s1} \times k_d \times (U_{ac1} + U_{dcm1}) / \sqrt{2}$$

$$U_{t2(ac)} = k_{s2} \times (U_{ac2} + U_{dcm2}) / \sqrt{2}$$

1) 调节电压从 $U_{t1(ac)}$ 的 50% 升压到 100%；

2) 维持 $U_{t1(ac)}$ 1 min；

3) 降低电压至 $U_{t2(ac)}$；

4) 维持 $U_{t2(ac)}$ 10 min，记录局部放电水平，然后电压降到零；

5) 假如在阀中对局部放电灵敏的部件已经单独得到试验验证，则在上述 d) 的最后 1 min记录的周期局部放电峰值应不大于 200 pC。否则，周期局部放电峰值应不大于 50 pC；

6) 起始电压和熄灭电压的测量应按照 GB/T 7354—2003 进行。

b) 直流电压试验

按照 6.1.1.3 所述的交流一直流电压联合试验方法进行直流电压试验，用 $U_{t1(dc)}$ 取代 U_{ts1}，用 $U_{t2(dc)}$ 取代 U_{ts2}。

$$U_{t1(dc)} = k_{s1} \times k_d \sqrt{\left(\frac{U_{ac1}}{\sqrt{2}}\right)^2 + U_{dcm1}^2}$$

$$U_{t2(dc)} = k_{s2} \sqrt{\left(\frac{U_{ac2}}{\sqrt{2}}\right)^2 + U_{dcm2}^2}$$

试验应对直流电压的正负极性均进行。

6.1.2 雷电冲击试验

6.1.2.1 试验目的

参见 4.2.1.1 。

6.1.2.2 试验值和波形

采用标准 1.2 μs /50 μs 波形。

试验电压的峰值是按 GB 311.1—1997 表 2 或表 3 规定的标准雷电冲击耐受电压。

6.1.2.3 试验步骤

试验应将3次正极性和3次负极性雷电冲击分别施加到被短接的阀两端与地之间。

6.2 阀间绝缘强度试验(仅适用于多重阀单元)

在这些试验中,每个阀中的每个晶闸管级都应短接。

试验应对同一结构中的任意两个阀间的绝缘都进行,除非多重阀单元的机械结构布局使之不必要。

6.2.1 交流一直流电压联合试验

6.2.1.1 试验目的

参见4.2.1.1。

6.2.1.2 试验值和波形

a) 1 min试验电压 U_{tvv1}

U_{tvv1} 为叠加在直流分量上的正弦波形。U_{tvv1} 可按下式计算:

$$U_{tvv1}=U_{tac1}+U_{tdc1}$$

$$U_{tac1}=k_{s1}\times k_{d}\times U_{ac1}\times\sin(2\pi ft)$$

$$U_{tdc1}=k_{s1}\times k_{d}\times U_{dcm1}\times k_{dc}$$

式中:

U_{dcm1}——系统扰动阀闭锁后所有快速放电设备如避雷器(衰减时间常数小于100 ms)已停止动作,电容器组上保留的最大直流电压;

U_{ac1}——可能出现在阀端对地间的最大预计长期过电压(不包括直流分量)的峰值;

k_{s1}——试验安全系数,$k_{s1}=1.3$;

k_{d}——安装处的空气密度校正系数,见4.4.1.1;

$k_{dc}=2$,也可采用替代值,比如1,这时供货商应能够向用户证明替代值适用于多重阀单元设计;

f——试验频率(50 Hz或60 Hz,取决于试验设备)。

b) 3 h试验电压 U_{tvv2}

U_{tvv2} 为叠加在直流分量上的正弦波形。U_{tvv2} 可按如下计算:

$$U_{tvv2}=U_{tac2}+U_{tdc2}$$

$$U_{tac2}=k_{s2}\times U_{ac2}\times\sin(2\pi ft)$$

$$U_{tdc2}=k_{s2}\times U_{dcm2}\times k_{dc}$$

式中:

U_{dcm2}——系统扰动阀闭锁后所有快速放电设备如避雷器(衰减时间常数小于100 ms)已停止动作,电容器组上保留的最大直流电压;

U_{ac2}——可能出现在阀端对地间的最大预计长期过电压(不包括直流分量)的峰值;

k_{s2}——试验安全系数,$k_{s2}=1.2$;

$k_{dc}=2$,也可采用替代值,比如1,这时供货商应能够向用户证明替代值适用于多重阀单元设计;

f——试验频率(50 Hz或60 Hz,取决于试验设备)。

6.2.1.3 试验步骤

在规定的时间内,在阀间施加规定的试验电压 U_{tvv1} 和 U_{tvv2}。交流试验电压 U_{tac1} 和 U_{tac2} 施加在一个阀已短接的两个端子与地之间,直流试验电压 U_{tdc1} 或 U_{tdc2} 施加在其余阀已短接的所有端子与地之间。交流一直流电压联合试验的其他规定也同样适用。

a) 调节电压从 U_{tvv1} 的50%升到100%;

b) 维持 U_{tvv1} 1 min;

c) 降低电压至 U_{tvv2};

d) 维持电压 U_{tvv2} 3 h，记录局部放电水平，然后降低电压到零；

e) 假如在阀中对局部放电灵敏元件已单独地试验过，则上一步 d）最后 1 min 记录下来的周期局部放电的峰值应不大于 200 pC，否则，周期局部放电的峰值应不大于 50 pC。在整个记录期间，平均每分钟超过 300 pC 的脉冲数应少于 15 个，其中每分钟超过 500 pC 的脉冲数应少于 7 个，每分钟超过 1 000 pC 的脉冲数应少于 3 个，每分钟超过 2 000 pC 的脉冲数应少于 1 个；

f) 起始电压和熄灭电压的测量应按照 GB/T 7354—2003 中交流试验标准进行。

注：测量交流—直流电压联合局部放电试验的工业经验不多。如测量局放有困难，可按 6.2.1.4 的规定，在交流和直流情况下分别施加电压 $U_{t2(ac)}$ 和 $U_{t2(dc)}$ 进行局部放电测量。

试验应对直流部件正负极重复进行。

在进行负极性试验之前，可将阀端短路并接地几个小时，对阀中的绝缘材料放电，消除其直流偏置。在直流电压试验结束后也要重复这个过程。

6.2.1.4 替代试验步骤

交流—直流叠加电压试验可以由分开的交流电压试验和直流电压试验替代。

a) 交流电压试验

在两个互连的阀端和地之间，按照规定的时间段施加规定的试验电压 $U_{t1(ac)}$ 和 $U_{t2(ac)}$。$U_{t1(ac)}$ 和 $U_{t2(ac)}$ 为 50 Hz 或 60 Hz 的正弦波形，取决于试验设备。

$$U_{t1(ac)} = k_{s1} \times k_d \times (U_{ac1} + k_{dc} \times U_{dcm1}) / \sqrt{2}$$

$$U_{t2(ac)} = k_{s2} \times (U_{ac2} + k_{dc} \times U_{dcm2}) / \sqrt{2}$$

1) 调节电压从 $U_{t1(ac)}$ 的 50% 升到 100%；

2) 维持 $U_{t1(ac)}$ 1 min；

3) 降低电压至 $U_{t2(ac)}$；

4) 维持 $U_{t2(ac)}$ 10 min，记录局部放电水平，然后电压降到零；

5) 假如在阀中对局部放电灵敏的部件已经单独得到试验验证，则在上述 d）的最后 1 min 记录下来的周期局部放电峰值应不大于 200 pC。否则，周期局部放电峰值应不大于 50 pC；

6) 起始电压和熄灭电压的测量应按照 GB/T 7354—2003 进行。

b) 直流电压试验

按照 6.2.1.3 所述的交流—直流电压联合试验方法进行直流电压试验，用 $U_{t1(dc)}$ 取代 U_{tvv1}，用 $U_{t2(dc)}$ 取代 U_{tvv2}。

$$U_{t1(dc)} = k_{s1} \times k_d \sqrt{\left(\frac{U_{ac1}}{\sqrt{2}}\right)^2 + (k_{dc} \times U_{dcm1})^2}$$

$$U_{t2(dc)} = k_{s2} \sqrt{\left(\frac{U_{ac2}}{\sqrt{2}}\right)^2 + (k_{dc} \times U_{dcm2})^2}$$

试验应对直流电压的正负极性均进行。

6.2.2 雷电冲击试验

6.2.2.1 试验目的

参见 4.2.1.1。

6.2.2.2 试验值和波形

采用标准 1.2 μs /50 μs 波形。

试验电压的峰值是按 GB 311.1—1997 表 2 或表 3 所规定的标准雷电冲击耐受电压。

6.2.2.3 试验步骤

试验应将 3 次正极性和 3 次负极性雷电冲击分别施加到被短接的阀两端与地之间。

6.3 阀端间绝缘强度试验

对于多重阀单元的阀，这些试验只需在一个阀上进行。相同结构中其他阀的每个晶闸管级应短接并接地。

6.3.1 交流—直流电压联合试验

6.3.1.1 试验目的

参见4.2.1.1。

6.3.1.2 试验值和波形

a) 1 min试验电压U_{tv1}

U_{tv1}为叠加在直流分量上的正弦波形。U_{tv1}可按下式计算：

$$U_{tv1} = U_{tac1} + U_{tdc1}$$

$$U_{tac1} = k_{s1} \times U_{ac1} \times \sin(2\pi ft)$$

$$U_{tdc1} = k_{s1} \times U_{dcm1}$$

式中：

U_{dcm1}——系统扰动阀闭锁后所有快速放电设备如避雷器(衰减时间常数小于100 ms)已停止动作，电容器组上保留的最大直流电压；

U_{ac1}——可能出现在阀两端的长期过电压(不包括直流分量)的峰值；

k_{s1}——试验安全系数。$k_{s1}=1.1$，采用避雷器限制电压；$k_{s1}=1.3$，不采用避雷器；

f——试验频率(50 Hz或60 Hz，取决于试验设备)。

b) 30 min试验电压U_{tv2}

U_{tv2}为正弦波形上叠加一个直流分量。U_{tv2}应如下计算：

$$U_{tv2} = U_{tac2} + U_{tdc2}$$

$$U_{tac2} = k_{s2} \times U_{ac2} \times \sin(2\pi ft)$$

$$U_{tdc2} = k_{s2} \times U_{dcm2}$$

式中：

U_{ac2}——稳态运行时的最大线电压的峰值；

U_{dcm2}——系统扰动阀闭锁后所有快速放电设备如避雷器(衰减时间常数小于100 ms)已停止动作，电容器组上保留的最大直流电压；

k_{s2}——试验安全系数，$k_{s2}=1.2$；

f——试验频率(50 Hz或60 Hz，取决于试验设备)。

6.3.1.3 试验步骤

将规定试验电压U_{tv1}和U_{tv2}按规定时间施加到阀的两端，其中一端接地。

a) 调节电压从U_{tv1}的50%升到100%；

b) 维持U_{tv1} 1 min；

c) 降低电压至U_{tv2}；

d) 维持电压U_{tvv2} 30 min，记录局部放电水平，然后降低电压到零；

e) 假如阀中对局部放电灵敏的元件已单独地试验过，则上一步d)最后1 min记录下来的周期局部放电的峰值应不大于200 pC，否则，周期局部放电的峰值应不大于50 pC。在整个记录期间，平均每分钟超过300 pC的脉冲数应少于15个，其中每分钟超过500 pC的脉冲数应少于7个，每分钟超过1 000 pC的脉冲数应少于3个，每分钟超过2 000 pC的脉冲数应少于1个；

f) 起始电压和熄灭电压的测量应按照GB/T 7354—1987中交流试验标准进行。

注：测量交流—直流电压联合局部放电试验的工业经验不多。如测量局放有困难，可按6.3.1.4的规定，在交流和直流情况下分别施加电压$U_{t2(ac)}$和$U_{t2(dc)}$进行局部放电测量。

试验应对直流部件的正负极重复进行。

6.3.1.4 替代试验步骤

交流—直流电压联合试验可由分开的交流电压试验和直流电压试验替代。

a) 交流电压试验

在两个互连的阀端和地之间，按照规定的时间段施加规定的试验电压$U_{t1(ac)}$和$U_{t2(ac)}$。$U_{t1(ac)}$和$U_{t2(ac)}$为 50 Hz 或 60 Hz 的正弦波形，取决于试验设备。

$$U_{t1(ac)} = k_{s1} \times (U_{ac1} + U_{dcm1})/\sqrt{2}$$

$$U_{t2(ac)} = k_{s2} \times (U_{ac2} + U_{dcm2})/\sqrt{2}$$

1) 调节电压从$U_{t1(ac)}$的 50%升到 100%；

2) 维持$U_{t1(ac)}$ 1 min；

3) 降低电压至$U_{t2(ac)}$；

4) 维持$U_{t2(ac)}$ 10 min，记录局部放电水平，然后电压降到零；

5) 假如在阀中对局部放电灵敏的部件已经单独得到试验验证，则在上述 d)的最后 1 min 记录下来的周期局部放电峰值应不大于 200 pC。否则，周期局部放电峰值应不大于 50 pC；

6) 起始电压和熄灭电压的测量应按照 GB/T 7354—2003 进行。

注：上述试验可能因一些阀部件的过热而不能实现。在这种情况下，按买卖双方的协议，可将 1 min 交流耐压试验由几个较短时间段的试验代替，其最短试验时间为规定的过电压的最大可能持续时间的 2 倍，但总试验时间不短于 1 min。

b) 直流电压试验

按照 6.3.1.3 所述的交流—直流电压联合试验方法进行直流电压试验，用$U_{t1(dc)}$取代U_{tv1}，用$U_{t2(dc)}$取代U_{tv2}。

$$U_{t1(dc)} = k_{s1} \times \sqrt{\left(\frac{U_{ac1}}{\sqrt{2}}\right)^2 + U_{dcm1}^2}$$

$$U_{t2(dc)} = k_{s2} \times \sqrt{\left(\frac{U_{ac2}}{\sqrt{2}}\right)^2 + U_{dcm2}^2}$$

试验应对直流电压的正负极性均进行。

6.3.2 操作冲击试验

6.3.2.1 试验目的

参见 4.2.1.2。

此试验的主要目的是验证带有 VBO 保护触发电路的阀在 VBO 电路不动作时的承受能力。这项试验还检查避雷器保护水平和阀保护触发限值的配合。另一个目的是为了验证阀抗电磁干扰能力(参见第 7 章)。

6.3.2.2 试验值和波形

波形 1：

采用接近典型熄灭波形的 20 μs /200 μs 波形，或用系统研究所得的近似波形代替。

注：如果设计者或用户已经研究过该参数及系统产生的操作波的波形，应按研究结果进行，包括仿真研究或模型测试以及运行经验的波形数据。

波形 2：

采用标准的 250 μs/2 500 μs 波形。

a) 有避雷器保护的阀

波形 1 和波形 2 的试验电压值可按下式计算：

$$U_{tsv} = k_s \times U_{cms}$$

式中：

U_{cms}——避雷器的操作冲击保护水平；

k_s——试验安全系数，$k_s = 1.1$。

b) 没有避雷器保护的阀

波形 1 和波形 2 的试验电压值可按下式计算：

$$U_{tsv} = k_s \times U_{cms}$$

式中：

U_{cms}——按 GB 311.1—1997 或绝缘配合研究的操作冲击预期电压值；

k_s——试验安全系数，$k_s = 1.3$。

阀应能承受试验而不发生通断或绝缘击穿。

6.3.2.3 试验步骤

将规定幅值与波形的操作波电压施加到阀端之间，阀的一端可接地。每个极性施加 3 次。如不改变冲击发生器的极性，也可用单极性冲击发生器，而通过改变阀端接头的连线来完成。

注：保护触发功能（如有）试验时不应动作。

6.4 运行试验

6.4.1 过电流试验

该项试验的主要目的是验证在阀两端电压非零时触发阀引起过电流的状态下，阀的设计是否合适。

6.4.1.1 后续闭锁过电流

6.4.1.1.1 试验目的

该项试验的目的是验证阀的设计是否能够耐受由过电流引起晶闸管结温升高后的电压应力。对正向和反向电压都需验证。

6.4.1.1.2 试验值和波形

试验中需再现的最重要的参数是再加电压的幅值和时间（正向和反向）以及相应的晶闸管结温。di/dt 和阶跃恢复电压的恰当呈现也很重要。

TSC 支路的电路图如图 1 所示。试验电流波形应包含一或两个这样的脉冲：其电流峰值至少同随后允许闭锁的过电流最大峰值相等。考虑了触发时刻和脉冲个数后，最严重情况的过电流和相应再加电压阶跃和峰值应由下列事件顺序的系统研究决定：

a) 在 SVC 控制和保护系统允许的最高系统电压值时，阀应闭锁；

b) 在电容器充好电的情况下，阀应在上述系统电压值时触发。阀也应在其端间电压即要达到最大值时触发。如果装有防止阀在高电压下触发的保护系统，阀应在保护设置的限值触发。阀的触发时刻决定电流的峰值；

c) 为了确定阀的最大反向电压应力（图 2），阀应在电流第一次过零时闭锁。阶跃电压应在阀闭锁后直接确定，但不包括阀电流熄灭过冲。电压峰值应由一个基波周期内的最大后继电压峰值确定；

d) 为了确定阀的最大正向电压应力（图 3），阀应在电流第二次过零时闭锁。阶跃电压应在阀闭锁后直接确定，但不包括阀电流熄灭过冲。电压峰值应由一个基波周期内的最大后继电压峰值确定。

试验电流的频率应尽量接近实际 TSC 回路的谐振频率。

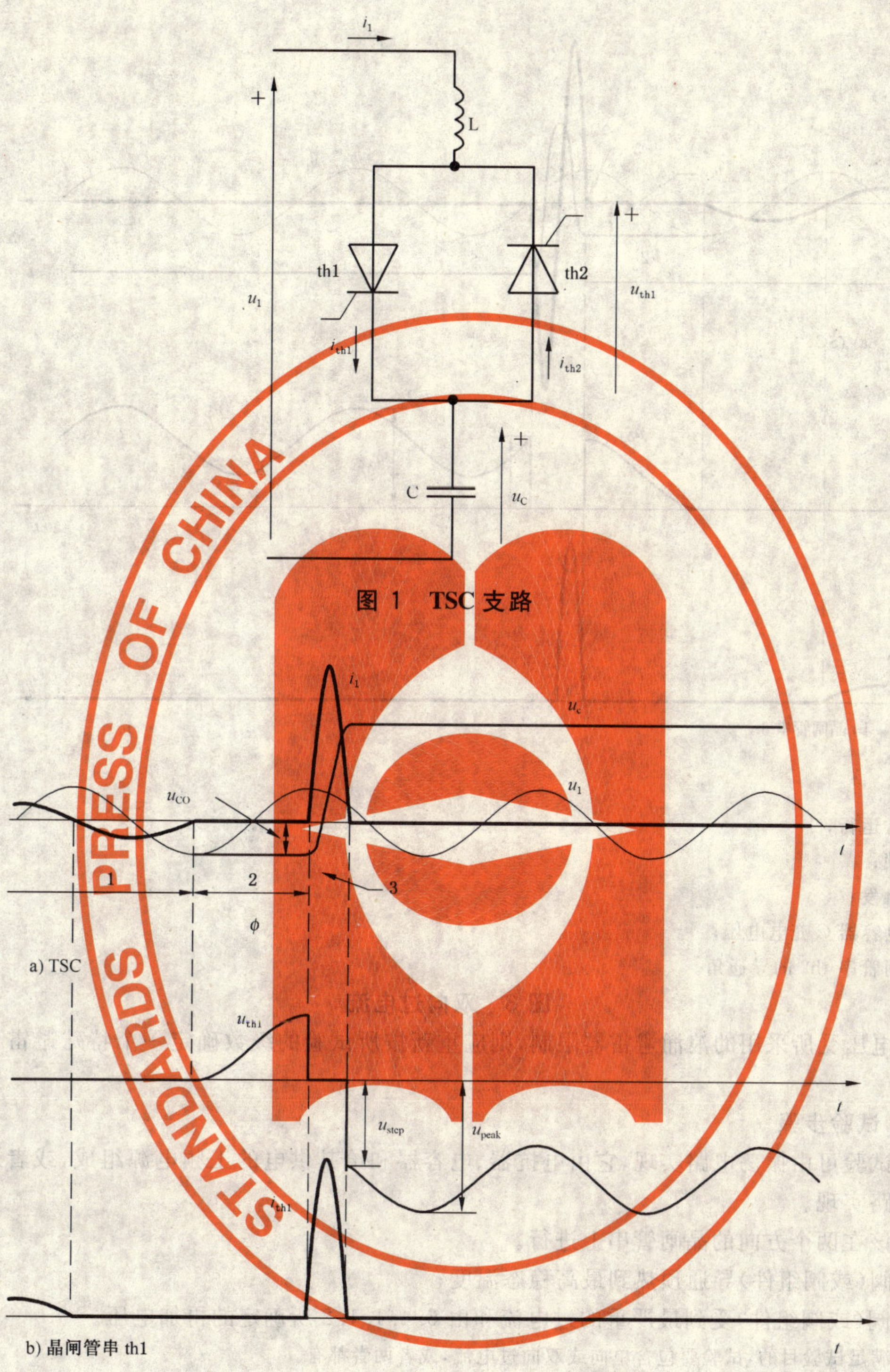

图 1　TSC 支路

图中：

1——正常运行；

2——闭锁；

3——阀触发；

u_{CO}——电容器 C 充电电压；

ϕ——晶闸管串 th2 的导通角。

图 2　单相过电流

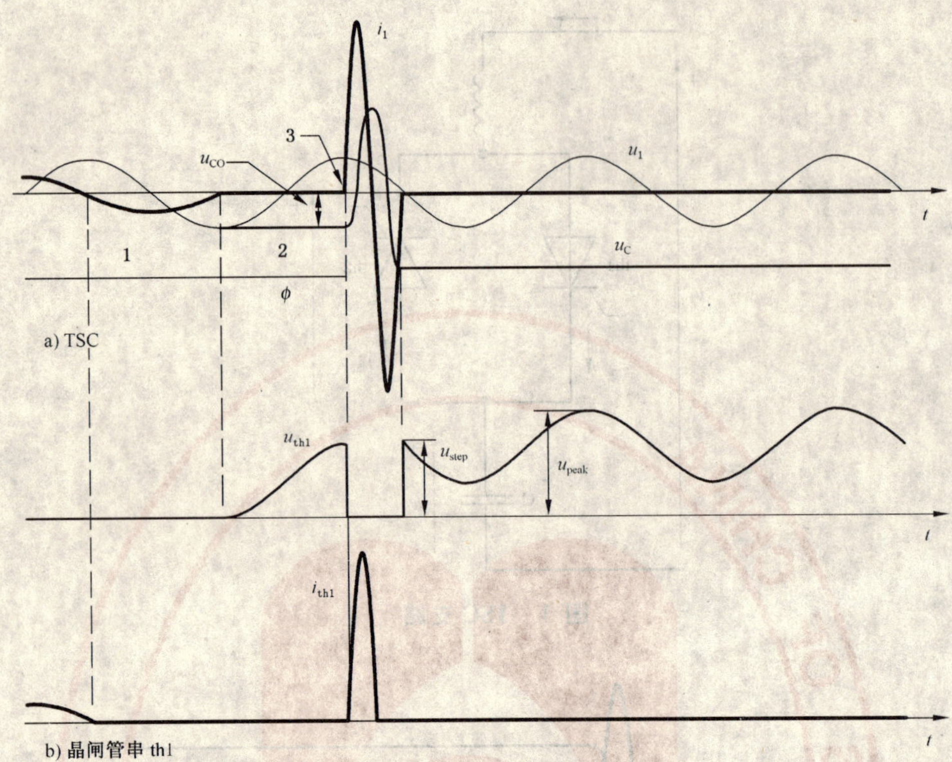

图中：

1——正常运行；

2——闭锁；

3——阀触发；

u_{CO}——电容器 C 充电电压；

ϕ——晶闸管串 th2 的导通角。

图 3 双向过电流

如果阀电压受所采用的浪涌避雷器限制，则应重新按所试验的级数确定一个特殊避雷器用于试验回路。

6.4.1.1.3 试验步骤

过电流试验可由振荡电路实现，它由电抗器、电容器和给其供电的工频电源组成，或者通过合适的合成试验回路实现。

试验应该在两个方向的晶闸管串上进行。

a) 使阀(或阀组件)导通预热到最高稳态温度；

b) 使阀(或阀组件)受到最严重的过电流和由 6.4.1.1.2 所确定的再加电压。

注：为了满足试验目的，试验要包含单向或双向过电流，或者两者都有。

6.4.1.2 无后续闭锁过电流

6.4.1.2.1 试验目的

这项试验的目的是为了验证阀在实际工况下可能遇到因最严重过电流条件所引起的热效应和电磁力作用，阀的设计是否合适。

6.4.1.2.2 试验值和波形

试验电流波形应是阻尼的正弦电流振荡波或适当含有电流峰值的波形表示，其 I^2t 和晶闸管结温不小于实际工况时的值。

试验电流的频率应接近实际 TSC 电路的谐振频率。

6.4.1.2.3 试验步骤

过电流试验可由振荡电路实现，其电路由电抗器、电容器和给它们供电的工频电源组成，或者通过合适的合成试验回路实现。

试验应该在两个方向导通的晶闸管串上进行。

a) 使阀(或阀组件)预热到最高稳态温度；

b) 使阀(或阀组件)受到过电流。

6.4.2 最小交流电压试验

6.4.2.1 试验目的

该项试验的目的在于验证 TSC 阀的触发系统在规定的最小交流电压和规定运行条件下运行正常。

6.4.2.2 试验步骤、试验值和波形

试验可在完整阀或阀组件上进行。

试验步骤应如下：

a) 在 TSC 阀上施加最小短时低电压，在该电压下阀仍能维持可控并能维持导通的时间至少是短时低电压时间的 2 倍；

b) 在降低电压(连续的或逐级地)到零(或到保护动作值)的情况下重复步骤 a)，以验证该情况不会对阀有损伤。

注：根据阀的设计，也许还须在每次低压试验后恢复到最小稳态交流电压值以补充门极功率供应。

6.4.3 温升试验

6.4.3.1 试验目的

本项试验的主要目的在于验证最重要的发热部件的温升在规定的范围内，验证在不同的稳态运行状态下没有部件或材料过热，同时也验证冷却方式是否充裕。

6.4.3.2 试验步骤

试验可在完整阀或阀组件上进行。

对于最严酷的冷却条件，阀应承受的电压电流应力产生的损耗比规定的实际工况下的损耗大 5%。试验应在达到热平衡后继续 30 min。

由于最大热负载可能发生在不同的运行状态，因而需要多次试验。

为了检验反向并联晶闸管连接环节(母线)的通流能力，应把一个晶闸管级短接(例如用金属导线替换晶闸管)后重复这项试验。

注：若发热部件最严重的发热部分的温度不能通过实测来获得，如晶闸管的结温或缓冲电阻的温度，则可采用在合适位置测量，并以此推断该温度的方法。

7 电磁干扰(EMI)

7.1 试验目的

本项试验为了验证阀对外部事件或其他邻近阀操作所产生的电磁辐射的抗干扰能力。

作为电磁辐射结果，这项试验应验证：

a) 不产生晶闸管误触发；

b) 虚假的晶闸管级故障信息或错误的信号不会通过阀电子单元传递给换流器的控制和保护系统。

7.2 试验步骤

在操作冲击和非周期触发试验时，通过监视阀以验证阀对电磁辐射的抗干扰能力。在阀遭受操作冲击的试验也被用于监视阀抗电磁干扰的能力。在进行非周期触发试验时，在其近旁安置附加试验阀，便于试验时监视附加试验阀的电磁干扰情况。

试验阀的空间布置应与实际运行时一样。

7.2.1 操作冲击试验

该试验是作为TCR/TSR和TSC型式试验(分别为5.3.2.1和6.3.2.1)的一部分进行的。

被试阀的电子单元应加电。

与试验阀交换信息所必需的阀基电子单元部分应包括在内。

通过试验的判据是没有虚假的触发信号或信息从阀传递到控制和保护系统。

7.2.2 非周期触发试验

该试验是作为TCR/TSR和TSC选项试验(分别为9.3和10.2)的一部分进行的。

被试阀的电子单元应加电。

与试验阀交换信息所必需的阀基电子单元部分应包括在内。

被试阀的两端施加工频运行电压(即额定运行电压)。试验应在接近电压峰值的情况下并且在两种电压极性下进行。

注:在许多情况下非周期触发试验的目的可由其他试验来完成,例如TCR可通过VBO触发的操作冲击试验,而TSC可通过过电流试验。

通过试验的判据是没有虚假的触发信号或信息从阀传递到控制和保护系统。该判据也适用于被试对象及辅助阀。

8 出厂试验

所规定的出厂试验是要求的最少试验项目,供方应提供满足试验目的的详细试验过程。

8.1 外观检查

目的:

a) 检查全部材料和部件没有损坏并且安装正确;

b) 检查安装部件资料;

c) 检查阀内部的空气距离和爬电距离。

8.2 连接检查

目的:

a) 检查全部载流主回路接线正确;

b) 检查晶闸管紧固力;

c) 检查接线端子的配线。

8.3 均压/阻尼回路检查

目的:

检查均压/阻尼电路的参数(电阻和电容),以保证电压在串联晶闸管上均匀分布。

8.4 耐受电压检查

目的:

检查晶闸管级能否承受阀所规定的相应最大值电压。

8.5 辅助设备检验

目的:

验证每个晶闸管级上的辅助设备(如监视和保护回路)和整个阀(或阀组件)的那些公共部分功能的正确性。

8.6 触发检查

目的:

验证晶闸管级的每个晶闸管对触发信号的响应正确。

8.7 冷却系统压力检查

目的：

a) 检查是否有泄漏；

b) 在整个阀和全部分支中检查流量是否充裕；

c) 检查压力差。

9 TCR 和 TSR 阀的选项试验

9.1 过电流试验

9.1.1 后续闭锁过电流试验

9.1.1.1 试验目的

当晶闸管温度等于阀控制或保护允许最大值时，验证有后续闭锁阀耐受过电流的能力。试验考虑了直流偏置情况，这是因为过电流由于高 di/dt 闭锁而中止所形成的。

注：在许多情况下，此项试验的目的可由周期触发和关断试验(5.4.1)来达到，此时该项试验可取消。

9.1.1.2 试验值和波形

阀承受的再加电压波形近似于运行中的熄灭波形。再加电压可由单独的脉冲发生器产生，也可由试验电路自身产生。

波形 1：

采用接近典型熄灭波形的 20 μs/200 μs 波形，或用系统研究所得的近似波形代替。波形 1 的值按下式计算：

$$U_{tsv} = k_s \times U_{cms}$$

式中：

U_{cms}——由避雷器或 VBO 所确定的阀最低保护水平，或在没有过压保护的情况下阀所保证的耐压水平；

k_s——试验安全系数，$k_s = 0.9$。

注：如果设计者或用户已经研究过该参数及系统产生的操作波的波形，应按研究结果进行，包括仿真研究或模型测试以及运行经验的波形数据。

9.1.1.3 试验步骤

a) 建立并维持最大的稳态电流条件，直至达到稳态结温时热平衡；

b) 在阀上施加适当的电流使结温达到阀保护和控制所允许的最大值；

c) 在典型的 di/dt 下关闭阀；

d) 在阀上施加熄灭过冲电压。

9.1.2 无后续闭锁过电流试验

9.1.2.1 试验目的

在阀的电流超过其设计限值的故障条件下，验证在 SVC 跳闸之前，无后续闭锁阀耐受过电流的能力。

9.1.2.2 试验值和波形

试验电流应有对应于给定最坏情况下时变过电压的峰值和热效应，在阀的两个导通方向都应进行试验。试验持续时间由 SVC 保护系统决定。

9.1.2.3 试验步骤

试验回路由一个工频电流源、试验对象和一个串联电抗组成，也可采用其他电路。试验结束时不需要对阀施加电压。

a) 阀或阀组件预热，使晶闸管结温达到最高稳态运行时的温度；

b） 在阀上施加规定的电流波形。

9.2 恢复期间瞬时正向电压试验

9.2.1 试验目的

验证在电流熄灭后的任何时刻发生正向操作电压冲击时，阀不损坏。

注：为了使阀能承受此类事件而具有的外部保护应该参与试验。

9.2.2 试验值和波形

波形1：

采用接近典型熄灭波形的20 μs/200 μs波形，或用系统研究所得的近似波形代替。其值按下式计算：

$$U_{tsv} = k_s \times U_{cms}$$

式中：

U_{cms}——由避雷器或VBO所确定的阀最低保护水平，或在没有过压保护的情况下阀所保证的耐压水平；

k_s——试验安全系数，$k_s=0.9$。

注：如果设计者或用户已经研究过该参数及系统产生的操作波的波形，应按研究结果进行，包括仿真研究或模型测试以及运行经验的波形数据。

在电流熄灭之后，冲击电压将改变阀电压的极性，使刚好停止导通的晶闸管正偏。

9.2.3 试验步骤

a） 在阀上施加适当的电流，使晶闸管结完全导通且关闭时的di/dt正确；

b） 在最高稳态结温下闭锁阀；

c） 使阀或阀组件承受高于规定的预期电压冲击。

在电流熄灭与阀完全恢复之间，所加冲击电压应不少于5次。

试验应对阀导通的两个方向均进行。

9.3 非周期触发试验

9.3.1 试验目的

该项试验不但可验证晶闸管和附属电路对在非周期情况下导通时耐受电压和电流的能力，还可验证阀抗电磁干扰的能力（参见第7章）。

注：许多情况下，此项试验的目的可由阀端间操作冲击试验（5.3.2）来达到，这时此项试验可取消。

9.3.2 试验值和波形

在室温条件下，试验在完整阀上进行。

试验电路应向阀施加操作冲击电压且使阀在冲击电压的峰值时导通。在阀触发之后，试验电路的主要作用是再现导通时正确的阀电流。重要的时间段是导通的最初10 μs～20 μs之间。

选择能代表电源阻抗的冲击发生器，以便产生的导通电流脉冲至少与实际工况下电路杂散电容的放电电流相同。

导通应力和试验电路要求取决于阀所采用的避免暂态过电压的保护方法。

以下试验均采用波形2：标准的250 μs/2 500 μs波形。

a） 用避雷器保护的阀

试验电压值按下式计算：

$$U_{tsv2} = k_s \times U_{cms}$$

式中：

U_{cms}——避雷器保护水平；

k_s——试验安全系数，$k_s=1.0$。

所选择的冲击发生器的阻抗不仅取决于由电路杂散电容放电所产生的导通电流，还取决于由避雷器动作所产生的导通电流。

可通过下列两种方法来实现：

1） 并联电容器法：用一个电容与被试阀并联，被试阀产生的放电电流至少与预计避雷器动作所产生的导通电流一样严重；

2） 避雷器法：将避雷器连接在阀的两端，试验电压加在包括 TCR 电抗器的电感外，当避雷器电流达到预计值时，阀触发导通。

由于受到冲击发生器实际尺寸的限制，避雷器法仅适合于低电压阀。

当避雷器有电流时，若阀具有防止瞬时触发保护系统，则不必考虑避雷器的通流。因而试验电压 U_{cms} 可降到使避雷器不导通的最大电压。

b） 用 VBO 保护的阀

预计的试验电压值按下式计算：

$$U_{tsv2} = k_s \times U_{VBO}\text{（波形 2）}$$

式中：

U_{VBO}——最低 VBO 保护电压水平；

k_s——试验安全系数，$k_s = 0.95$。

若能证实由 VBO 引起的触发与正常触发等效，则该试验可省略，因为试验目的已经在阀端间操作冲击试验中得到验证（见 5.3.2）。

c） 无保护的阀

试验电压值按下式计算：

$$U_{tsv2} = k_s \times U_{cms}\text{（波形 2）}$$

式中：

U_{cms}——按 GB 311.1—1997，或由绝缘配合研究确定的预计操作冲击电压值；

k_s——试验安全系数，$k_s = 1.3$。

9.3.3 试验步骤

阀的一端接地。

在阀的另一端施加 3 次操作冲击电压。阀应在操作冲击电压峰值处被触发导通。

施加相反极性的电压重复试验（或换到阀的另一端）。

10 TSC 阀的选项试验

10.1 恢复期间瞬时正向电压试验

10.1.1 试验目的

验证在电流熄灭后的任何时刻发生正向操作电压冲击时阀不损坏。

注：为了使阀能够承受此类事件而具有的外部保护应参与试验。

10.1.2 试验值和波形

波形 1：

采用接近典型熄灭波形的 20 μs/200 μs 波形，或用系统研究所得的近似波形代替。其值按下式计算：

$$U_{tsv} = k_s \times U_{cms}$$

式中：

U_{cms}——由避雷器所确定的阀最低保护水平，或在没有过压保护的情况下阀所保证的耐压水平；

k_s——试验安全系数，$k_s=0.9$。

注：如果设计者或用户已经研究过该参数及系统产生的操作波的波形，应按研究结果进行，包括仿真研究或模型测试以及运行经验的波形数据。

在电流熄灭之后，冲击电压将改变阀电压的极性，使刚好停止导通的晶闸管正偏。

10.1.3 试验步骤

a) 在阀上施加适当的电流，使晶闸管结完全导通且关断时的 di/dt 正确；

b) 在最大稳态结温下闭锁阀；

c) 使阀或阀组件承受高于规定的预期电压冲击。

在电流熄灭与阀完全恢复之间，施加冲击电压应不少于5次。

试验应对阀导通的两个方向均进行。

10.2 非周期触发试验

10.2.1 试验目的

该项试验不但可验证晶闸管和附属电路在非周期情况导通时耐受电压和电流的能力，还可验证阀抗电磁干扰的能力(参见第7章)。

注：许多情况下，此项试验的目的可由过电流试验(6.4.1)实现，此时该项试验可取消。

10.2.2 试验值和波形

在室温条件下，试验在完整阀上进行。

试验电路应能向阀施加操作冲击电压且使阀在冲击电压的峰值时导通。在阀触发之后，试验电路的主要作用是再现导通时正确的阀电流。重要的时间段是导通的最初10 μs～20 μs之间。

选择能代表电源阻抗的冲击发生器，以便产生的导通电流脉冲至少与实际工况下电路杂散电容的放电电流相同。

导通应力和所要求的试验电路取决于阀所采用的避免暂态过电压的保护方法。

以下试验均采用波形2：标准的250 μs/2 500 μs波形。

a) 用避雷器保护的阀

试验电压值按下式计算：

$$U_{tsv2}=k_s\times U_{cms}\text{(波形 2)}$$

式中：

U_{cms}——避雷器保护水平；

k_s——试验安全系数，$k_s=1.0$。

所选择的冲击发生器的阻抗不仅取决于由电路杂散电容放电所产生的导通电流，还取决于由避雷器动作所产生的导通电流。

可通过下列两种方法来实现：

1) 并联电容器法：用一个电容与被试阀并联，被试阀产生的放电电流至少与预计避雷器动作所产生的导通电流一样严重；

2) 避雷器法：将避雷器连接在阀的两端，试验电压施加在包括TSC电抗器的电感外，当避雷器电流达到预计值时，阀触发导通。

由于受到冲击发生器实际尺寸的限制，避雷器法仅适合于低电压阀。

当避雷器有电流时，若阀具有防止瞬时触发保护系统，则不必考虑避雷器的通流。因而试验电压 U_{cms} 可降到使避雷器不导通的最大电压。在过电流试验(6.4.1)中已经证实过此项试验目的的情况下，此项试验可取消。

b) 无保护的阀

试验电压值按下式计算：

$$U_{tsv2} = k_s \times U_{cms}$$

式中：

U_{cms}——按 GB 311.1—1997，或由绝缘配合研究确定的预计操作冲击电压值；

k_s——试验安全系数，$k_s = 1.3$。

10.2.3 试验步骤

阀的一端接地。

在阀不接地的一端施加 3 次操作冲击电压。阀应在操作冲击电压峰值处被触发导通。

施加相反极性的电压重复进行试验(或换到阀的另一端)。

ICS 29.200;29.240.99
K 46

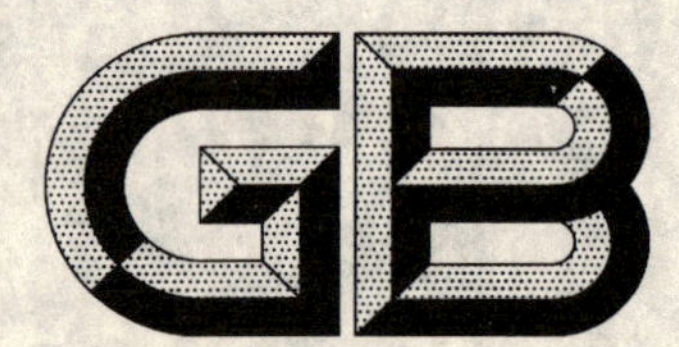

中华人民共和国国家标准化指导性技术文件

GB/Z 20996.1—2007/IEC/TR 60919-1:1988

高压直流系统的性能
第1部分:稳态

Performance of high-voltage direct current (HVDC) systems—Part 1: Steady-state conditions

(IEC/TR 60919-1:1988, IDT)

2007-06-21 发布

中华人民共和国国家质量监督检验检疫总局
中国国家标准化管理委员会 发布

前　言

GB/Z 20996《高压直流系统的性能》是国家标准化指导性技术文件，共包括以下3个部分：

第1部分：稳态；

第2部分：故障和操作；

第3部分：动态。

本部分为第1部分，等同采用IEC/TR 60919-1:1988《高压直流系统的性能　第1部分：稳态》，有关技术内容和要求的规定完全相同。由于该IEC文件出版已有近20年时间，所以编写格式与现行的我国国家标准有较大差异。本部分按我国GB/T 1.1—2000规定的格式编写。例如在原IEC/TR 60919-1:1988的规范性引用文件中，所引用的大量文件基本都未在正文中被引用。按我国国家标准规定，这部分文件就不能被视为规范性引用文件。因此，在本部分的规范性引用文件中，将未在正文中引用的全部文件删除。另外，对IEC/TR 60919-1:1998所作出的修改及差异，在正文11.1和16.3中以条文脚注的方式标出。

本部分由中国电器工业协会提出。

本部分由全国电力电子学标准化技术委员会(SAC/TC 60)归口。

本部分负责起草单位：中国电力科学研究院、西安电力电子技术研究所。

本部分参加起草单位：西安高压电器研究所、北京网联直流输电工程技术有限公司、西安西电电力整流器有限公司、南方电网技术研究中心、机械工业北京电工技术经济研究所。

本部分主要起草人：赵畹君、陆剑秋、郑军、马为民、李斌、黎小林、曾南超、周观允、张万荣、方晓燕、陶瑜、王明新、刘宁、蔚红旗。

本部分为首次发布。

本部分由全国电力电子学标准化技术委员会负责解释。

引　　言

高压直流输电在我国电网建设中，对于长距离送电和大区联网有着非常广阔的发展前景，是目前作为解决高电压、大容量、长距离送电和异步联网的重要手段。根据我国直流输电工程实际需要和高压直流输电技术发展趋势开展的项目在引进技术的消化吸收、国内直流输电工程建设经验和设备自主研制的基础上，研究制定高压直流输电设备国家标准体系。内容包括基础标准、主设备标准和控制保护设备标准。项目已完成或正在进行制定共19项国家标准：

(1)《高压直流系统的性能　第一部分　稳态》

(2)《高压直流系统的性能　第二部分　故障与操作》

(3)《高压直流系统的性能　第三部分　动态》

(4)《高压直流换流站绝缘配合程序》

(5)《高压直流换流站损耗的确定》

(6)《变流变压器　第二部分　高压直流输电用换流变压器》

(7)《高压直流输电用油浸式换流变压器技术参数和要求》

(8)《高压直流输电用油浸式平波电抗器》

(9)《高压直流输电用油浸式平波电抗器技术参数和要求》

(10)《高压直流换流站无间隙金属氧化物避雷器导则》

(11)《高压直流输电用并联电容器及交流滤波电容器》

(12)《高压直流输电用直流滤波电容器》

(13)《高压直流输电用普通晶闸管的一般要求》

(14)《输配电系统的电力电子技术静止无功补偿装置用晶闸管阀的试验》

(15)《高压直流输电系统控制与保护设备》

(16)《高压直流换流站噪音》

(17)《高压直流套管技术性能和试验方法》

(18)《高压直流输电用光控晶闸管的一般要求》

(19)《直流系统研究和设备成套导则》

高压直流系统的性能
第1部分:稳态

1 总则

1.1 范围

GB/Z 20996 的本部分对高压直流系统的稳态性能要求提供通用的指导。本部分所涉及的是采用两个三相换流桥组成的12脉波(脉动)换流器(见图1)的两端高压直流系统的稳态性能,它不包括多端高压直流输电系统。两端换流站均考虑采用晶闸管阀作为半导体换流阀,并具有双向输送功率的能力。本部分不考虑采用二极管换流阀的情况。

GB/Z 20996 由三个部分组成。第1部分稳态,第2部分故障和操作,第3部分动态。在制定与编写过程中,已经尽量避免了三部分内容重复。因此,当使用者准备编制两端高压直流系统规范时,应参考三个部分的全部内容。

对系统中的各个部件,应注意系统性能规范与设备设计规范之间的差别。本部分没有规定设备技术条件和试验要求,而是着重于那些影响系统性能的技术要求。本部分也没有包括详细的地震性能要求。另外,不同的高压直流系统可能存在许多不同之处,本部分也没有对此详细讨论,因此,本部分不应直接用作某个具体工程项目的技术规范。但是,可以以此为基础为具体的输电系统编制出满足实际系统要求的技术规范。本部分涉及的内容没有区分用户和制造厂的责任。

通常,对于一个具体工程的两端高压直流换流站,其性能规范应作为一个整体来编写。高压直流系统的一些部分也可以单独地编写规范和采购,在此情况下,必须适当地考虑每一部分与整个高压直流系统性能目标的配合,并应该明确地规定每一部分和系统之间的接口。比较容易划分并明确接口的典型部分有:

a) 直流输电线路,接地极线路和接地极;
b) 远动通信系统;
c) 阀厅,基础和其他的土建工程;
d) 无功补偿设备,包括交流并联电容器组、并联电抗器、同步调相机和静止无功补偿器;
e) 交流滤波器;
f) 直流滤波器;
g) 辅助系统;
h) 交流开关设备;
i) 直流开关设备;
j) 直流电抗器;
k) 换流变压器;
l) 避雷器;
m) 换流阀及其辅助设备;
n) 控制和保护系统。

注:实际上最后两项分开有一定的难度。

1.2 规范性引用文件

下列文件中的条款通过 GB/Z 20996 的本部分的引用而成为本部分的条款。凡是注日期的引用文件,其随后所有的修改单(不包括勘误的内容)或修订版均不适用于本部分,然而,鼓励根据本部分达成协议的各方研究是否可使用这些文件的最新版本。凡是不注日期的引用文件,其最新版本适用于本部分。

GB/T 6113.2—1998 无线电骚扰和抗扰度测量方法(eqv CISPR 16-2:1996)

2 高压直流系统稳态性能规范概述

本部分从第3章到第21章全面论述了高压直流系统的稳态性能。

尽管各类设备通常是单独编写规范和采购,本部分仍然包括直流输电线路、接地极线路和接地极(见第10章),目的是为了考虑其对高压直流系统性能的影响。

本部分假定一个高压直流换流站,由一个或多个安装在同一地点的换流器单元组成,同时要考虑与其配套的厂房建筑物、直流电抗器、滤波器、无功补偿设备、控制、保护、监视、测量和辅助设备。在本部分中没有讨论交流开关站的问题,但包括了交流滤波器和无功功率补偿设备,如第16章所述,这些设备可以和高压直流换流站分开,单独接在交流母线上。

3 高压直流系统的类型

3.1 概述

规范的这一部分应包括以下基本内容:

a) 高压直流工程的目的和换流站站址的一般情况;

b) 所需要的系统类型,包括简单的单线图;

c) 12脉波(脉动)换流器组数;

d) 本章所提到的相应资料。

一般来说,在本部分所讨论的工程类型中,经济上应考虑投资、损耗费用和其他预期的年运行费用。

3.2 背靠背高压直流系统(图2)

在背靠背系统中,没有直流输电线路,两个换流器均放在同一地点。两个换流器的换流阀可以放在一个阀厅内,甚至在一个集成的结构中。同样,两个换流器的其他设备,如控制系统、冷却设备、辅助系统等,也可放在一个区域内,甚至可以集中布置在一起,供两个换流器共同使用。电路结构可能不同,图2给出了一些例子。这些不同回路接线的性能和经济性,必须进行评估。背靠背系统不需要直流滤波器。

对于一个给定的额定功率,为了得到最低的换流器造价,其中包括对损耗成本的评估,应对额定电压和电流进行优化选择。背靠背直流工程与具有架空线路和电缆的直流工程相比,由于无线路损耗,可降低额定电压值,提高额定电流值。通常,用户不需要规定直流电压和电流的额定值,除非有特殊的原因,例如:为了适应已有的变电站,或为便于进一步扩建或有别的原因。从经济性方面考虑,每个换流器通常是一个12脉波(脉动)换流单元。有的运行准则要求,失去一个换流器不应导致中断全部输送能力;因此,一些大的高压直流换流站,可以由两个或者多个背靠背系统组成。为此,一些背靠背系统的设备,由于经济上的原因而安装在一个区域,甚至集成在一起。

3.3 单极大地回路高压直流系统(图3)

决定采用单极大地回路方式,往往是从经济上考虑,特别是对于昂贵的电缆输电来说更是如此。单极大地回路方式也可能是双极直流工程的第一期。在高压直流换流站中,单极的布置可以是一个12脉波(脉动)换流器,或者是多个12脉波(脉动)换流器串联或并联(图4、图5)。在以下情况下可能采用多个12脉波(脉动)换流器:

a) 当一个换流器停运时,仍可保证有部分输送容量;

b) 工程建设要分期进行;

c) 由于换流变压器运输的限制。

单极大地回路方式要求在架空线或电缆的每一端有一个或多个直流电抗器,通常这些电抗器放在高压侧。如果最终性能可以接受,直流电抗器也可以放在接地侧。对于架空线路,每一端可能均需装设直流滤波器(见第17章)。输电线路的两端需要设置接地极线路,可以连续运行的接地极,并需要考虑接地极的腐蚀和磁场效应等问题。

3.4 单极金属回路高压直流系统(图6)

这种方式通常在以下情况采用:

a) 作为双极系统分期建设的第一期,并且在过渡期间地电流不允许长期运行时;

b) 假定输电线路太短,以至于建设接地极线路和接地极不经济和不需要时;

c) 如果地电阻率很高,会引起不可接受的经济损失时。

可以使用一条高压导线和一条低压导线。两个高压直流换流站中有一个换流站的中性点在换流站接地或者接在相应的接地极上,另一个换流站中性点通过电容器或避雷器接地,或者通过二者接地。

高压导线的两端均需装设直流电抗器,如果其最终性能可以接受,直流电抗器也可以装在接地侧。如果是架空线路,可能还需要装设直流滤波器。

如果这种方式是双极系统的第一期工程,则其中性线导线的绝缘应能承受在该工程阶段的高电压。

3.5 双极高压直流系统(图7和图8)

这是直流输电线路与两个高压直流换流站连接时最常用的方式,它相当于一个双回线交流输电系统。同单极运行相比,它可以降低谐波干扰并且可以保持流入地中的电流值最小。两个单极大地回路方式联合组成一个双极方式。

对于某一方向的输电潮流,一个极对地是正极性,另一个极则是负极性。如果潮流向另一方向输送则两个极均改变其极性。当双极运行时,流过地回路的不平衡电流能保持很小的数值。

这种类型的输电系统可以提供一系列的应急运行方式,因此,在规范中应考虑以下要求:

a) 当高压直流输电系统一个极停运时,另一个极的换流设备应能通过大地回路连续运行。

b) 如果不希望出现长时间的地电流,故障极线路仍能保持一定的低电压绝缘能力,则双极系统应能运行在单极金属回路方式(图8)。向这种应急运行方式转换的操作是首先将被切除的故障极导线和大地回路并联,然后再断开大地回路,从而将电流转换到金属回路(停运极的导线)中去。这种不中断输电的负荷转移要求在高压直流系统的一个换流站中有一个金属回路转换断路器(MRTB)。如果允许短时间中断输送功率,则不需要MRTB。在高压直流输电系统中接有MRTB端的换流站中性点设备,其绝缘水平应高于输电系统另一端中性点设备的绝缘水平。

c) 当接地极或接地极线路进行检修时,如果流入大地的两极间的不平衡电流保持在很小的数值,则双极系统应能将高压直流系统的一端或两端换流站的中性点接在换流站的接地网上运行。把不平衡电流保持在很小的值,是为了避免由于部分不平衡电流流过变压器中性点,而使换流变压器饱和。在这种运行方式下,当一极的输电线路或换流站的一个极停运时,则两个极必须自动闭锁。

d) 在两端换流站均接地极的双极运行方式下,高压直流系统两个极的运行电流可以不相同。当一个极的冷却系统有问题,或者由于其他不正常的条件使其不能运行在全电流时,则会出现这种运行工况。

e) 假如线路绝缘有部分损坏时,要求系统还能连续运行,则换流器应设计为能降压连续运行,以便使两个极能降压运行(参见7.3)。

f) 当失去一个极的输电线路时,换流站可通过一个极极性反接的相应倒闸操作,来实现换流站两个极并联,可单极大地回路方式运行。但是,为此要求每个12脉波(脉动)换流器的直流端子均需按全电压进行绝缘,并且线路和接地极从发热角度考虑,应均能在比额定电流大的电流下运行。

每个极的每一端均需一个直流电抗器。同时,如果高压直流系统是架空线路,则大部分情况下还需要有直流滤波器。最常用的是每极一组 12 脉波(脉动)换流器。但是,对于大容量的系统或者是分期扩建的系统,则可能要求进行 12 脉波(脉动)换流器组的串联或并联(图 4 和图 5)。

3.6 双极金属中性线系统(图 9)

如果地电流不能容忍,或者高压直流两端之间的距离很近,或者是由于大地电阻率很高而不可能选到接地极时,则输电线可以建设成具有第三条导线的双极金属中性线系统。第三条导线在双极运行时,可流过不平衡电流。当输电线的一个极退出运行时,第三条导线则成为返回线。第三条导线只要求低电压绝缘,并且如果是架空线路,它还可以作为避雷线使用。但是,如果它是全绝缘,则可作为一条备用的导线,在这种情况下,则需要一条单独的避雷线。

两个高压直流换流站之一的中性点应该接地,而输电系统另一端的中性点则浮动,或通过避雷器或电容器或两者与换流站接地网连接。

对于第三条导线是全绝缘的输电系统,在一条导线不能工作时,它还可以运行在双极方式。此时两个换流站的中性点均需要接到换流站的接地网上,并且应特别注意要保持不平衡电流为很小的值。在这种运行方式下,一个极停运则要求另一个极也停运,再进行开关操作,使高压直流输电系统中完好的部分运行。

如果换流站的一个极不能运行,直流输电系统可以用换流站的另一个极以单极金属回路方式运行。

3.7 每极两组 12 脉波(脉动)换流器

对于大容量双极系统,可以考虑每极两个 12 脉波(脉动)换流器串联。这就是说,当一组 12 脉波(脉动)换流器发生强迫停运或计划停运时,只损失 25%的输送功率,并且还可以按双极平衡电流方式运行(无地电流)。如果输电系统有足够的过负荷能力,则可以保持满负荷或接近满负荷运行。需要装设直流开关,对任何一组运行的 12 脉波(脉动)换流器进行旁路和退出。与同样容量的每极一组 12 脉波(脉动)换流器的输电系统相比,采用每极两组时其造价会增加。

3.8 换流变压器的组合方式

每组 12 脉波(脉动)换流器的三相变压器需要两组阀侧绕组,一组为星形接线而另一组为三角形接线。这可以由以下方式构成:

a) 1 台带两组阀侧绕组的三相变压器;

b) 2 台三相变压器,一台接成星/星,另一台接成星/三角;

c) 3 台单相变压器,每台有 2 个阀侧绕组,一个绕组为星形接线,另一个为三角形接线;

d) 6 台单相变压器,接成 2 个三相组,一个为星/星接线,另一个为星/三角接线。

根据高压直流系统可用率的要求,在一端换流站或两端换流站需要设置备用变压器。如果采用一台三相带两组阀侧绕组的变压器,只需要 1 台备用变压器。由于星形和三角形接线的三相变压器的设计不同,因此应考虑对每种设计有一台备用。

对于单相双阀侧绕组的变压器,只需要 1 台备用,因为 3 台单相变压器完全一样。对于上面所提到的其他选项的变压器,建议用 2 台备用,一台作为阀侧绕组星形接线单相变压器的备用,另一台作为三角形接线单相变压器的备用。

如果不用备用变压器,当 1 台变压器退出运行时,上述方案 b)和 d)可以按 6 脉波(脉动)方式在一半容量运行(假定设计的直流系统允许在这种方式下运行),但是这种运行方式对于方案 a)和 c)则不行。

3.9 直流开关场接线方式

直流开关场有许多接线方式可以提高高压直流系统的可用率。

双极系统的单极金属回路运行方式已在 3.5 讨论。

对于双极系统来说,直流开关场的接线方式可以使换流器的任一端换接在任一导线上或中性点上(图 10)。这种方式对于具有全绝缘备用电缆的电缆工程或并联电缆的工程是有益的。如果换流站的一个极退出工作,则电缆可以并联运行,还可降低线路损耗。一般来说,若换流器与两条极母线和中性母线的连接是固定的，则换流站的两个极不可能并联连接。

但是，如果需要换流站两个极并联连接的灵活性时，则至少换流站的一个极应可以进行极性反接，并且，这个极的中性端必须达到全电压绝缘水平。图 11 给出了一种可能的接线方式。

当直流输电系统包括架空线路和电缆时，可用图 12 所示的在架空线和电缆连接处的直流换接方式。

对于多回双极线路的情况，可以考虑换流站极的并联连接，这是为了在一回输电线路停运时可以恢复输电能力(图 13)。

对于远距离多回双极线路并联运行的情况，可以采用像图 14 所示的中间换接方式。

4 环境条件

对于每一个高压直流换流站，应该提供表 1 所示环境条件资料。

表 1 每一个高压直流换流站应提供的环境条件资料

参 数	单 位		应用实例和注释
● 海拔高度	m		用于空冷系统设计和空气净距
● 户外温度	℃		给出最高温度，是为了计算额定功率的需要。最低温度是为了计算过负荷能力的需要。如果用户想要设备能过负荷运行并且允许相应的缩短预计寿命，这些均应加以说明并提供所需的资料
	对低温容量	对额定容量	最好能给出以月为基础的一年中温度的变化曲线
● 最高干球温度	℃	℃	阀冷却，变压器和电抗器设计
● 最高湿球温度	℃	℃	蒸发冷却系统设计和阀厅相对湿度设计
● 24 h 最高平均干球温度	℃	℃	变压器和电抗器设计
● 24 h 最低平均干球温度	℃	—	变压器、电抗器和隔离开关设计以及建筑物取暖需要
● 最低干球温度	℃	—	变压器、电抗器和隔离开关设计以及建筑物取暖需要
● 最高和最低户内空气温度和相对湿度	℃ %	℃ %	通常阀厅由阀设计者确定，控制室由控制设计者确定
● 维修期间和停运后最大过渡时期内的室内空气温度和相对湿度	℃ %	℃ %	如果户内温度对维修人员来说非常高时需要规定
● 最大日照入射功率 水平面 垂直面	 W/m² W/m²		建筑物冷却，变压器、电抗器、母线等的额定值等
● 风力条件 ——最大连续风速 ——最大阵风速 ——在最低温度(℃)下的最大风速	 m/s m/s m/s		 建筑物和设备支柱设计 建筑物和设备支柱设计 导线、张力绝缘子和杆塔设计
● 冰雪负荷 ——无风时的最大冰厚 ——最大风速(m/s)时的最大冰厚 ——最大雪荷 ——最大雪深	 mm mm N/m² mm		 设备和结构设计，例如隔离开关/开关、导线等 设备和结构设计，例如隔离开关/开关、导线等 建筑物设计 为了安全，设备在雪上面的高度

表 1（续）

参　　数	单　位		应用实例和注释
● 降雨量 ——年平均 ——1 h 最大量 ——5 min 最大量	 mm mm mm		建筑物和现场排水
● 雾和污秽 绝缘子冲洗和涂敷规程			决定绝缘和空冷系统过滤器设计的要求。对于绝缘子设计应该规定一个估计的等值盐密水平
● 换流站和线路两侧 5 km～10 km 的雷击水平	雷击次数/km^2/年（换流站） 雷击次数/100 km/年（线路）		换流站防雷设计
● 地震条件 ——最大水平加速度 ——水平振动的频率范围 ——最大垂直加速度 ——垂直振动的频率范围 ——发生地震的持续时间	 m/s^2 Hz m/s^2 Hz 周期		设备、结构和基础设计
● 现场冷却水的供应能力（如果使用二次冷却时）			二次冷却水可用于补充及冷却蒸发式冷却器，或用于直排冷却。蒸发式冷却塔对绝缘子可能是高湿度来源，应特别注意其安放位置
● 水源			水库、水井等
	对低温容量	对额定容量	最好能给出以月为基础的这些参数在一年中的变化曲线
● 最大连续流量	m^3/s	m^3/s	冷却系统设计需要
● 24 h 最大流量	m^3/s	m^3/s	冷却系统设计需要
● 最小连续流量	m^3/s	m^3/s	冷却系统设计需要
● 24 h 最小流量	m^3/s	m^3/s	冷却系统设计需要
● 最高水温	—	℃	冷却系统设计需要
● 最低水温	℃	—	冷却系统设计需要
● 允许的最高回水温度	℃	℃	冷却系统设计需要
● PH 水平			水处理站设计
● 水的电导率	$\mu S/m$		水处理站设计
● 可溶固体的种类			水处理站设计
● 可溶固体量	g/m^3		水处理站设计
● 不可溶固体的种类			水处理站设计
● 不可溶固体量	g/m^3		水处理站设计
● 高压直流换流站最高地电阻率	Ωm		站接地设计
● 地下水位深度	m		基础设计
● 现场土壤条件			钻孔资料（如岩石）和特殊的条件如最大结冰深度；基础设计
● 现场交通状况			决定安装和运输费用
● 运输重量及尺寸的限制			设备设计——特别是变压器和直流电抗器
● 设备和建筑物布置的限制			影响设备、母线和建筑物设计
● 环境条件			可听噪声限制，审美要求——建筑的处理、环境美化等
上面未列出的特殊条件，例如影响系统性能的有关规程等均应列出			

5 额定功率、额定电压和额定电流

5.1 额定功率

额定功率是高压直流系统能够在所规定环境条件范围内连续输送的有功功率。此时，除冗余设备外，所有设备均投入运行；交流系统频率、直流系统电压以及换流器的触发角和关断角均在其稳态范围内。

因为高压直流系统通常包括两个高压直流换流站和输电线路三部分，每一部分均产生损耗，因此需要规定额定功率的测量点。

5.1.1 以极为基础的高压直流输电系统的额定功率

以极为基础的高压直流输电系统的额定功率定义为额定直流电压和直流电流的乘积。

对于给定的一个直流电流值，输电线路损耗随环境条件而变化，且沿线的损耗可能不均匀。因此，额定功率通常规定在整流器的直流母线上测量。如果要求把额定功率定在其他的地方，如送端交流母线、受端交流母线或者直流线路上的某处，则应当先确定额定直流电压，再通过高压直流系统的优化设计来选择额定直流电流。

逆变器直流母线的额定功率和额定电压根据整流器的参数推算出，假定沿线的导线温度相同，线路损耗在所规定的导线参数下得到。

远距离高压直流输电系统可为单极或双极，其额定功率应该以极数和每个极功率为基础确定。

5.1.2 背靠背直流系统

背靠背系统没有输电线路，因此，其额定直流电压和额定直流电流通过对高压直流系统的设计优化来选择。此外，整流器和逆变器在直流侧固定连接在一起，如同一个设备在运行。对于这种系统的额定功率，可以规定为额定直流电压和额定直流电流的乘积。

5.1.3 功率方向

如果每个方向上的额定功率相同，例如作为交换功率的系统联络线，那么必须作出明确规定。

如果功率潮流主要是向一个方向输送，像从远方电站向系统送电的情况，则额定功率可只按一个方向来确定，这样可降低逆变站的造价。此时，在反方向上，则只具有较低的功率输送能力。

5.2 额定电流

额定电流是高压直流系统直流电流的平均值。高压直流系统应能在所有规定的环境条件下以额定直流电流连续运行，没有时间的限制。对于背靠背系统的额定电流，如5.1.2所述，不需要作出规定，除非有特殊原因。

5.3 额定电压

额定电压是在额定直流电流下，输送额定直流功率所要求的直流电压的平均值。额定电压的测量点规定在换流站直流电抗器线路侧的直流高压母线和换流站直流侧低压母线之间，接地极线路除外。额定电压是在额定交流系统电压和换流器额定触发角，并运行在额定直流电流的条件下确定。

对于远距离高压直流输电系统，规定额定电压在送端。如果直流输电线路的电压承受能力比额定电压高，则应予以说明。对于背靠背系统的额定电压，如5.1.2所述，不需要作出规定，除非有特殊原因。

6 过负荷和设备容量

6.1 过负荷

高压直流换流站的过负荷通常是指直流电流高于额定值。为此，需要考虑设备预期寿命缩短多少是可以接受的(如由于热老化)，以及考虑利用冗余设备和低的环境温度等。

过负荷可以用功率来规定。包括变压器在内的换流器的电压调节，通常使电流的增加比功率的增加多一些。如果在过负荷条件下要保持额定电压，则可以采取以下措施，但要增加投资。

a) 换流器应设计得具有较高的空载电压,如果在交流母线电压的全部变化范围内均要求过负荷,这将引起换流器的额定容量增大;

注:如果只在稳态交流系统电压较高范围内要求过负荷,则不需要增大容量。

b) 基于变压器空载电压的换流阀电压额定值应升高;

c) 假如换流器触发角需要保持在额定值,则应增加有载分接头调节范围。或者,把换流器设计为能够在额定功率下以大一些的额定触发角运行,这将增加无功消耗、谐波和损耗,同时换流阀部件的内部应力也将增加。

因此,如果在过负荷条件下保持额定直流电压,则需要加大设备的容量。

为了更经济地设计,可以规定一个过电流额定值,与直流电压调节无关。用基本的换流器方程式可以决定最大电流,超过此范围再增加过负荷能力,可用额外的电压调节来解决。

高压直流换流站过负荷时间的要求,通常取决于交流系统的需要,特别是在交流系统或者直流系统发生故障后。

但是,应当看到,高压直流换流站的设备过负荷能力是有限度的。如6.2所述,设备的热时间常数的范围在1秒至数小时之间。因此,高幅值长时期过负荷要求可能显著增加设备的额定值,从而提高造价或降低预期寿命。在对过负荷进行规范时,对上述因素应在系统利益上全面权衡。

注:例如,1 h过负荷的实际值可以是1.2 p.u.,不会降低油冷变压器和电抗器的预期寿命,但在设计晶闸管换流阀时则需要考虑。针对具体的设计,如果使用冗余冷却,1 h过负荷可以转变成连续过负荷。

另一些例子,包括频率在1 Hz以下、持续时间为数秒的振荡性过负荷和5 s过负荷,可抑制暂时过电压或频率变化。应该对这种类型的过负荷频率及时间间隔作出规定。

6.2 设备容量

设备容量定义为高压直流换流站的设备在不降低设备预期寿命的条件下,允许输送比额定功率大的能力。设备容量与各单台设备的运行条件及设计准则有关,设计准则实际上与过负荷规范的关系将在下面各条款中讨论。

环境温度是一个重要的因素。电力设备应设计成能在最不利的环境条件下,以额定负荷运行。但是,这些条件通常只在有限的时间内发生。在低环境温度下,如果6.2.3中所列的限制可以克服,一些裕度可用来提高系统容量。这个裕度与所选择的特定设备设计有关,并且对于不同的高压直流换流站设备是不同的。输送容量与环境温度的关系包络线应结合交流系统条件规定。包络线应采用湿球和干球环境温度。

6.2.1 换流阀容量

在晶闸管阀中,晶闸管与散热器组合的热时间常数比较小(数秒至数分钟)。当在额定电流和最高环境温度下连续运行后发生过负荷时,晶闸管的结温将升高。在规定换流阀的故障抑制能力时应考虑到这点。因此,晶闸管阀的冷却系统应设计成,即使在规定的过负荷运行条件下,也不超过其安全运行的温度。

在换流阀冷却回路中通常设有备用,换流阀的设计应能在最不利的环境条件下,并且失去阀的冗余冷却设备时,仍满足所规定的额定容量的要求。如需要在无备用冷却时加大容量,则必须做出明确规定。

另一方面,当全部冗余冷却设备投入运行时,则具有额外的散热能力。根据阀的散热和冷却系统设计,可以确定超过额定电流的能力。

按照上述观点,换流器的过负荷规范,应规定过负荷的幅值和持续时间、用于调制目的的振荡型过负荷的频率、以及最高环境温度下所假定的冷却设备状态。

6.2.2 油冷变压器和电抗器的容量

变压器或电抗器绕组的热时间常数大约为15 min,而其油回路大约在1小时至数小时的范围内,这取决于设计。

因此，对于5 s范围内的短时过负荷，在高压直流换流站过负荷方面，油冷设备不是限制因素。对持续超过1h的过负荷，应规定是否允许缩短预期寿命。此外，预计发生这种过负荷的频度也应作出规定。

6.2.3 交流滤波器及无功补偿设备的容量

高压直流换流站过负荷运行时，通常将增大产生的谐波电流，这将加大滤波器的谐波负荷和损耗，以及谐波干扰的水平。应在规范中规定在过负荷条件下，是否也应满足像在额定条件下那样的干扰水平，或者允许性能降低到何种程度。

同样，由于过负荷增加了换流器吸收的无功功率，规范中应规定在设计滤波器和无功补偿设备时应如何对此进行考虑。如果在高压直流换流站过负荷条件下，所增加的无功功率从交流系统中吸收，则可能发生交流母线电压大范围变化和随之而来的功率下降。因此，应对过负荷条件下所预期的交流母线电压作出规定。

6.2.4 开关设备和母线的容量

开关设备和母线通常不会限制高压直流换流站的过负荷能力，除非换流器按计划并联运行。但是，应特别注意电流互感器和套管的过负荷能力。

7 最小输送功率和空载备用状态

7.1 概述

高压直流换流站存在一个最小稳态电流的限制。这是由于在电流小到一定程度时将产生电流断续。这也是最小输送容量限制的主要依据。

7.2 最小电流

由于高压直流换流站的直流输出电压是由交流母线正弦电压的许多部分所组成，因而直流电流不是一个平滑的或恒定的常数，更确切地说，是由于与换流器串联的直流电抗器而使直流电流连续。对于某一恒定的直流平均电压，在低功率时，直流电流是否发生断续，这取决于直流电抗器电感值的大小，当换流桥串联时还取决于串联数，另外还取决于换流器触发角的大小。在稳态运行时应该避免出现电流断续，除非换流设备是针对这种运行方式设计。

因为直流电抗器的电感值通常由另外的设计准则所决定，而且换流器的触发角是变化的，故应该规定一个最小电流限制值。一般来说最小电流取额定电流的5%～10%。这个最小电流值可以用选择较大的直流电抗器电感值的方法来进一步降低。

7.3 降低直流电压运行

在污秽条件下，如果同时伴随最不利的气候条件，直流架空线路有时不能在额定电压下运行。但是，通过高压直流换流站控制系统的各种控制方式，可使直流输电系统在降低电压下继续输送功率。

一种可行的方法是改变换流变压器的分接开关位置，使加到换流阀上的交流电压最低。要进一步降低直流电压，可通过加大触发角运行来达到。

这种要求意味着要对换流阀进行特殊设计，并且会引起换流阀造价升高。此外，由于在大触发角下运行，会引起谐波和无功消耗的增加，如果滤波和无功补偿设备的额定值不是在这些条件下确定的，降压运行则需要减小直流电流。

另一些可能的方法是加大换流变压器分接开关的调节范围，或者当高压直流系统由孤立的电厂供电时，还可以考虑降低交流母线电压。

降低直流电压运行的电压值一般为额定电压的70%～80%，或许会同时要求降低直流电流。当使用备用冷却装置时，在75%的额定电压下，如果稍高的谐波干扰水平可以接受，那么连续运行的能力大约可达到额定电流值，并且还取决于这种运行方式的频度和持续时间。

在采用两个12脉波(脉动)换流器串联的场合，一个换流器可退出运行，将使直流电压降低50%，此时可不必加大换流器的触发角和降低直流电流。

为了得到设备的经济设计，对于预期的直流运行电压，应规定对应的交流电压水平。

7.4 空载备用状态

这种状态是指高压直流换流站已做好立即带负荷的准备，而不再需要很多的起动步骤。如果计划要空载备用状态运行，则需要对各种设备的状态作出规定，以便确定高压直流换流站的空载损耗。

7.4.1 换流变压器的空载备用状态

换流变压器可以是带电或不带电，这取决于用户对待损耗的策略。当不带电时需考虑励磁涌流衰减的时间。油泵和冷却器应运行在变压器设计要求的最低水平。

7.4.2 换流阀的空载备用状态

换流阀应在闭锁状态。如果换流变压器在带电状态，在阀的均压回路中将有少量的损耗。为满足立即带负荷的要求，一次冷却系统、二次冷却系统和阀厅内冷却系统应运行在足够的水平。

7.4.3 交流滤波器和无功补偿装置的空载备用状态

交流滤波器和无功补偿装置可以接入或不接入，这取决于交流系统的无功功率控制策略。但为了确定空载损耗，还是应考虑不接入。

7.4.4 直流电抗器和直流滤波器的空载备用状态

应接入直流电抗器和直流滤波器。直流电抗器的油泵和冷却器应运行在电抗器设计要求的最低水平。

7.4.5 辅助电源系统的空载备用状态

辅助电源系统应全部运行并准备好能带额定负荷，即全部站用电变压器需带电，蓄电池充电装置等也应投入运行。

7.4.6 控制和保护的空载备用状态

所有控制和保护回路应处在运行状态。

8 交流系统

8.1 概述

对两端的交流系统的每个发展阶段以及所预期的变化情况，均应作出规定。

对于换流器和滤波器所连接的交流开关场的布置，包括交流出线在内，应作出说明。此外，还应完成所设计的交流开关场的运行方案。

需要有附近发电机的详细参数，特别是当发电机的大部分负荷是通过直流输电输出时更是如此。通常，关于潮流和短路研究的全部数据也是需要的。

8.2 交流电压

8.2.1 额定交流电压

额定交流电压是所设计系统的相间基波电压的有效值，且交流设备的一些特性与该系统有关，如：交流开关、交流滤波器、无功补偿设备、换流变压器的一次绕组等。额定电压可用于定义这些交流设备的额定功率。

8.2.2 稳态电压范围

稳态电压范围是高压直流系统能传送额定功率的电压变化范围，并且应能满足所有的性能要求，另有规定时除外。

对超出稳态范围限值的任何特殊性能要求，均需作出规定，这些性能可能影响主要设备的设计，如换流变压器、交流滤波器、辅助设备等。

8.2.3 负序电压

按照对称分量法计算的交流电压的负序分量，是一组三相平衡电压，它的各相最大值出现的顺序与正序电压分量相反。通常是用额定电压的百分比来表示其大小。

虽然要得到这个参数的实际值比较困难，但是，应规定其最大值，用来确定交流侧非特征谐波电流

和直流侧非特征谐波电压。这些谐波电流和谐波电压值分别用于设计交流滤波器和直流滤波器(见第16章和第17章)

8.3 频率

8.3.1 额定频率

应规定交流系统的频率,因为它是换流变压器等交流设备额定值的设计基础,同时也是换流桥和控制系统的设计基础。

直流滤波器的设计也受交流系统频率的影响。

8.3.2 稳态频率范围

稳态频率范围的定义是:在此频率范围内并在交流稳态电压范围内,能够传送额定直流功率并能满足所有性能要求。

8.3.3 短期频率偏差

应对能保持系统性能的短期频率偏差的限值和持续时间作出规定。对于交流滤波器和直流滤波器的设计来说,这是一个敏感的参数。可对在此频率变化范围内的滤波性能作出规定。

8.3.4 紧急情况下的频率变化

在紧急情况下,交流系统的频率可能在有限的时间内变化很大。应对这种极端的频率值及其所允许的持续时间作出规定。在此情况下,设备应能保持运行而不被损坏,但不要求满足所规定的运行性能。当频率超出所规定的运行频率限值时,可以允许设备自动切除。

8.4 系统工频阻抗

为了对换流器的换相条件进行分析,必须对系统的工频阻抗作出说明。对于进行这样的分析,需要在不考虑任何滤波器和无功补偿设备的条件下,换流站交流母线的次暂态阻抗的最大值和最小值。

次暂态阻抗是交流系统的正序阻抗,它由同步发电机的次暂态电抗、感应电动机的漏抗和系统连接线的正序阻抗确定。

8.5 系统谐波阻抗

为了进行交流滤波器的设计和性能计算,需要2次～50次谐波频率的系统阻抗。

对于高压直流换流站母线少于5～8时,谐波阻抗可以用线路、变压器和发电机参数进行计算。但是,考虑到系统不同的建设时期和负荷条件,谐波阻抗是变化的。因此,通常更方便的方法是用一个R-X谐波阻抗图,画出所预期的系统条件下的谐波阻抗轨迹的包络线。图上应包括最小电阻值(R_{min})和最小电抗值(X_{min})。

实际上,这个阻抗图可以有不同的形式,例如用R/X比值为常数限定的圆图,或者是二者结合限定的阻抗图。

8.6 正序和零序波阻抗

为了对来自换流站载波频带内的干扰进行评估,以及设计相应的滤波器,需要所有进入换流站交流线路的正序和零序波阻抗。

8.7 其他谐波源

应该查明电气上距高压直流换流站较近的其他谐波源。在确定交流滤波器和电容器组的容量时,应考虑这些谐波源的影响。对于接在换流站母线上或附近交流变电站的静止无功补偿器来说,应对其所产生的谐波电流作出规定。

8.8 次同步谐振

如果预计存在次同步谐振问题,则需要提供有关研究的所有相关资料(见第9章)。

9 无功功率

9.1 概述

高压直流系统使用电网换相换流桥,不管是作为整流器或逆变器运行,均需消耗一定量的无功功率。对于一般所用的换流变压器漏抗值和换流器的触发角或关断角来说,在满负荷时所消耗的无功功率约为额定功率的50%～60%。

在低负荷时,通过相应的控制策略,可使换流器消耗的无功功率根据交流系统的要求而变化。控制策略经常利用调节换流变压器的分接开关来保持整流器的触发角α或逆变器的关断角γ在一个很小的范围内变化。图15给出当理想空载直流电压(U_{di0})恒定时,无功功率随有功功率的变化曲线。曲线a为关断角γ恒定或整流器的触发角α恒定时,无功功率随有功功率的变化关系。曲线b为直流电压恒定时的变化关系,当负荷减小时,采用加大整流器触发角或逆变器关断角的方法,可以得到线性变化关系。

如果保持直流电流恒定,用加大触发角而降低直流电压的方法来减小负荷,则如曲线c所示,低负荷时所消耗的无功功率将增大。在曲线a和c之间,可以得到任意的特性,满足交流系统的特定需要。

高压直流换流站所需无功功率的控制,可以采用换流阀触发角控制和换流变压器有载分接开关控制的配合来实现。但是,由于这种方法要求加大触发角,从而增大了所产生的谐波电流和电压,并且也增加了换流阀阻尼回路的损耗。

从另一方面看,交流电流通过谐波滤波器来进行滤波,滤波器可产生无功功率。但是,按照满负荷条件下交流侧滤波的要求来确定的滤波器所产生的基波无功功率,一般来说比换流桥所消耗的无功功率要小一些。因此,通常增加电容器组来提供满足换流器所需的全部无功功率。

必要时通过投切滤波器组和电容器组,可以把换流器消耗的和滤波器产生的无功功率差值控制在一定限度内,且同时满足滤波要求。

为确定一个合适的无功功率控制策略,对以下问题需要作出规定。

9.2 换流器消耗的无功功率

整流器和逆变器消耗的无功功率,应当在低负荷、满负荷和过负荷等不同运行条件下予以确定。对计算方法和在计算中所用的参数均需作出规定。

需要考虑的运行条件包括潮流方向、单极大地回路、单极金属回路、双极运行以及在所规定的交流母线稳态电压范围内降低直流电压运行。

9.3 与交流系统的无功功率平衡

为确定装设的无功功率源,应该明确总的无功功率平衡需求。除了换流器所需的无功功率外,还需要考虑以下的因素:

——在所有的运行条件下,交流线路所保持的功率因数范围;

——交流系统在峰值负荷和轻负荷时的运行电压范围;

——附近发电机能够提供的无功功率;

——裕度的要求。

当整流器直接与一个发电厂相连时,还应该考虑以下各点:

——发电机超过最大和最小运行电压范围的运行能力;

——升压变压器的分接开关变化范围和每个发展阶段所用的分接头;

——其他负荷的无功功率需要;

——发电机所允许的最小有功功率;

——发电机的自励磁限制;

——所连接发电机的最少台数。

9.4 无功功率源

满足一系列要求的无功功率源,应该是满足性能要求的交流滤波器、并联电容器、并联电抗器、同步调相机和静止无功补偿器的最经济的组合。大部分无功功率由满足谐波性能的滤波器提供。在轻负荷条件下,尽管连接的滤波器已经最少,仍可能出现多余的无功功率,从而产生过高的稳态电压。这可能需要装设并联电抗器或者利用换流器吸收更多无功功率。

并联电容器组在提供无功功率方面是最经济的无功功率源。同步调相机和静止无功补偿器只有在动态电压或稳定有问题时才采用(见第8章)。此外,还可能有一些涉及相邻交流系统的附加要求。

9.5 可投切无功功率组的最大容量

滤波器和电容器可以分成较小的可投切组。每组容量与以下因素有关:

a) 从空载到满负荷以及过负荷的全部运行范围内电压控制的要求;

b) 每次投切可接受的调节幅度(应该指出,投切无功功率组的调节作用可与换流器控制相配合);

c) 投切的频度。

当考虑滤波器和并联电容器与同步调相机联合使用时,为避免同步调相机发生自励磁,滤波器和电容器组的容量要受到一定的限制。

10 直流输电线路、接地极线路和接地极

10.1 概述

本节要讨论与换流器稳态规范有关的直流输电线路、接地极和接地极线路的性能,其中包括电力线载波性能及设计要求,但不涉及直流输电线路、接地极和接地极线路本身的设计规范。

直流输电线路、接地极和接地极线路的关键性能规范参数应预先作出规定。

这些参数不需要精确地给出,因为这些参数小的变化,在换流器设计阶段比较容易进行调整。

10.2 架空线路

10.2.1 概述

应该给出架空线路或电缆线路的总长,包括每一段线路的详细情况,合用线路走廊的详细情况。为了能够评价可能存在的电气影响和干扰,应给出所有的线路交叉和平行走线的详细情况。在不知道准确的线路长度时,应给出一个预计的线路长度范围。

对于双极和多极线路,需要给出沿全线的极间和双极间的距离。

10.2.2 电气参数

a) 电阻:在最小电流、额定电流、最大过负荷电流下的最大正序和零序直流电阻值,并且要考虑在各种负荷下的环境条件(温度、日照、风速等)。在额定电流下的频率特性曲线(取到100 kHz);

b) 电容:正序和零序电容(C_1 和 C_0);

c) 电感:正序和零序电感(L_1 和 L_0),以及与频率的关系曲线(取到100 kHz)。

如果没有可用的上述参数,作为一种替代方案,应给出能计算出这些参数所需的数据。这些数据有:

a) 导线的型号、尺寸、空间位置(包括避雷线);

b) 铁塔外形尺寸、间距及弧垂的情况;

c) 沿线的土壤电阻率;

d) 铁塔的接地电阻;

e) 如果采用电力线载波,为计算电晕效应,应给出在最不利情况下的最大导线表面电场强度;

f) 绝缘的临界冲击闪络水平。

特别强调,在距高压直流换流站10 km之内,直流输电线路对直击雷应有足够的屏蔽,并且,直流线路铁塔的接地电阻应足够低,例如应小于10 Ω～25 Ω。

作为第三种方案,这些参数也可以用导线和地之间的互阻抗和自阻抗的型式给出,以替代序分量的参数。

10.3 电缆线路

10.3.1 概述

应适当说明线路各分段长度或总长度。应说明电缆供应商对使用条件有何限制。

例如,这些限制可能包括:

a) 极性反转的限制;

b) 放电速率的限制;

c) 电压和电流纹波水平的限制;

d) 过电压和过电流的限制。

10.3.2 电气参数

a) 芯线的直流电阻,包括在额定电流和最大过负荷电流下的最大值,在最小电流下的最小值;

b) 芯线的电阻,频率 5 kHz 以下;

c) 电缆铅皮的电阻,频率 5 kHz 以下;

d) 电感,频率 20 kHz 以下;

e) 电缆芯线对铅皮的电容;

f) 电缆铅皮对地(铠装)电容;

g) 电缆芯线对铅皮的波阻抗;

h) 衰减特性,频率 50 kHz 以下。

10.4 接地极线路

流经换流站接地系统和变压器接地中性点的直流电流,可能引起变压器饱和,为了对此进行评估,应给出接地极线路的长度。如果接地极线路有一段架设在直流线路铁塔上,应给出其长度。

应给出接地极线路的电阻(在设定环境温度下的最大值)。

10.5 接地极

应给出接地极对远地点的最大电阻。注意,这个电阻可能随时间、环境条件和/或负荷条件而增大。

11 可靠性

11.1 概述

高压直流系统的可靠性是指在所规定的系统和环境条件下,在规定的时间内传输规定能量的能力。

本章的范围和目的是为了编写功能规范和评价可靠性。本章说明高压直流系统在验收期的可靠性计算方法。1)

下面说明高压直流系统在可靠性方面的定义和术语。关于可靠性通常主要考虑以下两个因素:

——能量可用率;

——强迫停运次数。

在以下条目中,对不同类型的停运及可靠性考虑两个因素的计算方法作了规定。

注:为了得到高压直流系统足够的可靠性,在编写系统各部件的可靠性规范时应特别注意。特别是一些主要设备,如:远动通信系统、无功补偿装置、开关、辅助设备等不是由高压直流换流站供货商所提供时,更要注意。高压直流换流站之间的远动通信在可靠性方面可能起到重要的作用,这取决于控制保护系统的设计。

11.2 停运

高压直流系统的停运是指当输送能力低于所定义的基本功率水平 P_B(见 11.4)的事件。事件发生的起因,可能是部分设备或元件的缺陷、人员的失误、设备维护和检修而退出工作;或保护装置动作产生的停运;或外部故障引起的停运等(见 11.8.2)。在定义时应考虑哪些情况应包括在可用率计算中,哪

1) 国际大电网会议(CIGRE)的参考文献【参考文献 14-80(WG04)15:关于高压直流输电系统运行性能报告的内容格式】论述了编写高压直流系统在运行中总的可用率及故障的报告内容,其范围与本部分有所不同。

些情况应包括在年强迫停运次数计算中。如果某个缺陷不引起输送能力降低到基本功率水平 P_B 以下，则这种情况不算停运。一次停运要么算在强迫停运之中，要么算在计划停运之中(见 11.2.2 和 11.2.3)。

11.2.1 部分停运

部分停运是指当输送能力降低到小于基本功率水平(P_B)，但所剩的功率还大于零的一种停运。

11.2.2 强迫停运

强迫停运是指不能推迟的一种停运，并且它超过了规定的时间限制。重要之处在于如何确定检修或更换每个大设备的停运时间。计算此停运时间时，应将实际花费的时间、有关的人工、备品备件和工具考虑在内。

11.2.3 计划停运

计划停运是指为了维修、试验、测量或其他工作的需要而发生的部分停运或全部停运。这种停运应是事先计划好的，或可以推迟到方便的时候进行，但推迟的时间不应小于规定的时间。如何计算实际花费的时间和人工，对确定计划停运的时间是重要的。对输电系统或其某一部分允许计划停运的时间间隔也应做出规定。对于每年一次的例行检修，通常是事先规定好停运时间，每次由一个或多个工作班组完成。对每班的工作时间和每天及每周的班次也应作出规定。

根据对每个器件的价值、复杂性、故障率以及检修能力的不同，换流站的一些设备可以有不同的检修周期，例如，可以是半年、一年或长达三年到五年。

计划停运次数和每年的停运时间主要取决于：高压直流设备的维修设备情况；有多少受过培训的人员；能快速识别系统中故障或误动的试验和监测装置；对一些重要的或者复杂的设备进行拆卸和重新组装所需的辅助工具和设备情况；备品的种类、数量和复杂性，以及这些备品是在现场就有的还是要由供货商提供。对所有这些问题均需作出规定。

阀的晶闸管冗余数可根据预计的晶闸管故障率和计划维修周期来确定。故障的晶闸管可以在计划停运时进行更换。

11.3 周期小时数(PH)

在所考虑周期内的日历小时数即为周期小时数。全年有 8 760 周期小时。

11.4 基本功率水平(P_B)

基本功率水平是指在计算可用率时，用来作为基准的功率水平。正常条件下，在此功率水平下可以连续运行。可以有不只一个基本功率水平(P_B)，例如：额定功率水平，50%的额定功率水平，连续过负荷功率水平等。

11.5 能量不可用率(EU)

能量不可用率是指因停运而未传输的能量的量度。

能量不可用率由强迫能量不可用率(FEU)和计划能量不可用率(SEU)组成，通常用百分数表示。

$$EU = FEU + SEU$$

对可靠性研究来说，主要是要区别单极输电系统线路故障的影响和多极(双极)输电系统线路故障的影响。

在单极系统中，线路故障使输电系统全部停运。在双极系统中，大部分情况下线路故障只影响输电系统的一个极，因此线路故障一般来说只降低50%的输送能量。但是，如果剩下的一个极的输电线路设计有一定的过电流能力，并且高压直流换流站的换流器可以并联连接，则通过换流器并联连接，输电系统可以输送大于50%的能量。

当换流器发生故障时，故障的换流器需要退出工作，损失的输送容量的百分比取决于退出工作的换流器数和总的换流器数的比例。

还可能有其他事故情况，如失去部分滤波器、接地极线路故障等。对于这些故障对可用率的影响也应作出规定。

11.5.1 强迫能量不可用率(FEU)

强迫能量不可用率是指因强迫停运而未传输的能量的量度：

$$FEU = \sum_{i=1}^{n}\left(\frac{P_f}{P_B}\times\frac{OD}{PH}\right)_i \times 100$$

式中：

P_f——当发生强迫停运时，与基本功率水平相比所降低的输送能力；

OD——用小时数表示的停运时间，是按照所同意的方法计算的；

n——在所考虑的周期小时内所发生的强迫停运次数。

11.5.2 计划能量不可用率(SEU)

计划能量不可用率是指因计划停运而未传输的能量的量度：

$$SEU = \sum_{i=1}^{m}\left(\frac{P_S}{P_B}\times\frac{OD}{PH}\right)\times 100$$

式中：

P_S——当发生计划停运时，与基本功率水平相比所降低的输送能力；

m——是在所考虑的周期小时内所发生的计划停运次数。

11.6 能量可用率(EA)

能量可用率是指高压直流系统能输送的能量的量度：

$$EA = 100 - EU$$

11.7 最大允许强迫停运次数

并非所有强迫停运都需要计算在内。对于这样的计算，强迫停运是不能推迟的停运，是超出规定时间限制的停运，并且其功率的损失部分超过所规定的水平。在所考虑的周期小时(Ph)内，对这种强迫停运的最大允许次数应作出规定。

11.8 停运概率

11.8.1 元件故障

除整个系统的可用率外，一些单个元件的可靠性也应该考虑。

系统中每个元件可以用它的故障率(λ)来表征。应对统计性故障(随机停运)和元件因寿终而失效(例如：发光二极管因老化而失效)加以区别。因为所有元件在达到寿命周期时均需要更换，区分好这两种类型的故障，对备品的储备十分有益。

11.8.2 外部故障

对高压直流系统性能有不利影响的交流系统故障的预计次数及其持续时间，应作出规定。在确定高压直流系统允许的强迫停运次数时，需考虑这种故障产生的概率。

12 控制和测量

12.1 控制的目的

高压直流系统的优越性，在很大程度上与其能充分发挥对不同系统要求的最大灵活性、可靠性和适应性的控制性能有关。

高压直流控制系统的目的，是在保持每个极的最大独立性和不危及设备安全的条件下，对功率方向、功率大小和变化速度提供有效和最灵活地控制。该控制系统应具有高速控制性能，它能够对交流系统和直流系统的扰动作出很好的响应。应该认识到，对于远距离直流输电，为了最有效地运行，需要一个快速远动通信系统。但是，高压直流系统应能在无远动通信情况下运行，并应最大限度地保持其性能。

控制系统应使高压直流系统消耗的无功功率最少。它还应能适应以下情况：

a) 必要时增加并控制无功消耗，用以控制交流电压；

b) 频率控制；

c) 有功功率调制；

d) 有功功率和无功功率联合调制；

e) 次同步谐振(SSR)的阻尼；

f) 远动控制。

12.2 控制结构

高压直流换流站的各控制回路通常为分层结构，正常情况下全都自动运行。对于高压直流输电系统，为了整流站和逆变站的相互配合，需要一个远动通信系统。以下从最低的层次开始对各控制层次进行说明(见图 16)。

12.2.1 换流器控制

换流器控制主要是开环控制。对于一个 12 脉波(脉动)换流器，其控制的输出是对每个换流阀的触发脉冲。这些触发脉冲与交流系统电压同步。它的输入是由高一级的控制层所提供的触发角(α)或触发超前角(β)。

高压直流输电所用的换流器触发控制原理，主要有两类：

——等触发角控制；

——等距触发控制。

等触发角控制是换流阀脉冲的一种计时方法，它主要保持换流器内各换流阀的触发角基本相等，而不管交流电压是否不平衡。

等距触发控制是换流阀控制脉冲的另一种计时方法，它使这些控制脉冲在时间上是等距的，而不管交流系统电压是否畸变或不平衡。

换流器触发控制的功能要求是：

a) 运行时无功功率消耗最小，即触发角(α)和关断角(γ)尽可能小；

b) 当交流电网的短路容量和直流传输功率之比很低时(例如 2～3)也能够运行；

c) 等距触发允许的偏差应为$\pm\Delta^\circ$。即在所规定的条件下，每次触发产生于前次触发之后的 $30\pm\Delta^\circ$时刻(对 12 脉波(脉动)换流器)。应该指出，对于不同的换流器运行方式，如运行在最小 α 控制、定电流控制或定关断角控制下，对 Δ°值的要求是不同；

d) 电流整定值和实际电流值之间的偏差取决于电流控制系统和电流传感器的精度。典型的精度要求在额定电流时小于 1%。

12.2.2 极控制

极控制给每个极的所有串联换流器(如果有的话)提供参考值。

极控制是闭环控制，它包括使高压直流系统稳定运行所要求的基本控制功能。

通常换流站每个极均需配备一个极控制(见图 16)，它控制由换流阀触发时刻所决定的换流器的直流输出电压。极控制测量实际值和整定值的差别，并且相应地调整换流器的直流输出电压。如果整流器的电流整定值比实际电流值大，触发控制则减小触发角，使直流电压升高从而增大直流电流，直到电流实际值和其整定值相等时为止，或者直到触发角已经调到最小(换流阀能够被触发所需的、加在阀上的最小电压)，即直流电压已经达到最大值时为止。另一方面，如果电流实测值比其整定值大，则相应地减小直流电压。当换流器由整流工况转为逆变工况运行时，触发角由最小允许关断角(保证换流阀安全换相)所决定，这种电压的降低是有限的。

整流器和逆变器的电压—电流特性曲线分别示于图 17 a)和图 17 b)。

通常逆变器的最大电压限制值比整流器的低，并且电流是由整流器控制的。也就是说，由逆变器保持电压，整流器则调整其电压，直到电流等于其整定值，从而确立一个稳态工作点 A(见图 17 a))。如果逆变器的最大电压限制值比整流器的高，由逆变器控制电流，整流器保持最大电压，则可确立一个稳态工作点 B(见图 17 b))。

如上所述，通常由整流器控制电流，逆变器确定电压。逆变器的电流整定值等于整流器的电流整定值减去一个“电流裕度”($\Delta I = I_R - I_I$)(见图 17 a))。为了保持换相裕度为 γ_{min} 不变，在相应的最小触发超前角 β 下强制触发逆变器，从而由逆变器确定直流线路电压。一些输电系统由逆变器保持直流线路电压恒定，在这种情况下，允许关断角适当比 γ_{min} 大。

对于远距离输电，通常通过适当控制逆变侧换流变压器分接开关保持直流电压恒定。

通过调整换流变压器分接开关，可把整流器的触发角保持在一个很窄的范围内(额定 $\alpha \pm \Delta\alpha$)。由触发角变化 $\Delta\alpha$ 所引起的直流电压变化，一般和由一级分接开关调压的变化相当。另一种方案则是用分接开关调节来保持换流器的理想空载直流电压恒定。

有时可能需要降低直流电压运行，例如，当直流输电线路承受电压的能力降低时。这可以由整流器和逆变器的换流变压器分接开关控制和调节触发角来完成，当有串联换流器时，则可以切除一组换流器。

12.2.3 高压直流换流站控制

高压直流换流站控制是一个闭环控制。它包括：

a) 通过远动通信系统进行两端换流站电流整定值的配合，通常以极为基础进行；

b) 功率控制；

c) 高压直流换流站极之间的配合(如果是多极时)；

d) 更高级的控制策略。

下面举例说明更高级的控制策略。

高压直流换流站消耗的无功功率取决于直流电流和触发角。因此，直流输电可以用来进行无功功率控制或者交流系统的电压控制。

高压直流换流站控制可以和高压直流站的外部控制相配合，例如与发电厂的调速器配合。高压直流换流站还可以提供避免汽轮机轴系次同步谐振的控制。

极平衡控制可以使地电流最小(在双极高压直流输电系统中，地电流等于两极之间的不平衡电流)，从而避免由于地电流通过地下设施而产生的腐蚀问题。在没有极平衡控制的双极系统中，两极之间典型的不平衡电流极限可达额定电流的 3%。

准备采用哪些控制策略，以及在不同的运行条件及交流系统条件下，这些控制策略的优先级别等都应作出规定。

功率控制的精度取决于分压器、电流传感器的精度以及功率整定值的分辨率。在额定功率下典型的精度约为 1.5%。

12.2.4 主控制

主控制通常归在高压直流换流站控制内。但是，如果两个以上的高压直流换流站连接在同一条交流母线上，则主控制将是独立于站控之上的控制级别，并且它包括含有更高级的控制策略。主控制需要和交流系统联系并需和各站配合。主控制也可以设在远方，如在调度中心。在这种情况下，从调度中心到高压直流换流站必须有远动通信系统。

12.3 控制指令整定

通常高压直流系统的两个换流站装设相同的控制设备，这是因为大部分高压直流系统都设计为可以双向输送功率。

在同一时间只有一个地点的换流站控制是起主导作用的。通常站控制指令的整定值和变化率是由主导站手动给出的。在其他换流站，改变指令是通过远动通信实现的。主导站设置整定值的权力也可以转到远处，例如调度中心。

如果通过电话通信可以进行两站之间的配合联系，在电流控制方式下，可以在两站中手动进行电流指令的整定。电流控制也可以从远方进行，例如从调度中心。

从功率控制方式向电流控制方式的切换，可以在远动通信通道故障之后自动进行，或者由换流站控制发出命令进行。

功率控制定值的分辨率应做出规定(在 1 000 MW 额定功率时,常用 10 MW),也可对它的变化率做出规定(例如:在 1 MW/min 和 99 MW/min 之间,步长为 1 MW/min)。

通常功率方向的改变由主导站发出信号进行,但是当需要紧急功率反转时,例如在一侧交流系统中产生扰动之后,也可以自动进行。

12.4 电流限制值

在电流指令上加有各种限制,其主要目的是根据回路设备和冷却系统的条件来优化允许的电流值。例如有以下限制:

a) 限定时间的过负荷:在每 24 h 周期内,在一个固定的持续时间内允许的过负荷,例如,考虑到变压器温升的限制;

b) 冬季过负荷:在环境温度较低的时期,当换流阀的冷却条件有利时,可允许的过负荷;

c) 动态过负荷:按照晶闸管和其散热器的暂态热性能所允许的短时间过负荷;

d) 其他的电流限制:接在整流站的发电机的负荷限制,或由于降压运行或其他系统动态性能要求的限制;

e) 最小电流限制:通常取 0.05 p.u.～0.1 p.u.。

经过限制的电流指令,可以在两个换流站之间传送,并应有同步装置保证在任何时刻两个站得到的电流指令都是相同的。

12.5 控制回路冗余

高压直流换流站控制回路的结构,通常应保证当一个回路故障或工作不正常时,不会引起整个输电系统停运。使用冗余控制回路,可以使高压直流系统部分停运减少。

12.6 测量

高压直流系统所关心的测量项目如下:

——直流电流;

——直流电压及极性;

——直流功率及方向;

——换流器所消耗的无功功率;

——包括无功补偿装置和滤波器在内的无功功率;

——交流电流;

——交流电压;

——交流功率;

——能量;

——地电流;

——触发角;

——关断角;

——分接开关位置。

需要决定这些项目中哪些应进行测量,是否以每极为基础进行测量以及测量精度是多少。

13 远动通信

13.1 远动通信的类型

可供高压直流输电系统运行和控制选用的远动通信类型有:

a) 电话;

b) 电力线载波(PLC);

c) 微波;

d) 无线电；

e) 光纤通信。

应规定要采用的远动通信系统的类型。可以采用多于一种类型的通信系统。

13.2 电话

公用电话网络是高压直流输电系统控制的一种通信方式，特别是可以作为备用，甚至也可在连续运行时使用。主要是在两个换流站之间需要有一个话音通信通道，当改变运行方式时，借以在两个站得到正确的动作时间配合。但是，对于由调度中心控制的无人值班的高压直流换流站，当要利用控制系统对输送功率固有的快速响应特性时，需要有一个性能良好的远动通信系统（见 13.3，13.4 和 13.5）。

13.3 电力线载波（PLC）

PLC 是高压直流架空线路所采用的一种通信方式，但它的性能可能不能很好地满足快速调制控制的要求。

对于高压直流电缆系统，当电缆距离长时，PLC 的传输能力将降低。对于双工 PLC 载波通道，其电缆长度的限制大约为 150 km。

当为直流线路 PLC 分配载波频率时，为避免干扰，应考虑与交流互联网络中其他 PLC 系统的频率配合。

直流线路的 PLC 在高压直流换流站附近应采用较高的载波频率，这样可以得到对换流器干扰满意的信噪比。在离换流站一定距离以后，可以采用较低的载波频率，因为较低的频率衰减较慢。对交直流线路交叉处可能产生的干扰，也应给以注意。

13.4 微波

微波通信对直流输电控制虽然不一定是必须的，但对于需要快速传送大量信息以实现更复杂的高压直流系统的控制保护来说，采用微波通信是一种正确的选择。

13.5 无线电通信

无线电通信在远距离跨海高压直流电缆输电工程中可以考虑采用，因为在这种情况下，电力线载波不能提供足够的速度。

13.6 光纤远动通信

高压直流系统的控制保护可以采用光纤远动通信系统。

光纤远动通信是一种可快速传送大量信息并且抗干扰性能好的通信方式。

13.7 传输数据的分类

下面列出在高压直流换流站之间，不同类型传送信息的分类清单。应区别各类信息的不同要求，如速度、分辨率和可靠性等。

a) 连续控制的指令信号：

——功率指令；

——电流指令；

——频率控制；

——阻尼控制。

b) 操作命令：

——运行控制方式的改变；

——保护联锁；

——开关操作；

——闭锁/解锁。

c) 状态指示：

——开关位置；

——运行中换流器数。

d) 测量数据。

e) 报警信号。

f) 语音信号。

g) 直流线路故障定位信息。

13.8 快速响应的远动通信

以下类型的控制需要快速远动通信,如微波通信(大于1 200波特的通道):

a) 交流系统的阻尼控制;

b) 交流系统的频率控制;

c) 交流和直流系统的快速功率控制;

d) 直流线路故障定位。

13.9 可靠性

通常远动通信系统均具有自动的自检系统。如果有备用远动通信系统,则必须具有自动切换功能,从而保持高压直流系统的全部控制功能。如果没有备用远动通信系统,则在失去通信以后,高压直流系统应在所规定的不需远动通信的控制策略下不间断运行。

14 辅助电源

14.1 概述

通常辅助电源总容量占高压直流换流站容量的0.2%～1%,它用于冷却泵、风扇、控制、保护、隔离开关的马达驱动等,以及满足一般站用电需要。为保证有足够的安全性和避免供电中断,这种系统一般是由换流站的高压交流电网直接供电。

在具有独立配电网络供电的地方,这种电源可用作后备,提供中压和低压开关设备及供电变压器事故的补充保护。

14.2 可靠性和负荷分类

辅助电源的短时断电不应干扰高压直流输送的功率。当交流母线被保护切除后,高压直流换流站应能在控制作用下安全停运(尽管需要装设保护,以防止由于滤波器或无功补偿设备造成的假性换相,但是,高压直流换流器是电网换相方式,如果失去了交流电源,就不能持续输电)。

即使是很短时间的供电中断,控制保护和数据记录系统一般都不能承受。所以,它们由蓄电池供电,如果需要交流供电的话,则由不间断电源(UPS)供电。不一定需要双重化的蓄电池组,但为了满足所要求的可靠性准则,可能需要完全双重化的蓄电池充电器及不间断电源。对事故后安全停运所有重要的断路器和隔离开关,都应该用存储的能量进行操作,即用压缩空气或蓄电池组进行操作。

对于容量较小的系统,事故停运后,为恢复输电能力而进行的隔离开关操作和断路器合闸操作,可有不同的考虑。如果预计可能要求从全停电母线上重新起动,且又没有容量足够大的蓄电池组,则可能需要有一台柴油发电机。

由于晶闸管阀的热时间常数小,对阀的冷却风扇和泵来说,只允许短时的断电。最好在两个独立供电电源之间进行自动切换;但是必须认识到,如果一路电源取自配电网,这样的电源可靠性相当低,切换到一次系统电源上的操作应该是自动的,并且应尽可能快速完成。

因为高压直流输电只有在交流系统母线带电时才能运行,故在交流系统发生扰动或换流器断开的时间内,失去辅助电源并不会导致可用率的进一步降低,除非站用电负荷重新起动延误了。

对于那些停电时不会直接危及输送功率的一般站用电设备,其供电可靠性可以低些。即使如此,与独立的备用电源之间的切换还是需要的,但不一定要自动切换。

即使在高压直流换流站和交流系统断开的情况下,也可能需要应急电源。一般用柴油发电机作为这种紧急电源,除了给一般设备供电外,还可用于给蓄电池充电器供电,特别是在预见到停电有可能延长时更需要有应急电源。

14.3 交流辅助电源

首先应该预计出高压直流换流站的全部站用电负荷容量和30 kW以上的电动机的数量和容量，大致确定站用电母线的总负荷；然后，详细确定可能的电源和容量、故障水平及与换流器和交流电网连接点之间的关系，可用单线图表示。根据这些数据可以规定供电可靠性、清除故障所需停电时间、畸变、电压与频率的限制等。对任何设计方案，都应进行电压稳定性分析，以保证替代电源间的切换时间及相位差、电动机起动时的电压降及故障清除时间都在可接受的范围之内。

感应电动机可能对负序电压幅值、低电压或频率的大范围变化特别敏感。最后，应有精确的数据用于计算损耗保证值。

14.4 蓄电池和不间断电源(UPS)

为了限制相互干扰，至少对于下列设备，通常采用单独的蓄电池组供电：

——高压直流系统每一极的控制和保护；

——换流站的其他控制和保护；

——远动通信设备。

这些蓄电池组一般有不同的额定电压。对每个蓄电池组在充电设备或其电源故障时仍能在额定电压范围内提供额定负荷的时间应予规定，典型的时间是6 h。还应规定蓄电池组提供额定负荷时的再充电时间及允许的纹波电压。蓄电池和充电机旁边应留有空间，但对于现代化的设备来说，并没有什么证据说明需要把这两个设备分开。

对于蓄电池组需要考虑和规定：

——额定电压；

——容量(Ah)；

——从充电(如需要可包括均衡充电)到放电的电压范围；

——电池的类型。

充电系统应满足蓄电池和负荷的要求。

交流负荷的不间断电源可采用专用设备或利用高压直流换流站的公用系统。一般愿用后者，因为用这种方法更易得到充足的备用。通常不间断电源包括其自身的专用电池。

对于不间断电源应规定以下各项要求：

——额定电压、相数和允许的畸变；

——电压允差；

——额定频率及其容许偏差；

——额定负荷和最大负荷；

——负荷类型；

——UPS最长供电时间。

对后三项应予以特殊考虑。对于过负荷及感应电动机、大储能电容器或其他型式的带有明显非线性负荷的突然投入，UPS往往很敏感。对很多UPS来说，只能对限制条件之内的设备连续供电，并且一般来说不是绝对意义上的不间断。因此，必须依据系统要求，正确制定UPS的规范。

UPS的可靠性也需要仔细评估。许多商业性UPS系统只适用于提高配电系统供电质量，如果用于换流站，实际上还可能降低换流站辅助电源的安全性，因为换流站辅助电源如直接从高压系统供电，是非常安全的，但它不是不间断的。

14.5 应急电源

如需要柴油发电机，则在准备其规范时应考虑以下各项：

——需要供电的全部站用电负荷；

——是否需要自动起动、切换和/或停运；

——如果是自动投切，应注意保证不要发生频繁起动，否则用于起动的蓄电池能量可能全部被

放光;

——在现场需要储备的燃料。

为保证紧急情况下运行可靠,希望周期性地起动发电机,并带上负荷,达到其正常的运行工况。辅助电源系统的设计应能满足上述要求,通过正确的切换,无论如何不能让输电因辅助电源设备故障而受到影响。

15 可听噪声

15.1 概述

来自高压直流换流站的噪声可能引起纠纷,还可能被照章受罚。换流站一旦建成,这些问题将很难解决。因此,在工程开始时,应考虑各种适用的规章或实际的法规要求,制定限制噪声的规范。噪声的影响一般被当作高压直流换流站周边的公害并影响工作环境。虽然后者重要,但对公害的限值往往更难详细规定。

15.2 公害

高压直流换流站的噪声对换流站周边的公众影响,不管怎样,都被视为有害。其影响程度与噪声水平、背景噪声水平、周围地区自然环境以及与居民区的远近有关。

作为第一步,应该在考虑各有关因素后,规定换流站边界可接受的噪声水平。ISO 1996-1《声学 环境噪声的描述、测量与评价 第1部分:基本参量与评价方法》给出了确定噪声水平的方法。其次,应确定来自各主要噪声源的预期噪声水平与频谱。然后可将这些加在一起来确定总噪声是否可以接受。设备到社区的距离特别重要。可能需要采用专门的减噪措施,以使总噪声水平达到可接受的数值。

如果在同一区域还安装有产生噪声的其他设备,也应一并考虑,如交流变压器和无功补偿装置。下面讨论典型的高压直流换流站中最易产生明显噪声的设备:

15.2.1 阀和阀的冷却器

户内阀产生的噪声可以不予考虑,因为大多数情况下,阀厅造成的衰减已使噪声得到充分抑制。主要的噪声源,可能来自户外冷却器的风扇。它们一般是封闭循环蒸发型冷却器或强制风冷冷却器,是标准系列产品。所以,冷却设备制造厂应能提供噪声频谱和噪声水平的数据。蒸发型冷却器通常噪声较低。这两种冷却器都可采用较大尺寸的低速风扇来降低其噪声水平。采用屏蔽墙将噪声转向上方的方法可以使噪声明显降低。

15.2.2 换流变压器

换流变压器的噪声水平大概与容量相当的交流变压器相当。但由于谐波电流的作用,特别是在换流变压器阀侧绕组中的5次、7次、11次、13次谐波及直流偏磁电流的作用,噪声频谱在实际运行中将有所不同,并且,可能比在工厂交流试验中所测得的水平高出10 dB。如果需要,油箱和冷却器的噪声水平还可以用传统的方法降低,例如可用加围墙或用消声器及使用低速风扇来解决。

15.2.3 直流电抗器

直流电抗器的噪声来自铁芯、构架和冷却器。预计铁芯和构架的噪声在与6次和12次谐波相关的纹波频率上达到峰值。在工厂对直流电抗器的噪声进行有效的试验可能是不实际的。如果需要降低噪声水平,可采用变压器的类似措施,如加围墙等。

15.2.4 交流滤波电抗器

滤波电抗器一般是空心的。除非在要求噪声水平极低的场合,否则其噪声似乎不成为问题。

15.3 工作区内的噪声

对于在高压直流换流站范围内工作人员可承受的噪声水平,应从安全、听觉损伤和噪声可能影响工作效率等方面来考虑。

许多国家已建立了法规和法令,以期保护暴露在高噪声水平下的人们的听力,这些都应在编制规范时予以考虑。这类问题在高压直流换流站并不严重,除非在空冷阀冷却用的某种风扇附近进行检修。

在大多数情况下，如果维修人员根据要求带上护耳，就可以满足法规的要求。

在建筑物内的总噪声水平主要决定于阀及其冷却系统的户内部分、各种旋转机械、部分或全部在户内的电抗器(和变压器)。在需要精神集中的场合，如在控制室内，应规定较低的噪声水平。

16 交流侧谐波干扰

16.1 交流侧谐波的产生

所有型式的换流器系统都是谐波电压和谐波电流源。对交流网络来说，高压直流换流站就像个谐波电流源。这些谐波电流流经交流系统阻抗，使谐波电压畸变升高。此外，它们还可能通过交流系统传播，导致局部谐振或电话干扰。

如果换流器由一个三相平衡的电压源供电，三相阻抗相等并假定换流器的触发角也相等，则产生的交流特征谐波的次数为 $kp\pm1$，取决于换流器的脉波(脉动)数 p，其中 k 是整数。在理想情况产生的特征谐波的幅值和相位与基波分量的关系，只与触发角(α 或 β)和重叠角 μ 有关。

实际上与高压直流换流器相连的交流系统，并非在电压和相位上都完全平衡，这就导致负序电压的产生，一般负序电压是正序电压的 0.25%～1%。其他不平衡来源，包括换流变压器换相电抗的差异(一般是±2%～±5%)和触发角的不平衡(对现代高压直流控制系统，稳态下一般为 0.1°～0.25°)。这些不平衡会产生非特征谐波，从而增大由换流器引起的谐波干扰。

16.2 滤波器

高压直流换流站一般都安装交流滤波器，用以吸收换流器产生的谐波，此外，还需要补偿无功功率(见第 9 章)。图 18 所示是交流谐波滤波器接于双极高压直流系统交流馈线上的例子。

为了使失去任一组滤波器都不影响系统满负荷运行，可规定每一型式的滤波器有两组，对于任一换流极，各滤波器组可以独立地投切。在确定可投切的单个滤波器组的大小时应该考虑：

——无功功率和电压控制的要求；

——降低负荷或轻负荷的条件；

——在各种投切方案下，可能引起的滤波器和交流电网阻抗之间的谐振；

——可靠性准则；

——经济上的约束。

在高压直流系统中，通常使用 RLC 串联谐振型滤波器或高通阻尼滤波器。最常用的滤波器类型的例子见图 19。

为了优化谐波滤波器设计，应知道在所关心的频率范围内，各次谐波频率下的系统阻抗。高压直流换流站的交流系统阻抗，可以由基波到 50 次谐波频率范围内的阻抗(R/X)圆图来确定。

另外，系统也可以由线路及发电机等的谐波阻抗来详细地表达，通常如第 8 章讨论的那样，由高压直流换流站扩展到 5 条～8 条母线。交流滤波器的设计，应考虑可能由其他谐波源流入滤波器的任何谐波电流。

16.3 干扰水平判据

干扰的性能是按照单次谐波的畸变率 D_n，总有效谐波畸变率 D_{eff}，电话干扰系数 TIF，电话谐波波形系数 $THFF$ 和加权的积 IT 各项来决定。对电话干扰采用了两种加权系统。这些系统考虑了电话设备的响应和人耳的灵敏度，它们是：国际电报电话咨询委员会(CCITT)推荐的噪声评估系数，以及由贝尔电话系统(BTS)和艾迪生电气研究所(EEI)开发的信息加权“C”。上述各项的判据确定如下：

根据 CCITT 和 BTS 推荐，单次谐波畸变率为：

$$D_n=\frac{U_n\times100}{U_1}(\%)$$

式中：

U_1——基波额定电压有效值；

U_n——n 次谐波电压有效值。

总有效谐波畸变率：

$$U_{\text{eff}}=\sqrt{\sum_{n=2}^{50}\left(\frac{U_n\times 100}{U_1}\right)^2}\ (\%)$$

电话谐波波形系数(CCITT 系统中的 *THFF*)和电话干扰系数(BTS 系统中的 *TIF*)二者都用以描述输电线路对电话线路的干扰影响并作为确定干扰性能的指标。确定 *THFF* 和 *TIF* 的方法除评价系数外均相同。

$$TIF=\sqrt{\sum_{n=1}^{\infty}\left(\frac{U_n\times F_n}{U_1}\right)^2}$$

式中：

F_n——对 n 次谐波的评价系数。[2)]

$$THFF=\sqrt{\sum_{n=1}^{\infty}\left(K_f\times P_f\times\frac{U_n}{U_1}\right)^2}$$

式中：

K_f——等于 f/800；

f——谐波频率；

P_f——噪声评价系数除以 1 000。

对于实际应用，最高的谐波次数建议采用 50。*TIF* 和 *THFF* 间的大致比值是 *TIF*/*THFF*=4 000，也就是说，例如 *TIF* 等于 40，则相当于 *THFF* 约为 1%。

输电线的谐波电流用一个电流来表示，按照所采用系统的相应系数，把每次谐波电流加权而得到。

加权电流积(*IT*)按下式计算：

$$IT=\sqrt{\sum_{n=1}^{\infty}(F_n\times I_n)^2}$$

式中：

I_n——n 次谐波电流有效值；

F_n——前面对 *TIF* 所定义的数值。

计算在单条线路上的加权电流积(*IT*)，要求知道连到换流器交流母线上的各条线路的谐波阻抗，以便使其在确定高压直流装置的干扰性能时有意义。应该确定各条线路的 *IT* 积，但只有连在高压直流换流站母线上的所有线路的谐波阻抗都已确定的情况下才能计算。

如果 D_n、*TIF* 和 *IT* 值必须反映各次注入谐波对感性耦合的实际影响，则要同时规定它们的性能限制可能不现实。如果要确定网状系统的 *IT*，就更是这样。这些数值在各站母线和沿线路都是变化的；因此，如果线路参数、沿输电线的土壤电阻率、几何耦合系数等都确切知道时，才有把握设计出可接受的性能。

16.4 干扰水平

高压直流换流站所规定的谐波干扰系数的典型最高水平的例子如下(这些不是推荐的规范值，并且在没有对该系统做专门研究前不应作为限制值)：

a) 单次畸变率 D_n，在任一次谐波下为 1%；

b) 有效谐波畸变率 D_{eff} 等于 2%～5%；

c) 电话干扰系数 *TIF* 等于 25～50，*THFF* 在 0.6%～1.25% 范围内；

d) *IT* 积，每条线路 25 000～50 000。

如果发电机接在高压直流换流站附近，则在高压直流换流站设计规范中对流入发电机的 5 次负序

2) 可参见 EEI 出版物 60-68(1960)。

及 7 次正序非特征谐波电流之和应予考虑。

16.5 滤波器性能

在规定交流滤波器的性能要求时，必须考虑的高压直流系统运行条件应包括：

——直流电流变化范围（从最小值到所规定的过负荷值）；

——在降压运行所要求的直流电流变化范围内降低直流电压运行；

——按照所规定的吸收无功的要求，在大于正常角度下运行；

——在任一滤波器组或无功功率源退出的情况下运行，滤波器组理解为一组可以由开关设备操作而退出运行的滤波器元件，这个情况应只适用于高压直流输电系统正常运行方式；

——交流系统频率与电压的稳态变化范围；

——损坏的电容器单元达到引起第一级报警的程度；

——极端的环境温度加上滤波器最大负荷；

——滤波器的初始失谐；

——系统接线的任何改变。

在下述条件下，不应要求滤波器满足滤波性能要求，但滤波器应能运行而不发生损坏：

——规定的事故情况下的频率变化；

——包括故障后恢复或甩负荷后的铁磁谐振在内的动态过电压；

——短时过负荷。

当对高压直流换流站规定谐波干扰限值时，某些数据（如在第 8 章中所讨论的）应包括在规范中，以便能适当优化交流滤波器的设计。

17 直流侧谐波干扰

17.1 直流侧干扰

17.1.1 在高压直流换流站中，换流设备的运行在直流侧产生谐波电压，从而在直流线路中流过谐波电流。当输电线路是由架空线和电缆混合组成时，通常电缆对谐波电流可起到滤波器的作用，因此只有少量的谐波电流流入电缆以外的线路。对于这种输电系统，仍需要对架空线路部分的沿线进行干扰评估。地下和海底直流电缆均屏蔽得很好，通常在直流侧不存在噪声问题。

17.1.2 现代换流单元的设计，通常采用 12 脉波（脉动）换流单元，因此只需考虑 $12k$ 次（k 为整数）的特征谐波。除了这些在理想条件下产生的特征谐波外，还有其他次的非特征谐波。由换流器运行产生的特征谐波电压与以下因素有关：直流电压、直流电流、换相电抗和触发角。非特征谐波电压的产生与以下因素有关：触发角之间的差别、换相电抗的不对称以及与换流器相连的交流网络电压的不对称（负序电压分量）。

17.1.3 应该考虑两组谐波：影响电话干扰的较高次谐波组（7 次～48 次）和可能引起其他干扰问题的低次谐波组（1 次～6 次）。可能引起的其他干扰问题有：

a) 由感应电压产生的对设备和人身的安全问题；

b) 对数据传输和铁路信号回路的影响；

c) 在话音通信回路中除话音干扰以外的其他影响；

d) 二次感应效应；

e) 可能激发直流线路和接地极线路之间的谐振条件；

f) 在换流变压器中不可接受的直流电流。

17.1.4 在直流极线和架空避雷地线中环流的谐波电流，可以用长线计算的一般公式来进行计算。当回路不对称时，可使用模态分析（modal analysis）。如果直流输电线和明线电话线路之间的距离比较近（小于 200 m），计算极线和避雷线中电流的影响需要分开进行，并考虑它们各自的耦合系数。

当计算加在电话通信回路中的纵向噪声电压时，谐波电流要乘一个加权系数（噪声评价系数或信息加权系数“C”)，以考虑人的听觉对不同频率的响应。

17.1.5　计算每公里明线电话线上所感应的纵向信息加权电压“C”或噪声评价电压 $V_g(x)$，需要考虑从直流线路两端流进的电流、离直流线路一端的某一位置(相距 x km 处)、加权系数、通信回路的屏蔽系数、直流线路和通信线路之间的互阻抗。横向电压由 K_bV_g 给出，其中 K_b 是所考虑的通信设备的平衡系数。

17.1.6　当考虑人身安全时，计算的电压值是所感应的对地各次谐波电压的平方和的平方根值(r.s.s)，且加权系数相同。对于在非话音通信回路中的其他干扰问题，没有标准的计算方法。因此，要采用的方法应由有关各方商定。

17.1.7　直流线路中谐波电流的减小

采用直流滤波器来减小流过直流线路中的谐波电流，从而避免产生不能接受的干扰。是否需要直流滤波器，与以下因素有关：

a)　输电线路的特性，是架空线还是架空线和电缆；

b)　大地电阻率；

c)　直流线路附近电话线及铁路信号回路的类型，距离的远近以及密度等情况。

当需要确定是否需要滤波器方案时，应该考虑其他可行的能够满足噪声标准且花钱少的措施。应对改建通信回路和改进高压直流换流站进行评估，例如：是否考虑由于其他原因的需要已经装设的直流电抗器对滤波水平的降低；在接地极线路和地之间所接的电容器与接地极线路的电感是否有形成谐振回路的可能；当单极运行时可否把两个极的滤波器并联起来。这些对换流站运行以及整个性能的影响，在决定直流侧谐波需要限制的程度之前，均应给予考虑。

17.2　直流滤波器性能

17.2.1　为得到解决干扰问题的最佳方案，需要了解通信部门和铁路部门的要求。表 2 给出国际电报电话咨询委员会 CCITT、美国电话和电报公司(AT&T)和美国农业电气化部(REA)所规定的对话音通信线路的要求。

表 2　话音通信线路的性能要求(用户线路和主干线路)

	CCITT	AT&T　#1	REA
1. 平衡电缆线路	50 dB—60 dB	60 dB #6	50 dB—60 dB #3
明线	46 dB—56 dB	50 dB #6	50 dB #2
2. 横向(金属)	26 dBrnC		
噪声限制	26 dBrnC	20 dBrnC #4	31 dBrnC #5
26 dBrnC	(20 dBrnC) #4		

注 1：北美(AT&T)对主干线路，特征阻抗采用 600 Ω，对用户线路采用 900 Ω，CCITT 和 REA 则采用 600 Ω。

注 2：从 BTS 得到的信息，最小平衡应是 60 dB。

注 3：美国农业电气化部对平衡规定有另外的数值，该数值对应于平衡度较好的线路。

注 4：这个值是总噪声。从单一干扰源(例如，高压直流线路)来的最大值是 17 dBrnC。0 dBrnC 对应于在 1 000 Hz下 10^{-12} W(1 pW)。

注 5：此值是对主干线路的。

注 6：括号内的数值是设计用的，其他则是可接受的最大值。

17.2.2　当确定滤波器性能时，对高压直流系统各种运行方式的干扰水平应作出规定。从干扰的观点看，正、负极电压相等的双极运行方式，是对滤波要求较低的运行方式。在相同的直流滤波器方案下，单极运行，大地回路或金属回路方式，比双极运行产生的噪声电压更高，但是在这些方式下运行，一般所占的时间百分比小。单极金属回路运行比单极大地回路运行产生的干扰要小。

实际上对双极系统来说，直流滤波方案的性能要求可主要按双极运行方式来考虑。当单极运行时，对话音通信的较高的干扰水平是可以接受的。例如：是双极平衡运行方式可允许水平的2倍到3倍。

除以上所讨论的高压直流主要运行方式以外，规范还应指出可能的其他运行方式或输电系统可能运行的工况。滤波器的额定参数应考虑所有这些工况。但是，在某些运行方式或工况下，干扰水平将界于正常双极平衡运行方式和最不利的单极运行方式之间。在规范中也可给出紧急运行情况下的系统性能。

17.2.3 对人身安全，由谐波引起的危险还没有专门的限制。对于基波频率(50 Hz或60 Hz)，CCITT和AT&T分别规定为60 V交流有效值(r.m.s)和50 V交流有效值(r.m.s)。对人身和设备安全，在低次谐波(1次到6次)，这些限值应该认为是所感应的各次纵向谐波电压最大值平方和的平方根值(r.s.s)来考虑。此外，电流非常大的较高次谐波也应该包含在r.s.s值的计算中。

17.3 规范要求

17.3.1 为决定能够满足干扰性能要求的经济滤波方案的，比较好的方法是进行感应配合研究，并考虑前述各点的影响以及通信线路改建的造价，对滤波器造价进行优化。从这一研究出发，理想的滤波器规范将能够得出沿线最大干扰电流的分布图，按17.3.4定义，所要求保持的干扰水平低于规定值。

通常在制定规范阶段，进行上述研究工作不太可能。因此，可以采用下面三种可供选择的近似方法之一。

17.3.1.1 在离双极运行的高压直流线路1 km远的平行试验线路中，规定一个最大纵向感应噪声电平，并且对单极运行方式规定一个较高的数值，其单位用毫伏/每公里来表示。用此近似方法时应注意，因为它只考虑了在电话线中引起的干扰，并且沿线的谐波电流采用的是最大值。因此，将通过一些附加要求进行修正，这些附加要求为：低次谐波感应的纵向电压的r.s.s值(平方和的平方根值)和沿直流回线感应的不同电压值，土壤电阻率的变化，电话线的密度、类型和性质，以及沿线扰动电流的变化等。

17.3.1.2 在直流输电线路端，以各次谐波电流(以极为基础)不同时发生的最大值为基础，确定直流滤波器的造价，然后在完成感应配合研究之后，选择最合适的设计。这一方法存在前一种方法的缺点，并且由于在17.3.3中所讨论的其他考虑，一系列谐波电压的确定比较复杂。

17.3.1.3 第三种方法按下列步骤进行：

a) 取得在直流输电线路影响范围内(例如在离线路走廊中心线10 km之内)，现有的或计划中的通信线路和铁路的有关特性(屏蔽系数和平衡系数、长度、路径等)信息；

b) 在直流输电线路影响范围内，取得典型的土壤样品进行试验，以便确定在感应配合研究中所考虑的大地电阻率的不同数值。

根据所取得的信息及所考虑的系统正常运行方式(双极)，可确定以下两个干扰电流分布图和两个最大允许低次谐波电流幅值的限制值：

a) 第一个是不需要通信线路进行任何改建；

b) 第二个是，例如位于所影响范围内的通信线路有可能25%需要改建。

最终，根据滤波器造价和通信线路改建的造价情况，在滤波器系统和通信线路改建之间进行反复地优化选择。

17.3.2 此外为了按照上述方案之一来规定滤波水平，一般应遵循以下准则：

a) 谐波电流滤波水平应该在高压直流系统所规定的标称条件和双极平衡运行方式下确定。对于其他任何规定的运行方式和条件，其噪声水平不能高于最不利的单极运行时所产生的噪声水平，但无滤波器投运的非正常紧急情况除外。

b) 规范还应对单极运行时可接受的沿线干扰电流分布图的最大值作出规定。

c) 除上述要求外，低次谐波电流(1次到6次)的最大值也应作出规定。

d) 用户还应对系统运行条件的限制作出规定。在这些运行条件下，滤波器性能都应满足高压直流系统各种运行方式、各个发展阶段的要求，例如：

1) 直流电压和直流电流的变化范围；

2) 交流母线电压正常运行的变化范围；

3) 交流基频电压的负序分量；

4) 在一个标称的时间内或超过 1 min 交流频率最大偏差；

5) 预期的最大温度变化范围；

6) 在切除滤波器之前，允许出故障的电容器元件或电容器组的最大数目；

7) 初始失谐达到设计的极限值。

17.3.3 性能计算应该考虑以下因素：

——为确定与所规定的性能要求是否相符而进行的谐波电流分布计算应考虑：交流系统之间的相角关系；触发角最苛刻的组合；直流电流的大小；6 脉波（脉动）桥中各相之间、在 12 脉波（脉动）换流器中的两个 6 脉波（脉动）换流变压器之间、在一个极中的 12 脉波（脉动）换流器之间、或者是双极中各极之间的换相电抗的差值；这些将引起谐波电压源的最不利组合。这种谐波组合包括同时产生的谐波电压及其产生的沿线最高的干扰电流噪声分布或信息加权－C 的最大值，而对所规定的低次谐波电流水平也存在同样问题；也可用 17.3.1.2 中所指出的方法，但所考虑的谐波电压源应是不同时产生的最高谐波电压；

——应该考虑在规范中所给出的直流线路、接地极线路及两者端部与频率有关的各种参数以及接地极的特性；

——在确定流入直流线路的谐波电流时，应考虑直流电抗器的电阻和电感随负荷和频率而变化的关系。

17.3.4 为了满足所规定的性能规范要求，在直流线路沿线任一点，各种频率电流的大小应视为从直流线路送端和受端注入该点的电流有效值(r.m.s)的合成。对于所考虑的频率，可采用以下公式计算：

$$I_{e,x}=\frac{1}{C_{800}}\sqrt{\sum_{f}(C_f\times I_{x,f})^2}$$

式中：

$I_{e,x}$——在直流线路上的 x 点，800 Hz 的等效干扰电流；

f——所考虑的谐波电流的频率，从基波到 48 次；

C_f——在频率 f 下的噪声 C 信息加权系数；

C_{800}——在频率为 800 Hz 时的 C_f 值；

$I_{x,f}$——x 点上频率为 f 的谐波电流。

当电话线离直流线路的距离小于 300 m，或者虽小于 100 m 左右，但大地电阻率等于或大于 10 000 Ωm时，在 800 Hz 下的等效干扰电流 I_p 可用下式计算：

$$I_{p,x}=\frac{1}{P_{800}}\sqrt{\sum_{f}(h_f\times A_f\times I_{x,f})^2}$$

式中：

P_{800}——在 800 Hz 下的噪声评价系数除以 1 000 ；

h_f——在频率 f 下与耦合类型有关的系数；

A_f——在频率 f 下的 C(信息加权值)。

特征谐波电流的计算应给出幅值和相角，对于非特征谐波电流，双极系统两个极中非特征谐波的角位移可假定平均为 90°。

电源内部电抗可采用不大于一个极的总换相电抗（每个 12 脉波换流器组为 $4x_t$）的 $\frac{2n-1}{2n}$ 倍，其中 n 为所分析运行方式下运行的 6 脉波（脉动）桥数。

18 电力线载波(PLC)干扰

18.1 概述

对电力线载波来自高压直流换流站的干扰，产生于换流阀的开通和关断过程，其主要成分产生于换流阀开通过程中的电压突降期间。这些暂态过程是由高压直流换流站的杂散电容和电感元件(如变压器、电抗器、套管等)形成的局部谐振回路所引起。干扰的能量与换流阀开通和关断时的电压跃变值以及回路参数有关。换流器的噪声干扰与电流额定值的关系不大，但与触发角的关系很大。

可能影响载波的噪声包括：传导过来的换流器产生的噪声和交流线路或直流线路的电晕噪声。传导的噪声与频率密切相关，最大噪声水平产生在载波频谱的低端。

现场经验指出，晶闸管换流阀产生的导通噪声干扰比汞弧阀低大约 10 dB～15 dB。

测量结果说明，对于同样的导线表面最大电场强度，直流线路的电晕噪声比交流线路低 10 dB～20 dB。典型的电晕噪声水平变化范围是－40 dBm～－30 dBm，并且对直流线路的全线来说，在载波频谱中(20 kHz～500 kHz)基本上是不变的。

可以规定用 RF 滤波器来降低高压直流换流站交流侧和直流侧所产生的载波噪声干扰。滤波器的串联电感元件和并联电容元件的额定值，应分别按全电流和额定电压考虑。因此，对于在现有载波通道要求的基础上设计滤波器噪声水平、与其他载波系统的相互干扰、最终的通道要求以及载波频谱较低端通道移动的可能性等，都应从经济上给予考虑。

18.2 性能规范

对高压直流系统性能进行规范时，重点应考虑以下载波干扰：

18.2.1 如果用户希望完全自由地使用所配置的全部通信频谱，那么高压直流干扰的规范所包括的频率应低到 20 kHz。

注：许多电力系统所用的载波频谱越来越密集。

图 20 所示是晶闸管换流器在直流线路上产生的典型载波噪声频率曲线。

18.2.2 为了设计载波滤波器，规范应该考虑可以把高压直流换流站对电力线载波频谱的干扰水平限制到小于或等于－20 dBm，以避免连接在高压直流换流站的高压输电线路电力线载波的有害干扰。测量以标准的 3 kHz 带宽进行，均匀加权。

此处 dBm 定义为一种度量干扰的方法，其中 0 dB 定义为 0.775 V，这一电压在一个 600 Ω 的电阻上消耗 1 mW 的能量。

18.2.3 如果现有的或计划中的载波频率范围是 20 kHz～100 kHz，则很可能需要滤波器。对降低干扰用的滤波器的经济性，当然也应进行评估。

18.2.4 测量载波干扰所用的仪器设备，应该对其带宽(BW)和型号作出恰当规定。

用已知的换流器所产生的噪声水平，可以对给定载波系统所预计的性能，有一个合理的推算。

对于任何给定的载波系统主要测量，其主要是限制该载波系统接收点上的信噪比(*SNR*)。

19 无线电干扰

19.1 直流输电系统的无线电干扰(*RI*)

19.1.1 高压直流换流站无线电干扰的能量来自换流阀导通和关断过程以及高压线路和开关站的电晕放电。

换流阀运行带来的噪声，主要是由导通时的电压降落而产生。这些暂态过程由高压直流换流站内的电感元件和杂散电容，如变压器、电抗器、套管等而形成的局部谐振回路所引起。

电晕放电所产生的无线电干扰在正极性导线附近最高，并随导线的径向距离增加而衰减。

19.1.2 高压直流换流站产生无线电干扰，并且沿着直流线路传播，它具有以下特点：

a) 干扰能量直接与换流阀导通和关断时所产生的电压跃变成正比，并且与回路参数有关；

b) 在高压直流换流站附近产生线对地模式的高电平辐射干扰，但这种模式衰减很快，并且在15 km以外可以忽略不计；

c) 线对线模式的干扰可以传播数百公里；

d) 干扰基本上与运行的电流水平无关；

e) 从阀厅出来的噪声，主要通过穿墙套管和变压器套管传出。阀厅设计应具有对无线电频率的良好屏蔽作用；

f) 当换流器组数由1组增加到3组时，无线电干扰水平并不会增加。

19.2 无线电干扰性能规范

19.2.1 高压直流换流站的无线电干扰性能规范，应该考虑无线电干扰的不同后果，例如：对调幅(AM)无线电接收机的干扰和对全方向信号站(NDB)运行的干扰。规范还应该要求验证高压直流换流站对其他诸如甚高频(VHF)、微波和特高频(UHF)通信设备的干扰，也应在规定的限制范围内。所规定的无线电干扰的限制，应包括由换流器运行所产生的偶极子辐射的无线电干扰和由于电晕放电产生的无线电干扰。

19.2.2 规范应规定所有的稳态运行方式和条件，以及设备性能达到基本要求所处的气候条件。

对于所有的运行方式，包括额定满负荷在内的任何负荷条件下以及在所设计的触发角变化范围内，建议只采用一种基本的性能指标。这个性能指标应适用于交流电压和直流电压的正常运行范围内以及在晴天气候条件下。

19.2.3 无线电干扰性能指标应适用于从0.15 MHz～30 MHz的所有频率。

测量应该是准峰值，并且在每一个测量点至少要包括三个完整的频率扫描。对于某一特定频率的无线电干扰水平，应该考虑采用在此测量点，这个频率下所有测量值的平均值。测量所用的仪器应参照GB/T 6113.1《无线电骚扰和抗扰度测量设备规范》的要求。

19.2.4 规范应指出为防止从高压直流换流站发出的有害干扰，被保护的全方向信号站(NDBs)的额定频率范围和带宽特性。所保护的带宽应规定为全方向信号站(NDB)频率的±KHz 。例如这个带宽可以规定为±10 kHz 。此外，规范应给出要保护的全方向信号站(NDB)的主要参数和位置。通常只有在离高压直流换流站30 km范围以内的装置才需要进行研究。

19.2.5 在无线电干扰性能规范中，最重要的项目是规定在高压直流换流站所规定边界外侧的最大无线电干扰水平。

19.2.5.1 在规定一个可接受的无线电干扰水平(μV/m)时，应该考虑由于换流阀运行和电晕放电所产生的噪声。所规定的值与当地条件有关，如：调幅(AM)无线电台信号的强弱；全方向信号站(NDB)的特性；已有的允许的信噪比标准等。

19.2.5.2 100 μV/m的无线电干扰值是典型的规范限制值。对于常规的高压直流换流站设计，在离高压直流换流站任何带电设备500 m的边界，各点的无线电干扰值均不得超过所规定值。测量的边界线还应该包括从高压直流换流站出来的交、直流输电线路。边界线应从最近的导线和500 m圆周线交点相距150 m处算起。根据经验，边界线离交流和直流架空线的距离随线路距离的增加而线性地减小，在线路离换流站约5 km处，可减到线路走廊的一半。

19.2.5.3 为满足无线电干扰的要求，阀厅建筑物设计应包括所需要的屏蔽，而户外开关站不需要任何屏蔽措施。需要特别注意的是，应尽量减小从阀厅引出的连接线长度。

19.2.6 规范应要求说明把无线电干扰限制在规定的设计极限之内的推荐的方法，包括在整个频率范围(0.15 MHz～30 MHz)内所预计的无线电干扰的曲线和数据。

19.2.7 无线电干扰水平应该按换流站规范中所给的大地电阻率来进行计算，计算范围是沿直流线路走廊，距换流站5 km之内。

20 损耗

20.1 概述

正常的做法是确定高压直流换流站在额定功率(第5章)和空载(7.4)运行条件下的损耗数值,为的是对损耗进行经济评估。此外,最小负荷(7.2)和其他中间负荷水平的损耗,也可能需要进行评估。

高压直流系统的损耗可以由其主要组成部分损耗的总和来确定。损耗的数值通常是基于计算、工厂试验和现场试验的综合考虑而确定,这是因为由于测量精度不够,单独用现场试验来确定总损耗是不现实的。

对有关的环境条件和计算方法应作出规定,需确定所有损耗测量的误差。

如果高压直流系统是分期建设的,则对每一期的损耗值均需作出规定。对于在规定的单极、双极运行条件下的总效率值应进行检验。

20.2 主要损耗来源

对大部分高压直流设备来说,谐波电流对设备总损耗有一定影响,对这些谐波损耗的计算基础需要作出规定,并应给出确定损耗的温度。

20.2.1 交流滤波器和无功补偿装置

交流滤波器和无功补偿装置的损耗由计算得到。其中的谐波损耗与负荷有很大关系。损耗的数值应包括换流器所产生的所有谐波的影响。在这些计算中,除非另有规定,从交流系统流进的谐波不应考虑在内。计算空载损耗时,假定所有滤波器和无功补偿装置都不接入。对于额定负荷的损耗,假定用来保证规定功率因数的全部滤波器和无功补偿设备均接入,并且全部谐波只流进滤波器。对于中等的负荷水平的损耗,应说明运行条件。对静止无功补偿装置和调相机,其运行条件也需作出规定。

20.2.2 换流桥

换流桥的损耗可以在工厂中对桥的每个单独部件进行损耗测量的基础上来计算。损耗的数值应包括换流器的所有部件,例如:换流阀、阻尼回路、电抗器等。假定触发角和换相角均为在规定的负荷条件下所要求的数值。在空载时,假定换流阀均接入,但处于闭锁状态。对于规定的负荷条件所需要的阀的冷却设备的损耗应全部包括在内。

20.2.3 换流变压器

换流变压器的基波损耗可以用在工厂所测量的空载损耗和短路损耗得到,谐波损耗则通过适当计算得出。在规定负荷条件下,冷却设备产生的所有损耗,都应包括在内。

20.2.4 直流电抗器

直流电抗器的直流电流损耗可以在工厂中进行测量,并折算到规定的环境温度。其谐波损耗需要进行计算。在规定的负荷条件下,需要投入运行的冷却设备产生的所有损耗,都应包括在内。

20.2.5 直流滤波器

直流滤波器的损耗通过计算求出,计算时要考虑在规定负荷条件下实际流入滤波器的谐波电流,以及在此条件下所对应的触发角和换相角。换流器产生的全部谐波假定均流入直流滤波器。

20.2.6 辅助设备

这些设备包括高压直流换流站的冷却设备(换流变压器、直流电抗器和换流阀的冷却设备除外)、控制、采暖、照明以及站用电变压器。辅助设备的损耗可以由测量的和计算的所有这些部分的损耗的总和来决定。只有对指定的运行点,为满足规范的所有要求而需要投入的设备,在计算损耗时才需要考虑。

20.2.7 其他设备

其他设备的损耗,如电压互感器、电流互感器、无线电干扰滤波器等的损耗,应在规定条件下(负荷水平、环境温度等)予以确定。

21 直流输电系统扩建的准备

21.1 概述

如果高压直流系统计划或规划中的扩建按另外的规范进行，那么在扩建后可能遇到的各种情况应提前进行考虑，否则将可能在经济上和技术上出现不利情况。因此，需要对第3章到第19章中可能有的情况，尽可能在每一扩建阶段作出规定。在扩建的每个阶段，对设备装设范围和性能规范、现场工作的复杂性、尽量减少现场工作和现场试验对已有系统运行的影响、节省先期投资，以及每个阶段的系统性能要求等方面，均应仔细地考虑。应尽可能对下面的内容作出详细的规定，以便包括在扩建范围的说明中。

21.2 扩建的规范

21.2.1 在每个扩建阶段的额定功率、额定电压和额定电流。

21.2.2 换流桥扩建的形式(图21)：

a) 串联；

b) 并联；

c) 单极到双极；

d) 多端(串联或并联)。

对将来计划采用的特殊运行方式必须予以说明，例如在第3章中所讨论的，当一极直流线路停运时，是否考虑把换流站的两个极由串联方式切换为并联方式运行。

21.2.3 每个扩建阶段后的交流系统参数：

a) 增加的交流线路；

b) 稳态交流电压的正常值和变化范围；

c) 增加的发电机组；

d) 增加的短路容量。

21.2.4 每个扩建阶段后的无功功率平衡：

a) 高压直流换流站所装的无功功率设备；

b) 交流系统可提供的无功功率。

21.2.5 扩建后直流线路回路结构和线路特性。

21.2.6 扩建后控制方式的变化(计划中如果有的话)。

注：控制保护方面的扩建工作，可能使现有设备的运行在一段长时期内受到限制。因此，应对每一阶段安装的控制保护设备的范围进行研究。

21.2.7 扩建的每个阶段，对可允许的可听噪声水平，载波干扰水平和谐波干扰水平均需作出规定，包括整个扩建完成之后，它们的最终水平。

21.2.8 交流滤波器和直流滤波器扩建的次序。

注：当扩建引起直流电压改变时，滤波器的设计可能有不同的考虑，这取决于是否从一开始就用最终直流线路电压来设计滤波器，或电容器组按串联扩建方式设计。因此，对于这一点需要明确说明。

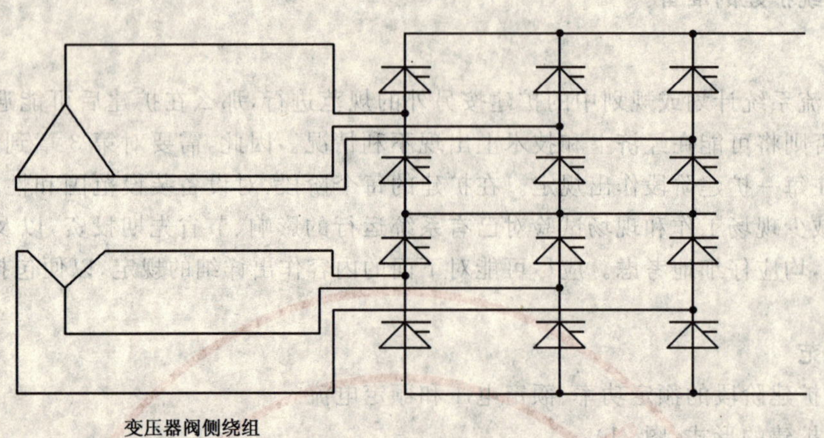

图 1　12 脉波换流器

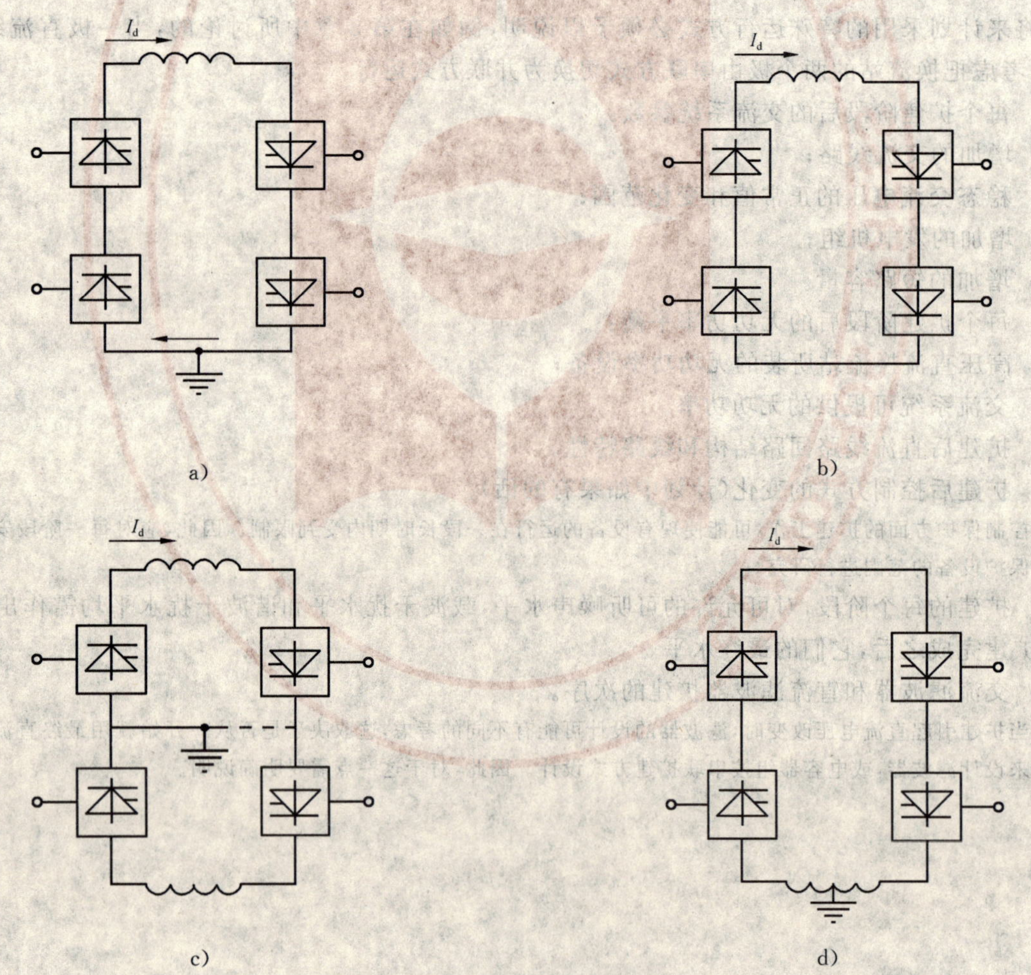

图 2　背靠背直流系统举例

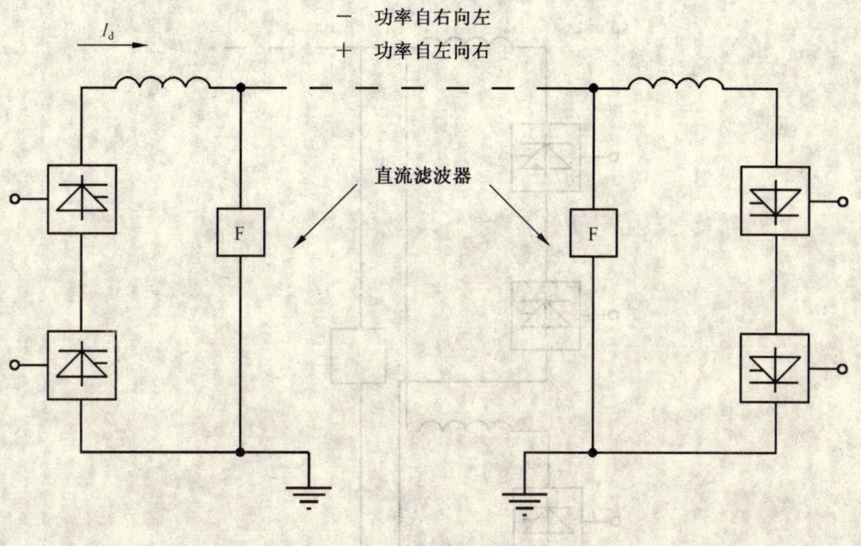

图 3 单极大地回路

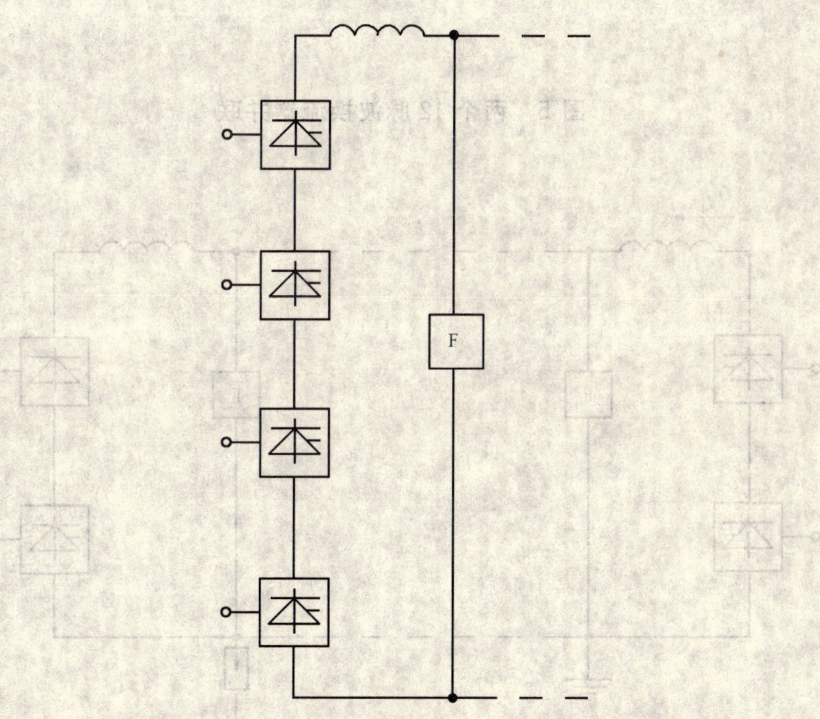

图 4 两个 12 脉波换流器串联

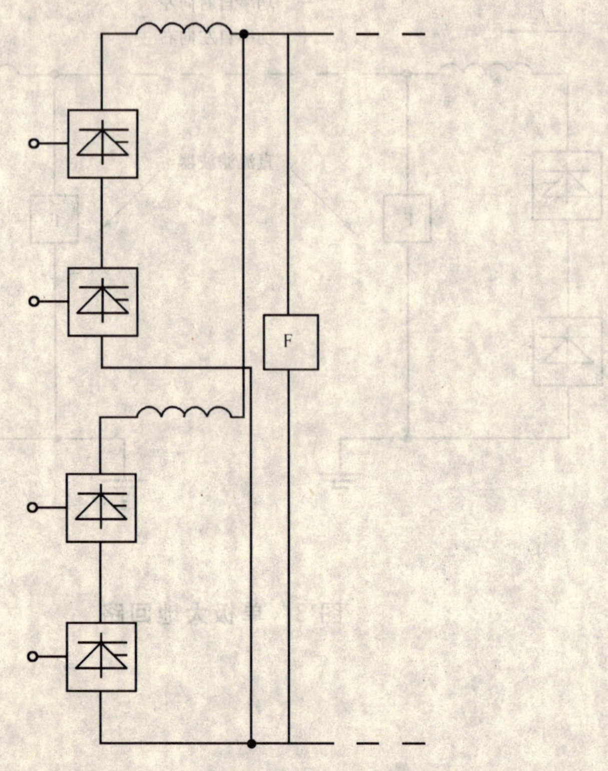

图 5　两个 12 脉波换流器并联

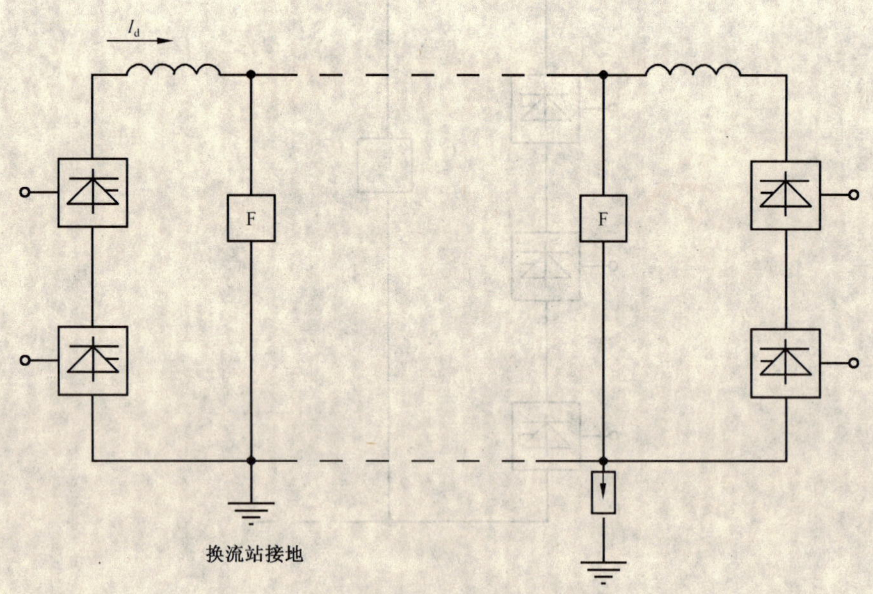

图 6　单极金属回路系统

图 7　双极系统

图 8　双极系统中非故障极的金属回路运行

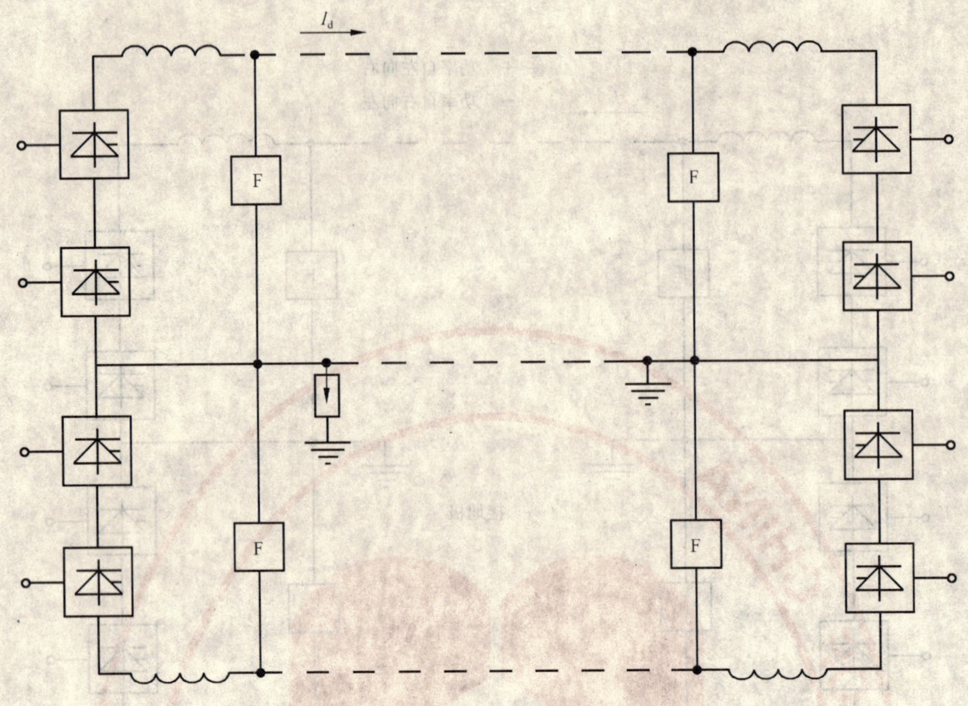

图 9　双极金属回路系统

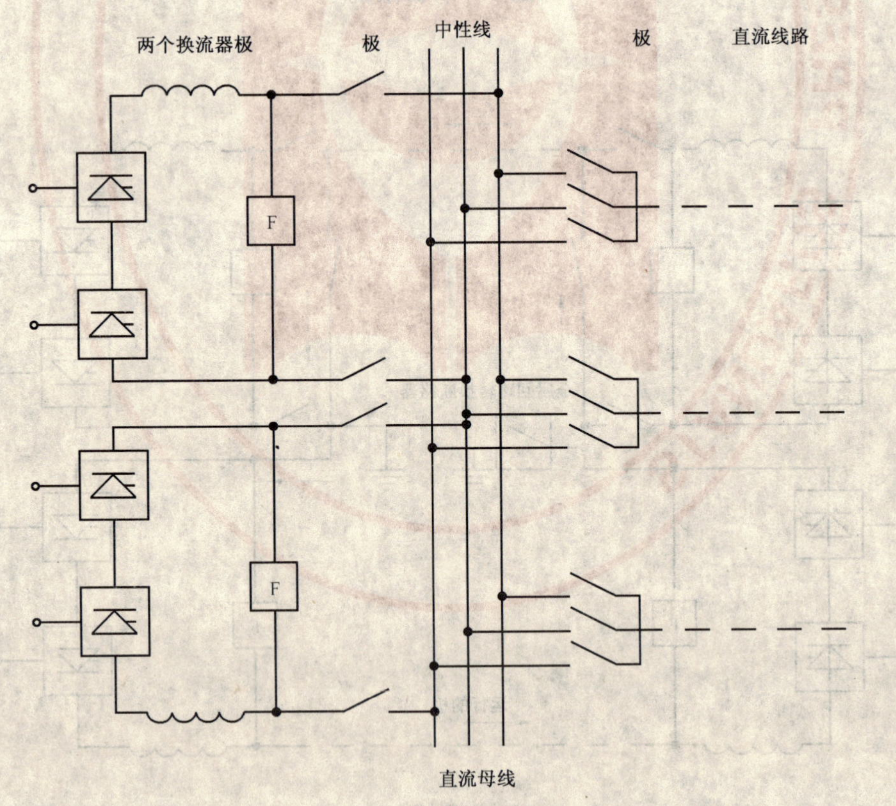

图 10　直流线路对换流器极的切换

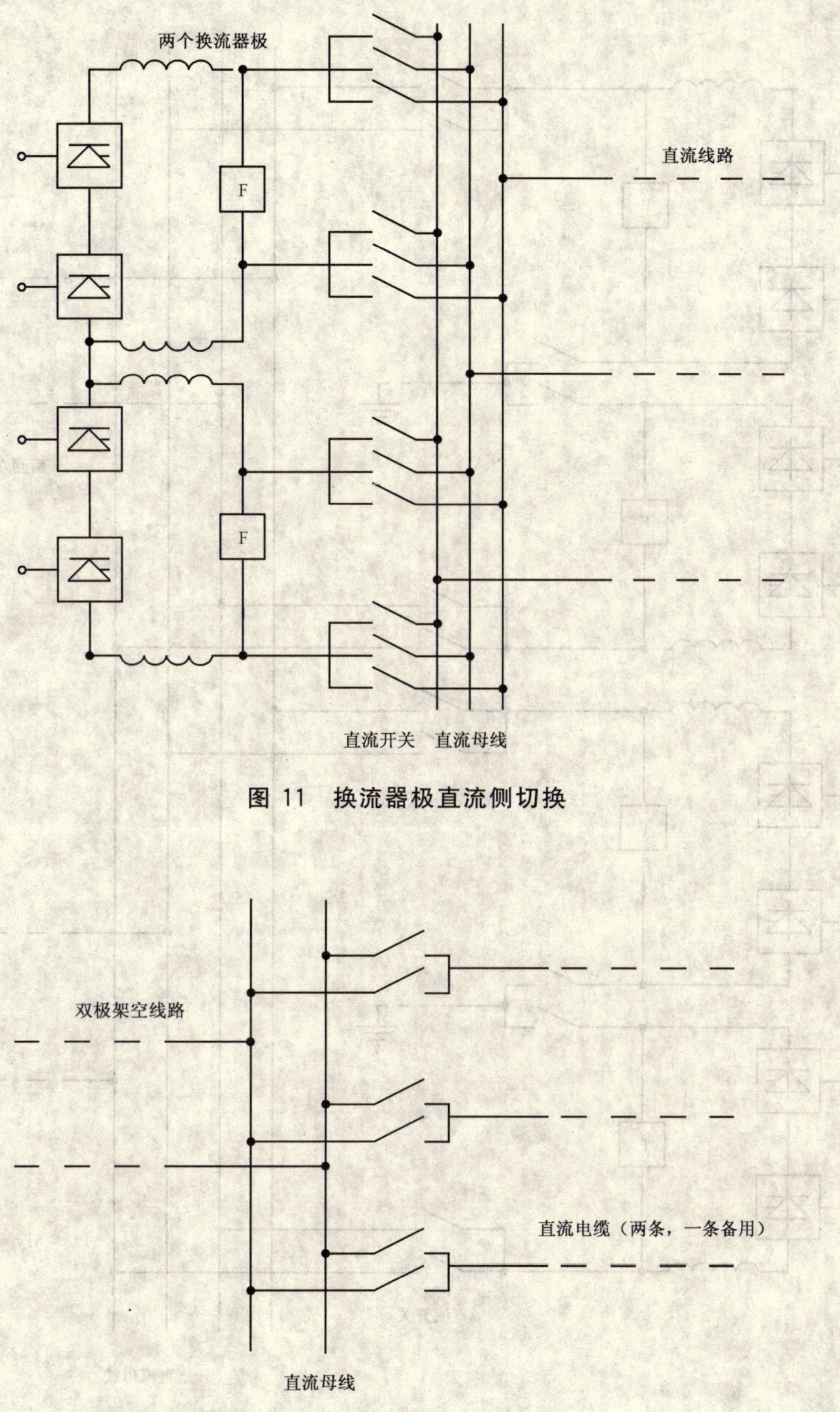

图 11 换流器极直流侧切换

图 12 直流架空线路和电缆的切换

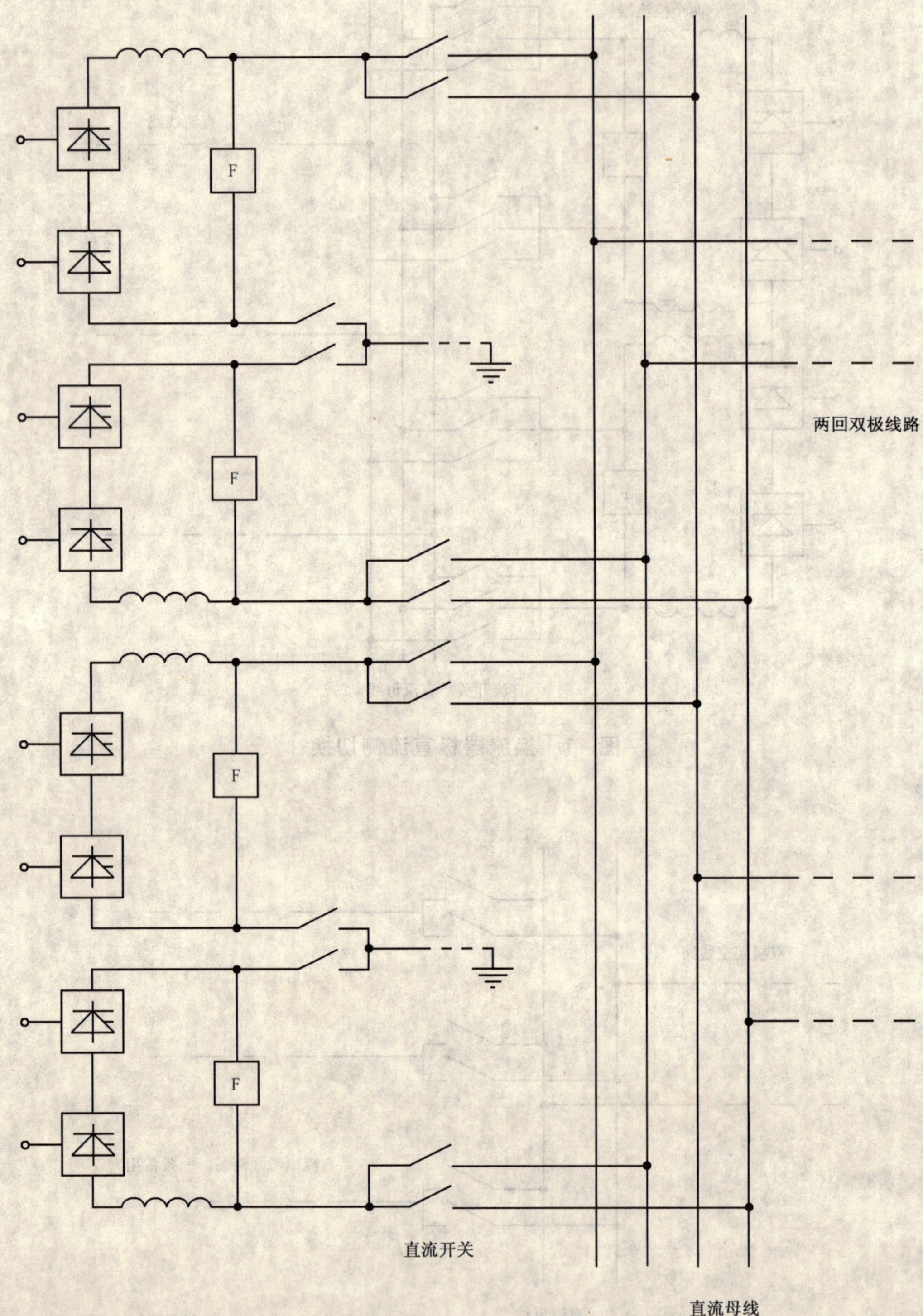

图 13 两个双极换流器和两个双极线路的切换

图 14　直流线路中间的切换

a——关断角(或 α 角)恒定;

b——直流电压恒定;

c——直流电流恒定。

图 15　直流输电换流器无功功率 Q 随有功功率 P 的变化关系

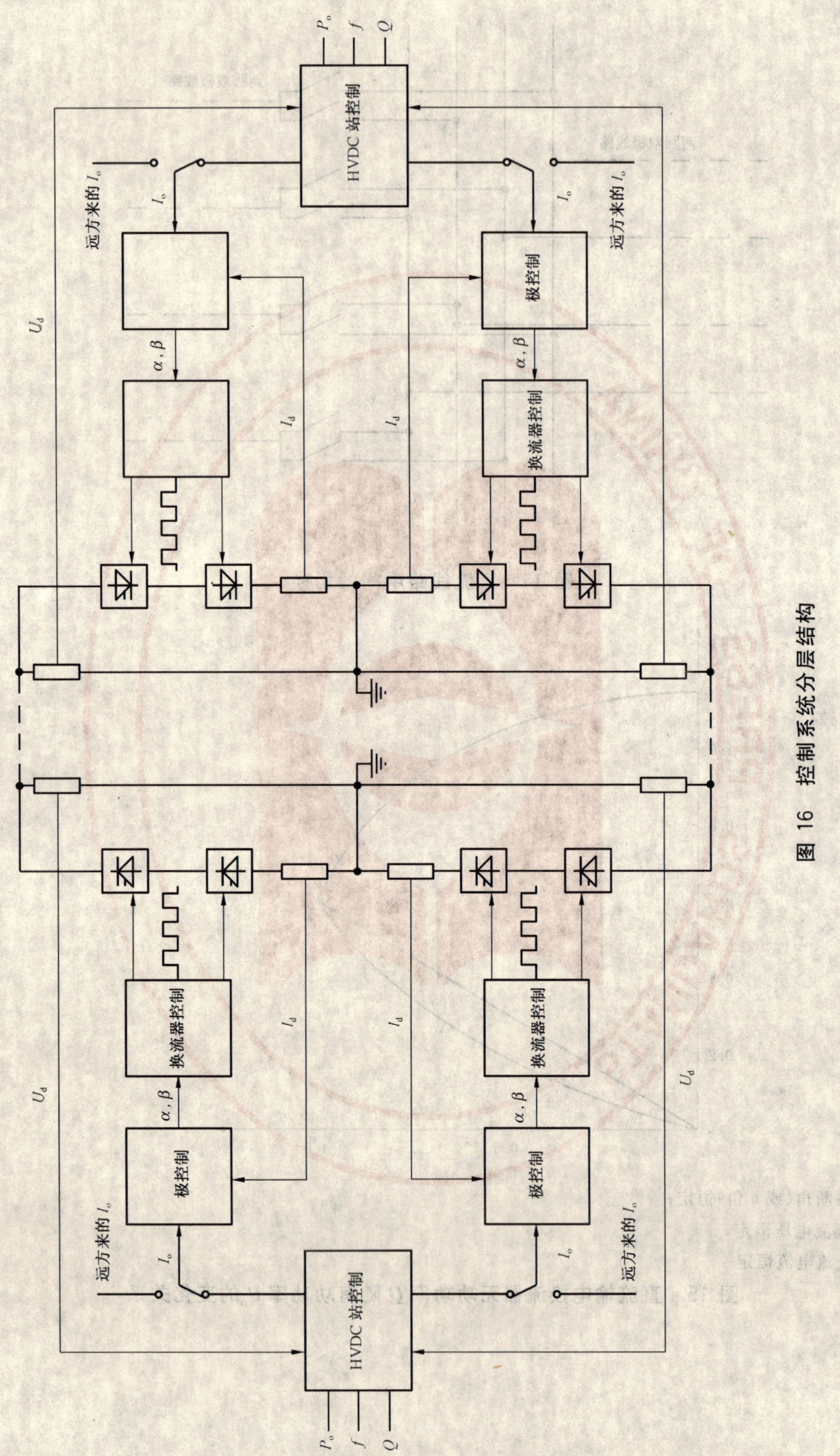

图 16 控制系统分层结构

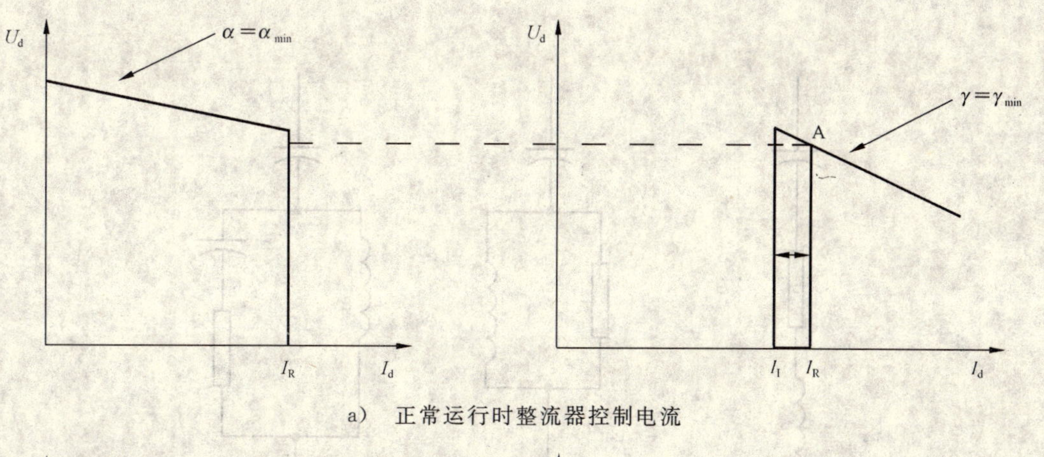

a) 正常运行时整流器控制电流

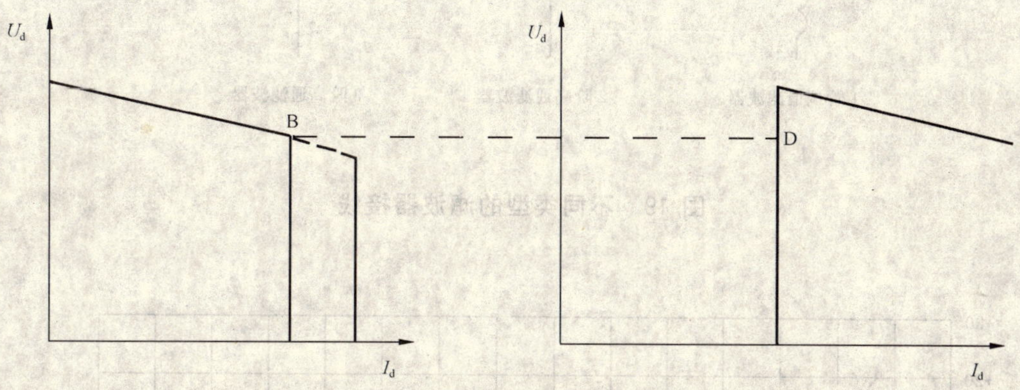

b) 逆变器控制电流

图 17 换流器电压—电流特性

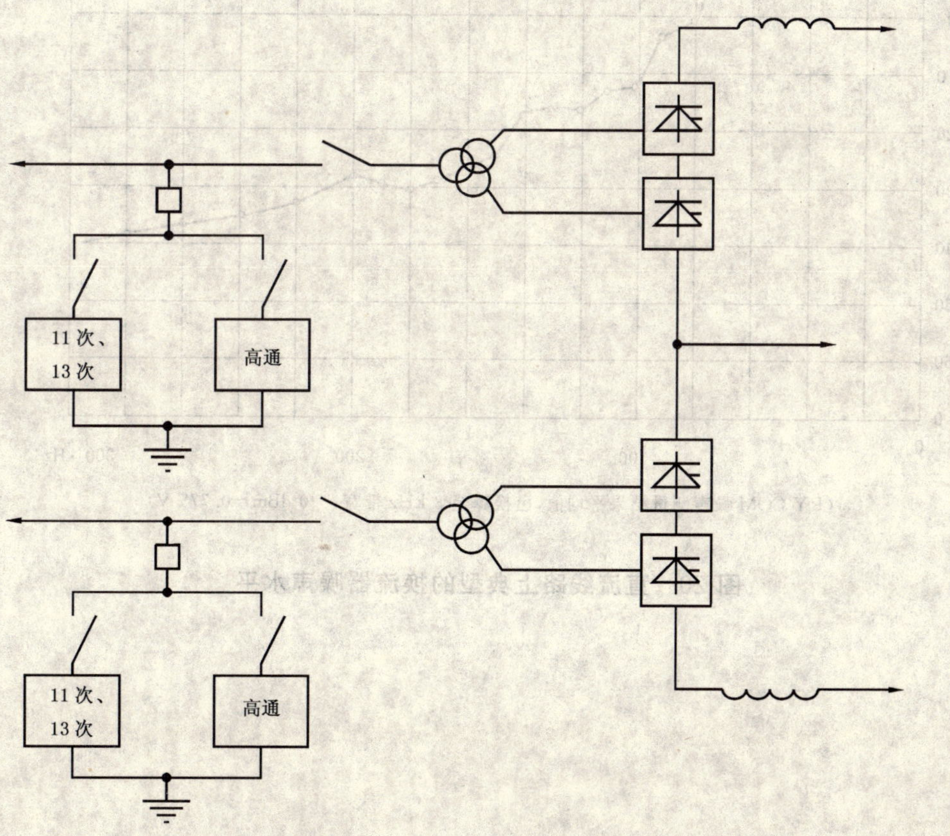

图 18 双极 HVDC 系统交流滤波器连接方式举例

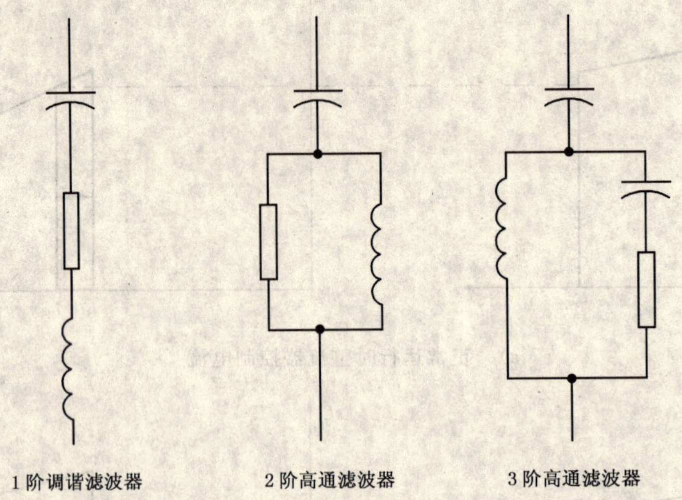

图 19 不同类型的滤波器接线

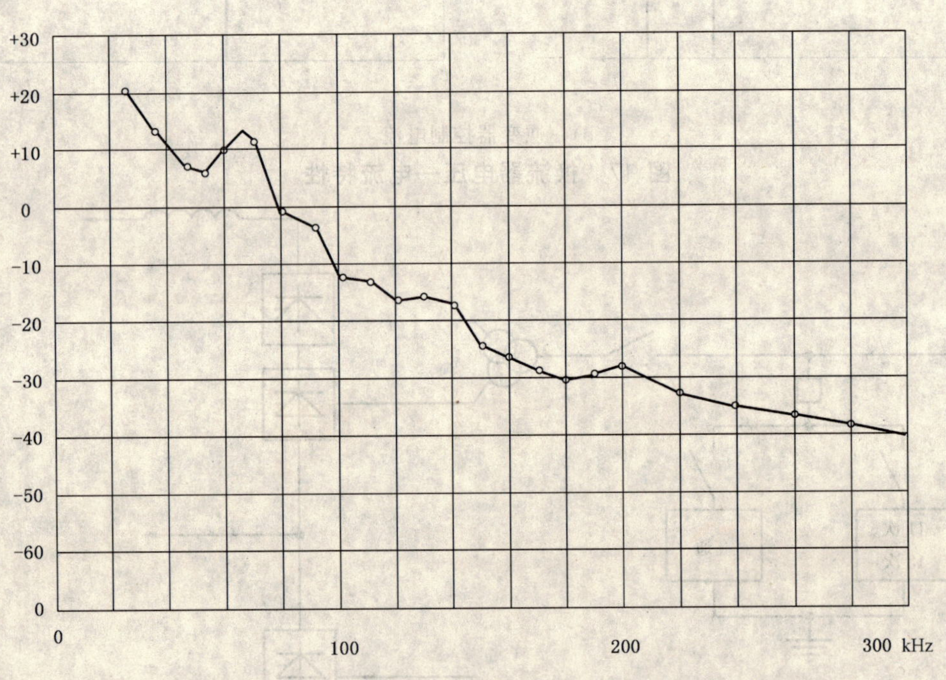

（RY COM 噪声测量结果平均值，已换算至 3 kHz 带宽，－0 dBm＝0.775 V）

图 20 直流线路上典型的换流器噪声水平

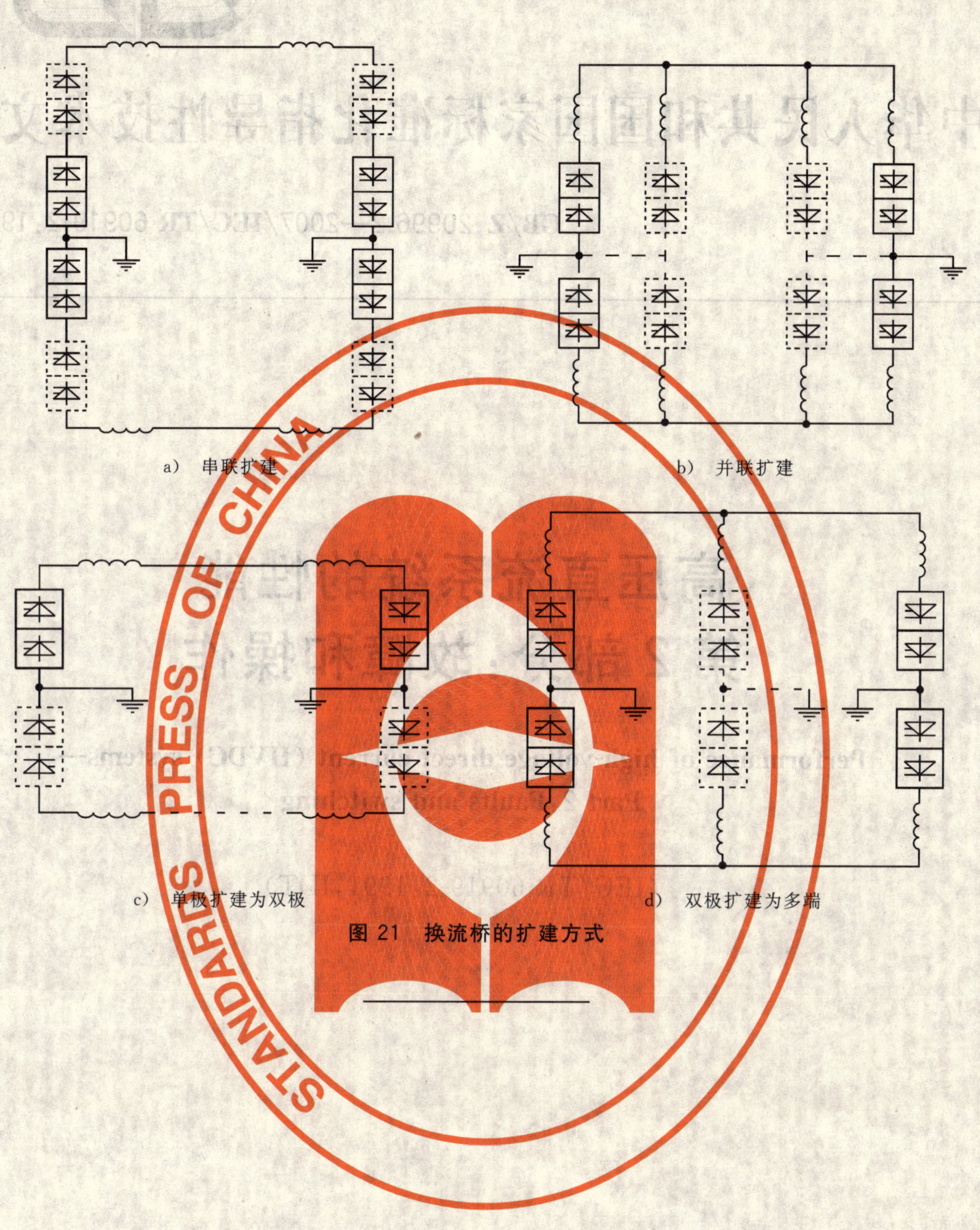

图 21　换流桥的扩建方式

ICS 29.200;29.240.99
K 46

中华人民共和国国家标准化指导性技术文件

GB/Z 20996.2—2007/IEC/TR 60919-2:1991

高压直流系统的性能
第2部分:故障和操作

Performance of high-voltage direct current (HVDC) systems—
Part 2: Faults and switching

(IEC/TR 60919-2:1991,IDT)

2007-06-21 发布

中华人民共和国国家质量监督检验检疫总局
中国国家标准化管理委员会 发布

前　言

GB/Z 20996《高压直流系统的性能》是国家标准化指导性技术文件，共包括以下3个部分：

第1部分：稳态；

第2部分：故障和操作；

第3部分：动态。

本部分为第2部分，等同采用IEC/TR 60919-2:1991《高压直流系统的性能　第2部分：故障与操作》。编辑格式按我国国家标准GB/T 1.1—2000规定。

本部分由中国电器工业协会提出。

本部分由全国电力电子学标准化技术委员会(SAC/TC 60)归口。

本部分负责起草单位：中国电力科学研究院、西安高压电器研究所。

本部分参加起草单位：西安电力电子技术研究所、北京网联直流输电工程技术有限公司、西安西电电力整流器有限公司、南方电网技术研究中心、机械工业北京电工技术经济研究所。

本部分主要起草人：曾南超、苟锐锋、周观允、聂定珍、马振军、黄莹、王明新、程晓绚、蔚红旗、方晓燕、陶瑜、赵畹君、田方。

本指导性技术文件是首次发布。

本指导性技术文件由全国电力电子学标准化技术委员会负责解释。

引　言

高压直流输电在我国电网建设中，对于长距离送电和大区联网有着非常广阔的发展前景，是目前作为解决高电压、大容量、长距离送电和异步联网的重要手段。根据我国直流输电工程实际需要和高压直流输电技术发展趋势开展的项目在引进技术的消化吸收、国内直流输电工程建设经验和设备自主研制的基础上，研究制定高压直流输电设备国家标准体系。内容包括基础标准、主设备标准和控制保护设备标准。项目已完成或正在进行制定共19项国家标准：

(1)《高压直流系统的性能　第一部分　稳态》

(2)《高压直流系统的性能　第二部分　故障与操作》

(3)《高压直流系统的性能　第三部分　动态》

(4)《高压直流换流站绝缘配合程序》

(5)《高压直流换流站损耗的确定》

(6)《变流变压器　第二部分　高压直流输电用换流变压器》

(7)《高压直流输电用油浸式换流变压器技术参数和要求》

(8)《高压直流输电用油浸式平波电抗器》

(9)《高压直流输电用油浸式平波电抗器技术参数和要求》

(10)《高压直流换流站无间隙金属氧化物避雷器导则》

(11)《高压直流输电用并联电容器及交流滤波电容器》

(12)《高压直流输电用直流滤波电容器》

(13)《高压直流输电用普通晶闸管的一般要求》

(14)《输配电系统的电力电子技术静止无功补偿装置用晶闸管阀的试验》

(15)《高压直流输电系统控制与保护设备》

(16)《高压直流换流站噪音》

(17)《高压直流套管技术性能和试验方法》

(18)《高压直流输电用光控晶闸管的一般要求》

(19)《直流系统研究和设备成套导则》

高压直流系统的性能 第2部分:故障和操作

1 总则

1.1 范围

GB/Z 20996 的本部分是关于高压直流系统暂态性能和故障保护要求的指导性技术文件。论述了三相桥式(双路)联结的12脉波(动)换流单元构成的两端高压直流系统故障及操作的暂态性能。不涉及多端高压直流输电系统,但对包含在两端系统内的并联换流器和并联线路作了讨论。假定换流器使用晶闸管阀作为桥臂,采用无间隙金属氧化物避雷器进行绝缘配合,且功率能够双向传输。本部分没有考虑二极管阀。

GB/Z 20996 由三个部分组成。第1部分稳态,第2部分故障和操作,第3部分动态。在制定与编写过程中,已经尽量避免了三部分内容重复。因此,当使用者准备编制两端高压直流系统规范时,应参考三个部分的全部内容。

对系统中的各个部件,应注意系统性能规范与设备设计规范之间的差别。本部分没有规定设备技术条件和试验要求,而是着重于那些影响系统性能的技术要求。本部分也没有包括详细的地震性能要求。另外,不同的高压直流系统可能存在许多不同之处,本部分也没有对此详细讨论,因此,本部分不应直接用作某个具体工程项目的技术规范。但是,可以以此为基础为具体的输电系统编制出满足实际系统要求的技术规范。本部分涉及的内容没有区分用户和制造厂的责任。

1.2 规范性引用文件

下列文件中的条款通过本部分的引用而成为本部分的条款。凡是注日期的引用文件,其随后所有的修改单(不包括勘误的内容)或修订版均不适用于本部分,然而,鼓励根据本部分达成协议的各方研究是否可使用这些文件的最新版本。凡是不注日期的引用文件,其最新版本适用于本部分。

GB 311.1—1997 高压输变电设备的绝缘配合(neq IEC 60071-1:1993)

GB/T 3859(全部) 半导体换流器(GB/T 3859.1~3859.3—1993, eqv IEC 60146-1-1~60146-1-3:1991;GB/T 3859.4—2004,IEC 60646-2:1999,IDT)

GB/T 13498 高压直流输电术语(GB/T 13498—2007,IEC 60633:1998,IDT)

GB/T 20990.1 高压直流输电晶闸管阀 第1部分:电气试验(GB/T 20990.1—2007,IEC 60700-1:1999,IDT)

GB/Z 20996.1—2007 高压直流系统的性能 第1部分:稳态(IEC 60919-1:1988,IDT)

GB/Z 20996.3—2007 高压直流系统的性能 第3部分:动态(IEC 60919-3:1999,IDT)

2 高压直流暂态性能技术规范概述

2.1 暂态性能技术规范

高压直流系统在故障与操作期间完整的暂态性能技术规范应包括故障的保护要求。

这些概念在下列暂态性能和相应条款的适当地方说明:

——第3章:无故障操作的暂态过程

——第4章:交流系统故障

——第5章:交流滤波器、无功功率设备和交流母线故障

——第6章:换流单元故障

——第 7 章：直流电抗器、直流滤波器或其他直流设备故障

——第 8 章：直流线路故障

——第 9 章：接地极线路故障

——第 10 章：金属回线线路故障

——第 11 章：高压直流系统的绝缘配合

——第 12 章：通信要求

——第 13 章：辅助系统

下述有关直流线路、接地极线路及接地极的条款仅限于讨论它们与高压直流换流站的暂态性能或保护之间的关系。

2.2 一般规定

通常，控制策略能够将扰动影响减至最小，但应该指出，设备的安全依赖于自身的良好性能。

3 无故障时操作的暂态过程

3.1 概述

本章讨论高压直流系统在换流站交流和直流两侧操作期间和操作之后的暂态过程，不涉及设备或线路发生故障的情况，这些故障情况将在本指导性技术文件随后的章节中讨论。

无故障操作可分成下述几类：

1) 交流侧设备(如换流变压器、交流滤波器、并联电抗器、电容器组、交流线路、静止无功补偿装置(SVC)和同步调相机等)的投入和切除；

2) 甩负荷；

3) 换流器单元的起动或停运；

4) 直流极或直流线路并联时直流开关或直流断路器的操作，直流线路(极)、接地极线路、金属回线、直流滤波器等的投入或切除。

3.2 交流侧设备的投入与切除

在高压直流输电系统运行寿命期内，换流变压器、交流滤波器、并联电抗器、电容器组、静止无功补偿装置和其他设备的投入或切除可能会多次出现。根据交流系统和被操作设备的特性，在开关操作时产生的电流和电压应力，将施加到被操作的设备上，并且通常还会侵入交流系统的某部分中。

对工程设计来说，最为严酷的过电压和过电流通常都是来自故障(见第 4 章到第 8 章)，而不是来自正常的开关操作。但是，为完整起见，本指导性技术文件还是将其视为交流系统的电压扰动进行讨论。

滤波器的投切也会引起母线电压的瞬时畸变。并可能干扰换相过程，在弱系统中还可能导致换相失败。

因此，为了下述目的，应完成设备的投切研究：

——确定交流网络和设备产生异常应力的临界条件和相应的抑制措施；

——设备设计；

——校验避雷器能耗。

为了控制谐波干扰和终端稳态电压而需投切滤波器或电容器组时，通常会出现暂态过程。

由于操作过电压经常发生，所以通常希望过电压保护装置在这样的操作过程中不要吸收过多的能量。例如，在与滤波器或电容器组相连的断路器中加入适当的电阻或使断路器选相合闸，都可减小例行的开合操作时产生的过电压幅值，也可减小逆变器换相失败的概率。高压直流控制系统用于抑制某些过电压也十分有效。

在切除电容器时，应采用无重击穿的开关装置，以防止当切除滤波器或电容器组时可能发生重击穿而引起严重的过电压。

变压器合闸的励磁涌流可能引起交流和直流系统之间不利的相互作用。此电流可持续数秒钟，起

始的峰值至少可达变压器额定电流的3倍～4倍。如果变压器工作在磁饱和区，此时则可能激发某些模式的振荡，出现欠阻尼的暂时过电压。另一个结果则是向电网注入高幅值的低次谐波电流，常常造成对逆变器来说很敏感的电压畸变，并有可能导致换相失败。

为减小励磁涌流，常用的方法包括加装断路器合闸电阻、断路器极间同步、设定变压器有载分接开关在最高分接位置等。同时，也应注意换流站其他变压器的投入或静止无功补偿装置的投切也会导致已投运的换流变压器出现饱和。

采用低次谐波滤波器也有助于减轻励磁涌流带来的问题。这个方法的有效性很大程度取决于系统和有关设备的特性。另外，交流系统的响应对已投入的换流变压器台数很敏感，在多个换流器单元串联而换流变压器尚未带负载时尤为如此。

电容器和滤波器组的投入会使这些元件与电网其余部分之间产生振荡。操作过电压与电容器和滤波器组的容量及电网的特性有关，并可能和过电流同时出现在已带电的交流系统元件上。由于在分闸操作后电容器中有剩余电荷，所以应注意电容器再投入时损坏的可能性。如果电容器的内部放电电阻在规定的等待时间内不足以完成放电过程，那么在重合之前可能需要采取放电措施，否则就可能需要较长的等待时间。滤波器的投入可能会引发振荡，其频率由滤波器和交流网络所决定。同样，切除滤波器或电容器组也可能会引起交流系统的电压振荡。

静止无功补偿装置可用于稳定电压和控制暂时过电压。静止无功补偿装置的投入应仅对系统电压产生轻微的影响，或甚至无暂态现象发生。大多数静止无功补偿装置都是通过控制作用来达到这一目的。

并联电抗器或电容器的投切会引起交流电压的变化。为了把由投切引起的电压变化限制在允许范围内，对这些设备的容量和操作应予以规定。

与高压直流换流站相连的交流输电线的投入和切除也会产生电压暂态过程，也应予以考虑。这些操作使影响暂态谐波效应的交流谐波阻抗发生变化。

当同步调相机在起动或作为感应电动机运行时，会吸收无功功率、降低系统电压，并引起暂态电压，它们在这方面的性能应仔细检验。

应将各系统元件在操作期间可接受的暂时或暂态过电压和过电流水平，以表格的形式，或优先以预期的暂态过电压水平和过电流水平随时间变化的曲线的形式写入规范之中。

综上所述，有关交流系统的电气特性和未来发展都应尽可能全面地在规范中提供。在规范书中还应提供相关的运行规程和现有的及预期的交流过电压水平。

无论投入或切除高压直流换流站中的哪个元件，在前面条款中所述的暂态条件下所希望的性能都应给予说明。

高压直流系统的过电压性能应与现在所连交流电网的实际性能特性相配合。

3.3 甩负荷

由于以下原因，无故障时高压直流系统传输的功率可能突然减小：

——由于某一侧交流断路器意外跳闸；

——由于控制系统作用使换流单元闭锁或旁路；

——由于发电机组丧失或其他可能的各种原因。

交流系统电压升高，主要原因是高压直流换流站无功补偿过剩。由于电力变压器饱和满足谐振条件，变压器、滤波器与交流电网之间可能发生谐振。交流系统频率偏移可能加剧过电压的影响。

应特别注意逆变器只与滤波器和并联电容器组连接而与交流系统断开的情况。对于这种故障，逆变器应该闭锁并旁路以防止过电压损坏滤波器元件、交流侧避雷器或阀避雷器。对于逆变器通过一回或很少几回线路与交流系统相连的系统，设计保护方案时应考虑线路远端断路器跳闸的情况。

交流系统故障后甩负荷的暂态过程，将在4.3.5中讨论。

如果预计甩负荷引起的过电压大于3.2所描述的水平时，则应专门规定其可接受的幅值和持续时间。

需研究适当的运行方案，使系统返回正常运行工况。为此可采取的措施，包括通过对运行中的换流单元进行控制，借以调节系统电压，或者投入电抗器，或者切除电容器或滤波器组等。如果需要在过电压状态下投切电容器或滤波器组，在选择断路器的额定值和容量时应考虑到这一点。如果现有的断路器容量不足，则应禁止使用这种方式而应改用其他方法降低过电压。

若欲将换流器用于电压控制，在阀的设计和制造时，应考虑阀在大触发角下运行的工况。

采用控制换流器的方法降低交流系统过电压的程度取决于满足交流系统动态性能的供电连续性要求。

另外，也可能需要采用其他方法，如投切电容器、电抗器、同步调相机、静止无功补偿装置、特殊金属氧化物(MO)暂时过电压(TOV)吸收器等，把过电压限制在可接受的水平，从而达到希望的换流器性能。

虽然在大多数系统设计方案中，经济性占据主要地位，但在成本与系统性能之间，可能仍需要进行仔细权衡。

3.4 换流器单元的起动与停运

应该编制高压直流输电系统极的正常起动或停运操作规程。

串联换流单元的起动与停运是由控制系统完成的，有时由控制系统与换流器单元上并联的开关装置共同完成。为此目的，在断开或闭合旁路开关之前，自动程序通常使阀桥内部形成阀旁路。

在这一过程中，任何特殊的要求或限制，如交流母线电压变化的最大允许值、特殊的联锁要求或传输功率的最大变化等，都应加以规定。

尤其在工程分期建设阶段，应当注意系统中运行的换流器数目少于最终设计的换流器数目。

3.5 直流断路器和直流开关的操作

用在高压直流输电系统直流侧的开关装置，其作用如下：

——旁路或切除换流单元；

——在双极系统中使换流站极与接地极线路连接或断开；

——将极或双极并联，包括极性倒换；

——投切中性母线；

——投切直流线路；

——投切直流滤波器；

——在单极运行期间将直流滤波器并联。

它们可根据不同特点分成几类。图1给出换流站直流侧如下几种开关装置的布置：

——电流转换开关(S)；

——隔离开关(D)；

——接地开关(E)。

要注意下列区别：

——用于无电流分闸的装置，即使其具有限定的关合和开断能力；

——能够把电流从一条通路转换到与它相并联的另一通路的装置，为了在转换期间分断预定的电流，这样的装置应具有足够的能量吸收能力；

——直流断路器能够断开额定值内任意大小的直流电流并能够承受随后的恢复电压。

直流断路器可以用来使换流站或直流线路极不受限制地并联或解除并联。直流断路器的一个特殊应用就是用做金属回路转换断路器(MRTB)。

无电流情况下操作的开关和具有不超过负载电流的电流开断能力的直流断路器，在故障条件下及运行操作中都应与控制系统的动作相配合。例如，换流站或线路极的并联或解除并联操作就需要断开和闭合不同的开关。

这些操作可能引起多种电压和电流的暂态过程,这些操作功能是由直流控制所决定的操作顺序完成的。

因此,这种暂态过程取决于控制系统、开关的动作时间以及交流和直流系统的电气特性。

对于可靠性要求很高的两端系统,采用直流断路器,通过输电线路并联及沿其路径分段的方法,可以提高输电的可靠性及可用率。这样,当运行需要或发生持续性故障时,甚至无需暂时停运直流输电系统,就可以将并联线路之一或某一段线路隔离。

因此,在发热允许范围内,剩下的健全线路能维持最大输电容量。当然,如同并联交流线路,需要采用有选择性的保护。

高压直流输电系统中所有开关和断路器,其操作特性,包括速度要求都应加以确定和规定。对于直流开关装置,应定义下列功能:

——在高压直流换流站内的作用;

——运行方式;

——动作时间要求;

——连续工作电流;

——分断电流;

——关合电流;

——分断电压;

——断口电压;

——合闸和分闸位置时的对地电压。

考虑到一极直流侧低阻抗接地故障的情况,至少需要一台能把电流从运行极转移到地的中性线开关。

4 交流系统故障

4.1 概述

高压直流系统在交流系统故障及故障清除后紧接着的恢复过程的暂态性能,在系统的设计和规范编制时要慎重考虑。此恢复性能受所采用的特定控制策略的影响,也直接影响到高压直流设备的额定值、与之相连的交流变电站设备以及交流电网的响应。

4.2 故障类型

在制定高压直流系统技术规范时,应考虑下列交流故障:

——每一功率流向的送端(整流器)和受端(逆变器)故障;

——高压直流换流站中三相短路、三相短路接地、相间短路、两相短路接地和单相接地故障;对于大多数规划项目,只要分析三相短路故障及单相接地故障期间直流系统的性能即可;

——远离高压直流换流站的交流故障;应考虑重合闸的实际情况;

——在有交流线路与直流线路平行架设且靠得很近的情况下,交流及直流线路上的上述各种故障;这种类型的极端情况是在交流线路和直流线路的交叉处,发生交流线路对直流线路的闪络。

4.3 影响暂态性能规范的有关事项

对于交流系统故障期间及故障之后的暂态性能,高压直流系统的技术规范应考虑影响直流及交流系统运行和设备额定值的所有方面。为了在整个系统的成本和性能之间取得最佳平衡,在高压直流系统规范中应综合考虑。

以下条款将讨论影响交流系统故障期间及故障后暂态性能的特性。

4.3.1 有效的交流系统阻抗

有效的交流系统阻抗最简单的形式通常表达为短路比(SCR),即交流系统短路容量(MVA)与换流器直流功率额定值(MW)之比。

然而,短路比的更精确表达形式应是以额定直流功率和交流电压为基准的交流系统导纳。它是在系统频率下计算的,并应包含阻抗角。许多研究都涉及到从换流器向交流系统看进去的总导纳,包括连接在高压直流换流站交流母线上的滤波器及其他无功功率器件的导纳。这称为有效短路比(ESCR)。低次谐波频率范围内的阻抗是最重要的。

这里定义的短路比不同于 GB/T 3859 定义的短路比(RSC),后者是以换流器额定兆伏安(MVA)作分母的。

短路比对暂态故障性能的影响表现在以下方面:

1) 在故障期间能够维持功率稳定传输而不发生换相失败;

2) 恢复时间,特别是当逆变侧故障时;

3) 故障后控制恢复电压在可接受的范围内;

4) 可能出现的低频谐振条件,即小于 5 次谐波的谐振;

5) 暂时过电压。

所有这些因素都随交流系统阻抗和相角的增加而变得更加显著。

4.3.2 故障期间的功率传输

对于距离较远的交流系统故障,即使引起的高压直流换流站的交流母线电压变化不大,但高压直流系统可能对此敏感。交流故障造成的电压降落和畸变会影响换流器的触发角,并使传输的直流功率降低。对于远端三相短路故障,损失的直流功率与交流电压降基本上成正比,当直流电压降到一定水平后,可能需要采用某些形式的与电压相关的控制对策,这将在后面有关章节中讨论。控制模式的转换会造成进一步的直流功率减小,这将在 4.3.8 中说明。

与电压相关的控制提供了一种通过相互配合使电流裕度不会失去的方法修改每端换流器的电流限值或电流参考值。每端的直流电压代表了整流端和逆变端相互配合所需的信息,在此无需其他通信。这样的控制方案有几种,图 2 所示是一个例子。

当换流器用作无功功率控制时,与电压相关的控制的输入电压应为交流母线电压。

应对每一系统进行系统研究,以确定所需直流或交流电压阈值、电流限制值、时间常数及升降速率的最优整定值。

对于靠近整流端及其附近的交流单相对地故障,现代换流器传输功率的减小也基本上与平均的交流电压降成正比,因为通过换流器不平衡触发可以很容易地补偿较大的交流电压不对称。

另一方面,对于采用等距触发方案的大多数逆变器控制,为使换相失败减至最小而设定的最早触发时刻,确定了所有阀的触发时刻。这种控制行为与电压相关的控制一起,通常导致在逆变端交流单相故障期间传输功率最小。在逆变端交流线路对地故障期间,逆变侧切换到按相控制运行,这种方式提供了一种使传输功率大于上述最小传输功率而不会发生次数过多的换相失败的方法。

在交流故障条件下能否传输功率,很大程度上取决于所考虑的高压直流系统的性能,因此,最好通过数字仿真和(或)模拟器研究决定。

4.3.3 故障清除后的恢复

恢复时间可以定义为:故障清除后,高压直流系统在规定的超调量和稳定时间内,恢复到规定的功率水平所需的时间。此功率水平的典型值是故障前功率水平的 90%。

对与低阻抗交流系统相连的整流器或逆变器来说,在换流站中发生的所有非持续性交流故障,对于具有现代控制系统的高压直流系统,恢复时间可以很快,如 50 ms～100 ms。但实际设计或建设的许多高压直流系统的一端连接在高阻抗交流系统上,在这种情况下,其恢复时间可能要比连接在低阻抗交流系统上的高压直流系统长几倍。使用长距离直流电缆或很长的直流架空线路的高压直流系统,其恢复时间也会较长。

恢复时间的整定值应考虑交流系统受主保护和后备保护故障清除时间影响的稳定性。

然而,有些因素,如需要尽量减少换相失败或降低故障后的恢复电压等,经常影响到直流系统控制方案中实际设定的恢复时间。

在严重的交流单相接地或三相短路故障期间，如果可能，通过阀的触发控制，把直流电流维持在降低了的某一数值，通常也可以改善恢复特性。在故障期间对阀继续触发或在故障被清除后立即恢复触发都可降低恢复电压的幅值，提高稳定性。

技术规范应考虑单相接地及三相故障可能持续的时间，包括可能有的后备保护清除故障时间。对于后备保护清除故障的情况，高压直流系统应具有快速恢复能力。这一点是重要的，因为设计阀时，应使其门极电路存储足够的能量，以渡过预期的故障阶段。

4.3.4 故障期间和故障后恢复期间的无功消耗

交流故障期间及故障后高压直流换流站的无功功率消耗取决于换流站的控制策略。具有特定性能的低压限流特性经常用来调节无功消耗(是电压的函数)，以及用来改善逆变器的恢复能力，且不发生换相失败。

对于高压直流系统远端无故障站以及故障站(如可能的话)，都可以采取一些策略维持无功的消耗或把交流母线电压维持在规定的极限范围内。

在换相失败期间，无功潮流发生显著变化。换流器持续换相失败引起保护动作，使无功功率回流入交流系统，从而导致在高阻抗系统中出现相当高的过电压。

高压直流系统的研究，对于确定控制交流母线电压的方法，及确定维持换相以及维持交流电网稳定性的方法都是重要的。

4.3.5 交流故障引起的甩负荷

可能导致换流器闭锁、切负荷、三相故障清除后解锁失败及严重的换相失败等故障情况，都以甩负荷的形式表现出来，并会引起很高的暂时过电压、铁磁共振或可能导致系统崩溃的交流系统不稳定。

另外，对某些系统要注意甩掉大的直流负荷导致高压直流换流站中或在电气上靠近它的发电机或同步调相机自激的可能性。

甩负荷过电压将会对高压直流设备的额定值产生直接影响。

为了评估应进行以下研究工作：

——交流电网中现有设备能承受这些过电压的程度和必要的应对措施的设计；

——高压直流换流站设备的设计要求，包括能承受这种甩负荷过电压所需的交流保护。

换流器未闭锁时可用来协助限制过电压。但是，要考虑到交流系统故障恢复失败后换流器闭锁的可能性。这样的偶然事故可能需要采用其他手段，如通过无功功率设备的高速开关、静止无功补偿装置、低次阻尼滤波器或保护性能量泄放装置来控制甩负荷过电压。

技术规范应指出对于上述偶然事故可接受的过电压幅值和持续时间。

4.3.6 无功功率设备的投切

无功功率设备如交流滤波器、并联电抗器和并联电容器组的投切，是高压直流换流站交流侧控制谐波干扰及稳态电压的常用方法，稳态电压是交流系统负荷或交流系统一次回路电压的函数。

当指定用开关装置投切滤波器、并联电抗器或并联电容器组时，不仅要注意其在正常稳态下的开断能力和速度，而且要注意清除交流故障及甩大负荷引起的过电压要求。

更复杂的情况是如果一台现有的无功功率开关装置在瞬时甩负荷过电压期间不足以安全开断，此时，应配备一台容量足以开断超额无功电源的备用断路器。

如果被切除的无功功率设备在高压直流系统的负荷达到故障前的水平之前必须重新投入，则这种无功设备投切方式会导致高压直流系统的再启动时间太长，这是需要考虑的另一个问题。

4.3.7 故障期间谐波电压和电流的影响

在交流故障期间或恢复期间，若发生多周波的换相失败或阀触发异常故障，可能在交流侧和直流侧产生低次非特征谐波的电压和电流并激发其他频率的电压和电流。这些可能在交流或直流系统中暂时引发谐振，但产生的电流和电压通常不太大，部分原因是现代控制系统的衰减作用。但是，对这样的影响应该研究，以检查它对诸如滤波器的暂态额定值的影响以及可能导致的交流系统继电保护误动作等。

如果直流侧在基波频率上谐振，则换流变压器可能出现饱和。这会在换流变压器网侧产生二次谐波，并可能造成系统不稳定。在整流端附近发生的交流单相接地故障也会在直流侧引起大的二次谐波电压，且将随着触发的继续一直保持下去。考虑到这些情况，有必要仔细研究直流线路对这种谐波产生谐振的可能性。

在设计交流滤波器的额定值和决定逆变器在故障恢复期间的换相能力时，应考虑故障期间产生的谐波。

另外，应当仔细检查在交流故障期间由低次谐波引起的交流保护误动作的可能性。

4.3.8 运行控制方式转换

在交流故障情况下，可能需要改变运行方式，例如，变为功率控制方式或电流控制方式。从整流侧电流控制转换到逆变侧电流控制会导致传输功率减小，故需要调整电流指令以补偿功率损失。对于两端之间有或没有通信情况下的电流裕度配合以及无功功率消耗随电流裕度调整的变化也应进行研究。

对于一些高阻抗交流系统，在故障引起的暂态期间，在功率控制方式下运行可能出现不稳定，除非转换到电流控制方式，或使功率控制方式具有定电流控制特性。

4.3.9 高压直流系统的功率调制

交流系统的暂态稳定性及高压直流系统的故障恢复性能有时可通过功率调制、直流电流或直流电压调制来改善。这部分内容将在本系列指导性技术文件的第三部分中讨论。

4.3.10 紧急功率降低

在导致关键交流线路被切除的故障情况下，为了缓解交流系统的不稳定问题，作为一种应急方案，可能需要具有紧急功率降低或甚至功率反转的能力。技术规范应考虑这种控制作用对以下各项的影响：

——连接到另一端换流站的交流系统，由于甩掉部分负荷可能产生的过电压和不稳定；

——配合紧急功率降低及故障后增加功率的通信时间要求以及可能发生的通信中断的影响。

在某些情况下，从交流故障直到恢复措施执行完毕的故障恢复期间，可能需要直流系统降低功率水平运行。这可以通过适当的系统研究予以确定。

4.4 技术规范对控制策略的影响

在确定交流故障期间及故障清除后的恢复期间最佳的暂态性能时应考虑交流系统工况。由于交流系统工况变化范围很广，没有单一的控制策略能适用于所有的工况。每一系统应在接近指定的工况下进行优化，这可以利用数字仿真和(或)物理模拟对该系统进行研究确定。

性能规范应允许直流控制策略在维持功率传输与防止换相失败、不稳定或很大的恢复电压之间做出最佳权衡，其总体效果应使所连接的交流系统满意运行。

5 交流滤波器、无功功率设备及交流母线故障

5.1 概述

本章讨论交流谐波滤波器、无功功率设备及交流母线上的故障。这些故障中可能出现较大的谐波电流，应在保护方面加以考虑。本部分未涉及静止无功补偿装置(SVC)的故障保护。

图 3 是双极高压直流系统中，交流滤波器和并联电容器布置方法的一个例子。每组中的电容器、电抗器及滤波器支路可分别通过负荷隔离开关投切，而接地故障则应由控制整组的断路器清除。有时采用另一种布置方案，即通过换流变压器的第三绕组连接滤波器、电容器及电抗器组。

滤波器和无功功率组的基波及谐波阻抗对交流母线上出现的过电压幅值和波形影响很大。因此，交流滤波器和无功功率组的详细模型是研究暂态条件下的母线电压的基础。

5.2 滤波器组的暂态过电压

在正常运行条件下，加在滤波器主电容器两端的电压接近相电压，而其他滤波器元件两端的电压通

常只是相电压的一小部分。然而在暂态条件下，滤波电抗器和电阻两端的电压可能比正常的相电压还要高。因此，在滤波器内部应采用避雷器保护，这将在第 11 章中讨论。

除了正常的开合操作(见第 3 章)经常产生的过电压外，滤波器元件很可能还要承受雷电产生的过电压、操作过电压以及母线上或邻近处外部故障产生的过电压。

由于滤波电容器对陡波头如雷电放电等呈现低阻抗，滤波电抗器和电阻将几乎直接承受出现在交流母线上的雷电过电压。

出现在交流母线上的操作过电压可能在滤波器内部被显著地放大，致使其元件上的过电压可能超过交流母线对地电压。因此，在研究过电压时，要考虑单个元件上的过电压。当元件没有避雷器直接保护时，通常如滤波器的主电容器，它们的端子之间能承受操作过电压的能力可能需要设计得比连接在母线与地之间的其他被直接保护的设备更高。

在交流系统不平衡故障期间，换流器如果未闭锁，将会产生幅值相当大的低次谐波。如采用低次谐波滤波器时，滤波器避雷器可能需要吸收相当大的能量。对于 2 次或 3 次谐波滤波器(如采用时)的滤波电抗器，应特别重视其避雷器在另一种情况下的能量吸收，即当电气上靠近滤波器母线的大容量变压器充电时的情况。这种情况可能出现在如近端交流故障后的恢复过程中。若高压直流换流站发生交流母线对地闪络，滤波器中的电抗器和电阻器两端会出现严重的陡波过电压。这些滤波器元件两端的电压幅值将可能与闪络前主滤波电容器两端的电压相等，所以对其避雷器的能量吸收要求可能很高。

5.3 滤波器及电容器组的暂态过电流

在暂态条件下，滤波器元件中的电流峰值可能是正常稳态值的好几倍。

当发生母线对地闪络时，电容器组将通过故障点释放能量。此放电电流受电容器组及其连接母线杂散电感和限流电抗器(如果采用时)的限制。同样，在交流滤波器的电抗器和电阻器上跨接有避雷器时，因为只有保护装置的反电势和杂散电感起限流作用，其电容器放电电流会很大。

在制定元件和保护电路的技术规范及设计接地系统时，都应考虑这些过电流。因此，电容器保护熔断器应能经受放电电流，电流互感器和保护继电器的运行不应受到不良影响。当暂态电流在滤波器元件的允许范围内时，保护不应误动作。这些设备都应按照能够耐受这样的放电电流设计。

分析时应考虑到导致最严重应力的系统结构，系统中包括滤波器和并联电容器。

5.4 电容器不平衡保护

为了在各种直流负荷下，达到希望的谐波性能和无功功率平衡，电容器和滤波器组通常分成一些可单独投切的支路。这些支路的额定容量可能相对较小，也就是说电容器组中并联的元件个数可能不多。

在电容器组的运行寿命期间，电容器元件可能损坏并由于熔丝熔断而被切除。当使用内部熔丝时，其动作只切除单个内部故障元件，而外部熔断器熔断则将切除整台电容器。

电容器组常设计得具有备用容量，也就是有限数量的电容器元件损坏且相应的熔丝熔断，不应使组中剩余的健全电容器产生过应力。但是，熔丝熔断应能检测到，以便利用方便的时机尽早恢复组中的备用电容器。

一种检测方法是采用电流不平衡继电保护。在这种方案里，每相电容器被分成两个严格相等的电容器并联组。使用灵敏的电流不平衡继电器，根据支路中的电流差异来探测由于电容器元件损坏和相应的熔丝熔断而产生的电流微小变化。另一种方法是使用电压敏感元件，它通过测量电容器组每一相中分接点的电压以检测由于电容器损坏和熔丝熔断而产生的电压变化。使用过电压继电器监测相电压或中间分接点电压之和。

在某些场合采用两段不平衡检测。第一段发出报警并允许手动切除电容器组，更换损坏的电容器，以便恢复必要的备用电容器。第二段发出自动跳闸信号以确保电容器组剩余部分不受牵连，否则会造成电容器或其元件更大数目的损坏。不平衡保护方案假设滤波电容器组两条支路同时发生同等程度的电容器元件故障的概率非常小。

5.5 滤波器及电容器组保护实例

高压直流系统滤波器和电容器组的保护布置如图 4、图 5 和图 6 所示。保护的选择通常是以用户各自的经验和规程为基础。

如果备用足够，允许换流极在一个滤波器支路退出运行的情况下继续运行，此时采用各滤波器支路单独保护可能比较合适，以便能够迅速切除故障的滤波器支路，使输电容量损失最小。

若失去一个滤波器支路，换流极就不能继续运行，那么从经济上考虑，可以只对整组滤波器提供保护，或将滤波器纳入母线保护区域内。对滤波器单独进行保护的另一种方案是保护动作后施加一些运行上的限制，如减小传输功率等。

为了保证具有合适的保护特性，应对失去部分无功功率源的工况的运行要求进行研究和规定。

在给定保护区域内出现的接地故障或单相接地故障，可用常规的电流差动保护系统检测，如图 4 所示。

当滤波器有自己独立的保护区域时，在它的交流母线侧的每一相以及中性母线侧都应装有电流互感器。当滤波器组被视为单一保护区时，则只需要在母线连线上装一组高压电流互感器。

如果断开滤波器组时应切除整个换流极，则滤波器组的保护也可以结合在整个极差动保护系统中，但这样就减少了自动辨别故障滤波器组的信息，这是一个缺点。

另一个区域保护方案是内部接地故障保护，如图 5 所示。此方案在三相高压导线的每一相和中性母线连线上安装电流互感器来检测保护区内的接地故障。

应注意的是如果滤波器组内的避雷器直接接到换流站的接地网上，避雷器浪涌电流可能被保护系统作为不平衡电流记录下来。通过适当的配合或把避雷器包括在保护区内可使继电保护误动作的概率减到最小。

滤波器和电容器组中的电流不仅取决于交流母线电压的幅值和谐波分量，而且取决于滤波器和组内元件自身的参数。上面叙述的电流差动方案对检测滤波器内部的所有故障可能不够灵敏。某些初期的故障可能需在进一步发展后才能够被检知并被清除。

通常，设备可以在一定的时间内承受异常交流母线电压造成的过电流，而不会严重影响设备的使用寿命。但是应对设备进行监控，以便在超过设备标明的固有裕度的过载情况出现之前，可以采取缓解措施。为此，应通过测量每一相的电流，并使用过电流和过负荷继电器进行保护。对于交流谐波滤波器中的这些问题，为了确保有充分的保护，通常需要给滤波器的个别元件加装电流互感器，如图 6 所示。

5.6 并联电抗器保护

并联电抗器用来控制高压直流换流站的无功功率，它的保护布置与交流输电系统中使用的电抗器或变压器类同。

5.7 交流母线保护

换流器交流母线通常采用差动保护系统。由于可能在交流滤波器和交流系统之间存在谐振，在故障恢复期间，母线电流中有可能出现较高的谐波电流分量。当出现这些谐波电流时，母线保护系统应能够正确动作。

应检验这种保护的另一方面，即其在暂时过电压下的性能。在某些情况下，一个极性的电压峰值可能比另一极性高很多，这会导致单方向的避雷器电流。此时，应保证电流互感器不会饱和，否则保护可能误动作。

6 换流器单元故障

6.1 概述

本章讨论换流器单元故障，即发生在换流变压器网侧与平波电抗器阀侧之间的故障。

对于在换流桥臂外部，但在功能上属于这部分的电子设备（见 GB/T 13498），在本章中均进行了适当的讨论。冷却设备在第 13 章讨论。

对于某些工程，换流器单元在高压直流换流站一个极内串联或并联，有关这方面的故障本章也作了分析。

6.2 换流器单元故障类型

换流器单元故障可分类如下：

——闪络或短路；

——换流器单元不能完成其预定功能。

6.3 短路

在换流器单元中，外绝缘或内绝缘击穿、误操作或其他原因引起短路，对设备造成损坏或需要进行修理更换，这些都将使换流器单元停运。

在双极系统中或每极由两个或多个独立的换流器单元组成的系统中，当一个换流器单元短路之后，未受影响的换流器单元及高压直流输电系统的剩余部分仍能继续运行。

例如，在一个典型的换流器单元内，几个可能的短路位置如图7所示。在高压直流系统中，换流变压器内部故障没有特别之处，故图上没有画出。图7对并联连接或串联连接的各换流器单元均适用。

通常最严重的故障，是在换流器单元处于整流运行并工作在最小触发角和最大交流电压下发生换流阀短路(例如由于闪络)。这会造成换流变压器阀侧绕组相间类似于金属性的短路，使同一换相组正在导通的阀流过全部短路电流。当Y-Y连接的变压器位于直流低压侧，且直流中性母线固定接地时，也要考虑到变压器中性点对地闪络的可能性。

直流侧的其他短路包括6脉波(动)桥短路，12脉波(动)组或极对地短路。然而，在这些情况下由于存在反电动势和阻抗，使换流阀承受的短路电流得到一定程度的减小。

短路也可被高压直流晶闸管阀换流器中的差动保护检测到，此时通常需立即闭锁所有门极脉冲，以阻止继续换相。短路电流在其第一个过零点时刻消失，这一般发生在故障后第一个周期内。接着，相应的阀要承受恢复电压，包括由于直流甩负荷而造成的瞬时过电压。作为后备，同时也断开换流器单元的交流断路器。因为电流可能延迟过零，所以对断路器在这些情况下的性能应给予适当注意。

流过短路电流的阀承受的应力最为严重，因为当该阀被加上恢复电压时，其晶闸管的结温比正常结温高。晶闸管阀经受这种应力而不损坏，且在此恢复电压下闭锁的能力称为故障抑制能力(见GB/T 20990.1)。

对于任何给定系统，可由最大交流系统故障电流，包括来自交流滤波器的电流，得出最大阀故障电流和相应的最高晶闸管结温。另一方面，最大恢复电压包括甩负荷过电压，通常对应于最小交流系统故障电流值。

应规定阀具有一定的短路电流水平和恢复电压水平的故障抑制能力。若把断开换流器单元断路器作为故障抑制能力的备用，则应规定阀不应在断路器断开之前的时段里损坏。

对于接地故障，包括图7中的故障类型4、5和6，不承受故障电流的阀，会经受电位的迅速变化。在某些电路参数下，这可能使换流阀遭受相当于陡波前冲击电压的应力。因此，技术规范应要求设计和制造的换流器单元设备，在前述的有关故障条件下，能承受所产生的应力而不致损坏。

6.4 换流器单元功能失效

换流器单元的基本功能是在交流系统的各相电流与直流电流之间进行周期性转换。为完成这一功能，应具备以下两个条件：即具有足够的换相电压以及由换流器单元控制系统产生周期性同步门极脉冲并传送到阀触发电路。

6.4.1 整流运行

换相电压降低或畸变一般关系不大，因为具有足够的电压—时间面积以完成换相，即使在近处发生单相接地故障时亦如此。若三相电压太低不能成功换相时，直流电流可能减小或换流器可能闭锁。当电压回升时，换流器应能在尽可能短的延迟时间内恢复运行。这就对阀的设计提出了一个要求，即当其门极或晶闸管保护的电源能量取自主回路时，其电子电路应设计成能快速再充电或具有足够的能量储存能力。

可能是由于丢失门极脉冲，某个阀持续地不能开通，这会使基波交流电压进入直流电路。在某些电路参数下，会导致变压器饱和，或在直流线路上激发谐振等，并可能使受影响的设备遭受严重的应力。技术规范应要求能检测到这种故障并采取相应的措施（见7.7）。

6.4.2　逆变运行

在逆变运行时，如没有足够的换相电压—时间面积或丢失阀的门极脉冲，则会导致换相失败，使阀遭受过电流并使交流电压基波分量进入直流电路。采用特殊控制方法，如提前触发角、形成旁通对以消除直流侧的交流基波电压、降低直流电流等，从而使换相失败的可能性及其影响减至最小。

若换相失败是由于交流系统故障引起交流电压不足所造成的（见第4章），那么，故障一旦被清除，就有可能恢复正常运行。为避免换流器单元停运，阀应设计和制造成能够在换流器单元控制功能的协助下，在规定的时间内经受住这类事故产生的应力。如果超过规定的时间或换相失败是由丢失门极脉冲引起，那么就应闭锁换流器。

对于触发晶闸管所需的辅助能量取自阀主电路的设计方案，有关的电子电路应设计成快速再充电或具有足够的能量储存能力，以使换相电压正常之后，换流器能迅速恢复正常运行。

6.5　换流器单元保护

围绕换流器单元通常安装有各种保护电路，以检测故障和检测对设备（特别是晶闸管阀）安全有危害的运行条件。下述各条款给出了一些典型电路，其中有些只适用于特殊的阀设计。

6.5.1　换流器差动保护

通过比较换流变压器阀侧电流和直流电流，可检测到换流桥内部的短路。相应的保护动作是使换流器单元持续性闭锁并断开相关的交流断路器。

6.5.2　过电流保护

通过测量变压器阀侧电流的幅值，可实现过载保护。这也是换流器差动保护的后备。保护动作与6.5.1中所述相同。

6.5.3　交流过电压保护

交流过电压保护监测交流电压，例如，用变压器套管中的电容分压器或其他方法监测换流变压器阀侧交流电压。当检测到大的过电压后，保护动作可能包括切除电容器组，增加换流器吸收的无功功率，持续性闭锁阀同时断开换流器单元的交流断路器，或这些动作的适当组合。

6.5.4　大触发角运行保护

如果在特定阀设计中需要大触发角运行保护，可以通过在换流器单元控制中测量阀的触发角并限制这种运行的持续时间来达到。此限制值取决于交流电压和阀冷却液温度。

6.5.5　换相失败保护

换相失败检测可通过测量交/直流电流之差达到。若故障不能自然恢复，延迟一段时间后，可暂时增加逆变器的触发角。若进一步延迟后仍不能恢复，则应使阀持续性闭锁。

6.5.6　晶闸管阀保护

如果需要，晶闸管的冗余量可通过对每个晶闸管的连续在线检查进行监测。保护动作包括报警、停运并隔离换流器单元或这些动作的的组合。

通过监测单个晶闸管电压，如果超过安全值（见11.7.3），则施加一个门极信号，或通过其他方法，都可实现晶闸管正向过电压的保护。

正向恢复保护可用来保护晶闸管。在恢复期间如果正向电压上升率（dv/dt）超过安全值就施加一门极信号，或采取其他方法，使其免遭过高 dv/dt 的侵害。

6.5.7　变压器保护

换流变压器的保护与通常在交流输电系统中使用的变压器保护相同。它包括差动保护、过电流保护、瓦斯保护、热点检测等。保护动作是断开换流器单元的交流断路器。应防止直流电流通过变压器，例如形成旁通对，以协助断路器清除故障。这对串联连接的换流器单元可能特别重要。

由于阀侧没有直接接地，保护阀侧接地故障的大差动保护较复杂。应考虑谐波对此保护（尤其是具有谐波制动的比例差动保护）的影响。

由于电流互感器可能存在饱和的问题，要特别注意它的设计及额定值。另外需要关心的问题包括，如伴随换相失败而流入的直流电流、中性母线故障和中性母线开关滞后动作（见第10章）。

6.5.8 变压器分接开关不平衡保护

分接开关不平衡保护可用来避免换流器单元的不平衡运行。换流器单元的不平衡运行会产生较大的非特征谐波，这会使滤波器过载。保护装置应发出报警信号以便手动或自动进行分接开关的重新平衡。

6.5.9 交流连线接地故障保护

交流连线接地故障保护用在当换流变压器已带电而阀依旧闭锁的情况下，检测换流变压器与阀之间连线的接地故障（图7中故障6 a）和6 b））。换流变压器阀侧电压的测量可用变压器套管或阀厅套管中的电容分压器或其他方法。保护动作可以使换流器单元交流断路器断开。

6.6 串联换流器单元的附加保护

当两个或多个换流器单元在高压直流换流站一个极的直流侧串联时，可采用与单个换流器单元同一类型的故障保护（见6.3和6.4）。可采用另一种差动保护，在换流器单元故障（图7中故障类型4）时，通过比较换流器单元的高压侧电流和低压侧电流进行保护。

由于两个换流器单元可相互独立运行，应该考虑把高压直流换流站的换流器部分再细分成多个保护区域（见图8）。发生短路时，保护动作通常是闭锁故障极以切断直流电流。若故障发生在换流器单元1或单元2区域内，相应的单元应被隔离且旁路，以便使剩下的健全单元能够恢复运行。也应考虑在直流输电系统的另一端切除一个换流器单元以避免在大触发角下长时间运行。

当只有一个串联换流器单元发生某些故障时，如变压器故障或换相失败，除了切除故障外，还应通过保护程序，进行换流阀的旁路操作或闭合旁路开关把故障单元的直流电流转移出去。

6.7 并联换流器单元的附加保护

从暂态性能和故障保护的观点出发，并联的每一个换流器单元一般可独立处理。但是，就换相失败而论，特别是如果逆变器具有不同稳态电流额定值时，应对并联逆变器的暂态电流额定值给以适当考虑。为了隔离故障的换流器单元，特别是逆变器，以免闭锁整个输电极，可能需要在极母线上装设直流断路器（图9）。

7 直流电抗器、直流滤波器及其他直流设备故障

7.1 概述

本条讨论高压直流输电系统换流站内以下区域的故障：

1） 每个极从直流电抗器阀侧到直流输电线路；

2） 每个极换流器单元的中性母线侧到接地极线路。

7.2 故障类型

从直流侧母线和设备的保护考虑，故障类型应包括：

1） 母线接地故障和母线间短路故障；

2） 设备故障；

3） 直流开关设备功能失效。

7.3 保护区

高压直流换流站的技术规范不仅要考虑所有直流侧设备的保护，而且还应考虑保护之间的协调配合。

高压直流系统的分区保护原理及其保护技术与交流保护的情况大致相同。高压直流系统换流阀的

故障抑制能力(见第6章),加上较高的直流电抗器和变压器阻抗,有助于直流侧保护的选择性。

高压直流换流站保护区的设置,应使站内每一设备都至少受到一种保护功能的保护。

可以使用高压直流输电换流站之间的通信系统,优化故障后的恢复过程,并且能够改进高压直流输电系统中可能发生的多种故障的保护选择性。然而,本章中讨论的设备保护是无需通信的。图10和图11给出两种结构的高压直流换流站的直流保护区域和测量装置布置的例子。

7.4 中性母线保护

高压直流系统的中性母线侧通常分成几个保护区域,以便使每一极能独立地进行故障检测并有选择地隔离,同时两个极也有一个公共保护区域。在公共保护区内域的检修工作需要双极停运。

7.4.1 中性母线故障检测

在双极平衡运行条件下,极中性母线保护区域、双极中性母线保护区域及接地极线路保护区域(见第9章)基本上都处于地电位。因此,双极平衡运行时,在这些区域内的任何接地故障都不会影响换流站的运行。其直流故障电流实际上接近零。

一旦由于某种原因,如一个极起动、停运或受到扰动,使双极暂时不平衡,这些中性母线区域的接地故障便可检测到。如果预计两个极的运行是平衡的,则高压直流技术规范应只考虑中性母线区域保护报警,以便允许运行人员在检测到故障时,同时考虑安全和电力传输要求而采取正确的措施。

极中性母线区域和双极中性母线区域应以直流电流互感器为界。在两个极不平衡运行条件下,由区域边界上设置的直流电流互感器测量电流,通过电流的差动比较可检测每一个保护区域内的故障。

7.4.2 中性母线故障隔离

在中性母线区域内或换流器区域内的接地故障,要求停运换流极以清除故障。

中性母线开关用于保护时序中隔离故障极,并把残余的极电流转移到大地回路。

中性母线开关装置的电流转换要求应考虑最严酷的条件,包括健全极的最大电流和最不利的故障位置。此开关应能产生一个比大地回路的电阻压降更大的电压,以迫使电流转换。对于那些不允许大地回路方式运行或不允许在线转换到金属回路方式运行的系统,此开关装置不需要有开断负荷的能力。在这种情况下,用隔离开关即可。

另外,若一个极的中性母线开关装置开断失败将导致双极闭锁。

7.4.3 双极中性母线故障

双极中性母线保护区域内的母线故障可通过7.4.1中所讨论的差动方案检测。在这个区域内的中性母线故障需要双极停运(可以是计划停运),以进行检修。

7.5 直流电抗器保护

每个极的直流电抗器可以是干式的或油绝缘的。油绝缘型电抗器保护使用了许多与交流变压器保护相同的技术,但充分考虑了直流电流量对这些保护装置动作的影响。

保护可能包括:

——压力释放装置;

——油温监测;

——油位监测;

——瓦斯检测;

——绕组温度检测;

——冷却系统故障检测;

——差动保护。

直流电抗器或在高压直流换流站的一个保护区内的设备,都可配置差动保护,如图10和图11所示。

油绝缘型直流电抗器设计有套管,这有助于经济地解决差动保护需安装直流电流互感器的问题。

当使用干式直流电抗器时,需分开安装直流电流互感器以检测电抗器故障。

7.6 直流滤波器保护

高压直流换流站的直流滤波器通常用于限制流入直流线路的谐波电流引起的谐波干扰(见GB/Z 20996.1)。

直流滤波器支路的保护设计应考虑到高压直流换流站预定的各种正常和异常运行工况。

同样,直流滤波器元件,如电容器、电抗器、阻尼电阻及隔离开关的保护设计应考虑由于大触发角运行、超前角运行或谐振等引起的谐波电流造成滤波器元件过应力的所有可能的运行工况。

7.6.1 滤波器组故障保护

直流滤波电容器组接地故障可能引起直流线路极保护动作。但是,技术规范应要求直流线路极保护动作不应妨碍任何直流滤波器故障的正确识别和自动清除并隔离故障滤波器支路。

通过直流开关场保护区域直流线路侧边界处直流电流互感器之间的差动比较,可检测到直流滤波器区域内的故障,如图10和图11所示。其他设备,如线路阻波器、耦合电容器、直流分压器等也可包括在这个保护区域内。

故障滤波器的隔离可能需要相应的极瞬时闭锁以允许隔离开关动作。

如果故障滤波器支路被切除后,该极还要继续运行,则技术规范要考虑到直流侧干扰水平可能增大,其他滤波器可能过载和可能产生谐振等情况。

7.6.2 直流滤波电容单元保护

由于直流滤波器的电容器组通常是由串联元件和并联元件组合成,所以可采用多种保护方法,例如:

——如果熔断器确实能提供有效保护的话,可采用熔断器保护(内部的或外部的);

——电容器组内的不平衡保护;

——通过在线或离线测量,监测滤波器调谐状态,以确定故障位置;

——故障单元或对地电压值的直接测量或遥测、显示;

——指示电容器故障严重程度的单独故障报警,包括如果继续运行会导致电容器雪崩式故障时,自动切除此滤波器支路。

7.7 直流谐波保护

任何高压直流系统的技术规范都应考虑直流侧基波和谐波频率分量的保护。直流侧的基波分量在交流侧产生直流和二次谐波分量,会造成变压器饱和或引起谐振。基波频率信号可从直流分压器或直流电流互感器输出信号中抽取。一旦谐波分量在规定的时间内超过给定的阈值,相应的谐波保护通常使相关的极闭锁。

7.8 直流过电压保护

高压直流换流站的技术规范应考虑直流侧的过电压保护,以确保所有设备和直流母线或电缆免遭稳态过电压。暂态过电压保护是避雷器配合的一部分(见第11章)。通常用换流器控制来完成直流系统稳态过电压保护功能。

7.9 直流侧开关保护

技术规范应包括开关装置,如快速极断路器和直流侧隔离开关,包括直流滤波器和极的隔离开关。这些开关装置的技术规范应考虑开断电流和转换电流的能力。另外,应考虑在不损坏设备的前提下,允许的开关燃弧时间。

隔离开关通常是无负荷操作,它们的动作应由设备本身或其他相关的保护进行监视。无负荷隔离开关如旁路开关应该有专用保护。

8 直流线路故障

8.1 架空线路故障

架空线路,特别是很长的架空线路,可能是高压直流输电系统的主要干扰源。架空线路最常见的故障是线路极对地闪络。在双极线路中,两极导线相互之间的距离通常很大,两极之间的闪络实际上可不予考虑。

造成架空线路故障的主要原因有:

——雷电冲击;

——被盐、工业污秽物、沙尘等污染;

——由于故障、控制系统故障等造成的过电压;

——倒杆塔;

——其他:如冰雪破坏、风灾、火灾、碰树等。

绝大多数直流线路故障是暂时的,即在故障清除后,故障处的绝缘几乎都能够恢复到故障前的水平。同时,由于直流故障电流比较小,通常不会造成线路的导线和绝缘子明显损坏。这意味着在绝大多数故障情况下,直流线路可以很快恢复运行。

架空直流输电线路设计所选择的绝缘强度要能抵御雷电冲击、操作冲击和污秽以便把发生单次接地故障的概率限制在可接受的低水平。而且,设计时应防止过电压引起接地故障,如在一极接地故障期间或换相失败时,在另一健全极上产生的过电压导致接地故障。

除以上线路设计方面的考虑之外,由于换相失败,阀控制脉冲全部丢失或直流线路远端开路而产生的过电压幅值应能通过控制系统的合理设计予以限制。

由于雷击或单极接地故障而造成双极停运的概率很小。

在直流线路单极接地故障期间,故障极上的传输功率被暂时中断,并且在健全极、直流滤波器、直流电抗器和金属回路或接地极线路上会出现暂态过电压。

8.2 电缆故障

水下电缆故障是由于船抛锚、拖网而产生的机械损坏、电缆绝缘老化或预料不到的过电压等造成。电缆故障的特点是非自恢复的,因此,电缆的修理或更换会造成很长时间的停电。

8.3 直流故障的特点

直流线路的故障电流基本上是单方向的,它除了不同于交流系统的正弦故障电流波形外,还可以通过控制作用,以和交流线路故障电流完全不同的形态变化。起初整流器电流增加,经过短时间后回到整定值或回到由整流侧电流控制器的低压限流控制功能或其他控制功能决定的较低值。故障电流将继续流动,直到被控制功能清除为止。

发生直流线路故障时,故障极的直流电压突然降低很多。在直流电抗器线路侧,电压的变化率 dv/dt 要比换相失败或换流桥故障所造成的要大。这两种现象,即极电压降到很低和很高的 dv/dt,是直流线路保护的重要判据。

8.4 直流线路故障检测功能要求

直流线路故障可利用直流侧电流和电压的特征来检测。检测系统应具有以下特性:

——快速的主检测;

——对正常的暂态运行工况,如低电压运行、系统起动或停运、潮流反转等,检测应不灵敏;

——检测应对换流器故障或交流系统故障不灵敏,但可能被直流母线故障起动;

——在架空线路和电缆的组合系统中,应考虑对故障部分的识别方法;

——在并联输电线路系统中,故障检测应具有选择性,以便能很快识别故障线路;

使用故障定位装置可以加快故障线路的检查和维修。

8.5 保护程序

直流线路保护系统的设计和运行应使线路故障引起的线路停运时间减到最短。

8.5.1 架空线路故障

由雷击引起的这一类架空线路故障通常不是持续性的。当检测到这样的直流线路故障时,通过控制作用将故障电流降到零。必须适当地设计逆变器的控制系统,以防逆变器向故障点馈入电流。

故障电流降到零后，在重新施加电压和故障线路极恢复运行之前，应有一段使故障弧道去游离的去游离时间。

所需的去游离时间是故障电流、系统电压、气候条件和系统类型(即单极或双极)的函数。直流架空输电线路需要的去游离时间范围的典型值为100 ms～500 ms。

若第一次再起动没有成功，可再次进行再起动。如果逐渐加长去游离时间或在较低的直流电压定值下再起动，对增大再起动成功的可能性是有利的。如果由于故障处的线路绝缘已部分损坏或某段线路污秽较严重而不允许线路在全电压下运行，此时，后一种选择更具有吸引力，因为虽然减小了输电容量，但重要的是可以继续输电。

8.5.2 电缆系统故障

故障清除后，故障处的电缆绝缘是非自恢复的。若电缆故障，则应把故障极的电流降到零，并闭锁换流器。

8.5.3 架空线路/电缆系统故障

只有在电缆部分故障不允许再起动的情况下，才需要识别故障位于线路的架空部分还是位于电缆部分。

8.5.4 并联电缆系统中一条电缆故障

当检测到故障时，应识别出故障的电缆，并且应尽快将故障极电流降到零。然后切除故障电缆，使用剩下的健全电缆重新启动系统。

如果每一电缆回路均使用有足够开断电流和恢复电压能力的直流断路器，则只需在故障电缆的两端断开直流断路器，而不需迫使极电流降到零。以这种方式使用直流断路器能够改善系统恢复时间。

8.5.5 并联架空线路系统故障

同上所述，应确认发生故障的架空线路，并把故障极中的电流降到零。然后应在全电压下执行再起动程序。如果再起动失败，通常的办法是使极电流降到零并断开故障线路，在此之后可重新起动直流系统。如果在每条线路中使用具有适当继电保护系统的直流断路器，则不必使电流降到零就可切除故障线路。

8.6 故障保护方案

直流线路的故障检测，通常是靠测量 dv/dt 和直流电压。进行这两种测量意味着对故障检测、清除及系统再起动来说，不需交换线路两端的信息。但是，对于某些特殊场合和故障情况，两个高压直流换流站之间的通信还是需要的。

当直流线路故障发生在靠近逆变端时，整流端的直流电压保护可能不能满足可靠和快速地清除线路故障的要求。因而需要从逆变端到整流端的通信，以保证整流器的移相功能快速动作，将电流降到零，待故障线路去游离后，重新起动故障线路。

利用上述保护方案，有时检测不到高阻抗直流线路故障，或故障清除时间达不到要求。在这种情况下，可能需要某些类型的差动电流检测器，这就要使用双向通信通道，以便能比较直流线路两端的直流电流。另一种方法是等待故障变为低阻抗故障时，就能被上面叙述的前两种方法中的一种检测到。

直流输电线路保护并不是总能够区分逆变器的闭锁或旁路和直流线路故障。为弥补这一缺欠并正确辨别故障，应使用从逆变侧到整流侧的通信通道。当逆变器闭锁时，禁止线路故障保护动作。

以电压值为基础的直流输电线路保护，在逆变器交流侧故障或发生持续的逆变器换相失败时可能误动作。因此，在逆变器和整流器之间也需要通信通道，以便在这些情况下闭锁线路保护。

当两条直流线路并联运行并采用线路自动投切程序时，在整流器和逆变器之间通常需要双向通信通道，以使在一条线路出现故障后，接着执行直流线路隔离程序。如果使用具有充分恢复电压能力的直流断路器来投切直流线路，则无需通信通道 ，用适当的继电保护就可以辨别出故障线路。

类似地，一条直流线路永久性故障后，在自动实现双极并联和解除并联运行的场合，一极的整流站和逆变站之间需要双向通信通道。

8.7 直流侧开路

除非设计时采用了合适的控制功能，否则如果整流器解锁加压到开路的直流极或闭锁着的逆变器上，则可能产生过电压。

在接地极线路或中性母线导体开路的情况下再起动时，将迫使电流流过中性母线避雷器。错误断开中性母线开关也会有同样结果。高速避雷器短路开关可用来保护避雷器。保护系统应能检测这些故障情况。

8.8 交/直流线路交叉保护

当直流和交流输电线路互相交叉穿越时，由于输电线倒塔或悬挂的绝缘子脱落等事故，交直流导线有接触的危险。这种故障可由高压直流系统中的其他保护检测出来。最快的是直流线路故障检测，另外有直流欠电压检测和工频分量检测。这些保护虽然能闭锁高压直流系统，但是直流线路导体仍加有来自交流线路的电压。对于这种情况，交流线路保护不会动作，因为故障电流不够大。因此，通常希望由适当的高压直流保护断开交流线路。

9 接地极线路故障

9.1 概述

接地极线路是直流输电系统的一个重要组成部分。它是两个极的公共部分，接地极线路的故障会严重影响高压直流双极的利用率。如果要求单极大地回路运行，接地极线路是高压直流输电系统不可缺少的部分。

接地极线路的导线可架设在直流线路的杆塔上或可用作直流线路的屏蔽线。在后一种情况下，屏蔽线应绝缘。一个技术上更好的选择是架设一条单独的接地极线路，尽可能与直流输电主回路分开。

9.2 对接地极线路的特殊要求

接地极线路的设计应使发生永久性故障的概率最小。为了达到这个设计要求，需要考虑下列各点：

——为避免接地极线路出现永久性故障，它的绝缘设计应能使直击或感应的雷电波导致的暂态故障能自行消除；

——当直流线路故障时，在接地极线路上感应的电压，不应引起接地极线路绝缘闪络；

——如果避免这些闪络是不可能的或不实际的，闪络电弧应能自行熄灭；

——如果接地极线路是与直流线路分开架设的，则绝缘闪络的危险很小。在任何情况下，羊角放电间隙对于电弧的自熄灭都是有效的；

——机械设计应避免接地极线路开路的可能性。达到这个目的的一种方法是采用两根并联导线，每根导线由各自的绝缘子串支撑。这将减小开路的可能性，并且通过比较两导体中电流的横差保护，可提供检测接地极线路故障或导线(两根导线中的一根)开路的信息；

——为了达到最好的防雷电性能和较容易地检测故障，接地极线路杆塔的接地电阻应该较低。但为了达到电弧能自动熄灭的目的，塔基电阻又不能太低，这可能对安全不利。

9.3 接地极线路监视

由于安全的原因，应装有辨识永久性故障或接地极线路开路的装置。这种装置应向双极系统发出报警或发出闭锁指令。对暂态或瞬时故障通常不要求报警，只要有监测就可以了。

使用直流电流或其他方法测量阻抗的原理，可实现上述的监测系统。应注意，仅当高压直流系统运行于存在极间不平衡电流的情况下采用直流电流才是可行的。已经提出了一些别的方法解决这个问题。

10 金属回线线路故障

10.1 金属回线

如果双极高压直流输电使用金属回线进行单极运行，回线线路可采用低压专用导线，如适当绝缘的高压直流屏蔽线,如图 12 所示,或者使用暂时不用的另一极的高压导线,如图 13 所示。专用导线的绝缘水平可以较低,因为它通常只承受线路电压降的应力。应该设置开关装置以便能将电流从大地回路转换到金属回路;反之当极导线用作金属回线时,能将电流从金属回路转换到大地回路。对开关装置的要求,主要取决于这种转换是带负荷进行还是不带负荷进行。

10.2 金属回线故障

金属回线线路上导线故障的原因与第 8 章所述相似。当用低压绝缘导线时,接地故障的次数可能很多,因为即使是一个感应的雷电冲击也能击穿此低水平的绝缘。另一方面,当把极导线用作金属回线时,闪络的次数可能少得多,因为它的绝缘水平很高。

故障电流将在不同的返回路径中,按与阻抗成反比的关系分配,其大小由下列因素决定:

——线路上接地故障点的位置;

——电弧电阻;

——土壤电阻率;

——塔基电阻;

——接地端(换流站接地网或接地电极)到远地点的电阻。

在金属回线运行中,如果用换流站地网作直流主回路接地,则由接地故障引起的一部分直流电流会通过中性点接地的电力变压器的中性点流入交流系统,如图 14 所示。当很大的直流电流持续地流入交流系统时,交流系统的继电保护会由于电力变压器和电流互感器的饱和影响而误动作。因此,为解决这个问题,快速清除金属回线接地故障是特别重要的。

在低压回线导体上,羊角间隙能自行消除接地故障。也可以使用其他具有同样效果的方法,以减轻电弧对导线和绝缘子的损坏。

金属回线开路故障可能在电位悬浮端造成严重的过电压。检测这种故障的继电保护应与线路过电压保护一起配置。

10.3 金属回线故障检测

在双极平衡运行期间,金属回线导体故障很难检测,因为它在主回路上产生的电压和电流变化很小。然而,在单极或双极不平衡运行情况下,金属回线导体故障可以通过检测对故障敏感的电流的变化得到。例如,直流电流将流入主回路的接地点,而金属回线中的电流则会减小。

金属回线故障检测方案举例如下:

——检测到主回路电流大于返回电路电流(见图 15);

——检测主回路接地点的直流电流(见图 15);

——通过交流辅助电源检测叠加到返回线路上的交流电流信号的变化(见图 16)。

为了缩短检测时间和故障后的维修时间,在返回线路上特别需要故障定位设备。

返回线路导体开路检测也应考虑在保护方案中。

10.4 金属回线故障保护系统

在双极平衡运行期间,通常没有必要对金属回线故障采取保护措施,因为除了持续性故障及开路故障外,其他所有故障均可因自动熄弧而消除。然而,在单极和双极不平衡运行情况下,则需要通过直流线路保护清除故障。在这些运行方式下,金属回线故障电流可持续一段时间(可达 0.5 s),这取决于故障位置、故障电流、放电间隙长度和风力情况。接地点附近的故障可以很快熄弧,而远端故障则持续时间较长。羊角间隙的自熄弧能力对清除那些距接地端较远的故障较为困难。

在低压绝缘导体上可能经常发生金属回线故障,引起长时间持续电弧和重复的闭锁一再启动,因而可能需要考虑另一种保护:

——不闭锁换流器,而是通过短时间闭合安装在电位悬浮端的直流断路器(MRTB),使主回路在两端接地,从而使故障电弧熄灭(如图 17 所示)。

11 高压直流系统的绝缘配合

11.1 概述

高压直流换流站设备的设计应使它能承受一定的过电压而不损坏，这些过电压可能由于交流系统或直流线路发生故障或者换流设备故障而出现。

高压直流换流站的绝缘配合与一般交流变电站的不同之处，主要在于高压直流换流站需要考虑设备的串联连接，包括在远离地电位的端子间连接避雷器以及换流站在不同部分采用不同的绝缘水平。

换流阀的特性包括其触发控制，以及在交流侧和直流侧装有大容量滤波器，是产生过电压的重要因素。

高压直流换流站的过电压可能来自交流系统、直流线路和电缆或站内故障。在研究过电压时，应考虑和评估交流系统和直流系统性能、阀的暂态和动态性能、控制以及最不利情况的组合。

11.2 使用避雷器的保护方案

本部分仅考虑了无间隙金属氧化物避雷器用于高压直流换流站过电压保护的情况。图 18 给出接在架空直流线路上的高压直流换流站的避雷器保护方案。图 19 给出背靠背换流站保护的类似方案。图 20 给出交流侧的避雷器保护，包括交流滤波器的避雷器保护方案。图 21 给出具有串联换流器的高压直流换流站的避雷器保护方案。

跨接在阀上的及直流侧的避雷器承受着不同组合的直流电压和交流电压，以及谐波电压和换相过冲。它们的设计应能承受相应的应力。

一般可通过迭代方法决定对避雷器的要求。对避雷器的能量吸收要求决定了它的体积和特性。这些又反过来影响过电压水平和避雷器放电电流。避雷器应力将在 11.7 中进一步讨论。

11.3 交流侧的操作过电压和暂时过电压

交流侧出现的操作过电压和暂时过电压（见 GB 311.1—1997 中的定义）对避雷器的应用研究非常重要。它们决定了高压直流换流站交流侧的过电压保护和绝缘水平。阀的绝缘配合也受其影响。

当隔离开关位于换流变压器和换流桥之间时，对于这种特殊情况，当隔离开关处于断开位置时，应对换流变压器阀侧绕组提供保护。

本条款讨论的过电压是由交流侧开关操作和本部分第 3 章和第 4 章讨论的故障工况产生的。

11.4 直流侧操作过电压和暂时过电压

除了通过换流变压器传递的交流侧过电压外，直流侧对于操作过电压和暂时过电压的绝缘配合主要决定于直流侧故障和操作产生的过电压。

下面将要讨论的是故障或操作产生的附加交流电压。这些故障包括直流线路接地故障，直流侧投切操作，导致接地极线路开路的故障，以及由于换流器控制故障，丢失触发脉冲，换相失败，接地故障和换流单元内部短路。

在包括直流电缆和架空线路组合的系统中，在电缆终端需要避雷器以保护其免受过电压的冲击。

11.5 雷电及陡波冲击

对高压直流换流站的不同部分，考虑雷电冲击波作用应以不同的方法进行。这些部分是：

——从交流线路入口到换流变压器网侧的交流开关场部分；

——从直流线路入口到直流电抗器线路侧的直流开关场部分；

——换流变压器阀侧到直流电抗器阀侧之间的换流桥部分。

换流桥部分由串联的电感与其他两部分分开，一端是直流电抗器的电感，另一端是换流变压器的漏抗。在换流变压器交流侧或直流电抗器外的直流线路上，由雷电冲击等造成的行波被串联电抗和对地电容的组合所衰减，波形类似操作波。因此，它们应作为操作冲击的配合予以考虑。

交流和直流开关场部分与架空线路相比阻抗较低。与大多数常规交流开关场的不同之处是存在交流滤波器、直流滤波器，可能还有大容量的并联电容器组。所有这些对陡波前冲击或雷电冲击都具有削弱作用。

陡波前冲击不同于雷电冲击，在设备设计、试验和绝缘配合时都应予以考虑。由高压直流换流站接地故障等引起的冲击对于阀的绝缘配合非常重要。这些冲击波典型的波前时间为 0.5 μs～1.0 μs，持续时间达到 10 μs。其大小和波形可通过数字仿真研究决定。

在交流开关场部分，波前时间在 5 ns～150 ns 的陡波冲击也可能由气体绝缘开关站中的隔离开关操作引起。在 SF6 断路器的操作中，也会出现波前时间为数十纳秒的陡波过电压。

11.6 保护裕量

高压直流换流站绝缘一般采用绝缘配合的惯用方法。另外，绝缘配合的统计法可用于自恢复绝缘。

在惯用法中，根据过电压和保护装置（避雷器）的特性，确定在一个指定地点可能出现的最大过电压。

通过避雷器的最大电流也应通过数字仿真或高压直流模拟研究来确定。最大电流值或某个较高值可定义为配合电流，对应这个电流的避雷器两端电压即为保护水平。在操作过电压情况下，它被称为操作冲击保护水平（SIPL）；在雷电过电压时的相应值称为雷电冲击保护水平（LIPL）。

设备承受的最大过电压由跨接于它的避雷器或避雷器组的保护水平所决定，同时与设备、避雷器和地的连接有关。

对于由避雷器保护的设备，当最大电压确定之后，相应的绝缘水平，即操作冲击耐压（SIWV）和雷电冲击耐压（LIWV）（根据 GB/T 311.1—1997 定义）也就确定了，同时应考虑保护裕量。

保护裕量可表示为：

$$裕量=(安全系数-1)\times 100\%$$

其中，安全系数在 GB/T 311.1 中定义为：

$$安全系数=\frac{操作或雷电冲击耐压}{最大过电压}$$

交流系统的实践为选择裕量提供了基础，现有高压直流系统广泛的成功经验也为确定选择裕量的标准提供了附加的数据。同时，使用金属氧化物避雷器比以前的避雷器技术具有更稳定的保护水平。

对于操作冲击，阀常用 15%的裕量，然而对于某些特定的应用场合也有采用 10%裕量的情况。

对于雷电冲击，阀常采用 15%～20%的裕量。对其他设备的保护，操作冲击应采用 15%～20%的裕量，雷电冲击应采用 20%～25%的裕量。在过去的实际运行中使用这些裕量获得了成功的经验。对于前沿时间小于或等于 0.5 μs 的陡波冲击，超过最大过电压的 20%～25%的裕量对阀以及其他设备都是合适的。应避免特别陡的陡波冲击进入阀内。

阀的保护裕量或安全系数的选择低于其他设备，其主要原因是通常阀直接跨接有避雷器保护，而且晶闸管阀的老化过程不同于一般的电力设备（如电力变压器），因为故障晶闸管可以在定期检修时更换。在阀设计时，其他元件的绝缘应比晶闸管具有更高的承受能力，从而自然具有了较高的裕量。

上述对保护裕量的要求都应该写入技术规范中。

11.7 避雷器

以下所有避雷器的命名请参见图 18、图 19 和图 20。

11.7.1 交流母线避雷器（A_1 和 A_2）

高压直流换流站交流侧通常由换流变压器处的避雷器（A_1）以及根据站的布局在另一位置设置的避雷器（A_2）所保护。这些避雷器根据交流系统准则，并考虑了网络接地以及雷电、操作和暂时过电压等进行设计。因为换流变压器可能饱和，以及滤波器和交流系统之间可能发生低频谐振，特别是在清除故障时，可能出现持续时间很长的、高的过电压。这就可能需要设计吸收高能量和大电流的避雷器。

11.7.2 滤波电抗器避雷器（FA）

滤波电抗器避雷器应考虑交流母线上的操作过电压和暂时过电压，以及在滤波器母线接地故障期间滤波电容器通过避雷器的放电电流。前者决定了所需的 SIPL，后者决定了 LIPL 和能量吸收要求。

在某些情况下，很高的能量吸收要求是由于低次谐波谐振，或者在交流系统故障期间不平衡运行时产生的低次非特征谐波造成的(见 4.3.7)。

11.7.3 阀避雷器(V)

与阀避雷器有关的事件如下：

——限制由交流侧传来的操作波过电压和暂时过电压；

——在换流桥和高电位换流变压器之间接地故障时，直流线路、直流滤波器、阀厅电容的放电电流；

——仅一个换相组的电流中断；

——由于屏蔽失败导致的雷电波放电电流。

前三种情况决定了避雷器承受操作波过电压的应力，它们通常要求避雷器能够吸收很大的能量。

若阀的正向保护触发水平高于避雷器的保护特性时，阀的正向保护触发水平应与避雷器的保护特性相配合。

在整流运行的换流器单元并联时，由于并联换流器单元馈入故障电流，所以换流桥和高电位的换流变压器之间的接地故障，要求受影响的避雷器能够吸收附加的能量。

阀应设计为能够承受在避雷器放电期间阀导通的情况下，由直接并联的避雷器转移过来的预期的最大放电电流。

11.7.4 中性直流母线避雷器(M)

中性直流母线避雷器有时可用来降低对换流变压器阀侧绝缘水平的要求。

中性直流母线避雷器的能耗由低电位的六脉动桥电流中断以及屏蔽失败造成的雷电波所决定。这个避雷器的数据与阀避雷器的数据为同一数量级。

11.7.5 换流器单元直流母线避雷器(CB)和换流器单元避雷器(C)

高压换流器单元母线可由连接在母线和地之间的换流器单元直流母线避雷器直接保护(图 18，避雷器 CB)。对于图 21 所示的串联换流器单元，通常采用两个避雷器的组合，一个是连接在高压换流器单元端子之间的避雷器“C”，另一个是接在低压侧的换流器单元上换流器单元直流母线避雷器(CB2)。

由于换流器单元直流母线避雷器和换流器单元避雷器的保护水平是标称直流电压的两倍，这些避雷器一般不会受到较大的操作波放电电流影响。它们的特性是由稳态直流电压水平决定。在换流器单元串联的情况下，对避雷器“E_1”和“E_2”有一个附加要求，即要考虑当一个换流器单元短路时，直流线路的放电电流。

11.7.6 直流母线及直流线路避雷器(DB 和 DL)

决定直流母线及直流线路避雷器的特性要考虑最大运行电压以及雷电和操作过电压。直流母线避雷器“DB”决定了直流极设备的绝缘水平。在含有电缆的高压直流系统中，直流线路避雷器“DL”的保护水平可以根据电缆的耐压特性来选择。当高压直流线路同时包括架空线路部分和电缆部分时，在电缆和架空线路的连接点应考虑采用避雷器，以防由于行波反射在电缆上出现过高的过电压。

11.7.7 中性母线避雷器(E_1 和 E_2)

中性母线避雷器的运行电压一般较低，在双极平衡运行时实际上为零。在单极运行中也只有很低的直流电压，此电压对应于接地极线路或金属回线的电压降。这些避雷器用来保护设备，以防进入中性母线的雷电过电压以及下列故障期间释放的大量能量：

——直流极接地故障；

——阀和换流变压器之间接地故障；

——单极运行时，返回路径开路。

它们的能量要求主要取决于清除这些故障的操作顺序。

11.7.8 直流电抗器避雷器(R)

直流电抗器上可以并联避雷器，以防雷电冲击在电抗器两端造成过高的电压，这样可以降低电抗器绕组的绝缘要求。

11.7.9 直流滤波器避雷器(FD)

直流滤波器避雷器的正常运行电压很低,通常含有一次或多次谐波电压。避雷器主要由直流极接地故障引起的暂态来决定。

11.8 防止避雷器电流引起继电保护动作

设计高压直流换流站的继电保护时,可能需要考虑避雷器电流。在一些情况下,具有很大的放电电流的避雷器,如高能量中性母线避雷器,有可能处在差动保护区内。此时,则可能需要测量该避雷器电流并送入保护,以免保护区外的故障引起避雷器放电而使继电保护误动。

11.9 绝缘间距

户外绝缘的空气间隙一般由操作冲击耐压(SIWV)决定,操作冲击耐压是根据电极形状采用通常的校正系数确定。

在阀厅内部应格外注意电极形状,以使其要求的间隙距离最小。所使用的间距是根据对适当的电极形状进行试验得到的。在阀厅内部,通常选取闪络概率为0.1%的距离。

11.10 绝缘爬距

11.10.1 户外绝缘

户外绝缘子和套管的外部绝缘主要由在正常运行电压下及污秽条件下的特性所决定。绝缘子承受直流电压时和承受交流电压时的特性不同。安装在同一换流站的直流绝缘子比交流绝缘子更易受污秽,因为直流绝缘子易吸附带电粒子。

绝缘子耐受直流电压的能力与污秽水平有关,在污秽情况下,其直流耐压比交流耐压(有效值)低。绝缘子的直流耐压与它的形状关系更大。在轻污秽或中等污秽地区,通常使用2.5 cm/kV～4.6 cm/kV范围的爬距。在严重污秽的地区,规定爬距不得小于4.8 cm/kV。

许多高压直流工程的运行人员都发现有必要使用绝缘子冲洗、硅脂或采用其他涂层以改善绝缘子的闪络性能。

对于换流站绝缘子在直流电压和污秽情况下的性能,现在了解的还很有限,还需要进一步探索,以建立确定爬距的可靠准则。

11.10.2 户内绝缘

阀厅内在额定直流电压下广泛使用的最小爬距定为1.4 cm/kV～1.6 cm/kV。由于环境清洁,湿度可控,因此爬距不是一个主要问题。

12 通信要求

12.1 概述

如GB/Z 20996.1所述,高压直流输电的运行可采用不同类型的通信手段。

通信在高压直流输电运行中的主要作用是传输控制信息,如电流或功率指令,负荷或频率控制等。另外,它还可用于监控、操作和保护。每一功能都可以使用单独的通道,然而,通常是一条通道用于多种功能。在通道分配中,保护应优先考虑。

站内设备的故障保护以及故障清除后系统在规定的恢复时间内再起动的能力,不应依赖于通信系统。但有了通信,对送端和受端交流系统有利,例如:它可减缓高压直流换流站母线上有功和无功功率突变所引起的冲击。

没有通信系统,高压直流换流站设备也可得到合理的保护,高压直流系统也能运行。但是,如果没有通信,就不可能达到故障持续时间最短和故障之后恢复时间很短的要求,保护的选择性所需的时间定值和安全投切顺序将不能与上述要求正确匹配。

通信系统应采用不受电力系统故障影响的、安全的传输路径。

12.2 对通信系统的特殊要求

如第8章所述,直流线路的基本保护判据,即dv/dt、直流电压和直流电流,都需要站间通信以处理一些特殊的故障情况，例如：

——高阻抗线路故障；

——辨别直流线路故障和逆变侧故障(包括逆变器换相失败)；

——保护并联运行的直流线路，不使用直流断路器且允许自动投切；

——为清除永久性的线路极故障而需要进行极的自动并联或解除并联，且不使用直流断路器。

逆变器换相失败保护通常通过增大逆变器的关断角实现。但一些保护策略类似于低压限流控制(见第4章)，要求通过通信通道使整流侧发命令减小线路电流。

当高压直流系统每个极使用多个换流器单元时，在一个换流站自动或手动闭锁某换流器单元以后，各高压直流换流站应维持相同数目的换流器单元运行，双向通信通道有助于这种高压直流系统的运行。

当直流输电与发电厂直接相连时，输电性能可能需要从整流站或逆变站到发电厂的控制信号。例如，可以控制发电机的励磁或控制调速系统的信号，或优化发电机单元或滤波器组的数目和负荷的信号。

在某些类型的故障之后，可能需要每个极的通信信号，以便把电流限制在预定值之内。

同样，对于严重的交流线路故障，功率反转或改变功率水平的控制信号，可用来增强交流系统的稳定性(见第4章)。

用于控制和保护的通信通道都应当以极为基础，并实现多重化。

通信也可用于线路故障定位。

12.3 通信系统中断的后果

对于12.2中的许多要求，若缺少通信系统，除增加了故障后的恢复时间外，不会造成其他问题。但是，通信中断将大大降低直流系统的性能。例如，不能区分逆变侧交流故障和逆变端直流线路故障。如果所有通信都处于中断状态，则整个直流输电会因逆变侧故障而被直流线路保护所停运。解决这一问题的一种方法是在失去通信之后，立即将直流线路保护延迟。

整流侧和逆变侧的所有交流系统电压控制都要求有通信。失去这些通信对交流系统运行所造成的影响应认真考虑。

12.4 电力线载波(PLC)系统的特殊考虑

电力线载波的性能可能受到极导线或屏蔽导线上瞬态故障的影响，大大降低控制和保护系统的性能，从而影响到高压直流系统的性能。为减小这些影响，对PLC系统应规定下列要求：

——对于极导线和屏蔽导线用作通信路径的载波系统，屏蔽导线的绝缘设计应避免在正常运行期间和在高压直流系统设计所考虑到的过电压情况下出现闪络；

——在直流线路故障或屏蔽导线绝缘子闪络期间，电力线载波信号的衰减应尽量小，以免降低高压直流系统的输电性能；

——保护和控制通道选择的载波频率要尽可能高，以避免换流站产生的载波干扰。如果所选的频率不能避免这种影响，则需要加装电力线载波滤波器。

另外，对高压直流输电线路上PLC的下列暂态干扰源应认真检查：

——接地极线路噪音耦合干扰；

——交流线路与直流输电线路并行或交叉产生的干扰；

——高压直流线路极间耦合的干扰。

13 辅助系统

13.1 概述

高压直流换流站的辅助系统是高压直流换流站输出功率的必要条件，它使高压直流系统维持良好的运行状态，使系统能安全停运。它们可分为两大类，即电气辅助系统和机械辅助系统。

13.2 电气辅助系统

13.2.1 一般要求

电气辅助系统的稳态要求在GB/Z 20996.1中讨论。本条款讨论电气辅助系统的性能和相关要求，以及能够在故障或操作引起的暂态过程中保证高压直流系统性能方面的问题。

高压直流换流站的电气辅助系统，一般都是由与整流站或逆变站相连的交流电网供电。因此，交流电网的故障或供给高压直流换流站辅助电力的交流馈电线路故障，会影响辅助设备的性能，并最终影响高压直流输电系统的性能。所以，一般需要至少两路独立的电源供电。

虽然辅助系统的负荷通常只有高压直流换流站额定功率的0.2%～1%，但是高压直流系统的可靠性却很大程度上依赖于辅助系统在故障和操作暂态期间的正确运行。鉴于这种重要性，对电气辅助系统的技术要求应给予重视。因此，通常认为一般大型高压直流换流站的电气辅助系统，可能比小型高压直流换流站更加复杂和庞大。

站辅助电力负荷分为三类：基本负荷、应急负荷和一般负荷。基本负荷是指那些确保高压直流换流站能输送额定功率的负荷。应急负荷是指那些在主要交流母线供电发生故障时，应投入运行或应尽快做好投入运行准备的负荷。一般负荷或其他负荷是指那些与换流站换流能力无密切关系的负荷。

基本负荷是指这样一些负荷，例如，不能中断或不能受扰动的控制和保护系统的电源。它们通常称为一级辅助电力负荷。它们通常由蓄电池（通过变流器连在低压交流辅助电源母线上）供电或带有备用蓄电池充电机的不间断电源供电。

为了达到100%的裕量和必要的高可靠性，基本负荷母线几乎总是由两路独立的主电源供电。应为它们设置自动切换装置，以便当一路电源故障时，另一路电源能够给这部分的所有负荷供电。在进行高压直流换流站设备和辅助系统设计时，应考虑两路主电源同时停电的可能性。

自动切换的设计，可以考虑正常并联运行，或以很小的时滞进行切换，或按照高压直流换流站允许的供电中断时间，或负荷同步限制时间进行延时切换。

对于不需要有100%裕量的负荷，通常由两条馈线中的一条供电。供电线路的选择，由装在所供电的设备附近的切换开关完成。

在可能结冰的地区，有一个特殊问题，即在全部停电的情况下，要有一个替代的交流电源，以防止某些系统如油管、柴油系统以及供水系统等出现冰冻。

电气辅助系统的设计，应使它能在交流系统受扰动后，在高压直流系统满负荷或过负荷情况下，仍能很好地运行。在交流故障被清除后，辅助系统欠压运行的限制，应与高压直流线路降压运行准则一致。

辅助系统的设计必须考虑交流供电长时间电压波动，以及在交流供电系统预定的运行条件下正常运行。

13.2.2 特殊要求

每一个极都应有它自己独立的和完整的双路辅助电源，给其基本负荷供电。同时，应考虑装设开关和切换装置，以便在一个极失去辅助电源期间，借助另一极的辅助系统，提供辅助电源。

在高压直流换流站所连的交流系统中的扰动造成的短暂中断后，一旦供电恢复，所设计的电气辅助系统不应妨碍在规定的时间内恢复高压直流输电。

电气辅助系统应能在直流输电工程所规定的高频及低频范围内运行，且不会引起任何辅助系统中断运行或停运。

不间断电源应保持输出的频率和电压在其供电辅助系统所要求的范围之内，使阀组的运行不受影响，并且辅助系统的交流供电电源，在2 s以内的短时停电期间，应保证保护仍能相互配合。

电气辅助系统的控制和保护设计，包括清除故障的速度和保护装置的选择，应与工业上或商业上的低压交流规程相同。应特别注意以下几点：

——避免两路以上的辅助主电源并联，以便限制辅助电源的短路容量；

——在一路电源向另一路电源自动转换期间，当两路电源要并联时，应提供能确保同步的方法；

——转换应在有关母线所允许的电压条件下，在所供电的特定负荷所要求的转换时间内完成。

13.3 机械辅助系统

高压直流换流站的机械辅助系统包括下列重要的系统：阀冷却、同步调相机冷却、压缩空气、火灾检测、保护和灭火、绝缘油、柴油、供水、排水和污水处理、空气调节、通风和机械装卸设备等。

以上系统用于维持高压直流系统满负荷输电。其中阀冷却系统可能最为重要和关键。

换流器的设计将决定阀冷却系统的类型。一般为空气冷却或液体冷却。阀组的冷却容量应按吸收每一阀组的功率损耗考虑。而且，应该有备用元件，以便在任何预期的负荷环境条件下，当某风机、冷却泵、热交换器等故障或停运时，不致降低直流输电能力。

监控和报警系统最好应包括监测辅助电源功能，尤其是晶闸管阀及其冷却系统的辅助电源。这些功能可包括：

——空气冷却阀：晶闸管阀的进出口空气最高温度、热交换器的进出口空气最高温度、阀两端的压力差、阀厅的最高和最低温度、空气处理设备关键位置处的压力及空气流量等。

——水冷却阀：进出阀的去离子水温、膨胀器的水位、水的电导率、阀冷却管两端的压力差、流过阀的最低水流量、水的氧气含量（如有必要）、水温和热交换器温度（如有冷却塔）、阀厅空气的温度和湿度以及空气调节系统。

监控系统应给出上述各项报警的上限和下限，以及泵或风机故障，水储量不足和储水箱补水要求，晶闸管阀漏水等各项报警。当偏离正常情况时，也应给出报警信号，如去离子水或进出阀的空气温度过高、流过阀的水流量太低或者泵或风机停机过多。对于这些情况，监控系统会启动跳闸信号。

对满负荷输电很重要的另一种机械系统是高压直流输电的无功功率设备（如同步调相机或静止无功补偿装置等）的冷却系统。对每一个这样的无功源都应提供独立的冷却系统，并且冷却系统中的主要和关键元件应有足够的冗余设计，以尽量减小高压直流输电系统因失去某一无功源而降低功率。

压缩空气系统可能对高压直流换流站的安全停运至关重要，特别是开关装置的操作需要压缩空气时更是如此。

高压直流换流站的机械设备的设计，应能在包括导致过速或欠速的暂态期间正常运行。

出于维护需要和安全原因，往往还需装备其他辅助机械系统。它们与高压直流系统的暂态性能无直接关系。

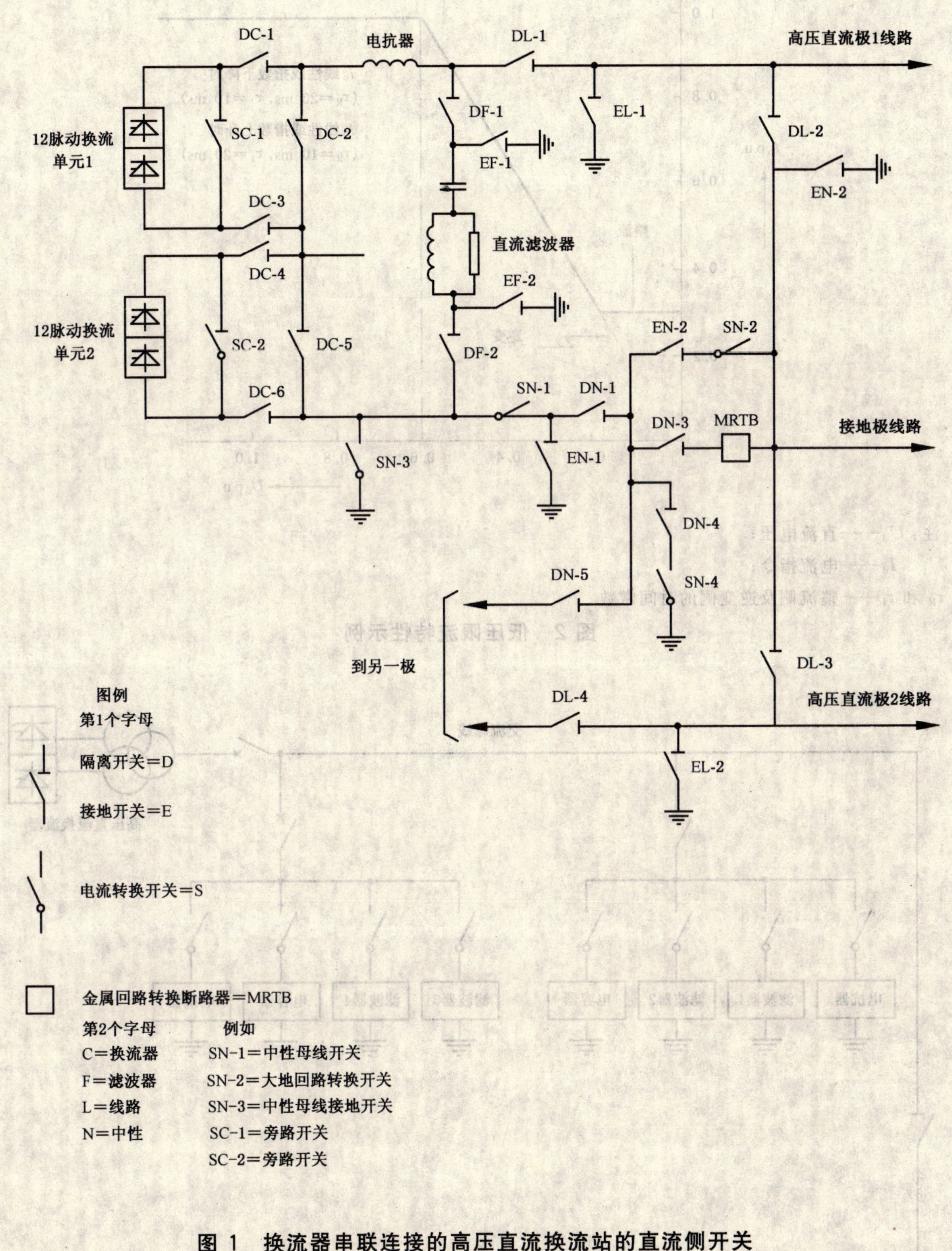

图 1 换流器串联连接的高压直流换流站的直流侧开关

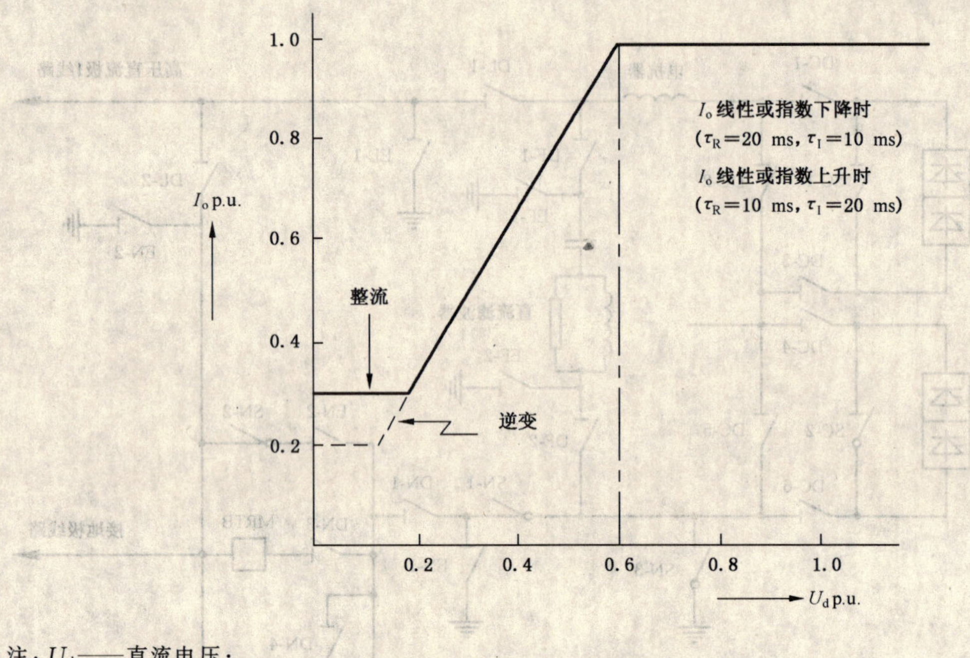

注：U_d——直流电压；

I_d——电流指令；

τ_R 和 τ_I——整流侧及逆变侧的时间常数。

图 2 低压限流特性示例

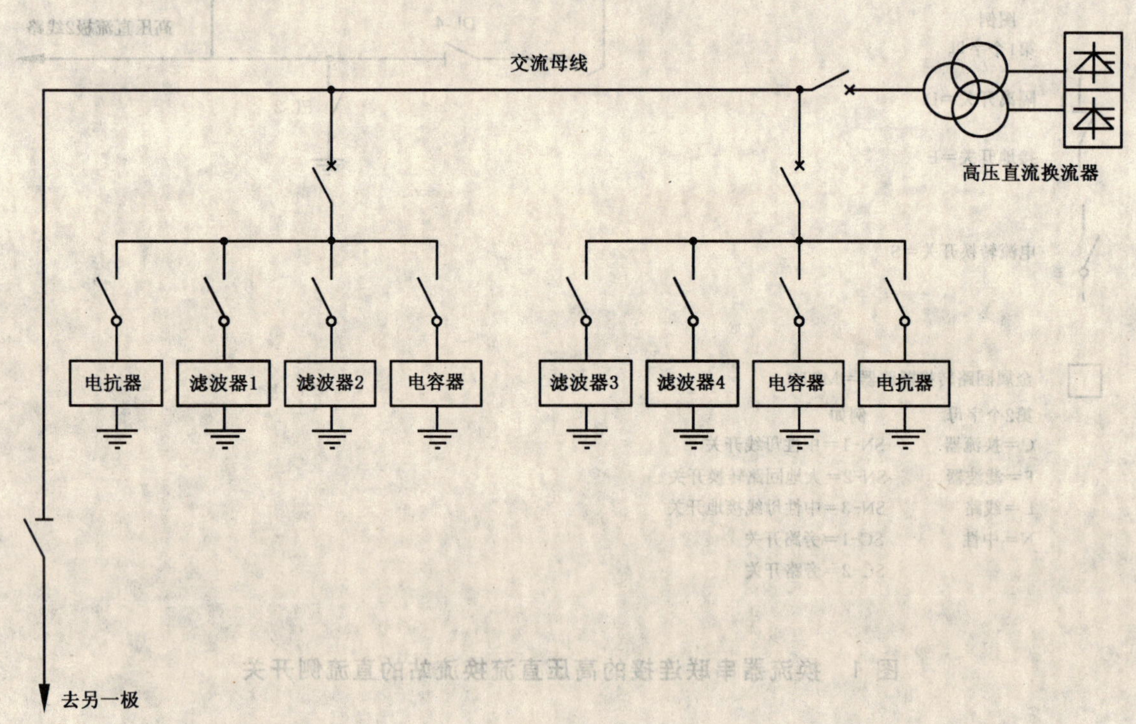

图 3 大型双极高压直流系统的交流滤波器、电容器及电抗器组布置示例

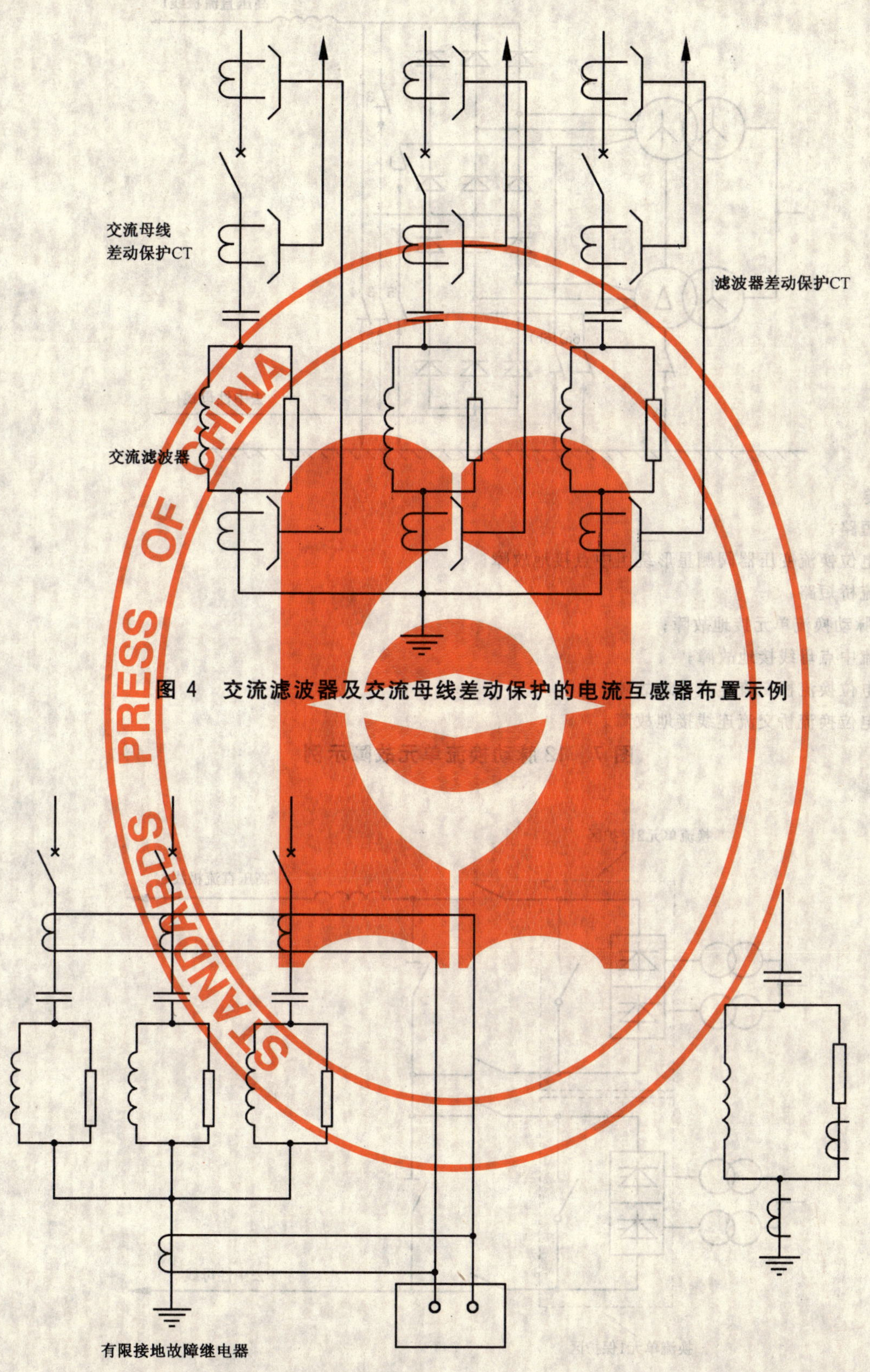

图 4 交流滤波器及交流母线差动保护的电流互感器布置示例

图 5 滤波器有限接地故障保护示例

图 6 阻尼滤波器支路过负荷保护示例

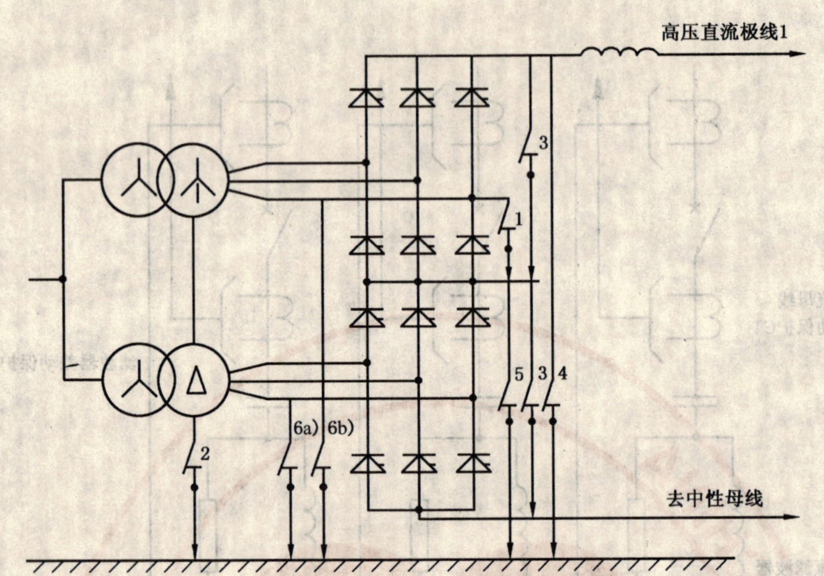

故障种类

1——阀短路;

2——高电位换流变压器阀侧星形绕组中点接地故障;

3——换流桥短路;

4——12 脉动换流单元接地故障;

5——直流中点母线接地故障;

6a)——低电位换流桥交流连线接地故障;

6b)——高电位换流桥交流连线接地故障。

图 7　12 脉动换流单元故障示例

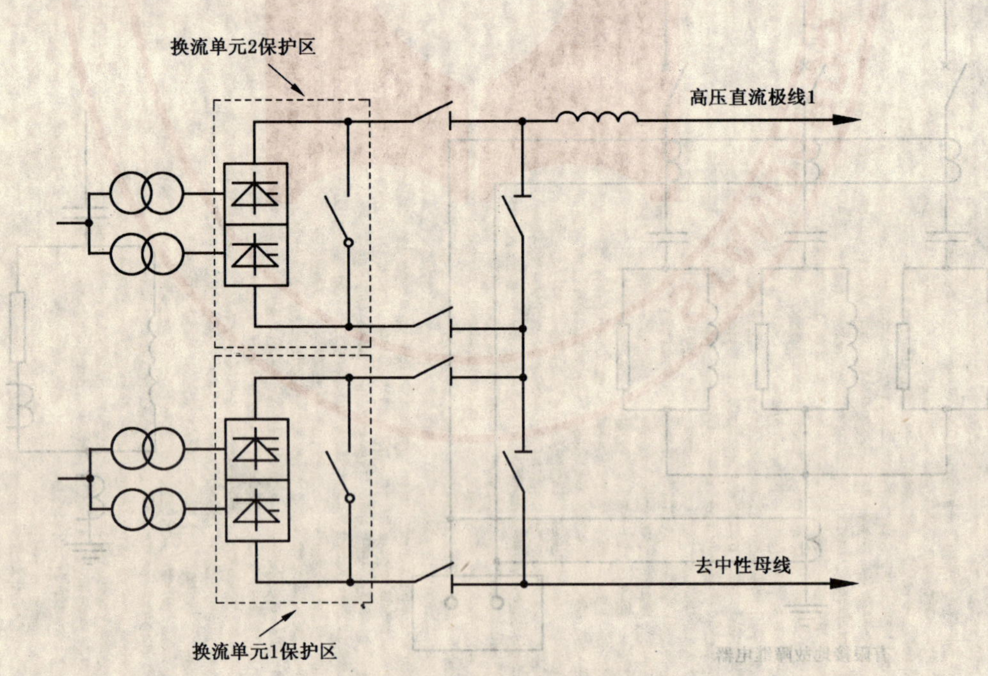

图 8　串联连接的换流器单元保护区

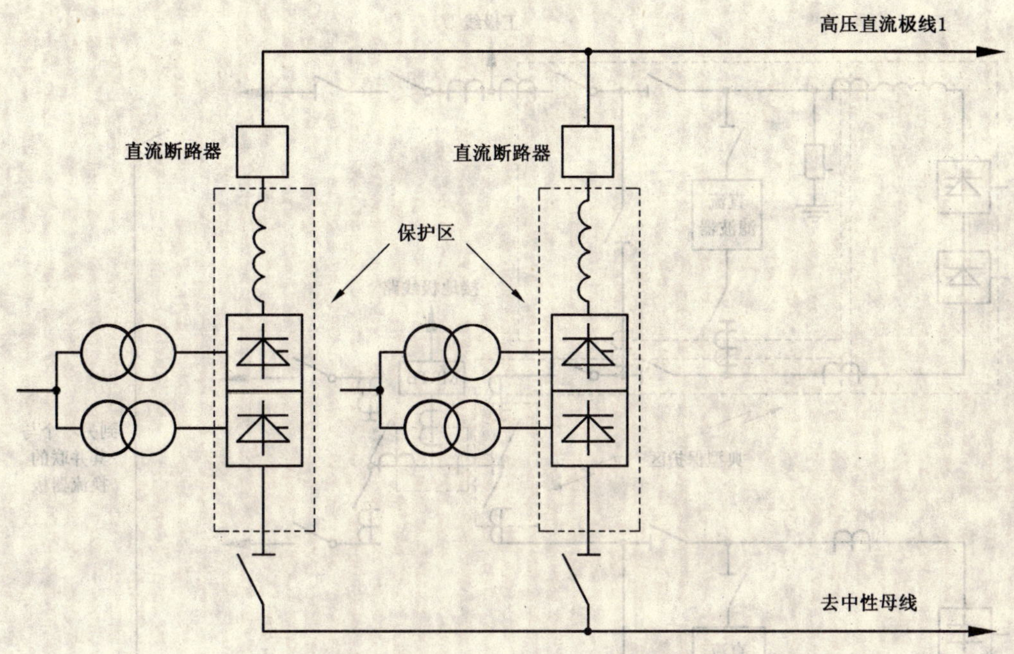

图 9　并联连接的换流器单元保护区

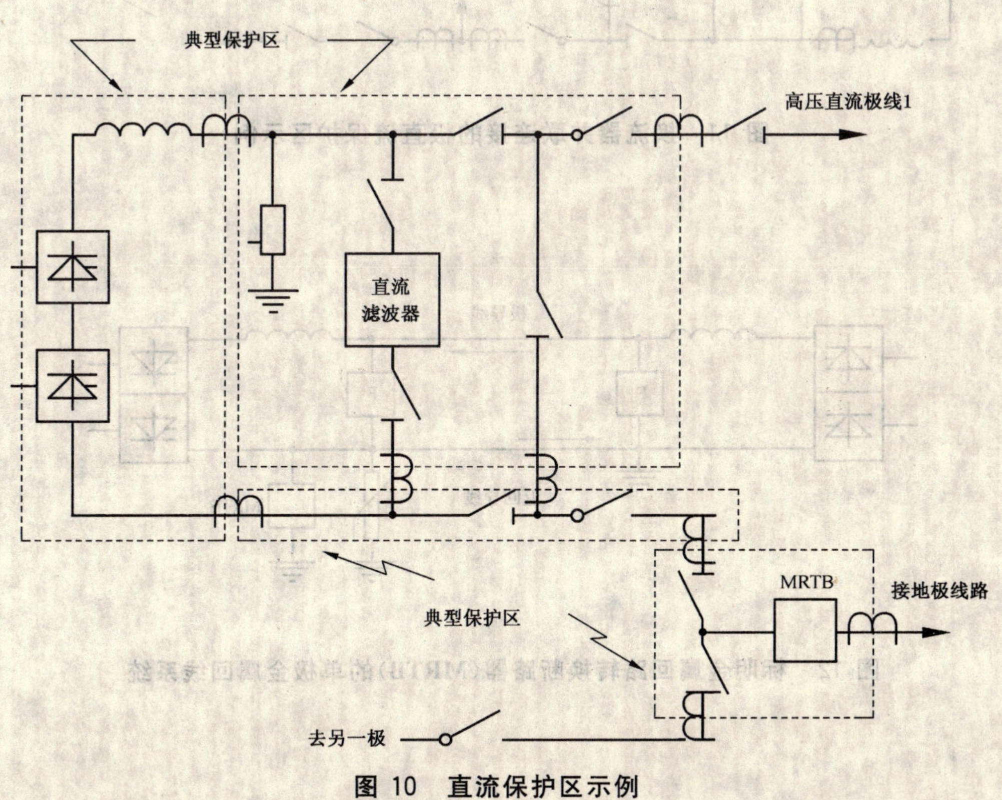

图 10　直流保护区示例

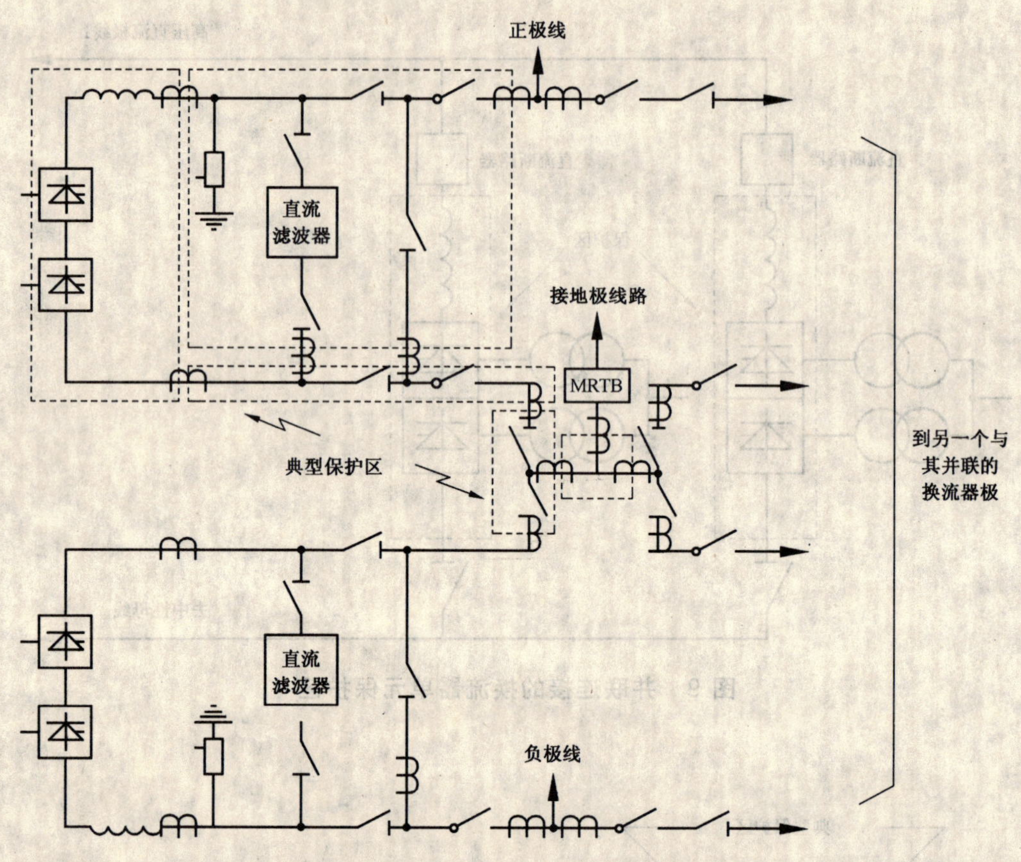

图 11　换流器并联连接的极直流保护区示例

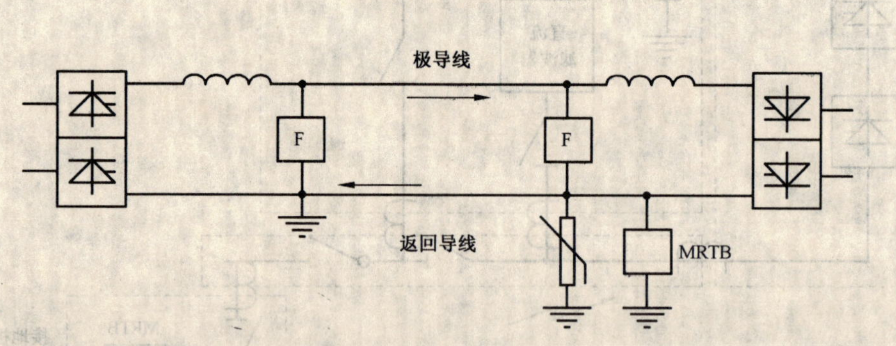

图 12　标明金属回路转换断路器(MRTB)的单极金属回线系统

图 13 一极换流器停运，双极系统单极运行

图 14 当换流站接地网用作直流回路接地体时，金属回路导线故障，直流电流流入交流系统

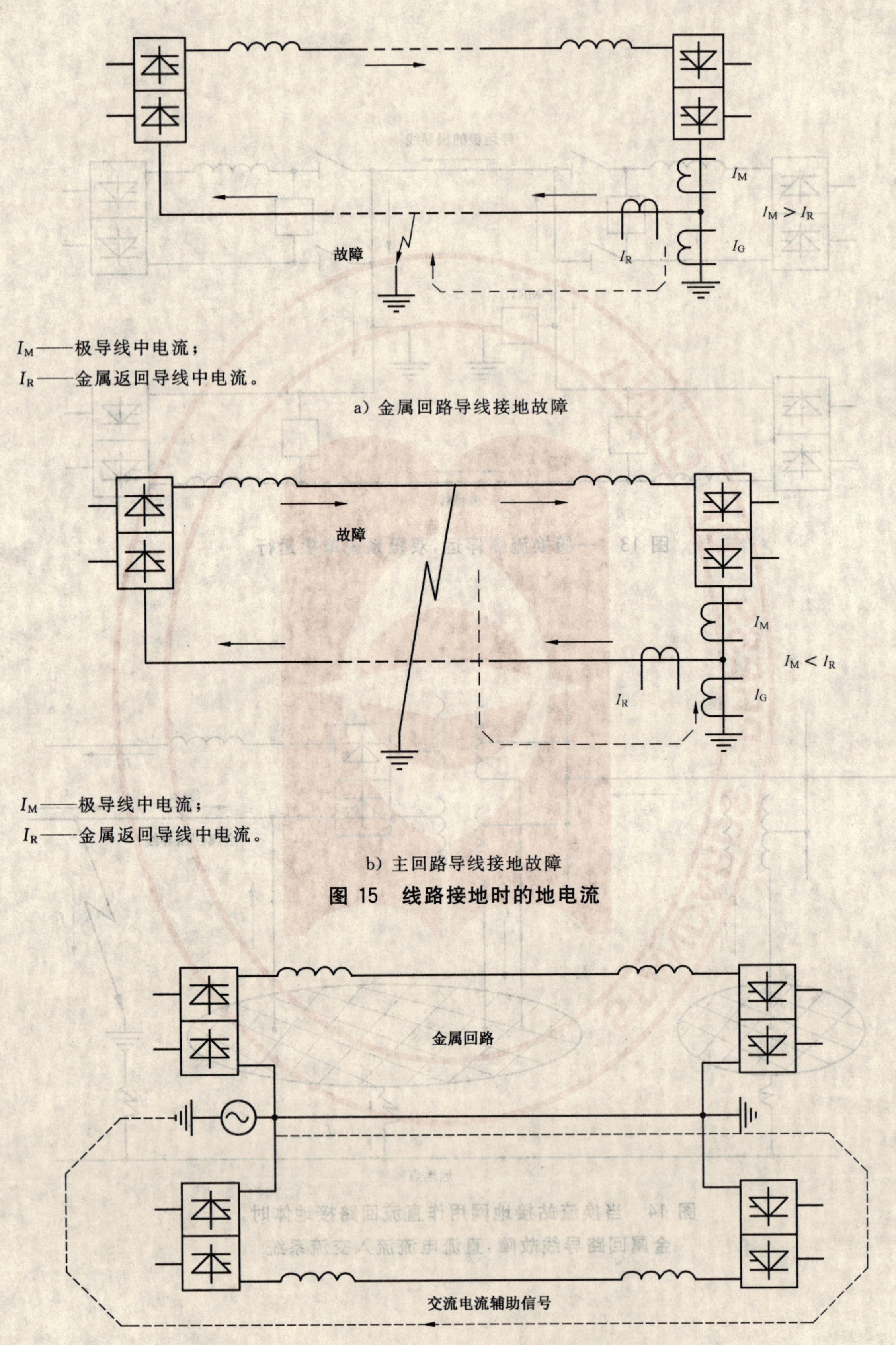

图 15　线路接地时的地电流

图 16　利用辅助交流信号的金属回线故障检测系统示例

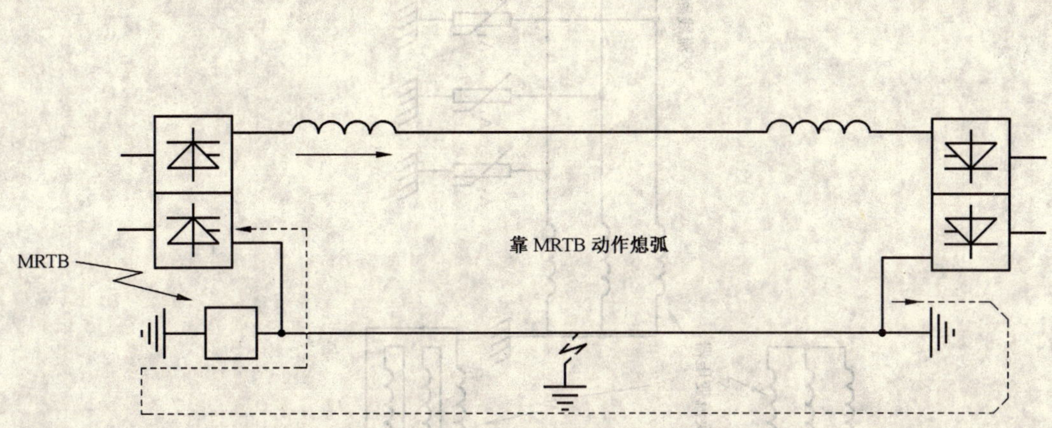

图 17　利用 MRTB 清除金属回路导线接地故障的示例

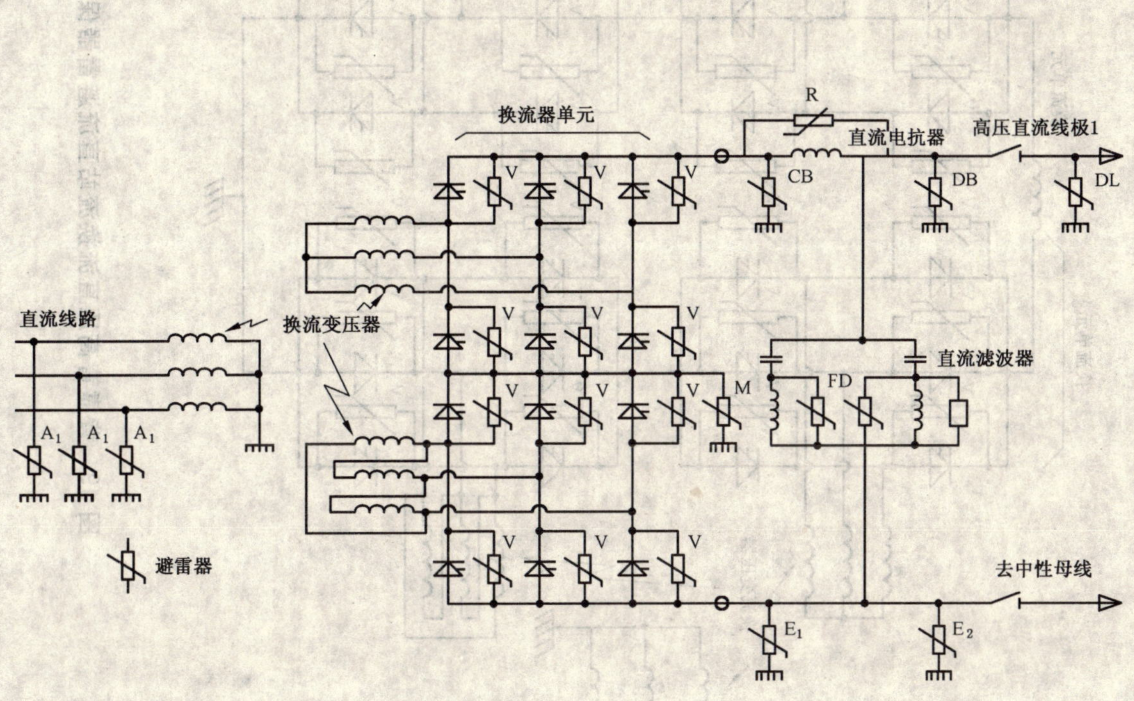

注：更详细的交流避雷器布置示例见图 20。

图 18　高压直流换流站避雷器保护方案示例

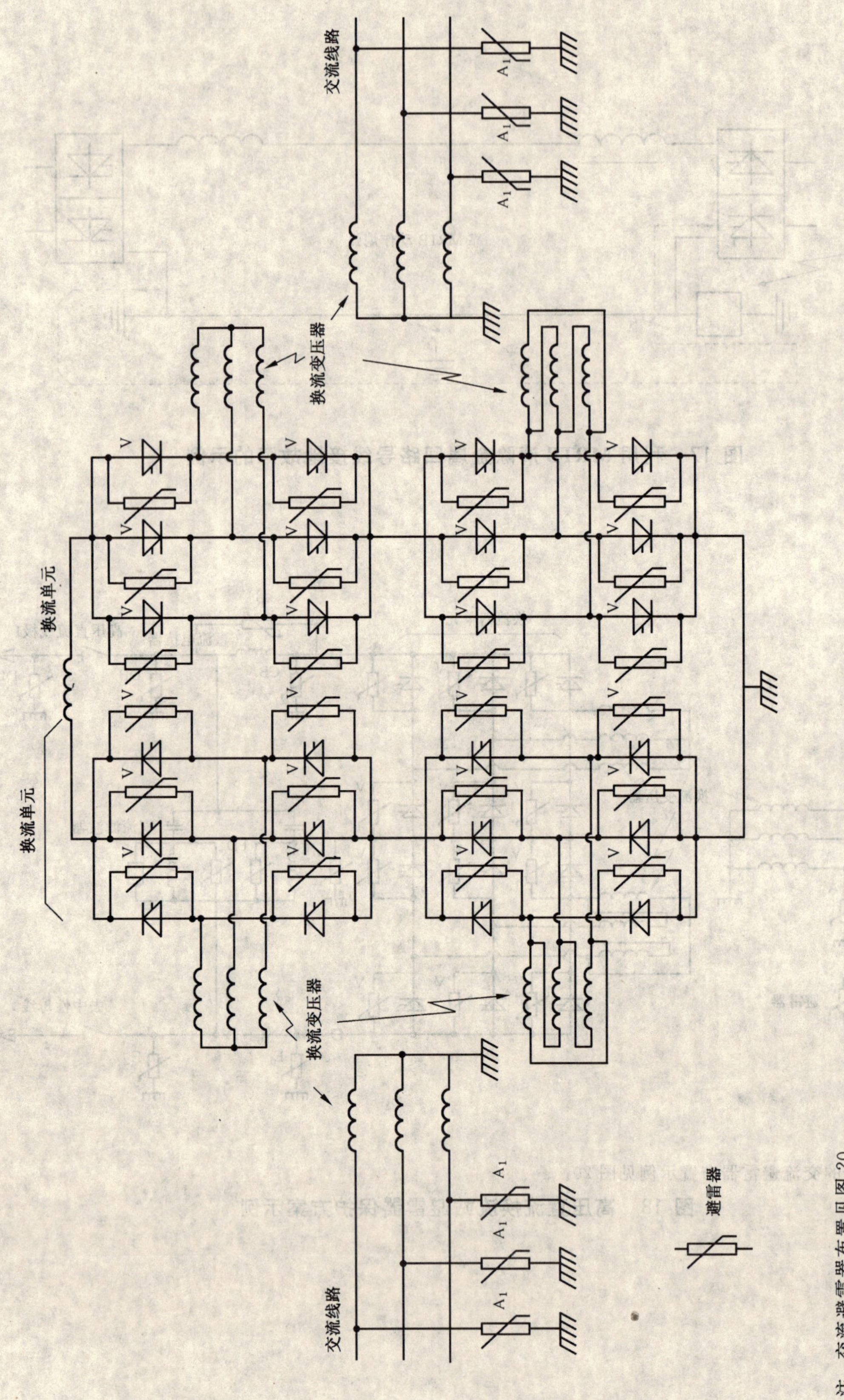

图 19 背靠背高压直流换流站直流避雷器保护方案示例

注：交流避雷器布置见图20。

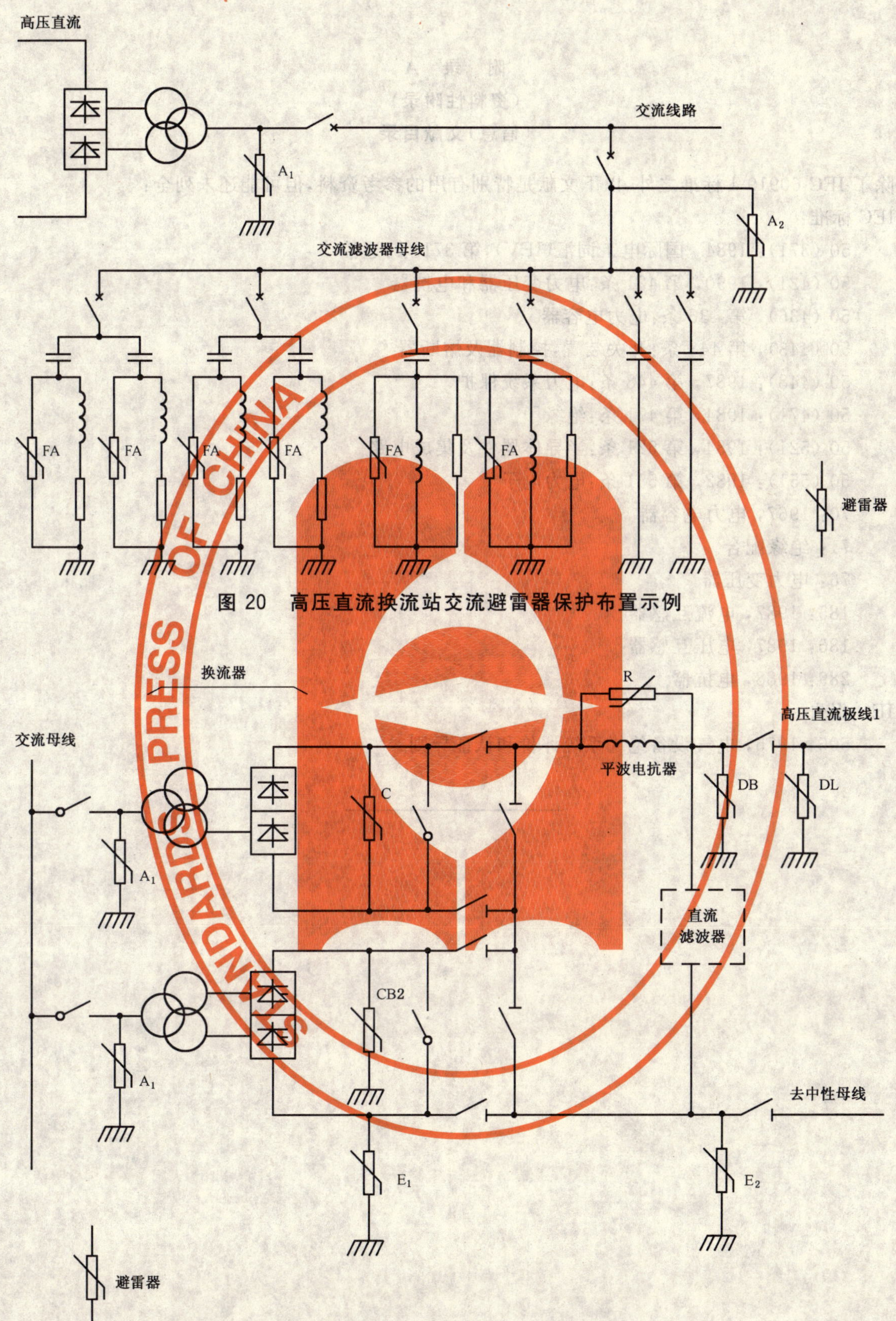

图 20　高压直流换流站交流避雷器保护布置示例

图 21　换流器串联的高压直流换流站避雷器保护方案示例

附 录 A
（资料性附录）
（信息）文献目录

除了 IEC 60919-1 标准之外，以下文献是特别有用的参考资料，但可能还未列全：

IEC 标准：

50 (371)：1984，国际电工词汇(IEV)，第 371 条：遥控

50 (421)：1990，第 421 条：电力变压器和电抗器

50 (436)，第 436 条：电力电容器

50 (443)，第 443 条：开关装置，控制器及熔断器

50 (448)：1987，第 448 条：电力系统保护

50 (471)：1984，第 471 条：绝缘子

50 (521)：1984，第 521 条：半导体器件及集成电路

50 (551)：1982，第 551 条：电力电子

70：1967，电力电容器

71：绝缘配合

76：电力变压器

185：1987，电流互感器

186：1987，电压互感器

289：1988，电抗器

IEC 报告：

505：1975，电气设备绝缘系统评价和认证导则

ICS 29.200;29.240.99
K 46

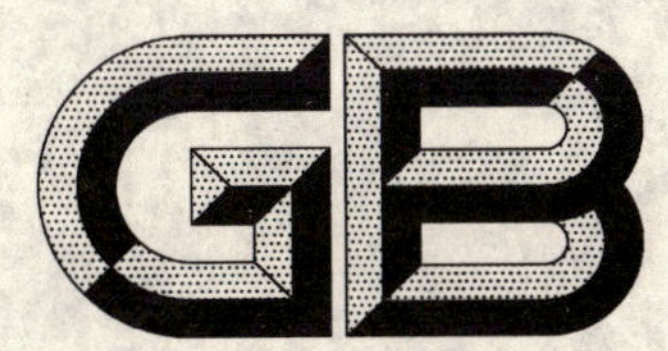

中华人民共和国国家标准化指导性技术文件

GB/Z 20996.3—2007/IEC/TR 60919-3:1999

高压直流系统的性能
第3部分:动态

Performance of high-voltage direct current (HVDC) systems—
Part 3: Dynamic conditions

(IEC/TR 60919-3:1999,IDT)

2007-06-21 发布

中华人民共和国国家质量监督检验检疫总局
中国国家标准化管理委员会 发布

前　言

GB/Z 20996《高压直流系统的性能》是国家标准化指导性技术文件，共包括以下3个部分：

第1部分：稳态；

第2部分：故障和操作；

第3部分：动态。

本部分为第3部分，等同采用IEC/TR 60919-3:1999《高压直流系统的性能　第3部分：动态》。有关技术内容和要求的规定完全相同，编辑格式按我国国家标准GB/T 1.1—2000规定。

本部分由中国电器工业协会提出。

本部分由全国电力电子学标准化技术委员会(SAC/TC 60)归口。

本部分负责起草单位：中国电力科学研究院、北京网联直流输电工程技术有限公司。

本部分参加起草单位：西安电力电子技术研究所、西安高压电器研究所、西安西电电力整流器有限公司、南方电网技术研究中心、机械工业北京电工技术经济研究所。

本部分主要起草人：王明新、陶瑜、周观允、程晓绚、李侠、饶宏、孟庆东、马为民、蔚红旗、苟锐锋、方晓燕、曾南超、赵畹君、田方。

本指导性技术文件是首次发布。

本指导性技术文件由全国电力电子学标准化技术委员会负责解释。

引　言

高压直流输电在我国电网建设中，对于长距离送电和大区联网有着非常广阔的发展前景，是目前作为解决高电压、大容量、长距离送电和异步联网的重要手段。根据我国直流输电工程实际需要和高压直流输电技术发展趋势开展的项目在引进技术的消化吸收、国内直流输电工程建设经验和设备自主研制的基础上，研究制定高压直流输电设备国家标准体系。内容包括基础标准、主设备标准和控制保护设备标准。项目已完成或正在进行制定共19项国家标准：

(1)《高压直流系统的性能　第一部分　稳态》

(2)《高压直流系统的性能　第二部分　故障与操作》

(3)《高压直流系统的性能　第三部分　动态》

(4)《高压直流换流站绝缘配合程序》

(5)《高压直流换流站损耗的确定》

(6)《变流变压器　第二部分　高压直流输电用换流变压器》

(7)《高压直流输电用油浸式换流变压器技术参数和要求》

(8)《高压直流输电用油浸式平波电抗器》

(9)《高压直流输电用油浸式平波电抗器技术参数和要求》

(10)《高压直流换流站无间隙金属氧化物避雷器导则》

(11)《高压直流输电用并联电容器及交流滤波电容器》

(12)《高压直流输电用直流滤波电容器》

(13)《高压直流输电用普通晶闸管的一般要求》

(14)《输配电系统的电力电子技术静止无功补偿装置用晶闸管阀的试验》

(15)《高压直流输电系统控制与保护设备》

(16)《高压直流换流站噪音》

(17)《高压直流套管技术性能和试验方法》

(18)《高压直流输电用光控晶闸管的一般要求》

(19)《直流系统研究和设备成套导则》

高压直流系统的性能
第3部分:动态

1 范围

GB/Z 20996的本部分提供了高压直流系统动态性能的综合导则。本部分中的动态性能是指其特征频率或时间区域覆盖暂态条件到稳态条件之间范围的事件和现象。它涉及到的动态性能应属于在稳态或暂态条件下,两端高压直流输电系统与相连的交流系统或其部件,如电厂、交流线路和母线、无功源等之间的相互影响。两端高压直流输电系统采用由三相桥式接线(双路)组成的12脉动(波)换流器单元构成,具有双向功率传输能力。换流器采用由无间隙金属氧化物避雷器进行绝缘配合的晶闸管阀作为桥臂。本部分中未考虑二极管换流阀。对于多端高压直流输电系统虽未特别提及,但本部分中的许多内容也适用于多端系统。

GB/Z 20996由三个部分组成。第1部分稳态,第2部分故障和操作,第3部分动态。在制定与编写过程中,已经尽量避免了三部分内容重复。因此,当使用者准备编制两端高压直流系统规范时,应参考三个部分的全部内容。

对系统中的各个部件,应注意系统性能规范与设备设计规范之间的差别。本部分没有规定设备技术条件和试验要求,而是着重于那些影响系统性能的技术要求。本部分也没有包括详细的地震性能要求。另外,不同的高压直流系统可能存在许多不同之处,本部分也没有对此详细讨论,因此,本部分不应直接用作某个具体工程项目的技术规范。但是,可以以此为基础为具体的输电系统编制出满足实际系统要求的技术规范。本部分涉及的内容没有区分用户和制造厂的责任。

2 规范性引用文件

下列文件中的条款通过GB/Z 20996的本部分的引用而成为本部分的条款。凡是注明日期的引用文件,其随后所有的修改单(不包括勘误的内容)或修订版均不适用于本部分。然而,鼓励根据本部分达成协议的各方研究是否可使用这些文件的最新版本。凡是不注日期的引用文件,其最新版本适用于本部分。

GB/Z 20996.1—2007 高压直流系统性能 第1部分:稳态(IEC/TR 60919-1:1988,IDT)

GB/Z 20996.2—2007 高压直流系统性能 第2部分:故障和操作(IEC/TR 60919-2:1991,IDT)

3 高压直流动态性能规范概要

3.1 动态性能规范

高压直流系统完整的动态性能规范应包括以下章节:

——交流系统潮流和频率控制(见第4章);

——交流动态电压控制及与无功源的相互影响(见第5章);

——交流系统暂态和静态稳定性(见第6章);

——较高频率下高压直流系统的动态性能(见第7章);

——次同步振荡(见第8章);

——与电厂的相互影响(见第9章)。

第4章涉及利用高压直流系统的有功功率控制影响相关交流系统潮流和/或频率,以改善交流系统的性能。在设计高压直流有功功率控制模式时应考虑以下几点:

a) 稳态运行时,使交流系统损耗最小;

b) 稳态运行和扰动时,防止交流输电线过负荷;

c) 与交流发电机调速器控制配合;

d) 稳态运行和扰动时,抑制交流系统频率偏差。

在第5章中,当采用交流母线电压控制时,应考虑高压直流换流站和其他无功源(交流滤波器、电容器组、并联电抗器、静止无功补偿装置、同步调相机)的电压和无功功率特性,以及它们之间的相互作用。

在第6章中,对通过控制高压直流有功和无功,以阻尼机电振荡来提高互联交流系统的静态和/或暂态稳定性的方法进行了讨论。

第7章涉及一个高压直流系统,由于换流器产生的特征谐波和非特征谐波所引起的在二分之一工频以上频率范围内的动态性能;也讨论了防止失稳的措施。

在第8章中,考虑了由于高压直流控制系统(定功率和定电流调节方式)与火电厂的涡轮机在它们的自然频率下,发生扭矩放大和机械振荡的现象;定义了次同步振荡阻尼控制的规范。

在第9章中,考虑了一个电厂与电气距离较近的高压直流系统之间的相互影响,考虑了核电站的一些特点和对高压直流系统可靠性的要求。

3.2 一般说明

对于所要考虑的高压直流系统,其任何设计要求均应在稳态性能(GB/Z 20996.1)和暂态性能(GB/Z 20996.2)所覆盖的设计限制之内。在制定高压直流系统动态性能规范时,应以详细的电力系统研究为基础,确定正确的高压直流系统控制策略;并规定输入信号的优先级和处理方法。

4 交流系统潮流和频率控制

4.1 概述

高压直流系统的有功控制能够用于控制相连交流系统的潮流及频率,以改善交流系统在稳态运行和扰动下的性能。该章说明高压直流有功功率运行方式可用于改善交流系统性能,以达到如下目的:

——稳态运行时,高压直流功率控制用于使电力系统总损耗最小;

——扰动以及稳态条件下,高压直流功率控制用于防止交流线路过负荷;

——高压直流功率控制与交流系统发电机调速器控制配合;

——在稳态运行以及扰动时,高压直流功率控制用于抑制交流系统频率偏差。

使用有功和/或无功的方式来改善交流系统动态和暂态稳定性,或改善交流电压控制,在第5章和第6章论述。

4.2 功率潮流控制

4.2.1 稳态功率控制要求

高压直流系统的功率控制通常可用于使电力系统总损耗最小、防止交流输电线过负荷、或与交流发电机的调速器控制配合。随着高压直流系统在整个电力系统中的作用变化,对直流功率控制的要求也有所不同。

当高压直流系统用于输送远端发电站功率时,高压直流传输功率控制需与发电厂发电机调速器控制配合,此时发电机的电压、频率、或转速可以作为高压直流功率控制系统的参考值。

当一个高压直流系统连接两个交流系统时,在常规条件下按预定方式控制高压直流功率;但可在此高压直流功率控制上附加一个功能,以便控制任何一端或两端交流系统的频率。当其中一个交流系统是一个独立系统时,如向孤岛供电,此时该独立交流系统就必须由高压直流系统实现频率控制。在4.3中讨论由高压直流系统控制交流系统频率。

当两个交流系统通过一个以上的直流系统相连,或同时由直流和交流线路连接时,或当一个直流系统处于一个交流系统中时,均可对高压直流功率进行控制,以使整个互联系统的总输送损耗最小。

在上述交/直流系统结构的一些工况下,控制高压直流系统功率的变化,能够防止电力系统中一条或多条输电线路过负荷。

在某些特殊的高压直流控制方案中，例如方案设计为扰动过程中或扰动后增加直流功率以改善交流系统的性能，稳态直流传输功率必须设置在一限定范围内，以便此控制被启动时，直流功率就不会超出直流额定功率或过载能力。此时还必须考虑为高压直流换流器和交流系统提供所需的无功功率。

在稳态控制要求的规范中应考虑以下 a)到 g)项的需要。在制定规范时应注意，由于完整的稳态控制要求可能还没有设计或决定，因此，应为将来可能的输入留有裕度。

a) 当设计的潮流控制系统有多个功能时，包括交流系统频率控制，则应对这些控制功能设置优先权。

b) 在稳态条件下，防止交流线路过负荷控制的优先级通常高于其他潮流控制。对于使电力系统损耗最小的控制，或是通过电力系统数据确定的预置直流功率参数控制实现，或是根据负荷调度中心的在线计算执行操作，通常它的控制响应较慢，达几秒或几分钟甚至更长。

c) 在孤岛系统或有大型直流输电接入的系统，频率通常由高压直流功率维持。此时，高压直流频率控制优先于系统损耗最小控制，但它可能受到过负荷保护的限制。

d) 无功需求随着功率变化而改变，这可能导致频繁切换无功补偿装置。此时，需要特殊的交流电压控制措施，例如通过换流单元的无功控制，或对高压直流功率变化幅值设置限制等。

e) 应对电力系统所需的特殊功率指令调节信号加以确定、研究和规范。不允许这些信号引起直流电流或功率、或交流电压偏差超过装置和系统的额定值和限制值。当两个或更多的输入信号同时要求直流系统功率调节时，必须对其建立优先级并进行协调。

f) 双极直流系统通常要求直流功率和电流在各极之间有效均分；当一个极退出，剩余极的过负荷应能使交流系统的潮流、电压和频率的扰动最小。

g) 直流系统送、受端之间通信中断不应引起对交流系统的扰动。规范至少应要求：在通信中断时，保持输送功率不变。如果在通信线路暂时中断时仍需要如频率控制这样的辅加功能，均应在规范中规定。

4.2.2 功率阶跃变化的要求

在某些条件下，电力系统在扰动中或扰动后，要求高压直流系统功率阶跃变化以改善交流系统的性能。有时，这种功率阶跃变化也包括直流功率反转。

通常通过改变设置的直流系统功率指令定值，或通过改变功率范围以响应输入信号，来实现直流功率阶跃变化。阶跃变化需要的功率变化率和直流功率变化的限制量，应被限制在交流系统要求的范围内进行调节。例如，对于不同的事件可以要求不同的变化率。当功率阶跃变化包括功率反转时，应特殊考虑。

在规范直流功率阶跃变化时，所应考虑的电力系统扰动包括：交流线路跳闸、失去大的供电电源、交流系统频率大幅度降低、突然增加或减少电力系统负荷导致的大幅度频率偏移等。

在上述一些电力系统扰动中，交流系统也将由直流系统提供的交流频率控制来支持。

在设计和规定高压直流控制功能时，应针对各种电力系统条件，详细考察功率阶跃功能的影响。最好规定功率变化的限制和范围，以及变化率，而不是规定定值。可以在直流系统运行时进行定值调整。

高压直流功率阶跃变化的启动信号包括：过负荷继电器信号；或送到高压直流换流站特别的输电线路跳闸信号；或在高压直流换流站以及交流系统某些点测得的交流系统频率等。传输这些启动信号的通信系统延时将影响直流或交流系统的性能。因此，对某些情况，需要高速通信系统。当信号传输延时太长时，应考虑其影响。

某些情况，信号要同时送给两个高压直流换流站或一个高压直流换流站需要接受多个信号，此时必须设置控制功能的优先级。

直流功率阶跃变化量可能受交流和直流系统条件的限制，因此需要在特定工况下检测系统条件的变化，更新其限制值。

特别是当直流系统功率阶跃变化很大时，可能会使交流电压产生相当大的变化。因此，需研究交流电压允许波动的范围进而决定功率阶跃变化的限制，或是提出一种特殊的交流电压控制方法。在稳态运行和暂态条件下，允许的交流电压偏移限制可能不同，应分别予以规定。

当高压直流系统与一个高阻抗和/或小惯性的交流系统相连时，直流功率阶跃变化对交流系统电压稳定、暂态稳定和频率都有不利的影响。在此情况下，必须限制功率的变化率和变化量，或是提出其他特殊的方法来阻止交流系统动态性能的恶化。当一个高压直流系统和两个交流系统互联时，必须详细评定直流功率阶跃变化的影响，不仅要考虑发生扰动的交流系统，而且要考虑另一个未发生故障的交流系统的情况。

当直流功率阶跃变化会造成直流电流低于高压直流系统允许运行的最小值时(通常是额定电流的5%到10%)，换流器运行应限制在正向最小电流；否则，经过一段允许时间的低电流运行后，换流器应被闭锁，或规定运行电流应降到零。

在失去通信时，因为逆变器控制的限制和可能对交流系统运行带来的危害，除非采取特殊的控制策略，否则电流的阶跃变化一般不应大于电流裕度。

当高压直流系统必须从空载备用状态起动以响应一个功率阶跃变化指令时(参见 GB/Z 20996.1—2007 的 7.4)，可能还需要考虑其他因素。

4.3 频率控制

利用高压直流系统控制交流系统频率，可用于以下情况：

a) 一个从远端电源送电的直流系统，送端和/或受端所连接交流系统的频率控制；

b) 一个孤岛或小的交流系统，当它通过直流系统与一个大交流系统互联时的频率控制；

c) 通过高压直流系统互联的任一端交流系统的频率控制，同时要考虑另一端系统的频率。

交流系统频率控制，或作为稳态条件下频率的持续控制功能，或是当交流系统的频率偏差超出了某一限值时执行的控制功能。频率控制可能仅在某些情况下才起作用，例如，当与高压直流换流站连接的地区交流系统(独立)与主交流系统无联系时。因此，规范应规定频率控制功能的任务和特性要求。

如果利用改变或调节直流系统输送功率来控制受端的频率，直流系统的频率控制就必须与其连接的任一台相关交流发电机的调速器控制进行协调。还可利用异步的送端系统暂态频率偏差能力支持受端系统，进而提出交流发电设备的设计要求。

当高压直流换流站在电气上远离交流系统中心时，高压直流换流站的交流电压相角完全随功率变化而改变，此时频率信号的响应速度将减慢。为了避免这种低速的响应，可在交流系统中心检测频率信号，并将其传输给高压直流换流站。

在频率控制时，为了使交流系统电压的波动维持在允许的范围内，要求提供功率变化和功率变化率的限制，或者采用特殊的电压调节法，例如利用换流器或静态无功补偿装置控制无功功率。应该规定在稳态频率控制期间，允许的电压波动限制值。

当直流系统承担交流系统频率控制时，如果配合不当，可能使发电机频率控制减弱。当两个不同的电力系统互联时，应对高压直流系统的频率控制规定适当的死区，或频率控制中应采用适当的增益，以通过直流功率控制来补偿大的或快速的频率波动，而通过属于独立交流系统的电厂来控制小的、慢速的频率波动。

对于严重扰动时的频率控制，应进行设计的修正。例如，大型发电机组跳闸引起的扰动，如果发电机组的跳闸信号传输给高压直流换流站去启动控制作用，则可以更有效地实现频率控制。

频率控制时直流功率的快速和大幅度变化，可能引起交流系统的过电压或电压降低。这种情况可通过限制功率变化率或采用快速无功补偿来缓解。应规定允许的过电压或电压降低的数值，以及允许的持续时间。

当实施直流功率控制来实现频率控制时，通常需要提供快速通信通道，例如在两个高压直流换流站间安装微波通道。当两个直流换流站间通信中断时，频率控制通常受到实施电流控制的换流站侧交流系统的限制。

当频率检测点远离高压直流换流站控制端时，或准备利用交流系统提供的特殊信号启动频率控制作用时，要求使用通信通道。

在任何工况下，都应该计及通信延时的影响。

对于通信通道的说明，参考 GB/Z 20996.1—2007 的第 13 章。

5 交流动态电压控制及与无功源的相互影响

5.1 概述

负荷改变、倒闸操作或故障时引起的无功潮流变化，会在交流电网中产生电压波动。对于高阻抗交流电力系统，即短路容量低、电压波动大的系统，电压控制的需要就更为明显。

应对电网电压的突然变化量规定一个适当的限制值，例如，经常发生的电压波动应小于 3%，偶尔发生的电压波动应小于 10%。

在低短路容量的电网中，由于大的负荷变化及甩负荷会造成超过正常运行范围的高暂态过电压，它可能危及变电站设备，此时可切除无功源对其进行限制。应该规定可接受的暂态过电压限制值和持续时间。

5.2 高压直流换流站及其他无功源的电压和无功特性

可采用不同的设备来实现高压直流换流站交流母线的动态无功和电压控制。图 1 给出一个高压直流换流站的无功补偿设备示意图。无功补偿设备的选取应考虑交流电网特性和高压直流换流站有关数据的要求，以及对各种可能方案的经济评估。

5.2.1 换流器作为有功/无功源

高压直流换流器的有功/无功与以下因素有关：

——换相阻抗；

——换相电压；

——整流器的触发角 α 或逆变器的关断角 γ；

——直流电流。

换流器的运行时间常数是由控制系统、测量系统以及直流输电线的时间常数组成。如果典型控制系统时间常数范围是几毫秒，其触发角和关断角的控制将在小于 20 ms 的范围内，而整个直流系统的响应时间通常在 50 ms～150 ms 之间。

除了换流器的触发控制，还可通过分接开关进行控制，但每级分接开关的改变要有几秒的延时。因此，这种控制不能用于快速有功/无功控制，只能用于调整最优运行条件的新运行点。

考虑动态工况时，换流器的有功/无功特性可参见图 2 所示（或参见 GB/Z 20996.1—2007 的图 15）。图 2 中所给定的最大直流电流，以及从几度到 90°的触发角运行有效范围可以作为理论值使用。然而，实际的变化范围要受到设备的设计和运行条件的限制。下述为不同动态运行条件下换流器特性的一些实例：

——在定触发角 α 或定关断角 γ 运行时，动态工况的无功功率随有功功率变化的相应曲线由图 2 的曲线 a 表示。

——当有功功率改变时无功功率保持恒定（图 2 的 b 线），触发角 α 或关断角 γ 随之改变。

如果换流站确定了相应的应力要求，则根据交流电网的要求，曲线 a 和曲线 b 之间面积范围内的所有运行点都可用于动态控制目的。

在背靠背直流系统中，换流器的无功控制可在较大范围内进行；对于长距离或电缆输电系统，换流器无功控制的范围将受到一定的限制，它首先要考虑保持直流线路或电缆的电压恒定，以经济地输送有功功率。

当一个换流器用于无功控制时，必须考虑对另一端换流器运行的影响。尽管两个换流器在背靠背连接时被一个平波电抗器隔离,在两端输电的情况下由多个平波电抗器、直流线路或电缆、直流滤波器隔离,但一个换流器的有功/无功动态改变将影响另一端换流器的有功/无功,因此,必须对高压直流系统两端的控制进行协调。

对远距离架空线或长电缆输电线路,直流输电系统较长的响应时间会影响有功/无功的动态性能,但可通过两端通信信号加以协调。如果通信系统故障,两端间的协调可以基于控制中的电压/电流控制特性进行,这时控制响应较慢。在背靠背换流站中,控制的协调更易实现。

5.2.2 与高压直流换流站母线潮流有关的交流电网电压特性

在进行动态电压控制时,重要的是描述不同电压水平下,交流母线上有功/无功与交流电网特性的关系。图3是这种稳态性能的典型曲线。为保持某一电压(如,额定电压1 p.u.)恒定,每个直流换流站要根据无功和有功的关系来规定高压直流换流站应该输出或消耗的无功量。

图3可用于确定动态电压控制,曲线通常通过潮流和稳定程序计算得到。此外把交流电网简化为一个简单的戴维南(Thevenin)等值电路(见图4)也是可行的。

在发电机远离高压直流换流站母线的交流网络中,励磁电压E(图4)近似地维持恒定,仅当交流电网的结构改变,如输电线路、负荷或发电机跳闸时才改变。

但当发电机处在高压直流换流站附近时,有功/无功功率工况和相应电压工况的变化将会影响发电机的电压,发电机励磁控制将会动作并影响高压换流站母线的电压工况。

电压变化时间常数大约是100 ms~500 ms;当发电机与高压直流换流站的电气距离很近时,例如,独立发电机—高压直流网络结构,该值会更小。对于这种馈入方式的高压直流系统需要考虑更多的细节,例如高压直流控制和发电机电压控制必须紧密协调等。

5.2.3 用于高压直流换流站无功补偿的交流滤波器、电容器组和并联电抗器的电压特性

为了满足稳态工况下的无功需求,通常需要安装交流滤波器、电容器组和并联电抗器。为至少满足谐波特性所需的最小交流滤波器组应连接在高压直流换流站。其余可投切的无功补偿设备也可用于动态电压控制和系统所需无功的调节。

无功补偿设备的容量由交流电网的需求决定,并应限制投切时电压的阶跃变化。在换流器运行时,可利用换流器控制的帮助抑制无功功率的变化,以减小换流器运行时无功设备投切引起的暂态电压变化。可实施双重操作,例如同时控制投入和切除不同容量和型号的无功设备,用于减小无功的变化。

在对无功补偿设备进行规划配置时,应考虑交流合闸时间、控制系统处理时间,以及这些设备的放电或工作周期等限制因素。还应特别考虑电气回路开关的操作方式,包括在误操作或故障情况时设备的暂态恢复电压(TRV)。

5.2.4 静止无功补偿装置(SVC)的电压特性

可通过静止无功补偿装置来控制交流网络的动态电压。当高压直流换流站退出运行或换流器无功功率控制由于其他原因不能实现时,静止无功补偿装置可用于高压直流换流站母线的电压控制。

与高压直流换流站母线连接的静止无功补偿装置的容量需根据母线电压变化的要求和需要补偿的无功功率决定。静止无功补偿装置的无功额定值应大于连接于母线上的最大可投切无功功率时,才能平稳地调压。

静止无功补偿装置的容量还需根据过电压限制要求确定,例如甩负荷时,可利用静止无功补偿装置的过负荷能力。

当计算静止无功补偿装置的动态补偿时,需考虑连续运行期间的运行点。从连续运行开始,静止无功补偿装置就应具有足够的调节范围来维持电压控制。

静止无功补偿装置设计的一个重要方面是其可用率问题。如果在静止无功补偿装置可能退出运行时仍要考虑静止无功补偿装置的动态性能,则需要有一个备用单元,或必须对运行进行限制。

5.2.5 同步调相机(SC)的电压特性

在无惯性或小惯性的交流网络中,同步调相机用于增大短路额定值和惯性。此时同步调相机的容

量由无功功率和频率控制的要求决定。在弱交流电力系统中，同步调相机通过减小网络阻抗来实现高压换流站的稳定运行。

对于支撑动态电压控制的同步调相机，适合采用具有高顶电压值的快速励磁系统。尽管同步调相机的响应时间常数慢于静止无功补偿装置，但由于同步调相机的内部电压滞后于它的暂态电抗，增加了交流系统的短路容量，暂态电压变化可以固有地、瞬时地被限制在设计所允许的偏移水平。励磁系统的作用就是使交流电压返回正常的理想运行点。

确定同步调相机时，应考虑其设备的可靠性。由于计划检修的需要和可能的故障情况，在某些情况下需要配备备用单元。

5.3 高压直流换流站母线电压偏移

高压直流换流站母线交流电网的强度可以用短路比(SCR)来表示。短路比定义为高压直流换流站母线在1p.u.电压时的短路水平(MVA)与额定直流功率(MW)的比值。连接在交流母线上的电容器和交流滤波器明显地降低了短路容量。有效短路比(ESCR)可表达为交流系统短路容量减去连接在交流母线上的电容器和交流滤波器在1 p.u.电压下的容性无功补偿量后与直流换流器额定功率的比值。

较低的ESCR或SCR值意味着高压直流换流站与交流系统的相互影响更严重。交流网络可根据强度[1][1)]，按下述分类：

——高ESCR值的强系统：ESCR＞3.0；

——低ESCR值的中等系统：3.0＞ESCR＞2.0；

——低ESCR值的弱系统：ESCR＜2.0。

在高ESCR的系统中，高压直流换流站有功/无功的改变会导致电压有较小或中度的变化。因此，通常不需要附加母线暂态电压控制。通过投切无功设备可实现交流系统和高压直流换流站之间的无功平衡。

在ESCR低和很低的中等和弱系统中，交流网络的变化或高压直流传输功率的变化可导致电压振荡并需要特殊的控制策略。因此，在这些系统中，需要换流器的动态无功控制、附加的静止无功补偿装置或同步调相机。当交流电压降低时，为了避免电压不稳定，逆变器应该运行在定电流方式或定直流电压方式，该设计既不降低逆变器的功率因数也不增加逆变器消耗的无功功率。

在背靠背换流站中，可以用高压直流换流器来控制因另一端交流输电中断而在本端产生的甩负荷过电压(反之亦然)。在故障侧，阀通过旁路继续传输直流电流；在非故障侧，为了吸收无功功率，阀触发被调整为去控制在这种短路方式下的直流电流，如同采用一个晶闸管控制电抗器的方式进行过电压控制。在这种方式下，允许运行的持续时间足够用于无功操作。或者，在装置的额定容量范围内，还可使这个时间尽可能地长，以有足够的时间等待交流系统恢复，进而使直流输电也尽快恢复。但如果甩负荷是由于高压直流换流站内的故障，这种方法不可用，此时需要其他措施来降低过电压。

高压直流输电在甩负荷时的暂时过电压随短路比的减小而增大。高短路比系统在甩负荷时的过电压倍数低于1.25 p.u.，并在多数情况下低于设备应力的临界值。这种过电压会持续很长时间，直至切除无功设备后才降低，这是强电网供电的高压直流换流站降低暂时过电压常用的方法。

在短路比低或很低的系统中，如果没有其他措施限制，其甩负荷过电压倍数会很高，会危及交流和高压直流设备或增加换流站的造价。此时，通常要求高压直流换流站的无功控制能限制这种由于全部或部分甩负荷引起的过电压。然而，由于换流站内部故障引起高压直流换流站跳闸时，需要采取其他措施来降低过电压，例如可采用过电压限制器，或在母线上加装静止无功补偿装置，或采用无功设备的快速跳闸，或装设同步调相机等。

5.4 换流站与其他无功源的电压和无功的相互作用

5.4.1 高压直流换流器，可投切的交流滤波器、电容器组和并联电抗器

无调节功能的可投切无功元件提供的是阶跃变化的无功。无功元件容量的设计应使投切时电压的

1) 本部分的正文中，所有方括号内数字均表示参考文件序号。

变化不超过某一限值。通常可投切无功元件只配置用于强系统。

通过对换流器触发角或关断角进行几度变化的控制，直流系统就可以抵御操作时的无功变化。对于中等强度系统的要求，可以允许使用换流器进行小范围内的附加无功控制，这仅使换流器的额定值稍有增加。

在满负荷时，触发角或关断角改变 3 度，引起高压直流换流站无功的改变量相当于实际有功的 10%，它可通过提高约 2%的设备额定值来提供这种调节性能(见图 2)。如果两个站可相互协调，这种方法也适用远距离直流输电。带部分负荷时，为了增加相同无功调节量，就需要更大的触发角或关断角。这可能导致低于额定直流电压的运行，并因此将影响另一端换流站。较低的直流电压将导致电流增加，以至输电线损耗的增加。

在弱电力系统中为了控制电压需要有无功范围变化更大的换流器。无功功率的调节范围应至少为最大可投切无功元件的容量。此时，需要高压直流换流站具有更大的额定容量，这将导致成本的增加。这种方法通常更适合于背靠背高压直流换流站。

换流器的电压控制时间常数范围约为 10 ms～20 ms。如果两侧根据每端交流侧的要求来投切无功元件实施同步控制时，尽管实际需要一定的判定时间，原则上可按每步 100 ms 计及。如果由于每侧有不同的电压条件，而最佳运行条件不能只通过投切无功元件来获得，则还需要通过改变换流变压器的分接开关来校正电压条件，这种校正很慢，则每步约在几秒的范围。

5.4.2 高压直流换流器，可投切无功源和静止无功补偿装置

如果因为系统弱而需要电压和无功控制，但又不能由换流器来实现，则还可在高压直流换流站母线上安装额外的静止无功补偿装置。这种解决方法的优点是：即使在高压直流停止运行或跳闸时也可以控制电压。静止无功补偿装置的进一步应用是交流侧的电压控制不会对直流输电的另一侧产生任何影响。对于两端高压直流系统的情况，由静止无功补偿装置控制电压，能使高压直流系统不考虑无功控制而运行于经济运行点。

应根据调节范围的要求来设计静止无功补偿装置的容量，此容量应大于最大可投切无功元件的容量。应考虑静止无功补偿装置基于工程连续运行时所有可能的运行点，以满足调节的要求。此外，如果要计及由于停运或维修而静止无功补偿装置退出运行时的工况，则可考虑使用两个静止无功补偿装置单元，或接受没有静止无功补偿装置运行时的限制。

高压直流工程和静止无功补偿装置各自具有时间常数相匹配的控制系统。应仔细研究它们的协调，以避免两者之间可能发生的振荡。

5.4.3 高压直流换流器，可投切的无功源和同步调相机

同步调相机也可用于高压直流换流站母线的动态电压控制。如果交流系统的惯量低，同时出现暂态负荷变化或故障，则会导致无法接受的大的频率偏差，这时可采用同步调相机。同步调相机可以提供部分所需的无功补偿和电压控制。电压补偿的时间常数取决于同步调相机的励磁系统，通常在 100 ms～200 ms 范围内，该时间长于直流控制的时间常数。

同步调相机可增加交流系统的短路容量，因此它有利于防止弱系统中的电压不稳定。同步调相机的调节范围要大于最大的可投切无功单元，同时应考虑同步调相机所有可能的运行点。

由于调相机强迫停运和维护时间长，应该考虑有一个或更多的备用机组，或者必须接受没有同步调相机运行时的限制条件。

6 交流系统暂态和静态稳定性

6.1 概述

高压直流工程有功和/或无功的可控性可用于改善与其相连的交流系统的暂态和稳态稳定性，以达到良好的运行状态。如果一个电力系统在任何小扰动后，达到稳态运行的状态与初始状态相同或接近，则称该系统是稳态稳定的。对于一个序列扰动(非前述的“小”扰动)之后，系统可以恢复到稳态同步运

行，则称该系统是暂态稳定的。

本章中涉及的是在电网受扰动之后，各同步机之间，以及多机组之间或多个地区之间的机电振荡现象。如果不采用适当的防范措施，这种振荡可严重至使系统失稳，并使发电机失去同步。在有些情况中，系统可能是稳定的，但由于低阻尼会导致过长的振荡时间，这种机电振荡会导致发电机、传输线路等产生有功和无功振荡，还会导致变电站的电压振荡。

应关注的振荡频率变化范围为 0.1 Hz～2 Hz。大电网区域之间的振荡通常在这个频率范围中的较低部分；而涉及到小惯量电机的振荡，例如同步调相机，则振荡频率将在这个频率范围的较高部分。

为了抵御这种振荡，有时通过高压直流输电有功功率的自动控制来改善所连交流系统的稳定性能。如果需要，还可通过控制换流器的无功消耗来改善系统的性能。

高压直流系统有一个基本的控制特性可以帮助保持交流系统的稳定性，即要求功率潮流进行阶跃变化，这在第 4 章中已讨论。高压直流系统还有一些涉及到交流系统稳定的特性，如故障时的功率输送，或故障消除后的功率恢复等，不在此赘述，详见 GB/Z 20996.2—2007 的 4.3.2 和 4.3.3。

6.2 有功和无功功率调制的特点

6.2.1 概述

有功和无功功率的改变通过控制触发角来实现。换流变压器分接开关动作太慢而使其不能在所关心的频率变化范围内对振荡起作用，或因为调制水平太低而不能启动分接开关动作，因此，调制控制通常不包括分接开关的操作。在调制期间甚至可闭锁分接开关的操作。

在扰动期间可能有几种振荡模式同时出现，此时控制器必须同时对几种振荡频率作出响应。但有时，系统条件可能呈现为控制器不能对某些频率正确响应。这些情况可以通过对控制器的输入信号进行适当的滤波来处理。

大信号调制或小信号调制均可实现自动控制作用，它们均与有功功率调制相关。大信号调制包括同时调制整流侧和逆变侧的电流指令，而小信号调制仅在电流控制站中就地进行。大信号调制是最普遍采用的办法。

6.2.2 大信号调制

大信号有功功率调制通常利用换流设备的短时过负荷能力，这是获得有效阻尼作用的重要因素。因此，应确定是由阻尼控制功能决定所需的过负荷量，还是控制作用仅受限于使用固有过负荷能力。在确定用于阻尼调制目的过负荷要求时，应综合考虑短时或稳态过负荷运行要求。对于过负荷要求其他方面的讨论，详见 GB/Z 20996.1—2007 的第 17 章。

在背靠背换流站中，有可能使用功率反转的调制功能。如果在一个两端直流系统中，调制期间需要功率反转，则需要一个高速通讯系统。在两端高压直流系统中，大信号调制通常需要通信设备，用来在高压直流换流站之间传输电流指令，有时传输频率信息。当没有通信设备时，在电流控制的换流站中有功功率调制仍然可以进行，但是必须严格规定不可失去电流裕度，参见图 5。

6.2.3 小信号调制

一些情况下，使用通信设备传输调制的功率或电流指令可能是不切实际或不可能实现的。例如，如果通信延时大到可与调制周期相比，或者通信设备失灵时，均会发生这种情况。此时，小信号的功率调制仍可在电流控制站中进行，调制幅度通常限于电流裕度的 30%～50%之间。在一些振荡开始自然增强的工况下（静态不稳定工况），这样的小信号调制仍然可以提供不可忽视的阻尼作用。

6.2.4 无功功率调制

在多数情况下有功功率调制相当有效，而无功功率调制有时也很有益，特别是当交流系统，或在直流系统接入处呈现高阻抗时。应注意有功的变化总是伴随着无功的变化，因此高压直流有功调制可能会导致不希望出现的交流电压振荡。这通常可以通过有功和无功的联合控制来解决。抵御交流电压的波动是无功调制的一种功能，此时控制器的输入信号是交流电压。

无功调制可通过改变电压控制站的触发角和关断角来完成，它通常在逆变器中实现。为了增加逆变器的无功消耗而加大关断角会导致直流电压的降低，同时为了维持恒定的直流电流和功率，整流器的触发角也会自动增大。因此，逆变器的无功调制也会导致整流器无功功率消耗的变化，这有时会限制调制的幅度。

以上描述的措施表明，无功功率调制可以在电压控制站完成，而不需要任何特殊的通信设备。如果电流控制站需要无功调制，控制动作仍然必须在电压控制站进行，此时控制信号需要通过通信通道发送。在电流控制站中的最终动作，将间接地通过定电流或定功率控制来实现。

如果高压直流系统运行在最小关断角(最大直流电压)，在调制中只可能控制使无功功率消耗从稳态值增大。只有在高压直流系统运行在低于最大直流电压，并且稳态触发角和关断角大于最小值时，才会出现无功功率从稳态值减小的情况。图 6 和图 7 表明在这两种情况下，逆变器运行的电压电流特性和无功变化。

如果调制期间可能要求无功消耗减少，则必须对此作出规范要求，因为这会导致换流阀、换流变压器、滤波器等费用的增加。

6.3 网络状态分类

交流系统稳定性的改善程度取决于调制幅度的大小与电网强度的关系、电网的特性以及高压直流系统在电网中的连接点。稳定性的改善有两种不同的概念，一种是当交流线路或交流电网与高压直流系统并联时对稳定性的改善，另一种是当一个电网与一个高压直流换流站连接时电网内部稳定性的改善。参见图 8a)和图 8b)所示。

6.4 交流电网与高压直流系统并联

这是一种可以充分利用高压直流系统能力以改善交流系统稳定性的结构。通常是调制传输的有功来抵御电网 A 和电网 B 间相角的变化(如图 8a)所示)。电网 A 和电网 B 间的频率差或并联的交流线路中的有功或电流都可作为高压直流系统阻尼控制器的输入。图 9 给出阻尼控制器的两种原理结构。如果控制策略判别系统状态为并联的交流连接已断开，并且电网 A 和电网 B 已失步，则该调制就无意义了。

通常采用测量频率差的方法。使用交流线路的功率用作控制器的输入有时会有难度，因为线路两端存在大相角差，而线路的功率可随着相角差的增加而减小，这会引起直流系统的错误控制。

6.6 描述了如何确定传递函数 $G(s)$。$G(s)$ 通常有一个带通特性，它使稳态变化不会导致控制器的非零输出；同时，在输入信号快速变化时，传递函数应能抑制控制器作用。

从稳定意义讲，在交流并联连接的状态下，高压直流阻尼控制有时能增加并联交流回路稳定方式的输送功率。改善的幅度取决于各种不同种类不稳定性所对应的功率限制。在第一个摇摆的不稳定中，只有当直流系统很大或者它有很大的短期过负荷能力时，才会有预期的改善；有时，在调制幅度相对较小时也可改善系统阻尼。某些情况下，即使在电流控制站本地完成小信号调制，仍可能增加并联交流线路中的输送功率。

6.5 相连交流网络内稳定性的改善

对于这种情况，高压直流工程改善稳定性的能力很大程度上取决于受助电网的结构和特性，也取决于阻尼控制器得到相应输入信号的可能性，有时输入信号可能必须从交流网络中其他站传输到高压直流换流站。控制器的输入信号可以是频率、电压、交流线路功率、线路电流或这些量的一个组合。

当规范这种阻尼控制时，应该考虑到，连接高压直流换流站的另一端电网应具有能接受由于阻尼控制所引起的功率摇摆的能力。

对于控制器传递函数的考虑，可与 6.4 中给出的相同，它可用于并联交流网络的情况，也适用于此。

6.6 阻尼控制特性的确定

在研究高压直流系统阻尼控制的必要性和有效性时，通常使用具有模拟高压直流工程和不同控制器特性能力的暂态稳定计算程序。这种研究可以揭示高压直流系统和其他系统元件(如静补或同步调相机)之间低频相互影响的潜在问题。但是控制器的外部条件还包括很多无法精确模拟或根本就无法模拟的元件。因此除了模拟研究外，应在现场进行可能的试验和实际测量。

在进行暂态稳定性研究时，很重要的是需要对高压直流线路及其控制系统进行准确的模拟，过于简化的模型会导致错误的结论。因此，稳定性程序中直流系统的模型应是有效的，它可通过使用高压直流电磁暂态网络模拟器(HVDC TNA)或数字模拟器来验证；工程建成后应通过实际直流系统测量进行验证。

高压直流模拟器和等值数字程序能用来检验带有阻尼控制器的高压直流系统的运行性能，但是由于所模拟的交流电网规模的限制，在大多数情况下用来进行控制器的设计并不能令人满意。

尽管阻尼控制器通常是设计为针对低于约 2Hz 的范围，但它可能对次同步谐振阻尼控制器有不利的影响(见第 8 章)。

当确定一个高压直流系统改善稳定性的性能规范要求时，有两种不同的方法。不同点在于是由用户，还是由高压直流换流站设备的供应商来决定阻尼控制器的传递函数及其他特性。

对于前一种情况，规范中应确定控制所依据的各输入量、传递函数、附加逻辑和各输出量的特性；而控制设备应设计为正确实现所规定的特性，并通过试验来验证。

第二种情况则更为复杂。供应商应得到完整的电网及发电机的数据资料，使其能够进行暂态稳定性及与多种运行条件有关的研究。在这种情况下，对性能的要求就会更加复杂，可能很难提出清晰的性能指标，需要进行多次协调。如果选择这种方法，应在颁布技术规范之前就进行稳定性研究，以确定稳定性水平，或预期由直流系统控制功能所能达到的阻尼作用。

不管是上述哪种情况，在确定控制器的增益和幅值极限时，都应该考虑换流站设备的容量，特别是阀的容量。还应明确规定在工程调试及以后的周期性检查中，对控制器性能进行工程评价。

6.7 阻尼控制器的实现及通信要求

阻尼控制器很容易与高压直流控制设备集成。通常，它被分配在高压直流换流站一级的控制中(见 GB/Z 20996.1)。

大信号调制时，应考虑两个高压直流换流站间的通信能力，它应该能够传输调制信号，并且在大多数情况下，能够将输入信号(如频率)传送至控制器，且不会引起大的时间偏差。

在调制控制需要通信的地方，通信设备的可靠性很重要。通信系统应该设计为不因通信故障而使“调制退出”，即如果通信通道中断，系统应该设计成当通道恢复运行时，调制功能也能正确恢复。

7 较高频率下高压直流系统的动态性能

7.1 概述

本章阐述了高压直流系统在二分之一基频及以上的频率范围的动态性能。高压直流换流器可以产生或响应频率为基频的整数或者非整数倍的振荡，因此换流器特性取决于交流和直流系统的阻抗。在某些情况下可能会发生失稳的换流器特性是不能被接受的。稳定性和不稳定性之间的区别是：在一个稳定系统中，其不稳定的因素(例如非特征谐波)与其起因(例如交流系统的不平衡)是成比例的；失稳通常指产生的振荡频率为基频的非整数倍，或者在完全平衡的系统中甚至无缘由地发生振荡。在附录所列的参考文献中，特别是在 CIGRE TF14-07/IEEE，第 1 部分[1]中对这部分内容做了详细的描述。

本规范仅进行简明扼要的描述，并且提出所需相关信息的要点以及高压直流工程规范的特殊要求。

7.2 不稳定性类型

7.2.1 回路不稳定(谐波不稳定)

一些早期的高压直流工程中存在这种不稳定，通常被称作谐波不稳定。它可以呈现为基频的整数倍或者非整数倍，可能涉及到主回路或者控制回路(包括测量回路)。它与控制和测量回路的参数关系密切。如果交流或者直流系统存在不恰当的控制特性，这种不稳定性可以在一个相当平衡及无畸变的交流系统中发生，并在交流侧和直流侧均会出现。它通常从接近基频整数倍、并且靠近主回路谐振点的频率开始，然后，随着不稳定幅值的增长，可能被锁定在最邻近的谐波频率上。由于现代控制类型为“等距触发”，这种不稳定性问题很少发生。

7.2.2 电流回路不稳定

高压直流系统的响应速度主要受交流和直流系统的电容和电感的限制。通常认为换流器自身的响应比交流系统或发电机的响应要快的多。但是，如果过分强调采用高增益的电流控制回路来提高响应速度，将会导致高压直流系统的不稳定；特别是如果包含测量和控制装置在内的直流系统响应时间与交流系统响应时间具有可比性时，这种影响更为明显。在某些情况下，一个系统如果需要完全稳定，就意味着必须降低高压直流系统的控制响应。

7.2.3 铁心饱和不稳定性

这种不稳定性通常在换流变压器局部饱和情况下发生。直流电流中的基波分量将导致在换流变压器阀侧绕组中产生二次谐波和直流电流。如果直流分量达到与换流变压器励磁电流的50%可比时，换流变压器的局部饱和会在励磁电流中产生显著的附加谐波（包括二次谐波）。这些二次谐波电流增加了交流电压中的二次谐波分量，在某些特殊情况下可能导致系统完全失稳。

在交流侧接近二次谐波的高阻抗谐振，和/或直流侧接近基频的低阻抗谐振都可能导致系统的不稳定。某些情况下，通过主回路参数的优化设计（如直流电抗器或交流滤波器）可以避免这类谐振。但有时由于线路阻抗是主要的，即使通过优化高压直流换流站设备的实际参数也无法避免基波或谐波谐振。此时，这种不稳定性还可以通过修改控制系统参数或在控制系统中提供特殊的反馈回路来抵御。但这时需要特别注意控制系统的暂态性能，例如过电压，尤其是在谐振被轻度阻尼时。

7.2.4 谐波的相互影响

交流电压谐波会导致在直流电压中产生两个频带频率的谐波，进而导致产生这些频率下的直流电流谐波。同样，直流电流谐波会导致在换流变压器阀侧绕组和交流系统产生两个频带频率的交流电流谐波，最终使得交流侧在这些频率下产生谐波电压畸变。在谐振条件下，交流侧或直流测，或者两侧同时均可能产生不能接受的谐波畸变。

与7.2.1和7.2.2所描述的不稳定性的区别是，这种现象仅仅发生在直流系统或交流系统出现内部自激源的条件下。该现象的一个例子就是直流架空线路与交流架空线路长距离并联运行时，交流系统基频分量就会叠加在直流电流上。这种基频分量会在换流变压器阀侧绕组中产生直流电流和二次谐波，进入交流系统的二次谐波分量很难降低。因此，可以采取交流线路换位或者在换流器的直流侧或交流侧加装相应的滤波装置等必要的措施。

其他自激源，如交流系统不平衡（负序基频，或阻抗不平衡），或换流变压器的漏抗不平衡等，都会引起直流侧的二次谐波，进而反过来影响交流系统。后者的一个边频是三次谐波，有时可能需要加装三次谐波滤波器来抑止较大的交流电压畸变。

由于产生非特征谐波的机理取决于各换流器直流侧的各次谐波回路，因此两端换流器之间可能会存在相互影响。除非直流线路或电缆和直流滤波器与另一个换流器阻抗相比具有很低的并联阻抗，否则两个换流器在这些频率下是耦合的。因此，两个高压直流换流站对非特征谐波的处理不能独立进行，这就意味一端换流站对非特征谐波的处理都会影响另一端换流站的非特征谐波性能。甚至如果在直流线路出现驻波，两个直流换流站对其都有放大作用。一个可行的方法是通过改变回路参数以暴露这些现象来进行分析。

7.3 设计所需信息

为了保证高压直流系统在高频时具有满意的动态性能，设计中应考虑整个系统各不同部分间紧密的相互影响。全系统包括与两端换流站相连的交流系统、直流线路、直流换流站主回路和换流器控制系统。制定规范阶段的研究是不可能达到确定高压直流换流站各部件特殊要求的深度的。因此，规范的功能应是规定制造商设计高压直流换流站元部件时所必需满足的、系统各种条件的所有实际组合下所需要的较高频特性。制造商应给出能证明其产品在较高频条件下具有满意的动态谐波性能的过程。

当进行高压直流系统在较高频下具有满足要求的动态性能的设计时，需要考虑高压直流换流站的外部条件如下：

——分别从每个换流器看过去的交流系统阻抗和相位角，以及已知的直流系统。对于强交流系统和弱交流系统都应该提供模型；如果可能，还需提供可能发生事故停运时的网络结构；

——交流或直流侧的谐振，特别注意是否存在互补谐振（例如，$f_{res,ac}=f_{res,dc}\pm f_0$，其中 f_0 是基频，$f_{res,ac}$和 $f_{res,dc}$分别是交流侧和直流侧的谐振频率）；

——交流系统阻抗或电压的不平衡度；

——存在的带有相应源阻抗的其他谐波源，以及在直流和/或交流终端、电气上接近高压直流换流站的非线性负荷。直流侧存在基频源是其中一个特例；

——基频下可能出现的交直流线路耦合，需提供交直流线路并联运行时的几何结构、交流线路电流和电压的最大值及换位点等。

规范中应包含上述信息，或提供相关交流和直流系统的数据，以满足进而得到上述信息的要求。以上所列信息，也基本符合高压直流换流站稳态设计的需要（见 GB/Z 20996.1）。但应注意，在某些应用实例中，基频 f_0 可能有很大的变化范围（例如独立的发电厂站），这可能导致发生不常碰到的谐振。

7.4　抑止不稳定的有效措施

通常通过改变控制系统可以避免或改善大多数的高频不稳定，这可能仅涉及到选择合适的调谐。而另一些情况下，必须从交流电压或直流电压，或交流阀侧绕组电流或直流电流等引入附加的反馈环节。不同的制造商或不同的工程会采用不同的解决措施。

通过控制技术解决不稳定问题，通常简便且易于实施，因此往往首先研究控制技术。但是，在某些场合控制系统单独动作不能解决所有遇到的问题。此时，或者改变控制目标，或者寻找其他的措施。

通过带宽阻尼滤波器滤掉强烈的谐振能显著改善全系统的性能。但是，阻尼滤波器在单个频率上的谐波抑制能力（每 kvar）远低于调谐滤波器。因此，这种抑止不稳定的方法造价相对较高，特别是当发生低频不稳定时。例如在无法换位的交流线路与架空直流线路并行距离很长、外部谐波源较强的情况下，如果在直流侧不使用昂贵的基频阻塞滤波器，或在交流侧不使用二次谐波并联滤波器，则很难得到满意的性能。

7.5　通过控制作用阻尼低次谐波

目前的控制系统（等距触发）通过对触发角（α）的适当调制即可有效地阻尼低次非特征谐波（例如来自交流网络的）。这在高压直流与弱交流电网相连，或交流系统导线没有进行换位，甚至是交流系统故障后恢复阶段发生严重的波形畸变等特殊情况下，是有明显作用的。尽管通过控制系统改变触发角（α）对抑制低频非特征谐波有效，但它却不能同时抑止直流侧的二次谐波和交流侧的三次谐波。

7.6　满足较高频性能要求的验证

在设计阶段通常采用高压直流仿真试验来证明一个高压直流工程的稳定性。仿真是进行这种研究的方便的工具，它能够快速研究许多系统条件和结构。研究时通常要进行阶跃响应试验，以显示快速动态响应对抑制不稳定所具有的良好阻尼作用。但其研究的准确性会受仿真元件的限制，例如，很多可以观察到的正常谐波由于含量很小，以至被仿真元件不平衡所产生的虚假谐波所掩盖。虽然换流变压器模型在模拟真实变压器的 B-H 特性时具有很高的准确度，但大多数模型在检测铁心饱和不稳定性方面是不能满足需要的。

近年来，计算机仿真成为高压直流暂态网络仿真器的一种可行的替代方案，用于证明是否存在不稳定性。由于它可以很好的反应实际系统和元件的损耗，因此计算机仿真比借助高压直流暂态网络仿真器进行的仿真更方便，且更准确。如果计算机仿真实时运行，它将可以实际使用真实的和完全的控制硬件。将仿真结果与实际系统的真实测量进行比较以证明它的有效性很重要。

由于换流器和它的谐波环境（交直流侧的谐波阻抗和其他谐波源产生的谐波）存在相互影响，因此有必要证明换流器是否放大了低次非特征谐波且使之达到一个无法接受的程度；或需要证明这些谐波的振幅不会导致不稳定。在相连的交流及直流网络之间具有低次谐波互补谐振的系统中，通过对换流器及其控制系统的仿真，可以进行相关的研究工作。可以通过适当的试验证明，即使出现较大幅值的谐波，换流器及其控制系统的特性也不会受到严重干扰。

调试期间，应尽可能安排与换流站相关的交流系统和/或直流系统处于最恶劣的谐振条件下，并通过对电流指令阶跃变化，和/或在适当频率下的小信号调制的系统响应试验，来验证相关措施是否足以防范系统的不稳定性。

8 次同步谐振

8.1 概述

只有接近整流站并且和交流网络有弱连接的涡轮发电机单元，才易受到次同步谐振的危害。通常，扭振的自然频率处于 20 Hz～40 Hz 间。大型核能涡轮发电机的最低扭振频率可达 5 Hz，其他扭振模式频率较高。

可通过输电系统一些常见的电气扰动来模拟涡轮发电机转子的扭振振荡。而且，在一定条件下，由于涡轮发电机转子和串联补偿线路之间的接近谐振的相互影响，或通过直流控制系统的相互作用可能使扭振放大或加强。由于涡轮发电机扭振的固有阻尼很小，轴振荡在被激励后会持续相当一段时间。大幅度的重复激励会导致轴寿命的缩短，严重时会出现疲劳损坏。

在高压直流系统中，定功率和定电流调制模式可能会对转子扭振产生失稳影响。高压直流系统电流控制典型的调节器频带宽度在 10 Hz～30 Hz 的范围。这个范围对于大型热力汽轮发电机组来说，可能包括两到三个扭振模式。

与串联补偿相关的交流线路次同步谐振(SSR)与带有高压直流系统时扭振不稳定现象有一些基本区别。与串联补偿有关的次同步谐振主要影响扭振频率的高频部分，而与高压直流系统相关的扭振主要影响低频扭振模式。相比之下，串联补偿相关的次同步谐振在扭振失稳幅度上更加严重。

8.2 与高压直流系统相关的次同步振荡标准

高压直流系统控制电流的目标，使之对涡轮发电机扭振模式呈现固有的振荡负阻尼特性。负阻尼的程度处于电流控制调节回路的带宽范围内。只有位于整流站附近并与交流电网有弱连接的涡轮发电机组，才易受扭振影响的危害。接近逆变站的单元不会有很多的失稳情况发生，因为逆变器相位角变化的反应与整流器不同。

涡轮发电机转子旋转将会引起供给换流器的交流电压相角和幅值变化。对换流器触发角的影响，以及闭环控制使触发角偏移的作用，将导致直流电压和电流的改变，进而改变直流功率。改变高压直流功率的最终影响是改变发电机的电磁转矩。发电机如果在发电机轴速变化和发电机转子上电磁转矩变化总量之间的累积相位迟后超过 90°，那么扭振振荡可能变成失稳。

一个恒定功率负荷对于发电机轴速的任何偏移，都会呈现为负特性。

如果逆变器控制电流，直流电压将随着整流器变化。当发电机转子速度增加时，交流电压也会增加。如果整流器处于触发角控制模式，直流电压也会增加，并会导致功率增加。因此，正阻尼将处在电流控制频带范围内，并接近与控制作用无关的固有的正阻尼特性。

靠近高压直流系统逆变器的涡轮发电机组，通常有一个与负荷互联的并联交流网。因此很少有像靠近整流侧的机组那种与直流控制之间的相互影响。同样，当靠近逆变器的机组轴速度增加时，逆变器的电压幅值也会增加，这就导致直流电流幅值的减小，则导致与整流器相反的阻尼效应。

换流器运行时的稳态触发角对相互作用有很显著的影响。这是由于触发角和直流电压之间存在固有的非线性余弦关系。电流调节器对触发角的线性增益将会减小这种相互作用，但不会使之消除。

以较大的滞后角运行能明显降低扭振稳定性。因此，在高压直流系统规范中，应予考虑对以电压控制为目的要求进行降压运行，或因为传输线路绝缘强度降低时采用降压运行。

扭振影响在水轮发电机组中不发生，只在热力发电机组中才有。对于较低速度和中速度(低水头)的机组，与汽轮机惯量相比，水轮发电机较大的惯量能够降低与电力系统的相互影响，实际上可以消除串联补偿交流线路和高压直流系统扭振相互作用的可能性。如果使用高速(高水头)机组,水轮发电机和涡轮机的惯量比率不会很大,这增加了扭振影响的可能性。技术规范应说明在给定的结构配置中,是否会有 SSR 问题发生。在 8.3 中给出了屏蔽 SSR 发生可能性的一个简单方法。在可能有 SSR 的情况下,需要更加深入详细的系统研究。

直流系统采用控制方式来增加对功率摇摆的阻尼,典型频率在 0.1 Hz～2 Hz 的范围内,可能与扭振模式相互影响,并且有时会导致附近的涡轮发电机组产生显著的失稳。在任何高压直流系统的技术规范中,无论何时都应考虑次同步谐振的存在及阻尼控制。如果一些装置中两种控制都需要,则它们必须以一种互补的方式共存。

在很多扭振是稳定的串联补偿线路上,附加的直流系统对扭振稳定的影响可忽略。如果采用次同步阻尼控制器,附加的高压直流系统将对扭振模式增加一个小的正阻尼。规范应要求对每一个类似系统进行研究,以确保不出现次同步振荡问题。

对于潜在扭振不稳定的系统,规范应提供包括扭振频率,振荡阻尼和所有关注的发电机机组的机械形式和外形等信息。如果没有这些信息,也可通过相对简单的现场试验来得到 SSR 的频率;还应提供有关的输电网络数据。

8.3 确定发电机组对扭振影响敏感性的初判标准

对于任何新的高压直流系统,如果存在与汽轮发电机发生扭振影响的潜在可能性,其规范需要为深入进行次同步谐振研究和采用次同步阻尼控制器(SSDC)可能性研究提供全面的资料。

次同步谐振是高压直流系统一个潜在的问题,如果在初期设计阶段未考虑次同步阻尼控制器,技术规范可要求在高压直流控制系统中预留适当的输入装置,以备将来可能增加次同步谐振阻尼控制器的需要。

对相互影响量值的大小和交流系统强度之间的近似关系进行研究的结果,可作为详细研究机组和系统事故的一个定量判别工具,如下式所示:

$$UIF_i = \frac{S_{\rm CCHT}}{S_i}\left(1-\frac{SC_i}{SC_{\rm tot}}\right)^2$$

式中:

UIF_i——第 i 台发电机组的相互作用系数;

$S_{\rm CCHT}$——高压直流输电的额定功率,单位为兆瓦(MW);

S_i——第 i 发电机组的额定功率,单位为兆伏安(MVA);

SC_i——高压直流换流母线除去第 i 单元的短路容量(不包括交流滤波器);

$SC_{\rm tot}$——高压直流换流母线包括第 i 单元的短路容量(不包括交流滤波器)。

大量研究表明,当影响系数近似小于 0.1 时将不会有明显的相互影响,在进一步的研究中可被忽略。

8.4 采用次同步阻尼控制的特性要求

次同步谐振阻尼控制器对直流系统触发角的调制作用,应确保附近所有发电机组,在所对应的所有实际系统运行条件下,均对扭振振荡呈现正阻尼。交流系统的某些典型信号可应用在次同步阻尼控制器(SSDC)设计中,这些信号包括整流器交流母线频率,发电机轴的角速度或由换流器电压和电流组成的合成信号。次同步阻尼控制器的动态范围要足够大,在扭振振荡受到系统扰动激发达到最大时,应至少提供一些正阻尼。

规范应包括对次同步阻尼控制器的可靠性要求,至少应与其他控制系统的要求相同,其功能必须可靠。次同步阻尼控制器只应作为一个阻尼控制器来考虑,而不能将其作为一个保护装置。因此,对于每个有潜在扭振不稳定性的涡轮发电机组,都应设有次同步谐振(SSR)保护继电器。次同步阻尼控制器不应降低换流器其他任何方面的性能(如:谐波,故障响应等)。

应对次同步阻尼控制器与连在相关交流系统的串联电容补偿的相互影响进行研究。

8.5 性能试验

次同步阻尼控制器的阻尼性能应通过一系列控制器的现场试验进行验证。现场试验应包括高压直流系统以及受影响的涡轮发动机组。扭振测量应在发电机组上进行。应通过测量来检验次同步阻尼控制器的增益裕度(如:测量通过次同步阻尼控制器和相连系统的开环传递函数)。

8.6 涡轮发电机的保护

在换流站不能可靠、安全地检测到可能损害发电机的扭振。对可能与高压直流换流系统有潜在相互影响的任何涡轮发电机,应该采用扭振保护继电器来保护。

9 与电厂的相互影响

9.1 概述

电厂与直流工程在电气上靠得越近,它受直流系统的影响就越大。发电站可将其全部或大部分的功率注入直流输电系统的整流器,或者与逆变站共同向负荷供电。如果直流系统负荷直接来自电厂的发电机,则它们之间必定存在明显的相互影响。这应在直流系统和相关交流系统的设计中说明,还应包括涡轮机和发电机的规范。本章讨论还涉及到:电厂发出的功率同时还供给交流负荷或系统情况下的相互影响,以及交流/直流系统的运行在这个负荷或系统上产生的其他方面有关的影响。

9.2 特殊影响

发电厂产生电力,它的能量或者来源于水,或者来源于热和核能。本节重点说明直流系统和与之相连的任何类型发电厂之间的相互影响。当相互影响以不同的或者更加敏感的方式影响一个特定的电厂时,需要相应制定特殊的参考标准。

应注意,交流输电系统作为直流输电的替代方案,与发电机有类似的相互影响,应与此章中所提及的等同考虑。当然,这并不是说在直流系统的规范书准备中,不需要考虑与发电厂的相互影响。

9.2.1 频率变化的影响

发电机应在特定频率范围内运行,这些限制取决于发电机和与之相连的主交流系统是同步还是非同步。由于换相失败、故障或阀组闭锁引起的直流输电系统的功率损失将导致电厂的频率偏移。当直流系统完全闭锁,并且没有可选择的回路让发电厂向负荷供电时,将导致电厂甩掉全部负荷,此时将发生频率的严重过冲。

当发电机与直流逆变器形成孤岛且又与负荷断开,发电机将承受更严重的应力。如果从逆变器馈入发电机的功率不能通过降低直流功率指令得到保护,在发电机中功率反向会导致转子损伤。

应详细研究直流系统停运的后果。制定电力系统规划时,应确保如果发生甩掉全部直流系统负荷时,不使发电厂应力超过其设计限制。无论是水电厂、热电厂或是核电厂,应规定辅助输电设备和保护系统的要求,这对减小直流系统甩去全部负荷带来的影响十分重要。核电站因为需要较长的时间来恢复全部功率,所以输电系统保护的设计要有严格的限制,以抵御直流甩去全部负荷的影响。当使用直流系统输送核电厂的大部分能量时,直流系统的设计应具备更高的可靠性。对于单极闭锁,应考虑剩余极的过负荷能力,以避免发电厂的停机,或以一种更便利的方式使发电厂的功率逐步减少。

9.2.2 频率控制的相互影响

由涡轮机调速器控制的机器速度与直流输电系统之间的相互影响,如果不采用特别的措施去协调,就会产生低频不稳定(0.5 Hz 以下)。可通过研究和试验找出最优的调速器定值。在系统不稳定时,高压直流系统通过对交流系统频率增量的特定闭环控制,可使系统产生阻尼。更多信息请参阅第 6 章。

9.2.3 过电压影响

直流系统甩负荷产生的过电压,将影响与之相连的发电厂。如果在甩负荷后滤波器和并联电容器没有被切除,过电压就可能损坏发电机及其他设备。辅助电动机和励磁系统的过电压需要特殊考虑。除非在系统设计时使用适合的交叉断路法,否则发电机在甩负荷时可能会产生自励磁。应要求在闭锁换流器的同时,切除滤波器和并联电容器。

在甩负荷时产生过电压和自励磁的情况下，要求断路器能切除交流滤波器和并联电抗器，断路器的额定值应根据GB/Z 20996.2—2007中的3.3相应的应力要求来确定。在自励磁条件下用于切除滤波器和电容器组的相应保护的灵敏度和速度，应能保护发电机和站内设备不受过电压的影响；同时也要区分直流系统是暂时还是永久甩负荷。如果因为直流系统暂时停运而切除滤波器和电容器，会使系统在恢复到扰动前功率水平时缺少无功支持。此时，滤波器和电容器的再投入应与设备容量和直流恢复的顺序仔细协调，特别是当要求暂态停运的持续时间必须最小化时。

当发电站和高压直流换流站的连接系统在地区交流负荷很小或无负荷的情况下，其交流侧可能会呈现弱阻尼。在这种情况下，要特别注意断路器的谐振、过电压和暂态恢复电压。

9.2.4 谐波

换流站产生的特征和非特征谐波电流不能被完全滤除或阻尼，因此谐波电流可能流入发电机。不希望的机械振动会引起水电机组及火电机组内部的发热，特别是对于转子的热效应尤为突出。在这两种情况下，可能会引起设备的损坏。应确定预期或允许流入与直流系统相连的，或位于直流系统附近的发电机的谐波值，并作为发电机和交流滤波器的技术规范或设计规范内容。更深入的讨论将在GB/Z 20996.1—2007第16章中论述。对于汽轮发电机，应特别关注5次和7次谐波的大小，因为相互影响的磁场将在转子上产生一个6次谐波的脉动转距。如果与一个超同步机械谐振频率（包括转子元件上的扭振振荡和涡轮机叶片弯曲）同时发生，就可能出现汽轮机轴疲劳和叶片的损坏。

9.2.5 次同步与轴的相互影响

在第8章中讨论了强加于发电机、轴和涡轮机的次同步谐振危害的严重性。由某种柴油发电机产生的次谐波电流可能影响直流系统。如果这种可能性存在，应通过系统试验确定系统中次谐波的存在，并写入技术规范以便在直流系统的控制中设计相应的阻尼装置。与此相关的是：由于直流甩负荷或换相失败可能导致的转矩阶跃变化对发电机轴的影响。即使可以阻尼在发电机和涡轮机轴上质量块之间的机械振荡，轴的寿命也将降低。热电厂和核电厂对此更为敏感。如果证实问题存在，那么应将导致轴系寿命缩短的换相失败的可能性降到最低。

9.2.6 谐振

与电站和换流器互连的交流系统结构通常包括一些短线、大量集中式的无功设备等。这种结构存在着产生谐振条件的潜在危险，并呈现低阻尼特性。

9.2.7 过电压

作为上述9.2.6中所指出的谐振条件以及谐振低阻尼特性的结果，还应考虑除直流甩负荷之外的其他暂时过电压。它们可能涉及的有交流故障清除时产生的过电压和由变压器充电时产生的过电压。

9.2.8 交流开关设备的应力

除了上述9.2.3讨论的问题，在9.2.6提到的具有多条短线的交流系统结构中，可能要求所使用的断路器的暂态恢复电压(TRV)水平要高于标准值。

9.2.9 低频

还应考虑由于大的扰动导致的低频工况，例如失去发电机组。

9.2.10 高压直流换流器的起动过程

在换流器单元起动过程期间，应考虑送端系统的频率调节和发电机无功功率的容量要求。

9.3 核电站的特殊考虑

应在模拟试验中详细研究可能引起核反应堆紧急停机的保护继电器相关的特性。如果一个蒸汽旁路的容量和反应堆的容量相同，在直流系统或受端交流系统中的扰动可能不会引起反应堆紧急停机。

当研究次同步谐振现象时，应注意核电站汽轮发电机的机械谐振频率，它通常应低于其他类型蒸汽汽轮发电机的谐振频率。

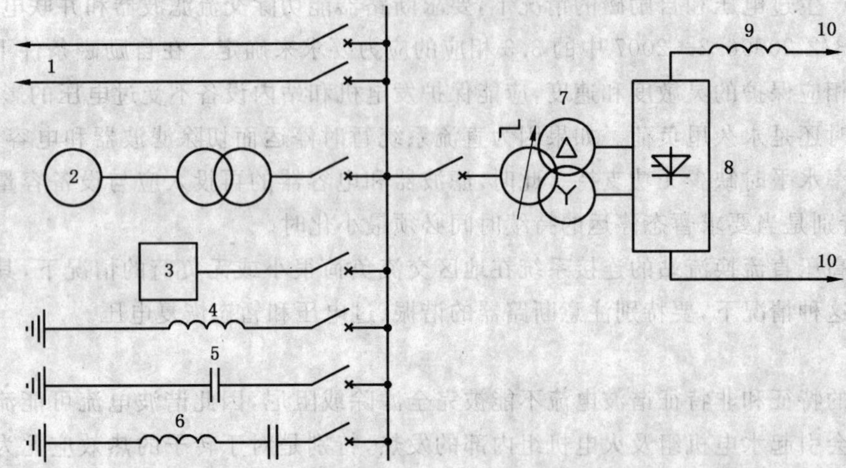

关键词：

1——交流系统；

2——同步调相机；

3——静止无功补偿装置；

4——交流电抗器；

5——电容器；

6——交流滤波器；

7——换流变压器；

8——换流器；

9——直流电抗器；

10——直流端。

图 1 高压直流站无功补偿元件

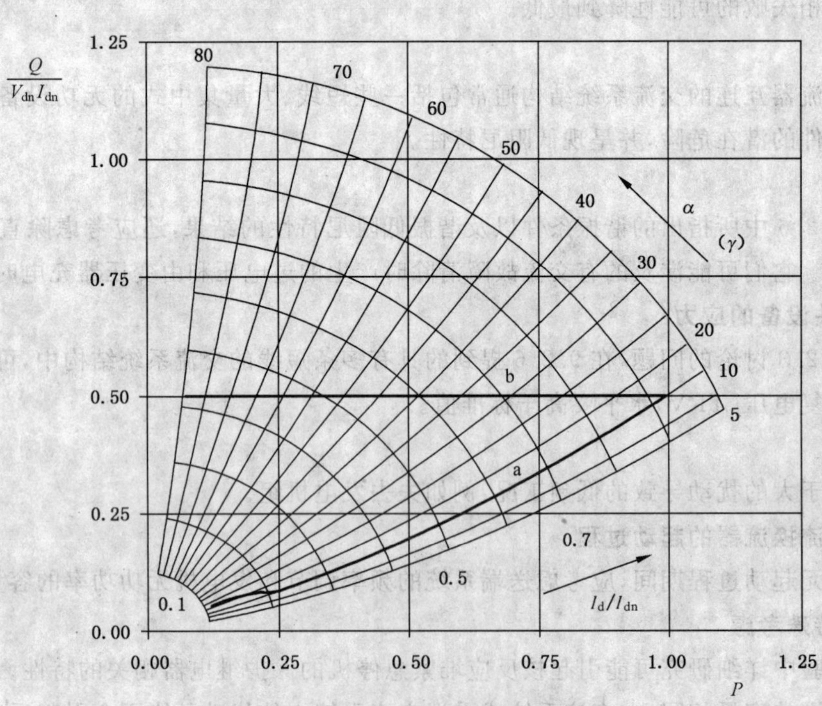

图 2 换流器的有功/无功特性

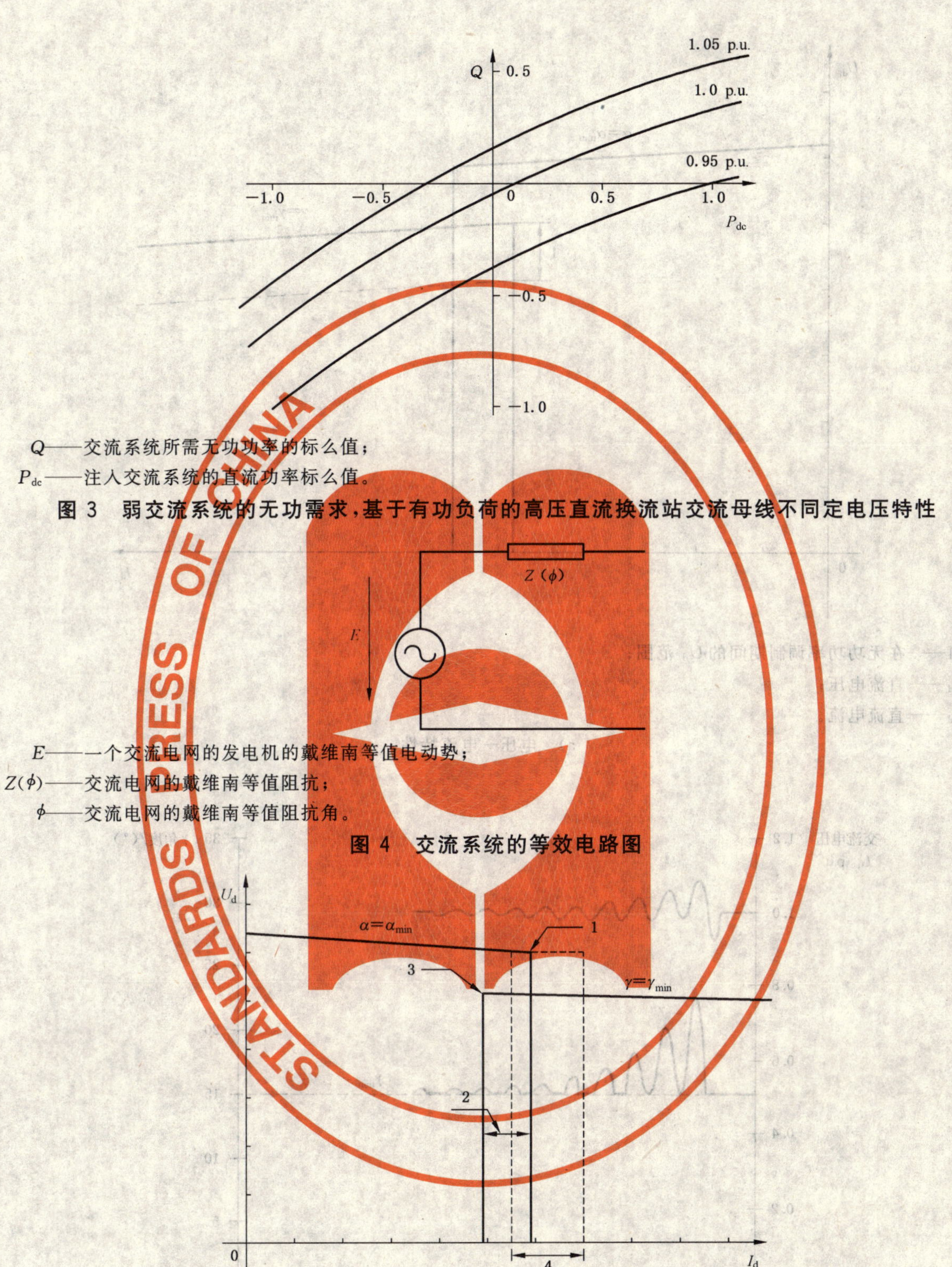

Q——交流系统所需无功功率的标么值；

P_{dc}——注入交流系统的直流功率标么值。

图3 弱交流系统的无功需求，基于有功负荷的高压直流换流站交流母线不同定电压特性

E——一个交流电网的发电机的戴维南等值电动势；

$Z(\phi)$——交流电网的戴维南等值阻抗；

ϕ——交流电网的戴维南等值阻抗角。

图4 交流系统的等效电路图

关键词：

1——整流器电流定值=直流电流 I_d 的值；

2——电流裕度 ΔI；

3——逆变器电流定值=$I_d-\Delta I$；

4——电流调制范围的限制；

U_d——直流电压；

I_d——直流电流。

图5 整流器与逆变器之间无通信时，电压—电流特性显示的电流的可能调节范围(例)

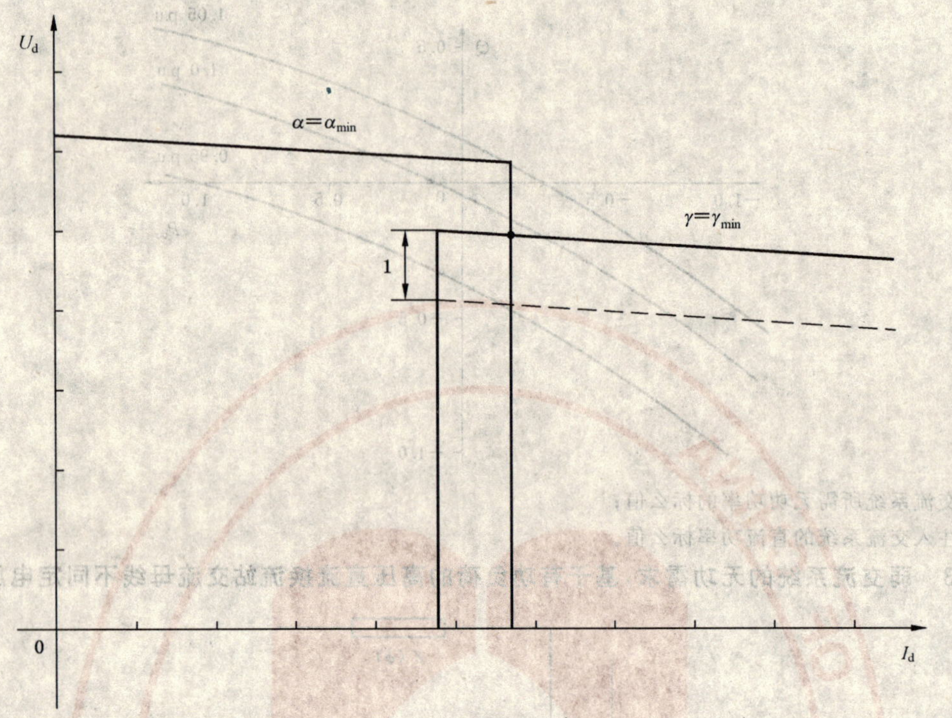

1——在无功功率调制期间的 U_d 范围；

U_d——直流电压；

I_d——直流电流。

a） 电压—电流特性

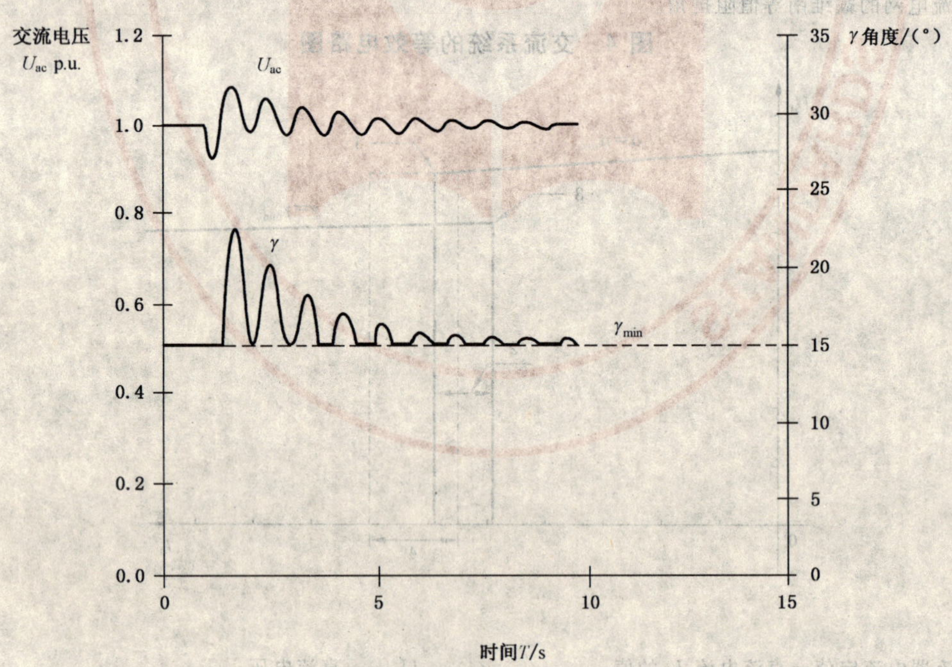

b） 交流电压 U_{ac} 和关断角 γ 的变化

图 6 高压直流输电运行在最小关断角 γ_{min} 时的无功调节

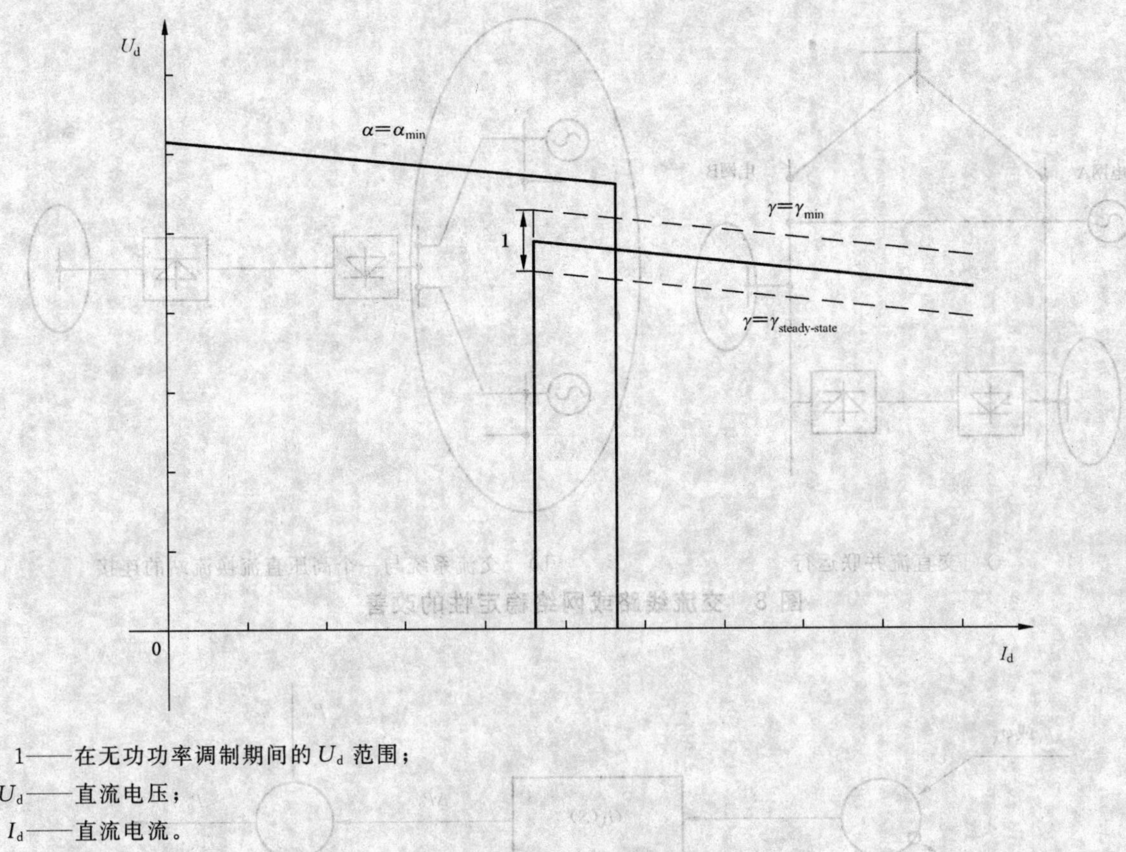

1——在无功功率调制期间的 U_d 范围；

U_d——直流电压；

I_d——直流电流。

a） 电压—电流特性

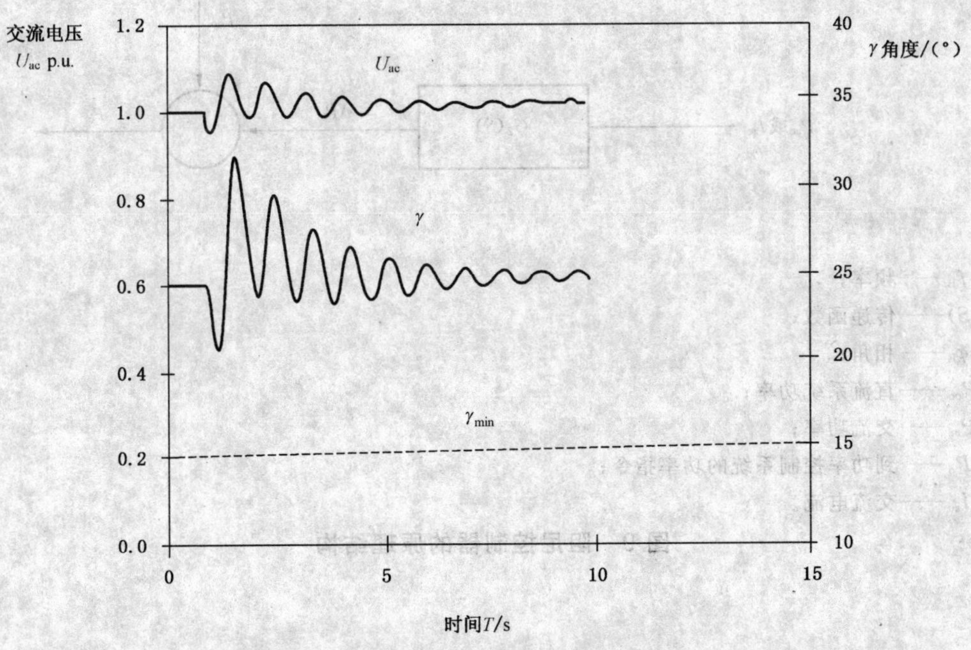

b） 交流电压 U_{ac} 和关断角的变化

图 7 高压直流输电在关断角 $\gamma>\gamma_{min}$ 运行时的无功调节

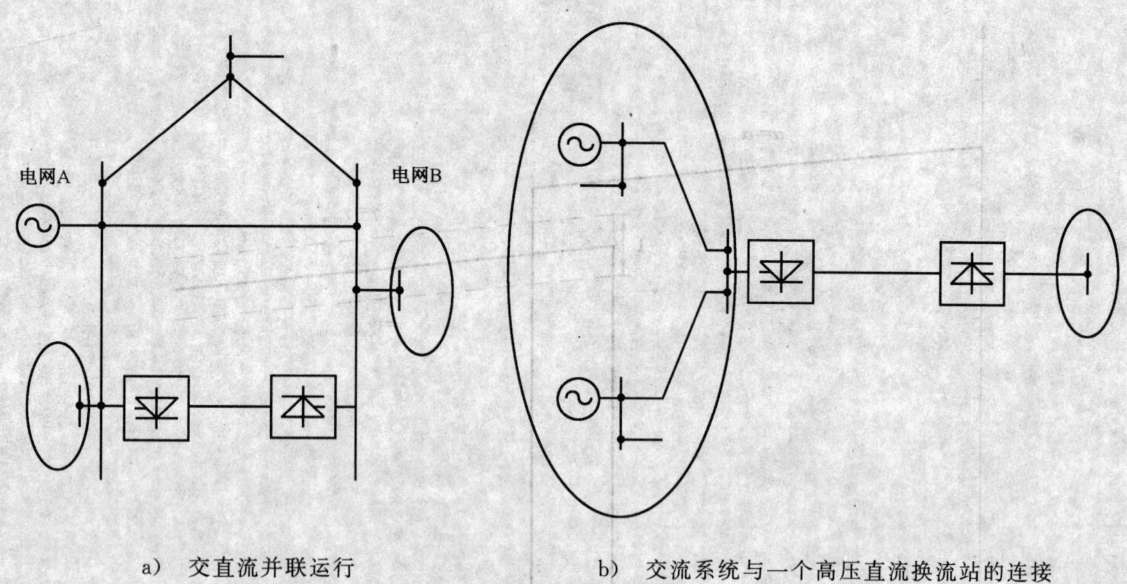

a) 交直流并联运行

b) 交流系统与一个高压直流换流站的连接

图 8 交流线路或网络稳定性的改善

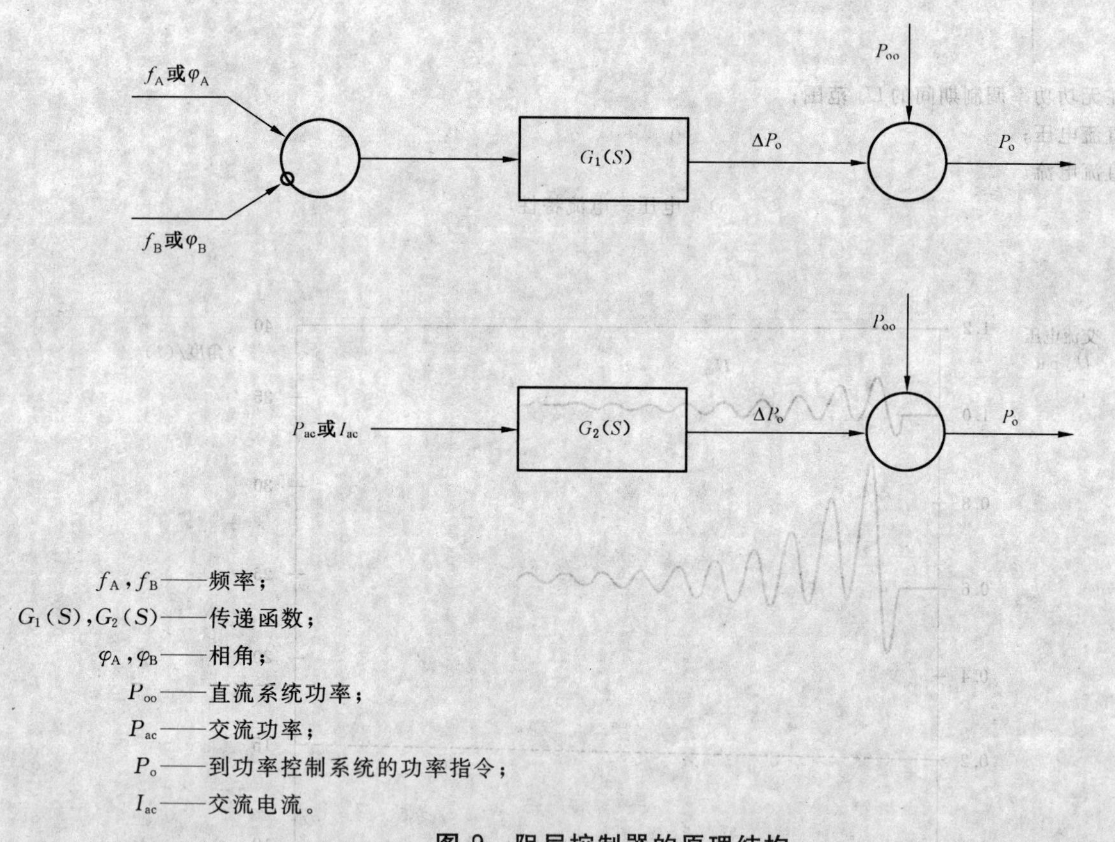

f_A,f_B——频率；

$G_1(S)$,$G_2(S)$——传递函数；

φ_A,φ_B——相角；

P_{oo}——直流系统功率；

P_{ac}——交流功率；

P_o——到功率控制系统的功率指令；

I_{ac}——交流电流。

图 9 阻尼控制器的原理结构

参 考 文 献

[1] Guide for Planning d. c. links Terminating at a. c. System Locations Having Low Short Circuit Capacity. CIGRE document TF14-07/IEEE 15. 05. 05, Parts Ⅰ and Ⅱ.

[2] G. Andersson, S. Svensson, G. Liss, Digital and Analog Simulation of Integrated A. C. and D. C Power Systems. CIGRE paper 14-02 1984.

[3] C. E. Grund, E. M. Pollard, H. Patel, S. L. Nilsson, J. Reeve, Power Modulation Controls for HVDC Systems. CIGRE paper 14-03, 1984.

[4] Tentative Classification and Terminologies Relating to Stability Problems of Power Systems. Electra, No. 56, Jan 1978, pp 57-67.

[5] AC Harmonic Filters and Reactive Compensation for HVDC with Particular Reference to Non-characteristic Harmonics. CIGRE publication no. 65 June 1990. Complen\ment to the Electra paper of issue 63(1979).

[6] J. Kauferle, K. Sadek, Koelsch, A. C. System Representation Relevant to A. C. Filtering and Overvoltages for HVDC Application. CIGRE paper 14-08, 1984.

[7] E. Salgado, A. C. G. Lima, L. A. S. Pilotto, M. Szechtman, A. P. Cuarine, M. Roitman, Technical and Economic Aspects of the Use Of HVDC Converters as Reactive Power Controllers. CIGRE paper 14-08, 1984.

[8] A. Gavrilovic, Interaction Between A. C. and D. C. Systems. CIGRE paper 14-09, 1986.

[9] T. Lambaie, K. Holmberg, U. Jonsson, E. Airamme, E. Hagman, K. Jasskelainen, Fenno-Scan HVDC Link as a part of interconnected A. C. /D. C. System. CIGRE paper 14-02, 1988.

[10] M. Taam, A. S. Praca, F. D. Porangaba, F. de Toledo, D. Menzies, K. Eriksson, Itaipu HVDC Transmission System. Principal Aspects of A. C. /D. C. interaction. CIGRE paper 14-03, 1988.